생물과학

제 3 판

공 저 강신성 • 강영희
길봉섭 • 김영진
김윤식 • 김익수
윤용달 • 이정주

WORLD SCIENCE 월드사이언스

머리말

자연과학에 있어서 21세기를 생물학, 또는 생명과학의 시대라고 말한다.

1960년대에 들어서면서 생물학 분야는 분자생물학이 대두되어, 침체되어 있던 생명현상의 연구에 새로운 분자론적 해석과 생명물질에 대한 물리 · 화학적 기초가 밝혀지기 시작하였다. 이와 같은 관련 학문의 발전과 더불어 생명과학은 급속도로 진전되어, 신비롭게만 생각해 왔던 생명현상의 본질적인 모습이 드러나기 시작하였다.

자연과학이 연구되어 온 과정을 돌이켜 보면, 수학 · 물리학 · 천문학 · 화학의 순서로 발전해 왔으며, 이에 힘입어 생명과학의 시대가 오고 있음은 부정할 수 없는 사실이다. 생물학의 학문적 영역은 대단히 넓고, 그 내용도 다양하다. 뿐만 아니라, 모든 생명현상은 물리 · 화학 분야와 연계된 복합적 현상으로서 표출되므로, 학문적으로 깊은 의미를 지니고 있다. 현대사회의 무서운 공적(公敵)으로 등장한 생명환경의 심각한 오염문제는 자연과학의 각 분야에 걸친 종합적인 문제라고도 할 수 있으나, 이것은 생태학을 중심으로 한 환경과학적 과제이다. 이와 같은 환경오염이 발생하는 데에는 많은 원인이 있겠지만, 특히 인간이 생태계의 기능을 잘 이해하지 못하고 있기 때문이며, 생태계 관리의 종합적 방안이 없었기 때문이라고도 할 수 있다. 따라서, 이에 대한 대책은 생태학적 연구에 기초를 두고, 기타 자연과학의 협력을 얻어야 이루어질 수 있다.

최근의 분자생물학 또는 분자유전학의 DNA 이중나선구조의 결정, 유전물질의 화학적 성질 및 유전자의 물질생산 조절작용 등과 같이 물리 · 화학적 기반 없이는 성공하기 어려웠을 것으로 생각된다. 이처럼 생물학을 전공하려면 수학, 물리학, 화학 등 여러 자연과학 분야의 지식이 반드시 필요하다.

이 책은 21세기에 전개될 생명과학을 전망하면서 구상, 기획되었다. 그 내용은 두 가지로 집약되는데, 첫째는 생명의 본질을 물질론적으로 해석하려는 것이고, 둘째는 생태계를 포함한 환경의 문제이다. 배우는 학생과 가르치는 교수 모두가 좀더 쉽게 내용을 이해할 수 있도록 그림과 표를 많이 이용하였으며, 특히 그림은 내용의 이해와 책과의 친근감을 더해 주기 위하여 원색으로 실었다. 그런, 못내 우려되는 것은 이 책에 다소 전문화된 내용이 취급되었다는 점이다. 그렇지만, 배우는 사람이 생명과학의 21세기를 전개시키기 위해서는 한 걸음 앞선 내용을 공부해야 하는 것이 타당하다고 생각된다.

독자들을 위해 가능한 한 설명을 평이하게 하려고 노력하였으나, 전면 컬러판 편집의 어려움과 부분적으로 저자의 뜻을 올바로 기술하지 못한 점으로 잘못된 곳이 많았다. 그래서 각 대학의 교수, 학생 및 일반 독자 여러분의 성의 있는 지적과 저자의 보완 작업을 통해서 서둘러 잘못된 점을 모두 수정하였고, 이 책에서 나오는 새로운 용어들에 대한 해설을 책말미에 첨가하였다. 이에 저자들은 성원해 주신 여러분께 진심으로 감사의 뜻을 표한다.

그러나 앞으로도 미흡한 점은 계속 수정 보완하여 더욱 완벽하게 다듬을 것을 약속드리며, 독자 여러분의 계속적인 조언을 기대하는 바이다.

끝으로 이 책의 출판을 위해서 원색 그림을 그려 주신 서양화가 안보선 선생에게도 감사드리고, 편집과 교정에 성의를 다한 **월드사이언스** 사장님을 비롯한 편집부 여러분의 노고에 진심으로 사의를 표한다.

저자 일동

제3판을 내면서

새로운 천 년을 맞이하면서 본 교재 『제3판 생물과학』을 출판하게 되었다. 재판의 머리말에서도 밝힌 바와 같이 21세기로 들어서면서 자연과학계는 생명과학과 전자공학의 접합에 의한 새로운 과학분야를 창출하게 될 것이다. 이렇게 급변하는 과학 · 기술계 중에서도 앞날을 예측하기조차 힘들게 매우 빠르게 발전하고 있는 분야가 또한 생명과학 분야이다.

따라서 본 저자들은 21세기의 생명과학의 발전 추세를 예측하면서 그에 대비하는 『제3판 생물과학』을 출판하게 된 것이다. 실제 기본적 내용은 크게 변동시키지 않았으나, 과학발전에 발맞추어 새로운 내용을 많이 추가시킨 것이 제3판의 특징이라고 하겠다.

그래서 현대 생명과학의 이해를 새로운 틀에 맞게 맞추기 위하여 전체 내용을 8개의 부로 나누고, 각 부에 속하는 장도 총 48장으로 세분화하였다.

생명과학의 2대 주류는 거시적 생명현상과 미시적 생명현상으로 나누었다. 그리고 이에 속하는 현실적 문제는 환경, 생태학적 측면과 세포 속의 대우주를 연출시키는 분자생물학의 측면에 두었다. 따라서 학생들은 때로는 생명현상을 넓은 공간 속에서 종합적 분석 능력을 키우는 한편, 현미경적 미시의 세계를 대우주로 확대 분석하는 능력을 갖출 수 있도록 배려하였다.

저자들은 제3판에서도 독자의 입장에서 보다 쉽게 이해할 수 있도록 표와 그림을 많이 이용하였으며 가능한 한 평이하게 기술하려고 노력했지만, 기대에 못미치는 한계가 있음을 시인하지 않을 수 없다. 그 점은 앞으로 계속 보완해 나갈 것을 약속하며 독자여러분의 많은 지적과 조언을 기대한다.

끝으로 제3판의 편집을 맡아 성의와 열의를 아끼지 않고 수고해 주신 **월드사이언스** 직원 여러분과 사장님께 깊이 감사의 뜻을 표한다.

2001년 1월
저자 일동

총목차

contents in brief

차 례

contents

제1부 생명체의 구성

제2부 생명체의 에너지 전환

제3부 생명의 연속성

제5부 생명의 다양성

제8부 생물과 환경

부록

생명체의 구성

I

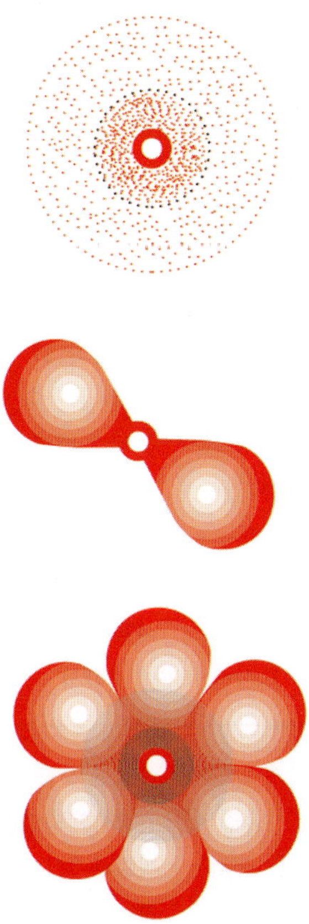

제1장

생명의 특성

1. 서론

1.1 생물과학의 발달

생명현상을 이해하려는 노력은 그리스시대로 거슬러 올라가 그 기원을 찾아볼 수 있다. 당시의 사람들은 자연의 여러 가지 현상을 자연철학적 입장에서 이해하려고 하였으며, 특히 생명관에 대해서는 **생기론**(vitalism)적 해석을 내세웠다. 생기론이란 생명을 지배하는 요인이 생명물질의 물리 · 화학적 성질에 있는 것이 아니라, 어떤 영적 존재(靈的存在)에 있다는 이론이다.

ARISTOTLE(384~322 BC)는 자연계를 합목적적 질서로 이루어진 통일체라고 주장했으며, 생명론으로서 목적론적 생기론을 제창하였다. 이 논리에 따르면, 생물은 질료(質料)인 육체가 형상(形相)이라고 하는 영혼을 나타낸다는 것이다. 그리고 영혼에는 모든 생물이 함께 가지고 있는 최하위의 영양적 영혼, 다음으로 동물의 감각적 영혼 그리고 최고위로 인간의 이성적 영혼이 존재한다고 생각하였다.

그러나 한편으로는 자연현상을 면밀히 관찰하고 종합, 분석하는 능력이 발달하면서 자연에 대한 지식이 축적되었다. 유적지에서 나온 벽화나 조각을 보면, 당시의 사람들이 동 · 식물을 치밀하게 관찰하였으며, 거기에 관해서 많은 지식을 갖고 있었다는 사실들을 알 수 있다.

16~17세기에 걸쳐서 BACON(1214~1294), HARVEY(1578~1657), GALILEI(1564~1642), DESCARTES(1596~1650) 등에 의해 발전된 기계론적 생명관은, 무생물계에서처럼 살아 있는 생물(유기체)도 생명체를 이루고 있는 물질의 물리 · 화학적 성질이나 법칙에 의해서 생명현상을 나타낸다는 주장이다. 이러한 논리를 **기계론**(mechanism)이라 하며, 생기론에 정면으로 대립하면서 등장했다.

이와 같은 생각은 DARWIN(1809~1882)의 **진화론**, PASTEUR(1822~1895)의 **생물영속설**의 확립과 더불어 생기론을 압도했다. 그러나 아직도 생명에 관한 문제를 확실히 설명할 수 있는 학설은 없다.

ARISTOTLE는 경험과 관찰의 중요성을 주장하여 동물학의 선조로 불리우며, 『영혼론』, 『동물지』, 『동물발생론』 등의 저서를 남겼다.

그러나 그 후 오랫동안 중세의 암흑시대가 끝날 때까지는 생물학 분야도 자연과학의 다른 분야에서처럼 전혀 학문적 진전이 없었는데, 르네상스시대에 이르러 자연에 대한 재인식의 필요성이 나타났다. 그 결과, 생물학 연구에도 자연과학적 연구방법을 이용하게 되었다. 예를 들면, HARVEY는 인체의 구조를 관찰하여 혈관의 역할을 밝힘으로써 혈액이 체내를 순환한다는 사실을 증명하였다. 또한, 미지의 땅을 탐험하게 됨에 따라 동 · 식물의 분포상을 세계적인 규모로 밝힐 수 있게 되었다.

근대생물학은 17~18세기에 들어서 상당한 발전을 보였다. 특히 17세기 중엽부터는 미세구조나 미생물을 현미경으로 관찰할 수 있게 되어, 그 전까지는 알지 못했던 미소한 생물체에 대해서도 그 존재를 확인하게 되었다. 또 대형 생물도 세포로 구성되어 있음이 밝혀짐으로써 **세포설**(cell theory)이 제창되었다. 이는 여러 생명현상을 세포의 수준에서 통일적으로 이해할 수 있는 계기가 되어, 매우 중요한 변화로 받아들여졌다.

광합성, 소화, 생식 등의 생명현상에 대해서도 그 본질을 밝힐 수 있는 방향으로 진일보하였다. DARWIN이 진화론을 제창한 것은 생물학사상 가장 특기할 만한 발전이며, 이는 자연과학계뿐만 아니라, 인문 · 사회과학계에도 지대한 영향을 끼쳤다. 더욱이 MENDEL(1822~1884)에 의해 「**유전의 법칙**」이 발표되어 1900년 이후 많은 사람들에게 인정을 받게 되었고, 그가 제안한 '인자'(당시는 '요소'라 했다)의 개념은 20세기의 생물학 발전에 지대한 영향을 주게 되었다.

동물의 발생현상을 해석함에 있어서도, SPEMANN(1869~1941)은 배의 일부를 배양하거나 이식하는 실험을 통해서 **형성체**(Organizer)를 발견하였다. 또 개체내의 조절기구로서 신경과 호르몬의 역할도 밝혀졌다.

신경세포의 흥분이 뇌의 전위변화나 이온의 이동속도와 어떻게 관계하는지의 연구에서도 흥분의 작용기작이 밝혀졌고, 호르몬과 단백질의 화학구조도 차차 밝혀짐에 따라 생체내의 생리활성물질에 대한 물리 · 화학적 성질도 이해할 수 있게 되었다.

이와 같이 생물학에 있어서 중요한 개념의 정립, 사실의 발견 등은 소수의 과학자가 비약적인 학문의 발전을 유도했다고 볼 수 있다. 그리고 그 발전의 기반으로서 현미경의 개선, 미소전류의 측정법, 미량물질의 정량법, 세포 · 생체배양 기술 등의 발달이 큰 역할을 한 것도 사실이다.

1930년대에는 물리학 분야에서도 생명현상의 본질에 관하여 깊은 흥미를 갖게 되었고, 특히 유전현상을 조절하는 「**유전자**(gene)」에 관한 연구는 세균을 감염시키는 **바이러스**(박테리오파아지)를 사용해서 진행되었다. 또, 단백질이나 핵산 등의 생체물질의 구조를 **X-선 회절법**으로 연구하게 되었으며, WATSON(1928~)과 CRICK(1916~)은 이들 연구를 종합해서 1953년에 DNA의 **이중나선**(double helix) 모델을 발표하였다.

이러한 연구들을 계기로 하여, 소위 **분자생물학**(molecular biology)이 탄생하였고, 그 후 비교적 짧은 기간내에 DNA가 유전자의 본체라는 사실이 확인되었으며, 그 구조나 합성의 기작도 밝혀졌다. 그리고 유전정보가 해독되어 분자생물학의 **중심원리**(central dogma)가 세워졌다. 이로써 생물은 유전정보인 DNA를 공통적인 성질로 가지고 있으며, 그 전사에 의해 생긴 RNA를 매개로 하여 세포내의 리보솜에서 특이한 단백질이 합성, 조절되고 있다는 것이 밝혀졌다. 이보다 먼저 생물체내의 에너지가 ATP분자에 저장되고 있다는 일반법칙이 이미 밝혀졌다. 한편, 근육의 수축기작, 광합성이 이루어질 때에 있어서 빛에너지의 전환기작과 세포막의 종류에 대해서도 분자 수준에서 연구를 하게 되어, 종래에 이해되고 있던 내용보다 훨씬 상세한 해명을 할 수 있게 되었다.

이렇게 생물이 갖는 일반적 성질이 분자 수준에서 해명된 결과, 생명현상을 물리 · 화학과 공통인 용어와 개념으로 이해할 수 있게 되었다. 뿐만 아니라, 지구상의 모든 생물이 동일한 유전정보에 지배되고, 공통의 물질적 기반을 가지며, 또한 공통의 기원을 가질 것이라는 사실도 생각할 수 있게 되었다.

이러한 자연현상에 대한 지식의 축적과, 전자현미경의 이용, 방사성동위원소의 이용, 최근의 유전자조작법과 세포융합법 등 새로운 기술의 발달에 의해 세포의 구조와 기능에 대해서도 30년 이전의 것과 비교할 수 없을 정도로 발전하였다.

한편, 오늘날의 기초생물학은 의학, 농학 등과도 학문적 구분을 명확히 할 수가 없게 되었다. 생물학 연구는 감염, 면역, 암, 노화 등의 과제나 환경, 식량, 인구, 자원이라는 과제에 이르기까지 자연과학뿐만 아니라, 사회과학이나 인문과학에도 큰 영향을 주고 있다.

21세기는 생명과학의 시대라고 말한다. 신비의 세계 속에 숨어 있던 생명현상이 그 모습을 드러내기 시작한 것이다. 현재로서는 예상할 수 없는 사실들이 밝혀지면, 그 지식의 응용으로 우리 생활을 또다시 윤택하게 할 수 있을 것으로 전망된다. 그러나 한편으로는, 물질적 만족에 우리 스스로가 노예화되는 현상도 경계해야 한다.

이렇게 볼 때 생명과학이라는 것은 순수한 생명문제를 공부하는 자연과학의 한 분야로 생각하기보다는 인류의 생존, 생명의 존엄성, 생물환경의 중요성을 함께 이해하는 종합과학적 성격을 지니는 것이며, 그러한 방향으로 발전해 가야 할 것이다.

1.2 생물과학의 연구방법

생물학은 자연과학의 한 분야이므로 자연을 연구대상으로 함은 물론, 그 연구방법도 일반적인 자연과학을 연구하는 방법과 큰 차이가 없다. 그러나 생명현상은 너무나 다양하고 종합적인 현상으로 표출되므로, 이에 알맞는 연구방법을 선택해야만 한다.

생명현상을 연구하는 방법은 생명을 해석하려는 입장에 따라서 크게 2가지로 나눌 수 있다. 첫째는, 다양한 생명현상 속에서 질서있는 공통성을 발견하여 그것으로 생명현상의 근본을 파악하려는 입장이다. 생물학에 있어서 이러한 분야는 **분류학**(taxonomy), **계통분류학**(systematics), **비교발생학**(comparative embryology), **비교생리학**(comparative physiology) 및 **진화학**(evolution) 등을 들 수 있다. 이러한 연구에는 **귀납법**(inductive method)이 이용되는데, 귀납법은 개개의 구체적인 사실을 파악하고, 그들을 기초로 일반적인 명제나 법칙을 도출해 내는 것이다.

둘째는, 생물계를 일정한 질서 하에서 특이한 물질로 정교하게 이루어진 이화학적 물질계라고 생각하여, 이러한 물질계에 어떤 변화가 생기면 그 결과가 생명현상으로 나타나는 것이라고 보아 그러한 변화의 원인과 결과를 분석하여 생명의 신비를 풀어보려는 입장이다.

이러한 분야에는 **생화학**(biochemistry), **생리학**(physiology), **발생생물학**(developmental biology), **세포생물학**(cell biology) 및 **유전학**(genetics) 등이 있고, 이들 연구에는 주로 **분석법**(analytical method)이 이용되고 있다. 위의 2가지 방법론은 어떤 구체적이고 부분적인 생명현상을 통하여 원리나 법칙성을 창안하는 데 적합하다.

그런데 그와 같은 부분적인 생명현상에서 어떤 사실 또는 지식을 얻어내려면, 대략 다음과 같은 과정을 거쳐야 한다. 우선, 생명에 관한 어떤 문제점을 예리하게 관찰하여, 거기서 얻은 내용을 설명해야 한다. 이렇게 논리정연한 생명현상의 내용을 하나의 **가설**(hypothesis)로 설정하고, 다음에는 그 가설이 사실인지를 확인하는 과정을 거쳐야 하는데, 이 과정이 **실험**(experiment)이다.

가설은 실험을 통해서 증명되어야 하며, 여기서 실험방법은 정확한 결론을 얻을 수 있는 객관적인 방법이어야 한다. 그리고 그와 같은 합리적이고 객관적인 방법으로 몇 번이고 반복하여 실험했을 때, 그 결과가 일치해야만 우리는 그 가설이 증명되었다고 믿는다. 이러한 과정을 거쳐서 증명된 가설만이 참다운 생명현상의 **학설**(theory)이 될 수 있다.

일찍이 HARVEY(1578~1657)는 예리한 관찰을 통해, 혈액은 순환한다고 생각하게 되었고(가설), 실제로 인체해부실험을 통해 그것을 증명한 현대 생리학의 개척자라고 할 수 있다.

이러한 사실의 이해를 돕기 위하여, 분자생물학과 분자유전학의 발전에 결정적인 역할을 한 DNA가 유전물질이라는 사실(가설)이 증명되기까지의 연구과정을 간단히 살펴본다.

여러 가지 지식을 종합해 보면, 유전물질은 핵 속에 들어 있을 것이라는 가정(가설)이 성립된다. 그래서 우선, ① 체세포와 생식세포의 핵에 들어 있는 물질의 함량을 비교해 보았다. 그 이유는 생식세포내의 유전물질은 체세포내의 유전물질에 비하여 1/2밖에 되지 않을 것이기 때문이었다.

이 실험을 통해 2가지 세포 사이에서 핵산의 함량이 크게 차이가 있음을 알았다. ② UV를 DNA에 조사(照射)시켰더니 260nm의 UV를 최대로 흡수하는 성질이 있음을 알 수 있었다. UV를 균에 조사하여 돌연변이가 생기는 비율을 알아보았더니, 그것도 260nm의 UV를 조사했을 때 가장 높게 나타났다.

이 사실을 검토한 결과, DNA가 260nm의 UV를 최대로 흡수한 사실은 균의 DNA에 구조적 변화를 많이 일으켜, 결과적으로 균의 돌연변이율을 높인 것이라고 해석되었다. 다음에는 ③ 폐렴쌍구균의 R형과 S형을 이용한 실험에서 S형의 어떤 물질이 R형으로 들어가면, R형균은 S형균으로 변할 것이라는 가설을 세웠다.

여러 단계의 실험을 통해 이 가설을 만족시키는 결과를 얻었는데, 즉 AVERY(1877~1955) 등은 S형균에서 DNA, RNA 및 단백질 등을 분리하여 R형균의 배양액 속에 각각 넣어 배양하면, DNA를 첨가했을 때만 R형균이 S형균으로 형질이 변화된 것을 알 수 있었다.

그 후, S형균의 DNA를 방사성동위원소로 표지하고, 그것을 R형균에 주입시키는 치밀한 실험을 통해, S형균의 DNA가 R형균에 들어가서 DNA재조합을 이루었을 때 형질의 변화가 나타남을 확인하고, 비로소 DNA가 유전물질이라는 가설을 직접적으로 증명하게 되었다. DNA가 유전물질이라는 사실은 그 외에도 여러 방법으로 추구하여 결론을 얻게 되었다.

이와 같은 확실한 실험결과를 얻음으로써 생명현상은 1가지씩 밝혀지고 있다.

1.3 생물과학의 전망

생물학이 발전해 온 과정을 통하여 이해할 수 있듯이, 과거의 생물학은 주로 생명현상을 관찰하여 기록하는 현상학적 연구가 많이 이루어졌다. 따라서 그 동안에 많은 지식을 얻게 되었고, 자연과학의 다른 분야가 발전함에 따라 생명현상을 관찰하는 시야도 넓어졌으며, 보다 새로운 방법을 이용하여 생명의 본질을 해명하려는 연구가 이루어지게 되었다. 특히, DNA가 유전물질이라는 사실이 밝혀지고, 계속해서 DNA의 구조, 복제, 기능 등 생명의 근본물질에 대한 물리 · 화학적 성질이 밝혀지면서 생명에 대한 현상학적 관념에 분석학적 개념이 도입되었다.

그 결과, 생명물질의 화학적 구조 및 기능에 관한 연구(**생화학**), 분자 수준에서의 생명현상에 관한 연구(**분자생물학**), 유전 · 발생 · 생리 · 생태 · 진화 · 분류학 등에서도 분자 수준에서 연구하는 추세로 변하고 있다. 이와 같은 분야의 연구 결과가 많이 나오면, 생명문제에 있어서 보다 근본적인 해명이 가능해질 것으로 생각된다.

생명에 관하여 현재까지 알려진 많은 지식을 종합하여, 보다 복잡하고 높은 차원에서 생명현상을 이해하려면, 생체내에서 생명물질이 수행하는 물리 · 화학적 역할의 특이성과 공통성을 이해하여야 한다. 따라서 생물과학은 각 자연과학의 종합분야라고 할 수 있다. 그러므로 생물과학을 공부하는 사람은 기초학문으로서 물리학, 화학은 물론, 수학 및 전산학 등 폭넓은 분야의 기초를 쌓아야 할 것이다.

생명현상의 미시적인 관찰과 분석학적 연구의 결과는 자연과학의 흐름을 변화시키고 있다. 즉, 21세기는 생물과학의 시대가 될 것으로 전망되고 있다. 생명물질의 구조와 기능을 원자 · 분자의 수준에서 해석하면서, 그 결과를 분류 · 형태 · 생리 · 발생 · 세포 · 유전 · 진화학 등에 접근시켜 나가면, 신비한 생명문제의 새로운 면을 밝힐 수 있다고 생각된다. 아울러 새로운 지식은 인류를 위하여 보다 유용하게 응용되어, 최근에 **유전공학**(genetic engineering) 기술을 통해 인슐린, 단일클론 항체(monoclonal antibody), 인터페론(interferon) 등을 쉽게 양산할 수 있게 됨은 물론, **유전자 치료법**(gene theraphy)이라는 새로운 치료법에 도전하기에 이르렀고 새로운 품종의 개량으로 농 · 수산물의 증산이 실현되고 있다.

인류의 생활활동이 다양해지면서 **생물권**(biosphere)의 오염을 예방하고 개선하는 문제는 장기간에 걸친 종합적인 연구로 해결될 **생태학**(ecology)의 핵심분야가 될 것이다. 20세기까지의 생명과학은 생명에 관한 지식, 원리, 법칙 및 진리 탐구에 치중하였던 학문이었다고 한다면, 21세기는 물리 · 화학적 지식을 기반으로 한 광범위한 생명현상의 탐구와 더불어 그 동안 얻은 지식을 유용하게 응용하는 학문으로 크게 발전하리라 믿는다.

이러한 전망을 하면서 2가지 명심해야 할 사항이 있다. 생물과학의 근본은 보다 정확한 생명현상을 해명하는 데 있다는 점과, 과학의 지식을 슬기롭게 이용하지 않으면 인류를 포함한 우주에 공존하고 있는 모든 생물계를 위협하는 무기가 될 수 있다는 점이다.

1.4 생명의 특성

우리는 사람, 장미, 개구리 등은 생명체이며, 바위나 공기 등은 생명의 특성이 없다는 것을 누구나 알고 있다. 그러나 21세기를 맞아 여러 가지 과학문명의 이기를 누리며 살고 있는 현 시점에서도 '생명이란 무엇이며 생명의 기원은 무엇인가?' 에 대한 것은 아직도 명확하게 그 해답을 얻지 못하고 있다. 이 지구상에 존재하는 생명체는 매우 다양하며, 이들 생명체는 무생물과 구분되는 공통적인 생명의 특성을 갖는다. 그러므로 이제부터 이러한 생명체의 특성을 살펴봄으로써 생명현상에 대한 이해를 도모하고자 한다.

1.4.1 체제

모든 생명체의 구조적 및 기능적 최소 단위는 **세포**(cell)이며, 생명체는 이들 세포와 세포에 의해 만들어진 물질들로 구성되어 있다. 따라서 비록 생명체들이 그 크기와 형태는 다양하지만 모두 세포로 구성되어 있으며, 이들 세포의 기능이 생명현상을 나타내는 것이다. 즉, 세균이나 아메바와 같은 **단세포생물**(unicellular organism)과, 사람이나 대나무의 경우처럼 수억 개의 세포로 이루어진 **다세포생물**(multicellular organism)의 생명현상도 세포 또는 각 세포들이 갖는 기능의 협동작용에 의해 이루어지고 있는 것이다.

한편, 다세포생물의 경우 구조와 기능이 같은 세포들이 모여서 **조직**(tissue)을 이루며, 조직들이 모여서 **기관**(organ), 기관들이 모여서 **기관계**(organ system), 기관계가 모여서 **개체**(individual)를 구성하는 식으로 **계층성**(hierarchy)을 이루고 있다. 이와 같은 계층구조는 생체원소-단위 생명분자-거대분자-세포기관-세포-조직-기관-기관계-개체-개체군-군집을 형성하여 생물사회적 구조와 기능을 갖추게 되며, 주위 환경과 더불어 생태계를 이루고 있다(그림 1-1).

1.4.2 증식과 발생

극도의 포화 상태인 염 용액에서 형성되는 결정체의 경우, 용액으로부터 염이 생성되어 나올 때마다 결정체가 점점 커진다. 이처럼 무생물도 자라는 것처럼 보이는 경우가 있으나, 이것은 생물학적 의미의 성장은 아니다. 생물학자들은 **성장**(growth)을 '생물체에 있어서 살아 있는 물질의 양적인 증가' 로 정의한다. 성장은 각 세포의 크기 또는 분열에 의해 그 수가 증가하여 몸이 커지는 것을 의미하며, 생물체의 여러 부위에 따라 다양한 기능으로 분화할 수도 있다.

대부분 나무는 무한정으로 계속 자라는 반면에, 동물은 대체로 일정한 성장기가 있어서 특정한 성체의 크기에 도달하면 성장을 끝낸다. 성장과정의 뚜렷한 양상 중의 하나는 성장을 하면서도 계속 그 기능은 수행한다는 것이다.

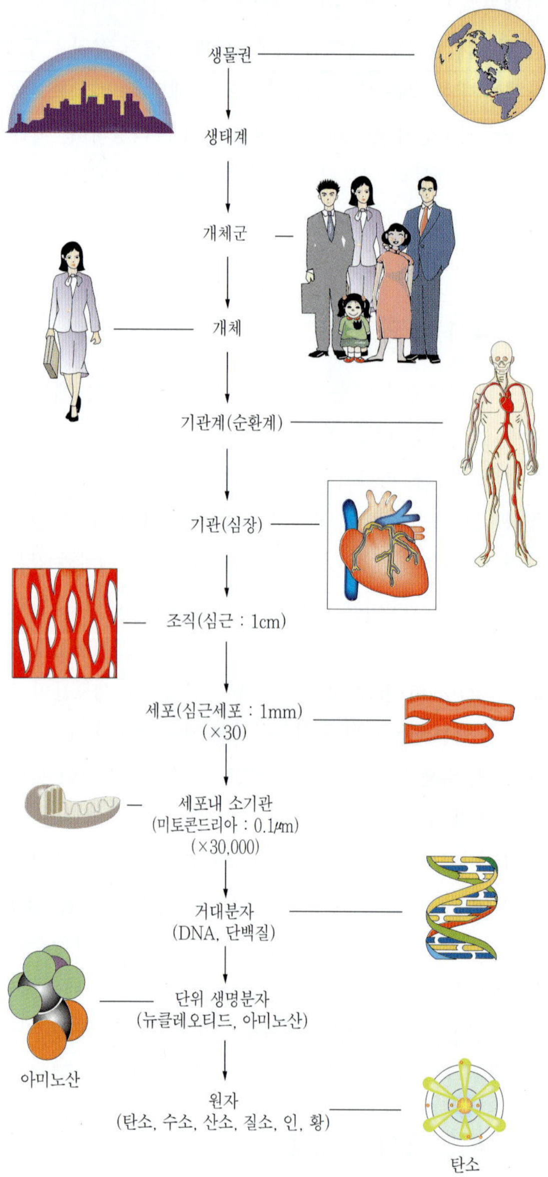

그림 1-1
생물체의 가장 작은 성분인 원자에서부터 생물권에 이르기까지의 생물학적 구성의 단계

생물체의 **발생**(development)은 생물이 살아가면서 일어나는 여러 가지 변화를 수반하는 것이다. 예를 들면, 사람을 비롯한 많은 생물체들은 수정란에서 시작하여 성장한 다음 특정구조와 체형으로 발생을 하게 된다.

1.4.3 물질대사

생물은 그 구성물질을 끊임없이 변화시켜, 체내에 필요한 물질을 만들어내고, 몸의 일부를 구성하거나 불필요한 물질은 체외로 방출한다. 그리고 이 화학반응의 과정을 통하여 생물은 활동에 필요한 에너지를 얻게 된다. 즉, 생물은 **동화작용**(anabolism)에 의하여 영양분을 얻어 성장하고, **이화작용**(catabolism)에 의하여 생물의 활동에 필요한 에너지(energy)를 얻는다.

이와 같이 생물체내에서 일어나는 모든 화학반응과 이에 수반되는 에너지의 변화과정을 **물질대사**(metabolism) 또는 대사라고 한다. 대사반응은 모든 생물체에서 끊임없이 일어나며, 체내 상태의 평형을 유지하기 위해 매우 조심스럽게 조절되어야 한다. 생물이 내부환경을 비교적 일정하게 유지하는 경향을 **항상성**(homeostasis)이라 하며, 그 수행기작을 항상성 기작(homeostatic mechanism)이라 한다.

1.4.4 운동

운동(movement)은 세포의 기본적인 성질로서, 생물체의 다른 한 특성이다. 세포내의 물질은 끊임없이 움직이며, 생물체는 주위환경과 상호작용을 위하여 운동을 한다. 대부분의 동물은 명확하게 운동들을 하고 있다. 즉, 꿈틀거리고, 기며, 헤엄치고, 달리거나 날기도 한다. 이동운동(locomotion)은 섬모나 편모의 움직임이나 근육의 수축에 의해 이루어진다.

동물의 운동은 다양하다. 해면류, 산호 및 굴 같은 동물들은 유생기에 자유롭게 헤엄칠 수 있으나, 성게처럼 위치이동을 하지 않는 것이 있고 이들의 성체 중에서도 고착성 물체 표면에 단단히 붙어 살면서 섬모나 편모의 운동으로 물을 움직여 먹이를 잡는 것도 있다.

식물의 경우에도 창가에 놓아둔 화분의 잎이 햇빛 방향으로 굽는다든지, 꽃봉오리가 개화할 때 볼 수 있는 꽃잎의 움직임 등에서도 운동을 관찰할 수 있다.

1.4.5 자극에 대한 반응

모든 형태의 생명체는 내부 및 외부 환경에서의 물리적 혹은 화학적 자극에 대해 반응한다. 이러한 자극은 색깔, 강도, 빛의 방향의 변화, 온도, 압력, 소리의 변화, 주위 토양, 공기, 물의 화학적 조성의 변화 등이며, 단순한 생물체는 그 자체가 자극에 예민하게 반응한다. 북극곰이나 사람 같은 다세포동물의 경우, 빛에 민감한 눈의 각막과 같이 몸의 일부 세포가 자극에 대해 반응하도록 특수하게 분화되어 있다.

동물에서처럼 명확하지는 않으나 식물도 빛, 중력, 물 등의 자극에 대해 반응을 나타낸다. 식물세포의 원형질유동은 빛의 양적 변화에 따른 반응이다. 많은 식물의 반응은 식물체의 부위별 성장률의 차이에 따라 다르다. 끈끈이주걱같은 식물은 접촉에 매우 민감하여 곤충을 잡을 수 있는데, 그 잎은 주맥을 따라 꺾여 있고 곤충을 유혹하는 냄새를 낸다.

곤충이 잎에 붙으면 잎 표면의 털이 알아내어 잎이 접혀지도록 자극한다. 잎의 두 가장자리가 붙으면 먹이가 도망가지 못하도록 털이 맞물리게 되고, 잎이 그 곤충을 죽여서 소화시키는 효소를 분비한다(그림 1-2). 이 식물은 질소가 부족한 토양에서 주로 발견되는데, 잡아먹은 곤충으로부터 성장에 필요한 질소를 얻는다.

1.4.6 생식

생물학의 기본원리 중의 하나는 「모든 생물은 살아 있는 생물체로부터만 생긴다」는 것이다. 아메바같은 단순한 생물은 성의 구별이 없는 **무성생식**(asexual reproduction)을 한다. 아메바는 일정 크기로 자라면 반으로 나뉘는 생식을 하여 2개의 새로운 아메바가 생성된다. 아메바가 나뉘기 전에 유전물질을 복제하여 1세트씩을 각각의 새로운 세포에 분산시킨다.

크기를 제외하고는 각각의 새로운 아메바는 원래의 세포와 거의 유사하다. 이와 같이 모든 생물은 자신과 똑같은 개체를 복제할 수 있는 능력, 즉 **생식능력**(reproductive ability)이 있기 때문에 개체는 죽더라도 그 종족은 유지되는 것이다.

대부분의 식물과 동물은, 알과 정자 세포가 융합하여 새로운 생명체인 수정란을 만드는 **유성생식**(sexual reproduction)을 한다. 수정란이 발생하여 생긴 새로운 개체는(그림 1-3) 부와 모, 양친에서 비롯된 여러 가지 유전자의 상호작용의 산물이며, 이때 나타나는 유전적 다양성에 의해 진화와 적응의 주요 원인이 제공되는 것이다.

1.4.7 진화와 적응

생물은 환경에 대하여 적응할 수 있는 능력을 지니고 있으므로 같은 환경에 대하여 보다 효율적으로 물질대사, 생식 또는 행동을 하게 되는데, 이를 **적응**(adaptation)이라고 한다. 적응은 구조적, 생리적, 행동적 혹은 이 3가지 모두의 복합적인 의미일 것이다. 겨울 철새인 마도요의 긴 부리는 개펄의 깊은 곳에 있는 갯지렁이를 잡아먹기 위해 적응된 것이고(그림 1-4), 카멜레온의 길고 유연성 있는 혀는 곤충을 잡기 위해 적응된 것이며(그림 1-5), 북극곰의 두꺼운 모피껍질은 추운 기온에서 살아갈 수 있도록 적응된 것이다.

이와 같이 군집이 진화하고 환경에 적응하는 능력은 생물체로 하여금 변화하는 세상에서 생존할 수 있는 능력을 증가시켜준다.

생물이 환경의 변화에 대하여 적응하여 얻은 형질에 의한 변화를 **진화**(evolution)라고 하며, 이것은 오랜 세월이 경과

그림 1-2 끈끈이주걱의 섭식형태

(a) (b) (c)

그림 1-3 연어의 발생과정 (a) 알 (b) 어린 치어 (c) 치어

할수록 더욱 커지며, 새로운 생물종이 생겨날 수 있는 원인이 될 수 있다.

현재, 우리가 보는 모든 생물은 오랜 지구의 역사를 통해 환경에 적응하여 진화해 온 산물이며, 이러한 진화현상은 생물의 세계에서만 볼 수 있는 특성이다. 지구상에 최초로 생물이 나타난 후 오늘에 이르기까지 약 30억 년 동안 생물진화는 중단없이 이루어졌으며, 앞으로도 계속될 것이다.

이제부터 이상과 같은 생명체의 특성을 구조와 기능면에서 탐구, 분석하여 생명의 본질에 대한 기본적인 면을 세부적으로 공부해 보도록 하자.

그림 1-4 마도요의 긴 부리를 이용한 섭식행동

그림 1-5 긴 혀를 이용한 카멜레온의 먹이사냥

제2장

생명의 화학적 기초

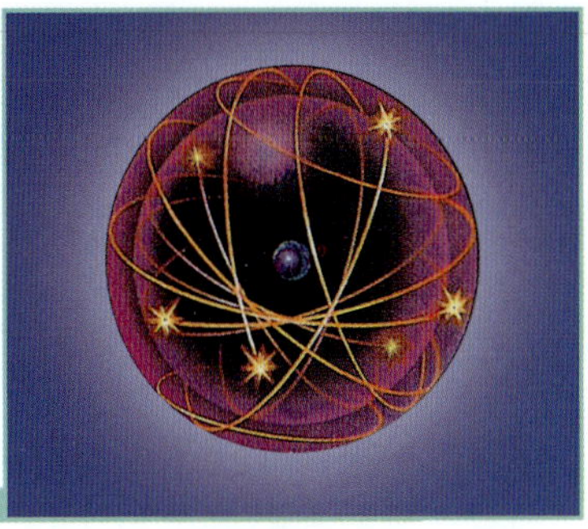

지구상에 존재하는 생명체는 바이러스, 박테리아, 원생동물부터 식물, 무척추동물 및 고등동물에 이르기까지 크기, 구조, 형태가 매우 다양함을 볼 수 있다. 그러나 이들 생명체는 같은 화학원소와 거의 같은 유기분자들로 이루어져 있으며, 그들의 생명현상(기능)도 매우 유사하여 물리 · 화학적 공통원리(common principle)에 의해 이루어지고 있다. 따라서 아무리 복잡해 보이는 생명현상도 결국은 생명체를 이루고 있는 화학물질들의 상호작용에 그 근본을 두고 있다.

그러므로 생명현상을 이해하기 위해서는 먼저 생명을 이루는 물질의 기본성질과 생체내에서의 특성을 알아야 한다.

표 2-1 인체, 바닷물 및 지각을 구성하는 원소함량의 비교

인 체		바 닷 물		지 각	
원소	함량(%)	원소	함량(%)	원소	함량(%)
H	63	H	66	O	47
O	25.5	O	33	Si	28
C	9.5	Cl	0.33	Al	7.9
N	1.4	Na	0.28	Fe	4.5
Ca	0.31	Mg	0.033	Ca	3.5
P	0.22	S	0.017	Na	2.5
Cl	0.03	Ca	0.006	K	2.5
K	0.06	K	0.006	Mg	2.2
S	0.05	C	0.0014	Ti	0.46
Na	0.03	Br	0.0005	H	0.22
Mg	0.01			C	0.19
기타 〈 0.01		기타 〈 0.1		기타 〈 0.1	

* 함량은 구성원소 전체에 대한 백분율

2.1 원소와 원자구조

지구상의 모든 물체는 원소(element)로 이루어져 있으며, 현재까지 약 92종의 자연원소와 17종의 인공원소가 알려져 있다.

생물체는 이 중 20여 종의 원소만으로 이루어져 있는데, 이것을 생체원소(bioelement)라고 한다. 생체원소는 수소(H), 산소(O), 탄소(C), 질소(N), 칼슘(Ca), 인(P) 등 6종류가 대부분을 이루며, 이외의 다른 원소들은 미량으로 들어있다(표 2-1). 표 2-1에서 알 수 있듯이 생물체와 바닷물 및 암석을 구성하는 원소의 함량비는 매우 다르다.

대부분의 생물체에는 C, H, O, N의 4가지 원소가 약 96% 이상을 차지하나, 지각의 경우에는 O를 제외한 C, H, N는 1%에 불과하다.

따라서 생물체를 이루고 있는 이 4종의 원소는 다른 원소와는 달리 다양한 생체분자를 구성할 수 있는 적합한 성질을 지니고 있다. 즉, 이 4종의 원소는 그 자체의 화학적 성질에 의해 전자를 쉽게 공유하는 공유결합(covalent bond)을 만들며, C, N, O는 2중결합, C는 3중결합도 할 수 있으므로 다양하고 안정된 분자종(分子種)을 형성할 수 있다. 특히 탄소는 4개의 가전자(價電子)를 가지므로 탄소나 그외 다른 원소와의 공유결합에 의한 다양한 유기분자를 형성할 수 있고, 더욱이 탄소원자 1개를 둘러싸는 공유전자쌍이 정사면체로 배치되어 있다. 그러므로 탄소원자가 골격이 되는 유기고분자는 다양한 3차원적 구조를 취할 수 있기 때문에 다종 다양한 형태와 작용기를 갖는 안정된 고분자를 형성할 수 있는 것이다.

그외 탄소가 갖는 여러 가지 물리 · 화학적 성질은 지구환경에서 탄소화합물이 생물로 진화하는 데 가장 좋은 조건을 갖추고 있다. 그 결과 생물계와 무생물계는 본질적인 차이를 갖게 되었을 것으로 추측된다. 탄소와 같은 4족 원소에 속하며 지각에도 가장 풍부한 규소(Si)가 생물체에 거의 없는 것은 흥미로운 일이다. 그 이유를 살펴보면, 첫째, 규소도 탄소와 마찬가지로 4개의 전자를 얻어 안정된 전자배치로 되지만, 결합거리가 좀더 길기 때문에 탄소함유분자보다 개방적 구조를 하고 있어 분해되기 쉽다. 그러므로 규소의 중합체(polymer)는 물과 함께 있으면 불안정하다. 둘째, 규소는 이

중결합을 하지 못하고 산소와 결합하면 거대한 3차원적 망상 중합체(석영)를 만들며 화학적으로는 불활성화된다.

따라서 규소는 호기적 환경일 때 물질순환이 어렵지만, 탄소는 산소와 결합하여 CO_2로 되고 이것은 물 속에서도 안정하여 잘 용해되므로 수계와 대기 사이에 순환하는 이상적인 물질이라 할 수 있다.

원소를 구성하는 기본단위는 **원자**(atom)라는 입자인데, 그 구조는 매우 복잡하므로 여기서는 간단히 살펴보기로 한다. 각 원자는 양전하(positive charge)를 갖는 **양성자**(proton)와 전하를 갖지 않는 **중성자**(neutron)가 원자핵(atomic nucleus)을 이루고, 그 주위를 음전하(negative charge)의 **전자**(electron)가 둘러싸고 있다(그림 2-1).

양성자는 질량이 약 1.67×10^{-24}g이며, 중성자의 질량은 양성자의 것과 비슷하나, 전자의 질량은 양성자의 1/1,840에 불과하다. 각 원자의 양성자와 전자의 수는 같으므로 원자는 전기적으로 중성이며, 원자핵 속에 들어 있는 양성자의 수를 **원자번호**(atomic number)라 하고, 양성자와 중성자 질량의 합을 원자의 **질량수**(mass number)라 한다. 원자의 실제 무게는 아주 가벼워서 편의상 원자질량단위(atomic mass unit ; amu) 또는 **원자량**(atomic weight)으로 표시하며, 이는 6번 탄소(C)의 무게를 12로 정하고 이와의 상대치로 표시한다.

이렇게 할 때 H의 원자량은 1.008이 되며, 또한 양성자와 중성자의 무게도 거의 1에 가까운 수가 되므로, 원자량은 앞서 설명한 질량수와 거의 같은 값이 된다.

동일 원소의 모든 원자는 같은 수의 양자를 가지고 있다. 그러나 동일 원소의 원자라도, 어떤 원소들은 그들이 가진 중성자의 수가 서로 달라서, 그들의 질량수 역시 서로 다른 경우가 있다. 예를 들어, 수소는 다음과 같은 3가지 형태로 존재할 수 있다. (1) 핵내에 중성자가 없는 형태 (2) 하나의 중성자를 가진 형태 (3) 2개의 중성자를 가진 형태 등이다. 이와 같은 3가지 형태의 수소를 수소의 **동위원소**(isotope)라고 한다. 즉, 한 원소의 동위원소들은 서로 다른 수의 중성자를 가지고 있어서 서로 다른 질량수를 가지게 된다.

동위원소는 원자번호(atomic number)와 질량수를 사용하여 표기할 수 있다. 즉, 동위원소의 화학식 좌측 하단에 원자번호(양자수)를 기입하고, 그 상단에 질량수(양자수와 중성자수의 합)를 기입하여 표시한다. 예를 들어, 중성자를 가지고 있지 않은 수소의 동위원소는 $^{1}_{1}H$로 표시하고, 중성자 하나를 가진 동위원소(이중수소, deuterium)는 $^{2}_{1}H$로, 2개의 중성자를 가진 것(삼중수소, tritium)은 $^{3}_{1}H$로 표시한다.

원자핵을 중심으로 그 주위 특정 공간영역을 전자가 돌고 있는데 이를 **오비탈**(orbital)이라 하며, 가장 낮은 에너지를 갖는 오비탈은 원자핵에 가장 가까이 있고 구형(1*s*)이다.

그외 핵에서 좀 떨어진 구형(2*s*), 아령형(2*p*) 또는 복잡한 3차구조의 모형을 갖는 오비탈도 있다(그림 2-2). 오비탈은 전자들이 존재하는 공간 위치를 말하므로, 원자핵 주위에 **전자구름**(electron cloud)을 형성하는 형태가 되며, 각 전자들의 존재 부위에 따라 다른 전자밀도를 갖는다. 몇 개의 전자들이 같은 에너지 준위의 상태로 존재할 때, 이들은 **전자각**(electron shell)을 형성한다.

이 전자각 중 원자핵에서 가장 가깝게 있는 것부터 각각 K, L, M, N-각이라 하며, 이 순서로 에너지 준위는 높아진다. 따라서 원자의 전자분포모형은 편의상 그림 2-3과 같이 원자핵 주위의 동심원상의 점형태로 표시할 수도 있으며, 이때 전자가 회전하는 동심원의 궤도가 고정된 것이 아님을 유념해야 한다. 한편, 각 전자각은 주양자수에 의해 K-각부터 n=1, 2, 3, 4 로 표시하기도 하며, 각 n값에 의해 n^2개의 오비탈이 존재한다. 한편 각 오비탈에는 2개의 전자밖에 들어

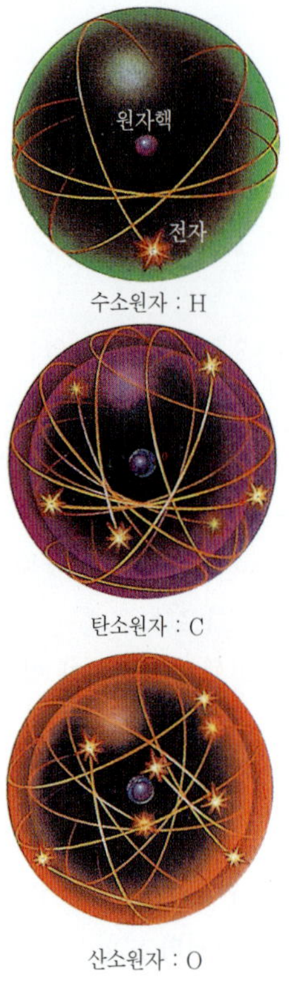

그림 2-1
수소와 탄소 및 산소의 원자구조

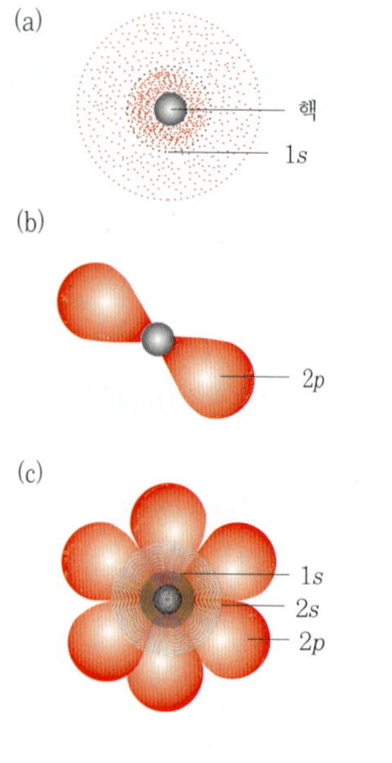

그림 2-2 전자 오비탈의 예
점의 밀도는 원자핵 주위에서 발견되는 확률에 비례한다.
(a) 가장 낮은 에너지 준위의 구형 오비탈(1*s*)
(b) 둘째로 낮은 에너지 준위의 구형 오비탈(2*p*)의 하나
(c) 둘째로 낮은 준위의 오비탈은 4가지, 즉 하나의 구형(2*s*)과 3개의 아령형(2*p*)을 갖는다.

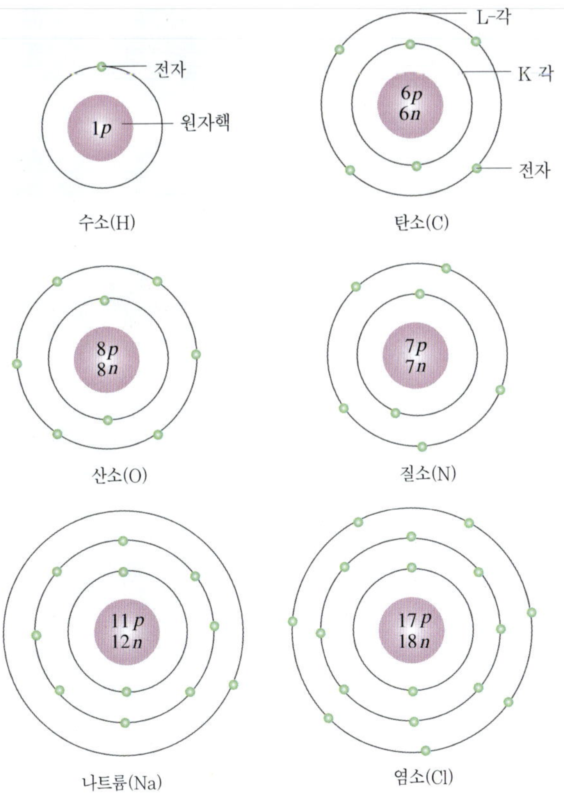

그림 2-3 원자의 모형과 전자식
각 원형 궤도는 에너지 준위가 같은 전자각을 의미한다(p : 양성자 n : 중성자).

갈 수 없으므로, K－각(n=1)에는 2개, L－각(n=2)에는 8개, M 각에는 18개, N－각에는 32개까지 전자가 들어갈 수 있다. 그러나 K－각만을 가진 수소와 헬륨은 2개까지, 그 외 원자의 최외각에는 8개까지만 전자를 채울 수 있으며, 8개의 최외각 전자 배치를 가질 때(K－각만 갖는 경우 2개) 모든 원자는 가장 안정된 상태에 있게 된다.

예를 들어 비활성기체(inert gas)라 부르는 헬륨, 네온, 아르곤 등은 최외각이 전자로 포화되어(2 혹은 8) 안정상태에 있으므로 다른 원소와 쉽게 화학반응을 일으키지 않는다. 실제로 원자는 각 원자가 갖는 최외각 전자의 수에 의해 화학적 성질이 결정되는 것이며, 최외각 전자를 그 원자의 **가전자**(valence electron)라 부른다. 생체원소 중에서 중요한 몇 가지의 원자구조를 그림 2-3에 표시하였다.

2.2 화학결합

앞에서 설명한 바와 같이 최외각 전자수가 8개 또는 2개로 포화될 때, 원자는 가장 안정된 상태이므로 가전자의 수가 8보다 적은 원자들은 전자를 잃거나 얻거나 또는 공유함으로써 8개의 최외각 전자(수소인 경우 2개)를 가지려고 한다. 그러므로 가전자들의 작용에 의해 둘 이상의 원자가에 상호 결합될 때, 이를 **화학결합**(chemical bond)이라 한다.

화학결합에서 중요한 것은 공유결합과 이온결합 및 수소결합이며, 생명분자 형성에는 공유결합이 많다. 또한 생물체에서는 공유결합 외에 약한 화학결합인(엄밀한 의미의 화학결합은 아님) 소수력, 반데르 바알스의 힘 등이 중요하다.

2.2.1 공유결합

두 원자 사이에서 하나 또는 몇 개의 전자를 공유함으로써 형성되는 화학결합을 **공유결합**(covalent bond)이라 한다. 예를 들면 수소분자(H_2)는 2개의 수소원자가 각각의 전자를 서로 공유하여 안정된 전자 배치를 갖는다(그림 2-4a, 2-5).

수소와 산소에서 물분자가 형성되는 것도 역시 공유결합에 의한 것이며(그림 2-4c), 산소원자 2개에서 산소분자(O_2)가 생기는 것은 2쌍의 전자를 공유하여 이루어진다(그림 2-4b). 위의 예에서 알 수 있는 바와 같이, 공유결합 중 1쌍의 전자를 두 원자가 서로 공유하여 생길 때를 **단일결합**(single bond)이라 하며 단일선(－)으로 표시한다. 또 2쌍의 전자를 공유하는 경우는 **이중결합**(double bond)이라 하여 이중선(＝)으로 표시하고, 3쌍의 전자가 공유되는 경우는 **삼중결합**(triple bond)이라 하며 3중선(≡)으로 표시한다.

한편, 공유결합을 하는 각 원자가 공유전자를 끌어당기는 인력의 상대적 세기를 **전기음성도**(electronegativity)라 하며, 일반적으로 F, O, N 등은 전기음성도가 크고 H는 작다. 따라서 산소나 수소같이 단원자의 공유결합 분자인 경우는 두 원자 간에 전기음성도의 차이가 없으므로 공유전자쌍은 어느 한쪽으로도 치우치지 않으나, 서로 다른 원자 간의 공유결합 분자의 경우 공유전자쌍은 전기음성도가 큰 쪽으로 기울게 되므로, 전기음성도가 큰 쪽이 미약한 음전하(δ^-)를, 그 반대쪽 원소는 미약한 양전하(δ^+)를 띠는 극성을 갖게 된다.

이와 같이 공유전자들이 어느 한쪽의 원자쪽으로 치우쳐 있는 공유결합을 **극성공유결합**(polar covalent bond)이라 하며, 물분자(H_2O)가 그 좋은 예이다.

2.2.2 이온결합

원자는 최외각이 전자로 포화되어 있지 않을 경우, 하나

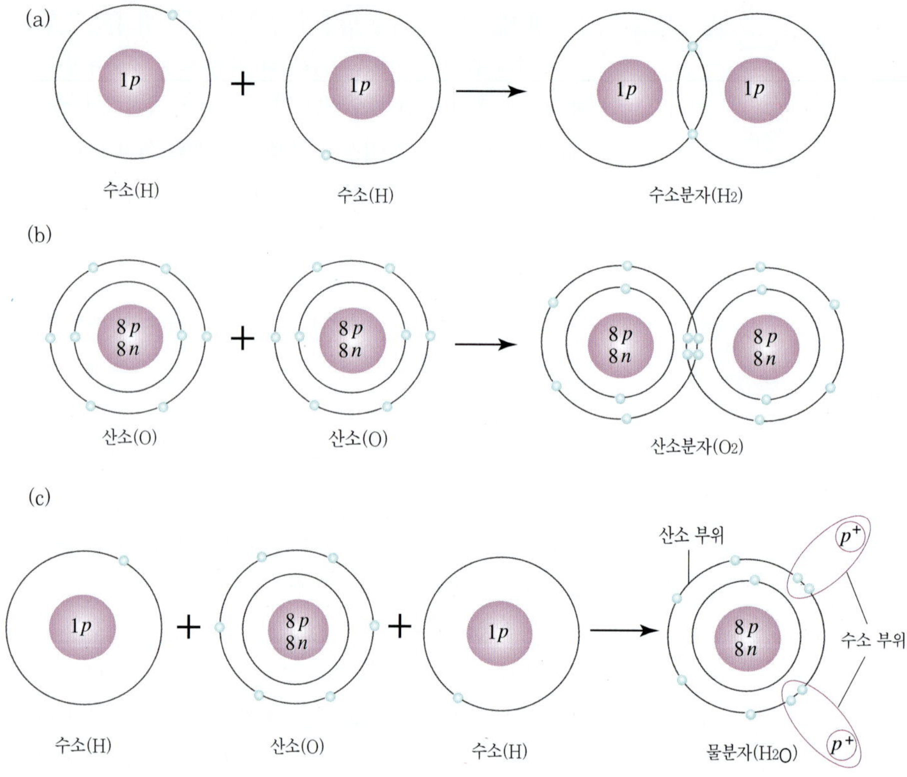

그림 2-4 공유결합 형성의 예(p : 양성자, n : 중성자)

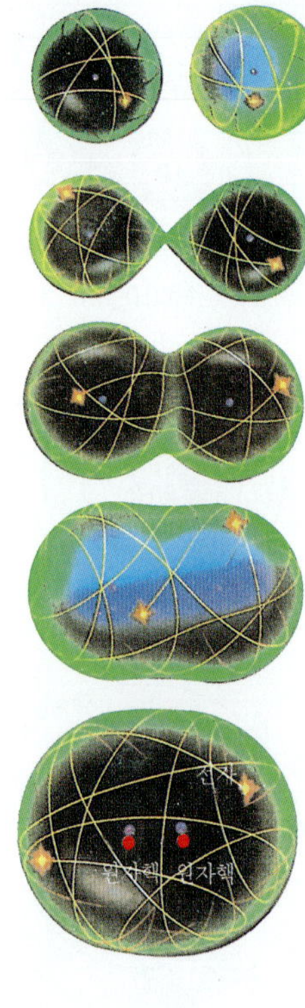

그림 2-5
수소원자 간의 공유결합에 의한 수소분자(H_2)

또는 둘 이상의 전자를 잃거나 얻음으로써, 양전하(+) 또는 음전하(−)를 띠게 되는데, 이를 이온(ion)이라 한다. 즉, 전자를 잃을 경우는 양이온(cation)이 되며, 얻을 경우는 음이온(anion)이 된다. 서로 반대 하전을 갖는 두 이온 사이의 정전인력(electrostatic force)에 의한 결합을 **이온결합**(ionic bond)이라 하며, 생성된 화합물을 이온결합화합물이라 한다. 예를 들면, 원자번호 11인 Na원자는 그 최외각(M−각)에 1개의 전자만이 돌고 있으므로 하나의 전자를 잃어 안정되려는 경향이 크다. 따라서 전자 하나를 내보내면 그 안쪽 전자각(L−각)에 8개의 전자를 갖게 되므로 안정 상태가 될 수 있다.

한편, 원자번호 17인 Cl원자는 그 최외각인 M−각에 전자가 7개 있으므로, 전자 하나를 얻으면 M−각을 포화시킬 수 있어 전자 하나를 얻으려는 경향이 크다. 그러므로 Na과 Cl원자가 접근하게 되면 전자를 서로 주고 받아서 양이온인 Na^+과 음이온인 Cl^-이 형성되며, 이 두 이온 간의 정전인력에 의해 NaCl, 즉 소금분자가 형성된다(그림 2-6).

2.2.3 수소결합

생물계에서 중요한 또 하나의 결합은 **수소결합**(hydrogen bond)이다. 극성공유결합을 갖는 물분자에서 수소원자는 전기음성도가 작으므로 미약한 양전하(δ^+)를 띠게 되며, 반대로 산소원자는 전기음성도가 크므로 미약하지만 음전하(δ^-)를 띠게 된다.

따라서 서로 이웃하는 물분자 간의 H와 O 사이에는 미약하지만 정전인력이 작용할 수 있다(그림 2-7).

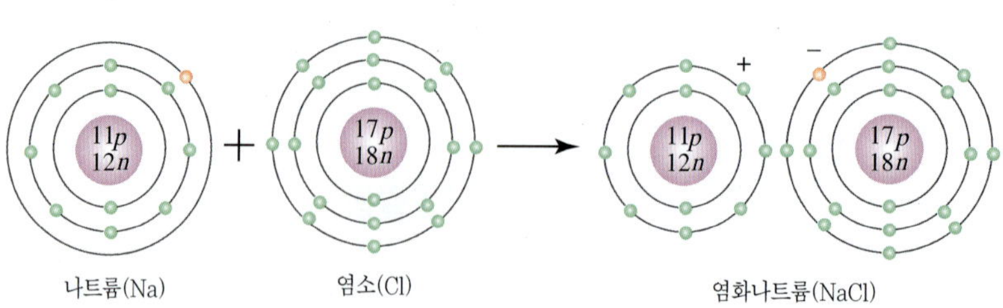

그림 2-6 나트륨과 염소의 이온결합

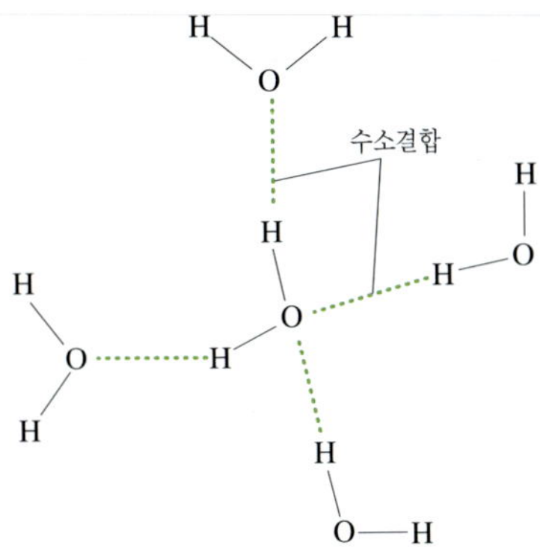

그림 2-7 물분자 간의 수소결합

이와 같이 전기음성도의 차가 있는 분자 간의 미약한 정전인력에 의한 결합을 수소결합이라 한다. 수소결합 자체는 매우 미약한 결합이므로 쉽게 파괴된다. 그러나 생체분자 간의 수소결합은 무수히 많이 생길 수 있으므로 단백질이나 핵산 같은 생체고분자의 입체구조를 유지시키는 원동력으로서 매우 중요한 결합의 하나이다.

2.2.4 기타 화학결합

분자 간의 또 다른 2가지 결합이 **반데르 바알스의 힘**(Van der Waals forces)과 **소수력**(hydrophobic interaction)이다. 이들도 분자 간의 매우 약한 결합이지만 생물세포내 여러 분자들의 구조를 유지하는 데 중요한 역할을 한다. 반데르 바알스의 힘은 분자들이 매우 근접해 있을 때 생기며, 이는 분자를 구성하는 한 원자내에서의 전자의 비대칭적 분포에 의해 이루어진 음전하를 띤 전자구름이 이웃하는 원자의 양전하를 띤 핵과의 상호작용에 의해 이루어진다.

소수력은 비극성 분자 간의 상호인력에 의한 결합을 말하며, 물에 기름을 떨어뜨렸을 때 서로 섞이지 않는 것은 이와 같은 소수력의 한 예이다.

2.3 물의 분자구조와 특성

물은 생물의 몸 안에 가장 많이 함유되어 있는 것으로 생체 무게의 약 60~70%를 차지하며(해파리나 일부 식물에서는 95%), 생명유지의 가장 필수적인 분자이다. 생체내의 각종 물질은 물에 용해되어 있으며, 모든 화학반응은 물이라는 매체가 있어야 가능하고, 물질운반이나 윤활기능, 삼투현상 등 물이 생리기능 발현에 직접 참여하기도 한다. 따라서 물이 없이는 생명체는 살아갈 수 없다.

물은 앞에서 설명한 바와 같이 극성공유결합(極性共有結合)에 의해 분자를 형성하며, 전기음성도의 차에 의해 H는 약한 양전하(δ^+), O는 약한 음전하(δ^-)를 띠므로, 같은 양전하의 수소원자 간의 정전기적 반발에 의해 결합각이 104.5° 를 이루는 비대칭형(非對稱形)의 분자구조를 나타낸다(그림 2-8). 또한 물분자가 갖는 극성으로 인하여 주위의 다른 물분자와 쉽게 수소결합을 형성한다.

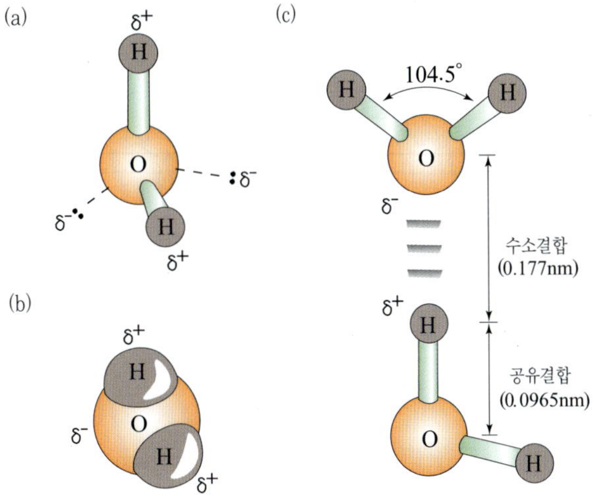

그림 2-8 물분자의 구조 모형(a) 및 (b)와, 물분자 간의 수소결합(c)

물이 갖는 여러 가지 물리 · 화학적 성질은 이와 같은 분자구조에 기인한다. 수소결합은 결합에너지가 4.5kcal/mole로서 물분자내 O−H간의 공유결합에너지(110kcal/mole)에 비해 매우 낮은 약한 결합이지만, 물분자 사이에는 수없이 많은 수소결합이 가능하므로 각 물분자를 떼어 놓으려면 많은 에너지(열)가 요구됨을 알 수 있다. 그러므로 물은 다른 분자에 비해 융점(melting point), 비등점(boiling point), 기화열(heat of vaporization), 열용량(heat capacity) 등이 크므로 생물체의 체온조절에 용이하다. 또한 물분자 간에는 약한 수소결합이 되어 있으므로 응집력(cohesive force) 및 표면장력(surface tension)이 크다. 한편, 물이 얼어서 고체 상태가 될 때 수소결합에 의해 견고하고 규칙적인 결합을 하는 결정구조를 가지므로(그림 2-9), 얼음이 물보다 비중이 작아져 물 위에 뜨게 된다. 그러므로 겨울에 물이 표면부터 얼게 되며, 그 밑에서 수서생물(水棲生物)들이 살아갈 수 있는 것이다.

물은 극성분자이므로 용해 능력이 매우 강하다. 예를 들면, 이온결합화합물인 NaCl을 물에 넣으면 물이 갖는 극성

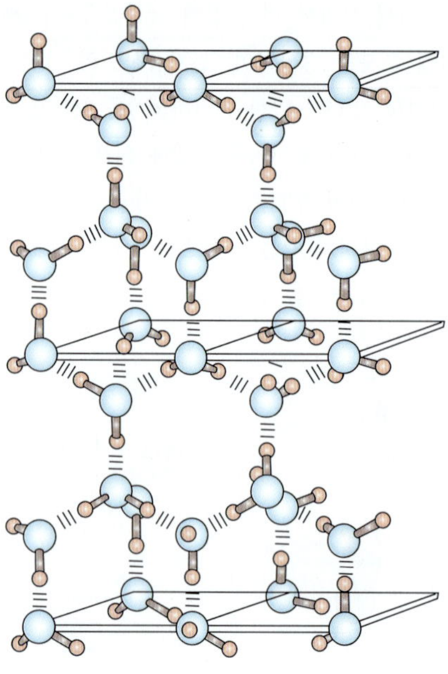

그림 2-9 얼음의 결정구조
각 물분자는 최대로 4분자의 이웃 물분자와 수소결합에 의해 결정격자를 이룬다.

때문에 NaCl은 그 구성 이온으로 해리(dissociation)된다. 이는 물분자내의 약한 양전하를 띠는 수소원자와 약한 음전하를 띠는 산소원자가 고체 이온분자내에서 서로 다른 하전이온과 결합함으로써 Na^+이온과 Cl^-이온을 갈라놓는 수화(hydration)현상, 즉 **용해**(solvation)시키는 것이다(그림 2-10). 이와 같이 물은 각종 물질을 용해시키므로 **만능용매**(universal solvent)라고도 하며, 따라서 물은 생체내 각종 물질을 녹여 체내 각 부분으로 운반하며, 또 모든 화학반응을 가능하게 한다.

2.4 산과 염기

용액 속에서 양성자(proton), 즉 수소이온(H^+)을 방출하는 물질을 **산**(acid)이라 하며, 반대로 양성자를 받아들이는 물질을 **염기**(base) 또는 알칼리(alkali)라 한다. 따라서 산과 염기를 각각 양성자 공여체(proton donor) 및 양성자 수용체(proton acceptor)라 정의할 수 있다. 대부분의 염기는 물에 녹을 때 수산이온(OH^-)과 양이온(cation)으로 해리된다.

염산(HCl)이나 초산(CH_3COOH)은 물에 녹으면 각각 H^+과 Cl^- 및 CH_3COO^-과 H^+로 해리되므로 산의 일종이다. 염산은 물에 녹을 때 대부분의 분자가 해리하여 H^+을 방출하므로 **강산**(强酸)이라 하며, 초산은 극히 일부 분자만이 해리하여 약간의 H^+을 내므로 **약산**(弱酸)이라 한다. 염기도 해리도(dissociation rate)가 크고 작음에 따라 강염기, 약염기로 구분되며, 수산화나트륨(NaOH)은 강염기, 수산화암모늄(NH_4OH)은 약염기에 속한다.

산과 염기가 수용액 속에서 만나면 산에서 방출된 H^+과 염기에서 방출된 OH^-이 결합하여 물분자(H_2O)가 형성되며, 산의 음이온과 염기의 양이온이 이온결합으로 **염**(salt)을 형성한다. 이와 같이 산과 염기가 반응하여 염과 물을 생성하는 것을 **중화**(neutralization)반응이라 한다.

$$\underset{\text{산}}{HCl} + \underset{\text{염기}}{NaOH} \xrightarrow{\text{중화}} \underset{\text{염}}{NaCl} + \underset{\text{물}}{H_2O}$$

$$\underset{\text{산}}{CH_3COOH} + \underset{\text{염기}}{NaOH} \xrightarrow{\text{중화}} \underset{\text{염}}{CH_3COONa} + \underset{\text{물}}{H_2O}$$

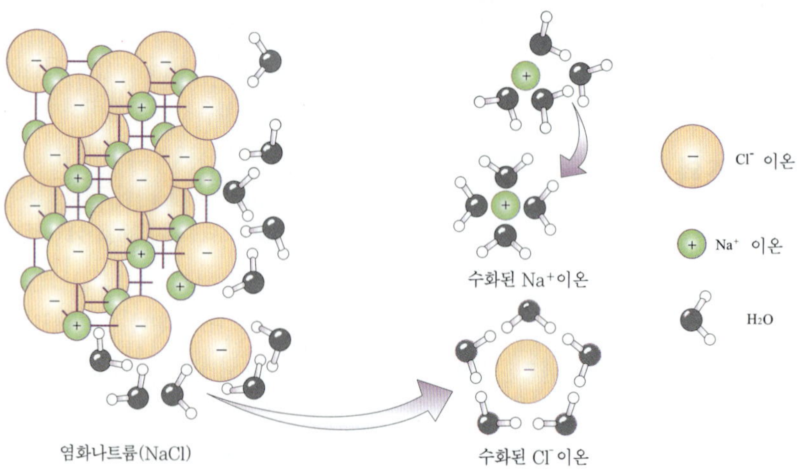

그림 2-10 물분자에 의한 염화나트륨(NaCl)의 용해

물분자도 일부분은 해리하여 다음 식에서 보는 바와 같이

$$H_2O \longrightarrow H^+ + OH^-, \quad H_2O + H^+ \longrightarrow H_3O^+$$

산　　　　　　　　염기

되어 H^+을 방출하기도 하며, H^+을 받아 히드로늄이온(H_3O^+)을 형성하기도 하므로 산이면서 동시에 염기라고 할 수 있다. 그러나 물분자의 해리도는 극히 작아서 순수한 물 속에 있는 H^+과 OH^-의 농도는 각각 10^{-7}mole/l(M)밖에 안된다.

어떤 물질이 물에 녹아 방출하는 H^+농도가 10^{-7}M보다 클 때 이 용액은 산성이라 하고, 반대로 H^+농도가 10^{-7}M보다 작을 때는 그 용액을 염기성 또는 알칼리성이라고 하며, 10^{-7}M일 때는 중성이라 한다. 모든 수용액의 $[H^+]$와 $[OH^-]$의 농도곱은 항상 $10^{-14}M^2$이다.

용액의 수소이온농도는 매우 낮으므로, 용액의 액성 정도를 표시하는 데 pH라는 척도를 쓰면 매우 편리하다. pH는 수소이온농도의 대수의 역수($pH = -\log H^+$)로 정의되며, 수용액의 pH는 0에서 14까지 존재한다.

순수한 물의 H^+은 10^{-7}M이므로 pH는 7.0이 되며, pH 7에서 $[H^+]$과 $[OH^-]$은 같은 양으로 존재하므로 중성이다. pH값이 7보다 작은 용액은 산성, 7보다 큰 용액은 염기성 또는 알칼리성이 된다(표 2-2).

생물체내에서 pH가 약간이라도 변하게 되면 생물활동에 큰 영향을 미친다. 생물세포에서는 끊임없이 산성 또는 염기성 물질의 생성이나 출입이 일어나고 있으므로 생물체내에는 항상 H^+의 변화를 최소한으로 막아주는 기작이 작용하고 있는데, 이를 **완충작용**(buffer action)이라 한다. 완충작용을 갖는 용액을 **완충액**(buffer)이라 하는데, 완충액은 보통 약산과 그의 염기로 구성되어 완충계(buffer system)를 이룬다.

표 2-2 수소이온농도와 pH

pH	$[H^+]$ (mole/l)	$[OH^-]$ (mole/l)
0	10^{0}	10^{-14}
1	10^{-1}	10^{-13}
2	10^{-2}	10^{-12}
3	10^{-3}	10^{-11}
4	10^{-4}	10^{-10}
5	10^{-5}	10^{-9}
6	10^{-6}	10^{-8}
7	10^{-7}	10^{-7}
8	10^{-8}	10^{-6}
9	10^{-9}	10^{-5}
10	10^{-10}	10^{-4}
11	10^{-11}	10^{-3}
12	10^{-12}	10^{-2}
13	10^{-13}	10^{-1}
14	10^{-14}	10^{0}

사람의 혈액에서 중요한 완충계 중의 하나가 탄산(carbonic acid)과 중탄산이온(bicarbonate ion)에 의한 것이다. 생체내에서 중탄산이온은 다음과 같이 생성되며 이 반응은 가역반응이다.

$$CO_2 + H_2O \rightleftharpoons H_2CO_3 \rightleftharpoons H^+ + HCO_3^-$$

탄산가스 + 물　　　탄산　　　수소이온 + 중탄산이온

만약 혈액이나 다른 체액에 지나치게 많은 양의 H^+이 존재하면, 위 반응식의 역반응에 의해 이들은 중탄산이온과 결합하여 탄산이 되며 곧 물과 탄산가스로 해리된다. 또한 OH^-이 가해지더라도 H^+과 결합하여 물을 만들고, 사용한 만큼 탄산이 해리하여 H^+을 보충함으로써 원래의 $[H^+]$의 농도는 거의 변동이 없게 된다.

$$H^+ + HCO_3^- \rightleftharpoons H_2CO_3$$
$$OH^- + H_2CO_3 \longrightarrow HCO_3^- + H_2O$$

제3장

생명분자의 구조와 특성

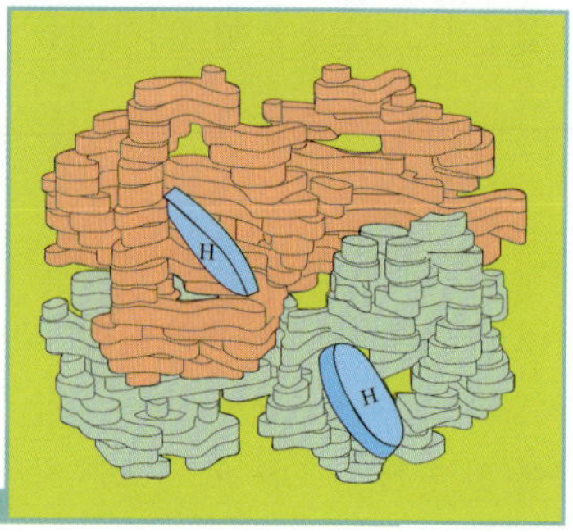

생명체의 구성성분은 무기화합물(inorganic compound)과 유기화합물(organic compound)로 구분되지만, 그 대부분을 이루는 기본물질은 유기화합물, 즉 탄소화합물인 단백질(protein), 핵산(nucleic acid), 지질(lipid), 탄수화물(carbohydrate) 등이 있으며 이들을 **생명분자**(biomolecule)라고도 한다. 생명분자들은 세포나 조직의 구성성분으로서 뿐만 아니라, 각 조직세포의 기능에 필요한 에너지 생산을 위한 물질대사의 재료 및 대사를 조절하는 역할을 담당한다. 앞에서 설명한 바와 같이 탄소는 그 원자의 특성에 의해 다양한 분자를 형성할 수 있으므로, 생명분자들의 구조도 매우 다양하고 복잡하다. 이 항에서는 이들 중요한 생명분자의 구조와 성질에 대해 알아본다.

3.1 단백질

단백질은 세포 건조중량의 50% 이상을 차지하며, 세포 및 조직의 구조성분으로서뿐만 아니라, 효소, 호르몬, 운반단백질 등 각종 생체기능을 담당하는 생명의 제1차적인 기본물질이다.

3.1.1 아미노산

단백질의 구성단위인 아미노산(amino acid)은 동일한 비대칭 탄소원자인 알파-탄소에 아미노기($-NH_2$)와 카르복실기(-COOH)가 결합되어 있는 구조로, 같은 알파-탄소원자에 결합된 R로 표시되는 곁사슬(side chain)의 종류에 따라 약 20여 종이 존재한다(표 3-1).

중성 용액에서 아미노산은 쌍극자형태로, -COOH는 H^+을 내어 $-COO^-$로 될 수 있고 $-NH_2$는 H^+을 받아 $-NH_3^+$으로 될 수 있으므로, 산이면서 동시에 염기로 작용하는 양성전해질(ampholyte)이며 세포내에서는 이러한 산과 염기 작용에 의해 pH의 변화를 막아 주는 중요한 완충제 역할도 한다.

이와 같이 아미노산이 용액의 pH에 따라 하전 상태가 변하고, 그 화학적 작용도 다르게 나타나는 성질을 가지므로, 아미노산이 중합되어 만들어진 단백질도 같은 성질을 갖는다(표 3-1).

아미노산은 R기의 특성에 따라 소수성을 갖는 비극성, 친수성을 갖는 극성, 카르복실기를 갖는 산성 및 아미노기를 갖는 염기성 아미노산으로 구분되며, 산성 및 염기성 아미노산은 세포내에서 해리하여 각각 음하전 및 양하전을 띠므로 친수성 아미노산이다.

아미노산들은 한 아미노산의 아미노기와 그 다음 아미노산의 카르복실기 사이에서 물이 한 분자 빠지고 형성되는 **펩티드결합**(peptide bond)에 의해 결합된다(그림 3-1). 단백질은 수많은 아미노산들이 펩티드결합에 의해 연결된 폴리펩티드(polypeptide)이며, 폴리펩티드를 이루는 아미노산의 배열순서(sequence)를 단백질의 **1차구조**(primary structure)라 하는데, 아미노산은 20종뿐이지만 이들이 펩티드결합으로 만드는 단백질은 그 아미노산의 수와 배열순서에 따라 수많은 종류를 만들 수 있어서, 생물체에는 각종의 다양한 단백질이 존재함을 짐작할 수 있다.

단백질을 이루는 아미노산의 배열순서는 유전물질인 DNA(또는 RNA)의 유전정보에 의해 결정되는 것이며, 이에 대해서는 제12장에서 기술하기로 한다.

1956년 F. Sanger에 의해 펩티드 호르몬인 인슐린(insulin)의 1차구조가 밝혀진 이래, 현재까지 많은 단백질의 1차구조가 밝혀지고 있다(그림 3-2).

3.1.2 단백질의 구조

단백질을 이루는 폴리펩티드는 직선형으로 존재하는 것이 아니라, 규칙적으로 감기거나 꺾여서 특이한 형태의 입체구조를 형성하는데, 이를 **2차구조**(secondary structure)라고

표 3-1 아미노산의 종류

일반명	기 호	구 조
글리신 Glycine	G ; Gly	
알라닌 Alanine	A ; Ala	
발린 Valine	V ; Val	
루신 Leucine	L ; Leu	
이소루신 Isoleucine	I ; Ile	
트립토판 Trytophane	W ; Trp	
프롤린 Proline	P ; Pro	
메티오닌 Methionine	M ; Met	
아스파라긴산 Asparagine	N ; Asn	
글루타민 Glutamine	Q ; Glu	
티로신 Tyrosine	Y ; Tyr	
시스테인 Cysteine	C ; Cys	
세린 Serine	S ; Ser	
트레오닌 Threonine	T ; Thr	
아스파르트산 Aspatic acid	D ; Asp	
글루탐산 Glutamic acid	E ; Glu	
알라닌 Arginine	R ; Arg	
리신 Lysine	K ; Lys	
히스티딘 Histidine	H ; His	

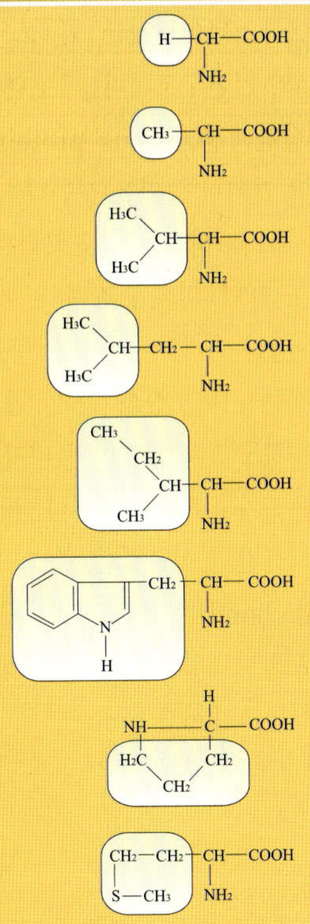

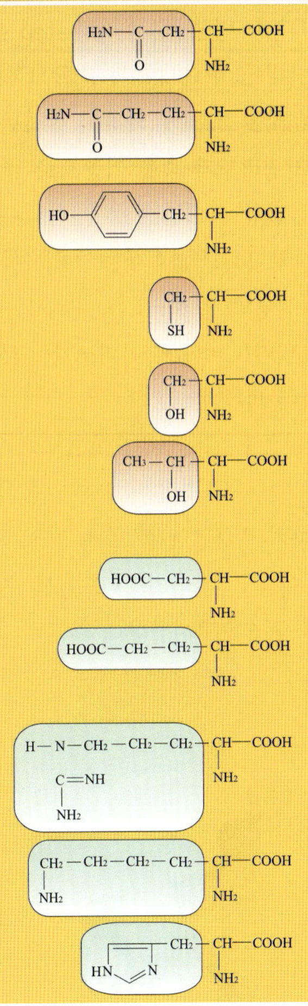

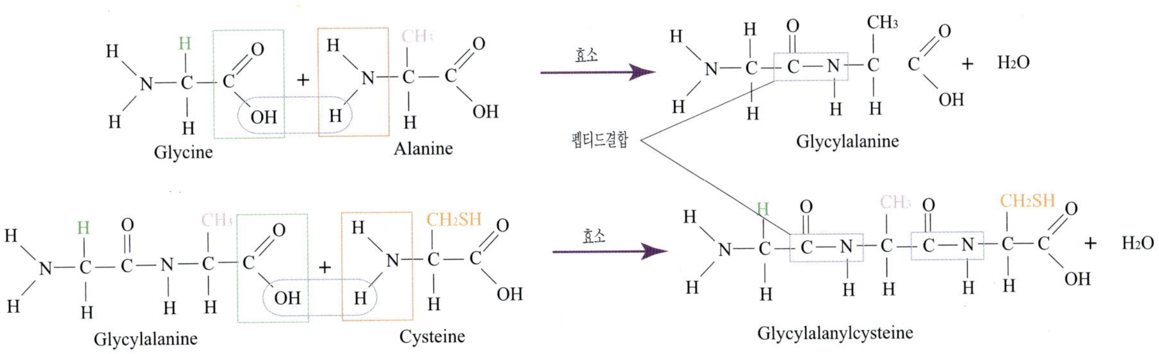

그림 3-1 아미노산의 펩티드결합 (a) 글리실알라닌(디펩디드) (b) 글리실알라닐시스테인(트리펩티드)

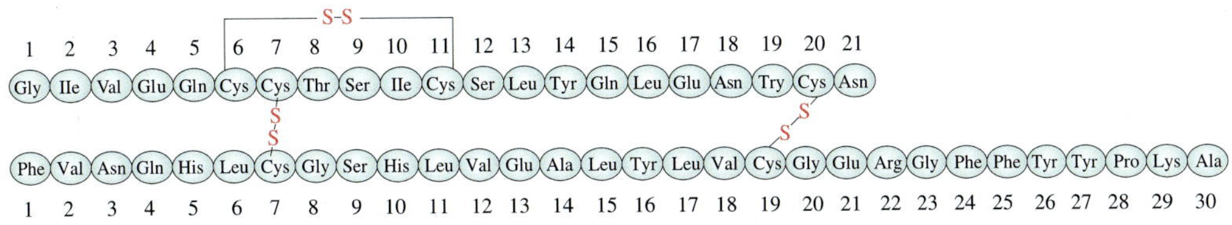

그림 3-2 단백질의 1차구조(소의 인슐린)

한다.

2차구조를 갖는 단백질의 대표적인 예가 **α−나선**(α−helix)과 **β−병풍구조**(β−pleated sheet)이다. 이들 구조는 1940년대 L. PAULING과 R.B. COREY 등이 X−선 회절 분석법(6.5.2 참조)에 의하여 밝혀낸 것으로서, α−나선구조는 폴리펩티드가 축을 기준으로 규칙적인 나선형으로 감긴 구조를 말한다(그림 3-3).

나선의 1회전 높이에는 3.6분자의 아미노산이 들어 있으며, 나선형의 입체구조를 유지하는 원동력은 펩티드결합의 카르보닐기(C=O)와 아미노기(−NH) 간의 수없이 많은 수소결합에 의한다.

β−병풍구조는 명주실의 단백질 성분인 피브로인(fibroin)의 구조에서 밝혀진 것으로, 폴리펩티드가 규칙적으로 꺾여서 마치 병풍을 반쯤 벌려 놓은 것 같은 모양을 한다(그림 3-4). 이들도 각 폴리펩티드간의 수소결합과 소수력에 의해 일정한 구조를 유지한다.

단백질의 2차구조는 털, 뿔, 손톱, 피부 등을 이루는 α−케라틴(α−keratin)이나, 결체조직의 성분인 콜라겐(collagen), 엘라스틴(elastin)과 같은 구조단백질(structural protein)의 기본구조이다. 구조단백질은 형태가 긴 실모양이라 **섬유상단백질**(fibrous protein)이라고도 하며, 물에 잘 녹지 않고 견고한 성질을 갖는다.

한편, 폴리펩티드가 불규칙적으로 감기거나 꼬여서 이루어지는 구형의 입체구조를 단백질의 **3차구조**(tertiary structure)라 한다. 이와 같은 구조를 갖는 것은 폴리펩티드를 구성하는 아미노산의 종류, 즉 1차구조에 의해 결정되는 것이며, 3차구조내에는 이에 따라 α−나선구조나 β−병풍구조와 같은 2차구조가 존재한다. 이 공간적인 3차원적 입체구조는 펩티드간의 이온결합, 수소결합, 소수력 및 **이황화결합**(disulfide bond) 등에 의하여 유지된다.

대부분의 단백질, 특히 효소, 펩티드 호르몬, 항체 등의 기능단백질(functional protein)은 이와 같이 구형의 3차구조

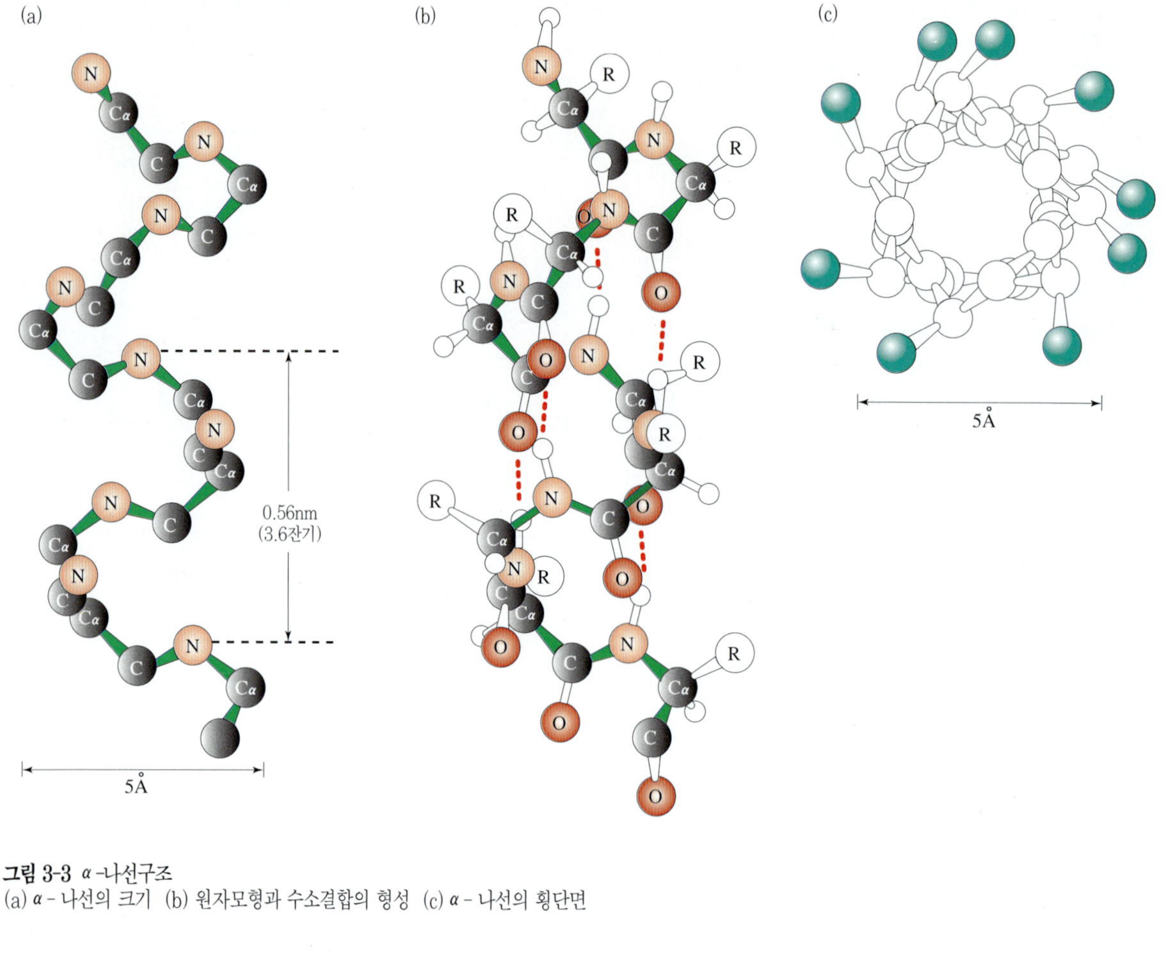

그림 3-3 α-나선구조
(a) α-나선의 크기 (b) 원자모형과 수소결합의 형성 (c) α-나선의 횡단면

를 하며, 각 단백질은 고유의 입체구조를 유지해야 그 기능을 발휘할 수 있다. 만약 단백질에 열이나 물리적 또는 화학적 처리를 하여 입체구조가 변형되면 그 단백질은 **변성**(denaturation)되었다고 하며, 이때 그 단백질의 생물학적 활성은 상실된다.

기능단백질은 대부분 3차구조를 이루기 때문에 **구형단백질**(globular protein)이라고도 하며, 구성 아미노산 중에서 친수성 아미노산이 구조의 바깥쪽에 많이 분포하므로 비교적 물에 잘 녹는다(그림 3-5).

3차구조를 갖는 구형단백질 분자가 몇 개 모여 입체구조를 갖는 경우 이것을 단백질의 **4차구조**(quaternary structure)라 한다. 이때 단위분자(subunit)들은 비공유결합(noncovalent bond)에 의해 결합된다. 헤모글로빈은 2개의 α–서브유니트와 2개의 β–서브유니트로 구성된 4차구조를 갖는 단백질이다(그림 3-6).

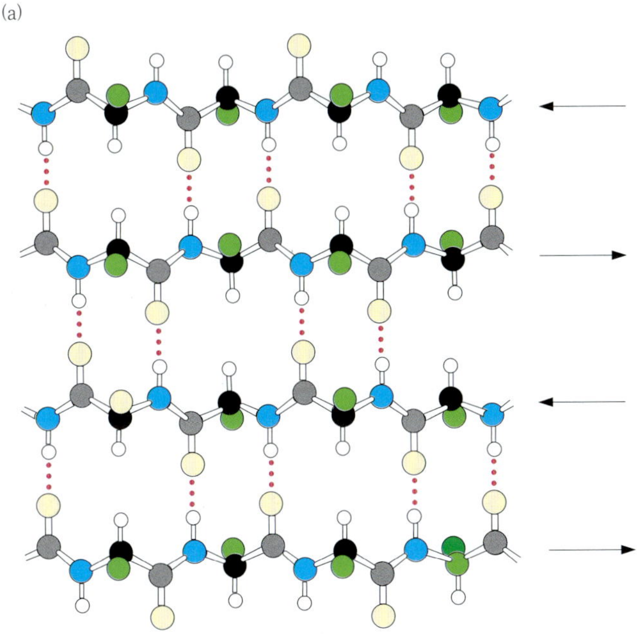

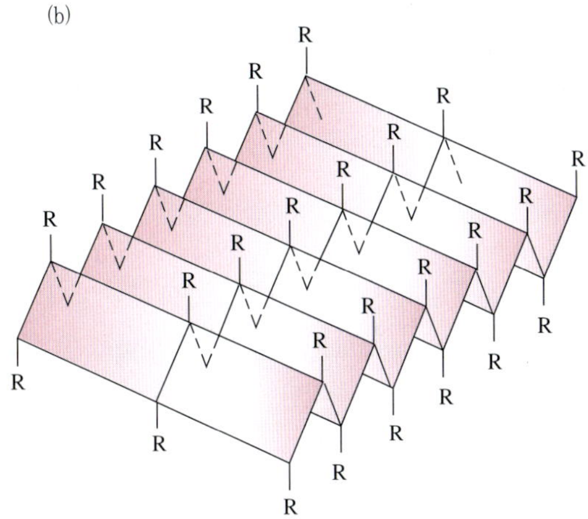

그림 3-4 β-병풍구조
(a) 위에서 본 분자모형(4개의 폴리펩티드)
(b) 3개의 폴리펩티드로 된 β-병풍구조의 모식도

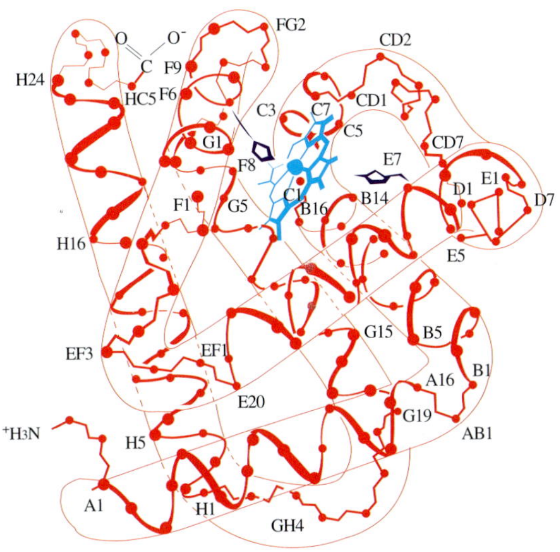

그림 3-5 미오글로빈의 3차구조(청색 : 헴(heme)분자)

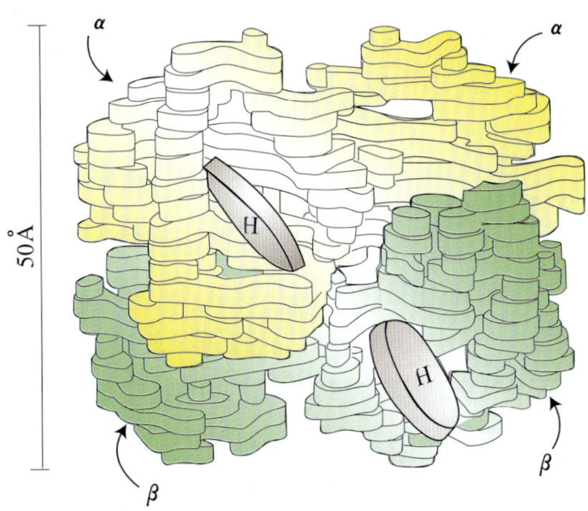

그림 3-6 헤모글로빈(Hb)의 4차구조(H : 헴분자)

3.1.3 단백질의 분류

단백질의 기능은 매우 다양하며, 거의 대부분의 생체반응은 단백질에 의해 지배되고 있다고 할 수 있다. 생체촉매기능을 갖는 효소나, 생체조절기능을 갖는 호르몬은 모두 구형단백질이다. 단백질은 세포와 조직의 구성성분으로서도 중요하다. 결합조직의 주성분인 콜라겐(collagen), 엘라스틴(elastin)이나 피부, 모발의 α-케라틴 등이 그 예이며, 세포막의 주요 구성성분도 단백질이다.

근육세포의 주성분은 액틴(actin)과 미오신(myosin)이라는 단백질이며, 세포분열시 염색체(chromosome)의 이동이나 정자(sperm)의 꼬리운동 등도 튜불린(tubulin)이라는 단백질의 수축에 의해 일어난다.

그 외에 물질운반기능, 성장과 분화의 조절, 독성작용, 보호작용 등 다양한 기능을 가지고 있다(표 3-2).

탄수화물과 지질은 다른 종 간에도 같은 구조를 갖는 반면, 대부분의 단백질은 생물 종(種) 간의 차이를 나타내는 종 특이성(species specificity)을 갖는다. 따라서 종 간의 단백질 구조의 차이는 진화학적인 유연관계를 알 수 있는 좋은 지표가 되기도 한다.

표 3-2 단백질의 분류

Ⅰ. 기능에 의한 분류	
효 소	리보뉴클레아제, 시트크롬 C, 트립신
호 르 몬	인슐린, 부신피질자극호르몬, 성장호르몬
수축단백질	미오신, 액틴, 튜불린
운반단백질	헤모글로빈, 헤모시아닌, 미오글로빈, 혈청알부민
방어단백질	면역글로불린, 피브리노겐, 트롬빈
구조단백질	α-케라틴, 콜라겐, 엘라스틴
Ⅱ. 구조에 의한 분류	
구형단백질	효소, 혈장단백질, 세포단백질
섬유상단백질	콜라겐, 엘라스틴, 케라틴, 미오신, 피브린

3.2 핵산

핵산(nucleic acid)은 19세기 말 F. MIESCHER가 처음으로 세포핵에서 분리하였는데, 산성을 띠므로 그 이름이 핵산이라고 붙여졌으나 그 이후 핵뿐만 아니라 세포질에도 들어있음이 밝혀졌다. 핵산에는 데옥시리보핵산(deoxyribonucleic acid ; DNA)과 **리보핵산**(ribonucleic acid ; RNA)의 2종류가 있으며, 이들은 뉴클레오티드(nucleotide)라는 구성단위가 연결되어 형성된 복잡한 구조의 고분자이다.

3.2.1 뉴클레오티드

뉴클레오티드는 염기(base)와 5탄당 및 인산(phosphoric acid) 1분자씩으로 구성되어 있다. 염기는 질소를 함유하는 방향족(芳香族)화합물로서, 퓨린(purine)화합물인 **아데닌**(adenine ; A)과 **구아닌**(guanine ; G) 및 **피리미딘**(pyrimidine)화합물인 **티민**(thymine ; T), **시토신**(cytosine ; C)과 **우라실**(uracil ; U)의 5가지가 있으며, DNA의 염기는 A, G, C, T인 반면에, RNA의 염기는 T 대신 U를 갖는 A, G, C, U이다(그림 3-7). 핵산을 구성하는 5탄당은 RNA는 리보오스, DNA는 데옥시리보오스로 이루어져 있다.

염기와 당이 결합하면서 H_2O 한 분자가 빠져나가는 N-배

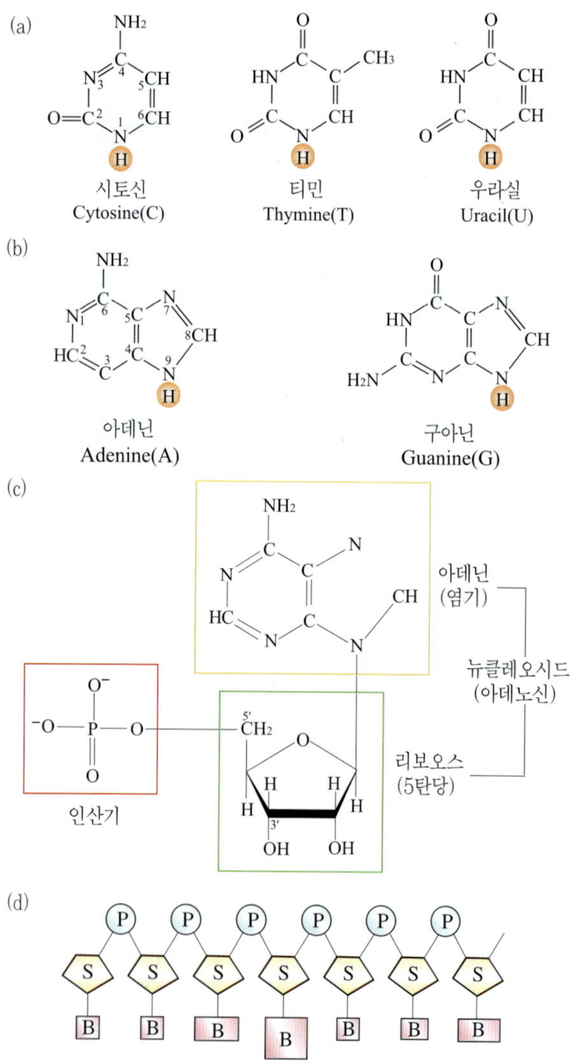

그림 3-7 핵산의 구성물질 구조와 구성모식도
(a) 피리미딘 염기 (b) 퓨린 염기 (c) 뉴클레오티드(AMP)
(d) 폴리뉴클레오티드의 구성 모식도(B : 염기, S : 5탄당, P : 인산기)

당결합(N-glycosidic bond)에 의해 결합된 것을 **뉴클레오시드**(nucleoside)라 하며, 여기에 인산이 결합되어 뉴클레오티드를 이루는데, 일반적으로 당의 5′ 위치의 수산기가 인산기와의 사이에서 물 한 분자가 빠지고 결합되는 인산에스테르(phosphoester)결합을 한다. 인산기는 1~3개가 당에 붙을 수 있는데, 아데노신에 인산기가 붙는 수에 따라 AMP, ADP, ATP로 부른다.

뉴클레오티드는 당의 5′ 위치의 인산기가 다른 뉴클레오티드 당의 3′ 위치의 수산기와 다시 에스테르결합을 하여 연속적으로 붙어나갈 수 있는데, 이를 **폴리뉴클레오티드**(polynucleotide)라 한다(그림 3-8). 즉, 인산이 다리 역할을 하여 각 모노뉴클레오티드 간의 **인산디에스테르**(phosphodiester)결합에 의해 중합체인 폴리뉴클레오티드를 형성하는 것이다.

DNA는 두 가닥의 폴리뉴클레오티드로 이루어진 **2중나선**(double helix)구조를 이루고 있으나 RNA는 한 가닥의 폴리

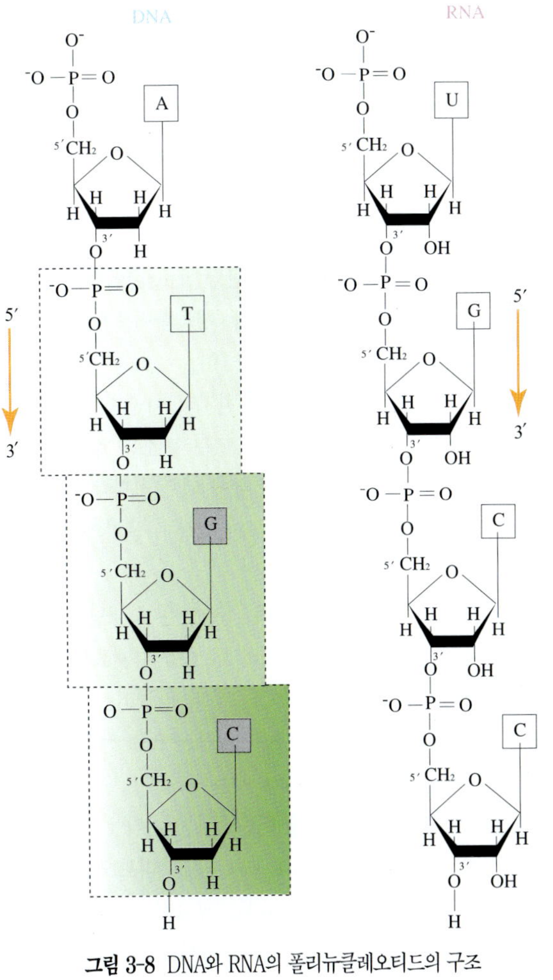

그림 3-8 DNA와 RNA의 폴리뉴클레오티드의 구조

뉴클레오티드로 되어 있다.

폴리뉴클레오티드의 염기배열(nucleotide sequence)을 표시할 때, 그림 3-8에서 보는 바와 같이 방향성이 있어 한 끝은 당의 5′ 위치(5′ -말단)가 다른 한 끝은 3′ 위치(3′ -말단)가 결합하지 않고 비어 있으므로, pApTpGpCpA와 같이 한 염기를 기준으로 할 경우 5′ 위치의 인산기는 왼쪽, 3′ 위치의 인산기는 오른쪽에 쓰며, 뉴클레오티드 3′ -말단의 수산기는 쓰지 않는다. 이 염기배열은 P를 생략하고 ATGCA와 같이 5′ -말단으로부터 3′ -말단의 순서로 표기하기도 한다(5′ → 3′).

3.2.2 DNA와 RNA

1949~1953년 미국의 E. CHARGAFF는 여러 생물종의 DNA에 대한 염기조성을 분석하여 ① 염기조성은 종에 따라 다르며, ② 같은 생물종에서는 서로 다른 조직에서 추출하여도 염기조성이 같고, ③ 모든 DNA에서 A/T, G/C의 몰비(molar ratio)는 항상 1이어서 A+G = C+T임을 밝혔다. 이 실험결과와 1950~1953년 영국의 R. FRANKLIN과 D. WILKINSON 등에 의한 DNA분자의 X-선 회절 데이터를 바탕으로 1953년 J. WATSON과 F. CRICK은 DNA의 3차원적 입체구조인 2중나선구조를 발표하였다(그림 3-9).

이 구조의 특징을 살펴보면, 폴리뉴클레오티드 2가닥은 서로 꼬여서 나선구조를 이루는데, 이때 인산-당의 골격성분은 바깥쪽에 위치하고 비교적 소수성인 염기부분은 안쪽에 위치하며, 염기간의 수소결합에 의해 나선구조를 유지해준다. 수소결합은 A와 T, G와 C 사이에만 상보적(相補的)으로 형성될 수 있으며, 이와 같은 염기조합을 **상보적 염기쌍**(complementary base pair)이라 한다.

염기쌍 간의 수소결합은 2중나선의 축과 직교하는 평면위치로 형성되고 나선의 1회전 거리는 3.4nm이며, 약 10개의 뉴클레오티드 잔기(殘基)로 이루어지는데, 나선의 지름은 약 2nm이다. 또한 한 가닥의 뉴클레오티드가 5′ →3′ 로 내려오고 다른 한 가닥은 5′ → 3′ 로 감겨져 올라가는 반평행적(antiparallel) 나선구조를 이룬다.

이와 같은 구조는 DNA가 유전자의 본체로서 유전정보가 모세포(母細胞)에서 낭세포(娘細胞)로 정확하게 전달되는 유전현상을 설명하는 데 적합하며, 이에 대해서는 제12장에서 설명될 것이다.

RNA는 앞에서 설명한 바와 같이 리보오스를 5탄당으로 가지며, 염기로는 A, G, C, U를 갖는 외가닥으로 이루어진

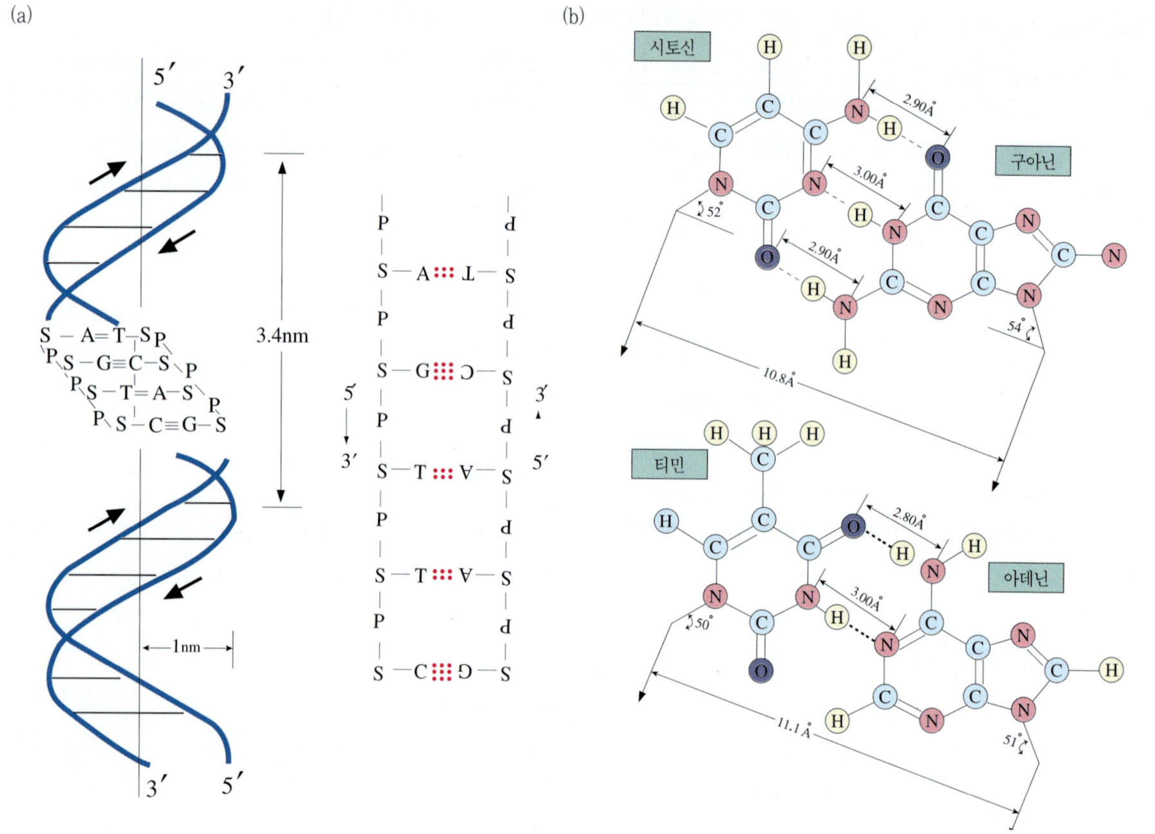

그림 3-9 DNA 2중나선구조(a)와 상보적인 염기 간의 수소결합(b)

폴리뉴클레오티드로 세포질과 핵에 존재한다. 이들은 유전정보 발현에 관여하는 여러 기능에 따라 전령RNA(messenger RNA ; mRNA), 운반RNA(transfer RNA ; tRNA) 및 리보솜RNA(ribosomal RNA ; rRNA) 등이 있는데, 이들의 구조와 기능에 대해서도 제11장에서 설명하기로 한다.

3.3 탄수화물

탄수화물(carbohydrate)은 C, H, O 원자가 1 : 2 : 1의 비율로 된 분자식$(CH_2O)_n$을 가지는 유기물로서, 분자내에 수산기(-OH)를 많이 가지는 알데히드(aldehyde)나 케톤(ketone) 또는 그 유도체를 총칭한다.

이들은 생물체내 에너지대사의 공급원 또는 저장원으로서뿐만 아니라 생물체의 구성성분으로서도 매우 중요한 생명분자이다. 탄수화물의 기본 구성단위분자를 **단당류**(monosaccharide)라 하며, 단당류 2분자가 결합하여 이루어진 **이당류**(disaccharide), 많은 수의 단당류가 결합하여 된 **다당류**(polysaccharide)로 분류된다.

3.3.1 단당류

단당류에는 탄소수가 3개인 3탄당(triose)에서부터 탄소수에 따라 여러 종류로 구분되지만, 생물학적으로 중요한 단당류는 6탄당과 5탄당이다(그림 3-10).

단당류에서, 1개의 탄소는 산소원자와 이중결합하여 카보닐기(C=O)를 형성하며 그 외의 모든 탄소는 수산기(OH)와 결합한다. 카보닐기가 사슬의 끝에 있으면 알데히드, 다른 위치에 있으면 케톤이 된다. 다수의 극성 수산기와 카보닐기가 단당류에 친수성을 띠게 한다.

동물체에 가장 많이 들어 있는 6탄당은 **포도당**(glucose)으로, 에너지를 얻는 가장 중요한 세포호흡의 재료이며, 식물에서는 광합성에 의해 CO_2와 물로부터 만들어진다. 우리가 먹는 각종 탄수화물은 간에서 쉽게 포도당으로 전환된다.

이와 같이 포도당은 대사에서 매우 중요하므로, 혈중 농도가 일정하게 유지되어야 한다. 6탄당에는 이밖에 **과당**(fructose), **갈락토오스**(galactose) 등이 있고, **리보오스**(ribose)와 **데옥시리보오스**(deoxyribose)는 중요한 5탄당으로 모두 핵산의 당성분이며, 3탄당으로는 글리세르알데히드(glycer-

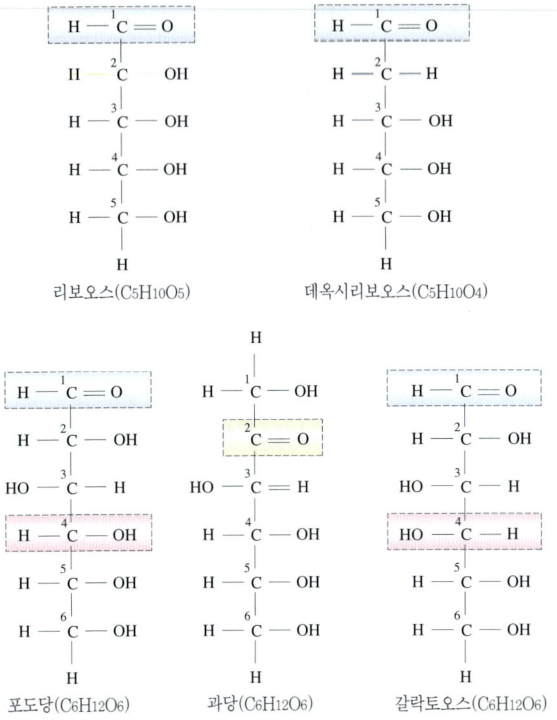

그림 3-10 단당류의 종류와 구조식

aldehyde)와 디하이드록시 아세톤이 있다.

여러 가지 물리화학적 실험근거에 의하면 5탄당과 6탄당은 용액 중에서 환상구조를 취하기 쉽다. 즉, 포도당의 예를 보면 탄소 5번 수산기의 수소가 1번 탄소의 산소에 결합하고, 5번 탄소의 산소로서 1번과 5번 탄소가 연결되어 환(環)을 형성한다(그림 3-11). 그 결과 포도당과 갈락토오스는 6각환의 **피란**(pyran)과 유사한 구조를 가지므로, 글루코피라노오스(glucopyranose) 및 갈락토피라노오스(galactopyranose)라 부르며, 과당과 리보오스는 5각형의 **푸란**(furan) 구조를 하므로 각각 프럭토푸라노오스 및 리보푸라노오스라 부른다(그림 3-12).

이 환상구조식은 보통 1번 탄소를 오른쪽에 5번이나 6번 탄소를 왼쪽에 표시하며, 환의 평면이 지면에 수직으로 됨을 나타내고, 아래쪽 굵은 선이 앞쪽을 의미한다. 환상구조의 결과 1번 탄소도 부제탄소(α-탄소, asymmetric carbon)가 되므로, 1번 탄소에 붙은 -OH의 위치가 CH_2OH와 같은 면에 있으면 β-glucose, 반대면에 있으면 α-glucose로, 용액 속의 이 단당류들은 사슬형과 α- 및 β-형의 이성체(isomer)가 혼합물로서 평형을 이루며 존재한다(그림 3-11, 3-12).

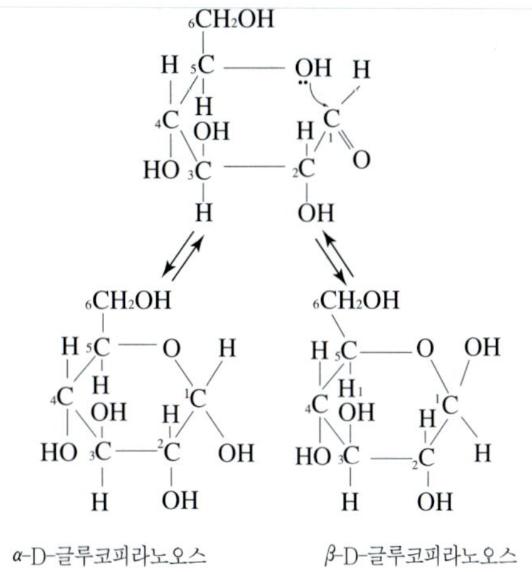

그림 3-11 포도당의 환상구조

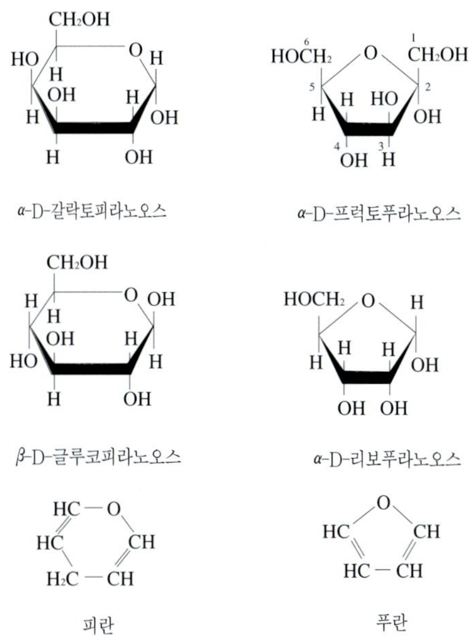

그림 3-12 단당류의 환상구조

3.3.2 이당류

단당류 2분자가 결합되어 있는 것이 이당류이며, **맥아당**(maltose), **유당**(lactose), **자당**(sucrose, 설탕) 등이 이에 속한다.

이들의 결합은 단당류간의 두 -OH 사이에서 물(H_2O) 한 분자가 빠지고 형성되는 **O-배당결합**(O-glycosidic bond)에 의한다. 예를 들어, 맥아당은 포도당의 1번 탄소에서 α-형의 -OH와 다른 포도당 한 분자의 4번 탄소의 -OH 사이에서 물분자가 빠져나가 이루어지는 이당류로서 이 결합을 〔α(1→4)〕로 나타내기도 한다.

유당은 갈락토오스와 포도당 사이에서, 그리고 자당은 포도당과 과당 사이에서 각각 배당결합에 의해 만들어진다(그림 3-13).

3.3.3 다당류

다당류는 수많은 단당류가 중합되어 형성된 것으로, 가장 널리 분포하고 있는 것이 **전분**(starch, 녹말), **글리코겐**(glycogen) 및 **셀룰로오스**(cellulose)이며, 이들은 모두 포도당으로 구성되어 있으나 각각 그 구조가 다르다.

전분은 식물의 저장분자로서, 그림 3-14a에서 보는 바와 같이 포도당이 α-1,4배당결합으로 연결된 사슬형의 긴 분자 형태인 **아밀로오스**(amylose)와, 분지점(分枝点)에서 α-1,6결합에 의해 분지하는 **아밀로펙틴**(amylopectin)으로 구성된다. 글리코겐은 동물의 저장분자로서 전분과 유사한 구조를 형성하나, 가지를 더 많이 가지고 있으며 동물체의 간(肝)이나 근육에 저장된다.

셀룰로오스는 식물 세포벽(cell wall)의 주요 구조성분으로서 식물체의 50% 이상을 차지하는데, 이 분자는 포도당이 β-1,4배당결합으로 된 중합체이다(그림 3-14b).

다당류의 일종인 **키틴**(chitin)은 곤충이나 갑각류의 외골격의 주요 구성성분이며, 포도당 2번 탄소의 $-OH$ 대신에 아미노기($-NH_2$)가 결합된 분자인 N-아세틸 글루코사민(N-acetylglucosamine ; NAG)의 중합체(重合體)이다(그림 3-15).

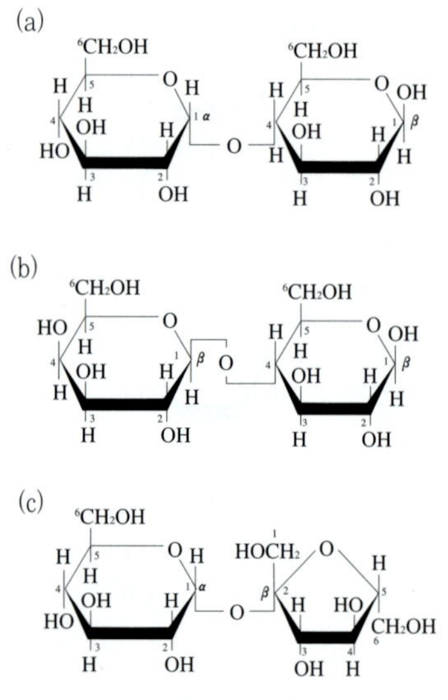

그림 3-13 이당류의 구조
(a) 맥아당(포도당+포도당), α(1→4)
(b) 유당(갈락토오스+포도당), β(1→4)
(c) 자당(포도당+과당), α, β(1→2)

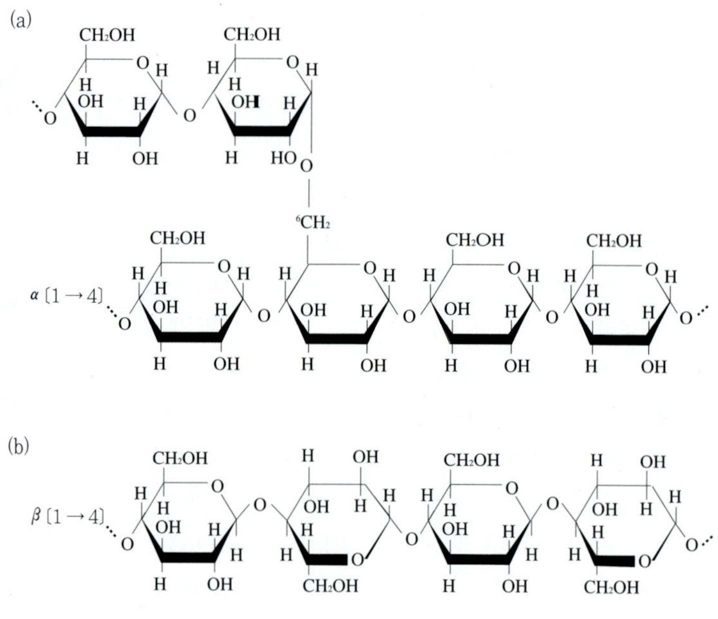

그림 3-14 다당류의 구조
(a) 전분(또는 글리코겐) (b) 셀룰로오스

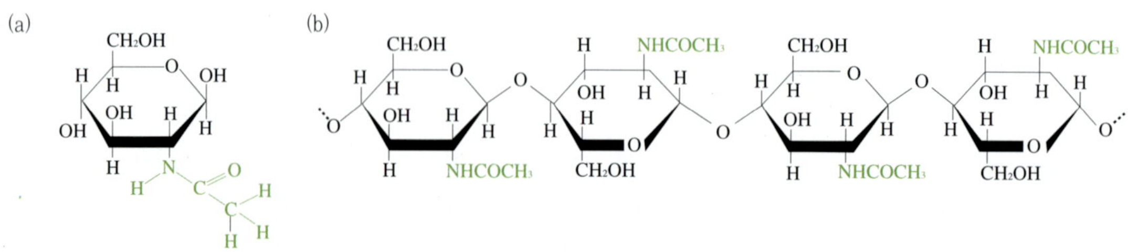

그림 3-15 N-아세틸 글루코사민(a)과 키틴의 구조(b)

3.4 지질

지질(lipid)은 주로 탄소 및 수소로 구성되며, 비교적 산소 성분이 적으므로 물에는 거의 녹지 않고 에테르, 벤젠 등 유기용매(有機溶媒)에 잘 녹는 유기화합물들을 일컫는다. 생물학적으로 중요한 지질에는 중성지방, 인지질 및 스테로이드 등이 있다. 지질은 생물체의 중요한 에너지원 또는 호르몬으로 작용하며, 세포막의 주요 구조성분이기도 하다.

3.4.1 중성지방

생물체에 가장 풍부한 지질인 **중성지방**(neutral fat)은 글리세롤의 $-OH$기 3개와 지방산(fatty acid)의 카르복실기($-COOH$) 사이의 에스테르결합으로 형성된 분자로서, **트리아실글리세롤**(triacylglycerol) 또는 **트리글리세리드**(triglyceride)라고도 부른다(그림 3-16).

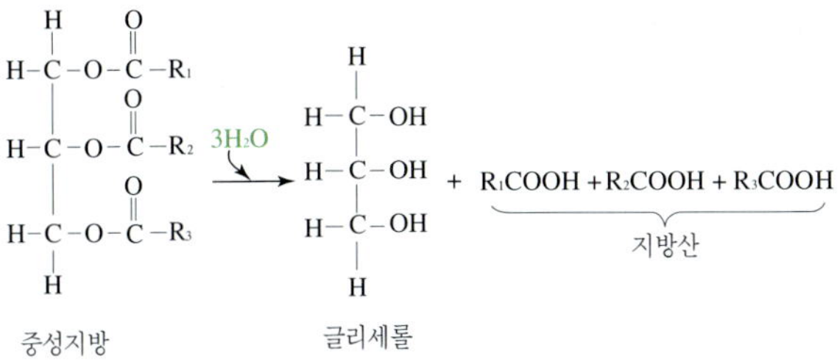

그림 3-16 중성지방의 가수분해

지방산은 탄수화물에 비해 그램당 2배 이상의 에너지를 내는 생체내에서 가장 경제적인 형태의 연료 저장고이며, 탄수화물과 단백질은 효소에 의해 지방으로 전환되어 지방조직세포에 저장될 수 있다. 중성지방분자에 들어 있는 3개의 지방산이 모두 같은 경우도 있고, 다른 경우도 있다. 분자구조에서 알 수 있듯이 중성지방의 특성은 지방산에 의해 결정된다.

지방산은 긴 사슬형의 탄소화합물로서 마지막 탄소에 카르복실기를 가지며, 동물체 지질에는 약 30여 종의 지방산이 있다. 지방산의 탄소수는 짝수이며, 동물성 지방에는 탄소수 18개의 스테아르산(stearic acid)으로 된 지방이 가장 많다.

지방산 중 분자를 구성하는 탄소원자가 단일결합으로만 연결된 것을 **포화지방산**(saturated fatty acid)이라 하고, 하나 또는 그 이상의 이중결합이 있는 것을 **불포화지방산**(unsaturated fatty acid)이라 한다(표 3-3).

포화지방산은 불포화지방산에 비해 융점(melting point)이 높다. 따라서 동물성 지방은 포화지방산을 많이 가지고 있으므로 실온에서 고체 또는 반고체 상태로 존재하며, 식물성 지방은 불포화지방산을 많이 함유하고 실온에서 액체 상태로 존재하므로 기름(oil)이라고 부른다.

포유동물은 리놀레산(linoleic acid)과 리놀렌산(linolenic acid) 등을 체내에서 합성하지 못하기 때문에 반드시 음식물로 섭취해야 하며, 이를 **필수지방산**(essential fatty acid)이라 한다.

표 3-3 지방산의 명칭과 구조

지방산	분자식	융점(℃)
포화지방산		
Lauric acid	$CH_3(CH_2)_{10}COOH$	44
Palmitic acid	$CH_3(CH_2)_{14}COOH$	63
Arachidic acid	$CH_3(CH_2)_{18}COOH$	75
Lignoceric acid	$CH_3(CH_2)_{22}COOH$	84
불포화지방산		
Oleic acid	$CH_3(CH_2)_7CH\overset{cis}{=}CH(CH_2)_7COOH$	13
Linoleic acid	$CH_3(CH_2)_4(CH=CHCH_2)_2(CH_2)_6COOH$	-5
Arachidonic acid	$CH_3(CH_2)_4(CH=CHCH_2)_4(CH_2)_2COOH$	-50

3.4.2 인지질

인지질(phospholipid)은 생체막(biomembrane)의 구조성분으로서 매우 중요한 물질이다. 이것은 글리세롤의 알코올성 수산기($-OH$) 하나가 지방산이 아닌 인산과 에스테르결합한 분자이다(그림 3-17).

보통 인산기는 다시 **콜린**(choline)이나 **에타놀아민**(ethanolamine)과 같은 질소화합물과 결합하는데, 그림에서와 같이 콜린이 결합된 인지질을 **레시틴**(lecithin, 또는 phosphatidylcholine)이라 하며, 콜린 대신 에타놀아민이 결합된 것은 **세팔린**(cephalin 또는 phosphatidyl ethanolamine)이라 한다.

인지질분자에서 지방산이 결합된 부위는 소수성(hydrophobic)이지만, 인산기 및 여기에 결합된 질소화합물 부위는 전하를 띠는 친수성(hydrophilic)이다. 이와 같이 한 분자내에 친수성의 극성 부위와 소수성인 비극성 부위를 가지므로, 인지질은 물에서 극성 부위가 물과 접촉하고 비극성 부위는 물과 접촉하지 못하는 성질을 갖게 되는 것이다.

이러한 성질은 세포막의 기본구조인 지질의 이중층(lipid bilayer)구조에서도 같다(5.1 참조).

3.4.3 스테로이드

스테로이드(steroid)는 다른 지질분자와는 상당히 다른 구조를 하여, 그림 3-18에서 보는 바와 같이 4개의 탄소고리 화합물을 기본골격으로 하며, 탄소고리화합물에서 연장된 곁가지의 길이 및 구조에 따라 여러 종류로 나뉜다.

생물체에서 **콜레스테롤**(cholesterol), 담즙산염, 성호르몬, 부신피질호르몬 등이 스테로이드 화합물이며, 특히 콜레스테롤은 각종 스테로이드분자의 합성재료이고 또한 동물 세포막의 구조성분이기도 하다(그림 3-18).

3.5 비타민

비타민(vitamin)이란 정상적인 생명활동을 하는 데 있어서 미량이지만 꼭 필요한 유기화합물로서, 체내에서 다른 영양소로부터 합성할 수 없으므로 반드시 외부에서 섭취해야 하는 물질이다.

식물체는 그들이 필요로 하는 모든 유기물을 스스로 합성할 수 있기 때문에 문제가 없으나, 동물체는 비타민이 요구되며 그 종류는 동물에 따라 각각 다르다. 표 3-4에 지금까지 발견된 비타민의 종류, 구조 및 그 생리기능을 간단히 표시하였다.

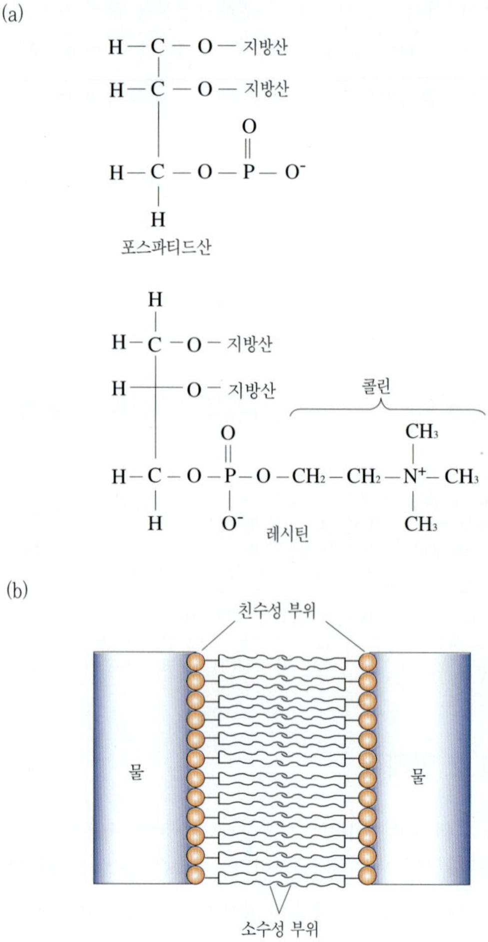

그림 3-17 인지질
(a) 인지질의 구조 (b) 지질 이중층의 형성

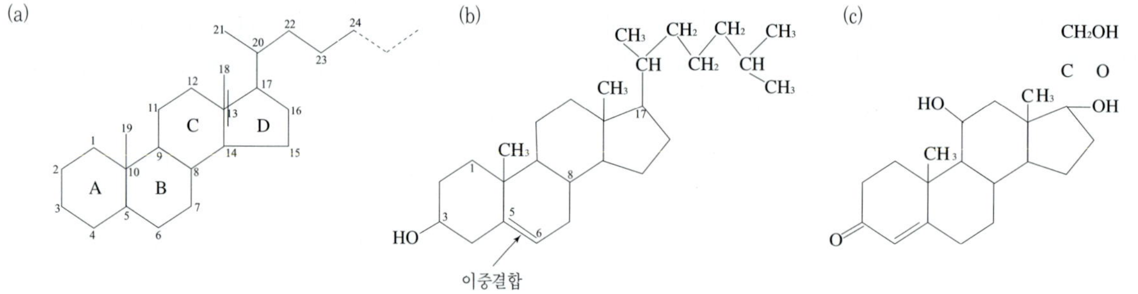

그림 3-18 스테로이드
(a) 스테로이드 분자의 기본골격 (b) 콜레스테롤 (c) 코르티솔

표 3-4 비타민의 종류와 생리작용

	명 칭	주요 생리작용	결 핍 증
지용성	레티놀 (A ; retinol)	로돕신(시홍)의 구성 성분, 세포의 정상 성장과 분화	야맹증, 성장 불량
	칼시페롤 (D ; calciferol)	장에서의 Ca^{2+} 흡수 촉진, 뼈의 발육과 유지	구루병, 골연화증
	토코페롤 (E ; tocopherol)	항산화작용, 불포화지방산의 산화 방지	세포막 파괴
	필로키논 (K ; phylloquinone)	프로트롬빈 합성에 관여	혈액 응고 지연
수용성	티아민 (B_1 ; thiamine)	탄수화물과 아미노산 대사 관련, 효소의 조효소성분	각기병
	리보플라빈 (B_2 ; riboflavin)	체내 산화환원 반응, FMN와 FAD의 성분	피부염(구순염)
	판토텐산 (B_5 ; pantothenic acid)	체내의 물질대사 관여, CoA의 성분	
	피리독신 (B_6 ; pyridoxine)	아미노산 대사에 관련, 효소의 조효소성분	피부염
	니아신 (niacin)	체내 산화환원반응, NAD와 NADP의 성분	펠라그라
	바이오틴 (biotin)	대사 관련, 조효소의 성분	
	엽산 (folic acid)	핵산합성 관련, 효소의 조효소	빈혈
	코발라민 (B_{12} ; cobalamin)	대사 관련, 조효소의 성분	악성 빈혈
	아스코르브산 (C ; ascorbic acid)	콜라겐 및 세포간질물질 합성에 관여	괴혈병

제4장

세포의 구조와 특성

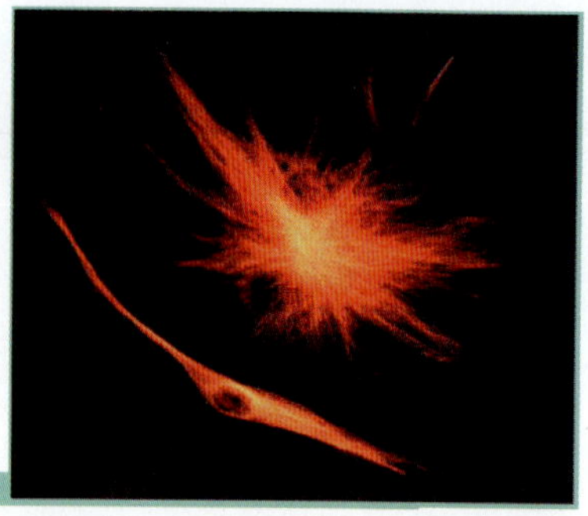

모든 생명체는 생명현상을 갖는 기본단위인 **세포**(cell)로 구성되어 있다. 아메바나 박테리아 등과 같은 생물체는 1개의 세포로 구성된 단세포 생물이지만, 식물과 동물을 비롯한 대부분의 생물체는 수많은 세포로 구성된 다세포 생물이다. 다세포 생물은 기능적 형태적으로 분화된 세포들의 협동체로 구성되어 있으며, 이들 세포가 모여서 조직 및 기관과 같은 더 높은 구조적 배열을 이루고 있지만, 생물체가 행하는 모든 생명현상은 궁극적으로 세포 수준에서 일어나고 있는 것이다. 즉, 세포는 생명의 유지, 성장, 분열 등에 필요한 물리·화학적 성분을 함유하며, 물질대사, 유전, 자극과 반응 등의 모든 생명현상이 세포에서 일어나는 것이다.

4.1 세포의 크기와 모양

생명체의 기본단위가 세포(cell)이다. 세포의 크기는 매우 다양하지만, 대부분의 세포는 현미경으로나 볼 수 있을 정도로 작다. 즉, 대부분의 박테리아 세포는 광학현미경으로 볼 수 있다. 물론 개구리알이나 새의 알처럼 맨 눈으로 볼 수 있는 크기의 세포도 있다(그림 4-1).

세포의 크기나 모양은 그 세포의 기능과 관계가 있다(그림 4-2). 즉, 아메바나 백혈구 같은 세포는 그 움직임에 따라서 모양이 변할 수 있으며, 정자 세포는 운동을 위해 편모라는 긴 채찍 모양의 꼬리를 갖고 있다. 또, 신경세포는 먼 거리까지 신호를 전달할 수 있도록 길고 얇은 돌기를 가지고 있는데 사람의 신경세포 중 일부는 1m의 긴 돌기를 가진 것도 있다. 상피세포는 모양이 거의 사각형에 가까워서 마치 건물의 블록처럼 쌓여 종이 모양의 구조를 형성한다.

4.2 세포의 연구방법

4.2.1 현미경

눈으로 볼 수 없을 정도로 작은 크기의 세포를 연구하기 위하여 개발된 가장 중요한 기구 중의 하나는 **현미경**이다. 1665년에 R. HOOKE가 현미경을 만들어 죽은 코르크 세포벽을 본 이후, 20세기 초에는 광학현미경에 의해 세포내의 염

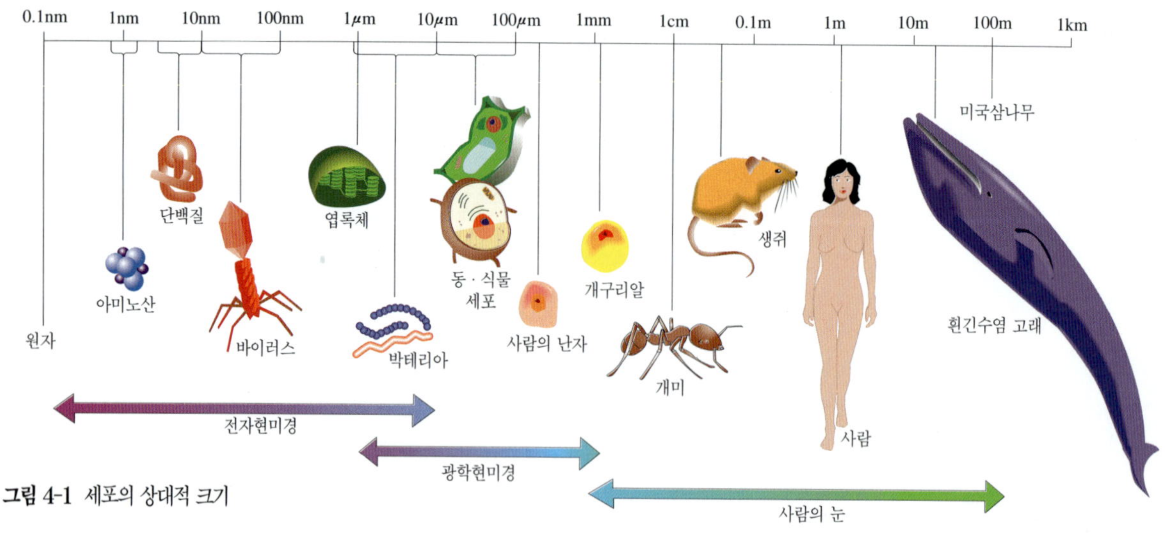

그림 4-1 세포의 상대적 크기

색된 유기화합물까지도 볼 수 있게 되었다. 현재는 염색방법의 개발과 함께 세포내에는 수많은 **세포기관**(cell organelle)이 존재하며, 그 각각이 세포가 생존하는 데 필요한 특수 기능을 수행한다는 것을 알게 되었다(그림 4-2). 또한 최근에는 위상차현미경, 간섭현미경 등의 개발로 염색하지 않은, 살아 있는 세포의 내부 구조를 볼 수 있게 되었다.

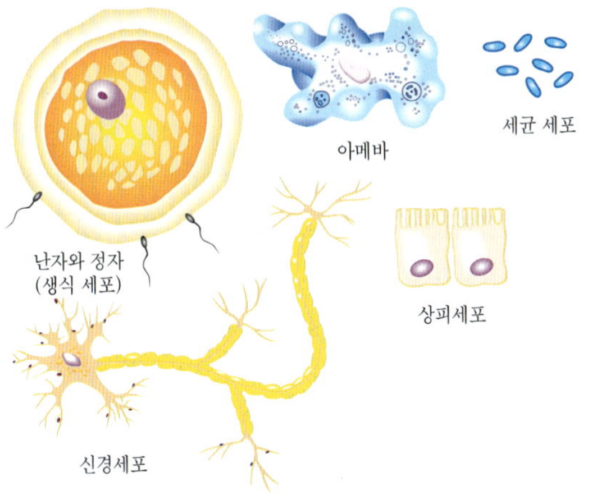

그림 4-2 기능에 따른 여러 가지 모양의 세포

현미경에서 가장 중요한 요소는 확대와 해상력이다. **해상력**(resolving power)은 상의 선명도에 관한 척도로서, 2개의 분리된 점으로 구분할 수 있는 최소 거리로 나타낸다.

광학현미경(light microscope)은 가시광(400~700nm)이 시료를 통과한 후 빛을 굴절시키는 렌즈를 통하여 상이 눈에 보이는 것만큼 확대된다. 현미경의 해상력은 현미경에 사용되는 빛의 파장에 반비례한다. 따라서, 파장이 긴 가시광에 의해 시료가 비춰지는 광학현미경의 경우, 실제의 크기보다 약 1,500배까지는 확대할 수 있으나 그 이상의 배율에서는 해상력이 떨어져서 작은 박테리아나 미토콘드리아 같이 0.2㎛보다 미세한 구조는 볼 수 없다.

전자현미경(electron microscope)은 짧은 파장의 전자선을 이용하므로 사물을 250,000배까지 확대할 수 있고, 광학현미경에 비해 10,000배나 높은 약 0.1~0.2nm의 해상력을 가진다. 전자현미경에는 투과형과 주사형의 2가지가 있다(그림 4-3).

투과형 전자현미경(transmission electron microscope, TEM)은 시료의 얇은 절편을 통해서 하전된 전자선을 쪼이고, 굴절시켜서 상의 초점을 맞추며, 전자석을 렌즈로 사용하여 상을 확대하므로 세포 내부의 미세구조를 연구하는 데 유

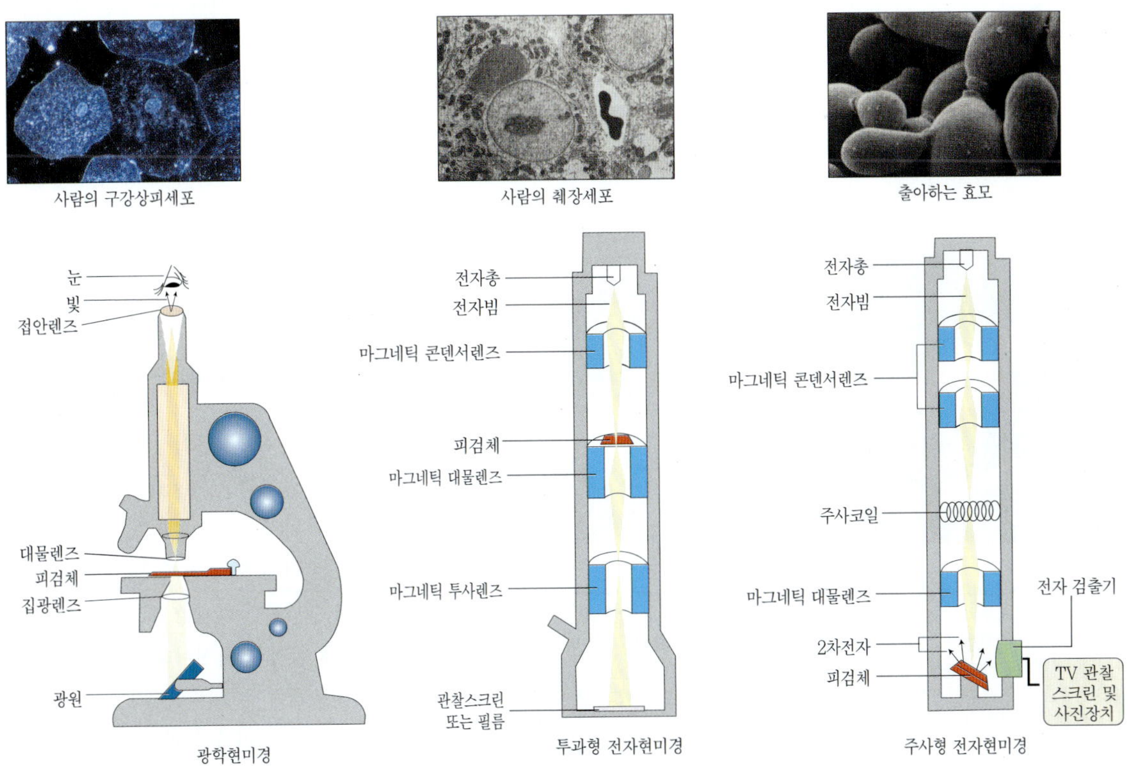

그림 4-3 광학현미경과 전자현미경의 구조 비교

용하다.

주사형 전자현미경(scanning electron microscope, SEM)은 전자빔을 시료의 표면에 주사하면 전자선은 시료 표면 자체의 전자를 여기시키며, 이들 2차 전자가 수집되어서 스크린 상에 초점을 맞추어 시료의 위상을 형성하므로 시료의 표면을 연구하는 데 유용하다(그림 4-3). 그러나 전자현미경의 단점은 시료를 제작하는 과정에서 화학적, 물리적 방법에 의해 세포가 죽는 것이다.

형광현미경(fluorescent microscope)은 세포에 있는 특이물질의 위치를 검정하기 위해 이용되며, 이때 특정물질에 결합시킨 형광염료는 한 가지 파장의 빛에너지를 흡수하여 좀더 긴 파장의 빛으로 에너지의 일부를 방출한다. DNA 분자에 특이하게 결합하는 염료는 자외선을 흡수하여 파랑색 또는 빨강색의 빛을 방출하므로, 이 염료로 세포를 염색한 후 세포내에서 형광을 관찰하면 DNA의 위치를 파악할 수 있다. 항체분자에 결합시킨 형광염료는 특정 단백질분자 또는 다당류에 결합하므로 그 대상물질의 위치를 알 수 있다(그림 4-4).

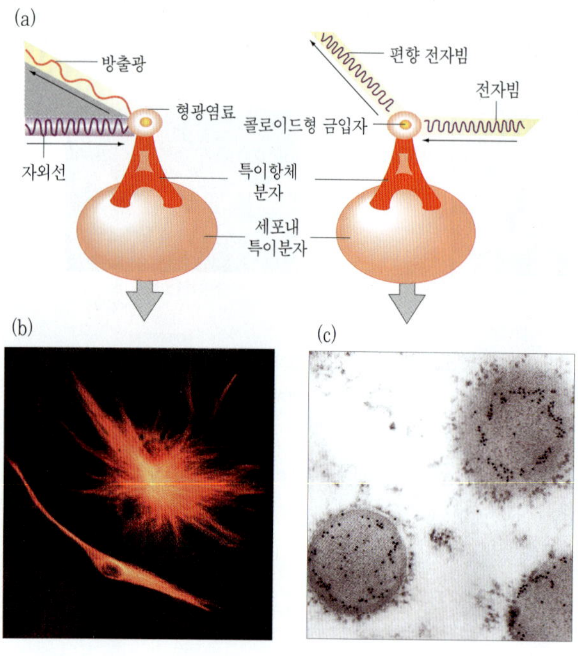

그림 4-4 형광현미경에 의한 세포내 특이분자의 확인
(a) 왼쪽의 항체분자는 형광염료와 결합되어 있는데 자외선이 비추면 가시광선을 방사한다. 오른쪽 항체분자는 금입자와 결합되어서 전자빔을 편향시키기 때문에 항체분자를 발견할 수 있다.
(b) 동일초점 형광현미경사진. 가운데 세포가 분열하고 있으며 핵과 염색체는 황색이고 미소관은 붉은색을 띠고 있다.
(c) 아드레날 수질세포 일부의 투과전자현미경사진. 금입자는 항체분자와 결합하여 세포내 주머니막에 특이적으로 결합하여 복합체를 이루고 있다.

최근에 개발된 동일초점 형광현미경(confocal fluorescent microscope)은 강력한 컴퓨터-화상력을 이용하여, 형광염색액에 결합된 구조물의 해상력을 크게 높이도록 개발시킨 것이다(그림 4-4b).

4.2.2 세포 분획법

세포의 구조를 연구하기 위한 기구로서 현미경은, 시료의 준비과정에서 세포가 죽거나 구조가 변형되기도 한다는 한계성을 가지며, 그 역할도 세포기관이나 다른 세포 성분의 존재에 대한 단서를 제공해 주는 정도에 불과하다. 따라서 각각의 세포기관들이 실제로 어떠한 작용을 하는지를 알기 위해서 세포의 각 기관들을 분리하는 데 사용되는 물리, 화학적 방법이 **세포 분획법**이다.

초음파로 세포를 진동시키거나 여러 가지 분쇄기로 세포를 가능한 한 손상없이 파쇄한 후, 그 혼합물을 원심분리기로 회전시키면 회전속도(1분당 회전수 ; rpm, revolution per minute)가 증가함에 따라 원심력도 증가하므로, 세포 성분의 밀도에 따라 여러 가지 세포 성분이 분리된다. 즉, 그림 4-5에서 볼 수 있는 바와 같이 처음의 저속도에서는 핵과 비교적 큰 입자가 시험관의 밑바닥에 가라앉아 침전물을 형성하고, 그 다음 부유액을 다른 시험관에 넣은 후 회전속도를 증가시키면서 원심분리를 반복하면 미토콘드리아와 엽록체, 그 다음에는 소포체, 골지체 및 세포막 등의 세포 성분을 차례로 분리할 수 있다.

분리된 각 세포 성분을 사용하여 구성 단백질을 비롯한 분자들의 종류 및 그 분자들 사이에 일어나는 생화학적 반응 등의 특성을 분석한다.

4.3 원핵세포와 진핵세포

생물체는 구성세포의 구조 및 복합성 등에 의해 크게 **원핵생물**(prokaryotes)과 **진핵생물**(eukaryotes)의 두 가지로 나눌 수 있다.

진핵생물은 구성세포가 고도의 분획화된 막 결합-세포기관들을 가지며, 특히 유전물질이 막으로 구분되는 핵(nucleus)을 갖는다는 것이 현저한 특징이다. 반면에 원핵생물은 박테리아처럼 원핵생물계에 속하는 단일세포 생물로서, **원핵생물**의 DNA는 핵막으로 둘러싸여 있지 않으며, 다른 막결합-세포기관 또한 없다. 박테리아를 비롯한 원핵세포는 대체

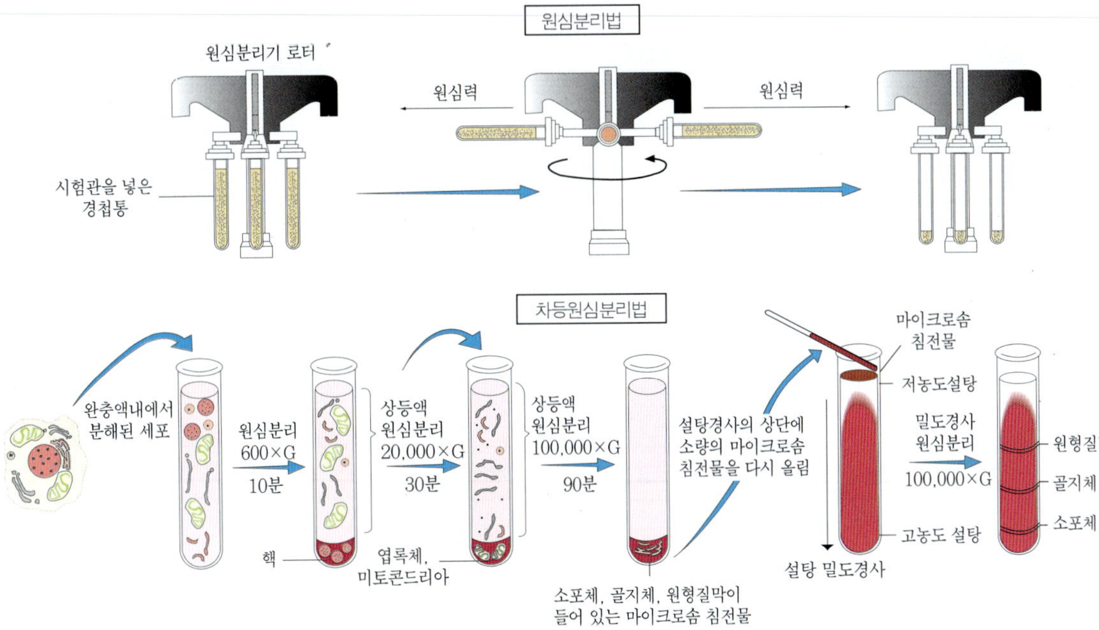

그림 4-5 세포 성분의 분획

로 진핵세포보다 훨씬 작아서, 평균 진핵세포 지름의 약 10분의 1에 불과하다(그림 4-1).

4.4 세포의 구성과 특성

세포(cell)는 생명체의 기본단위이다. 이러한 사실은 19세기 전반(1838~1839), 독일의 식물학자 M. SCHLEIDEN과 동물학자 T. SCHWANN이 자신들의 관찰을 근거로 하여 식물과 동물체를 이루는 기본단위가 세포임을 주장하면서 밝혀졌다. 근래에 이르러서는 전자현미경과 동결할달법(freeze etching) 등의 기술이 발달하여 세포 내부의 복잡한 구조까지도 상세히 밝히게 되었다. 세포의 미세구조물들은 각각 특유의 기능을 가지면서 세포라는 단위를 이루고 있다. 이외에도 앞에서 설명한 세포내 미세구조물들을 분획할 수 있으며, 여러 가지 물리 · 화학적 분석방법에 의하여 그 구성분자의 특성이나 기능도 밝혀지고 있다. 또한 부분적으로는 이들 미세구조물의 해체나 재구성도 가능하게 되었다.

4.4.1 핵

특수한 **다핵세포**(multinuclear cell)나 **무핵세포**(non-nuclear cell)를 제외하고는, 일반적으로 1개의 세포에는 1개의 핵이 존재한다.

핵은 세포주기(cell cycle)의 각 시기에 따라 구조와 기능이 현저하게 달라지는데, 분열기의 핵 변화에 대해서는 제9장에서 설명한다.

핵의 크기는 지름이 5~8μm 정도이며, 전자현미경(electron microscope)으로 관찰하면 **염색질**(chromatin), **인**(nucleolus), **핵질**(karyoplasm), **핵막**(nuclear membrane) 등을 확인할 수 있다(그림 4-6).

핵과 세포질 사이에는 8nm의 두께를 가진 이중층막으로 된 핵막이 있으며, 핵막 중 세포질쪽으로 향한 막에는 부분적으로 **소포체**(endoplasmic reticulum)가 연결되어 있으며, **리보솜**(ribosome)이 부착되어 있는 핵막에는 지름이 70~150nm 정도인 **핵공**(nuclear pore)이 여러 개 있으며, RNA를 포함한 커다란 과립성 물질이 이 핵공을 통하여 핵으로부터 세포질 속으로 이동하여 나오게 된다(그림 4-7).

분열기에는 일시적으로 핵막이 소실되지만, 분열의 종기(telophase)가 되면 소포체의 작은 조각들로부터 다시 핵막이 형성된다.

(1) 인

인(nucleolus)은 핵 속에 1개 또는 여러 개가 존재하는데, 이들의 지름은 2~5μm이며, 가느다란 섬유와 전자밀도가 다소 낮은 과립으로 구성되어 있다. 짚신벌레의 소핵(micronucleus)이나 동물의 정자핵에는 인이 없다. 인에

(a) 동물세포

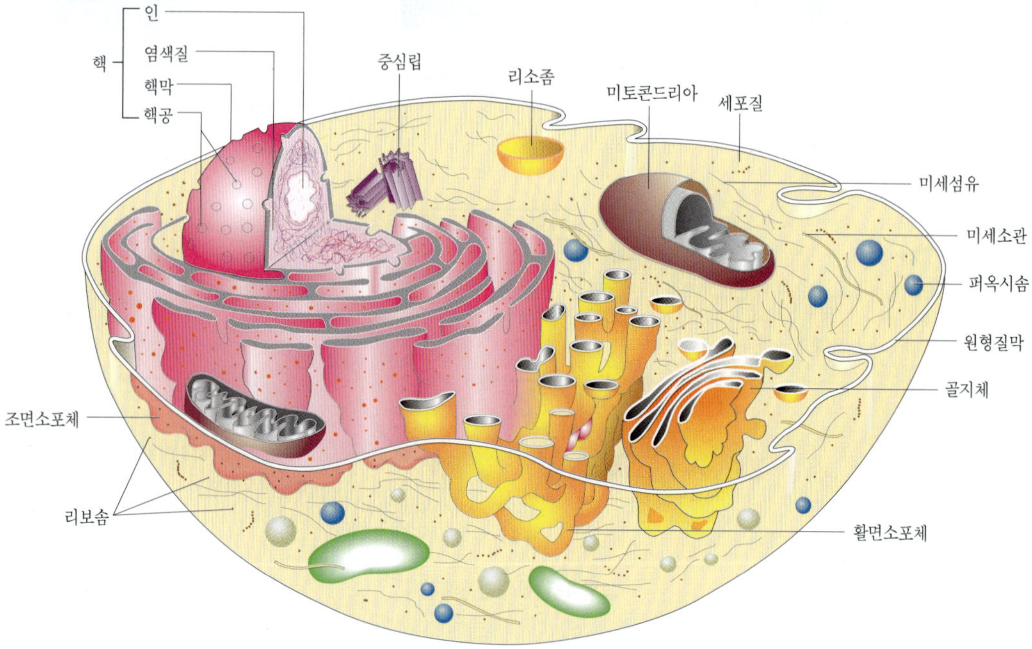

(b) 식물세포

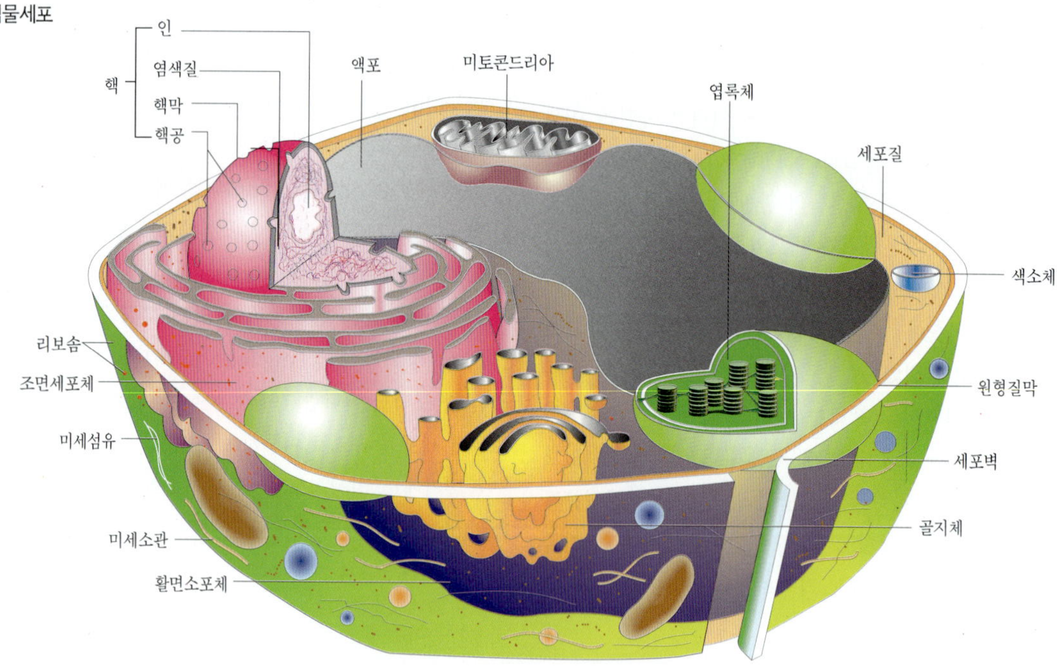

그림 4-6 세포의 구조

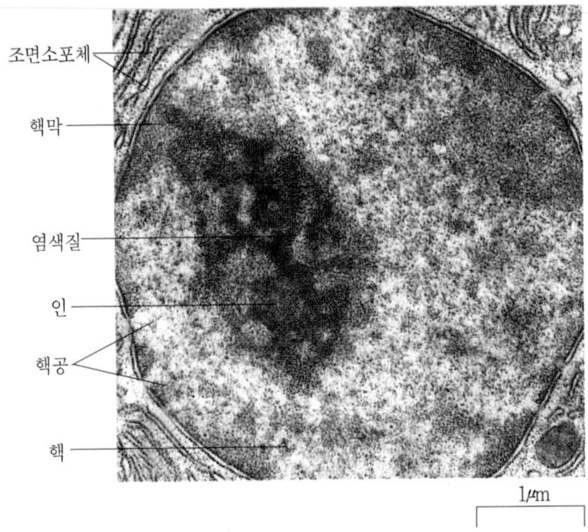

그림 4-7 핵의 구조

는 염기성 단백질과 RNA 중합효소(polymerase), DNA 합성효소 등의 효소 이외에 10% 정도의 RNA가 존재한다. 세포질의 rRNA(ribosomal RNA)는 인 형성 염색질의 DNA 염기배열(DNA base sequence)에 따라 우선 큰 RNA 복합체(rRNA 전구체)로서 합성된 후, 절단에 의해 28S와 16S인 RNA로 되어 세포질 속으로 나온다.

염색질(chromatin)은 전자밀도가 높은 과립의 집합체로서 핵막의 안쪽과 인 주위에 있으며, DNA와 염기성 핵단백질, 즉 **히스톤**(histone) 복합체를 주성분으로 하여 소량의 비히스톤(nonhistone) 단백질과 RNA가 첨가되어 구성된다. DNA의 인산과 히스톤은 정전기적(靜電氣的)으로 결합하여 DNA분자가 안정성과 유연한 구조를 유지하도록 한다. RNA 합성에 관여하고 있는 DNA는 풀어진 상태로 핵질의 투명한 부분에 존재한다. 간세포, 신경세포 등 대사가 활발한 세포의 핵은 밝고 염색질이 적다.

(2) 염색체

염색체(chromosome)는 유사분열(mitosis)이나 감수분열(meiosis)의 중기세포에서 가장 뚜렷하게 관찰된다. 그래서 염색체의 수와 구조에 관한 연구는 세포분열의 중기에 실시한다. 염색체가 중요한 것은 유전형질의 발현을 조절하는 **유전자**(gene)가 바로 이 염색체에 들어 있기 때문이다. 즉, 세포내의 거의 모든 DNA는 핵 내부에 염색체의 형태로 들어 있으며, 세포에 필요한 단백질을 생성할 수 있는 유전형질의 발현을 조절하는 유전자를 구성한다. 핵에서 전사(transcription)를 통해 만들어진 mRNA분자는 핵막을 통해 세포질로 보내어 단백질 합성에 사용된다.

염색체는 생물의 종(species)에 따라서 그 수와 구조가 일정하다. 염색체는 세포의 생명이 이어져 가는 한 영속적으로 후손에게 전달된다. 염색체가 세포분열의 중기 전 · 후에는 잘 보이지 않는데 그것은 실제로 염색체가 없어졌기 때문이 아니고 세포주기에 따라서 염색체 모양이 가느다란 실 모양으로 변형되었기 때문이다.

생물의 종에 따라 염색체 수는 일정하여, 생식세포(gamete)는 체세포(somatic cell) 염색체 수의 1/2인 단수체(haploid)이고, 체세포는 각 염색체가 쌍을 이루고 있어서 배수체(diploid)이다.

(3) 염색체의 구성물질

진핵생물 염색체의 내부는 피막에 싸여 있고, 핵단백질이 겔상태로 존재하는 기질(matrix) 속에는 **염색사**(chromonema)가 있어서 염색체의 주체가 된다. 그리고 이 염색사에는 주로 DNA가 들어 있다. 염색사는 군데군데 심하게 꼬여서 염색소립(chromomere)을 이루며, DNA 이외에 약간의 RNA가 들어 있는 경우도 알려졌다.

세포분열 간기의 핵에서 염색체는 단백질, DNA 그리고 소량의 RNA로 구성된 염색질의 형태로 존재한다. 핵단백질은 알칼리성 단백질인 히스톤과 비히스톤단백질(이질적 산성단백질)로 구성되어 있다. **히스톤**은 염색질의 구조형성에 주요 역할을 하는데 고등생물의 히스톤은 5종류(H1, H2A, H2B, H3 및 H4)로 되어 있다(그림 4-8).

히스톤 H2A, H2B, H3 및 H4는 모든 생물의 세포에서 거의 같은 양을 가지고 있으며, 다양하게 분화된 종(species) 사이에서도 일정하다. 그 점으로 보아 히스톤은 염색질

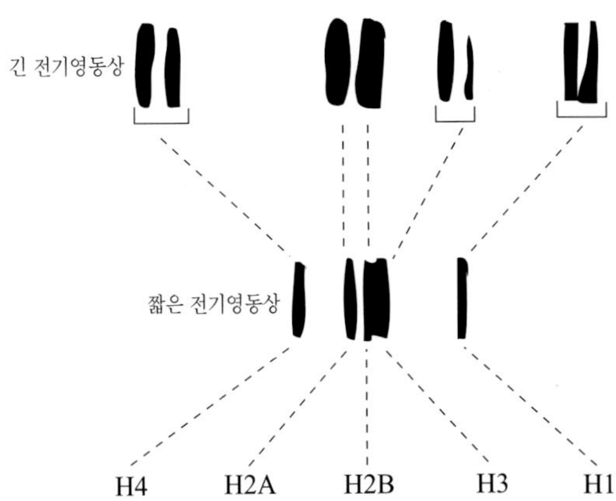

그림 4-8
아크릴아미드 겔 전기영동법으로 염색질에서 분리한 5종류의 히스톤

의 구조에 중요하며 유전자 기능에는 비특이적으로 작용한다는 의미가 있다.

한편, 비히스톤단백질은 수많은 이질단백질로 구성되어 있으며, 같은 종에 있어서도 세포 모양에 따라서 그 구성이 다양하다. 따라서 이것은 특이한 유전자 발현의 조절에 관여할 것으로 믿어진다.

뉴클레오솜은 전자현미경으로 관찰하면 염주를 줄에 꿴 모양으로 보인다(지름 110Å, 길이 60Å). 뉴클레오솜은 DNA를 규칙적으로 감아서 패키징(packaging)한다. 뉴클레오솜의 구조는 8~114 뉴클레오티드 쌍으로 연결된 연결 DNA(linker DNA)와 8합체 히스톤(H2A, H2B, H3 및 H4 가 각각 2분자로 구성)과 이를 1과 3/4쯤 둘러감은 146 염기쌍으로 구성되어 있다(그림 4-9).

(a)

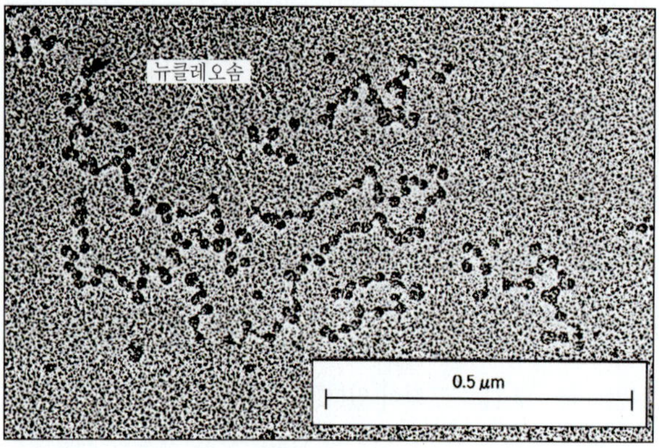

(b)

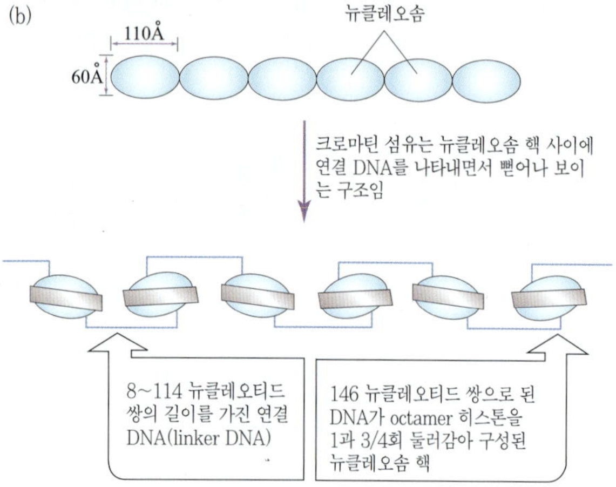

그림 4-9 염색질의 뉴클레오솜 구조
(a) 쥐 간(肝) 염색체의 전자현미경사진
(b) 염색질 구조의 모식도

4.4.2 세포질의 구성

(1) 미토콘드리아

산소호흡을 하고 있는 모든 진핵세포의 세포질에는 지름이 0.5μm 정도 되는 과립상(顆粒狀)이나 관상(管狀)인 **미토콘드리아**(mitochondria)가 존재한다(그림 4-10). 미토콘드리아의 수는 세포의 종류에 따라 다르다. 어떤 종류의 편모조류는 1개의 세포에 1개의 미토콘드리아만을 가지는 것에서부터, 림프구나 정자세포에서와 같이 1개의 세포 속에 여러 개에서 20개 정도의 미토콘드리아를 가지는 것도 있으며, 아메바나 성게의 알처럼 수만 개를 가지는 경우도 있다.

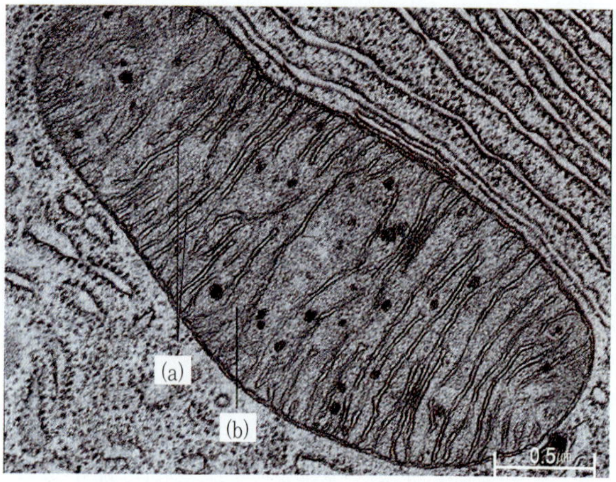

그림 4-10 미토콘드리아의 전자현미경사진
(a) 크리스테 (b) 미토콘드리아 기질

미토콘드리아는 외막과 내막의 2중막으로 싸여 있으며, 내막에는 직각방향으로 연결된 **크리스테**(cristae)가 **기질**(matrix)부에 돌출되어 있다. 내 · 외막의 두께는 각각 6nm 정도이고, 내외막 사이에는 약 8nm의 **막간공**(intermembrane space)이 있다. 기질에 접한 내막에는 ATP아제(ATPase) 활성을 가지며 지름 8.5nm의 구상(球狀)으로 이루어진 F_1이라는 입자가 표면에 배열되어 있다. F_1 내막에 함몰된 F_0와 연결되어 ATP합성효소(APT synthase)로 불리며, 미토콘드리아에서 APT합성에 관여한다. 미토콘드리아 내막에는 이외에도 호흡이나 산화적 인산화(제7.2항 참조)에 관여하는 효소 등의 각종 단백질이 존재한다.

효소는 내외막 이외에 기질과 막간공간에도 여러 종류가 존재하고 있다. 각 부분에 따른 대표적인 효소의 분포를 보면 표 4-1과 같은데, 이와 같이 효소가 미토콘드리아의 각 구획에 존재하므로 일련의 반응이 조절되면서 진행하게 된다.

막의 효소는 막 내외의 표면에 존재하는 것과 막의 내부에 존재하는 것이 있다(표 4-2). F_1-ATPase는 내측 표면에만 존재하고, 시토크롬 산화효소(cytochrome oxidase)는 막의 내부에 매몰되어 있으며, 시토크롬 c는 막의 외측 표면에 존재한다.

미토콘드리아의 막을 구성하는 지질(lipid)의 종류는 다른 세포의 내막에서와 거의 같지만, 카르디오리핀(cardiolipin)이 존재한다는 점이 다르다. 카르디오리핀은 원핵세포막에는 흔히 존재하지만, 진핵세포에서는 미토콘드리아와 엽록체막에만 존재한다. 한편, 진핵세포막의 유동성을 조절하고 있는 콜레스테롤(cholesterol)은 미토콘드리아와 염색체에는 거의 존재하지 않는다.

기질의 중요부분에 해당하는 부위에는 DNA가 존재하는데, 미토콘드리아의 DNA는 원핵세포에서와 비슷하며 핵의 DNA에 비하여 크기가 훨씬 작은 큰 바이러스 DNA 정도이고, 원형(circular form)으로 존재한다. 뿐만 아니라, DNA 합성도 핵의 DNA합성과는 다른 합성효소에 의하여 이루어지며, 이 효소는 미토콘드리아 속에 존재한다.

지질성분의 분포나 DNA성질의 특징은 미토콘드리아가 생물의 진화과정에서 진핵생물과 공생(symbiosis)한 호기적(好氣的)인 원핵생물로부터 유래되었다고 주장하는 가설의 근거가 되고 있다.

표 4-1 미토콘드리아의 효소 분포

외 막	모노아민 산화효소, 시토크롬 b5
막강공간	아데닐산키나아제
내 막	숙신산 탈수소효소 시토크롬 산화효소 F_1-ATPase
기 질	TCA 회로 효소계 지방산 β - 산화효소계

표 4-2 막내효소 분포의 표지실험

	미토콘드리아	서브미토콘드리아	가용화효소
ATPase	80	1,514	1,450
시토크롬 산화효소	265	197	1,580
시토크롬	758	100	783

* ^{35}S - 디아조벤젠술폰산으로 미토콘드리아 내막의 외면, 내면 및 유리효소를 각각 표시시킴

(2) 엽록체

녹색식물이나 조류(藻類)에는 성장과정이나 생리조건에 따라 세포내에 다양한 종류의 **색소체**(plastid)가 존재한다. 즉 엽록체(chloroplast)나 엽록소(chlorophyll)를 포함하지 않는 백색체(leucoplast), 저장녹말을 가지고 있는 아밀로플라스트(amyloplast), 노란색을 띠는 유색체(chromoplast) 등의 여러 색소체가 존재한다. 이 중에서 엽록체는 광합성의 여러 반응이 진행될 수 있도록 막상구조(膜狀構造)로 분화되어 있다.

일반 식물에서의 엽록체는 지름이 2~3㎛, 길이가 5㎛ 정도인 타원형으로 되어 있으나, 하등식물이나 조류 등에서는 크기와 모양이 여러 가지로 변형된 것들도 있다. 세포 안에 함유되어 있는 개수는 일정하지 않으나, **엽육**(mesophyll) 세포에는 수십 개에서 수백 개의 엽록체가 있다. 엽록체는 각각 2중의 막으로 싸여 있으며, 그 내부는 막구조인 **틸라코이드막**(thylakoid membrane)과 가용성 물질을 함유하는 **스트로마**(stroma)로 이루어져 있다(그림 4-11).

틸라코이드막에는 부분적으로, 지름이 약 0.5㎛ 정도인 원판이 여러 개 쌓여 겹쳐진 듯한 모양의 **그라나**(grana)가 있으며, 광학현미경으로 관찰하면 짙은 녹색의 입상(粒狀)구조로 되어 있음을 알 수 있다. 엽록소를 비롯한 각종 광합성 색소와 광합성의 전자전달성분, 에너지 전환반응을 하는 인산화의 공역인자(coupling factor) 등은 틸라코이드막에 존재한다. 따라서 빛에너지에 의한 여기(exciton)로부터 전자전달을 거쳐 ATP 합성에 이르는 반응이 틸라코이드막 안팎에서 진행된다.

틸라코이드막에는 다른 세포 내막에서와 마찬가지로 단백질과 지질이 거의 같은 비율로 존재하지만, 인지질이 적고 당지질이 많은 것이 특징이다.

스트로마에는 광합성과정인 **캘빈회로**(Calvin cycle)의 효소를 비롯하여 각종 효소와 단백질, 엽록체 특유의 RNA와 DNA 등이 함유되어 있으며, 엽록체 무게의 60% 이상을 차지하고 있다. 광합성 때에 전자전달역할을 하는 **플라스토퀴논**(plastoquinone)을 함유하고 있는 플라스토과립은 틸라코이드막과 접하면서 스트로마 속에 존재하고 있음을 전자현미경으로 관찰할 수 있다.

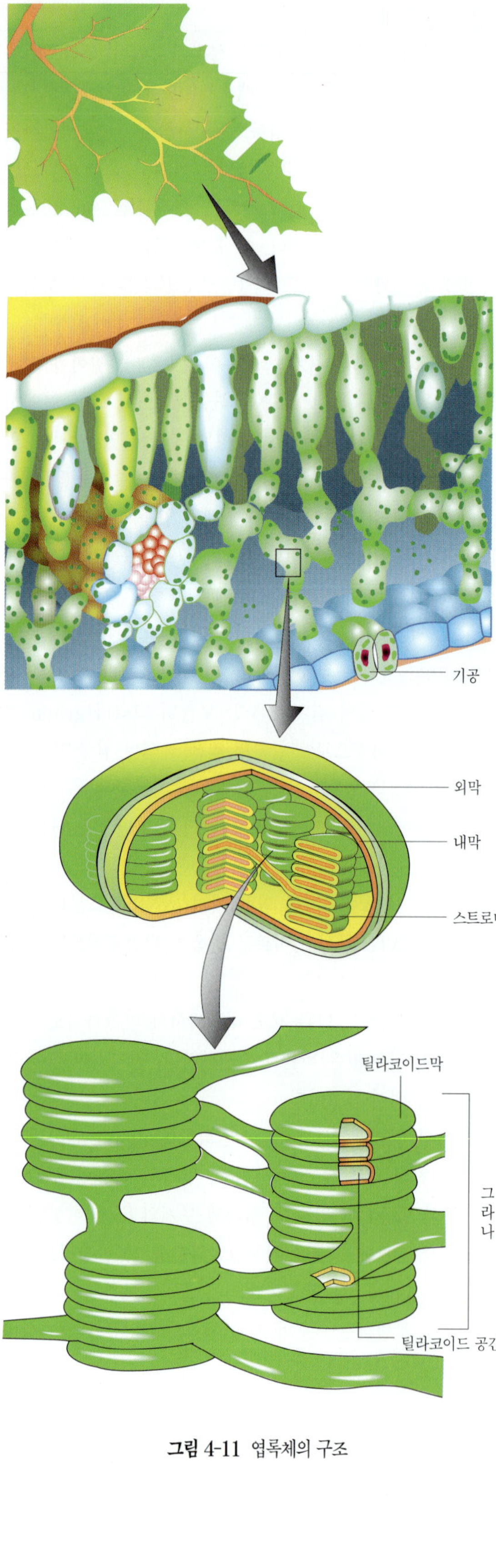

그림 4-11 엽록체의 구조

(3) 소포체

소포체(endoplasmic reticulum ; ER)는 세포질 속에 있는 망상구조를 말한다. 소포체막은 단백질, 인지질 그리고 콜레스테롤로 이루어져 있으며, 그 두께는 세포막보다 다소 얇아서 6nm 정도가 된다. 소포체에는 2종류가 있는데, 리보솜이 부착되어 있는 **조면소포체**(rough endoplasmic reticulum)와 리보솜이 없는 **활면소포체**(smooth endoplasmic reticulum)로 나누어진다(그림 4-12).

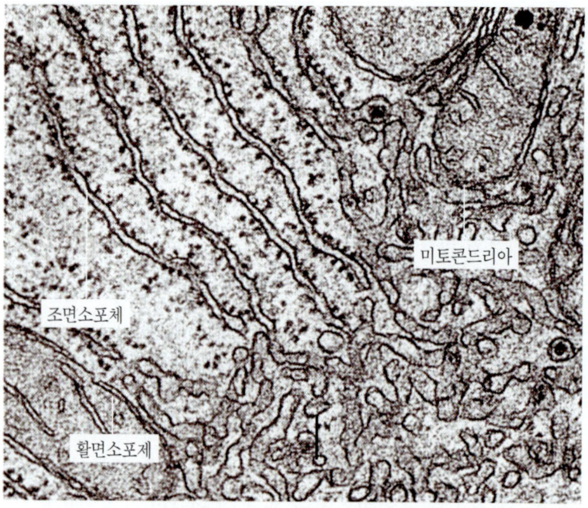

그림 4-12 조면소포체와 활면소포체의 전자현미경사진(생쥐의 간)

세포의 분화 정도에 따라 소포체의 수는 각기 다르다. 즉, 분화가 낮은 세포에는 적고, 분화가 앞서고 분열능력이 저하되어 있으면서 세포 특유의 기능이 발달된 세포에는 그 수가 특히 많다. 동물에 있어서는 간장, 췌장, 근육세포에 발달되어 있고, 식물세포의 세포질에 퍼져 있는 **액포**(vacuole)나 담수산 원생동물의 세포질로서 물을 조절하는 **수축포**(contractile vacuole)도 소포체에서 유래되는 것이라 생각된다.

리보솜은 60%의 RNA와 40%의 단백질로 구성된 크고 작은 2개의 RNA 소립자로 이루어져 있다. 이들 소립자는 모두가 진핵세포의 것이 원핵세포나 미토콘드리아의 것보다 약간 크다. 단백질의 합성은 유리되어 있는 리보솜에서도 일어나며, 주로 세포 밖으로 분비되는 단백질은 조면소포체 위에 배열되어 있는 리보솜에서 합성된다.

간세포, 췌장 외분비세포(pancreatic exocrine cell), 항체(antibody)를 생성하는 비장(脾臟)이나 골수의 형질세포(plasma cell) 그리고 콜라겐(collagen)을 합성하는 섬유아세포(fibroblast) 등에서도 조면소포체가 발달되어 있으며,

이러한 세포의 조면소포체는 편평하게 생긴 판자 모양의 주머니가 여러 층으로 겹쳐져 존재하는 경우가 많다.

활면소포체는 조면소포체와는 그 구조가 달라, 비교적 짧은 관상구조가 그물모양으로 얽혀져 존재한다. 활면소포체는 세포내 물질대사에서 중요한 역할을 하고 있으므로 기능이 활발한 세포에 발달되어 있다. 막지질의 형성에도 관여하며, 지방산의 불포화라든가 긴사슬의 지방산을 합성하는 효소집단도 함유하고 있다. 탄수화물에 대하여는 필요에 따라 글리코겐(glycogen)을 포도당(glucose)까지 분해시킨다.

(4) 골지체

C. GOLGI(1843~1926)는 이태리의 해부학자로서 신경구조에 관한 연구로 많은 업적을 남겼다. 그는 1873년 도은염색법을 확립하여 신경교세포, **골지체**(Golgi body)를 발견했으며, 신경계의 미세구조를 밝힌 업적으로 노벨의학 생리학상을 받았다. 그러나 골지체의 구조는 너무나 다양해서 당시 학자들은 골지체의 존재를 믿지 않았다. 전자현미경이 발명되어 세포의 미세구조가 확인될 때까지 골지체는 인위적인 물질이라고 믿었다.

골지체는 진핵세포에서 세포기관의 일종이며 딕티오솜(dictyosome), 골지장치(Golgi apparatus), **골지복합체**(Golgi complex)라고도 하는데, 포유류에서는 적혈구를 제외한 거의 모든 동물세포에 존재하며, 특히 분비세포(分泌細胞)에 발달하여 있고 전자현미경으로 관찰하면 3개의 부분으로 이루어져 있음을 볼 수 있다(그림 4-13).

즉, 골지체는 여러 층의 막구조가 겹쳐진 평평한 자루와, 거기에 둘러싸여 존재하는 비교적 큰 공포상(空胞狀)의 농축포(濃縮胞) 그리고 그 외부에 줄지어 있는 소포(小胞) 등 3종류로 구성된다. 소포가 존재하는 부위를 골지체 형성면이라 하고, 농축포가 있는 면을 골지체 성숙면이라 한다.

골지체의 주요 기능은 다음과 같다. ① 단백질을 분비하는 세포에서는 조면소포체로부터 운반되어온 단백질에 골지체에서 만들어진 다당류가 첨가되어 당단백질이 형성된다. 이것은 농축포가 되어 세포의 외부로 방출된다. ② 지방을 단백질과의 복합체 또는 유미과립으로 만들어 필요에 따라 혈액속으로 방출시킨다. ③ 리소좀을 형성한다. ④ 점액뮤코다당류(mucopolysaccharide)의 합성도 여기서 일어난다. 그렇기 때문에 갈락토실전이효소(galactosyltransferase) 같은 효소활성이 강하다. ⑤ 식물에서는 세포벽의 다당류인 셀룰로오스(cellulose), 헤미셀룰로오스(hemicellulose), 펙틴 (pectin) 등을 합성한다.

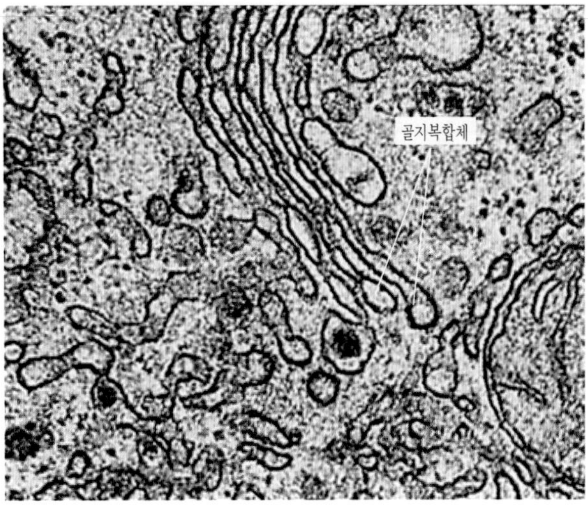

그림 4-13 골지복합체의 전자현미경사진

(5) 리소좀

리소좀(lysosome)은 식세포작용(phagocytosis)이 알려지게 된 1800년대 후반부터 그 존재가 인식되었으나 확실한 증거는 1950년 A. NOVIKOFF와 C. De DUVE에 의해 밝혀진 세포기관의 일종이다. 리소좀은 각종 세포의 세포질 내에 존재하며, 한 층의 인지질 이중막으로 둘러싸인, 지름이 25nm 이상인 둥근 모양의 구조물로서, 골지체로부터 만들어져 소포의 형태로 분리되어 나온다(그림 4-14a). 리소좀은 동물세포내의 소화기관으로, 약 50종류의 가수분해효소가 함유되어 있으므로 단백질, 다당류, 지질, 핵산 등 거의 모든 형태의 생체 거대분자를 아미노산, 단당류, 뉴클레오티드 등으로 분해한다.

리소좀은 그림 4-14b에서 볼 수 있는 바와 같이 다양한 작용을 한다. 즉, 외부로부터 식세포작용(食細胞作用)이나 음세포작용(飮細胞作用)으로 받아들인 이물질의 제거, 과잉 생산된 분비과립 혹은 불필요한 세포내 기관의 제거 같은 기능을 갖는다. 리소좀은 이물질, 세포기관 혹은 세포와 막 융합을 통하여 잔여소체(residual body)를 형성한 후 세포 밖으로 방출(exocytosis)되거나 세포내에 남아 있기도 한다.

(6) 퍼옥시솜

J. RHODIN(1954)은 쥐의 신세뇨관 세포에서 새로운 소기관을 발견했고, 나중에 간에서도 같은 구조의 소체를 발견했다. 이 세포기관은 지름이 1㎛ 정도 되는 막에 싸인 과립인데, 카탈라아제(catalase)나 과산화효소(peroxidase)의 활

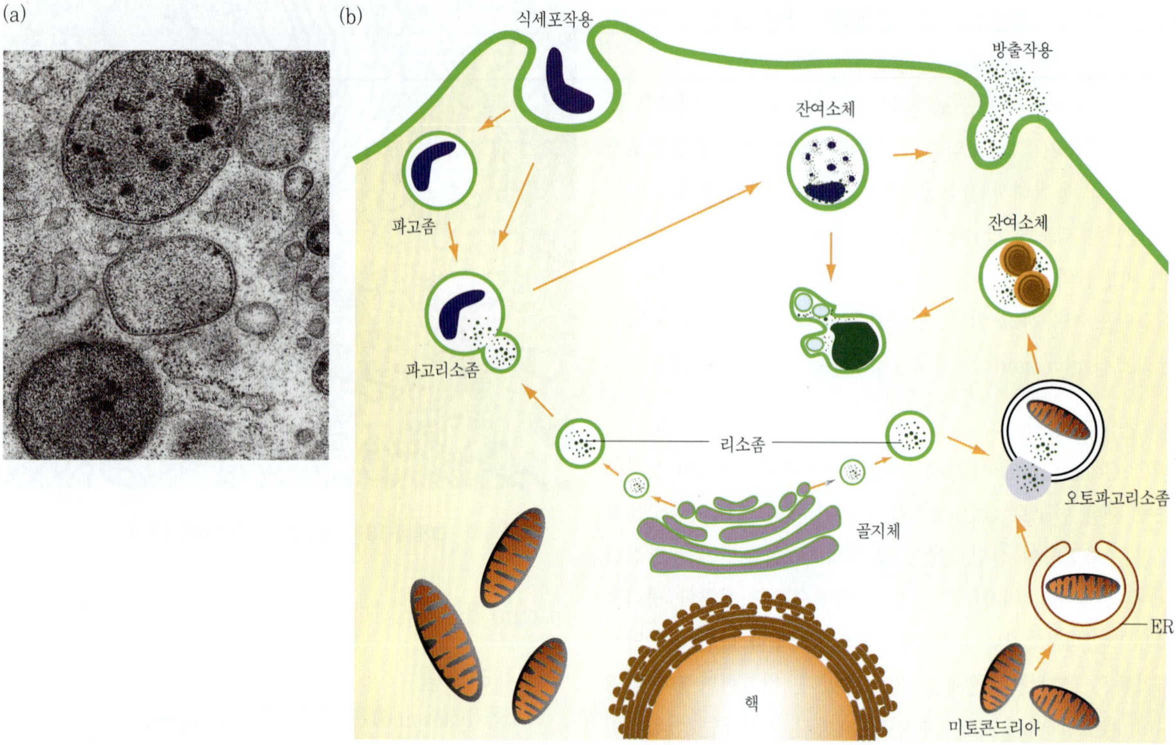

그림 4-14 리소좀의 구조와 기능
(a) 전자현미경사진 (b) 리소좀계의 작용

성을 가지고 있기 때문에 **퍼옥시솜**(peroxisome)이라 한다.

퍼옥시솜은 미토콘드리아 수의 약 1/4 정도이며, 막은 한 겹으로 되어 있어서 투과성이 높고 그 모양에 따라 미소체(microbody)라고 할 때도 있다. 이 과립에서는 아미노산, 알코올 등이 산화되어 과산화수소가 생성되는데 이를 **카탈라아제**가 분해시킨다. 식물에서는 지방산의 대사를 수행하는 **글리옥시솜**(glyoxysome)이 퍼옥시솜과 같은 것으로 보고 있다. 그리고 원생동물, 조류(藻類), 곰팡이 등에서도 발견된다.

(7) 세포골격

동물의 각 조직에 따른 세포 모양의 차이와 세포의 이동은 대체로 진핵세포에 존재하는 **세포골격**(cytoskeleton)이라는 단백질 섬유들에 의해 조절된다. 이 세포골격은 실제로 매우 역학적이며 일정한 변화를 수반하고(그림 4-15), 단순한 골격 형성만이 아니고 분비, 운동, 정보전달 등 세포의 종류에 따라서 여러 가지 기능이 추정된다. 세포골격은 3가지 종류의 필라멘트구조로 된 단백질 즉, **미세소관**(microtubule), **미세 필라멘트**(microfilament), **중간형 필라멘트**(intermediate filament)로 구성되어 있다(그림 4-15). 미세소관은 **튜불린 단백질**(tubulin) 서브유니트로 구성된 단단하고 긴 관의 형태이며, 미세 필라멘트는 액틴(actin) 단백질이 나선상으로 중합되어 구성된 견고하고 얇은 구조로 되어 있다. 이들 단백질들은 구슬 모양의 구형 단백질 단위분자들로 구성되어 있으므로 빠르게 조립 또는 해체될 수 있다.

세포의 골격을 형성하는 단백질 필라멘트는 크기에 따라 지름이 7μm인 **액틴 필라멘트**(actin filament)와 25nm인 **미세소관**(microtubule)의 2가지 형태가 있다. **중간형 필라멘트**는 몇 종류의 섬유상 단백질 서브유니트로 형성되므로, 위의 두 단백질 필라멘트보다 더 안정된 형태이다.

미세소관은 원생동물인 태양충(Actinophrys) 등에서 볼 수 있는 침상(針狀)의 축족(軸足), 일반세포의 핵분열시 나타나는 방추사, 정자와 같은 각종 세포의 편모(flagellum) 등 세포운동이 일어나는 곳에 널리 존재한다. 전자현미경을 이용하여 미세소관의 횡단면을 관찰하면 5nm 지름의 단백질 분자와 **튜불린**(tubulin)이 연결된 섬유 13개가 미세소관의 벽을 이루고 있음을 볼 수 있다.

진핵생물의 편모나 섬모(cilium)에는 2개의 미세소관 또는 중심미세소관(central microtubule)을 둘러싸고 그 주위에 9쌍의 더블릿 미세소관(doublet microtubule)이 배열되

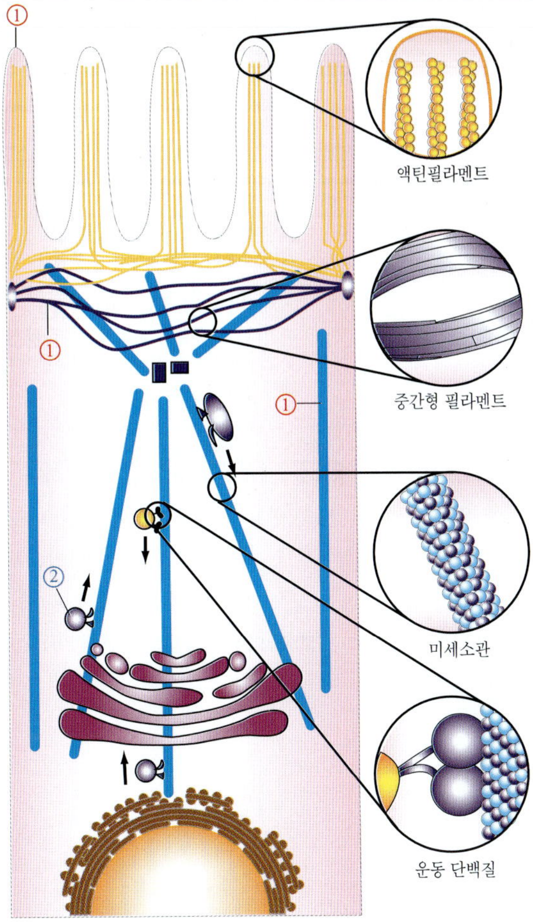

그림 4-15 세포골격의 구조와 기능(상피세포)
① 상피세포구조의 형성 및 지지 ②분비 단백질의 세포내 수송

어 축사(axoneme)를 이루고 있다(그림 4-16).

이 더블릿 미세소관 한쪽에는 단백질로 구성된 디네인 팔(dynein arm)이 결합하고 있으며, ATP 분해에 의한 에너지에 의하여 이웃한 더블릿 미세소관과 서로 엇갈려 미끄러져서 운동을 일으키게 된다.

미세 필라멘트는 미오신 단백질과 함께 근수축 운동을 담당하거나 세포막 아래층에 배열되어 세포형태의 유지 및 세포질분열시 세포질 만입 등에 관여한다. 중간형 필라멘트는 핵막, 골지체 등 세포기관의 구조적인 지지기능을 담당한다.

(8) 중심체

중심체(centrosome)는 세포분열의 중심적 역할을 수행하는 세포기관이다. 동 · 식물의 세포질내에 있고, 그 중심부에 중심립(centriole)이 있다. 휴지핵 속에는 1개의 중심체가 있지만 핵 분열이 시작되면 2개로 분열하여 각각 양극으로 이동한다.

중심체의 주위에는 성상체가 발달하고 두 중심체 사이에 **방추체**(spindle)가 형성되며 염색체는 **방추사**(spindle fiber)와 결합하여 양극에 있는 중심체쪽으로 이동한다(그림 4-17).

(9) 액포

액포(vacuole)는 공포라고도 한다. 이 주머니구조에는 투명한 수용액이 들어 있다. 정상적인 동물세포에서는 보기 어려우나 식물에서는 세포의 노화에 따라 대형화한다. 늙은 세

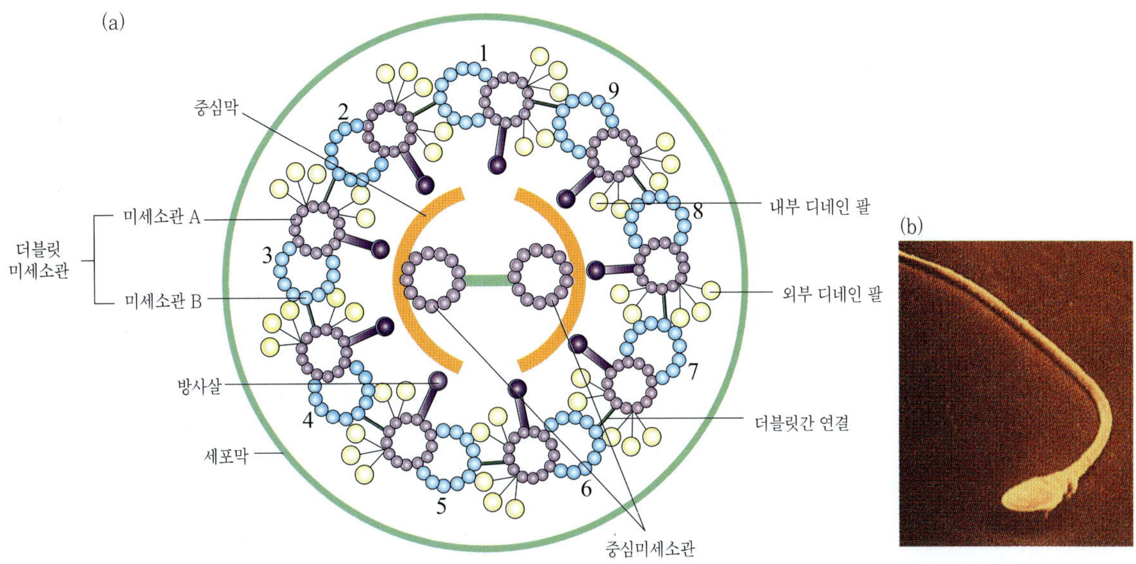

그림 4-16 축사의 모식도(a)와 정자세포의 전자현미경사진(b)

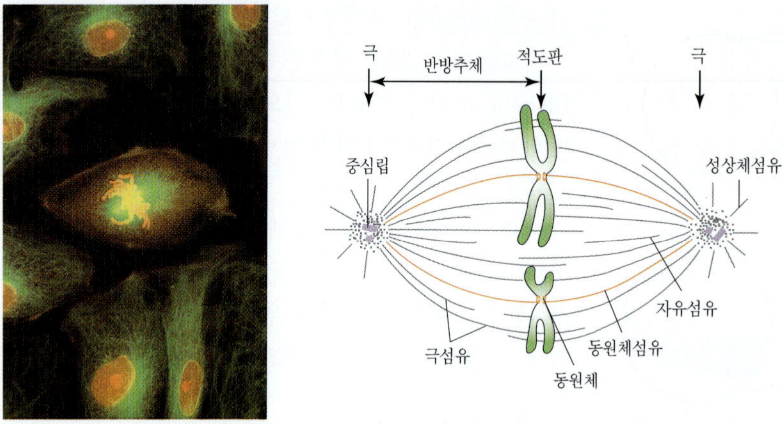

그림 4-17 동물세포의 방추제
각 방추체의 극은 1쌍의 중심립을 가진다. 길고 짧은 방추사는 성상체를 나타내는 중심립에서 뻗어나온 미세소관으로 이루어졌다. 염색체의 동원체는 긴 방추사에 붙고, 동원체가 갈라지면 염색분체는 반대쪽 방추사극으로 이동한다.

포에서는 액포가 세포 중앙의 대부분을 차지하여 세포질과 핵질이 주변으로 밀려나 있는 모양을 보인다. 액포를 둘러 싼 막을 액포막(tonoplast)이라 하는데 생체막과 공동적으로 3층구조를 하고 있으나 특이적 투과능을 나타내고 있다. 세포외액을 고장액으로 했을 때 세포막은 반투성을 상실하여 세포내가 고장화되어도, 액포막은 반투성을 유지하여 수축이 가능하다. 액포내의 액체를 세포액(cell sap)이라 하며, 당, 유기산 외에도 색소(안토시안), 알칼로이드(담배의 니코친) 등의 특유한 성분을 함유한다. 액포는 그 흡수력에 의해서 팽압을 이루고 세포벽의 긴장 상태를 나타낸다. 액포가 생기는 1가지 원인은 세포의 노화에 의한 노폐물 축적에 있다고 생각된다.

제5장

생체막의 구조와 기능

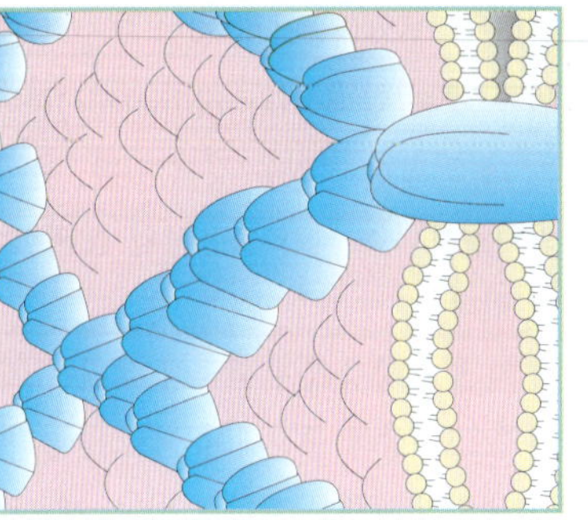

세포를 둘러싸고 있어 외부 환경과 경계를 이루는 **세포막**(cell membrane)을 비롯하여, 핵, 미토콘드리아, 소포체, 리소좀 등 세포기관을 둘러싸는 막들을 총칭하여 **생체막**(biomembrane)이라 하며, 이들은 대부분 유사한 구조로 이루어졌다.

진핵세포나 원핵세포의 세포질 외부를 둘러싸는 막을 **원형질막**(plasma membrane)이라 한다. 그러나 세포벽(cell wall)이 없는 동물세포에서는 원형질막을 세포막이라 부르기도 한다. 원형질막은 두께 8nm 정도인 지질 이중층을 기본구조로 하여 그 층 속에 각종 단백질을 포함하고 있다.

막에 존재하는 단백질로서는 선택적으로 막을 투과하는 이온이나 물질의 운반체, 세포 외부로부터의 자극에 대한 수용체(receptor), 정보전달계효소 등이 있다. 원핵세포는 세포질에 미토콘드리아가 없고, 원형질막에 호흡효소나 에너지 생성계효소가 부착되어 있다.

5.1 생체막의 구조와 특성

생체막 구조에 대한 연구는 막 자체가 매우 얇고(6~10 nm) 복잡한 구조를 가지므로 많은 어려움이 있었다. 1972년 S.J. SINGER와 C. NICHOLSON 등이 그때까지의 막구조에 대한 연구와 **동결할단법**(freeze-etching)에 의한 전자현미경 관찰 결과를 토대로, **지질 이중층**(lipid bilayer)구조에 각종 구형단백질이 관통하거나 박혀 있는 **유동모자이크 모델**(fluid-mosaic model)을 제시하였다(그림 5-1). 이 모델의 막구조가 지금까지 밝혀진 생체막의 생화학적 성질이나 막이 갖는 여러 가지 기능과 비교할 경우에 가장 적절한 막구조 모델로 인정되고 있다.

막의 주된 구성성분은 지질과 단백질이며, 그 밖에 탄수화물을 미량 함유한다. 막지질 이중층의 대부분을 차지하는 것은 **인지질**(phospholipid)인 포스파티딜콜린(phosphatidylcholine), 포스파티딜에탄올아민(phosphatidylethanolamine) 등과 스핑고미엘린(sphingomyelin)과 같은 스핑고리피드(sphingolipid)이며, 이들은 이미 설명한 바와

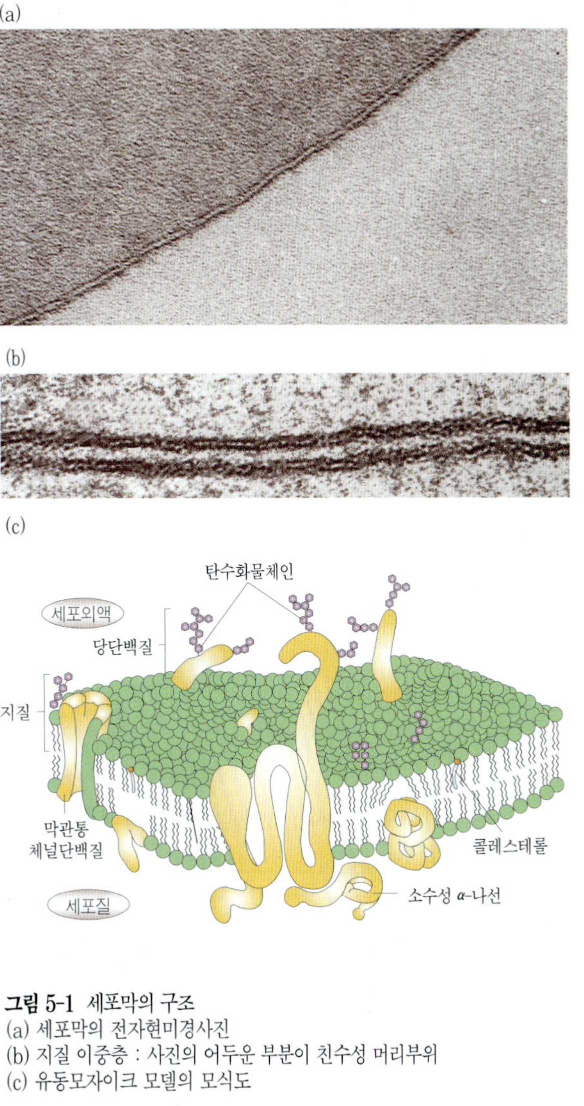

그림 5-1 세포막의 구조
(a) 세포막의 전자현미경사진
(b) 지질 이중층 : 사진의 어두운 부분이 친수성 머리부위
(c) 유동모자이크 모델의 모식도

같이 한 분자내에 친수성인 극성 부위와 소수성인 비극성 부위를 갖는 **양매성**(amphipathic)분자로서 생체막을 형성하는 데 적합한 성질을 갖고 있다. 이 외에도 동물 세포막에는 인지질보다는 약간 수용성인 **콜레스테롤**(cholesterol)이 들어 있다.

지질 이중층에서 비극성 부위인 지방산의 사슬들은 막 내면쪽으로 향해 중간에서 서로 중첩되며, 극성인 머리 부위는 막 내외의 표면을 향하고 있다. 세포막의 바깥 지질층은 주로 포스파티딜콜린, 스핑고미엘린, 당지질(glycolipid)이 많이 함유된 반면, 안쪽 지질층에는 포스파티딜세린, 포스파티딜에타놀아민, 콜레스테롤 등의 지질로 구성된 비대칭성(lipid asymmetry)을 갖는다. 이들 지질에 의한 이중층 형성의 원동력은 탄화수소사슬 간의 소수력이다. 또한 생체환경에서 이중층구조를 유지시켜 주는 것은 소수력 외에 인지질 극성 부위와 이를 둘러싼 물분자 간의 이온결합 및 수소결합 등이다.

유동모자이크 모델에서 지질 이중층을 바다에 비유한다면 단백질은 그 위에 떠 있는 빙산과 같이 유동적 특성을 갖는다.

세포막 단백질은 그 수나 크기 및 종류가 매우 다양하며, 지질 이중층과 연관성에 따라 3가지 종류로 구분된다. 즉, 지질 이중층을 관통하는 것을 **내재성 단백질**(integral protein), 세포질쪽의 지질층 표면에 존재하며 인지질 극성 부위 혹은 내재성 단백질에 비공유결합으로 연결되어 있는 것을 **표재성 단백질**(peripheral protein), 그리고 지질 이중층의 어느 한쪽면의 인지질 또는 지방산에 고유결합으로 연결되어 있는 것을 **지질-결합 단백질**(lipid-anchored protein)이라 한다.

내재성 단백질은 양매성을 가져 세포막 내외를 관통하면서 세포 외부에서 막으로 오는 정보를 세포 내부로 전달하는 수용체(receptor)로서의 기능을 가지며, 지질층을 통과할 수 없는 이온 혹은 극성분자들의 통로가 되기도 한다. 또한, 세포의 분화과정에서 이동하는 세포들 간의 유사한 세포들끼리 서로 인식하는 역할도 담당한다.

표재성 단백질은 세포 내부에서 막골격으로 작용하는 섬유성 망을 형성하거나, 내재성 단백질과 결합하여 막을 관통하는 신호를 내부로 전달하는 역할을 한다.

원형질막이 부분적으로 특수하게 분화한 구조로는 세포와 세포의 결합 부위로 작용하는 각종 구조와 **미세융모**(microvillus), 섬모 등이 있다.

미세융모는 상피세포 표면에 지름 0.1㎛의 돌기가 총총히 나 있는 것으로, 작은 창자의 점막상피나 신장의 세뇨관 상피 등에서 볼 수 있다. 미세융모 내부에는 가느다란 섬유가 장축 방향으로 배열되어 있으며, 기계적으로 일정한 모양을 유지하게 하면서 흡수물질의 통로 역할도 한다. 섬모와 편모는 지름이 0.2~0.3㎛, 길이가 10㎛ 이상인 세포돌기로서, 호흡기의 상피세포나 정자 등에서 발견되는데, 그 내부에 존재하는 미세소관에 의하여 운동을 하게 된다.

5.2 막투과성

세포가 생명활동을 수행하는 데 있어서는 세포 내외의 환경 간에 끊임없는 물질이동이 일어나고 있다. 따라서 물질투과의 경계를 이루고 있는 세포막이 갖는 물질수송(membrane transport)기능은 매우 중요한 것이다. 앞에서 살펴본 바와 같이 막은 특수한 구조를 가지므로 물질이동에 여러 가지 제약을 주게 되며, 투과되는 물질의 구조나 종류에 따라 투과성이 차이를 보이는 **선택적 투과성**(selective permability)을 갖는다.

생체막을 통한 물질이동 기구는 **수동수송**(passive transport), **능동수송**(active transport) 및 **내세포작용**(endocytosis)과 **외세포작용**(exocytosis)으로 나눌 수 있다.

5.2.1 수동수송

어떤 공간에서 기체나 액체 상태의 원자나 분자들은 항상 자유롭게 운동하고 있으므로, 일시적으로 물질이 어느 한 부분에 농축되어 있더라도 시간이 흐름에 따라 그 공간 속의 원자나 분자들의 분포가 균일해진다. 이와 같은 자연적인 물질의 이동현상을 **확산**(diffusion)이라 한다. 바꾸어 말하면, 어떤 물질분자의 농도가 높은 곳에서 낮은 곳으로(이를 농도경사, concentration gradient라 한다) 이동되어 평형 상태에 도달하는 것이라 할 수 있다. 따라서 생체막을 경계로 막 안팎에는 각종 물질의 농도경사가 형성되므로 확산에 의한 물질이동이 일어날 수 있으나, 막구조의 특수성 때문에 일부만이 확산에 의해 이동된다. 이를 **단순확산**(simple diffusion)이라 한다. 한편, 세포막은 지질 이중층으로 되어 있으므로 대부분의 극성분자를 투과시키지 못한다. 그래서 포도당이나 아미노산과 같은 극성분자들은 세포막에 존재하는 특정 운반단백질(carrier protein 또는 permease)에 의해 이동되는데, 이를 **촉진확산**(facilitated diffusion)이라 한다.

촉진확산도 농도경사에 의해 일어나지만 운반체에 의한

물질이동이므로, 초기의 투과속도는 매우 빠르나 농도가 높아지면 어느 최대 속도에서 포화되는 운동곡선을 그린다(그림 5-2). 이상 단순확산과 촉진확산처럼 막 내외 간의 농도경사에 의해 일어나는 운반기구를 수동수송(passive transport)이라 한다.

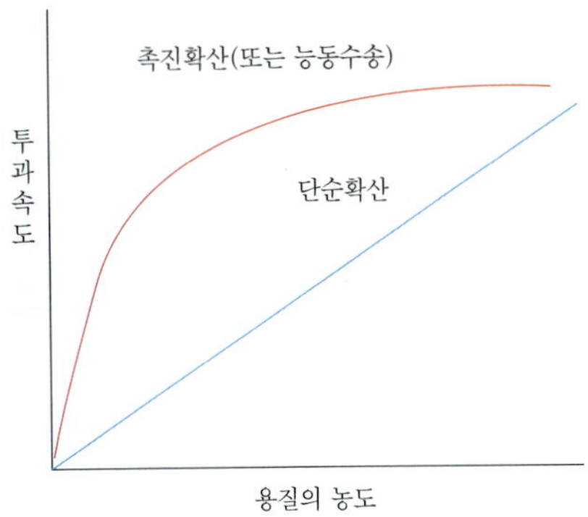

그림 5-2 막투과의 운동곡선
촉진확산과 능동수송은 운반체에 의한 운반이므로 포화운동곡선을 보인다.

5.2.2 능동수송

세포막을 경계로 한 안팎의 이온농도는 큰 차이를 보여 사람의 경우, 세포밖이나 조직액내의 Na^+의 농도는 세포 안에 비해 10배 정도 높고, K^+은 안쪽이 바깥쪽에 비해 35배 정도 높다. 이와 같은 결과는 특정 물질분자에 대해 세포막이 농도경사에 역행하여, 에너지를 이용한 물질운반을 하고 있기 때문이다.

능동수송(active transport)의 상세한 기작에 대해서는 아직 명확히 알려져 있지 않지만, 몇 가지 특징을 살펴보면 다음과 같다. 즉, 능동수송도 촉진확산과 같이 포화운동곡선(saturation kinetic curve)을 그리므로 운반체에 의한 물질이동이라는 것이다(그림 5-3). 아직 운반체의 정체는 알려지지 않았으나, 여러 실험결과에 의하면 특정분자하고만 결합할 수 있는 결합부위(binding site)를 갖고 있는 효소단백질 분자로 생각되고 있다. 능동수송은 농도경사에 역행하여 일어나므로, 반드시 에너지(ATP)의 공급이 요구된다. 따라서 세포에 ATP 생성을 억제하는 대사저해제를 처리하면, 능동수송에 의한 물질이동 속도는 심하게 저하된다(그림 5-4). 또 하나의 특징은 운반되는 분자와 구조가 유사한 물질에 의해 저해를 받는다는 것이다. 그러한 사실은 일부 독물질이나 약품에 의한 능동수송의 저해현상이 증명해준다.

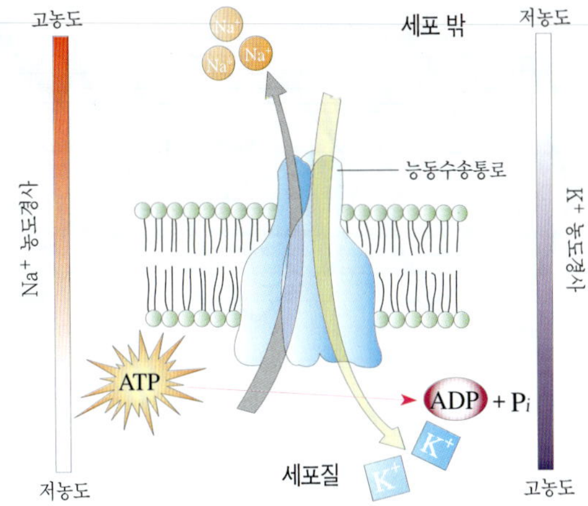

그림 5-3 능동수송

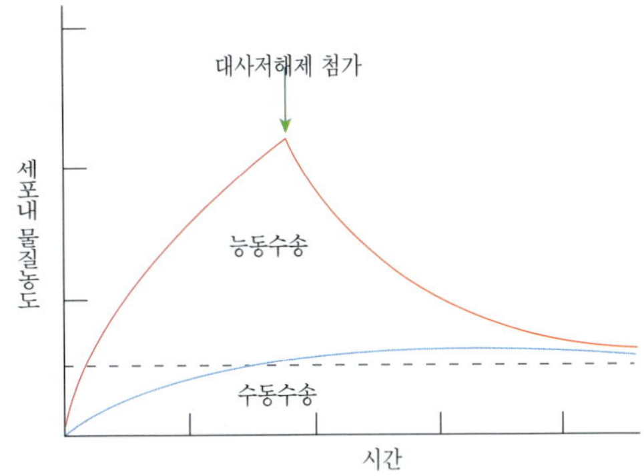

그림 5-4 능동수송의 저해
대사저해제를 가했을 때 능동수송은 저해되지만, 수동수송은 저해를 받지 않는다.

5.2.3 내세포작용과 외세포작용

세포는 막의 변형을 일으켜 다량의 분자나 거대분자(macromolecule)를 능동적으로 세포 안팎으로 운반시키는 경우가 있는데, 이를 **내세포작용**(endocytosis)과 **외세포작용**(exocytosis)이라 한다.

세포막의 일부가 외부의 물질을 둘러싼 후 막 양끝이 융합되는 함입(invagination)에 의해 물질을 세포 안으로 받아들이는 현상을 내세포작용이라 하며, 운반시키는 물질의 상태에 따라 **식세포작용**(phagocytosis)과 **음세포작용**(pinocytosis)으로 구분된다. 세포가 세균과 같은 고형성분을 함입하여 세포 속으로 이동시킬 때 이를 식세포작용이라 하고(그림 5-5 A), 세포가 액체 상태의 세포외액 성분을 받아들일 때 이를 음세포작용이라 한다(그림 5-5 B).

내세포작용의 경우 함입되어 들어오는 물질은 세포질 안에 소포(vesicle)를 만들어 세포내부로 이동되며, 수송되는

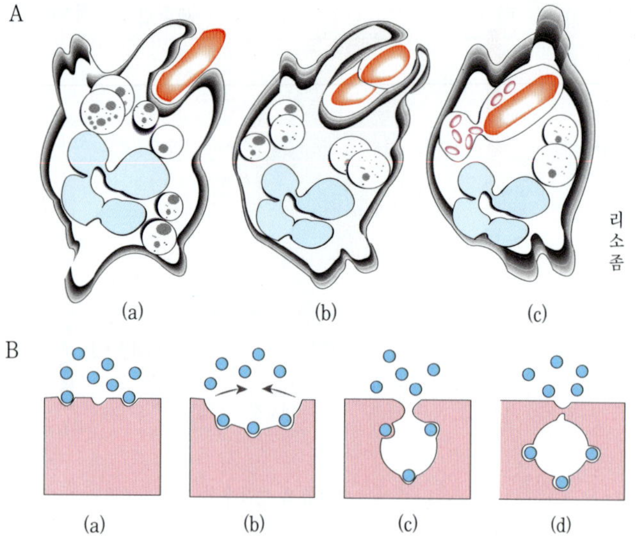

그림 5-5 내세포작용
A : 식세포작용의 과정 B : 음세포작용의 과정

물질의 크기는 식세포작용의 경우가 음세포작용의 경우보다 크다.

세포가 대사노폐물을 세포막 밖으로 배출하거나, 세포가 합성한 호르몬이나 신경전달분자 등을 세포 밖으로 분비하는 것은 외세포작용에 의한다(그림 5-6). 이는 위의 내세포작용의 반대 과정으로 진행된다.

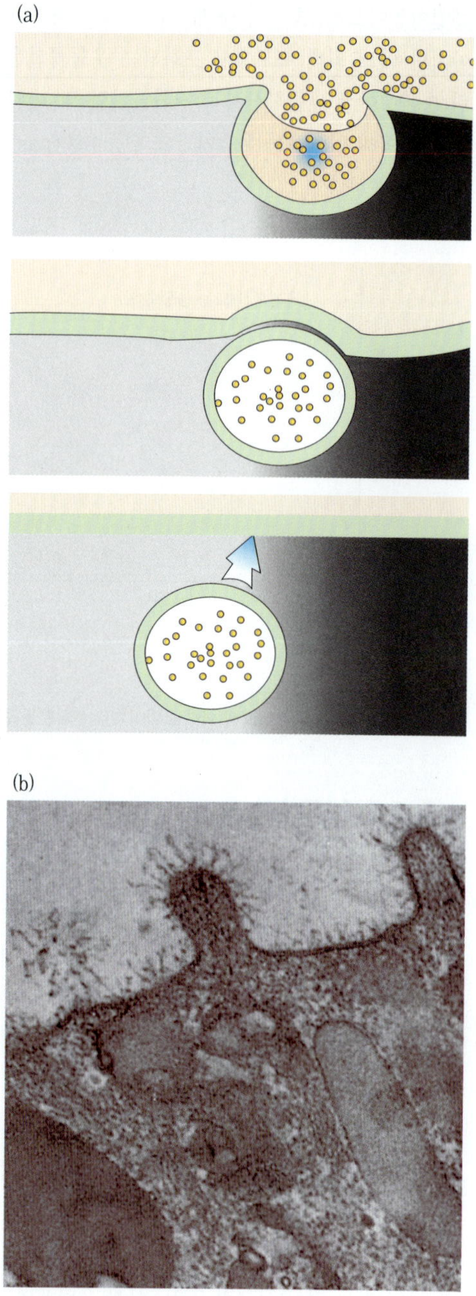

그림 5-6 외세포작용 과정
(a) 외세포작용과정의 모식도
(b) 분비세포 세포질내의 분비물이 막으로 접근하는 것을 찍은 전자현미경사진

5.3 세포-세포 연락

다세포생물에서는 서로 밀접하게 붙어 있는 세포들이 세포막에 특수한 세포간 결합부를 발생시켜, 이웃하는 세포들 간에 강한 연결성을 갖는 구조를 가지므로써 빠른 세포-세포간 연락을 한다. 동물세포에서는 이러한 연결구조로서 **데스모솜**(desmosome), **밀착 연접부**(tight junction), 및 **간극 연접부**(gap junction)의 3가지 형태가 존재한다.

5.3.1 데스모솜

피부의 상층에 있는 인접 상피세포들은 세포 표면에 단추 모양의 용균반(plaque)인 데스모솜이라는 구조에 의해 강한 기계적인 힘으로 서로 밀접하게 결합되어 있다(그림 5-7).

데스모솜은 각 세포막의 내부에 연결된 치밀한 물질부위로 구성되며, 약 24nm 폭의 세포간 공간에 의해 서로 분리되어 있고, 이 공간을 가로지르는 단백질인 필라멘트에 의해 두 세포가 서로 결합되어 있다. 즉, 데스모솜은 세포 내부의 중간형 필라멘트에 붙어서, 인접하는 세포의 중간형 필라멘트를 붙여 줌으로써 조직내에 기계적인 교합력을 갖게 해주며, 반면에 세포막간의 공간을 통해 물질은 자유롭게 통과할 수 있다.

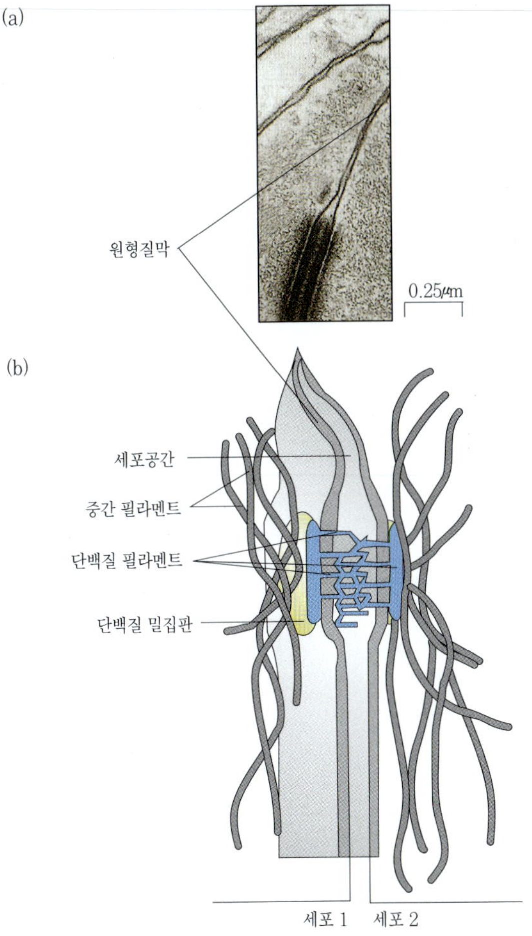

그림 5-7 데스모솜의 전자현미경사진(a)과 구조 모식도(b)

5.3.2 밀착 연접부

밀착 연접부는 인접 세포막이 서로 직접적으로 붙어 있는, 매우 탄탄한 결합부위로서, 세포 주변에 공간이 전혀 없어서 물질의 통과가 이루어지지 않는다(그림 5-8). 실제로 이 부위의 세포막은 서로 융합되어 각 세포를 완전히 둘러싸는 하나의 막구조를 형성하므로, 장(腸)을 둘러싸는 세포들처럼 주로 체강을 둘러싸는 세포들 간에서 볼 수 있다.

5.3.3 간극 연접부

간극 연접부는 데스모솜에서처럼 세포 간의 공간을 연결하는 다리 역할을 하지만 연결되는 공간이 비교적 좁으며, 인접세포의 세포질을 연결하는 구멍의 역할을 한다(그림 5-9). 간극 연접부는 6개의 단백질 소단위로 구성된 실린더형으로 이루어져 지름이 약 1~2nm인 구멍을 형성한다. 이 구멍을 통해 이온이나 ATP 등의 작은 생체분자들이 왕래하면서 세포 간의 화학적 및 전기적 연락을 담당한다.

예를 들면, 췌장세포들은 간극 연접부에 의해 서로 연결되어 있는데, 인슐린을 분비하도록 자극이 된 세포는 인접한 다른 세포에 연접부를 통해 신호를 전달하여 초기의 신호에 대해 공동의 반응을 나타내게 한다. 심장근세포도 마찬가지로 간극 연접부를 통해 세포들이 동시에 수축할 수 있도록 전기적 연결을 제공한다.

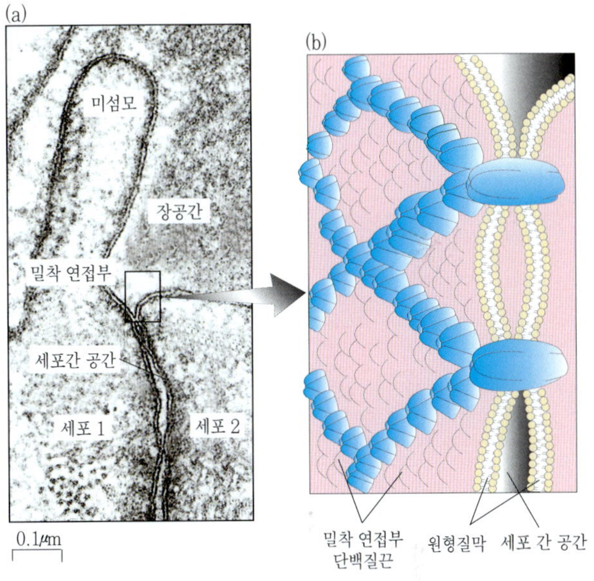

그림 5-8 밀착 연접부의 전자현미경사진(a)과 구조 모식도(b)

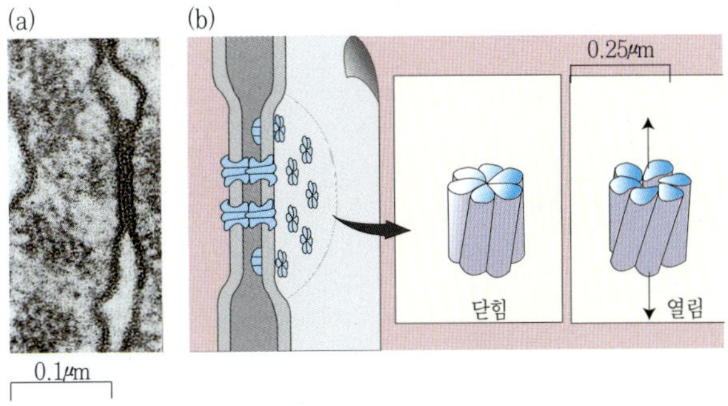

그림 5-9 간극 연접부의 전자현미경사진(a)과 구조 모식도(b)

생명체의 에너지 전환 II

제6장

생체 에너지론

살아 있는 모든 생명체는 그 생명활동을 하기 위하여 에너지가 요구되며, 끊임없이 외부로부터 에너지를 얻어 소비하고 있다.

태양은 생명을 유지하는 데 필요한 모든 에너지의 궁극적인 근원이다. 즉, 식물이나 다른 광합성-생명체는 광합성과정을 통해 태양의 광에너지를 유기화합물의 화학에너지로 전환시킨다. 식물이나 동물 및 그 밖의 생물체는 에너지를 필요로 할 때 이 유기화합물을 분해하여 그때 방출되는 에너지를 이용한다. 그러므로 모든 생물의 생명활동에 필요한 에너지는 유기화합물의 화학에너지이다.

에너지는 창조도, 파괴도 될 수 있는 것이 아니기 때문에 세포가 새로운 에너지를 만들어낼 수는 없다. 즉, 에너지는 주위 환경에서 획득되고, 일시적으로 저장된 후, 생명활동에 필요한 일을 하기 위해 사용된다. 그러나 획득된 에너지가 모두 사용될 수 있는 것이 아니라 모든 단계에서 열로 전환되거나 분산되어 주위 환경으로 되돌아가게 된다.

세포는 여러 가지 형태의 에너지를 얻지만 그 에너지가 모두 세포의 생명활동과정에 필요한 힘으로 직접 사용될 수는 없다. 이러한 이유로 물질대사의 기작이 세포가 에너지를 1가지 형태에서 다른 형태로 전환시킬 수 있도록 진화해 왔다. 이러한 에너지 전환계의 대부분의 성분이 생명체의 탄생 초기부터 진화되었으므로, 에너지 대사의 기본적인 양상은 광범위한 개체 간에도 매우 유사하다.

이 장에서는 세포가 어떻게 에너지의 획득, 전달, 저장 및 사용을 관장하는지에 대한 기본 원리를 파악하고, ATP 등 에너지 전환에 필요한 분자들의 기능에 대해 알아보며, 세포의 에너지 변환에서 필수적인 효소에 대해 살펴보기로 한다.

6.1 에너지의 필요성

에너지는 일을 수행하는 능력이다. 세포의 성장이나 운동 등 모든 생명활동에는 에너지가 요구되며, 비록 성장하고 있지 않는 세포에서도 그 자신의 유지를 위해서도 에너지는 필요하다.

에너지는 화학에너지, 전기에너지, 자기에너지, 기계적에너지 등과 같이 다양한 형태가 있다. 일반적으로 활동 상태에 따라 크게 위치에너지(potential energy)와 운동에너지(kinetic energy)로 나눌 수 있으며, 이들 에너지는 어떤 조건 하에서 모두 상호 전환될 수 있다.

운동에너지는 운동하고 있는 물질에서 나타나는 에너지이며, 위치에너지란 운동에너지로 전환될 수 있는 모든 형태의 에너지를 의미하며, 화합물의 화학결합 속에 들어 있는 에너지가 그 예이다.

생물체의 일은 대부분이 기계적인 일이다. 즉, 호흡이나 순환 등의 활동을 수행하기 위해서는 상당량의 에너지(운동에너지)가 필요하며, 이러한 기계적인 일들은 각 세포에서 수행되는 화학에너지(위치에너지)의 공급에 의해 이루어질 수 있는 것이다.

6.2 열역학법칙

세포의 생명활동을 위시한 우주의 모든 활동은 **열역학법칙**에 의해 이루어진다. 에너지는 생성되지도 소멸되지도 않는다는 것이 **열역학 제1법칙**으로서 「에너지 보존의 법칙」이라고도 한다. 즉, 고립된 계(closed system)에 존재하는 총에너지의 양은 항상 일정하다는 것을 의미한다. 그러나 같은 계 안에서 에너지는 서로 다른 형태로 쉽게 전환될 수 있다.

생명체는 하나의 열린 계(open system)이므로, 끊임없이 주위 환경과 물질 및 에너지의 교환이 이루어진다. 생명체의 에너지 교환에 의한 에너지 함량의 변화는 환경의 에너지 함량의 변화와 평형을 이루어야 한다.

생명체는 에너지를 생산하거나 파괴시키는 것이 아니라, 환경으로부터 에너지를 획득하여 그 자신이 필요로 하는 에너지의 형태로 전환시켜 사용한다. 즉, 식물체는 광합성을 통해 광에너지를 전기에너지로 전환한 후 화학분자의 결합에너지 형태로 저장한다. 이 화학에너지는 후에 식물세포의 생명현상을 발휘하기 위해 사용되며, 이 식물을 섭취한 동물체에 의해 근육운동과 같은 기계적 에너지 형태로 전환되는 것이다(그림 6-1).

이와 같은 에너지 전환과정에서 일부 에너지는 열에너지의 형태로 주위에 방출되는데, 이 에너지는 파괴되지는 않지만 유용한 일에 이용할 수 없다. 왜냐하면 열에너지는 높은 온도에서 낮은 온도로 이동이 가능할 때에만 일을 할 수 있으며, 열이란 원자나 분자의 무작위적 이동이므로 열의 증가는 그 계를 무질서하게 만든다. 즉, 열과 무질서의 정도는 상관관계가 있으므로, 열을 에너지의 가장 무질서한 형태라고 생각할 수 있다.

이 무질서의 정도를 **엔트로피**(entropy)라 부르는데, '에너지의 변환과정은 엔트로피가 최대로 되는 방향으로 흐른다'는 것이 **열역학 제2법칙**으로서 「엔트로피 법칙」이라고도 한다. 결국 에너지는 무질서가 증가하는 방향으로 이동한다고 할 수 있다. 바꾸어 말하면, 보다 조직화된 계에는 보다 많은 에너지가 있고, 이 에너지는 항상 더 낮은 수준으로 흐르기 때문에 계(우주)는 점차 무질서하게 된다고 볼 수 있다.

6.3 물질대사와 에너지 전환

여러 가지 형태의 에너지 전환 중에서 생물체내에서 일어나는 유기화합물의 모든 화학반응과 이에 수반되는 에너지의 전환을 **물질대사**(metabolism) 또는 **대사**라고 한다. 대사에는 에너지를 이용하여 저분자물질에서 고분자물질을 합성하는 **동화작용**(anabolism)과 고분자물질이 저분자물질로 분해되면서 에너지 방출을 수반하는 **이화작용**(catabolism)이 있다. 이화와 동화작용은 상보적인 반응으로서, 이화작용을 통해 에너지가 방출되며, 그 에너지의 일부는 다시 동화작용에 사용된다.

세포내의 대사과정에 수반되는 여러 가지 생화학반응에서는 화학결합이 분해되거나, 새로운 화학결합이 형성되기도 하는데, 이때 각 화학결합은 일정 크기의 **결합에너지**(bond energy)를 갖는다.

총 결합에너지는 그 계의 총 위치에너지와 같으며, 이를 **엔탈피**(enthalpy, H)라고 한다. 한편, 일정 온도와 압력 하에서 유용한 일에 사용할 수 있는 에너지를 **자유에너지**(free energy ; G)라 하며, 이는 엔탈피(H)의 일부이다. 실제로 생화학반응에서 압력의 변화는 거의 문제가 되지 않지만, 온도(T)의 변화는 중요하다. 따라서 온도의 변화가 없는 계에서 일에 이용할 수 있는 최대 에너지의 양을 자유에너지라 할 수 있다. 반면에 자유에너지와 무질서의 정도인 **엔트로피**(entropy, S)는 역의 관계를 갖는다. 즉, 엔트로피가 증가

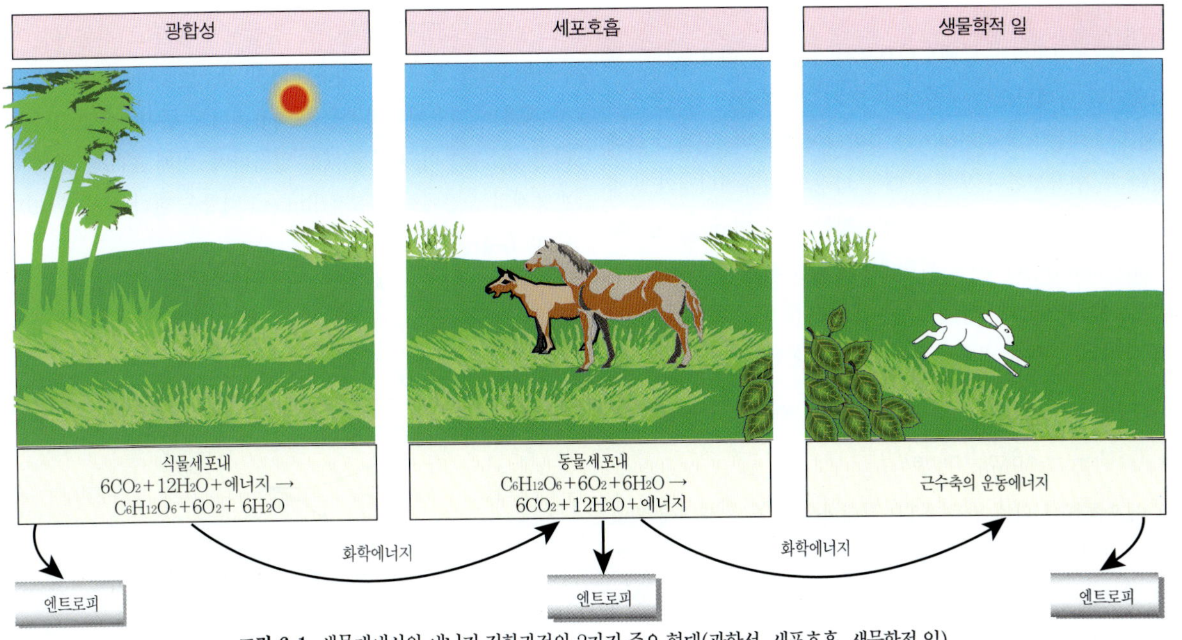

그림 6-1 생물계에서의 에너지 전환과정의 3가지 주요 형태(광합성, 세포호흡, 생물학적 일)

하면 자유에너지의 양은 감소하므로 다음과 같은 식이 성립된다.

$$G = H - TS$$

이때 엔트로피가 0이면 자유에너지는 단순히 총 위치에너지(엔탈피)가 되고 엔트로피가 자유에너지를 감소시킨다. 그러면 온도의 중요성은 무엇인가? 온도가 증가하면 무작위의 분자운동이 증가하여 무질서를 유발하고 엔트로피 효과를 배가시키게 된다. 생체내 화학반응에서 반응물의 자유에너지는 대개 반응 도중에 변화하는데, 이러한 자유에너지의 변화를 ΔG로 표시하며, $\Delta G = \Delta H - T\Delta S$인 관계로 표시된다.

화학반응에는 2가지의 기본 형태가 있는데, 생성물이 반응물보다 더 적은 자유에너지를 가지고 있는 경우와, 생성물이 반응물보다 더 많은 자유에너지를 갖는 경우이다. 전자의 경우가 고분자물질로 합성되는 과정으로서 에너지의 공급을 필요로 하는 과정이다. 따라서 이 과정의 화학반응은 **흡에너지반응**(endergonic reaction)이라고 한다. 후자의 경우는 이와 반대로 고분자물질이 분해되어 저분자물질이 생성되는 과정으로 에너지 방출을 수반하므로 **발에너지반응**(exergonic reaction)이다.

생물체내에서 이러한 자유에너지는 화학에너지의 형태인 ATP의 고에너지 인산화 화합물로 전환된다.

6.4 ATP

ATP는 일종의 뉴클레오티드로서 5탄당인 리보오스와 질소염기인 아데닌으로 구성되어 있다(그림 6-2). 리보오스의 5번 탄소에는 3개의 인산기가 결합되어 있으며, 이들의 끝에 있는 두 인산결합이 분해될 때는 다량의 자유에너지가 방출되므로 이 결합을 **고에너지 인산결합**(high energy phosphate bond)이라 한다. 세포내에서 방출되는 에너지량을 정확히 계산하기는 어려우나 보통 1mole당 7.3kcal의 에너지가 유리되며, 이를 결합구조(~)로 표시한다.

$$\text{아데노신}-Ⓟ\sim Ⓟ\sim Ⓟ \xrightleftharpoons{H_2O} \text{아데노신}-Ⓟ\sim Ⓟ + P_i + \text{에너지}$$
$$(\Delta G = -7.3\text{kcal/mole})$$

세포호흡에 의해 만든 ATP 형태의 에너지는 체내에 필요한 고분자물질의 합성, 근육수축이나 신경흥분 등의 기계적인 일 또는 물질수송 등의 각종 생명활동의 에너지원으로서 이용된다(그림 6-3).

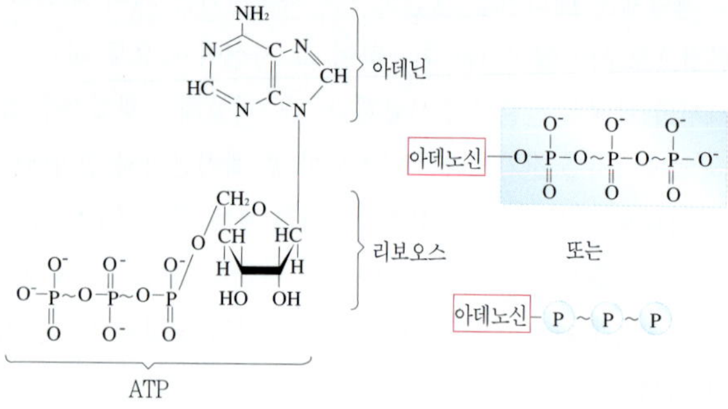

그림 6-2 ATP의 구조식과 고에너지 인산결합의 표시법

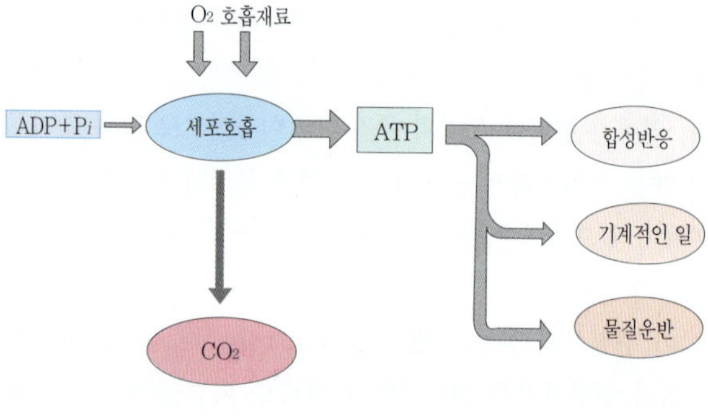

그림 6-3 세포호흡에 의한 에너지의 이용

이때 ATP는 자유에너지 증가반응(endergonic reaction)과 자유에너지 감소반응(exergonic reaction)을 연결시켜주는 역할을 한다고 할 수 있다. 즉, ATP가 다른 물질에 인산기를 주는 인산화반응(phosphorylation)은 특이효소의 작용에 의해 세포내 자유에너지 증가반응에 공역(coupling)되고, 반대로 ADP에 인산기를 결합시켜 ATP로 전환시킬 때는 에너지가 요구되는 자유에너지 감소반응이 일어난다. 다시 말하면 자유에너지반응은 자유에너지 증가반응과 자유에너지 감소반응이 공역될 때만 일어나며, 이때 ATP는 이들 두 반응계의 중간에서 연결자(linker) 역할을 한다고 볼 수 있다(그림 6-4).

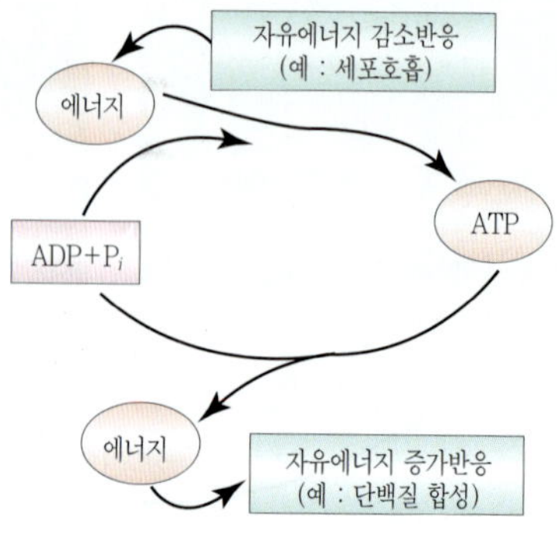

그림 6-4 ATP에 의한 공역반응

6.5 효소

세포내에는 수천 종에 달하는 각종 분자가 존재하며, 세포가 살아가기 위해서는 이들 분자 간의 상호 전환이 필요하다. 즉, 어떤 생물분자는 가수분해되거나 산화되며, 그 결과 각 분자의 화학결합에 함유되어 있던 에너지가 방출되고, 이 에너지가 새로운 고분자물질의 합성이나 생물체의 여러 가지 생리기능을 수행하는 데 이용된다. 이와 같은 생체내의 모든 생화학반응은 생체의 일정한 환경조건(37℃, 1기압, 중성 pH)의 범위내에서 극히 단시간내에 효과적으로 이루어지고 있는데, 이는 생체촉매(biocatalyst)인 **효소**(enzyme)가 있기 때문이다.

효소는 대부분이 구형단백질분자로서, 화학적 촉매와 같이 반응물질의 **활성화에너지**(activation energy)를 낮추어 반응속도를 촉진시킬 뿐 자신은 화학반응에 관여하지 않는다.

6.5.1 효소의 특성

효소는 대부분 그 효소에 의해 작용을 받는 특정 **기질**(substrate)에 대해서만 촉매작용을 나타내는 강한 **기질특이성**(substrate specificity)을 가지고 있다. 어떤 효소들은 단 1가지 특정 기질에만 작용하는 절대특이성(absolute specificity)을 나타내지 않고, 공통적인 특이구조를 갖는 몇 가지 기질에 작용하면서 반응속도가 다른 상대특이성(relative specificity)을 나타내는 경우도 있다. 아스파르타아제(aspartase)는 절대특이성을 갖는 효소의 예인데, 다음과 같이 푸마르산(fumaric acid)과 L-아스파르트산(L-aspartic acid) 사이의 반응에서만 촉매작용을 한다.

$$HOOC-CH=CH-COOH+NH_3 \rightleftharpoons HOOC-CH_2-CHNH_2-COOH$$

푸마르산 L-아스파르트산

```
H-C-COOH            H-C-COOH
  ‖                   ‖
H-C-COOH         HOOC-C-H
```

말론산(cis형) 푸마르산(trans형)

이 효소는 또 입체특이성(stereospecificity)을 가지므로 D-아스파르트산에는 작용하지 않으며, 푸마르산의 시스형 입체이성질체인 말론산(malonic acid)에도 작용하지 않는다.

이외에도 비교적 서로 구조가 유사한 여러 종류의 기질들에 작용하는 특이성이 약한 군특이성(group specificity)을 나타내는 경우도 있으며, 일칼리성 인산가수분해효소(alkaline phosphatase), 글리코시드 가수분해효소(glycosidase), 알코올탈수소효소(alcohol dehydrogenase ; ADH), 트립신(trypsin), 펩신(pepsin) 등이 이에 속한다.

이와 같이 효소는 그 단백질의 입체구조, 활성 중심의 특이구조 및 기질분자의 입체적 배치 등으로부터 제약을 받으므로, 특정한 기질에 대해서만 촉매작용을 한다. 효소는 앞에서 설명한 기질특이성을 가지며, 열과 pH의 변화에 예민하다.

모든 효소는 단백질이기 때문에 약간의 고온에서도 쉽게 파괴되어 촉매능력을 잃게 되며, 또 수소이온 농도가 약간만 변화해도 쉽게 그 기능을 잃는다. 특히 효소단백질의 3차구조를 유지해 주며 화학결합에 속하는 수소결합(hydrogen bond) 등 비공유결합(noncovalent interaction)은 대단히 약한 결합이므로 약간 가열하거나 주위의 수소이온 농도를 조금만 변화시켜도 쉽게 끊어지며, 그 결과 단백질의 **변성**(denaturation)이 초래된다(그림 6-5).

효소의 경우 이러한 변성은 촉매능력을 상실하게 한다. 따라서 생체내의 모든 효소는 각각 그 효소반응을 나타내는 데에 적합한 온도와 pH를 갖게 되며, 그것을 각각 **최적 온도**(optimal temperature), **최적** pH(optimal pH)라 한다(그림 6-6). 대부분의 세포내 효소는 체온과 비슷한 30~40℃, 그리고 pH 5~9 범위에서 가장 활성이 크나, 예외적으로 단백질 소화효소인 펩신의 경우처럼 pH 1~2에서 가장 큰 활성을 갖는 것도 있다.

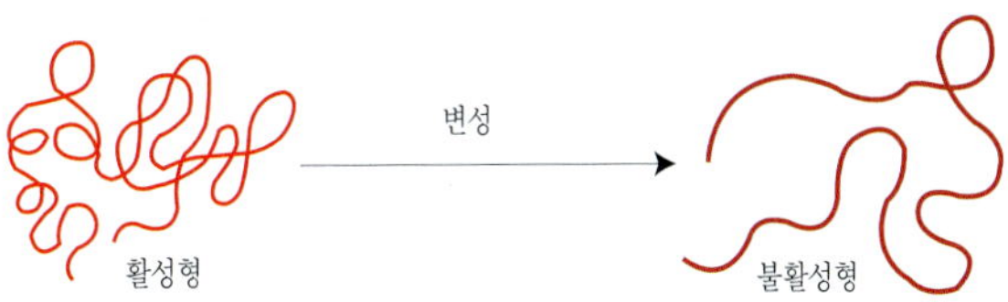

그림 6-5 효소단백질의 변성

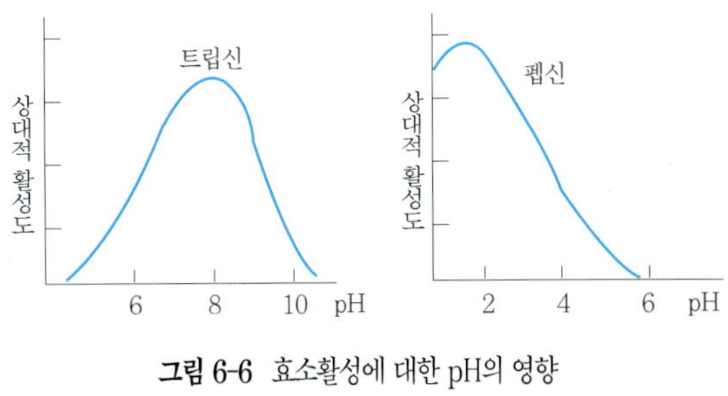

그림 6-6 효소활성에 대한 pH의 영향

6.5.2 효소의 구조

효소는 그 본체가 단백질이므로 예외없이 각각 유전자(gene) 지배에 의해 합성된 특이한 아미노산 조성과 배열순서(1차구조)(그림 6-7a)를 갖는 폴리펩티드로서 특이한 입체구조(conformation)를 갖는 고분자의 구형단백질이다. 또한 이 효소단백질은 대부분, 또는 적어도 효소작용을 받는 기질과의 결합 부위인 **활성 부위**(active site)는 구형의 입체구조를 가진다(그림 6-7b).

그러므로 활성 부위의 입체적 특이구조에 상보적으로 결합될 수 있는 것이 기질이 된다. 실제로 활성 부위를 이루는 아미노산 잔기는 전체 펩티드 사슬의 극히 일부에 불과하고, 대부분의 다른 아미노산 잔기는 활성 부위의 입체구조를 일정하게 유지하는 데 관여하고 있는 것으로 생각된다.

효소의 입체구조는 1950년대에 J. KENDREW와 M.F. PERUTZ 등이 **X-선 회절법**〔X-ray diffraction method, 또는 X-선 결정분석법(X-ray crystallography)이라고도 한다〕에 의해 **미오글로빈**(myoglobin ; Mb)과 **헤모글로빈**(hemoglobin ; Hb)의 3차구조를 분석함으로써, 효소분자의 상세한 3차원적 구조를 밝힐 수 있는 계기가 되었다.

순수하게 분리시킨 효소단백질 결정에 X-선을 조사(照射)하면 결정격자(結晶格子)를 이루는 각 원자나 이온 및 분자 등에 따른 회절광(回折光)이 나와 사진건판에 찍히며, 이 회절상(diffraction pattern)을 분석하면 각 구성분자의 공간적 배열 상태 및 분자간 거리뿐만 아니라, 원자의 배열 상

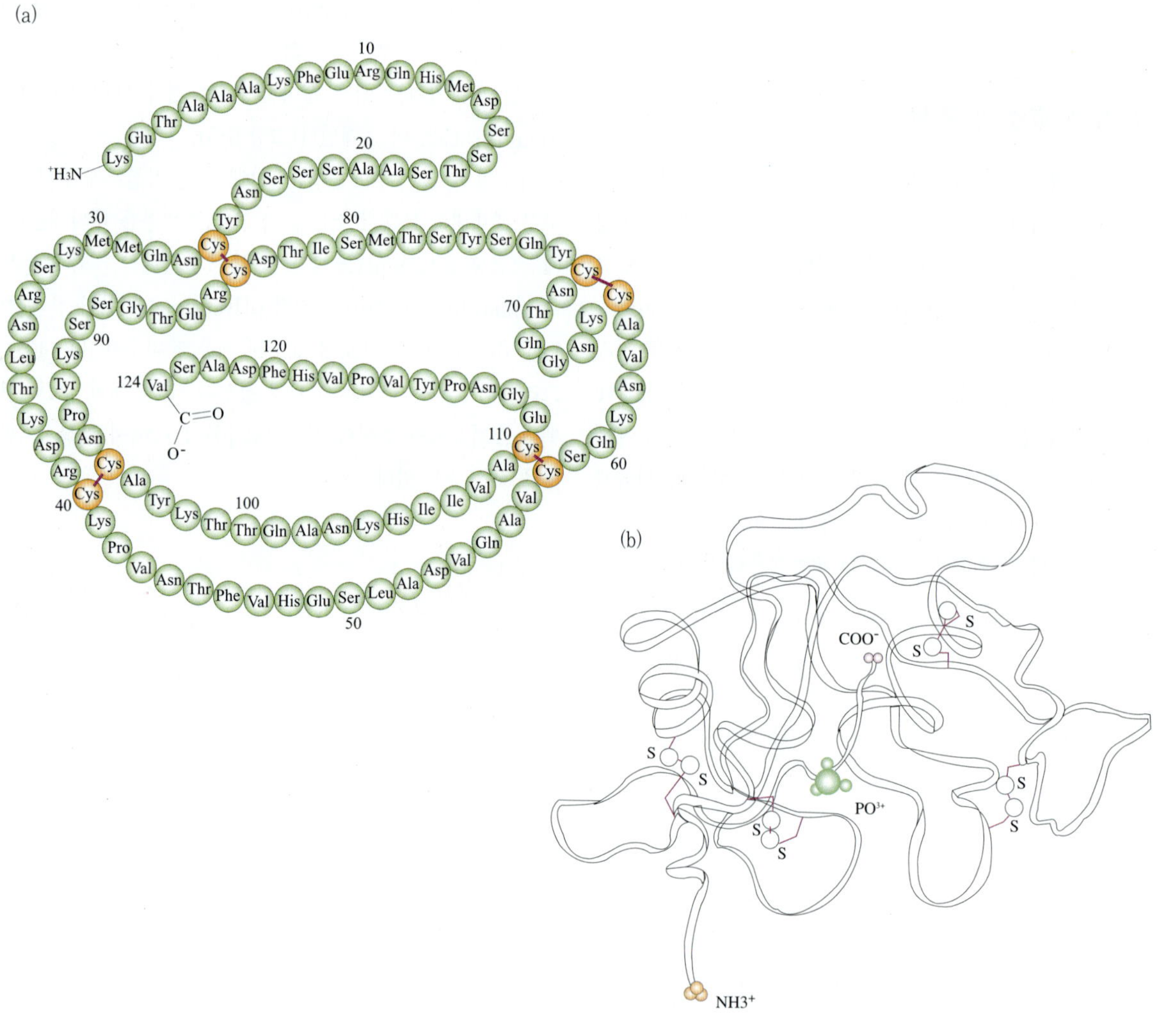

그림 6-7 소의 리보뉴클레아제(RNase)의 1차구조(a)와 입체구조(b)

태까지 알 수 있으므로 단백질의 3차원적 구조를 결정하게 된 것이다(그림 6-8).

이와 같이 X-선 회절분석법은 이미 밝혀진 화학적 지식에 결정적인 결론을 내리게 해주었다. 현재까지 Mb, Hb 외에 효소인 리보핵산가수분해효소(ribonuclease), 리소자임(lysozyme), 키모트립신(chymotrypsin), 젖산탈수소효소(lactate dehydrogenase ; LDH) 등 여러 효소들의 3차구조가 밝혀졌으며, 지속적으로 각종 효소의 3차구조를 밝히는 연구에 몰두하고 있다. 또한 이 방법은 촉매 부위의 위치 및 구조의 판별에 가장 중요한 몫을 담당하고 있다. 이와 같은 효소분자의 3차구조를 유지해 주는 원동력은 1차구조를 이루는 펩티드결합 외에 이황화결합(disulfide bond 또는 S-S bond)과, 이들 공유결합보다는 비교적 약한 결합에 속하는 것으로서 아미노산 측쇄(side chain) 중 서로 반대 전하를 띠고 있는 이온 사이에 형성되는 이온결합과 수소결합(hydrogen bond) 및 반데르 발스(Van der Waals)의 힘 등이다.

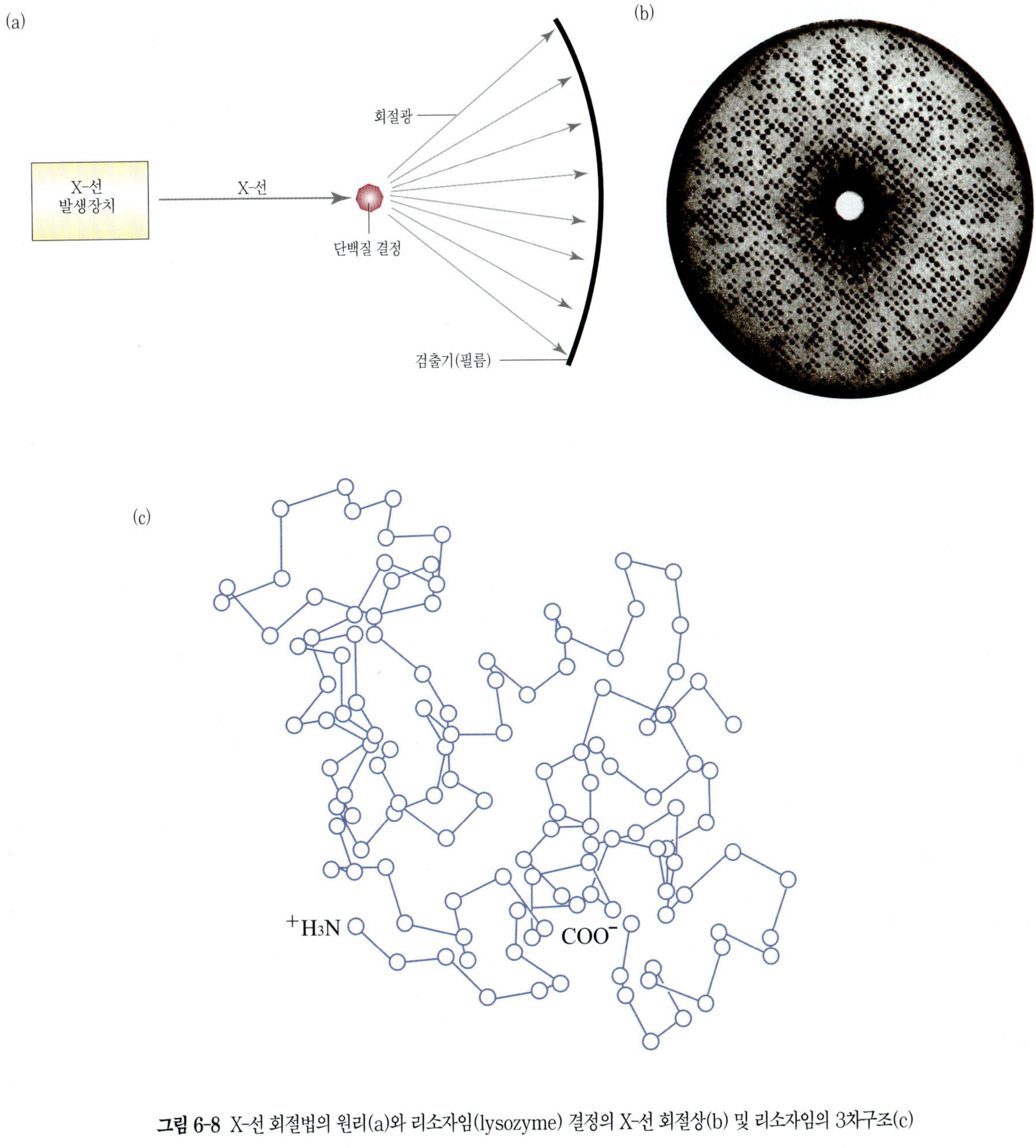

그림 6-8 X-선 회절법의 원리(a)와 리소자임(lysozyme) 결정의 X-선 회절상(b) 및 리소자임의 3차구조(c)

6.5.3 효소의 분류와 보조인자

(1) 효소의 분류와 명명

세포내 화학반응에 관여하는 효소의 종류는 현재 2,000여 종으로 밝혀져 있으며, 그 중 200여 종의 효소가 순수하게 결정화, 분리되어 있다. 이와 같이 효소의 수가 많이 밝혀짐에 따라 이들을 완전히 식별하고 분류하는 일이 필요하게 되었다. 지질(lipid), 단백질(protein), 핵산(DNA, RNA) 등의 분해효소를 각각 리파아제(lipase), 프로테이나아제(proteinase), 데옥시리보뉴클레아제(deoxyribonuclease ; DNase), 리보뉴클레아제(ribonuclease ; RNase)로 부르듯이, 효소의 명칭은 그 효소가 관여하는 기질의 이름 끝에 접미어 -ase 를 붙여 부르거나, 산화효소인 트립신, 펩신, 키모트립신과 같이 과거에 이 효소를 발견한 당시에 붙였던 이름들을 사용해 왔다. 그러나 1961년 국제생화학회(International Union of Biochemistry ; IUB)의 제의에 따라 이를 국제적으로 통일하여 기질의 명칭을 쓰고, 효소가 촉매하는 반응양식명 뒤에 -ase를 붙여 2단계명으로 부르며, 모든 효소는 각각 4단위의 고유번호(enzyme code ; E.C.)를 붙이기로 하였다. 예를 들면, ATP분자로부터 포도당에 있는 6번 탄소의 −OH기로 인산기를 전달해 주는 반응에서 촉매역할을 하는 효소를 E.C. 2.7.1.1 ATP : D-hexose-6-phosphotransferase(hexokinase)로 명명하는 것이다. 이와 같은 효소의 명명은 어느 특정 효소를 정확히 지칭하는 데는 적합하지만 아직도 이에 익숙하지 않아서 과거의 명칭과 병행해서 쓰이고 있다.

한편, 모든 효소를 그들이 관여하는 반응의 종류에 따라 6군(群)으로 분류하는데, 그들은 다음과 같다.

① 산화환원효소(oxidoreductase) : 산화환원반응을 촉매
② 전이효소(transferase) : 기능기의 전이반응을 촉매
③ 가수분해효소(hydrolase) : 가수분해반응을 촉매
④ 리아제(lyase) : 가수분해반응에 의하지 않고 기능기를 제거하여 2중결합을 남기거나, 2중결합에 기능기를 결합시키는 반응을 촉매
⑤ 이성화효소(isomerase) : 이성화반응을 촉매
⑥ 리가아제(ligase) : ATP분해에 의한 두 분자를 결합시키는 반응을 촉매

(2) 보조인자

효소 가운데는 그들이 촉매기능을 나타낼 때 **보조인자**(cofactor)라고 하는 비단백성의 저분자를 필요로 하는 것이 있다. 보조인자에는 금속이온이나 **조효소**(coenzyme)라 부르는 유기분자들이 있는데, 이런 경우 단백질 부분만을 주효소(apoenzyme)라 한다. 표 6-1에는 보조인자로서 금속이온을 갖는 일부 효소를 표시하였는데, 이들 금속이온들은 대부분 낮은 농도로 존재하지만, ① 일차적인 촉매 부위, ② 효소와 기질결합의 연결작용, ③ 효소단백질의 입체구조가 촉매기능을 갖도록 안정화시키는 인자 등으로 작용한다.

표 6-1 보조인자로 작용하는 금속이온

종 류	기 능
Zn^{2+}	알코올 탈수소효소 탄산 탈수소효소
Mg^{2+}	헥소키나아제 피루브산 키나아제
Mn^{2+}	아르기나아제 리보뉴클레오티드 환원효소
Fe^{2+} (또는 Fe^{3+})	시토크롬 산화효소 페록시다아제 카탈라아제
Cu^{2+}(또는 Cu^{+})	시토크롬 산화효소
K^{+}	피루브산 키나아제(Mg^{2+})
Na^{+}	원형질막 ATPase(K^{+}, Mg^{2+})

조효소는 대부분 **수용성 비타민**인 비타민 B_1(thiamine), 비타민 B_2(riboflavin), 판토텐산(pantothenic acid), 니코틴산(nicotinic acid), 비타민 B_6(pyridoxine), 바이오틴(biotin), 비타민 B_{12}(cobalamine), 엽산(folic acid), 리포산(lipoic acid) 등을 분자내에 함유한다(그림 6-9). 이들은 대부분 효소−기질복합체(enzyme-substrate complex)에서 떨어져 나온 기능기, 특히 원자나 전자(electron) 등을 일시적으로 수용하고, 또 이를 다른 물질에 전달해 주는 운반체(carrier)로서의 역할을 한다.

조효소의 종류는 그다지 많지 않으므로, 1가지의 조효소는 많은 종류의 주효소에 대한 조효소로서 작용하며, 중요한 조효소와 그들의 작용을 요약하면 표 6-2와 같다.

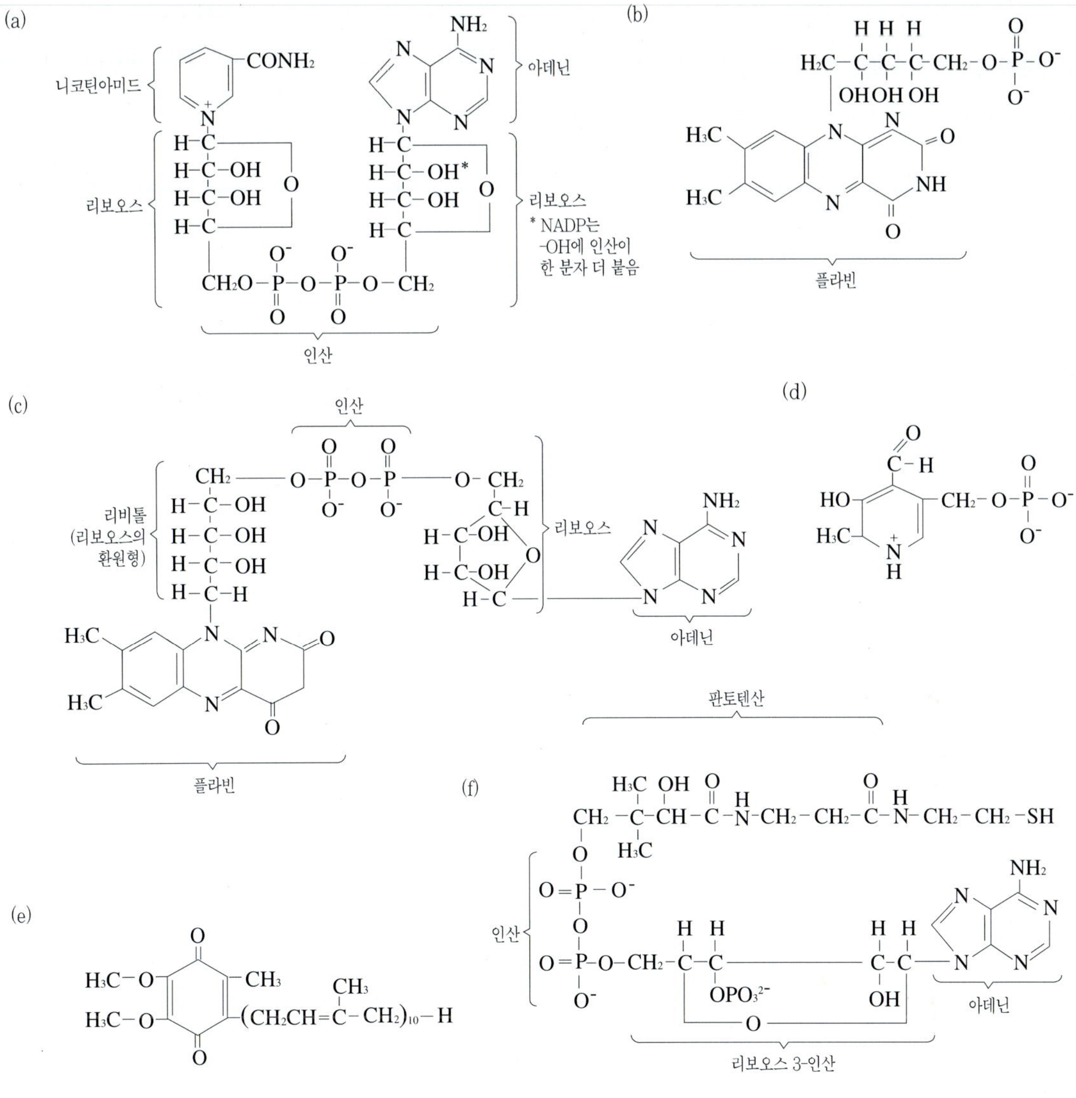

그림 6-9 조효소의 구조
(a) NAD(NADP) (b) FMN (c) FAD (d) PLP (e) CoQ (f) CoA

표 6-2 조효소의 작용

조효소	운반기능기
Nicotinamide adenine dinucleotide(NAD)	전 자
Nicotinamide adenine dinucleotide phosphate(NADP)	전 자
Flavin mononucleotide(FMN)	전 자
Flavin adenine dinucleotide(FAD)	전 자
Thiamine pyrophosphate	알데히드기
Coenzyme A(CoA)	아 실 기
Lipoic acid	아 실 기
Biotin	카르복실기
Pyridoxal phosphate(PLP)	아 미 노 기

6.5.4 효소의 작용

효소도 화학적 촉매와 같이, 반응물질의 **활성화에너지**를 낮추어 단위시간에 반응하는 분자수를 증가시킴으로써 반응속도를 촉진하며, 자신은 화학반응에 관여하지 않는다(그림 6-10). 즉, 반응물질은 우선 그 분자를 활성화시킬 수 있는 일정 에너지준위[이를 전이 상태(transition state)라 한다]에 올라서야 화학반응이 가능하다(그림 6-11).

효소의 작용은 우선 효소(E)가 기질(S)과 결합하여 효소-기질복합체(ES)를 형성하며, 이 복합체는 대단히 불안정하고 활성화에너지가 작으므로, 곧 내부 분자구조가 변형되어 반응생성물과 효소로 분리된다.

$$E+S \rightleftharpoons ES \rightarrow E+P$$

효소작용의 분자적 기작은 효소의 기질특이성과 밀접한 관계가 있다. 효소의 구조에서 설명한 바와 같이, 각 효소분자에는 기질이 결합해서 효소의 활성을 나타낼 수 있도록 특정 결합 부위인 활성 부위가 있는데, 이 활성 부위에 대하여 E. FISHER는 lock-and-key model을 제시하였다.

이 모델에 의하면 효소와 기질은 자물쇠와 열쇠의 관계처럼 서로 상보적인 구조(complementary structure)를 하고 있어서, 효소의 3차원적 활성 부위에 입체적으로 꼭 들어맞는 기질만이 결합하여 효소-기질복합체를 형성한다는 것이다. 이와 같은 활성 부위의 입체적 특이성을 뒷받침해 주는 사실은 활성 부위의 구조가 밝혀진 효소는 그 기질뿐만 아니라 기질과 구조가 유사한 화학분자하고도 결합한다거나, 화학적 처리에 의해 활성 부위의 구조를 변화시키면 촉매능이 상실되는 현상으로 설명된다.

효소와 기질의 관계를 자물쇠와 열쇠의 관계로써 설명하는 것이 편리하기는 하지만 이것만으로 모든 효소의 성질을 다 설명할 수는 없기 때문에, 최근 D.E. KOSHLAND 등에 의해 제시된 **유도적응모델**(induced-fit-model)이 더 인정되고 있는 추세이다. 이 설에 의하면, 기질은 효소의 활성 부위를 구성하는 아미노산 반응기들과 결합함으로써 효소분자의 입체구조를 변화시키게 되고, 그 결과로 촉매능에 필수적인 특정 화학작용군이 기질에 근접하면서 기질분자와 결합하게 된다는 것이다(그림 6-12).

이와 같이, 효소는 그 분자내의 일부분이 각종 결합(비교적 결합력이 약한 비공유결합에 의함)으로 기질과 결합하여 효소-기질복합체를 형성하고, 그 결합으로 인하여 기질분자는 효소분자에 대해 공간적으로 알맞은 위치에 놓이게 되어, 기질분자의 특정 화학결합이 끊어지거나 특정 기능기가 떨어져 나갈 수 있는 것이라고 볼 수 있다. 현재 X-선 회절법, 생화학적 분석법 등에 의하여 효소의 활성 부위와 그 기능기의 결정 및 효소-기질복합체의 형성과정과 3차구조와의 관

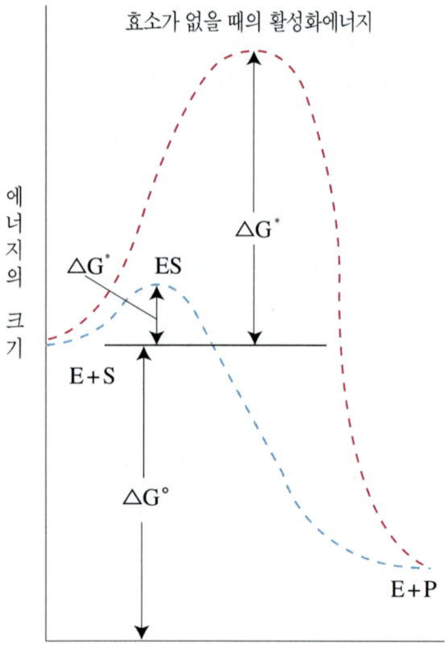

그림 6-10 효소가 있을 때와 없을 때 활성화에너지의 비교
ΔG^* : 활성화에너지 E : 효소
ES : 효소-기질복합체 S : 기질 P : 생성물
반응물과 생성물 사이의 평균에너지의 차이($\Delta G°$)는 변하지 않음을 볼 수 있다.

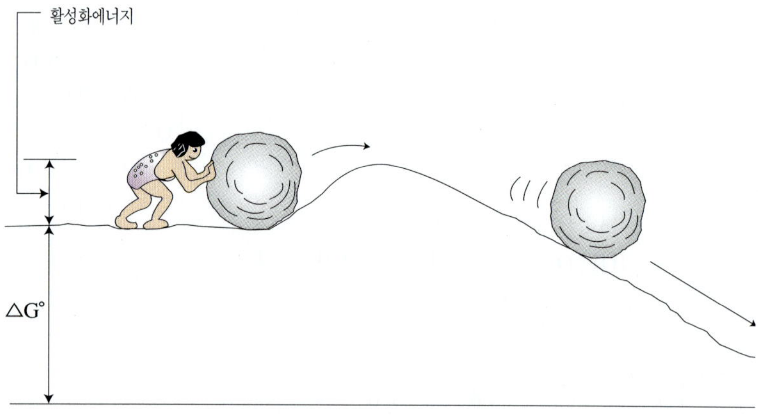

그림 6-11 활성화에너지의 비유

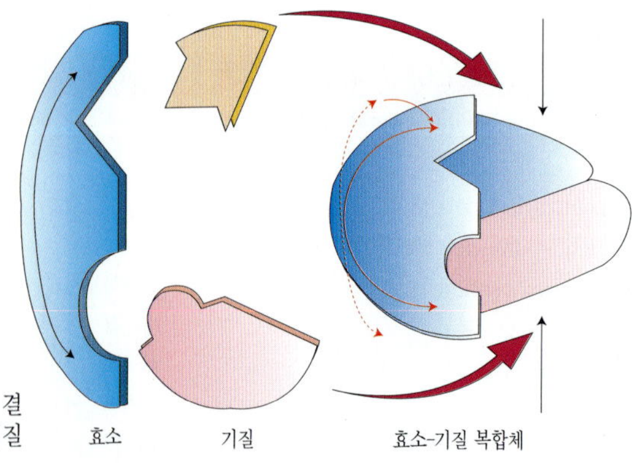

그림 6-12 유도적응모델
효소는 입체구조의 변화를 일으키면서 기질과 결합하므로, 기질이 결합된 후에 촉매 부위는 기질과 상보적 구조를 갖게 된다.

계 등이 밝혀지고 있으므로, 머지않아 효소반응의 분자적 작용기작의 전모가 밝혀질 것으로 생각된다.

효소 중에는 그 효소의 활성 부위가 아닌 다른 부위에 저해인자(inhibitor) 또는 활성인자(activator)가 작용하는 부위가 있는데, 이를 **알로스테릭 부위**(allosteric site)라 한다. 이 알로스테릭 부위에 조절분자(이를 알로스테릭 인자라 함)가 결합함으로써 효소분자의 3차구조에 변화가 생기며, 그 결과 촉매 부위의 입체구조가 변화하여 효소와 기질 간의 친화력이 감소(또는 촉진되는 경우도 있음)되는 것이다(그림 6-14 참조). 많은 종류의 알로스테릭효소는 4차구조를 가지고 있으며, 1개의 단위분자(subunit)에 알로스테릭 인자가 결합됨으로써 입체구조의 변화가 다른 단위분자에 전달되어 미묘한 활성조절이 이루어진다.

6.5.5 효소반응의 조절

세포내 효소반응은 여러 가지 기작과 유기적인 제어에 의해 효율적으로 조절되고 있다. 이는 크게 2가지 양식에 의해 조절된다고 볼 수 있는데, 하나는 유전적 조절(genetic control)방식에 의한 것으로, 효소의 절대량의 조절 바꾸어 말하면 효소합성량의 조절이며, 다른 하나는 효소 자체의 **촉매효율**(catalytic efficiency)의 조절이다.

유전적 조절이란 미생물에서 잘 알려진 바와 같이 특정 대사산물의 간접적 작용에 의해 효소의 합성을 **유도**(induction)하거나 **억제**(repression)하는 방식에 의한 조절을 말한다. 예를 들면 지나치게 많은 양의 아미노산이 세포에 공급된 경우, 세포는 이들 아미노산을 생성하는 데 필요한 효소합성을 중지시키며, 반대로 세포가 새로운 물질을 필요로 할 때는 이 물질생성에 필요한 효소합성을 자극하게 된다. 이와 같이 생체는 필요에 따라 효소합성을 조절하는 능력이 있는데, 이는 물론 핵의 DNA에 저장된 유전자(gene)의 명령에 의해 일어나는 것이다. 필요성에 따른 특이효소의 합성을 유도 또는 억제시키는 유전적 조절기작에 대해서는 제12장에서 자세히 알아보기로 한다.

촉매효율의 조절은 이미 합성된 총효소량에는 변화가 없이 효소활성능이 조절됨을 의미한다. 이와 같은 조절방식은 몇 가지로 나누어 생각할 수 있다.

첫째, 어떤 효소는 불활성형인 **효소전구체**(proenzyme)로 존재하나 생리적 요구에 따라 활성형으로 전환되어 촉매능을 갖게 되는 것이다. 효소전구체가 활성형으로 되기 위해서는 먼저 효소분자의 일부가 분해됨에 따라 입체구조가 변화하

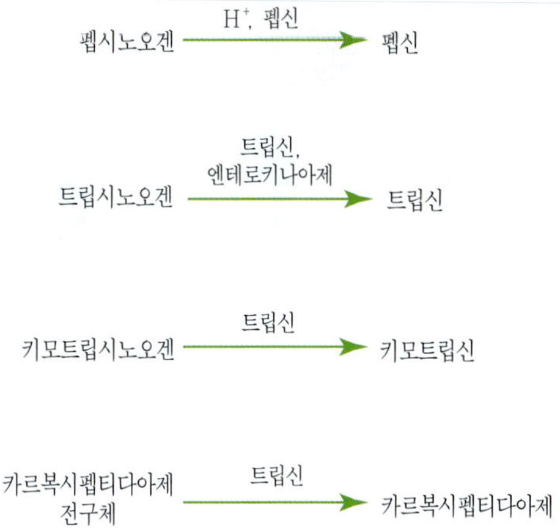

그림 6-13 효소 전구체의 활성화

고, 그것에 의해 활성 부위가 노출되어야 하는데, 일부 소화효소(digestive enzyme)나 혈액응고에 관여하는 효소들이 이에 속한다(그림 6-13).

둘째, 각각 독립적으로 기능을 갖는 효소들이 세포 부위에 따라 구분되어 존재함으로써 효소작용을 분배, 조절하는 것이다. 예를 들면 미토콘드리아(mitochondria)나 엽록체(chloroplast)내의 효소들은 각각 그 세포기관(cell organelle)에 공간적이고 규칙적으로 배열되어 있으며, 그 존재 부위에서 효율적인 효소작용을 하는 것이다.

셋째, 피드백 조절(feedback regulation)을 들 수 있다. 이는 앞서 설명한 바와 같이(6.5.4), 알로스테릭 부위(allosteric site)에 소위 조절인자(modulator)가 결합하여 활성 부위의 입체구조를 변화시킴으로써 효소의 촉매능을 저하(또는 촉진)시키는 것이다. 그 예의 하나가 cAMP-의존성 단백질인산화효소(cyclic AMP-dependent protein kinase)로서, 이 효소는 알로스테릭 부위에 가역적으로 결합되어 효소의 활성을 억제시키고 있는 억제단백질을 조절인자로 가지고 있다. 만약 cAMP가 이 효소의 억제단백질과 결합되어 이 조절단백질을 제거시키면 이 단백질인산화효소는 활성을 갖게 된다(그림 6-14). cAMP에 의한 단백질인산화효소의 활성화는 일부 호르몬에 의한 세포 기능 조절에서 매우 중요한 작용기작의 하나이다. 이와 같은 현상은 체내 대사과정에 관여하는 효소의 활성을 효율적으로 조절해 줌으로써 전체 대사과정을 조절해 주고 있다. 즉, 일련의 효소반응에 의한 대사과정에서 최종 산물이 과다하게 생성되어 축적되기 시작하면 생성물이 이 대사경로의 초기 효소에 알로스테릭 억제인자로 작용하여 효소 활성이 억제되고, 따라서 전체 대

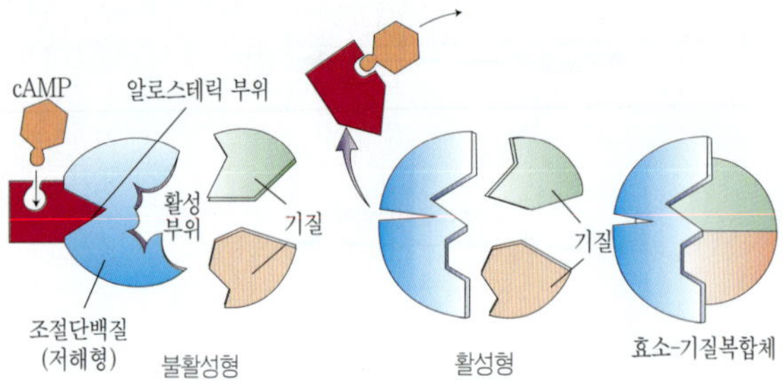

그림 6-14 알로스테릭 효소의 조절 모식도(단백질 인산화효소)

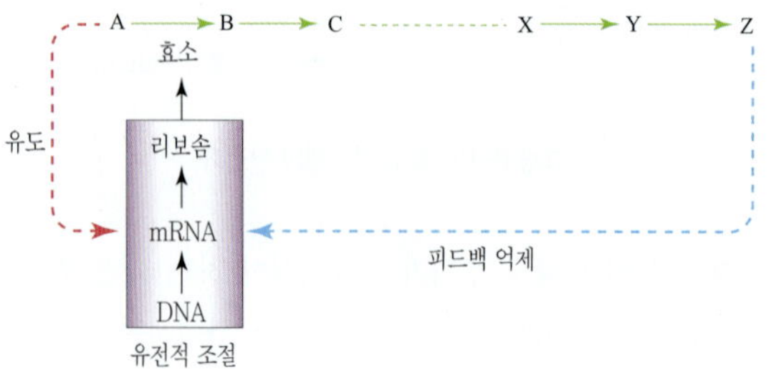

그림 6-15 효소반응의 조절(피드백 억제)

사경로는 차단된다. 그 결과 불필요한 대사산물의 축적을 막을 수 있다. 특히 이런 조절현상은 피드백 억제(feedback inhibition)라 부르며(그림 6-15), 이때 그 조절을 받는 효소를 조절효소(regulatory enzyme) 또는 알로스테릭 효소라 한다.

6.5.6 효소작용의 저해

효소는 여러 가지 화학물질, 이온, 약품 및 독물질 등에 의해 그 촉매능이 일부 또는 완전히 **저해**(inhibition)되며, 이와 같이 효소작용을 저해하는 물질을 저해제(inhibitor)라 한다.

효소의 저해에는 **비가역적 저해**(irreversible inhibition)와 **가역적 저해**(reversible inhibition)가 있다. 비가역적 저해는 저해제가 효소분자에 단단히 결합하여 기능기의 파괴 또는 변성을 초래하여 효소활성을 상실하는 것으로, 예를 들면 효소분자의 기능기로 많이 작용되는 $-SH$기가 요오드아세트아미드(iodoacetamide)에 의해 알킬화되면 그 효소는 촉매능을 상실한다.

또 디이소프로필플르오르인산(diisopropylfluorosphosphate ; DIFP)은 효소의 촉매 부위의 세린(serine) 잔기에 결합함으로써 활성을 저해시킨다(그림 6-16).

가역적 저해에는 **경쟁적 저해**(competitive inhibition)와 **비경쟁적 저해**(non-competitive inhibition)의 2종류가 있는데(그림 6-17), 경쟁적 저해는 기질과 대단히 유사한 구조를 갖는 물질이 효소에 대해 기질과 경쟁적으로 결합함으로써 저해현상을 일으키는 것으로, 이 기질을 다량으로 가하면 저해를 경감시킬 수 있다. 그 예로는 체내 세포호흡에 관여하는 효소의 하나인 숙신산 탈수소효소(succinate dehydrogenase)를 들 수 있다. 이 효소는 숙신산(succinic acid, $HOOC-CH_2-CH_2-COOH$)의 산화를 촉매하여 푸마르산

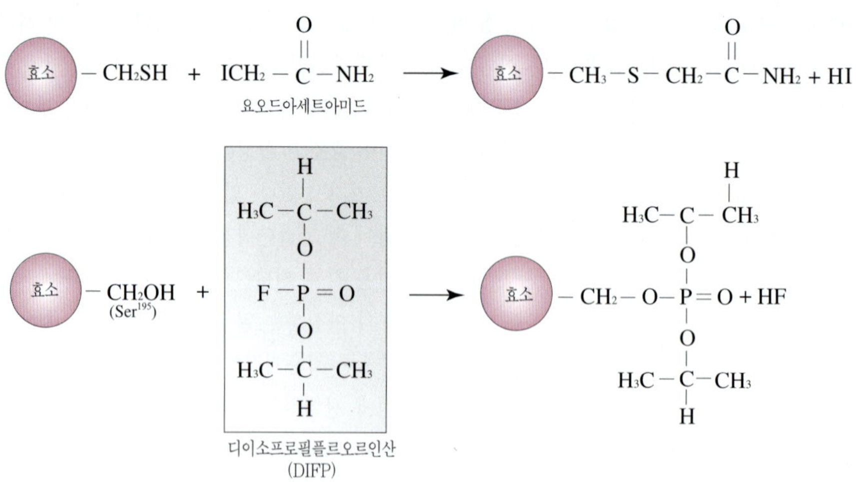

그림 6-16 효소작용의 비가역적 저해

(fumaric acid, HOOC−CH=CH−COOH)으로 만드는 작용을 갖는데, 숙신산과 구조가 유사한 말론산(malonic acid, HOOC−CH_2−COOH)이 경쟁적으로 이 효소와 결합함으로써 효소가 숙신산과 결합을 못하게 되어 효소반응을 제어하는 것이다. 이와 같이 경쟁적 저해제의 작용이란 효소의 촉매 부위에 정상 기질 대신 결합하여 효소의 촉매작용을 저해하는 것이라고 생각할 수 있다. 이런 경우 기질인 숙신산의 농도를 충분히 높여 줌으로써 말론산에 의한 저해를 감소시킬 수 있는 것이다.

비경쟁적 저해는 저해제가 효소의 조절부위에 결합하여 효소의 입체구조의 변형을 초래함으로써 효소의 활성을 저해하는 경우이다. 이러한 형의 저해는 기질을 아무리 다량으로 가해도 저해를 제거시킬 수 없고, 저해도는 순전히 저해제의 농도에 비례하게 된다.

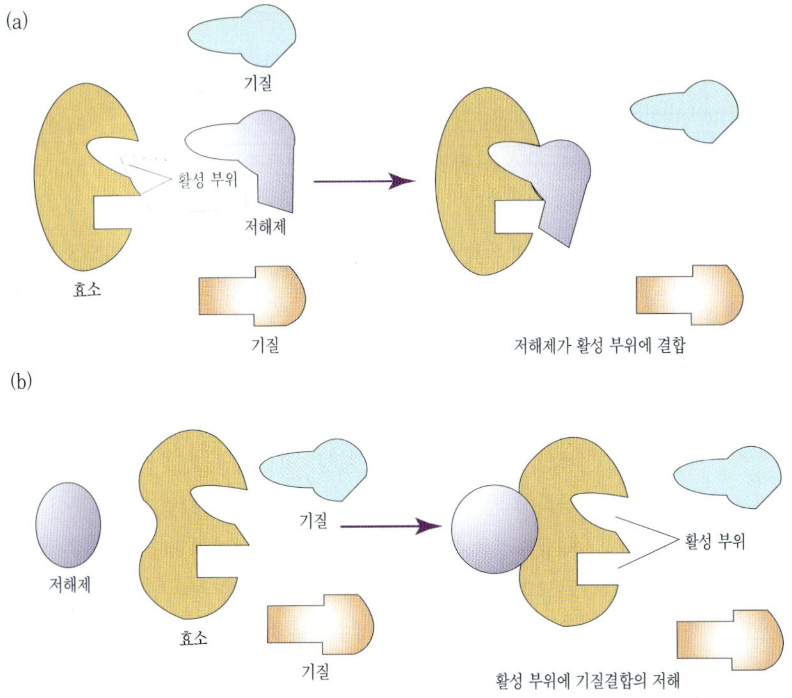

그림 6-17 효소작용의 가역적 저해
(a) : 경쟁적 저해 (b) : 비경쟁적 저해

제7장

에너지의 생성 경로

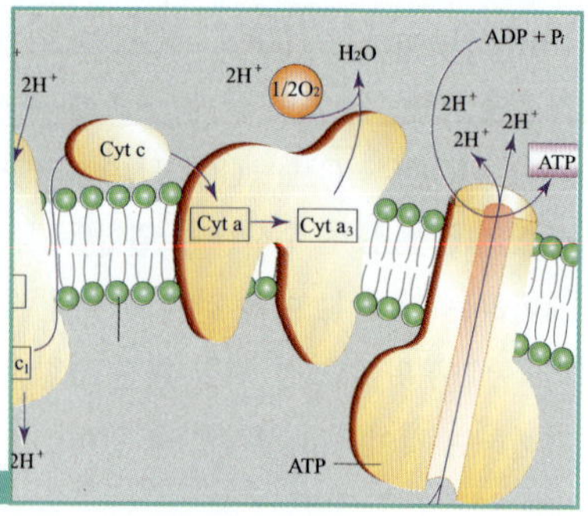

생물체내에서 일어나는 유기화합물의 모든 화학반응과 이에 수반되는 에너지의 변환(變換)을 물질대사(metabolism 또는 대사라 한다)라 하며, 여기에는 에너지를 이용하여 저분자물질에서 고분자물질을 합성하는 동화작용(anabolism)과 고분자물질이 저분자물질로 분해되면서 에너지 방출을 수반하는 이화작용(catabolism)이 있다.

동화작용에 대한 것은 제8장에서 다루므로, 이 장에서는 이화작용에 대한 것을 알아보기로 한다.

7.1 세포호흡

소화를 거쳐 세포에 흡수되는 단당류, 아미노산, 지방산, 글리세롤 등은 여러 단계의 반응을 거쳐 간단한 유기분자로 분해된다. 그 유기분자가 외호흡을 통해 세포로 운반되어 온 산소(O_2)에 의해 탄산가스(CO_2)와 물(H_2O)로 분해되면서, 에너지 방출이 수반되는 일종의 산화환원반응(oxidoreduction)을 하는데, 그것을 **이화과정**이라 하며, **세포호흡**(cellular respiration)이라 한다. 대부분의 진핵세포는 세포호흡에 산소를 필요로 하므로 유기호흡(aerobic respiration)이라고도 한다.

세포호흡이란 고분자의 유기화합물을 단계적으로 산화시키면서, 그 화합물의 결합에너지로 저장되어 있는 에너지의 일부를 생명활동에 유용한 에너지(자유에너지, $\Delta G°'$)로 얻어내는 것이라 할 수 있다.

진핵세포에서 포도당이 호흡재료일 때 세포호흡의 과정은 해당, 아세틸-CoA의 형성, 시트르산 회로 및 전자전달 및 산화적 인산화의 4단계로 나눌 수 있다(그림 7-1). 첫단계인 해당과정은 세포질에서 일어나고, 나머지 3단계는 모두 미토콘드리아에서 이루어진다. 원핵세포의 경우도 대부분 위의 4단계를 거치나, 이들 세포에는 미토콘드리아가 없으므로 모든 과정이 세포질이나, 세포질과 원형질막이 연계되어 일어난다. 이제부터 각 단계에 대하여 상세히 알아보도록 하자.

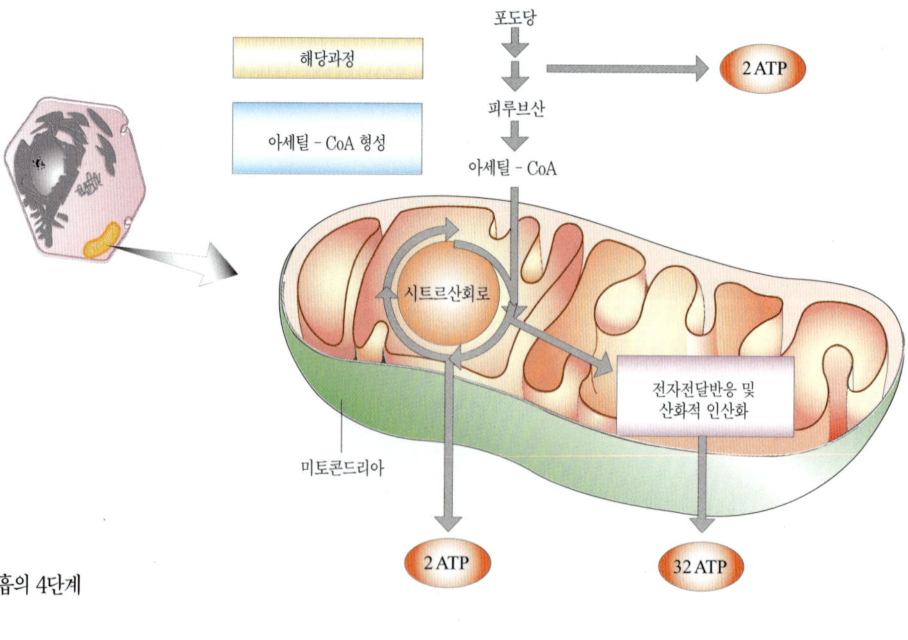

그림 7-1 세포호흡의 4단계

7.2 세포호흡의 경로와 에너지 생성

7.2.1 해당과정

탄수화물 가운데 이당류 이상의 고분자들은 생물체내에서 가수분해(소화)될 때 대부분의 경우 포도당으로 분해되며, 포도당 이외의 단당류들 특히 6탄당들은 체내에서 쉽게 포도당으로 전환될 수 있으므로, 포도당의 분해과정은 탄수화물의 분해과정을 대표할 수 있다.

포도당이 일련의 반응을 거쳐 2분자의 피루브산(pyruvic acid)으로 분해되면서 ATP를 생성하는 반응과정을 **해당과정**(glycolysis)이라 한다(그림 7-2).

포도당 분자는 분해되기 전에 우선 활성화되어야 하는데, 이는 ATP의 인산기가 끊어져 포도당의 6번 탄소에 붙는 인산화(phosphorylation)에 의하여 포도당-6-인산이 되며, 이때 헥소키나아제(hexokinase)라는 효소에 의해 촉매된다.

포도당-6-인산은 몇 단계의 반응을 거쳐 2가지의 3탄당 인산(triose phosphate)인 3-포스포글리세르알데히드(3-phosphoglyceraldehyde ; PGAL)와 디히드록시아세톤 인산(dihydroxyacetone phosphate ; DHAP)이 된다.

DHAP는 이성화효소(isomerase)에 의해서 바로 PGAL로 전환되기 때문에, 결국 2분자의 PGAL이 생긴 결과와 같다. PGAL은 탈수소효소(dehydrogenase)의 작용에 의해

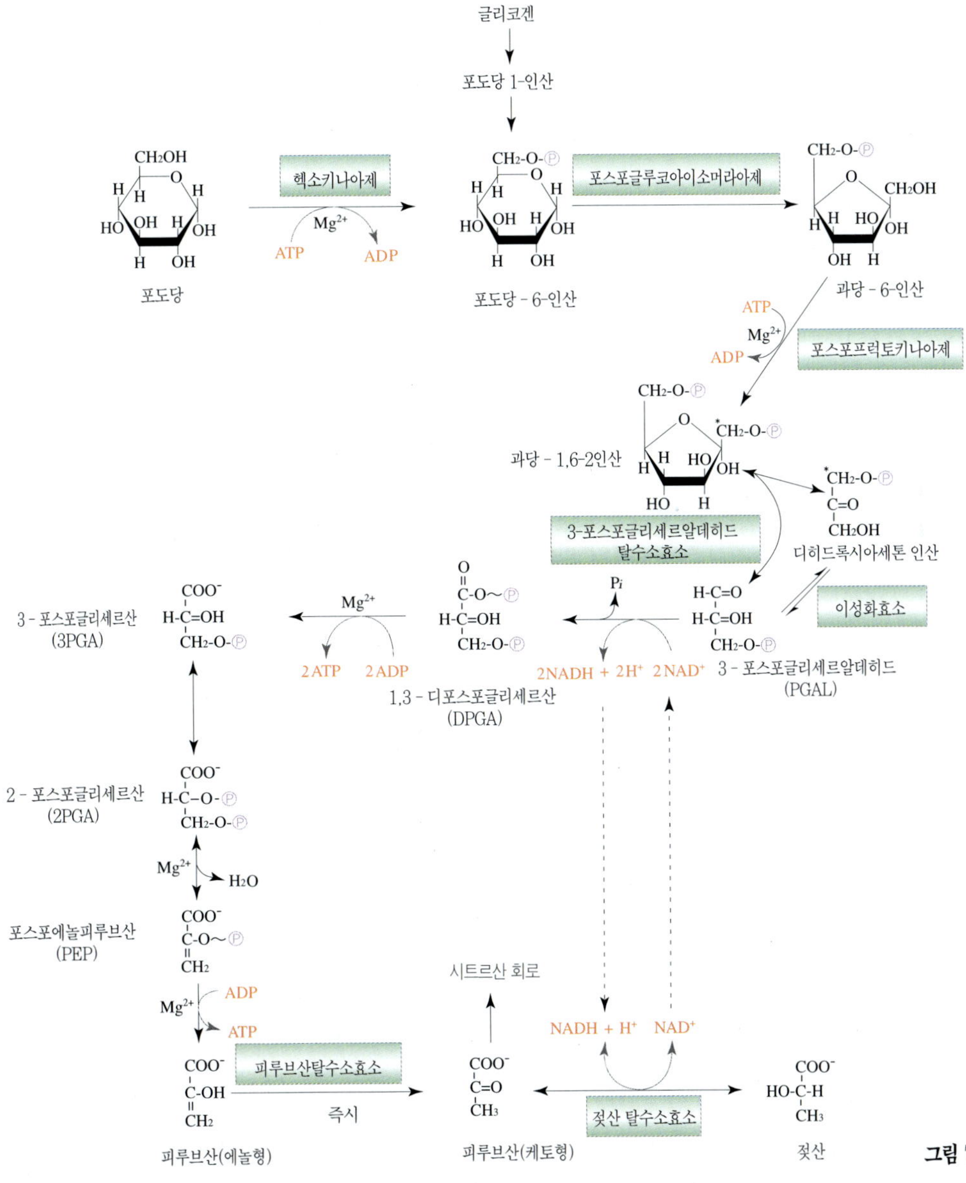

그림 7-2 해당과정

1,3−디포스포글리세르산(1,3−diphosphoglyceric acid)이 되는데, 이때 떨어져 나온 수소를 조효소 NAD가 받아 NADH+H^+이 된다. 이 후에도 그림에서 보는 바와 같이 몇 단계의 반응을 더 거쳐 피루브산(pyruvic acid)이 된다.

이와 같이 하여 포도당 1분자의 해당과정을 통해 피루브산 2분자가 생성되는데, 이때 2분자의 ATP가 소모되고 4분자의 ATP가 생성되므로, 해당을 통해서만은 2분자의 ATP가 생성되는 셈이다. 따라서 포도당이 가지고 있는 에너지의 일부만이 ATP 형태로 전환된 것이며, 나머지 대부분의 에너지는 2분자의 **피루브산**으로, 일부는 NADH+H^+으로 가고, 일부는 이 반응을 거치는 동안 열의 형태로 발산된다. 이상의 해당과정을 종합하면 다음과 같이 요약된다.

$$\text{포도당} + 2ADP + 2P_i + 2NAD^+ \rightarrow$$
$$2\text{피루브산} + 2ATP + 2NADH + 2H^+ + 2H_2O$$

해당에 의해 생성된 피루브산은 근육 수축반응에서 볼 수 있듯이, 산소의 공급이 충분하지 못한 무기적 상태에서는 환원되어 젖산(lactic acid)이 되는데, 이때 앞에서 생성된 NADH가 수소를 공여한다. 그러나 유기호흡에서는 피루브산이 시트르산 회로에 연결되어 산화된다.

7.2.2 아세틸-CoA의 전환과정

피루브산은 시트르산 회로(citric acid cycle)에 들어가기 전에 미토콘드리아에 운반되어 산화적 탈탄산화(oxidative decarboxylation)되어 아세틸−CoA(acetyl-CoA)로 된다(그림 7-3). 이 반응은 몇 가지 효소가 단계적으로 관여하는 다효소복합체(multienzyme complex)에 의해 촉매되는데, 이들을 **피루브산 탈수소효소 복합체**(pyruvate dehydrogenase complex)라 한다.

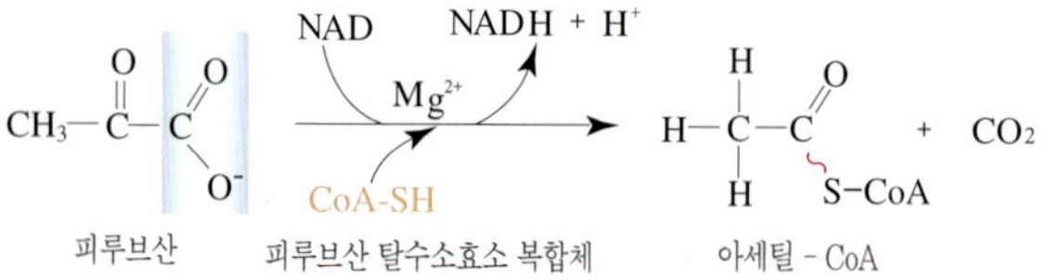

그림 7-3 아세틸 - CoA의 형성

7.2.3 시트르산회로

시트르산 회로[citric acid cycle, Krebs cycle 또는 TCA(tricarboxylic acid) cycle]는 1937년 영국의 H. KREBS에 의해 확인된 것으로, 아세틸-CoA가 옥살아세트산(oxaloacetate)과 결합하면 시트르산이 생성되는 것으로서 시작되며, 여러 단계의 반응을 거쳐 최종 단계에서 옥살아세트산이 재생되어 반응이 순환되는 회로를 이룬다(그림 7-4).

이 회로는 탈수소반응(dehydrogenation)과 탈탄산반응(decarboxylation)을 연쇄적으로 일으킴으로써 수소와 CO_2를 생성한다. 여기서 떨어져 나온 수소는 NAD^+나 FAD로 받아들여져, 전자전달계를 통해 최종 전자수용체인 산소(O_2)에 의해 산화되면서 인산화반응을 거쳐 ATP에너지로 축적된다. 또한 회로 자체의 기질 수준에서도 1분자의 ATP(GTP)가 합성된다. 결과적으로 시트르산 회로의 반응을 요약하면 다음과 같이 된다.

$$\text{아세틸−CoA} + 3NAD^+ + FAD + GDP + P_i + H_2O$$
$$\rightarrow 2CO_2 + 3NADH + 3H^+ + FADH_2 + GTP + \text{CoA-SH}$$

포도당, 지방산 및 대부분의 아미노산도 모두 아세틸−CoA로 전환되므로, 시트르산 회로는 이들 호흡재료의 이화과정에 있어서 공통적인 경로가 된다. 그리고 자유에너지의 대부분이 방출되는 회로인 것이다.

7.2.4 전자전달계와 산화적 인산화

해당이나 시트르산 회로에서 살펴본 바와 같이, 기질로부터 떨어져 나온 수소를 조효소인 NAD^+나 FAD가 수용함을 알았다. 이와 같이 수용된 수소는 양성자(proton ; H^+)와 전자(electron ; e^-)로 분리되며, 전자는 여러 종류의 전자수용체(electron acceptor)에 의해 연쇄적으로 전달된다. 한편, 양성자는 미토콘드리아 내막을 투과하지 못하므로, 전자전달로 생성되는 에너지에 의해 내막을 통과하여 미토콘드리아의 2중내막의 막간공간(intermembrane space) 사이로 이동되며, 그 결과 막 내외의 전기화학적 경사가 형성되고 이 기울기에너지에 의해 ATP가 합성되는 것이다.

이와 같은 반응계를 **전자전달계**(electron transport system)라 하며, 이것은 미토콘드리아 내막에서 일어난다. 이 전자전달계에서 최종 전자수용체는 산소분자이며, 2개의 전자와 2개의 양성자가 결합되어 물분자가 생성된다.

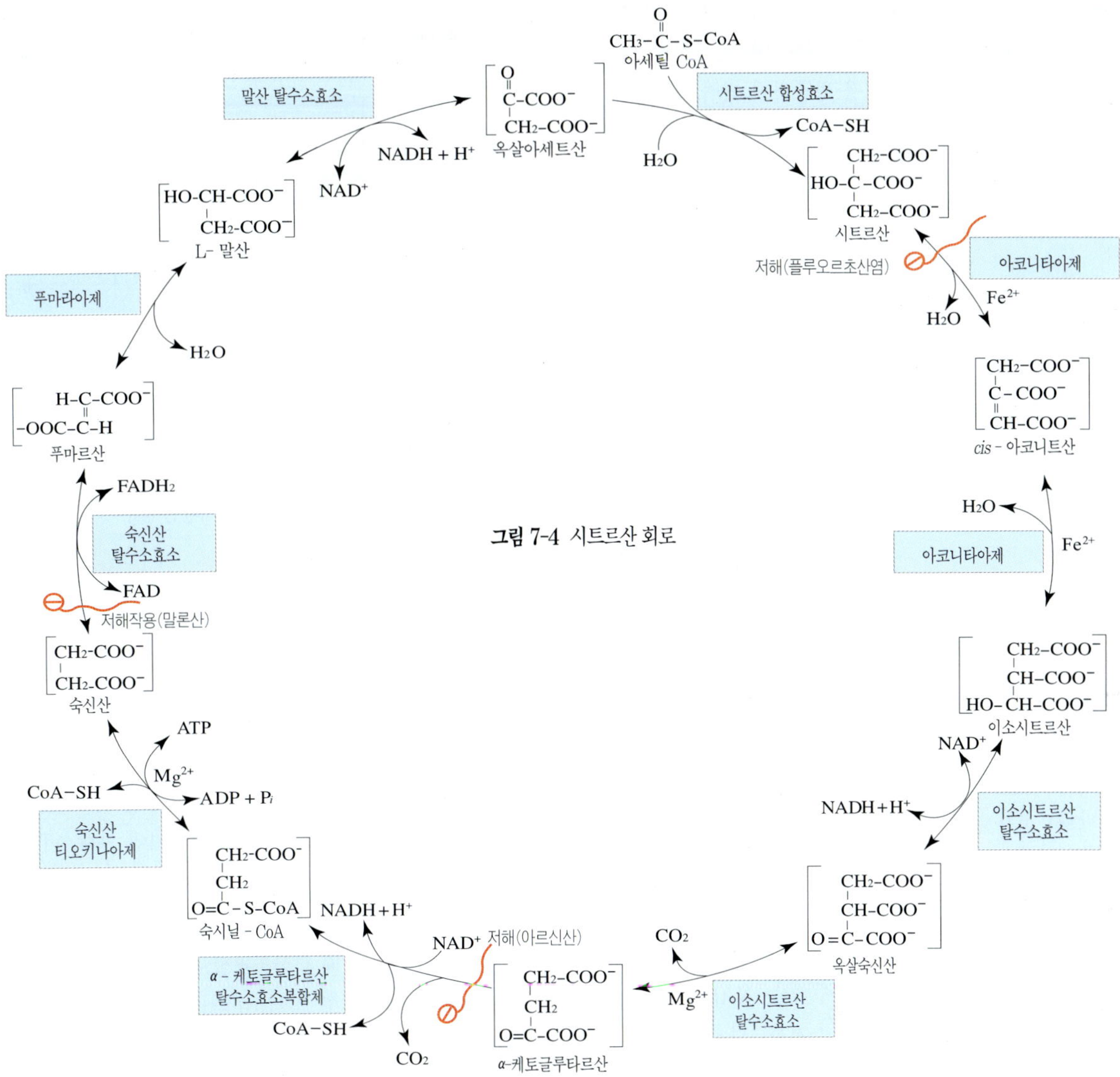

그림 7-4 시트르산 회로

(1) 전자전달계

미토콘드리아 내막에서 일어나는 전자전달계의 주기능은 내막을 통과하여 막 공간으로 양자를 이동시켜 주는 것이다. NADH로부터 전자전달계로 들어가는 전자는 비교적 높은 에너지를 함유하는데, 이들이 시토크롬(cytochrome)과 같은 전자전달분자로 이동됨에 따라 많은 에너지를 상실하게 되고, 이 에너지의 일부가 ATP로 전환되며, 나머지 에너지는 열로 발산된다. 한쌍의 전자가 NADH로부터 산소분자까지 전달되면 3분자의 ATP가 생성된다.

전자수용체의 분자들은 포르피린(porphyrine) 화합물을 갖는 시토크롬(cytochrome)들로서 포르피린의 Fe 원자가 전자와 결합된다(그림 7-5). 시토크롬에는 b, c_1, c, a, a_3

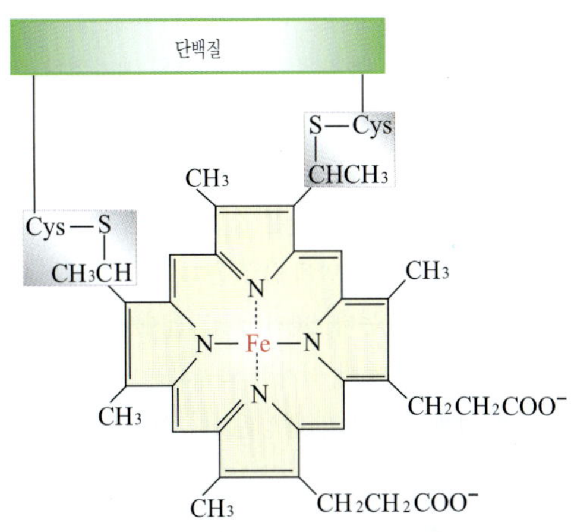

그림 7-5 시토크롬 c의 구조

등 여러 종류가 있으며, 각 시토크롬은 서로 다른 에너지 준위에서 전자와 결합한다. 따라서 시토크롬 전자전달계를 따라 전자가 이동되면서 에너지를 방출하게 되며, 최종적으로 이 전자가 양성자와 산소를 결합시켜 물분자를 생성한다(그림 7-6).

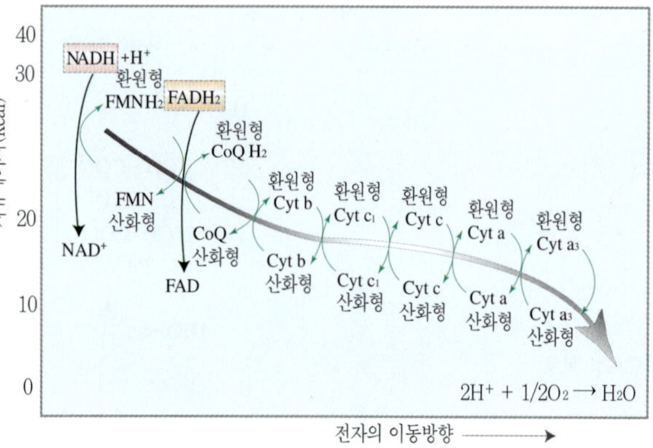

그림 7-6 전자전달계에서의 전자의 이동

(2) 산화적 인산화반응

전자전달반응은 인산화과정과 밀접하게 연관되어 있어, 인산화가 진행되지 않으면 전자의 흐름도 일어나지 않는다. 이와 같이 인산화에 의해 ADP가 ATP로 형성되는 것이 전자전달의 산화반응과 동시에 일어나므로 전과정을 **산화적 인산화반응**(oxidative phosphorylation)이라고 부른다.

산화적 인산화반응에서 NADH의 전자전달 전위에너지(즉, 전자를 다른 분자로 전달할 수 있는 NADH의 능력)는 ATP의 고에너지 인산결합에너지로 전환된다.

이와 같은 전자전달 전위를 **산화환원 전위**(oxidation-reduction potential, redox potential)라 하는데, 수소가스(H_2)의 산화환원 전위는 0볼트(volt)이다. 음(−)의 산화환원 전위를 가지는 물질은 상당히 낮은 전자친화력을 가지므로 H_2보다 훨씬 쉽게 전자를 잃으며, 양(+)의 산화환원 전위를 갖는 물질은 높은 전자친화력을 가지고 있어서 쉽게 전자를 얻는다. NADH와 같은 강한 환원제는 음(−)의 산화환원 전위를 가지며, 반면에 O_2같은 강한 산화제는 양(+)의 산화환원 전위를 갖는다. 따라서 각 전자전달분자의 산화환원 전위를 측정함으로써 전자가 이동되는 순위와 또한, 전위차가 큰 부위에서 ATP가 생성된다는 사실을 알 수 있다(그림 7-7).

(3) 산화적 인산화의 기작

앞에서 살펴본 바와 같이 산화적 인산화반응에 의해 전자는 NADH로부터 산소까지 전달되며, 3부위에서 ATP가 합성되는 사실은 여러 실험 증거로 밝혀졌고, ATP 합성에 관여하는 효소도 분리되어 그 특성이 알려지고 있다. 그러나 어떤 기작에 의해 합성되는지에 관해서는 아직도 명확히 규명되지 못하고 있다.

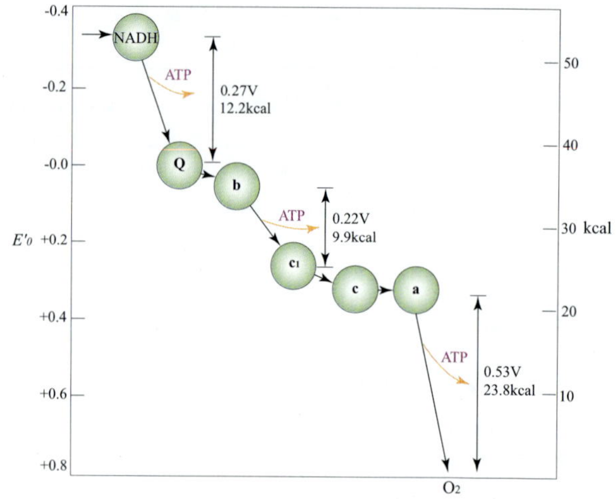

그림 7-7 전자전달계의 산화환원 전위

이에 관한 학설에는 일종의 고에너지 중간체(energy-rich intermediate)가 형성된 후 그 에너지에 의해 ATP가 합성된다는 화학공역설(chemical coupling hypothesis)이 제시되었지만, 중간체의 존재를 확인할 수 없었으며, 막구조와 연관시켜 생각해 볼 때 화학공역설로는 설명할 수가 없게 되었다. 1961년 영국의 P.D. MITCHELL은 화학공역설을 부정하고 막구조를 고려한 **화학삼투설**(chemiosmotic hypothesis)을 제창하였다. 그 이후 여러 실험 결과가 이 학설을 뒷바침하게 되었고, 이 공로로 MITCHELL은 1978년 노벨상을 수상하였다. 이 학설에 의하면 전자전달과 ATP 합성이 미토콘드리아 내막을 가로질러 형성되는 **양성자 기울기**(proton gradient)에 의해 일어난다는 것이다. 즉, NADH나 $FADH_2$로부터 전자가 단계적으로 이동되면서 유리되는 에너지로 양성자를 미토콘드리아 내외막 간의 공간 부위로 이동시키게 되고, 그 결과 미토콘드리아 내막과 기질 사이에서 H^+ 농도 차이에 의해 양(+)으로 하전되는 막전위 기울기가 형성된다. 따라서 막전위차를 갖는 상태에서 양성자가 다시 미토콘드리아 기질쪽으로 양성자 기울기를 넘어올 때 방출되는 에너지에 의해 ADP와 P*i*로부터 ATP가 형성된다는 것이다(그림 7-8, 7-9).

내막으로부터 기질로 양성자가 이동될 때 ATP 합성효소

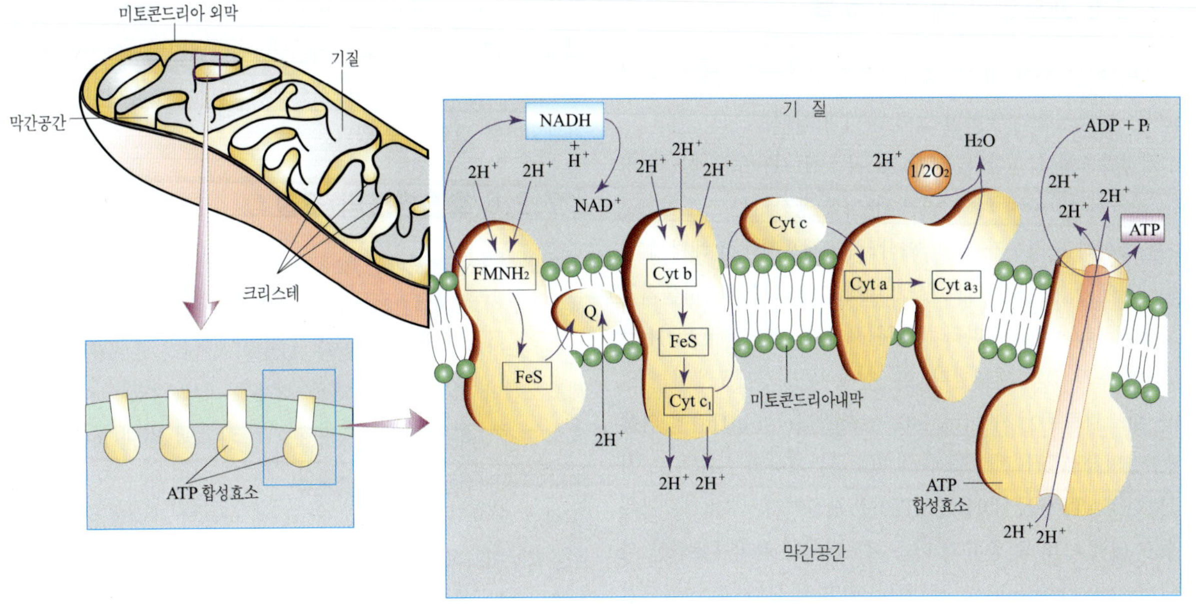

그림 7-8 화학삼투설에 의한 ATP의 합성

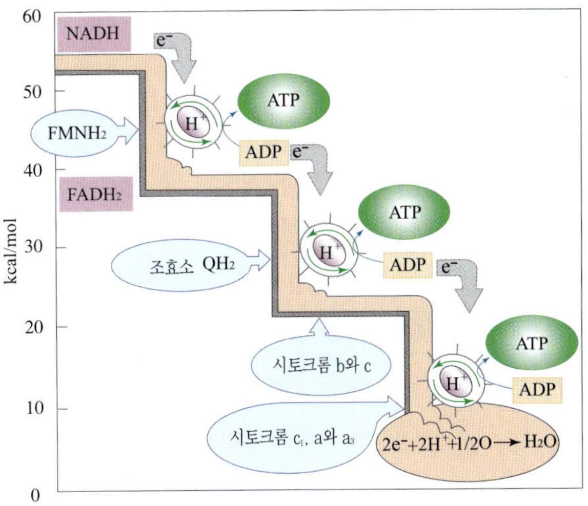

그림 7-9 산화적 인산화반응에 의한 ATP의 생성

(ATP synthase : F_0F_1-ATPase)라는 효소복합체의 특이 채널을 통한다고 한다(그림 7-8). 아직 ATP 합성효소가 ATP 합성에 어떻게 관여하는지는 정확히 알려져 있지 않으므로 상세한 부분까지 설명할 수는 없지만, 현재로서는 이 학설이 산화적 인산화반응 기작을 설명하는 가장 적합한 학설로 인정되고 있다.

한편, 미토콘드리아 내막에 존재하는 효소계에 의해 합성되며, 각종 생명활동(고분자합성, 세포막을 통한 물질운반, 신경충격의 전도, 근수축 등)에 필요한 ATP는 거의 모두 미토콘드리아 밖에서 요구된다. 그러나 ATP와 같은 하전분자는 미토콘드리아 내막의 지질 이중층을 쉽게 확산해 갈 수 없다. 그러므로 미토콘드리아막에는 특이한 이동계가 존재하는데, 이를 ADP-ATP 전위계(ADP-ATP translocator)라 한다. 이것은 일종의 운반 단백질이며, 이 단백질의 작용에 의해 1분자의 ADP는 내막으로 이동되는 동시에 ATP가 막 밖으로 이동되는데, 이때에도 양성자 운동력에 의한다(그림 7-10).

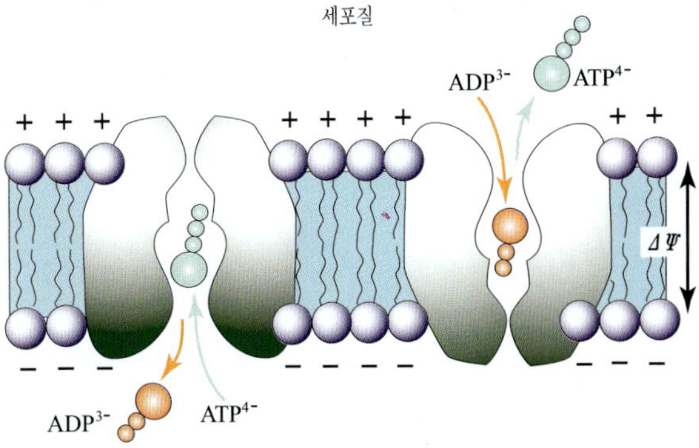

그림 7-10 미토콘드리아의 ADP-ATP 운반계

7.2.5 포도당의 에너지 효율

포도당 1분자가 세포호흡과정을 통해 완전 산화될 때 생성되는 에너지를 산출하면 그림 7-11과 같다.

해당반응에서 생산되는 2(NADH + H^+)는 진핵세포의 경우, 전자전달반응에 의해 ATP 4분자를 생산하는 경우와 6분자를 생산하는 경우가 있다. 왜냐하면, 세포질에서 해당에 의해 생산된 NADH가 미토콘드리아막을 통과할 때, 셔틀기구(shuttle system)에 따라 NADH로 되는 경우와 $FADH_2$로 되는 경우가 있기 때문이다. 간, 신장 및 심장세포에서는 말산-아스파르트산 셔틀(malate-aspartate shuttle)에 의해 세포질의 NADH 전자가 다시 미토콘드리아의 NAD^+로 전달되어 6ATP(2NADH×3ATP)를 생산한다. 그러나, 근육세포, 뇌세포 및 몇 종류의 다른 세포에서는 글리세롤인산 셔틀(glycerol phosphate shuttle)에 의해 FAD로 전달되기 때문에 4ATP($2FADH_2$×2ATP)가 생성된다(그림 7-12).

그러므로 골격근세포에서 포도당 1분자가 완전 산화될 때 생산되는 ATP 분자의 수는 36이 된다.

포도당 1mole이 갖는 총 화학에너지는 약 686kcal이고 1mole ATP의 자유에너지는 7.3kcal이므로, 포도당 1mole이 산화에 의해 저장되는 에너지는 263kcal(7.3×36) 내지 277kcal(7.3×38)가 된다. 이는 포도당분자의 총 화학에너지의 약 40%(277/686 ≒ 0.40 또는 263/686 ≒ 0.38)의 높은 **에너지효율**(energy efficiency)을 갖는 것으로, 화학에너지를 기계적 에너지로 바꿔 주는 인공내연기관의 에너지효율인 15~30%에 비할 때, 생물체가 얼마나 효과적인 열효율 기관인가를 짐작할 수 있다.

7.2.6 호흡속도의 조절

일반적으로 세포에는 호흡재료와 산소가 적절히 공급되어 세포호흡이 일어나므로 이들이 호흡속도에는 영향을 주지 않는다. 그러나 세포내 ATP와 ADP의 상대적 존재량에 따라 세포호흡이 조절된다. 이러한 조절은 대사 경로에 관여하는 효소들 중 초기단계의 특정효소에 **피드백 억제**(feedback inhibition)에 의해 이루어진다.

예를 들어, 해당과정 중 초기단계 반응의 촉매효소인 **포스포프럭토키나아제**(phosphofructokinase ; PFK)는 ATP량이 많으면 그 활성이 저하되고 반대로 ADP가 과량 존재하면 활성화된다. 이 효소는 활성제인 ADP와 억제제인 ATP가 결합될 수 있는 부위(allosteric site)를 가지고 있다. 따라서 호흡에 의해 세포가 요구하는 ATP보다 과량 만들어질 경우에는 ATP가 PFK에 결합하여 이 효소의 입체구조를 변형시킴으로써 그 활성을 억제시킨다. 그 결과로 해당과 호흡속도는 떨어지고 ATP 생성이 감소된다. 그러나 세포가 ATP를 많이 소모하여 ADP가 생성되면 PFK의 활성부위에 결합하게 되어 이 효소를 활성화시킨다.

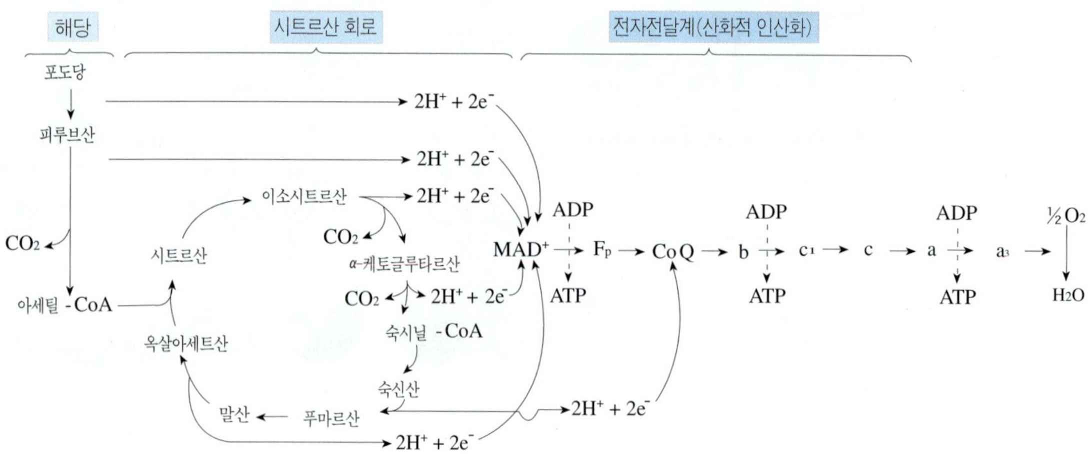

해당	2 기질준위 인산화	= 2ATP
피루브산 → 아세틸 - CoA	2×[$2H^+$+$2e^-$] NAD 산화적 인산화	= 6ATP(4ATP)
	2×[$2H^+$+$2e^-$] NAD	= 6ATP
	3×2[$2H^+$+$2e^-$] NAD	= 18ATP
시트르산회로	2×[$3H^+$+$2e^-$] NAD	= 4ATP
	2 기질준위 인산화	= 2ATP
	합계	38ATP(36ATP)

그림 7-11 세포호흡(포도당)에 의한 에너지 생산

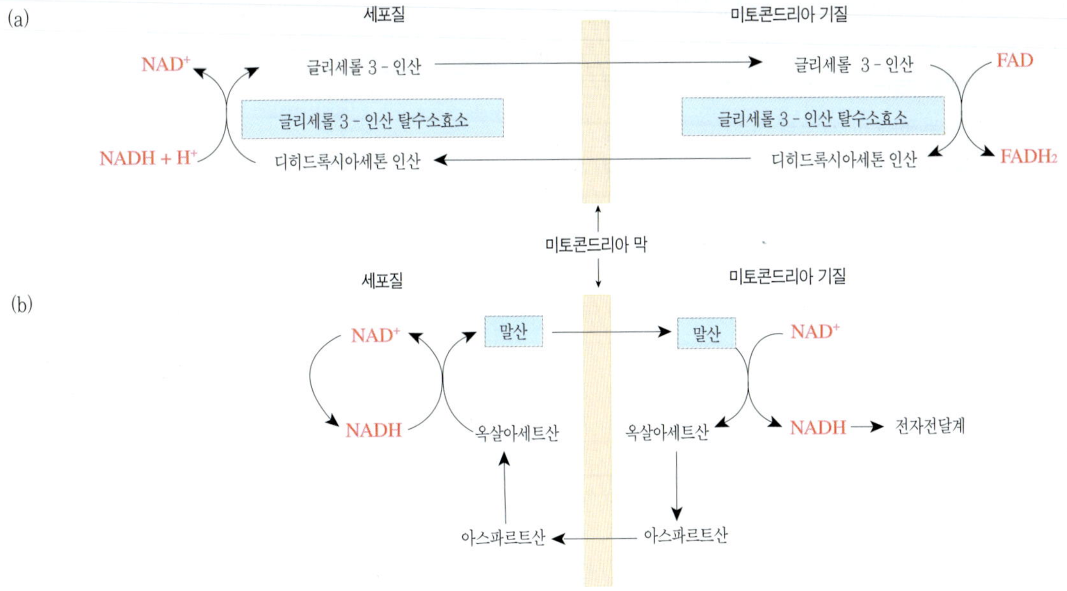

그림 7-12 글리세롤 인산 셔틀(a)과 말산 - 아스파르트산 셔틀(b) 기구

7.3 지방산과 아미노산의 이화

동물체는 에너지원으로 포도당 등의 탄수화물뿐만 아니라, 지방산이나 아미노산도 분해하여 에너지를 얻고 있다(그림 7-13). 아미노산은 **탈아미노 반응**(deamination reaction)을 거쳐 케토산으로 된 다음, 아세틸−CoA나 α−케토글루타르산 등의 이화경로에 연결되어 분해되는데, 지방산이나 포도당에 비해 에너지원으로 쓰이는 빈도가 낮다.

에너지 공급원으로 쓰이는 지질(lipid)은 주로 중성지방이다. 중성지방의 가수분해 산물인 지방산(fatty acid)과 글리세롤(glycerol) 중 글리세롤은 인산화되어 글리세르알데히드−3−인산(glyceraldehyde-3-phosphate)이 되고, 이것은 해당과정에 연결되어 시트르산 회로를 거쳐 산화된다. 지방산은 미토콘드리아 기질에서 탄소가 2개씩 차례로 절단되어 아세틸−CoA(acetyl-CoA)를 만드는 **β−산화**(β−oxidation) 과정을 거쳐 산화된 다음 시트르산 회로에 연결되어 완전 산화된다.

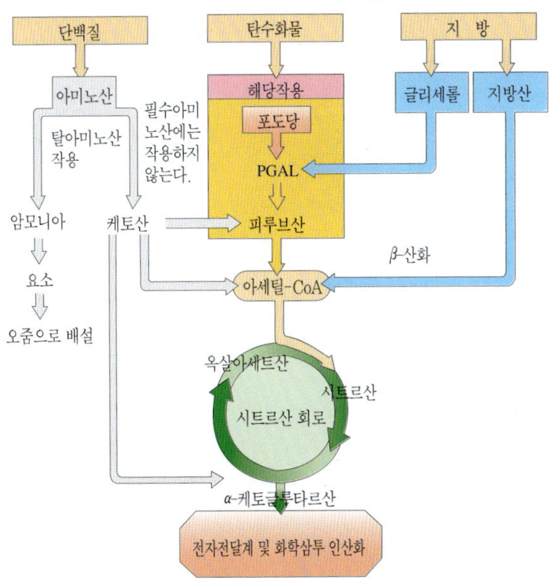

그림 7-13 탄수화물, 지방 및 단백질의 이화과정

7.4 무기호흡

호흡재료를 무기적 상태에서 분해시키는 것을 무기호흡(anaerobic respiration)이라고 하며, 그 대표적인 예로 발효를 들 수 있다.

즉, 미생물의 경우에는 당을 무기적 상태에서 분해하여 에틸알코올이나 젖산 등을 생성하는데 이를 발효(fermentation)라 하며, 최종 생성물의 이름에 따라서 **알코올발효**(alcohol fermentation), **젖산발효**(lactic acid fermentation) 등으로 부른다. 알코올발효는 효모(yeast)에서 일어나는데, 피루브산의 탈탄산(decarboxylation)으로 생긴 아세트알데히드(acetaldehyde)가 환원되어 에틸알코올이 생성되는 것이며(그림 7-14a), 효모는 이 발효과정에서 생기는 ATP 에너지로 생명활동을 한다.

젖산발효는 젖산균에서 일어나는 현상으로서 피루브산이 환원되어 젖산이 생성되는 반응이다(그림 7-14b). 위의 2경우 환원 때 필요한 수소의 공급원은 앞의 해당과정에서 생성된 NADH이다.

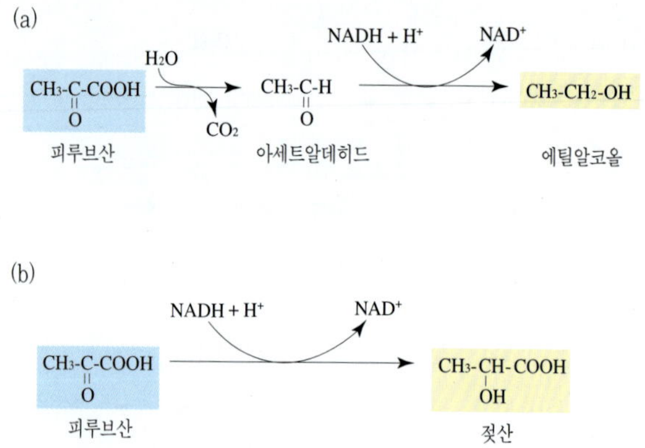

그림 7-14 알코올발효(a)와 젖산발효(b)

제8장

광합성과 질소대사

녹색식물은 CO_2, H_2O 및 무기성분 등을 영양원으로 하여 생육하지만, 동물 및 균류(菌類)는 다른 생물이 합성한 유기물을 영양원으로 하여 생육한다. 전자와 같은 영양법을 **독립영양**(autotrophism), 후자와 같은 영양법을 **종속영양**(heterotrophism)이라 한다. 한편, 독립영양을 취하는 생물은 **생산자**(producer)로서, 종속영양을 하는 생물은 **소비자**(consumer) 또는 **분해자**(decomposer)로서 지구상에서 생물의 생존을 위해 일정한 균형을 유지하고 있다.

독립영양의 본질은 **광합성**(photosynthesis-때로는 화학합성), 즉 태양에너지의 이용이다. 따라서 **종속영양생물**(heterotroph)은 태양에너지를 직접 이용할 수 없는 생물을 의미한다.

녹색식물은 태양빛의 에너지를 이용하며 CO_2와 H_2O로부터 유기물을 합성한다.

$$nCO_2 + nH_2O \xrightarrow{\text{빛}} (CH_2O)n + nO_2$$

이러한 과정을 광합성이라 하며, CO_2의 **환원**(reduction)과 H_2O의 **산화**(oxidation)에 의해 일어난다.

생성물은 **탄수화물**(carbohydrate, $(CH_2O)n$)뿐만 아니라 **지질**(lipid), **단백질**(protein), **핵산**(nucleic acid) 및 기타 체구성물질로도 변화된다.

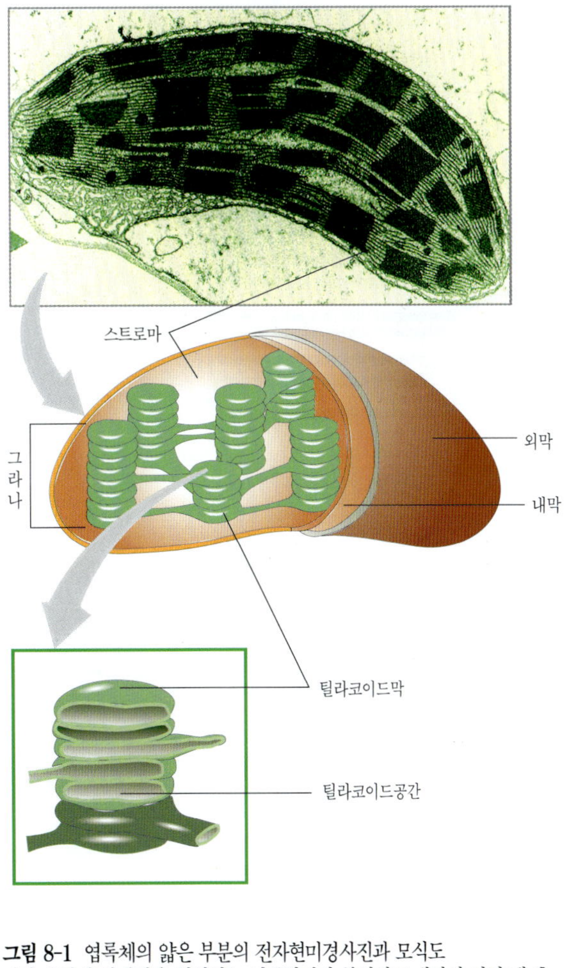

그림 8-1 엽록체의 얇은 부분의 전자현미경사진과 모식도
기관 주위에 경계면을 형성하는 이중막계가 분명하고 내막의 여러 개 층이 퇴적되어 있다.

8.1 엽록체

광합성은 식물의 녹색조직에서만 일어나며, 녹색색소를 갖는 엽록체가 광합성에 중요한 역할을 한다는 것은 19세기 중엽부터 이미 알려져 있는 사실이다. 엽록체는 식물세포에만 존재하는 세포내 소기관의 하나이다.

엽록체의 극히 얇은 절편의 횡단면을 살펴보면 여러 가지 면에서 미토콘드리아와 유사한 점이 많다. 그림 8-1에는 엽록체의 전형적인 전자현미경사진과 여러 구획 부분의 명칭을 나타내고 있다.

엽록체는 근본적으로 이중막체계로 되어 있다. **외막**(outer membrane)은 막간공간에 의해 **내막**(inner membrane)과 분리되어 있고 내막은 내부를 가로지르는 복잡한 막계와 부분적으로 연결되어 있다. 내부의 막계는 외부의 두

막들과 독립적이기 때문에 엽록체에는 3가지 막계가 있다. 내부 막계에서 가장 흔한 형태는 납작한 주머니 모양의 **틸라코이드**(thylakoid)이다. 틸라코이드가 여러 개 쌓여 **그라나**(grana)가 되고 여러 개의 그라나 중 1개를 **그라나-틸라코이드**(grana-thylakoid)라 한다. 틸라코이드가 **스트로마**(stroma)로 뻗어 있는 경우를 **스트로마-틸라코이드**(stroma-thylakoid)라 하고, 틸라코이드의 내부를 틸라코이드 공간(thylakoid space)이라 한다(그림 8-2).

엽록체의 막들은 막간공간, 스트로마, 틸라코이드 공간의 세 구획부분으로 경계를 형성한다. 틸라코이드 공간은 막간공간과 연속되어 있으나 막간공간과는 다른 기능을 갖고 있다. 최근 실험결과, 틸라코이드 공간은 막간공간과 분리된 구획부분으로 간주하고 있다.

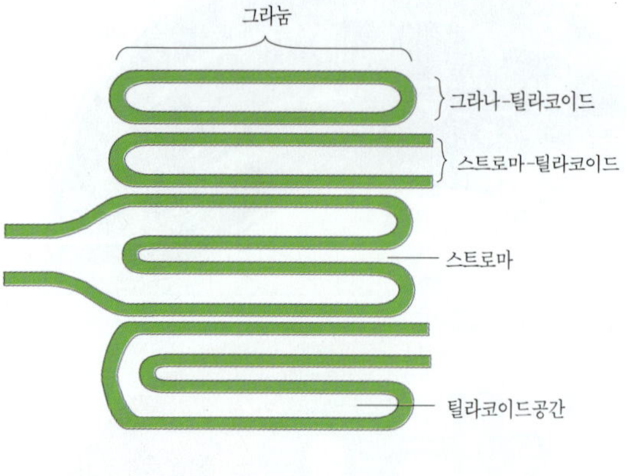

그림 8-2 그라나 내막의 세부적 모식도

지금까지의 연구결과 광합성반응 중에서 빛에 의존하는 반응은 틸라코이드에서, CO_2를 고정하는 암반응은 스트로마에서 일어나는 것으로 되어 있다. 따라서 엽록체 안에서의 광합성은 분업적으로 이루어지며 이러한 분업은 엽록체막의 구성성분과 엽록체의 발달과정을 통해 설명할 수 있다.

녹색색소의 본체 **엽록소** *a*(chlorophyll *a*), **엽록소** *b*(chlorophyll *b*)뿐만 아니라, 황색의 보조색소(**카로티노이드**, carotenoid)도 광합성에 도움을 준다는 사실이 일찍부터 알려졌다(그림 8-3). 카로티노이드는 모든 식물체에 존재하며, **이소프렌**(isoprene)이 그 소단위로 구성되어 있다.

일정한 강도의 단색광을 식물에 조사(照射)하면 광합성의 활성이 나타난다. 이 활성은 파장에 따라 변하는데, 어떻게 변화하는가를 그림으로 나타낸 것을 **작용스펙트럼**(action spectrum)이라 한다(그림 8-4). 그런데 **녹조류**(green algae)의 광합성에 대한 작용스펙트럼은 이 녹조류의 **흡수스펙트럼**(absorption spectrum)과 일치하였다. 흡수스펙트럼의 흡광색소는 엽록체의 틸라코이드에 들어 있는 엽록소 *a*, *b*와 카로티노이드이다. 그리고 **홍조류**(red algae)의 흡

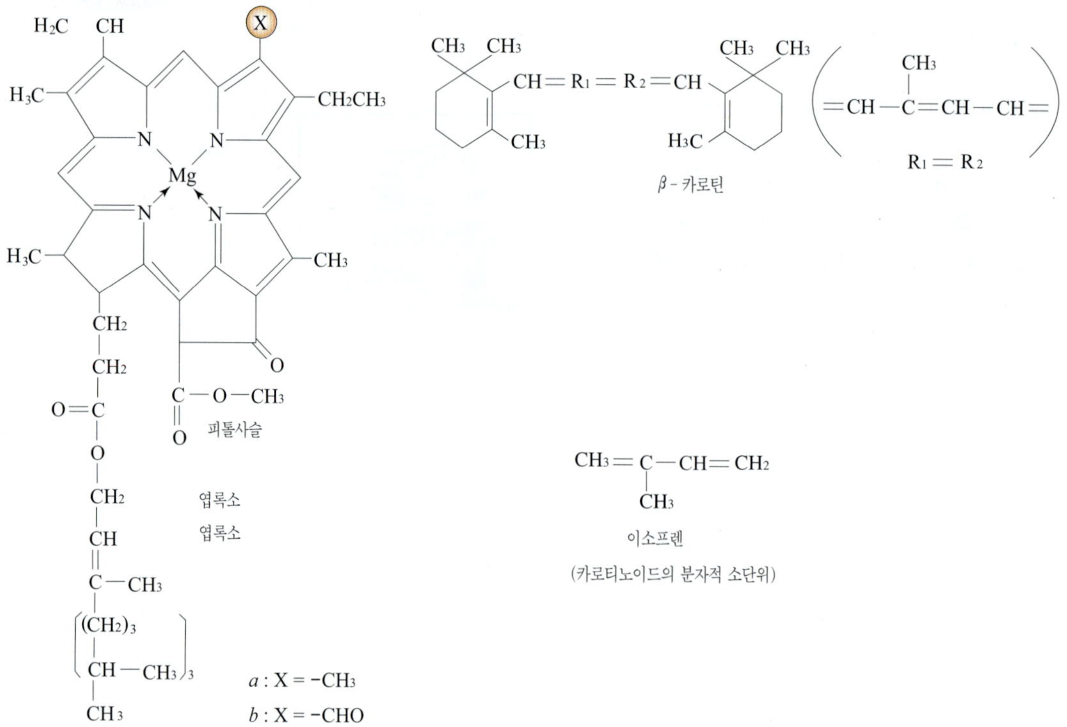

그림 8-3 엽록소 *a*, 엽록소 *b*와 *β* - 카로틴의 구조식

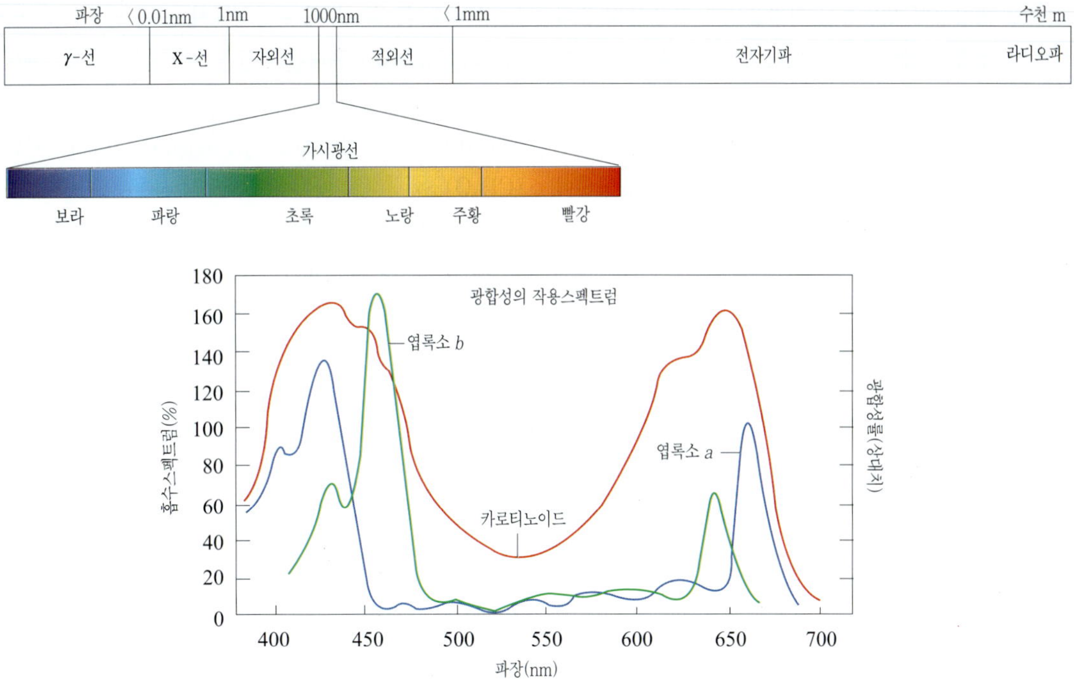

그림 8-4 Diethyl ether에 용해된 엽록소의 흡수스펙트럼과 상대적 광합성률

광색소는 엽록체에 들어 있는 엽록소 *a*, 엽록소 *b*와 **피코빌리솜**(phycobilisome)이라는 세포소기관에 들어 있는 **피코빌린**(phycobilin)류이다. 따라서 이들 색소는 광합성반응의 출발점이 되고 있음을 알 수 있다.

광합성속도는 빛의 강도를 점차 강하게 하면 그에 비례하여 높아지지만, 일정 강도에 도달하면 빛의 강도와는 관계가 없어진다. 이때 온도 또는 CO_2 농도를 높이면 광합성속도가 빨라진다(그림 8-5). 이러한 사실로 광합성은 **광화학반응**(photochemical reaction)과 직접 관계있는 **명반응**(light reaction)과, 빛과는 직접 관계가 없고 온도에 의존하는 **암반응**(dark reaction)으로 이루어지며, CO_2는 후자인 암반응에서 이용되고 있음이 밝혀졌다.

단세포 녹조류인 **클로렐라**(chlorella)에 빛을 조사하여 O_2의 발생량을 측정하면 광합성량을 추정할 수 있다. O.H. WARBURG(1883~1970)는 1919년, 일정량의 강한 빛을 식물에 조사할 때에 연속광을 조사하는 것보다는 섬광을 단속적으로 조사하는 경우에 의해 O_2의 발생량이 많다는 사실을 알아냈다.

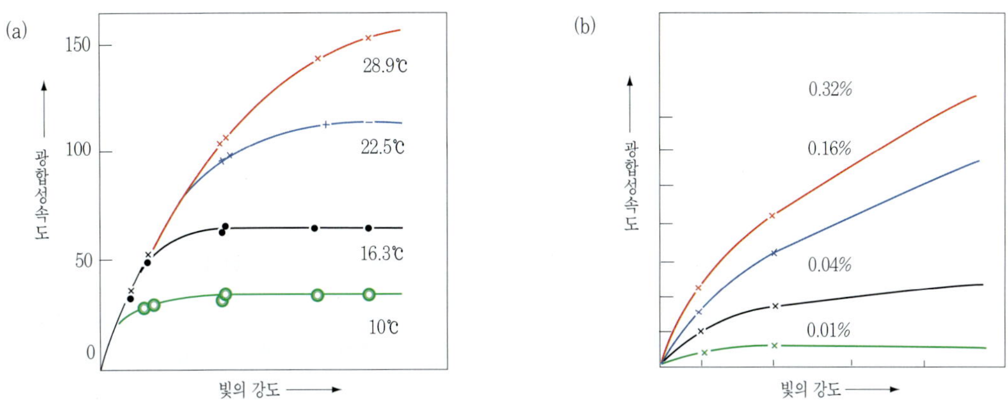

그림 8-5 온도, CO_2, 빛과 광합성속도의 관계
(a) 온도별 빛의 강도와 광합성속도의 관계(클로렐라) (b) CO_2 농도별 빛의 강도와 광합성속도의 관계(이끼)

이 결과로 광합성의 명반응이 암반응보다 작용의 비율이 작다고, 즉 명반응이 제한적으로 되어 있다고 해석할 수 있다. 빛에너지는 연속광인 경우 모두가 명반응에 이용되지 않고 일부는 쓸모 없이 낭비하게 되지만, 섬광인 경우에는 전부가 명반응에 이용되기 때문에 전자의 경우보다는 광합성량이 많아진다.

8.2 광합성의 과정

8.2.1 명반응

녹조류의 경우, 광합성속도의 작용스펙트럼을 보면, 적색광(680nm)보다 긴 파장에서는 엽록소 *a*에 의한 흡광(그림 8-4)이 있음에도 불구하고 광합성속도는 급격하게 저하된다. 그런데 이 파장광에 650nm의 단색광을 첨가하여 동시에 조사하면 광합성속도의 저하는 회복된다(그림 8-6). 이 경우에, 다음과 같은 관계가 성립된다.

광합성속도(680nm+650nm) 〉 광합성속도(680nm)+광합성속도(650nm)

이와 같은 상승효과로 미루어, 2종류의 빛이 별도로 광화학반응을 하는 데 있어서 2개의 광화학반응이 병렬되어 있음을 알 수 있다.

엽록체 조각에 수산제2철과 같은 환원제를 넣어 광조사(光照射)하면 O_2가 발생하는데, 이것을 **힐반응**(Hill reaction)이라 한다.

$$H_2O + A(\text{환원제}) \xrightarrow{\text{빛}} AH_2 + 1/2O_2$$

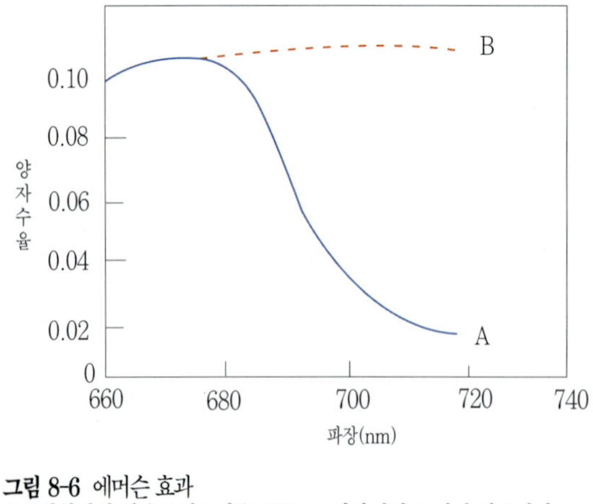

그림 8-6 에머슨 효과
A : 광합성의 작용스펙트럼은 680nm 이상에서 급격히 감소한다.
B : A의 각 파장에 단파장(650nm)의 빛을 가하면 감소하지 않는다.

이 반응식으로 볼 때 광합성에서 O_2의 발생은 CO_2에서가 아니라, H_2O에서 유래된 것임을 알 수 있다. 엽록체에서 실제로 생성되는 AH_2는 NADPH(reduced nicotinamide adenine dinucleotide phosphate)이며, CO_2에서 $(CH_2O)n$을 생성할 때의 환원제로서 사용된다.

한편, 엽록체에서도 미토콘드리아에서 볼 수 있는 것과 같은 **시토크롬**(cytochrome) b_6, **시토크롬**(cytochrome) *f*가 발견되는데, 시토크롬 *f*는 엽록소 *a*의 흡수광(680nm)을 조사하면 산화되고, 보조색소인 피코빌린의 흡수광(562nm)을 조사하면 환원된다. 또한 DCMU(dichlorophenyl dimethyl urea ; 제초제의 일종)를 투여하여 힐반응을 저해하면, 시토크롬 *f*는 680nm 빛에 의해 산화되지만 562nm 빛에 의해서는 환원되지 않는다. 이상과 같은 결과로 A.V. Hill(1886~1977) 등은 1960년, 광합성의 광화학반응과 그에 이어져서 일어나는 반응을 그림 8-7과 같이 요약하였다.

명반응에는, 엽록소 *a*가 빛을 처음 받아들이는 광화학반응(**광화학계** Ⅰ, PSⅠ : photosystemⅠ)과 보조색소(엽록소 *b*, 기타 색소)가 빛을 처음 받아들이는 광화학반응(**광화학계**Ⅱ, PSⅡ : photosystemⅡ)이 있으며, 이 2개의 광화학계는 병렬되어 있다. 광화학계Ⅰ에서는 광화학반응의 결과로 **산화환원전위**(redox potential)의 기울기에 역행하여 전자가 흐르고, 시토크롬 *f*가 산화되며 Z가 환원된다. 이어서 Z로부터 전자를 받아 최종적으로는 $NADP^+$가 환원된다. 광화학계Ⅱ(PSⅡ)에서는 산화력이 강한 Q에 의해 H_2O가 산화되어 O_2가 발생되고, 광화학반응에 의해 전자가 Q에서 시토크롬 b_6로 전달된다. 산환환원전위의 기울기에 따라, 환원된 b_6에서 *f*로 전자가 흐르고, 광화학계 Ⅰ의 작용에 의해 산화된 *f*가 다시 환원된다. 이 전자전달계와의 공역반응(共役反應)으로 미토콘드리아의 **산화적 인산화반응**(oxidative phosphorylation)과 같은 기작으로서 ATP가 생성되는데, 이것을 **광인산화반응**(photophosphorylation)이라 한다.

그 후 광화학계Ⅰ과 Ⅱ는 더욱 확실히 해명되어 엽록체 구조와의 관계도 밝혀졌다. 광화학계Ⅰ과 Ⅱ는 엽록체의 **틸라코이드막**(thylakoid membrane)에 존재하며, 엽록체에서 별도로 이 두 계를 각각 분리할 수도 있다.

그림 8-7에서와 같이 엽록소 *a*와 *b*를 대략 동량으로 함유한 흡광성 **엽록소-단백질복합체**(light-harvesting chlorophyllprotein complex ; LHCP)에 포착된 **광자**(photon)는 광화학계Ⅰ와 Ⅱ의 색소단백질(모두 엽록소 *a*가 주 색소임)에 전달된다. **전자**(electron)는 광자를 직접 포착할 수도 있다.

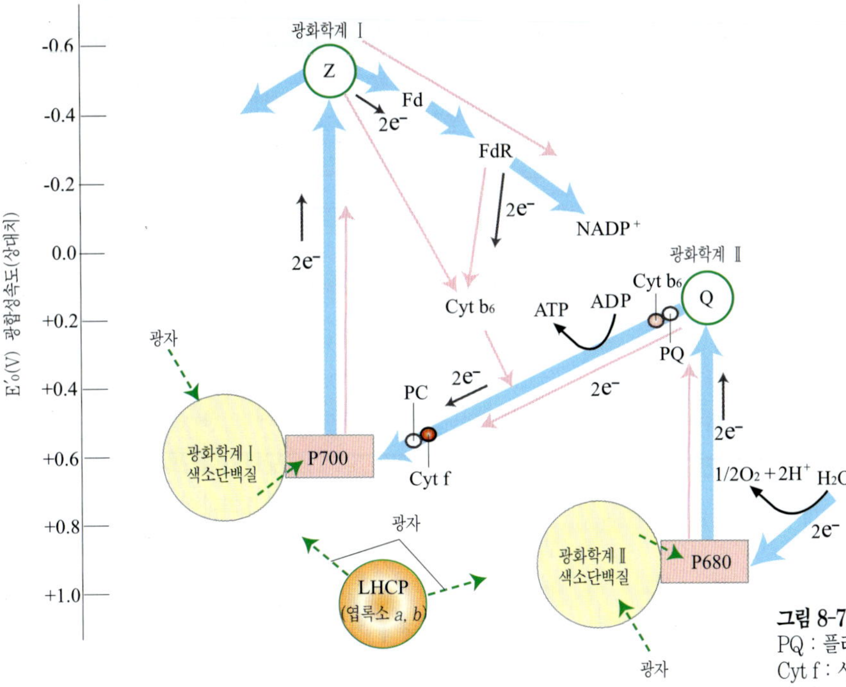

그림 8-7 광합성의 전자전달계(광화학계 I 과 II)
PQ : 플라스토퀴논
Cyt f : 시토크롬 f
Cyt b_6 : 시토크롬 b_6
PC : 플라스토시아닌
Fd : 페레독신
FdR : 페레독신 환원효소
Q, Z : 1차 전자수용체
LHCP : 흡광성 엽록소-단백질복합체
⇨ : 비순환적 광인산화
→ : 순환적 광인산화

광화학계 I 의 엽록소 *a* 사이를 거쳐서 나온 양성자는 결국 반응 중심의 P700(특수한 엽록소 *a*)에 도달한다. 거기서 P700은 여기(excitation)되며, 원 상태의 기저 상태(基底狀態)로 되돌아갈 때 광화학반응을 일으킨다. 에너지의 일부는 형광이나 열이 되어 방출된다. 광화학반응에 의해 P700에서 전자를 받는 Z의 본체는 430nm에서 흡광을 나타내는 P430으로 보고 있지만, 상세한 것은 아직 밝혀지지 않고 있다. Z에 넘겨진 전자는 **페레독신**(Fd ; ferredoxin), **페레독신 환원효소**(FdR ; ferredoxin reductase)를 거쳐 최종적으로는 $NADP^+$을 환원시킨다. 페레독신은 Fe와 S를 함유하는 **비헴단백질**(nonheme protein)이며 질소고정반응에도 관여한다.

페레독신 환원효소는 FAD(flavin adenine dincleotide)를 함유하는 **플라빈**(flavin)단백질이다. 시토크롬 f는 P700 가까이의 광화학계 I쪽으로 치우쳐 위치한다는 것이 밝혀져 있다. LHCP에서 광화학계 II 의 엽록소 *a*로 넘어간 양성자는 결국 반응 중심인 P680에 이르게 되어 광화학반응이 일어난다. 홍조류(紅藻類) 또는 남조류(藍藻類)의 광화학계 II 에서는 피코빌리솜의 **피코빌린**(phycobilin)에 포착된 양성자에 의해 전달된다. 홍조의 피코빌린에서 광화학계 II 에 흡광시키면 형광이 발생되는데, 광화학계 I에 흡광시키면 형광은 감소된다. 이것은 광화학계 I과 II 사이에 형광의 **소광물질**(消光物質, quenching substance) Q가 있다는 것을 생각하면 이해가 된다.

광화학계 I이 작동하면 전자를 빼앗기고 산화된 Q는 소광력을 증강시켜 형광은 감소하게 된다. 광화학계 II 가 작동하면 전자가 Q로 넘겨지고, 소광력이 저하되며 형광은 증가하게 된다. 광화학계 II의 광화학반응에 의해 환원된 Q는 산화환원전위의 기울기에 따라 **플라스토퀴논**(plastoquinone ; PQ)으로 전자를 전달해 준다.

DCMU는 Q와 PQ 사이의 전자전달을 저해한다. Q의 본체는 최근에 와서 특수한 PQ인 것으로 생각되고 있다. PQ를 환원시킨 전자는 시토크롬 f로 옮겨지고, 다시 구리를 함유하는 단백질 **플라스토시아닌**(plastocyanin ; PC)을 거쳐 최종적으로는 광화학계 I의 작동에 의해 산화형이 된 P700에 전자를 전달해 준다. 광화학계 II에서 아직도 밝혀지지 않은 부분은 H_2O의 분해반응이다. 광화학반응에 의해 P680에서 빼앗긴 전자는 물의 분해에 의해 보충되지만 H_2O와 P680 사이에는 Mn을 갖는 단백질이 관여한다.

Mn^{4+} −**포르피린**(porphyrin)은 강력한 산화제가 되어 H_2O에서 O_2를 발생시킬 수 있다.

8.2.2 광인산화

광화학계 I과 II의 작동에 의해 O_2와 NADPH가 생성되고 이 전자전달과 협력해서 진행되는 ATP생성을 **비순환적 광인산화**(noncyclic photophosphorylation)라고 한다.

$$2H_2O + 2ADP + 2H_3PO_4 \xrightarrow{\text{빛}} 2ATP + 2NADPH + 2H^+ + O_2 + 2H_2O$$

한편 엽록체에서는 O_2 또는 NADPH가 생성되지 않더라도 ATP가 생성되기도 하는데, 이를 **순환적 광인산화**(cyclic photophosphorylation)라고 한다.

$$ADP + H_3PO_4 \xrightarrow{\text{빛}} ATP + H_2O$$

시토크롬 b_6는 광화학계 II와는 관계없이 I의 작용으로 산화환원을 받게 되므로, 순환적 인산화에 관여하는 것이다.

광인산화의 반응 시스템은 미토콘드리아의 **산화적 인산화**(oxidative phosphorylation)와 같다고 생각된다. 전자전달계의 작동에 의해 유리된 에너지로부터 고에너지 중간대사물질이 생성되고, 그 물질과의 협력반응에 의해 ADP로부터 ATP가 생성된다는 주장은, 엽록체에서의 고에너지 중간대사물질을 포착할 수 없어 궁지에 빠져 있었다.

그런데 P.D. MITCHEL(1920∼)이 1961년 **화학삼투설**(chemiosmosis)을 제창한 후, 엽록체 내부와 외부에 pH의 차이가 생기도록 해주면, 어두운 곳에서도 ATP가 생성된다는 사실을 A.T. JAGENDORF(1966)의 실험으로 인정하게 되어, 양성자(H^+)의 농도기울기에 의한 인산화기작설이 유력해졌다. 광화학계 I 및 II는 틸라코이드막에 결합되어 있으며, 이 막의 바깥쪽에는 미토콘드리아의 경우와 마찬가지로 **ATP가수분해효소**(ATPase)가 들어 있는 **공역인자**(共役因子, cofacfor)가 돌출되어 있다.

따라서 엽록체의 경우에는 그림 8-8에 나타낸 바와 같이 광화학반응의 결과 전자전달계에 전자가 흐르면, 주머니 모양인 틸라코이드막의 바깥(**스트로마** ; stroma)으로부터 H^+이 들어와 막의 안쪽에 저장된다. 그리하여 막내부의 고농도 H^+이 공역인자를 통해 막 밖으로 방출될 때의 에너지에 의해 ATP가 생성된다.

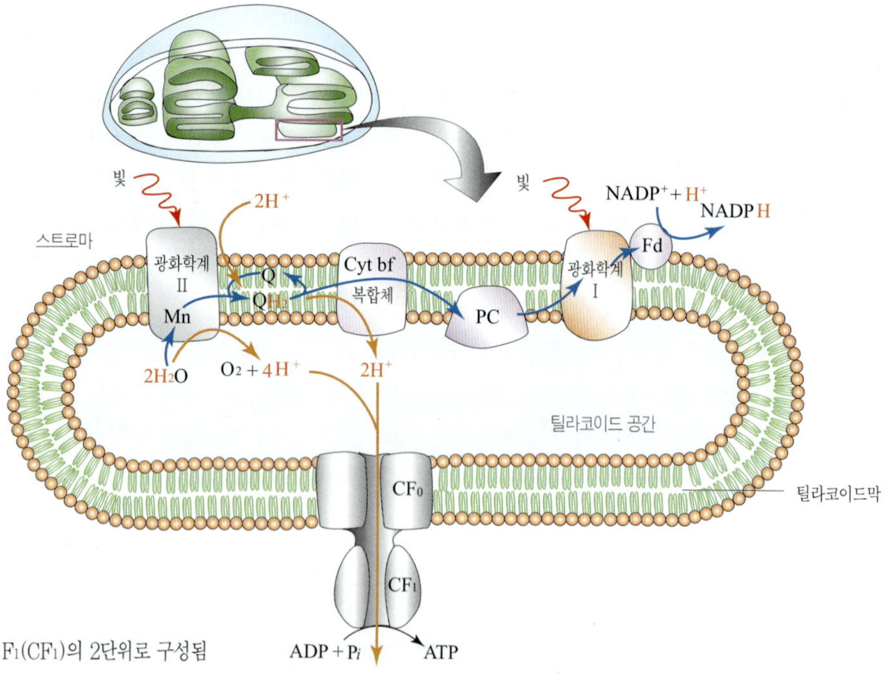

Cyt bf : 시토크롬 bf 복합체
PC : 플라스토시아닌
Fd : 페레독신
CF : ATP 합성효소($F_0(CF_0)$)와 $F_1(CF_1)$의 2단위로 구성됨
Q : 전자수용체

그림 8-8 엽록체 틸라코이드에서 양성자(주황색 화살표)와 전자(청색 화살표)의 회로
청색 화살표 : H_2O로 부터 $NADP^+$로의 비순환적 전달과정, 주황색 화살표 : 순환적 전달과정

8.2.3 CO_2 고정

단세포 녹조류인 *Scenedesmus*에 $^{14}CO_2$를 투여하여 광합성을 하게 한 다음, 방사능 ^{14}C의 행방을 시간적으로 추적하면 5초 후에는 전체 ^{14}C의 95%가 **3-포스포글리세르산**(3PGA ; 3-phosphoglyceric acid ; C_3)으로 들어간다. 그 후 C_6, C_7, C_5의 당인산에스테르에 많이 들어가게 되는데, 5분 후에 CO_2 고정능은 포화된다. 이때 $^{14}CO_2$ 농도를 급격히 저하시키면 PGA가 감소되고, 대신 **리불로오스 2인산**(RuBP ; ribulose bisphosphate ; C_5)이 증가한다(M. CALVIN, A.A. BENSON, J.A. BASSHAM 등, 1949~1952).

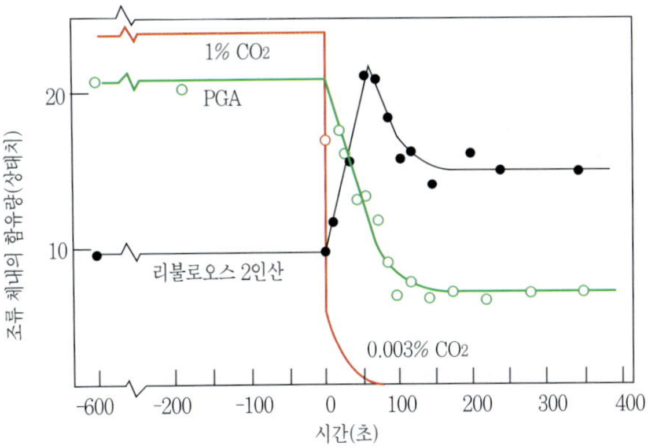

그림 8-9 CO_2 농도에 따른 PGA와 RuBP의 변화(녹조류 : *Scenedesmus*)

이 결과로 보아 CO_2는 RuBP에 고정되어 PGA가 생성되는 것으로 생각된다(그림 8-9).

또한 광합성 시간을 길게 하더라도 C_3~C_6의 당인산에스테르 등은 정상 상태를 유지하고, 설탕, 녹말 등의 최종산물이 증가되는 것을 보면, CO_2 고정반응은 이들 중간대사물질을 거쳐 진행되는 회로반응이라고 볼 수 있다. 그 후 이 반응경로가 해명되어 **C_3-환원회로**(캘빈회로, Calvin cycle)라고 부르게 되었다(M. CALVIN 등, 1954)(그림 8-10). 이 회로에 의한 반응의 결과는 아래의 반응식처럼 되며, 1분자의 CO_2 고정에는 3ATP와 2NADPH가 소비되었다.

$$6CO_2+18ATP+12NADPH+12H^++11H_2O \rightarrow$$
$$\text{글루코오스 6-인산}(C_6)+18ADP+12NADP^++17H_3PO_4$$

빛에너지 1양성자의 공급으로 1전자가 흐른다고 하면, 광화학계Ⅱ와 Ⅰ에 각각 2양성자, 합계 4양성자를 공급함으로써 1NADPH가 생성하게 된다. 따라서 R. EMERSON 등(1941)에 의하면 CO_2 1분자의 고정에는 8양성자가 필요한데, 이것은 실제로 측정한 결과와도 일치하였다.

8양성자에 의한 전자전달(4전자의 흐름)에 따라 그림 8-10에서와 같이 $8H^+$의 막내 축적현상이 일어난다. 이 실험결과에서 $2H^+$의 이동에 따라 1ATP의 생성이 추정되므로, 8양성자의 공급으로 C_3-환원회로에 있어서는 1분자의 CO_2를 고정시키는 데 필요한 3ATP의 생성에는 충분하다고 할 수 있다.

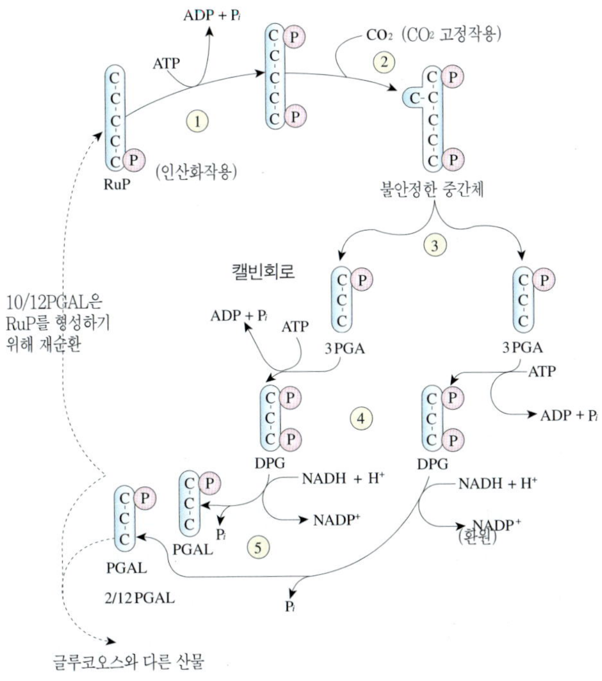

그림 8-10 광합성의 C_3-환원회로(캘빈회로)
RuP = 리불로오스 인산
RuBP = 리불로오스 2인산
3PGA = 3-포스포글리세르산
DPG = 디포스포글리세르산
PGAL = 포스포글리세르알데히드

8.2.4 C_4-디카르복실산회로

KORTSCHAK(1965), HATCH와 SLACK(1966)의 연구에 의하면 사탕수수의 잎에 $^{14}CO_2$를 투여한 다음 광합성을 유도했을 때, 몇 초 후에 ^{14}C의 약 90%가 **말산**(malic acid ; C_4)과 **아스파르트산**(aspartic acid ; C_4)에 들어가고, 3PGA(C_3)에 합류하는 것은 불과 10%에 불과하였다. 그러나 광합성 시간을 길게 하였더니, C_4의 방사능은 감소되고 PGA와 **6탄당인산**(hexose phosphate ; C_6)에 대한 방사능은 높아졌다.

이 현상을 계속 연구한 결과, 그림 8-11에 나타낸 바와 같은 CO_2 고정경로를 알 수 있었는데, 이를 **C_4-디카르복실산회로**(C_4-dicarboxylic acid cycle)라 하였다.

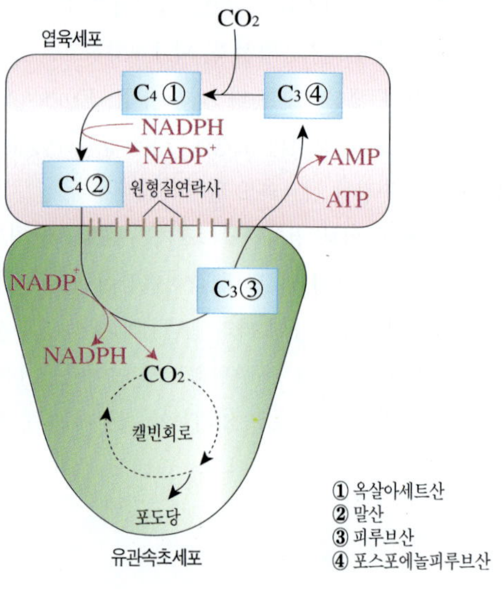

그림 8-11 C_4-회로의 모식도

이와 같은 CO_2 고정경로를 가진 식물을 C_4-식물(C_4-plant)이라 하고, C_3-환원회로만을 가진 식물을 C_3-식물(C_3-plant)이라 한다. C_4-식물은 잎의 유관속초(vascular bundle sheath)의 유세포에 엽록체가 발달되어 있다.

엽육세포에서는 CO_2가 포스포에놀피루브산(phosphoenol pyruvate ; PEP ; C_3)에 고정되어 있으며, 옥살아세트산(oxaloacetate ; C_4)을 거쳐 말산(C_4) 또는 아스파르트산(C_4)이 되고 유관속초세포(vascular bundle sheath cell)로 이동된 후 탈탄산반응(decarboxylation)을 하여 피루브산(pyruvic acid)을 생성한다. 생성된 CO_2는 유관속초 엽록체의 C_3-환원회로에 의해 녹말 등으로 합성된다.

한편, 피루브산은 다시 엽육세포로 되돌아가 PEP가 되며 CO_2의 고정에 대비하게 된다. C_4-식물은 C_3-식물에 비해 광합성의 광포화점(photo saturation point) 및 최적 온도가 높으며 열대성 식물에 많다.

8.2.5 광호흡

강한 빛 아래서 광합성을 하고 있는 담배의 잎을 어두운 곳으로 옮기면 수십 초 사이에 CO_2가 다량으로 방출된다. 이 CO_2 방출은 대기의 O_2 농도에 비례하여 증가하는데, 이것을 **광호흡**(photorespiration)이라 한다. 일반적인 호흡(암호흡 ; dark respiration)은 CO_2 농도를 높여도 증가되지 않으므로, 암호흡과 광호흡은 서로 다른 반응계에 의해 일어나고 있음을 알 수 있다.

강한 빛 조건 하에서의 광합성은 광 CO_2 흡수 때문에 광호흡의 CO_2 방출이 숨겨져 관찰할 수가 없다. 따라서 강한 빛 아래서 측정한 광합성의 CO_2 고정량은 실제의 광합성 CO_2 흡수량으로부터 광호흡과 암호흡(대략 광호흡의 20% 이하)의 CO_2 방출량을 뺀 것이 된다. C_3-식물에서는 광합성에 의해 고정된 CO_2의 약 30~50%가 광호흡에 의해 상실되고 있으므로 농업생산 면에서 커다란 문제가 되고 있다.

광호흡은 그림 8-12에 나타낸 반응경로에 의해 진행되고 있다. 광합성의 C_3-환원회로에서 CO_2 고정에 작용하는 **RuBP 카르복시화효소**(RuBP carboxylase)는 O_2 농도가 낮을 때 또는 CO_2 농도가 높을 때 카르복시화효소의 작용이 강하여 3PGA만을 생성하며, 주로 C_3-환원회로가 작동한다. 그러나 O_2 농도가 높을 때 또는 CO_2 농도가 낮을 때는 **산소화효소**(oxygenase)의 작용이 강해져서, RuBP의 일부는 **포스포글리콜산**(phosphoglycolic acid)을 거쳐 글리콜산(glycolate)으로 분해된다.

글리콜산은 엽록체에서 **퍼옥시솜**(peroxisome)으로 옮겨져서 산화되어 **글리옥실산**(glyoxylate)이 된 다음, 아미노기를 얻어 글리신(glycine)으로 대사된다. 글리신은 다시 미토콘드리아로 옮겨지고 탈탄산반응을 하여 세린(serine)을 생성한다.

식물 주위의 대기중에 들어 있는 CO_2 농도를 낮추면 광합성 속도는 저하된다. 또한 광합성에 의한 CO_2 흡수속도와 호흡에 의한 방출속도가 같게 되는 CO_2 농도도 있는데, 이를 **CO_2 보상점**(CO_2 compensation point)이라 한다. C_3-식물의 CO_2 보상점은 50~100ppm CO_2이지만 C_4-식물은 0~5ppm CO_2이며, 광호흡에 의한 CO_2의 방출이 거의 없다.

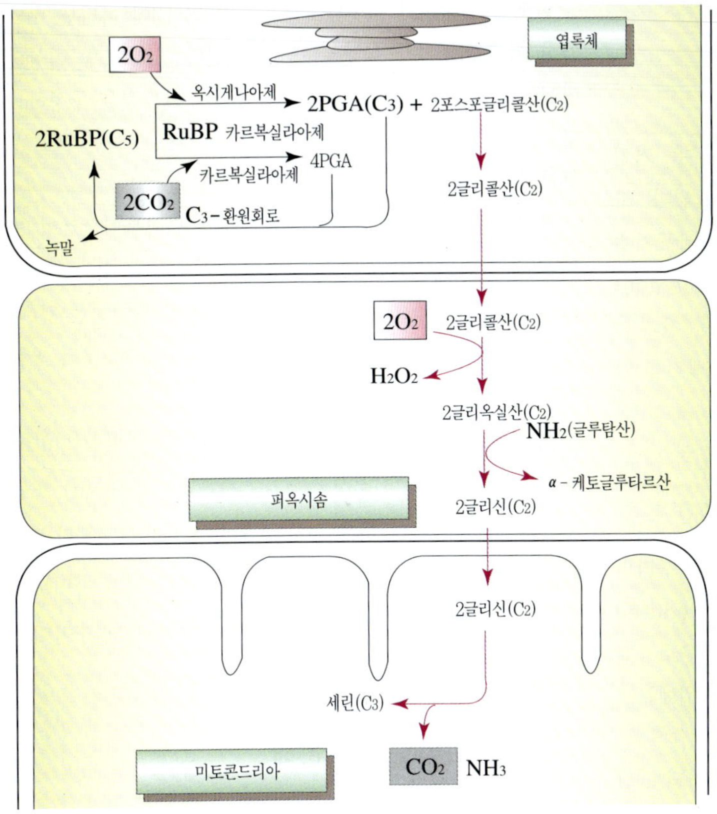

그림 8-12 광호흡의 대사회로
광호흡은 2가지 이유로 C_4-식물에서는 일어나지 않는다. Rubisco와 캘빈회로의 효소들은 유관속초세포에만 존재하는데 그 이유는 이 세포의 CO_2 농도가 너무 높아 O_2가 CO_2와 경쟁할 수 없기 때문이다. 유관속초세포의 높은 CO_2 농도는 엽육세포로부터 분리시키면 C_4-유기산으로부터 CO_2를 받지 못하게 되어 광호흡이 가능하지만 정상적인 잎에서는 일어나지 않는다.

C_4-식물의 유관속초내세포 엽록체에 있는 RuBP 카르복시화효소에는 산소화효소작용이 있어 광호흡을 하는 능력은 있지만, 엽육세포에서 보내오는 말산으로부터 유래된 CO_2에 의해 유관속초세포는 CO_2 농도가 높아지고, 그 결과 산소화효소작용이 저하되며 광호흡이 억제된다.

광호흡에 의해 생성되는 CO_2는 식물체 밖으로 방출되지 않고, 엽육세포의 PEP 카르복시화효소에 의해 재고정된다. 이와 같이 광호흡을 찾아볼 수 없는 C_4-식물은 CO_2 농도가 낮으며, O_2 농도가 높은 현재의 대기중에서는 C_3-식물보다 물질생산면에서 아주 월등하다.

8.2.6 세균의 광합성 및 화학합성

잎핵식물과 남조류는 틸라코이드막에 광화학계Ⅰ과 Ⅱ를 갖고 있으며, 스트로마(남조류에서는 세포기질)의 C_3-환원회로(그 밖에 C_4-디카르복실산회로를 가진 것도 있음)와의 협력작용에 의해 광합성을 하고 있다. 한편 광합성을 하는 세균의 경우에는 세포막의 만입에 의해 발달된 **색소포**(chromatophore)로 박테리아 엽록소 *a*, *b* 등을 흡광색소를 이용하여 광화학계Ⅰ에만 의존하는 광합성을 하고 있으므로, O_2의 발생이 없다.

이들 세균은 H_2O 대신에 H_2S, $S_2O_3^{2-}$, H_2 그리고 유기물을 **수소공여체**(hydrogen donor)로 사용한다. CO_2를 고정하여 C_3-환원회로를 사용하는 것도 있지만 **트리카르복실산회로**(tricarboxylic acid cycle)의 역행형 경로를 사용하는 것도 있다($4CO_2 \longrightarrow$ 옥살아세트산).

세균 중에는 무기물 또는 유기물을 산화(전자공여체로서)시켜 생성하는 ATP, NADPH에 의해 CO_2를 고정하는 것이 있어 이것을 **화학합성**(chemosynthesis)이라 한다. 아래에 몇 가지 예를 들어 본다.

화학합성세균	반 응 식
Nitrosomonas sp.	$NH_4^+ + 2/3O_2 \rightarrow NO_2^- + H_2O + 2H^+$
Nitrobacter sp.	$NO_2^- + 1/2O_2 \rightarrow NO_3^-$
Beggiatoa sp.	$H_2S + 1/2O_2 \rightarrow S + H_2O$
Thiobacillus ferroxydans	$FeCO_3 + 1/2O_2 + 2/3H_2O \rightarrow Fe(OH)_2 + CO_2$
Hydrogenomonas facilis	$H_2 + 1/2O_2 \rightarrow H_2O$
Thiobacillus denitrificans	$2NO_2^- + S \rightarrow N_2 + SO_4^{2-}$

8.3 질소대사

8.3.1 질산환원

뿌리를 통해 식물체내에 들어온 NO_3^-은 NO_2^-을 거쳐 암모니아(NH_3)로 환원된 다음 아미노산의 소재가 된다. 고등식물의 **질산환원효소**(nitrate reductase)는 세포기질(cytosol)에 있으며, NADH(reduced nicotinamide adenine dinucleotide)가 수소공여체로 되고, 전자는 FAD(flavin adenine dinucleotide) 및 Mo－단백질을 거쳐 NO_3^-로 넘겨진다.

$$\text{NADH} \longrightarrow \text{FAD} \xrightarrow{2e^-} \text{Mo} \xrightarrow{2e^-} \begin{cases} NO_3^- + 2H^+ \\ NO_2^- + H_2O \end{cases}$$

아질산환원효소(nitrite reductase)는 엽록체와 뿌리의 색소체에 있으며, 엽록체에서는 **환원형 페레독신**(reduced ferredoxin)이 수소공여체가 되지만, 뿌리에서의 수소공여체는 아직 밝혀지지 않았다. NO_2^-에서 NH_3로의 환원에는 6전자의 공급이 필요하며,
$NO_2^- \xrightarrow{2e^-} N_2O_2^{2-} \xrightarrow{2e^-} NH_2OH \xrightarrow{2e^-} NH_3$의 경로로 주장되고 있다. 그리고 수소공여체로는 NADH가, 전자전달에는 **플라빈 뉴클레오티드**(flavin nucleotide)가 작용하고 있다.

$$\text{페레독신(환원형)} \rightarrow NAD^+ \rightarrow FAD \rightarrow NO_2^-$$

세균, 진균에도 질산, 아질산의 환원효소가 있으며, 질산환원에서는 NADPH가 수소공여체로 작용한다.

8.3.2 아미노산의 합성

잎 또는 뿌리에서 생성된 NH_3는 우선 **글루탐산**(glutamic acid)에 첨가되어 **글루타민**(glutamine)을 생성한다. 글루타민은 **α－케토글루타르산**(α－ketoglutarate)에 **아미노기**(NH_2－)를 전이시킨다. 이를 정리해 보면 $1NH_3$과 1α－케토글루타르산에서 1글루탐산이 생성된다.

$$\text{L－글루탐산} + NH_3 + ATP \xrightleftharpoons{Mg^{2+}} \text{L－글루타민} + ADP + H_3PO_4$$
$$\text{L－글루타민} + \alpha\text{－케토글루타르산} + \text{페레독신(환원형)}$$
$$\rightleftharpoons 2\text{L－글루탐산} + \text{페레독신(산화형)}$$

글루탐산의 아미노기는 다시 다른 **α－케토산**(α－keto acid)으로 전이된다.

$$\text{L－글루탐산} + \text{옥살아세트산} \rightleftharpoons \alpha\text{－케토글루타르산} + \text{아스파르트산}$$

단백질을 구성하는 아미노산은 그림 8-13에 나타낸 바와 같이 여러 가지 전구물질로부터 생성된다. 500여 종 이상의 천연아미노산 중에서 20종류가 선택되어 단백질을 구성하므로, 생합성경로가 여러 가지로 성립되는 것도 당연한 일로 생각할 수 있다(그림 8-13).

녹색식물은 단백질을 구성하는 NH_3를 받아들임으로써 20여 종의 아미노산을 모두 자신의 힘으로 합성할 수 있다. 세균에는 20여 종의 아미노산을 모두 자력으로 합성하는 것(대장균)도 있지만, 대부분의 아미노산을 다른 곳으로부터 공급받아야 하는 것도 있다.

사람은 글리신(glycine), 세린(serine), 글루탐산(glutamic acid), 글루타민(glutamine), 시스테인(cystein) 또는 시스틴(cystin), 프롤린(proline) 혹은 히드록시프롤린(hydroxyproline)은 자력으로 합성하지만, 그 이외의 아미노산은 다른 것으로부터 섭취해야만 되는데, 이것을 **필수아미노산**(essential amino acid)이라 한다.

8.3.3 아미노산의 분해

동물에서 단백질의 가수분해에 의해 생성되는 아미노산은 간 또는 췌장에서 분해된다. 많은 아미노산의 아미노기는 아미노기 전이반응에 의해 다른 α－케토산에 옮겨져서, 자신은 α－케토산이 된다. 아미노산의 아미노기는 아래식에 의해 **탈아미노작용**(deamination)을 하여 NH_4^+이 되며 생성된 α－케토산은 다시 대사된다.

$$\text{글루탐산} + NAD(P)^+ + H_2O \xrightleftharpoons[\text{글루탐산 탈수소효소}]{} \alpha\text{－케토글루타르산} + NH_4^+ + NAD(P)H$$

단백질을 구성하는 아미노산은 또한 아세틸－CoA 또는 TCA회로의 **디카르복실산**(dicarboxylate)으로 대사되고 반응 도중, 아미노산의 질소는 탈아미노반응에 의해 NH_3가 된다. 이들 아미노산의 분해경로를 종합하여 요약한 것이 그림 8-14이다.

이렇게 생성된 NH_3는 생체내에서는 유독하므로, 포유류는 그것을 간에서 **요소**(urea)로 바꾸고 오줌으로 만들어 낸 후, 체외로 배출한다.

요소는 그림 8-15에 나타낸 바와 같은 반응회로에 의해 생성된다. NH_3와 CO_2가 시트룰린(citrulline)으로 형성되는 과정에서 최초의 생성NH_3물은 카르바모일인산(carbamoyl phosphate)이며, 그 생성에는 2ATP가 필요하다. 또한 아르기닌(arginine)에 결합한 아미노기는 아스파르트산(aspar-

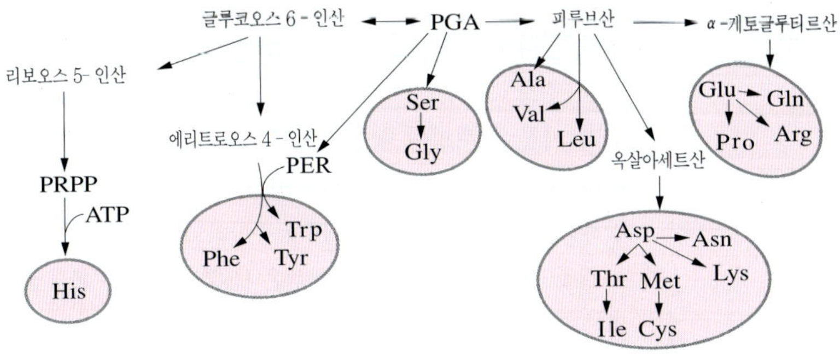

그림 8-13 아미노산의 합성경로

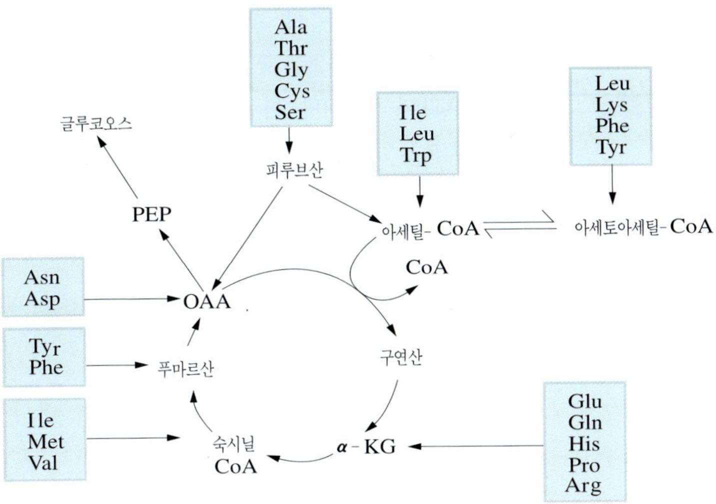

그림 8-14 아미노산의 분해경로
PEP : 포스포에놀피루브산
OAA : 옥살아세트산
α - KG : α- 케토글루타르산

tic acid)에서 아르기니노숙신산(arginino-succinate)을 거쳐 전이된다.

식물 중에는 NH_3가 글루탐산 또는 아스파르트산에 들어가서 다시 각각 글루타민 또는 아스파라긴이 되어 해독하는 것도 있다.

체외로 배출된 요소나 죽은 시체의 단백질은 토양 또는 물속에 있는 미생물의 작용에 의해 가수분해(hydrolysis)되며, 더구나 물속에서의 경우는 혐기적(嫌氣的)으로 탈아미노될 뿐만 아니라 호기적(好氣的)으로도 분해되며, 최종적으로는 NH_3CO_2, H_2O, H_2S(황을 포함하는 아미노산의 경우) 등으로 된다.

8.3.4 질화작용, 탈질작용 및 질소고정

토양 또는 물속의 NH_3는 호기성 세균인 *Nitrosomonas*에 의해 아질산으로, 그리고 *Nitrobacter*에 의해 질산으로 산화하는데 이것을 **질화작용**(nitrification)이라 한다. 질화세균은 NH_3 또는 NO_2^- 가, 산화될 때 작동하는 전자전달계와 협력하여 생성되는 ATP를 이용해서 CO_2를 동화한다.

$$NH_3+2/3O_2 \longrightarrow NO_2^-+H_2O+H^+$$

$$NO_2^-+1/2O_2 \longrightarrow NO_3^-$$

Pseudomonas denitrificans 또는 *Micrococcus denitrificans*는 혐기조건 아래서는 질산 또는 아질산을, $NO_3^- \rightarrow NO_2^- \rightarrow NO \rightarrow N_2O \rightarrow N_2$의 차례로 환원하여 질소가스를 만드는데 이것을 탈질작용(denitrification)이라 한다. 탈질세균은 호흡의 전자전달 말단에 O_2 대신 NO_3^- 또는 NO_2^-를 이용한다.

생물이 이용할 수 있는 질소분은 탈질작용에 의해 토양이나 물속에서 상실되지만, 한편으로는 대기중의 N_2가 생물이 이용할 수 있는 NH_3로 바뀌는데 이것을 질소고정(nitrogen fixation)이라 하며, 특정한 세균, 남조류, 효모류 등만이 그 능력을 가지고 있다.

질소고정세균인 근립균(root nodule bacteria)은 콩과식물의 뿌리에 공생하여 생활하는데, 1균종은 1가지 식물종에

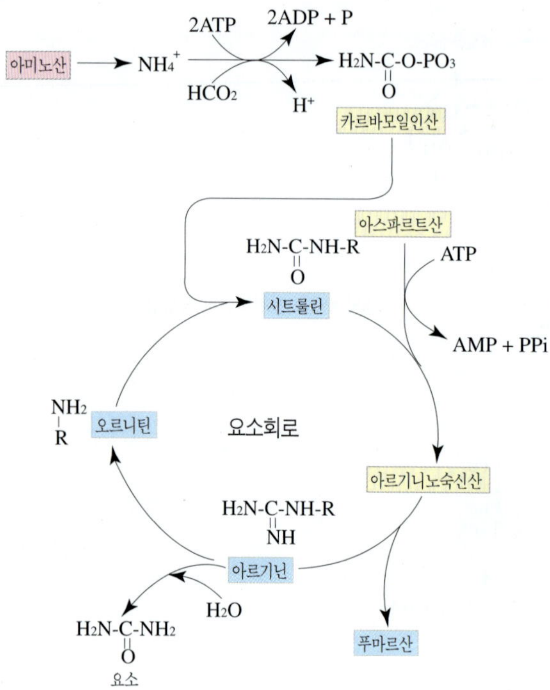

그림 8-15 요소의 합성경로

만 공생한다. 근립균은 뿌리의 표피 내부까지 침입하여 증식하며, 뿌리에서 당을 흡수하여 고정한 질소분을 뿌리에 공급한다. 질소고정기작은 세균에서 효소계를 분리하는 것이 어렵기 때문에 해명이 늦어졌지만, 혐기성 질소고정세균, *Clostridium pasteurianum*을 사용하여 그 기구 해명에 성공하였다. 그 결과를 그림 8-16에 종합하여 요약하였다.

질소고정반응에서 질소의 환원은 H_2뿐만 아니라 피루브산 또는 개미산의 탈수소반응으로서 생성되는 NADH에 의해 이루어지며, 페레독신을 거쳐 Fe-단백질 그리고 Mo-Fe-단백질로 전자를 넘겨준다. 질소는 Mo-Fe-단백질로 고정되고 전자의 공급을 받아 NH_3를 생성한다. 이들 전자전달의 작동에는 ATP가 사용되며, 결국 다음과 같은 반응이 일어날 것이라고 보고 있다.

$$N_2+6H^++6e^-+12ATP+12H_2O \longrightarrow 2NH_3+12ADP+12P_i$$

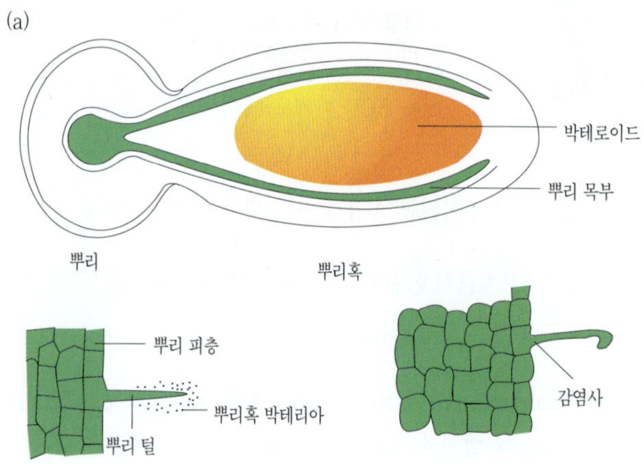

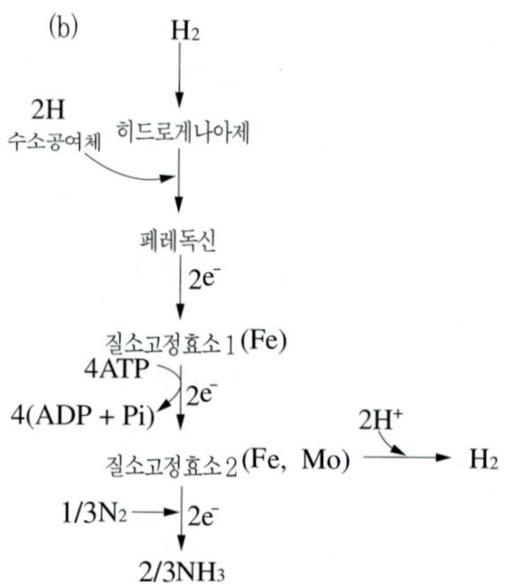

그림 8-16 뿌리혹 형성중 뿌리박테리아가 감염되는 과정
(a) 혐기성세균의 질소고정경로
(b) *Rhizobia* 박테리아가 감염에 민감한 뿌리털과 접촉하고 그 가까이에서 분열한다. 그리고 뿌리털에 침입하자마자 뿌리털이 휘어지는 변형을 일으킨다. 감염사가 분열중인 세균을 운반하고, 이것은 변형되어져 외견상 박테로이드같이 된다. 박테로이드는 내피와 내체초세포를 분열하도록 한다.

생명의 연속성

III

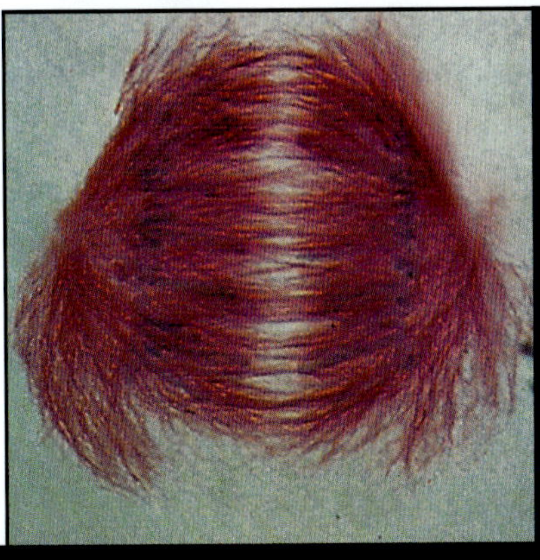

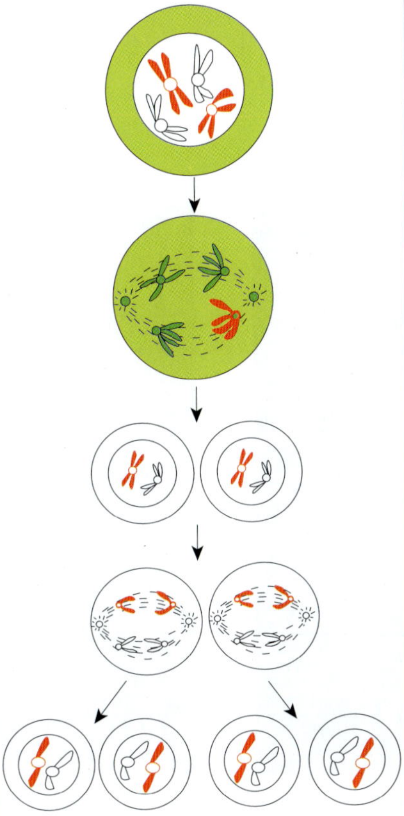

제9장

염색체와 세포분열

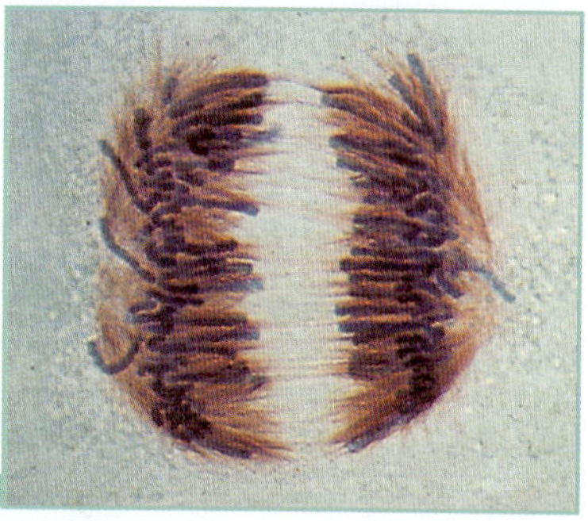

생물은 생물에서만이 생겨날 수 있다. 이와 같이 모든 생명체의 영속성은 세포의 증식 현상인 세포분열(cell division)에 의하여 이루어지고 있다. 즉, 대부분의 생물들은 하나의 세포인 수정란이 세포분열을 거듭하여서 하나의 개체로 된 후 성장하게 된다. 생물체가 성장한 후에도 세포분열은 계속되어 수명을 다한 세포나 손상된 세포를 대치하는 재생과 회복기능을 가진다. 이러한 세포분열 과정들도 유전자의 본체인 DNA에 의하여 조절되고 있으며, 진핵세포에서 이들 유전정보들은 단백질들과 복합체 형태로 핵 속의 염색체(chromosome) 내에 들어 있다.

이 장에서는 염색체의 구조와 특성에 대하여 살펴본 후, 세포가 분열하여 유전적으로 동등한 딸세포를 형성하는 유사분열(mitosis)과 생식세포를 형성하는 감수분열(meiosis)에 대하여 알아보기로 한다.

9.1 진핵세포의 염색체

염색체(chromosome)는 진핵세포에서 유전정보의 전달자로서 세포의 핵 속에 들어 있다(그림 9-1). 염색체는 60%의 단백질, 35%의 DNA, 5%의 RNA로 구성된 복합물질인 염색질(chromatin) 섬유로 이루어진다.

세포가 분열을 하지 않을 때는 염색체가 응축되지 않은 형태인 **염색사**(chromonema)로 존재하며, 염색질은 다소 응축된 길고, 가는 실로 구성되어 현미경 상에서 과립 모양으로 보인다. 세포분열 시기, 특히 분열 중기에는 염색질 섬유가 더욱 응축되어 염색체가 뚜렷한 구조로 보인다. 즉, 염색질은 음전하를 띤 DNA분자가 양전기를 띤 4종류의 **히스톤 단백질**(H2A, H2B, H3, H4)이 각각 2개씩 모여 이루어진 작은 구형의 둘레를 1.8바퀴 돌아 **뉴클레오솜**(nucleosome)을 형

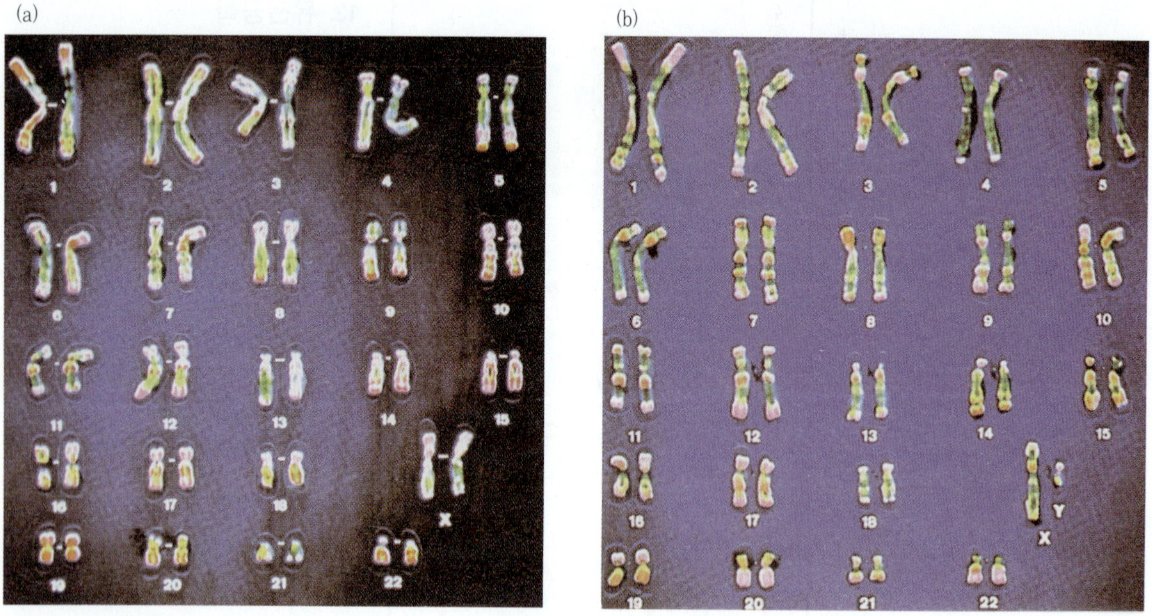

그림 9-1 사람의 핵형(karyotype)을 이루는 염색체의 구성
정상적인 여성의 핵형(a)과 남성의 핵형(b)

성하며, 각 뉴클레오솜은 히스톤에 결합되지 않은 연결자 DNA와 H1 히스톤 단백질에 의해 연결되어 더욱 응축되어 30nm의 섬유형태인 염색질을 형성한다.

이것이 다시 **비히스톤 단백질**에 의해 더욱 꼬이고 엉키면서 응집되어 원래 길이의 만분의 일까지 수축되어 고도로 응축된 염색체의 구조로 나타난다(그림 9-2).

각 염색체는 수백에서 수천의 **유전자**(gene)를 갖고 있을 것으로 예상되며, 유전자는 DNA분자로서 RNA로 전사된 후 대부분이 단백질로 번역된다. 즉, 유전자는 물질대사를 조절하는 효소 및 구조 단백질을 조절하게 되는 것이다. 그러므로 같은 생물종의 염색체는 수와 구조가 일정하다.

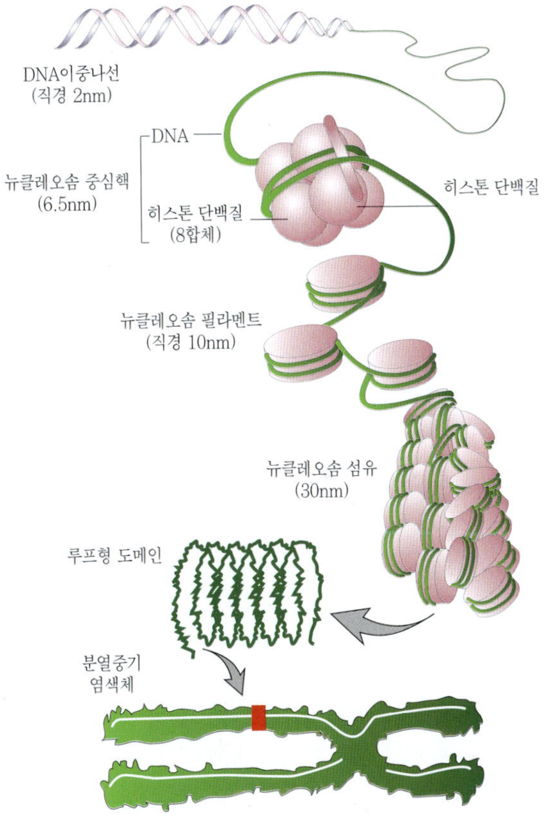

그림 9-2 염색체 응축의 단계

9.1.1 염색체의 수

생식세포(gamete)의 염색체 수는 **체세포**(somatic cell) 염색체 수의 1/2이어서 **단수**(haploid number, n)이고, 체세포 염색체 수는 각 염색체가 쌍을 이루고 있어서 **배수**(diploid number, 2n)이다.

염색체 수가 가장 적은 생물은 회충(Ascaris)이 2n=2, 누룩곰팡이(*Aspergillus*)가 2n=4, 국화(*Crepis*)가 2n=6이며, 염색체가 많은 경우는 뽕나무가 2n=308, 스페인나비가 2n=380 등이다. 염색체 연구에 많이 이용된 동식물의 염색체 수는 다음 표 9-1과 같다.

표 9-1 생물의 염색체 수

생물명	염색체 수(2*n*)	생물명	염색체 수(2*n*)
토마토	24	생 쥐	40
담 배	48	토 끼	44
벚나무	32	노랑초파리	8
완 두	14	차이니스 햄스터	22
옥수수	20	고 릴 라	48
메뚜기	24	침 팬 지	48
개구리	26	사 람	46

9.1.2 염색체의 형태

염색체는 **동원체**(centromere)의 위치에 따라 그 모양이 구별되며 다음 4가지로 구분된다. **말단동원체성 염색체**(telocentric chromosome)는 동원체가 염색체의 한쪽 끝부분에 있어서, 염색체가 막대기 모양을 나타낸다. 따라서 염색체 팔(chromosome arm)은 한쪽만 있다. **차말단동원체성 염색체**(subtelocentric chromosome)도 막대기 모양을 나타내지만 한쪽 팔이 매우 작게 보인다. **차중부동원체성 염색체**(submetacentric chromosome)는 L자형 염색체이고 염색체 팔의 길이가 완전히 다르다(그림 9-3(a)의 b). **중부동원체성 염색체**(metacentric chromosome)는 동원체가 거의 중앙에 위치해 V자형을 나타내고, 사람의 제1, 제3번 염색체와 같다.

염색체의 동원체가 있는 자리에는 수축환이 나타나는데 이것을 일차협착(primary constriction)이라 하고, 인(nucleolus)이 존재하는 부수체(satellite)가 붙어 있는 부분에는 이차협착(secondary constriction)이 나타난다(그림 9-

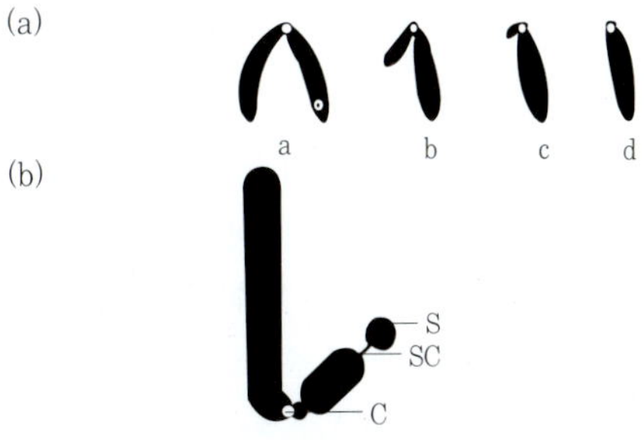

그림 9-3 염색체의 형태(a)와 부수체가 달린 염색체(b)의 모식도
a : 중부동원체성 염색체　b : 차중부동원체성 염색체
c : 차말단동원체성 염색체　d : 말단동원체성 염색체
S : 부수체　SC : 이차협착　C : 동원체

3(b)). 예를 들면 사람 염색체의 제13~15번 그리고 제21, 22번 염색체에는 부수체가 달려 있다(그림 9-1).

9.2 세포주기

일반적으로 세포는 일정 크기가 되면 성장을 멈추거나 분열을 한다. 신경세포, 골격근세포, 혈구세포 등은 일단 성숙하면 정상적으로는 분열을 하지 않는다. 세포가 성장과 분열을 하는 것을 **세포주기**(cell cycle)라고 한다(그림 9-4).

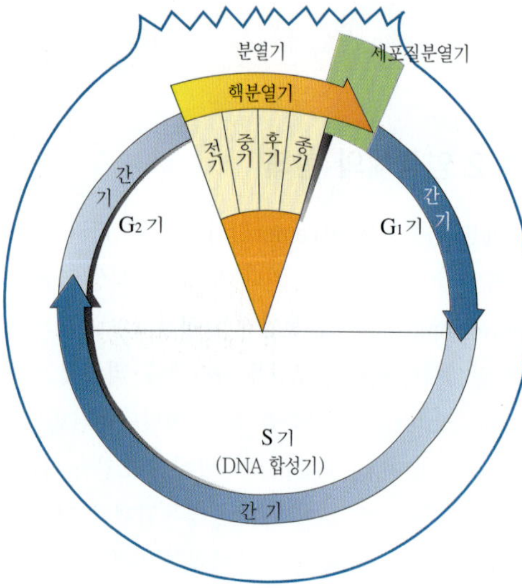

그림 9-4 세포주기

분열하는 세포에서, 분열의 시작에서 다음 분열의 시작까지를 하나의 원으로 표시하면 그림 9-4와 같다. 1회의 세포주기를 완성하는 데 걸리는 시간을 세대시간(generation time, T)이라 하며, 이 시간은 매우 다양하지만 활발히 성장하는 동식물 세포의 경우 대개 약 8~20시간 정도이다. 세포분열은 **핵분열**(karyokinesis)과 **세포질분열**(cytokinesis)이 차례로 일어나며, 만일 핵분열에 이어서 세포질분열이 일어나지 않으면 다핵세포가 생긴다.

연속되는 세포분열 사이의 시기를 **간기**(interphase)라 하며, 세포주기의 대부분을 차지한다. 이 시기에 세포대사는 가장 활발하여, 물질을 합성하고 성장을 수행하는데, 물질을 합성하는 시기에 따라 G_1→S→G_2기의 순으로 다시 나눌 수 있다. **S기**(synthesis phase)는 DNA가 복제되는 시기이며, 이때 히스톤을 비롯한 염색체의 구성 단백질들이 합성되고, 중심체가 복제된다. **G_1기**(Gap 1 phase)는 분열기와 S기 사이로 세포성장을 하며, 세포기관을 복제하고, DNA합성에 필요한 DNA polymerase 등의 효소 활성도 이 시기에 증가한다. 또한 세포분열의 계속 여부를 이 시기가 시작될 때 결정하므로, 세포주기를 계속하지 않는 세포의 경우에는 G_0기에 머물게 된다. G_2기(Gap 2 phase)는 단백질 합성이 증가하고, 분열을 준비하는 마지막 단계로서 분열에 필요한 방추사가 조립되며, DNA가 좀더 응축되고, 세포막을 조립하는 시기이기도 하다.

9.3 세포분열

세포분열(cell division)은 일반적으로 2가지 종류로 나눌 수 있는데, 그 중의 하나는 **유사분열**(mitosis)이다. 유사분열은 세포의 핵분열(nuclear division)과 세포질분열(cytoplasmic division)을 포함하는 것이 일반적이다.

핵분열이 일어날 때는 핵 속에 염색체(chromosome)가 나타나게 되고, 세포질 속에는 **방추체**(spindle)가 나타나는 등 일련의 복잡한 변화과정이 일어나게 된다. 그리고 또 다른 하나는 세포의 핵 속에 특이한 구조적 변화가 없는 세포분열 방법으로, 이를 **무사분열**(amitosis)이라고 한다.

모든 세포는 반드시 세포분열에 의해서만 증식되는데, 그러면 세포들은 왜 반드시 분열을 하며, 세포의 진화과정에서 복잡하고 정교한 세포분열방법이 어떻게 확립되어 왔는지에 대하여는 아직 그 누구도 확실한 설명을 하지 못하고 있다. 그 이유는 세포의 분열현상과 생명의 본질에 대한 문제는 서로가 대등한 위치에 있기 때문이라고 생각된다.

9.3.1 체세포분열

원핵세포(prokaryotic cell)는 무사분열을 한다. 세포막과 접하여 존재하는 핵 DNA의 복제로부터 DNA가 복제됨에 따라, 마치 공기가 적은 공의 가운데를 잡고 힘을 주면 아래와 위의 두 부분으로 나누어지듯 세포막이 잘록해지면서 낭핵(daughter nucleus)이 형성된다. 이와 동시에 세포막과 더불어 세포질도 두 부분으로 나뉘어져 두 개의 낭세포(daughter cell)가 형성된다. 진핵세포(eukaryotic cell)에서도 섬모충에서 볼 수 있는 대핵(macronucleus)이나 포유류의 횡문근섬유의 핵 등과 같이, 특수하게 분화한 핵에 있어서는 무사분열을 하는 것도 있다. 진핵세포의 무사분열인 경우에서도 핵이 잘록해지는 현상이 일어나지만, 상세한 기작은 아직 잘 알려져 있지 않다.

유사분열에는 체세포분열(somatic cell division)에서 볼 수 있는 유사분열과, 생물의 생활사 과정에서 특정 시기와 특정 부위에서만 볼 수 있는 **감수분열**(meiosis)의 2가지가 있다.

체세포에서 볼 수 있는 유사분열은 분열과정에 따라 **전기**(prophase), **중기**(metaphase), **후기**(anaphase) 및 **종기**(telophase)로 구분하며, 분열기와 분열간기(interphase) 사이를 순환하는 과정을 세포주기(cell cycle)라고 한다(그림 9-5).

(1) 분열전기

세포의 핵 속에 있는 DNA는 그 길이가 매우 길다. 예를 들면 사람의 체세포 핵 속에 있는 $2n$의 DNA 무게는 56×10^{-13}g에 지나지 않으나, 전체길이는 174cm나 된다. 이는 염색체 1개당 평균 길이가 3.8cm임을 뜻하는 것으로, 세포의 크기와 비교하여 볼 때 대단히 긴 것이다. 이러한 긴 염색사들이 분열할 때 서로 얽히지 않고 낭세포에 똑같이 분배된다는 것은 그리 쉬운 일이 아니다. 분열전기란 복제를 끝낸 DNA를 함유하고 있는 염색사가 일정 형태로 바뀌어 이동이 가능한 상태로 변형되는 시기를 말하며, 이때 염색체 응축이 일어나 막대형의 **자매염색분체**(sister chromatid)를 형성한다.

각 염색분체는 비염색성 물질인 **동원체**(centromere)에서 서로 접하여 있으며, 각 동원체에는 **미세소관**(microtubule)이 결합할 수 있는 **동원판**(kinetochore)이 있다(그림 9-6). 분열하는 세포는 2개의 극(pole)과 중앙에 **적도판**(equatorial plane)을 갖는 1개의 구(globe)로 설명할 수 있으며, 두 극 사이에 섬유가 형성되어 미세소관으로 구성된 복합구조의 **방추체**(mitotic spindle)를 조직한다. 분열하는 세포의 각 극에는 **미세소관 조직부**(microtubule-organizing center, MTOC)가 있으며, 그 중간에 1쌍의 **중심립**(centriole)이 있다.

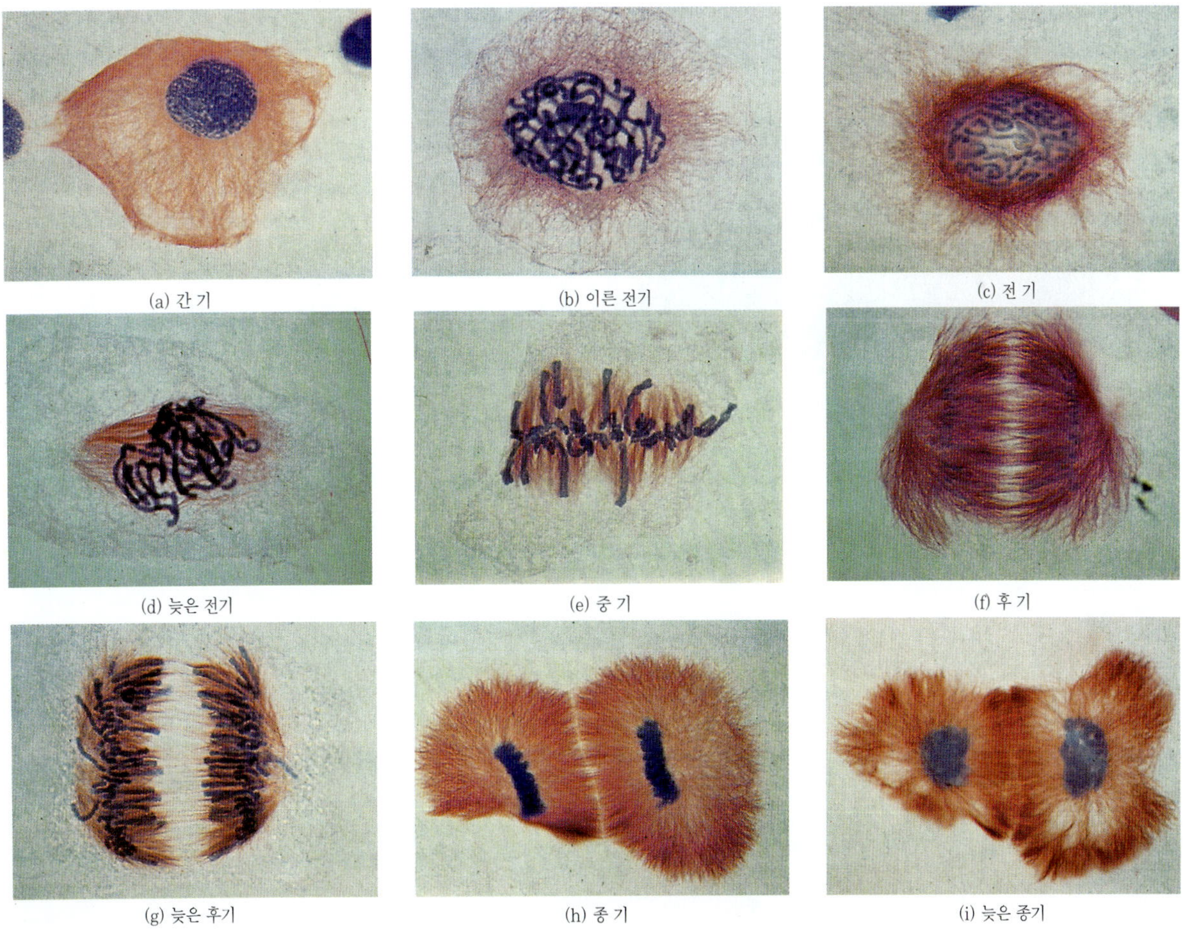

그림 9-5 식물세포의 간기와 유사분열과정

염색체가 응집되면서 방추체가 형성되기 시작하고 인은 소멸되며, 전기의 마지막 단계에서 핵막은 사라진다. 중심립은 세포의 양측으로 이동한 후 **성상체-방추사**(astral spindle fiber)로 둘러싸이게 된다.

(2) 분열중기

핵막이 소실된 후 자매염색분체 각 쌍은 서로 반대방향에서 온 **염색체-방추사**(chromosomal spindle fiber)에 부착되고, 방추사는 동원판에 의해 염색분체의 동원체에 부착된다. 다른 미세소관은 염색체에 부착되지 않고 반대편 끝까지 뻗어나가 **극간-방추사**(polar spindle fiber)가 된다. 전기의 후반부에는 각 염색체가 세포 중앙을 향해 움직이다가 적도면에서 정지하여 세포의 중앙에 일렬로 배열하게 된다(그림 9-7).

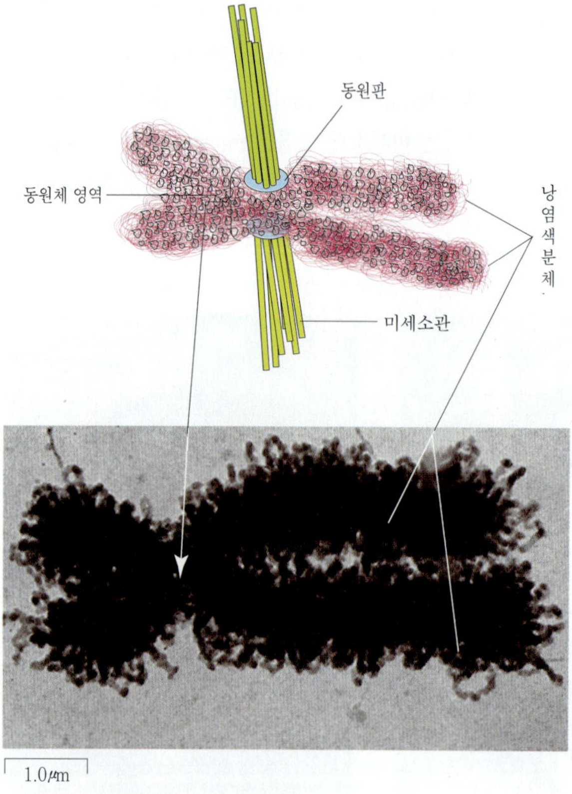

그림 9-6 염색체의 구조(분열중기)

생물은 종에 따라 **적도면**(equatorial plane)과 나란히 하는, 각기 특유한 중기배열(中期配列)을 하게 되는데, 여기까지의 시기를 특히 **전중기**(prometaphase)라 부르기도 한다. 중기배열을 형성하는 데 필요한 시간은 비교적 짧아서 수분 정도가 일반적이다. 이 시기가 지남에 따라 각 염색분체 위에 자리잡고 있는 동원체가 분열극(分裂極)을 향하여 이동하기 때문에 **낭염색체**(daughter chromosome)가 서로 떨어져, 각기 반대방향인 양극으로 향한다. 1쌍의 낭염색체에 존재하는 동원체의 각각은 2개의 극 중 1개의 극하고만 쌍을 이룬다.

극에서 적도면을 보았을 때의 염색체 배열방법은 작은 염색체일수록 중앙 가까이에 자리잡고 있으며, 이와는 반대로 큰 염색체일수록 방추체 주변에 배열되어 있다.

(3) 분열후기

분열이 진행되어 후기에 이르면 각 낭염색체는 양극으로 이동하는 운동을 계속하며, 방추체는 신장되어 양극 사이의 거리가 멀어진다. 미세소관은 탄성과 수축성이 없는데 어떻게 염색체가 서로 떨어져 이동을 할 수 있을까? 염색체 이동의 전반적인 기작은 아직까지 명확하게 밝혀지지 않았으나, 최근에 방추사 미세소관의 구성단위 단백질인 튜불린(tubulin) 소단위를 형광염색하여 분열세포에 주입한 실험에 의해 그림 9-8에서 볼 수 있는 바와 같이 염색체의 이동 기작의 일부가 밝혀졌다. 즉, 미세소관은 매우 유동적이어서 튜불린 소단위가 염색체 방추사로부터 매우 빠른 속도로 붙고, 떨어져 나간다

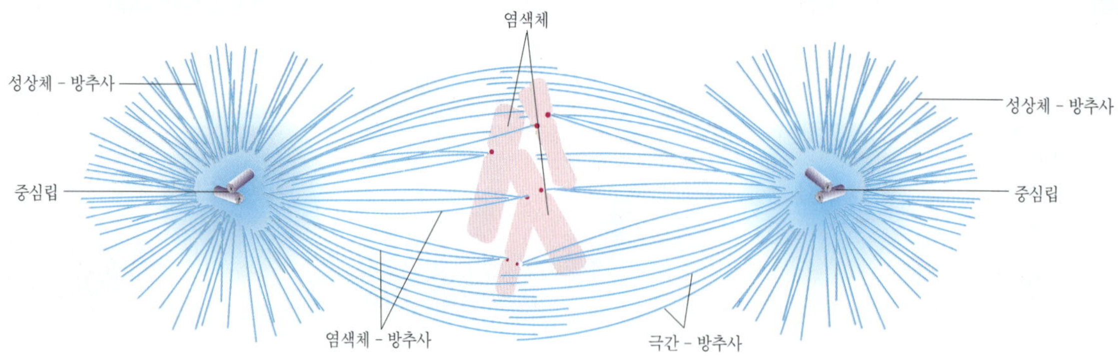

그림 9-7 동물세포의 방추사

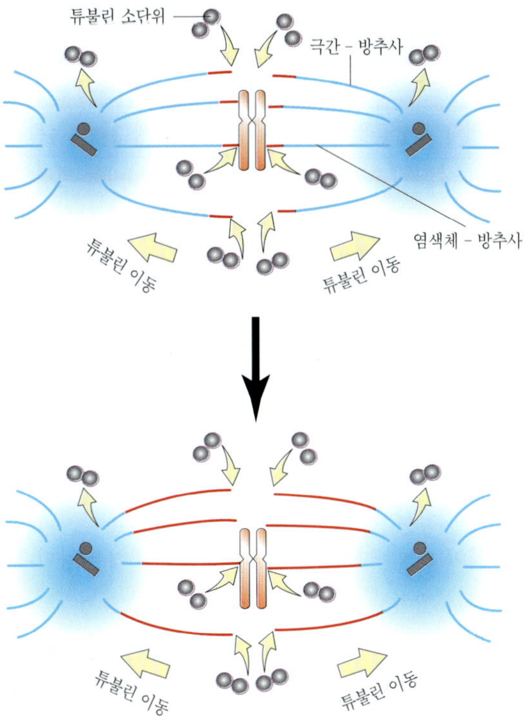

그림 9-8 분열종기 방추체 이동기작

는 것을 발견하였고, 형광염색된 새로운 튜불린 소단위는 염색체-방추사의 동원판쪽과 극간-방추사의 적도면쪽에서 붙어 나가며, 반면에 양극의 방추사쪽에서는 떨어져 나가는데, 이 소단위의 붙고 떨어져 나가는 속도의 차이에 의해 방추사의 미세소관이 양극쪽으로 이동해 나간다는 것이다.

(4) 분열종기

1) 새로운 핵의 형성

분열종기(telophase)를 분열말기라고도 한다. 분열종기에 이르게 되면 양극으로 이동해 온 염색체는 다시 형태가 불확실해지는데, 처음에는 각 염색체 주위를 작은 포상(胞狀)의 구조물들이 둘러싸고 있지만, 궁극적으로 이들은 서로 융합하여 새로운 핵막을 형성하게 된다.

핵이 새로이 형성됨과 동시에 인(nucleolus)도 새로 형성된다. 인은 염색체 위의 특별한 부분에 존재하는 인 형성체로 만들어져 그 염색체에 연결되어 있는 것이 일반적이다.

2) 세포질분열

세포분열은 세포질의 분열이 완성되어야 비로소 2개의 낭세포로 되며, 이 시기는 대체로 분열종기에 핵분열과 중복되게 일어난다.

동물세포의 세포질분열은 적도면에서 세포 내부로 잘록하게 들어가는 **세포질 만입**에 의해 시작되며, 이 만입은 원형질막의 바로 안쪽에 있는 미세필라멘트 환이 수축함으로써 이루어진다(그림 9-9a). 식물의 세포질분열은 **세포판**(cell plate) 형성에 의해 일어난다. 분열종기가 끝날 무렵, 골지체로부터 형성된 조그마한 막성 소낭이 축적, 결합하여 신장하면서 세포 바깥쪽의 원형질막과 융합하여 새로운 세포벽이 생성된다(그림 9-9b).

세포질분열이 일어나는 면은 분열장치가 배치되는 방향에 따라 결정되는데, 분열장치의 적도면이 세포질분열면과 일치하게 된다. 분열장치가 세포체 안에서 한쪽으로 치우쳐 있게 되거나, 그 모양이 대칭이 아닌 경우에는 세포질분열도 똑같게 일어나지 않는다.

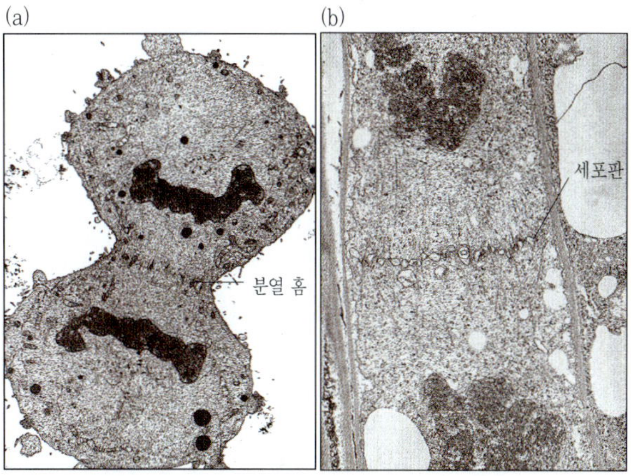

그림 9-9 동물세포(a)와 식물세포(b)의 세포질분열

9.3.2 감수분열

감수분열(meiosis)은 성숙분열이라고도 하는데, 고등생물의 알(egg)이나 정자(sperm), 꽃가루 등의 생식세포들이 형성될 때 이루어지는 특이한 세포분열이다.

모든 생물의 체세포는 **상동염색체**(homologous chromosome)쌍을 가지고 있으므로 염색체 수가 반드시 짝수인 **이배체**(diploid, 2n)다. 그러나 생식세포로부터 배우자가 형성될 때에는 상동염색체 중의 한쪽 염색체만 갖는 감수분열이 일어나 각 생식세포는 반수체(haploid, n)가 된다. 감수분열의 다른 특징은 분열전기가 상당히 길고, 2회에 걸쳐 분열이 연속적으로 일어나 4개의 세포로 된다는 점이다(그림 9-10).

감수분열에서 제1분열은 2n의 세포가 분열하여 2개의 n의 세포가 되는 **이형핵분열**(heterotypic nuclear division)이며 그 전기(prophase)는 체세포분열에서와는 달리 복잡한

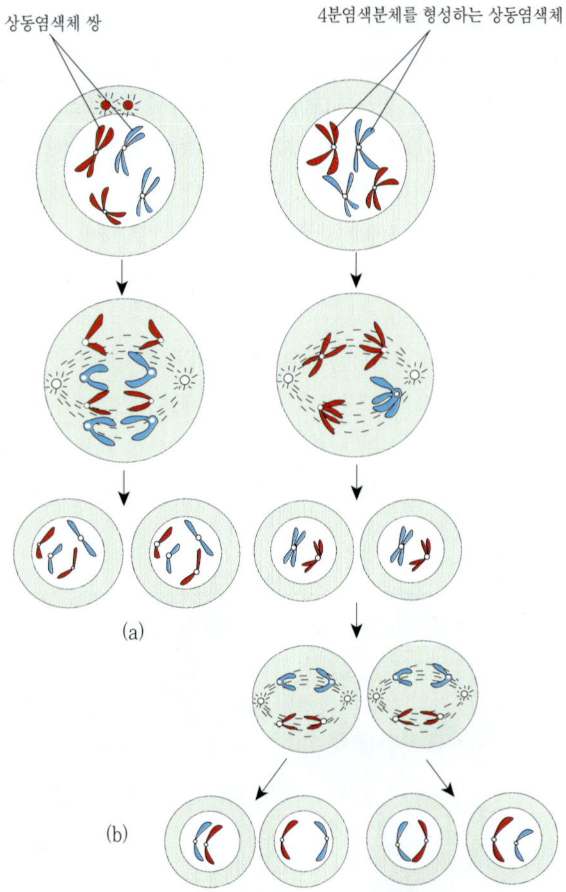

그림 9-10 체세포분열(a)과 감수분열(b)

변화가 서서히 일어난다. 즉, 처음에는 한 가닥의 나선화된 염색체가 나타난 후 양친으로부터 온 2개의 상동염색체가 서로 마주 접하여 **2가염색체**(bivalent chromosome)가 된다. 이어서 이들 2가염색체는 길이로 분열하여 4가닥의 염색분체로 되는데, 이때 한 상동염색체에서 유래한 **염색분체**(chromatid)끼리는 여러 부위에서 교차한다. 이 교차점을 **키아스마**(chiasma)라고 하는데, 이 부분에서 염색체의 일부가 교환되면서 유전물질의 교환이 일어나며 이러한 과정을 **교차**(crossing over)라고 한다.

이어서 키아스마를 제외한 나머지 부분은 결합이 풀어지면서 상동염색체 사이가 분리되고 염색체가 굵어지면서 단축된다. 이때 염색체가 핵내에 고르게 분산되면서 핵막과 인이 소실되기 시작한다.

상동염색체가 서로 맞붙어서 쌍을 형성하는 기작은 아직 알려지지 않았지만, 상동염색체 사이에 **접합사복합체**(synaptonemal complex)라 불리는 구조물이 형성되고(그림 9-11), 상동염색체 쌍의 각 양끝이 핵막에서 끝나는 모양이 발견되며, 상동염색체 사이에 교차(crossover)가 발견되는 것도 이 시기이다.

예외적으로, 난세포(egg cell)의 감수분열에서는 2회에 걸친 현저한 **부등분열**(不等分裂)을 함으로써 1개의 큰 난세포와 극히 작은 세포인 3개의 **극체**(polar body)를 형성하게 된다. 난세포의 분열전기는 난형성 시기에 해당되고 양서류 종류에서는 **솔 염색체**(lampbrush chromosome)와 같은 특이한 모양의 염색체를 볼 수 있다(그림 9-12).

중기에는 핵막이 완전히 없어지고, 방추사가 나타나며 2가염색체가 적도판에 배열한다. 이어서 각 상동염색체 쌍의 동원체에 방추사가 붙는데, 그 위치는 서로 다르다.

후기에는 2가염색체의 동원체가 방추사에 의해 양극으로 끌려가고, 종기에는 핵막과 인이 생기며 반감된 염색체 수를 갖는 핵이 완성된다. 생물의 종류에 따라 종기와 간기가 없이 바로 제1분열의 후기에서 제2분열의 전기로 들어가는 세포가 있고 그 사이에 간기가 있는 것도 있으나 어느 경우이든 DNA의 복제는 일어나지 않는다.

제2분열은 제1분열에서 만들어진 2개의 n세포가 유사분열과 유사한 과정으로 분열하여 4개의 n세포로 되는 **동형핵**

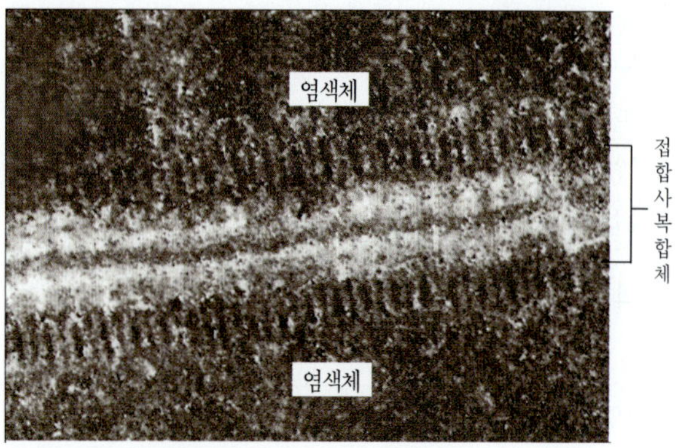

그림 9-11 제1감수분열전기의 접합사복합체

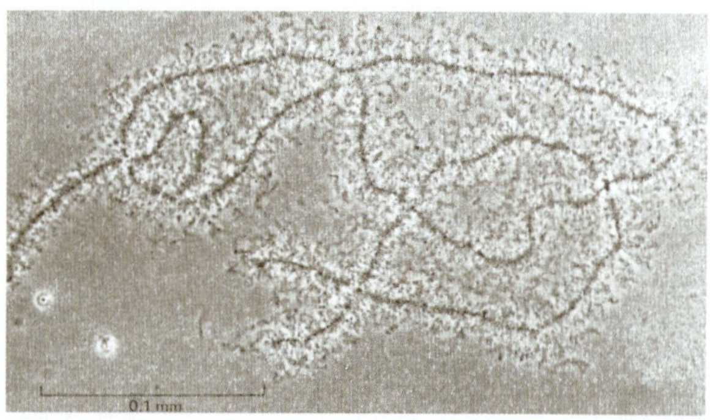

그림 9-12 양서류의 난모세포에서 볼 수 있는 솔 염색체의 광학현미경사진

분열(homotypic nuclear division)인데, 제2분열 전기는 매우 짧거나 생략된다. 방추체 형성으로 곧 중기가 시작되면 반감된 염색체가 적도면에 배열하고, 후기에는 동원체가 분리되어 2개의 낭(딸)염색체는 서로 반대극으로 이동한다. 종기에는 양극으로 이동한 염색체에서 각각 핵이 재구성되어 반수의 염색체를 갖는 4개의 세포가 된다.

9.4 세포분열의 이상

정상적인 세포의 성장 및 증식은 신체의 특수한 필요성에 대응하여 적절히 조절된다. 즉, 일반적으로 어린 동물에서는 세포가 죽어서 사라지는 것보다 더 빠른 속도로 증식하지만, 일단 성숙하여 성체가 되면 세포가 태어나고 죽는 속도가 평형을 이루게 된다. 이와 같은 세포 성장의 조절은 조직 부위에 따라서도 차이가 있다. 예를 들면, 장(腸)세포 및 백혈구 세포는 빠르게 새로운 세포로 교체되는 반면에 적혈구 세포는 느린 속도로 교체되며, 건강한 간세포는 잘 죽지 않는다. 그리고 성체의 뇌세포는 소실이 느리고 새로운 세포로의 교체가 없다.

세포 증식의 조절은 여러 가지 요인에 의해 영향을 받는 것으로 알려지고 있다. 정상 세포를 배양할 때, 세포가 증식하여 배양조에 단일층을 형성하게 되면 더이상 세포의 증식이 진행되지 않는다. 이와 같이 주변 세포에 의해 세포분열이 조절되는 것을 **세포밀도-의존성 억제**(density-dependent inhibition)라고 한다(그림 9-13).

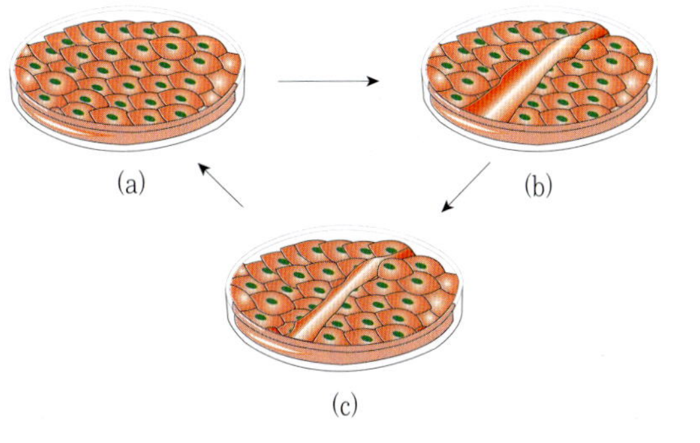

그림 9-13 정상세포는 배양접시 안에서 층이 단층으로 덮일 때까지 분열한다(a). 만약 단층 세포층이 찢어지면(b), 상처받은 부위에서 세포들은 틈이 메꾸어질 때까지 분열성장한다(c).

동물세포에 상처가 생기면 이를 치유하기 위해 새로운 조직이 형성되어야 하므로 세포의 분열이 증가하게 된다. 이때 세포분열은 여러 가지 호르몬과 상피세포 성장인자(epidermal growth factor, EGF), 섬유아세포 성장인자(fibroblast growth factor, FGF), 혈소판유래 성장인자(platelet-derived growth factor, PDGF) 등의 **성장인자**(growth factor)들에 의해 촉진될 수 있다. 이와 같이 세포 상호간에 영향을 미치는 세포 외적 요인(extracellular influence) 뿐만 아니라, 세포 내부에도 세포주기를 조절하는 물질들이 존재하는데 주로 단백질의 특정 부위를 인산화시켜 주는 **단백질키나아제**(protein kinase)들이다. 그 예로, 그림 9-14에서 보는 바와 같이 **사이클린-의존성 단백질 키나아제**(cyclin-dependent protein kinase, CDK)는 **사이클린**(cyclin)이라는 조절 단백질이 결합하여 복합체를 형성하면 인산화효소로서의 기능이 활성화되어 세포주기의 진행에 관여하는 다른 단백질을 인산화시켜 줌으로써 그 기능을 활성화시킨다. 이와 같이 세포증식은 여러 가지 매우 정교한 조절 기능에 의해 수행되는데, 이 조절 기능에 이상이 생기면 세포는 분열을 중단하지 않고 계속적으로 분열, 증식하는 경우가 생기며, 세포의 그러한 특성을 다음 세대의 세포로 물려 주게 될 때, 그 결과로 생긴 수많은 세포들이 모여 상당한 크기의 세포 덩어리로 자라서 **종양**(tumor) 또는 **암**(cancer)이 된다.

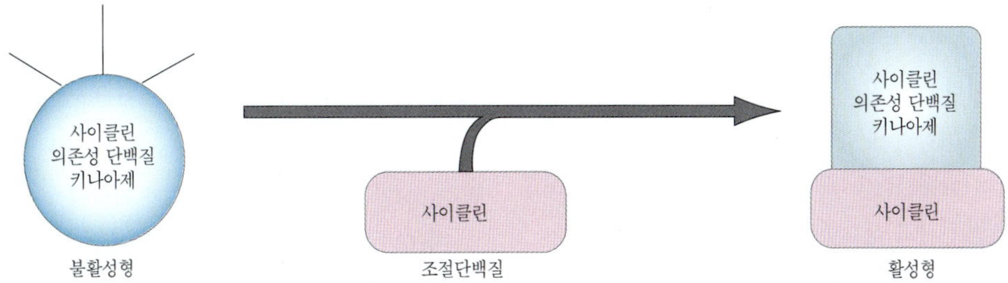

그림 9-14 세포주기 조절단백질의 활성화과정

제10장

유전의 기본원리

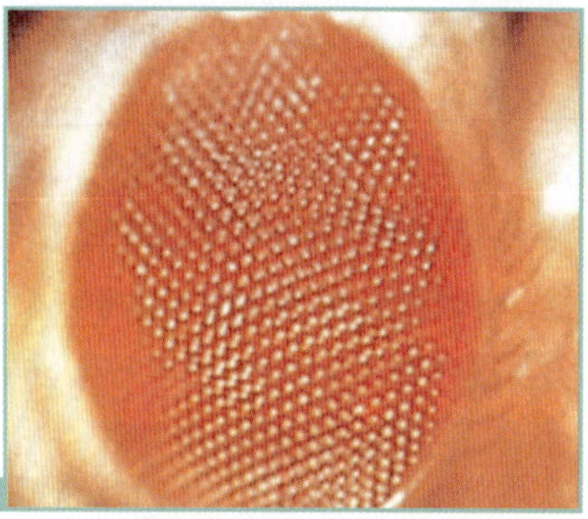

유전학의 학문적 발전과정을 주로 원리와 멘델의 유전법칙에 의해서 설명한다. 이 장에서 다루는 내용은 유전학의 고전에 해당하는 유전의 법칙, 유전자 대립관계, 연관과 교차, 염색체 지도작성법을 다루고, 성결정과 반성유전에 관한 내용을 설명한다.

10.1 유전학의 발전

생물의 종이나 개체는 특유한 형태와 기능상의 특징, 즉 **유전형질**(trait)을 가지고 있다. 어버이의 유전형질이 그 자손에게 전해지는 현상을 **유전**(heredity)이라 하며, 이 유전현상을 포함하여 **유전물질**(genetic materials)의 기능, 형질의 변이(variation) 등을 연구하는 학문분야를 **유전학**(genetics)이라고 한다.

현대 유전학의 발전의 시작은 오스트리아의 성직자이자 유전학자인 G.J. MENDEL(1822~1884)의 연구에서 찾을 수 있다. 그러나 1761년에 KÖLREUTER에 의해, 또 1849년에 von GÄRTNER에 의해 식물잡종형성에 관한 연구가 발표되어, 양친의 형질은 화분(꽃가루)이나 씨방에 의해서 자손에게 전해진다는 사실이 이미 알려져 있었다.

MENDEL은 1856년부터 8년간에 걸쳐 완두를 사용한 교배실험을 하여 그 결과를 1865년에 발표했으며, 1866년에는 「**식물잡종에 관한 연구**」라는 논문으로 발표하였다. 이 논문 중에 나타나는 유전의 기본원리가 후에 「멘델의 유전법칙(Mendelism)」이라고 불리게 되었다. MENDEL은 유전의 규칙성을 설명하기 위하여 유전형질을 나타내는 원인으로 생각되는 것을 **요소**(factor)라고 가정했으며, 그것은 어버이로부터 자식에게 전해진다고 생각했다.

MENDEL의 연구내용은 발표된 당시에는 그 가치를 인정받지 못하였으나, 1900년이 되어 네덜란드의 DE VRIES, 독일의 CORRENS 및 오스트리아의 TSCHERMAK 등 3명이 제각기 독립적으로 실시했던 연구에서 MENDEL의 연구결과가 매우 가치있다는 사실을 밝혔다. 이것을 「**멘델유전법칙의 재발견**」이라 하고, 이를 계기로 유전학은 급속히 발전했다.

MENDEL이 가정했던 요소는 1909년 JOHANNSEN에 의해서 최초로 **유전자**(gene)라고 불리게 되었다. 1910년경부터 T.H. MORGAN(1866~1945)은 초파리(*Drosophila melanogaster*)를 이용하여 유전자와 **염색체**(chromosome)의 관계를 명백히 밝혔고, 1926년에는 **유전자설**(gene theory)을 제창하였다.

한편, H.J. MULLER(1980~1967)는 1927년 X-선으로 유전자의 인위적 변화를 일으키는 데 성공하고, **돌연변이**(mutation) 연구의 계기를 만들었다.

유전자의 작용에 대해서는 1941년 G.W. BEADLE과 S.L. TATUM이 미생물의 일종인 **붉은빵곰팡이**(*Neurospora crassa*)를 사용해서 연구한 결과, 하나의 유전자는 1가지 효소활성을 지배한다는 가설, 즉 **1유전자-1효소설**(one gene-one enzyme theory)을 제창하였다. 이렇게 하여 J. LEDERBERG(1925~)와 함께 비로소 **생화학적 유전학**(biochemical genetics)의 연구가 이루어지게 되었다.

유전자의 본질이 핵산의 일종인 DNA라는 것은 1944년, AVERY 등에 의한 박테리아의 **형질전환**(transformation) 등으로부터 명백해졌다. 그 후 DNA분자에 대한 연구가 활발해져서, 1953년에는 J.D. WATSON(1928~)과 F.H. CRICK(1916~)이 **DNA 2중나선**(DNA double helix)의 모델을 창안해냈으며, 그것을 계기로 **분자유전학**(molecular genetics)이 발전하게 되었다. 이들의 연구에는 WILKINS의 업적이 중요한 기초가 되었다.

1960년대가 되면서 단백질합성에 관한 유전적 연구가 활발해져, 1961~1965년에 NIRENBERG, KORNBERG 및 OCHOA 등에 의해서 유전자가 갖는 **유전암호**(genetic code)

가 해독되었고, F. JACOB(1920~)과 J. MONOD(1910~1976)의 **오페론설**(operon hypothesis)로 유전자 조절작용을 설명할 수 있게 되었다.

1975년 TEMIN, BALTIMORE 및 DULBECCO 등은 바이러스와 발암과의 관계를 밝혔다. 유전학은 이와 같이 발전하여, 오늘날에는 어떤 종의 유전자는 인위적으로 합성할 수도 있게 되었다.

오늘날 유전학의 연구분야는 **세포유전학**(cytogenetics), **집단유전학**(population genetics), **인류유전학**(human genetics), **의학유전학**(medical genetics), **분자유전학**(molecular genetics), **생화학유전학**(biochemical genetics) **진화유전학**(evolutional genetics), **발생유전학**(developmental genetics) 및 **생태유전학**(ecogenetics) 등으로 세분화되었다.

10.2 멘델의 유전법칙

MENDEL이 「식물잡종에 관한 연구」라는 논문에서 지적한 유전의 기본원리를 후에 CORRENS는 「멘델의 유전법칙」이라고 명명하였다. 이 법칙의 내용은 보통 **우열의 법칙**(law of dominance), **분리의 법칙**(law of segregation) 및 **독립의 법칙**(law of independence)으로 나누어진다.

(1) 우열의 법칙

MENDEL은 완두(sweet pea)를 실험재료로 택하여, 7가지 형질에 관한 연구를 하였다. 즉, 종자의 모양과 종피의 색, 줄기의 크기, 꽃이 달린 위치, 떡잎의 색, 꼬투리의 색과 모양 등 7쌍의 유전형질을 골라 그들을 각각 교배시켰다(표 10-1, 그림 10-1).

이 교배실험의 결과, 제1대(F_1)에서 얻어진 자손, 즉 잡종 제1대는 양친(parent ; P)의 어느 한쪽과 같은 형질을 나타냈다. 이때 F_1에 나타난 형질을 **우성**(dominance)이라 하고, 나타나지 않은 형질을 **열성**(recessive)이라 한다. F_1에서 우성형질(dominant trait)만 나타나는 현상을 우열의 법칙이라고 한다(때로는 지배의 법칙이라고도 함). 위에서 F_1은 제1세대란 뜻으로 쓰여진다.

F_1개체를 **자가수정**(self-pollination)하여 잡종 제2대(F_2)를 만든 후, 형질을 조사해본 결과, 우성형질을 나타내는 개체와 열성형질을 나타내는 개체가 거의 3 : 1의 비로 분리된다는 것을 알 수 있었다(표 10-1).

이처럼 우성과 열성인 1쌍의 형질은 **대립유전자**(allele)에 의하여 지배되는데, 이런 형질을 **대립형질**(allelomorph)이라고 한다. 일반적으로 우성대립유전자는 대문자(예 ; A), 열성대립유전자는 소문자(예 ; a)로 표시한다.

따라서 양친세대(P)의 개체는 **상동염색체**(homologous

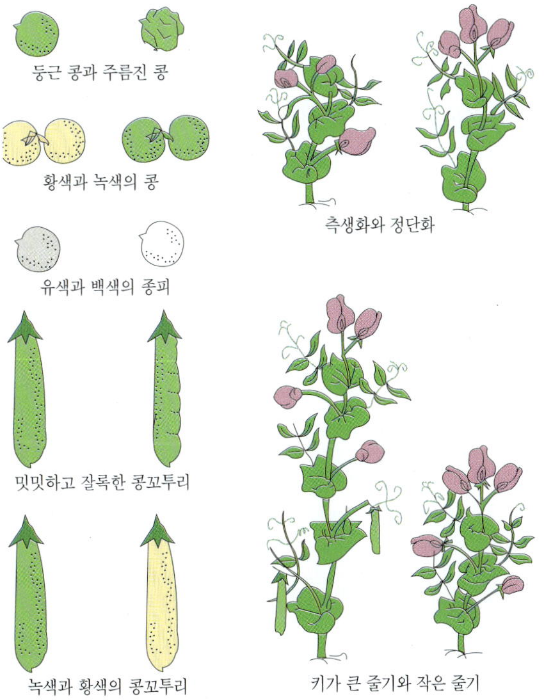

그림 10-1 MENDEL이 연구한 완두의 7가지 유전형질

표 10-1 MENDEL이 교배실험에 이용한 완두의 형질과 잡종의 분리

형질의 종류	양친의 교배	F_1의 형질(우성형질)	F_2의 형질 분리(우성 : 열성)	F_2의 분리비
종자의 모양	둥근 것 × 주름진 것	둥근 것	둥근 것 5,474 : 주름진 것 1,850	2.96 : 1
떡잎의 색	황색 × 녹색	황색	황색 6,022 : 녹색 2,001	3.01 : 1
종피의 색	유색 × 백색	유색	유색 705 : 백색 224	3.15 : 1
꼬투리의 모양	잘룩한 것 × 밋밋한 것	잘룩한 것	잘룩한 것 882 : 밋밋한 것 299	2.95 : 1
꼬투리의 색	녹색 × 황색	녹색	녹색 428 : 황색 152	2.82 : 1
꽃의 위치	옆 × 정단	옆에 달린 것	옆 651 : 정단 207	3.14 : 1
줄기의 키	큰 것 × 작은 것	큰 것	큰 것 787 : 작은 것 277	2.84 : 1

chromosome)상에 각각 1개의 유전자를 가지므로, *AA* 및 *aa*인 유전자 구성을 한다. 그러므로 *AA*인 개체에서는 *A*유전자를, *aa*인 개체에서는 *a*유전자를 갖는 배우자(gamete)가 생긴다. 두 배우자가 수정하면 *Aa*의 유전자를 갖는 F_1개체가 생긴다. 이 *Aa*개체에서는 *A*유전자의 작용이 나타나서 우성형질이 발현되지만, *a*유전자는 *A*유전자 때문에 형질을 발현시키지 못한다. 유전형질을 *AA*, *Aa*, *aa*와 같이 유전자로 표시한 경우를 **유전자형**(genotype)이라 하고, 실제로 나타난 형질대로 표기한 것을 **표현형**(phenotype)이라고 한다. 그러므로 *AA*와 *Aa*는 유전자형은 다르지만, 표현형은 같다.

AA 및 *aa*와 같이 상동염색체상에 같은 유전자를 갖는 경우를 **동형**(homo), *Aa*처럼 서로 다른 대립유전자를 갖는 경우를 **이형**(hetero)조합이라고 한다. 1쌍의 대립유전자에 대해서 잡종인 *Aa*개체를 **단성잡종**(monohybrid) 또는 **1유전자잡종**이라고 한다.

기니피그(Guinea pig)의 털색깔에 관한 단성잡종 교배실험의 예를 보면 그림 10-2와 같다. 여기서 양친의 흑색과 갈색 형질의 유전자형은 *BB* 및 *bb*이고, 모두 **동형접합체**(homozygote)이다. 잡종 F_1에서는 모두 흑색이 나타나므로, 흑색이 갈색에 대해서 우성이며, F_2세대에서 흑색개체와 갈색개체는 3 : 1의 분리비로 생긴다.

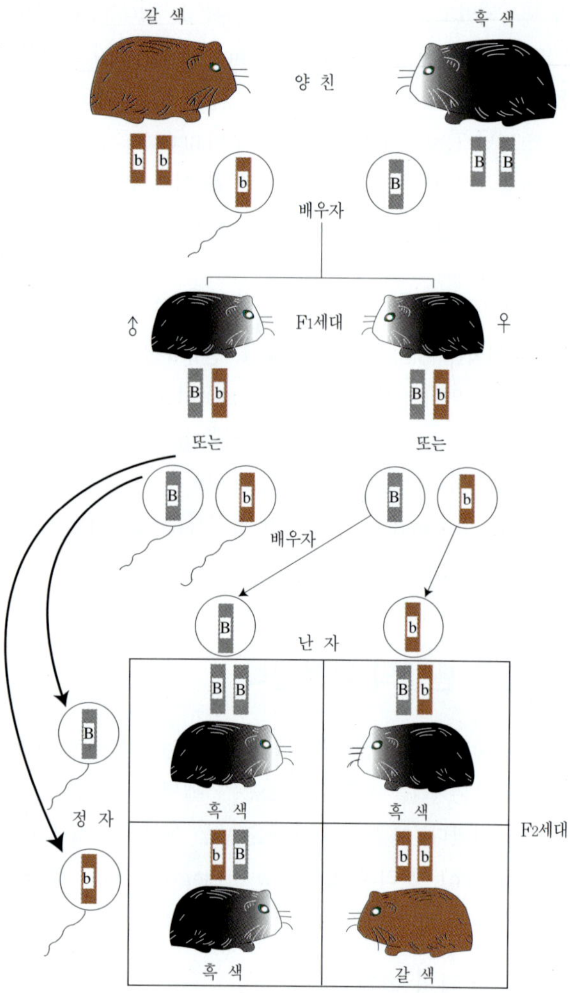

그림 10-2 단성잡종 교배
갈색 기니피그(동형접합자)와 흑색 기니피그(동형접합자)의 교배, F_1개체는 모두 흑색 개체이나 그들의 교배에 의해 생긴 F_2개체는 흑색과 갈색 형질이 3 : 1로 분리된다.

(2) 분리의 법칙

F_1개체의 자가수정에서 F_2개체를 얻을 때에는 *Aa*개체로부터 2종류의 배우자(*A*와 *a*)가 1 : 1의 비율로 생기므로, F_2에서 유전자형은 *AA* : *Aa* : *aa*가 1 : 2 : 1의 비율이 되고, 표현형은 우성(*AA*와 *Aa*)과 열성(*aa*)이 3 : 1의 비로 나타난다.

이렇게 해서 배우자가 생길 때, 대립유전자는 분리하여 각각의 배우자에 분배되며 그 결과, 잡종의 자손에 유전형질이 분리되어 나타나는 것을 **분리의 법칙**(principle of segregation)이라고 한다.

(3) 독립의 법칙

MENDEL은 2쌍의 대립형질을 갖고 있는 완두 사이의 교배실험도 실시하였다. 이때 양친(예 ; *RRYY*와 *rryy*)의 교배에서 얻어지는 F_1개체(*RrYy*)를 **양성잡종**(dihybrid) 또는 **2유전자잡종**이라고 하며, 이 잡종개체에는 2종류의 형질에 대해서 모두 우성인 형질만 나타난다.

여기서 MENDEL이 실시한 실험의 한 예를 들어 보자. 완두의 종자가 둥글고 떡잎이 황색인 것(*RRYY*)과, 종자가 주름지고 떡잎이 녹색인 것(*rryy*)을 양친으로 해서 교배하면, F_1개체(*RrYy*)에서 모든 종자는 둥글고 떡잎은 황색으로 나타난다. F_2에서는 종자가 둥글고 떡잎이 황색인 것이 315개, 종자가 둥글고 떡잎이 녹색인 것 108개, 종자가 주름지고 떡잎이 황색인 것 101개, 종자가 주름지고 떡잎이 녹색인 것 32개가 얻어졌다. 이들의 비는 약 9 : 3 : 3 : 1이다. 이 비율은 표 10-2에서처럼 F_1(*RrYy*)으로부터 자웅배우자가 모두 1*RY* : 1*Ry* : 1*rY* : 1*ry*의 비율로 생기고, 이 배우자가 자유롭게 수정했을 때 얻어지는 F_2의 표현형 분리비는 (1*RRYY*+2*RRYy*+2*RrYY*+4*RrYy*) : (1*RRyy*+2*Rryy*) : (1*rrYY*+2*rrYy*) : (1*rryy*), 즉 9 : 3 : 3 : 1에 일치한다(표 10-2).

표 10-2 2유전자 잡종의 자가수분으로 얻은 F_2의 분리

P교배 $RRYY \times rryy$

배우자 RY — ry

F_1 $RrYy$

		F1 ♂ 배우자 RY	Ry	rY	ry
F_2 F1 ♀ 배우자	RY	RRYY	RRYy	RrYY	RrYy
	Ry	RRYy	RRyy	RrYy	RrYY
	rY	RrYY	RrYy	rrYY	rrYy
	ry	RrYy	Rryy	rrYy	rryy

이 실험결과에서 종자의 모양만, 또는 떡잎의 색에 대해서만 F2의 분리비를 계산해 보면, 모두 우성과 열성이 3 : 1로 분리되어, 2가지 유전형질이 제각기 독립해서 유전하는 것을 알 수 있다. 이와 같이 복수의 대립유전자는 서로 독립적으로 배우자에 분배되며 잡종의 자손에서 대립형질은 독립적으로 발현된다. 이 현상을 **독립의 법칙**(principle of independent assortment) 또는 **자유조합의 법칙**이라고 한다.

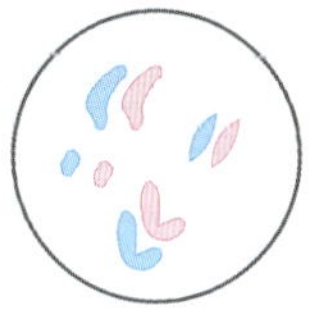

각 2배체성 세포는 2벌의 염색체(2*n*)를 갖고 있다. 한 벌의 염색체는 다른 한 벌의 염색체와 쌍을 이루고 있다. 이들 쌍을 이룬 염색체는 모양, 크기 유전정보의 양상 등이 같기 때문에 상동염색체라고 부른다.

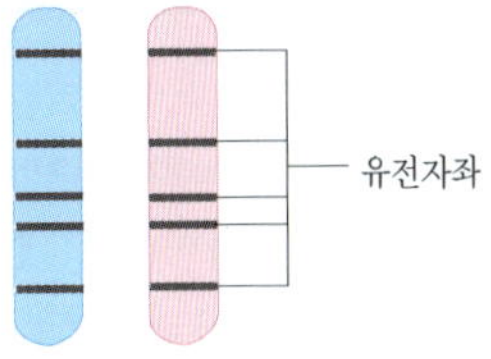

각 염색체에는 수천 개의 유전자가 유전자좌에 자리잡고 있다.

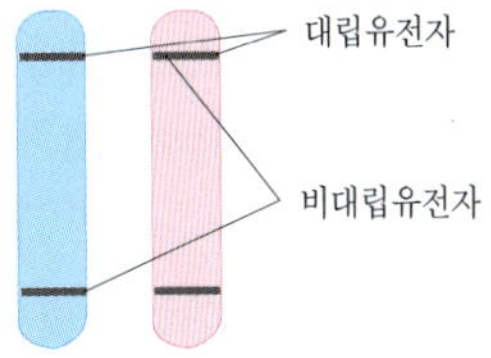

2배체 생물은 상동염색체를 지니고 있으며, 같은 종류의 형질을 지배하는 유전자는 상동염색체의 대등한 위치에 자리잡고 있는데, 이를 대립유전자라고 한다.

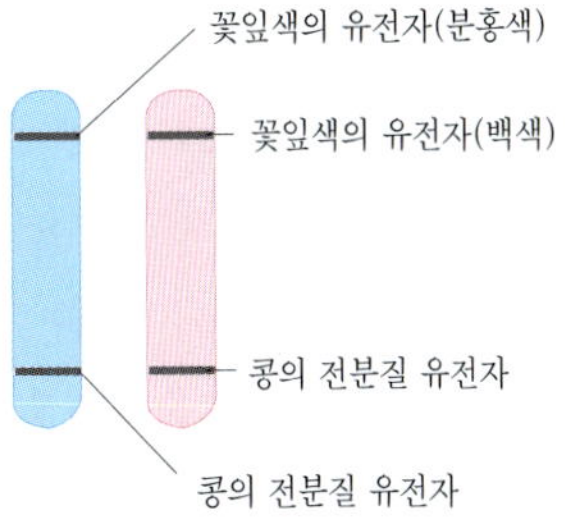

그러나 같은 종류의 형질을 지배하는 대립유전자일지라도 그들은 반드시 같은 유전정보를 필수적으로 요구하지는 않는다.

그림 10-3 상동염색체와 대립유전자 및 비대립유전자의 관계

10.3 유전자와 대립유전자

MENDEL은 완두를 재료로 실험한 결과에서 다음의 3가지 기본적 개념을 생각해냈다.

첫째, 현재 우리가 사용하고 있는 유전자라는 유전의 단위는 각 개체에 1쌍으로 존재한다. 그러나 생식세포는 각 유전자의 어느 한 종류만을 갖게 된다. 이 1쌍의 유전자가 **이형**(heterozygous)으로 존재할 때, 형질을 발현시키는 유전자는 우성이고, 우성유전자가 없을 때 형질을 발현시키는 유전자는 열성이다.

둘째, 난자와 정자(**배우자**, gamete)를 형성할 때, 1쌍의 유전자 각각은 물론, 서로 다른 1쌍의 유전자도 각각 완전히 독립적으로 분리된다.

셋째, 쌍을 이룬 유전자의 각각들은 배우자 내에서 무작위하게 한 구성원을 이루게 된다.

이와 같이, 어떤 형질을 지배하는데 대립관계를 이루고 있는 유전자를 **대립유전자**(allele)라고 한다. 즉, 완두에서 콩의 모양이 둥근 것과 주름진 것, 줄기가 긴 것과 작은 것, 초파리의 눈 색깔이 붉은 것과 흰 것, 사람의 정상인과 PKU환자 등은 각각 1쌍의 대립유전자에 의하여 지배되는 형질이다(그림 10-3).

10.4 멘델의 유전법칙에 맞지 않는 유전

MENDEL은 제한된 형질을 가지고 MENDEL의 유전법칙으로 설명이 가능한 실험만을 했는데, 현재 우리가 알고 있는 유전자라는 존재를 가정했고, 그것이 배우자를 통해 자손에게 전해지며, 형질을 지배한다고 생각했다. 이 생각은 후에 형질을 결정하는 단백질과 유전자 및 핵산의 관계에까지 적용되어 분자 수준에서 인정을 받게 되었으며, 현재에도 중요한 의의를 갖고 있다.

멘델의 유전법칙은 1900년 이후 많은 학자들이 여러 종류의 생물을 사용해서 다시 확인하였으며, 대부분이 그 법칙을 옳다고 인정하였다. 그러나 다음과 같은 몇 가지 예외의 현상이 있는 것으로 알려졌다.

분꽃의 붉은꽃 계통과 흰꽃 계통의 교배에서 생긴 F_1개체는 이 양자의 중간 색깔을 나타낸다. 이처럼 F_1의 개체가 우성과 열성의 중간형질을 나타내는 경우가 있는데, 이것을 **불완전우성**(incomplete dominance)이라고 한다.

사람의 경우, ABO 혈액형의 유전에서는 A형유전자(I^A)는 O형유전자(i)에 대하여, 또 B형유전자(I^B)도 i에 대하여 우성이지만, I^A와 I^B 사이에는 우열의 관계가 없고 서로 우성을 나타낸다. 그래서 이런 관계를 **공동우성**(codominance)이라 한다. 혈액형이 A형과 B형인 양친의 사이에서 태어난 자식이 I^AI^B의 유전자형을 갖고 있으면 그 사람은 AB형이 된다.

또, F_1개체가 양친의 어느 쪽보다도 생활력이 강하고, 뛰어난 형질을 갖는 경우가 있는데, 그런 현상을 **잡종강세**(heterosis)라고 한다. 이와 같은 예들은 우열의 법칙에서 예외 현상이 된다.

세포질(cytoplasm)에 유전자가 있는 경우에는 분리의 법칙이 성립되지 않고, F_1개체는 흔히 모계쪽의 형질을 나타낸다. 이것은 일종의 **세포질유전**(cytoplasmic inheritance)현상이다.

2개의 유전자가 1가지 형질발현에 작용하는 경우, 두 유전자가 상호작용을 나타내면, F_1개체에 있어서 우열의 법칙이 성립되지 않는 경우가 있다. 예를 들면, 닭의 볏에는 **장미관**, **콩관**, **호도관** 및 **단관** 등이 있다. 이 볏의 유전에 있어서 장미관($RRpp$)과 콩관($rrPP$)의 F_1개체는 호도관($RrPp$)으로 된다. 즉, 장미관유전자(R)와 콩관유전자(P)가 공존하면, 두 유전자의 상호작용으로 호도관이 된다(그림 10-4). 이와 같이 두 유전자가 공존함으로써 독립적으로 형질이 발현되는 경우와는 달리, 특정형질을 지배하는 비대립유전자를 **보족유전자**(complementary gene)라고 한다.

보족유전자가 공존할 때만 특정형질이 나타나고, 한쪽 유전자만 가지고 있든지 전혀 없는 경우에는 그 형질이 나타나지 않을 때, F_2 분리비는 9 : 7이 된다. 흰꽃 클로버의 HCN 함량에 관한 유전은 그 좋은 예가 된다.

2쌍의 대립유전자 중에서 한쪽은 단독으로 형질을 나타내지만, 다른쪽은 양자가 공존하지 않으면 형질이 나타나지 않는 경우가 있다. 이때 후자에 해당하는 유전자를 **조건유전자**(conditional gene)라 부르고, F_2의 분리비는 9 : 3 : 4가 된다. 한쪽 유전자 발현이 다른쪽 유전자에 의해 억제될 때, 억제작용을 나타내는 유전자를 **억제유전자**(suppressor 또는 suppressor gene)라 하며, 분리비는 13 : 3이 된다.

그림 10-4 닭볏의 유전
닭볏 모양은 2개 유전자의 상호 작용으로 결정된다.

1가지 대립형질이 발현할 때 여러 쌍의 대립인자가 관여하는 경우, 그 유전자를 **동의유전자**(multiple gene)라 하며, 특정의 유전자조합으로 배우자나 개체가 치사하는 경우, 그 유전자를 **치사유전자**(lethal gene)라고 한다.

멘델의 실험에서 선택되었던 7쌍의 대립유전자는 서로 무관하고, 한 개체에 재조합되는 경우도 항상 자유로와서 독립의 법칙이 인정되었다. 그런데 실제로 각 대립유전자는 서로 다른 염색체상에 있을 때만 유전자 재조합이 자유롭고, 같은 염색체상에 있거나 가깝게 자리잡고 있을수록 양친과 같은 유전자 조합의 개체가 많아서, 멘델의 분리비를 볼 수 없게 된다. 이것은 **감수분열**(**성숙분열**, meiosis)의 내용에서 명확히 이해할 수 있을 것이며, 동일염색체상에 여러 종류의 유전자가 나열되어 있는 현상을 **연관**(linkage)이라고 한다.

이상과 같이 멘델의 유전법칙에 예외가 되는 유전자의 상호작용, 유전자가 핵내에 있는지 세포질내에 있는지의 문제, 연관되어 있는가의 여부 등을 고려해서 그 예외의 이유가 설명되는 것을 제외하고는, 현재로서 멘델의 유전적 기본원리는 높이 평가되고 있다.

10.5 연관과 염색체지도

감수제1분열(1st meiosis)의 **전기**(prophase)에서 상동염색체는 쌍을 이루고, **후기**(anaphase)에는 양극으로 나누어진다. 따라서 같은 염색체에 있는 유전자는 같이 행동을 하고, 언제나 같은 **배우자**(gamete)에 들어가게 되며, **양친**(parent ; P)의 유전자 조합은 보존된다. 이것이 연관이라는 현상이며, 멘델의 독립의 법칙은 이러한 유전자에 대해서는 적용되지 않는다.

상동염색체가 쌍을 지을 때는 염색체의 한 부위에서 교차되며, 그 부분에서 염색체가 절단되고 바뀌어 이어지는 수가 있다. 그럼으로써 이들 염색체는 양친과는 다른 **유전자 재조합**(gene recombination)을 이루게 된다. 이 현상을 **교차**(crossing over)라고 한다. 어느 두 유전자 사이에서 생기는 교차의 빈도는 염색체상에서 두 유전자의 거리에 따라 결정된다. 그리고 한 염색체상에서 어떤 유전자가 어떤 순서로, 얼마나 떨어진 간격을 두고 있는가를 나타낸 그림을 **염색체지도**(chromosome map)라 한다. 염색체지도에는 **유전지도**(genetic map)와 **세포학적 지도**(cytological map)가 있으며, 전자의 경우는 유전자 사이의 교차빈도를 기준으로 하고, 후자는 염색체상에 실제로 배열된 유전자의 위치를 기준으로 하여 만들어진다.

10.5.1 연관

Bateson 등(1906)은 완두콩(sweet pea)을 재료로 꽃이 자주색(AA)이며, 꽃가루가 긴 모양(BB)인 품종($AABB$)과 꽃이 붉은색(aa)이며 꽃가루가 둥근 모양(bb)인 품종($aabb$)을 교배시켰더니, F_1($AaBb$)에서는 꽃이 자주색이고 꽃가루는 긴 모양으로 발현되었다. 이 F_1개체를 자가수분시킨 결과, F_2에서 꽃의 색과 꽃가루 형태는 각각 우성과 열성이 3 : 1의 비율로 분리되었다. 그러나 꽃색과 꽃가루 모양을 한 조합으로 묶어서 형질을 분류했더니, F_2의 분리비는 멘델의 분리비인 9 : 3 : 3 : 1로 나타나지 않고 대개 11 : 1 : 1 : 3으로 계산되었다(그림 10-5).

이 분리비는 양친의 형질, 즉 **양친형**(parental type)이 예상보다 많이 출현하며 양친과 다른 조합, 즉 비양친형(재조합형, recombinant type)이 예상했던 만큼 나타나지 않았음을 의미한다. 독립의 법칙에 따르는 경우에는 F_1개체($AaBb$)로부터 형성되는 배우자의 유전자는 AB : Ab : aB : ab가 1 : 1 : 1 : 1의 비가 되지만, 이 경우는 7 : 1 : 1 : 7이 되었다고 생각하지 않으면 F_2의 분리비를 설명할 수 없다. 이것은 F_1의 배우자와 열성호모 개체($aabb$)를 검정교배시켜 얻어지는 잡종 제1대(B_1)의 분리비를 분석하여 추정할 수 있다. 이러한 교배를 **역교배**(back cross) 또는 **검정교배**(test cross)라 한다. 즉, 열성호모 개체($aabb$)로부터 생기

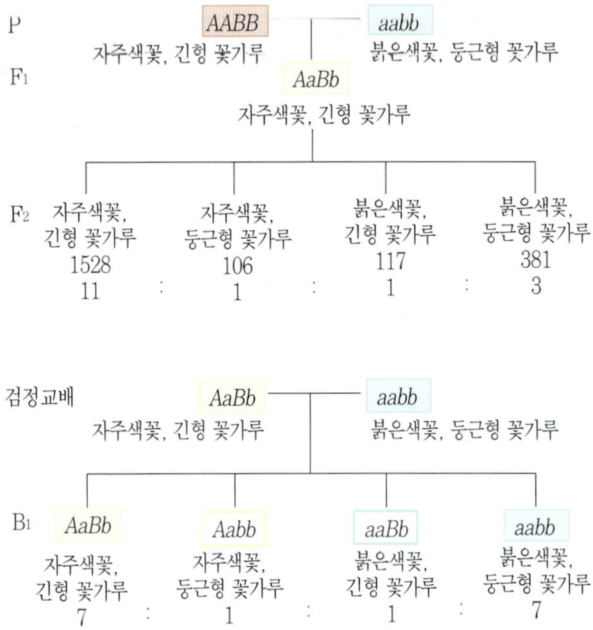

그림 10-5
Bateson 등이 실시한 완두콩의 두 형질(꽃색과 꽃가루 모양)의 연관을 나타내는 교배실험 결과 연관된 유전자는 배우자를 형성할 때 독립적으로 행동하지 못하므로 양친형 유전자 조합을 한 배우자가 많이 생겨 멘델의 분리비에 맞지 않게 된다.

는 배우자 인자형(ab)은 1종류뿐이며, 역교배시킨 결과 $AaBb$: $Aabb$: $aaBb$: $aabb$가 7 : 1 : 1 : 7이면, F_1개체($AaBb$)가 만든 배우자 AB : Ab : aB : ab의 비도 7 : 1 : 1 : 7이라고 추정할 수 있다(그림 10-5).

2개의 유전자가 같은 염색체상에 있으며 연관이 완전하면, F_1개체가 만드는 배우자는 양친형만이 나타난다. 완두콩의 예에서처럼 F_1개체의 배우자에 양친형 외에 재조합형이 나타나는 경우가 있다. 이것은 연관이 불완전하여 상동염색체 사이에서 교차가 일어나 양친형 조합이 유지되지 못했기 때문이다. 따라서 **교차형**(crossing over type)을 **재조합형**(recombinant type)이라 하고, 비교차형(noncrossing over type)을 양친형(parental type)이라 한다(그림 10-6).

1쌍의 상동염색체 위에 있는 유전자군은 서로 연관되어 있으며, 1개의 연관군에 속한다고 한다. 모든 생물은 그 생물 특유의 염색체 수를 가지고 있으며, 단수(n)에 해당하는 연관군 수를 갖는다. 동일한 연관군에 속하는 유전자 사이에서 연관이 완전할 경우는 드물고 연관은 교차에 의하여 유지하지 못한다. 그리고 두 유전자 사이의 연관의 강도는 일반적으로 염색체상에서 두 유전자의 거리에 역비례한다.

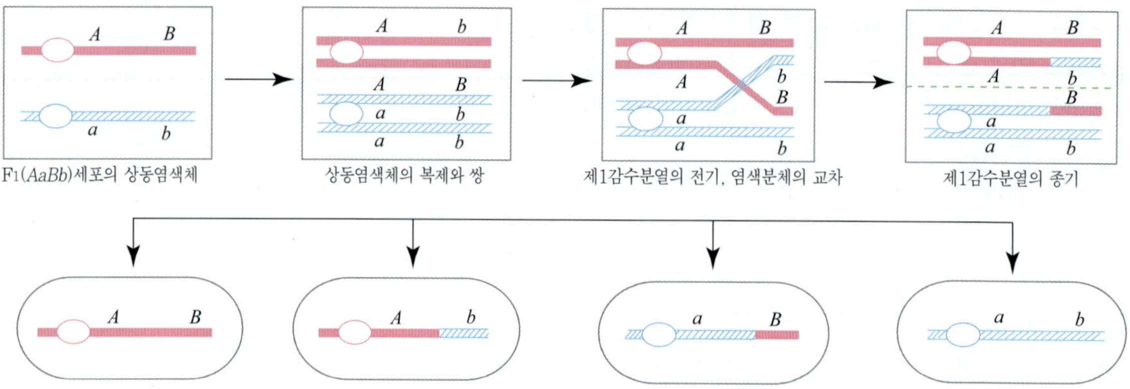

그림 10-6 감수분열의 과정에서 일어나는 염색분체 교차와 재조합
제2감수분열의 완료 후 *AB*와 *ab*를 갖는 배우자는 비교차형(양친형), *Ab*, *aB*를 갖는 배우자는 재조합형(비양친형)

10.5.2 교차

상동염색체 사이에서, 대칭적인 절단과, 절단된 염색체가 서로 엇갈리는 재결합이 일어나는데, 이 세포학적 현상을 **교차**(crossing over)라고 한다. 성숙분열중 상동염색체가 쌍을 이루고 있을 때, 염색체 사이나 둘로 갈라진 염색분체 사이에서 교차가 일어나면 재조합형의 배우자가 만들어진다. 이와 같이 동일한 염색체상에 있는 유전자의 조합이 상동염색체의 교차, 또는 기타 원인에 의해 변화되는 현상이 재조합이다(그림 10-6). 재조합은 서로 다른 유전자 사이에서뿐만 아니라, 한 **유전자좌**(locus) 내의 서로 다른 돌연변이 위치 사이에서도 일어난다.

어떤 교배의 결과로 얻어지는 전체 배우자에 대해서나, 또는 역교배에서 얻어진 전체 개체수에 대해서 재조합형이 나타나는 비율을 퍼센트로 나타낸 값을 **교차가**(crossing over value) 또는 재조합빈도라 한다. 즉, 교차가는 다음 식으로 구해진다.

$$\text{교차가} = \frac{〔\text{교차형의 수}〕}{〔\text{교차형의 수}〕+〔\text{양친형의 수}〕} \times 100$$

앞에서 언급한 완두콩의 예를 들면, 교차가는 다음과 같다.

$$\frac{(1+1)}{(1+1)+(7+7)} \times 100 = 12.5\%$$

교차가가 50%일 때 두 유전자는 연관되어 있지 않으며, 교차가가 50%보다 적으면 적을수록 두 유전자는 가깝게 위치하고 있다는 결과가 된다.

1유전자좌 내에서의 교차가는 흔히 1% 이하이다. 교차의 최소단위는 BENZER에 의해 **레콘**(recon)이라 명명되었다. 대장균의 경우, 실제로 교차는 매우 가까운 돌연변이 위치 사이에서 일어나며, 유전암호의 코돈(codon)을 구성하는 염기 사이에서도 일어난다고 알려져 있다.

10.5.3 유전자지도

동일한 염색체에 있으면서 연관되어 있는 세 유전자의 돌연변이체를 서로 교배하여(*ABC/abc*×*abc/abc*) 교차가를 구하면, 염색체상에서의 세 유전자의 배열순서와 거리관계를 추산할 수 있다. 이러한 교배는 3개의 유전자를 이용하기 때문에 **3점검정교배법**(three point test cross)이라 한다. 3점검정교배에서 얻을 수 있는 교차가를 바탕으로, 1개의 연관군에 속하는 유전자좌 또는 한 유전자 내의 돌연변이 위치를 한 선상에 나타낼 수 있다. 이때 교차가 1%는 1지도단위(1 map unit), 또는 **1센티모르간**(1 centimorgan)으로 눈금이 매겨진다. 이러한 그림을 **유전자지도**(genetic map) 또는 **연관지도**(linkage map)라 한다.

그림 10-7은 노랑초파리(*Drosophila melanogaster*)의 유전자지도의 일부이며, 반수(n)의 염색체는 4개의 연관군으로 이루어져 있다(수컷의 경우는 Y-염색체를 가지므로 5 연관군이 됨), 대장균(*Escherichia coli*)의 경우에는 환상(環狀)의 유전자지도가 작성되는데, 염색체 DNA도 환상을 이루고 있다. 유전자좌 내의 돌연변이 위치를 눈금으로 매긴 것을 **유전적 미세구조지도**(genetic fine structure map)라 한다.

유전자지도상의 거리는 교차값으로 나타내며, 교차는 두 유전자 사이에서 2중, 3중으로 일어날 수도 있다. 2중교차가

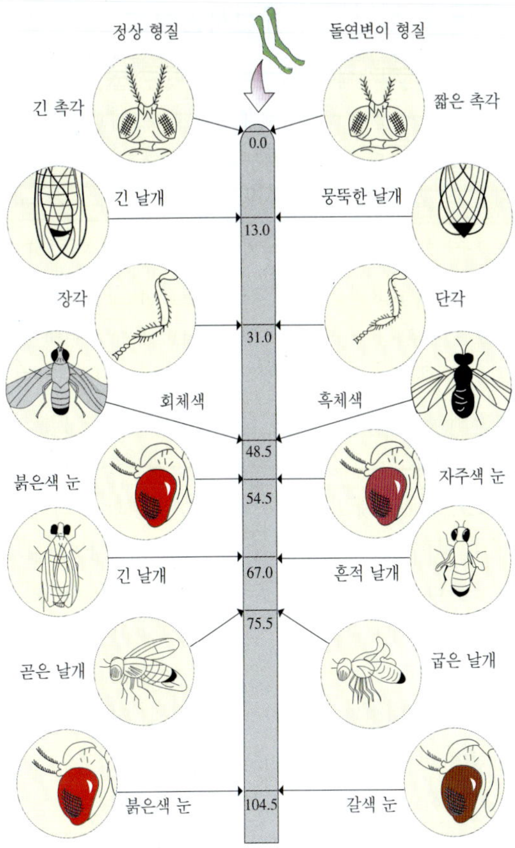

그림 10-7 노랑초파리의 유전자지도

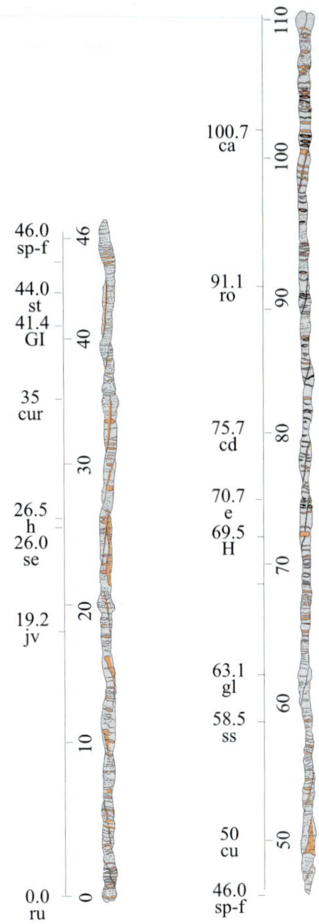

그림 10-8 세포학적 지도
노랑초파리의 제3 침샘염색체지도

생기면 교환되는 염색체 분절에 표지 유전자가 들어 있지 않게 될 때는 교차가 일어나지 않은 결과와 같아져서 교차형의 출현빈도는 실제의 빈도보다 적어진다. 따라서 두 유전자 사이가 긴 경우는 이와 같은 오차를 고려할 필요가 있다. 그러므로 보통 3점검정교배법으로 유전자지도를 작성한다.

10.5.4 세포학적 지도

동전자지도상에서의 연관군의 크기는 각 연관군에 대응하는 염색체의 길이와 관련이 있으며, 유전자의 배열과 염색체의 형태 사이에는 평형관계가 있다. 그러므로 현미경으로 관찰할 수 있는 염색체상의 표지가 있는 경우에는 그 위치를 그림으로 나타내서 유전자 배열을 추정할 수 있다. 이와 같이 세포학적 관찰결과를 이용하여 만든 지도를 **세포학적 지도**(cytological map)라 하며, 유전자지도와 세포학적 지도 모두 염색체지도(chromosome map)라 한다(그림 10-8).

세포학적 지도의 구체적인 예에는, 초파리의 침샘염색체에 있는 가로무늬 밴드의 위치를 그림으로 나타낸 것이나, 옥수수의 염색체 절단이 일어나는 위치를 기준으로 만든 것 등이 있다. 세포학적 지도와 유전자지도를 비교해 볼 때, 유전자의 배열순서는 일치하지만, 유전자 사이의 거리는 반드시 일치하지는 않는다. 이것은 DNA분자가 복잡하게 접혀져서 염색체구조가 만들어지는 것을 생각하면 당연하다고 볼 수 있다.

10.6 성결정과 성에 따르는 유전

MENDEL은 유전의 법칙을 발표한 후, 자웅(雌雄)의 성결정에 대해서도 연구했는데, 자웅은 1쌍의 대립형질을 이루며 자웅의 배우자는 서로 다른 성결정 요소를 가지고 있다는 것이다. 1891년 HENKING은 노린재의 일종을 사용하여 암컷과 수컷은 서로 염색체에 차이가 있으며, 수컷에는 감수분열할 때 특이한 행동을 하는 염색체가 있음을 발견하였으나, 그 의미를 알 수 없어서 X-**염색체**(X-chromosome)라고 불렀다.

그 후, 1902년에 McClung은 이 특이한 염색체는 성의 결정에 관계된다는 것을 밝혀, 그 염색체를 성염색체(sex chromosome)라고 했다. Morgan은 초파리의 경우 흰눈의 형질이 수컷과 연관되어 있음을 발견하고, 성염색체에 의한 유전현상을 연구하게 되었다.

10.6.1 성염색체와 성의 결정

성염색체는 자웅의 성(sex)을 결정하며, 상염색체(보통염색체, autosome)와는 형태와 행동이 다른 경우가 많다. 성염색체의 기본형은 웅성(雄性)은 이형이고, 자성(雌性)은 동형인 경우가 많다. 그래서 유전학에서는 일반적으로 수컷은 XY, 암컷은 XX로 표시하는 것을 원칙으로 한다. 그러나 수컷이 Y－염색체를 갖고 있지 않은 생물은 XO로 표시한다. 반대로 암컷이 이형인 경우, X－염색체에 해당하는 염색체는 Z－염색체로, Y－염색체에 해당하는 것은 W－염색체로 발표되어 ZZ는 수컷을 나타내고, ZW 또는 ZO는 암컷을 나타내기도 했다. 성결정에서 기본적인 4가지의 형과 그 성결정 양식은 표 10-3에 나타냈으며, 각 형을 나타내는 대표적인 생물의 예도 표시했다.

표 10-3 성결정의 4가지 형

성결정의 형		생물명	염색체수	양친의 체세포	양친의 배우자	F1의 체세포	결정된 F1의 성
수컷(헤테로형)	XY형	노랑 초파리	♀2n = 8	♀6+XX	3+X 3+X	6+XX	♀
			♂2n = 8	♂6+XY	3+X 3+Y	6+XY	♂
	XO형	들쥐	♀2n = 32	♀30+XX	15+X 15+X	30+XX	♀
			♂2n=31	♂30+X	15+X 15	30+X	♂
암컷(헤테로형)	ZW형	누에	♀2n=56	♀54+ZW	27+Z 27+W	54+ZZ	♂
			♂2n=56	♂54+ZZ	27+Z 27+Z	54+ZW	♀
	ZO형	닭	♀2n=77	♀76+Z	38+Z 38	76+ZZ	♂
			♂2n=78	♂76+ZZ	38+Z 38+Z	76+Z	♀

10.6.2 성결정의 유전자평형설

초파리의 성염색체는 XY형이며 암컷은 XX, 수컷은 XY로 표시되는데, 드물게 X－염색체를 2개 가진 난자(ovum)와 X－염색체가 없는 난자가 생성되는 경우도 있다. 이런 난자와 정상인 정자(sperm)가 수정하면 XXY 또는 XO의 염색체를 가진 개체가 생긴다. 여기서 XXY개체는 암컷이 되고, XO개체는 불임성의 수컷이 된다. 여기서 나타나는 특이한 현상은 Y－염색체는 수컷의 임성(姙性)에는 관여하지만 성결정에는 관계가 없다는 점이다. 이러한 사실을 근거로 Bridges는 초파리의 경우에는 성염색체뿐만 아니라 상염색체(autosome)도 성결정에 관여하며, X－염색체는 자성화(雌性化), 상염색체는 웅성화(雄性化)의 역할을 하고, 양자의 양적 평형관계에서 성이 결정된다고 주장하였다(1925). 이를 초파리의 성결정에 대한 **유전자평형설**(genic balance theory)이라 한다.

이 이론에 따르면, 성의 결정은 X－염색체의 수와 기본 상염색체조(常染色體組 ; A)의 수적 비율에 의해서 결정되며, 그 수적인 비를 **성지수**(sex index)라고 한다. 즉, 성지수가 2X/2A＝1이면 암컷이고, 1X/2A＝0.5이면 수컷이 된다. 그리고 성지수가 1.0보다 크면 초자성(super female), 0.5~1 사이에 들면 간성(inter sex), 0.5보다 작으면 초웅성(super male)이라 한다. 이들은 외견상 정상적인 암수 개체와 비슷하지만 불임성이다.

10.6.3 성에 따르는 유전

성염색체 상에 있는 유전자의 유전양식은 상염색체 상에 있는 유전자의 경우와는 달리, 성에 따라서 형질의 분리가 다르게 나타난다. 초파리의 흰눈 돌연변이 유전자는 야생형인 붉은눈 유전자에 대하여 열성이며, 그 유전자는 X－염색체에 있다.

따라서 수컷인 경우는 1개의 X－염색체에 흰눈 유전자가 있으면 흰눈 개체가 되지만, 암컷의 경우는 두 X－염색체에 흰눈 유전자가 존재해야만 흰눈의 형질이 발현된다.

그림 10-9에서 보는 바와 같이 흰눈의 암컷과 붉은눈의 수컷을 교배시켜서 얻은 F1개체에서 암컷은 모두 붉은눈이 되고, 수컷은 흰눈이 되어 양친과 F1개체의 유전형질은 암 · 수에서 반대가 된다. 그런데 붉은눈의 암컷과 흰눈의 수컷을 교배시켜 F1개체를 조사해 보면 암 · 수 모두 붉은눈을 가진 개체가 나타난다(그림 10-9). 이는 양친의 암컷은 붉은눈 유

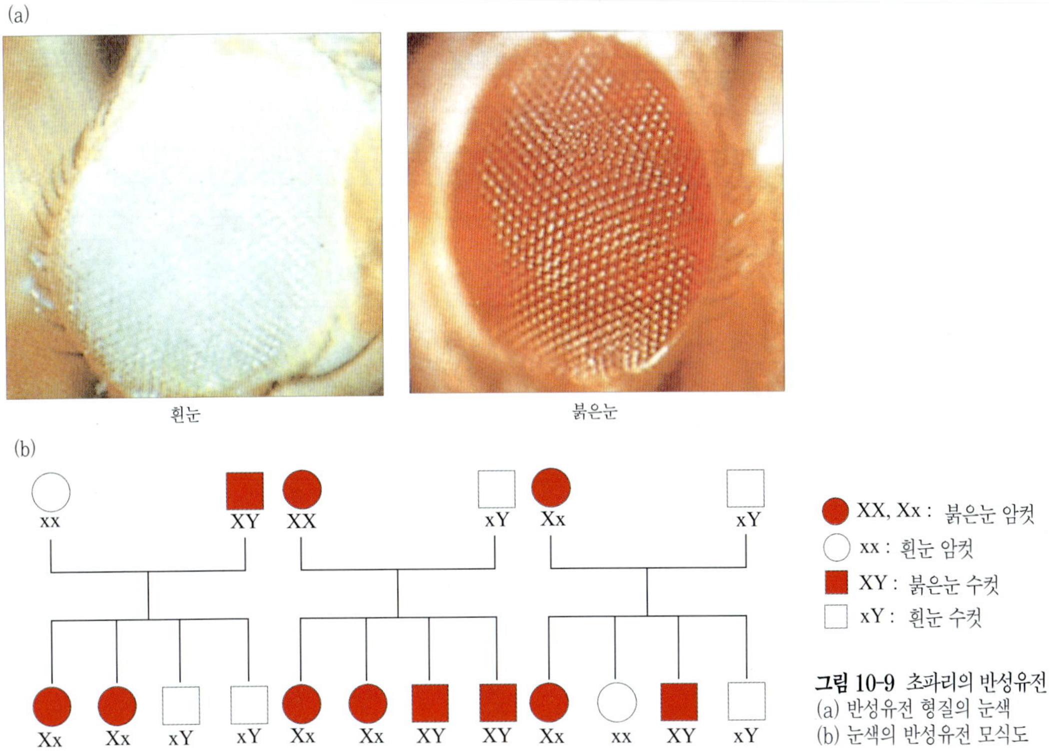

그림 10-9 초파리의 반성유전
(a) 반성유전 형질의 눈색
(b) 눈색의 반성유전 모식도

전자를 호모 상태로 갖고 있기 때문이며, 만약 양친의 붉은눈 암컷이 이형개체였다면 F1에서 암컷은 흰눈 개체와 붉은눈 개체가 각각 1/2씩 나타날 것이다. 이처럼 X－염색체에 자리잡고 있는 유전자에 의해서 이루어지는 유전을 **반성유전**(sex linked inheritance)이라고 한다.

그림 10-9에서처럼 양친 중 암컷의 흰눈 형질은 F_1 수컷 개체로, 수컷의 붉은눈 형질은 F_1 암컷 개체로 각각 유전되는데, 이런 현상을 십자유전(criss-cross inheritance)이라 부르며, 반성유전의 특징으로 되어 있다. 일반적으로 XY형, XO형의 성결정을 하는 생물에서는 열성인 반성유전 형질은 수컷에서 많이 출현된다.

사람의 반성유전 형질은 200여 종류가 알려져 있다. 색맹의 유전은 잘 알려진 예이다. 색각은 눈의 망막에 있는 **추상세포**(cone cell)의 지배를 받는다. 추상세포는 가시광 스펙트럼의 특이한 영역을 감지하는 3종류의 광흡수 색소 단백질을 가지고 있다. 이들 3종류의 추상세포는 청색, 녹색 및 적색 흡수로 기능을 수행한다. 이들 광흡수 색소 단백질들은 매우 유사한 구조를 하며 몇 곳의 아미노산 배열에 차이가 있다(그림 10-10).

적색과 녹색 수용체 단백질을 암호화하는 유전자가 X염색체에 있기 때문에 적 · 녹 색맹은 반성유전을 한다. 색맹의 유전은 가계도를 그려서 분석하면 매우 편리하다.

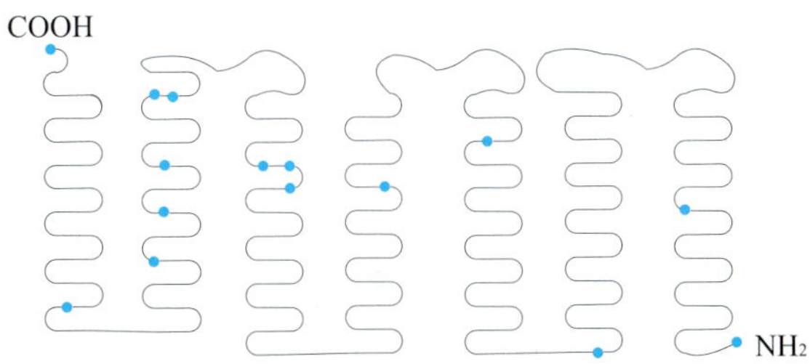

그림 10-10 사람의 적 · 녹 색맹을 나타내는 광 수용체 단백질의 모식적 구조
● : 변화된 아미노산 잔기. 이들의 변화에 따라서 적색맹과 녹색맹이 된다.

그림 10-11에서 알 수 있듯이 Ⅱ세대의 1번 여자가 보인자이고 4번 남자가 색맹이면 그들의 양친(Ⅰ－1과 Ⅰ－2)은 외견상 정상이지만 모친(Ⅰ－2)은 색맹유전자를 한 X 염색체에 가지는 보인자(carrier)임을 알 수 있다. 따라서 Ⅲ세대에 가면 보인자 여성이 정상 남자와 결혼하면 아들의 1/2은 색맹이 되고 1/2은 정상이 된다. 그러나 남자가 색맹이고 여자가 정상인 부부에서는 딸은 모두 색맹보인자이고, 아들은 정상이 된다. 색맹의 빈도는 인류집단에 따라 다소 차이는 있지만 일반적으로 남자에서 약 5~6%이다.

색맹은 생리적으로 해롭지는 않으나 고뇨산혈증인 **레쉬－니한증후군**(Lesch-Nyhan syndrome)은 반성유전을 하며

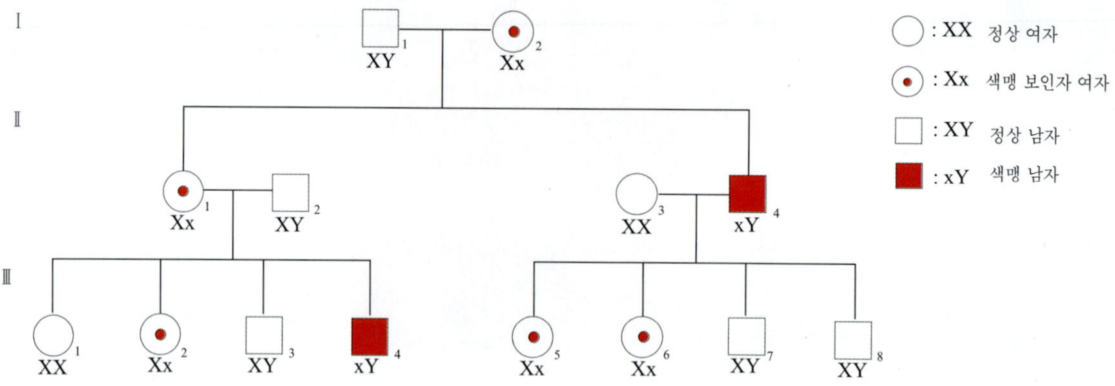

그림 10-11 적색맹의 가계도

신경과민과 운동조절 상실, 자폐증 등을 수반한다. **듀쉔형 근이영양증**(Duchenne-type muscular dystrophy)도 반성유전하는 질병인데 10대가 되기 전에 팔, 다리, 어깨 등의 근육이 경직되어 운동이 자유스럽지 못하고 많은 환자는 20대 이전에 죽는다.

반성열성유전의 특징을 요약하면 다음과 같다. (1) 그 형질은 여자보다 남자에서 더 빈번히 발현된다. (2) 그 형질은 아버지로부터 딸을 통해서 손자의 1/2에 전달된다. (3) 결함을 가진 모든 여성은 결함이 있는 아버지와 결함이 있는 어머니 혹은 보인자인 어머니 사이에서 출생한다.

제11장

유전자의 본질

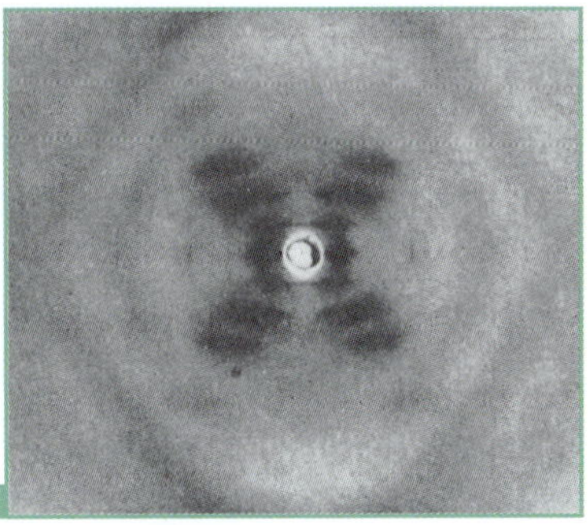

MENDEL이 가정한 요소, 즉 유전자는 하나의 형질을 지배하는 물질적 · 기능적 단위이고, 그것은 복제되어 동일한 유전자가 자손에게 전해진다. 멘델의 유전법칙이 재발견된 후(1902~1903), SUTTON은 유전자가 핵(nucleus) 속에 있다는 사실을 시사했다. 그 후 MORGAN은 초파리를 이용해서 연관현상을 발견하였으며, 각 연관군(linkage group)의 유전자는 동일한 염색체상에 있다는 사실을 밝혀냈다. 한편, MIESCHER는 핵의 주성분이 **핵산**(nucleic acid)이라는 사실을 이미 발견하였고(1869), 유전자가 염색체에 있다는 사실이 명확해짐에 따라 유전자와 핵산의 관계가 중요시 되었다.

핵에 들어 있는 특이한 핵산, 즉 **데옥시리보핵산**(deoxyribonucleic acid ; DNA)이 유전자의 본체라는 사실은 **형질전환**(transformation)과 바이러스의 생활사에 관한 연구에서 직접적으로 증명되었다.

11.1 DNA가 유전물질이라는 실험적 증거

앞에서도 설명한 바와 같이, 유전형질의 발현을 지배하는 물질은 **'요소'** 또는 **'유전자'**로 불리워왔다. 그 후, 실제로 생물체에 존재하는 유전자는 어떤 물리 · 화학적 성질을 갖는 물질이며, 어떤 화학적 구조를 갖는가에 대한 의문이 제기되어, 이에 관한 연구는 1830년대부터 시작되었다.

11.1.1 DNA의 함량 비교

유전자가 염색체상에 존재한다고 가정하고, 배우자와 체세포의 염색체 수를 비교하면, 배우자의 염색체 수는 체세포가 갖고 있는 염색체 수의 1/2밖에 되지 않는다. 그리고 이 2종류의 세포에서 DNA의 함량을 비교한 결과, 배우자의 DNA함량은 체세포의 약 1/2밖에 되지 않았다.

이는 DNA가 염색체 속에 들어 있다는 사실을 간접적으로 증명한 것이며, DNA는 유전과 관계가 있을 것이라는 가능성을 제시한 결과로 해석할 수 있다.

11.1.2 DNA와 UV흡수와 박테리아 돌연변이율의 비교

폐NA를 생화학적 방법으로 분리하여 UV(ultra violet)를 조사(照射)한 결과, 2600Å의 UV를 최대로 흡수한다는 사실을 밝혀냈다. 그런데 UV를 박테리아에 조사시키고 돌연변이가 일어나는 비율을 비교해 보았더니, 역시 2600Å의 UV를 조사받았을 때의 돌연변이율(mutation rate)이 가장 높았다. 여기서 돌연변이가 유발된 원인은 유전물질의 변화 때문이라 추정되며, DNA가 2600Å의 UV를 최대로 흡수한 사실과 비교하여 중요한 의미를 추측할 수 있다. 즉, 2600Å의 UV는 박테리아의 DNA에 최대로 흡수되어 DNA의 구조적 변화를 일으킴으로써 박테리아의 돌연변이율을 높였다고 추측된다. 따라서 DNA는 유전물질일 것이라는 추측이 더욱 확실해졌다.

11.1.3 폐렴쌍구균의 형질전환

폐렴쌍구균(Pneumonococcus)은 원칙적으로 다당류(polysaccharides)로 된 피막(capsule)을 형성하여 숙주(host) 개체의 공격을 방어하는 능력을 갖게 되며, 병원성을 나타낸다. 그런데 이 병균은 돌연변이로 인해서 피막을 형성하는 능력이 없는 **변이주**(mutant strain)가 되면 병원성이 없어진다. 이 2종류의 폐렴쌍구균에서, 전자를 **S형**(smooth type)이라 부르고, 후자를 **R형**(rough type)이라고 한다.

1928년 영국의 GRIFFITH는 이 2종류의 폐렴쌍구균으로 그림 11-1과 같은 실험을 하였다.

R형의 균은 독성이 없어 쥐에게 주사하여도 죽지 않는다. 그러나 S형의 균은 맹독성의 병원성 박테리아(pathogenic bacteria)이기 때문에 쥐를 치사시킨다. 그런데 S형의 균을

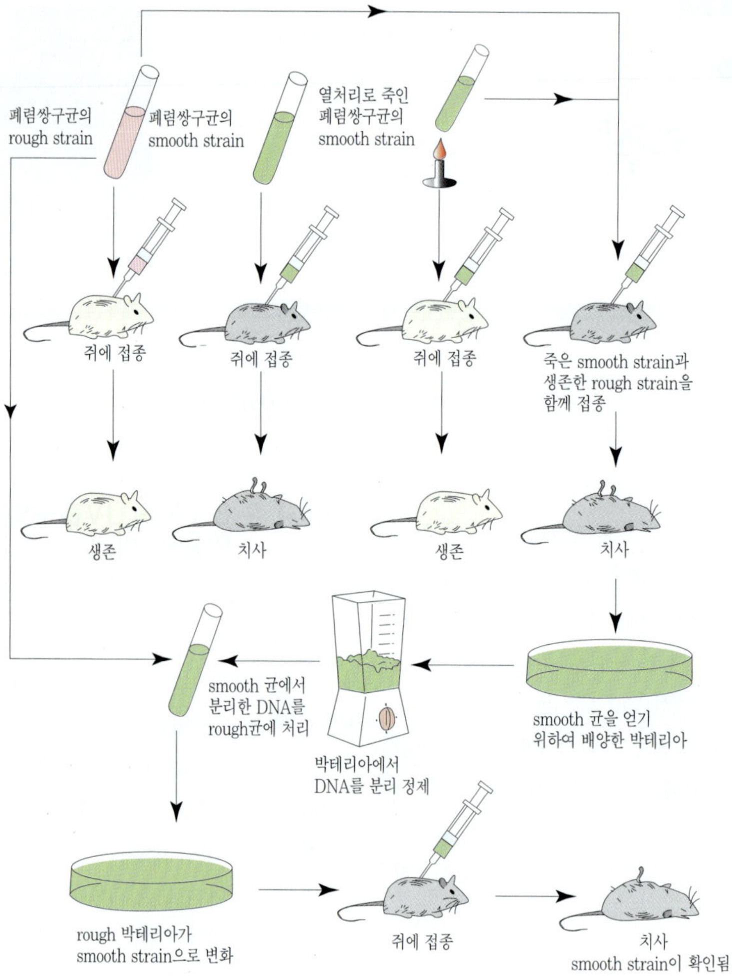

그림 11-1 형질전환에 관한 실험
폐렴쌍구균의 rough strain은 smooth strain의 DNA를 취하여 DNA를 재조합하면 smooth strain으로 형질이 전환된다.

열처리하여 죽게 한 후 주사하면 쥐는 폐렴에 걸리지 않고 생존한다. 여기서 GRIFFITH는 살아 있는 R형의 균을 감염시키고, 동시에 열처리한 S형의 균을 함께 주사하였다. 그 결과, 쥐는 죽었으며, 그 쥐에게서 S형의 균을 발견하게 되었다.

이 실험을 통해 GRIFFITH는 R형 균이 S형 균으로 변화한 사실은 분명한 유전형질의 변화라고 믿었으나, 무엇에 의해서 그러한 변화가 일어났는지는 알지 못하였다. 그의 실험은 1940년 뉴욕 록펠러연구소의 AVERY 등에 의해 계승되었다. AVERY 등은, R형 균이 S형으로 변화한 것은 살균된 S형의 어떤 물질 때문일 것이라고 가정했다. 그래서 S형 박테리아를 열처리한 후 DNA를 추출하여 그것을 R형 균의 배양액에 첨가했더니 S형이 생겼으며, 그것을 쥐에 감염시켰더니 쥐는 치사하였다.

그러나 추출한 DNA를 DNA 분해효소로 처리한 후, R형 균의 배양액 속에 첨가해 주면 S형 박테리아로 변화하지 않았다. 그리고 단백질 등의 다른 물질을 추출하여 R형 배양액 속에 첨가해도 역시 S형으로의 변화는 생기지 않았다.

이와 같은 일련의 실험을 통해서, S형 DNA가 R형 균 속에 들어가 **DNA재조합**(DNA recombination)이 생기면 S형의 유전형질이 발현된다는 것을 알 수 있었다. 이러한 현상은 박테리아에서 흔히 일어나며, 이를 **형질전환**(transformation)이라 한다. 이처럼 DNA재조합이 이루어지면 유전 형질이 변화하기 때문에 DNA가 유전물질이라는 것을 확신하게 되었다.

11.1.4 바이러스의 생활사

대장균(*Escherichia coli*)에서 증식하는 바이러스의 일종인 **박테리오파아지** T_2(bacteriophage T_2)는 DNA와 단백질

로 이루어진 간단한 구조의 생물이다. 1952년 HERSHEY와 CHASE는 파아지 T_2를 사용한 실험에서 DNA가 유전자임을 증명했다.

우선 파아지의 DNA 안에 포함되는 인산은 ^{32}P로, 또 외막의 단백질에 들어 있는 아미노산의 유황원자는 ^{35}S로 표지시킨다. 이와 같은 파아지를 대장균에 감염시키면 ^{32}P를 함유한 DNA가 대장균 내로 주입되고, ^{35}S를 가진 단백질 부분은 세포 밖에 남게 된다. 주입된 DNA는 증식하여 같은 파아지 T_2의 DNA와 단백질이 합성되어 새로운 파아지를 만들며, 대장균이 파괴되면 다수의 새로운 파아지가 방출된다(그림 11-2).

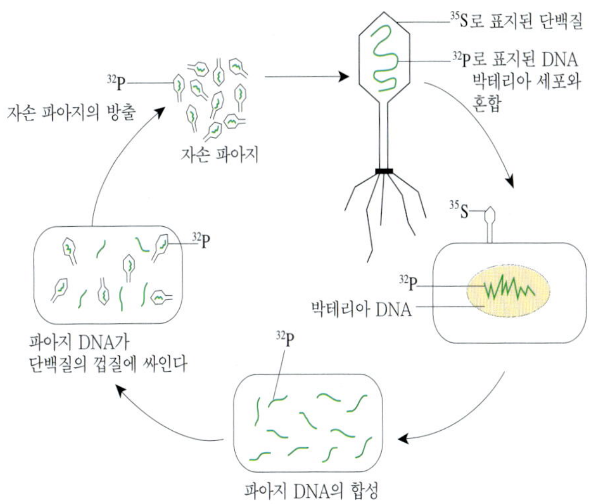

그림 11-2 박테리오파아지 T_2의 증식은 ^{32}P가 들어 있는 DNA의 증식으로 이루어지고 ^{35}S로 표시된 단백질은 박테리아파아지 T_2의 증식과 아무런 관계가 없다.

여기서 새로 증식된 파아지 T_2의 유전적 특징은 대장균에 주입된 파아지 T_2와 동일하였다. 따라서 파아지 T_2의 형질을 결정하는 물질은 DNA이고, 단백질은 유전자로서 작용하는 물질이 아님을 알 수 있었다.

바이러스 중에는 DNA 대신 RNA를 갖고 있는 것이 있으며, 그 RNA가 유전자로서 작용한다. 예를 들면 **담배모자이크바이러스**(tobacco mosaic virus ; TMV)는 RNA와 단백질로 이루어졌다. 이 RNA를 분리하여 건강한 담배잎에 감염시키면 자손 TMV가 증식한다. 따라서 RNA가 유전물질이라는 사실을 알 수 있었다. RNA를 갖는 바이러스로는 이 밖에도 소아마비바이러스, 뇌염바이러스 등이 알려져 있다.

11.2 DNA의 구조와 복제

위에서 DNA가 유전물질이라는 사실을 설명하였다. 또한, 그 외에도 여러 가지 실험을 통하여 증명되었다. 그러면 DNA가 어떤 화학적 구조를 하고 있어서 유전적 기능을 수행하는 것인지, DNA가 유전물질이면 어떤 방법으로 똑같은 유전물질이 만들어져서 자손이 어버이의 형질을 이어받게 되는지 설명할 수 있어야 할 것이다.

DNA의 구조와 그 복제방법이 실험적으로 증명된다면, DNA가 유전물질이라는 사실은 더욱 확실해질 것이다.

11.2.1 DNA의 구조

DNA는 4종류의 **뉴클레오티드**(nucleotide)로 구성되어 있는데, 뉴클레오티드는 5탄당(pentose sugar ; deoxyribose), 인산(phosphate), 그리고 질소를 함유한 염기(nitrogenous bases)〔**아데닌**(adenine ; A), **티민**(thymine ; T), **구아닌**(guanine ; G) 및 **시토신**(cytosine ; C)〕로 구성되어 있다. 그림 11-3에서 보는 바와 같이, 5탄당이 중심을 이루고 1′ 자리에 염기가 달리고, 5′ 위치에 인산이 결합되어 있다. 그리고 3′ 자리의 OH기는 다른 뉴클레오티드와 결합할 수 있는 위치로 제공된다. 이와 같은 뉴클레오티드는 **중합체**(polymer)를 형성하여 긴 끈 모양을 이룬다. 이때 폴리뉴클레오티드(polynucleotide)의 합성은 5′→3′ 의 방향으로 이루어진다.

FRANKLIN과 WILKINS는 X-선 회절법(X-ray diffraction)을 이용하여, DNA가 2중나선구조(double helix structure)로 이루어졌음을 밝혔다. 이들은 X-선 회절 사진을 통해 사진의 상하부에 DNA의 뉴클레오티드 염기가 진하고 긴 타원형 모양으로 나타난다고 추정하였다. 그리고 이 사진은 결정상(結晶狀)의 DNA에서 0.34nm, 2.0nm 및 3.4nm의 주기적 거리를 나타내는 구조를 보이고 있다. CHAGAFF의 분석, FRANKLIN과 WILKINS의 X-선 회절 사진 등을 기초로 하여 1953년 WATSON과 CRICK은 DNA의 모델을 제안해냈다(그림 11-4).

PAULIN과 여러 화학자의 연구에 의하여, DNA분자의 결합, 결합방향 및 분자내의 여러 구조 사이의 거리 등의 상세한 내용이 밝혀져 WATSON과 CRICK은 완전한 DNA모델을 제작했으며, 그것을 실험적 데이터(data)와 일치시켰다. 즉, 그들은 DNA가닥(사슬)에서 0.34nm의 주기성은 뉴클레오티드 사이의 거리에 해당되며, 2.0nm는 사슬의 넓이에 해당

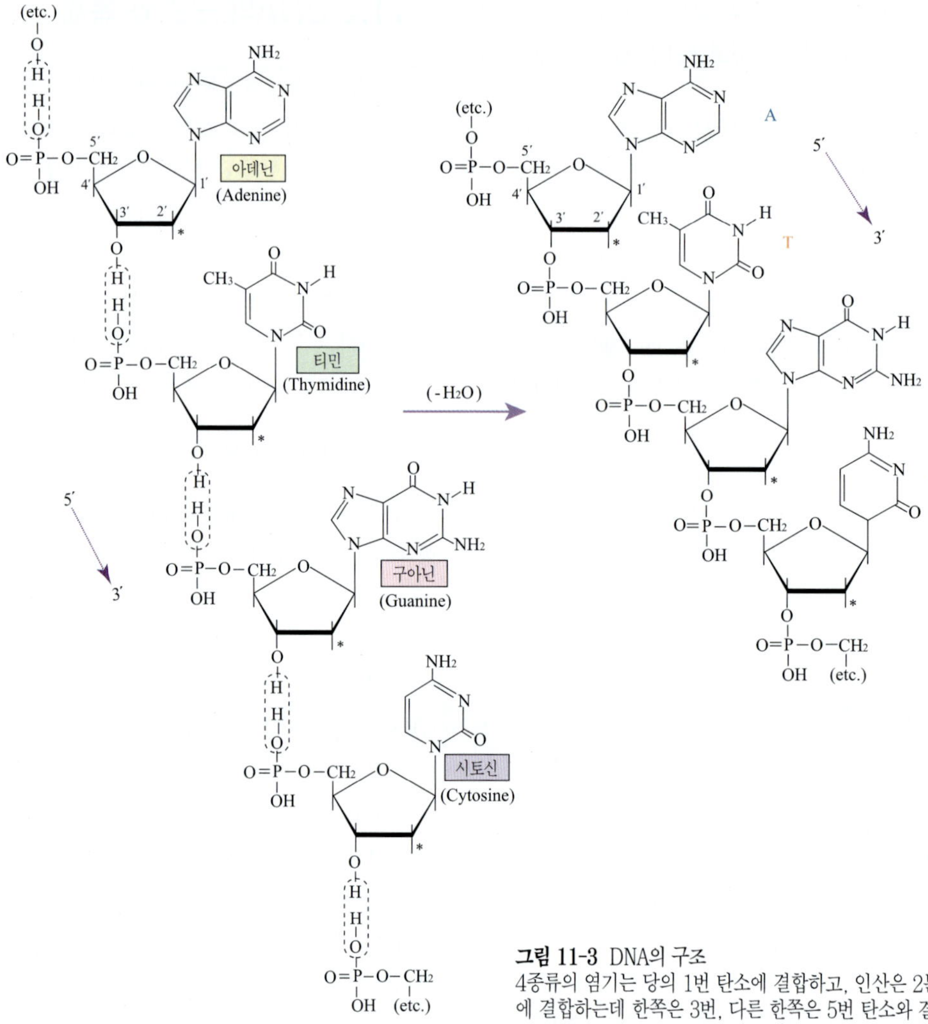

그림 11-3 DNA의 구조
4종류의 염기는 당의 1번 탄소에 결합하고, 인산은 2분자의 당 사이에 결합하는데 한쪽은 3번, 다른 한쪽은 5번 탄소와 결합한다.

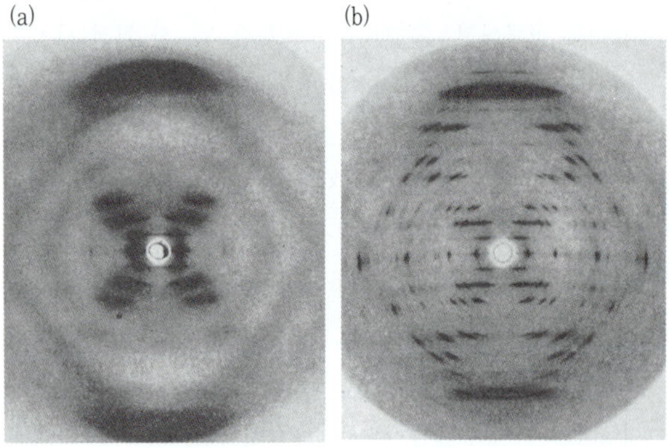

그림 11-4 DNA의 X-선 회절
적당하게 수화된 DNA섬유의 X-선 회절쌍은 B배치(configuration)을 보여 준다. DNA의 나트륨을 이용해서 얻은 (b)는 리튬염으로 얻은 회절쌍이다. 11시 방향에서 5시 방향으로, 1시 방향에서 7시 방향으로 뻗은 반점의 모양은 DNA가 나선구조임을 보여 준다. 상하에 길게 보이는 퓨린과 피리미딘의 염기가 0.34nm 쌓여 있는 것이며, DNA분자의 축과 수직을 이루고 있다. 1nm = 10^{-9}m, 1Å = 10^{-10}m이다.

된다고 추정했다. 그리고 3.4nm의 주기성은 DNA의 두 사슬이 나선 모양으로 꼬여 있기 때문이라고 생각했다. 그래서 사슬이 한 번 꼬인 길이는 3.4nm가 된다. 뉴클레오티드의 사이가 0.34nm이고 한 번 꼬이는 길이가 3.4nm이므로, 한 번 꼬이는 사이에 10개의 뉴클레오티드가 들어 있는 셈이 된다(그림 11-5).

그리고 WATSON과 CRICK은 2가닥의 DNA사슬이 꼬이기 위해서는 각 외가닥의 DNA사슬이 각각 반대의 극성을 갖고, 염기가 연결되어야 한다고 생각했다. 이때 염기의 결합은 **퓨린**(purine)과 **피리미딘**(pyrimidine)에 해당하는 염기들이 상보적으로 쌍을 이루며, 그 사이는 수소결합으로 이루어져 있다(그림 11-6).

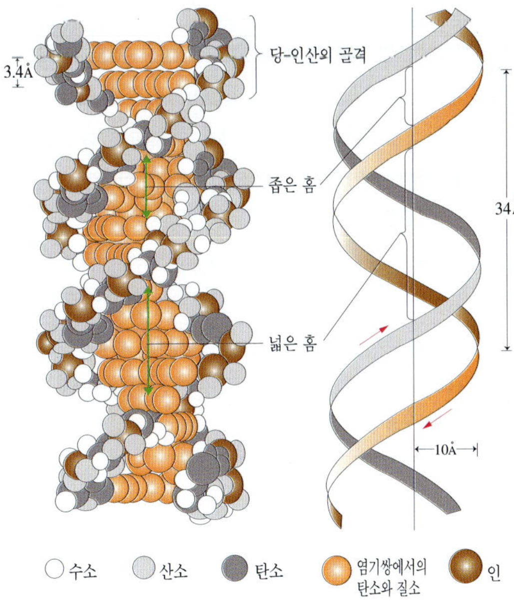

그림 11-5 DNA의 모델

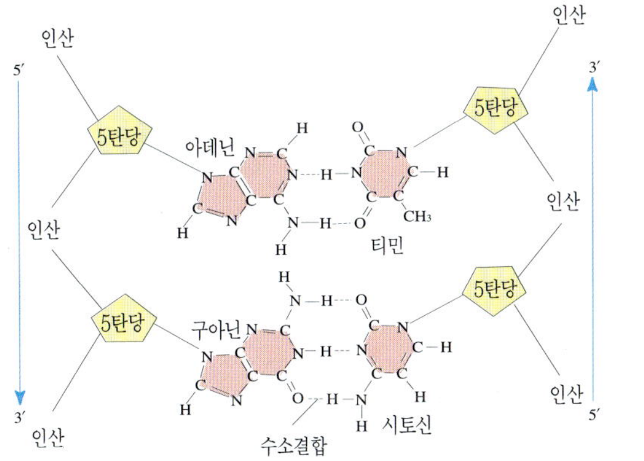

그림 11-6 염기쌍의 결합 티민과 아데닌, 시토신과 구아닌 사이의 수소결합의 모식도
A=T는 2개의 수소결합, G≡C는 3개의 수소결합으로 이루어져 있다.

11.2.2 DNA의 복제

DNA는 2가닥의 사슬이 A=T, G≡C의 염기쌍결합에 의하여 이루어져 있으며, 이 염기쌍(base pairing)의 배열에 따라서 **유전정보**(genetic information)가 이루어진다. 따라서 각 유전자는 특이한 염기배열을 하고 있으며, 그 **배열순서**(sequence)에 따라 mRNA는 **전사**(transcription)되고, 유전정보에 따라 특이한 단백질이 최종적으로 합성되면 이 단백질의 기능에 따라서 형질이 발현된다.

(1) MESELSON-STAHL의 실험

1958년 MESELSON과 STAHL은 WATSON과 CRICK의 DNA 모델을 기초로 하여 DNA복제(DNA replication)에 관한 실험결과를 발표하였다.

MESELSON-STAHL의 실험과정은 그림 11-7과 같다. 이들은 대장균을 ^{15}N인 중질소 동위원소(isotope)가 들어 있는 배지(medium)에서 배양한 후, 그것을 ^{14}N가 들어 있는 배지로 옮겨서 배양했다. 이때 ^{14}N 배지에서 1~2세대가 지났을 때 대장균을 얻어 DNA를 추출하였다. 그러면 DNA는 ^{15}N와 ^{14}N가 각각 들어 있는 종류의 사슬로 구성되어 있으므로, **평형밀도경사원심분리법**(equilibrium density-gradient centrifugation)으로 분리하면, 질소의 무게에 따라서 DNA는 원심분리관내의 일정한 위치에 모이게 된다. 그 다음에 UV감광필름을 뒤에 대고, 앞에서 2600Å의 UV를 조사한다. 그러면 UV가 DNA에 흡수된 상태와, 그대로 투과하여 필름을 감광시킨 부분이 구별되어 몇 개의 띠 모양(band patterns)이 나타나므로 무거운 DNA사슬과 가벼운 DNA사슬을 구별하여 확인할 수 있다.

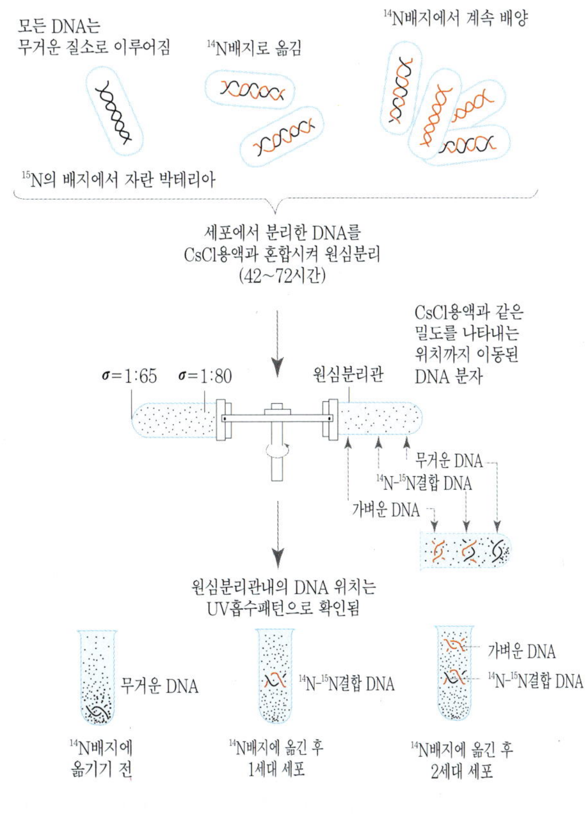

그림 11-7 DNA의 반보존적 복제기작을 설명하는 MESELSON과 STAHL의 실험
^{15}N배지나 ^{14}N배지에서 배양한 대장균으로부터 분리한 DNA를 원심분리시킬 때 6M CsCl용액을 넣는 이유는, CsCl의 밀도가 1.7g/cm^{3}이기 때문에 ^{14}N DNA의 밀도(1.724g/cm^3)와 ^{15}N DNA의 밀도(1.714g/cm^3) 차이를 분리시켜 평형밀도경사를 나타낼 수 있기 때문이다.

이처럼 DNA의 복제는 두 가닥의 DNA사슬(DNA-strand)이 각각 주형(template)으로 보존되어 있고, 주형의 염기배열에 대응하는 새로운 DNA사슬이 합성되어 이루어지기 때문에, 이를 **반보존적 복제**(semiconservative replication)라고 한다. 생물의 이와 같은 DNA복제기작은 대장균이나 바이러스에서 잘 밝혀져 있는데, 1개 나선의 주형 DNA 염기에 상보적인 데옥시리보시드 3－인산(dXTP)이 차례로 피로인산(pyrophosphate ; PP*i*)을 이탈시키면서 중합하여 이중나선 DNA를 완성하는 것으로 되어 있다(그림 11-8).

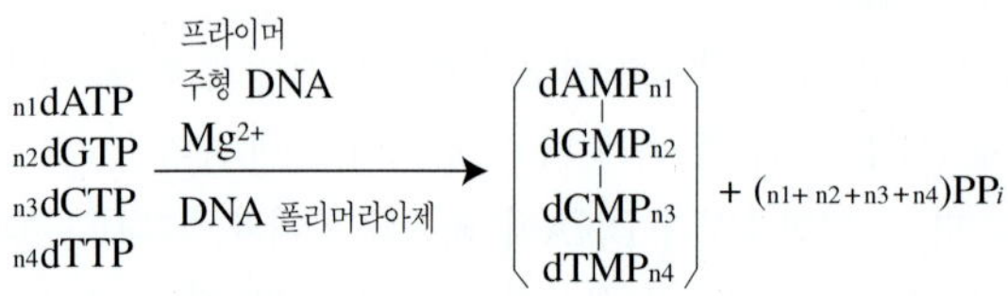

(5′-데옥시리보뉴클리오티드 3′-인산)

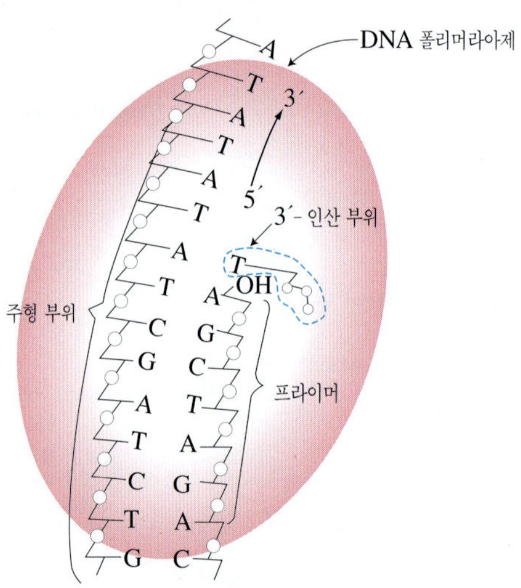

그림 11-8 DNA 합성

(2) DNA의 합성

DNA의 합성반응은 DNA중합효소(DNA polymerase)에 의해 이루어지며, 중합은 뉴클레오티드(nucleotide)의 5′→ 3′ 방향으로 진행된다는 것이 1956년 KORNBERG(1918～)에 의해 밝혀졌다. DNA중합효소는 KORNBERG가 처음 발견하였으며, 중합효소 Ⅰ, Ⅱ, Ⅲ이 알려져 있다. DNA중합효소에는 DNA나선을 신장시키는 것 외에 DNA나선을 3′→ 5′ 방향으로 1뉴클레오티드씩 가수분해(3′→ 5′ **엑소뉴클레아제** ; exonuclease)시키는 것도 있어서, DNA합성과정에서 비상보적인 염기가 잘못 중합되면 그것을 제거시키는 역할을 한다.

또한 DNA나선이 자외선에 노출되면 서로 이웃한 티민염기(T)끼리 **티민이합체**(thymine dimer)를 만들며, 이것은 상대방 DNA나선과 상보적 결합능력을 상실하여 돌연변이의 원인이 된다. 사람은 이러한 위험으로부터 자신을 지키기 위해, **엔도뉴클레아제**(endonuclease)의 작용으로 티민이합체를 절단, 제거시킨다. 이 가수분해반응은 DNA중합효소에 의해 촉매되는 것도 있다. 이 결과로 생긴 DNA의 결손부분은 또 다시 **DNA중합효소**에 의해 보충되며, 새로운 나선과 낡은 나선 사이는 다른 효소, **DNA연결효소**(DNA ligase)에 의해 연결된다(그림 11-9).

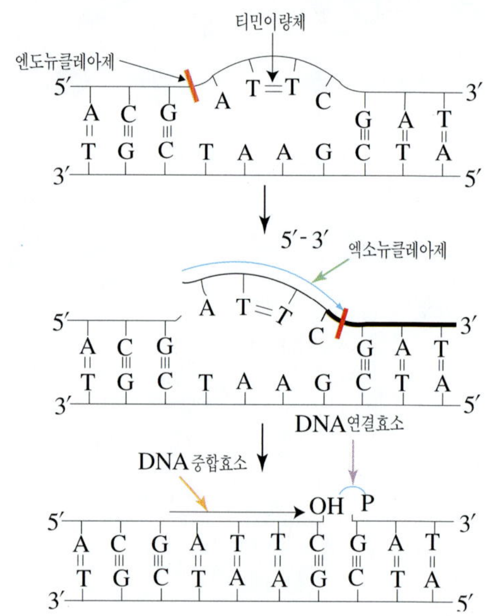

그림 11-9
UV에 의하여 생긴 티민 이합체를 효소를 통해 제거하고 DNA를 회복시키는 과정

DNA사슬의 신장은 전체적으로 보면 5′에서 3′으로 3′에서 5′로도 일어나는 것처럼 생각된다. DNA복제가 5′→ 3′로 일어나는 사실은 앞에서 언급되어 이해하였으나 DNA의 상보적인 두 가닥은 극성을 달리하고 있기 때문에 다른 한 가닥 DNA사슬을 주형으로 택했을 때는 3′→ 5′ 방향으로 DNA합성은 일어난다고 생각된다.

이 문제는 그림 11-10에서 보는 바와 같이 복제포크 부위에 이중나선을 푸는 단백질에 의해 DNA가닥이 풀리면서 5′→ 3′ 방향의 DNA신장은 계속되지만 그 상대편에서 새로 합성되는 DNA가닥의 신장방향은 반대방향을 취하면서 짧은 단편의 DNA사가 만들어진다. 이와 같은 DNA단편을 **오카**

자키 단편(Okazaki fragment)이라 한다. 여러 개의 오카자키 단편은 DNA연결효소로 연결되어 전체적으로 볼 때 3′→5′방향으로 DNA가닥이 신장되는 것 같은 현상을 이해할 수 있게 되었다.

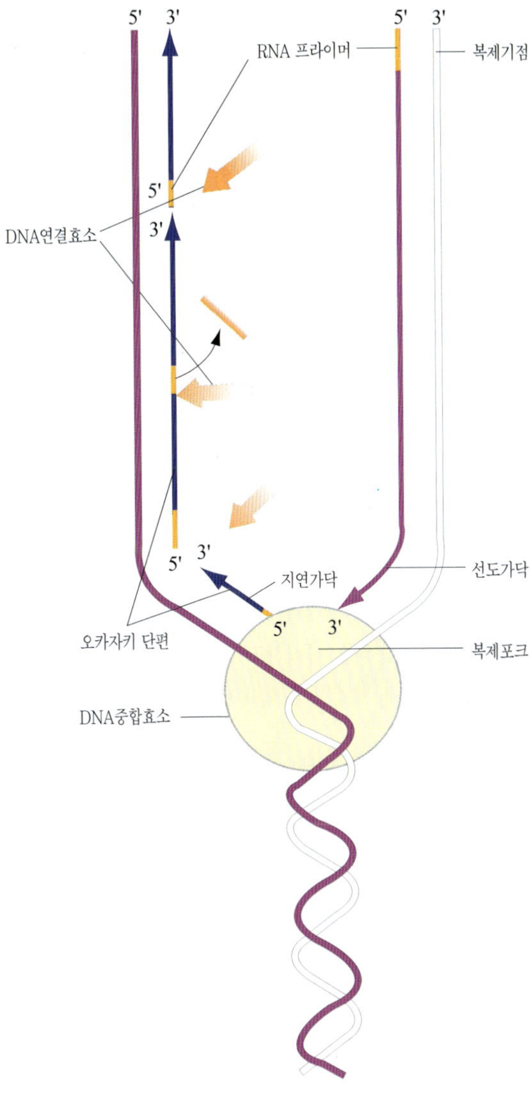

그림 11-10 5′→3′ 방향으로의 DNA복제

(3) RNA의 합성

세포에는 **리보솜** RNA(rRNA ; 5,520 염기), **운반** RNA(tRNA ; 73~93 염기) 및 **전달** RNA(mRNA ; 900~1,500 염기)의 3종류가 있으며, 염색체 DNA를 주형으로 하여 합성되고 합성 후 RNA가닥(chain)의 절단 또는 염기의 수식(修飾)을 거쳐 완성된다.

RNA의 합성은 DNA합성과 마찬가지로 주형 DNA에 상보적인 리보시드 3-인산(riboside triphosphate)이 5′→3′ 방향을 향해 차례로 피로인산(PP*i*)을 이탈하면서 중합하여 이루어진다(그림 11-11).

이 반응은 RNA중합효소(RNA polymerase)에 의해 진행되며, DNA합성과는 달리 RNA프라이머(RNA primer)를 필요로 하지 않는다. 합성되는 RNA가닥의 최초 부분(5′ 말단)은 3인산뉴클레오티드(triphosphate nucleotide ; pppG 또는 pppA)의 구조를 나타낸다.

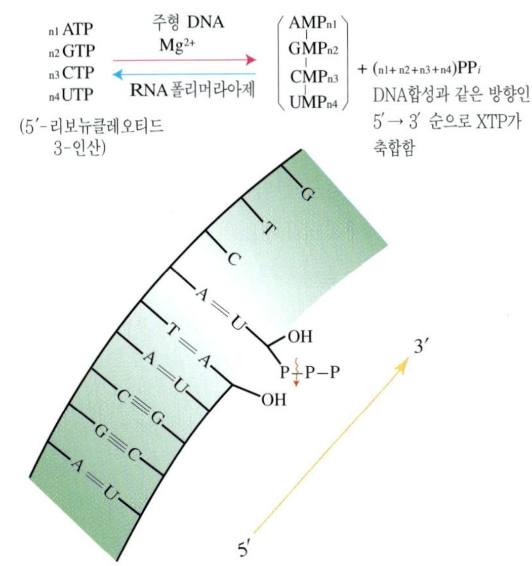

그림 11-11 RNA 합성

(4) 레플리콘과 염색체

유전자의 본체인 DNA는 보통 세포 내의 핵에 존재하고, 세포분열(cell division) 때에 나타나는 염색체를 구성한다. 바이러스나 세균(박테리아) 등 원핵생물(prokaryote)은 진핵생물(eukaryote)에서 볼 수 있는 핵이나 염색체가 없다. 바이러스의 DNA(또는 RNA)는 접힌 상태에서 단백질로 둘러싸여 있다. 예를 들면, 대장균의 DNA는 107 뉴클레오티드 쌍으로 구성되고, 고리 모양으로 이어진 간단한 구조의 염색체를 갖는다. 염색체는 세포분열 때 관찰할 수 있는 것으로, 그 명칭은 염색이 잘 된다는 뜻을 갖지만, 원핵생물의 경우에는 이와 같은 의미에서의 염색체를 볼 수 없고, 일련의 유전자군(群)을 갖는다는 의미로 **유전자담체**(gene carrier)라고 불리는 경우도 있다.

바이러스나 대장균의 DNA복제는 한 점에서 시작하여 계속된다. 1963년 Jacob과 Brenner는 이와 같이 한 점에서 복제가 개시되면 끝맺을 때까지 연속적으로 진행되는 DNA 복제의 최소 단위를 **레플리콘**(replicon)이라고 불렀다. 하나의 레플리콘은 많은 유전자로 구성된다. 그러므로 바이러스나 박테리아의 염색체 DNA는 연속해서 복제되는 하나의 레플리콘으로 이루어져 있다.

진핵생물의 염색체는 다수의 레플리콘이 연결되어 이루어졌으며, DNA합성은 몇몇 부위로부터 개시한다. 또한 진핵생물의 염색체는 DNA 외에 RNA 및 히스톤(histone) 등의 염기성 단백질, 비염기성 단백질을 포함하고 이들의 물질은 유전자의 발현(expression)과 억제(inhibition)에 중요한 관계를 갖는 것으로 생각된다.

JACOB 등의 **레플리콘설**(replicon theory)에 의하면, 레플리콘에는 염색체 복제의 개시점이 있으며, 그 부위를 **레플리케이터**(replicator)라고 한다(그림 11-12). 레플리콘의 복제 개시에는 이니시에이터(initiator)가 필요하며, 그것은 레플리케이터 유전자에 작용해서 복제를 개시하도록 한다. 이니시에이터는 이니시에이터 유전자(initiator gene)로부터 만들어지는 세포질성 물질이라고 생각된다.

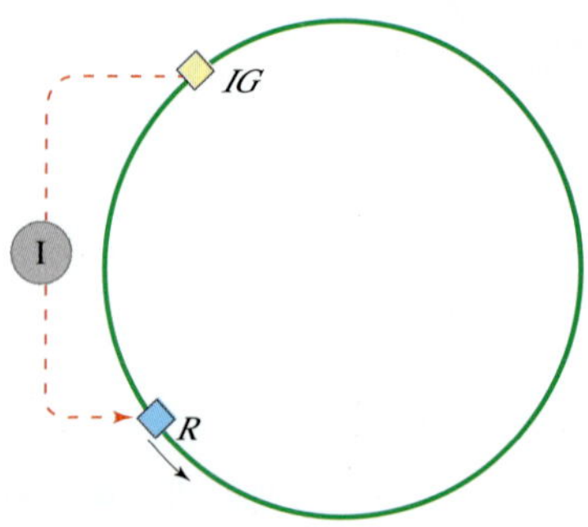

그림 11-12 대장균 염색체의 레플리콘설
녹색원 : 환상레플리콘(대장균 염색체)
IG : 이니시에이터 유전자
R : 레플리케이터 유전자
⋯➝ : 세포질성의 이니시에이터 물질 I가 *IG*유전자에서 만들어져 *R*유전자에 작용
◆ : *R*에서의 염색체 복제 개시점
→ : 염색체 복제방향

11.3 유전자의 작용

MENDEL은 완두의 종자 모양, 색 등 7가지 형질을 연구대상으로 삼았고, MORGAN은 초파리의 날개 모양 등 다양한 형질을 대상으로, 이들의 형질이 유전자에 의해서 결정된다는 사실을 설명했다.

즉, 유전자는 형질을 결정하는 단위라고 생각했다. 이와 같은 형태적 형질은 외견상으로 구별하거나, 유전양식을 이해하는 데는 도움이 되었지만, 유전자가 어떻게 해서 이들의 형질을 결정하는지에 대해서는 정확히 설명할 수 없었다.

한편, MENDEL의 연구결과가 재발견되었고, 1909년에 GARROD는 「선천성 대사이상(inborn errors of metabolism)」이라는 논문 중에서, 사람의 알캅톤뇨증(alkaptonurea)은 대사이상 때문에 체내에 알캅톤(alkapton)이 다량으로 축적되어서 생긴다고 설명하였다. 이것이 유전현상을 생화학적으로 연구한 **생화학유전**(biochemical genetics ; 유전생화학이라고도 한다)의 시초가 되었다.

그 후 1941년에 BEADLE과 TAUTUM이 붉은빵곰팡이(*Neurospora crassa*)를 이용하여 유전자와 효소활성의 생화학적 반응관계를 분명하게 설명하는 **1유전자-1효소설**(one gene-one enzyme theory)을 발표함으로써 유전자의 기능에 관한 연구가 급속히 발전하게 되었다.

11.3.1 1유전자-1효소설

유전자의 생화학적 작용에 관한 가설로서, 1개의 유전자는 1종류의 효소활성을 지배하고, 각 형질은 유전자에 의해 합성된 효소들의 상호작용에 의해서 나타난다는 것이 **1유전자-1효소설**이다.

그림 11-13은 붉은빵곰팡이가 트립토판(tryptophan ; Try)을 합성하는 과정에 있어서 유전자와 효소의 관계를 나타내고 있다.

유전자-5는 트립토판 합성효소를 지배하고 이 유전자가 돌연변이(mutation)를 일으키면, 효소의 활성이 상실되어 이 반응은 정지된다. 따라서 세포내에는 인돌글리세롤인산이 축적된다. 붉은빵곰팡이의 야생형(wild type)은 최소 배지(minimal medium)에서 생존할 수 있다. 그러나 돌연변이체(mutant)는 최소 배지에서 생존할 수 없으므로, 트립토판을 최소 배지에 공급해야만 생존할 수 있다.

이와 같은 돌연변이체가 생존하는 데는 반드시 트립토판이 필요하므로, 이것을 **트립토판요구성 돌연변이체**라고 한다. 유전자-1의 돌연변이체는 안트라닐산 합성효소활성이 결여되어 있지만, 트립토판 이외에 인돌(indole)이나 안트라닐산(anthranilate)을 최소 배지에 넣어 주면 생존할 수 있다. 영양소의 요구성을 갖지 않는 야생형을 원영양체라 하고, 특수한 영양소를 요구하는 경우를 **영양요구성 돌연변이체**라

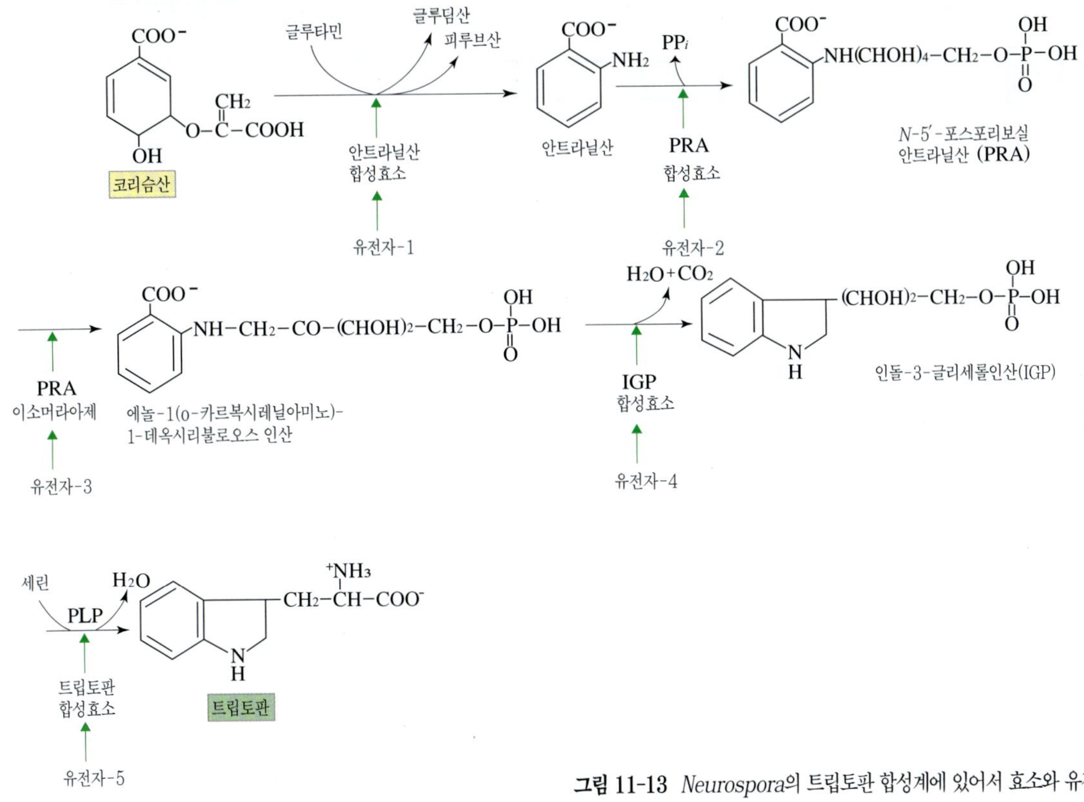

그림 11-13 *Neurospora*의 트립토판 합성계에 있어서 효소와 유전자의 관계

고 한다.

영양요구성 돌연변이체는 아미노산의 요구뿐만 아니라, 생육에 필수적인 비타민이나 핵산성분 등의 물질합성계에 관계있는 것과 그 외에 다수가 알려져 있다. 색소합성반응에 관한 유전자의 돌연변이체인 경우는 색소합성이 정지되고, 그 전구물질(precursor)이 세포내에 축적되어 색깔이 변한 개체(색소 결핍증)가 된다.

형태의 변이도 생화학적 반응의 변화 때문에 생기지만, 고등생물의 형태에 관한 형질과 유전자 작용의 관계는 확실히 모르는 점이 많다. 유전자 DNA의 유전정보에 따라 어떻게 효소단백질의 구조가 결정되는가는 뒤의 유전암호(genetic code) 항에 설명되어 있다.

제12장

유전정보의 발현과 그 조절

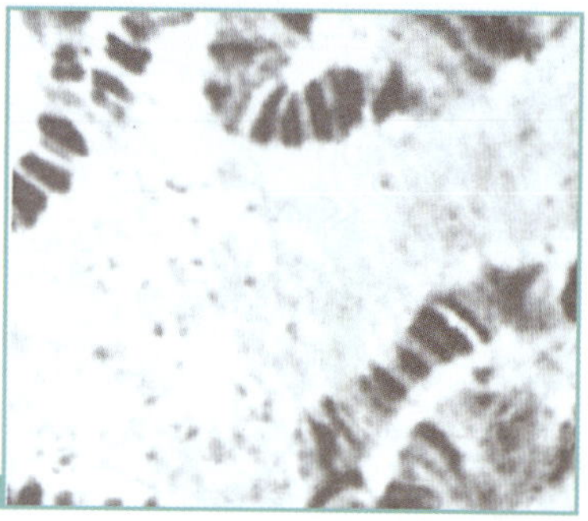

유전정보의 실체를 밝히고 그 정보의 보관, 정보의 발현으로 생기는 물질생산과정을 설명한다. 유전정보의 변화는 돌연변이를 유발하는데 그 기작과 종류들에 대해서도 상세히 밝힌다.

유전자의 발현으로 단백질이 합성되는 기작을 먼저 설명하고, 그것을 조절하는 기작이 오페론설로 알려져 있어서 이에 대한 해설을 한다.

12.1 유전암호

유전자의 본체인 DNA는 염기－당－인산으로 구성된 데옥시뉴클레오티드(deoxynucleotide)가 연결되어 생긴 이중나선구조의 분자이고, DNA분자의 염기배열상은 mRNA로 전사되어 단백질 구조로 번역된다. 이와 같이 유전자에 DNA의 염기가 일정한 배열순서로 기록되어 있는 유전정보(genetic information)는 64종류의 기호(부호)가 연결되어 성립된다. 이 64종류의 기호를 **유전암호**(genetic code)라고 한다.

DNA의 염기는 A, G, C, T의 4종류이다. 즉, 유전자 암호로 사용되는 문자는 4종류인데, 이 암호문자가 mRNA에 전사되면 각각 U, C, G, A로 바뀐다. 한편, 유전암호의 해독(번역)은 단백질의 1차구조상의 아미노산 서열을 결정하는 것인데, 자연계에 존재하는 단백질 구성의 아미노산은 20종류이다. 즉, 4개의 문자를 써서 만들어지는 암호의 종류는 적어도 20종류의 아미노산의 배열을 규정할 수 있어야 한다. 유전암호의 최소 단위를 **코돈**(codon, 암호)이라 하는데, 코돈을 구성하는 문자수(염기수)를 하나로 택하면 4종류의 코돈만 생겨서 4종류의 아미노산 배열밖에 지정할 수 없다. 그러면 4문자 중에서 2문자를 택하여 코돈을 만든다면, $4^2=16$, 즉 16종류의 코돈이 생길 수 있어서 16종류의 아미노산 서열을 지정할 수 있다. 이 경우에도 20종류의 아미노산을 단백질 구조의 특정한 자리에 배열시키는 데는 4종류의 코돈이 부족하다. 그래서 3개의 문자를 묶어서 코돈이 이루어진다고 가정하면 $4^3=64$, 즉 64종류의 코돈이 생기는데, 이 경우는 아미노산이 종류에 비하여 코돈의 종류가 너무 많다.

1961년에 Nirenberg 등은 폴리우리딜산(polyuridylic acid)을 인공적으로 합성하여 폴리－U(poly-U) 즉, UUUU……U인 mRNA를 만들어 시험관내에서 단백질합성을 시도했다. 여기서 얻어진 폴리펩티드는 페닐알라닌phenylalanine ; Phe)만이 길게 연결된 사슬(Phe-Phe-Phe-Phe…)이었으므로, 페닐알라닌을 규정하는 코돈을 UUU라고 생각했다. 이 실험으로 유전암호가 최초로 밝혀졌으며, 3개의 문자로 이루어진 코돈을 **삼문자**(triplete)라고 한다. 폴리우리딜산은 U가 연속된 현상의 RNA이기 때문에, 이 구조를 결정하는 DNA사슬은 A(아데닌)가 연속된 것이라고 할 수 있다. 즉, DNA분자의 한쪽 사슬에 AAA라는 염기배열(다른쪽 사슬은 TTT)이 있으면 mRNA는 UUU로 전사되고, 단백질합성 때 페닐알라닌을 지정한다. 코돈은 관례적으로 RNA의 염기서열로 나타내므로, 페닐알라닌의 코돈은 UUU라고 한다.

이와 같은 연구는 그 후 Nirenberg, Matthaei, Ochoa 및 Khorana 등에 의하여 급속히 진전되어, 1966년에는 모든 유전암호를 해독할 수 있게 되었다(표 12-1).

유전암호의 해독은 시험관내의 실험에서뿐만 아니라, 야생형 및 돌연변이형의 코돈과 아미노산 서열변화를 비교연구한 결과, 실제로 생체내에서도 이용되고 있는 사실이 증명되었다.

유전암호는 표 12-1에서 보는 바와 같이 다음과 같은 특성을 지니고 있다.

① 코돈은 3개의 문자, 즉 트리렛으로 구성된다.

② 하나의 코돈은 1가지 의미만을 갖는다.

③ 하나의 아미노산을 규정하는 코돈은 하나만 있는 경

우와 둘 이상의 코돈이 있는 경우가 있다. 후자의 현상을 **유전암호의 퇴보**(genetic code degeneracy)라고 한다. 즉, 퇴보현상으로 세 문자 중에서 끝의 하나는 실질적인 의미가 없어서, 처음의 두 문자만 같으면 동일한 아미노산 서열의 자리를 규정한다.

④ 64개의 코돈 중 61개는 20종류의 아미노산 서열을 지정하는 능력을 갖지만, 3개의 코돈(정지)은 어떤 아미노산의 자리도 규정하지 않아서 **넌센스코돈**(nonsense codon)이라고 한다. 넌센스코돈은 단백질(폴리펩티드) 합성의 종료를 지시해서 종결코돈으로 작용한다.

⑤ 메티오닌(methionine ; Met)의 암호인 AUG는 유전자의 한 끝부분에 위치할 때에 한하여 단백질합성을 지시하고 해독개시암호로서 작용한다.

⑥ 서로 이웃한 2개의 코돈에서 하나 또는 두 문자를 중복해서 코돈을 만드는 일은 없다.

⑦ 서로 이웃한 코돈 사이에는 여분의 문자가 없고 코돈은 연속된다.

⑧ 유전암호의 기능은 모든 생물에서 공통적이다.

⑨ 가끔 진핵생물의 DNA에는 구조유전자로 이용되지 않는 DNA부분이 들어 있다.

이상과 같이 유전암호는 비교적 간단하다. 바이러스에서부터 사람에 이르기까지 같은 코돈을 사용하고 있다는 것은 진화의 과정에서 유전암호가 변화하지 않았다는 사실을 말한다.

표 12-1 RNA의 유전암호표

첫번째 문자 (5′ 말단)	두번째 문자				세번째 문자 (3′ 말단)
	U	C	A	G	
U	Phe	Ser	Tyr	Cys	U
	Phe	Ser	Tyr	Cys	C
	Leu	Ser	Stop	Stop	A
	Leu	Ser	Stop	Trp	G
C	Leu	Pro	His	Arg	U
	Leu	Pro	His	Arg	C
	Leu	Pro	Gln	Arg	A
	Leu	Pro	Gln	Arg	G
A	Ile	Thr	Asn	Ser	U
	Ile	Thr	Asn	Ser	C
	Ile	Thr	Lys	Arg	A
	Met	Thr	Lys	Arg	G
G	Val	Ala	Asp	Gly	U
	Val	Ala	Asp	Gly	C
	Val	Ala	Glu	Gly	A
	Val	Ala	Glu	Gly	G

12.2 전사

단백질합성의 과정에 있어서 먼저, DNA는 **주형**(template)이 되고 RNA합성효소의 작용에 의하여 주형 DNA사슬의 염기배열에 따라 상보적인 염기배열을 하는 RNA가 합성된다. 이 과정이 **전사**(transcription)이다. 전사되는 RNA에는 mRNA, rRNA 및 tRNA의 3종류가 있고, 이것들이 협동해서 단백질을 합성한다. 이 단백질합성과정이 유전암호의 **번역**(translation)이다. mRNA의 염기배열은 유전암호로서 작용하고, 폴리펩티드의 아미노산 위치를 지정하여 단백질의 1차구조를 이룬다. 이처럼 단백질의 1차구조를 결정하는 유전자를 **구조유전자**(structural gene)라 한다. 1유전자-1효소설이 적용되는 유전자는 구조유전자를 뜻한다. 구조유전자는 그 수가 많아서 대장균에서는 2,000~3,000개로 추산되며, 고등생물에는 더욱 많은 구조유전자가 있다고 생각된다.

DNA로부터 전사된 RNA는 매우 긴 가닥이 되는데 진핵생물의 RNA는 유전자 기능을 갖는 **발현부위**(exon)와 기능이 없는 **비발현부위**(intron)로 구별되며, 이들은 섞여 있다. 여기에서 비발현부위는 절단하여 제거하고 발현부위 부분만 다시 이어 붙인 RNA가 mRNA이다. 비발현부위는 잘라 버리고 발현부위만 이어붙이는 현상을 **이어맞추기**(splicing)라고 한다.

이와 같은 현상을 알게 된 것은 핵내에서 전사된 RNA의 크기는 매우 긴 데 실제로 기능을 수행하는 세포질에 있는 RNA는 매우 작은 데서 비롯되었다.

구조유전자로부터 합성되는 mRNA와는 달리 rRNA유전자와 tRNA유전자에서 합성되는 RNA는, 단백질합성으로 번역되지 않고 RNA인 채로 단백질합성에 관여한다. rRNA의 유전자는 3~4종류가 있으며, 한 세포 중에 같은 유전자가 다수 존재한다(효모에는 약 140개, 포유류에는 수백개 존재한다). 3종류의 rRNA는 단백질과 결합하여 리보솜(ribosome)을 만든다. tRNA는 약 60종이 있다고 생각된다(그림 12-2).

12.3 단백질합성

단백질(protein)의 합성은 리보솜(ribosome)상에서 이루어지며(ZAMECNIK, 1950), 아미노산의 카르복실기(carboxyl group ; C말단)에 다음 아미노산의 아미노기(amino

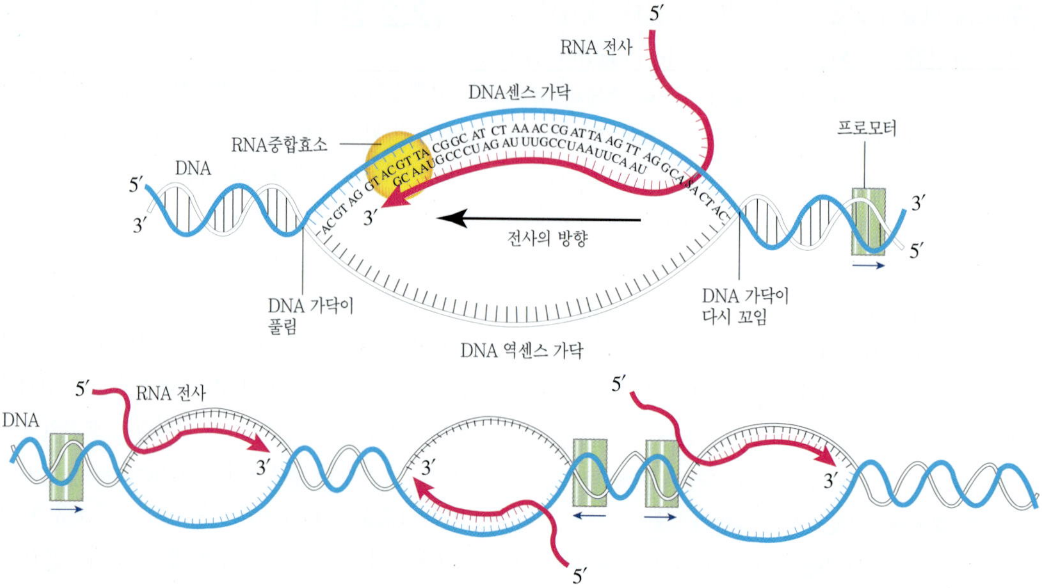

그림 12-1 RNA 전사의 모식도

group ; N말단)가 차례로 결합하여 펩티드사슬을 늘려나간다(N말단 → C말단 방향). 단백질의 구조는 아미노산의 1차배열에 의해 결정되며, 이 배열은 염색체 DNA에서 전사된 mRNA의 코돈(codon)의 배열순서에 대응한다. 코돈의 해독은 리보솜상에서 하게 되는데, 이런 바탕에서 펩티드사슬(peptide chain)이 완성된다.

12.3.1 합성의 준비

아미노산 분자는 그 자신의 독자적 능력으로는 mRNA의 코돈을 해독할 수 없으므로, 해독의 보조가 되는 tRNA와 결합하게 된다.

$$\text{아미노산}+\text{ATP}+\text{tRNA} \xrightarrow{Mg^{2+}}$$
$$\text{아미노아실}-\text{tRNA}(\text{RCHNH}_2\text{CO}-\text{tRNA})+\text{AMP}+2P_i$$

tRNA는 클로버형(입체적으로는 L자형)의 구조를 하며 3′말단(CCA로 끝냄)에 아미노아실기(AA)가 결합한다(그림 12-2).

상보적인 부분은 이중가닥(double strands)을 이루고, 비상보적 부분(3개소)은 루프(loop)구조(수식적 염기를 포함한다)를 만든다 아미노산의 결합부위와 가장 먼 루프에 3염기로 된 **역코돈**(anticodon)이 있으며, 이들 염기는 상보적으로 mRNA의 코돈을 식별한다.

아미노산의 코돈은 61종이 있으므로 61종의 tRNA가 존재할 것으로 추정되지만, 역코돈의 1번째 염기(코돈의 3번째 염기와 대합함)는 엄격한 상보성을 필요로 하지 않으므로 실제로 tRNA의 종류는 그보다 다소 적을 것이다.

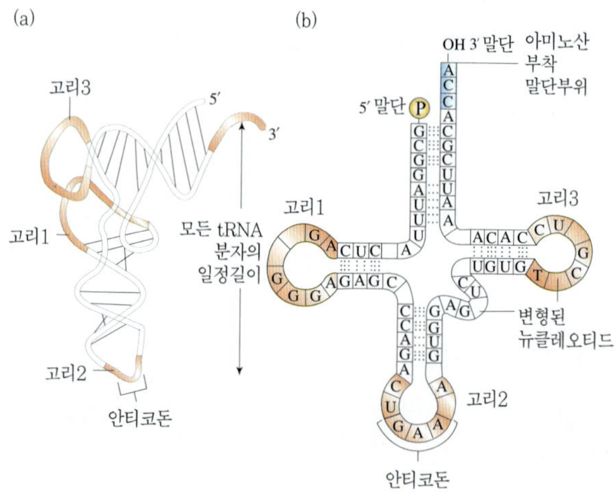

그림 12-2 전형적인 tRNA의 분자구조
(a) 3차원적 구조 (b) 2차원적 구조

12.3.2 합성의 시작과 종료

원핵생물의 리보솜은 70S형이며 50S와 30S인 서브유니트(subunit)로 분리된다. 단백질의 합성이 시작되면 그림 12-3에 나타낸 바와 같이 우선 30S에, mRNA와 mRNA의 개시코돈과 상보적인 역코돈(anticodon)을 가진 포르밀메티오닐(formyl methionyl ; fMet)−tRNAf가 결합한다. 이 결합에는 단백질성의 **개시인자**(initiation factor, F_1~F_3)와 GTP(guanosine triphosphate)가 필요하게 된다.

다음에 30S 결합체에 50S 소단위(subunit)가 결합하고, 그 P위치에 fMet−tRNAf가 들어간다. 거기서 mRNA의 다음 코돈에 상보적인 AA_1−$tRNA_1$이 50S내의 빈자리 A위치에 들어가서 AA_1의 N말단이 fMet의 C말단과 펩티드결합(peptide bond)을 한다.

그 결과, fMet가 P위치의 tRNAf에서 떨어져 나와 A위치의 AA_1−$tRNA_1$과 결합한다. fMet를 상실한 tRNAf는 리보솜에서 이탈되고, A위치의 fMet−AA_1−$tRNA_1$은 P위치로 이동한다. 빈 자리가 된 A위치에 mRNA의 다음 코돈과 상보적인 AA_2−$tRNA_2$가 들어가 같은 작업을 되풀이하고, 리보솜은 mRNA의 5′ → 3′ 방향으로 이동하면서 펩티드사슬을 늘려간다. 리보솜에 AA−tRNA가 부착할 때나, AA−tRNA가 A위치로부터 P위치로 이동할 때는 GTP와 G인자가 필요하게 된다. 펩티드사슬의 신장이 정지되는 것은 mRNA의 **종결코돈**(termination codon)에 의해 이루어진다. 종결코돈과 결합한 단백질의 방출인자(R_1, R_2, R_3)는 30S 소단위와 결합하여 A위치에 들어간 다음, 펩티드전이효소(peptidyl transferase)를 활성화시켜 P위치의 펩티딜(fMet−AA_1−AA_2−……)−tRNA*n*로부터 펩티드를 유리시킨다(그림 12-3).

끝으로 리보솜은 50S와 30S로 분리되고, mRNA에서 떨어져 나와 다음 펩티드합성에 대비한다. 한편 기능을 끝낸 mRNA는 분해된다.

mRNA와 리보솜과의 결합은 1 : 1이 아니고, 1개의 mRNA에 복수(약 5개)의 리보솜이 결합한다(그림 12-4).

이것을 **폴리솜**(polysome)이라 한다. 따라서 폴리솜에서는 각 리보솜이 펩티드합성을 하며, 형성된 펩티드사슬은 mRNA의 5′말단에 가까운 리보솜일수록 짧고 3′말단에 가까운 것일수록 길다.

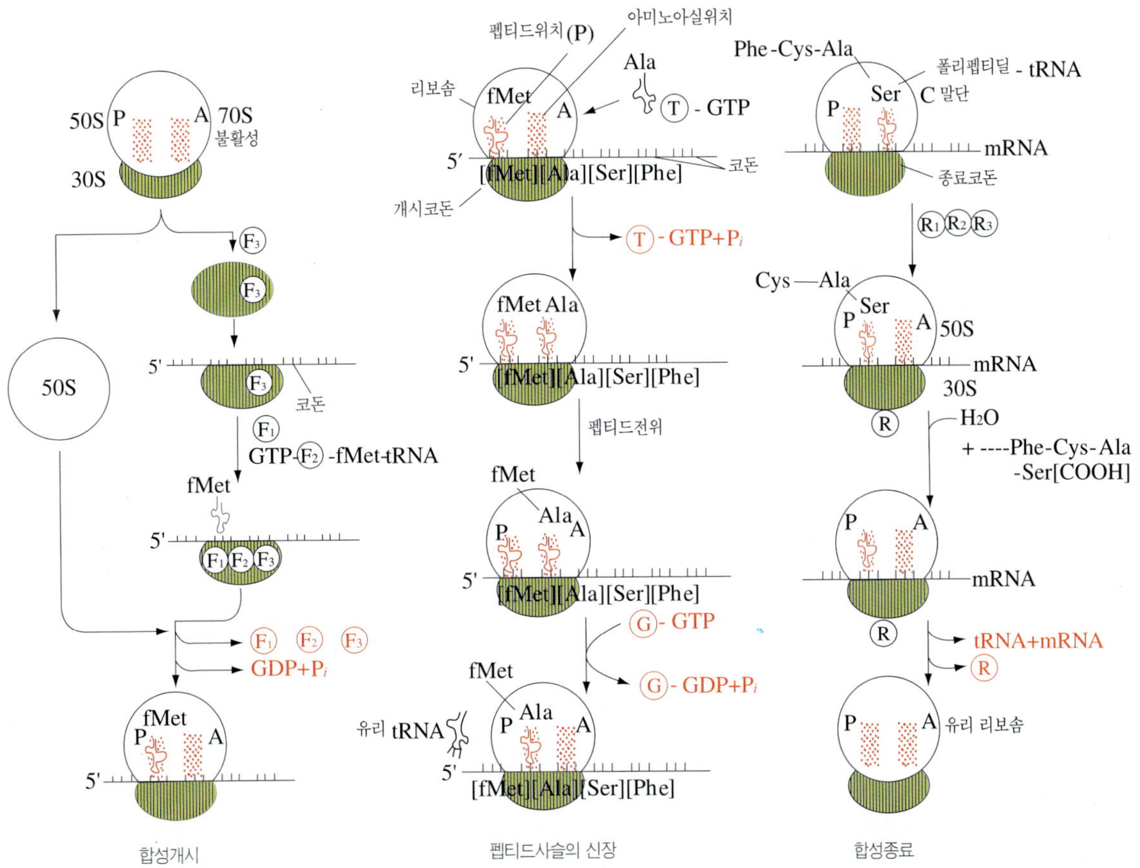

그림 12-3 단백질의 합성과정
F_1, F_2, F_3 : 개시인자, R_1, R_2, R_3 : 방출인자(P : 펩티드 위치, A : 아미노아실 위치)

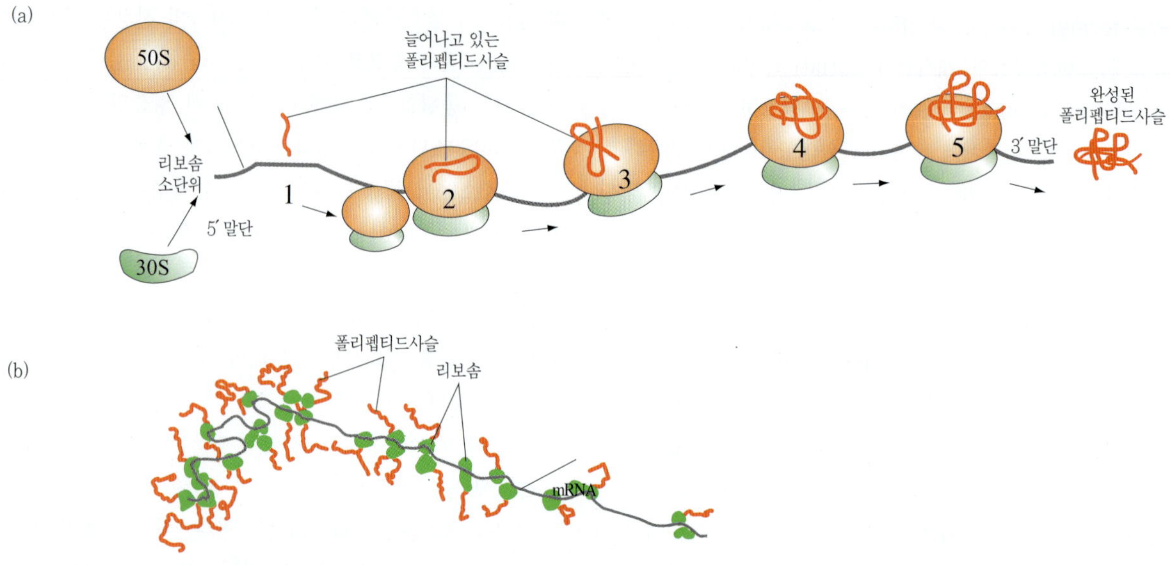

그림 12-4 폴리리보솜의 형성과 단백질합성
(a) 5개의 리보솜이 mRNA분자를 해독해 나가는 과정 (b) 단백질합성에 있어 각 구성요소

12.4 돌연변이

DE VRIES는 1901년에 **돌연변이설**(mutation theory)을 발표하여, 생물의 형질은 유전의 단위에 의해서 결정되고, 그 형질의 불연속적인 변이, 즉 돌연변이(mutation)에 의해서 새로운 종이 생긴다고 주장했다. 돌연변이는 유전물질(유전자)의 구성분자 구조에 변화가 생기고, 그 물질이 어버이로부터 자손에 물려져 자손에서 다른 유전정보가 발현됨으로써 형질이 변화하는 현상이다.

그런데 유전적인 변화가 아니고 유전정보 발현의 과정에서 환경 차이 등에 의해서 생기는 연속적 변이는 **개체변이** 또는 **방황변이**(fluctuation)라고 한다. 이것은 돌연변이와는 다르며 유전되지도 않는다.

자연 상태에서 발견되며 정상적인 유전자를 가진 개체는 **야생형**(wild type)이고, 야생형과 다른 유전자를 갖는 개체는 **돌연변이형**(mutant type)이다. 돌연변이형의 생물은 돌연변이체(mutant)라고 하는데, 야생형의 유전자가 돌연변이형의 유전자로 변화하는 경우를 **정돌연변이**, 그 반대의 변이를 **역돌연변이**(back mutation 또는 reverse mutation)라고 한다. 돌연변이로 효소활성을 잃어서 영양요구성 개체가 된다든지, 생체내의 대사이상이 되는 경우는 **생화학적 돌연변이**(biochemical mutation)라고 하며, 형태적인 변화를 보이는 경우는 **형태적 돌연변이**(morphological mutation)라고 한다(그림 12-5).

돌연변이가 1개의 유전자 구조변화에서 일어나는 경우는 **유전자돌연변이**(gene mutation)이고, 염색체의 구조변화에 기인하는 경우는 **염색체돌연변이**(chromosomal mutation), 염색체 수의 변화로 생기는 경우는 **게놈돌연변이**(genome mutation)이다.

12.4.1 유전자 돌연변이

유전자를 구성하는 DNA염기배열에 있어서, 1개의 염기가 다른 염기로 치환되면 그 염기를 포함한 코돈은 변화한다. 그러면 단백질내에 지정되는 아미노산의 서열이 바뀌고, 그 아미노산이 단백질(또는 효소)활성을 나타내는데 중요한 위치에 있으면, 그 활성이 변하여 생화학적 돌연변이체가 된다. 예를 들면 CTT라는 DNA의 유전암호는 mRNA에서는 GAA로 된다. 이것은 글루탐산의 코돈이지만, 돌연변이에 의하여 DNA의 염기배열이 CAT로 되면 mRNA는 GUA로 되어 글루탐산의 자리에 발린(valine)이 들어간다(그림 12-6).

이와 같이 유전암호가 본래의 아미노산과는 다른 아미노산을 지정하는 코돈으로 변화하는 경우를 **과오돌연변이**(missense mutation)라 한다. 하나의 DNA염기가 돌연변이에 의해서 다른 염기와 교체되는 현상을 **염기치환**(염기교환, base substitution)이라고 한다. 염기치환에는 한 퓨린염기가 다른 퓨린염기로 치환되는 경우와, 피리미딘염기 사

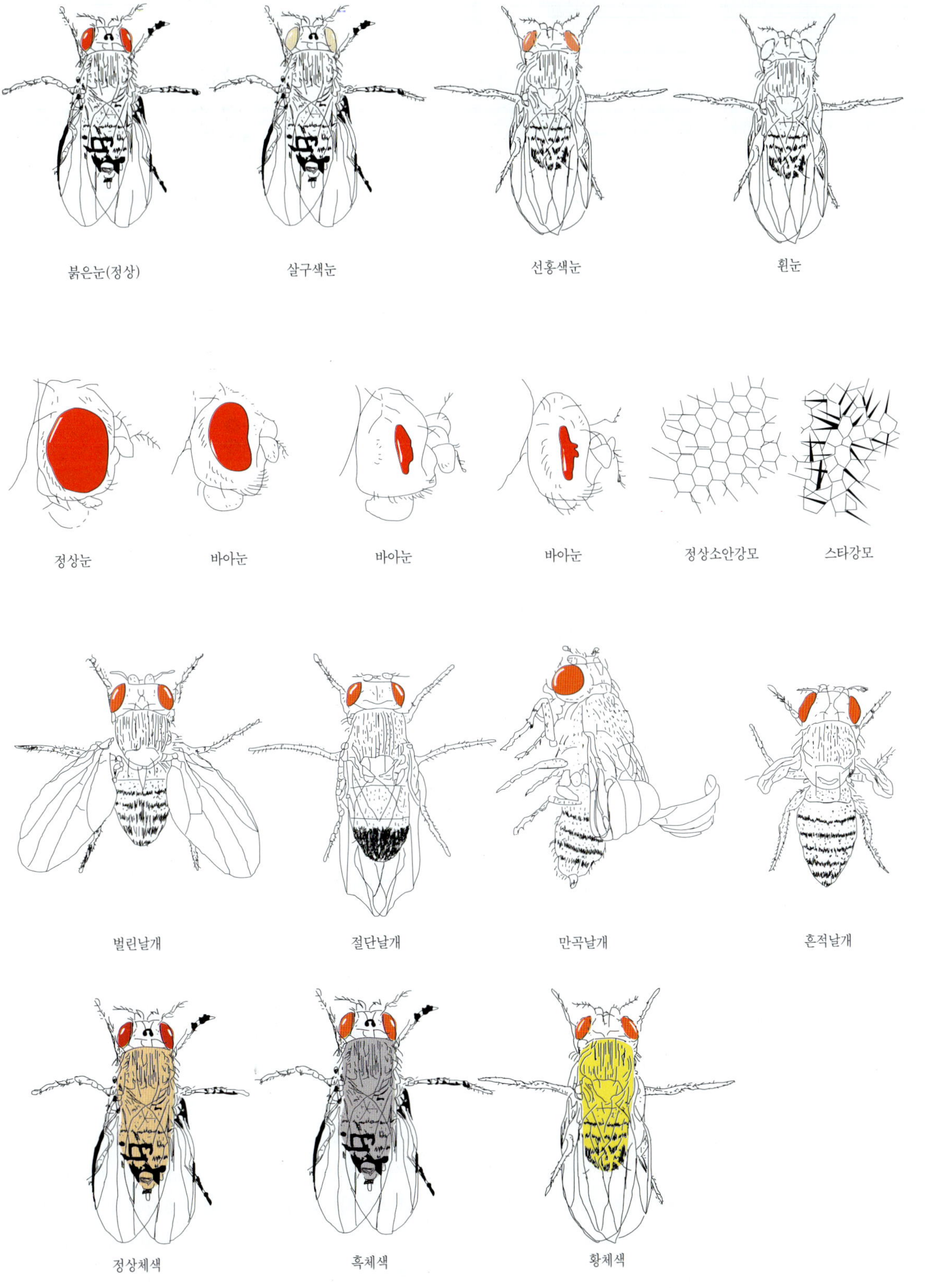

그림 12-5 초파리의 여러 가지 돌연변이형

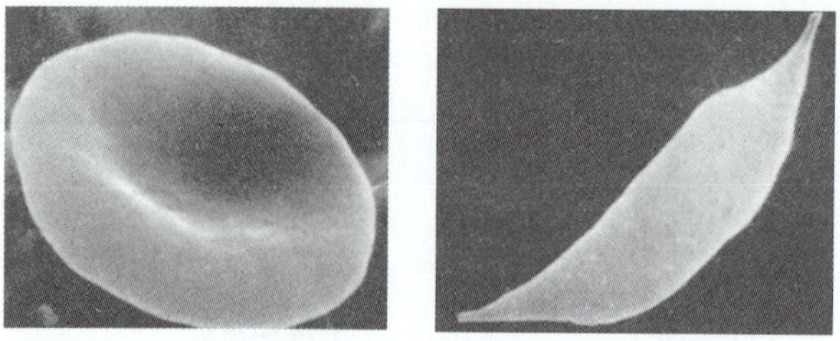

그림 12-6 정상 적혈구(좌)와 겸상 적혈구(우)
정상 적혈구 β-사슬의 6번째 아미노산은 Glu인데, 겸상 적혈구에서는 Val으로 치환되어 있다. 그 이유는 Glu의 유전암호 GAA 또는 GAG에서 가운데 A가 U로 바뀌었기 때문이며, 그 원인은 DNA의 CTT 또는 CTC염기에서 T→A로 치환되었기 때문이다.

이에서 치환이 생기는 경우가 있는데, 이를 **전이 돌연변이**(transition mutation)라 한다. 퓨린염기(A와 G)가 피리미딘염기(C와 T)로 치환되거나 또는 그 반대의 경우를 **교차형 돌연변이**(transversion mutation)라고 한다. 이들의 변화를 정리해 보면 그림 12-7과 같다.

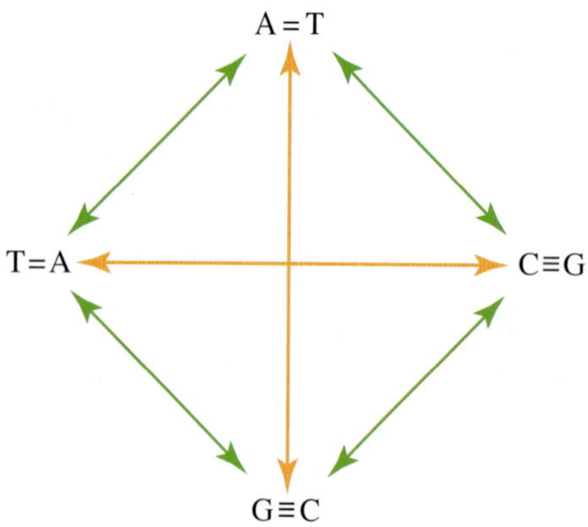

그림 12-7 전이 돌연변이와 교차형 돌연변이
A=T, T=A, G ≡ C, C ≡ G는 염기쌍을 표시한 것이고, 주황색선은 전이, 녹색선은 교차형을 표시한 것이다.

염기치환의 경우는 그 염기를 포함하는 코돈이 변화할 뿐이지만, **결실**(deletion)이 생기면 염기쌍이 암호문장에서 빠지게 되고, **중복**(duplication)이 일어나면 염기쌍이 추가되어 그 위치를 포함하는 코돈과 그 이후에 읽혀지는 코돈이 전부 바뀌게 된다.

이와 같이 염기의 중복이나 결실에 의하여 그 이후의 유전암호 내용이 모두 변화하는 경우를 **틀 이동 돌연변이**(frame-shift mutation)라 한다. 염기의 결실이 일어난 뒤 다시 염기가 부가되든지, 반대로 염기의 부가가 일어난 뒤 결실이 생기면 암호의 해독을 잘못하다가도 바로 잡을 수 있다(그림 12-8).

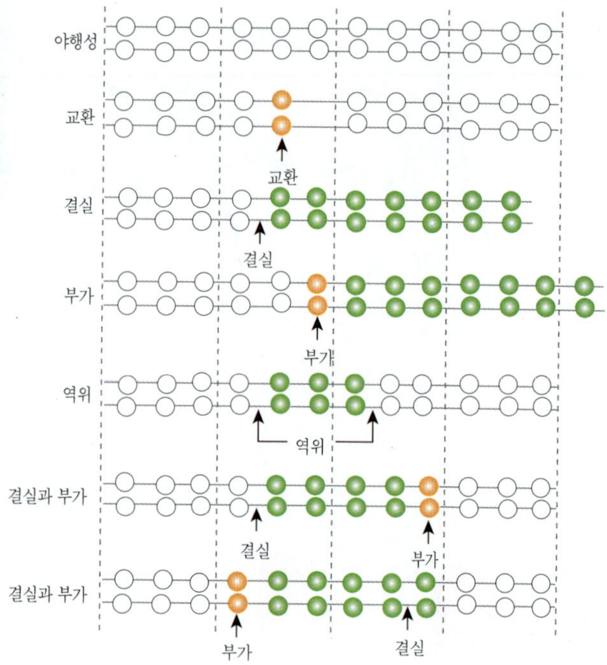

그림 12-8 분자 수준에서의 각종 유전자 돌연변이

또한 일정한 길이의 염기배열 순서가 반대로 바뀌는 경우는 **역위**(inversion)라고 한다. AAA는 **리신**(lysine)의 코돈이지만 최초의 문자가 돌연변이로 UAA가 되면, 이것은 정지코돈이 되어 어떤 아미노산도 지정하지 않아서, 결국 그 위치에서 단백질합성이 정지되어 짧고 불완전한 펩티드사슬(peptide chain)이 생기는데, 이것을 **정지돌연변이**(nonsence mutation)라고 한다.

12.4.2 돌연변이 위치와 유전자의 미세구조

멘델의 실험 이후로 대립유전자에는 우성(일반적으로 야생형)과 열성(일반적으로 돌연변이형)의 2종류가 있다고 말해왔다. 그러나 Benzer는 박테리오파아지 T_4의 rⅡ 유전자에 관해서 야생형 외에 다수의 돌연변이체를 분리하였다(1965). rⅡ 유전자는 대장균 K계통 세포내에서 파아지 T_4의 증식 능력에 관여하는 유전자로, 일반적으로 rⅡ 유전자의 돌연변이체는 K계통의 세포내에서 증식할 수 없다(B계통의 세포내에서 증식함). 그런데 다른 rⅡ 돌연변이체를 K계통세포에 혼합 감염시키면, K세포 중에서 증식할 수 있는 재조합형 파아지가 일정한 빈도로 나타난다. 이렇게 해서 Benzer는 많은 종류의 rⅡ 돌연변이체의 상호교배로 얻은 재조합률을 한 직선상에 표시하여 돌연변이가 생기는 위치를 밝혔다. 이와 같이 유전자내의 돌연변이 위치를 기록한 그림을 **유전자 미세구조**(gene fine structure)라고 한다. 그림 12-9는 rⅡ 유전자의 유전자미세구조로서, rⅡ 유전자는 A, B 두 **시스트론**(cistron)으로 이루어지고, 각 시스트론은 더욱 많은 돌연변이 위치가 배열되어 있는 상태를 보여 주고 있다. 이와 같은 유전자의 미세구조는 대장균, 붉은빵곰팡이 등 각종 생물의 유전자에 대해서도 작성되어 있다.

유전자가 염색체상에 자리잡고 있는 위치, 즉 유전자좌(gene locus)는 일정한 크기를 갖고 있으며, 어느 부분이 변화해도 대립유전자가 되어 그 유전자의 돌연변이체가 된다. BENZER는 하나의 유전자내에서 일어나는 돌연변이의 최소 단위를 **뮤톤**(muton)이라고 명명했다. 뮤톤은 1염기쌍에 해당된다. 그것은 DNA염기 1쌍이 변화해도 돌연변이체가 생기는 경우로 알 수 있다.

12.4.3 돌연변이율과 돌연변이 유발요인

특별한 처리없이 자연 상태에서 우연하게 일어나는 돌연변이를 **자연돌연변이**(spontaneous mutation)라고 하며, 일정한 시간내에 일어나는 자연돌연변이의 빈도를 **돌연변이율**(mutation rate)이라고 한다. 돌연변이율은 보통 1세대에서 1세포당 나타나는 빈도로 표시한다.

자연돌연변이율은 생물의 종에 따라서 다르고, 일반적으로 고등생물의 경우에 높게 나타난다. 또 같은 생물에서도 유전자의 종류에 따라 다른 경우가 많다(표 12-2).

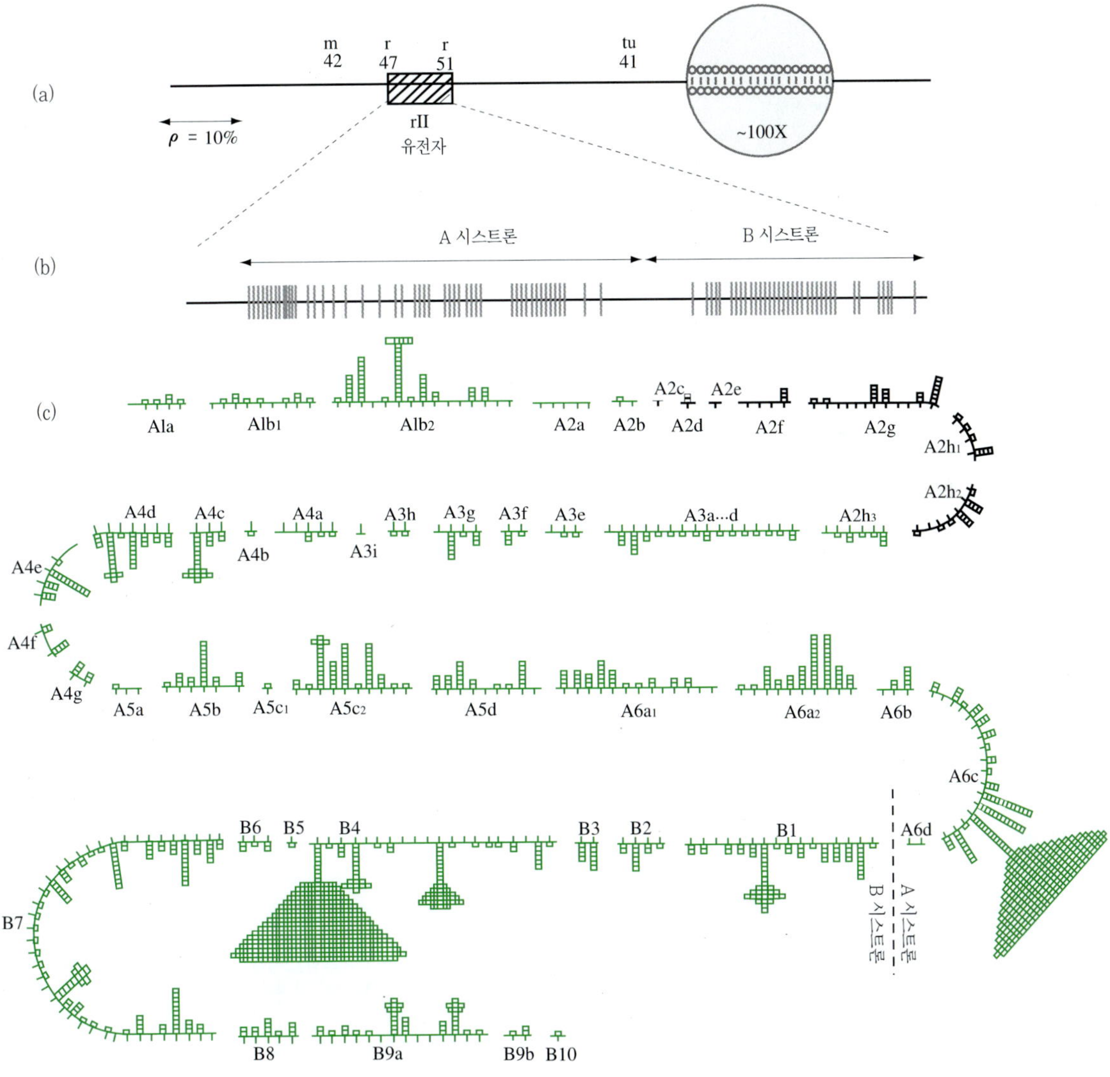

그림 12-9 박테리오파아지의 T4의 rⅡ 유전자의 미세구조 지도 (a) rⅡ 유전자의 위치 (b)(c) A시스트론과 B시스트론 내의 돌연변이 위치

표 12-2 자연돌연변이율의 예

생 물 명	형 질	돌연변이율	단위
박테리오파아지 : T_2	용균저해 $r \rightarrow r^+$	1×10^{-8}	유전자복제당
	숙주역 $h^+ \rightarrow h$	3×10^{-9}	유전자복제당
세균류 : 대장균	유당 발효성 $lac^- \rightarrow lac^+$	2×10^{-7}	세포분열당
	히스티딘 요구성 $his^- \rightarrow his^+$	2×10^{-8}	세포분열당
	$his^+ \rightarrow his^-$	2×10^{-6}	세포분열당
	스트렙토마이신 감수성 Str-s $\rightarrow$ Str-d	1×10^{-9}	세포분열당
조류 : 클라미도모나스	스트렙토마이신 감수성 Str-s $\rightarrow$ Str-r	1×10^{-6}	세포분열당
균류 : 붉은빵곰팡이	이노시톨 요구성 $inos^- \rightarrow inos^+$	8×10^{-8}	무성포자당
	아데닌 요구성 $ad^- \rightarrow ad^+$	4×10^{-8}	무성포자당
고등식물 : 옥수수	종자의 주름 $Sh \rightarrow sh$	1×10^{-5}	배우자당
	자 색 $P \rightarrow p$	1×10^{-6}	배우자당
곤충류 : 초파리	흰색눈 $W \rightarrow w$	4×10^{-5}	배우자당
	갈색눈 $Bw \rightarrow bw$	4×10^{-5}	배우자당
	황색체 ♂ $Y \rightarrow y$	1×10^{-4}	배우자당
	♀ $Y \rightarrow y$	1×10^{-5}	배우자당
포유류 : 생 쥐	모피색(얼룩무늬) $S \rightarrow s$	3×10^{-5}	배우자당
	모피색(엷은 색) $D \rightarrow d$	3×10^{-5}	배우자당
사 람	정상 → 혈우병	3×10^{-5}	배우자당
	정상 → 백자	3×10^{-5}	배우자당
사람의 배양세포 (골수의 조직배양)	정상 → 8-azaguanine 저항성	7×10^{-4}	세포분열당
	정상 → 8-azaguanine 저항성	1×10^{-6}	세포분열당

1927년 MULLER가 초파리에 X−선을 조사하여 돌연변이체를 얻는 데 성공하고 나서부터, 방사선이나 화학약품 처리 등에 의한 각종 생물의 유전자 자리에 인위적인 돌연변이를 유발시킬 수 있게 되었다. 이 경우를 **유발돌연변이**(induced mutation) 또는 인위돌연변이라고 한다. 돌연변이를 일으킬 수 있는 물리적 요인이나, 화학물질을 돌연변이유발원(mutagens)이라고 하는데, 이 **돌연변이유발원**의 대부분은 유전자내의 뮤톤까지 변화시킬 수 있지만, 유발원 중에는 DNA의 특정구조를 어느 정도 선택적으로 변화시킬 수 있다는 사실도 알려져 있다. 그 예를 들면 다음과 같다.

① DNA분자가 복제될 때, **5−브로모우라실**(5−bromouracil ; 5−BU)이나 **2−아미노퓨린**(2−aminopurine) 등 DNA염기와 매우 닮은 염기유사체(base analogues)를 처리하면, 다음의 DNA복제 때 전이형의 염기치환이 유발된다. 예를 들면, 5−BU는 DNA 복제 때 피리미딘 대신 참여하여 퓨린의 A와 염기쌍을 만들고, 다음의 복제에서 다른 퓨린(G)과 염기쌍을 만들면 AT → GC 또는 GC → AT의 **전이돌연변이**를 유발하게 되는 것이다(그림 12-10).

② 화학물질을 처리하면 DNA분자의 특정구조를 변화시켜 염기치환이 발생한다. 예컨대, **아질산**(nitrous acid ; HNO_2)이 아데닌, 구아닌 및 시토신의 아미노기를 제거시켜서 각각 하이포크산틴(hypoxanthine), 크산틴(xanthine) 및 우라실(uracil)로 변화시키면, 이들이 전이돌연변이를 유발하게 된다(그림 12-10). **히드록실아민**(hydroxylamine)은 특히 시토신(C)과 강하게 반응하여 GC → AT의 전이돌연변이를 일으킨다. 또 알킬화물질(alkylating agent)은 전이돌연변이 외에 교차형 돌연변이를 유발시킬 수도 있다.

③ DNA분자에 특이적으로 부착하는 물질을 사용하면 DNA복제에 착오가 생겨서 염기의 결실이나 추가가 유발된다. **프로플라빈**(proflavin)같은 아크리딘색소가 이 작용을 나타낸다고 알려져 있다.

④ DNA분자에 자외선을 쬐면 **티민이합체**(thymine dimer)가 생겨서 DNA복제시 방해를 받아 **건피성색소증**(xeroderma pigmentosum)이 유발된다.

이상과 같이 기능이 잘 알려져 있는 돌연변이유발원을 사용하면 유전자의 특정부위에 돌연변이는 선택적 유발이 어느 정도 가능하다.

12.4.4 역돌연변이와 억압돌연변이

야생형은 돌연변이에 의해 변화한 표현형(phenotype)을 나타내는데, 다시 돌연변이로 야생형이나 야생형에 가까운 상태로 복귀시키는 변이를 **역돌연변이**(back mutation 또는 reverse mutation)라 한다. 역돌연변이가 생기면, 유전자 DNA의 염기배열이 완전하게 야생형 상태로 되돌아가서, 유전 형질도 원상태로 회복된다. 그러나 표현형은 야생형으로 되돌아왔어도 유전자형(genotype)이 야생형 상태로 회복되지 않는 경우도 있다. 이런 경우, 돌연변이 위치의

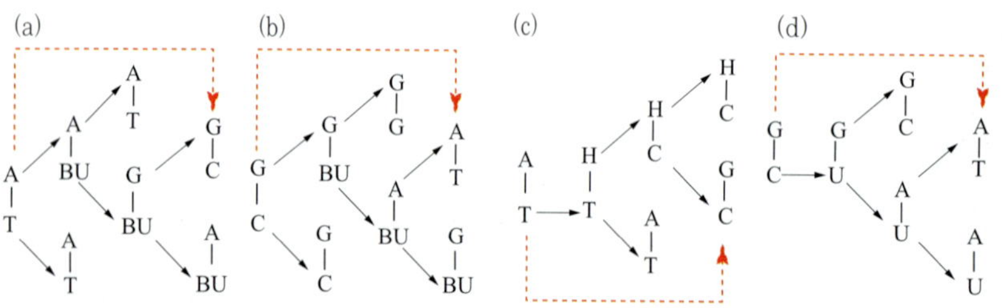

그림12-10 돌연변이 유발원에 의한 염기 교환
(a)(b) 브로모우라실(BU)의 참여로 전이유발
(c)(d) 아질산의 탈아미노작용에 의한 전이유발
→ : DNA 복제
--➤ : 최종적인 염기쌍의 변화
A,G,C,T : DNA염기
H : 하이포크산틴
U : 우라실

코돈이 지정하는 아미노산은 원래의 야생형 아미노산이 아닌 다른 아미노산으로 변화해도 단백질활성은 회복되는 셈이 된다. 그러나 일차적으로 돌연변이가 일어난 위치와는 다른 위치에서 제2의 돌연변이가 일어나, 표현형은 외견상 원래의 상태로 회복된 것 같은 경우가 있다. 이때 후자인 제2의 돌연변이를 **억압돌연변이**(inhibitory mutation)라 한다. 억압돌연변이는 제1의 돌연변이에 의한 형질 발현을 억제해서 유전자 본래의 기능을 회복시키는 작용을 한다.

12.4.5 염색체돌연변이와 게놈돌연변이

1927년, MULLER는 X-선이 유전자돌연변이(gene mutation, point mutation) 외에도 **염색체절단**(chromosome breakage)을 유발하는 사실을 발견했다. 염색체가 절단되면 염색체의 일부가 없어지는 **염색체결실**(chromosome deletion), 절단된 부분이 다른 염색체에 결합되는 **전좌**(translocation), 전좌되는 절단편이 다른 상동염색체에 결합하여 동일한 염색체 부위를 이중으로 갖게 되는 **중복**(duplication), 절단편이 반대방향으로 결합하여 유전자의 배열이 그 부분에서 반대가 되는 **역위**(inversion) 등이 생긴다. 이와 같은 현상으로 야생형과는 다른 변이체가 생기는 것을 **염색체돌연변이**(chromosome mutation)라고 한다. 어떠한 염색체돌연변이가 일어났는지는 세포분열 중기(metaphase)나 후기(anaphase)의 염색체 모양, 행동 등으로 판단할 수 있고, 또 초파리의 침샘염색체(salivary chromosome)에는 가로로 고유의 띠(band)가 있어서 그 모양을 분석해서 식별할 수 있다(그림 12-11).

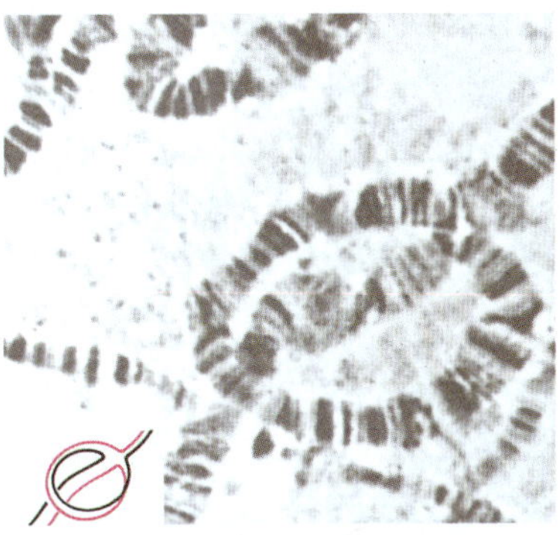

그림 12-11 초파리 침샘염색체의 역위

생물은 종에 따라서 고유의 염색체수가 자연적으로 또는 인위적으로 변화하는 경우가 있는데, 이것을 **게놈돌연변이**(genome mutation)라 한다. 게놈돌연변이는 기본의 염색체수(n)가 전체적으로 증가하는 **배수성**(polyploidy)과 염색체수가 1~3개 정도 증감하는 **이수성**(heteroploidy)변이로 나누어진다(그림 12-12).

식물의 경우, 배수성 돌연변이체(배수체, polyploid)는 자연적인 상태에서도 많이 발견되지만, 콜히친 같은 염색체 배가제를 사용해서 인위적으로 유발시킬 수도 있다. **배수체** 중에는 **2배체**(diploid)보다 우수한 형질이 많은 경우가 있어서 배수성은 육종(育種)에 응용되고 있다. 기본 염색체수에 대해 짝수의 배수로 염색체를 갖는 4배체, 6배체 등은 임성(fertility)이 높지만, 3배체 등의 홀수 배수체는 불임성(sterility)을 나타내는 경우가 일반적이다. 우장춘 박사에 의해서 육종된 3배체의 수박은 불임성이라 씨없는 수박으로 실용화되었다. 기본 염색체수의 정수배보다 염색체수가 몇 개 많은 것도 있고, 적은 것도 있는데 이것을 **이수체**

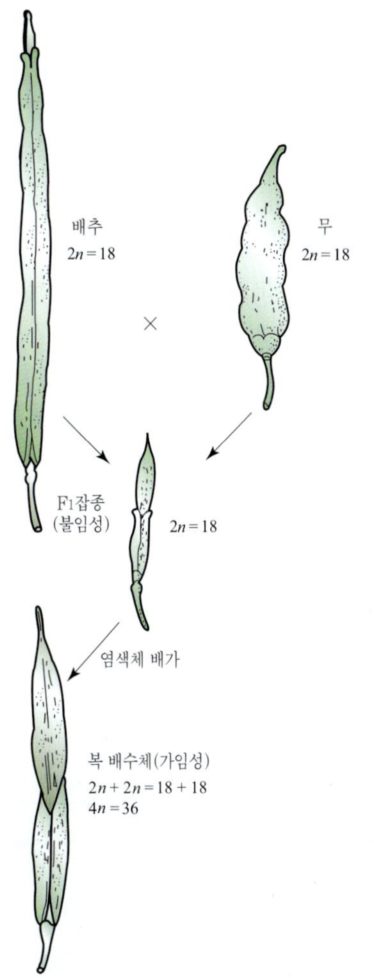

그림 12-12 게놈돌연변이(배수체 형성)
배수체는 일반적으로 열매와 꽃 등을 크게 만들며 물질의 합성량도 증가시킨다.

(heteroploid)라고 한다. 이수체에는 일반적으로 비정상적인 형질이 많이 나타난다. 사람의 염색체에서 21번 염색체가 3개로 되면 $2n$=47의 염색체를 갖는데, 이런 사람은 **다운증후군**(Down's syndrome)이라는 선천성 정신장애자가 된다. 그리고 X-염색체가 1개밖에 없는 여자($2n$=45, XO)는 **터너증후군**(Turner's syndrome)을 나타내며, $2n$=47, XXY인 염색체를 가지고 있는 남자는 **클라인펠터증후군**(Kleinefelter's syndrome)을 나타낸다. 터너증후군이나 클라인펠터증후군은 성염색체(sex-chromosome)에 수적인 이상이 일어난 것이므로, 생식소의 발달이나 제2차 성징(secondary sex-characters)의 발달에 지장이 있다.

12.4.6 시스 · 트랜스 검정

1유전자-1효소설에 의하면 유전자는 한 효소작용, 즉 하나의 형질을 결정하는 유전단위라는 뜻을 가지고 있다. 유전자가 형질결정의 최소 단위인지, 아니면 다시 더 소단위로 나누어질 수 있는지의 여부를 조사할 때는 **시스 · 트랜스 검정**(cis-trans test)을 사용한다. **이형접합체**(heterozygote)의 경우처럼 염색체가 $2n$인 세포에 2개의 **상동염색체**(homologous chromosome)가 포함되어 있을 때, 한 유전자내의 돌연변이 위치 a_1과 a_2가 같은 염색체상에 있는 것을 **시스형**(cis type)이라 하고, a_1과 a_2가 각각의 염색체상에 있는 경우를 **트랜스형**(trans type)이라 한다(그림 12-13).

이형접합체에서 a_1과 a_2가 시스형이고, 돌연변이 형질이 열성이면, 그 개체는 보통 야생형의 형질을 나타낸다(효소활성이 있음). 그러나 트랜스형은 시스형처럼 야생형의 형질을 나타내는 경우와, 돌연변이형을 나타내는 2가지 경우가 있다. 전자의 경우는 2개의 돌연변이 위치(a_1과 a_2)가 한 유전자내의 다른 활동단위(다른 cistron)에 속하기 때문에, a_1을 포함하는 단위에서 생긴 단백질과 a_2를 포함하는 단위에서 생긴 단백질은 활성이 없다. 그러나 각각의 상동염색체에 있는 야생형의 단위(+)에서는 정상적인 단백질이 합성되므로 야생형이 된다. 그런데 후자의 경우는 그림 12-13에서처럼 a_1과 a_3는 트랜스형인데도 유전자 활동단위가 동일한 범위(동일 cistron)에 속할 때는 돌연변이 형질을 나타낸다. 이와 같은 시스 · 트랜스 검정에 이용되는 유전자내의 기능적 소단위를 **시스트론**(cistron)이라고 한다.

지금까지 알려진 거의 모든 유전자는 1개의 시스트론으로 되어 있지만, 하나의 유전자로 간주되었던 것이 2개 이상의 시스트론으로 나누어지는 경우도 발견되고 있다.

플라스미드의 DNA는 2개의 작은 사슬로 이루어진 DNA가 양끝에서 결합한 고리구조(ring form)를 이루며, 핵의 DNA와는 다른 레플리콘을 형성하고 있다. 최근에, 세포로부터 분리해낸 플라스미드의 DNA를 실험실내에서 효소반응을 이용하여 다른 생물의 DNA와 결합시키는 기술을 개발하는 데 성공했다. 이렇게 결합된 DNA를 플라스미드의 증식을 허용하는 세포에 주입하면 거기서 증식된다. 뒤에서 취급할 DNA재조합기술, 유전자조작기술 등은 이 기술을 응용한 것이며, 이 기술을 이용함으로써 특정 유전자가 **클로닝**(cloning)되고 있다.

12.5 유전자의 발현과 조절

한 생물의 각 세포는 같은 유전자로 구성되어 있지만 발생을 포함한 생활사의 일정한 과정에서 시 · 공간적으로 형질발현을 달리하고, 또한 생물체의 각 부분은 서로 다른 구조나 기능을 갖게 된다. 이렇게, 같은 유전자로 구성된 세포들이 다른 형질을 발현하여 특이한 구조나 기능을 갖게 되는 과정이 **분화**(differentiation)이고, **세포분화**(cell differentiation)의 과정을 거쳐서 조직이나 기관이 각각 특이한 형질을

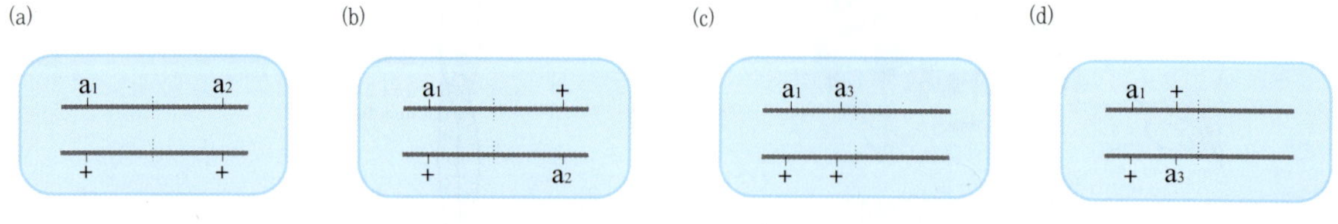

그림 12-13 시스 · 트랜스 검정
(a) 시스형(야생형 형질) (b) 트랜스형(야생형 형질) (c) 시스형(야생형 형질) (d) 트랜스형(돌연변이 형질)
a_1, a_2, a_3는 염색체상의 1유전자내에 있는 돌연변이 위치를 표시하고, +는 정상적인 유전자 위치를 표시한다. a_1과 a_2는 다른 시스트론에 속하며, (a)와 (b)는 모두 야생형 형질을 발현한다. a_1과 a_3는 같은 시스트론내에 들어 있고, (c)와 (d)는 서로 다른 형질을 발현한다. 중앙의 점선은 시스트론의 경계를 표시한다.

나타내게 되는 것이 **발생**(development)현상이다. 일반적으로 이러한 분화 · 발생의 과정은 유전자의 증가나 감소, 또는 돌연변이를 수반하여 이루어지는 것이 아니다. 어느 유전자가 언제 어떻게 발현하는가는 유전자의 선택적인 발현에 의하여 결정된다. 대장균과 같은 **원핵생물**(prokaryote)의 세포내에서도 많은 유전자가 작용하고 있지만, 언제나 모든 유전자가 단백질합성을 하고 있는 것은 아니며, 일정한 유전자만이 필요에 따라 전사, 번역되는 조절작용을 한다.

12.5.1 오페론설

JACOB과 MONOD는 대장균의 락토오스대사(lactose metabolism)의 조절에 관한 다음과 같은 연구를 바탕으로, 유전자작용의 조절기작을 설명하는 **오페론설**(operon theory)을 제창했다(1961). 대장균 세포는 배지(培地) 속에 락토오스가 없을 때는 락토오스대사에 관여하는 3종의 효소, 즉 **β-갈락토시다아제**(β-galactosidase), **β-갈락토시드 투과효소**(β-galactoside permease), **β-갈락토시드 트랜스아세틸라아제**(β-galactoside transacetylase)를 거의 합성하지 않는다. 그러나 락토오스를 공급하면 이들 효소를 다량으로 합성한다. 그래서 β-갈락토시다아제에 의하여 락토오스(lactose)는 글루코오스(glucose, 포도당)와 갈락토오스(galactose)로 분해되어 탄소원(炭素原)으로 이용된다. 이러한 효소활성의 조절기작은 다음과 같이 설명할 수 있다.

락토오스가 없을 때는 **조절유전자**(regulatory gene)로부터 만들어지는 **억제물질**(repressor)이 **오퍼레이터**(operator, **작동유전자**)라고 불리우는 유전자와 결합한다. 그리고 그 인접부위에 위치하는 3종류의 효소 **구조유전자**(enzyme structure gene)로부터의 전사를 억제한다. 한편, 락토오스가 배지 속에 있는 경우는 억제물질이 락토오스와 결합하여 불활성화되므로 오퍼레이터에 작용하지 못하게 되고, 따라서 3종류의 효소합성을 위한 mRNA가 전사되어 효소합성이 일어난다. 이와 같이 조밀하게 연달아 위치하는 오퍼레이터와

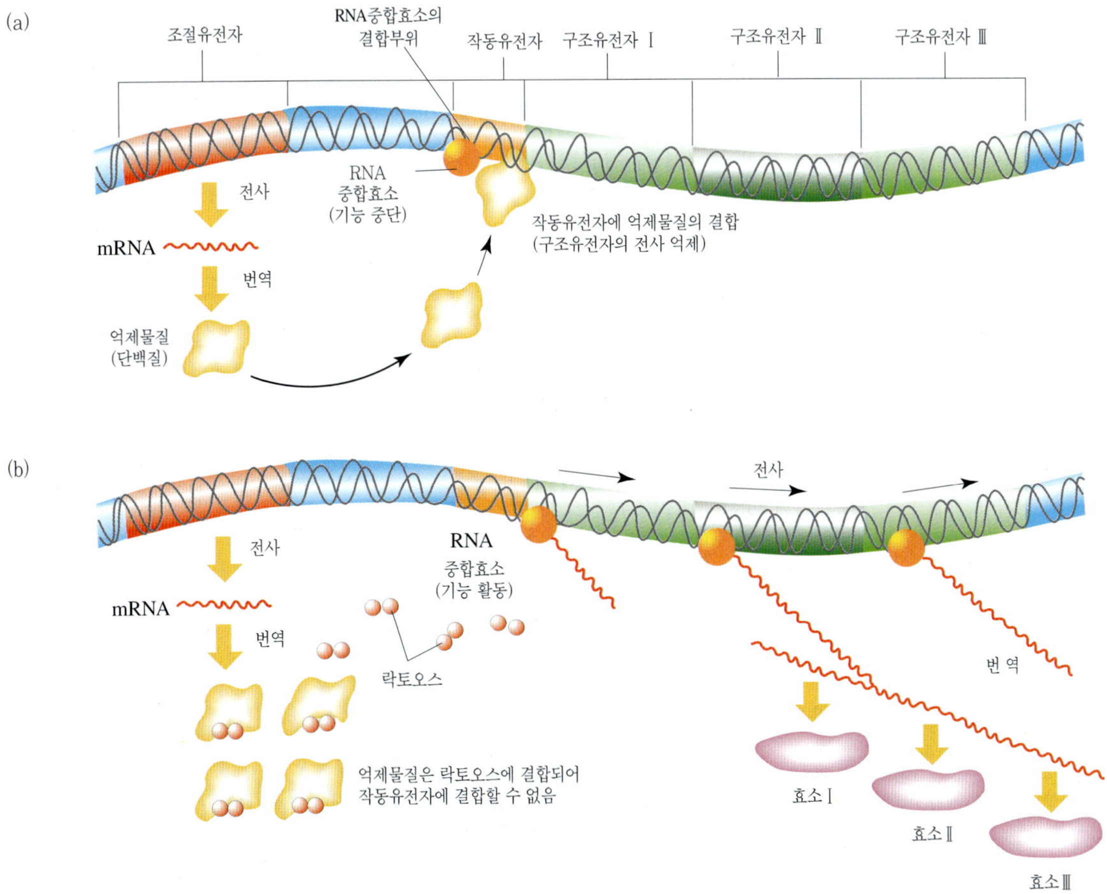

그림 12-14 락토오스 오페론
(a) 락토오스 결핍 - 효소합성 없음(포지티브 조절) (b) 락토오스 존재 - 효소합성 있음(네거티브 조절)

구조유전자군을 **오페론**(operon)이라고 한다(그림 12-14).

효소합성의 조절이 조절유전자로부터의 억제물질과 오퍼레이터 사이의 상호작용을 통해서 오페론 단위로 이루어진다는 것이 오페론설이다.

오페론설이 발표된 후 JACOB 등은, 오퍼레이터와는 인접하여 있고 구조유전자와는 반대되는 쪽에 **프로모터**(promotor ; *p*)라는 부분이 있으며, RNA**합성효소**(RNA polymerase)가 이 부위와 결합하여 RNA합성을 개시하게 된다고 밝혔다(1964). RNA합성효소는 프로모터의 위치로 들어가, 오퍼레이터에 억제물질이 존재하지 않는 경우에만 RNA 합성을 개시하여 3개의 구조유전자에 대응하고 일련의 mRNA를 합성한다. 이와 같이 전사된 커다란 mRNA가 리보솜이 결합한 **폴리솜**(polysome)에서 번역될 때는 개개의 효소분자로 구분, 합성된다.

12.5.2 네거티브 조절과 포지티브 조절

효소합성의 유도역할을 하는 락토오스와 같은 물질을 유도물질(inducer)이라 하며, 유도물질이 첨가되었을 때 합성되는 효소를 **유도효소**(inducible enzymes)라 한다. 락토오스 오페론(lactose operon)의 예에서와 같이 유도효소의 오페론에 작용하는 억제물질은 그 자체가 직접 오퍼레이터와 결합할 수 있으며 mRNA의 합성을 억제한다. 그러나 억제물질 중에는 그 자체만으로는 오퍼레이터와 결합하지 못하고 **억제 보조물질**(repressor complement)과 결합했을 때에야 비로소 오퍼레이터에 작용하며 효소합성을 억제하게 되는 경우가 있다. 이런 경우 조절유전자로부터 만들어지는 억제물질을 **주억제물질**이라고 한다. 예컨대 대장균의 아르기닌 합성계 효소의 오페론에서는 아르기닌이 억제보조물질이 되며, 주억제물질과 결합한 물질이 오퍼레이터에 작용하면 mRNA의 합성이 억제된다. 이 경우, 아르기닌이 많이 있을 때는 아르기닌합성을 위한 효소의 합성이 억제되고, 없어지면 억제가 해제되어 효소합성이 유도된다. 따라서 이는 세포에 있어서 필수아미노산 합성을 위한 유리한 조절기구라 할 수 있다. 이러한 조절을 받는 효소를 억제효소라고 한다.

락토오스 오페론이나 아르기닌 오페론의 조절기작에서 효소합성은 억제물질과 오퍼레이터의 상호작용에 의해 이루어지는데, 억제물질이 오퍼레이터에 결합함으로써 구조유전자의 전사가 일어나지 않도록 조절하는 기작을 **네거티브 조절**(negative regulation)이라고 한다. 그러나 어떤 물질이 오페론의 일부와 결합함으로써 전사가 일어나는 경우도 있어서 이를 **포지티브 조절**(positive regulation)이라고 한다. 후자의 경우에는, 조절유전자로부터 합성되는 물질(단백질)이 유도물질과 공존하면 프로모터의 부위에 결합하여 그 오페론의 전사를 촉진한다. 예를 들면, 대장균의 아라비노오스(arabinose) 분해효소의 오페론에서는 아라비노오스가 유도물질이 되며, 조절유전자로부터 합성된 단백질과 결합하여 프로모터에 작용해서 이 오페론의 효소합성이 일어나게 된다.

이상과 같은 여러 가지 오페론의 조절기작은 세균들을 이용한 연구를 통해 발견되었으며, 오퍼레이터 및 프로모터의 염기배열 결정, 또는 억제물질의 입체구조 해석 등의 상세한 연구가 진전되고 있다(그림 12-15).

한편, 진핵생물(eukaryote)에서는 세균류에서 볼 수 있는 것 같은 복수의 구조유전자를 함유하는 오페론이 발견되지 않고 있다. 이것은 진화과정에서 염색체의 절단이라든가 전좌 등으로 오페론이 분리되었으며, 각 유전자가 단독으로 분포되었기 때문이라고 생각할 수도 있다. 하나의 대사계 효소군의 유전자가 집합하여 오페론을 구성하지 않는 경우에도 일련의 생화학적 반응에 관한 유전자 사이에는 어떤 종류의 조절기작이 있을 것으로 생각된다.

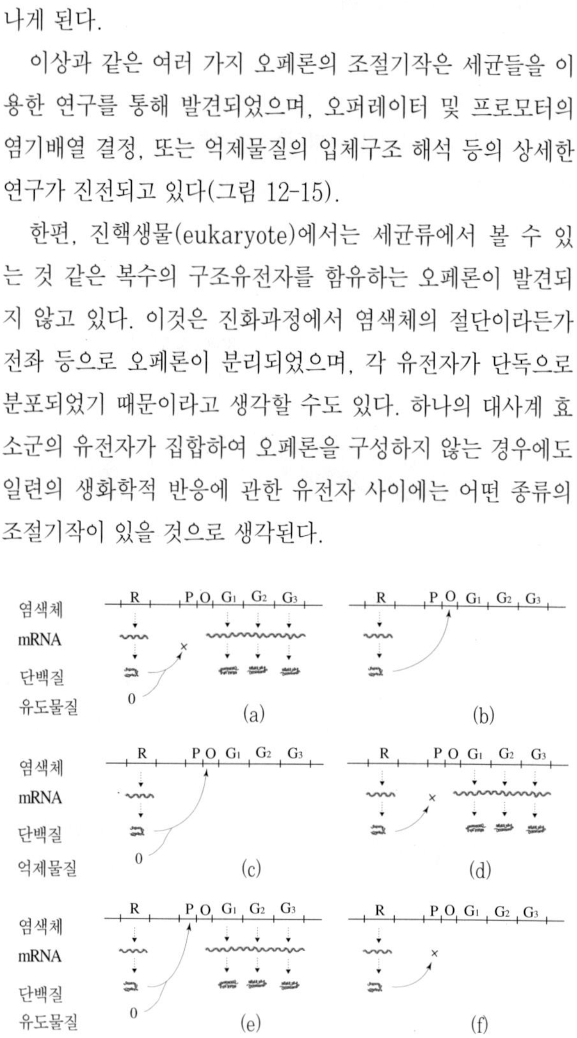

그림 12-15 각종 오페론의 조절기작
R : 조절유전자 P : 프로모터
G_1, G_2, G_3 : 구조유전자
(a)(b) 유도 효소합성의 조절
(c)(d) 억제 효소합성의 조절
(e)(f) 포지티브 조절

제13장

유전공학

유전학의 분자생물학적 연구와 그 응용성에 대하여 설명한다. 유전학의 공학적, 농학적 또는 의약학적 응용이 눈부시게 발전하고 있다. 따라서 유전자 조작법을 비롯하여 응용으로 인한 활용성에 이르기까지 우리 생활에 필요한 실질적 내용을 해설한다.

13.1 유전공학의 탄생

유전정보를 담당하는 DNA의 구조나 그 복제기작 등을 연구해 가는 과정에서 DNA의 합성이나 분해에 관계하는 여러 가지 효소가 동정, 분리되었고 이 효소들의 생화학적 성질이 점차 밝혀져 왔다. 한편, 이와 병행하여 DNA나 RNA를 다루는 기술도 발전되었다. 그 결과 1970년대 초에는 DNA사슬을 적절한 부위에서 절단하여 얻은 절편 중 임의의 것을 골라 다시 연결시키는, 이른바 재조합 DNA(recombinant DNA)를 만드는 기술이 가능해졌다. 1972년, BERG 등은 시험관내에서 효소반응을 통해 대장균의 플라스미드의 일종인 DNA와, 포유류의 종양바이러스인 SV40의 DNA를 이용하여 재조합 분자를 합성하는 데 최초로 성공했다. 또한 1973년에는 COHEN 등이 대장균과 포도상구균의 플라스미드로 이루어진 재조합 DNA가 대장균세포 안에서 증식하고 그것의 유전자 기능이 나타남을 밝혔다. 그 후, 실험실 내에서 자기증식성의 소형 DNA와 임의의 생물 유전자 DNA 사이에서 재조합 분자를 만든 후, 그것을 적절한 다른 세포에 넣어 그 안에서 다량으로 증식시키는 기술이 급속히 발전되었다. 이와 같은 재조합 DNA 기술(recombinant DNA technique)의 개발은 유전학 연구분야뿐 아니라 생물학 영역 전분야에 큰 변화를 가져오게 하였다.

또한 이 재조합 DNA 기술을 근간으로 하여 유전자 조작에 의해 특정 유전자 산물을 생산해 내는 유전공학(genetic engineering)의 탄생은 생명체 정보의 해명, 각종 생리활성물질의 생산, 유용 미생물의 생산 및 동식물의 육종 등 인류사회에 큰 이득을 가져다 줄 응용기술로 각광을 받게 되었다.

13.2 유전자 재조합 기술

13.2.1 제한효소

재조합 DNA 기술에서 돌파구를 마련하게 된 것은 특정 염기서열을 인식하여 절단해 주는 이른바 **제한효소**(restriction enzyme)의 발견이었다.

이 효소가 발견된 계기는 다음과 같다. 즉, 침입한 파아지의 증식을 제한하는 현상이 대부분의 세포에서 발견되고 있던 중, 1960년에 이르러 이러한 제한은 세균이 바이러스 DNA 등 외래성 DNA에 의한 감염으로부터 자신을 지키기 위해 가지고 있는 기작이며, 외래의 DNA를 식별하여 분해하는 특이적인 **엔도뉴클레아제**(endonuclease)가 세균에 존재하기 때문이라고 추정하였다. 그 뒤 1970년에 SMITH와 WILCOX는 인플루엔자균의 한 종인 d 스트레인(d strain ; d 株)으로부터 자신의 DNA에는 작용하지 않지만 이종(異種)의 DNA(송아지 흉선, 대장균 및 파아지 DNA)를 절단하게 되는 효소를 찾아냈으며, 이 효소에 의해 만들어진 DNA 절편의 말단은 특정한 염기서열로 되어 있음을 발견했다. 이것이 최초의 제한효소 발견이었다. 그 뒤 여러 가지 균으로부터 제한효소가 발견되었고, 오늘날에는 200여 종류 이상에 이르고 있다. 이들은 각기 특정한 염기배열을 인식하여 DNA사슬을 절단한다.

제한효소의 대부분은 절단된 DNA의 각 사슬 부위를 반대 방향으로 읽어도 처음부터 읽을 때와 똑같은 구조를 나타내는 이른바 **회문구조**(palindromic structure)를 인식하여 절단한다(그림 13-1). 표 13-1에 일부 제한효소의 특이성을 제

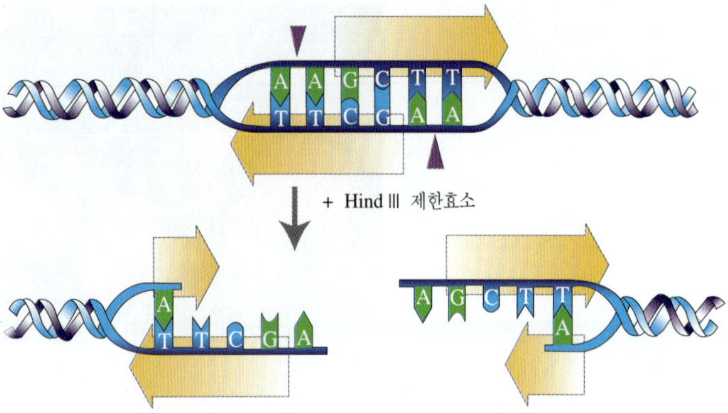

그림 13-1 특정 염기서열 부위를 전달하는 제한효소 Hind Ⅲ 회문구조의 DNA 부위를 절단하므로 잘려진 각 사슬의 염기서열은 상보적이다.

표 13-1 제한효소의 염기배열 특이성

명 칭	인식염기배열	절단 후의 말단	효 소 원
EcoRI	↓ - GAATTC - - G - CTTAAG - - CTTAA ↑	AATTC - G -	약제내성 플라스미드 RI를 갖고 있는 대장균
BamHI	↓ - GGATCC - - G - CCTAGG - - CCTGA ↑	GATCC- G-	*Bacilus amyloliqefacieus* H
Hind Ⅲ	↓ - AAGCAA - -A - TTCGAA - -TTCGA ↑	AGCTT- A-	*Hemophilus influenzae* Serotype D
Hae Ⅲ	↓ - GGCC - -GG - CCGG - -CC ↑	CC- GG-	*Hemophilus aegyptus*

시하였다.

한편, 이렇게 떨어진 각 DNA사슬의 염기배열이 상보적으로 만약 다른 DNA분자를 같은 제한효소로 절단한 후 얻은 한 가닥의 사슬은 앞의 DNA사슬 중 하나와 역시 상보적 구조를 갖는 염기구조를 갖게 되어 이들은 서로 결합시킬 수 있다. 제한효소에 의해 절단된 각 DNA의 절편의 끝을 **점착성 말단**(sticky end)이라고 부른다. 이 두 가닥의 상보적 점착성 말단은 서로 수소결합에 의해 일시적으로 결합될 수 있으며, 이 두 DNA사슬을 완전히 결합시켜 주는 효소를 **DNA 연결효소**(DNA ligase)라고 한다.

13.2.2 벡터

재조합 DNA를 분리한 후 이것을 대장균(*E. coli*)과 같은 세균 세포에 넣어서 증폭시켜야만 한다. 우선 목적으로 삼은 유전자를 함유하고 있는 DNA인 **공여체** DNA(donor DNA)만을 세포에 넣으면 일반적으로 증식하지 않으므로, 세균 세포 안에서 자기 증식할 수 있는 소형 DNA인 **플라스미드**(plasmid)에 공여체DNA를 결합시킨다(그림 13-2). 이와 같이 유전자의 운반자가 되는 DNA를 **벡터**(vector)라 하는데, 재조합DNA가 증식할 수 있는 세포인 숙주(host)가 대장균일 때에는 세균성 플라스미드나 람다 파아지(λ phage) 등이 벡터로 이용되며, 포유류 세포인 경우에는 SV40 등 바이러스의 DNA가 사용된다.

숙주 세포에 재조합 DNA를 삽입할 때의 방법은 사용하는 벡터나 숙주 세포에 따라 각각 적절한 방법을 이용하는데 숙주 세포를 칼슘으로 처리한다든지, 세포벽 용해효소로 세포벽을 처리하여 제거한 다음 원형질체(protoplast)나 스페로

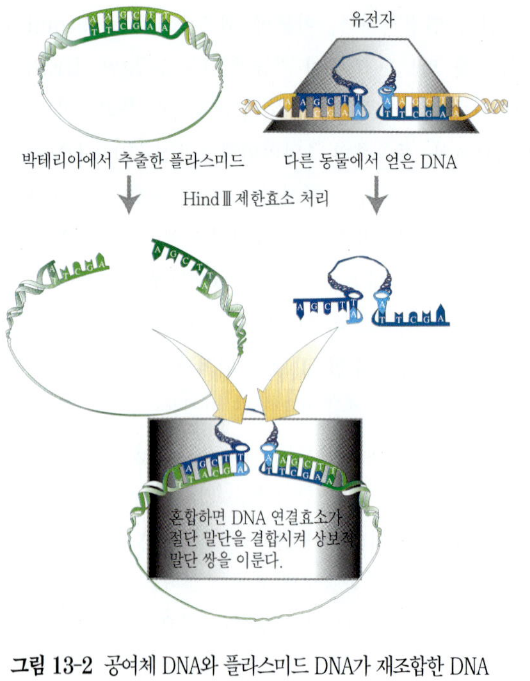

그림 13-2 공여체 DNA와 플라스미드 DNA가 재조합한 DNA

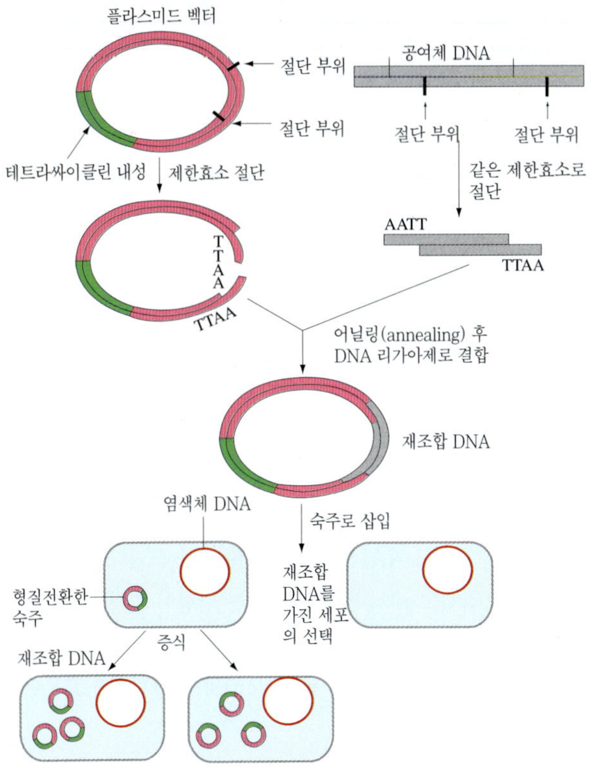

그림 13-3 재조합 DNA 기술의 과정

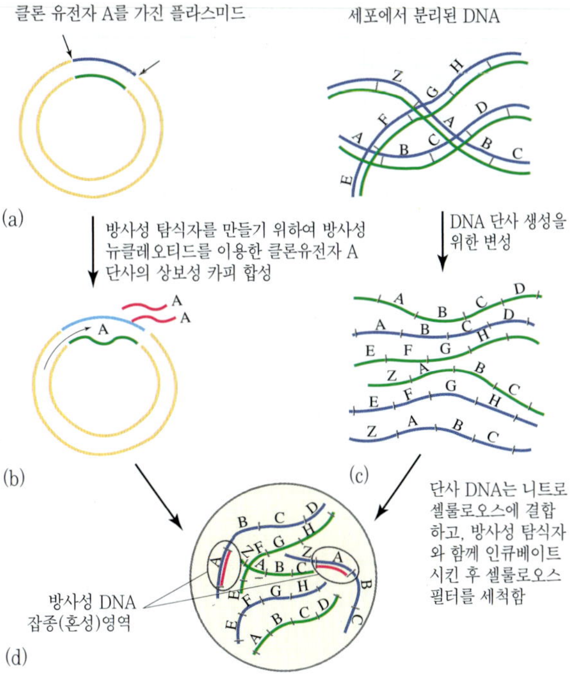

그림 13-4 유전자지도의 작성 방사성
DNA 단사는 상보성 염기서열을 가진 DNA 단사와 잡종화(혼성화)될 수 있다.

플라스트(spheroplast)로 만들어 DNA를 삽입하기 쉽게 하기도 한다. 이렇게 하여 재조합 DNA를 함유한 세포는 재조합체가 되는데 이것을 **형질전환**(transformation ; 진핵세포일 경우 **형질도입**〈transduction〉이라고 함)이라고 한다(제11장 참조). 이상의 과정을 도식화하면 그림 13-3과 같다.

일단 플라스미드가 세포내로 들어가면 새로 도입된 DNA를 지닌 숙주 세포는 분열을 거듭하여 도입 DNA를 포함한 숙주 세포의 DNA가 모두 동일한 세포들을 생성하는데, 이와 같이 동일 DNA를 갖는 세포군을 **클론**(clone)이라 부르며, 클론을 복제시키는 것을 **클로닝**(cloning)이라고 한다.

한편, 클로닝에 사용되는 플라스미드는 *E. coli* 생존에 필수적인 유전자를 가지고 있지는 않지만 특정 항생제(테트라사이클린, 암피실린 등)에 대한 저항성을 갖는 유전자를 가지고 있으므로 이 성질을 이용하여 특정 항생제를 함유한 배지에서 배양함으로써 플라스미드가 도입된 세포만이 복제될 수 있게 할 수 있다(그림 13-4).

13.2.3 유전자 도서관

앞에서 살펴본 대로 어떤 특정 DNA의 클로닝과정은 간단하지만, 그 특정 유전자는 생물체의 세포가 갖는 전체 DNA〔이를 게놈(유전체 : genome)이라고 한다〕의 극히 작은 부분이므로 우리가 클로닝하려고 하는 특정 DNA(유전자)를 분리해내는 일은 그리 간단한 것은 아니다. 이의 해결 방법 중의 하나가 **유전자 도서관**(genomic library)의 구축이다(그림 13-5).

유전자 도서관은 대상 생물체가 갖는 각종 클론(특정 DNA 절편을 함유한)들을 모은 것이라 할 수 있겠다. 이를 위해서 우선 대상 생물체 세포로부터 DNA를 추출한 다음 제한효소로 공여체 DNA를 절단하여 얻은 DNA 절편들을 동일 제한효소로 절단한 벡터에 결합시킨다. 이어서 이들을 숙주 세포에 삽입하여 형질전환시켜 재조합 DNA를 갖는 모든 클론들을 얻는다. 이와 같이 하여 각각 서로 다른 DNA 절편이 삽입된 클론들이 유전자 도서관을 구성하는 것이다. 각 클론들의 수요가 많을 때는 이들 클론을 고체형 배지에 배양하여 증폭시키면 된다.

한편, 많은 진핵세포들의 게놈(유전체)은 단백질로 번역되지 못하는 유전자 부위인 **인트론**(intron)을 포함하고 있으며, 세균 세포들은 RNA로부터 인트론을 제거할 수 없다. 따라서 발현될 수 있는 유전자들로만 구성된 도서관을 반드는 방법이 **역전사효소**(reverse transcriptase)를 이용하여 대상 생물체의 mRNA로부터 **상보적 DNA가닥**(complementarty DNA, cDNA)을 만든 후, mRNA로부터 분리한 다음, DNA 중합효소(DNA polymerase)를 사용하여 두 가닥의 cDNA로 합성한다. 이것을 이용하여 위의 방법과 같이 도서관을 만들면 되는데, 이것은 **cDNA 유전자 도서관**(cDNA library)이라고 한다(그림 13-5).

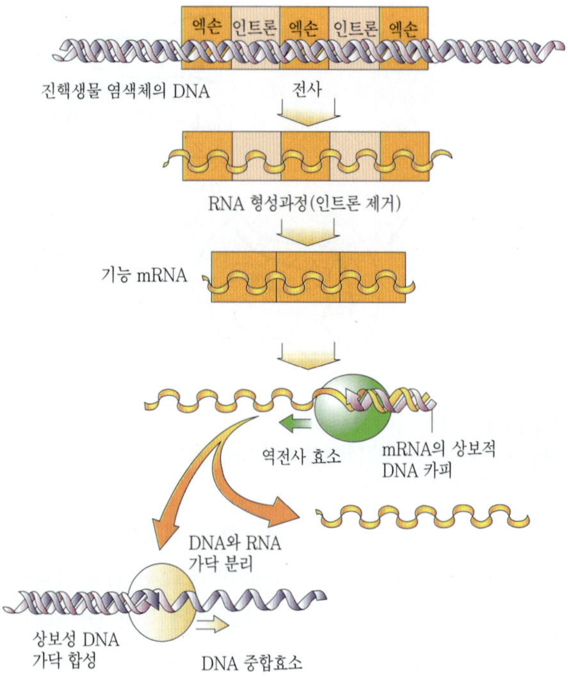

그림 13-5 cDNA 유전자 도서관의 제작과정

13.2.4 클론의 확인

다음 단계는 이들 유전자 도서관의 클론들 중 어느 것이 우리가 목적으로 하는 클론인지가 확인되어야만 한다. 이를 확인하는 방법이 표적 유전자에 상보적인 단일-사슬 DNA나 RNA에 방사성 동위원소를 표지하여 만든 **유전적 탐침**(genetic probe)을 이용하는 것이다. 이때 탐침의 제조는 이미 1차구조가 알려진 단백질의 아미노산 서열을 근거로 유전암호로부터 그 단백질의 염기서열을 역으로 추적한 다음, DNA 합성기(DNA synthesizer)를 사용하여 단일 사슬의 유전자 DNA를 합성하는 방법 등이 있다.

유전자 도서관의 클론들 중 표적 유전자를 함유한 클론을 확인하는 방법을 간단히 살펴보면 그림 13-6과 같다. 먼저 유전자 도서관에 있는 세균 클론들을 고체 배지에 배양하여 콜로니(colony)가 형성되면, 멸균된 여과지를 콜로니 위에 올려 놓아, 각 콜로니 세포들의 일부분이 여과지에 점착된 본(replica)을 뜬다. 이 여과지를 알칼리 용액으로 처리하면 DNA가 단일-사슬로 되어 여과지에 결합된다. 여기에 방사능으로 표지된 탐침을 가하며 그 대응 단일-사슬 DNA와 결합되는 **혼성화**(hybridization)과정을 거친다. 이어서 혼성화되지 않은 탐침들을 제거한 다음, 여과지를 X선 필름에 노출시킨 후 현상하면 방사성 탐침과 여과지 위의 DNA가 혼성화된 지점에 반점이 나타나므로 이를 근거로 표적 클론의 위치를 알아낼 수 있다. 이와 같이 하여 위의 콜로니들 중 표적 클론을 선별 취득해서 배양함으로써 목적하는 세균 클론을 대량으로 얻을 수 있으며, 결국 클로닝된 DNA를 대량 얻을 수 있는 것이다.

앞에서 살펴본 유전자 재조합 기술의 목적 중의 하나가 특정 유전자 또는 DNA 절편들의 대량 생산에 있다. 그러나 그 과정이 복잡하고 시간이 많이 걸리는 단점이 있다. 이러한 문제점을 해결해 준 획기적인 기술의 하나가 1980년초 개발된 PCR(polymerase chain reaction)로서(그림 13-7), 단시

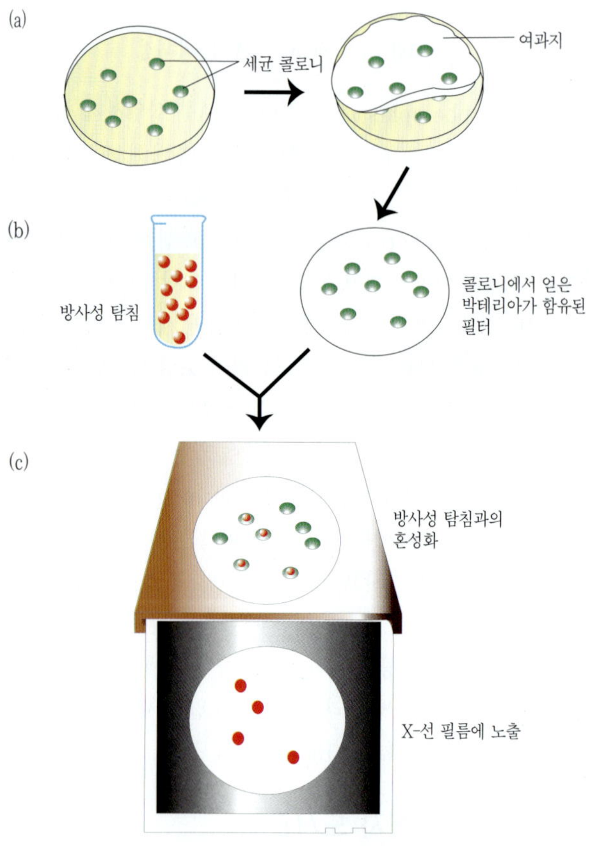

그림 13-6 유전자 탐침을 이용한 특정 유전자 클론의 확인

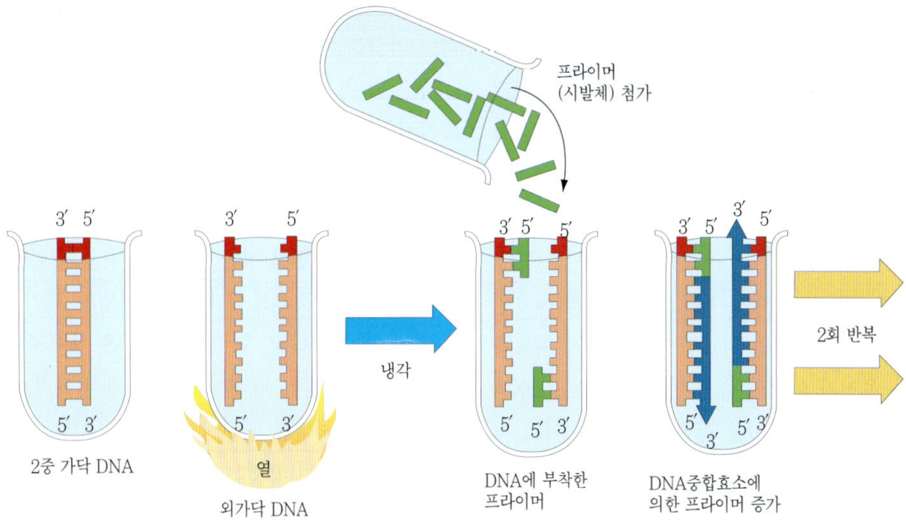

그림 13-7 PCR의 원리
다음의 3단계 과정을 여러 번 반복한다.
첫번째 단계 : 열을 가하여 DNA를 외가닥으로 변성시킨다.
두번째 단계 : 변성된 외가닥 DNA에 프라이머를 결합시키기 위해 온도를 약 55℃로 낮춘다.
세번째 단계 : DNA중합효소의 일종인 Taq중합효소를 이용해서 프라이머에 적절한 뉴클레오티드를 결합시켜 DNA 가닥을 신장시킨다(약 70℃).
이런 단계를 10회 반복하면 1024개의 분자를 얻는다(2n).

간에 특정 DNA절편을 대량 복사해 낼 수 있게 되어 생명과학의 여러 분야 연구에 획기적인 전기를 마련해 주었다.

13.3 유전공학의 응용

재조합 DNA 기술 즉, 유전공학 기술의 출현은 지금까지 미흡했던 생물의 유전자 발현 및 그 조절기작에 대한 의문의 해결 뿐 아니라 인슐린, 성장호르몬 등의 각종 유전자 산물의 대량 생산, 질병의 진단과 치료, 동식물의 육종 등 그 응용분야에서도 괄목할 만한 공헌을 하고 있으며 앞으로의 전망도 밝다고 본다. 지금부터 유전공학의 응용에 대한 것을 알아보기로 한다.

13.3.1 유전자 산물의 생산

재조합 DNA 기술을 이용한 유전공학적 제품 개발의 하나가 인간 질병의 치료에 사용하기 위한 유전자 산물인 단백질의 생산이다. 이 방법이 출현하기 전에는 이러한 단백질들은 동물들이나, 혈액 및 시체(cadaver)로부터 분리하여 사용하였다. 그러나 이와 같은 방법들은 극히 제한된 양 외에는 얻을 수 없을 뿐만 아니라 시료에 대한 완전한 검사의 미흡으로 인한 원인을 모르는 질병의 감염 등 그 사용에도 위험 요인을

표 13- 2 재조합 DNA 기술에 의하여 생산된 일부 상품

생 성 물	용 도
심방성 나트륨 촉진인자	고혈압, 심장마비 치료
소의 성장호르몬	젖소의 우유 생산 촉진제
셀룰라아제	가축 사료내 셀룰로오스의 분해
콜로니 자극인자(CSF)	백혈병 치료
상피세포 성장인자(EGF)	화상 치료 및 이식조직 생존 촉진
에리트로포이에틴	빈혈 치료
B형 간염백신	B형 간염 예방
사람의 인슐린	당뇨병 치료
사람의 성장호르몬	성장 촉진
인터페론(알파, 감마)	암, 바이러스성 질병 치료
인터퓨린-2	암 치료
Superoxide dismutase(SOD)	이식조직의 생존 촉진
Tissue plasminogen ctivator(TPA)	심장병 치료

갖고 있었다. 그러나 유전공학적 제품은 질병 감염에 대해 걱정을 할 필요없이 다량 공급이 가능하게 되었다. 최초의 유전공학 상품은 사람 인슐린으로서 이 제품의 출현으로 당뇨병 치료에 획기적인 공헌을 하게 되었으며, 그 후 여러 유전공학 제품들이 상품화되었다(표 13-2).

유전공학적 단백질들이 의심할 바 없이 인류 생활에 공헌할 것임은 사실이나 때때로 일어나는 여러 가지 부작용도 무시할 수 없다. 예를 들어 우유의 증산을 위해 1994년도부터 젖소에 재조합 DNA－제품인 성장호르몬을 투여해 왔는데,

이 호르몬을 투여받은 젖소에서 우유의 생산량은 증가되었으나, 아직 확실한 원인은 밝혀지지 않았지만 병에 대한 저항력이 떨어짐을 알게 되었다. 그러므로 문제점들에 대한 개선책을 마련해 가면서 유전공학적 기술을 도입해 나가야 되겠다고 생각한다.

13.3.2 유전자 치료법

유전적 이상을 치료하기 위하여 유전공학적 제품(예 : 인슐린)을 사용하는 것은 간접적인 치료법으로 근본적 치료를 기대할 수는 없다. 유전자 이식 기술의 발전은 재조합 DNA 기술을 사람의 이상(異常) 유전자를 정상(正常) 유전자로 치환시키는 이른바 **유전자 치료법**(gene therapy)을 통해 유전적 이상을 완치시킬 수 있다는 기대를 갖게끔 하였다. 사람의 유전자 이식의 시초는 1990년 면역계 기능을 상실하여 여러 감염균에 대한 저항력을 잃고 치명적 상태에까지 이르게 되는 **중증면역결핍복합병**(severe combined immunodeficiency disease ; SCID)이라고 부르는 유전적 이상 질병으로 고통받고 있는 젊은 소녀에게 시도한 것이다. 그 시술

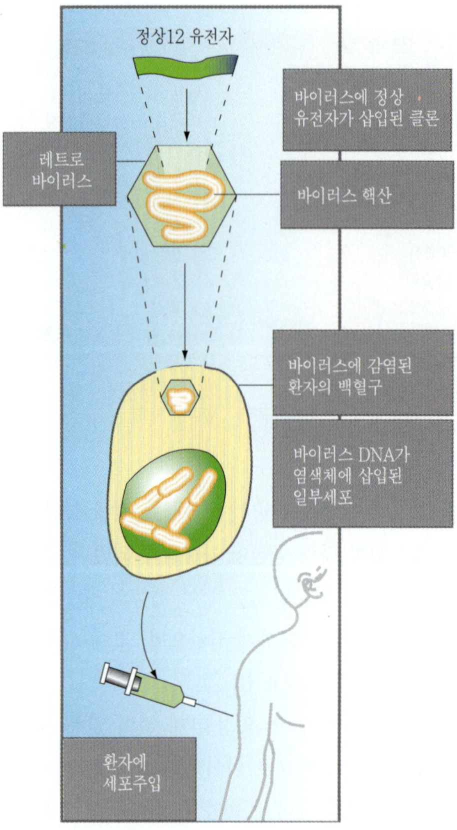

그림 13-8 환자에 세포주입

방법은 레트로 바이러스 벡터에 사람의 정상 유전자를 삽입하여 이것을 그 환자의 백혈구에 감염시켜 바이러스 DNA가 그 환자의 염색체에 도입되도록 한 세포들을 그 환자에게 접종시키는 방법을 사용한 것이다(그림 13-8). 그 결과 소녀는 정상적인 면역기능을 갖게 되었고 정상적인 생활을 할 수 있게 되었다.

이와 같은 유전자 치환 치료법은 유전적 이상에서 오는 각종 질환을 원천적으로 치유시킬 수 있는 획기적이고 영구적인 치료법이라고 할 수 있다. 아직은 체세포에서의 유전자 치환이 이루어지는 단계이지만, 현재 바이러스 벡터를 이용한 사람의 클로닝된 유전자 이식을 성공시키기 위한 다각적인 방법이 강구되고 있으므로 가까운 장래에 큰 성과를 거둘 수 있을 것으로 기대된다.

13.3.3 유전자 이식-생물

유전자 이식 기술은 식량 증산이나 축산업의 발전에도 크게 기여하고 있다. 즉, 식물체나 동물체에 외부 유전자를 도입시킨 개체를 **유전자이식생물**(transgenic organism)이라고 하는데, 이와 같은 유전자이식생물의 생산은 연구분야뿐 아니라 경제적인 면에서도 아주 가치있는 일이다.

동물의 경우, 그 원리는 특정 유전자를 대상 동물의 수정란에 미세주입한 후, 이것을 암컷 자궁에 착상시켜 정상적인 발생이 이루어지도록 하는 것이다(그림 13-9). 실제로 뼈와 조직의 발달 그리고 젖의 생산을 촉진시키는 인자로 알려진 사람의 tPA(tissue plasminogen activator) 유전자를 이식시킨 염소를 만들었을 때, 이 염소는 이 유전자의 작용으로 쉽게 많은 양의 젖을 얻을 수 있다.

한편, 식물체에 유전자를 이식할 경우에는 **유전자총**(gene gun : 그림 13-10)이라는 장치를 통해 특정 유전자(예 : 제초제 저항성 유전자, 질병 저항성 유전자, 성장 촉진 유전자 등)를 입힌 입자를 배양 식물 세포에 삽입한 후, 이의 조직 배양을 거쳐서 경작을 통해 경제성과 수익성이 높은 농작물을 수확할 수 있는 것이다(그림 13-11).

유전자 이식생물의 제작에 대하여 아직 해결해야 할 문제점이 많지만 끊임없는 연구가 이루어지고 있음으로 가까운 장래에 유전적으로 조작된 동물과 식물을 쉽게 볼 수 있는 세상이 올 것으로 생각된다.

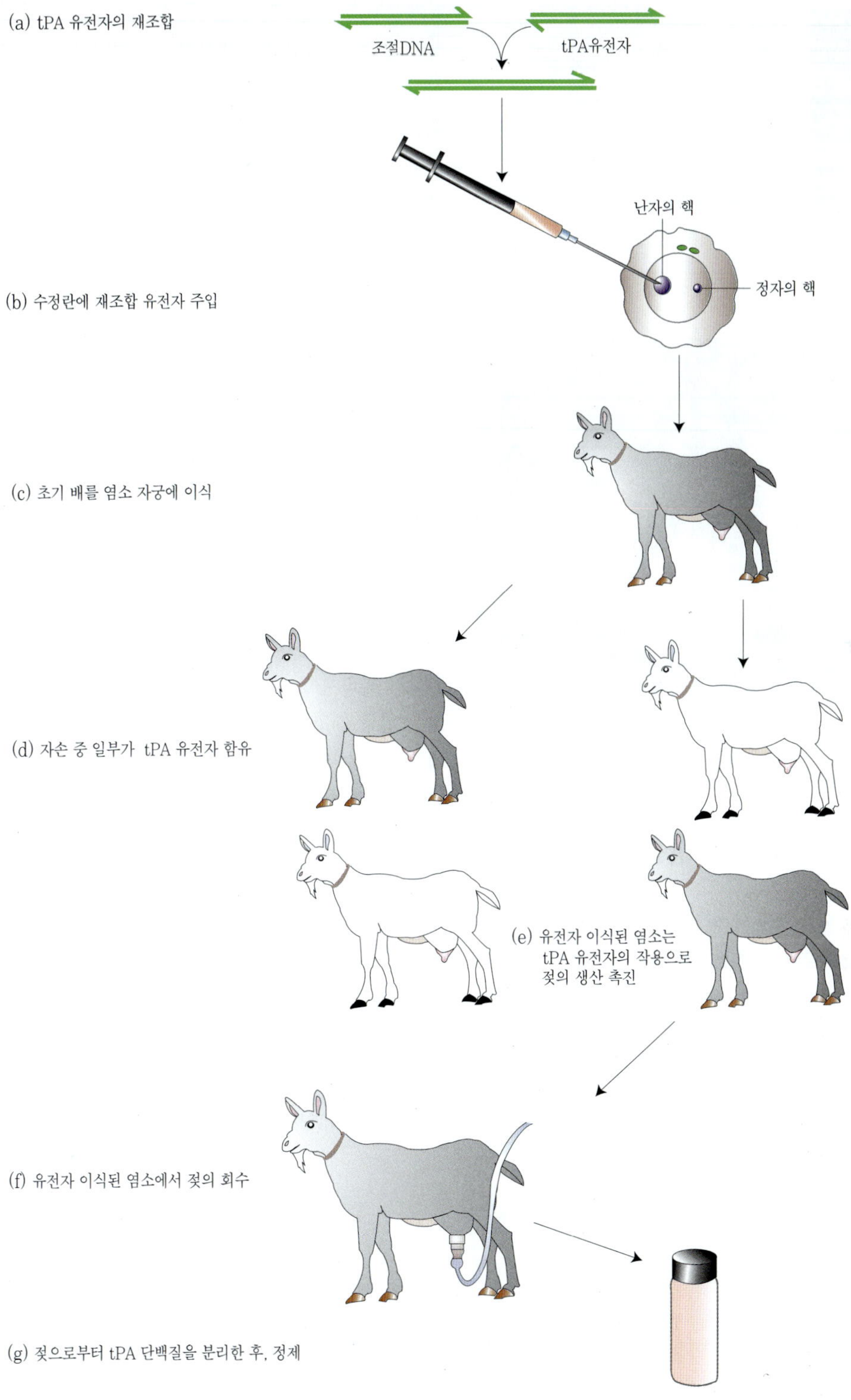

그림 13-9 유전자 이식 염소의 출산

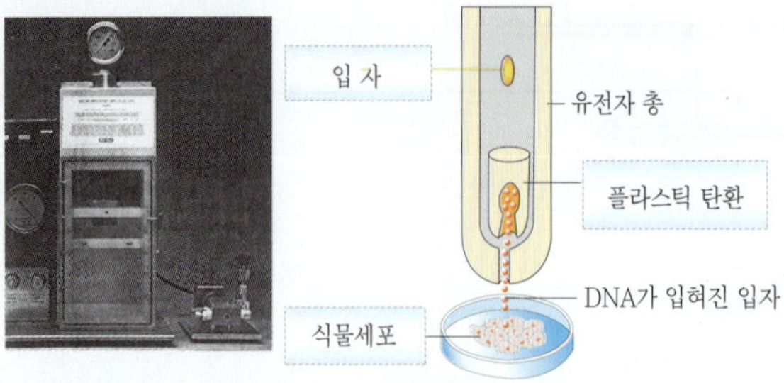

그림 13-10 식물세포에 DNA를 이식하는 유전자 총

그림 13-11 유전공학 기술로 만들어진 토마토
맛이 향상되었고 서서히 익어가는 장점이 있다.

13.4 유전공학 기술의 안전성

재조합 DNA 기술의 응용에 대한 경험을 한 사람은 누구나 이 기술의 개발과 응용이 중요하며 실리적이라는 것을 인정한다. 그러나 이 기술이 처음 소개되었던 1970년대부터 지금까지도 많은 과학자들이 이 기술이 잘못 사용되었을 때에 생길 수 있는 위험성에 대하여 지속적인 우려와 두려움을 표시하고 있다. 즉, 그들은 유전공학적 기술에 의하여 새로 창조된 생명체가 예기치 못하게 지구 환경이나 인류를 위협할지도 모른다는 것에 대한 두려움과 불안감을 떨쳐버릴 수 없다는 것이다. 따라서 이러한 문제점을 사전에 예방하기 위한 목적으로 과학자를 비롯한 정치가 등 사회 각 분야의 전문가들은 유전공학적 연구의 허용범위 및 연구 수행시 지켜야 할 안전 수칙을 정해 놓고 이를 엄격히 준수하도록 규제해 왔다. 그 결과 최근까지 오랜 동안 수많은 대학과 연구소에서 유전공학적 연구가 이루어졌지만 아무 사고없이 안전하게 연구가 진행되어 왔다.

아직까지 인류에 위협적인 클론의 우발적인 발생이나 환경으로의 방출 등에 대한 큰 문제는 없었지만, 그렇다고 의도적인 유전자조작의 가능성까지 배제할 수는 없다. 더욱이 이 기술을 이용한 실험들이 안전하게 성공을 거둘수록 엄격했던 안전 수칙들이 조금씩 완화되어 온 것도 사실이다. 아직도 위험성이 알려져 있거나 환경 영향에 대한 의문점이 해결되지 않은 일부 재조합 기술 관련분야에 대해서는 아직도 엄격한 제한을 주고 있지만, 언제 어떻게 잘못되어 통제할 수 없는 결과를 가져올 수 있다는 가능성을 늘 염두에 두고 연구를 진행하여야 한다. 특히 모든 경우에서 새로운 재조합 생명체에 대한 생물학적 측면에서의 검토가 매우 중요하다고 본다. 또한 유전자 이식을 통한 새로운 동식물의 창조가 윤리적, 도덕적으로 타당한 것인가에 대한 검토도 반드시 고려되어야 한다.

제14장

사람의 유전

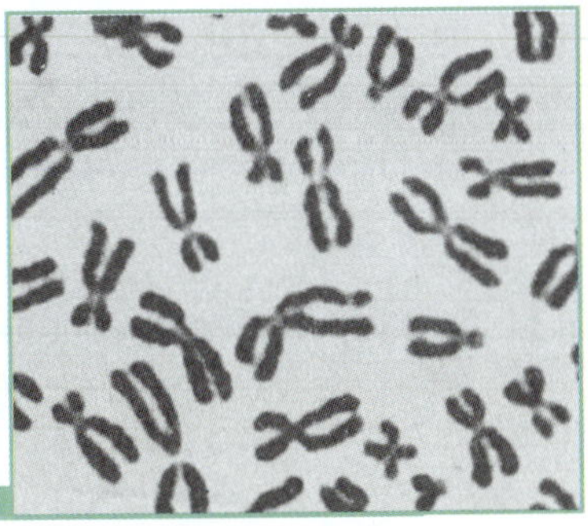

사람은 유전학 연구의 대상으로 적합하지 않다고 생각하여 왔다. 왜냐하면 사람에 대해서는 다른 생물에서와 같이 연구자의 임의대로 교배실험을 할 수 없을 뿐만 아니라, 사람의 1세대는 길며, 1쌍의 부부 사이에서 출생하는 자식의 수도 극히 적기 때문이다. 그러므로 교배실험이 가장 중요한 연구 방법이었던 과거의 유전학 입장에서 볼 때, 사람은 분명히 유전적 연구재료로는 적합하지 않았던 것이다. 그러나 의학과 관련하여 정상적 또는 여러 종류의 병적인 생체시료(生體試料)로 비교적 간단히 연구할 수 있다는 이점, 개인이나 집단에 관한 기록이 있다는 점, 그리고 무엇보다도 인간 스스로의 문제라는 점 등의 이유 때문에 사람을 대상으로 한 유전학적 연구는 유리한 점도 많다.

실제로 최근의 유전학 특히 **생화학유전학**(biochemical genetics), **면역유전학**(immunogenetics), **세포유전학**(cytogenetics), **집단유전학**(population genetics) 등의 연구분야는 사람을 대상으로 한 연구로서 크게 발전하였다. 유전학의 발달은 유전현상을 연구할 때 반드시 교배실험을 하지 않아도 가능케 하였고, 사람의 조직을 이용한 유전학 연구도 더욱 발전할 수 있게 해 주었다.

14.1 유전의 연구방법

앞에서 언급한 바와 같이 사람을 유전학 연구대상으로 하기는 많은 어려움이 있었다. 그러나 장점도 있었으며 생화학이 발전하여 어떤 유전 형질을 가진 사람에게서 혈액이나 조직 세포 등을 얻어 분석하여 가계도를 작성해 보면 분자 수준에서 유전양상을 쉽게 이해할 수 있다. 처음에 이 생화학적 방법은 단백질 수준의 연구에 이용되었으나 현재는 DNA분자 수준의 연구에도 활발히 이용되고 있다. 매우 소량의 DNA를 얻게 되면 PCR(polymerase chain reaction)방법으로 동일한 DNA를 다량으로 증폭시킬 수 있고, 전기영동 방법과 그 응용으로 물질의 유전적 타입을 식별할 수 있다. 뿐만 아니라 유전자의 구조를 DNA 염기 서열로 밝혀서 인류분자유전학을 연구하고 있다.

인류집단 유전에 있어서 유전과 환경의 문제, 즉 형질의 변이가 유전 또는 환경에 의하여 어느 정도 영향을 받는지를 분석하기 위한 가장 좋은 방법은 **쌍생아연구**(twins study)이다. 쌍생아에는 **1란성쌍생아**(monozygotic twins)와 **2란성쌍생아**(dizygotic twins)의 2종류가 있다. 전자는 1개의 수정란이 2세포기, 또는 극히 초기 발생단계에서 어떤 원인으로 인해 2개로 분리되고 각각 독립적으로 발생하여 2명의 개체가 이루어짐으로써 유전적으로 완전히 같게 된다. 후자의 경우에는 2개의 알이 각각 별개의 정자와 수정되어 발생하는 것으로, 형제나 자매가 태어나는 것과 본질적으로 같으므로 여기에는 동성인 경우와 이성인 경우가 있다.

거의 모든 양적 형질에서는 1란성쌍생아 2명이 나타내는 측정치의 차이가 2란성쌍생아의 경우보다 적다. 2란성쌍생아 사이에서의 차이는 2명의 형제 자매에서의 차이와 거의 같으며, 1란성쌍생아라도 2명이 모두 같은 가정에서 성장한 경우와, 서로 떨어져서 성장한 경우에 전체적인 모양은 서로가 비슷하나 키, 체중 등을 비교해 보면 큰 차이가 있을 수 있다.

이러한 현상은 이 형질들이 환경의 지배를 많이 받는다는 것을 뜻한다. 1쌍의 1란성쌍생아는 서로가 동일한 유전자형을 가지게 되므로, 이들 사이에서 찾아볼 수 있는 형질의 차이는 환경으로 인한 것이 되지만, 2란성쌍생아인 경우에는 그 차이가 유전자형의 차이와 환경의 차이, 2가지 요인에 의하여 결정된다. 이러한 사실에 입각하여 어떤 형질에 대한 유전적 결정도를 알 수 있는데, 즉 1란성쌍생아 사이에서의 측정치 차이를 제곱한 평균을 V_{MZ}라 하고, 2란성쌍생아 사이의 값을 V_{DZ}라 한다면 유전적 결정도 H는

$$H = \frac{V_{DZ} - V_{MZ}}{V_{DZ}}$$

로 표시할 수 있다. 만약 이러한 경우 1란성쌍생아와 2란성 쌍생아가 서로 같은 환경적 차이를 갖는다고 가정하면, 이러한 방법에 의하여 산출한 여러 가지 양적 형질에 대한 H의 값은 표 14-1과 같다.

표 14-1 쌍생아연구에 의한 형질의 유전적 결정(H)

형질	남성	여성
신장	0.79±0.21	0.92±0.03
체중	0.55±0.04	0.42±0.25
팔 길이	0.80±0.20	0.87±0.06
다리길이	0.83±0.06	0.81±0.08
두시수*	0.90±0.10	0.70±0.13

* 두시수 : (두폭/두장)×100

14.2 사람의 유전적 다형

생물의 종(species)은 그것이 어떤 종이든간에 개체변이(individual variation)를 가지며, 사람도 예외가 될 수는 없다. 변이 중에서도 **유전적 다형**(genetic polymorphism)은 단순한 멘델의 유전법칙을 따르는 것으로서 집단내 또는 집단간의 변이를 연구하는 데 큰 도움을 준다. 이러한 개념은 광범위한 뜻에서는 성(sex)의 차이, 즉 **염색체 다형**(chromosomal polymorphism)도 포함할 수 있으나, 여기서는 유전적 다형을 좁은 뜻에서만 생각하여 '어떤 유전자좌(locus)에 대립유전자가 존재하기 때문에 생기게 되는 집단내의 불연속적인 유전형의 공존'이라 규정하기로 한다. 그리고 편의상 대립유전자의 빈도가 1% 이하인 희귀한 변이형은 제외하기로 한다.

지난 20년 동안 전기영동법(electrophoretic technique) 등 단백질 분석법의 발달로 사람의 효소나 기타 단백질에서 많은 유전적 다형을 발견하여, 이를 유전학 연구에 이용하게 되었다(표 14-2, 14-3).

다시 최근에는 분자생물학적 방법을 이용함으로써 유전적 다형을 DNA 수준에서 밝히는 일까지도 가능하게 되었다.

14.2.1 보편적인 다형

(1) 귀지형

귓속에 있는 귀지에는 **건형**(dry type)과 **습형**(wet type)의 2가지가 있는데 이는 개인에 따라 다르며, 환경이나 연령에 의하여 변하는 것이 아니고, 유전적 다형이라는 사실이 가계조사(家系調査)에서 확인되었다. 출현율에 성의 차이는 없으며, 상염색체성 유전자좌(autosomal locus)에 있는 1쌍의 대립유전자 W와 w에 의해 결정된다. 양친이 모두 건형인 경우 그들의 아이들은 반드시 건형인 귀지를 갖게 되지만, 습형인 사람끼리 서로 결혼하여 낳은 아이들은 모두 습형이 되는 것은 아니다(그림 14-1a).

이와 같이 가계조사를 통해 유전자형 WW 및 Ww는 표현형으로는 모두 습형이고, ww만이 건형이 되는 것을 알 수 있다. 따라서 습형 유전자 W는 건형 유전자 w에 대하여 우성으로 발현하므로 습형을 편의상 우성 형질(dominant trait)이라 부르고 있다.

어떤 조사에 의하면 동양인 집단에서는 평균 84%가 건형이라고 한다. 대립유전자 W, w의 빈도를 각각 p, q라 한다면, $q = \sqrt{0.84} = 0.916$이 되며 $p = 1-q = 0.084$가 된다. 귀지형의 빈도는 민족에 따라 현저하게 다르며, 건형의

표 14-2 사람의 유전적 다형(검출법에 의한 분류)

Ⅰ. 항원항체반응에 의한 것
1. 적혈구의 항원체 ABO, MNSs, Rh, Lewis, Duffy, Kell, Kidd, Xg 등 2. 백혈구 항원체(HLA) HLA-A, HLA-B, HLA-C, HLA-D 3. 혈청 단백질형 γ-globulin(Gm, Km, Am), Lipoprotein(Lp, Ag), α_2-macroglobulin
Ⅱ. 전기영동법에 의한 것
1. 적혈구 효소형 Acid phosphatase(ACP_1), Phosphoglucomutase(PGM_1, PGM_2), Glucose 6-phosphate dehydrogenase(G6PD), 6-Phosphogluconate dehydrogenase(PGD), Adenylate kinase(AK), Adenosine deaminase(ADA), Cabonic anhydrase(CA_2), Esterase D(EsD), Glutamate pyruvate transaminase(GPTs), Uridine monophosphate kinase (UMPK), Peptidase(PEPA, PEPC, PEPD) 등 2. 적혈구 이외의 장기조직 효소형 Placental alkaline phosphatase(PL), Alcohol dehydrogenase(ADH_2, ADH_3), Glutamate oxaloacetate transaminase(GOT), Amylase (Amy), Pepsinogen(Pg) 등 3. 단백질형 Hemoglobin(Hb), Haptoglobin(Hp), Transferrin(Tf), Serum α_2-globulin(Gc), Ceruloplasmin(Cp), Protease inhibitor(Pi), Component(C2, C3, C4), Salivary protein(Pb, Pr) 등
Ⅲ. 기타의 다형
귀지형, PTC 미각형, 적록색맹형, INH 대사형, Serum cholinesterase형 등

표 14-3 전분 겔 전기영동법에 의하여 검출되는 다양한 동양인 적혈구 효소

효소명	유전자좌	표현형의 수	가장 흔한 대립유전자의 빈도	이형접합률
Glutamate pyruvate transaminase(GPT)	GPT_S	3	0.54~0.62	0.47
Esterase D	ESD	3	0.63~0.66	0.45
Acid phosphatase	ACP_1	3	0.76~0.80	0.35
Phosphoglucomutase	PGM_1	4	0.70~0.81	0.39
Glyoxalase Ⅰ	GLO	2~3	0.93	0.16
UMP kinase	UMPK	2	0.95	0.10
Adenosine deaminase	ADA	2	0.95~0.98	0.04
Glutamate oxaloacetate transaminase	GOT_S	2	0.98~0.99	0.02
Phosphoglucose isomerase	PGI	1	0.99	0.00

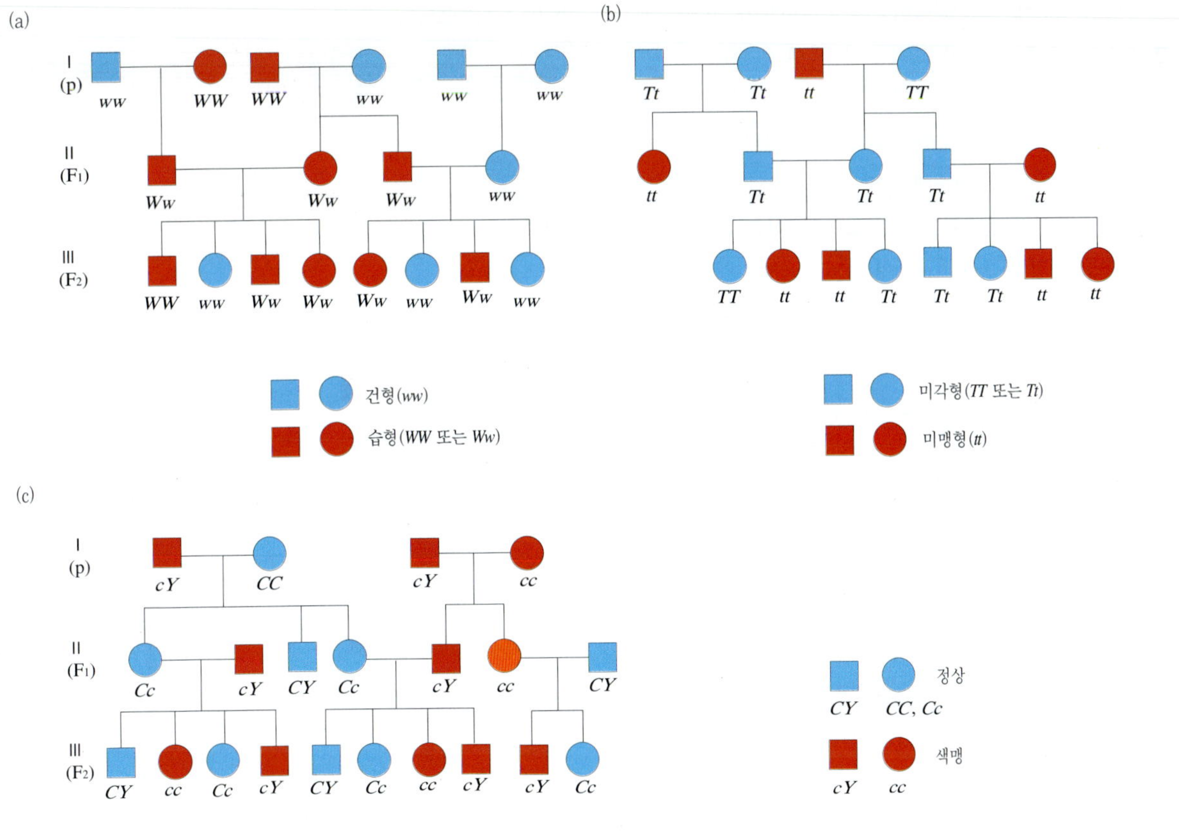

그림 14-1 여러 형태의 유전 형식을 유전 양식으로 나타내는 사람의 가계도(가정)
(a) 상염색체성 우성 유전(습형귀지) (b) 상염색체성 열성 유전(PTC 미맹) (c) 반성열성유전(적록색맹)
□ : 남자, ○ : 여자

빈도가 높은 것은 동북아시아를 중심으로 한 몽고인종(Mongoloid)의 특징으로 알려져 있다.

(2) PTC 미각능력

페닐티오카바미드(phenylthiocarbamide ; PTC)라는 화학물질을 혀에 대었을 때 쓴맛을 느끼는 사람과 느끼지 못하는 사람이 있는데, 이에 따라 **미각형**(taster type)과 **미맹형**(nontaster type)으로 구분한다. 학자에 따라 미맹형을 **무미형**(taste blindness)이라고도 한다. 이러한 현상은 PTC 이외에 $=\mathrm{N}-\underset{\underset{\mathrm{S}}{\|}}{\mathrm{C}}-$인 구조를 측쇄(side chain)에 가지는 화합물에서도 나타내지만 다른 미각능력과는 서로 관계가 없다. 귀지형에서와 마찬가지로 PTC 미각능력은 상염색체성인 1쌍의 대립유전자 T와 t의 조합에 의하여 TT와 Tt는 미각형이 되고 tt는 미맹형이 되는데, 이것은 열성 유전 형질(recessive trait)이다(그림 14-1b).

동양인 집단에 있어서 미맹의 출현빈도는 약 11% 정도이며 대립유전자 t의 빈도는 대체로 $t = \sqrt{0.11} = 0.332$인 것으로 추정된다.

(3) 적록색맹형

자연의 각종 색깔을 식별하지 못하는 **색맹**(color blindness) 또는 **색약**(color amblyopia)인 사람이 있는데, 이는 **반성유전**(sex-linked inheritance)의 좋은 예로 잘 알려져 있다. 즉, X 염색체에 자리잡고 있는 대립유전자에 의한 변이로서, 남자인 경우는 **반접합체**(hemizygote)이기 때문에 반드시 발현되지만, 여자인 경우는 색맹 유전자가 동형접합체(homozygote)일 때만 발현되고 이형접합체(heterozygote)인 경우는 단지 **보인자**(carrier)가 되므로, 성에 따라 출현빈도의 현저한 차이가 나타난다. 즉, 색맹은 반성열성유전의 전형적인 예가 된다. 아노말로스코프(anomaloscope)란 기계로 검사하면 색맹과 색약 각각에는 다시 제1색맹(赤色盲, 赤色弱)과 제2색맹(綠色盲, 綠色弱)이 있음을 알 수 있다(그림 14-1c).

동양인 집단에 있어서는 이들의 출현빈도가 대체로 제1색맹 0.25%, 제1색약 0.75%, 제2색맹 2.00%, 제2색약 2.00%이다. 이들은 X 염색체에 있는 서로 다른 2유전자좌 *P*와 *D*에 의하여 결정되는 변이라고 보고 있다.

호르몬 등의 작용 때문에 상염색체성 유전자에 의한 변이가 한쪽 성에서만 발현되는 때가 있는데, 이는 반성유전이 아니라 **종성 유전**(sex-controlled inheritance)이라 한다. 예를 들면 젊은 사람이 대머리인 경우나 여자의 젖분비가 이에 속한다.

14.2.2 혈액형과 면역유전학

(1) 적혈구 항원형

적혈구가 특정한 **항혈청**(antiserum)에 의해 응집되는 현상, 즉 적혈구 표면의 항원(antigen)과 여기에 특이하게 결합하는 항체 사이의 반응(항원항체반응)에 의하여 검출되는 혈액형은 유전적 다형을 이루고 있다.

ABO의 혈액형에는 2종의 항혈청(항A와 항B 혈청)에 대하여 적혈구가 응집하느냐 하지 않느냐에 따라 4종류의 표현형(A, B, AB, O형)으로 구분되는데, 이들 혈액형은 상염색체성 **복대립유전자**(multiple allele) I^A, I^B 및 i에 의하여 결정되며, I^A, I^B는 **공우성**(codominance)으로 작용하고 i에 대해서는 각각 우성으로 작용한다. 따라서 조합이 가능한 6종의 유전자형 중 표현형으로 구별되는 것은 4종뿐이다(표 14-4, 그림 14-2).

I^A, I^B, i의 유전자 빈도 p, q, r은 아래와 같은 식으로 계산할 수 있다.

$$p = \sqrt{\mathrm{A+O}} - \sqrt{\mathrm{O}}$$
$$q = \sqrt{\mathrm{B+O}} - \sqrt{\mathrm{O}} \text{ 또는 } q = (1-p-r)$$
$$r = \sqrt{\mathrm{O}}$$

단, $\bar{\mathrm{A}}$, $\bar{\mathrm{B}}$, $\bar{\mathrm{C}}$은 관찰된 각 표현형의 빈도를 말한다.

동양인 집단에 있어서는 평균이 $p = 0.27$, $q = 0.17$, $r = 0.56$으로 보고되어 있다.

혈액형 물질의 화학구조에 관한 연구결과에 의하면, 적혈구에서 알코올 추출로 분리한 혈액형 물질은 스핑고당지질(sphingoglycolipid)이며, 수용성 혈액형 물질은 당단백질이다. 혈액형의 특이성은 이들 당구조식의 말단기에 있으며, 전구체(precurrsor)에 푸코스(fucose)가 부가되면 **H항원**이 되는데, 이 물질은 어떤 종류의 식물종자에서 추출한 물질과도 반응하며, ABO 항원성의 기본구조를 이룬다. 그런데 그 H 항원 구조의 말단에 N-아세틸-D-갈락토사민(N-acetyl-D-galactosamine)이 첨가되면 A항원, D-갈락토오스(D-galactose)가 첨가되면 B항원이 된다. 따라서 혈액형을 지배하는 유전자에 의해 생성되는 물질은 이들 당을 적혈구의 세포막에 첨가하는 전이효소(transferase)라고 생각된다.

표 14-4 ABO혈액형

유전자형	표현형	적혈구 A항원	적혈구 B항원	혈청 항A	혈청 항B	한국인의 빈도(%)
I^AI^A, I^Ai	A	+	-	-	+	32.3
I^BI^B, I^Bi	B	-	+	+	-	29.5
I^AI^B	AB	+	+	-	-	10.3
ii	O	-	-	+	+	27.9

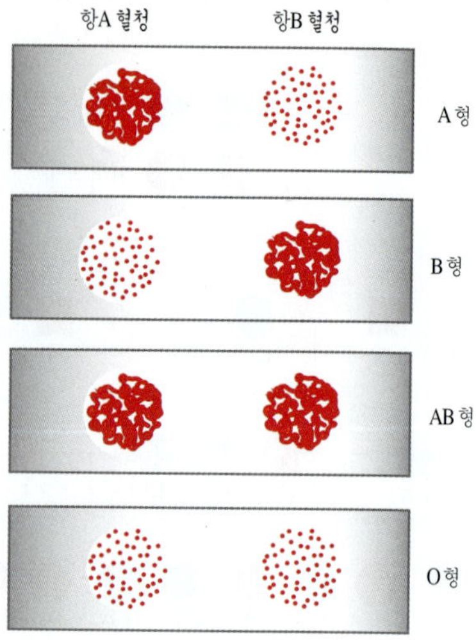

그림 14-2 혈액형 판정법

(2) 백혈구 항원형

사람의 경우 ABO 혈액형과 똑같이 조직 적합성에 관여하는 주요한 항원으로 최근에 활발히 연구되고 있는 것 중의 하나가 **백혈구항원형**(human leucocyte antigen type)이며, 이를 HLA형이라고 한다. 이 항원을 지배하는 유전자는 연관하여 있는 A, B, C, D 및 DR 5개가 알려져 있으며, HLA형의 특성은 대립유전자의 종류가 많다는 점이다. 예로 A, B 2개의 유전자좌에는 적어도 각각 15종과 23종의 대립유전자가 있음이 알려져 있어, 이들이 조합을 이룰 때 그 종류는 15×23 = 345가지나 된다. 따라서 이들을 동형접합체나 이형접합체로 갖게 되는 각 개인의 유전자형의 종류는 대단히 많다. 이러한 이유로 인해 유전자형의 종류는 대단한 수가 된다. 현재 HLA형은 개개인을 서로 구별한다든가, 친자를 감정할 때 가장 효과적인 **유전표지**(genetic marker)가 되고 있으며, 뿐만 아니라 HLA형의 유전자형에는 특정 질환과 관련을 가지는 것이 있어 학자들의 주목을 끌고 있다.

HLA형과 같이 연쇄된 유전자좌의 대립유전자 사이에는 **연관불평형**(linkage disequilibrium)이 발견되는 때가 있다. 이 연관불평형은 한 집단에서 어떤 하플로타입의 2유전자좌에 나타나는 유전자빈도를 각각 곱한 이론적인 빈도와 실제로 나타나는 빈도가 다른 현상을 말한다. 예를 들면 A좌의 A1 및 B좌의 B8이라는 대립유전자의 빈도가 북유럽 집단에서는 각각 0.17과 0.11이다. 만일 집단의 규모가 충분히 크고 유전자좌 사이에 상호작용, 즉 상위작용(epistasis)이 없다면, 하플로타입 A1:B8의 빈도는 이들 빈도를 곱한 것 즉, 대체로 0.02가 되겠지만, 실제로 관찰된 하플로타입의 빈도는 0.09이다. 이러한 현상은 이 하플로타입을 높은 빈도로 가지고 있는 집단과의 혼혈 때문이거나, 혹은 어떤 요인으로 인하여 A1:B8 조합이 선택되어졌기 때문이 아닌가 추정된다. 여기서 말하는 하플로타입이란, 1개의 염색체 위의 A, B, C, D 및 DR 의 각 유전자좌에 존재하는 1개씩의 대립유전자를 가진 경우를 의미하는데, 한 개인은 아버지와 어머니로부터 각각 유래한 2개의 하플로타입을 갖는다.

14.2.3 유전자와 단백질

1940년대 말부터 **겸상적혈구빈혈증**(sickle cell anemia)의 원인을 연구하기 시작하면서, 사람의 정상 및 **이상혈색소**(abnormal hemoglobin)에 대한 연구가 많이 이루어졌고, 유전자 돌연변이가 단백질의 1차구조에 미치는 영향도 확실히 밝혀졌다. 이러한 것들이 밝혀짐과 동시에 미생물을 이용하여 확립된 **유전암호**(genetic code)는 고등생물에도 적용된다는 사실이 증명되었으며, 그 의의는 매우 크다. 1950년대 후반부터 전기영동법과 기타 방법으로 사람의 효소나 단백질의 변이에 관한 연구가 상당히 발전하였고, 유전자와 단백질의 구조 및 기능에 관한 새로운 지식을 많이 갖게 되었다.

(1) 헤모글로빈

사람의 성인 적혈구에 있는 헤모글로빈(혈색소, hemoglobin ; Hb)의 98%를 차지하고 있는 HbA는 α-사슬 및 β-사슬인 2종류의 폴리펩티드를 2개씩 가진 4량체(tetramer : $\alpha_2\beta_2$)이다. α-사슬은 141개, β-사슬은 146개의 아미노산 잔기로 이루어지며, 각기 독립된 구조유전자(structural gene)에 의하여 형성된다. 겸상적혈구빈혈증의 원인이 되는 HbS와 HbA의 차이는 β-사슬에 1개의 아미노산이 다를 뿐이다. 즉 N말단으로부터 6번째의 아미노산이 HbA에서는 글루탐산(glutamic acid)이지만, HbS에서는 발린(valine)으로 치환되어 있어, $\alpha_2\beta_2^{6Glu\rightarrow Val}$로 표시한다. HbS와 더불어 아프리카에서 유전적 다형을 보이고 있는 HbC의 경우도 같은 위치, 즉 6번째의 아미노산이 리신(lysine)으로 되어 있어 $\alpha_2\beta_2^{Glu\rightarrow Lys}$로 표시한다. 현재까지는 300여 종류에 달하는 이상헤모글로빈이 알려졌는데 대부분은 위에서 설명한 바와 같이 α- 또는 β-사슬에서 단 1개의 아미노산 치환에 의한 것이며, 더욱이 이들 아미노산 치환은 거의 DNA의 **점돌연변이**(point mutation)라 할 수 있는 단일 염기 치환의 결과로 생긴 것이다.

성인의 적혈구 속에 함유되어 있는 소량의 HbA_2나 태아의 적혈구에서 볼 수 있는 태아성 혈색소인 HbF는 β-사슬 대신 각각 δ-사슬, γ-사슬을 가지고 있다($HbA_2 : \alpha_2\delta_2$, $HbF : \alpha_2\gamma_2$). 또한 배(胚)에서는 ε-사슬을 볼 수 있는데, 이들 폴리펩티이드 사슬은 각각 독립된 유전자에 의해 생성되며 그 양은 개체발생의 시기에 따라 변화한다(그림 14-3).

한편, 1970년대에 이르러 클론화에 의한 진핵생물 세포핵에서의 유전자의 분리, 증식 및 DNA의 염기배열 결정법 등에 관한 기술이 개발됨에 따라, 사람의 헤모글로빈을 결정하는 글로빈유전자의 뉴클레오티드 배열이나 연관관계 등이 밝혀져 왔다. 글로빈유전자에는 제16번 염색체 위에 있는 5개의 α-사슬 글로빈유전자와, 제11번 염색체 위에 있는 7개의 β-사슬 글로빈유전자라는 2개의 연관 유전자들이 발견되고 있다. 이들은 각기 진화과정에서 유전자의 중복에 의하여 생

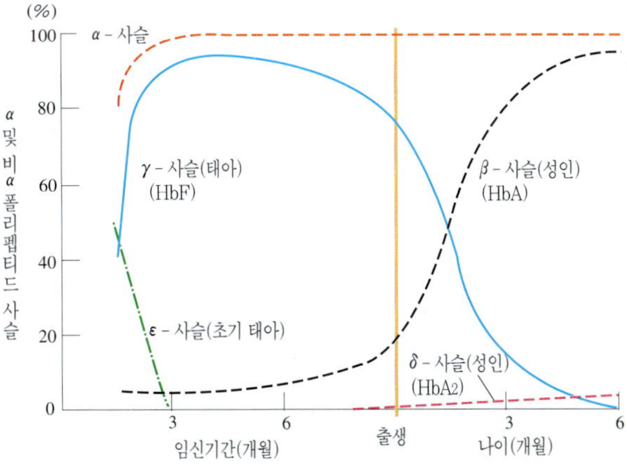

그림 14-3 사람의 출생 전후에 생성되는 여러 가지 혈색소의 폴리펩티드 사슬
$HbA = \alpha_2\beta_2$ $HbF = \alpha_2\gamma_2$ $HbA_2 = \alpha_2\delta_2$

긴 것으로 생각되는데, 흥미있는 사실은 그 어느 유전자들에 있어서도 **개체발생**(ontogeny)의 초기에 발현되는 글로빈사슬의 유전자일수록 상류(위편) 즉, 5′쪽에 위치한다는 점, 그리고 폴리펩티드를 만들지 않는, 이른바 **가유전자**(pseudogene)가 함유되어 있다는 점이다.

(2) 햅토글로빈

햅토글로빈(haptoglobin)은 혈청단백질의 일종이며, 전기영동을 하면 3종류의 유전적 다형이 있음을 알 수 있다. 이 3종류의 표현형은 Hp1-1, Hp2-1, Hp2-2로 분리되며, 이것은 상염색체 위에 위치하는, 서로 우열의 관계가 없는 대립유전자 Hp^1 및 Hp^2에 의하여 지배된다(그림 14-4).

Hp2-1형, Hp2-2형에 밴드(band)가 많이 나타나는 것은 Hp^2유전자가 형성하는 폴리펩티드에 폴리머(polymer)화하는 성질이 있기 때문이다. 이 대립유전자의 빈도를 각각 $P(Hp^1)$, $q(Hp^2)$라 하면 $P = (2n1\text{-}1+n2\text{-}1)2N$이고 $q = 1\text{-}p$가 된다.

단, 2n1-1+n2-1은 각각 관찰된 Hp1-1 및 Hp2-1의 표현형 수이며, N은 관찰한 총수가 된다. 동양인 집단에서 Hp^1의 빈도는 0.23~0.27로 알려져 있다.

햅토글로빈을 구성하는 단백질의 폴리펩티드 사슬에는 α 및 β의 2종류가 있으며, α_1 사슬에 의하여 다형이 생긴다. 즉, α_1 사슬은 Hp^1 유전자가 합성하는 83개의 아미노산으로 구성되고, 분자량은 약 9,000이다. Hp^2 유전자가 합성하는 α_2 사슬은 142개의 아미노산(분자량 17,000)으로 구성된다.

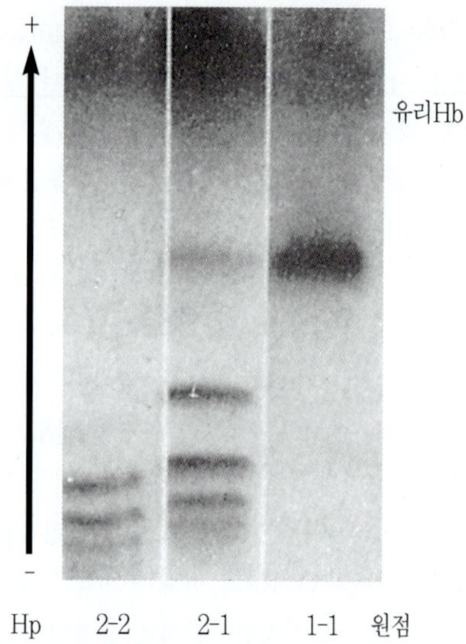

그림 14-4 햅토글로빈의 전기영동사진
사람의 혈청에 혈색소를 첨가하여 전분 겔 전기영동(pH 8.0)한 후, 벤지딘(benzidine)염색으로 Hb-Hp복합체를 염색한 것

햅토글로빈의 1차구조를 밝힌 결과, α_2 사슬은 α_1 사슬의 유전자 사이의 **상호전좌**(相互轉座, reciprocal translocation) 또는 **부등교차**(unequal crossing over) 때문에 생긴 것으로 본다(그림 14-5).

Hp^2 유전자는 사람에서만 발견되며, Hp^1 유전자가 돌연변이에 의하여 형성된 것인데, Hp^1 유전자의 2배나 된다. 이렇게 큰 유전자이며, 잘 보존되어 있을 뿐만 아니라, 빈도가 높은 것도 매우 흥미있는 일이다.

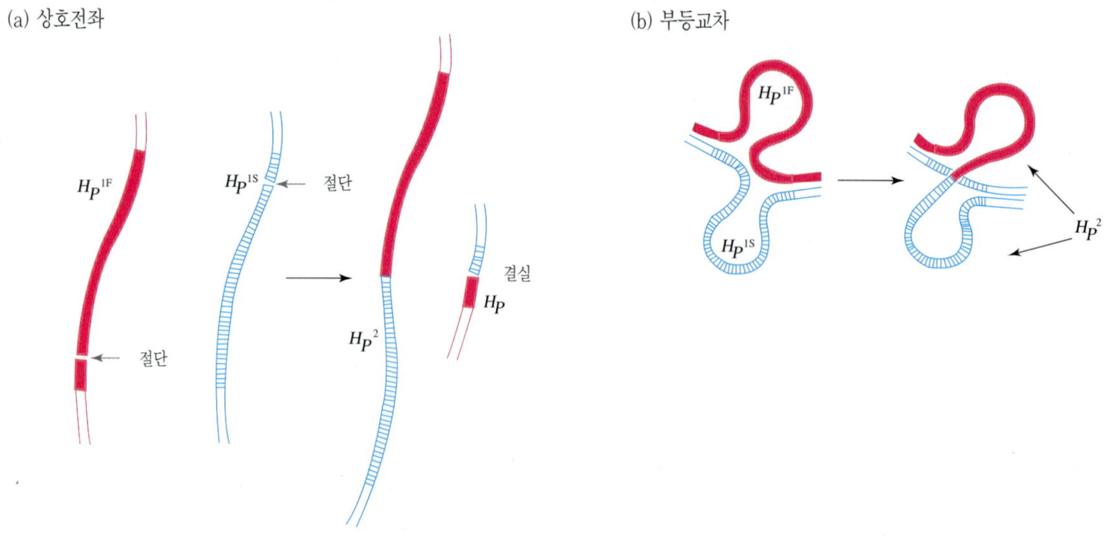

그림 14-5 햅토글로빈의 Hp^2 유전자 생성에 관한 2가지 가설

(3) 동위효소

전기영동법이란 단백질의 하전량에 변화를 일으키는 아미노산 치환의 유무를 검출하는 방법이다. 전분 또는 **폴리아크릴아미드 겔**(polyacrylamide gel)을 지지체로 하는 존 전기영동(zone electrophoresis)과 **효소특이염색법**(enzyme specific staining method)을 사용하면 조직이나 세포에서 추출한 물질 속에 특정 효소의 서브유니트(subunit)구조나 유전적 다형의 존재를 쉽게 알 수 있다. 기질 특이성(基質特異性)을 공유하며 같은 종인 생물에 있어 여러 가지 형태의 분자형으로 존재하는 효소를 동위효소(isozyme)라고 한다.

동위효소에 대한 유전적 배경으로서 다음의 2가지는 서로 엄격히 구분되어야 한다.

1) 복수 유전자좌의 존재

한 예로서 젖산탈수소효소(LDH)에는 흔히 5개의 동위효소가 존재하는데, 이는 독립된 2개의 유전자좌 LDH_A와 LDH_B의 구조유전자에 의하여 형성되는 폴리펩티드 사슬이나 서브유니트 α, β가 무작위하게 **4량체**(tetramer)를 형성함으로써 *αααα, αααβ, ααββ, αβββ, ββββ*의 5가지 LDH 단백질이 만들어지게 되는 것이다(그림 14-6).

복수 유전자좌를 가진 효소는 사람의 경우에도 많이 알려져 있으며, 글로빈 사슬 유전자의 경우처럼 유전자 중복이 단백질분자의 진화에 중요한 역할을 하고 있는 증거이기도 하다.

2) 대립유전자의 존재

1)항에서 설명한 예는 모든 개인의 공통적 현상인데 비하여, 개인의 차이를 나타내는 동위효소는 비유전성인 수식작용(修飾作用)에 의한 것을 제외하고는 그 모두를 대립유전자의 존재로 설명할 수 있다. 그 예로서, 적혈구 **산성포스파타아제**(acid phosphatase)에서는 A, AB, B의 3가지 표현형을 구별할 수 있지만, 이들은 모두가 상염색체성이므로 우성과 열성이 없는 대립유전자 P^a와 P^b가 형성하는 A, B 2종류의 동위효소 조합에 의한 것이다(그림 14-7a).

한편 소단위를 가진 효소단백질이 2량체(dimer), 3량체(trimer) 등인 경우에는 동형접합체와 이형접합체에서는 찾아볼 수 없는 잡종밴드(hybrid band)가 나타난다. 그 예로서 적혈구의 글루탐산-피루브산 전이효소(glutamic pyruvic transaminase ; GPT)에서는 이형접합인 2-1형에서 3개의 밴드를 찾아볼 수 있다(그림 14-7b).

1쌍의 대립유전자에 의하여 생성되는 2종의 폴리펩티드 사슬을 α^1, α^2라고 한다면, 2량체의 경우 $\alpha^1\alpha^1$, $\alpha^1\alpha^2$, $\alpha^2\alpha^2$인 3가지 종류의 단백질이 형성된다. 이러한 현상으로 보아 GPT는 2량체라 생각된다.

1972년 HARRIS와 HOPKINSON은 사람의 효소에 관하여 71개의 구조유전자좌의 대립유전자성 변이를 조사하였는데, 그 결과 20개의 유전자좌에 유전적 다형이 있음을 발견하였고(28.2%), 매 좌위당 평균 이형접합도(heterozygosity)는 0.067이라고 주장하였다. 전기영동법을 통해 검출되는 아미노산의 치환은 전체의 1/3 정도라고 생각되므로, 사람인 경우 구조유전자 중 20% 정도는 아마도 이형접합인 상태로 존

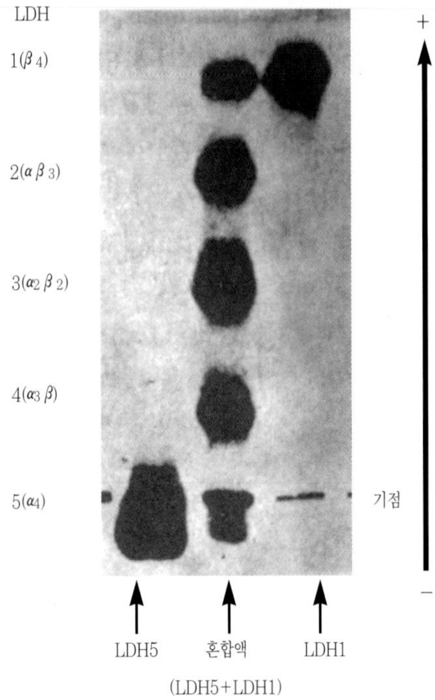

그림14-6 LDH 동위효소의 5개 밴드
A와 B 2종류의 폴리펩티드 사슬이 무작위(random) 결합에 의해 4량체가 되어 나타낸 전기영동상

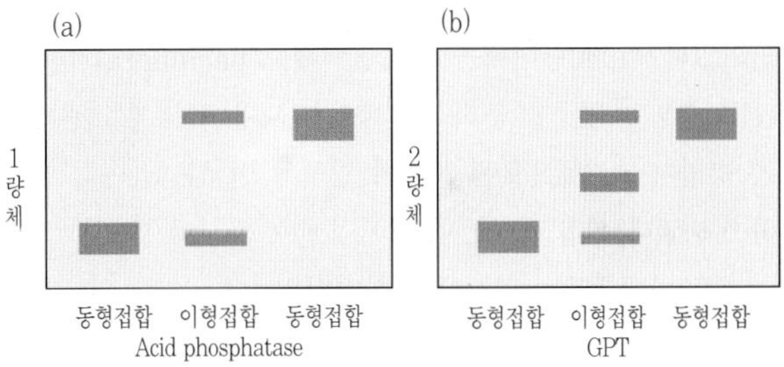

그림 14-7 Acid phosphatase와 GPT 동위원소
소단위를 가지지 않는 1량체(a)와 2량체(b)에 있어 표현형의 차이

재할 것으로 보고 있다. 사람에서 얻어진 이러한 자료들은 다른 동물에서 얻어진 자료와 거의 일치하고 있다.

(4) 면역글로불린

면역글로불린(immunoglobulin ; Ig)은 일종의 단백질 분자이다. 이 면역글로불린은 길고 짧은 2종류의 사슬로 이루어져 있는데, 그 사슬의 아미노산 배열은 모든 사람의 면역글로불린에 있어서 **일정부위**(constant region ; C)와 **변이부위**(variable region ; V)가 있다. 또한 변이부위에는 이 부위를 형성하는 유전자가 상당히 많은 것으로 생각되고 있다.

그러나, 일정부위의 몇몇 자리에는 유전적 다형이 존재한다. 즉, 여러 종류의 Gm형은 IgG에 있어서 H사슬의 변화로 나타나기 때문에, 그에 해당하는 다수의 대립유전자가 존재하며, 이 Gm형은 개인 식별이나 집단유전학 연구에 널리 이용된다.

14.3 사람의 염색체

사람의 염색체는 그것의 형태는 물론 정확한 수까지도 오랫동안 학자들간에 의견의 일치를 보지 못하고 있었으나, 1956년에 이르러 사람의 염색체수가 46개($2n = 46$)임이 확인되었다. 1960년대에는 말초혈액세포(peripheral blood cell) 중의 백혈구를 분리하여 배양한 다음 염색체를 관찰하는 방법이 개발됨으로써 사람의 염색체 연구는 급속히 발전하게 되었다(그림 14-8).

1970년대부터는 염색체의 **분염법**(band staining technique)이 알려지면서 23쌍의 염색체들은 각각 그들 특유의 형태를 가지고 있음이 밝혀졌고, 염색체 하나 하나를 식별할 수 있게 되었을 뿐만 아니라, 사람과 생쥐의 **체세포잡종**(somatic cell hybrid) 등과 같은 획기적인 방법이 개발됨으로써 사람의 염색체 유전자지도(genetic map) 작성도 빠른 속도로 발전하게 되었다.

14.3.1 사람의 정상 핵형

정상인 체세포에는 22쌍의 **상염색체**(autosome)와 여자는 XX, 남자는 XY인 2개의 **성염색체**(sex chromosome)가 있다. 그림 14-9는 유사분열 중기(metaphase)에 있는 염색체를 촬영하여 확대 현상한 후, 염색체 하나 하나를 가위로 잘라내어 크기와 모양에 따라 22쌍으로 배열하고 1~22까지의 번호를 붙인 핵형이다. 성염색체는 XX, XY로 표시한다.

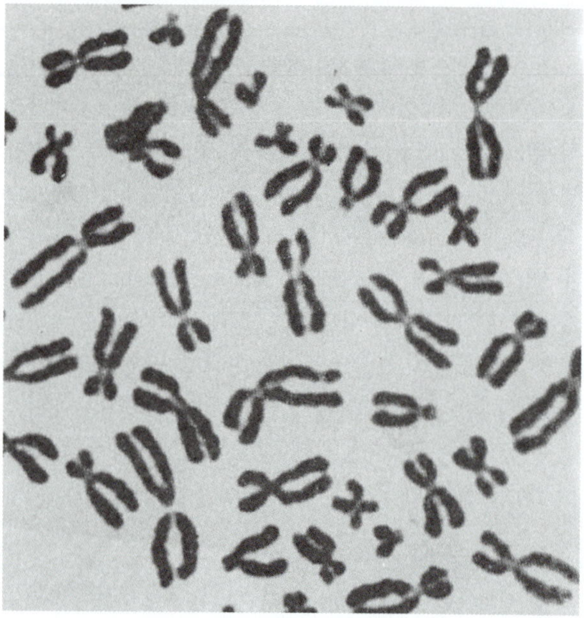

그림 14-8 유사분열 중기 상태에 있는 사람의 림프구 세포 염색체 사진

염색체의 중부(中部), 차중부(次中部), 단부(端部) 등에 있는 **동원체**(centromere)의 위치에 따라 염색체는 **단완**(short arm)과 **장완**(long arm)을 각각 갖는 A~G의 7개 군으로 분류된다(Denver 방식). 그리고 각 염색체의 2개의 염색분체(chromatid)는 동원체 부위에서 서로 부착되어 있는 것을 볼 수 있다. 염색체를 동정(同定)하는 데는 이러한 특징 외에도 2차 응축이나 **부수체**(satellite)의 존재가 이용되고 있다. 또한 체세포 염색체에 있어서는 염색체의 부위에 따라 DNA합성, 즉 자기복제(自己複製)가 느리게 일어나거나 빠르게 일어나는 시기가 있다. 이 점을 이용하여 ^{3}H-티미딘(^{3}H-thymidine)을 사용하여 형태적으로 그 식별이 곤란한 염색체를 **자동방사선사진법**(autoradiography)에 의해 동정하는 경우가 있는데, 특히 X 염색체의 동정에 많이 이용되고 있다.

분염법은 염색체 특유의 **띠 모양**(banding pattern)을 나타나게 하는 방법이며, 현재 광범위하게 이용되고 있기는 하지만 염색의 화학적 작용은 잘 알려져 있지 않다.

14.3.2 성의 결정

감수분열(meiosis) 때는 상염색체에서와 마찬가지로 성염색체도 서로 분리되어 각각 1개씩이 배우자로 들어간다. 따라서 정자의 경우는 X를 가지는 것과 Y를 가지는 2종류의 정자가 같은 비율로 형성되며, 이 중에서 X를 가진 정자가 난

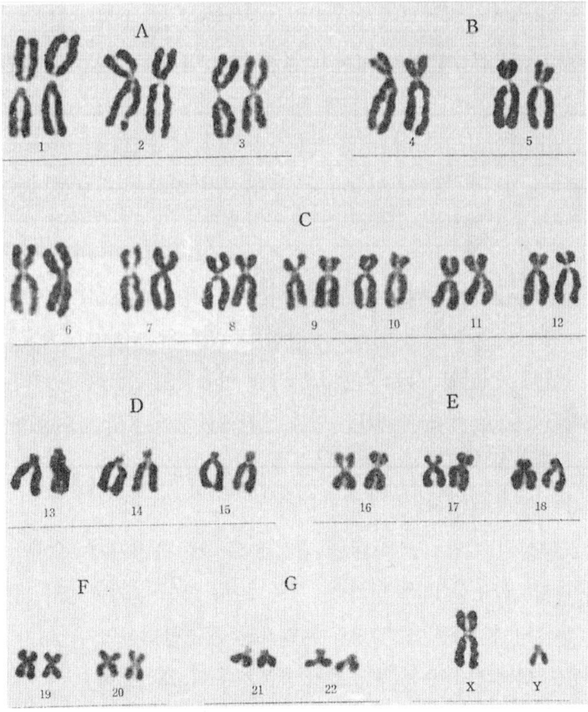

그림 14-9 정상인 남자의 유사분열 중기 상태에 있는 핵형

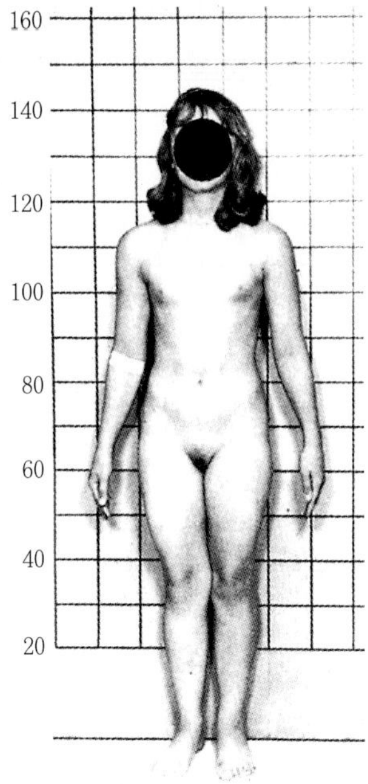

그림 14-10 터너증후군

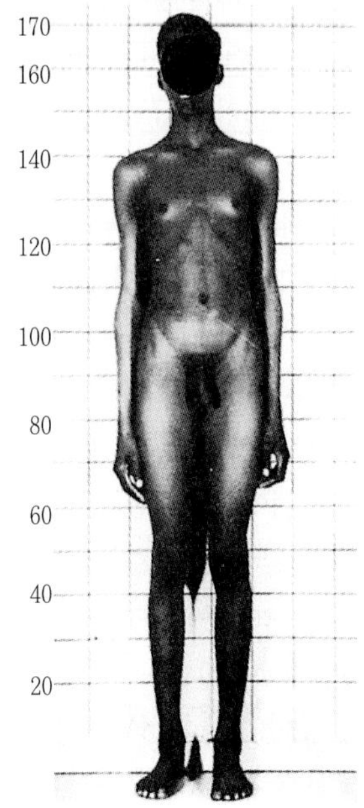

그림 14-11 클라인펠터증후군

자와 수정하면 XX조합이 되어 여자가 되고, Y를 가진 정자가 난자와 수정하면 XY조합이 되어 남자가 된다. 그러나 비정상인 성염색체 조합을 가지는 경우도 있는데, 예를 들면 **터너증후군**(Tuner' s syndrome)은 성염색체에 X가 하나밖에 없어 XO가 되며(그림14-10), **클라인펠터증후군**(Klinefelter' s syndrome)의 성염색체는 XXY가 된다(그림 14-11). 이와 같은 성염색체 조합이 나타나게 되는 원인은 감수분열 때 염색체의 불분리(不分離)인 것으로 해석되고 있는데, 터너증후군은 성염색체를 하나도 가지지 않은 정자 때문에, 클라인펠터증후군은 2개의 성염색체를 가진 배우자의 수정 때문에 생기게 된다.

정상인 여자의 간기(間期) 체세포 핵에는 **바르소체**(Barr body) 또는 성염색질(sex chromatin)이라 불리는 1개의 입자가 핵막 주변에서 발견되는데(그림 14-12), 이 입자는 정상적인 남자나 터너증후군인 유전병 환자에게는 없다. 터너증후군의 증상은 출생시에는 정상적인 여성이었으나, 성장하여 사춘기에 이르면 목소리나 체형이 남자와 비슷해지는 유전병을 말한다. 이와 반대로 출생시는 정상적인 남자였으나, 사춘기에 이르러 여성화되는 클라인펠터증후군에서는 1개의 바르소체가, **트리플로 X 증후군**(triplo X syndrome ; XXX)에서는 2개의 바르소체가 발견된다. 바르소체는 포유류에서

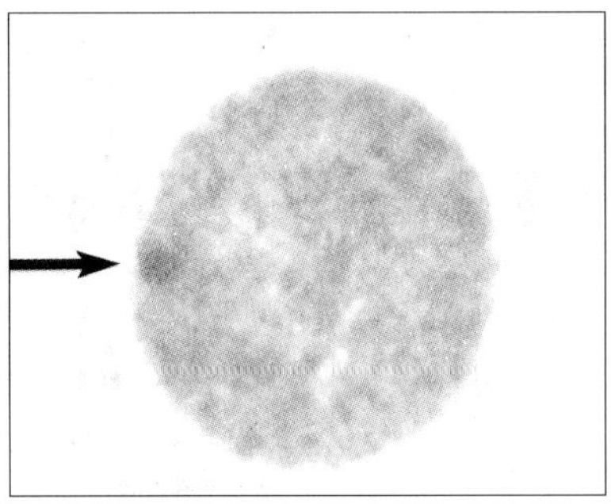

그림 14-12 사람의 바르소체
여성의 X염색체 2개 중 하나의 불활성화로 인해 성염색질에 이상응축이 생기는 것으로 분열간기의 상피세포 핵막의 주변에서 관찰된다.

잘 알려져 있는 성염색질의 이상응축(abnormal condensation)으로 이루어지는데, X염색체는 여러 개 존재하여도 1개만이 기능을 갖고, 나머지는 모두가 이상응축을 일으켜 바르소체로 남게 된다. 앞에서 설명한 ^{3}H-티미딘을 사용한 자기방사법에 의하면 여자의 체세포 핵에서 2개의 X염색체 중의 하나는 늦게 DNA합성에 임한다고 알려져 있는데, 이것이 바로 성염색질화하게 되는 것이라고 믿고 있다. X염색체의 이상응축은 포유류의 X염색체의 유전적 불활성화에 관한 **라이온(Lyon)가설**의 세포학적 근거가 되고 있다. 이 주장은 포유류의 암컷은 반성유전자(伴性遺傳子)의 발현이 모자이크

(mosaic)라는 것이다. 즉, 다시 말하면 XX의 수정란이 세포의 수가 5,000~6,000이 되는 포배(blastula)로까지 발생하여 배(胚)가 자궁벽에 착상될 무렵에 이르면 2개의 X염색체 중 하나는 유전적으로 불활성화하여 성염색질이 되는데, 부모에서 유래된 X염색체 중 어느 것이 불활성화되는가는 임의로 결정된다. 그러나 일단 이러한 선택이 결정되면, 그 세포에서 분열된 세포들에서 불활성화된 X염색체는 변화하는 일이 없다. 따라서 여자의 체세포에서는 반성유전자의 발현이 아버지로부터 온 것과 어머니로부터 온 것의 2가지 종류가 서로 섞여서 나타난다.

사람의 경우, 이 가설에 대한 직접적인 증명은 1962년 BEUTLER 등에 의하여 반성유전형질인 포도당 6-인산- 탈수소효소(glucose-6-phosphate dehydrogenase ; G6PD)의 A, B형을 이용하여 성공했다. 즉, 흑인집단에서 흔히 볼 수 있는 변이형인 A형은 일반형인 B형과 전기영동법을 통하여 구별되는데, 이들은 X염색체에 있는 구조유전자 *Gd*의 대립유전자(Gd^A, Gd^B)에 의하여 생성된다. 이형접합(Gd^A/Gd^B)인 여자의 적혈구나 조직추출액은 2개의 전기영동 밴드 A, B를 나타내는데, 이 여자의 피부세포를 배양하여 얻은 단일세포(클론)에서 유래한 추출액을 조사했을 때 G6PD는 A형이 아니면 B형 그 어느 한쪽만이 나타날 뿐, 결코 2종류의 전기영동 밴드는 발견되지 않았다. 그것은 한 세포의 XX염색체에 Gd^A와 Gd^B유전자가 있으나, 어느 하나는 유전자로서 불활성화되었기 때문이라고 생각한다.

사람의 X염색체는 게놈(genome)의 5%에 해당되는 비교적 큰 염색체이며, 성결정과는 관계없는 유전자를 많이 가지고 있다. 따라서 만일 위에서 설명한 장치가 없다면, 남자의 경우는 X가 1개밖에 없는 **모노소미**(monosomy)이므로 유전적 장애가 여자보다 흔하게 일어난다. 그리고 여자는 X염색체를 2개 가지고 있어서 1개가 불활성화되어야만 남자가 갖고 있는 1개의 X염색체와 양적 균형이 같게 되는데, 이런 현상을 **양적 보상**(dosage compensation)이라 한다. 한편, 남자에서는 Y염색체가 이상응축을 하고 있기 때문에, 분열간기의 체세포에 퀴나크린염색(quinacrine stain)을 하면 형광을 나타내는 형광소체(螢光小體)를 볼 수 있으며, 이를 남녀의 성을 판별하는 데 이용하고 있다.

14.3.3 연관과 사람의 염색체지도

사람을 포함한 포유류의 게놈당 DNA량(3×10^{-12}g)은 대체로 10^6 단위의 유전자 수에 해당된다. 그러나 실제로 DNA의 대부분은 반복형이거나 비정보성(非情報性) DNA이므로, 구조유전자로서 역할을 하고 있는 것은 많다고 해도 5만 개 정도로 보고 있으며, 사람에 있어서는 확실히 밝혀진 것만도 1,200개이고 불확실한 것까지 포함하여 약 2,000개 이상이 된다. 이러한 유전자의 대부분은 유전성 질환을 연구함으로써 밝혀진 것이다.

(1) X염색체상의 유전자

대립유전자의 변이를 발견하면 그 변이의 유전자가 어느 염색체상에 있는가는 가계조사법을 이용하여 X염색체 위에 있다는 것을 알 수 있었다. 현재 분자생물학적 방법을 이용하여 사람의 X염색체에는 200개 이상의 반성유전자가 있음이 이미 알려져 있다.

미국의 흑인집단에 대한 색맹과 G6PD 유전자좌 사이의 연관을 연구한 바에 의하면, 이중이형접합인 여자에게서 태어난 남자 20명 중 1명은 유전자쌍 재조합형이었다. 따라서 색맹과 G6PD는 유전자쌍 재조합율이 약 5%이고, 유전자좌는 약 5센티모르간(centimorgan)으로서 서로 매우 밀접하게 연관되어 있다고 본다. 사람의 X염색체에 있는 주요한 유전자좌의 위치관계를 보면 그림 14-13과 같다.

(2) 상염색체성 유전자의 연관

가계(家系)조사법에 의하여 상염색체성 유전자 사이의 연관(linkage)을 밝히는 것은 반성유전자인 경우에 비하여 훨씬 어렵다. 잘 알려져 있는 예로서 ABO 혈액형과 손톱, 슬개골증후군(膝蓋骨症候群) 유전자 사이, 그리고 비α-글로빈인 γ, β, δ유전자좌 사이의 연관이 있다. 또한 HLA형의 여러 유전자좌 A, B, C, D 및 DR 사이에도 연관이 있으며, 이들은 모두 제6번 염색체에 있다는 사실도 확인되었다.

(3) 사람의 염색체지도

1968년경부터 **체세포잡종법**(somatic cell hybridization)이 발달함에 따라 사람의 염색체지도(chromosome map) 작성이 급속도로 발전하게 되었으며, 분염법에 의한 염색체 및 특정 부분을 밝히는 연구의 발전과, 부분적 결실염색체(partial deletion chromosome)를 가진 환자에 대한 연구 등을 통하여 이미 수백 개 이상의 유전자좌들이 어느 염색체에 있는가를 밝혔다.

체세포잡종법에 의하여 유전자좌가 어느 염색체에 있는가를 밝힐 수 있는 원리는 다음과 같다. 즉 사람과 생쥐의 체세포에 센다이바이러스(Hemagglutinating virus of Japan

; HVJ)를 가하여 시험관 속에서 서로 융합시켜 잡종세포를 만든 다음, 이 잡종세포를 계속 배양한다. 그러면 사람의 염색체만이 점차로 상실되어 나중에는 생쥐의 염색체는 거의 전부 있는데, 사람의 염색체는 1개~몇 개만을 가진 잡종세포가 된다. 잔류되어 있는 사람의 염색체 종류가 서로 다른 몇 개의 클론을 만들고, 이 클론에 존재하는 사람의 염색체 종류와 동위효소 같은 특정한 유전자 발현과의 상관관계를 조사함으로써, 어떤 유전자가 어느 염색체에 있는가를 밝힐 수 있는 것이다. 또한, 염색체 일부에 전좌나 결함이 있는 사람의 세포를 이용하여 잡종세포를 만든 후, 위에서 설명한 방법으로 조사하여 어떤 특수한 유전자가 염색체의 어느 부위에 있는가를 밝힐 수 있다. 이 외에도 분자생물학적 방법이나 가계조사를 통한 고전적 방법을 병행하여 연구함으로써, 이미 100개 이상의 사람 유전자좌에 대하여 그것이 어떤 염색체의 어느 부위에 존재하는가도 밝혀졌다.

이와 같이 유성생식에 의하지 않고도 인공적으로 세포교배실험을 가능하게 하는 체세포유전학은, 개체에 대한 실험이 불가능한 사람의 유전학 연구에 극히 유용하며, 앞으로의 발전이 크게 기대된다(그림 14-13).

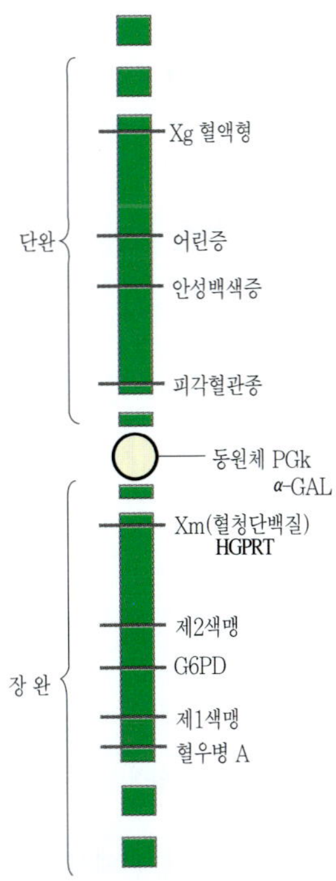

그림 14-13 사람의 X염색체지도
약 200개의 유전자좌가 X염색체에 있다고 하지만, 그 위치가 확인된 것은 그리 많지 않다.

14.4 양적 유전

14.4.1 양적 형질

사람에 있어 키, 몸무게, 혈압, 피부색, IQ 등 일반적으로 정량적 측정치에 의해서만 표현되는 양적 형질은 멘델의 유전에서 볼 수 있는 것처럼 명확한 분리를 나타내지 않으며, 하나하나의 유전자좌에 있는 대립유전자로서는 그 유전양식을 설명할 수 없다. 이러한 형질의 유전을 **양적 유전**(quantitative inheritance) 혹은 **다인자유전**(polygenic inheritance)이라 한다. 양적 형질인 경우 어떤 집단을 대상으로 형질의 측정치를 도수분포도(度數分布圖)로 표시하면 정규곡선형을 나타내는 경우가 많은데, 이는 많은 수의 유전자 즉, **폴리진**(polygene)이 관여하고 있기 때문이라고 생각된다.

사람의 양적 형질 중에서도 유전적 결정의 정도가 강하며, 또한 집단 사이의 극단적 차이를 나타내는 대표적인 예로는 피부색을 들 수 있다. 피부색은 피부의 표피 아래층에 있는 멜라닌(melanin)색소의 양에 따르게 되는데, 유전적으로 결정된 1차적인 색소의 침착 이외에도 태양광선에 의한 2차적 색소침착이 관여한다는 사실도 잘 알려져 있다.

백인과 흑인의 결혼에서 출생한 F_1과 F_2세대에서의 피부색을 관찰하는 것이 양적 형질 유전 연구에 가장 좋은 예가 된다고 본다. 만일 색소침착이 1개의 유전자에 의하여 결정된다고 할 때, 1쌍의 대립유전자 A, A'는 각각 색소를 증가 또는 감소시키는 작용을 하고, 양자 사이에 우성이나 열성관계가 없다고 한다면, 이형인 AA'에서는 색소의 침착이 중간형이 될 것이다. 흑인의 유전자형을 AA, 백인의 유전자형을 $A'A'$라 한다면, 혼혈아인 F_1 세대의 아이들은 모두가 AA'가 되고 피부색은 흑색과 백색의 중간색이 될 것이다. 그러나 혼혈인 사람들끼리 결혼하여 그 사이에서 출생하는 F_2세대에서는 AA, AA', $A'A'$가 1 : 2 : 1의 비율로 나타나고, 더욱이 AA와 $A'A'$는 할아버지와 할머니 세대의 흑인 혹은 백인과 똑같은 피부색을 나타내게 될 것이다. 그러나 실제로 미국인 집단을 조사한 결과, 이와 같은 이론치와는 일치하지 않음을 알 수 있었다.

색소침착에 있어서 또 하나의 유전자가 관여하고 있다고 생각하여, 그 좌위의 대립유전자를 B, B'라 하고, A, B의 그 좌위 사이에는 상위(上位)관계가 없으며, 유전자의 작용은 이들 유전자들이 합해져서 나타난다고 가정해 본다. 그러면 흑인의 유전자형은 $AABB$, 백인의 유전자형은 $A'A'B'B'$

가 될 것이고, F_1세대에서는 $AA'BB'$가, F_2세대에서는 4개의 유전자 중 색소를 감소시키는 인자로 가정한, 프라임(′)이 붙은 인자가 몇 개 있는가에 따라 5가지 표현형이 1 : 4 : 6 : 4 : 1의 비율로 나타나게 된다(그림 14-14). 그러나 만일 2쌍이 아니고 3쌍의 유전자 $AA'BB'CC'$가 관여한다고 하면, 표현형의 종류는 색소감소 유전자의 수가 0~6 사이에 있게 되므로 7가지가 있을 수 있고, F_2세대에서의 출현율은 1 : 6 : 15 : 20 : 15 : 6 : 1이 된다. 이러한 점으로 보아 좌위의 수가 증가되면 표현형의 수도 증가되며, 출현율의 분포는 정규분포에 가깝다. 유전자좌 간의 첨가성 및 각 좌위 사이에 우성과 열성관계가 없는 1쌍의 대립유전자를 가정할 경우, 피부색의 변이에는 3~6개의 유전자좌가 관여하고 있는 것으로 생각된다. 실제는 유전자들은 작용이 큰 것과 작은 것이 있게 되며, 또한 대립유전자 사이에 우성과 열성의 관계가 있을 것으로 예상된다. 그리고 양적 형질의 표현형은 유전자형과 환경요인과의 복잡한 상호관계를 통하여 이루어진다. 그러므로 양적 형질인 경우, 각각의 유전자 작용에 관하여 논하는 것은 현재로서는 불가능하며, 특별한 통계적 방법을 이용하여 분석해야만 하는데, 이는 주로 근친간의 상관과 분산분석으로 가능하다.

양적 형질의 변이는 분산(V)에 의하여 표현되며, 집단의 분산에서 N개의 측정치를 x_1, x_2, x_3, ..., x_N이라 한다면, 다음과 같은 식에 따라 산출할 수 있다.

$$V = \frac{(x_1-\bar{x})^2+(x_2-\bar{x})^2+\cdots\cdots+(x_N-\bar{x})^2}{N-1} = \frac{\Sigma(x-\bar{x})^2}{N-1}$$

단 $\bar{x}$ 는 측정치의 산술적 평균이다.

이 분산법에 의하여 표현되는 변이는 유전자형의 차이에 입각한 변이와 환경에 따른 변이를 모두 포함하게 된다. 따라서 이를 **표현형 분산** 또는 전분산(全分散)이라 하며 V_T로 표시한다. 유전자형의 차이에 따른 분산을 **유전자형 분산** 또는 유전분산이라 하여 V_G로, 그리고 환경 차이에 따른 분산을 **환경분산**이라 하여 V_E로 표시한다. 따라서 $V_T = V_G + V_E$가 된다.

전분산에서 유전분산이 차지하는 비율 V_G/V_T를 유전적 결정도라 하며, 이는 후에 설명될 쌍생아법에 의하여 구할 수 있다. 유전분산을 다시 **상가분산**(相加分散) V_A와 **우열분산**(優劣分散) V_D로 나눈 경우, 즉 V_A/V_T를 **유전율**이라 한다. 유전율은 근친자 사이의 상관계수의 실측값/기대값의 비로써 구할 수 있다.

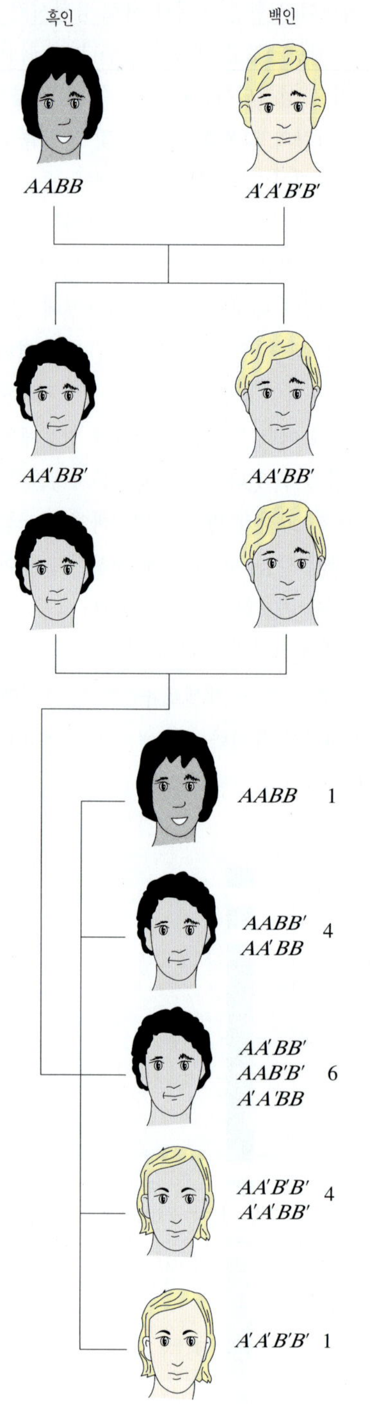

그림 14-14 피부색에 관한 양적 유전자의 설명

형질이 유전자의 상가적 효과에 의해서만 결정되고 있을 경우, 양친이 근친관계가 아닌 부모와 자식 사이에서는 그들이 가지고 있는 유전자의 반을 서로 같은 조상으로부터 물려받았기 때문에 이론적 상관계수(相關係數)는 1/2이고, 형제

자매 사이의 상관계수도 역시 1/2이 된다. 그러나 만일 우성, 열성관계에 있는 대립유전자가 포함되어 있다면 부모와 자식간의 상관보다도 형제 자매 사이의 상관이 약간 높아지는 경향이 있게 된다. 즉 부모와 자식간의 상관관계를 γ_{PO}, 형제 자매 사이의 상관계수를 γ_{SS}라 한다면 다음과 같은 식이 성립된다.

$$\gamma_{PO} = \frac{1}{2}(V_A/V_T)$$
$$\gamma_{SS} = \frac{1}{2}(V_A/V_T) + \frac{1}{4}(V_D/V_T)$$

이 수식에 의하여 여러 가지의 분산치와 유전율을 산출할 수 있는데 몇 가지의 양적 형질에 관한 부모와 자식 그리고 형제 자매 사이의 상관계수를 표 14-5에 표시하였다. 이 밖에도 양적 형질의 특별한 형으로서 다음과 같은 예들을 들 수 있다.

표 14-5 사람의 양적 형질에 있어서 친지간과 형제간의 유사성

형 질	상관계수	
	친자간	형제간
신 장	0.51	0.53
지 극*	0.45	0.54
전완길이	0.42	0.48
지 능	0.49	0.49
출생시 체중	-	0.50

* 지극(指極) : 양팔을 좌우로 펼쳤을 때 최대거리

(1) 단일유전자좌의 대립유전자에 의한 연속성 변이

적혈구의 산성 포스파타아제의 활성치는 연속적인 종 모양의 분포를 나타내지만, 유럽인의 집단에는 3개의 복대립유전자 P^a, P^b, P^c에 의한 유전적 다형이 전기영동으로 발견되었다. 희귀한 동형접합인 C형을 제외하고 A, BA, B, CA, CB 5종의 유전자형이 구별되고 있으며, 더욱이 이들 사이에는 그 평균활성치에 차이가 발견되고 있다. 이로 인한 각 표현형의 상대적 빈도를 고려하면 그림 14-15와 같은 분포를 볼 수 있으며, 만일 전기영동을 하지 않고 활성치만을 측정하였다면 종 모양으로 나타나는 분포곡선만이 이루어진다고 이해될 것이다.

(2) 양적 유전에 기본을 둔 비연속성 변이

예를 들면 여러 가지 질병에 걸리기 쉬운 정도는 단순한 멘델의 유전법칙에 따르지 않지만, 유전적 배경을 가지고 있음은 분명하다. 표현형은 질병이냐 정상이냐 그 어느 한쪽이 되지만, 이 기반에는 양적 유전에 의한 변이가 존재한다고

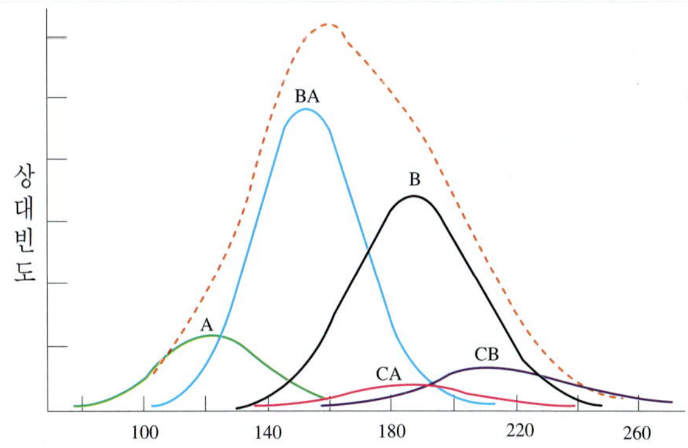

그림 14-15 사람의 적혈구 산성포스파타아제(ACP)의 활성분포

생각할 수 있다. 즉, 표현형의 값에 어떤 일정한 역치가 존재하며, 이를 넘게 되면 질병이 발생한다고 본다.

14.5 사람의 유전병

GARROD박사는 1902년 선천성 대사이상(inborn errors of metabolism)이란 논문을 발표하면서 많은 경우가 효소결핍에 의한 대사이상이라고 했다.

사람의 유전병은 대사이상으로 발병된다. 대사 이상형질은 주로 체내에서 합성되는 단백질의 기능에 문제가 생겨서 발현되고 있다.

(1) 단백질 대사의 이상

페닐케톤유리아(phenylketonuria, PKU)는 페닐알라닌(phenylalanine)이 티로신(tyrosine)으로 가수분해되는 반응에서 phenylalanine hydroxylase의 작용이 선천적으로 결여된 사람의 오줌에 페닐피루브산(phenylpyruvic acid)이 다량으로 배출되는 증상이다. 이 병을 PKU라고 하는데 일반적으로 정신박약아 같은 증상을 나타내며 단순열성유전자에 의해서 지배된다.

알캅톤유리아(alcaptonuria)는 페닐알라닌 및 티로신의 중간대사물인 호모젠티스산(homogentisic acid, 알캅톤)을 산화하는 homogentisic acid oxidase의 작용이 선천적으로 결여되어 호모젠티스산이 오줌에 다량으로 배출되는 병이다. 이 병도 열성유전을 한다.

백자(albinism, 흰둥이)는 멜라닌 색소가 결핍되어 피부, 모발, 홍체 등이 탈색되는 현상이다. 때로는 약시, 안구진탕

증 귀머거리, 정신박약증 등을 수반하는 경우가 있다. 이 증상은 열성유전을 한다.

(2) 탄수화물 대사의 이상

글리코겐증(glycogen disease)은 글리코겐의 분해가 선천적으로 방해되는 이상이여서 글리코겐이 체내에 다량 축적된다. glucose-6-phosphatase의 활성장애, amylo-1, 6-glucosidase의 결핍으로 특수한 구조의 글리코겐이 형성된다.

갈락토오스혈증(galactosemia)은 갈락토오스축적증이라고도 한다. 갈락토오스를 글루코오스로 변화시키는 능력이 없으며 정신발달 지체, 백내장 및 간종을 일으키는 열성유전병이다.

G-6-PD**결핍증**이 있는 사람은 naphthalene, sulfanilamide, sulfoxone 같은 약물을 복용하면 용혈성 빈혈을 나타낸다. 이 형질은 반성열성유전을 한다.

(3) 지질대사의 이상

Tay-Sachs disease는 열성유전을 하며 hexosaminidase A의 결핍으로 ganglioside가 이상축적을 나타내서 발병한다. 출산 후 약 6개월쯤에 나타나며 신경장애로 근육운동이 잘 안 되고, 특히 시신경장애로 시력을 잃는 경우가 많다. 이 병은 유태인 집단에 특이하며 약 3,600~4,000명의 출생아 중에 1명이 출생한다.

(4) 골과 관절의 이상

연골이영양증(chondrodystrophy)은 화골화현상의 결함 때문에 출생할 때부터 사지가 짧고 굵다. 생후 1년내에 대부분 사망한다.

마르판증후군(Marfan's syndrome)은 키가 크고, 사지는 길고 가느다란 특징을 갖는다. 수족의 골도 길어서 spider finger라고도 한다. 우성유전 형질인데 드물게 열성유전을 나타내는 가계도 있다.

단지증(brachydactyly)은 손가락 전체 길이가 짧은 경우, 끝마디나 가운데마디가 짧은 경우 등 여러 경우가 있다. 단지증은 최초로 알려진 멘델의 우성유전 형질이다.

다지증(polydactyly)은 손가락이 6개 있는 경우로서 대부분 엄지 손가락 옆에 작은 손가락이 생긴다. 불규칙적 우성유전을 하며 때로는 열성유전의 가계도 있다. 언청이와 같은 기형과 함께 생기는 경우가 많다. 이외에 손가락이 한데 붙는 합지증(syndactyly)도 있다.

(5) 혈액 질환

겸상적혈구빈혈증(sickle-cell anemia)은 HbS 유전자가 homo일 때(HbS/HbS) 나타나며 심한 빈혈증 환자가 된다. 이 빈혈증의 원인은 분자유전학적 연구의 결과 Hb 성분 중 β-사슬의 아미노산 배열에서 N말단부터 제6번째 아미노산이 Glu → Val으로 치환되어 나타나는 사실을 알았다. 그 후 이처럼 물질분자구조에 이상이 생겨서 발병하는 병을 **분자병**(molecular disease)이라 불렀다. 빈혈을 나타내는 경우는 HbC도 있는데 이 경우는 β-사슬의 6번째 아미노산이 Glu → Lys으로 치환되어 생긴다.

지중해빈혈증(thalassemia)은 지중해 연안에 살았거나 살고 있는 민족에 많이 나타나는데, 주로 Hb의 α 또는 β-사슬의 생산이 균형을 이루지 못하여 정상 헤모글로빈을 합성하지 못하기 때문이다. 그런데 왜 지중해 연안에 사는 인류 집단에 그런 빈혈증 유전자가 많았는지는 알 수 없다.

무카탈라아제혈증(acatalasemia) 환자는 카탈라아제 효소가 없기 때문에 체내에 생긴 H_2O_2를 분해하지 못한다. 그 결과 진행성 괴저성 악골염이 생기는 것을 알게 됐는데 재일 한국인에서 최초로 발견된 예이다. 열성유전 형질이며, hetero 개체는 catalase 활성도 정상인의 1/2에 불과하다.

혈우병(haemophilia)의 원인은 여러 가지이다. 혈우병 A는 **항혈우병인자**(antihaemophilic factor)가 혈장에 없기 때문에 생긴다. 이 형질은 반성열성 형질이므로 여자에 나타나는 예는 거의 없으며 여자가 homo인 경우는 치사한다고 생각했다. 그러나 매우 드물게 여자 혈우병 A가 나타나고 있어서 단순하게 설명하기는 어렵다.

(6) 눈의 이상

색맹(color blindness)은 선천적으로 적색과 녹색의 구별을 못하는 반성유전의 좋은 예이다. 이들의 색각을 나타내는 유전자는 X-염색체에 있으며, 열성형질이기 때문에 남자에게는 흔하지만(약 5%) 여자의 경우에는 매우 드물다. 색맹에는 **적색맹**(protanopia), **녹색맹**(deuteranopia), **전색맹**(achromatopsia) 등이 있다.

선천성 백내장(congenital cataracta)은 수정체가 혼탁해서 시각을 잃게 되는 병인데 그 원인이 여러 가지라서 우성형과 열성형이 있으며 원반백내장은 반성우성으로 생각된다.

(7) 근육과 신경의 이상

듀쉔형 근이영양증(Duchenne type muscular dystrophy)은 남자의 유년기에 팔 · 다리 근육운동에 장애를 느끼며 몸통과 안면근육으로 이동된다. 이 환자는 20세가 되기 전에 사망한다. 이 dystrophy는 반성열성유전을 한다.

근경련성 간질(myoclonic epilepsy)은 간질 발작의 직전에 경련성 수축이 일어나며 말기에는 특이한 치매 상태가 되기도 한다. 우성과 열성의 가계가 있다.

(8) 염색체 이상과 유전병

다운증후군, 터너증후군, 클라인펠터증후군, 고양이울음증후군 등 염색체의 수적 변이나 구조적 이상에 의해서 나타나는 병도 많다(「4.3. 사람의 염색체」 참조).

14.6 유전병의 예방과 치유 및 그 전망

선천성 질환에 의하여 사망하는 경우는 점차 증가하는 추세를 보이고 있는 반면에 감염성 질환으로 사망하는 경우는 상대적으로 감소하고 있다. 그 이유는 현대사회는 과거보다 물질적으로 유해한 환경을 만들고 있어서 유전적인 질환의 발생률을 높이고 있으며, 한편 현재까지의 의학 발전은 감염의 예방법, 치료법 등에 치우쳐서 발병 후 적절한 치료로 회복되는 경우가 많았기 때문이다. 따라서 앞으로의 의학은 임상유전학적 연구와 선천성 유전병의 치료법에 많은 연구가 수행돼야 할 것이다.

(1) 유전병의 예방

페닐케톤뇨증(PKU)은 페닐알라닌(Phe)을 티로신(tyrosine)으로 가수분해하는 효소, 페닐알라닌 가수분해효소(phenylalanine hydroxylase)의 결핍으로 발병한다. 페닐알라닌이 체내에 다량으로 축적되면 대뇌의 발달을 저해하여 정신지체아를 만든다. 일반적으로 PKU 환자의 IQ는 50 정도를 나타낸다.

그러나 출산한 PKU 신생아에 페닐알라닌을 제거한 우유를 먹이면 상대적으로 페닐알라닌의 양이 적기 때문에 대뇌의 발달을 저해하지 않게 된다. 이와 같이 특이 식이법을 이용하여 약 6세 정도까지 양육한 후에는 보통 식사를 해도 된다. 그 이유는 6세 정도까지 양육하면 뇌의 발달이 충분하여 IQ는 정상에 이르며 이미 뇌조직이 발달된 후는 과량의 Phe이 별로 영향을 미치지 않기 때문이다. 이것이 유전병 치료의 최초가 된다.

PKU는 Phe이 없는 우유 급식이라는 식이요법의 개선으로 예방이 가능하며, **갈락토오스혈증**(galactosemia)도 같은 방법으로 예방이 가능하다.

(2) 유전상담

유전상담(genetic counseling)은 의사가 임신을 하려는 부부, 유전병 환자나 유전병이 우려되는 사람들을 대상으로 유전병의 발생 및 예방에 관해서 의견을 교환하면서 정확한 정보를 제공해 주는 상담을 말한다.

이 유전상담제도는 선진국에서는 매우 효과적으로 실시되고 있다. 예를 들어 어떤 부부 사이에서 태어나는 아들은 모두 유전적 결함을 가지고 딸은 보인자가 된다면, 그 부부는 아이를 낳을 것인가? 딸이면 낳을 것인가? 등등 적절한 결정을 스스로 하도록 한다.

여기에 **양수천자법, 융모막 융모 생검법** 등을 이용하면 태아의 성은 물론 태아가 유전적 질환을 발현할지도 미리 알 수 있다. 이 경우 태아의 유전병 위험율이 상당히 높으면 모자보건법으로 출산을 금지해서 유전병 자식의 출산을 예방할 수도 있다. 양수천자나 융모막 융모 생검법을 이용하면 세포유전학적 및 생화학적 검사를 모두 실시할 수 있어서 출산 전 진단의 가장 효과적 방법으로 이용되고 있다.

(3) 산전 진단의 윤리, 도덕, 법률적 문제

현재 산전 진단의 응용은 매우 보편화되어 있다. 산전 진단 결과, 태아가 출생하면 심한 정신지체아가 된다는 사실을 부모가 알고 있다면 부모는 어떻게 해야 하는가? 그 결정은 부모가 해야 되지만 매우 어렵다. 선진국에 있어서도 과거 1960~1970년대는 산전 진단의 방법도 없었고, 유전병 태아도 출산해야만 했다. 따라서 장애아들은 거의 모두 특수보육시설에 위탁하여 양육되었다. 그렇지 않으면 불행한 자식으로 인하여 가정의 정신적 및 경제적 고통을 감수해야만 했다.

오늘날 우리는 산전 진단으로 문제의 유전병 및 기형의 태아를 알 수 있어 불행한 출산을 피하고 있다. 그러나 여기에는 윤리적 도덕적 문제가 대두되고 있다. 또한 특정 종교적 입장까지도 관여되고 있다. 한 태아의 생명권은 대체로 임신 24~28주로 간주하고 있어서 인권 문제를 개입시키면 법률적 문제가 제기된다. 이처럼 유전적 장애아의 출산 여부는 복잡한 사회문제가 되고 있다. 따라서 장애자 문제에 대한 유전상담의 제도적 활용은 과학 · 윤리 · 종교 및 법적 문제를 충분히 고려하여 실시되어야 할 것이다.

14.7 사람의 게놈 연구사업

미국의 National Research Council(NRC)에서 1988년 「Mapping and Sequencing of the Human Genome」이라는 보고서를 발표하여 인간게놈 연구사업(Human Genome Project)이 구체화되었다. 미국 국립보건원(NIH)과 에너지성(DOE)이 공동으로 이 사업을 추진하기로 했으며, 그 1단계 공동연구는 1991~1995년까지 실시되었다. 그리고 본 연구기간은 15년간 수행키로 하였다.

본 연구사업의 목적은 사람의 게놈 구조를(유전체 : 한국인체 게놈연구협의회는 '게놈'의 우리글 표기를 '유전체'로 정하였다) 유전자 지도 작성으로 밝히는 데 있다. 사람의 유전체 구조가 밝혀지면 인류유전학의 학술적 업적은 물론 의학, 약학 등에서 응용 가치가 무한하다. 유전병의 원인을 알 수 있으며, 그 병에 대한 유전자 치료법이 개발될 수 있다. 또한 유전병의 진단과 관련된 각종 시약을 생산할 수 있다. 본 연구의 제1단계 연구기간에 21-염색체와 Y-염색체의 유전자 지도가 완성되었다.

Paul Berg는 1980년 노벨화학상 수상식에서 "앞으로 의사는 인간 유전체의 분자해부학, 유전체의 생리 · 생화학적 지식을 갖추어야 할 것"이라고 강조했다. 인간 유전체의 연구는 유전학의 지식을 의학 · 약학뿐만 아니라 농수산학 · 산림학 및 생물공학 분야의 응용에 무한한 잠재력을 지니고 있다.

원래 유전자 지도작성은 교배에 의한 교차가를 기초로 작성한 **연관지도**(linkage map)에서 출발하였다. 그러나 현재는 다양한 분자생물학적 또는 분자유전학적 방법을 이용하고 있다. 즉, mRNA로부터 합성한 cDNA, DNA 절편, **제한효소 단편길이 다형**(RFLP), 조직특이적 발현 유전자 분석, **체세포 잡종형성**(somatic cell hybridization), In situ hybridization, monochromosomal hybrid의 판넬구축법 및 Fluoresence in situ hybridization(FISH) 등이 이용되고 있다.

제15장

유전자와 발생

발생(development)이란 1개의 수정란 세포가 분열을 거듭하여 다세포가 되며, 세포들이 특수화하고, 조직화되어 하나의 개체로 되어가는 과정을 말한다. 발생시기 동안 세포분열에 의해서 생긴 다세포군은 결정이란 과정을 통하여 특수한 양식의 유전자 활성을 갖게 되고, 세포가 특수화되어 마지막 단계인 **세포분화**(cellular differentiation)를 거쳐 형태 및 활성이 달라진다. 이어서 형태를 형성하는 발생과정인 **형태형성**(morphogenesis)을 통해서 특정 위치의 세포가 여러 단계를 거쳐 점차 인지될 수 있는 구조로 조직화되어가는 것이다.

이상과 같은 발생 및 분화과정에서, 유전자가 어떻게 다른 유전자 및 발생을 조절하는 여러 가지 신호들과 상호작용하는 것인지 그 조절기작에 대해서는 현재까지도 알려진 바가 거의 없다. 그래서 오늘날 과학자들은 다양한 돌연변이체들을 신중하게 선택하여 변화된 발생 양상을 연구하고자 하며, 발생을 조절하는 데 있어서 유전정보의 역할을 규명하기 위하여 유전공학과 전통적인 실험방법을 조합하여 사용하였다. 또, 다세포 생물체 진화의 역사에 근거한, 그리고 발생학적으로도 매우 중요한 유전기작의 연구를 통하여 진화와의 연관성을 해명하는 새로운 방법도 찾고 있다.

15.1 세포분화와 유전자

사람의 몸은 200여 종류 이상의 세포로 구성되어 있으며(그림 15-1), 이들 세포가 서로 조합하여 눈, 손, 그리고 뇌 등의 여러 가지 복잡한 기능을 수행할 수 있는 다양하고도 복합적인 구조로 조직화된다. 그러나 무엇보다도 놀라운 것은 몸의 모든 구조와 구성 세포들이 하나의 수정란에서 비롯되었다는 사실이다.

모든 다세포 식물과 동물은 발생이라는 복잡한 과정을 거친다. 예를 들면 식물의 뿌리 세포는 잎에 있는 여러 종류의 세포와는 매우 다른 구조와 기능을 갖는다. 뿐만 아니라 분자 수준에서 보면 동식물은 각 세포의 종류에 따라 매우 독특한 단백질들을 만들어낸다. 예를 들면, 적혈구 세포의 특이 단백질은 헤모글로불린으로, 세포내 총 단백질 양의 90% 이상을 차지한다. 그러나 대체로 세포는 모든 세포에 공통적으로 필요한 단백질들로 구성되며, 그 세포의 특이단백질은 전체 단백질의 일부분에 불과한 소량이지만 필수적인 역할을 한다. 이와 같이 각 종류의 분화된 세포는 각각의 독특한 단백질 세트로 구성되어 있으므로 세포가 발생을 하는 동안에 각 세포군은 그들이 필요로 하는 유전자만 남겨 두고 필요없는 유전자는 잃어버릴 것으로 생각된다. 그러나 실제로 분화된 성체 세포의 모든 핵은 유전적으로 서로 동일하며, 수정란의 핵과도 동일하기 때문에 모든 체세포는 동일한 유전자를 갖는다. 단지 조직에 따라 다른 유전자가 발현되는 것으로 인정되고 있다.

이미 분화된 세포나 그 세포의 핵도 정상적인 발생을 수행할 수 있는 것으로 발견되었는데, 이러한 세포 또는 핵을 **전능성**(totipotency)이 있다고 한다. 그 예로, 당근의 뿌리 세포를 분리하여 영양배지에서 **조직배양**(tissue culture)하면, 세포분열을 하여 **배유사체**(embryoid body)라는 세포군을 형성한다(그림 15-2).

이 세포덩어리를 한천배지에 옮겨 배양하면 뿌리, 줄기 및 잎이 생겨나고, 이들을 흙에 옮겨 심으면 정상적으로 꽃을 피우고 열매를 맺을 수 있는 식물체로 발생된다. 이러한 식물조직 배양방법은 이제 유전공학 식물 생산에 이용되어 재조합 DNA를 집어 넣은 세포로부터 완전한 식물체를 재생산해 낼 수 있을 정도까지 널리 유용하게 되었다.

이와 유사한 방법을 동물세포에서도 시도해 보면, 아직까지 수정란으로부터 발생하는 것처럼 완전히 분화된 체세포로 되는 것은 불가능하다. 그러나 발생단계가 각기 다른 양서류 세포의 핵을, 자신의 핵은 UV 조사로 파괴시킨 난세포에 이

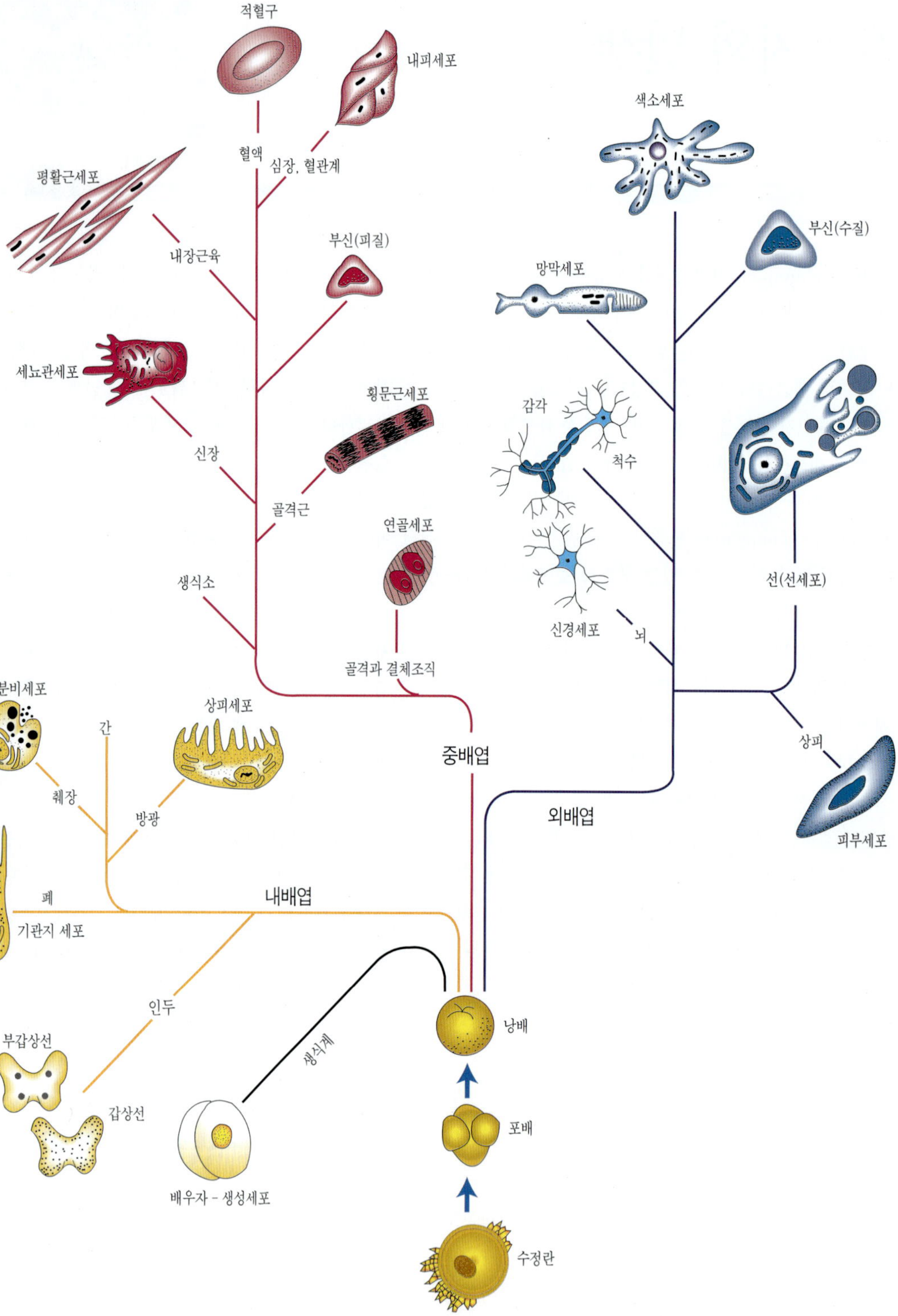

그림 15-1 동물세포의 발생분화경로

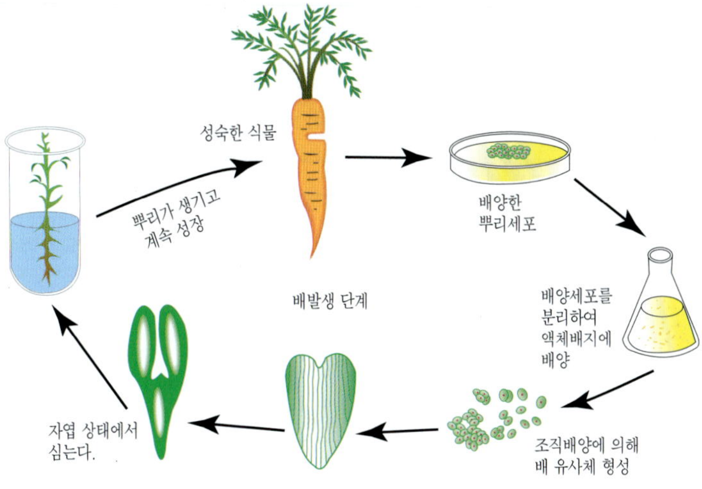

그림 15-2 분화단계 체세포로부터 식물체의 발생

식하면 이식된 핵의 발생시기에 따라 정상발생의 가능성이 달라진다(그림 15-3). 즉, 발생 초기인 포배기의 세포 핵을 이식하면 대부분이 성체까지 발생하는 반면에 올챙이의 장(腸)세포 핵은 개체까지 발생시킬 가능성이 매우 낮다(그림 15-3a, b). 따라서 세포의 운명이 결정되어 갈수록 이식된 핵이 정상적인 발생을 조절할 수 있는 가능성은 줄어드는 것이다. 그러나 여러 가지 조건에 따라 올챙이 장세포의 핵도 분화를 유도하는 능력이 점차 늘어남에 따라, 최소한 일부 분화된 세포의 핵도 사실상 전능성이 있으며, 유전물질을 모두 잃어버리지 않은 것으로 생각할 수 있게 되었다. 따라서 분화된 식물 및 동물세포의 핵이 전능성을 가진다는 것은 유전자가 발생에 의해 소실되는 것이 아니라는 것은 확실해진다. 즉, 명백히 불활성화된 유전자도 그 세포나 핵을 새로운 환경에 두면 재활성화가 될 수 있다는 것을 알 수 있다. 또, 발생과정 중에 유전물질의 소실이 없더라도 세포의 핵은 전능성 상태로 머무는 것을 점차 어렵게 하는 대사변화를 거쳐야 한다는 사실도 생각할 수 있다.

이와 같이 분화, 발생의 과정은 유전자의 증가나 감소에 의해 이루어지는 것이 아니라 어느 유전자가 언제 어떻게 발현하는가 하는 유전자 작용의 선택적 활성화나 불활성화에 의한 **유전자 발현**(gene expression)의 조절에 의해 결정된다. 진핵세포의 유전자 발현은 여러 가지 다른 수준 및 방법으로 조절될 수 있다. 예를 들면, 어떤 효소는 처음에는 불활성형으로 합성되었다가 나중에 활성화된다. 그러나 발생과정에서 대부분의 중요한 유전자 조절은 전사수준에서 이루어진다. 즉, 어떤 유전자의 전사는 억제되는 반면 다른 유전자의

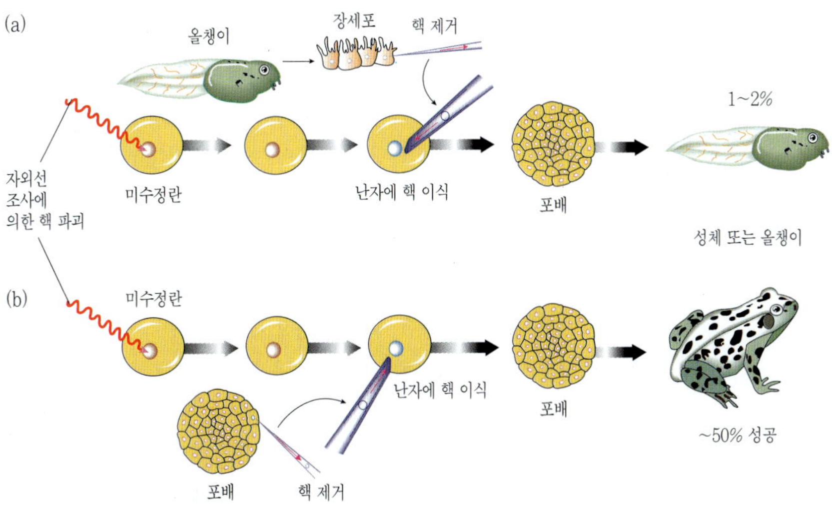

그림 15-3 양서류 배의 핵 이식 실험

전사는 활성화된다. 심지어는 모든 세포에서 일정하고 활성형인 유전자의 발현조차도 발생시기 동안은 조절되어 조직의 종류에 따라 그 전사산물인 mRNA의 양이 다양하다.

분화는 하나의 세포에서 각기 여러 가지 특수하고도, 일정한 배열 상태를 갖는 조직 세포들로 되어 가는 일련의 경로들이라고 할 수 있다. 미분화된 하나의 세포가 어떤 발생의 경로로 유전적 신호를 만들어 보내면 그 세포로부터 분열되어 생긴 세포들은 그 경로를 따라 점차 최종의 조직특이성을 갖도록 발생이 진행되어 가는데, 이와 같이 단계적으로 세포의 운명이 정해져 가는 것이 **결정**(determination)의 과정이며, 분화는 발생의 최종 단계이다.

15.2 발생의 분자유전

다른 동물들간의 조직발생 양상을 비교함으로써 수정란에서 성체로 발생하는 기본 계획의 차이와 유사성을 알 수 있게 되었다. 많은 고전적 실험에 의해 세포군이 어떻게 특정한 발생 경로를 따라 결정되어 가는가에 관한 중요한 증거를 확립해 왔으며, 또 동 · 식물에서 실제로 발생을 조절하는 유전자를 규명하고 그 유전자들의 작용기작을 알아내기 위해 여러 가지 다양한 실험방법을 개발하고, 고전적인 방법과 병행하여 이용하고 있다.

15.2.1 발생의 유전적 조절

발생의 유전적 조절 연구에서는 실험에 사용할 개체의 선택이 매우 중요한데, 그 중 가장 좋은 접근방법 중의 하나는 특정 시기에서 발생이 더 이상 진행되지 않고 머물러 있거나 비정상적 발생을 하는 돌연변이체를 분리하는 것이다. 초파리의 한 종인 *Drosophila melanogaster*는 유전학적 사실이 많이 밝혀져, 분자발생학 연구에 가장 중요한 실험재료가 되고 있으며, 그 외에 선형동물인 *Caenorhabditis elegance*, 실험 쥐인 *Mus musculus*와 여러 가지 식물 및 간단한 진핵생물 등도 중요한 실험 재료로서 발생 양상의 실험에 매우 유용하다.

(1) 초파리의 발생 유전

발생을 조절하는 유전자는 초파리에서 가장 널리 알려져 왔다. 초파리는 연구에 유용한 돌연변이체가 많고, 새로운 돌연변이를 염색체상에 직접 확인할 수 있는 점이 연구의 큰 장점이다. 초파리 유충에서 크고 대사적으로 활성있는 세포 조직의 특이 염색체를 발견함으로써 유전자 분석이 매우 용이해졌다. 즉, 초파리의 **침샘염색체**(salivary chromosome)는 DNA가 세포분열없이 여러 번 복제하여 만들어진 비정상의 간기 염색체로서, 나란히 줄지어 있는 1,000개 이상의 이중나선으로 구성된 염색사를 가지므로 이를 **다사염색체**(polytene chromosome)라 한다. 이 염색체는 매우 크고, 또 특정 유전자를 염색체의 특정 위치에 나타내는 데 유용한 밴드 양상을 보인다. 유전자가 활성이 있을 때는 염색체 밴드의 응축이 풀려서, mRNA합성을 왕성하게 하는 부위인 **퍼프**(puff)를 형성한다. 이러한 유전자 활성은 양서류 난세포의 감수분열하는 **램프브러쉬**(lampbrush) 염색체에서도 볼 수 있다(그림 15-4).

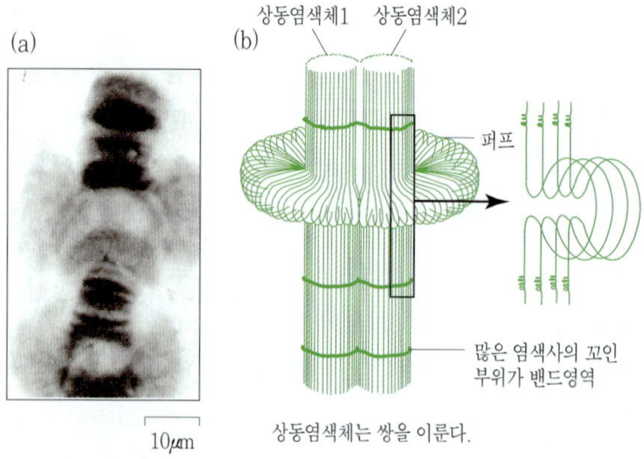

그림 15-4 초파리 침샘염색체에서 볼 수 있는 다사염색체
(a) 응축된 염색질은 밴드모양을 이룬다.

초파리의 생활주기는 몇 개의 뚜렷한 시기로 구성된다(그림 15-5). 난자가 수정된 이후에 배발생은 접합자(zygote)가 **유충**(larvae)으로 알려진 성적으로 미성숙한 형태로 발생하는 동안 일어난다. 난에서 부화한 후 각 유충은 여러 번 탈피하여 외부가 각질층으로 덮이게 된다. 각 탈피는 유충이 용화될 때까지 크기를 증가시킨다. **용화**(pupation)는 탈피와 새로운 외부 각질을 단단하게 함으로써 **번데기**(pupa)를 완전히 껍데기로 싸이게 한다. 그런 다음 곤충은 완전한 변태를 하여 모양이 바뀌고, 그 동안에 유충 조직의 대부분이 퇴화되고 다른 조직은 분화하여 성적으로도 성숙한 성체를 형성한다.

초파리의 유충은 벌레 모양으로 성체와는 전혀 다르지만, 성체 구조의 전구체 세포들은 유충의 배발생 초기부터 이미 결정되어 비교적 미분화된 쌍의 구조로 존재하는데 이를 **성충원기**(imaginal discs)라 한다. 각 성충원기는 유충의 특정 위치에서 휴지기 상태로 존재하다가 용화과정에서 성체의 날

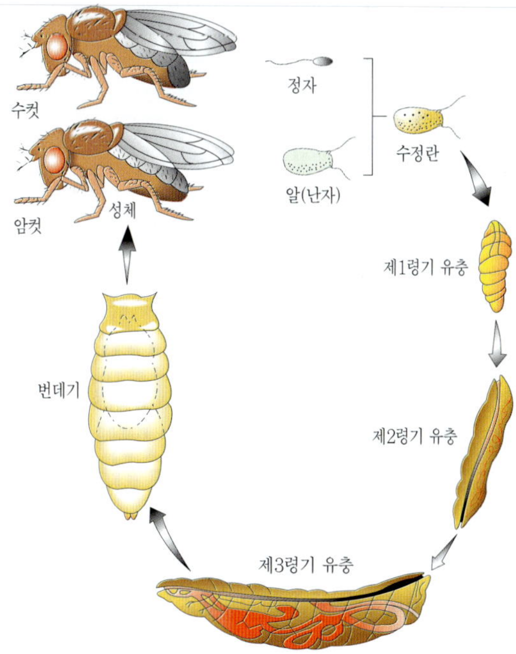

그림 15-5 초파리의 생활주기

개, 다리, 촉각, 또는 생식기 등의 특수 구조를 형성한다(그림 15-6).

이들을 제외한 유충단계의 다른 세포들은 단순히 성체의 전구체 세포에 영양을 공급하고 지지해 주는 데 사용되고 성체구조에는 거의 관여하지 않는다. 성체원기를 비롯한 성체구조의 전구체 세포의 활성화는 복잡한 유전적 조절에 의해 이루어진다. 현재까지 50여 개의 다른 유전자가 유충내에 체판(body pattern) 형성을 유도하는 것으로 규명되었으며, 이들 유전자는 체판 형성을 저해하거나 구조를 변경시키는 돌연변이를 통해 규명되었다.

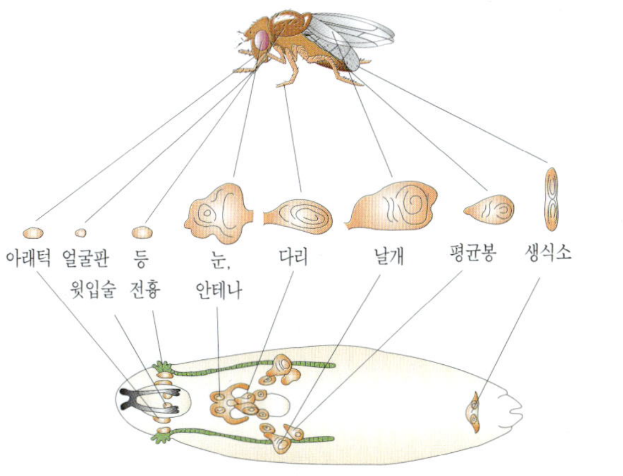

그림 15-6 초파리의 성체원기

현재까지 성체판 형성에 영향을 미치는 돌연변이체들이 여러 종류 밝혀졌으며, 발생에 대한 이들 돌연변이체의 영향은 분자 수준에서도 많은 연구가 되어 왔는데, 여기에서는 유충과 성체의 체절화(body segmentation)된 체판에 영향을 미치는 돌연변이에 대해 알아보자. 초파리의 발생 초기는 난세포의 구조를 조직하도록 작용하는 모계 유전자에 의해 조절된다. 암컷의 난소에서 난자가 생겨날 때 난황 단백질과 다른 세포질 분자들을 따라 mRNA가 주위의 모체세포로부터 난자로 들어가게 되는데, 이들 mRNA를 암호화하는 유전자를 **모계효과유전자**(maternal effect gene)라 한다. 이 유전자가 결실된 돌연변이체를 분석해 보면, 난자의 어느 부분이 복부 혹은 등이며, 또는 앞쪽 혹은 뒤쪽인지를 알 수 있으므로, 이들 유전자의 대부분은 배의 극성에 관여한다는 것을 알 수 있다. 또, 어떤 경우에는 mRNA나 그 단백질 산물이 배에서 농도 구배를 형성하는 것을 볼 수 있는데(그림 15-7), 이 구배는 배내의 핵이나 세포의 운명을 특정짓는 위치 정보를 제공해 주며, 그 정보를 신호로 하여 배발생이 진행된다. 즉, 수정 직후에 초파리 난자의 접합핵은 13회의 연속적인 유사분열을 하는데, 이 분열은 각각 5~10분 정도밖에 걸리지 않으며, 이는 핵의 DNA가 매우 빠른 속도로 일정하게 복제됨을 의미한다. 이 시기 동안에 핵은 RNA를 합성하지 않고, 세포질분열도 일어나지 않으며, 첫번째의 7회 분열에서 만들어진 수천 개의 핵은 8회째의 분열이 발생할 때까지 난자의 중앙에 남아 있게 된다(그림 15-7b).

이때까지는 모계 유전자로부터 전사된 mRNA로부터 합성된 단백질에 의해 초기 배발생의 양상을 조직하는 결정자

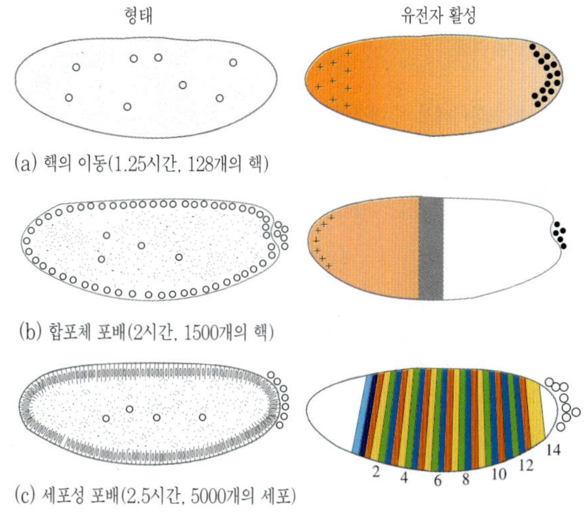

그림 15-7 초파리의 발생 초기 배의 구조와 유전자 활성

의 역할을 한다. 이어서 핵의 대부분이 난의 주변으로 이동하기 시작하고, 그 주변에서 핵막을 형성하면서 접합자 유전자의 일부가 발현되어 mRNA 합성이 시작된다. 그 첫번째 유전자가 접합자의 간극유전자군으로 배의 중간에 1개의 체절을 형성하게 된다(그림 15-7, 15-8).

현재까지 배내 체절의 반복적 양상을 이루는데 최소 24개의 접합자 체절 유전자가 밝혀졌다. 이들 체절 유전자는 **간극유전자군**(gap genes), **쌍-지배유전자군**(pair-rule genes), **체절극성유전자군**(segment polarity genes)의 3군으로 분류할 수 있으며, 이는 유전자 활동의 분류체계를 나타내는 것이 된다(표 15-1).

간극유전자군은 첫번째로 활성을 나타내는 접합자 유전자로서 난자에서 모계로부터의 전 · 후부 정보를 해석하여 체절을 조직하기 시작하는데, 이 유전자 중 하나가 돌연변이되면 배의 체절이 1개 이상 소실된다. 쌍－지배유전자군, 체절 극성유전자군은 모든 체절에 영향을 미친다. 예를 들면, 쌍－지배유전자군에 돌연변이가 생기면 마디 2개마다 1개씩 소실되는 반면에, 체절극성유전자군의 돌연변이는 체절의 한 부분은 없어지고 남은 부분은 거울상처럼 복제되어 있다. 각기 다른 종류의 돌연변이체의 효과는 그림 15-9에서 볼 수 있는 바와 같다.

체절을 조절하는 모계 및 접합자 유전자의 발현 양상을 보면 성체 구조를 이루는 세포들이 점차적으로 발생학적인 과정을 따라 결정이 되어간다는 것을 알 수 있다. 즉, 모계 유전자에 의해 난자의 세포분화와 형태 발생에 영향을 미치는 **형태인자**(morphogen)의 구배가 형성되고, 이에 따라 배의 전－후 축과 복부 및 등 부위가 결정된다. 접합자의 체절유전

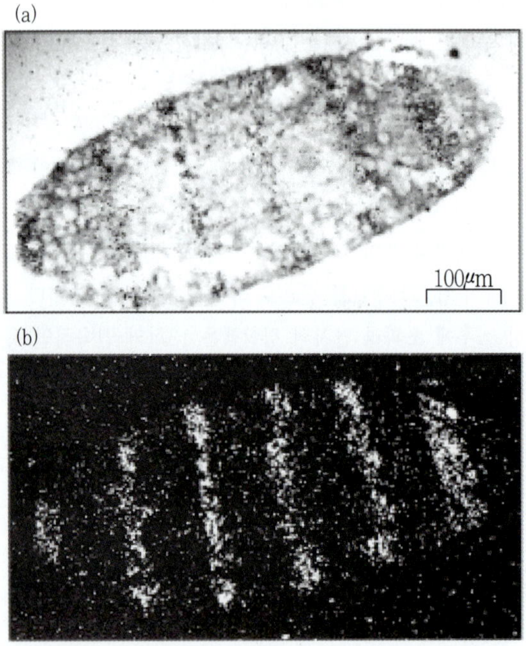

그림15-8 초파리 배의 규칙적으로 배열된 특이 유전자로부터 전사된 mRNA분자의 현미경사진
(a) 명시야 사진에서 silver grain은 검게 보이고 (b) 암시야 사진은 반대 영상을 나타낸다

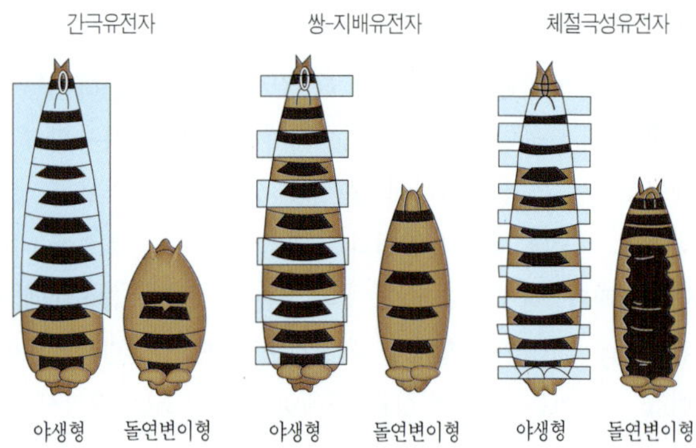

그림 15-9 초파리 체절유전자군의 3종류

표 15-1 초파리에서 배 체절의 패턴 형성에 관여하는 유전자의 종류

유전자 종류	유전자 활성의 자리	초파리에서 배 체절의 패턴 형성에 관여하는 유전자의 종류
모계 영향 유전자	유전자 활성의 자리	돌연변이 유전자의 영향과 추정되는 유전자의 기능
접합자 체절 형성 유전자	모계조직(난소)	다수의 모계 영향 돌연변이는 배의 극성을 변화시킨다. 즉, 배의 일정한 곳에 있는 핵내에서 활성조절 유전자는 패턴 형성을 주도한다.
Gap유전자	배	돌연변이 유전자는 변형된 체절 형성의 원인이 된다. 즉 일부는 pair-rule유전자의 활성, 체절극성유전자의 활성, *Homeotic*유전자의 활성에 영향을 줄 수 있다.
Pair-rule유전자	배	돌연변이가 발생하면 체절 부위의 이상을 일으킨다. 즉, 일부는 체절극성유전자와 *Homeotic*유전자의 활성에 영향을 줄 수 있다.
Segment polarity유전자	배	돌연변이 유전자는 매 체절의 일부를 결손한다. 즉, 잔여 구조에 거울상으로 대치 및 *Homeotic*유전자 활성에 영향을 줄 수 있다.
*Homeotic*유전자	배	*Homeotic* 돌연변이는 다른 체절에 정상적 구조를 이루며 파리의 부분적 변이를 이루는 원인이 되며, 체절의 특성을 조절한다.

자는 각 위치에서 여러 가지 형태인자들에 반응하여 머리에서 후부까지 일련의 체절들의 산물을 조절한다. 이어서 각 체절내에 다른 유전자들이 활성화되어 체절의 위치를 읽고, 체절이 될 몸의 부분을 특정화하는 정보를 해석한다. 따라서, 모든 체절내의 각 세포는 조절 유전자 활성의 조합에 의해 그 위치가 좀더 특정화된다. 접합자의 체절유전자는 간극유전자군, 쌍-지배유전자군 및 체절극성유전자군이 차례로 작용하며, 각 군의 유전자는 서로 상호 작용을 할 수 있다.

대부분의 체절유전자는 DNA와 결합하는 전사인자들을 암호화하는데, 이러한 사실은 이들 단백질이 다른 유전자의 발현을 조절하는 유전적 스위치로 작용한다는 것을 나타낸다. 일반적인 전사인자로 작용하는 단백질들은 밝혀져 있으므로, 이를 이용하면 체절유전자가 결합하는 DNA 서열을 찾아낼 수 있을 뿐만 아니라 발생의 다른 시기에 관여하는 조절 경로의 유전자들을 찾아내는 데도 유용하다.

접합자의 체절유전자 기능 중의 하나는 실제로 각 성충원기에 의해 형성되는 최종의 성체 구조를 지시하는 별개의 유전자 발현을 조절하는 것이다. 이러한 유전자를 **호메오 유전자**(homeotic gene)라 하며, 호메오 유전자의 돌연변이는 유전자 복합체 전체의 조절을 방해하게 되기 때문에 정상적인 발생 순서에 대단히 심각한 영향을 준다. 즉, 이들 유전자에 돌연변이가 생기면 몸의 한 부위가 다른 부위로 대체되어 성체에서 매우 독특한 변화를 야기한다. 그 가운데서 가장 극적인 예로 **안테나페디아**(antennapedia, 그림 15-10)라 불리는 커다란 유전자 복합체의 돌연변이를 들 수 있는데, 이것은 정상적으로 안테나가 있어야 할 위치인 머리에서 다리가 자라나는 돌연변이체이다. 즉, 이 유전자가 눈 주변의 세포에서 활동을 하게 되면 정상적으로 촉각을 형성하는데, 복합체를 조절하는 호메오 유전자에 돌연변이가 생기면 세포들은 모양은 정상적이지만 위치가 잘못된 다리로 발달하게 된다. 또, 날개, 평균곤 및 평형기관을 포함하는 성체 가슴을 구성하는 유전자 복합체의 호메오 돌연변이는 2개의 가슴 부위를 만들고 어떤 것은 제2의 날개까지 지니게 된다.

호메오틱 돌연변이체를 처음 발견한 것은 훨씬 이전의 일이었지만 이들 돌연변이체와 관련한 유전자들이 집단적으로 모여서 염색체의 특정 부위에 위치하고 있다는 것을 발견한 것은 1970년대 후반에 캘리포니아 공과대학의 저명한 초파리 유전학자인 LEWIS였다. 루이스 및 예일대학 MCGINNIS, 콜로라도대학의 SCOTT 등은 1980년대 초반에 이들 유전자를 분리하여 염기 서열을 결정하고, 이를 기초로 하여 이들 유전자들이 일정한 DNA 부위를 공유하고 있음을 밝혔다.

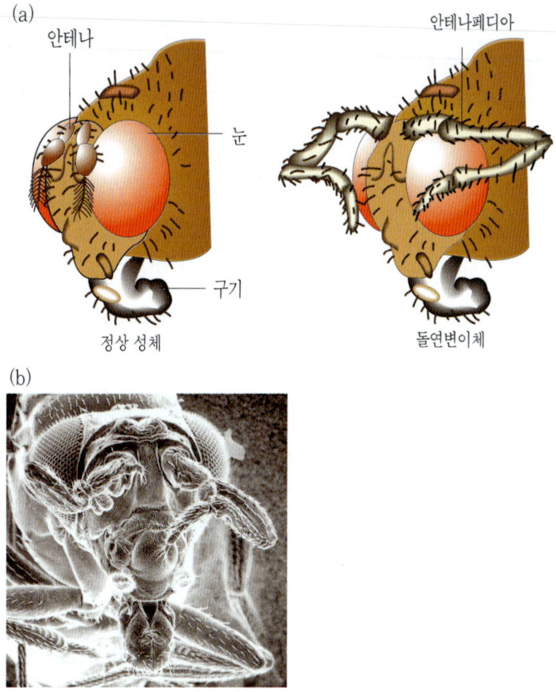

그림 15-10
호메오 유전자 돌연변이체인 안테나페디아의 모식도(a)와 전자현미경사진(b)

이에 따라 이들 유전자들을 호메오틱 유전자군이라고 부르게 되었으며 이들이 서로 공유하는 염기 서열에 대해서는 **호메오 상자**(homeo box)라는 명칭을 붙였다. 이러한 획기적 발견은 생물의 발생과정에 대한 연구에 전환점이 되었다.

각 호메오박스는 약 180개의 염기쌍으로 구성되며, 4개의 알파-나선구조를 하는 60개의 아미노산으로 구성되어 있는 **호메오도메인**(homeodomain)이라는 단백질의 기능 부위를 암호화한다. 이들 중의 하나는 전사에 영향을 미치며, 특이 DNA 서열이 결합하는 인식 부위로 작용한다. 호메오박스 서열을 DNA 탐침으로 사용하여 연구해 보면 다른 곤충에서도 놀랄 만큼 유사한 염기 서열이 밝혀졌다. 그 뿐 아니라 환형동물 및 척추동물에서도 호메오박스가 발견되었고, 현재는 인간에서도 유사한 서열이 발견되고 있다. 이와 같이 호메오박스 기구는 아마도 모든 생물체의 조절 유전자에도 똑같이 적용될 수 있을지도 모른다.

(2) 선충류의 발생 유전

선충류(Nematoda)의 일종인 *Caenorhaditis elegans*는 크기가 1.5mm로 자유 유영을 한다. 발생과정은 16시간이 걸리고 시계접시에서도 관찰이 가능하며, 자웅동체로서 자가수정을 하거나 타개체와 수정을 하기도 한다. 성에 따라 다르지만 체세포 수가 약 1,000개로 일정하고, 생식세포의 수는 약 2,000개이다. 각 개체는 2개의 성을 함께 갖는 헤마포르디테(hemaphordites)나 또는 수컷으로 될 수 있다(헤마포르디테 개체는 자가수정을 하며, 새로이 유도된 열성 돌연변이의 동질성 자손을 얻기가 용이하다). 이 벌레의 몸은 투명하여 발생과정 중의 체세포를 현미경으로 관찰할 수 있다(그림 15-11).

수정 후, 난자는 계속적인 분열을 하여 약 550개의 세포로 된 작고, 성적으로는 미성숙한 유충으로 되며, 부화한 다음에는 세포분열을 거듭하여 성체가 된다. 성체의 각 체세포의 족보는 발생 초기의 **간세포**(stem cell) 혹은 **기조세포**(founder cell)에서 찾아볼 수 있다. 만일 특정한 하나의 기조세포가 파괴되거나 없어지면 그 세포로부터 정상적으로 발생하게 될 구조를 잃게 된다. 이러한 불변의 발생 패턴을 갖는 배를 모자이크(mosaic)형이라 하며, 이는 세포의 운명이 대체로 미리 결정되어 있다는 것을 의미한다.

각 세포를 파괴할 수 있는 미세한 전자빔을 이용하여, 1개의 세포가 주변의 발생에 어떤 영향을 미치는가를 결정할 수 있게 됨으로써, 각 세포의 발생이 그 자체의 내부 프로그램을 통해 조절된다는 것을 알게 되었다. 그러나 세포 분화는 특정한 이웃 세포와의 상호작용, 즉 **유도**(induction)에 의해 영향을 받는 경우도 있다. 예를 들면, 난소의 일부분인 고정 세포(anchor cell)는 단일의 비분열 세포로서 감수분열 후 알을 생성하는 생식세포이다. 이 세포는 난소와 체표면의 한점에 붙어서 알이 밖으로 나가는 통로의 형성을 촉진한다. 즉, 이 고정 세포가 존재하면 표면 세포가 외음부를 형성하고 열어주기도 하는데, 만일 전자빔으로 파괴하면 외음부가 형성되지 않고 외음부 형성 세포가 그대로 표면 세포로 남아 있다(그림 15-12).

이러한 세포 족보의 돌연변이를 분석하면 유도성 상호작용을 이해하는 데 유용하다. 예를 들면, 돌연변이 세포는 외음부를 형성하는 데 있어서 고정 세포로부터의 유도신호를 필요로 하지 않는다. 외음부 형성을 담당하는 유전자는 이들 유전자에서 일정하게 발현되는데, 외음부가 없는 돌연변이체도 알려져 있다. *C. elegans*가 발생하는 동안 세포들이 생긴 후에 일찍 죽는 경우가 많이 생기는데 그러한 현상은 다른 생물체에서도 발견된다. 예를 들면, 사람의 손은 물갈퀴 구조로 형성되지만 사이 사이의 세포가 죽으면서 각각의 손가락이 만들어지는 것이다. *C. elegans*에서 이들 **예정사**(programmed cell death)는 유전적 조절 하에 있으며, 이들 죽음의 양상을 바꾸는 다수의 돌연변이체가 분리되었다. 이들 돌연변이에 의해 규명된 유전자좌는 분자 수준에서 분석되고 있으며, 세포의 노화와 **예정사**의 일반적인 현상을 밝히는 데도 큰 도움이 될 것이다.

발생의 시기에 관여하는 유전자인 **시간유전자**(chronogene)의 돌연변이도 알려지고 있는데, 그 중의 한 유전자좌는 세포가 발생에서 일반적으로 늦게 나타나는 운명을 받아들이도록 하는 열성대립 형질을 갖는다. 반면에 같은 유전자좌의 우성대립 형질은 세포가 초기에 발현되는 운명을 받아들이게 하는 유전자이다. 따라서 이러한 유전자들은 발생시기를 조절하는 스위치 역할을 하는 것으로 보인다.

(3) 포유류의 발생 유전

포유류의 배발생은 초파리 및 선충류의 배와는 다른 방법으로 이루어지는데, 실험쥐인 *Mus musculus*는 초기 포유류 배발생에서 가장 잘 연구된 예이다.

초기 마우스 배의 세포는 전능성이다. 마우스 및 다른 포

(a)

(b)

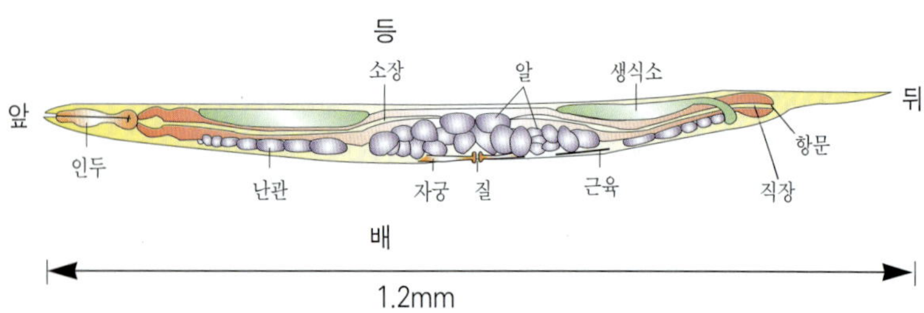

그림 15-11 선충류인 *C. elegans*의 발생능 결정
(a) 자웅동체인 *C. elegans*는 매우 작다.
(b) 소장을 결정하는 세포의 족보가 결정되어 있다.

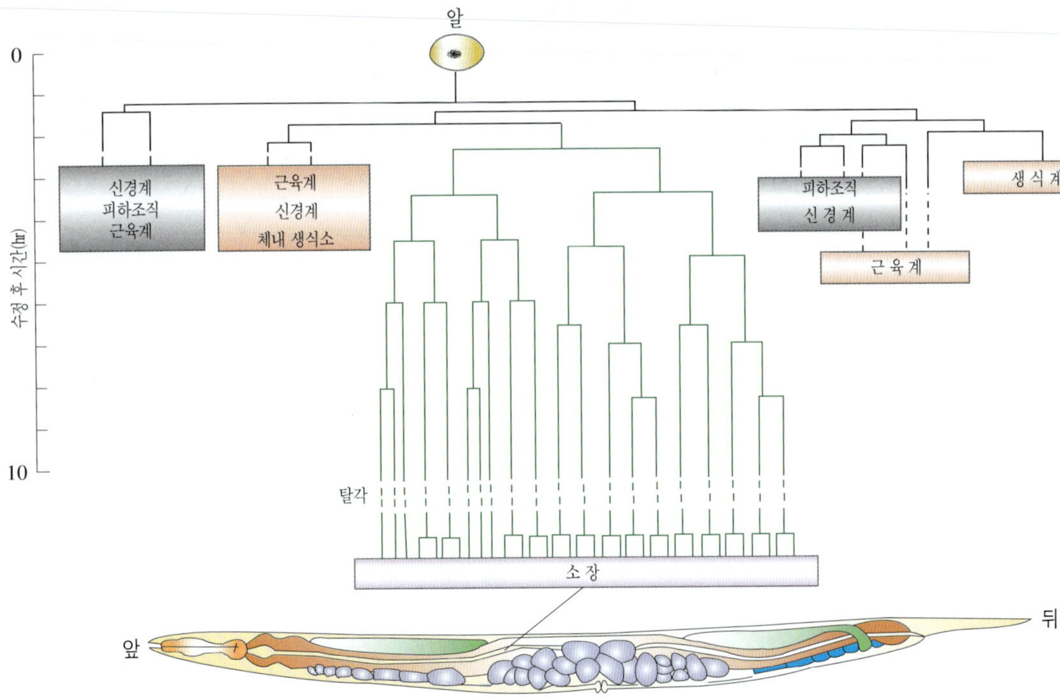

그림 15-12 *C. elegans*에서 소장을 형성하는 세포의 족보

유동물의 초기 배 발생은 여러 가지로 사람과 유사하다. 초기 발생시기 동안 배는 암컷의 생식기에서 자유롭게 살다가 자궁벽에 착상한다. 마우스의 배발생에 관한 대부분의 연구는 배의 움직임이 자유롭고, 실험적으로 다룰 수 있는 시기인 착상기까지의 시기에 몰려 있다. 이 시기 동안 배의 미래 조직화에 중요한 영향을 미치는 발생적 수임과정이 일어난다. 수정 후 배는 일련의 세포분열에 의해 느슨하게 포개진 세포군이 되는데, 이 초기 배의 세포는 모두 동일한 것으로 보여진다. 예를 들면, 마우스 배발생의 2세포기에서 한 세포를 가는 바늘로 찔러 파괴하고 남은 한 세포를 자궁에 착상시키면 대부분의 경우 정상 마우스로 발생하게 된다. 반대로 8세포기에 유전적으로 표현형이 서로 다른 두 배를 융합해서 착상시키면 2가지 표현형을 모두 가진, 정상 크기의 **키메라**(chimera) 마우스로 발생하게 된다(그림 15-13).

따라서 마우스는 선충류에서 볼 수 있었던 초기 발생에서 미리 발생이 결정되는 모자이크 발생과는 현저히 다른 양상을 나타내므로, 이와 같은 마우스의 초기 발생은 조절적 발생이다. 이것은 초기 배가 잃어버리거나 과다한 부분을 조정할

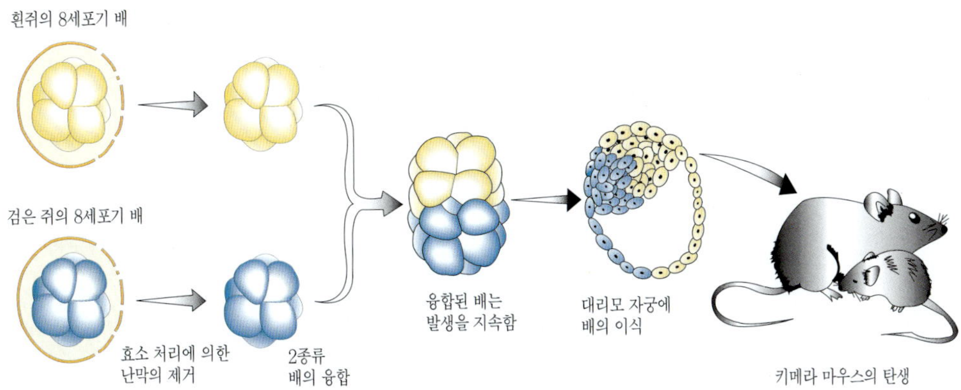

그림 15-13 키메라 마우스의 생성과정

수 있는 자기-조절체로 작용함을 의미한다. 반대로 아직까지 마우스의 후기 발생 세포나 핵의 전능성을 설명하는 것은 불가능하다.

형질전환 실험을 이용하여 외부 DNA를 수정란의 염색체에 삽입하여 발현시키면(그림 15-14) 그 결과로 생긴 **유전자이식 마우스**(transgenic mouse)에 의해 발생 기간 동안 유전자가 어떻게 활성화되는지를 알 수 있다. 또한, 마우스 유전자의 특정 부위를 다른 것으로 바꾸는 기술을 이용하여 그 유전자를 불활성화시킬 수도 있는데, 이렇게 한 마우스를 knocked out mouse라고 부른다.

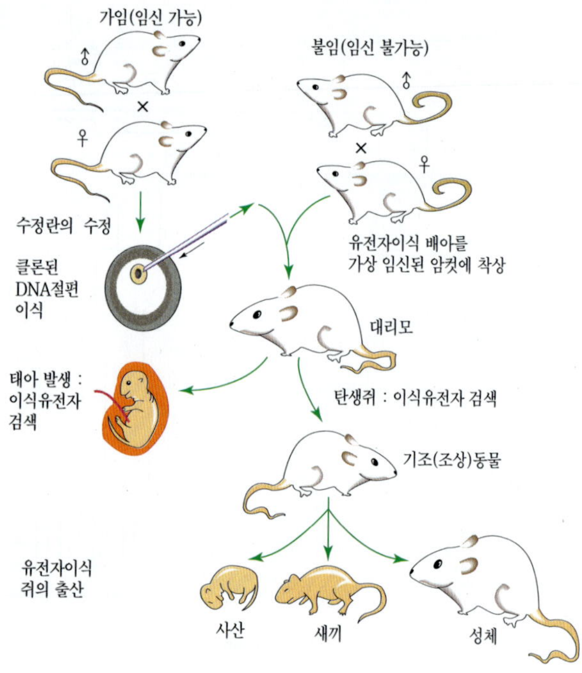

그림 15-14 유전자이식 마우스의 생산과정

생명의 기원과 진화 IV

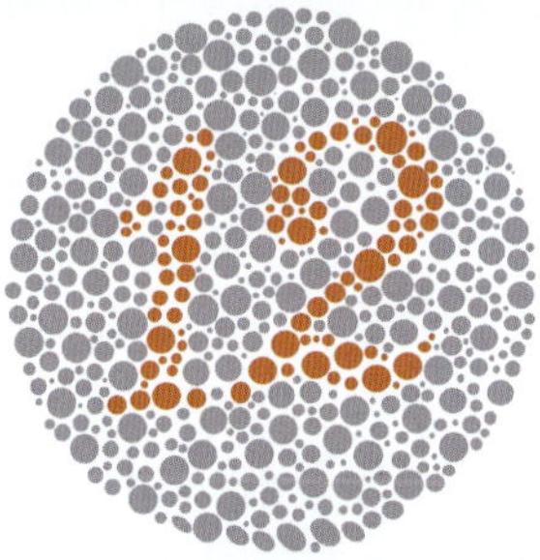

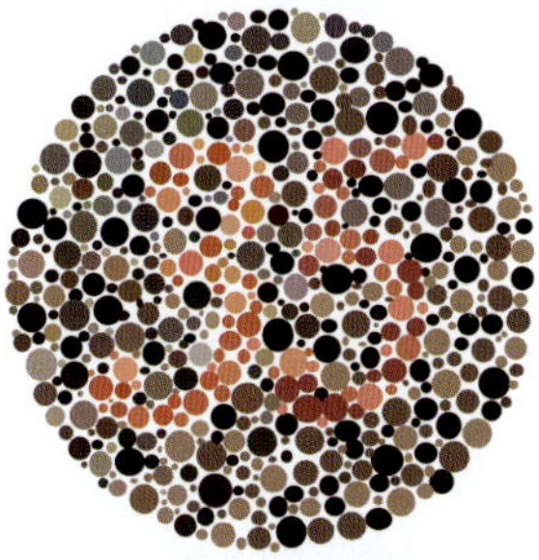

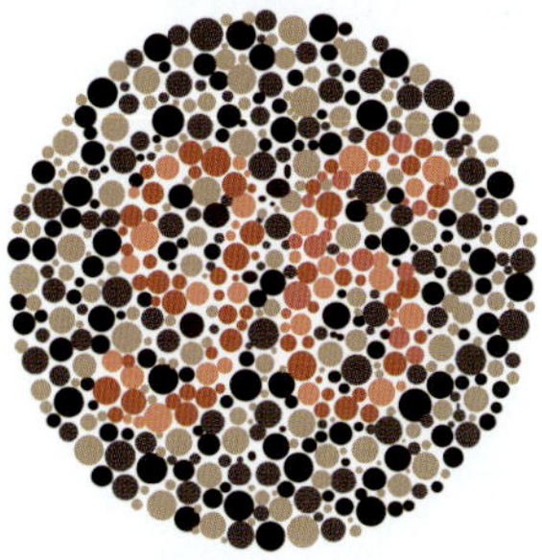

제16장

진화의 기구와 증거

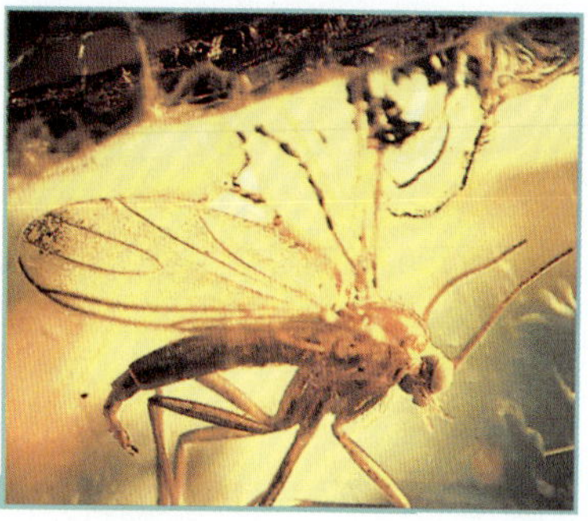

지구상의 다양한 생물은 어떻게 만들어졌는가에 대한 질문이 많은 사람들에 의하여 오래 전부터 제기되어 왔다. 생물진화에 대한 개념을 고대로부터 오늘에 이르기까지 어떻게 변해왔는지에 대하여 살펴보고 다윈의 자연 선택설과 진화에 관한 현대의 종합설에 대하여 자세히 설명하고자 한다. 아울러 진화를 지지해 주는 과학적 증거로서 고생물학적 증거, 비교해부학적 증거, 발생학적 증거, 생물지리적 증거, 비교생화학적 증거에 대하여 구체적으로 알아본다.

16.1 다윈 이전의 진화와 자연선택설

16.1.1 다윈 이전의 진화사상

생물의 진화에 대한 생각은 옛날 고대 그리스의 학자들에서 논의되었다. 그리스의 철학자인 EMPEDOCLES(490~435 B.C.)와 ARISTOTELES(384~322 B.C.) 등은 진화적 변화에 대한 생각을 제시해 왔으나 그 개념을 확정하지는 못하였다. 중세에도 신학적 논리가 전부이어서 과학을 혐오하고 억압하여 암흑의 시대가 계속되었다.

18세기에 가장 뛰어난 분류학자인 C. VON LINNE(1707~1778)는 '종이란 불변의 고정된 실체'라는 확신을 갖고 있었다. 그는 성경의 정확한 해석에 따라서, 모든 종은 특별히 그리고 완전히 창조된 것으로 보았다. 그 후 진화론의 역사는 지질학의 발달로 상당한 영향을 받았다. 영국의 물리학자인 J. HUTTON(1726~1797)은 화산의 활동으로 화강암이 형성된다고 설명하면서 당시 눈앞에 보이는 지구 표면을 변형시키는 그 힘이 지구의 역사를 통해 과거로부터 지구를 변형시켜 온 바로 그 힘과 같은 것이라 주장하였다.

실제 하와이 군도 같은 많은 섬들이 이러한 과정을 통해 형성되었고 많은 화석종들이 퇴적암에서 발견되고 있다. 1798년 T. MALTHUS(1766~1834)는 『인구론』이란 그의 저서를 통해, 인류 집단이 식량자원의 증가율보다도 훨씬 높게 증가할 수 있는 잠재력을 보유하고 있다고 보고, 인류 집단의 성장을 억제하는 요소로서 전쟁, 질병, 기근 등을 제시하였다. 이러한 그의 주장은 후에 다윈에게 상당한 영향을 주었다. 19세기 초, 「현대 동물비교학의 아버지」라고 불리우는 프랑스의 G. CUVIER(1769~1832)는 동물의 구조와 기능 사이의 상호관계를 관찰하는 새로운 방법을 통해서 종이란 그것이 창조된 이후 영원 불변으로 고정된 것으로 중간적인 종의 존재를 거부하였다. 또 화석의 기록을 설명하면서 주기적으로 어떤 갑작스럽고도 격렬한 지리적, 기후적 변화가 생물의 많은 종수를 멸종시켜 왔다고 주장하였다. **진화사상**을 격렬히 반대한 그의 이같은 **대변혁론**(catastrophism)은 당시에 많은 지지를 받았다.

CUVIER의 대변혁론에 반기를 든 사람은 J. LAMARK(1744~1829)였다. 그는 종이란 정(靜)적인 것이 아니라 그 이전에 존재하던 종으로부터 유래된 것으로 믿고 있었다. 그는 가장 단순한 종으로부터 가장 복잡한 종까지, 생물들을 체계적으로 나열하였으며, 1809년에 진화에 관한 최초의 체계적 이론인 **용불용설**(theory of use and unuse) 또는 **획득형질의 유전**(inheritance of acquired characteristics)을 발표하였다. 그의 이론에 따르면 한 생물체가 살고 있는 생태학적 조건은 그 생물체로 하여금 어떤 필요성을 갖게 하며, 이러한 필요성은 이전의 어떤 기관을 변형시키거나 새로운 기관을 생성하게 한다. 그렇게 생성된 새로운 기관을 지속적으로 사용함으로써, 크기나 기능적 능력이 증대되는 반면, 사용하지 않는 기관은 퇴화하거나 결국은 소실되어 궁극적으로 환경으로부터 얻는 형질의 변화는 유전되어 다음 세대에 전해질 수 있다고 하였다.

LAMARK는 기린의 긴 목을 이 이론에 의해 설명하였다. 즉, 먹이가 부족할 때 짧은 목을 지녔던 그 조상종은 보다 높은 곳의 나뭇잎을 먹기 위해 목을 뻗을 필요가 있었다. 이 목을 뻗치는 행동이 **유전형질**을 변형시키고 약간 더 긴 목을 가지는 자손을 나타나게 하였다. 이렇게 여러 세대를 거치면서 이전 세대에 누적되었던 **유전적 변화**를 증가시키게 되는 것으로 생각한 것이다.

이러한 라마르크의 이론은 처음에는 그럴 듯하게 보였으나, 확실한 과학적 증거를 제시하지 못하다가 결국 많은 실험적 증거들에 의해서 강한 반발을 받았다. 그러나 이론상의 모순에도 불구하고 살아 있는 생물집단을 대상으로, 한 세대로부터 다음 세대로의 변화를 설명하기 위해 하나의 기작을 제안한 사실은 뜻있는 과학적 발전으로 받아들여지고 있다.

16.1.2 다윈과 자연선택설

C.R. DARWIN(1809~1882)은 1831년부터 1836년까지 지질학자로서 비글(H.M.S. BEAGLE)호라는 영국 해군의 측량선을 타고 남아메리카, 오스트레일리아, 남태평양의 여러 섬을 항해하던 중, 남아메리카 지역에 있는 에콰도르 해안으로부터 약 600마일 떨어진 갈라파고스(Galapagos) 섬에서 가장 중요한 관찰을 하였다.

갈라파고스 군도에는 세계 어느 곳에서도 볼 수 없는 특이한 핀치새(finches)가 각 섬마다 서식하고 있었다. 이들은 커다란 종자를 먹도록 적응된 부리를 가지는 종류와 작은 종자를 먹도록 적응된 부리를 가지는 종류가 있음을 알았다. 또한 식물의 새싹이나 열매를 먹기에 좋도록 적응된 앵무새 모양의 부리를 가지는 종류도 있었으며, 작은 곤충류를 먹도록 적응된 가느다란 부리를 가진 종류도 있었다. 이러한 갈라파고스 군도에서 서식하는 모든 핀치류는 가까운 본토에 서식하고 있는 핀치새를 많이 닮은 사실을 알았다. 이러한 사실로부터 DARWIN은 본토에서 일부 핀치류가 섬으로 이동해 와 시간이 지나면서 각 섬에 격리된 일부 핀치류의 집단이 조금씩 서로 다른 행동적, 구조적인 변화를 갖도록 진화하여 결국에는 각 종류마다 서로 다른 **생태적 지위**(ecological niche)를 보유한 것으로 생각하였다(그림 16-1).

또한 DARWIN은 **종분화**(speciation)가 자연선택의 과정을 이끄는 하나의 기작으로 보았으며 자연집단내에서는 대부분의 형질이 일정하게 발현되지 않고 많은 변이로 존재하고 있음을 알았다. 그러나 그는 유전적 변이의 근원이 돌연변이라는 사실은 몰랐다.

자연선택에 대한 다윈의 생각은 항해 도중에 읽은 영국의 지질학자 C. LYELL이 쓴 『지질학원론』과 영국의 식물학자인 MATTHEW의 『On naval timber and arboriculture』라는

(a) (b) (c) (d)

그림 16-1
갈라파고스 섬에 서식하는 서로 다른 핀치종이 보여주는 부리의 변이
새의 부리는 먹이를 구하는 생태적 지위에 따라서 길게 변화된다.

저서를 통해 더욱 확고해졌다. 귀국 후 DARWIN은 자신의 이론을 입증하기 위해 식물과 동물, 특히 비둘기를 재료로 교배실험을 하였다. 이러한 야생형 비둘기의 **인위선택**(artificial selection) 실험으로부터 100여 가지의 서로 다른 사육종으로 전환시킬 수 있다는 사실을 깨닫고, 결국 생물의 종은 자연의 선택작용에 의해서 변할 수 있다는 결론을 얻었다. 그 후 DARWIN은 20년 동안 자연선택이론과 진화의 개념을 지지하는 자료를 수집하는 도중, 1858년에 말레이 군도에서 직업적인 표본수집가 A.R. WALLACE(1823~1913)가 자신과 비슷한 진화개념을 가지고 있음을 알게 되었다.

그해 7월 DARWIN은 WALLACE와 함께 린네 학회(Linnaen Society)에 「자연선택에 의하여 종이 변종 또는 종을 형성하는 경향성; The tendency of species to form varieties and species by natural means of selection)」이라는 논문을 발표하였고, 이듬해인 1859년 DARWIN은 그의 업적들을 요약해 그 유명한 『**종의 기원**(원명은 자연선택에 의한 종의 기원, The origin of species by means of natural selection)』을 출판하여 주목받았다.

자연선택은 DARWIN의 진화론의 가장 핵심으로서 그는 자연선택에 관한 이론을 다음과 같은 결과를 바탕으로 정립하였다. ① 자연계에서 생물은 수많은 **변이성**(variability)을 나타내고 있는데 이들은 끊임없이 증식하려는 노력을 계속한다. 즉, 어떤 생물 종류라 할지라도 자신의 자손을 가능한 한 많이 퍼뜨릴 수 있는 높은 생식력을 지니고 있다. ② 그러나 자연에서 관찰된 개체수는 약간의 변동은 있으나 크게 증가하거나 감소하지 않고 거의 일정하다. ③ 생물은 증식을 하면 필연적으로 자손에게 유전되는 변이가 생성되기 때문에 생물계에서는 유전되는 변이가 상존하게 된다.

이상과 같은 사실을 바탕으로 다윈은 모든 생물들은 살아남기 위해 끊임없는 **생존경쟁**(struggle for existence)을 하며, 이때 생성된 다양한 변이성을 가지는 개체들 중 주어진 환경조건에 가장 잘 적응하는 **최적자**(the fittest)만이 살아남는다는 **적자생존**(survival of the fittest)의 원리를 끌어냈다. 이러한 생존경쟁에서 살아남는 변이성을 가지는 개체들은 보다 많이 살아남을 수 있고 그 결과, 이들의 자손이 더 많이 퍼지게 되는데, 또한 이 자손들은 그들의 양친을 닮아 보다 유리한 변이성을 가지는 개체가 된다는 것이다. 즉, 주어진 환경조건에서 최적자가 생존하는 현상은 **자연선택**(natural selection)의 결과라고 생각하였다.

결국 자연선택된 적응적 변이는 세대를 통하여 점진적으로 그 빈도를 높히게 되며 **적응**(adaptation)하지 못한 개체는 점차 도태된다는 것이다. DARWIN은 결국 이와 같은 유전적 변이의 점진적 축적의 차이에 의한 진화를 자연선택이라고 정의하였다. 예를 들면 기린의 목이 길어진 사실에 대해 라마르크는 용불용설의 관념적인 요소로서 해석하여 많은 문제점을 야기하였지만, DARWIN의 자연선택이론에 따르면 다음과 같다. 즉, 비교적 짧은 목을 가진 기린의 조상종 집단내에는 목 길이에 대한 유전적 변이가 존재했었으며, 점차 먹이가 고갈됨에 따라 긴 목의 변이성을 가지는 개체들은 짧은 목을 가진 개체들이 도달할 수 없는 높은 나뭇가지의 열매나 잎을 따 먹게 되었다. 결국 긴 목의 변이성을 가지는 개체들은 짧은 목을 가지는 개체들보다 생존의 기회가 더 많아지게 되어 짧은 목을 가지는 개체들에 비해 훨씬 많은 자손을 남기게 된다. 이러한 **선택적 과정**(selective process)이 여러 세대에 걸쳐 진행되어 후손종의 기린들은 더욱 긴 목을 가지게 되어 오늘날과 같이 목이 긴 기린이 출현하게 된다고 설명하고 있다.

이러한 DARWIN의 진화이론에 있어서 그 당시 DARWIN은 생물체에서 나타나는 변이의 궁극적인 원인이 유전적 현상에 있음을 알지 못했으나 진화를 입증할 많은 자료를 수집하고, 그 자료에 대한 끊임없는 노력으로 자연선택의 개념과 일치된다는 사실을 입증하였다. 따라서 자연선택을 진화의 기구로 생각한 다윈의 사상은 아주 뛰어나 지금까지도 중요한 원리로 받아들여지고 있다.

16.1.3 자연선택의 3가지 양상

자연집단에서 나타나는 유전적 변이는 중앙의 평균치 또는 최빈수를 중심으로 양극으로 갈수록 빈도가 떨어지는 정규분포곡선을 나타내는데 자연선택은 개체군의 이러한 유전적인 다양성에 대하여 3가지 양상, 즉 (1) **안정적 선택**(stabilizing selection), (2) **지향적 선택**(directional selection), (3) **분단적 선택**(disruptive selection)으로 작용하여 진화를 일으킨다고 알려졌다.

첫째로, 안정적 선택은 집단내의 평균치 최빈수는 더욱 번성하게 하는 대신 양 극단의 돌연변이나 유전자 재조합에 의하여 생성된 소수의 유전적 변이는 도태시키는 방향으로 자연선택이 일어나는 것을 뜻한다. 즉 **중간형**(intermediate phenotype)이 가장 유리하고 양쪽 **말단형**(extreme type)은 도태된다는 것이다. 예를 들면 봄에 꽃피는 식물의 경우, 정상보다 일찍 꽃피는 개체는 곤충의 부족으로 결실률이 떨어져 도태되며, 또 늦게 꽃피는 개체는 영양 섭취 경쟁에서 뒤져 역시 결실률이 떨어져 도태된다. 이러한 안정적 선택은 그 집단이 처한 환경이 오랫동안 균일하게 지속될 때 일어난다.

둘째로, 지향적 선택은 주로 농작물이나 가축을 개량하기 위하여 어느 극단적인 한 형질을 선택하는 인위적 선택에 많이 이용된다. 즉, 집단내의 한 극단이 기타 다른 부분보다 환경에 적응하기에 유리하여 다른 극단은 계속해서 도태되어 나가는 현상을 나타내는 것으로서 환경이 일정한 방향으로 계속하여 바뀔 때 일어난다. 그러나 매우 심한 환경변화와 선택압이 클 때에는 개체의 생존력과 생식력이 크게 떨어져 계통이 단절되는 수가 있다.

셋째로, 분단적 선택은 유전적 변이형들 중 양 극단이 평균치보다 환경에 적응하기가 더욱 유리할 때 양 극단의 생존을 증진시키는 방향으로 일어나는 경우를 말한다. 즉, 어느 한 종류의 표현형에만 유리하게 작용되지 않게 하는 것이다. 이러한 선택은 분리되어 있는 양 극단의 개체가 오랫동안 어떠한 환경적인 변화를 일으켜 충분한 유전적 차이를 가지고 있으면 분리된 **소집단**(subpopulation)내의 개체들은 서로 다른 **이종**(subspecics)이나 **종**(species)으로 분화될 수도 있다. 이와 같은 선택은 자연선택이 불균일하고 변화가 심할 때 일어난다.

16.2 진화에 대한 종합설

DARWIN이 그의 진화이론을 정립할 당시에는 유전학에 대한 지식이 거의 없어서, 생물체에서 나타나는 변이의 궁극적인 원인과 유전의 기작을 알지 못했다. 그래서 다윈은 이러한 결점을 보완하기 위해 **범생설**(pangenesis theory)을 제시하였는데, 생물의 모든 부위는 **아구**(芽球, gemmule)라는 작은 입자를 만들고, 이 아구가 혈액을 통해 생식기관으로 이동된다는 것이다. 즉, 이동된 아구가 생식세포로 다음 세대에 전달되어 똑같은 세포, 조직, 기관의 특징 등을 만들어내는 능력을 가지고 있다는 것이다.

그러나 DARWIN이 주장한 이 범생설은 1890년대 A. WEISMANN (1834~1914)의 **생식질설**(germ plasm theory)에 의해 부정되었다. 그의 가설은 세포를 생식에 관여하는 생식질과 생식질을 제외한 신체의 모든 세포인 **체세포**(somatic cell)로 구분하였다. 생식질은 한 세대에서 다음 세대로 전달되는 영원한 잠재력을 가지고 있는 반면에 체세포는 생식질로부터 생산되기는 하지만 개체의 죽음과 함께 사라진다고 발표하였다. 그러므로 체세포가 지닌 특성은 자손에게 전달되지 않는다는 것이다. 즉, 생식할 때마다 생식질의 조합이 변해서 변이가 생기면 그 변이에 자연선택이 작용하므로 획득 형질은 유전할 수 없고 오직 자연도태만이 작용한다는 자연선택만능설을 주장해 **신다윈주의**(neodarwinism)를 발전시켰다.

그 밖에 돌연변이가 생물진화의 요인이 된다고 주장하는 H. DE VRIES(1848~1935)의 돌연변이설과 생물의 종분화는 지리적 격리가 중요한 요인이라고 주장한 WANGER의 **격리설**(isolation theory) 등이 있다. 그 밖에 W.L. JOHANNSEN(1857~1927)은 선택이란 순수한 계통내에서 이미 형성된 변이성의 한계를 벗어날 수 없다는 **순계설**(pure line theory)을 주장하였다.

생물의 진화는 DE VRIES의 돌연변이설이나 DARWIN의 자연선택설이 생물진화의 유력한 가설이라고 알려졌다. 그러나 1900년대 초기에, 생물진화에 대한 많은 가설에도 불구하고 진화의 원리에 대한 만족할 만한 증거를 얻지 못해 진화를 연구하는 과학자들은 생물이 실제로 진화하는지, 하지 않는지도 알 수 없다는 회의에 빠지게 되었다. 또한 일부 학자들은 진화란 결코 과학이라고 할 수 없다고 할 정도로 좌절감에 빠져 진화에 대한 연구가 침체되었다. 한편, DARWIN과 같은 시대에 살았던 G.J. MENDEL(1822~1884)은 유전 원리에 관한 멘델의 유전법칙을 발표했으나(1866) 그 당시에는 주목받지 못했다. 그러나 그가 죽은 후 멘델법칙은 1900년에 DE VRISS의 돌연변이에 관한 내용을 비롯하여 K.E. CORRENS (1864~1933), S.E.VON TSCHERMARK(1871~1961)의 3사람에 의해 독자적으로 재발견되어 매우 주목받았다. 그 이후 JOHANNSEN의 순계설이나 T.H. MORGAN(1866~1945)의 노랑초파리 연구 결과인 유전의 **염색체설**, 그리고 하아디-바인베르그법칙(HARDY-WEINBERG Law) 등 다수의 유전학자들에 의해서 눈부신 발전을 하게 되었다. 이러한 유전학의 발달로 생물진화의 기본원리를 밝히기 위해 유전학의 원리가 적용되기 시작하였다.

1937년 DOBZAHANSKY는 『**종의 유전학과 기원**(genetics and the origin of species』이라는 저서를 통해 멘델집단에서의 진화적 과정을 처음으로 실험과 관찰을 통해 체계를 세웠다. 1930년대 DOBZAHANSKY로 대표되는 유전학자들은 이러한 유전학의 원리를 이용하여 생물의 진화를 해석하는데 성공하여 현대의 새로운 진화이론을 제시하였다. 또한 1940년대 GOLDSCHMIDT는 작은 변이들의 점진적인 축적에 의해 종이 형성된다는 DARWIN의 정의에 반대하면서 커다란 유전적 변화의 중요성을 강조하였다. 이상과 같이 생물의 진화를 과거처럼 1가지의 이론으로 설명하려고 하지 않고 지금까지 밝혀진 생물학의 모든 지식을 동원하여 종합적으로 설명하려고 하였다. 따라서 생물의 변이와 유전에 관한 지식으로 자연선택에 의한 생존경쟁의 원리를 바탕으로 진화의 기구를 해석하려는 현대적인 **종합설**(synthetic theory)을 제시하게 된 것이다. 이러한 새로운 이론은 SIMPSON, DOBZHANSKY 및 MAYR에 의하여 제시된 것으로 이전의 진화론에 대한 이해와는 전혀 다른 것이다. 즉, 과거의 진화론자들은 화석 등을 통한 형태학적 증거에만 주목한 반면 유전학자들은 유전자를 통해서만 생물의 형태가 다양하게 나타날 수가 있어서 결국 진화의 원리는 유전자 변화라고 생각했기 때문이다.

1950년대로 들어오면서 분자생물학의 발전으로 유전물질의 구조와 기능에 대한 혁신적인 변화를 가지고 와서 유전자 수준에 보다 가깝게 접근하게 함으로써 진화과정을 이해하는데 큰 도움을 주게 되었다.

16.3 진화의 증거

지구상에 생물이 출현한 이후 생물들은 오랜 세월을 거쳐 진화해 왔기 때문에 그 증거를 찾는 것이 어렵다. 그러나 1859년, DARWIN은 『**종의 기원**』이라는 저서를 통해 지구상의 모든 생물은 하나의 공통 조상으로부터 서로 갈라져 나온 것이라고 설명하였다. 즉, **종**(species)은 불변하는 것이 아니라 이미 존재했던 종으로부터 계속 변한다는 진화론을 제창하였다.

DARWIN의 이러한 진화론은 오늘날에도 일부 학자들 사이에서 부정되고 있기는 하지만 진화의 사실은 명확한 것이다. 이러한 진화에 대한 증거들을 다윈시대 전후를 통해서 살펴보기로 한다.

16.3.1 고생물학적 증거

고생물학은 **화석**(fossil)을 연구하는 학문으로 화석에는 예전에 존재했던 생명체의 흔적이 남아 있다. 따라서 지구상에 존재하는 생물의 종들이 생명의 기원에서부터 존재해 왔는지, 또는 각 지질시대에 따라 다른 종들이 존재했었는지에 대한 증거는 화석 연구를 통해서 알 수 있게 된다. 또한 화석에 탄소(^{14}C)나 우라늄(^{235}U) 등의 방사성 동위원소를 이용하여 지질학적 연대와 화석생물의 연대를 조사할 수 있게 되어 고생물학적 증거를 이용하여 진화론의 증거를 찾는 데 커다란 도움이 되었다. 따라서 지질학적인 층서구조에 따라 출토된 화석으로 그 생물이 서식했던 연대의 추정은 물론, 그 당시의 생태 환경과 화석에서 나타나는 생물의 구조 등도 파악할 수 있다. 현재까지 수많은 생물의 화석이 발견되어 생물의 진화 양상에 관한 연구가 이루어져 왔다.

조상새(*Archaeopteryx*)의 화석에는 이빨과 발끝에 발가락이 있으며, 꼬리도 완전하게 보존되어 있어서 현재 조류와 파충류의 중간 형태에 속한다고 판단되어, 현생의 조류는 중생대의 파충류에서 진화된 것이라고 추측할 수 있다(그림 16-2a). 또한 중생대의 **암모나이트**(ammonite), 고생대의 **삼엽충**(trilobite) 등은 우리에게 잘 알려진 화석생물이다. 또 옛날 송백류의 **수지**(resin)가 건조하여 단단해져 만들어진 호박(amber)에는 곤충이나 거미 등이 2백만 년이나 원형 그대로 보존되어 있는 것도 있다(그림 16-2b).

오래된 지층일수록 발견되는 생물의 구조가 간단하고 종류수도 적게 발견되고 있는데 이것은 생물이 과거로부터 꾸준이 진화해 왔으며 또 생물의 종수를 계속 증가시켜 온 증거라고 할 수 있다. 그 예로 현재까지 약 200여 종의 말 화석이 발견되었는데 이는 발견된 지층의 층서관계와 결부시켜 보면 과거로부터 현재에 이르기까지 말발굽의 진화 양상을 알 수 있다(그림 16-3).

만일 과거의 생물 모두가 거의 완전한 형태로 화석이 되었다면 생물의 진화과정을 정확하게 추적할 수 있겠지만 생물의 종류에 따라 화석으로 될 수 있는 기회가 한정되어 있었고 또한 오랜 시간을 거치는 동안 심한 지각의 변동으로 인하여 완전한 화석을 얻기가 어렵다. 따라서 대부분 화석으로 존재하는 생물도 단편적이고 부분적이어서 현재까지 발굴된 화석

(a)

(b)

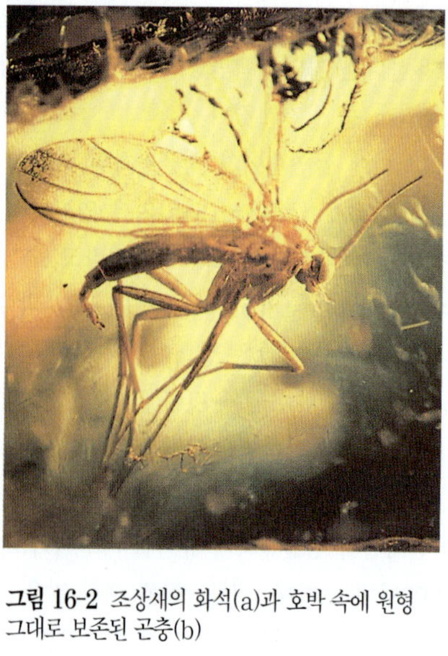

그림 16-2 조상새의 화석(a)과 호박 속에 원형 그대로 보존된 곤충(b)

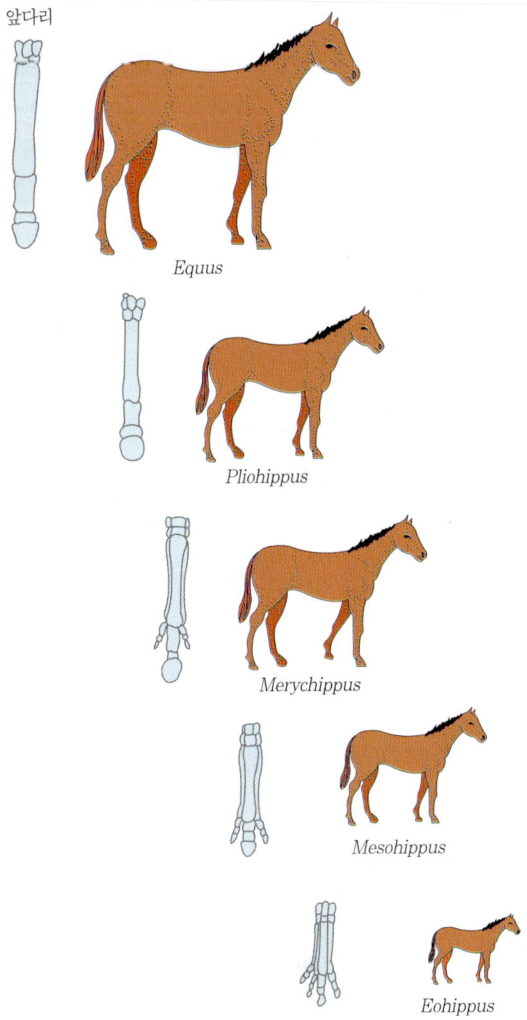

그림 16-3 말 발굽의 진화

만으로는 현존 생물들과의 진화적 연결이 제대로 이어지지 않는 경우가 많다. 그래서 생물의 진화나 다윈을 비판하는 사람들 가운데에는 이러한 **단절된 고리**(missing link)를 발견하지 못한다면 화석학적 증거에 근거를 두어 설명하고 있는 생물의 진화론은 큰 약점이 된다고 주장하는 사람들도 있다.

생물의 종분화가 소규모로 일어나고 있고, 연한 몸을 가지는 동물들은 화석으로 남기가 어려우며, 이미 형성된 화석들이 풍화작용이나 지질학적 혼란 등으로 파괴되고 있기 때문에 잃어버린 고리를 연결시키는 것이 쉽지 않음을 알 수 있다. 그러나 이러한 논쟁들은 점차 잃어버린 고리가 발견됨에 따라 식어가게 되었다. 비록 화석을 통해서 현재 살아 있는 모든 생물의 진화를 추적할 수는 없을지라도 화석의 분포나 지층의 구조에 따른 생물 구조의 복잡성을 고려해 볼 때 고생물학적인 증거로부터 생물진화의 직접적인 증거를 얻을 수 있다.

16.3.2 비교해부학적 증거

생물의 성체 구조에 나타나는 유전적 연관성에 대하여 여러 기관을 비교함으로써 진화의 증거를 찾는 방법이다.

(1) 상동기관

생물의 여러 기관을 서로 비교해 보면 그 기본적인 구조가 같고 또한 발생기원과 발생과정이 같은 기관이 있는데 이를 **상동기관**(homologous organ)이라고 한다. 척추동물의 앞다리, 팔, 날개 등을 비교해 보면 그 모양과 기능은 다양하게 나타나지만 실제 그 기본구조와 발생과정은 동일하다. 즉, 새의 날개를 이루는 뼈는 사람의 팔뼈와 포유동물의 앞다리 뼈의 구조와 발생이 같다(그림 16-4).

이러한 사실로부터 서로 유사한 생물집단 간에 상동기관

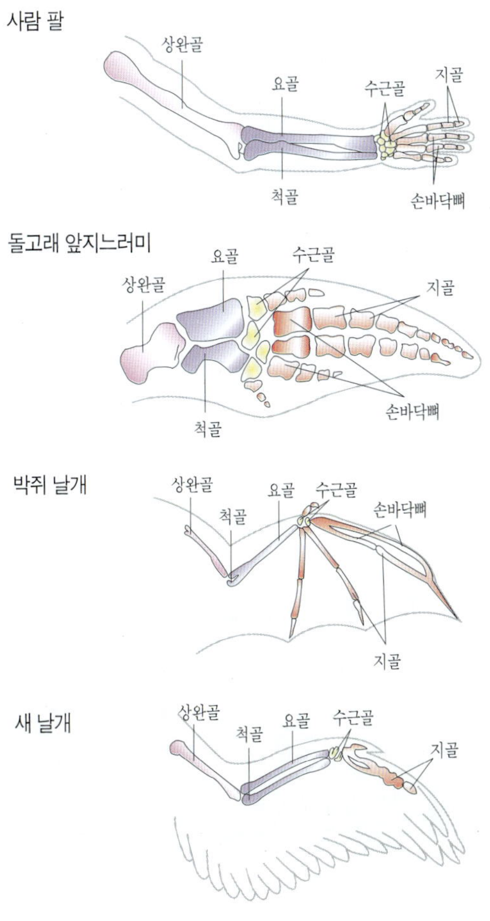

그림 16-4 여러 동물의 상동기관

이 존재한다는 것은 과거의 어떤 시기에 공통 조상으로부터 유래되어 상동기관을 공유하게 되었고, 점차 시간이 지나면서 각 생물집단은 서로 다른 환경에서 적응하면서 자연선택을 받아들인 결과라고 생각된다.

(2) 상사기관

상사기관(analogous organ)은 공통의 조상이나 공통의 유전적인 것으로부터 유래한 상동기관과는 달리 동일한 기능을 나타내거나 다른 생물들 사이에서 기원은 다르지만 같은 활동을 하는 기관을 말한다. 펭귄, 돌고래, 상어, 멸종된 어룡(*Ichthyosaurs*)은 유선형이라는 공통적인 몸의 형태를 가지는데 이는 수영할 수 있는 환경에 잘 적응된 것이다. 유선형은 몸 표면에 대한 몸의 저항을 감소시키는 방향으로 몸의 형태를 변형시킨 여러 변화들이 축적되면서 형성된 자연선택의 결과라고 할 수 있다. 또한 상어의 가슴지느러미와 바다표범의 앞다리 부분, 곤충의 날개와 새의 날개도 자연선택의 결과이다(그림 16-5).

그림 16-5 새와 잠자리 날개의 상사기관

(3) 흔적기관

생물의 기관 가운데 과거에 주로 사용했을 것으로 생각되지만 현재는 사용되고 있지 않아 흔적적인 모습만 남아 있는 기관을 **흔적기관**(vestigial organ)이라고 한다. 고래에는 골반의 흔적이 있는데 이는 다리가 4개인 조상으로부터 진화해 왔음을 알려 주는 것이고, 뱀에서도 뒷다리의 흔적이 있다. 또한 유제류(ungulates)의 발에는 **비골**(splint bone)이라는 발가락의 흔적이 남아 있으며 사람은 맹장과 꼬리뼈를 포함하여 약 100여 가지의 흔적기관을 가지고 있다.

16.3.3 발생학적 증거

VON BAER(1792~1876)는 1828년에 닭의 배발생을 관찰한 결과를 다음 4가지로 압축하여 설명하였다. 즉, ① 발생과정에서 보다 일반화된 형질은 특수화된 형질보다 먼저 나타나며, ② 특수화된 형질은 언제나 그보다 일반화된 형질로부터 발생한다. ③ 동물은 발생이 진행됨에 따라 다른 동물과의 차이가 점차 많이 나타나지만, ④ 한 동물종의 **배**(embryo) **발생** 초기는 분류학상으로 하위에 있는 동물의 배발생 초기와 비슷함을 지적하였다. 이를 「폰베어의 법칙」이라고 한다.

그 후 E.H. HAECKEL(1834~1919)은 1866년에 **개체발생**(ontogeny)은 그 종의 **계통발생**(phylogeny)을 되풀이한다는 **발생반복설**(recapitulation theory)을 주장하였다.

여러 척추동물의 배발생과정을 비교해 보면 초기의 배 모양은 비슷하지만 성체가 되는 발생 후기에는 그 모양이 각기 달라져서 거의 유사한 점을 찾아볼 수 없을 정도로 변하게 된다(그림 16-6). 이러한 현상은 생물이 공통 조상에서 유래되어 점차 파생되어 왔음을 나타내는 증거이다. 또한 반색동물 중 반색류의 토르나리아(*Tornaria*) 유생은 극피동물의 비핀나리아(*Bipinnaria*) 유생과 유사한 것으로 보아 이들은 서로 진화적으로 유연관계가 있음을 알 수 있다. 이러한 현상으로 미루어 보아 현재의 척추동물은 공통된 조상으로부터 파생되었다는 것을 추측할 수 있다.

16.3.4 비교생화학적 증거

효소, 호르몬, 여러 가지 생화학적 물질 등 생명체내에서 합성되는 기능조절물질 중 단백질의 종류나 구조적인 차이 때문에 종의 형태학적 특성이나 기능적인 차이가 생기는 것이 있다.

여러 생물군에서 나타나는 동일한 기능을 가진 단백질을

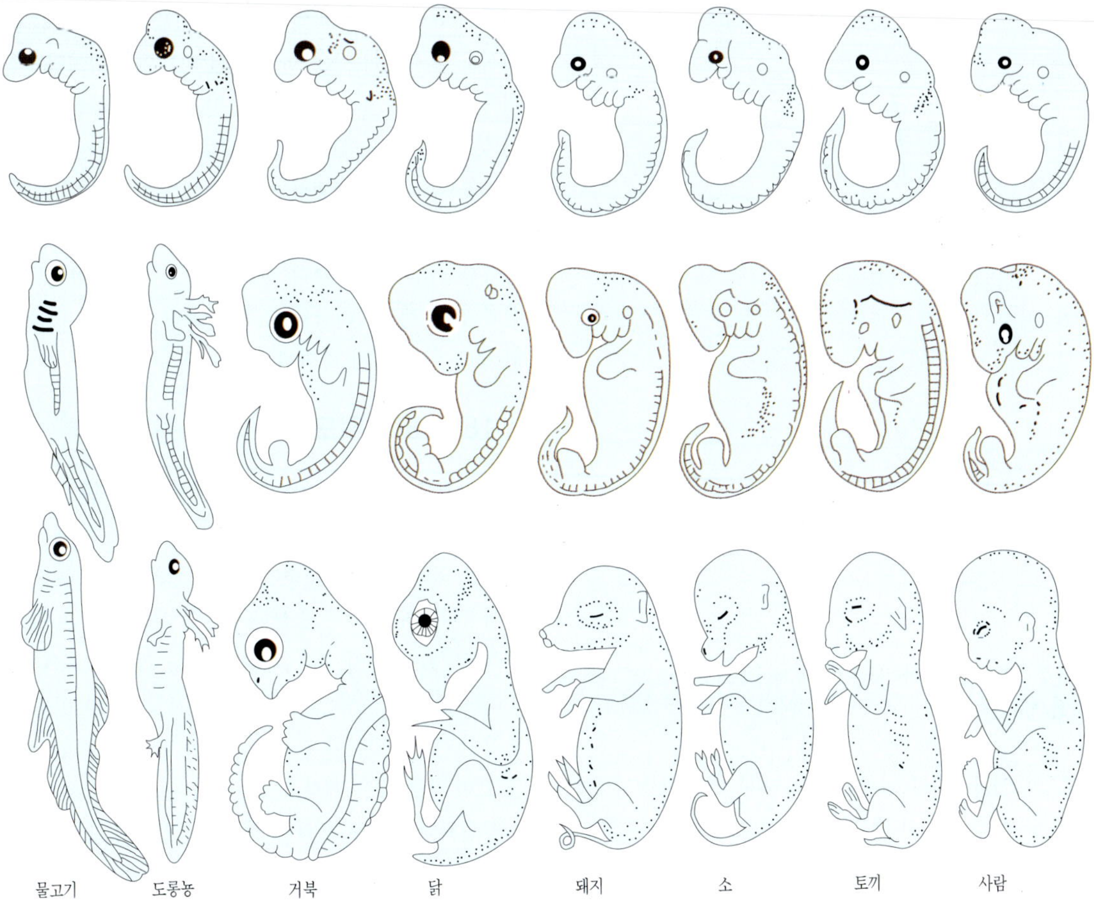

그림 16-6 여러 척추동물의 배발생 비교

상동단백질(homologous protein)이라고 하며, 생화학적 상동성도 나타나고 있다. 분자 수준의 상동성이 유전자의 직접적인 생성물이거나 그 생성물과 가깝기 때문에 실제 분자 수준의 상동성이 형태 수준의 상동성보다 더 확실하다. 상동단백질의 예로서 사람을 비롯한 몇 종의 헤모글로빈(β-사슬)의 아미노산 서열을 조사한 바에 의하면 표 16-1에서 보는 바와 같이 고릴라, 긴팔원숭이, 리이서스 원숭이의 순서로 차이가 생긴 것을 알 수 있는데, 이는 이미 밝혀진 **유연관계**를 입증한 결과라고 생각된다. 또한 미토콘드리아내의 전자전달계 효소의 하나인 시토크롬 C(cytochrome C)는 거의 모든 생물에서 발견될 수 있는 104~112개의 아미노산으로 구성되어 있는 효소이다. 최근에 인간을 비롯하여 파충류, 조류, 어류, 곤충, 식물 및 곰팡이류에서 이 효소의 아미노산 서열이 밝혀졌다. 사람의 아미노산 서열은 침팬지와 똑같고, 원숭이와는 1개, 말과는 12개, 붉은빵곰팡이(*Neurospora*)와는 44개의 아미노산이 다르게 나타났다. 또한 유연관계가 먼 말과 효모와는 48개, 비교적 유연관계가 가까운

표 16-1 헤모글로빈 β-사슬의 생화학적 상동(homology)

사람의 β - 사슬	0
고 릴 라	1
긴 팔 원 숭 이	2
리이서스원숭이	8
개	15
젖 소	25
쥐	27
캥 거 루	38
병 아 리	45
개 구 리	67

닭과 오리는 오직 2개의 아미노산의 배열순서에 차이가 나고 있다. 앞의 예들에서 보듯이 동일 생물 분자들의 아미노산 서열의 차이는 생물의 유연관계와 아주 밀접한 관계가 있음을 알 수 있다(그림 16-7).

이상과 같이 분자적 수준에서 진화적 유연관계를 해석하고 있어 또 하나의 진화 증거라 할 수 있다. 한편, 단백질은 유전자인 DNA에 의해 발현되므로, 아미노산 서열의 차이는

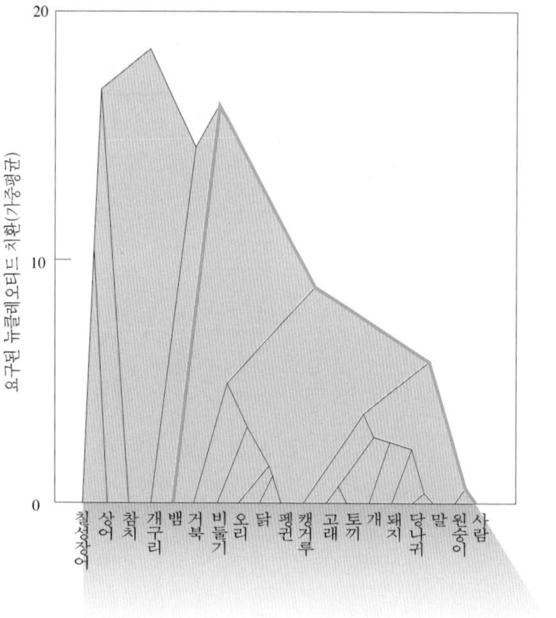

그림 16-7 시토크롬 C의 아미노산 서열의 차이에 기초하여 그린 여러 척추동물의 계통수는 화석과 그들의 구조적 증거들과 비교할 수 있다.

곧 DNA의 **염기서열**의 차이를 나타낸다. 그러므로 종간의 DNA 염기서열의 비교와 생물의 유연관계도 밀접하다.

16.3.5 생물지리학적 증거

생물지리학(biogeography)은 식물과 동물의 분포양상을 연구하는 분야로서 생물의 분포에는 일정한 방식이 적용되고 있다. 즉, 각종은 그들 기원의 중심지역(center of origin)으로부터 다른 생태적 조건을 지닌 지역으로 퍼져나가는데 어떤 종은 빠르게 분산(分散)하지만 운동성이 제한된 종은 중심지역에서 가까운 지역으로 분산되는 특징을 가지고 있다. 이러한 분포에 근거한 생물진화에 관한 증거는 섬에 서식하는 동 · 식물에서 쉽게 찾을 수 있다. 이러한 경향은 섬이 생성된 후 1번도 육지와 연결된 적이 없는 대양섬(oceanic island)의 경우에 더욱 뚜렷하다. 이들 대양섬들은 주로 화산활동에 의하여 지질학적으로 최근에 형성되었음에도 불구하고 여러 다양한 생물들이 서식하고 있다. 특히 이들 생물 종류들 중 많은 수가 그 지역에 국한하여 서식하고 있는 **고유종**(endemic species)으로 밝혀지고 있다.

최근에 화산활동으로 생긴 섬으로 다른 대륙과 연결된 적이 없는 하와이 섬에는 다양한 동 · 식물들이 서식하고 있는데 만약 종이 변하지 않는다면 다른 육지의 생물과 같아야 한다는 결론이 나온다. 다윈의 진화설에 대해 가장 결정적인 증거를 주었던 갈라파고스 제도의 핀치새는 이 지구상 어느 곳에서도 볼 수 없는 독특한 새로서 이들의 조상지역은 남아메리카이었다. 또 하와이 군도에 약 2,800여 종류의 피자식물이 분포하고 있는데 그 중 약 97%에 해당하는 2,700여 종이 고유종으로 알려져 있다. 이러한 고유종들은 섬이 생성된 후 인근 혹은 대륙으로부터 생물들이 유입되어 섬이라는 독특한 환경에 적응하여 새로운 종으로 진화한 것이다. 이상과 같이 생물지리학적 분포는 대륙 이동, 이주, 격리, 진화 등의 여러 가지 측면에서 생각할 수 있다.

16.3.6 인위도태에 의한 증거

동 · 식물의 사육과 재배작업은 과거 수천 년 동안 인간생활과 밀접한 관계를 가지고, 인간의 목적에 맞게 **인위적인 선택**에 의해 다양한 품종이나 야생종의 동 · 식물들이 개발되어 왔다. 개에 많은 품종이 있다고 하는 사실은 인간의 선택육종방법에 의해 종을 변화시킬 수 있다는 증거가 된다. 또 말, 소, 염소, 양, 닭, 토끼 등에서도 볼 수 있듯이 종이 변할 수 있고, 인간이 진화적 변화를 유도할 수 있다는 능력을 보여 주는 좋은 예라고 할 수 있다. 이와 같은 변화가 인간의 인위적 선택에 의해서 이루어졌지만 실제로 자연 상태에서 환경에 의한 자연선택에 의해서도 **인위도태**와 똑같은 결과가 일어날 수 있다.

16.3.7 생태학적 증거

지금까지 주로 생물진화의 증거에 대한 사실들을 통해 진화란 **생존경쟁**의 결과, 최적자만이 살아 남아 자손을 퍼트리게 하는 자연선택에 의해 이루어지는 것임을 알 수 있다. 그러나 이러한 사실 이외에 생물의 생활 상태를 조사해 보면 훨씬 많은 진화의 증거를 찾을 수 있다. 지구상에 존재하는 생물들은 자기 자신의 이익과 생존경쟁을 위해 특수한 기관의 변화나 주위의 환경에 적응하려는 기작들이 발달해 있다.

예를 들면 첫번째, 공격기관의 증거로 입의 구조에서 많이 볼 수 있다. 뱀류는 이빨에 독을 가지고 있으며, 다른 동물에 비해 상악과 하악이 좌우로 움직일 수가 있어서 자기보다 큰 먹이를 통째로 삼킬 수 있다. 또한 먹이의 크기에 따라 입의 크기를 조절할 수도 있다. 딱따구리는 나뭇가지 속에 있는 곤충을 먹이로 하고 있다. 그래서 딱따구리는 다른 조류에 비해 나무에 구멍을 뚫을 수 있도록 송곳 모양의 부리가 발달했고 특히 **설골**(舌骨)이 발달하여 긴 혀를 이용해서 먹이를 공격하고 잡을 수 있다(그림 16-8).

그림 16-8 송곳 모양의 부리로 구멍을 파는 쇠딱따구리

그림 16-9 먹물을 내뿜는 문어

두번째는 방어기관의 증거이다. 공격하는 쪽의 동물에게 공격장치가 발달하고 반면에 공격을 당하는 동물에게 있어서 방어장치가 없다면 공격을 당하는 동물은 즉시 멸종될 것이다. 그러나 눈, 코, 귀의 감각기관이나 다리, 날개, 지느러미 같은 운동기관이 방어기관으로 이용된다. 토끼나 사슴류는 잘 발달된 감각기관과 운동기관을 이용해서 적으로부터 아주 재빠르게 도망칠 수 있다. 패류와 거북의 단단한 껍질, 문어의 먹물, 고슴도치류의 온몸에 있는 가시, 스컹크의 독한 가스 등 이외에도 많이 알려져 있다(그림 16-9).

세번째, 보호색의 증거이다. 대부분의 동물은 자신이 서식하는 장소(환경)에 따라 체색이 변하여 환경에 적응하게 되어 생존경쟁에서 살아 남게 된다. 가장 잘 알려진 예는 **산업흑화**(in-dustrial melanism)로 인한 나방의 체색 변화이다(그림 16-10).

후추나방(*Biston betularia*)은 비교적 엷은색 바탕의 검은색 얼룩무늬가 있는 얼룩형이었다. 그러나 1849년 영국의 멘체스터는 도시의 산업화로 흑색을 띠는 돌연변이의 나방이 나타나기 시작하여 오늘날에는 이러한 흑색나방이 이 지역 나방의 약 90%를 차지하게 되었다. 이상과 같이 공격기관이나 방어기관 및 보호색의 증거 등은 생물의 종이 빠른 속도로 진화한다는 증거를 극적으로 보여 주고 있다.

16.3.8 생리학적 증거

생리학적 유사성도 진화를 설명하는 증거가 될 수 있다.

그림 16-10 동일한 형질(나방의 체색)이 2가지로 달라진 것은 다른 환경조건에 각각 적응했기 때문이라는 예

척추동물의 호르몬은 다른 척추동물에 있어서도 같은 기능을 나타낼 수 있는데, 예를 들어 개구리의 뇌하수체에서 얻은 호르몬이나 사람의 생식소 호르몬은 어류의 생식소 성숙 유도에 이용되고 있다. 녹색 편모충류는 엽록소가 있어서 광합성을 하는데, 빛이 없는 곳에서는 유기산이나 당을 에너지원으로 섭취할 수도 있다. 그러나 엽록소가 없는 원생동물은 동·식물을 섭취해야만 충분한 생장을 할 수 있다. 이러한 사실로 광합성을 하던 원생생물이 엽록소를 잃고 후속 형태인 원생동물로 진화한 것으로 추측할 수 있다.

적혈구는 척추동물에 일반적으로 분포하고 있지만 무척추동물에서는 일정하지 않다. 그러나 콩과식물의 뿌리혹박테리아에서 헤모글로빈이 발견되는 점으로 보아 헤모글로빈은 진화의 초기에는 있었으나 환경의 변화에 적응하면서 점차 없어지고 척추동물에만 남아 있는 듯하다. 척추동물 중에서 고등한 분류군일수록 적혈구의 크기는 작아지고 수는 많아지는 경향이 있어 진화의 증거가 될 수 있다. 이와 같이 생물의 생리적 기능이 생물의 진화 정도에 따라 그 유사성을 나타내므로 생리학적 증거로 삼고 있다.

제17장

생명의 기원

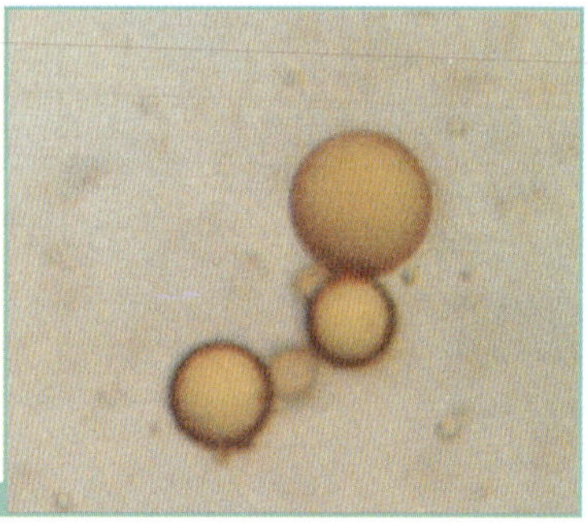

지구상의 모든 생명체는 최초의 단일 생명체로부터 유래하였다고 한다. 그러면 최초의 생명체는 과연 어디에서 형성되었는가? 이 점에 대하여 아직까지 정확히 밝혀진 바는 없으나, 우리는 초기 생명체의 특성에 대하여 추론해 볼 수 있다. 가장 많은 지지를 받는 과학적 가설에 따르면 생물은 초기 지구상에 존재한 원자나 분자들이 결합하여 간단한 유기분자가 합성되고 이로부터 간단한 세포가 형성되었다고 한다. 이와 관련된 과학적 증거를 설명하고 진핵생물의 미토콘드리아와 엽록체는 그 세포 속에 공생하였던 원핵생물로부터 기원하였음을 보여 주는 여러 가지 중요한 증거에 대하여 알아본다.

17.1 화학적 진화 - 생명의 기원

진화의 이론은 오늘날 지구상의 생물들이 어떻게 해서 공통 조상으로부터 다양한 자손으로 분화되었는지의 과정을 다루고 있으며, 궁극적으로 모든 생물들이 파생되어 온 최초의 생명 형태는 어떠했는지를 연구하는 것이다. 지구상에서 생명체가 탄생되어 오늘날에 이르렀다고 한다면 그 최초의 생명은 어디로부터 왔을까? 생명의 기원에 대한 많은 의문은 아직도 불가사의하다.

17.1.1 원시지구와 대기

원시지구의 대기는 현재와 같이 안정되고 산화된 상태가 아니라 다른 행성의 대기와 마찬가지로 환원된 상태로서 수소(H_2)가 풍부하게 존재하여 다른 많은 원소들과 결합해서 불안정한 환원된 상태로 되어 있었다. 즉, 산소는 거의 대부분이 수증기(H_2O), 질소는 암모니아(NH_3), 탄소는 메탄(CH_4)으로 존재했으며, 또한 탄화수소와 황화수소가 존재하였기 때문에 유리형의 산소 형태인 산소분자(O_2)와 이산화탄소(CO_2), 그리고 산화규소(SiO_2)는 존재하지 않았다.

원시지구 상태는 대기중에 오존층(O_3)이 형성되지 않아 태양으로부터 복사되는 자외선을 비롯한 각종 광선이 직접 지구 표면까지 도달할 수 있었으며, 화산 폭발에 의한 열, 운석의 충돌 등으로 생긴 에너지가 풍부했을 뿐 아니라, 지구 대기권 밖으로 수소가 벗어남에 따라 대기의 환원 상태가 다소 약화되었을 것이다. 이러한 원인 등으로 무기물에서 원시 생명체를 구성할 수 있는 유기물의 생성이 가능했다고 본다.

17.1.2 화학진화

이러한 생명의 기원에 대한 연구는 보다 과학적인 접근방법으로 A.I. OPARIN(1894~1981)에 의해 1936년 여러 가지 화학실험을 통해 **유기물진화설**(organic evolution)이 제시되었다. 이 가설은 기존의 비생물적인 요소로부터 생명이 기원된다는 **자연발생설**(theory of spontaneous generation)과 새로운 생명은 기존의 생명으로부터 생긴다는 **생물속생설**(theory of biogenesis) 이론과는 크게 다르다. 즉, 지구에 최초로 출현한 생명체는 당시 원시지구에 존재하였던 간단한 무기물들이 이미 존재하는 에너지원들과 중합 및 축합의 화학적 반응을 거쳐서 점차 복잡한 화합물로 합성되고, 이들은 다시 반응을 하면서 고분자 화합물을 형성하는 과정에서 원시 생명체가 출현했다는 것이다. 이러한 OPARIN의 가설은 1953년 MILLER에 의해 입증되기 시작하였다. 즉, 에너지원인 전극을 꽂은 플라스크에 원시대기의 주성분이었던 수증기, 메탄, 암모니아, 수소 등의 기체를 산소가 없는 장치에서 순환시켜 전극에 의한 방전을 시켰다. 그 결과, 일주일 뒤에 단백질의 구성단위인 글리신(glycine), 알라닌(alanine), 글루탐산(glutamic acid) 등의 아미노산과 당류, 간단한 유기물 등이 합성됨을 관찰하였다(그림 17-1).

MILLER의 이러한 실험 이후, 많은 학자들이 이와 비슷한 실험을 통하여 원시 상태에서 무기물의 자연발생적인 발전을 통해 생명체의 출현 가능성을 입증하였다. 특히 1969년 오스

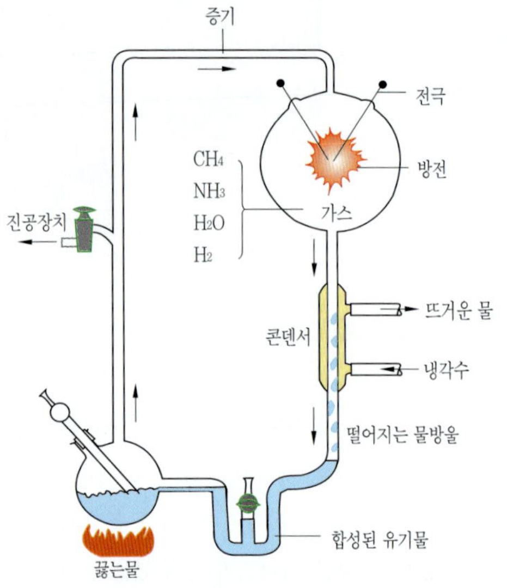

그림 17-1 MILLER의 실험장치 모식도

트레일리아의 뮤치슨(Muchison) 지방에 떨어진 운석을 조사해 본 결과, MILLER의 실험에서 합성된 생성물과 비슷한 유기물이 발견되었으며 더욱이 지구상에 살고 있는 생물에서 전혀 볼 수 없는 여러 가지 아미노산이 발견되었다. 그 후 생명의 기원에 대한 연구는 계속 진행되어 핵산이나 ATP같은 생물체내에서만 합성이 가능한 분자 등이 시험관내에서도 합성 가능함을 증명하였다.

생명체가 갖는 특징 중의 하나는 모두가 중합체로 이루어졌다는 것이다. 위의 결과들을 보면, 원시생명체는 환원성 기체인 무기물이 화학합성을 통하여 저분자 유기화합물을 만들고, 이들은 다시 중합반응을 거쳐 고분자 유기화합물들의 합성과정 등을 통해서 출현했다고 생각된다. 즉, 자연발생의 무기물이 질소화합물, 당류, 아미노산, 글리세롤, 지방산 등을 만들고, 여러 가지 아미노산이 결합하여 폴리펩타이드가 생성된다.

또한 이러한 폴리펩타이드가 촉매작용을 거쳐 원시적인 효소군과 핵산에 당과 인산이 결합하여 간단한 뉴클레오티드가 생성된다. 합성된 고분자 화합물이 DNA나 RNA 및 ATP 등의 유전정보 및 에너지 전달물질 등을 합성하여 생명체로 발전한 것이라고 추측할 수 있다. 이러한 일련의 화학적 과정을 **화학적 진화**(chemical evolution)라고 한다.

17.2 생명의 기원에 대한 증거

생명의 기원에 대한 정확한 증거는 아직 밝혀지지 않고 있다. 그러나 가장 유력한 가설을 중심으로 증거를 찾아보기로 한다.

앞에서 설명했듯이 OPARIN은 원시지구에 존재했던 자연발생적인 간단한 무기물들이 화학적 반응을 통해서 점차 복잡한 화학물로 합성되고, 이들은 다시 반응을 일으켜 고분자화합물을 형성하는 진화과정을 거쳐서 원시생명체가 형성되었다고 주장하였다. 또한 OPARIN은 이러한 원시지구 상태가 생물의 자연발생에 가장 알맞는 환경조건을 갖추고 있었을 것이라고 생각하였다. 즉, 대기중의 수증기는 결집되면서 액체화되고 그 양이 점점 증가되면서 원시바다를 이루게 되었을 것이다. 또한 비가 내리면서 대기중의 물질들이 바다로 씻겨 내려가서 이러한 물질들이 화학반응을 하게 되었고, 바다에서 이러한 유기화합물이 축척되면서 원시생명체를 구성할 수 있는 유기물의 생성이 가능했다는 것이다.

생명의 기원을 추적하기 위해서는 매우 낮은 평형농도에서 화학적인 복합체가 생성될 수 있는지의 여부와 막(膜)의 생성기원이 해결되어야 한다. 물론 최초의 막은 현존하는 세포의 원형질막과 같이 복잡한 구조는 필요없었으나 외부와 내부를 구분할 수 있는 특징을 가지고 있었을 것이다. 또한 생명은 정적(靜的)인 것이 아니라 동적(動的)이어야만 한다. 이러한 생명의 조건에 대해 OPARIN은 코아세르베이션(coacervation)을 이용하였다(1966). 코아세르베이션이란 2종류 이상의 화합물을 혼합한 콜로이드에서 작은 물방울이나 소포(bubble), 또는 이중막(bilayer) 등이 형성되는 것을 말하며, 이때 분리된 각각의 독립된 형성체를 **코아세르베이트**(coacervate)라고 한다. 이러한 코아세르베이트는 한정된 범위를 가지고 있어서 용해된 물질의 농도가 내부와 외부는 다르다.

생명은 아마도 이러한 소포내에서 이루어졌을 것이다. 이러한 원시막으로 둘러싸인 계를 OPARIN은 **원시생물체**(protobionts)라 하였다. 이것은 아마도 생물계에서는 최초의 개체들이었으며, 각각 독특한 특징을 지니고 있어서 동일한 것은 없었을 것이다. 역시 OPARIN이 주장한 원시선택(protoselection)과정을 통해서 원시생물체는 도태되거나 성장하는 것들이 생기게 된다.

특히 계속 성장하는 소포들은 내부의 물질들이 평형 상태를 이루면서 주위 환경으로부터 물질을 흡수해서 이용할 수 있으면 점점 성장하게 되고, 외부적인 힘(파도나 다른 물리적인 힘)에 의해 둘로 분열될 수도 있었을 것이다. 즉, 이 원시생물체와 이러한 코아세르베이트 소포 중 어떤 종류는 그 내부의 물질이 그들을 둘러싸고 있는 주위 환경보다 더 높기 때문에 단백질과 같은 고분자의 합성이 가능했을 것으로 생각된다. 단백질이 형성됨으로써 화학반응의 속도를 촉진시키는 효소와 같은 유기화합물로 작용할 수 있다. 또한 이러한 효소들은 이전보다 더 많은 화합물을 생성할 수 있으며, 그들의 원시생물체를 보다 안정화시킬 수 있고, 선택적으로 유리하게 되어 그 수가 급증할 것이다. 이러한 원시생물체의 구조는 세포와 유사한 기능을 나타냄이 일부 학자들에 의해 밝혀졌다. 이러한 코아세르베이트는 시간이 경과함에 따라 해체되고, 용액의 수소이온 농도나 염도, 온도 등이 최적의 조건에서만 생성되는 불안성을 띠고 있으나 최근에 가장 설득력 있는 원시생물체의 모델이 되고 있다.

Fox와 그의 공동연구자들(1972)은 거의 건조된 상태로 농축된 아미노산을 가열하여 단백질과 비슷한 복합체인 프로테이노이드(proteinoid)가 서로 엉켜 콜로이드를 형성하는데 이를 **마이크로스페어**(microspheres)라고 하였다(그림 17-2).

이러한 마이크로스페어는 마치 세포의 생체막처럼 이중막으로 된 외벽을 가지고 있으며, 용액에 따라 삼투현상을 나타내기도 한다. 또한 막을 구성하는 아미노산의 종류에 따라 현재 박테리아 분류에 기준으로 삼고 있는 그램염색에 양성 또는 음성을 나타내며, 이스트(yeast)처럼 출아법에 의해 이분되기도 한다. 수소이온 농도나 온도에 매우 안정된 것으로 알려져 있어 원시생물체의 가능성이 있다. 그러나 이러한 마이크로스페어는 막의 두께가 세포의 생체막보다 두껍고, 형태가 단순하다는 점이 지적되고 있다.

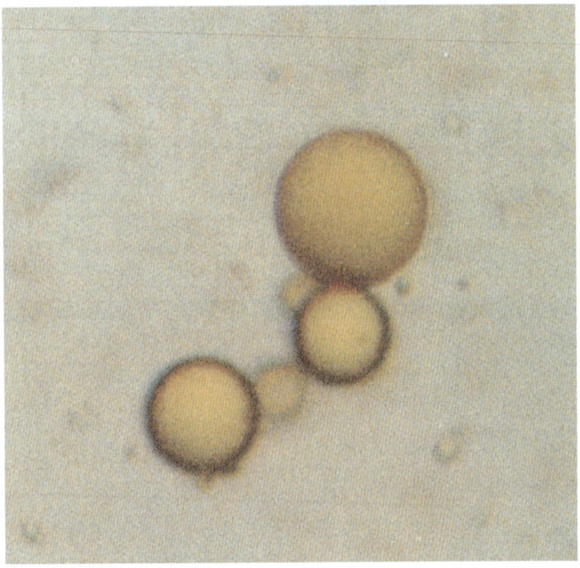

그림 17-2 마이크로스페어
생명체의 몇 가지 특성을 나타내는 매우 작은 원시세포이다.

제18장

집단유전과 유전자 풀

집단내의 유전자 문제는 여러 세대에 걸쳐 논의되기 때문에 결국에는 생물의 진화와 관련된다. 진화는 생물의 구조 및 생리적 변화의 결과로 생기는데 그 변화는 결국 그 생물이 이루고 있는 집단에서 유전자형과 유전자빈도의 변화와 관련된다. 따라서 진화는 유전적 변화로 이루어진다. 이처럼 생물집단의 변화를 야기시키는 내용을 연구하는 것이 **집단유전학**(population genetics)이다. 집단유전학의 연구는 근본적으로 생물의 **다양성**(diversity)을 연구하는 학문인데 그 과제에는 **유전적 다양성**(genetic diversity), **돌연변이**(mutation), **자연선택**(natural selection), **이주**(migration), **유전적 부동**(genetic drift) 및 품종이나 **종형성**(speciation) 등이 포함된다. 그리고 집단유전에서는 생물집단의 총 유전자의 변화를 다루어야 하는데 유성생식을 하는 생물 집단에 있어서 유전자의 총 수를 **유전자 풀**(gene pool)이라고 한다. 그러니까 유전자 풀의 변동은 집단유전과 진화를 설명하는 데 중요한 의미를 갖는다.

원시생명체에서 여러 종류의 생물이 진화하여 온 과정에 대해서 먼저 생각할 수 있는 것은, 하나의 종(species)으로부터 새로운 종이 생기게 되는 이른바 **종분화**(speciation)라 할 수 있는데, 이러한 과정을 **소진화**(micro evolution)라 한다. 종의 분화과정을 거치는 집단의 개체는 동일한 유전자 풀을 가지고, 일정한 범위의 장소에 생존하면서, 상호 자유로운 교배가 가능하며, 번식할 수 있는 집단을 이루고 있는데 이러한 생물개체군 단위를 **멘델집단**(Mendelian population)이라 한다.

일반적으로 생물의 종은 전체로서 멘델집단을 이루고 있다고 할 수 있다. 멘델집단은 절대로 유전적 구성이 균일하지 않으며, 여러 종류의 유전자조합(gene combination)을 가진 개체들이 평형 상태를 유지하는 비율로 섞여 있게 되므로, 집단내에서는 유전적 다형(genetic polymorphism)이 있게 된다(표 18-1).

표 18-1 집단에서 유전자빈도와 교배의 영향
A, a의 유전자빈도가 p, q일 때 자손의 유전자 빈도($p+q = 1$)

난자 \ 정자	$A(p)$	$a(q)$
$A(p)$	$A(p^2)$	$Aa(pq)$
$a(q)$	$Aa(pq)$	$aa(q^2)$

총계 : $p^2(AA)+2pq(Aa)+q^2(aa) = 1$

이와 같은 유전적 평형 상태는 멘델집단이 오랜 세월에 걸쳐 그 집단내에 유전적 변이를 축적함과 동시에, 다른 한편으로는 어떤 유전자는 그 집단에서 제거됨으로써 각각의 생물집단은 그 생물집단 고유의 유전적 구성을 형성하게 된다. 또한, 평형 상태가 불안정한 집단에 있어서는 새로운 유전적 구성의 집단을 형성하는 계기가 된다. 이러한 평형 상태는 어떤 조건에서 이루어질 수 있고, 어떤 조건에서 깨어지게 될까 하는 의문점이 생긴다. 그러나 이에 대하여는 다음 절 이후에서 설명한다.

18.1 HARDY-WEINBERG의 법칙

1908년 영국의 HARDY와 독일의 WEINBERG는 생물집단에서 유전자들이 어떻게 분포해 있는가를 연구하여 서로가 독립적으로 하나의 법칙을 발표하였는데, 이를 발표한 사람들의 이름을 인용하여 **하아디-바인베르그의 법칙**(Hardy-Weinberg's law)이라 부르게 되었다. 이는 집단내에서 유전자 분포를 나타내는 기본 원칙이 되고 있다.

멘델집단에 대립유전자(allele) A와 a가 존재할 때 A와 a의 빈도를 각각 p와 q라 한다면, 유전자형(genotype) AA와 aa의 빈도는 각각 p^2과 q^2이 된다. 이때 $p+q = 1$이 되며, 집단내에서 정자(sperm)와 난자(ovum)는 대립유전자 A와 a중에서 무작위하게 어느 하나를 가지게 되어 그들의 빈도는 각각 p 또는 q가 된다.

따라서 표 18-1에서도 확실히 알 수 있듯이 AA, Aa, aa의 유전자형을 가진 F_1의 빈도는 각각 p^2, $2pq$, q^2이 되며,

$$(p+q)^2 = p^2+2pq+qq^2$$

과 같은 수식이 성립된다. F_1에서 A와 a의 유전자빈도는

$$p^2+1/2 \cdot 2pq = p(p+q) = p(A)$$
$$q^2+1/2 \cdot 2pq = q(p+q) = q(a) \qquad \therefore (p+q) = 1$$

가 되며, 이는 양친 세대의 빈도와 같은 것이다. 이처럼 멘델 집단내에서의 유전자나 유전자형의 상대빈도는 세대가 계속되어도 변하지 않고 평형 상태에 있게 되는데, 이러한 원리를 하아디-바인베르그의 법칙이라 한다.

반성유전(sex linked inheritance)인 경우에는 암수를 따로 분리하여 그 빈도를 조사하여야 한다. 예를 들면 XY형인 수컷에서는 열성형질(recessive trait)이라도 곧 발현되고 그 빈도는 q가 되지만, 암컷의 경우는 q^2이 된다. 따라서 반성열성유전 형질이 수컷에서 1%로 존재한다면 동일한 형질이라 해도 암컷에 있어서는 0.01%밖에 되지 않는다.

2개 이상의 유전자를 동시에 고려할 때에는 각 유전자형의 빈도는 각각의 유전자빈도를 곱한 값이 되는데, 예를 들면 A, a, B, b의 빈도를 각각 p, q, r, s라 한다면 유전자형 $AABB$의 빈도는 $p^2 \times r^2$, $AaBB$는 $2pq \times r^2$, $AABb$는 $p^2 \times 2rs$, $AaBb$는 $2pq \times 2rs$가 된다. 다수의 유전자일 경우에 유전자빈도는 단시일내에 평형 상태를 이루지 못하며, 특히 유전자가 연관되어 있게 되면 더욱더 평형 상태에 이르기가 어렵다.

한편 하아디-바인베르그의 법칙이 성립되기 위해서는 다음과 같은 조건이 충족되어야 한다. 즉, ① 문제의 유전자를 가진 개체가 다른 개체에 비하여 생식이나 생존에 있어서 유리하지도 불리하지도 않아야 한다. ② 충분한 크기의 집단이어야 한다. ③ 개체간에 자유로운 교배가 이루어져야 한다. ④ 돌연변이율(mutation rate)이 극히 낮아야 하며, 선택(selection)이 유효하여야 한다. ⑤ 집단간에 유전자형의 이동이 없어야 한다. 이러한 조건들이 충족되지 않을 때에는 하아디-바인베르그의 법칙이 보여 주는 평형은 성립되지 못하며, 새로운 유전자 구성을 갖는 집단으로 이행하게 된다.

돌연변이가 일어나서 정상인 유전자가 유해유전자(harmful gene)로 되어도 대개는 몇 세대가 지나면 자연선택에 의해 소멸하게 된다. 그러나 돌연변이율이 높아지고, 자연선택에 의한 감소와 서로 균형을 이루게 되면 평형 상태를 이루고 유해유전자도 집단내에 남아 있게 된다. 이와 같은 유해 유전자에 의한 부하(load)를 **유전하중**(genetic load)이라 한다. 집단내에 유해유진자가 있어 선택계수가 s라고 하면, 그러한 유전자는 집단내에 평균 1/s세대 동안 유지된다. 예를 들면, s = 0.01이라고 한다면, 이 유해유전자는 100세대 동안 남아 있게 된다.

정상적 유전자의 돌연변이율을 1세대당 m이라 한다면 1세대 동안 새로이 돌연변이 유전자를 가지게 될 개체는 $2m$이 된다(상동염색체를 고려하면 2개의 유전자가 있으므로 2배가 된다). 이러한 돌연변이 개체는 평균 $1/s$세대 동안 집단에 있게 되므로, 그 집단에는 이러한 돌연변이 유전자가 평균 $2m/s$만큼 존재하게 된다. 그런데 실제로는 이들 유전자가 선택계수 s의 선택압을 받게 되므로 집단의 평균 적응도는 $(2m/s) \times s$ 즉, $2m$만큼 감소하는 결과가 된다.

이러한 현상은 집단에서 돌연변이의 하중은 돌연변이율에 의존하며 개체 돌연변이의 유해함과는 관계가 없음을 말하여 주는 것인데, 이를 **홀덴-뮬러의 원리**(Haldane-Muller's principle)라 한다. 이 원리에 따르면 집단내에서는 돌연변이의 유해로운 것이 문제가 아니라, 돌연변이율이 조금이라도 높아지는 것이 큰 영향을 미치게 된다는 것을 알 수 있다. 따라서 자연환경 중에서 돌연변이를 유발할 수 있는 **돌연변이 유발원**(mutagen)이 증가되고 돌연변이율이 높아지면, 집단내에는 유해유전자가 많아지게 되며 유전하중이 증대되어 생물에 중대한 영향이 나타나게 된다.

유전하중은 유전자 돌연변이에 의한 것 외에도 **염색체이상**(chromosomal aberration), **유전자 상호작용**(gene interaction), **이형접합체**(heterozygote) 교배에 의한 유전자 분리, 조합 등에 의해서도 생긴다.

18.2 유전자 변이와 진화

앞에서도 언급한 바와 같이 유전물질의 변화는 돌연변이를 일으키고, 오랜 기간 돌연변이 인자의 누적은 생물진화와 연결된다. 돌연변이는 편의상 염색체 돌연변이와 유전자 돌연변이로 대별하고 있지만 유전물질의 입장에서 보면 차이가 없다. 유전적 변이의 선별은 표현형적 차이로 가능하다. 그러나 유전자 산물의 차이로 추적하는 방법도 있어서 겔 전기영동(gel electrophoresis)이 널리 이용되고 있다. 이 방법은 단백질이나 핵산 자체에 생긴 변화를 알아보는 방법이기 때문에 보다 직접적인 확인방법이다. 어떤 효소에 2가지 형이

있다면 이것은 단백질의 아미노산 배열에 차이로 생긴 것이다. 전기영동은 단백질의 이동거리에 차이가 생겨 돌연변이 여부를 알아낸다.

이런 방법으로 분리해낸 같은 기능의 2가지 이상의 효소(단백질형)를 구분하여 이를 **알로자임**(allozyme)이라 한다.

18.2.1 대립유전자(allele)의 빈도

대립유전자의 빈도는 생물 집단에 따라 다른 경우가 많다. 이는 돌연변이가 생기면 그 돌연변이체가 그 집단의 환경적 적응에 성공했기 때문에 유지되어 표현형으로나 전기영동상으로 확인된다. 또한 집단은 이주, 선택, 유전적 부동 때문에 변화될 수도 있다. 자연적으로 생기는 이런 과정들은 대립유전자의 빈도를 바꾸게 하며 결과적으로 집단의 구조는 변화된다.

제12장에서 논한 바와 같이 돌연변이는 어떤 유전자가 지배하는 한 형태를 다른 형태로 변화시킨다. 돌연변이율은 보통 10^{-5} 정도가 되기 때문에 한 세대에서 돌연변이가 집단의 유전자빈도를 변화시키는 데는 그 영향이 매우 적다. 그러나 집단의 변화나 진화는 오랜 기간을 두고 생기는 현상에 공통점이 있다.

집단유전학의 입장에서 돌연변이체의 생존력, 임성이 증가하는가 여부와 이에 관한 아무런 영향이 없느냐에 따라서 돌연변이는 그 개체에 대해서 유리한 것, 해로운 것 또는 중립적인 것으로 분류된다.

생존력과 임성은 생존해서 자손을 남기기 위한 생물의 능력을 나타내는 용어로 사용되고 있는 **적응도**(fitness)와 관계가 있다. 적응도에 대한 돌연변이의 효과는 집단내에 그 개체가 존속하는 기회에 영향을 줄 것이다. 예를 들어 한 개체에 많은 돌연변이 유전자가 존재하면 그 개체는 적응도가 저하되어 집단에서 제거된다. 어떤 개체는 무시할 정도의 효과를 가져서 존재하기도 하며, 극단적으로 적응도를 증가시키는 경우는 집단내에 더 많은 변이체가 생존하게 하기도 한다. 개체의 돌연변이율은 집단내에 적절한 유전적 변이가 유지되도록 조절되고 있는 듯하다.

(1) 선택(도태)

Hardy-Weinberg법칙은 모든 개체가 유전자형과는 무관하게 똑같은 생존력과 생식력을 갖고 있다는 가정 하에 성립한다. 그러나 유전자형에 따라서 생식력에 차이가 있다고 가정하면 그 집단내에서 유전자빈도는 변화하는데 이렇게 되어 유전자빈도가 변하는 현상을 **선택**(도태, selection)이라고 한다.

선택에는 인위적 선택과 자연적 선택이 있다. 전자는 육종에서 우수한 종축이나 종자를 얻기 위해 이용되며, 후자는 자연 상태에서 나타나는 현상이다. 또한 선택에는 우성유전자에 대한 선택, 열성유전자에 대한 선택, 반성열성유전자에 대한 선택 및 다형현상 등이 있다.

(2) 이주

유전자빈도의 변화는 유전자가 다른 집단으로부터 개체가 **이주**(migration)하여 생기며, 이에 따라 그 집단은 새로운 유전적 평형 상태로 변화하게 된다. 한 집단내의 유전자빈도가 이주 때문에 생기는 변화율은 이주율과, 이주자와 토착자 사이의 유전자빈도 차이에 의해서 좌우된다.

(3) 유전적 부동

대집단에서 유전자빈도는 비교적 안정하다. 그러나 소집단에 있어서 유전자빈도는 방황성을 나타내기 쉽다. 소집단에서는 어떤 대립유전자가 우연한 기회에 의하여 고정되거나 또는 소실될 가능성이 크다. 이와 같이 소집단에 있어서 어떤 유전자의 고정 또는 소실이 우연한 기회로 생기는 현상을 **유전적 부동**(genetic drift) 또는 **라이트 효과**(Wright's effect)라고 한다. 중립유전자나 유해유전자가 한 집단에 고정되는 것도 유전적 부동의 과정에서 생긴다.

유전적 부동으로 유전자빈도의 변화는 집단의 크기에 따라 다르다. 예를 들어, 매 세대 이형접합자의 빈도가 1/(2N) 만큼씩 감소하면 이형접합자의 소실률은 집단 크기에 반비례한다(그림 18-1).

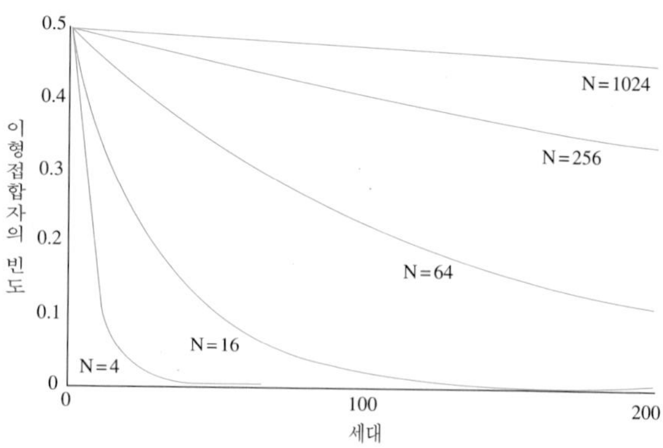

그림 18-1 유전적 부동에 의한 유전자빈도의 변화
집단의 크기에 따라 이형접합자의 빈도는 다르다.

따라서 작은 집단은 큰 집단보다 더 빨리 변이를 소실하게 된다.

18.2.2 돌연변이와 진화

생물의 구조나 기능적 특성을 변화시키는 원인으로서 돌연변이를 생각할 수 있다. 예를 들면 초파리의 Bar 눈은 X-염색체상의 유전자 중복현상으로 생긴다. 특히 Bar 눈은 중복되는 유전자의 부위가 어느 위치에 존재하느냐에 따라서 눈의 모양이 다르게 나타나서 **위치효과**(position effect)를 나타낸다. 또한 제2염색체에 존재하는 **흔적날개유전자**(vestigial ; vg)는 동형접합자(home)일 때 날개가 흔적만 남아 있어 구조적으로 특이한 변화를 나타낸다.

이와 같은 유전자의 변이를 DNA의 염기서열로 비교해 볼 때 유연관계가 가깝고 먼 정도에 따라 염기서열의 상동성(homology)이 완벽하거나 차이가 심하게 나타난다.

분자유전학적 연구를 통해서 알려진 유연관계와 염기서열의 상동관계를 보면 그림 18-2와 같다. 진화는 종의 특징이 변화하는 한 과정이다. DNA 분자 수준에서 진화과정은 DNA내에 염기쌍의 치환, 삽입 및 결실 등과 관계가 있다. 이와 같은 변화가 긴 세월 동안 누적되면 원래의 DNA분자와는 다른 분자로 된다. 그림 18-2는 척추동물의 헤모글로빈 분자의 α사슬의 아미노산 분석결과를 기초로 그린 진화 계통수이다. 이 그림에 나타난 생물종은 약 5억 년 전의 진화선상에서 분지하기 시작하여 점차로 많은 가지를 형성하면서 종분화가 일어났음을 나타낸다. 즉 사람의 헤모글로빈 α-사슬과 상동성이 가장 낮은 종은 상어로서 141개의 아미노산 중 79개의 아미노산 서열이 틀리며 소와는 17개의 아미노산의 서열이 달라서 사람과 유연관계가 가장 가까운 것을 보여주고 있다. 소 다음은 캥거루(27개), 도롱뇽(62개), 잉어(68개), 상어(79개)의 순으로 사람과의 유연관계가 멀다.

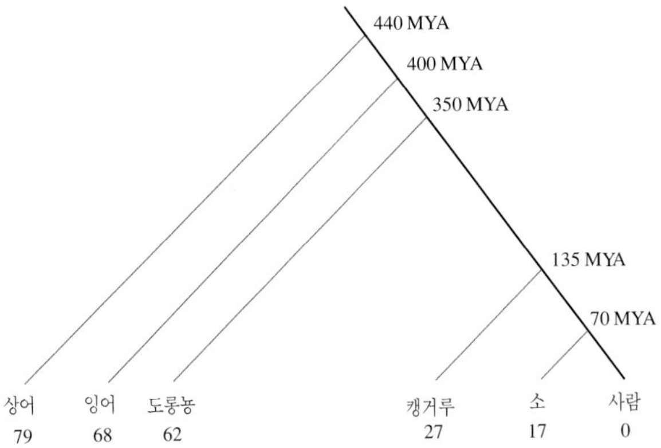

그림 18-2 척추동물의 헤모글로빈 중 α-글로빈 폴리펩티드의 진화 (MYA = 백만 년 전)

18.2.3 식물의 배수성과 진화

배수성(polyploidy)은 식물에서 매우 흔하게 나타난다. 배수체는 **이질배수체**(allopolyploid)와 **동질배수체**(autopohyploid)로 분류되는데, 동질배수체는 같은 게놈이 중복된 경우이고, 이질배수체는 다른 종의 게놈이 잡종화를 통해서 생긴다.

19세기 초에 미국의 염생초(*Spartina alterniflora*)라는 식물의 씨가 프랑스와 영국에 운반되었다. 이 염생초는 유럽염생초(*S. stricta*)가 자라고 있는 곳에서 함께 자랐다. 그런데 그 뒤에 Townsed's grass로 불리는 새로운 종, *S. townsendii*(최근에는 *S. anglica*로 알려져 있다)가 동정되었다. 이 Townsed라는 풀은 미국과 유럽의 염생초보다 생활력이 강해서 토착종을 밀어내면서 여러 지역에 번성했다. Townsed 풀은 미국과 유럽의 염생초 사이에서 생긴 잡종으로 생각된다. 그런데 이것은 잡종이면서도 생식력이 있었다. 유럽종은 2n = 60의 염색체를 가졌고, 미국종은 2n = 62이었다. 그리고 Townsed 풀은 2n = 122였다. 어떤 것은 2n = 120, 또 다른 것은 2n = 124이었다. 이러한 사실은 이질배수체와 관련있는 것으로 생각된다. Townsed 풀은 미국과 유럽종의 2배체의 합에 해당하는 **복이배체**(amphidiploid)이었다.

이러한 복이배체들은 그들의 선조가 어느 때에 잡종화되어 새로운 종을 빨리 형성할 수 있었던 한 예에 속한다.

밀에 있어서 *Triticum monococum*은 2n = 14이고, 개량된 밀인 *T. dicocum*은 2n = 28, 빵밀인 *T. aestivum*은 2n = 42이다.

제19장

종의 분화와 대진화

생물의 진화란 궁극적으로 생물의 종분화를 말하는 것으로 이것은 유전자 풀의 이질화를 뜻하는 것이라고 해석할 수 있다. 이러한 종분화가 일어나는 구체적인 증거로서 지리적 격리, 생식적 격리 및 염색체 변이에 대한 사례를 알아본다. 종 이하의 분류군에서 일어나는 소진화에 대한 이해와 실험적인 검정을 통하여 얻은 지식을 정리한다. 속 이상의 상위 분류군에 대한 대진화의 여러 현상에 대하여 모두 설명할 수 있는지에 대하여서는 논란이 있지만 대진화가 일어나기 위해서는 많은 시간이 경과하여야 하므로 실험적으로 증명하기는 어렵다. 현대생물학에서 이해되는 종분화의 기작에 대하여 몇 가지로 대별하여 설명한다.

19.1 종분화의 기구

종분화(speciation)란 조상형으로부터 새로운 종이 형성되는 과정을 말한다. 이 종분화가 일어나기 위해서는 어떠한 유발요인이 필요하다. 보통 **유성생식**(sexual re-production)을 하는 집단에서 종분화의 시작은 **격리**(isolation)에 의해서 생기는데 격리가 생기면 **유전자 교류**(gene flow)가 방해를 받게 된다. 즉, 생물종은 동일한 유전자 풀을 가지는 생물집단이라고 한다면, 그들 집단 사이에 유전자 유입을 방해하는 어떠한 장벽이 생김으로써 종이 분화한다고 할 수 있다. 이러한 장벽은 지리적 격리, 생식적 격리, 유전적 격리 등으로 나눌 수 있다. 이러한 종분화의 기구를 통해서 오늘날 수많은 생물의 **다양성**(diversity)이 유래되었다고 본다.

19.1.1 지리적 격리

MAYR(1953)는 종이란 실제 혹은 잠재적으로 상호 교배가 가능하지만 다른 집단과는 생식적으로 격리가 이루어져 교배가 불가능한 집단이라고 정의하였다. 이러한 생식적인 격리에 의해서 유전자 교류가 차단되기 위해서는 **지리적 격리**(geographic isolation)가 선행되어야 한다. 지리적 격리란 어떤 집단 또는 집단 개체들이 다른 집단과의 유전자 교류가 처음에는 지속적으로 일어나다가 어떠한 지리적 장벽에 의해 격리되면 유전자 교류가 점점 차단되면서 결국은 분리된 집단 사이에 유전자 교류가 완전히 일어나지 않게 되어 새로운 종이 형성되는 것이다. 지리적으로 격리된 집단이 종분화가 일어나도록 작용하는 요인은 다음과 같다.

첫째로, 분리된 두 집단은 초기에 **유전적 부동**(genetic drift)현상이 일어나 서로 다른 **유전자빈도**(gene frequency)를 가지게 되며, 둘째로 이렇게 분리된 두 집단이 서로 제각기 돌연변이는 일어나지만 유전자 교류가 차단되었으므로 점차 유전적 구성이 다르게 되어 종분화의 기초를 이룬다. 셋째로, 격리된 두 집단은 제각기 다른 환경에서 서로 다른 선택압을 받아 결국 유전자 구성이 달라지게 되어 종분화에 결정적인 역할을 한다. 이러한 지리적 격리에 의한 종분화의 예는 DARWIN의 갈라파고스 제도의 핀치새이다. 갈라파고스 제도에는 여러 섬들이 격리되어 있으며, 격리된 섬마다 특이한 아종이 된 후 현재에는 13종이 형성되었다. 반면에 갈라파고스 제도의 동북쪽에 있는 코코스 섬에는 단 1종류의 핀치새만이 서식하고 있어 대조를 이루고 있다. 이러한 예는 종분화에 있어서 지리적 격리의 역할을 단적으로 보여 주는 좋은 예이다.

19.1.2 생식적 격리

생식적 격리(reproductive isolation)란 자연집단들의 상호 교배에 대한 **내재적인 장벽**(intrinsic barriers)의 존재로 정의될 수 있으며, 이러한 내재적 장벽들을 생식적 격리 기작이라고 한다.

생식적 격리의 중요성은 자연적으로 동소적인 집단들

(sympatric populations)의 상호 교배를 차단시키는 개체들의 생물학적 속성이라 하여 정의한 MAYR에 의해 강조되었다. 이러한 생식적 장벽은 작용하는 시간에 따라 크게 **교미 전 격리**(premating isolation)와 **교미 후 격리**(postmating isolation)로 나눌 수 있다.

(1) 교미 전 격리

집단간의 교배와 배우자의 결합을 막는 **외재적 격리**(extrinsic isolation)로서 부모단계에서 수정(fertilization)을 억제시키는 격리로서 다음과 같다.

1) 생태적 격리

생태적 격리(ecological isolation)는 첫째로, 어떤 집단이 같은 지리적 분포역을 갖는 동소적 집단일지라도 그들의 서식처가 다른 경우인 **서식처 격리**(habitat isolation), 둘째로 그들이 하루 중 생식적으로 가장 왕성한 시간의 차이를 나타내는 경우인 **시간적 격리**(temporal isolation), 셋째로 동물의 경우에 산란시기가 서로 다른 경우인 **계절적 격리**(seasonal isolation) 등의 생태적 및 환경적 장벽에 의해 격리된 두 집단은 생식적 격리가 이루어져 서로 교배할 수 없게 된다.

2) 행동적 격리

대부분의 동물들은 번식기 동안에 자기의 짝을 유인하거나 교배하기 위해 과시 또는 구애행동을 하게 된다. 공작의 경우 수컷이 번식기가 되면 아름다운 꼬리깃을 펴서 암컷에게 자기의 존재를 알려 준다. 또한 펭귄의 수컷은 암컷에게 돌을 던지는 행동을 하며 큰가시고기는 암컷을 유인하기 위해 춤을 춘다. 이와 같은 동물의 독특한 행동인 **행동적 격리**(behavioral isolation)에 의해 다른 종과의 교배를 피하게 함으로써 종간의 생식적 격리를 형성하게 된다.

3) 기계적 격리

자물쇠와 열쇠의 관계(lock and key)로도 불리는 이 **기계적 격리**(mechanical isolation) 기작은 유사한 종이라 할지라도 생식기나 교미기의 구조가 다르면 서로 교배할 수 없게 된다. 특히 곤충과 달팽이의 수컷에 있는 생식기가 종에 따라 구조가 다양하게 나타나고 있으며, 초파리류의 교미기도 종마다 차이가 있어 종의 검색 기준이 되고 있다.

(2) 교미 후 격리

잡종(hybrid)단계에서 **유전자 풀**(gene pool)을 제거하여 잡종들의 지속적인 생존을 억세시키는 내적인 격리이다.

1) 배우자 격리

배우자 격리(gametic isolation)란 수정되기 전에 배우자를 제거함으로써 생식적 격리를 이루게 하는 기작이다. 예를 들면 유연종인 초파리 *Drosophila virilus*와 *Drosophila americana*가 교배된다고 할지라도 정자가 난자에 도달하지 못해 수정이 이루지지 않는다.

2) 발생적 격리

2종 사이에 수정이 된 경우라도 그 잡종이 비조화적인 인자형(disharmonious genotypes)에 의한 비정상적인 발달로 유생단계나 배단계에서 죽는 것을 **발생적 격리**(developmental isolation)라고 한다.

3) 잡종의 생존 불능

2종 사이에 형성된 F_1 잡종은 짧은 기간 동안 생태적인 자원(ecological resources)을 위해 두 부모종과 경쟁을 하고, 또한 유전적인 결함으로 인하여 생식연령에 도달하지 못하고 죽게 되는 경우를 잡종의 **생존불능**(hybrid inviability)이라 한다.

4) 잡종불임

이종교배(interspecific cross)에 의해 형성된 F_1 잡종은 부모종보다 건강하고 뛰어난 형질을 가지는 잡종 강세(heterosis)를 보이기는 하지만 **불임**(sterility)이다. 수컷 말과 암컷 당나귀 사이에서 만들어진 잡종인 노새는 말이나 당나귀보다 우세한 형질을 가지는 경우도 있지만, 불임이기 때문에 세대의 연속성은 단절된다.

5) F2 붕괴

다른 종과의 교배로 생긴 잡종이 건강하고 **임성**(fertility)을 띠고 있을지라도 F_2 세대는 적당한 세포분열을 할 수 없게 되어 발생 초기에 모두 죽게 되는 경우를 F_2 **붕괴**(F_2 breakdown)라고 한다.

19.1.3 염색체 변이

(1) 배수성

종분화는 천천히 일어나는 하나의 과정으로서 이러한 종분화가 끝나려면 수백 년 혹은 수천 년이 걸릴 수 있다.

그러나 염색체의 **배수성**(polyploidy)에 의한 종분화는 격리에 의한 종분화보다 빠르며, 동소적인 집단에서도 일어날 수 있다. 즉, 배수성에 의한 염색체의 이상현상으로 나타나는 종분화를 말한다. 배수체(예 : $4n$)의 감수분열 결과, 이 배수체는 생식력이 있으며 배수체끼리 교배가 가능하다. 그러나 이 배수체는 부모형의 생식세포(n)와는 다른 생식세포($2n$)를 생성하기 때문에 부모형의 어느 쪽과도 교배가 일어나지 않는다. 이러한 배수성은 피자식물의 진화에서 빈번히 일어나고 있으며, 식물육종 분야에서도 아주 중요하게 이용되어 현재 밀, 목화, 감자, 담배 등은 모두 배수성을 이용한 품종들이다. 동물의 경우는 식물에 비해 드물게 나타나고 있으나 최근에는 곤충, 양서류, 파충류 등의 일부에서 알려지고 있다. 수산 증식 차원으로 어류에서도 많이 이용되고 있다.

(2) 염색체 구조적 변이

염색체수와 모양은 진화과정에서 염색체의 **결실**(deletion), **전좌**(translocation), **중복**(duplication), **역위**(inversion) 등을 통해 변해 왔으며, 특히 WHITE는 이러한 염색체의 수, 크기, 모양을 이용하여 종들의 유연관계를 조사하였다. 특히 **중복역위**(overlapping inversion)는 조상의 유연관계에도 이용되는데 초파리, 검정파리(Simulidae), 깔따구(Chironomidae), 모기 등 다사염색체를 가지는 생물에서는 중복된 역위를 이용하여 그 계통이 수립되었다. 특히 하와이 섬에 서식하는 초파리의 고유종만도 약 500여 종으로 전세계에 알려진 종의 약 1/3을 차지하고 있다. 이 하와이 초파리의 염색체 배열을 조사하여 이들의 유연관계와 계통이 조사된 바 있다.

19.2 대진화의 과정

19.2.1 물리적 변화, 선택, 절멸

생물학자들은 종내의 **대립유전자 빈도**(allelic frequencies)에 있어서 작은 변화의 진화를 **소진화**(microevolution)라고 정의한다. 반면에 종 수준 이상의 분류학적 범주로 분화되는 대규모적인 변화의 진화를 **대진화**(macroevolution)라고 한다. 이러한 대진화는 종 수준 이상의 뚜렷한 특징, 예를 들어 파충류의 비늘, 새의 깃털, 포유류의 머리털 등의 기원을 설명하는 것이다.

(1) 기능적 변화

진화적인 혁신(evolutionary innovations)은 일반적으로 새로운 형태의 갑작스러운 출현보다는 이전에 존재하고 있던 몸 일부분에 있어서 크기나 기능의 변화가 뒤따르고 있음이 많은 생물학자들에 의해서 관찰되었다. 예를 들어, 풀을 씹는 데 필요한 말의 대구치(大口齒)는 그들 조상이 이미 가지고 있었던 작은 치돌기(tooth bump)가 점차 증가하여 만들어진 것이다. 그리고 뱀은 진화과정 동안에 사지(limb)의 크기가 감소하고 다리는 다시 선택되는데, 그 이유는 돌출되어 있는 다리를 가지는 뱀보다 작은 다리를 가지는 뱀이 빠르게 미끄러질 수 있기 때문이라고 추정된다.

다른 진화적인 혁신은 하나의 기능을 수행하고 있는 몸 일부의 모양이 변화하여 새로운 기능을 수행할 수 있었을 때 일어나며, 이같은 원래의 구조 또는 기능을 **전적응**(preadaptation)이라고 한다. 물론 이러한 원래의 구조들이 앞으로 필요하게 될 것이라고 예견을 하고 진화하는 것은 아니지만 한번 형성된 구조는 새로운 이용을 위해 변형될 수 있다. 가령 조류로 초기에 알려졌던 시조새(*Archaeopteryx*)는 깃털을 가지고 있어서 그 시대에 서식했던 작고 날개가 없는 파충류와 구별된다. 그러나 돌연변이와 선택으로 파충류의 피부(전적응)는 가벼운 깃털로 변화되어 활강과 체온 보존에 적합하도록 진화적 새로움이 생겼다. 비록 이러한 파충류가 새와 같은 깃털을 가지고는 있으나 현생의 조류처럼 분화된 흉골(breast bone)과 강력한 비근(flight muscle)은 없으며, 골격은 여전히 파충류와 비슷하다. 이와 같이 어떤 특징이 다른 몸의 일부에서 동시적인 변화없이 진화하는 것을 모자이크 진화(mosaic evolution)라고 한다.

(2) 조절유전자와 발생적 변화

때때로 형태에 있어서 극적인 변화의 진화는 완전한 유전자를 포함시켜 간단한 발생적 사건을 유도한다. 즉, 노랑초파리(fruit fly)에 있어서 단 하나의 돌연변이 사건이 일어나 2개의 날개 대신에 4개의 날개를 형성하도록 유도한다. 이 돌연변이는 많은 다른 유전자들의 기능을 조절하기 위해 발생 초기에 작용하는 **조절유전자**이므로 돌연변이 결과, 2개의 날개가 아닌 4개의 날개를 갖도록 하는 놀랄 만한 새로운 효과를 가져오게 된 것이다.

(3) 종선택과 절멸

오늘날의 말은 발 하나에 단 1개의 발가락, 즉 말굽을 가지고 있지만 그들의 초기 조상형은 발 1개에 3개의 말굽을 가지는 원시적인 상태였다. 이러한 진화적인 경향을 대진화론자들은 **종선택**(species selection)의 원리로 설명하고 있다. 종선택이란 어떤 종은 새로운 종으로 계속 분화하려고 하는 반면에 다른 종은 **절멸**(extinction)되어 간다는 것이다. 즉, 3개의 발가락을 가지는 말이 1개의 발가락을 가지는 말로 감소되는 변화는 단 하나의 가계(家系)에서 자연스럽게 일어나지 않고, 다양한 종이 발생하여 새로운 종으로 분화되면서 12개의 가지를 가지는 대형의 **진화적 축받이**(evolutionary bush)과정에서 절멸되는 것이다. 그러나 이러한 경향은 앞으로 더 조사해 볼 필요가 있다. 소진화(유전적 변이, 유전자 부동, 자연선택, 종분화를 포함)는 말의 진화과정 동안 일어나는 변화를 설명할 수 있으나 현존하는 말이나 당나귀가 발 하나에 단 1개의 발가락을 가지는 이유, 그리고 3개의 발가락을 가지는 말이 절멸한 이유는 설명할 수 없다.

궁극적으로 절멸은 모든 종의 운명이다. 예를 들어 대부분의 포유류는 200~500만 년 이상을 살지 못한다. 지구에 생명이 생긴 이후에 약 50억 종의 생물이 존재했던 것에 비하면 식물, 동물, 균류, 미생물을 포함하여 현존하는 생물 종수는 0.01% 이하에 불과하다. 대부분 최근의 주요한 절멸로 인하여 서반구에 있는 대형 포유류의 약 80%가 사라졌다. 일부 고생물학자들은 이러한 절멸을 선사시대의 과도한 도살, 즉 선사시대 사람들에 의한 과도한 포획으로 추정하고 있으며 이러한 절멸은 단계적으로 일어나고 있음을 주지하였다. 그러나 대부분은 긴 빙하시기의 급격한 기후와 환경의 변화가 이러한 광범위한 절멸을 일으켰다고 생각하고 있다.

치타는 어느 시기에는 아프리카, 유럽, 아시아, 북아메리카 지역에 5종이 분포하고 있었으나 여러 번의 절멸과정을 겪어 현재는 아시아와 남아메리카에만 서식하고 있다. 이와 같이 생물들은 분화되고 절멸되는 과정을 반복하면서 오늘날의 다양성을 나타내고 있다. 그러나 대진화론자들도 이러한 절멸에 대해 명쾌한 설명을 할 수 없는 입장이다.

19.2.2 대진화의 과정

(1) 점진적 진화와 계단식 진화

전통적으로 진화생물학자들은 어떤 한 **집단**(group)이 지리적 또는 생물학적 장벽에 의해 2개로 나뉜 후 그 **아집단**(subgroup)은 자연선택, 유전자부동이 각각의 **계**(line)내에서 변화를 유발시킴에 따라 거의 같은 속도로 각 계로부터 분지되는 과정을 **점진적 진화**(graduate evolution)라고 정의한다. 즉, 점진적 진화는 2개의 아집단이 **조상집단**(original group)과 점차적으로 달라지며, 아집단끼리도 서로 점차 달라지는 진화과정이다. 실제 이러한 점진적 진화에 의해 새로운 종이 형성된다고 하면, 화석에서 종의 단계적 분화를 나타내는 중간적인 형태의 종이 발견되어야만 한다. 처음에 DARWIN이 점진적 진화를 주장했을 때 이 진화설을 입증할 만한 화석 증거가 없었고, 오늘날에도 중간적인 종을 나타내는 화석이 발견되지 못했다.

점진적 진화의 추종자들은 **화석가계**(fossil lineage)의 이러한 공백을 화석기록의 공백으로 생각하고 있다. 즉, 화석기록은 화석들을 가지고 있는 바위가 부식되어서 발견되지 않거나 생물 특성상 화석화가 될 수 없기 때문이라고 주장하였다.

그러나 ELDRIDGE와 GOULD는 1972년에 이러한 점진적인 진화과정의 중간적인 종이 화석으로 발견되지 않은 것을 자연적 현상으로 설명하면서 화석기록을 토대로 **계단식 평형설**(punctuated equilibrium)을 제안하였다. 이 이론에 따르면 격리된 작은 개체군에서 새로운 종이 짧은 시간에 형성되면 곧바로 평형 상태에 도달하므로 상당 기간 동안 큰 변화없이 유지된다는 것이다. 따라서 새로운 종분화는 DARWIN이 주장한 점진적인 과정이 아니라 갑자기 생기며, 그 후 다시 오랜 기간 동안 큰 변화없이 유지되다가 어느 시기에 다시 종이 분화되기 때문에 진화의 양상은 계단식으로 이루어진다고 설명하였다.

그래서 화석기록에서는 점진적 종분화를 설명할 수 있는 중간적인 종이 없다는 것이다.

(2) 자손의 양상

진화 자손(evolutionary descent)에는 여러 가지 양상이 있다.

1) 점진적 변화

개체군에서 대립유전자빈도의 점진적인 변화를 나타내

는 것으로서, 치타처럼 오랜 기간을 거쳐서 그들의 몸 크기가 조금씩 감소하는 경우이다.

2) 분지적 진화

생식적 격리 기작이 공통의 조상 개체군으로부터 2개의 개체군으로 분리시킨 후 유전적 차이가 2개의 자손집단으로 축적되는 진화를 **분지적 진화**(divergent evolution)라고 한다. 그랜드캐니언(Grand Canyon)에 의해 분리된 2종의 다람쥐에서 그 예를 찾아볼 수 있다.

3) 적응방산

분지는 때때로 표현형의 다양성을 만들어내듯이 개체군들 중에서 동시에 일어난다. 이러한 부채 모양의 분지양상(fan-shaped branching pattern)을 가지는 진화를 **적응방산**(adaptive radiation)이라고 한다. 이러한 진화는 조상종이 새로운 영역으로 들어가서 새롭고 다른 서식처에서 적응할 때 일어난다. 예를 들면, 갈라파고스 제도에 서식하는 핀치새는 먹이의 크기와 종류에 따라 각기 부리의 모양이 다르게 적응되었다. 그들의 조상형은 남아메리카 대륙에 있다.

4) 수렴진화

둘 또는 그 이상의 서로 다른 종들이 오랜 세월 동안 격리되어 동일한 환경에서 서식하는 동안 그들의 기원이 다르더라도 형태가 유사하게 변해가는 현상을 **수렴진화**(convergent evolution)라고 한다. 상어와 돌고래의 체형은 물의 저항을 줄이기 위해 유선형으로 각각 독립적으로 적응하여 진화했다.

5) 평행진화

유연관계는 가깝지만 어느 고립된 분류군에서 그들의 공동조상에는 없는 독특한 구조가 발달하는 현상을 **평행진화**(parallel evolution)라고 한다.

19.3 대진화의 근거

오랜 기간과 대규모의 종분화 과정을 통해 종 이상의 분류학적 범주를 분화시키는 거대한 진화과정, 즉 생물의 속, 과, 목, 강, 문, 계에서 우리가 볼 수 있는 큰 변화, 그리고 여러 가지 형태의 종 출현 및 절멸 등의 진화현상은 **대진화**(macroevolution)로서만 설명이 가능하다. 비록 소진화가 진화의 일부를 설명할 수 있다고 할지라도 생물의 절멸은 결코 설명할 수 없다. 이러한 생물의 절멸은 화석기록을 통해 고생물학자와 비교형태학자들로 이루어진 대진화론자들에 의해서만 가능하다.

생물의 절멸은 2가지로 나눌 수 있다. 첫번째, **진정한 절멸**(true extinction)은 가계의 종말을 의미하는 것으로서 생명의 모든 형태가 죽고 그들이 가지고 있는 유전자들이 이 지구로부터 영원히 소멸되는 것이다. 암모노이드(ammonoid)나 공룡은 진정한 절멸을 한 분류군이다. 두번째, **위절멸**(pseudoextinction)은 **계통적 절멸**(phyletic extinction) 또는 **계통적인 변형**(phyletic transformation)이라고도 한다. 위절멸은 절멸과 달리 완전히 죽어서 절멸되지 않고, 유전자의 일부가 그대로 남아 있어 다른 종으로 대체되는 경우를 말한다. 예를 들면 말의 조상종인 Hyracotherium(*Eohippus*)은 오늘날 존재하지 않아 어떠한 의미로 보면 절멸된 상태이지만 이 속은 현존하는 *Equus*속으로 변했기 때문에 위절멸에 속한다. 또한 Hyracotherium(*Eohippus*)의 일부 유전자는 현존하는 *Equus*에 남아 있다. 그러나 어떤 분류군에서는 진정한 절멸과 위절멸의 구분이 불분명한 경우도 있다. 가령 **삼엽충**(trilobita)은 현재 모두 절멸한 것으로 알려져 있으나 그 일부 또는 모든 절지동물이 삼엽충으로부터 파생되었을지도 모른다.

지구에 생명이 생긴 이후 약 50억 종의 생물이 존재했다고 하는데, 식물, 동물, 균류, 미생물을 포함하여 현존하는 생물종의 수는 그 0.01% 이하에 불과하다. 대부분 최근의 대규모 절멸로 인하여 서반구에 있는 대형 포유류의 약 80%가 사라졌다. 1979년 M. Stanley는 각 분류군에 있어서 평균 절멸률과 평균 종분화율은 일반적으로 일치한다고 하였다. 이러한 비율은 척추동물이나 두족류에서 높게 나타나며, 형태적으로 복잡한 동물에서 더 높아진다고 주장하였다. 형태적으로 복잡한 동물들은 보다 복잡한 행동양식을 가지고 있으며 교배행동의 차이로 인하여 생식적 격리를 할 기회가 많기 때문에 높은 종분화율을 보인다. 따라서 이러한 높은 종분화율은 경쟁을 증가시켜 동시에 절멸률을 증가시킨다는 것이다.

이첩기(Permian)와 **백악기**(Cretaceous time)에 광범위한 절멸이 일어났으며, 그 원인으로는 기후적인 변화, 지질구조적인 변화, 천문학적 사건, 동물상과 식물상의 변화 등을 꼽고 있다. 동 · 식물상의 변화는 공룡 같은 육상 파충류의 절멸을 의미하지만 같은 지질시대 동안에 일어난 많은 해양동물의 절멸은 쉽게 설명할 수 없다. 이 첩기의 절멸 원인은 판게아대륙(Pangaea)으로 알려진 초대륙(supercontinent)의 출현으로 파생되는 얕은 내해(內海)의 범위가 축소되는 것과 관련지어 설명하고 있으며, 백악기 말의 절멸은 지구와 행성과의 충돌로 추정하고 있다. 또한 **홍적세**(Pleisticene) 시기에는 육상동물들이 이전에 격리된 동물들과 서로 접촉하게 되고, 그 결과 경쟁으로 인하여 대부분 절멸했다고 한다. 그러나 가장 크고 아주 눈에 잘 띄는 동물들은 인간에 의해서 절멸되었을 가능성이 크다.

19.4 소진화와 대진화

소진화(microevolution)는 종내의 대립유전자 빈도(allelic frequency)에 있어서 작은 변화, 즉 후추나방에 있어서 반문의 변화 정도로 소규모의 변화를 의미한다. 반면에 종 수준 이상의 분류학적 범주로 분화되는 대규모의 진화적 변화를 **대진화**(macroevolution)라고 한다. 즉, 이러한 대진화는 종 수준 이상의 진화와 뚜렷한 특징(예 : 파충류의 비늘, 새의 깃털, 포유류의 머리털)들의 기원을 설명하는 것이다. 즉, 대진화는 어떤 한 집단이 2종 또는 그 이상의 종으로 갈라지는 넓은 의미의 분지 분류학적 종분화를 포함하고 있으며, 대진화는 이러한 일련의 **양분과정**(dichotomous process)으로 구성된다고 많은 학자들은 생각하고 있다.

소진화는 짧은 시간 또는 몇 세대에 걸친 종내의 작은 유전적 변화와 변이를 통해서 새로운 종이 형성되는 과정으로서 자연선택, 유전자 흐름으로 비교적 오랜 시간 동안에 일어나는 변화를 설명할 수 있다. 그러나 오랜 기간과 대규모의 종분화과정을 통해 종 이상의 분류학적 범주를 분화시키는 거대한 진화과정은 소진화로서 설명할 수 없다. 즉, 생물의 속, 과, 목, 강, 문, 계에서 우리가 볼 수 있는 큰 변화, 그리고 여러 가지 형태의 종 출현 및 절멸을 소진화는 만들어낼 수 없다는 것이다. 결국 대규모로 오랜 시간에 걸쳐 이루어진 진화는 화석기록을 통해 고생물학자와 비교형태학자들로 이루어진 대진화론자들의 최종 목표가 되는 것이다. 비록 소진화로 이러한 진화의 일부를 설명할 수 있다고 할지라도 생물의 절멸은 결코 설명할 수 없다. 바꾸어 말하면 대진화는 종 단계 이상의 차이를 연구하고, 생명의 기원에서부터 오늘날 살아 있는 종까지, 그리고 과거에 절멸했던 종을 연구하는 것이다. 결국 대진화의 핵심은 종의 서열 즉, 가계(家系)를 조사하는 데 있어서 하나의 가계내에서의 진화보다는 분지된 계통내에서의 진화를 연구하는 것이다. 따라서 종내의 유전적인 작은 변화인 소진화는 실험적으로 증명할 수 있으나 대진화는 실험을 통해서 입증할 수 없다.

제20장

인류의 진화

사람의 진화학적 위치를 설명하고, 일반적으로 진화의 원동력이 유전학에도 있음을 증명하는 여러 가지 실례를 들어 설명한다.

20.1 사람의 계통적 위치

직립 보행, 대뇌의 발달 등 형태적 특성을 중요시한 과거의 분류학에서는 사람을, **영장류목**(Primates) 중에서도 독립된 과인 **사람과**(Hominidae)로서 분류하여 왔다. 사람의 진화학적 연구는 화석에 의한 고생물학적 비교 외에도 현재 생존하고 있는 종들의 염색체, 단백질, 핵산 등을 서로 비교하는 유전학적 방법도 대단히 효과적이다. 이러한 방법들로 최근에는 사람과와 성성이과(Pongidae)의 차이가 지금까지 생각하여 온 것처럼 그렇게 크지 않다는 것이 밝혀지고 있다(표 20-1).

표 20-1 분류학상 사람의 위치

분 류 단 위	사람이 속한 분류군	그 외의 분류군(예)
계(界, Kingdom)	동물(Animalia)	식물, 원생동물
문(門, Phylum)	척추동물(Vertebrata)	원생동물, 절족동물, 연체동물
강(綱, Class)	포유류(Mammalia)	경골어류, 양서류, 파충류, 조류
목,(目, Order)	영장류(Primates)	설치류, 식육류, 경류, 우제류
아목(亞目, Suborder)	직원류(Anthropoidae)	원원류
상과(上科, Superfamily)	유인류(Hominoidae)	신세계원, 구세계원
과(科, Family)	사람(Hominidae)	
속(屬, Genus)	사람 (*Homo*)	
종(種, Species)	사람(*H. sapiens*)	

화석 연구에 의하면 1,200~2,600만 년 전이나 되는 중세기에 생존하였던 **드리오피테쿠스류**(Dryopithecinae)는 현재 생존하고 있는 유인원의 선조형이며, 이로부터 300~1,200만 년 전인 선신세 초기 **라마피테쿠스**(Ramapithecus)를 거쳐 선신세 말~홍적세 전기의 **원인**(Australopithecinae)에 이르게 된 것으로 믿고 있다. 원인의 뇌용량은 유인원과 비슷하지만 두 다리를 가지고 똑바로 걸어다니면서 원시적인 석기를 사용했던 것으로 생각된다. 최근 동아프리카에서 새로운 화석이 발견되어 몇 종류의 서로 다른 원인(*Homo erectus*)이 존재하고 있었음을 암시하고 있다. 이들 중 한 계통이 홍적세의 비교적 짧은 시기에 원인으로부터 **구인**(舊人)인 사람(*Homo sapiens neanderthalensis*) 및 **신인**(*Homo sapiens*)으로 이행되었다고 보는데, 이들은 급격한 뇌용량의 증대와 더불어 안면부 퇴화의 진화과정을 거쳐 이루어졌다고 본다(그림 20-1). 사람의 계통적 위치에 관한 유전학적 연구방법으로는 다음과 같은 것이 있다.

20.1.1 염색체의 비교

유인원 중에서 성성이과에 속하는 침팬지, 고릴라, 오랑우탄 등은 모두 염색체수가 2n = 48이며, 사람의 염색체수는 이보다 1쌍이 적은 2n = 46이다. 그 이유는 성성이의 단부형 염색체(telocentric chromosome) 중 2개가 서로 융합하여 1개의 커다란 중부형 염색체(metacentric chromosome)가 되었기 때문인 것으로 설명하고 있다. 즉, 사람과 성성이와의 공통조상에 있어 침팬지의 제12번과 제13번에 해당하는 염색체가 융합(fusion)한 염색체 돌연변이 때문에 사람의 제2번 염색체가 만들어졌으며, 따라서 염색체수가 46으로 감소되었다고 본다. 그 밖에 사람과 침팬지의 염색체 사이에는 적어도 10개 부위에 큰 역위(inversion)와 전좌(轉座)가 인정된다. 그러나 염색체의 띠 모양을 본다면, 사람과 가장 가까운 관계를 가진 동물로서 현재 생존하고 있는 것은 침팬지라고 생각된다(그림 20-2).

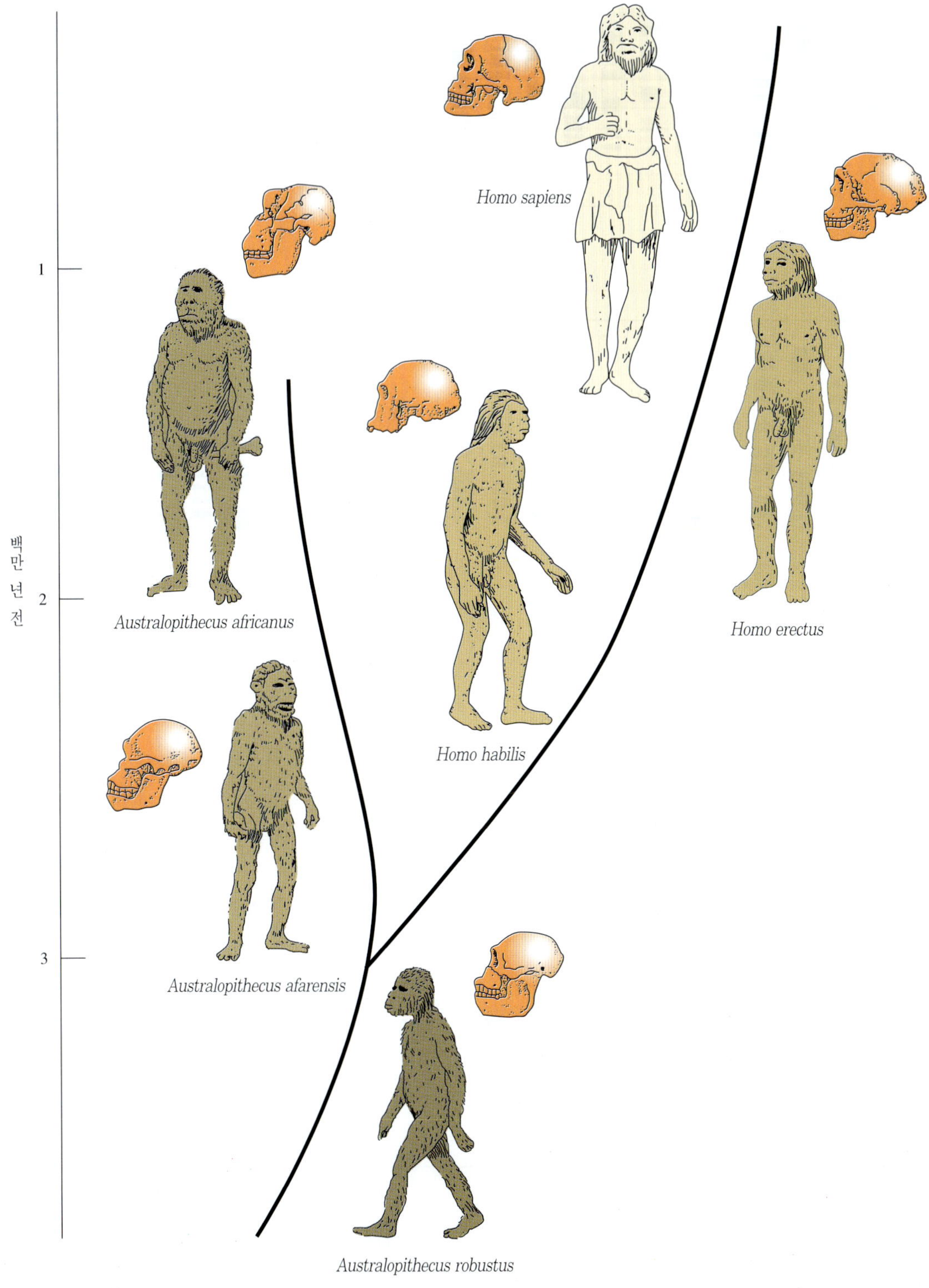

그림 20-1 화석에 의한 사람 진화의 추정

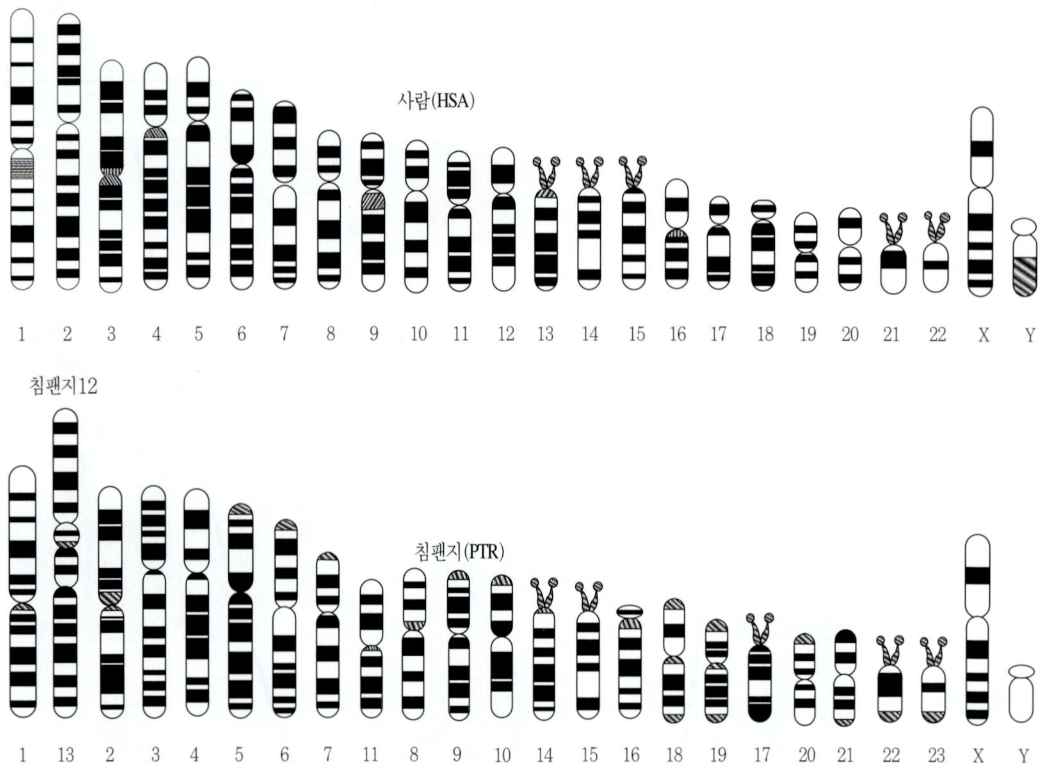

그림 20-2 사람과 침팬지의 염색체 비교
분열법에 의한 띠 모양(banding pattern)에 유의할 것

20.1.2 단백질의 비교

1차구조가 부분적으로 밝혀져 있는 단백질을 종 사이에서 비교해 본다면, 사람과 침팬지를 비교한 폴리펩티드의 아미노산 차이는 2,633개 중 0.0072%인 19개에 불과한데, 이를 달리 표현한다면 사람과 침팬지의 단백질은 99% 이상이 서로 같다는 결론이다(표 20-2).

이는 1975년 KING과 WILSON에 의하여 밝혀진 사실이며,

표 20-2 사람과 침팬지 사이의 단백질 1차구조의 차이

단 백 질	아미노산의 차이	아미노산의 총수
피브리노겐 펩티드 A, B	0	30
시토크롬 c	0	104
리소자임	0	130
헤모글로빈 α-사슬	0	141
헤모글로빈 β-사슬	0	146
헤모글로빈 Ar-사슬	0	146
헤모글로빈 Gr-사슬	0	146
헤모글로빈 δ- 사슬	1	146
미오글로빈	1	153
탄산 탈수효소*	~3	264
알부민*	~6	580
트랜스페린	~8	647
계	~19	2,633

* 면역학적 방법에 의한 추정

또 다른 방법으로는 알부민 등의 혈청단백질을 재료로 하여 일정한 항체에 대한 반응 정도가 아미노산 차이의 척도가 될 수 있다는 생각에 따라 종간(種間)의 근연관계를 밝힌 것이다. 이 방법을 이용하여 SARICH와 GOODMAN은 성성이과 중에서 아프리카산 침팬지와 고릴라가 사람과 가깝기 때문에 사람을 별개의 과로 분류하는 데에 이의를 제기하고 있다.

또 하나의 다른 방법으로서 2종의 생물 사이에 유전적 근연성의 척도가 되는 **유전적 거리**(genetic distance)를 산출하는 방법도 있다. 전기영동으로 여러 가지 종류의 단백질을 비교 조사하고 대립유전자의 빈도를 산출하면, 2종류 사이의 유전적 거리를 다음과 같은 수식에 의하여 산출할 수 있다.

$$D = -\mathrm{In}\frac{J_{XY}}{\sqrt{J_X J_Y}}$$

단, 여기서 J_X, J_{XY}, J_Y는 X 및 Y인 2종류의 생물집단에서 조사된 j번째의 유전자좌의 i번째 대립유전자 빈도를 각각 X_{ij}, Y_{ij}로 하고, r을 조사한 유전자좌의 수로 할 때, 다음과 같은 식이 성립된다.

$$J_X = \sum_j \sum_i \frac{X_{ij}^2}{\gamma}$$

$$J_{XY} = \sum_j \sum_i \frac{X_{ij}Y_{ij}}{\gamma}$$

$$J_Y = \sum_j \sum_i \frac{{Y_{ij}}^2}{\gamma}$$

D는 여러 개의 무작위 추출에 의한 유전자좌를 사용한다면 전기영동으로 검출할 수 있는 1개의 유전자좌당 코돈(codon)의 차이에 해당된다. 1975년 KING과 WILSON은 이 방법을 이용하여 사람과 침팬지 사이에 적혈구효소와 혈청단백질 종류 44종을 상호 비교 조사한 결과, D = 0.62란 값을 산출하였다. 이 값은 인종간의 값 0.01~0.02보다는 훨씬 크지만, 다른 동물에 있어서 같은 속(屬)의 서로 다른 종 사이에서 얻을 수 있는 값 1.2~3.0보다는 작으며, 분자 수준에서 비교한다면 사람과 침팬지가 다른 과(科)에 속한다고는 생각할 수 없다. 이러한 결과들로 보아 사람과 침팬지의 형태, 행동 등에 큰 차이가 나타나는 이유는 구조유전자에서의 차이보다는 아마도 개체 발생에 수반되는 유전자 발현의 억제기구 등의 차이 때문인 것으로 생각된다.

20.1.3 DNA분자 잡종법

2중나선형으로 되어 있는 DNA구조에 열처리를 하면 2중나선이 풀리고, 냉각시키면 다시 상보성(complementary)을 가진 하나하나의 DNA가닥끼리 재결합하는 성질을 갖고 있다. 이때 서로 다른 생물 종류로부터 분리한 DNA 1개의 가닥 사이에도, 염기배열이 서로 가깝고 먼 정도에 따라 여러 가지로 결합하여 잡종 DNA분자가 형성된다. 이러한 원리를 이용하여 각종 생물 사이의 유전적 근연도를 산출할 수 있는데, 1972년 HOYER와 KOHNE 등은 이 방법에 따라 사람과 가장 가까운 종은 침팬지임을 주장하였다.

20.2 사람의 소진화와 인종

일반적으로 어떤 1종의 내부 집단에서 생기는 진화를 **소진화**라고 하는데, 1개의 유전자좌에서 대립유전자의 변화와 같은 작은 규모인 것에서부터, 인종의 형성과 같이 상당히 대규모적인 변화까지를 포함한다. 유전학적인 면에서의 진화란 집단에서 **유전자 풀**(gene pool) 구성에 변화가 생기는 것을 뜻하며, 변화를 유발시키는 요인으로는 **돌연변이**, **유전적 부동**(genetic drift), **자연선택**(natural selection), **집단구조** 그리고 **이주**(migration) 등을 들 수 있다. 인류에 있어서 인종이라 함은 아종(亞種) 또는 지방품종(地方品種)에 해당되지만, 직접적인 분류 기준을 만들기는 힘들기 때문에 인종을 세분화하는 데는 문제점이 있다. 일반적으로 **유럽인종**(European) 또는 **백인종**(Caucasoid), **아프리카인종**(African) 또는 **흑인종**(Negroid), **아시아인종**(Asian) 또는 **몽고인종**(Mongoloid)의 3인종에 **오세아니아인종**(Oceanian) 또는 **오스트랄로이드**(Australoid)를 더하여 4개의 인종으로 구분하고 있다.

한편, 이른바 인종의 특징으로써 알려져 온 피부색, 머리카락의 모양, 체형 등의 형질은 특정한 자연환경에 대한 유전적 결과로 생긴 것이므로, 분류의 기준으로 이용하는 것은 옳지 않다고 본다. 피부색을 예로 보면, 피부색은 표피 밑의 층에 침착되는 멜라닌 색소에 의하여 결정되며, 태양광선 중의 자외선 양의 차이에 따라 현저한 지리적 차이를 보이고 있다. 자외선은 비타민 D를 생성하는 데 필요하지만, 과잉 상태가 되면 몸을 이루고 있는 세포에 해를 끼치며, 이 때문에 아프리카나 오세아니아에서는 과잉 상태인 자외선을 방지하기 위하여 검은 피부가 자연선택적인 면에서 더 유리하다. 한편, 북유럽에서는 약 2만 년 전 빙하기에 이어지는 후빙하기에 자외선의 양이 극단적으로 감소되었기 때문에 자연선택에 의하여 멜라닌 색소가 적은 피부와 머리카락, 홍채(虹彩) 등을 가진 사람이 생겨났을 것으로 생각된다.

체형의 변이에 관해서 동물지리학적 법칙의 하나인 **알렌의 법칙**(Allen's rule)이 대체로 성립된다. 이 법칙은 추운 지역에 서식하는 종이나 아종은 따뜻한 지역에 살고 있는 생물들에 비하여 귀, 입 또는 꼬리 등의 돌출 부분이 작으며, 손이나 발도 짧아서 전체적으로 둥근 모양을 가지는 경향을 말한다. 이렇게 변형되는 원인은 체중에 대한 체표면적의 비율을 가능한 한 작게 유지하는 것이 체온의 발산을 방지하고, 추위에 적응함에 있어서 효과적이란 점을 생각하면 쉽게 이해할 수 있다.

최고 약 2만 5천 년 전 빙하를 맞은 동북아시아의 몽고인종 집단에서는 극히 추운 기후에 대한 도태로서 허리는 길며, 키가 작고 뚱뚱한 몸의 형태와 넓적한 얼굴, 두꺼운 피하지방 등의 특징이 선택되었다고 생각된다. 한편, 아라비아의 사막지대와 같이 대단히 뜨겁고 건조한 지대에서는, 체열의 발산을 효과적으로 할 수 있는 방향으로 자연선택이 이루어져 손이나 발이 길고, 몸은 마르고 코도 큰 아랍사람과 같은 형태로 되었다고 생각된다. 사람의 진화에서 특이한 점은 문화에 의한 적응인데, 자연선택의 힘과 방향을 변화시키고, 문화의 적응으로 자신의 유전적 성질마저 변화시키는 결과를 가져왔다는 점이다.

약 1만 년 전부터 세계 여러 곳에서 식료품 생산시대인 신석기시대가 도래하여 사람은 농경과 목축을 하며 정착생활을 하게 되었고, 새로운 생태적 환경에서 생활하게 되었다. 이 때문에 자연도태의 종류나 강도에도 큰 변화가 생기게 되었으며, 유전 형질에도 여러 가지 영향이 있었을 것으로 생각된다. 이러한 현상으로서 다음과 같은 예를 들 수 있다.

20.2.1 적록색맹형

세계 여러 집단의 남자에 있어서 적록색맹(赤綠色盲), 색약(色弱)의 출현 빈도에 뚜렷한 차이가 있음이 알려져 있다. 식품을 채취하거나 수렵으로 생활하는 집단은 그 빈도가 0~1%로 낮으며, 유럽이나 동아시아 등 일찍부터 신석기시대에 들어선 지역에서는 5~10%로 높았다. 이러한 것을 토대로 1963년 Post는 색맹유전자에 대한 도태완화설을 주장하였다. 즉, 채취 수렵에만 의존한 생활단계에서는 색깔을 식별하는 데에 변화를 주는 돌연변이 유전자가 강한 도태압에 의하여 제거되고 있었지만, 신석기시대 이후 이 도태압은 완화되어 돌연변이 유전자가 축적되었기 때문에, 색맹, 색약의 유전자빈도가 증가하게 되었다는 것이다(그림 20-3).

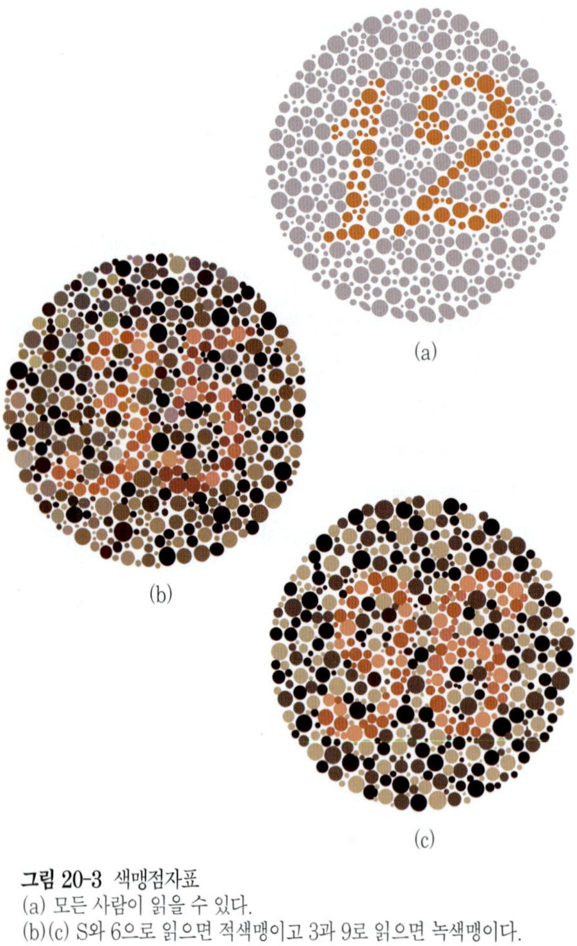

그림 20-3 색맹점자표
(a) 모든 사람이 읽을 수 있다.
(b)(c) S와 6으로 읽으면 적색맹이고 3과 9로 읽으면 녹색맹이다.

20.2.2 성인의 유당 소화능

포유류는 어린 짐승만이 창자내에 유당분해효소(lactase)를 가지고 있어서 유당(lactose)을 분해하고 소화할 수 있다. 그러나 사람은 성인이 되어도 유당을 소화할 수 있는 능력을 가진다. 이러한 능력은 성인이 되어도 창자 속에 유당분해효소가 분비되기 때문이며, 이 효소를 지배하는 것은 대립유전자의 변이라는 것도 밝혀졌다. 더욱이 세계 여러 집단에서의 조사 결과, 많은 집단의 성인이 유당분해효소가 결여되어 있는 데 반해 목축의 역사가 긴 유럽집단이나 일부 아프리카집단에서는 이 효소를 가진 성인의 빈도가 매우 높다는 것이 밝혀졌다. 이러한 현상에 대한 1가지 설명은 유당분해효소를 생성하게 하는 돌연변이 유전자가 목축집단에서는 선택되어 남게 됨으로써 높은 빈도를 나타내게 되었다는 것이다.

20.2.3 혈색소의 평형다형

중앙아프리카에는 지역에 따라 혈색소의 변이형 HbS를 이형접합으로 가진 개체가 전체 인구의 20%를 넘는다. 이 변이형의 동형접합자인 *SS* 개체는 겸상혈구빈혈증(鎌狀血球貧血症) 때문에 대부분이 사춘기 이전에 사망하게 되는데, 이와 같이 높은 유전자빈도의 존재는 이상한 현상이었다. 그러나 Allison은 다형(多型)이 2종류의 서로 다른 도태요인, 즉 악성빈혈과 말라리아(Malaria)에 의하여 유지되고 있음을 증명하였다. 그러한 증거로는 다음의 4가지 관찰사항을 들고 있다. ① 유전적 다형의 지리적 분포는 말라리아 환자가 많은 지역과 중복되어 있다. ② 이형접합자 AS인 개체는 말라리아에 대해 저항성이 강함을 확인하였다. ③ AS형의 개체는 정상적인 동형접합체인 AA형보다 혈액 속에 말라리아 원충수(原蟲數)를 적게 갖고 있다. ④ 말라리아에 의하여 사망한 사람 중에는 AS형인 사람이 기대치보다 적다. 즉, 말라리아가 만연하는 상황 하에서는 3종류의 표현형 AA, AS, SS 중 AS형을 가진 개체의 생존 확률이 가장 높다. 이와 같이 이형접합체가 2종류의 동형접합체의 그 어느 것보다도 높은 적응도를 가진 경우를 **초우성**(overdominance)이라 하며, 이에 의해 유지되고 있는 다형을 **평형다형**(balanced polymorphism)이라 한다. 사람에서 평형다형의 뚜렷한 예는 말라리아의 성행 지역에서 나타나는 혈색소의 유전적 다형이다.

한편 AA, AS, SS의 각 형에 대하여 말라리아 성행 지역에서의 적응도를 각기 $1-s_1$, 1, $1-s_2$(단, $1 > s_1, s_2 > 0$)로 하고 Hb^A 및 Hb^S의 유전자빈도를 각각 p, q라 하면, 평형다형인 경우

$$p = \frac{s_2}{s_1+s_2} \qquad q = \frac{s_1}{s_1+s_2}$$

의 관계가 성립되는 사실이 확인되었다. 중앙아프리카의 경우 s_1, 즉 SS형인 개체의 도태율은 거의 1.0이 되며, s_2, 즉 AA형인 개체를 AS형인 개체와 비교한 상대적인 도태율은 대체로 0.1이 된다. 따라서 평형상태에서는 $p \fallingdotseq 10/11 = 0.91$, $q \fallingdotseq 1/11 = 0.09$가 되고, 유전자형의 비율 AA : AS : SS는 대체로 100/121, 20/121, 1/121이 될 것이며, 실제로 관측한 값도 이와 비슷한 값을 나타낸다.

평형다형은 2종류의 서로 다른 도태 요인 사이에서 평형이 유지되기 때문에 이루어진다. 만일, 한편의 요인이 제거되면 지금까지의 평형은 무너지게 되고, 변이는 급속히 상실된다. 아프리카에서도 DDT 등의 사용으로 해마다 많은 모기가 방제되었으며, 따라서 말라리아도 많이 소멸되어 Hbs의 유전자빈도도 급속히 감소되어 가고 있다.

우연한 기회로 인한 **유전적 부동**(遺傳的浮動)도 사람의 소진화에 있어서 중요한 역할을 하는데, 유전적부동이란 한 세대에서 다음 세대로의 유전자 전달의 우연한 편중에 의하여 유전자빈도가 변동되는 현상을 말하며, 집단의 크기가 작을수록 효과는 더욱 커진다. 이러한 이유 때문에 격리된 작은 집단에서는 그 주위에 있는 큰 집단에 비하여 유전자빈도에 차이를 나타내는 때가 있다. 특별한 경우의 예로 **병목효과**(bottleneck effect) 또는 창시자원리라 불리워지는 것이 있다. 전자의 예로는 극히 희귀한 전색맹(全色盲)이 태평양의 어떤 작은 섬에서는 전체 주민의 5%나 될 정도로 많다는 보고가 있다. 그 이유는 약 200년 전에 이 섬을 휩쓴 태풍 때문에 거의가 다 죽고 겨우 10명 정도의 사람만이 남게 되었는데, 마침 이 10명 중에 전색맹인 유전자를 가진 사람이 있었기 때문이라고 설명하고 있다. 후자의 예로서는 미국에서의 종교적 격리집단인 아미쉬(Amish)에서 볼 수 있는 높은 빈도의 유전적 기형을 들 수 있다. 이 아미쉬집단은 18세기에 유럽으로부터 이주한 3쌍의 남녀를 조상으로 하여 출발한 집단인데, 그 3쌍의 남녀 중에 기형을 유발하는 열성유전자를 이형접합체로 가진 사람이 있었다고 보는 것이다.

사람은 다른 동물과는 달라서 이동성이 매우 강하며, 완전히 격리된 집단은 거의 없다고 본다. 따라서 유전자의 확산 원인이 되는 이주(移住)는 사람의 소진화에 큰 역할을 하고, 이주나 혼혈에 의한 유전자빈도의 변화는 일시에 많은 유전자좌에서 일어날 수도 있다. 그 한 예로서 여러 개의 다형성 유전자좌를 조사한 바에 의하면, 오늘날 미국의 흑인집단은 백인집단에서 유래한 유전자가 10~20% 정도 혼합되어 있음이 밝혀졌으며, 또한 과거의 민족이동 때문에 일정한 방향으로만 유전자의 확산이 생겼을 경우 그 지역에는 유전자빈도의 지리적 연속경향(geographical cline)이 생길 수도 있다. 유럽인집단에 있어서 혈액형 중 B형 유전자빈도가 유럽의 서쪽으로 감에 따라 감소하는 경향을 보여 주는 현상을 좋은 예로 들 수 있다.

생명의 다양성

V

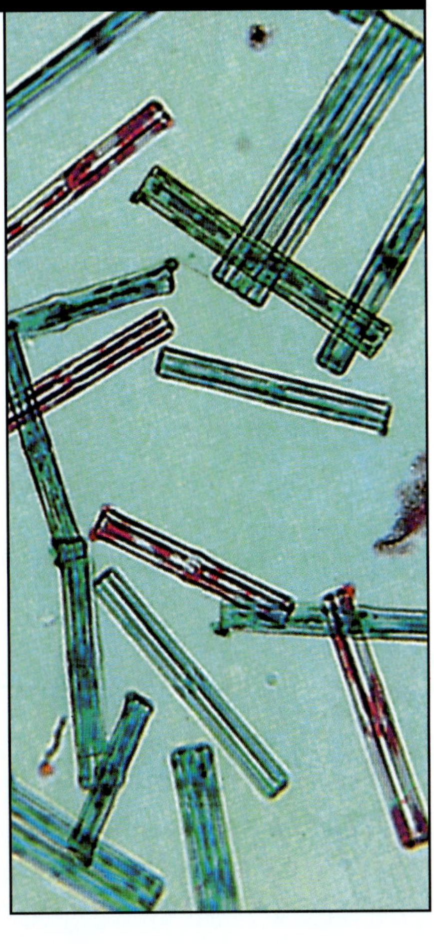

제21장

생물의 분류와 종의 개념

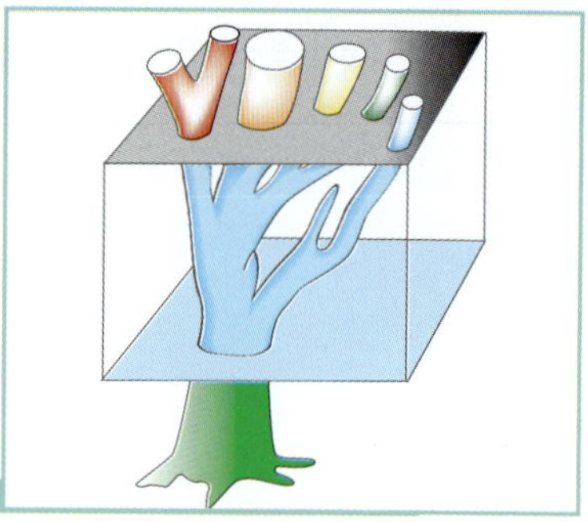

약 30억 년 이전 지구상에 생물이 생긴 이후 오늘날에 이르기까지 생물은 환경 변화에 여러 가지로 적응하면서 생존해 왔다. 지구상의 환경이 다양해짐에 따라 생물도 다양한 **종**(species)으로 분화되어 왔다. 그래서 현재 150만 종 이상의 생물이 생존하고 있는 것으로 알려졌는데, 이를 계통적으로 분류하고 종 상호간의 계통적 관련성을 명백히 하는 것은 생물학의 기본적 과제이다. 그러기 위해서는 각 종을 **식별**(identification)하여 **기재**(description), **명명**(nomenclature)하고 종 상호간의 유연관계에 따라 **분류**(classification)하여 계통을 세워야 하는데, 그 이론과 방법을 연구하는 것이 **분류학**(taxonomy)이다.

다양한 생물종들이 그들 사이에 반드시 진화적 또는 생태적으로 유연관계를 나타내고 있는 것은 아니다. 따라서 생물들의 계통적 체계를 세우는 것은 학자들간에 견해가 다소 달라질 수 있다.

21.1 현대 분류학의 발달

분류학은 시대와 학문의 발전에 따라 그 기준들이 달라질 수 있는데, 분류체계의 발전은 크게 3단계로 구별된다. 제1단계는 **인위분류**의 시대로 생물학이 싹튼 그리스시대로부터 18세기 초기에 이르며, 주로 생물의 생육 상태의 특징과 유용성에 기초를 두고 있다. 동물은 14세기에 St. Augustine에 의해 인간에게 유용한가, 해로운가, 불필요한가를 기준으로 분류되었고, 식물은 C. Linnaeus가 수술과 암술의 수에 기초를 둔 인위분류체계를 확립하였으며, 당시 Linnaeus와 그 동료들은 멸종된 생물이나 미생물의 분류는 시도조차 하지 않았다.

제2단계는 대략 18세기 후기로부터 19세기에 걸쳐 주로 형태의 유연에 의하여 생물을 분류하였고, **자연분류**의 체계를 세운 시기이다. Ray의 영향을 받은 프랑스인 Adanson, 진화론자이기도 한 Lamarck, Jussieu에 의해 발전되었다. 과(family)의 현대적 개념을 생물분류체계에 적용시킨 것도 그들이다. 그 외에도 여러 분류학자들에 의해서 동물과 식물의 분류체계가 많이 제시되었다.

제3단계는 생물진화와 계통관계에 기초를 둔 **계통분류**의 체계를 세운 시대이다. Darwin의 『종의 기원』은 생물학계에 시대적 창의성을 자아내게 하였고, 종의 불변성과 창조설은 후예론과 진화론으로 대치되었다. 따라서 대부분의 생물학자는 현대 종을 진화과정의 산물이라고 생각하게 되었다. 또한 어떤 특징의 공통성은 유전자의 교환, 그리고 다른 것들은 돌연변이에 의해 생긴다고 생각하게 되었다.

진화를 인정함으로써 어떤 속(genus)에 소속된 현대 종들 또는 한 과(科)에 속한 현대 속(屬)들은 아마도 동일 선조로부터 생겼을 것이라는 생각에 기초를 두어 형태적 특징뿐만 아니라 발생학적 특징이나 생리학적 형질 및 동물의 행동방식 등을 고려하면서 화석을 토대로 한 진화과정을 추정하여 계통분류가 되고 있다.

요즈음은 염색체수와 핵형 분석, 신진대사 체계 및 생화학적 경로, 단백질과 핵산의 구성 및 유사성의 비교 등과 같은 정보를 보완하여 분류체계의 부분적 수정을 하고 있다.

새로운 증거를 기초로 하는 학자들은 생물체를 한 범주(category)로부터 분리시켜 다른 범주에 속하게 하는 것과 같은 새로운 분류방법이 필요하다고 생각하고 있다.

21.2 분류의 단계와 명명법

생물의 각 종류는 형태, 생리, 생태적인 특징을 지니고 있으며 매우 다양하다. 이러한 생물들의 분류단계로 분류군에 관한 분류학적인 계층적 위치의 설정이 필요하며, 또한 각 분류군은 그에 상응하는 계급의 자리가 주어져서 하위 계급의 분류군은 상위 계급의 분류군으로 순차적 정리가 되어져야 한다.

명명법은 동·식물의 명명규약에 따라 각 분류군에 대한 분류학적인 근거에 의해 학명을 붙임으로써 이름에 대한 통일성과 현재와 장래의 혼동을 피할 수 있다.

21.2.1 분류단계

다양한 종들을 서로 비교해 보면 종간에는 계통적으로 관련이 있는 공통성을 찾아볼 수 있다. 각 세포내에 핵막으로 싸여진 핵의 형질은 진핵생물의 공통성이다. 계통적 관련성이 있는 공통성을 갖는 범위에는 차이가 있기 때문에, 여러 개의 종이 해당되는 것도 있지만 2종 사이만의 공통성도 있다. 이러한 공통성의 계통적 중요도를 분류학적으로 평가해서 분류군의 계급으로 정리한다.

즉, 유연관계가 가까운 종들을 모아 **속**(genus)이라는 상위의 계급으로 묶는다. 또 형태, 생화학적 유사성 및 기타의 기준들이 유사한 근연의 속들은 **과**(family), 과는 **목**(order), 목은 **강**(class), 강은 **문**(phylum 또는 division), 문은 **계**(kingdom)를 형성하여, 결국 모든 종은 생물이라는 범주내에 포함된다. 이와 같이 동등한 계급의 분류군들이 총괄된 상위 계급의 범주로 단계적인 배열을 하는 것을 **분류단계**(taxonomic hierarchy)라 한다. 이를 더욱 세분할 필요가 있을 때는 이들 단위에 **상**-(super-)과 **아**-(sub-)를 붙여 상·하의 단위를 만든다.

예를 들면, 소나무는 소나무속, 소나무과, 구과목, 구과식물강, 구과식물아문, 나자식물문, 식물계에 속하게 되고, 또한 고양이는 고양이속, 고양이과, 식육목, 포유강, 척추동물아문, 척색동물문, 동물계에 속한다. 그리고 고양이속과 표범속 및 그 외 3~4속은 고양이과에 포함되고, 이는 개과나 곰과와 같은 육식성인 과와 함께 식육목에 속한다(그림 21-1). 또 식육목과 인간이 속한 영장목 등 몇 개의 목이 포유강에 속하게 되는데, 포유류는 모유를 생산하고, 치아가 발달하며, 털을 갖는 특징이 있다. 포유강, 조류강, 파충강 및 여러 강들이 모여 척색동물문을 이루고, 이들은 동물계에 속하게 된다(표 21-1).

21.2.2 명명법

분류학의 초창기에는 생물명이 일정한 형식없이 표기되어 나라에 따라, 학자에 따라 명명법이 달라서 그 통일성이 요구되었다. 그리하여 LINNEAUS는 1753년 『식물의 종(Species Plantarum)』에서 **이명법**(binomial nomenclature)을 제안하였다. 이 명명법은 후에 국제식물명명규약(1867)과 국제동물명명규약(1889)으로 발전하였고, 서로 독립적인 규약이지만 근본적으로 일치하고 있다.

표 21-1 고양이, 인간 및 소나무의 분류단계

범 주	고양이의 분류	인간의 분류	소나무의 분류
계	동물계	동물계	식물계
문	척색동물문	척색동물문	나자식물문
아문	척추동물아문	척추동물아문	구과식물아문
강	포유강	포유강	구과식물강
목	식육목	영장목	구과목
과	고양이과	사람과	소나무과
속	고양이속	사람속	소나무속
종	고양이	사람	소나무

이명법은 생물의 **종명**(species name)을 **속명**(genus name)과 **종소명**(species epithet)으로 구성하고, 앞에 속명을, 그 다음에 종소명을 적는다. 속명은 단수로 명사를 사용하고 첫자는 대문자로 써야 하며, 종소명은 속명의 성과 수에 따른 형용사이거나 속명과 동격인 명사를 사용할 수 있고 소문자로 쓴다. 이와 같이 생물의 종명을 이명법에 의해 기재한 것을 **학명**(scientific name)이라 한다. 학명은 라틴어나 라틴어화한 단어로 기재하고, 종명의 다음에는 명명자를 적는다.

이는 식물과 동물의 이름에서 혼동을 방지하고 정확을 기하기 위해서다. 예를 들면 사람의 학명은 *Homo sapiens* L., 개는 *Canis familiaris* L., 늑대는 *Canis lupus* L., 우리 나라꽃인 무궁화는 *Hibiscus syriacus* L., 진달래는 *Rhododendron mucronulatum* Turcz., 한국의 특산인 금강초롱꽃은 *Hanabusaya asiatica* Nakai이다.

21.3 생물의 분류

아리스토텔레스시대 이래 생물학자들은 생물을 **식물계**(Kingdom Plantae)와 **동물계**(Kingdom Animalia)로 나누었으나, 현미경이 발명된 이후 이 두 계에 속하지 않는 생물들이 많이 발견되었다. 독일의 생물학자 E. HAECKEL은 1세기 전 동물과 식물의 중간단계인 단세포생물을 포함하여 **원생생물계**(Kingdom Protista)를 체계화시켰다. 어떤 원생생물은 식물과 아주 유사하여 실제로 식물과 관계있는 것 같으며, 또 어떤 것은 동물과도 유사하다. 어떤 원생생물은 동물과 식물의 중간 특성을 나타내는 것도 있고, 동물 또는 식물과 전혀 다른 특징을 지니는 것도 있다. 그리하여 생물학자들마다 원생생물계에 포함시키는 생물 종류가 서로 다르다.

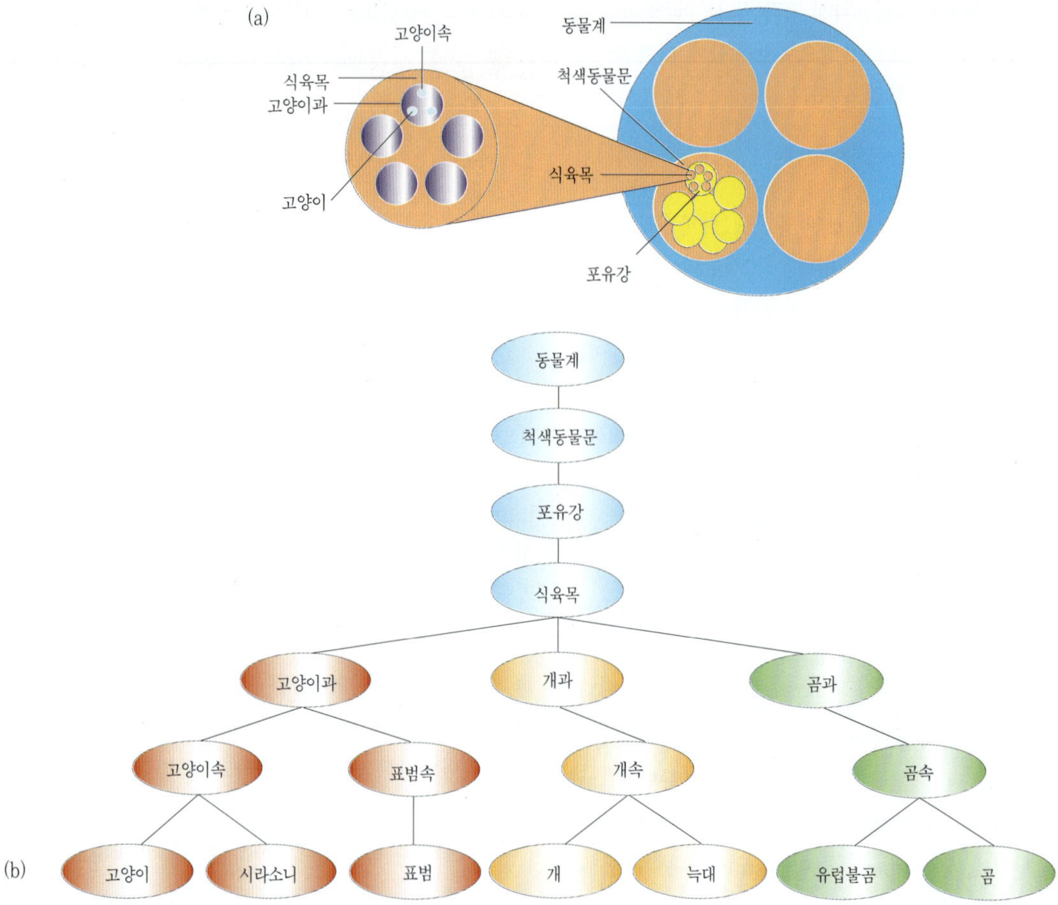

21-1 생물을 분류하는 주요 범주
(a) 고양이를 분류체계에 따라 계층적으로 나타낸 설명도이다.
(b) 식육목의 몇 과 중 3개의 과에 대한 설명이다.
고양이과는 분류체계에 따라 4~5개의 속으로 이루어지는데, 고양이속은 고양이, 표범 및 시라소니와 같은 몇 개의 종이 이에 속한다. 늑대, 여우, 자칼 및 개를 포함한 개과는 12개의 속으로 되어 있고, 개속에는 개와 여우가 이에 속한다. 곰과는 6개의 속으로 되어 있고, 곰속에는 곰과 유럽불곰 등이 있다.

대부분의 분류학자들은 단세포생물이나 군집 상태로 생활하는 생물을 원생생물계에 포함시키나, 일부 학자들은 균류(Fungi)와 다세포조류까지도 포함시키고 있다.

1969년 R.H. WHITTAKER는 균류를 별개의 생물계인 균계(Kingdom Fungi)로 분류했다. 균류를 식물계로 분류하지 않은 이유는 균류가 광합성을 하지 않으며, 대부분이 절지동물의 외골격과 유사한 키틴(chitin)으로 된 세포벽을 가진 것으로, 식물세포벽에 존재하는 섬유소(cellulose)와 전혀 다른 세포벽을 가지고 있기 때문이다. 또한 그는 세균류(bacteria)와 남세균(남조류, cyanobacteria)을 식물계 또는 균류로 생각하면서도, 별도의 생물계인 **원핵생물계**(Kingdom Monera)로 통합될 수 있다고 주장한 바 있다. 그리하여 결국 WHITTAKER(1969)와 MAGULIS(1971, 1976)는 생물계 전반을 대상으로 한 분류체계를 정리하였는데 원핵생물을 원핵생물계 1계로, 진핵생물을 원생생물계, 균계, 식물계, 동물계의 4계(界)로 하여 5계로 분류하였고 이는 대부분의 학자들에 의해서 받아들여지고 있다(그림 21-2).

21.3.1 계통분류

생물의 분류는 진화적 상호관계에 기초를 두고 있으며, 분류군간의 유연관계를 따져 계통을 추구하는 것을 **계통분류학**(systematics)이라 한다. 분류학자들은 생물의 진화적 유연관계에 의한 계통(phylogeny)의 재정립을 모색하고 있으며, 선조형으로부터 어떻게 분화되어 왔는가를 기초로 하여 계통적인 분류를 하고 있다.

지난날 지구상에 생존했던 생물의 화석(fossil)이라든가,

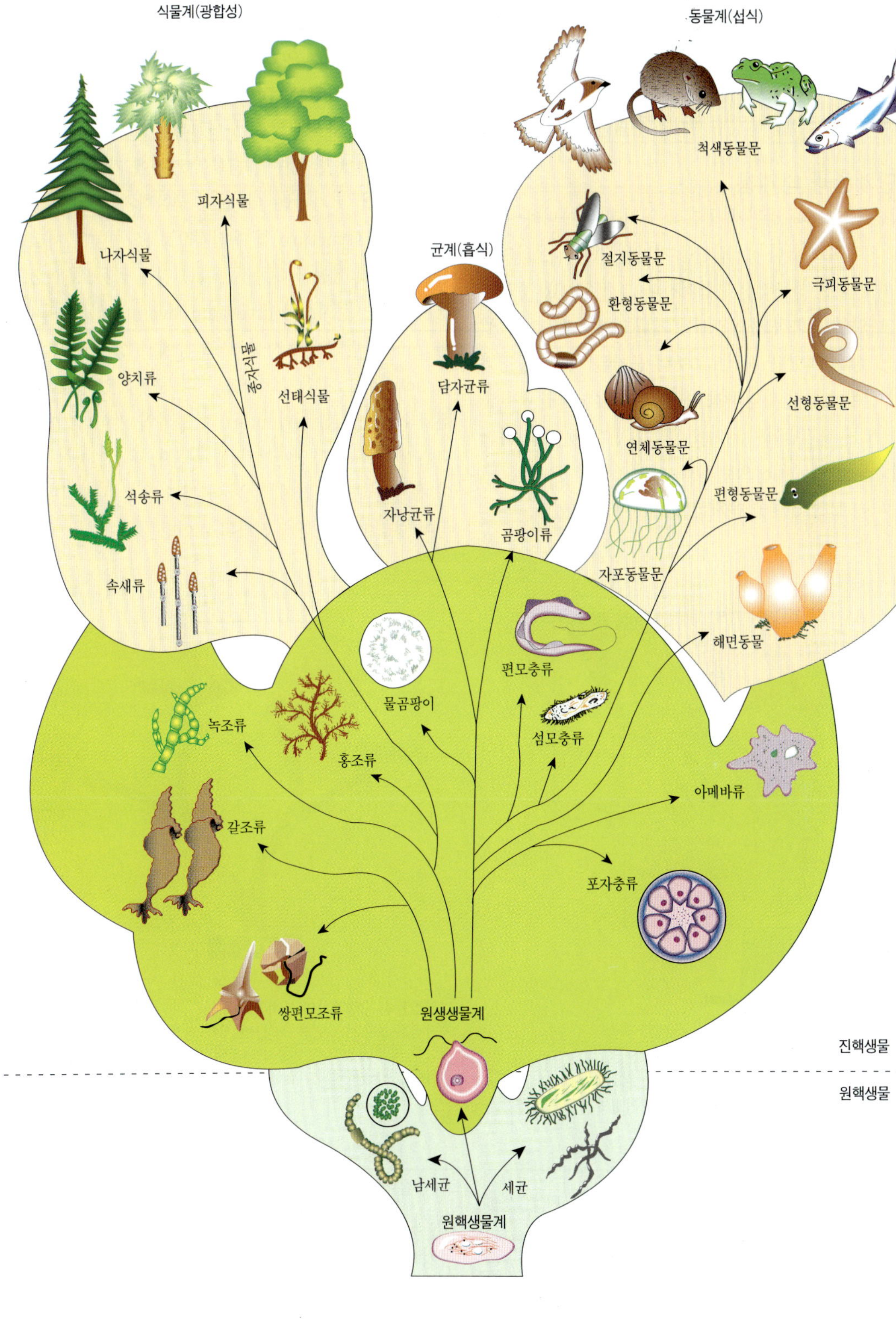

그림 21-2 분류의 5계
원핵생물(세균, 남세균)은 원핵생물계이고, 진핵생물은 원생생물계, 균계, 식물계, 동물계의 4계이다.

유체(remain) 등의 재료가 매우 부족하고, 또한 종에 따라서는 진화의 속도나 방향이 다르기 때문에, 생물진화의 발자취를 찾아 계통관계를 알아내고, 이것에 기초를 둔 분류체계를 작성하기에는 많은 어려움이 있다. 그러나 현존생물의 연구로 계통적 증거를 수집하여, 화석의 증거와 함께 생물진화의 과정을 추정해서 계통적 분류체계를 수립한다.

(1) 단계통과 다계통

생물집단은 그들의 범위가 공간적 영역뿐만 아니라 시간적 영역도 차지하고 있다. 그 집단은 시간을 거슬러 올라가면 나뭇가지처럼 다른 생물집단과 합쳐진다(그림 21-3). 종들은 상호간에 다양한 진화적 유연관계를 지니고 있는데, 이는 그들이 공동조상을 지녔던 시점으로부터 분기된 이래로, 경과된 시간의 길이에 따라 다양하게 나타난다. 만약 어떤 분류군 내에 있는 모든 소집단들이 공동조상을 지닌다면, 이 분류군은 **단계통**(monophyletic)으로 본다. 공동조상인 분류군으로부터 파생되는 모든 종들을 **분지군**(clade)이라고 한다.

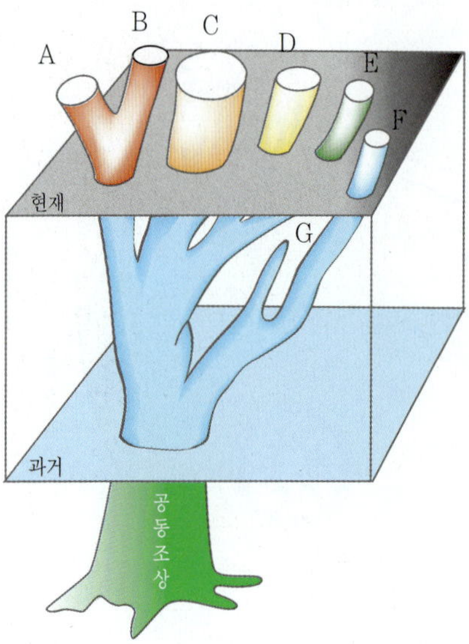

그림 21-3 6개의 가상적인 종들의 단계통 진화의 유연관계
가지의 횡단면은 현재의 종들을, 가지의 연결부는 진화과정을, 뿌리는 공동조상을 나타내며, G종은 멸종된 것이다.

오늘날 사용되는 많은 분류군들은 계통이 서로 다른 생물들로 구성되어 여러 조상형으로부터 진화된 것으로, 이는 **다계통**(polyphyletic)이라 한다.

(2) 상동구조와 상사구조

생물의 종들을 좀더 상위 계급의 분류군으로 묶는다는 것은 매우 주관적이고 결정하기 어렵다. 예를 들면 그림 21-3에서처럼 A와 B종들을 한 속에 포함시키는 것이 타당한가? 만약 C와 E종이 상이한 속이라면, D종은 이들 중 어느 속에 포함시킬 것인가? 이러한 문제점은 과, 목, 강, 문을 결정하는 데도 마찬가지다. 대부분의 생물학자들은 현존하는 생물종들 사이에 유사성의 정도에 따라 분류군간의 유연관계를 판정하며, 필요한 경우에는 화석 기록에 기초를 두기도 한다.

유사성을 평가하는 데 있어 생물학자들은 **상동구조**(homologous structure)를 우선적으로 조사한다. 서로 다른 분류군에 있어 상동구조를 갖는다는 것은 공동조상으로부터 발생되었다는 **분지진화**(divergent evolution)를 의미한다(그림 21-4). 반면에 유사한 구조 중에서 **상사구조**(analogous structure)는 같은 조상으로부터 분지되었다기보다는 **수렴진화**(convergent evoluton)의 결과인 것이다. 이는 계열이 다른 생물로서 유연관계가 없다든지, 유연관계가 먼 생물들이 유사한 환경조건에 적응하였거나 유사한 생식방법으로 인하여 형질이 비슷하게 진화된 것이다.

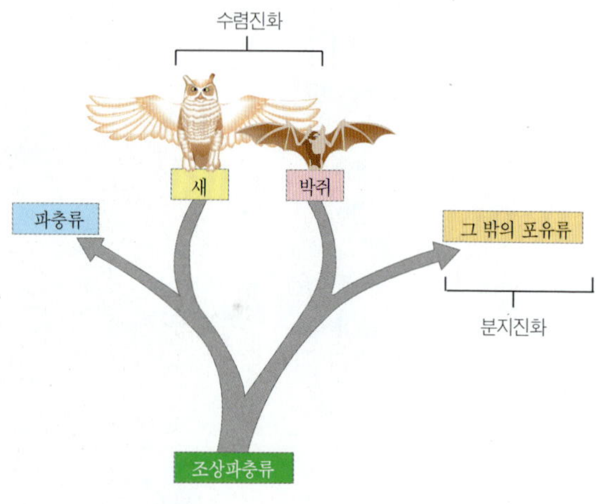

그림 21-4 수렴진화와 분지진화
분지진화는 초기의 같은 조상으로부터 파생되어 둘 또는 그 이상의 진화계열을 형성한 것으로 상동적 구조이다. 수렴진화는 새와 박쥐의 날개가 유사한 생활유형으로 적응된 상사기관으로 다른 계열의 조상형을 갖는다.

(3) 원시 형질과 파생 형질

형질이 서로 유사한 생물들은 유연관계가 깊고, 서로 상이한 생물들은 유연관계가 훨씬 먼 것으로 생각되며, 이러한 유사성의 선택은 극히 중요하다. 분류학적 유연관계를 결정하는 데 있어서, 생물학자들은 먼저 많은 생물체들로부터 공통적으로 나타나는 형질들을 조사하고, 이러한 공통 형질을 많이 가진 것들을 조상형(ancestral form)으로 간주하며, 조상군(祖上群)이 갖는 형질인 **원시형질**(primitive character)들은 반드시 불변 상태로 남아 있다. **파생형질**(derived character)들은 보다 최근에 진화된 형질들로, 어떤 분류군은 갖고 있으나 그의 조상군은 갖지 않는 형질이다. 큰 집단 내에서의 파생 형질이, 작은 집단에서는 원시 형질로 나타날 수 있다. 분류군이 작으면 작을수록 보다 최근에 파생된 조상형을 갖게 된다.

예를 들면 중이(middle ear)내의 3개의 작은 뼈들은 포유류와 파충류 사이의 분지점을 나타내는 데 유용한 것으로, 이 형질의 진화는 오직 포유류만이 갖는 유일한 파생 형질이다. 그러나 포유류끼리 비교할 때, 3개의 귓속뼈는 모든 포유류들이 다 갖고 있으므로 원시 형질이 된다. 그러므로 이 형질은 포유류들에서는 아무런 도움이 되지 않기 때문에 서로 다른 포유류 사이에 있어서 분기점이 될 수 있는 다른 파생 형질들을 찾는 연구가 필요하다.

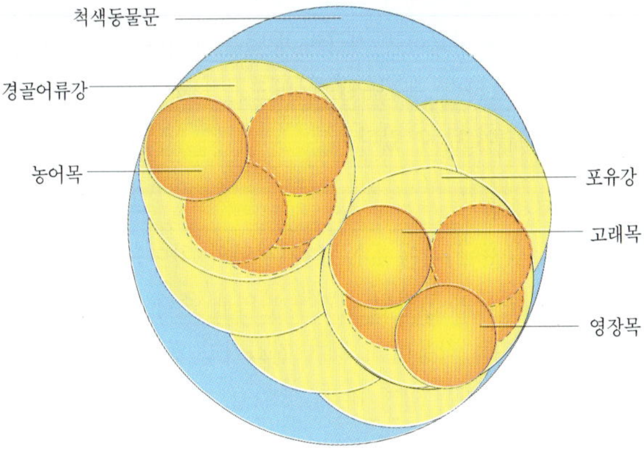

그림 21-5 공유된 파생 형질
경골어류강과 포유강의 구성원들은 서로 많은 형질을 공유하며, 다른 문에 속한 강들에 비해 척색동물문의 다른 강들과 더 많은 형질을 공유한다. 예를 들어 농어는 불가사리나 대합조개보다 원숭이와 더 많은 공통 형질을 가지고 있다. 같은 강내의 여러 목의 구성원들은 다른 강에 속하는 목의 구성원들보다 더 많은 형질을 공유한다. 그러므로 돌고래는 농어보다 인간과 공통의 파생 형질을 더 많이 공유하기 때문에 돌고래와 인간이 더 최근에 공통조상을 가졌음을 나타낸다.

(4) 분류기준의 선택

물고기와 고래에 있어서 몸체가 유선형인 것은 적응에 의한 상사기관으로서 타 생물들과 공유하고 있는 다른 파생 형질보다는 중요하지 않다. 고래는 숨을 쉬며, 젖으로 새끼를 양육하고, 항온동물로서 털을 가지는 등 인간과 같은 포유동물과 유사한 파생 형질을 가지고 있다. 그러나 배발생시기에는 척색 및 흔적적 새판을 가지는 것과 같은 물고기와 유사한 원시 형질 등을 공유하고 있다. 따라서 이들은 공통조상으로부터 파생된 것으로, 상위분류 계급인 척추동물아문에 모두 귀속되며, 고래와 인간은 근연관계이기 때문에 포유강으로 분류된다(그림 21-5).

분류학적 범주를 결정하기 위해, 다양한 특성에 대한 가치기준을 정하는 것은 쉽지 않다. 예를 들면 조류의 가장 중요한 특징들로 난생, 부리, 날개 등이 있으나 치아가 없고, 깃털과 항온성을 들 수 있을지 모르지만, 몇몇 포유류(단공류들)도 부리가 있고, 치아가 없으며, 난생 등의 특징을 가지고 있다. 그러나 일반적으로 포유류에는 날개가 없다. 전형적인 분류의 방법에 따르면, 깃털의 유무는 조류의 검색 형질로 이용될 수 있으나, 이는 현세의 조류에만 해당된다. 조류가 아니라 할지라도, 몇몇 희귀한 파충류는 깃털로 덮여 있는 것도 있고, 털이 없는 병아리가 1950년대에 돌연변이로 생겨나 일부 예외인 것도 있다.

일반적으로 생물은 물에서 생활한다든가, 헤엄을 친다든가 하는 피상적인 특징에 기초하기보다는, 식별 형질로서의 특징들에 기초를 두어 분류되어야 한다. 분류학자들이 조류는 모두 부리와 날개가 있고 치아가 없는 특징들을 지닌다고 하지만 이는 가설에 불과하고, 생물계를 재점검하여 새의 정의에 적합한 특징들에 대해서 좀더 알아보아야 한다. 그리고 그 정의는 많은 예외들이 발견되지 않는 한 설정되게 된다.

과학이란 가설, 실험, 이론적 구성의 부단한 재평가에 의해 정립되므로, 분류학도 새로운 자료가 발견되고 오래된 사실들이 재해석되면서 분류내용도 달라져야 한다. 1980년대에 길이 230㎛의 해양동물인 **로시페라**(Lorcifera)라는 생물이 발견되었는데, 이는 기존의 문(phylum)에 포함시킬 수 없는 특징들을 갖고 있기 때문에 1종이지만 새로운 문이 설정된 바 있다. 또 다른 예로 고세균을 새로운 계(kingdom)로 설정할 것을 고려하고 있다. 이 세균은 생화학적 특성들에 기초를 둔 많은 특징에 의해 다른 세균보다 진핵생물의 조상형에 좀더 가까운 것으로 판정되었기 때문이다.

(5) 분자생물학적 방법

새로운 종들의 진화는 언제나 뚜렷한 구조적 변화에 의해서 표현되는 것만은 아닌데, 이는 집단의 유전물질이 시간의 경과와 더불어 변화하고 있기 때문이다. 과일파리의 2종류는 형태적으로는 분간할 수 없을 정도이나 이들은 분자구조의 차이점을 지니고 있다. 종들간의 특정한 거대분자 구조의 변이, 즉 해부학적 구조의 차이점과 같은 것들은 돌연변이로부터 기인한다. 생물학자에 의해 핵산의 염기서열과 단백질의 아미노산서열을 비교하는 최근의 방법은, 분류학적 연구방법으로 매우 중요하다. 분자구조의 비교는 진화적 척도가 되며 좋은 분류기준이 될 수 있다.

1) 분자시계

두 집단(분류군)간에 DNA염기서열의 차이는, 공동조상으로부터 집단들이 분지된 시기를 반영해 준다. 대부분의 유전자들은 기본적 작용이 일정한 진화기간 동안은 변화하지 않기 때문에, 우리는 일정 비율(간격)로 중간 돌연변이가 나타날 것을 기대하며, 또한 DNA는 다른 종들에게 있어서도 유사한 비율로 진화를 한다고 본다. 그러므로 진화율에 의한 어떠한 변화도, 진화시간의 전범위에 걸쳐 균등하게 나타날 것이다. 이러한 DNA진화의 시간적 불변성은 생물학자들로 하여금, 특별한 유전자를 **분자시계**(molecular clock)로 사용할 수 있도록 한다. 이 시계들은 공동조상으로부터 두 집단으로 분지된 시간을 판독하는 데 사용된다. 단백질 진화가 분자시계로서 이용되는 것은 다양한 단백질이 상이한 비율로 진화된다고 하더라도, 분자시계로서 주어진 단백질은 일정한 비율로 진화되기 때문이다. 따라서 단백질들에서 아미노산서열의 차이 정도는 집단들이 분지된 이후 지나간 시간들을 반영시켜 주고 있다.

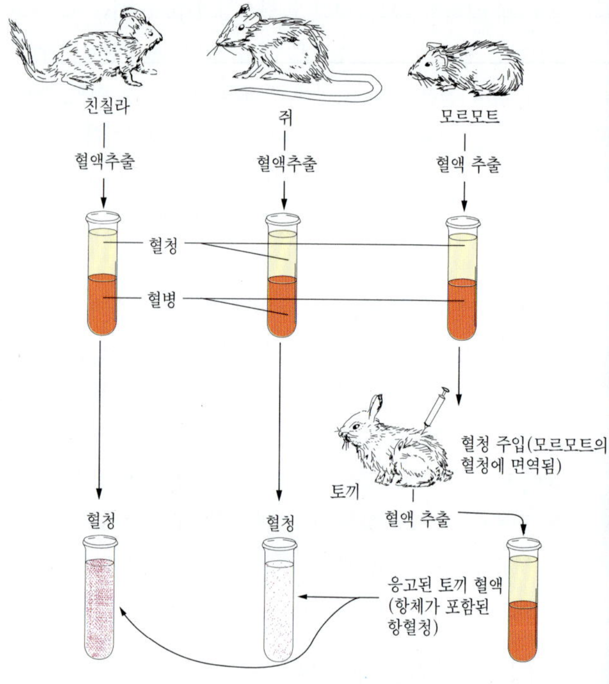

그림 21-6 혈청반응
모르모트의 혈청을 토끼에 주사하여, 모르모트의 혈액에 존재하고 있는 이질 단백질(항원)에 대한 항체(특수 단백질)를 만든다. 그 후에, 항체를 지닌 토끼의 혈청(항혈청)을 다른 실험동물들의 혈청과 섞는다. 모르모트와 유연관계가 가까울수록 혈청반응은 더 강해질 것이다. 그러므로 항원-항체의 침전밀도에 따라 실험동물간에 얼마나 밀접한 관계가 있는가를 평가할 수 있다.

2) 단백질의 유사성

단백질의 아미노산서열을 비교함으로써 우리는 두 생물체간의 유연관계 정도를 짐작할 수 있다. 즉, 아미노산서열의 일치성이 크면 클수록, 그들은 보다 가까운 유연관계에 있다고 볼 수 있다. 인간과 침팬지의 시토크롬(cytochrome) c분자는 동일한 아미노산서열을 가지고 있다. 다른 영장류인 뱅골원숭이의 경우 104개의 아미노산서열 중 1개만 다르다. 그러나 영장류가 아닌 개의 시토크롬 c의 경우 13개의 아미노산이 인간의 시토크롬 c와 차이가 난다. 단백질의 유사성은 면역학적 비교 및 혈청학적 기술에 의해서도 알 수 있다. 이 기작의 근본적인 발달은 다른 생물체의 혈청을 토끼에게 주사하였던 G. Nuttall에 의하여 20세기 초 이후 단기간에 이루어졌다. 토끼는 항원으로 작용하는 외부 혈청에 의해 항체가 형성된다(항원은 비자기로 인식되는 거대분자이고 항체는 특별한 항원에 대해 반응할 수 있는 단백질). 실험용 혈청이 토끼의 혈청과 합해졌을 때, 항원은 항체와 결합하여 침전된다(그림 21-6).

면역된 토끼로부터 형성된 항혈청은 항체를 유도하는데, 사용된 항원과 동일하지 않은 유사한 항원과 응집반응을 나타내게 된다. 만약 토끼가 모르모트 혈청에 면역되었다고 할 때, 이 면역된 항혈청을 친칠라의 혈청과 혼합하게 되면 약간의 응집이 일어난다. 이러한 결과는 혈액단백질의 유사성을 나타내는 것으로, 모르모트와 친칠라가 같은 과에 속하는 설치류라는 사실을 반영해 주는 것이다. 또한 설치류의 분류학적 위치를 정하는 데 있어서 항원-항체 응집밀도 측정이나, 그림 21-7에서 보여준 agar-well방법에 의해 수행된다. 쥐, 햄스터, 다람쥐 등과 같이 설치목에 속하는 동물과, 미동정된 설치류의 면역학적 유사성을 비교함으로써 동정이 가능할 수도 있다.

아미노산서열의 분석은 정확한 분류학적 동정을 위한 기초자료로는 매우 좋은 방법이나, 모든 분류학적 문제점을 해결하는 방법으로는 미흡하다.

3) 핵산의 유사성

근연종간에는 같은 구조적 유전자의 DNA 염기서열이 매우 유사하다. 근연 개체들에서 많은 동질성을 나타내는 염색

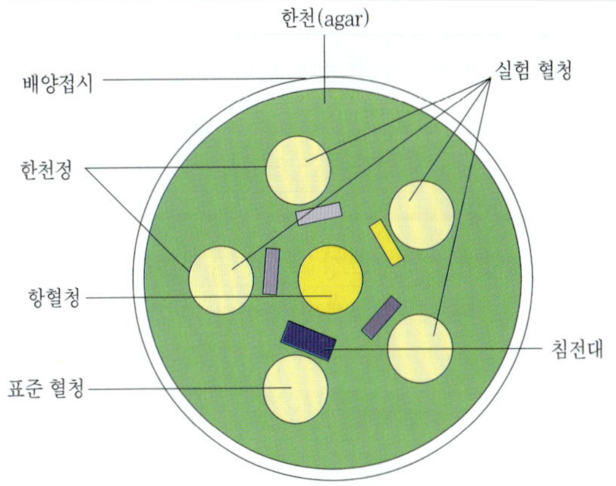

그림 21-7 다양한 생물체의 유연관계 정도를 시험하는 agar-well방법
토끼의 혈청을 agar판의 중앙 well에 넣은 다음 다양한 동물들에서 얻어진 혈청을 주변 well에 넣는다. 침전 정도는 실험동물 혈액의 단백질이 대상동물(모르모트) 혈액의 단백질과 얼마나 유사한가를 반영하며, 이것이 동물들의 유사 정도를 아는 지표가 된다.

체의 제한효소지도 역시 매우 유사하게 나타난다. 예컨대, 몇몇 영장류의 β-유사글로빈(β-like globin) 부위의 지도가 작성되었는데, 고릴라는 인간으로부터 600만 년 이전에 분지되었음에도 불구하고, 65 ~ 70개의 제한효소 부위가 동일한 것으로 나타났다.

최근에 웨인주립대학의 M. GOODMAN과 그의 연구팀은 영장류 3종에 대한 DNA염기서열을 부분적으로 결정하였다. 7,000개의 염기서열을 분석한 결과로 그들은 공동조상형의 유전자를 추론할 수 있었다. 그 결과에 따른 가장 단순한 분지 양상은 우선적으로 고릴라가 침팬지와 인간의 공동조상으로부터 갈라졌고, 후에 침팬지와 인간이 분지되었을 것이라고 보았다.

포유류의 게놈(genome)은 alu-DNA로 알려진 절편에 수천 개의 반복 염기서열을 갖고 있는 것으로 알려져 있다. 이 DNA의 반복적 염기서열은 인간 게놈의 10% 이상을 차지하고 있다. 생물학자들은 alu-DNA가 DNA합성의 개시에 작용하는 것으로 추론하였고, 매우 근연종인 경우에도 alu-DNA가 다르게 나타나는데, 이것은 진화적 변화를 반영하고 있는 것으로 생각된다.

DNA **교잡법**은 서로 다른 분류군의 DNA를 비교할 때 사용된다. 2개의 다른 분류군으로부터 두 가닥으로 된 DNA분자를 각각 한 가닥으로 분리를 한다. DNA분자가 한 가닥으로 분리된 혼합액에 비교하려는 종에서 얻은 상보적 가닥(complementary strand)의 혼합액을 섞어서 두 가닥으로 재조합된 교잡 DNA를 만든다. 교잡의 정도는 2종의 DNA에서 짝짓기된 염기쌍의 수와 관련이 있다. 염기쌍의 결합 상태를 검정하기 위하여 교잡 DNA를 가열하여 분리한다. 두 가닥을 분리하는 데 필요한 열이 높으면 높을수록 보다 많은 염기쌍이 결합하고 있는 것이므로, 2종간의 DNA가 보다 유사한 것임을 알 수 있다. 2종간의 유연관계가 먼 것 일수록 짝짓기된 염기쌍의 수가 적고 재조합이 잘 이루어지지 않아서 DNA의 온도 안정도가 낮다.

생물학자들은 리보솜 뉴클레오티드서열의 변이를 비교함으로써, 2종간의 유연관계를 추론하기도 한다. JAMES, A. LAKE는 최근에 이러한 염기서열의 통계적 처리를 시도함으로써, 계통수 작성에 커다란 변화를 주었다. 그는 조상형의 세포는 뜨거운 온천에 서식하는 황대사세균(sulfurmetabolizing bacteria)과 유사한 것이라고 제안하였다. 컴퓨터 분석을 기초로 한 그는, 에오사이트(eocyte)라고 하는 원핵생물에서 분지된 생물집단이 다른 원핵생물보다는 진핵생물과 유연관계가 깊다고 주장하였다. 에오사이트는 황대사를 하며, 호온성(thermophilic)인 세균이다. 그리하여 그는 에오사이트와 핵을 가진 생물을 묶어서 진핵생물(eukaryote)이라 하고, 그 밖의 세균과 남세균을 원핵생물(prokaryote)로 하자고 제안하였다.

21.3.2 분류학의 접근방법

계통수를 작성하는 데 있어서, 분류학자들은 분기점을 어떤 생물군의 진화된 시간의 지표로 삼는다. 분류군이 분지된 것들간에 있어서 분기 정도라든가 또는 공동조상으로부터 유래된 이래 두 분류군이 얼마나 달라지고 있는지를, 그리고 얼마나 다른 진화 경로를 밟고 있는지를 고려한다. 생물의 분류에서 3가지 주요 접근방법은 표현론, 분지론과 고전적 진화분류학이다.

(1) 표현론

표현론 체계(phenetic system)는 표현형의 유사성에 기초를 둔 **수리분류학**(numerical taxonomy)이다. 이 체계내에서는 유사성이 상동성에 기인한 것인지 또는 상사적 특징에 의한 것인지에 대해서는 전혀 고려하지 않으며, 단지 유사 특징의 수에 따라 생물을 묶는다. 표현론자들은 두 개체간의 모든 유사성은 상동성을 반영하는 것으로 보고 있기 때문이다.

일반적으로 표현론자들은 어떤 분류군내에서 무작위적으로 선택된 특성(100개 이상)에 같은 중요도(equal weight)

를 주어, 특성의 존재 유무에 따라 양(+)의 값 또는 음(−)의 값을 부여한다. 이 자료를 컴퓨터에 입력하여, 어떤 분류군들이 공통점을 많이 갖는가를 판별하여 유연 정도를 결정하는데, 이는 많은 양의 형질을 비교할 때 매우 유용하게 이용되고 있다.

(2) 분지론

분지론(cladistics)이란 한 집단이 얼마나 오래 전에 다른 집단으로 분화되었는가에 초점을 두어 계통을 강조하는 분류학의 한 분야이다. 분지론자들은 분류군들이 단계통(單系統)으로, 즉 각 분류군은 공동조상과 후손들로 구성된다고 주장하고 있다. 그러나 오늘날 인정되고 있는 다계통적 분류군들은 이와는 분리되어야 할 것이다.

분지론자들은 분지도(cladogram)라는 분지적 분류형식을 개발하였고, 분지도는 일련의 가지들로 구성된다. 각 가지는 공동조상으로부터 새로운 두 집단의 분할을 의미한다. 분지론자들은 객관적 기준으로 신중하게 판단하지만, 일부 분류학자들은 이미 분리된 집단 사이에서 발생하는 후기적 진화를 무시한다는 이유로, 분지론자들을 비난하기도 한다. 거북, 도마뱀, 뱀, 공룡, 악어와 새들의 진화적 관계를 고려해 보면, 새들은 공룡과 같이 악어와 공동조상으로부터 분지된 파충류의 후손으로 생각되어 왔다. 따라서 악어와 새들은 분지론자들이 같은 강으로 분류되는 자매 집단으로 생각한다.

이러한 결론은 악어가 새들보다는 도마뱀, 뱀, 거북(다른 파충류 조상으로부터 유래된)과 생태적인 적응면에서 더욱 공통점을 지닌다는 개념을 고려하지 않았기 때문으로 본다.

분지론자들은 파충류와 조류를 일련의 단계통적 분류군들로 취급한다(그림 21-8). 조류와 파충류들은 그들이 공동조상을 지니므로 하나의 분류군들로 간주하여 이들을 같은 사지상강(Tetrapoda)에 소속시키고 조강(鳥綱)과 파충강(爬蟲綱)으로 분류한다. 파충강에서 악어는 악어목, 도마뱀과 뱀들은 강 이하 수준에서 공동조상을 지니므로 유인목(有鱗目)으로 분류된다. 그리고 거북은 거북목에 위치한다는 것으로 분지론자들은 분류의 계통체계를 정리하고 있다.

(3) 고전적 진화분류학

전통적인 **고전적 진화분류학**(classical evolutionary taxonomy)은 계통적 분류체계를 이용하여, 계통수내에서 진화적 유연관계를 나타낸다. 고전분류학자들은 진화적 분지와 줄기에서 분지된 이후로 나타나는 분지의 정도(범위)를 모두 고려하고 있으며 오늘날 가장 널리 받아들여지고 있다(그림 21-9).

이들 분류학자들은 돌고래가 다른 포유류들과 많은 공통점들을 갖고 있으며, 이러한 공통적 특징들은 공동조상에 의해 유래되기 때문에 돌고래는 어류보다는 포유류에 속한다고 설명하고 있다.

조류와 악어가 공동조상을 갖는다 하여도, 고전분류학자들은 그들을 분리하여 분류할 것이다. 조류는 초기의 파충류

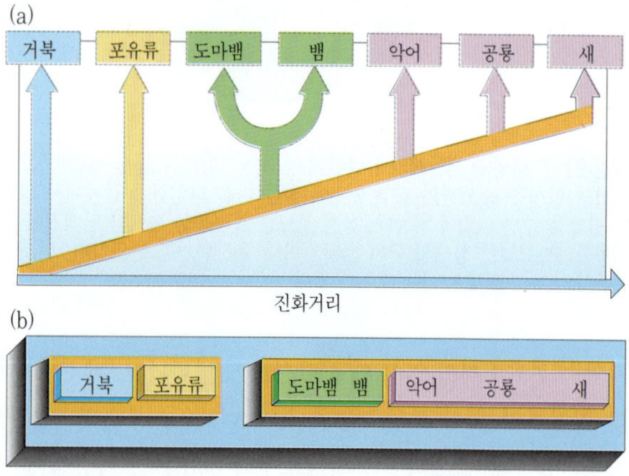

그림 21-8 분지도
분지론적 접근에 따르면 조류와 파충류는 함께 분류된다.
(a) 간단한 분지도. 전통적인 계통수와 달리 이 분지도는 진화시간보다는 오히려 유연관계의 상대적 정도에 주안점을 둔다.
(b) 네모난 표시의 분류단위는 분지도로부터 작성할 수 있다. 각 상자는 분류군을 포함하고, 각 분류군은 반드시 공동조상을 갖는다.

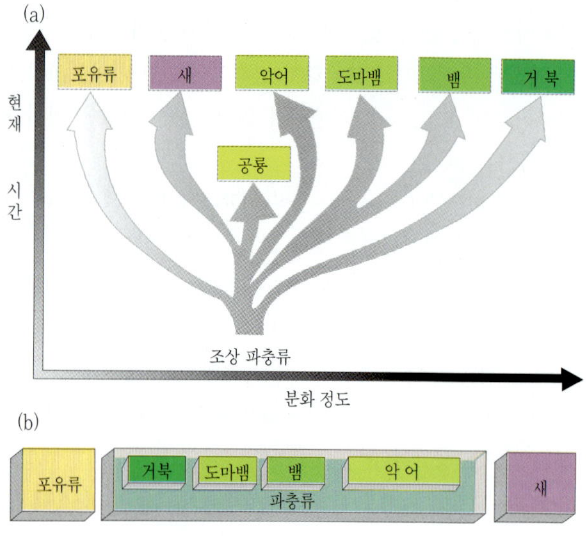

그림 21-9 고전적 분류학자들은 분지되는 것과 분지된 후에 나타나는 분지 정도의 것을 모두 고려한다.
(a) 파충류의 주요 집단의 진화에서 분지점들과 그 차이의 정도. 거북, 뱀, 도마뱀, 악어는 매우 유사하나, 새와 공룡 및 악어는 공통조상으로부터 가장 최근에 분지되었기 때문에 가장 밀접하게 관련되어 있다.
(b) 고전적인 방법에 의한 이들 집단의 계층적 분류

로부터 분지된 이래 광범위한 분화를 거쳐 깃털, 온혈성 및 기타의 모습을 기초로 하여 조류강에 배치하고 있다. 거북류, 도마뱀류, 뱀류, 악어류와 공룡류들은 모두 단단한 비늘을 가지며 냉혈동물이라는 공통적 특징들로 이들은 파충강(Class Reptilia)에 소속시킨다.

21.4 종의 개념

종(species)은 생물을 분류(分類)하는 데 있어서 가장 기본이 되는 단위이다. 그러나 종에 대한 규정이나 정의는 아직도 모호하며, 많은 학자들에 의해 여러 가지 종의 개념이 제시되고 있어 간단히 정의할 수 없고, 오늘날에도 연구과제로 남아 있다.

LINNAEUS는 종을 시간적으로나 공간적으로 변하지 않는 것으로 생각하였다. 이에 따르면 세상에는 한정된 수의 불변하는 유형(type)이 존재하며, 이러한 유형들이 반영된 이상형인 원형(archetype)이 우리의 생각 속에 들어 있다는 것이다. 이러한 개념 하에서 종을 형태적인 특징에 의해서 이와 비슷한 다른 종과 식별할 수 있는데 이를 **형태학적 종**(morphological species)이라 한다.

한편 한 종을 구성하는 구성원들은, 하나의 생식사회를 이루어 생태적 단위로 되고, 하나의 유전자 풀(gene pool)을 형성하여 유전적인 단위를 이룬다는 생각이다. 이런 개념 하에서 MAYR는 종은 현재 교배가 일어나고 있거나 또는 교배가 가능한 자연개체군(natural population)의 집단으로서, 이와 같은 다른 집단들과 생식적으로 격리되어 있는 것이라고 정의하였다. 이러한 개념의 종을 **생물학적 종**(biological species)이라 한다.

이와 같이 종을 생식적 격리(reproductive isolation)로 제한하는 것은 현재의 지식으로는 아주 합리적이고 이상적이다. 그러나 실제로 종을 구별할 때 생식적 격리의 유무를 직접 확인하는 것은 매우 어렵다. 그러므로 대개는 형태적 특징이나 생태적 분포 등으로 생식적 격리의 유무를 추정할 수밖에 없다.

일반적으로 같은 종이라면 구조적 · 기능적 · 발생적 특징이 같고, 서로 교배하여 염성(稔性)인 자손을 생산하는 개체들의 모임으로서, 다른 종들과는 교잡되지 않는 것이다. 그러나 같은 종일지라도 지리적 격리(geographical isolation)나 환경 요인의 차이에 따라 형태와 기능적 변화가 생기는데, 이때 어느 정도까지를 같은 종으로 취급할 것이냐 하는 문제는 매우 어렵다.

한 종내에서 지리적 또는 생태적으로 뚜렷이 격리되어 다른 집단과 구별되는 특징을 나타내고 있는데, 생식적으로 격리되어 있지 않다면 이는 **아종**(subspecies)이나 **변종**(varietas 또는 variety)으로 분류되는 종내분류군(intraspecific taxon)이다.

아종은 보통 지리, 기후 및 생태적 환경 차이와 같은 여러 조건과 관련되어 형태 및 생리적인 형질의 분화가 이루어진 생태형(ecotype)의 하나로서 종의 중요한 변이에 대해 적용한 것이다. 이러한 아종은 생식적으로 격리되는 과정이며, 시간이 흐름에 따라 다른 종으로 분화(differentiation)된다. 따라서 그들은 유전자 풀과 분화과정의 연구대상이 될 수 있다.

변종은 종의 지리적 변이(variation)로서, 환경조건으로 생긴 변이에 대해 변종을 인정한다. **품종**(form 또는 forma)은 산발적으로 볼 수 있는 사소한 특징의 변이를 기재할 때 적용하는 종내 분류군이다.

형태학적 종이나 생물학적 종의 개념에는 생물의 역사성이 뚜렷하게 포함되지 않았다. SIMPSON(1961)은 이러한 점을 보완하여 진화적 종(evolutionary species)이란 '다른 종과는 독립적으로 진화하고 있는 직계(lineage)이며, 그 자신의 유일한 진화적 구실과 경향을 갖고 있는 집단'이라고 정의하였다. 그 자신의 유일한 진화적 구실과 경향을 가지고 있는 집단이라고 하였다. WILEY(1978)는 "종은 조상과 후손 집단의 집계이며, 그것은 다른 이와 같은 직계와는 차이가 있는 그 자신의 동일성(identity)을 유지하고 또 자신의 진화 경향과 역사적 운명을 가진다"고 하였다. 이와 같은 진화적 경향과 진화적 구실의 차이를 규명하기는 쉽지 않기 때문에 그것은 표본을 비교함으로써 그 특징을 추정할 수밖에 없다.

종을 정의하고 동정하는 데는 주관성을 완전히 배제하기는 어렵고, 기재도 완벽하게 할 수 없으므로 분류의 실제에 있어서 새로운 종을 기재하여 발표할 때에는 기준이 되는 표본, 즉 모식표본(type specimen)을 지정하여 보관 관리함므로써 그 종의 형태기준을 객관화한다.

제22장

바이러스와 원핵생물계

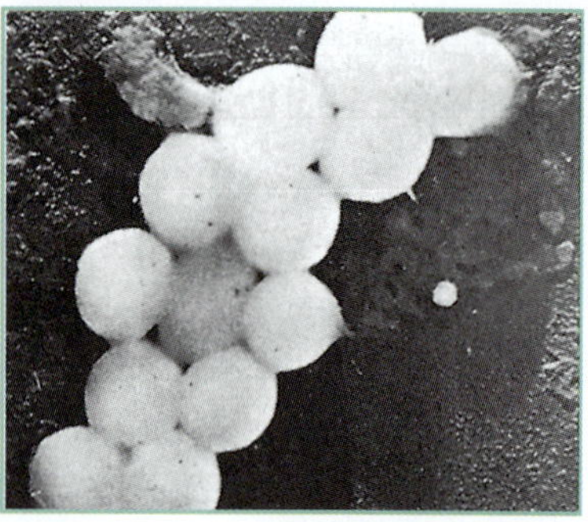

바이러스는 원시해양으로부터 진화해 온 것으로 보고 있다. 처음 원시적이고 자유생활을 하는 종속영양체들은 주위의 영양물질을 섭취하여 생활해 오다가 영양물질이 고갈될쯤에 어떤 생명체는 독립영양체로, 다른 생명체는 종속영양체와 같은 2가지 생활 형태로 발달하였다. 초기 바이러스는 세포성 조상으로부터 진화하면서 기생체로 분화되고, 이 과정에서 핵을 제외한 세포성 기관은 모두 상실되었다고 보고 있다. 즉 세포성 생물로부터 분리된 약간의 핵산에 의하여 생성된 것으로 동물 · 식물 · 세균으로 기인한 다양한 기원을 갖게 되었고, 처음 유래하였던 생명체와 관련된 종에만 감염되는 특이성을 지녔다. 바이러스의 구조는 중심부에 핵산과 이를 둘러싸고 있는 캡시드(capsid)라고 하는 단백질로 이루어진 작은 입자이다. 비리온(virion)이란 감염 능력을 가진 바이러스입자 하나를 일컫는 것이다.

원핵생물(Monera)은 원핵세포로 되어 있고 대부분 단세포로, 메탄생성균과 호염성생성균 같은 원시세균류 및 세균과 남세균 같은 진정세균류가 있다. 이들은 약 30억 년 동안 지구상에 생존했지만 인간은 오랫동안 인식하지 못했다. 만약 세균이 없었다면 지구에는 지금과 같은 생명체 출현도 없었을 것이라는 견해도 있다. 우리는 세균을 이용한 유전공학기법으로 유용한 물질의 합성기술도 매우 다양해지고 있다.

22.1 바이러스(virus)

바이러스는 생물과 무생물의 중간에 위치한다. 그것은 바이러스가 세포로 되어 있지 않고, 스스로 운동할 수 없으며, 독립적으로 물질대사를 수행할 수 없기 때문이다. 바이러스는 살아 있는 숙주 세포 내에서만 번식되기 때문에, 생세포 밖에서는 아무런 생명현상이 없다. 바이러스의 진화에는 여러 의견이 있다. 그 중 하나는, 바이러스의 형태는 기생에 적합하도록 분화되었는데, 세포질 형태의 조상들로부터 진화를 해 왔고, 진화하는 동안 핵을 제외한 모든 세포질 성분이 상실되었다는 것이다. 또 다른 가설은 바이러스가 세포질 형태의 생명체에 원래 들어 있던 핵산의 한 조각이라는 것이다. 바이러스는 동물세포, 식물세포, 박테리아의 세포에서 그 기원을 추적할 수 있다. 즉, 바이러스의 특이성은 서로 다른 형태의 생명체에 감염된다는 것이다.

바이러스를 과(family)와 속(genus)으로 나누는 분류기준이 있기는 하지만 보편적으로 받아들여지지는 않고 있다. 현재 바이러스는 4개의 주요 기준에 의해 나뉘어진다. 즉, 크기, 모양, 외부피막의 유무, 바이러스가 가지고 있는 핵산(DNA 혹은 RNA)의 형태와 외가닥(single strand)인가 또는 이중가닥(double strand)인가 하는 등으로 구분한다. 한편, 바이러스는 가끔 그들이 일으키는 질병의 종류와 전파양식에 따라 분류할 수도 있다.

바이러스 혹은 **비리온**의 구조는 그 중심부가 핵산으로 되어 있어 **핵심**(core)이라고 하며, 그 주위가 **캡시드**(capsid)라고 불리는 단백질의 외투로 둘러싸여진 작은 입자이다. 어떤 바이러스는 단백질, 지질, 탄수화물을 포함하는 캡시드를 둘러싸고 있는 외부피막을 가지고 있다. 모든 세포질 형태의 생물은 DNA와 RNA를 모두 가지고 있으나, 바이러스는 DNA만 갖든지 아니면 RNA만 갖을 뿐 둘 다 가진 것은 없다. 그러므로 DNA**바이러스**와 RNA**바이러스**가 있다. 어느 형이든 그 핵산은 유전물질이나 게놈(genome)으로 작용한다. 바이러스의 게놈은 5개 이하의 유전인자로 구성되어 있거나, 몇 백 개의 유전인자로 구성될 수도 있다.

바이러스의 크기는 다양한데 대개 20~250nm 정도이고, 전자현미경으로 관찰할 수 있다. 그러나 감염된 세포의 원형질에서 자라는 바이러스의 집합체들은 광학현미경으로도 볼 수 있다. 바이러스의 모양은 캡시드를 이루고 있는 소단위가 모여서 결정되는데, 보통 나선형이거나 다면체 혹은 복잡한 혼합형이다(그림 22-1).

담배모자이크바이러스(tobacco mosaic virus ; TMV) 같은 나선형 바이러스는 긴 막대형으로 보이며, 그들의 캡시드는 나선형 구조를 가진 속이 빈 원통형이다. 폴리오바이러스(polio virus)는 20개의 삼각면과 12개의 모서리를 가진 다면체 바이러스이다. 바이러스는 세포들과는 달리 결정체화될 수 있고, 이것이 숙주 세포에 들어가면 증식되어 질병의 증세를 나타낸다.

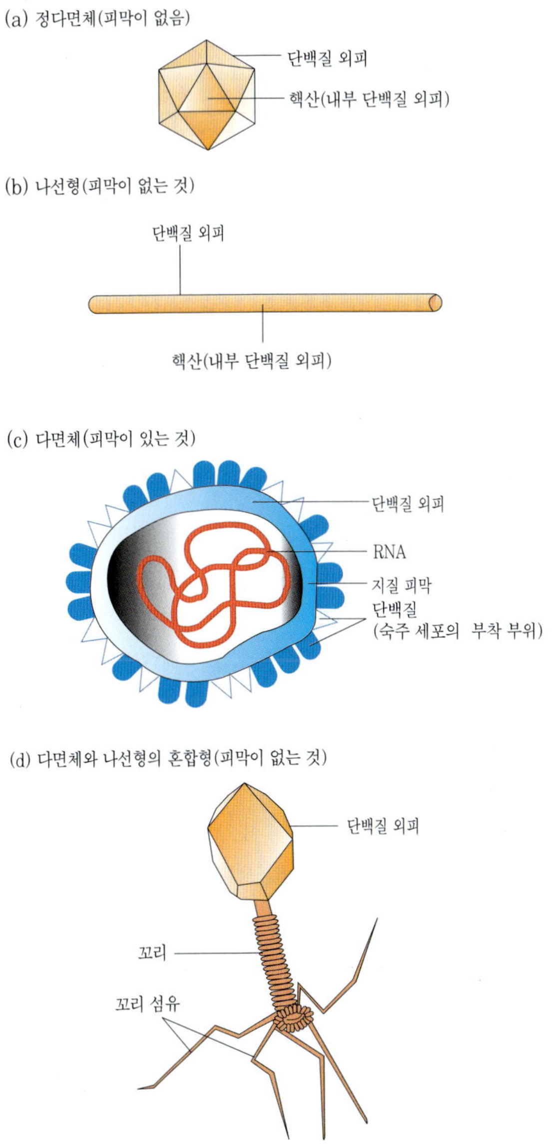

그림 22-1 바이러스의 여러 가지 모양
(a) 부쉬스턴트(Bushy stunt) 바이러스, 다면체 바이러스
(b) 담배모자이크바이러스, 나선형 바이러스
(c) 인플루엔자바이러스, 피막으로 둘러싸인 다면체 바이러스
(d) 나선형과 다면체 모양의 혼합형인 박테리오파아지

22.2 바이러스의 종류와 특성

22.2.1 박테리오파아지(bacteriophages)

숙주가 세균인 바이러스를 **세균성 바이러스** 또는 **박테리오파아지**라 하는데, 간단히 **파아지**(phage)라고도 한다. 다양한 박테리오파아지가 있으며 그들은 항상 종특이성(species specificity)이 있는데, 이것은 1종류의 파아지는 1종의 박테리아만을 감염시킬 수 있다는 것을 의미한다.

바이러스의 증식은 반드시 살아 있는 세포에서 이루어지기 때문에 생명력이 없는 배지(agar)에서는 배양되지 않는다. 그러므로 동물성 바이러스의 배양은 부화계란법이나 조직배양법을 이용한다. 발육중인 병아리의 배를 수정 후 1~2주가 지났을 때 알껍질에 작은 구멍을 내어 바이러스를 주사기로 주입한다. 바이러스는 배 또는 배를 싸고 있는 막내의 한 곳으로 주입되지만, 보통 난황낭(yolk sac) 혹은 장요막(chorioallantoic membrane)으로 주입될 수도 있다(그림 22-2).

주입시킨 후에는 껍질의 구멍을 파라핀으로 봉하고 36℃에서 알을 배양한다. 다음에는 증식된 바이러스를 원심분리하여 숙주세포로부터 분리한다. 부화계란법으로 배양된 바이러스는 천연두(smallpox)백신, 인플루엔자(influenza)백신, 황열병(yellow fever)백신 등 여러 가지 백신을 만드는 데 이용된다. 이 방법은 면역학이나 다른 연구에도 사용된다. 일반적으로 가장 널리 알려진 조직배양법은 동물의 조직세포를 배지에서 배양할 수 있기 때문에, 특별한 조직에 적당한 바이러스를 감염시켜 증식하게 한다.

파아지는 숙주 세포내에서 독성(virulence) 또는 용균

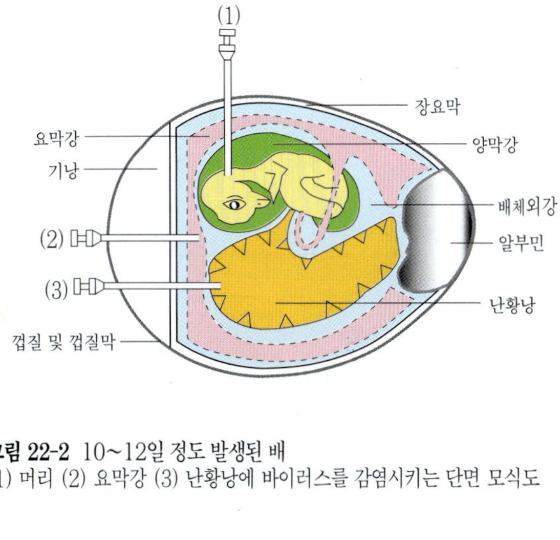

그림 22-2 10~12일 정도 발생된 배
(1) 머리 (2) 요막강 (3) 난황낭에 바이러스를 감염시키는 단면 모식도

(lysis)을 일으키는 **독성 파아지**(virulent phage)가 있는데, 이것은 숙주 세포를 죽인다. **잠재성 바이러스**(temperate virus) 또는 **용원성 바이러스**(lysogeny virus)는 그들의 숙주를 죽이지 않는다. 잠재성 바이러스는 숙주의 핵산에 그들의 핵산을 삽입시켜서 숙주 세포의 DNA가 복제될 때마다 함께 증식한다.

22.2.2 용균성 바이러스

바이러스는 살아 있는 세포 밖에서는 물질대사를 하지 못하고 번식할 수도 없다. 바이러스가 숙주 세포에 침입하면 숙주 세포의 물질대사기구를 이용하여 자신의 핵산을 복제시키고 특별한 단백질을 만들어낸다.

일반적으로 일어나는 바이러스의 감염과정은 다음의 5단계로 나누어진다(그림 22-3).

(1) 숙주 세포의 표면에 부착

바이러스는 숙주 세포 표면에 특별한 수용체를 갖기 때문에 특별한 종이나 균주(strain)에만 부착한다. 그러므로 박테리오파아지를 분류할 때 이와 같은 바이러스의 성질을 이용하기도 한다.

(2) 침입

바이러스가 세포 표면에 부착한 후 그의 핵산이 세포막을 통해 주입되고, 숙주 세포의 원형질로 들어간다. 이때 파아지의 캡시드는 숙주 세포의 밖에 남아 있다. 이와는 대조적으로 동물세포를 감염시키는 대부분의 바이러스들은 식세포작용(phagocytosis)에 의해 부착된 숙주 세포내로 들어간다.

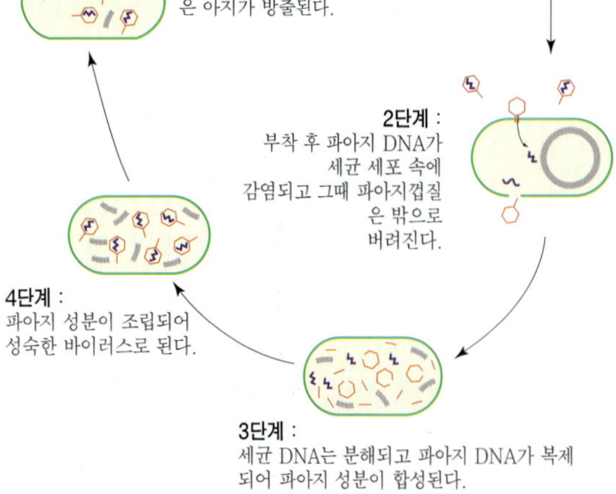

그림 22-3 용균성 감염과정

(3) 복제

일단 세포 안으로 들어간 바이러스핵산은 숙주 세포의 리보솜, 에너지 그리고 많은 효소를 이용해서 바이러스핵산을 복제(replication)시킨다. 바이러스유전자는 새로운 바이러스를 만드는 데 필요한 모든 정보를 가지고 있다.

(4) 조립

새로 합성된 바이러스 성분들이 조립(assembly)되어 완전한 새 바이러스가 만들어진다.

(5) 방출

바이러스가 리소자임(lysozyme)효소를 만들어 숙주 세포의 세포벽을 분해하면 숙주 세포가 용균되고 약 100개의 박테리오파아지가 방출된다. 결국, 감염된 세포는 용균되어 죽게 되어 용균을 유발하는 바이러스는 독성파아지로 분류된다.

22.2.3 용원성 바이러스

독성 바이러스는 복제되고 숙주를 죽이지만, 잠재바이러스는 그의 숙주 세포를 죽이지 않는다. 그들은 숙주 DNA 속에 자신의 DNA를 삽입시켜 세균 DNA가 복제될 때 바이러스 DNA도 동조적으로 복제되고 다음 세대로 전달된다. 이와 같은 경우에 바이러스의 캡시드단백질은 합성될 수 없고, 바이러스의 유전자는 억압되어 있기 때문에 숙주 세포에는 병원성이 없다. 이처럼 바이러스가 독성을 나타내지 않고 세균숙주와 온화한 관계를 갖는 것을 **용원성**(lysogeny)이라 하며, 숙주 세포내에 잠재해 있는 파아지를 **프로파아지**(prophage)라 한다(그림 22-4).

경우에 따라 이 프로파아지가 돌연변이 유발원(mutagen)에 의해 활성화되면 용균을 일으키는 독성 바이러스로 전환되기도 한다.

22.2.4 동물성 바이러스

동물성 바이러스는 숙주 세포의 표면에 있는 특이한 수용부위에 흡착한다. 이 수용 부위는 종마다 다르고 때로는 각 조직의 형태마다 다양하다. 따라서 어떤 바이러스는 사람만 감염시킬 수 있는데, 이것은 인체 세포만이 그 바이러스의 수

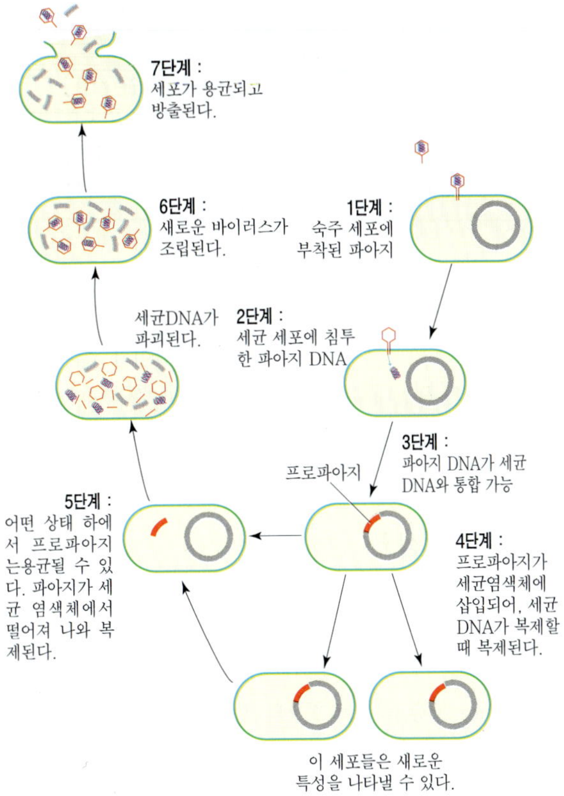

그림 22-4 용원성 감염과정

용 부위를 갖고 있기 때문이다.

홍역이나 마마 바이러스 같은 몇몇 바이러스들은 많은 형태의 조직을 감염시킬 수 있는데, 그 이유는 조직들이 모두 이 바이러스들에 필요한 수용 부위를 갖고 있기 때문이다. 그러나 소아마비 바이러스(Polio virus)의 경우는 척수세포, 인후 및 장세포 같은 특별한 세포에만 그들이 흡착할 수 있는 수용 부위가 있다. 동물성 바이러스들이 숙주 세포를 떠날 때는 숙주 세포막으로 구성된 리포단백질(lipoprotein) 피막으로 둘러싸여진다.

숙주 세포 안에서 합성된 바이러스단백질은 여러 방법으로 세포를 손상시킬 수 있다. 이러한 단백질들은 세포막의 침투성을 변화시키거나, 핵산이나 단백질합성을 저지하기도 한다. 소아마비 바이러스는 하나의 숙주 세포 안에서 10만 개의 새 바이러스를 생성할 수 있다.

바이러스의 복제를 방해하는 **인터페론**(interferon)은 항바이러스물질로서 바이러스에 감염된 동물 세포에서 만들어진다. 이것은 낮은 분자량을 가진 단백질로서 바이러스 증식을 방지한다.

22.2.5 식물성 바이러스

농작물에 큰 피해를 주고, 담배모자이크병을 일으키는 **담배모자이크바이러스**(TMV)는 DNA 중심 부분과 이를 둘러싼 단백질 캡시드로 구성되며 피막이 없는 긴 막대형이다. 감염이 된 후 이 바이러스의 유전물질인 RNA분자는 마치 mRNA분자처럼 숙주 세포의 리보솜과 결합하여 단백질 합성이 되는 것과 같은 해독을 한다. 이와 같은 TMV의 RNA를 +가닥 RNA(plus strand RNA)라 하고, 여러 종류의 식물바이러스가 이러한 +가닥 RNA 범주에 속한다. 즉, 토마토의 위축병을 일으키는 것과 자주개자리의 모자이크병을 일으키는 것 등이 이에 속한다.

많은 식물의 바이러스병은 주로 곤충에 의해 전파되나, 감염된 종자나 무성생식에 의해서 전파되기도 한다. 식물에 일단 감염이 되면 바이러스는 식물세포간의 벽공을 관통하고 있는 원형질연락사(plasmodesmata)를 통해서 식물체의 각 부분으로 퍼져나간다.

22.2.6 비로이드

비로이드(viroid)는 바이러스보다 작고 간단하며 껍질이 없고, 매우 짧은 RNA가닥으로 되어 있다. 이 RNA의 양은 중간 크기의 단백질을 코드(code)하기에 충분하다. 또한 복잡한 식물의 질병과 관계가 있는데, 감자의 방추관 질병을 포함하여 국화의 왜소증을 유발시키기도 한다.

비로이드는 스크래피(scrapie)를 포함하여, 양(羊)의 신경계 질환과 같은 동물의 질병을 유발시킬 수도 있다. 한편, 최근에 발견된 비로이드보다 더 작은 프리온(prion)은 자기 복제성이 있는 소수성 단백질로만 구성되어 있고, 역시 동물의 질병을 유발시킬 수 있다.

22.3 원핵생물계

원핵생물(Monera)은 거의 30억 년 동안 이 지구상에서 살아온 유일한 생명체이다. 가장 오래된 박테리아 화석은 35억년 전의 것으로 추정되며, 그 형태는 광합성을 하는 남세균(Cyanobacteria ; 남조류)과 유사하다. 한편 진핵세포로 가장 오래된 화석은 8억 년 전 것으로 알려져 있다.

원핵생물계는 모두 원핵세포로 이루어져 있으며, 대부분이 단세포로 되어 있다. 때로는 단독의 세포들이 모여서 군체(colony)를 이루거나, 리본 같이 필라멘트(filament)를 형성하기도 한다. 세포질에는 리보솜은 있으나, 진핵세포에서 볼 수 있는 전형적 막성기관인 미토콘드리아, 소포체, 골지체, 리소솜 등은 결여되어 있다(그림 22-5).

원핵세포에서 유전물질은 한 가닥으로 된 원형 DNA분자에 함유되어 세포질에 위치하고 있으나, 핵막으로 둘러싸여져 있지는 않다. 이들 DNA 복제는 이분법 같은 무성생식 방법으로 분열하기 직전에 일어나며, 원핵생물에서는 감수분열이나 체세포분열이 일어나지 않는다.

대부분의 원핵세포에서는 세포막이 유일한 단위막계이며, 세포벽이 둘러싸고 있다. 이 세포벽의 구조와 조성은 진핵세포와는 약간의 차이가 있다. 일부 원핵세포에는 편모가 있기는 하지만, 진핵세포에서와 같은 미세소관(microtubule)은 없고, 단백질로 된 긴 필라멘트 형태의 단단한 구조로 되어 있으며, 섬모는 찾아볼 수 없다. 원핵생물 중에도 세포막과는 독립된 막계를 가진 것이 있는데, 이는 남세균(남조류)으로서 다른 세균과는 구별되고 있다. 남세균의 경우에는 광합성 기관이 연속되고 편평한 막의 주머니를 형성하고 있다. 그 구조는 진핵생물의 엽록체의 틸라코이드와 유사하지만, 진핵생물의 그것과는 달리 세포질 중에 분산되어 있다. 원핵세포의 크기는 진핵세포보다 훨씬 작아서 1/100 가량이며, 그 길이는 작은 진핵세포의 1/10 정도, 용량은 1/1,000 정도이다.

원핵생물계에는 매우 다양한 종류들이 있으나, 일반적으로 다른 세균과 구별되는 분자적 특징을 가진 **원시세균**(Archaebacteria)과 **남세균**(남조류)과 같은 **진정세균**(박테리아)으로 대별한다.

22.3.1 원시세균류(Archaebacteria)

원시세균은 지구상에서 최초로 출현한 생명체라는 가능성을 가지고 있어 '최초의 세균'이라는 의미로 진화학에서는 중요하다. 원시세균은 핵이 없으며, 세포벽은 갖고 있으나 다른 종류의 세균처럼 펩티도글리칸을 가지고 있지 않은 특징을 보이고 있다. 또한 리보솜을 구성하고 있는 RNA나 단백질 구조가 달라 단백질 합성기구에 있어서 차이가 있다. 원시세균은 그들의 물질대사나 생태적 성질에 따라서 메탄생성균(matanogens), 호염성생성균(halogens), 호열산성세균(thermoacidophile) 등으로 나뉜다.

(1) 메탄생성균

메탄생성균은 최종 산물이 대부분 메탄(CH_4)을 생성하는 독특한 에너지대사를 한다. 메탄의 생성은 지질학적으로 중요한 과정으로 유기물의 분해가 일어나는 대부분의 혐기성(anaerobic) 환경, 즉 늪, 호수의 침전물, 동물의 소화관, 혐기적 하수처리장에서 일어난다. 혐기성 세균에 의해 형성된 발효산물(CO_2, H_2, 포름산)을 메탄 또는 메탄과 CO_2로 전환시켜 주는 특수한 세균이다. 메탄은 물에 잘 녹지 않는 기체이므로 혐기적 환경에서 이탈하게 되는데, 이때 이탈한 메탄은 혐기와 호기적 상태에 있는 다른 세균군의 구성원인 호메탄세균(metanophile)에 의하여 호기적으로 산화된다. 따라서 메탄생성균은 혐기적 먹이사슬의 생태계에서 다량의 유기

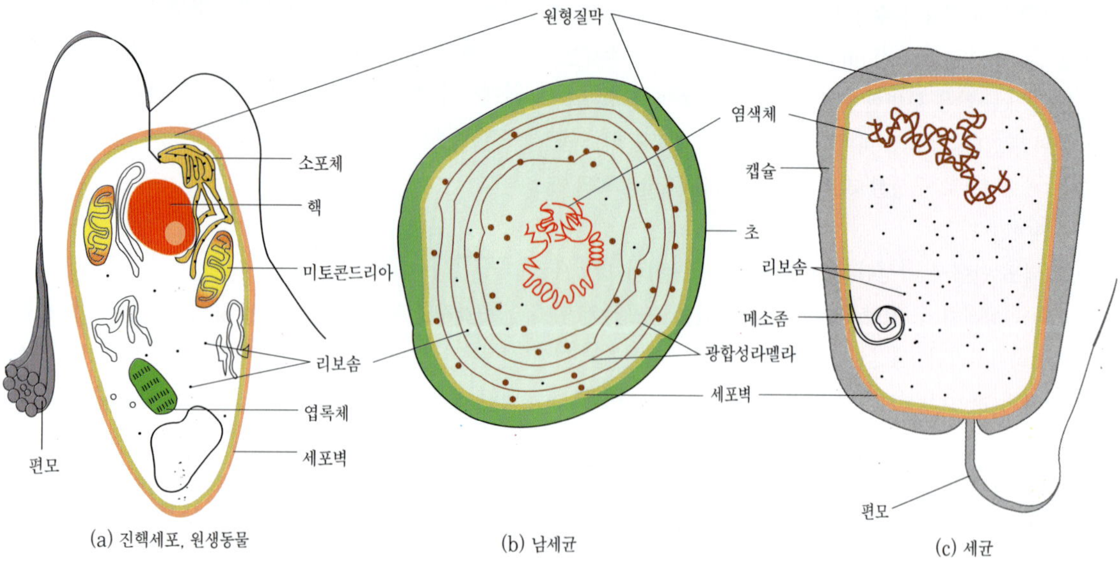

그림 22-5 진핵세포와 원핵세포의 비교
원핵세포(b)와 (c)는 진핵세포와는 달리 핵막과 막성기관이 없는 것이 특징이다.

물질이 격리되는 것을 막는다.

(2) 호염성생성균

호염성세균은 염도가 매우 높은 환경, 즉 염분 호수나 바다에 살고 있으며, 비운동성 **구균**(*Halococcus*)과 극모성 편모를 가지는 **간균**(*Halobacterium*)과 같은 작고 독특한 세균이 살고 있다. 세포 형태의 차이에도 불구하고 이러한 미생물들은 여러 가지 공통적인 특징을 가지는데 대부분 그들의 자연서식처의 높은 염도와 광도에 대해 적응하는 것을 의미한다. 생장할 수 있는 최적의 염분 농도는 4~5M이다. 또한 Mg^{2+}도 높다(약 0.025M). 극단적인 호염성세균의 특징은 세포막으로 통합된 붉은 카로티노이드(carotenoid) 성분이다. 이러한 카로티노이드는 자연환경의 특징적인 높은 광도에 의한 광화학적 손상으로부터 세포를 보호한다. 또한 극단적인 호염성세균은 영양 요구가 복잡한 호기성 화학종속 영양제로서 주로 염분이 있는 말린 물고기와 짐승 가죽에서 유색의 반점으로 자란다.

(3) 호열산성세균

높은 온도와 낮은 pH에서 자랄 수 있는 이질적인 세균군이다. 여기에는 술폴로부스(*Sulfolobus*), 테르모플라스마(*Thermoplasma*), 테르모프로테우스(*Thermoproteus*)가 있다.

술폴로부스는 산성 온천과 토양에 살면서 나선형 모양을 하고 있으며 이 세균들의 최적 생장온도는 균주에 따라 63~80℃로 다양하며 최적 pH는 2.0이다. 이 세균은 유기화합물을 이용하여 자랄 수는 있으나 호흡에 의한 조건적 화학독립영양체로서 생장한다. 온천이나 더운 토양에서 주요한 생장기질은 황(S)원소로서 황의 결정체나 방울의 표면에서 자란다. 그리고 테르모플라스마는 탄소원과 소수의 단당류 및 이당류를 에너지원으로 이용하는 조건적 혐기성(facultative anaerobic)세균이다. 이 세균은 석탄과 상당량의 황화철(FeS)을 포함하고 있는 탄광 쓰레기더미에서만 발견되고 있으며, 화학독립영양세균에 의해 황화철이 산화된 결과 쓰레기더미가 산성화되고 온도가 높아지게 되면 결국 테르모플라스마가 생장하게 된다. 또한 테르모프로테우스균은 최종 전자 수용체로서 황원소를 이용하여 호흡을 하는 호열성산성세균으로 구성되어 있다.

황의 환원으로 생성되는 산물은 이 군의 세균이 필요로 하는 황산(H_2S)이다. 이들은 절대혐기성균이지만 생명력은 호기적 항온처리에서도 오랜 기간 동안 유지된다. 주로 아이슬란드의 지구열지역(geothermal area)에서 서식하고 있다.

22.3.2 진정세균류(Eubacteria)

진정세균은 크게 단세포성으로 간상형, 구형, 나선형이면서 주로 편모에 의해 이동하는 홍적세균(purple bacteria)과 작고 비운동성인 간상형 세균이거나 사상의 활주세균인 녹색세균(green bacteria)으로 구분된다. 그러나 여기에서는 세균(bacteria－홍적세균과 녹색세균을 포함)과 남조류라 불리우는 **남세균**(Cyanobacteria)으로 나누어 설명한다.

(1) 세균(박테리아)

세균 세포는 크기가 약 1~10㎛ 정도로서 놀라운 재생력, 빠른 돌연변이율, 그리고 어느 곳에서도 생존할 수 있는 능력을 가지고 있다. 세균 세포는 세포벽으로 둘러싸여 있으며, 대부분의 세균은 단세포이나 일부는 군체 또는 느슨하게 연결되는 필라멘트 형태를 갖는다(그림 22-6).

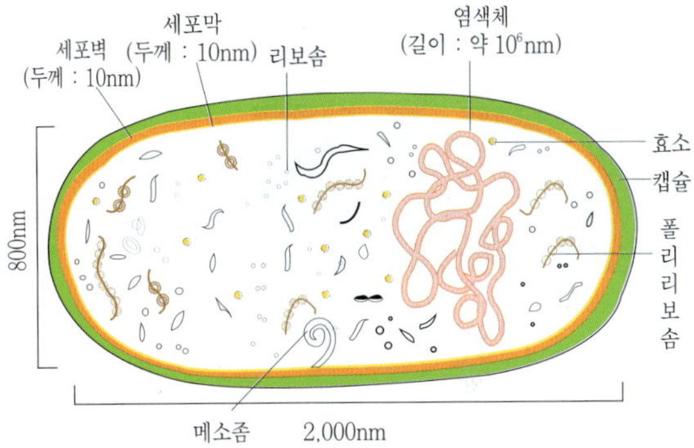

그림 22-6 전형적인 세균 세포의 구조

세포와 외부환경과의 실제적 경계인 세포막은, 물질분자를 세포 바깥으로 수송한다. 또한 세포벽 이외에 세포막으로 둘러싸여 있고, 대부분의 세균은 채찍 모양의 편모를 가지고 있는데 이것은 진핵생물의 편모와 달리 플라젤린(flagellin)이라고 하는 단백질로 구성된 단일섬유로서 이 배열 상태는 중요한 분류의 기준이 된다. 이들은 횡분열(transverse fission)에 의한 무성생식을 한다.

거의 모든 세균은 다른 생물체로부터 유기화합물을 얻는 종속영양체이지만 광합성 세균은 세균엽록소(bacterochlorophyll)라는 엽록소를 가지고 있어 광합성을 통해서 에너지를 얻는다. 조류(algae)나 남세균의 광합성과는 첫째, 세균의 엽록소는 가시광선보다 적외선을 흡수하여 광합성을 일으키고, 두번째는 수소 공여체로서 물분자를 사용하지 않으므로 산소를 형성하지 않는 차이점을 가지고 있다. 그래서 이러한 진정세균을 산소 비발생형 광합성세균이라고 한다. 건조한 환경이나 고온, 그리고 먹이가 부족할 때 포자를 형성하게 되어 환경에 대한 강한 저항력을 갖게 한다.

대부분의 진정세균은 비병원성일 뿐 아니라 부식균으로서 생태학적으로 중요한 분해자의 역할을 한다. 물론 종류에 따라 질병을 일으키는 병원균(pathogen)도 있다. 형태에 따라 단일체 또는 긴 사슬 모양의 **구균**(Coccus), 단일막대 또는 긴 막대사슬 형태를 하고 있는 **간균**(Bacillus), 그리고 **나선균**(Spirillum)으로 구분되고 있다(그림 22-7).

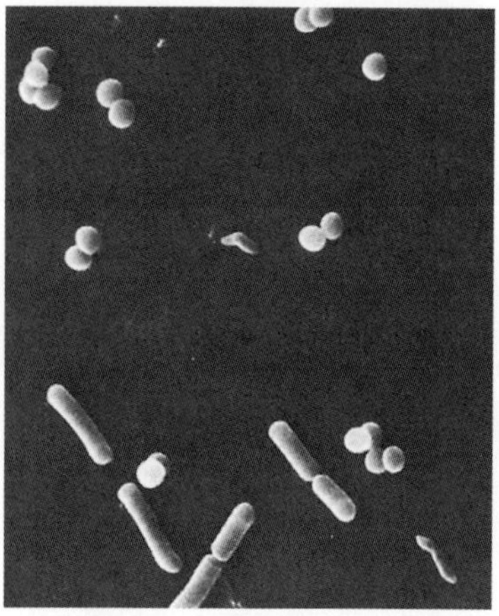

그림 22-7
세균의 3가지 유형
구형, 막대형, 나선형의 3가지 중 구형 세균으로는 부스럼과 상처의 원인균인 포도상구균이 있다.

세균은 크리스탈바이올렛(crystal violet)의 염색에 따라 탈색되지 않는 세균을 **그람양성균**(gram positive bacteria)이라 하며, 탈색되는 세균을 **그람음성균**(gram negative bacteria)이라 한다. 그람양성균의 세포벽은 두껍고, 기본적으로는 펩티도글리칸으로 구성되어 있으며, **그람음성균**의 세포벽은 3층으로 구성된다.

그람양성진정세균에는 발효의 최종 산물로서 유기산을 만들어 분해자 역할을 하는 유산간균(*Lactobacilli*)이 있으며, 소화관과 입에서 볼 수 있는 연쇄상구균(*Streptococcus*)이 있다. 또한 포도상구균의 종류인 *Staphylococcus aureus*, *S. albus* 등은 인간의 피부에 발생하여 종기를 유발한다(그림 22-8).

또한 폐렴균(*Pneumococcus*) 등도 여기에 속한다. 그리고 그람음성세균에는 비교적 병원균이 많이 포함되어 있으며, 질소를 고정하는 질소균(*Azotobacteria*), 임질을 유발시키는 *Neisseria gonorrhoeae*, 뇌막염을 일으키는 *Hemophilus influenxae* 등이 있다. 또한 장내세균인 대장균

그림 22-8
포도송이 같은 다발을 형성하는 구형 세균인 포도상구균의 전자현미경사진

(*E. coli*), 살모넬라(*Salmonella*)도 그람음성진정세균이다.

(2) 남세균(Cyanobacteria)

이 남세균은 광합성의 방법과 서식처가 다른 조류(algae)와 비슷하기 때문에 오랫동안 조류로 알려져 왔으나 현재는 그람음성진정세균(gram positive eubacteria)이며, 남세균이라고도 한다. 원핵생물의 특징인 펩티도글리칸이 있다. 남세균은 연못이나 호수, 습한 땅에서 서식하고 있으며, 특히 내열성이 매우 강하다. 대부분 구형의 군체(colony)를 형성하면서 긴 필라멘트를 가지고 단세포로 되어 있는 것도 있다(그림 22-9).

다른 조류와 같은 엽록소 *a*를 가지고 광합성을 하는 독립영양생물로서 산소를 배출한다. 그래서 남세균은 산소 비발생 광합성을 하는 세균과는 달리 산소 발생형 광합성세균이라고 한다. 그리고 이 세균은 β−카로틴 이외에 여러 가지 보조색소의 남색인 피코시아닌(phycocyanin)과 붉은 색소인 피코에리트린(phycoerythrin)을 가진다. 이분법과 같은 무성생식으로 번식하며 질소를 고정하기도 한다. 남세균은 형태적으로 5그룹으로 나누어진다. ① 이분법을 하는 단세포성의 구자류(Chamaesiphonales)군의 *Gloeothec*속 ② 다분법으로 분열하는 단세포로서 구자균류의 *Dermocaipa*속, ③ 이질세포를 형성하지 않은 사상(絲狀) 형태의 염류말류(Nostpcales)의 흔들말속(*Oscillatoria*), ④ 질소고정에 관여하는 이질 세포를 포함하고 있는 사상(絲狀) 형태의 염주말류의 *Anabaena*속, ⑤ 분자를 형성하는 사상 형태의 염주말류의 *Fischerella*속 등이 있다.

이러한 남세균은 다른 생물이 이용할 산소와 유기물질을 생산하는 생산자 역할을 하며, 질소를 고정해서 식물이 이용할 수 있게 하여 토양을 비옥하게 하는 등 생태학적으로도 중요한 역할을 한다. 또한 원생동물과 곰팡이, 식물 등과 공생

관계를 유지하면서 상대방의 먹이를 제공해 준다. 그러나 일부 남세균은 수중에서 빠른 속도로 번식하여 수질을 혼탁하게 하고 광선의 투과량을 감소시키는 **수화**(bloom)현상을 일으켜 물고기를 죽게 한다.

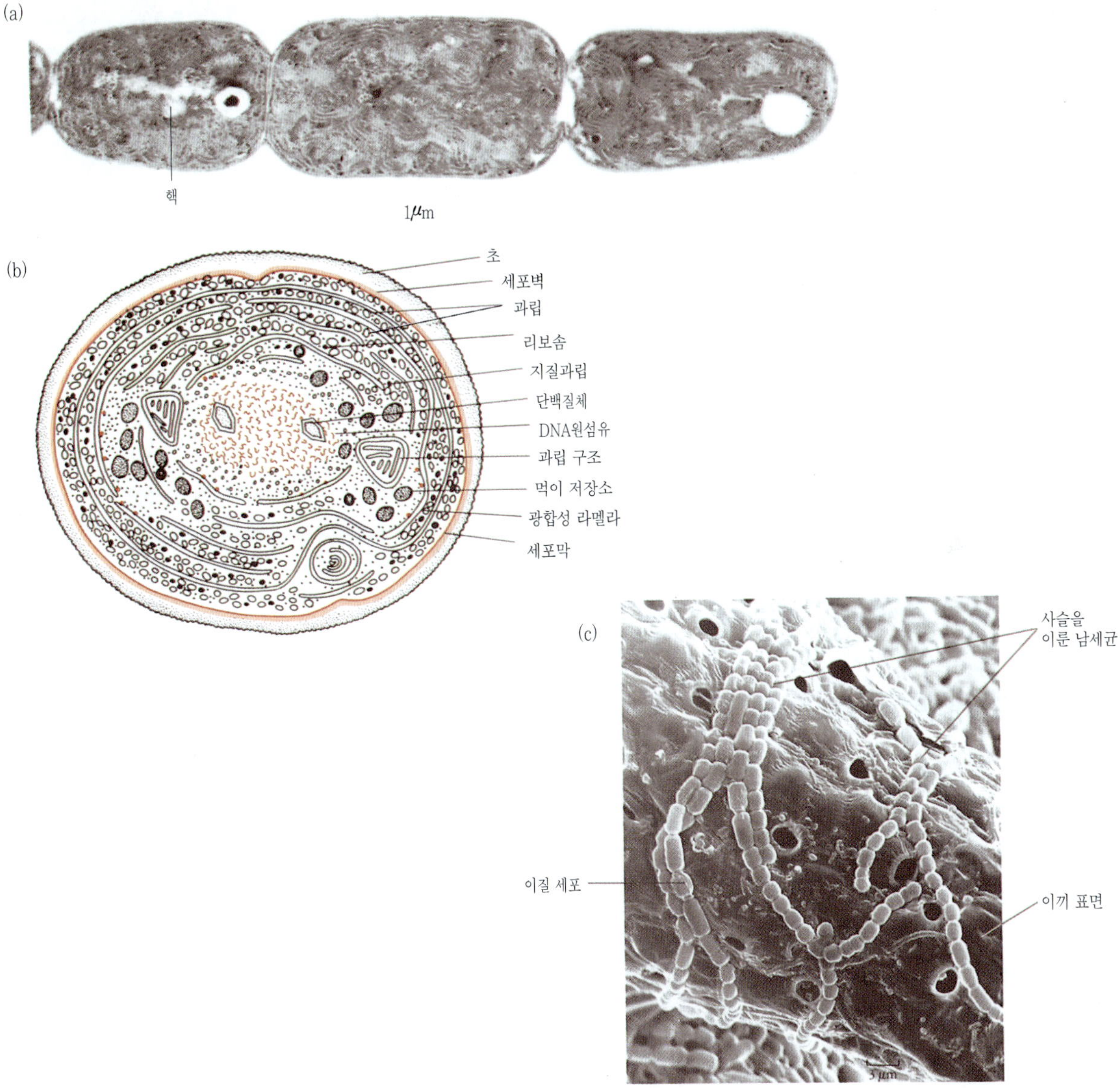

그림 22-9 남세균(*Cyanobacteria*)의 구조

(a) *Anabaena*속의 전자현미경사진. 흰 부분은 구핵질이고 핵막은 없다. 세포질에 있는 막성구조는 엽록체와 같은 기능을 한다.

(b) 남세균 구조의 도식

(c) 이끼에 서식하는 남세균의 주사전자현미경사진

제23장

원생생물계

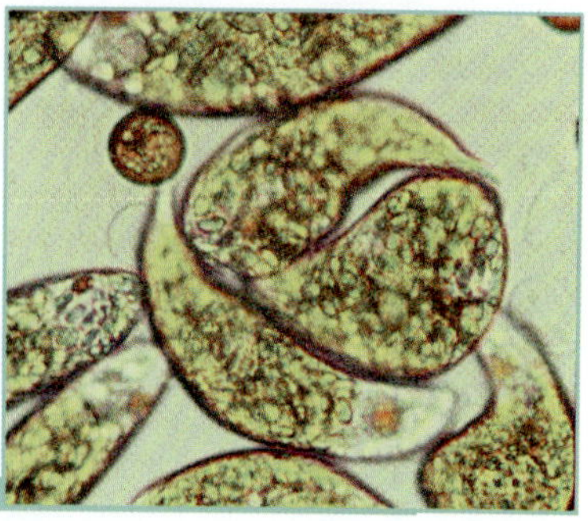

원생생물계에 해당하는 모든 생물들은 대부분 핵을 지닌 단세포로 구성된 생물들이지만 군체를 이루는 경우도 있다. 원생생물은 식세포 작용으로 먹이를 포획하거나, 체벽을 통해 주변 환경으로부터 유기양분을 흡수하기도 하며, 어떤 종류는 식물처럼 태양을 이용하여 광합성작용을 하기도 한다. 원생생물에는 동물과 같은 원생동물이나 식물과 같은 조류(algae)가 포함된다. 이들 중 어떠한 종류도 식물과 동물에서 발견할 수 있는 분화된 조직이나 기관은 가지고 있지 않으며 또 그들보다 먼저 지구상에 나타난 것은 확실하다고 볼 수 있다.

23.1 원생동물(Protozoa)

원생동물은 동물계에서 가장 간단한 구조를 가지는 동물로서 세계적으로 약 64,000종이 알려져 있으나 그 중 약 반은 화석종이다. 몸은 단세포이며, 군체(colony)를 형성하는 경우도 있으며, 크기는 작거나 현미경적 크기이다. **섬모**(cilium), **편모**(flagellum), **위족**(pseudopodium)으로 이동하고 있으며, 모양은 일정하거나 아메바처럼 변할 수 있다. 또한 원생동물은 먹이를 집어 넣는 **세포구**(cytostome), 소화에 관여하는 **식포**(food vacuole), 배설이나 체내의 수분을 조절하는 **수축포**(contractile vacuole) 같은 특수화된 세포기관을 가지고 있다. 일부는 **색소체**(chromatophore)나 빛을 감지하는 안점(stigma)을 가지는 종류도 있다. 대부분 자유생활을 하지만, 고착생활 그리고 기생이나 공생을 하는 종류가 있으며, 생식은 이분법에 의한 무성생식, 또는 접합이나 배우자에 의한 유성생식을 하며, 종류에 따라 영양방식은 자가영양, 타가영양, 부생동물성영양을 나타낸다. 대부분의 원생동물은 아메바와 같이 세포막으로만 되어 있으나, 방어용 외골격(exoskeleton)을 가지고 있다. **동물성 원생생물**(animal-like protists)은 크게 동물성 편모충류(zooflagellates), 육질충류(sarcodina), 포자충류(sporozoa), 섬모충류(ciliata)로 나눌 수 있다.

23.1.1 동물성 편모충강

동물성 편모충류는 식물성 원생생물(plant-like protists)인 식물성 편모충류(phytoflagellates)의 개념과 대조적으로 사용되는 동물의 특징을 가지는 동물성 원생생물(animal-like prtotists)이다. 하등한 동물 편모충은 최소한 1개 이상의 편모를 가지고 자유생활을 하며, 엽록체는 갖고 있지 않다(그림 23-1).

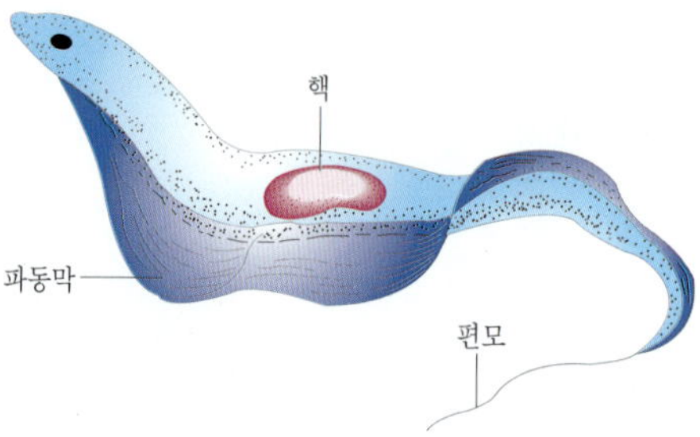

그림 23-1 아프리카 지방에서 인체에 수면증을 일으키는 *Trypanosoma gambiense* 는 1개의 편모를 사용하여 이동한다.

보통 이분법에 의해 번식하고, 식물이나 동물에 공생하거나 기생을 한다. 또한 하나의 중앙핵을 가지고 있으며, 유기물을 분해해서 영양분을 흡수하는 독립영양 형태 및 대부분 육식성인 종속영양 형태로서 영양분을 취하고 있다.

트리코님파(*Trichonympha*)속이나 믹소트리카(*Myxotricha*)속 같은 많은 편모충류는 흰개미(woodeating termites)의 소화관에 살면서, 셀룰로오스의 먹이를 소화시켜 준다(그림 23-2). 다른 속인 트리파노소마(*Trypanosoma*)는 의학적으로 뿐 아니라 농작물에서 중요한 기생성 편모충이다. 트리파노소마는 아프리카 지방에서는 수면증과 아메리카에서는 **상피증**(elephantiasis), 그리고 사람과 가축에 **샤**

가스병(Chagas's disease) 등을 유발시키고 있다(그림 23-3).

이러한 트리파노소마는 *Glossina*라는 체체파리(tsetse fly)의 혈액에 기생하면서 가축에 아주 심각한 피해를 주고 있다.

동물성 편모충류는 단세포의 원생동물에서 다세포의 **후생동물**(metazoa)로 진화하는 과정에 있는 중요한 **전이 형태**(transitional form)이다. 그 이유는 현존하는 편모충류(flagellates)는 다세포생물의 조상인 원생생물과 비슷하지 않을지라도 오늘날의 편모충은 다른 현존의 원생생물보다 그들의 먼 조상형과 보다 더 유사하다. 그리고 동물성 편모충류는 식물성 편모충류인 유글레나가 그들의 엽록체를 소실하면 동물성 편모충류가 되기 때문이다. 따라서 동물성 편모충류는 다른 동물성 원생생물(포자충류, 섬모충류, 육질충류)과 다세포생물로 분화된다고 생각된다.

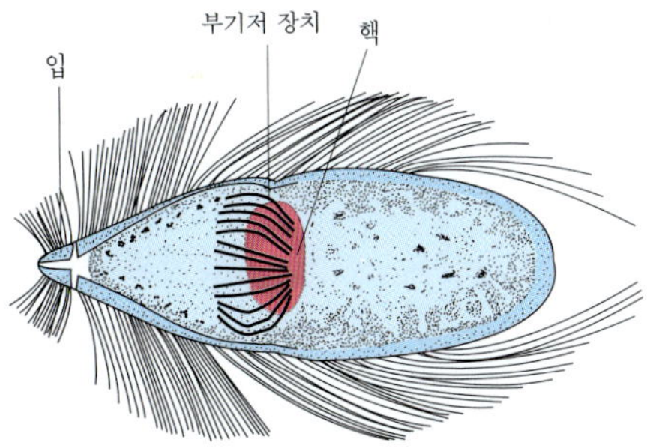

그림 23-2 대표적 편모충류(*Trichonympha agilis*)
개미의 장에서 볼 수 있는 공생성 편모충류

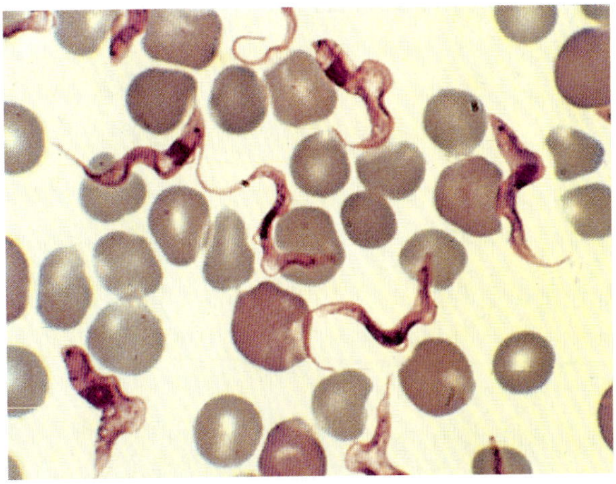

그림 23-3 기생성 편모충류(*Trypanosoma brucei*)
쥐의 혈액내 적혈구 사이에서 관찰되는데, 이와 비슷한 것이 인간의 중추신경계에서 번식하여 수면증을 유발시킨다.

23.1.2 육질충강(Sarcodina)

육질충은 동물성 편모충과 달리 움직임에 따라 형태가 변하므로 뚜렷한 체형을 가지고 있지 않다. 따라서 세포내 기관인 핵, 수축포, 식포 등은 이동하게 된다. **원형질유동**(cytoplasmic streaming)으로 만들어지는 일시적인 돌기, 즉 위족으로 운동한다. 이분법에 의한 **무성생식**을 하며, 유성생식을 할 경우에는 편모가 있는 배우자, 드물게는 아메바상의 배우자를 만든다.

가장 대표적인 종인 아메바(*Amoeba*)는 2개 또는 그 이상의 허족을 만들어 먹이를 몸 속으로 삼키고 리소좀에서 분비된 효소로 분해한다(그림 23-4).

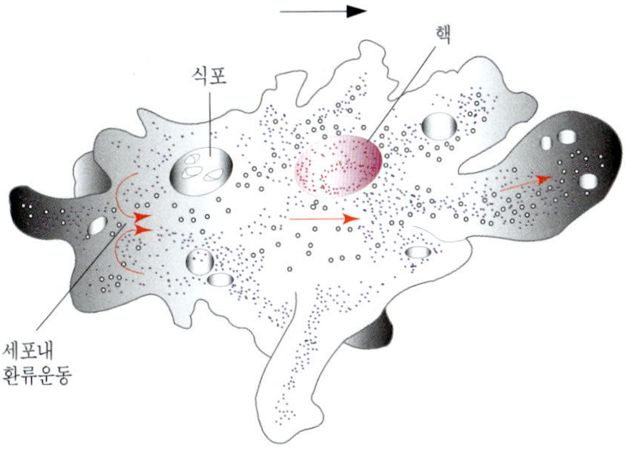

그림 23-4 아메바(*Amoeba proteus*)의 환류운동을 나타내는 모식도

소화된 물질은 식포에서 흡수하고, 소화되지 않은 잔유물은 몸 밖으로 배출된다. 대부분 담수에 살고 있다. 열대지방에서 발견되는 일부 기생성 아메바는 사람에게 알레르기반응을 일으키기도 한다. 또한 엔타아메바(*Entamoeba*)는 사람의 대장에 기생하여 세균 및 미생물을 포식하면서 이질을 일으키기도 한다.

아메바를 비롯한 대부분의 육질충류는 그들의 체표에 **외골격**(exoskeleton 또는 shell)을 가지고 있지 않지만 유공충류(formainifera)와 방산충류(radiolaria), 그리고 태양충류(heliozoans)는 외골격을 가지는 종류도 있다(그림 23-5).

바다에 풍부한 유공충류는 탄산칼슘으로 구성된 다실(多室) 외골격에 의해 보호되어 있다. 영국의 도버해안의 석회암절벽은 유공충 껍질의 퇴적으로 형성되어 있으며, 화석으로 나타나고 있어 고생물학자에게는 중요한 연구 자료가 되고 있다. 유공충류와 방산충류에도 위족은 존재한다. 태양충류는 인도양과 태평양에 풍부하며, 매우 정교하고 아름다운

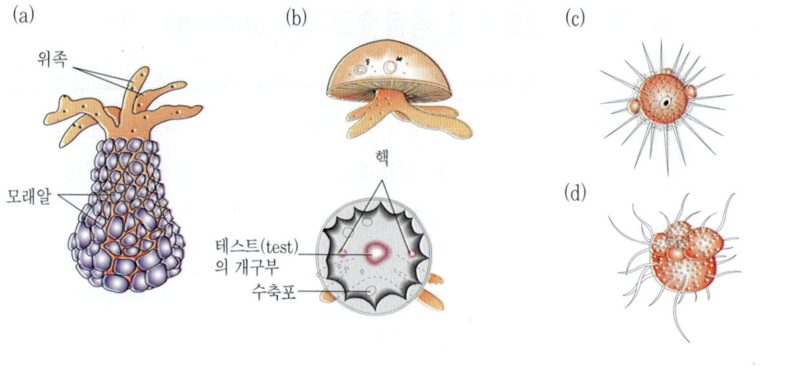

그림 23-5 육질충류에 속하는 종류들
(a) *Difflugia* : 모래알을 몸 주위에 단단히 굳혀 보호층을 만들고, 자유생활을 하는 아메바이다.
(b) *Arcella* : 거북과 같은 껍질을 가지고 있다.
(c) 태양충(*Actinophrys*) : 태양충목(Heliozoa)에 속하며 담수에 살고 있다.
(d) *Globigerina* : 유공충류(Foraminifera)에 속하며 해수성이다.

규산암으로 구성되어 있다. 담수에 사는 태양충류는 위족의 세포로부터 펴져 나온 **축족**(axopod)이 있다.

23.1.3 포자충강(Sporozoa)

포자충류의 가장 큰 특징은 모두 기생생활을 하고, 유성과 무성의 2단계를 모두 가지는 복잡한 생식주기를 가지고 있다는 것이다. 전형적으로 **포자**(spore)를 형성하며, 포자는 단순하고 **극사**(polar filament)를 가지고 있지 않다. 1개 또는 다수의 **종충**(sporozoite)을 가지며 핵은 1가지 형이다. 일부에서 편모를 가지는 **소배우자**(小配偶子)를 제외하고 거의 대부분 섬모와 편모를 가지고 있지 않으며, 운동능력이 결핍되어 있다.

말라리아충(*Plasmodium*)은 가장 잘 알려진 포자충류로서 모기(*Anopheles*)에 의해 사람에게 전염되어 사람의 적혈구에 기생하면서 「학질(말라리아)」이라는 전염병을 일으켜 많은 사람을 죽게 한 질병이다. 말라리아의 생활사는 기생과 복잡한 생활주기를 통해 학질을 유발시킨다. 즉, 말라리아는 모기의 타액을 통하여 사람의 혈액으로 들어간 다음, 간에서 무성적으로 형성된 **낭개체**(merozoite)는 위 속으로 들어가고 낭개체는 유성적으로 **생식모체**(gametocysts)를 형성하고 배우자로 분화된다. 이들은 정자와 난자가 형성되면 접합자를 만들기 위해 서로 접합한다. 이렇게 형성된 접합자는 모기의 위벽을 통하여 포자낭을 형성하여 사람을 감염시킨다. 감염된 사람은 한기와 열을 동반하기 때문에 치명적이다(그림 23-6).

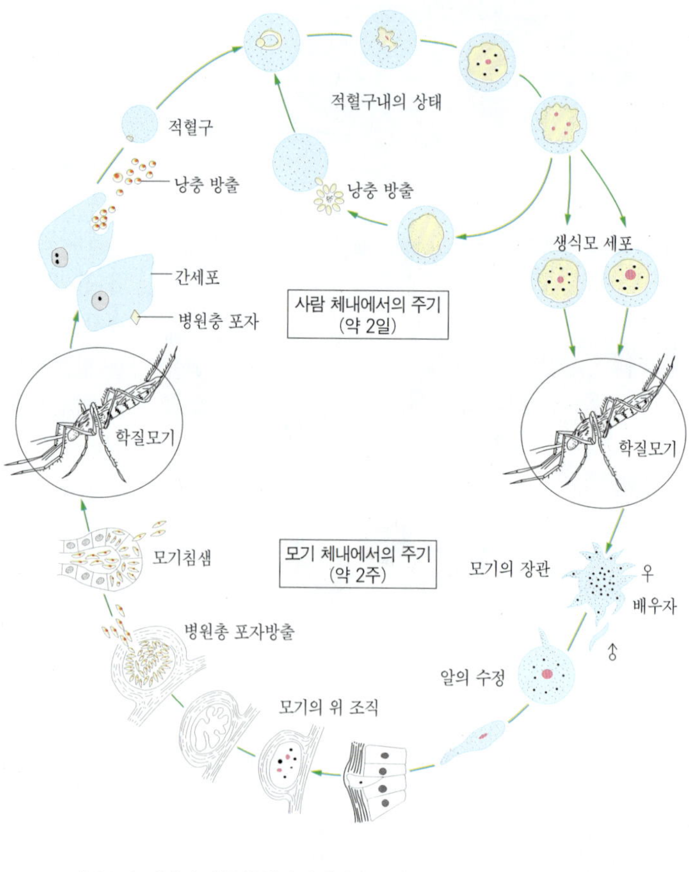

그림 23-6 사람과 다른 동물에 말라리아를 일으키는 말라리아충의 생활사

23.1.4 섬모충강(Ciliata)

원생동물 중 가장 크고 복잡한 체제를 가지고 있는 섬모충류는 여러 개의 섬모를 가지고 물 속에서 자유생활을 한다. 몸축에 대해 가로방향으로 이분열하는 **무성생식**과 접합, **자가수정**을 하는 **유성생식**이 있다. 이들은 입과 세포구를 통해

서 영양물질을 섭취하며, 식포에서 소화되지 않은 규조의 껍질같은 물질들은 외부로 배출된다. 또한 섬모충은 하나 또는 그 이상의 **소핵**(micronuclei)과 다배수체인 **대핵**(macronuclei)의 2개 핵을 갖는다. 소핵으로부터 형성된 대핵은 세포의 일반적인 영양대사 활동에 관여하며, **영양핵**(vegetative nucleus)으로도 불린다. 소핵은 생식뿐 아니라 물질대사 조절에 관여하고 있다. 이러한 섬모충류는 비록 단세포로 이루어졌지만 다세포생물의 기관계와 전체적으로 유사한 잘 발달된 구조와 기관을 가지고 있다. 섬모에는 운동계이면서 섬모의 수축에 관여하는 근육계가 있으며, 입과 식도, 항문을 가지는 **소화관**(alimentary canal)을 갖는다.

가장 잘 알려진 짚신벌레류(*Paramecium caudatum*)는 외부에 단단하고 유연성이 있는 막을 갖고 있는 뚜렷한 외형을 가지면서 수많은 섬모를 가지고 있다(그림 23-7). 이러한 섬모를 이용하여 회전, 전진, 후진을 할 수 있다. 또한 짚신벌레는 **접합**(conjugation)을 통해 유성생식을 한다. 먼저 두 짚신벌레는 서로 나란히 위치하면서 세포질다리를 형성한다. 각각의 소핵은 2번의 감수분열이 계속 일어난다. 그 결과 생긴 반수체 핵 3개는 사라지고 네번째 소핵은 유사분열로 나누어진다. 각 세포에서 만들어진 1개의 딸세포는 세포질 다리를 통해 다른 세포의 딸세포와 유합한 다음 세포가 분리된다. 늙은 대핵이 소멸되는 대신 소핵은 몇 차례 유사분열을 통해서 4개의 새로운 대핵을 형성한다(그림 23-8). 영양 상태가 좋은 짚신벌레는 하루에 2~3번 분열 증식한다. 또한 짚신벌레는 2개의 수축포를 가지고 있어 동일한 양의 물을 제거시킨다.

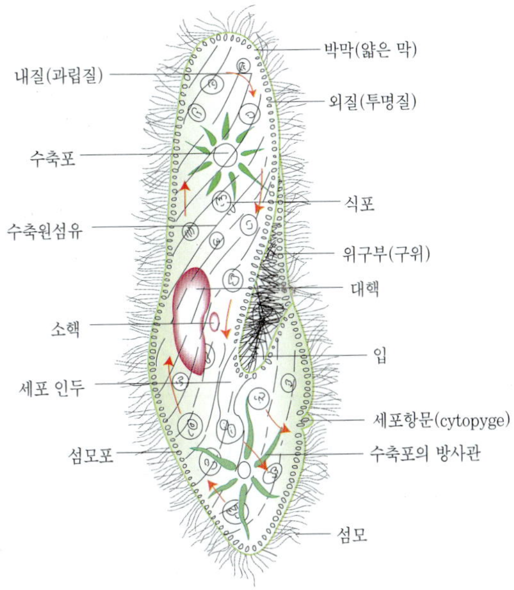

그림 23-7 짚신벌레 *Paramecium caudatum*의 모식도

이러한 섬모충류는 다른 원생동물에 비해 크기가 증가하는 경향과 또한 그 크기에 대한 적응의 필요성으로 기관과 다핵이 발달했다는 점 등은 진화적인 측면에서 큰 의미를 가지고 있다.

23.2 조류(Algae)

여기서 나타내는 조류는 원핵세포의 시아노박테리아(cyanobacteria)가 아니고 **진핵조류**(eukaryotic algae)인 식물성 **원생생물**(plant-like protists)을 의미한다. 조류는 엽록

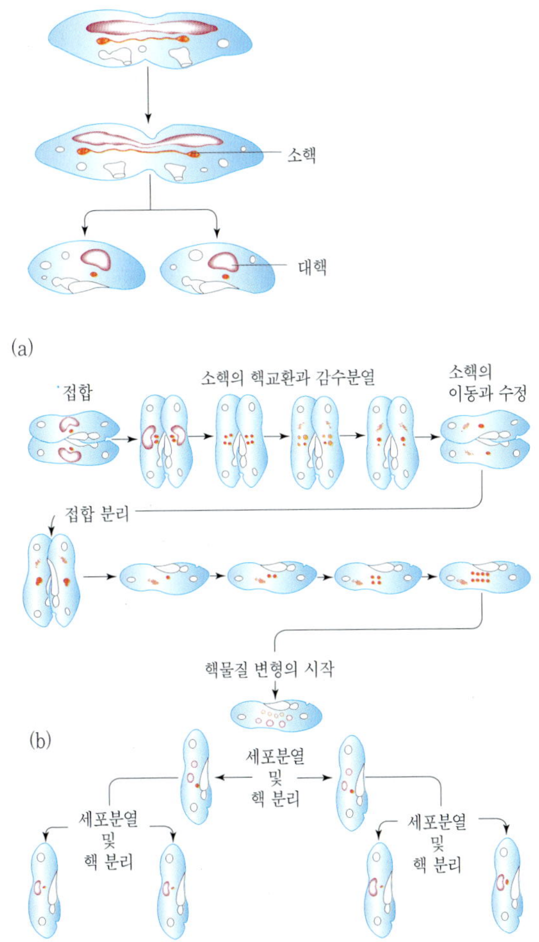

그림 23-8 짚신벌레의 2가지 생식방법
(a) 횡2분법(무성생식) : 소핵이 핵막내에 국한된 유사분열 방추사에 의해 분열되고, 대핵은 단순히 양끝으로 길게 늘어난다.
(b) 접합 : 접합자가 분리된 후에 결국 1의 접합에서 8개의 새로운 개체가 형성된다.

소 *a*와 그 밖의 다른 광합성 색소를 가지고 광합성을 하지만 후천적으로 엽록소가 소실되어 독립적으로 영양을 얻을 수 없는 종류도 있다. 조류는 일차 생산자로서 지구에 발생하는 광합성량의 약 30~40%를 차지하고 있다. 조류는 대부분 해양이나 담수에서 살고 있으며, 단세포 또는 간단한 다세포로 되어 있다. 이들은 일반적으로 물에 적응되어 살고 있으며, 특히 다세포 조류들은 해안의 암벽 등에 서식하고 있다. 전세계적으로 약 30,000여 종이 분포하고 있다.

이들은 크게 6개 문(phylum), 즉 홍조식물문(Rhodophyta), 유글레나식물문(Euglenophyta), 황갈조식물문(Chrysophyta), 황적조식물문(Pyrrhophyta), 갈조식물문(Phaeophyta), 녹조식물문(Chlorophyta)으로 나뉜다. 유글레나식물문과 황갈조식물문, 그리고 황적조식물문은 거의 대부분 **단세포생물**이고, 나머지는 대부분 다세포생물이다.

23.2.1 홍조식물문(Rhodophyta)

홍조식물류는 대부분 다세포로 구성된 홍색의 해양성 조류로서 편모는 없다. 엽록소 *a*와 *d*를 가지고 광합성을 하며, 광합성 색소로서는 피코시아닌(phycocyanin)이나 피코에리트린(phycoerythrin) 또는 카로티노이드(carotenoid)를 함유한다. 엽록체는 한 겹의 틸라코이드 구조이고, 광합성 산물은 홍조녹말이다. 무성생식의 이분법과 포자형성에 의한 유성생식을 하며, 생식세포는 유동성이 없으며 고도로 분화된 생식기관을 갖는다. 약 4,000종이 알려져 있다. 홍조류는 원핵생물인 남조류와 아주 깊은 유사성을 가지고 있어 아주 원시적인 조류라는 것을 알 수 있으나 이들의 기원에 대해서는 명확하지 않다. 김, 우뭇가사리 등이 여기에 속한다(그림 23-9).

23.2.2 유글레나식물문(Euglenophyta)

유글레나식물문은 담수나 습한 토양에서 사는 단세포생물로 1~2개의 편모를 가지고 단독생활 또는 군체를 형성한다. 엽록소 *a*와 *b*를 가지고 광합성을 하며 카로티노이드의 광합성 색소를 갖는다. 광합성산물은 유지와 탄수화물 복합체의 일종인 피레노이드(pyrenoid)이다. 그러나 일부는 엽록소가 소실되어 종속영양을 하기도 한다. 이들은 세포벽이 없어서 유글레나의 형태가 쉽게 변할 수 있다. 이러한 유글레나는 엽록소가 없을 경우에 원생동물인 동물성 편모충류와 아주 흡사하다. 유성생식은 하지 않고, 둘로 갈라지는 종분열의 무성생식으로 증식한다. 특히 유글레나는 세포벽이 없고 안점과

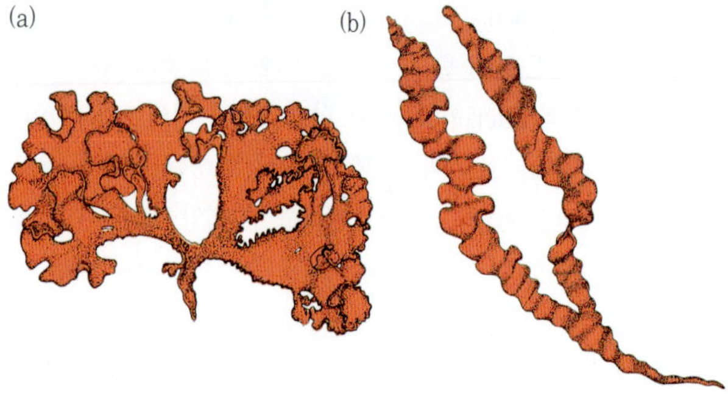

그림 23-9 식용 홍조류
(a) 돌가사리과에 속하는 진두발속인 *Chondrus crispus*. 일명 아일랜드 이끼라고 하며, 북대서양에서 발견되는 홍조류로서 푸딩과 유사한 식품 제조에 이용되는 겔로 사용된다.
(b) 우뭇가사리에 속하는 우뭇가사리속(*Gelidium*)으로 주로 한천을 만드는 데 사용된다.

세포구, 그리고 수축포를 가지고 있다는 점에서 볼 때는 동물로 생각하기 쉽고, 엽록소와 카로티노이드의 광합성 색소를 가지고 있는 점에서는 식물의 특징을 보이고 있다. 따라서 유글레나는 엄밀히 말하면 원생동물과 녹조식물의 중간적인 특징을 가지는 원생생물이다. 즉, 유글레나류는 낮에는 빛을 이용하여 광합성을 통해 독립영양을 하지만 밤이 되면 섭취한 먹이에 의존하는 종속영양의 형태를 취한다. 유글레나식물문은 약 400여 종이 알려져 있다(그림 23-10).

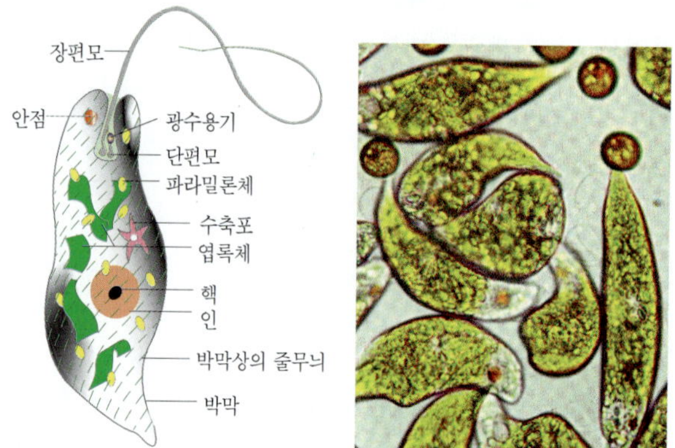

그림 23-10 유글레나(*Euglena*)
(a) 살아 움직이는(유글레나) 안점이 관찰된다. (b) 이 종은 식물과 동물의 특성을 모두 갖추고 있으며, 때때로 조류와 함께 식물계로 분류되거나 동물계로도 분류되어 있다.

23.2.3 황갈조식물문(Chrysophyta)

대부분 수중에서 사는 단세포생물로서 단독생활 또는 군체를 형성하고 있으며 그들은 대부분 **방사대칭**(radial symmetry) 또는 **좌우대칭**(bilateral symmetry)을 이루

고 있다. 편모는 1개 또는 길이가 다른 2~3개를 갖는 것도 있다. 엽록소 *a*와 *c*를 가지며 다량의 카로티노이드 색소를 지니고 있다. 색소체는 원판 또는 띠 모양이고, 광합성 산물은 유지, 류코신(leucosin)으로 저장된다. 세포벽은 2중구조로 되어 있다. 또한 무성생식은 이분법, 유성생식은 접합과 **난생식**(oogamy)을 한다. 황갈조식물문은 크게 **규조류**(diatom)와 **황갈색조류**(golden algae)로 나눌 수 있다(그림 23-11, 12).

특히 규조류는 크기가 작지만 중요한 생산자인 식물성 플랑크톤으로서 아주 중요한 역할을 한다. 따라서 바다에 사는 동물들은 규조류의 양에 의존하게 된다. 황갈조식물 1,000종 가운데 약 10,000여 종이 규조류이다.

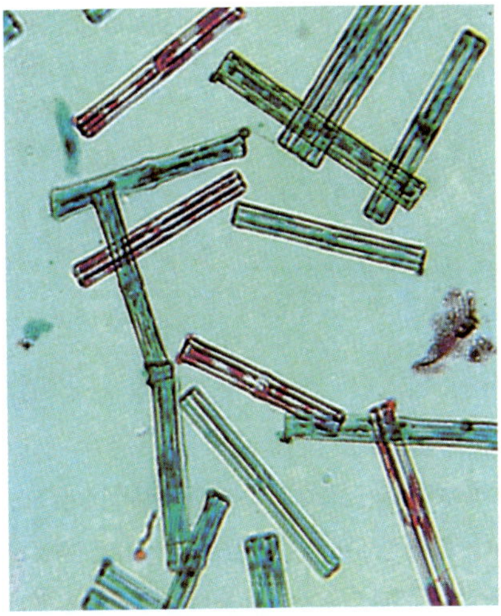

그림 23-11 떠돌말과에 속하는 우상규조류의 일종인 *Tabellaria* 견고한 유리와 같은 세포벽 구조를 볼 수 있다.

23.2.4 황적조식물문(Pyrrhophyta)

쌍편모조류(dinoflagellates)라고도 부르는 황적조식물문은 단세포로서 대부분 따뜻한 바다에서 풍부하지만 일부 담수에서 사는 종류도 있다. 엽록소 *a*와 *c* 이외에 카로티노이드의 색소를 가지고 있으며 단세포 또는 군체를 이룬다. 이들의 광합성 산물은 녹말과 유지이다. 대부분 무성생식을 하고 유성생식은 거의 드물다. 이들의 세포벽은 셀룰로오스이거나 없는 경우도 있다. 그들은 1개 또는 몇 개의 편모를 가지고 있다. 또한 많은 황적조식물은 해파리나 말미잘에 공생관계를 유지하며 살고 있으며, 규조류와 함께 플랑크톤의 대부분을 차지한다. 일부 종의 과잉 발생으로 생태계에 치명적인 타격을 주는 **적조**(red tide)현상을 일으킨다. 그리고 어떤 종은 강력한 독을 분비하기도 한다. 세계적으로 약 1,000여 종이 보고되어 있다(그림 23-13, 14)

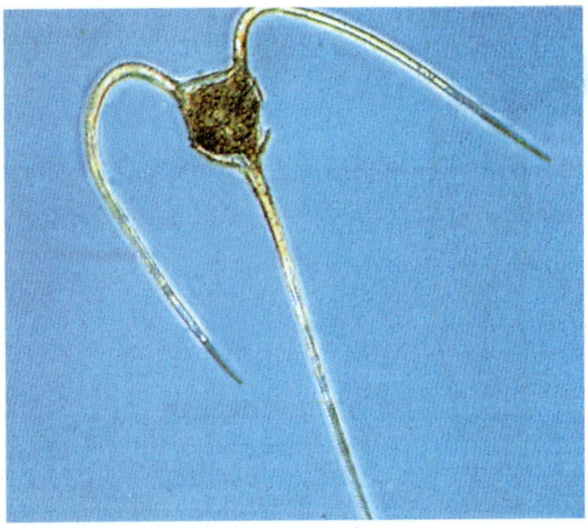

그림 23-13 황적조식물문의 뿔말과인 *Ceratium*속에 속하는 담수성 쌍편모조류

(a)

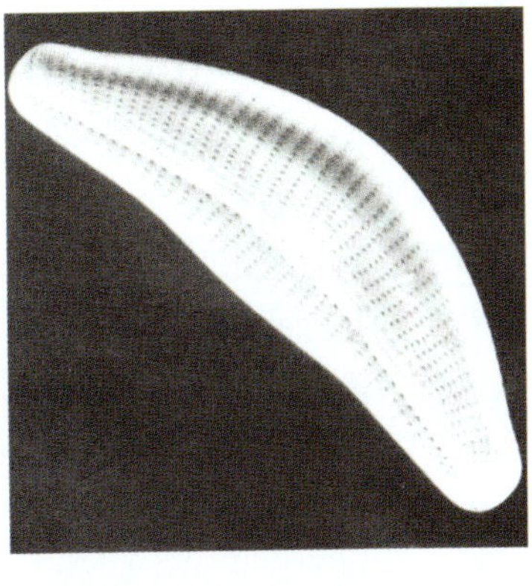

(b)

(c)

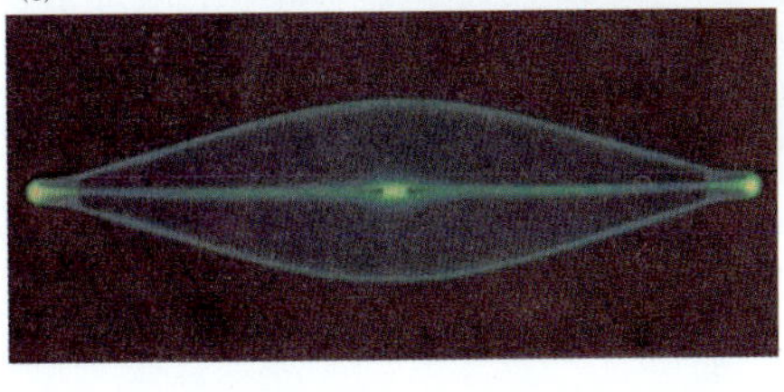

그림 23-12 규조류(Diatoms)의 구조
(a) 규조류의 주사전자현미경사진. 홈으로 파진 부분과 벽에 있는 정교한 일련의 천공이 관찰된다.
(b) (c) 간섭현미경에 의해 관찰된 규조류

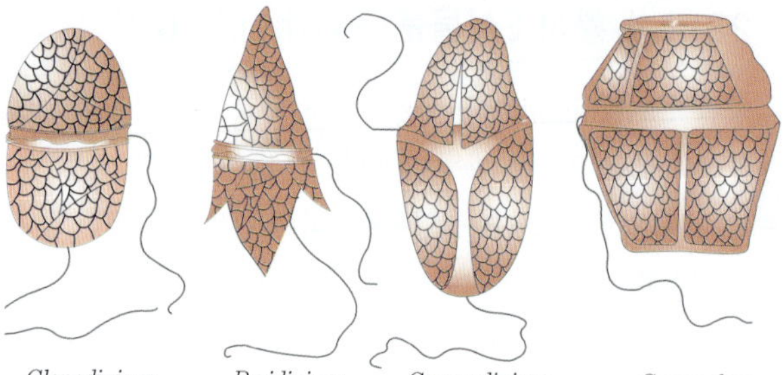

그림 23-14 황적조식물
4종류의 쌍편모조류. 하나의 세포로 된 몸통을 둘러싼 판과 2개의 특이한 편모가 관철된다.

23.2.5 갈조식물문(Phaeophyta)

갈조식물은 조류 중에서 가장 발달한 다세포 조류로서 거의 대부분 바다에서 살고 엽록소 *a*와 *c* 및 카로틴 외에 푸코크산틴(fucoxanthin)과 같은 크산토필을 함유한다. 광합성 산물은 라미나린(laminarin), 유지, 마니톨(manitol) 등으로 저장된다. 세포벽은 셀룰로오스 또는 알지닉산(alginic acid)으로 구성되어 있다. 약 1,500여 종이 알려져 있으며, 다른 조류에 비하면 비교적 크다. 어떤 미역은 30m에 달하는 것도 있으나 이러한 크기에 비해 단순한 형태이다. 그들은 **유주자**(zoospore), **단포자**(monospore) 등에 의한 무성생식과, 접합에 의한 유성생식의 복잡한 과정을 거친다. 유성생식은 세대의 교대가 뚜렷한데, 동형 및 이형의 세대교대를 하는 것과 난생식을 하는 복상세대뿐인 것이 있다. 갈조식물은 조류 중에서 체제가 가장 분화된 군으로 단세포인 것은 없다. 미역과 다시마처럼 식용으로 이용되기도 한다(그림 23-15).

그림 23-15 전형적인 갈조류에 속하는 다시마속은 복잡한 조류로서 몸 부분이 분화할 때 관속식물과 비슷하다.

23.2.6 녹조식물문(Chlorophyta)

녹조류에는 단세포, 군체 혹은 다세포로 구성되는 종류가 있으며, 세포는 대개 **단핵성**(uninuclear)이지만 **다핵성**(multinuclear)도 있다. 거의 대부분 담수에서 살지만 바다에서 사는 종류도 있다. 엽록소 *a*와 *b*를 가지고 있어 유글레나와 비슷하지만 녹조류는 셀룰로오스와 다당류로 된 단단한 세포벽을 가지고 있다. 이들의 광합성 산물은 녹말로 저장된다. 편모를 가진 것도 있고 갖지 않은 것도 있는데, 편모가 없는 종류는 편모가 달린 유주자나 배우자를 보통 생성한다(그림 23-16).

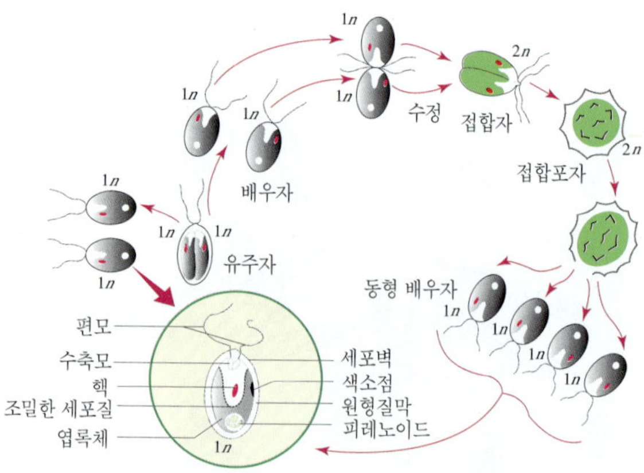

그림 23-16 녹조류인 클라미도모나스의 생활환
좌 : 무성생식, 우 : 유성생식과정, 원내 : 확대된 1개체의 구조

또한 이들은 색소체가 여러 겹의 틸라코이드라멜라 구조로서 잘 발달하고 모양이 다양하다. 따라서 이러한 색소체는 녹조류에서 목(目)을 구분하는 데 중요한 형질로 작용한다. 약 7,000여 종이 알려져 있으며, 균류와 공생하여 지의류를 형성하거나 동물체 속에 사는 것도 있다.

녹조류는 크게 단세포인 클로레라(*Chlorella*)와 클라미도모나스(*Chlamydomonas*), 그리고 판도리나(*Pandorina*)가 있으며, 군체성의 볼복스(*Volvox*), 사상형의 오에도고니움(*Oedogonium*)과 클라도포라(*Chadophora*) 등이 있다. 클라미도모나스는 양분이 풍부한 물에서 살고 있으며(그림 23-17), 물의 색을 변화시키는 **수화**(algal bloom)를 가져온다. 특히 클라미도모나스는 반수체단계에서 무성적인 **유사분열 사이클**(mitotic cycle)과 접합자 융합의 유성생식을 하는 생활사를 갖는데, 이러한 생활사는 모든 후생동물 생활 기원에 있어서 아주 중요한 진화적 단계에 있다. 이러한 녹조류는 단세포적인 생활에서 군체생활로의 뚜렷한 변천과정에 있는 분류군으로서 클라미도모나스를 단세포의 맨 마지막에 놓을 수 있다. 볼복스는 세포로 된 빈 공 모양으로, 2개의 편모를 가지며 500~6,000개의 세포로 되어 있다(그림 23-18).

특히 주름말속(*Ulothrix*)은 필라멘트성 조류로서, 필라멘트성 사슬에 있는 반수체의 영양세포는 엽록체와 녹말 같은 다당류를 저장하는 몇 개의 피레노이드를 갖는다. 1개의 세포는 분열하여 4~8개의 유주자를 형성하고, 각각 4개씩의 편모를 갖는다. 이들 유주자는 유리되었을 때 새로운 필라멘트를 형성한다(그림 23-19).

(a)

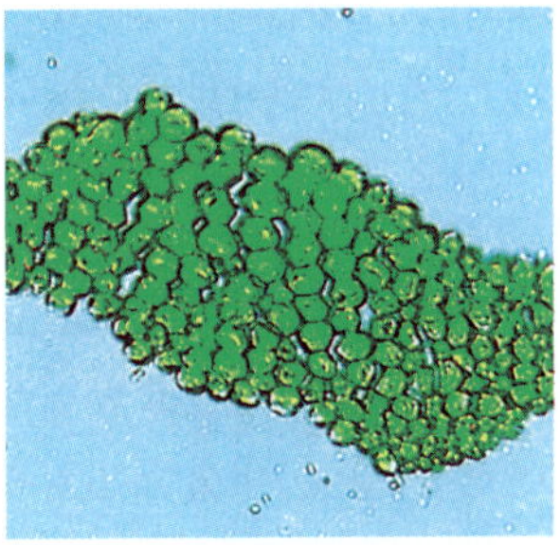

(b)

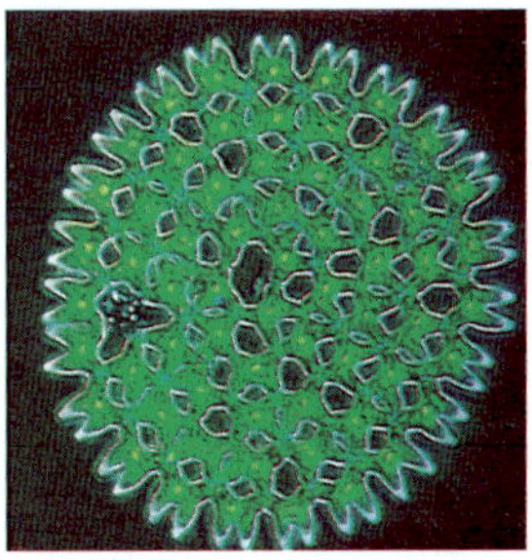

그림 23-17 녹조류의 군체
(a) 클라미도모나스(*Chlamydomonas*) 세포의 집합체
(b) 운동성 녹조류의 군체인 페디아스트룸(*Pediastrum*)

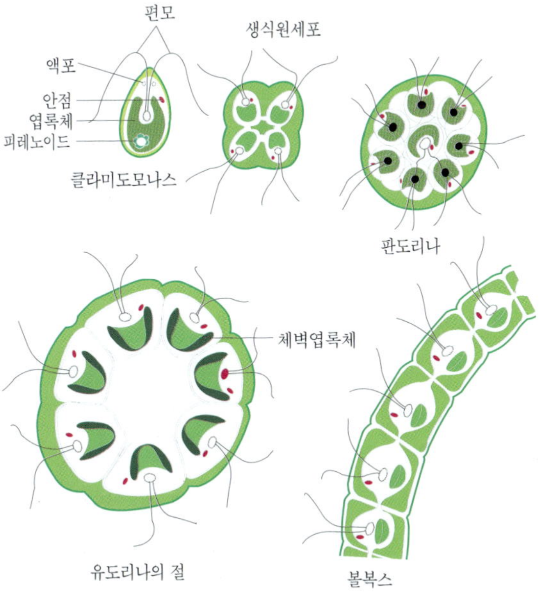

그림 23-18 볼복스같은 조류의 대표적인 몇 가지 종류
볼복스 군체의 한 작은 절(section)을 보여 주고 있다.

녹조류는 많은 원생동물과 수생동물의 먹이로 중요하다. 특히 광합성을 하는 단세포성 클로레라는 중요한 공급원이 되고 있다. 전세계적으로 약 7,000여 종이 알려져 있으며 해캄, 파래, 청각 등이 있다.

(a)

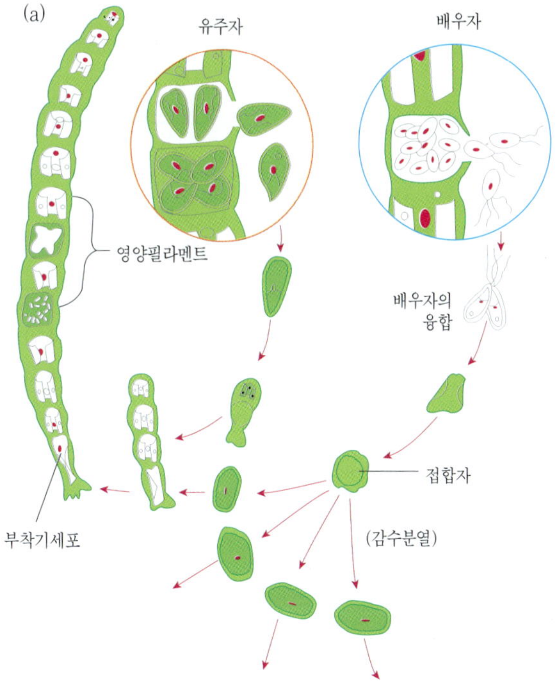

(b)

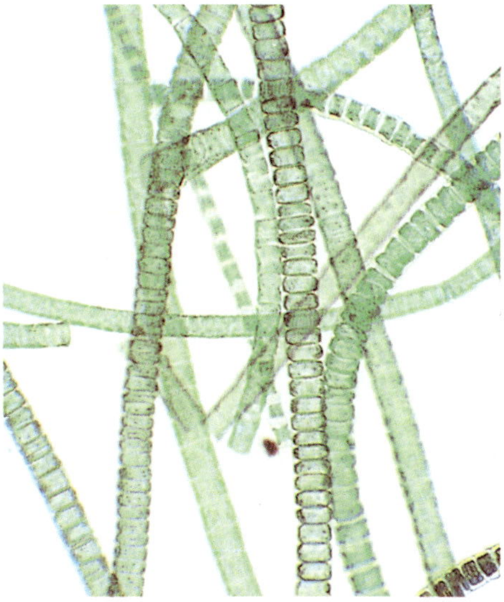

그림 23-19 녹조류인 주름말속
(a) 좌 : 주름말속의 필라멘트 중앙 : 유주자에 의한 무성생식의 확대면
우 : 배우자 형성에 의한 유성생식과 배우자 융합에 의한 접합자의 형성
(b) *Ulothrix*의 필라멘트

제24장

균계

균류는 광합성을 하지 않으며, 기본적으로는 유기물을 몸 표면으로부터 흡수하는 종속영양에 의해서 생활하는 진핵생물(eukaryote)이다.

영양체(fungus thallus)는 단세포 혹은 균사체(myceium)이다. 균사체는 다핵체 또는 다세포의 균사로부터 이루어진다. 세포는 **진핵세포**(eukaryotic cell)이며, 세포벽이 있다. 세포벽의 구성성분은 키틴(chitin), 글루칸(glucan), 만난(mannan), 섬유소(cellulose)이지만, 분류군에 따라 주성분이 다르다.

균류는 다양한 생식방법을 갖고 있다. **무성생식**은 유주자(zoospore)의 형성, 분생자 형성, 무성아(gemma) 또는 후막세포의 형성 및 균핵 형성 등에 의해서 이루어진다. **유성생식**은 배우자에 의한 수정 또는 접합, 배우자낭의 접합 및 체세포 접합 등에 의한다. 거의 모든 균류의 세포핵들은 반수체(haploid)이고, 접합자는 배수체(diploid)이다. 몇몇 종에서는 유성생식이 플러스(+)와 마이너스(−)로 불리는 서로 다른 접합형(mating type)의 균사체 사이에서 일어난다. 생식시에는 대개 영양체의 일부가 생식기관으로 분화되거나 영양체 전체가 1개의 생식기관이 되는 경우도 있다(*Olpidium*). 전자를 분실성(eucarpy), 후자를 전실성(holocarpy)이라 한다.

균류는 땅의 표면 또는 깊은 땅 속이나 물 속에까지 널리 분포하고 있으며, 현재 약 25만 종이 알려져 있다. 또한 생활사가 밝혀지지 않은 종도 있으며, 분류군의 특징이 뚜렷하지 않은 것도 많으므로 분류체계는 불완전하다.

균류의 분류는 주로 유성포자와 자실체의 특징에 기초를 두고 있는데, 일반적으로 변형균문(Myxomycota)과 진균문(Eumycota)으로 크게 분류하고 있다. 즉, 어떤 학자는 균계를 점균문〔Myxomycota ; 아크라시아아문(Acrasiomycotina), 라비린튤라아문(Labyrinthulomycotina), 그리고 점균아문(Myxomycotina)〕과 진균문〔Eumycota ; 편모균아문(Mastigomycotina), 접합균아문(Zygomycotina), 자낭균아문(Ascomycotina), 담자균아문(Basidiomycotina)〕으로 분류하기도 한다.

24.1 변형균문(Myxomycota)

변형균은 점균 또는 나균(裸菌)이라고도 하며, 그 특징은 균체가 원형질막에 싸여 있고, 포자(spore)나 자실체(fruit body) 이외에는 세포벽이 없으며, 아메바 모양으로 먹이를 포식하는 것이다. 변형균류는 원생동물과 비슷한 **변형체**(plasmodium)의 시기와, 곰팡이와 비슷한 **조포체**의 시기가 교차되는 특이한 생활사를 갖는 생물군으로 균류와 동물의 중간적인 생물이다.

영양체는 복상인 다수의 핵을 갖는 변형체로서, 자실체를 만든다. 유주세포(swarmer)는 채찍 모양의 편모 2개를 가지고 있다. 변형균문에는 약 500종이 포함되어 있으며, 그 종류와 생활사에 관해서 아직 분명하지 못한 것이 있다.

변형균문은 무유주강과 진점균강으로 분류된다.

24.1.1 무유주자강(Acrasiomycetes)

영양체는 단핵 아메바의 집합체로서, **위변형체**(pseudoplasmodium)를 만들고, 전체가 1개의 균체로 된 자실체를 형성한다. 자실체에 만들어진 포자는 발아하면 다핵의 아메바가 되고, 세균 또는 미세한 조류 등의 미생물을 섭취하여 영양으로 삼고 이분법으로 증식한다. 이들은 또 집합하여 위변형체를 만든다. 동물계의 원생동물문과 근연의 생물군으로 보고 있고, 공생을 하지 않으며 생활환은 아메바의 일부와 유사하다(그림 24-1).

아메바 같은 세포가 토양박테리아를 섭취하여 자라고, 계속적으로 체세포분열한 결과 분할된다. 이 균 주위에 먹이 공급을 차단하면 '아메바'들이 모여서 작은 세포 무더기를 형성한다. 이 집합과정은 몇 가지 호르몬의 작용에 관한 기작과

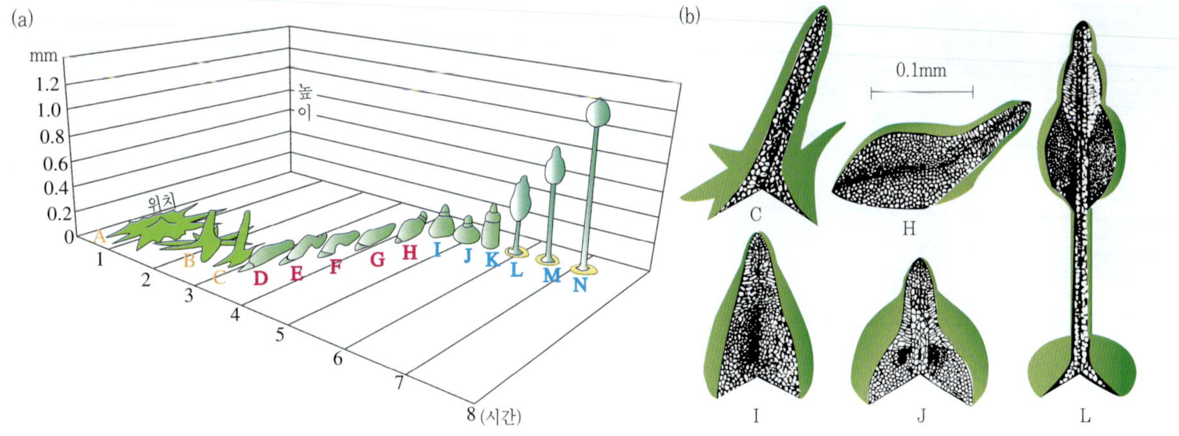

그림 24-1 세포성 변형균류의 생활환
(a) 생활환의 연속적인 단계
A~C : 위 변형체는 수백 개의 아메바 같은 세포들이 집합하여 형성된 것이다. D~H : 위 변형체가 얼마 동안 기질 표면을 따라 움직인다.
I~N : 표면의 포자생산 부위를 받치는 자루가 자란다.
(b) (a)의 과정 중 그 일부를 자세히 도해한 것

세포 외부로 화학신호물질 cAMP(cyclic 3′, 5′adenosine monophosphate)의 방출을 신호로 하여 이루어진다. 세포 무리는 스스로 배열하여 위변형체〔pseudoplasmodium ; 괄태충(slug) 모양〕를 형성하는데, 이는 다세포동물처럼 이리저리 기어다니며 빛과 열 같은 자극에 대해 반응을 나타낸다. 위변형체는 돌아다니다가 생활환을 계속할 수 있는 적당한 장소를 얻게 되면, 모양을 둥글게 하여 자실체를 만든다. 돌아다니는 위변형체는 앞쪽 1/3은 **자루세포**(stalk cell)로 되고, 뒤쪽 2/3는 **포자세포**(spore cell)로 분화된다. 이 단계에서 변형균류는 수백 개의 포자를 지지해 주는 가느다란 자루를 구성한다. 이 자실체는 자루 끝에 둥근 모양의 구조물을 형성하고, 자루세포는 각 세대마다 죽지만 포자는 둥근 구조물에서 분산되어 퍼진다. 조건이 좋아지면 각 포자는 새로운 아메바를 형성해서 새로운 생활환을 시작한다. 여기에는 *Acrasis*와 *Dictyostelium* 등이 포함된다.

24.1.2 진점균강(Myxomycetes)

영양체는 원형질의 덩어리이며, 주로 썩어가는 낙엽이나 습하고 부패해 가는 통나무 위를 기어다니며 생활한다. 이들은 아메바처럼 위족을 내어서 움직이는데 이를 변형체라 한다.

세포벽이 없고 다핵이며 전체가 1개의 아메바 모양으로 운동을 하면서 세균이나 효모균 및 유기물입자를 섭취하여 약 30g까지 자랄 수 있다. 때로는 나뭇가지 모양으로 퍼지기도 한다. 이 균은 자라면서 움직이기 때문에 모양이 다양하게 변한다. 황색 또는 회백색인 것이 많지만, 홍색, 흑색, 자색을 나타내는 종류도 있다.

변형체가 성숙하면 자실체로 되고 포자를 만든다. 자실체의 세포벽은 주로 섬유소이다. 포자가 형성될 때에는 감수분열이 일어나 포자는 반수체가 된다. 포자가 발아하면 길고 짧은 2개의 채찍 모양인 편모를 가진 유주자나 아메바 모양의 배우자를 만든다. 배우체는 서로 접합하여 배우체 접합자를 만들고, 이것은 체세포분열하여 새로운 변형체를 형성한다. *Ceratiomyxa*, *Licea*, *Eschinostelium* 등이 여기에 속한다.

24.2 진균문(Eumycota)

진균류에는 단세포인 효모를 비롯해서 다세포인 곰팡이, 녹병균, 흑수병균, 버섯까지 다양하고 넓게 포함된다. 균체의 외벽은 주로 섬유소와 키틴으로 구성되어 있다.

곰팡이는 죽은 생물체로부터 양분을 섭취하는 부식균(saprobe)이며, 또한 숙주로부터 양분을 섭취하는 기생균(parasite)이다(그림 24-2).

이것은 습한 곳에서 잘 자라고, 어떤 온도에서도 자랄 수 있기 때문에 냉동식품 중에서도 성장이 가능하다. 포자가 적당한 기질에 떨어지면 발아하여 생장하기 시작하며, 포자로부터는 균사가 나오고, 균사는 얽혀서 덩어리로 되어 일부는 공기중으로 뻗기도 한다(그림 24-3).

효모는 생물학적으로 곰팡이와 같은 부류에 속하고, 주로 출아법에 의해서 무성 번식하는 단세포 균류이다(그림 24-4).

그림 24-2 기생성 곰팡이
개미가 곰팡이의 포자를 섭취하면 곰팡이는 개미 몸 속에서 양분을 섭취하며 성장한다. 곰팡이는 개미 신경에 영향하여 개미가 높이 달린 나뭇잎으로 올라가게 한다. 개미는 죽고 곰팡이는 자실체라는 특별한 생식기관을 형성한다. 곰팡이가 숙주의 습성을 변화시켜서 자실체 속의 포자를 퍼뜨린 것이다. 숙주생물의 행동에 대한 기생생물의 영향은 새롭고 흥미로운 연구 과제이다.

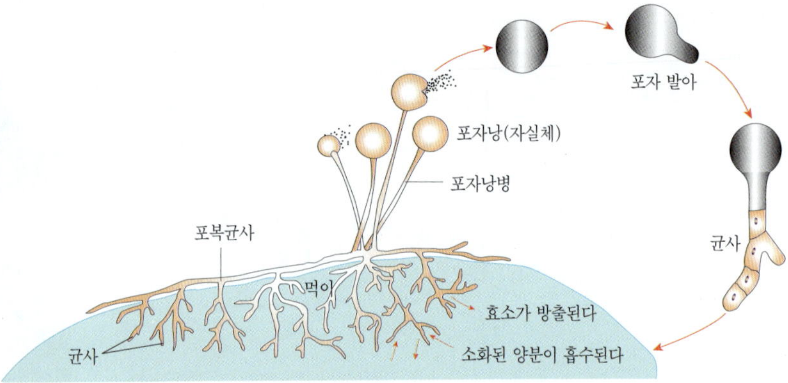

그림 24-3 전형적인 곰팡이의 발아와 성장

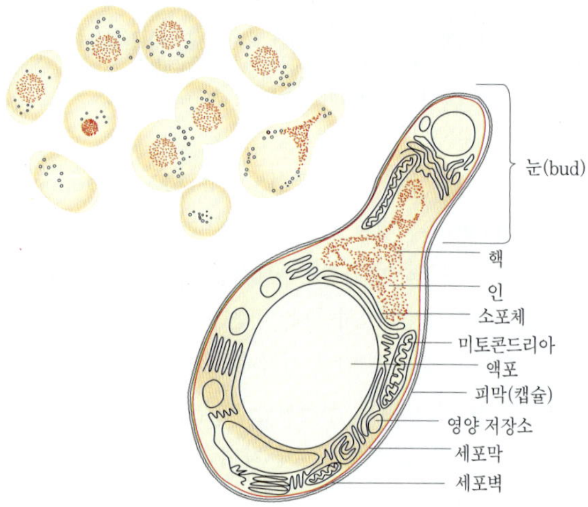

그림 24-4 출아하는 빵 효모의 세포

일반적으로 효모세포는 세균세포보다 크다. 어떤 것은 군체를 형성하기도 하는데, 단일 분류군으로는 분류하지 않는다. 영양세포는 반수체(n)인 것과 2배체($2n$)인 것의 2종류가 있다. 출아가 모세포만큼 커졌을 때 핵분열이 일어나고, 모세포와의 사이에 격벽이 생길 때까지 성장한다. 진균류 중에서 영양체가 사상인 것을 곰팡이라 하고, 단세포인 것을 효모라 한다. 따라서 효모에도 자낭균류에 속하는 것과 담자균류에 속하는 것, 그리고 불완전균류에 속하는 것 등이 있다. 대부분의 진균류는 다핵성이며, **균사**(hypha)는 원통상의 사상체로 자란다. 균사로 이루어진 영양체를 **균사체**(mycelium)라고 한다. 균사체는 가늘고 많이 갈라진 원통형의 실과 같은 관에 둘러싸인 원형질의 다핵성 덩어리로 되어 있는 것도 있고, 균사에 격막을 가지는 것도 있다. 포자가 발아할 때 균사라는 긴 실을 내놓으며, 균사는 반복해서 분지하여 균사체를 이루는 긴 실을 형성하도록 한다. 균류의 영양세포균사는 보통 토양이나 지피물(地被物)에 덮여 있어 보기 어려우나, 많은 균류들은 특수한 포자를 가진 **자실체**를 갖고 있으며, 토양 표면에 돋아나 있어 쉽게 볼 수 있는데 이를 버섯(mushroom)이라 한다. 균사의 벽은 아세틸글루코사민(N-acetyl glucosamine)의 중합체인 키틴에 의해 보강되어 있다. 진균류는 균사의 격막 유무 및 증식법에 따라, 난균강, 접합균강, 자낭균강, 담자균강, 불완전균강 등으로 분류된다.

24.2.1 난균강(Oomycetes)

이 강에 속하는 곰팡이는 편모를 가지고 있는 **무성포자**(asexual spore)가 특징적이며, 이 포자는 새로운 장소로 이동된다. 단세포인 것도 있고, 어떤 것은 다핵균사를 가지고 있는 균사체로 된 것도 있다. 세포벽은 섬유소로 구성되어 있고, 이 강의 대부분이 수성인 **물곰팡이**(water mold)로 알려져 있다. 물곰팡이는 물고기, 곤충의 유충, 식물의 종자 등에 부생하거나 기생하고, 또 어떤 것은 동식물의 찌꺼기에서 살아간다. 물고기곰팡이(fish mold)인 *Saprolegnia*는 물고기에 기생하기도 하며, 밀집된 양어장에도 많이 사는 기생곰팡이이다. 이 곰팡이는 물고기의 지느러미에 솜같은 균사체를 형성하다가 몸 전체로 퍼져 나간다.

난균류에서 균사 중 일부는 그 끝에 난포자가 발달된다. 원형질은 이들 난포자로도 자유로이 이동되고, 하나의 난포자 안에 몇 개의 알이 형성된다(그림 24-5). 또 다른 균사는 장정기를 갖고 웅성배우자를 형성한다. 장정기의 균사가 장란기와 접합하면 수정관이 형성되고, 그 속으로 반수체인 핵을 방출한다. 웅성핵과 난핵은 융합하여 배수체 접합자를 형성한다. 접합자는 두꺼운 벽을 가진 **난포자**(oospore)로 성장하고, 이 포자는 휴면포자가 된다. 환경조건이 좋아지면 난포자는 발아하고 짧은 균사로 생장한다.

유주자(zoospore)는 채찍 모양과 깃 모양인 2개의 편모를 가지고 있으며, 유주자가 단형성(monomorphism)인 것과 2형성(dimorphism)인 것이 있다. 유주자낭에서 1차형 유주자(primary zoospore)가 형성되고, 그것이 잠시 유영한 뒤에 세포벽을 만들어 부동포자(aplanospore)인 상태가 되면, 거기서 2차형 유주자(secondary zoospore)가 출현되어 2형성이 된다.

이 균류는 옆쪽에 채찍 모양과 깃 모양의 두 편모를 갖는 유주자가 있다는 점에서 식물계의 황색편모조식물문과 비슷하다. 난균강에는 *Saproleginia*, *Bacidiophora*, *Peronospora* 등이 포함된다.

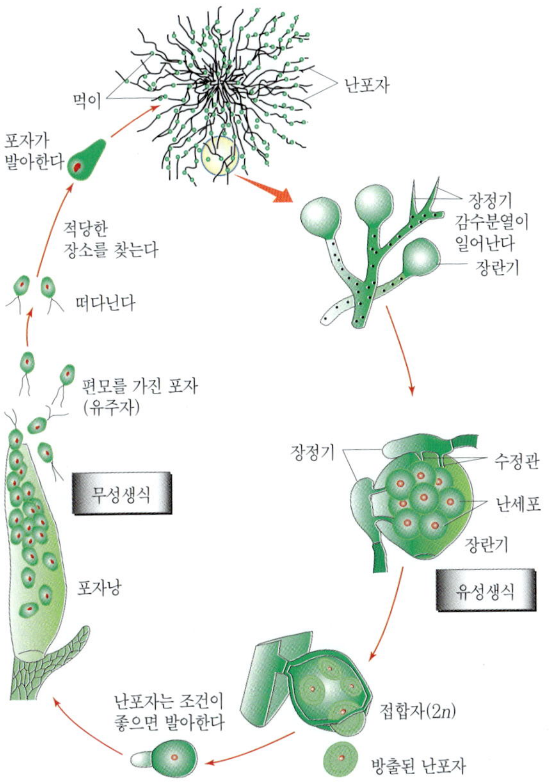

그림 24-5 난균인 물곰팡이의 생활환
유성생식 기간에 장란기와 장정기가 형성되고, 이 속에서 감수분열이 일어난다. 장란기 안에서 형성된 난세포는 장정기 안에서 형성된 웅성핵과 수정하여 2배체인 접합자가 되며, 휴면포자인 난포자로 성장한다. 조건이 좋아지면 난포자는 발아하고, 짧은 다핵균사를 형성하며 다음에 포자낭이 형성된다. 포자낭 내에서는 편모가 달린 유주자가 발달하고, 유주자는 정착하여 발아하기에 적합한 환경이 될 때까지 떠다닌다. 각 유주자는 새로운 균사체로 자랄 수 있다.

24.2.2 접합균강(Zygomycetes)

영양체는 단상인 균사체이며, 기본적으로는 격벽이 없다. **접합포자**(zygospore)라는 유성휴면포자(sexual resting spore)를 만든다. 균사는 다핵이며 세포벽은 키틴으로 구성되어 있다. 썩어가는 식물 또는 동물에 부생하나 기생하기도 한다. 동물에 기생할 때는 기주의 조직이나 세포내에 균사가 발달되기도 하고 흡기(haustorium)를 내기도 한다.

접합균 중 일반적인 것이 검은빵곰팡이인 *Rhizopus nigricans*이다. 곰팡이 포자가 빵 위에 떨어져서 발아하고 실뭉치 같은 균사체로 자라나면 빵에 곰팡이가 슬게 된다. 균사의 일부인 **가근**(rhizoid)이 빵 속에 들어가 양분을 얻고, **눈줄기**(stolon)라고 하는 다른 균사가 빠른 속도로 옆으로 퍼져 나간다. 마침내 일부 균사가 위로 자라고, 말단에는 **포자낭**(sporangium)을 발달시키고 이 포자낭이 터지면 포자가 방출된다(그림 24-6).

유성생식은 2개의 서로 다른 접합형의 균사가 옆으로 나란히 놓여졌을 때 일어난다. 빵곰팡이는 2개의 접합형인 **자웅이체성**(heterothallism)이며, 유성생식은 +균주와 −균주 사이에서만 일어날 수 있다. 이것은 형태적인 성분화(性分化)는 없고 생리적인 성분화가 되어 있다. 그러나 이 두 균주를 웅성과 자성으로 칭하는 것은 타당하지 않다. 반대되는 접합형의 균사가 만나면 균사의 끝을 함께 연결시켜 **배우자낭**(gametangium)을 형성시키는 호르몬이 분비된다. 이 구조는 격막의 형성에 의해 엽상체(thallus)의 나머지 부분에서 분리된다. 그리고 +와 −핵이 융합하여 몇 개의 배수체핵을 갖는 접합자가 형성된다.

접합자는 두껍고 검은 껍질을 형성하여 수개월간 수면 상태로 있기도 한다. 접합포자가 발아하기 바로 직전이나 발아할 때 감수분열이 일어난다. 그리고 나서 1개의 핵만 남기고 모든 반수체 핵은 퇴화된다. 반수체 포자는 발아하여 새로운 생활환을 시작한다. 접합자는 배수체이고 모든 균사와 무성포자는 반수체이다. 여기에는 *Mucor*, *Zoopage* 등이 포함된다.

24.2.3 자낭균강(Ascomycetes)

유성생식을 하는 균류 중 가장 큰 강으로 약 3만 종이 알려져 있다. 포자가 **자낭**(ascus)이라고 하는 작은 주머니 안에서 만들어지기 때문에 **자낭균**(sac fungi)이라 불린다. 균사는 항상 격막을 가지고 있으며, 격막벽에 구멍이 나 있어 원형질이 균사세포 사이에서 이동해 다닐 수 있다(그림 24-6).

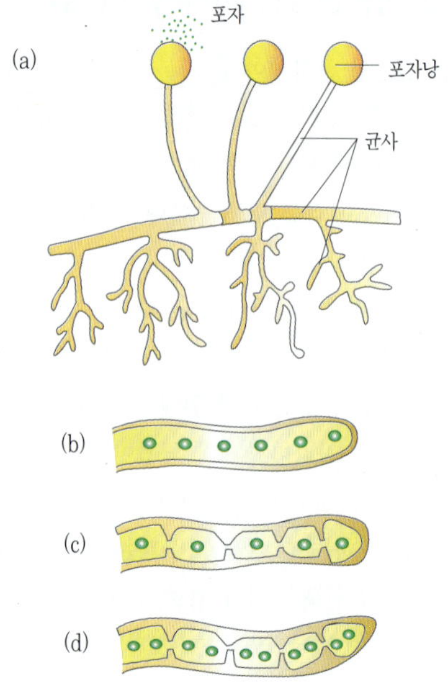

그림 24-6 곰팡이류
(a) 곰팡이의 구조 (b) 다핵균사
(c) 격막에 의해 세포로 나뉘어진 균사 : 각 세포는 1개의 핵을 갖는다.
(d) 격막을 가진 균사 : 각 세포들이 2개의 핵을 갖는다. 어떤 종류는 격막에 구멍이 있어 한 세포에서 다른 세포로 세포질이 이동할 수 있다.

자낭균류에는 단세포인 효모, 가루곰팡이(powdery mildew), 음식을 상하게 하는 청록색·적색·갈색곰팡이, 그리고 식용버섯과 조미료 등이 포함된다(그림 24-7).

자낭균강인 *Neurospora crassa*는 파이나 케이크에 생기는 부식균인데, 분홍색 포자가 자람에 따라 분홍색을 띠게 된다. 이 곰팡이는 유전학과 생화학의 중요한 연구재료가 되고 있다. 또한 *Claviceps purpurea*는 호밀이나 다른 곡물의 꽃에 감염되어 곡식 끝부분인 종자가 생기는 곳에 **맥각**(ergot)을 만든다. 가축이 이것을 먹거나 감염된 호밀로 만든 빵을 사람이 먹었을 때, 맥각에서 나오는 독성물질 때문에 독이 오를 수도 있다. 이런 독성의 음식을 먹으면 신경경련, 경련, 정신질환 등을 유발시키는 맥각병이 된다. 맥각의 성분 중 하나인 리세르그산(lysergic acid)은 LSD 합성의 중간산물이다.

(a)  (b) 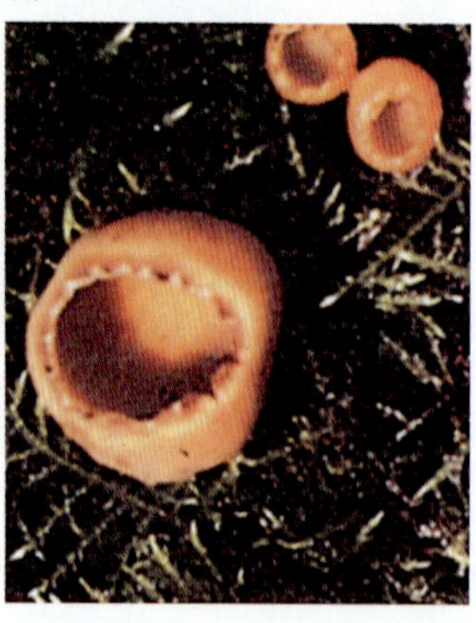

그림 24-7 자낭균류
(a) 곰보버섯속(*Morchella deliciosa*). 라틴 이름에서 알 수 있듯이 이것은 식용버섯이다. 보통 그물버섯(morel)이라고 한다.
(b) 주발버섯(*Peziza*)

자낭균류는 효모처럼 단세포일 수도 있고, 가루곰팡이와 같이 필라멘트형 다세포이거나, 조미료같이 두툼하고 다육질인 것도 있다. 이 강은 영양세포형이나 무성생식방법에서 상당한 다양성을 가지고 있다.

대부분의 자낭균에서 무성생식은 **분생자**(conidium)라고 하는 포자의 형성이 포함된다. 이 포자는 **분생자자루**(conidiophore)라고 하는 특별한 균사의 끝부분에 생성된다. 때로는 **하포자**(summer spore)라고 하는 분생자가 새로운 균사체를 전파한다. 이 포자는 종마다 다양한 모양, 크기, 색을 갖는다. 분생자의 색은 곰팡이로 하여금 검은색, 청색, 녹색, 분홍색 등의 다양한 색을 띠게 한다.

자낭균류 중 어떤 종은 **자웅이체성**(heterothallism)이고, 어떤 종은 **자웅동체성**(homothallism)이다. 유성생식은 두 균사가 함께 자라서 원형질이 합쳐진 후에 일어난다(그림 24-8). 이 융합된 구조내에서 2개의 핵이 함께 모이지만 하나로 되지는 않고, 새로운 균사가 발생한다. 이런 균사의 세포는 **2핵성**(dikaryotic)이다. 즉, 각각의 세포가 2개의 핵을 갖는다. 이들 균사는 이 종의 특징인 **자낭과**(ascocarp)라고 하는 자실체를 형성한다. 자낭과 안에서 2핵성인 균사가 자낭모세포(ascus mother cell)가 되고, 자낭모세포에서는 2개의 핵이 융합되어 배수체핵이 된다. **자낭포자**(ascospore)는 자낭의 끝부분이 파괴되어 열리면 방출된다. 자낭은 효모에서는 단독이지만, 일반적으로는 다수가 모여 자낭층이 된다.

자낭균강은 다음 6아강으로 분류된다.

(1) 반자낭균아강(Hemiascomycetidae)

자낭과를 만들지 않으며 자낭은 단독으로 생긴다(裸生子囊). 효모에서는 유성생식일 때 돌기가 나와 서로 연결되어 접합하고, 그 접합자가 자낭이 된다. *Saccharomyces*, *Taphrina* 등이 있다.

(2) 부정자낭균아강(Plectomycetidae)

영양체는 단상의 균사로부터 되고, 발달된 균사체를 형성한다. 자낭과는 폐자낭각(cleistothecium)이며, 자낭은 약간 둥글거나 알 모양이고, 자낭벽의 붕괴에 의해서 자낭과 안에

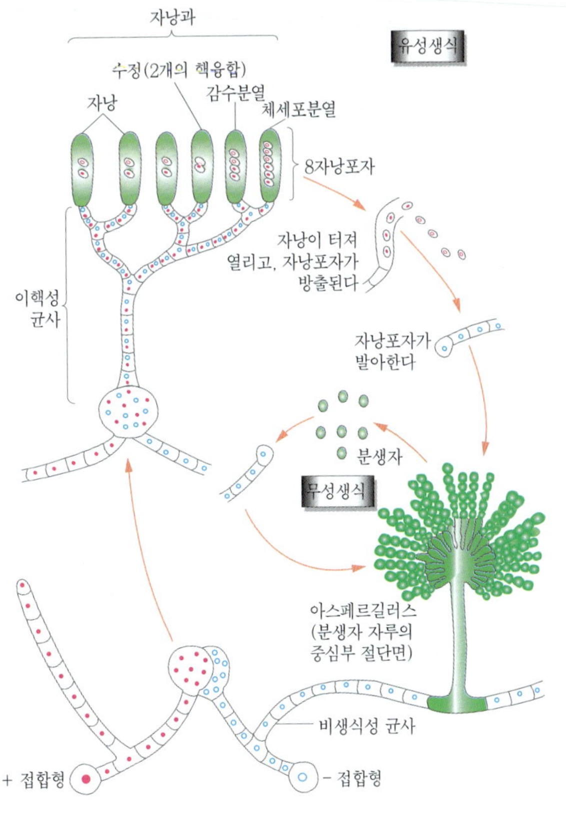

그림 24-8 자낭균류의 생활환
무성생식에서는 분생자포자라는 특이한 균사에 의해서 분생자라는 포자가 형성된다. 유성생식에서는 자낭과 자낭포자가 형성된다.

있는 자낭포자를 방출한다. *Eurotium*, *Eupenicillium* 등 약 155종이 있다.

(3) 핵균아강(Pyrenomycetidae)

영양체는 단상인 균사이며, 발달된 균사체를 만든다. 자낭과는 자낭각(perithecium)이며, 자낭은 곤봉 모양 또는 원통형이다. 자낭벽의 붕괴에 의하거나 사출(射出)로써 자낭포자를 방출한다. 맥각균(*Claviceps*), *Erysiph*, *Neurospora*, *Hypocrea* 등이 포함된다.

(4) 반균아강(Discomycetidae)

자낭과는 **자낭반**(apothecium)이며, 자낭은 곤봉 모양 또는 원통형으로서 자낭포자를 산출한다. 주발버섯속(*Peziza*), 곰보버섯속(*Morchella*), *Tuber* 등 주발버섯목과 피로네마속(*Pyronema*)과 같은 종류에서는 균사의 앞끝이 부풀어 **조낭기**(ascogonium)와 **조정기**(antheridium)가 만들어진다. 조정기에는 수정모(trichogyne)가 있으며, 이를 통해 조정기로부터의 핵이 이입된다. 그러나 즉시 융합하지는 않고, 조낭기로부터 발달되는 조낭사(ascogenous hypha) 안으로 흘러든다. 그 후 이 2핵은 융합하여 자낭을 형성하고, 감수분열에 의해 8개의 자낭포자를 만든다.

(5) 라보울베니아아강 (Laboulbeniomycetidae)

절지동물(특히 곤충류)의 외부 기생균이며, 영양체는 거의 발달하지 않는다. 자낭과는 자낭각이며, 일반적으로 자낭벽이 용해되어 자낭포자를 방출한다. 라보울베니아속(*Laboul-benia*)이 있다.

(6) 소방자낭균아강(Loculoascomycetidae)

영양체는 단상의 균사이고 발달된 균사체를 이룬다. 자낭과는 **자낭자좌**(ascostroma)이다. 플레오스포라속(*Pleospora*)이 여기에 속한다.

24.2.4 담자균강(Basidiomycetes)

영양체는 잘 발달된 다세포인 균사체이며, 세포벽은 주로 키틴과 글루칸으로 이루어진다. 현재 25,000여 종 이상이 알려져 있고, 균류의 대부분이 이에 포함된다. 버섯, 독버섯, 브래킷버섯(bracket fungi), 방귀버섯 등이 있고, 중요한 식물기생균과 녹병균(rust), 흑수병균(smut) 등도 있다(그림 24-9).

그림 24-9 담자균류
(a) *Gyrodon meruloides* (b) 흰목이속의 일종인 *Tremella mesenterica*

담자균이란 이름은 자낭균강의 자낭과 비교되는 **담자기**(basidium)를 만든다는 데서 연유한 것이다. 각 담자기는 커져서 곤봉 모양의 균사세포로 되고, 균사세포의 말단 부위에 4개의 **담자포자**(basidospore)가 생긴다. 담자포자는 담자기의 외부에서 생기는 반면, 자낭포자는 자낭의 내부에서 생기는 것을 주목해야 한다. 균류의 영양체는 격막으로 구분된 균사로 구성되어 있는데, 격막에는 구멍이 있어 원형질이 세포 사이를 자유롭게 이동해 다닌다.

버섯은 **자루**(stalk)와 **갓**(cap)으로 되어 있다. 보통 버섯은 자실체나 **담자기과**(basidocarpa)로 불리어진다. 갓의 표면 아랫부분은 많은 수의 얇은 수직판으로 이루어져 있는데, 이들을 주름(gill)이라 하고, 자루에서 갓의 가장자리까지 방사상으로 퍼져 있다. 담자기는 이 주름의 표면에서 생겨나고 자란다(그림 24-10).

그림 24-10 민자주방망이버섯(*Lepista nuda*)
주름살과 담자기를 관찰할 수 있다.

전형적인 담자균류의 생활환은 3단계로 나뉘어진다(그림 24-11).

하나의 균류는 100만 개의 담자포자를 만들고, 하나의 담자포자는 적당한 환경이 되면 새로운 **1차균사체**(primary mycelium)가 된다. 이 균사체의 균사는 단핵세포로 되어 있다. 이런 균사체가 생장하다가 다른 접합형균사와 서로 결합하여 2핵성의 **2차균사체**(secondary mycelium)를 만드는데, 각 세포는 2개의 핵을 가지고 있다.

균사는 광범위하게 자라고 얽혀서 담자기과를 형성한다. 버섯의 주름에서 균사의 끝부분에 있는 세포의 핵이 핵융합(수정)을 하여 **배수체핵**(diploid nucleus)을 형성하는데, 이것이 담자균강의 생활사에서 형성되는 유일한 **배수체핵**이다. 그리고 나서 감수분열이 일어나고 4개의 반수체핵(haploid nucleous)이 형성된다. 이 핵들이 담자기의 끝부분으로 이동하면 세포벽이 손가락같이 퍼져서 그 속으로 핵과 원형질이 이동한다. 이 핵들은 담자포자로 자라난다. 담자포자는 가느다란 자루에 의해 균류의 다른 부분과 분리된 상태이고, 자루가 터지면 담자포자가 방출된다.

담자균강에 약 200종류의 식용버섯과 70여 종의 독버섯이 있는데, 같은 과에 속하는 것도 많아 식별하기가 매우 어렵다. 사람에게 해가 되는 독소는 **사이클로펩티드**(cyclopeptides ; amatoxins와 phallotoxins)이다. 이 사이클로펩티드 중 하나는 동물세포에서 mRNA합성을 강력하게 저지시

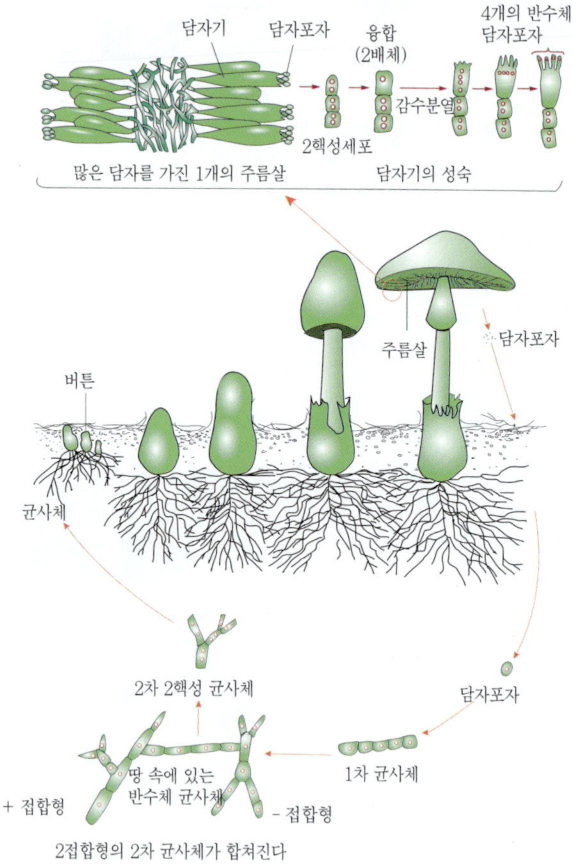

그림 24-11 담자균의 생활환
버섯은 땅 속에서 볼 수 있는 흰색의 가지가 많은 실덩어리 같은 균사체로부터 성장이 시작된다. 밀집된 버튼(button)이 나타나서 자실체 또는 버섯으로 자란다. 자실체의 표면 아래쪽에는 주름살이 줄기의 끝에서 방사방향으로 퍼져 있다. 담자(basidia)는 이 주름살의 표면에서 발달하여 담자포자를 만든다. 이들 포자가 적당한 환경 하에서 새로운 균사체로 된다.

킨다. 대개의 독버섯은 주름버섯목에 속하는 광대버섯속(*Amanita*)이다(그림 24-12).

담자균강은 700종의 흑수병균과 600종의 녹병균을 가지고 있어서 옥수수, 밀, 귀리, 그리고 다른 곡식과 같은 많은 곡물에 감염된다. 흑수병의 종들은 하나의 숙주종만을 갖지만, 녹병균은 2개 이상의 다른 숙주종을 갖는 기생균류이다(그림 24-13). 또한 고등식물의 뿌리와 공생관계를 형성하고 있는 **균근**(mycorrhizae)이 있다.

담자균강에는 다음 3아강이 있다.

(1) 반담자균아강(Teliomycetidae 또는 Hemibasidiomycetidae)

담자기과를 형성하지 않고, 전 담자기는 후막으로 내구성이 있는 휴면포자의 형태를 갖는다. 여기에는 *Puccinia*-

(a) (b)

그림 24-12 독버섯
(a) 가장 잘 알려진 독버섯류인 광대버섯(*Amanita muscaria*). 선명한 노란색의 갓(cap)은 흰 비늘로 덮여 있고, 같은 속내의 다른 독버섯처럼 독이 있다기보다는 환각제로 사용되어 소량 양식재배되어 왔다.
(b) 알광대버섯(*Amanita phalloides*). 이 버섯의 독 약 2온스(50g) 정도로 68kg인 사람을 죽게 할 수 있다.

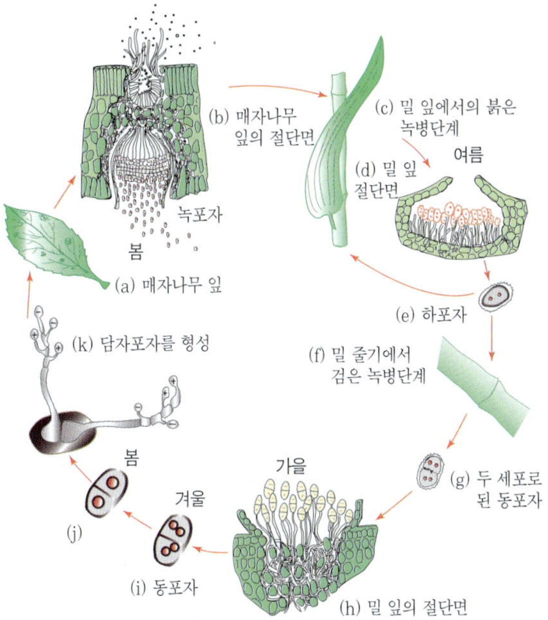

그림 24-13 녹병균인 *Puccinia graminis*의 생활환
(a) 전 해에 감염된 잎에서 담자포자를 매자나무에 감염시킨 것.
(b) 잎의 앞면에는 정자세포의 집합체인 녹균정자기(pycnia)가 형성되고, 뒷면에는 녹포자기(aecia)가 형성된다. 녹포자는 녹포자기에서 생성되고 $n+n$염색체를 갖는 이핵소체이다(단순한 $2n$핵이 아님).
(c) 초여름에 녹포자는 어린 밀의 잎을 감염시킨다.
(d) 녹포자는 붉은 단세포인 하포자(uredospore) 다발로 성장하여 붉은 녹병단계를 이룬다.
(e) 하포자는 방출되어 다른 밀에 감염되어서 더 많은 하포자를 산출한다.
(f) 밀의 줄기와 엽초에는 검은 녹병단계가 형성된다.
(g) 늦 여름에 하포자는 암갈색이며 2개의 세포로 구성된 동포자(冬胞子)로 성장한다.
(h) 밀의 줄기를 절단하면 $n+n$인 동포자를 볼 수 있다.
(i) 동포자는 겨울 내내 두터운 막으로 덮여 동면한다.
(j) 봄이 오면 각 동포자의 세포는 $n+n$핵이 결합하여 $2n$핵이 된다. 아직 붙어 있는 동포자는 발아하여 감수분열한다.
(k) 각 동포자의 세포는 4개의 담자포자를 만든다. 반수체 담자포자는 곧 매자나무 잎을 감염시켜서 하나의 완전한 생활환을 이룬다.

strum, *Puccinia*, *Utsilago* 등이 포함된다.

(2) 균심아강(Hymenomycetidae)

담자기는 일반적으로 담자기과상의 자실체층 중에 생기고, 전 담자기는 후막의 포자로 되지 않으며, 담자포자는 사출(射出)된다. 여기에는 목이속(*Auricularia*), 먹물버섯속(*Coprinus*), 잣버섯속(*Lentinus*), 송이속(*Tricholoma*) 등 다수가 포함된다.

(3) 복균아강(Gasteromycetidae)

담자기과는 일반적으로 잘 발달되어 있다. 담자기 및 담자포자의 형성에 관계되는 부분은 1층 또는 여러 층의 외피(periderm)에 싸여 있어, 담자포자의 완숙 이전에는 나출(裸出)되지 않는다. 말불버섯속(*Lycoperdon*), 말뚝버섯속(*Phallus*) 등이 이에 포함된다.

24.2.5 불완전균강(Deuteromycetes)

여기에 속하는 종은 다른 진균류의 생활환 중에서 관찰되는 유성생식단계가 알려져 있지 않기 때문에 **불완전균류**라 하며, 약 25,000종이 알려져 있다. 영양체는 격벽이 있는 균사 또는 효모체인 단세포로 이루어지며, 대개는 단상이다. 무성생식은 분생자 형성, 후막포자 형성 등에 의한다. 대부분은 자낭균류에 속하나, 일부는 담자균류에 속하는 것으로 생각된다. 국제식물명명규약(1972, 59조)에는 자낭균류나 담자균류는 완전세대를 기준으로 한 최초의 합명법(legitimate name)을 정명(correct name)으로 하도록 규정하고 있다.

불완전균류인 *Penicillium*속 균류 중 *Penicillium roquefotii*는 치즈향을 내는 데 이용하고, *Penicillium notatum*은 항생제인 페니실린을 만드는 데 이용되며, 또다른 *Penicillium griseofulvicum*은 항생제 그리세오플빈(griseofulvin)을 만드는 데 이용된다(그림 24-14).

불완전균류의 무포불완전균인 *Mycelia*는 사과나무잎이나 서양벚나무에서 녹병이나 검은 혹과 같은 병을 유발시키고 있다. 식물은 곰팡이의 감염에 민감하므로, 곰팡이가 식물의 일부 조직이나 전조직에 질병을 일으켜, 성장을 방해하거나 죽게 한다. 일반적으로 균사의 발아관이 식물체의 상한 부분이나 줄기 및 잎 등의 구멍으로 들어와 감염을 일으키게 된다. 곰팡이의 균사체는 자라서 식물세포들 사이에 남아 있거나 조직으로 침투해 들어가기도 한다. 기생하는 곰팡이는 기생근이라는 균사가지를 내어 숙주세포에 침투해서 원형질로부터 양분을 얻는다. *Aspergillus tamarii*

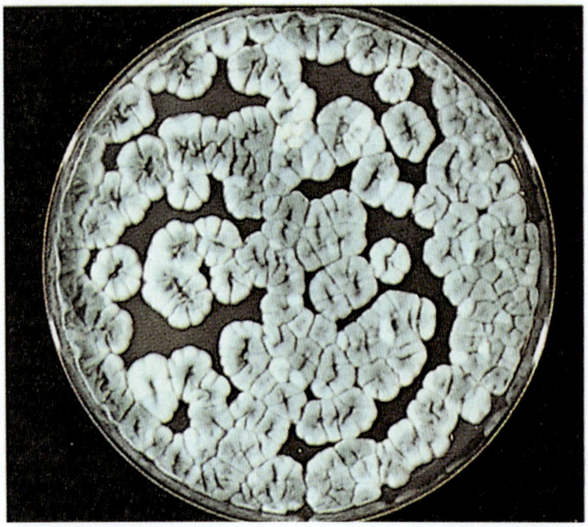

그림 24-14 인공 배지에서 자라고 있는 *Penicillium chrysogenum*의 군체
이 곰팡이는 플레밍시대에 항생제를 만드는 데 널리 사용되었다.

는 콩을 발효시키므로 콩소스(soy sauce)를 만드는 데 사용되기도 한다. 그리고 불완전균은 발의 무좀을 유발시키기도 하고, *Microsporum canis*는 인체나 동물의 질병을 유발시킨다. 어떤 것은 피부, 머리카락, 손톱 부위 등과 같은 곳에 버짐이나 무좀같이 피상적인 감염도 일으키지만, *Candidiasis*는 입이나 질의 점막에 감염되기도 한다.

불완전균강에는 다음 3아강이 있다.

(1) 불완전효모아강(Blastomycetidae)

효모의 성격을 띤 불완전균류이다. 즉, 영양체는 단세포, 위균사체(pseudomycelium) 또는 진정의 균사를 형성하고, 분열 출아 등에 의하여 증식한다. 칸디다속(*Candida*), 크리프토코쿠스속(*Cryptococcus*) 등이 있다.

(2) 불완전사상균아강(Hyphomycetidae)

영양체는 잘 발달된 균사로부터 되었다. 분생자는 영양균사상에 직접 또는 영양균사로부터 만들어진 분생자 자루 위에 형성된다. 누룩곰팡이속(*Aspergilus*), 푸른곰팡이속(*Penicillium*), 트리코데르마속(*Trichoderma*) 등이 이에 속한다.

(3) 분생자과불완전균아강(Coelomycetidae)

영양체는 잘 발달된 균사로부터 되고, 분생자 자루는 위유조직(pseudoparenchyma)으로 만들어진 분생자과에 형성된다. 분생자 자루는 일반적으로 매우 짧으며, 포마속(*Phoma*), 콜레토트리쿰속(*Colletotrichum*) 등이 이에 포함된다.

24.3 지의문(Lichens)

지의류는 균류와 조류의 공생(symbiosis)에 의해 만들어지는 공동체(consotium)로 1개의 독립된 식물체와 같이 보이며, 일정한 형태와 구조 및 생리적인 특징을 갖는다. 특정한 균류 1종과 조류 1종이 서로 얽혀서 1종의 지의류가 만들어진다. 지의류를 구성하는 균류는 대부분이 자낭균이며, 그 중 일부는 담자균이고 드물게는 불완전균류이다. 조류는 녹조나 남조이다(그림 24-15).

지의체의 대부분은 균사로 되어 있고, 종의 특징은 주로 균류에 의해서 결정된다. 지의류를 구성하는 조류는 고니디아

그림 24-15 지의류
(a) 자낭과(子囊果) (b) 지의류의 일종 (c) 색이 다양한 지의류

(gonidia)라 부르고, 지의체내에 집단을 형성하고 있다. 지의류의 증식은 분아(soredium)나 열아(isidium) 등을 만드는 외에 몸의 일부가 절단되어 무성적으로 이루어진다. 또한 포자[자낭포자, 담자포자, 분자(粉子)]를 형성하고, 거기에서 발아한 균사가 같은 종의 조류와 새로운 공생체를 만든다.

지의류와 균류는 **상리공생**(mutualism)으로서 광합성 영양체는 균류로부터 물과 무기물을 얻고, 주로 건조한 상태에서 보호를 받는다. 그러나 일부에서는 지의류의 협력관계가 상리공생이 아니고, 균류가 광합성 영양체에게 기생한다고 보고 있다. 지의류의 종류는 약 20,000종이 있다. 지의류는 극단적인 온도와 습도에 견딜 수 있기 때문에 생명이 유지될 수 있는 곳이면 어디서든지 자란다. 고산지대나 극지방 또는 나무줄기, 바위 위 등에서도 자랄 수 있는데, 이는 암석지역에서 서식한 최초의 생명체이고, 토양의 형성에 중요한 역할을 한 것이다. 지의류의 크기도 매우 다양하여, 어떤 것은 겨우 보일 정도의 깃도 있지만, 순록이끼처럼 크고 수마일에 걸쳐 덮이는 것도 있다. 성장도 매우 느려서 1년에 1mm 정도의 반경이 증가될 정도이다. 대사산물로서 지의류 특유의 지의산(地衣酸)을 만들며, 공해에 약하므로 공해에 대한 지표식물로서 이용되고 있다.

지의류가 균류와 조류의 공동체라는 사실은 1867년 SCHWENDENER에 의해 밝혀졌다. 분류학적으로는 공동체를 구성하는 균류에 바탕을 두고 진균문에 포함시키는 주장도 있다. *Cladonia*, *Usnea*, *Alectoria*, *Parmelia* 등이 이에 속한다.

제25장

식물의 분류와 계통

식물은 지구상의 환경이 다양해짐에 따라 여러 가지로 적응하면서 다양한 종으로 끊임없이 진화를 계속해 왔는데, 오늘날 식물계의 다양성은 이와 같은 진화의 결과로 이루어졌다. 이러한 진화의 과정을 **계통**(phylogeny)이라 하며, 현생식물의 종은 각기 고유의 계통에 의해 조상종과 결부되어 있다.

종은 계통적으로 단일 기원을 가지며, 따라서 종 고유의 계통은 한 줄기라고 생각할 수 있다. 이러한 줄기를 과거로 더듬어 올라갈 수 있다면 생명의 기원에까지 이르고, 지구상의 모든 식물은 계통적으로 결부되게 된다. 이와 같이 식물계에는 진화에 바탕을 둔 오직 하나의 계통관계가 이루어진다. 예를 들면, 식물 중에서 종자를 맺는 종자식물은 25만 종 이상에서 볼 수 있는 공통성이며, 계통적 관련성이 있는 공통성을 갖는 범위에는 분류군에 따라 차이가 많은 것으로, 이러한 계통적 공통성에 기초하여 체계있게 정리한 것이 식물의 **분류체계**(taxonomic system)이다.

25.1 식물계

식물계는 얼음으로 덮인 북극 툰드라에서부터 밀림의 열대 강우림에 이르는 광활한 지역에 살고 있는 수많은 종들로 구성된다. 식물은 크기에 있어서도 거의 현미경적 크기인 좀개구리밥류에서부터 매우 거대한 세쿼이아(*Sequoia*)에 이르기까지 다양하다. 비록 식물은 크기, 습성 그리고 형태에 있어서 매우 다양하다고 할지라도, 그들은 공통의 조상으로부터 진화되어 온 것으로 본다.

현재 생존하고 있는 식물은 4군으로 나누어진다(표 25-1). 이끼류 및 다른 선태식물인 군은 **비관속식물**(nonvascular plant)로 통도계가 없으며, 따라서 크기가 제한된다. 양치류 및 관련 포자식물, 나자식물, 피자식물인 3군은 **관속식물**(vascular plant)로 물과 무기염류의 통도작용을 하는 **물관부**(xylem)와 양분통도에 관여하는 **체관부**(phloem)로 구성된 관속조직을 가진다. 양치류 및 그 관련 식물들은 포자에 의하여 생식하는 **포자식물**(spore plant)이고, 나자식물과 피자식물은 **종자식물**(seed plant)로서 나자식물의 종자는 나출되고 구과에서 생기며, 피자식물은 과실내에 싸여진 종자를 생산한다.

표 25-1 식물계

Ⅰ. 배우체 시기가 우세한 비관속식물
선택식물문
선강(이끼류)
태강(우산이끼류)
각태강(뿔이끼류)
Ⅱ. 포자체 시기가 우세한 관속식물
A. 포자식물
솔잎란문
석송문
속새문
양치식물문
B. 종자식물
1. 나자식물문
소철아문
은행나무아문
구과식물아문
마황아문
2. 피자식물문
쌍자엽식물강
단자엽식물강

25.1.1 육상식물의 기원

고생대의 캄브리아기(Cambrian period)에 수륙변화(水陸變化)의 결과로 몇 개의 대륙 주변은 얕은 바다로 둘러싸여 있었고, 이때 바닷속에는 조류(藻類)와 삼엽충류(三葉蟲類)가 번성하였다. 그 후 실루리아기(Silurian period)의 육상에는 물가의 낮은 지대에 고생 솔잎란류와 선태류가 지면에 깔려 있었다고 보고 있다.

물 속을 떠나 육지에서 살 수 있는 식물들에서는 수분과 양분을 흡수하는 뿌리와, 건조한 환경에서 광합성을 할 수 있는 줄기와 잎이 발달되고, 또한 수분과 양분을 운반하는 통도조직이 발달되어야 한다. 그리하여 최초의 육상식물은 녹조류에서 진화하였다고 보고 있다(그림 25-1, 25-2).

녹조류가 육상식물을 출현시킨 조상형이라고 보는 이유는 많은 생화학적 및 대사적 특성이 식물과 공통적이기 때문이다. 녹조류는 식물과 동일한 광합성색소인 엽록소 *a*와 *b*, 카로틴 그리고 크산토필(xanthophyll)을 함유하며 또한, 이들은 다량의 탄수화물을 녹말로 저장하고, 섬유소가 세포벽의 주요 구성성분이다. 그리고 식물과 대부분의 녹조류에서는 세포판 형성을 포함하여 세포분열의 일정한 특징들을 공유한다.

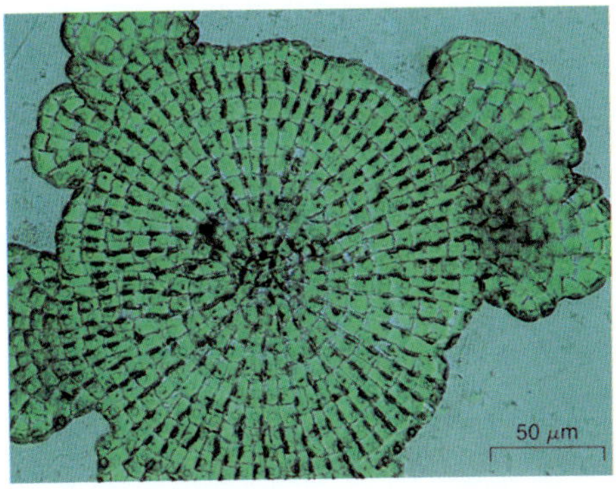

그림 25-1 녹조류의 일종
녹조류인 *Coleochaete*는 육상식물과 조상인 녹조류의 그룹과 유사하다. 이것은 멸종한 조상형의 많은 특징을 공유하기 때문에 매우 원시적인 것으로 여겨진다.

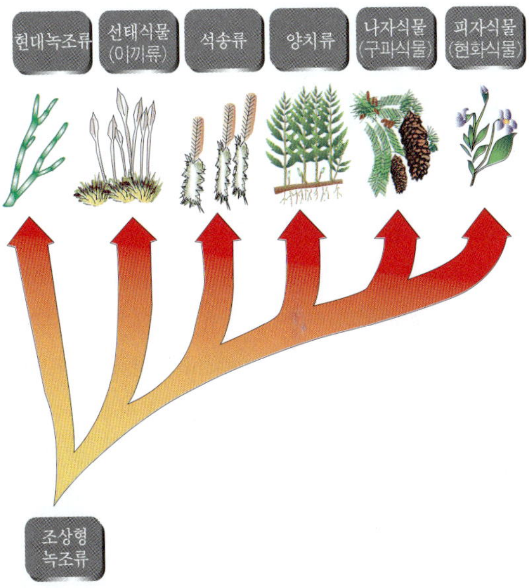

그림 25-2 식물진화의 가능성 경로
식물계에 속하는 모든 식물체는 조상형인 녹조류로부터 진화되어진 것으로 여겨진다.

25.1.2 식물의 특징

식물은 에너지를 획득하기 위하여 광합성을 하는 다세포성 유기체이다. 태양의 복사에너지가 녹색색소인 엽록소에서 흡수되어 화학에너지로 전환되고, 이들 화학에너지는 탄수화물에 저장된다. 식물은 엽록소 *a*와 *b*이외에도 **크산토필**(xanthophyll) 및 **카로틴**(carotene)을 가진다. 식물이 육상에서 생존하기 위한 가장 중요한 적응으로 식물체 표면부에 **큐티클**(cuticle, 각피)과 납질과 같은 피복물의 형성이 있다. 큐티클은 증산에 의한 식물조직의 탈수 혹은 건조로부터 보호시켜 주기 때문에 육상의 생존에 필수적이다. 그러나 수생인 조류는 큐티클을 가지지 않는다.

수중환경에 사는 조류 및 광합성식물은 이산화탄소 혹은 탄산염이 용해되어 있는 물에 잠겨져 있다. 탄산염은 확산에 의해 조류의 세포로 들어가서 광합성의 원료로 이용된다. 육상식물은 대기의 이산화탄소로부터 탄소를 얻고 있는데, 이 기체는 녹색식물 세포내의 엽록체로 이동한다. 식물의 줄기 및 잎의 표면은 납질과 큐티클로 덮여 있기 때문에, 큐티클을 통한 대기와 세포내의 기체교환은 무시할 정도이다. 이러한 문제점을 극복하기 위하여 육상식물은 표피조직에 **기공**(stomata)을 가져 광합성에 필요한 기체교환을 하게 된다.

식물은 다세포성 생식기관 혹은 **배우자낭**(gametangia)을 가지는데, 이들 각각은 배우자(gamete)를 둘러싸는 불염성세포층을 갖는다. 자성기관인 **장란기**(archegonium)에서는 하나의 난자를 만들고, 웅성기관인 **장정기**(antheridium)에서는 정자가 만들어진다. 식물의 배우자는 바깥쪽에 둘러쌓인 불염성세포층에 의해 건조로부터 보호되지만 조류는 이러한 기관이 없다.

육상식물과 조류간의 또다른 차이점은, 식물의 수정란이 자성의 배우자낭내에서 다세포성 **배**(embryo)로 발달되고 보호되지만, 조류에서는 수정란이 배우자낭과는 독립적으로 발달한다. 일부 조류에서는 배우자가 수정 전에 방출되거나 수정란이 방출되는 것들도 있다.

25.1.3 식물의 생활사

식물은 뚜렷하게 구별된 **세대교번**(alteration of generations)을 하는데 생활사의 일부는 반수체 상태에서, 일부는 이배체 상태에서 보낸다(그림 25-3). 생활사에서 포자모세포(spore mother cell)가 감수분열에 의하여 포자로 되는 반수체 상태를 **배우체세대**(gametophyte generation)라 하

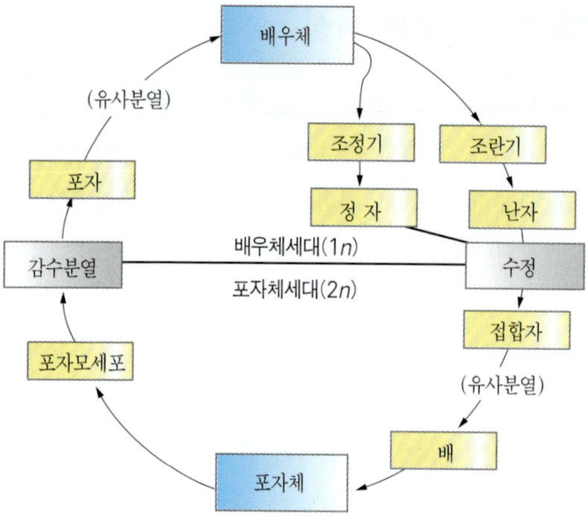

그림 25-3 기본적인 식물의 생활사
모든 육상식물의 생활사는 이 생활사의 변형이다. 식물들은 반수체(배우체) 시기와 이배체(포자체) 시기를 거치는 세대교번을 한다.

고, 접합자가 유사분열에 의하여 배(胚)로 발달하는 이배체 상태를 **포자체세대**(sporophyte generation)라 한다.

반수체인 배우체 식물에서 웅성 생식기관인 장정기(정자의 형태)와 자성 생식기관인 장란기를 만들어 정자와 난자를 형성한다. 정자는 다양한 방법으로 장란기에 도달하여 경부 아래로 유영해 간다. 하나의 정자는 난자(알)와 **수정**(fertilization)을 하고, 수정된 수정란은 **접합자**(zygote)로 이는 발아하여 **포자체식물**(sporophyte plant)로 된다.

접합자는 이배체이므로 포자체세대의 첫단계이며, 유사분열에 의하여 다세포성 배로 발달하여 결국 **포자체식물**로 되는데, 이는 포자가 발달한 배우체식물에 의해 지지되고 보호받는다. 포자체의 **포자모세포**(spore mother cell)는 감수분열을 하여 단상의 **포자**(spore)가 되고, 이는 발아하여 **배우체식물**(gametophyte plant)로 된다. 이는 감수분열과 유사분열 양자에 의해 포자를 형성하는 균류와 조류와는 대조적이다.

포자는 단상이므로 배우체세대의 첫단계이며, 이는 유사분열에 의해 성장하여 다세포성 배우체식물로 된다. 생활사는 **반수체**(단상 ; gametophyte, 배우체)와 **이배체**(복상 ; sporophyte, 포자체)시기의 세대교번을 한다.

25.2 식물분류의 기준

다양한 식물의 종을 식별하고 종 상호간의 유연관계를 밝히기 위해서는 여러 가지 분류 형질을 비교 · 분석하여 정확한 종 동정과 계통적 체계의 정리가 되어야 한다.

분류학의 방법은 여러 가지가 있는데, 식물 형태를 기본적으로 한 서식처, 크기와 모양 및 생장기관을 기초로 하는 습성과 줄기, 뿌리, 잎, 꽃 등의 주요 구조를 중요시하여 분류의 기반으로 삼는 **형태학적 기준**이 있다. 물관부와 체관부의 해부학적 특징과 중심주형, 잎의 표피와 조직, 기공의 구조 및 분포, 절(node)에 있어서 엽극(leaf gap)과 엽적(leaf trace)의 유형 등을 기반으로 하는 **해부학적 기준**, 수정된 난세포가 배로 발달하는 과정, 배낭 형성의 양식, 개체발생에 있어 대 · 소 아포(芽胞)의 발생, 배우체의 발달, 수정현상, 배유와 배 및 종피의 발달을 기반으로 한 **발생학적 기준**, 꽃가루와 포자에 대한 막의 형태, 극성, 대칭, 모양 및 크기 등을 기반으로 한 **화분학적 기준** 등이 있다. 그밖에도 염색체의 수, 형태, 핵형, 감수분열시의 염색체의 결합상, 교잡능력 등을 기반으로 하는 **세포학적 기준**, 신진대사체계 및 생화학적 회로를 중요시하는 **생리학적 기준**, 식물에서 독물, 약물, 홍분제, 향료, 색소, 전분, 당류 등 특정 성분의 물질과 단백질 및 아미노산 서열, 혈청반응 등을 기반으로 하는 **화학분류학적 기준**, 식물상의 변화, 식물군의 지리적 또는 분포적 연속성과 불연속성 등을 기반으로 하는 **식물지리학적 기준**, 빛, 온도, 수분, 토양 조건과 같은 환경 요인과 생물 요인에 의한 식물의 구조 및 기능상의 변화와 생식적 격리의 기작 등을 기반으로 하는 **생태학적 기준**, 식물의 인흔(impression), 화석(fossil), 유체(remain) 등과 같은 화석자료를 기반으로 한 **고식물학적 기준** 등에 의하여 식물의 분류와 진화 및 계통을 추구하고 있다.

25.3 포자식물

식물계에서 포자를 생산하는 포자식물은 꽃이 없는 무종자식물(seedless plants)로서 **은화식물**(cryptogamia)이고, 꽃이 피어 종자를 생산하는 종자식물(seed plsnts)은 **현화식물**(phanerogamia)이라 한다. 또한 유관속의 발달 유무에 따라 유관속이 없는 **비관속식물**(nonvascular plants)과 유관속이 발달된 **관속식물**(vascular plants)로 구분하기도 한다.

포자식물은 식물체가 배우체(gametophyte)와 포자체(sporophyte)로 되어 세대교번을 하고, 배우체는 엽상체(frond)와 경엽체(cormus)로 되어 있으나 모두 유관속이 없는 것으로 선태류인 비관속포자식물과 포자 생산을 하면서 유관속을 가진 솔잎난류, 석송류, 속새류, 양치류 등의 관속포자식물이 있다.

25.3.1 선태식물문

선태식물문(Division Bryophyta)은 관속조직이 없는 유일한 육상식물이다. 이들은 물, 양분 및 필수무기염류를 먼거리까지 수송할 능력이 없기 때문에 크기에 있어 제한을 받게 된다. 또한 일부 선태류는 건조한 지역에 대한 내성이 있지만, 대부분은 활발한 성장과 생식을 위하여 습한 환경을 필요로 한다.

선태식물은 종종 이끼류(선류, mosses), 우산이끼류(태류, liverwarts), 뿔이끼류(각태류, hornwarts)의 3개 무리로 구분되고, 이들의 생활사는 서로 유사하다.

(1) 선강

이끼류(선강, Class Bryopsida)는 대개 높은 밀도의 군집 혹은 층을 형성하여 살고 있고, 각 개체는 **가근**(rhizoid)이 있어 식물체를 토양에 고정시킨다. 배우체는 줄기, 잎이 분화된 경엽체로서 줄기에는 나선상으로 잎이 달린다. 이끼류는 분화된 관속조직을 갖지 않으나 일부 이끼류의 줄기는 유관속의 관상세포와 유사한 **중심속**(central cylinder)을 가진 것이 있는데, 유관속과 같은 뚜렷한 통도조직으로서의 기능은 하지 않는다.

잎이 많은 녹색 식물체(그림 25-4)는 이끼류의 배우체세대이며, 식물체의 끝에 배우자낭을 가진다. 대부분 암수가 서로 분리되어 있는데, 장정기를 가지는 것은 웅성이고 장란기를 가지는 것은 자성이다. 그러나 한 개체에 장란기와 장정기를 모두 가지는 것도 있다.

그림 25-4
웅성 이끼식물
이끼류의 녹색 잎을 가진 배우체 식물이다. 이들은 웅성 이끼식물로서, 각 식물체 정단에 많은 장정기가 있다.

웅성기관인 장정기에서는 가늘고 나선형으로 꼬인 수많은 정자 또는 웅성배우자(antherozoid)를 생성하는데, 각 웅성배우자는 2개의 편모를 갖는다. 자성기관인 장란기는 플라스크 모양으로 넓은 기부내에 1개의 커다란 난자를 갖고 있다. 이 기관은 화학물질을 분비하여 정자를 유인한다.

유성생식인 수정은 장정기에서 만들어진 정자가 장란기에 있는 난자와 결합을 한다. 수정을 할 때는 정자가 물을 통해 동일 식물체 또는 다른 식물체상의 자성기관인 장란기에 도달한다. 하나의 정자는 장란기의 경부로 유영하여 기부에서 난자와 수정을 한다. 이와 같이 수정시에 물이 필요한 것은 이끼류가 육상생활에 적응되었다고 할지라도 육상식물로의 진화를 일으키게 한 조상형인 조류로부터 보존되어 온 원시적 형질로 여겨진다.

수정의 결과로 생긴 접합자는 유사분열에 의해 다세포성 배로 자라고, 복상의 포자체인 이끼류로 성숙하게 된다. 이러한 포자체식물의 시발은 자성배우체의 위쪽에 붙어서 자라고 영양을 공급받는다(그림 25-5).

그림 25-5 솔이끼류이 이끼의 포자체세대는 배우체 식물의 정단에서 자란다. 각 포자체는 배우체 식물에 부착하여 영양분을 의지한다. 포자는 각 포자체의 정단에 있는 삭내에서 감수분열에 의해 만들어진다.

처음에는 녹색이며 광합성 능력이 있다고 하더라도 성숙하면서 황갈색으로 되며, 3개의 주요 부분으로 구성된다. 즉, 포자체를 배우체에 정착시키는 **족부**(foot), 잎이 없는 1개의 방추형 줄기인 **강모**(seta) 혹은 **자루**(stalk), 포자모세포를 함유하는 **삭**(capsule ; sporangium)이다.

포자체 자루 끝의 포자낭 속에서 복상의 각 포자모세포는 감수분열을 하여 4개의 단상포자를 만드는데, 이것이 배우체세대의 시발점이다. 포자들이 성숙되면 포자낭은 다양한 기작으로 열개하여 포자를 방출한다. 포자들은 바람 혹은 비에 의해 다른 장소로 이동되고 발아하여 **원사체**(protonema)로 발달하는 무성생식을 한다. 원사체는 엽록소를 가지고 있어 광합성을 하고 수분이 많은 환경에서 잘 자라는데, 사상의 녹색 조류처럼 보이는 눈을 형성하며, 각 눈은 자라서 잎이 많은 녹색의 배우체식물이 됨으로써 생활환이 완결된다(그림 25-6).

배우체세대는 포자체와는 독립적으로 생존이 가능하나,

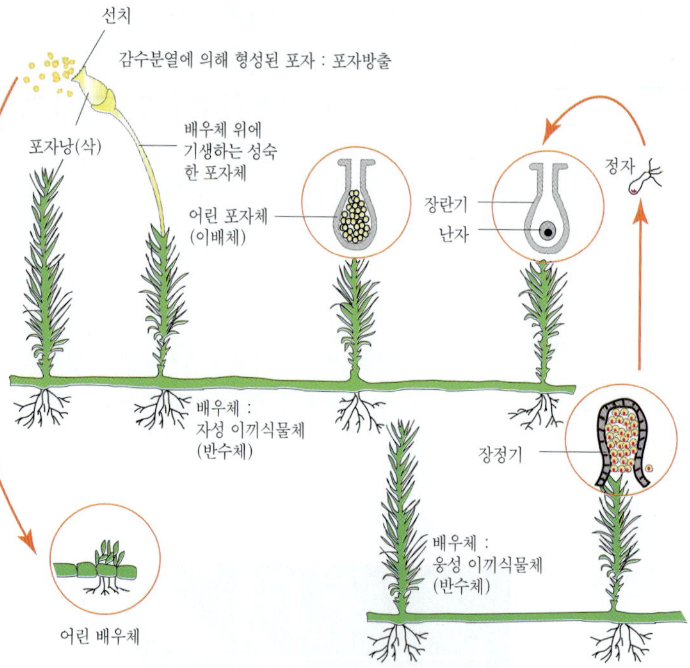

그림 25-6 솔이끼의 생활환
배우체세대가 지배적이어서 잎을 가진 녹색 식물로 대표된다. 포자체세대는 배우자낭이 위치하는 배우체의 정단에서 자란다. 이끼류는 수정시에 이동 매개체로 물을 필요로 한다.

포자체세대는 배우체세대에 붙어서 사는 의존생활을 한다. 우점의 배우체세대는 원시적 형질로 여겨지며, 많은 조류에서도 우점의 배우체세대를 가지는 세대교번을 하고 있다.

모든 육상식물이 녹조류로부터 진화되어져 왔다고 하더라도, 이끼류는 고등식물과는 직접적 연결은 되지 못한다. 이끼류의 원사체가 사상체 조류와 유사하다는 사실은, 이들 두 식물들이 매우 깊은 관계에 있다는 것을 추론케 한다.

(2) 태강

우산이끼류(태강, Class Hepatopsida)는 형태에 있어 이끼류와 아주 상이하다. 형태는 편평하며 잎과 같이 생긴 **엽상체**(thallus)로 열편을 이루는 것과(그림 25-7), 줄기와 잎에 상응하는 구조로 분화되어 있는 것이 있다.

그림 25-7 우산이끼의 엽상체
우산이끼는 납작하고 리본과 같은 열편이 있는 엽상체를 가진 배우체 식물이다. 엽상체 위에는 달 모양의 무성아컵이 있고 새로운 엽상체로 자라나게 될 무성아가 들어 있다.

엽상체 바로 밑부분에 달린 **가근**(rhizoid)은 식물체를 토양에 고착시키고, 다른 선태식물과 마찬가지로 관속조직이 없다. 배우체세포내의 엽록체는 소형으로 피레노이드가 없고, 포자체는 엽록체를 거의 갖지 않고 분열조직도 없다.

많은 우산이끼류는 열편이 있는 엽상체의 형태보다는 잎의 형태를 지닌다. 이러한 잎의 형태를 갖는 것은 얼핏 보기에 잎, 줄기, 가근을 가지는 이끼류와 매우 유사하다.

우산이끼류는 유성생식과 무성생식을 한다. 유성생식은 단상의 엽상체(자성 배우체, 웅성 배우체)상에 있는 장란기(그림 25-8a)와 장정기(그림 25-8b)에서 생성된 난자와 정자의 수정에 의한다. 수정된 접합자는 복상인 포자체로 발달하고, 포자체는 감수분열에 의하여 포자를 생산한다. 이들 포자는 발아하여 단상의 엽상체인 배우체식물(웅성, 자성)로 된다. 생활사는 근본적으로 이끼류와 유사하며, 포자체세대는 다소 구형인데 배우체 식물에 부착되어 있다(그림 25-9).

무성생식의 한 방법은 엽상체의 표면에 컵받침 모양의 **무성아컵**(gemmae cup)이 있는데, 작고 난형의 조직으로 형성된 **무성아**(gemmae)가 이 컵에서 생성된다. 무성아는 빗방울과 작은 동물에 의해 모체 식물에서 분리되어 새로운 우산이끼 엽상체(배우체)로 자라게 된다.

두번째 방법은 엽상체의 분지와 성장이다. 엽상체가 성장을 계속함에 따라 분지된 각각의 열편은 신장하여 긴 열편을 이룬다. 엽상체의 오래된 부분이 죽고 분지 신장된 열편이 각

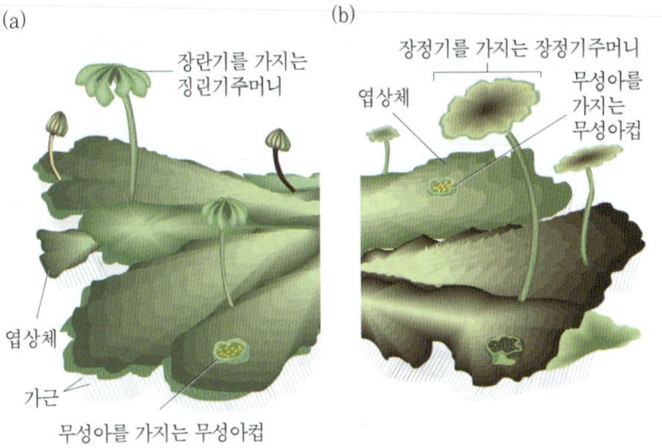

그림 25-8 자성 우산이끼와 웅성 우산이끼
(a) 자성 우산이끼의 엽상체인데, 이 엽상체는 자루가 있는 구조로서, 그 끝에는 장란기를 가지는 장란기주머니가 있다.
(b) 웅성 우산이끼의 엽상체는 자루 위에 장정기주머니를 형성하고, 많은 장정기가 이 주머니에 묻혀 있다.

그림 25-9
우산이끼의 생활사 양상
장란기주머니에 있는 장란기내의 난자가 수정된 후 이배체인 포자체세대가 발달한다. 이끼류에서는 포자체세대가 항상 배우체 식물에 부착하고 있다.

그림 25-10 전형적인 뿔이끼
녹색의 엽상체는 지름이 1~2cm로 배우체 세대이다. 수정 후 포자체로부터 돌출한다.

각의 식물체로 된다. 무성아와 엽상체의 분지, 즉 이 2가지 생식기작은 접합자의 융합 또는 감수분열이 없으므로 무성생식이다.

(3) 각태강

뿔이끼류(각태강, Class Anthoceropsida)의 배우체는 모두 엽상체로 조직의 분화가 적으며, 얼핏 보기에 우산이끼류의 엽상체와 유사하게 보이는데, 포자체는 막대 모양이다. 이는 다른 선태류와 밀접하게 연관되거나 그렇지 않을 수도 있다. 예를 들면 각 세포에 특별하게 큰 엽록체가 1~3개 있으며, 반드시 피레노이드를 가진다. 그리고 포자체 기부에 분열조직이 있어 분열에 의하여 생장을 일으킨다. 이러한 특징들에 의해서 과거 태강에 포함시켰던 것을 지금은 독립된 강으로 취급하고, 계통적으로도 태강, 선강과는 상당히 다르다.

장란기와 장정기는 배우체인 엽상체에 묻혀 있다. 수정 후 포자체세대는 배우체 조직으로부터 돌출되어 나와 뿔구조(spike or horn)를 하게 된다(그림 25-10).

포자낭내에서 감수분열이 일어나서 포자가 만들어진다. 하나의 배우체 식물은 종종 많은 포자체를 만든다.

25.3.2 관속포자식물(양치류와 근연식물)

양치식물은 옛부터 현재까지 생존하고 있는 매우 오래된 식물을 대표한다. 이들은 특히 온대수림지나 열대우림지에 흔하게 분포하며, 다양한 변이를 보인다. 생활사가 양치식물과 유사하여 근연식물로 취급되는 3무리는 솔잎란류, 석송류 및 속새류이다.

화석기록에 의하면 석송류는 관속포자식물의 하등한 원시군이며, 양치식물 무리는 과거에 거대한 나무인 것도 있었다. 현재는 모두 멸종하였으나 일부 대표적인 원시군이 약간 살아 있기도 한다(그림 25-11).

선태류와는 달리 양치식물의 주요한 발달은 분화된 유관속조직의 존재이다. 이러한 통도계는 관속식물로 하여금 물이나 용해된 무기염류 및 영양분을, 식물체의 모든 부위에까지 전달할 수 있게 하여 거대한 식물체로의 생장을 가능하게 한다. 온대지역의 양치식물은 키가 상대적으로 작다 할지라도, 열대의 목본 양치식물은 180cm 정도까지 자란다. 양치식물 및 근연식물 모두 관속조직이 있는 줄기를 가지며, 대부분은 뿌리와 잎도 가지고 있다.

광합성을 하는 주요 기관인 잎의 진화는 많은 연구가 이루

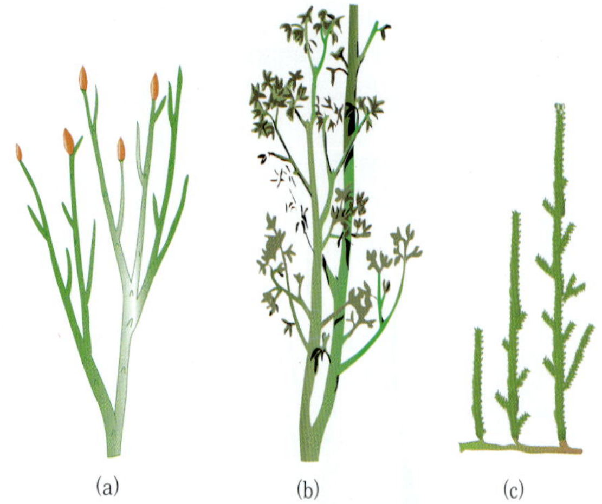

그림 25-11 고생 화석식물
최초의 육상관속식물은 약 4억 년 전에 진화되었다.
(a) 리니아속은 잎이 없는 식물로 아마 늪지에서 살았을 것이다.
(b) 고생솔잎란속은 약 3억 7천 5백만 년 전에 진화되었을 것이다. 이 고생솔잎란속과 같은 식물들이 고사리류의 조상이었을 것이다.
(c) 아스테록실론속은 초기의 석송이었다.
위의 3가지 식물들은 모두 화석종이다.

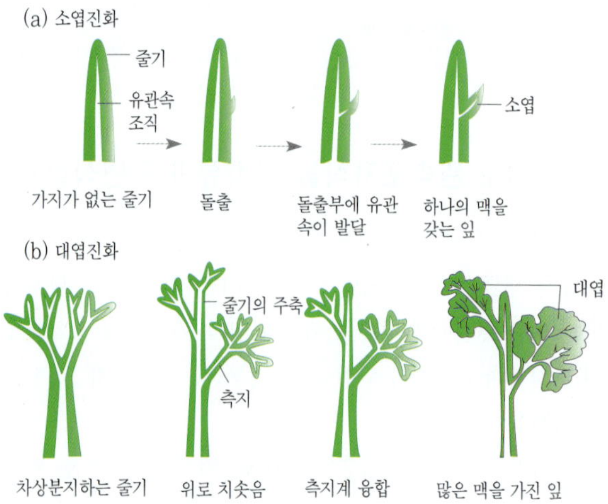

그림 25-12 잎의 발달의 2가지 유형
(a) 소엽은 하나의 관속가닥으로 발달할 줄기 표면부의 돌기로부터 기원되고, 1개의 엽맥이 있다. 석송류와 속새류가 소엽을 갖는다.
(b) 대엽은 소엽보다 복잡하고 많은 맥을 가지며, 측지의 융합으로부터 진화된 것이다. 양치류, 나자식물, 피자식물은 대엽을 갖는다.

어져 왔고, 잎에는 2가지 기본 형태가 존재한다(그림 25-12).

소엽(microphyll)은 아마도 줄기조직의 표면이 신장되어 생긴 것으로 여겨지며, 대개 작고 하나의 관속(엽맥)을 가진다. **대엽**(megaphyll)은 측지의 융합으로부터 생겨나며, 우리가 알고 있는 대부분의 잎의 형태를 말한다. 대엽은 하나 이상의 관속(엽맥)을 가지나 여러 번 갈라지기도 한다.

(1) 솔잎란문(Division Psilophyta)

주로 열대 및 아열대지역에 3종의 솔잎란류(whisk ferns)가 현존하는데, 우리나라에도 제주도의 남쪽 서귀포 근처의 습기가 많은 바위틈에서 솔잎란이 자라고 있다. 솔잎란류는 외형이 양치식물과 유사하지는 않더라도 생활사가 유사하며, 양치식물류의 근연분류군으로 본다.

솔잎란류의 외부 형태적 구조의 해석에 있어 2부류로 견해를 달리하고 있다. 한 부류는 솔잎란류를 매우 원시적인 관속식물로 취급한 반면에, 다른 부류의 학자들은 매우 분화된 양치식물로서 진화된 것이라고 보고 있다. 솔잎란(*Psilotum nudum*)(그림 25-13)은 솔잎란류의 대표적인 식물로서 진정한 뿌리와 잎은 없으나 관속줄기를 갖는다. 솔잎란속(*Psilotum*)은 지하에 있는 수평의 근경과 수직의 지상줄기인 포자체를 가진다. 줄기는 항상 두 갈래로 분지하는데, 이러한 **차상분지**(dichotomous branching)는 원시 형질로 여겨진다. 줄기의 표면은 녹색이며 광합성을 하는 주요 기관이다. 줄기에는 3갈래로 갈라진 포자낭이 달리는데 매우 크고, 여기서 생긴 포자는 발아하여 단상의 전엽체가 된다. 전엽체는 반지중성이고 영양 공급에 중요한 균류와 상리공생을 하는 관계로 광합성을 하지 못한다.

그림 25-13 솔잎란
잎과 뿌리가 없고 줄기는 차상분지되며 포자낭이 달린다. 잎이 없기 때문에 줄기가 광합성기관이다.

(2) 석송문(Division Lycophyta)

석송류(club mosses)는 속새류와 같이 데본기에 생겨 석탄기에 번성하였다가 멸종된 화석종이 대부분이다. 멸종된 식물의 형태는 키가 크고 나무 모양이지만, 현재 생존하고 있는 것은 모두 30cm 이하의 작은 형태이다. 이러한 큰 나무인 것들은 석탄 퇴적물로서 남아 있다. 현생종은 아한대에서 열대에 걸쳐 살고 있으나 주로 열대지방에 종수가 많고, 일반적으로 수림지에 많이 자란다(그림 25-14).

이들은 진정한 뿌리, 줄기(근경과 직립의 지상경) 및 작고

그림 25-14 석송
외형이 이끼류를 닮았지만 양치식물과 근연종이다. 포자체 식물은 아주 작고, 비늘과 같은 잎은 상록성이다. 포자는 구과와 같이 포자낭수에서 형성된다.

비늘 같은 잎(인편엽, 소엽)을 가지는데, 잎은 줄기에 나선상으로 배열하고 대개 중앙에 1줄의 관속조직이 있으며, 줄기는 중앙의 물관부조직을 체관부가 원통형으로 둘러싸고 있다. 포자체의 포자낭은 줄기의 정단부에서 구과와 같은 포자낭수에 생기고, 감수분열의 결과 같은 형태의 포자가 생성된다. 이러한 **동형포자**(homospore)는 선태류, 속새류, 솔잎란류와, 양치류 및 석송류의 석송목에서도 볼 수 있다. 그러나 감수분열의 결과 2가지의 상이한 포자, 즉 대포자와 소포자인 **이형포자**(heterospore)를 가지는 것은 특정 양치식물과 석송류의 부처손목에서 볼 수 있다. 현재 지구상에서 가장 고등한 나자식물과 피자식물에서도 이형포자를 갖는데, 이는 아마도 식물의 진화에 있어 중요한 발달과정인 것으로 본다.

부처손속(*Selaginella*)은 이형포자인데 포자낭수에 대포자낭과 소포자낭인 2종류의 포자낭이 있다(그림 25-15).

소포자낭(microsporangium)의 **소포자모세포**(microspore mother cell)는 감수분열 후에 반수체인 작은 **소포자**(microspore)로 되고 각 소포자는 웅성 배우체로 발달하여 정자를 생산한다. **대포자낭**(megasporangium)의 **대포자모세포**(megaspore mother cell)는 감수분열 후 반수체인 **대포자**(megaspore)를 만들어 자성 배우체로 발달하여 난자를 생산한다. 이와 같이 소포자로부터 웅성 배우체로, 대포자로부터 자성배우체로 발달하는 무성생식을 하고, 정자는 2개의 편모가 있어 이슬이나 물을 매개로 헤엄을 쳐 난자와 수정하여 포자체로 되는 유성생식을 하여 세대교번이 된다(그림 25-16).

소포자와 대포자에서 각각 웅성 및 자성 배우체로의 발달

그림 25-15
부처손속(*Selaginella*)

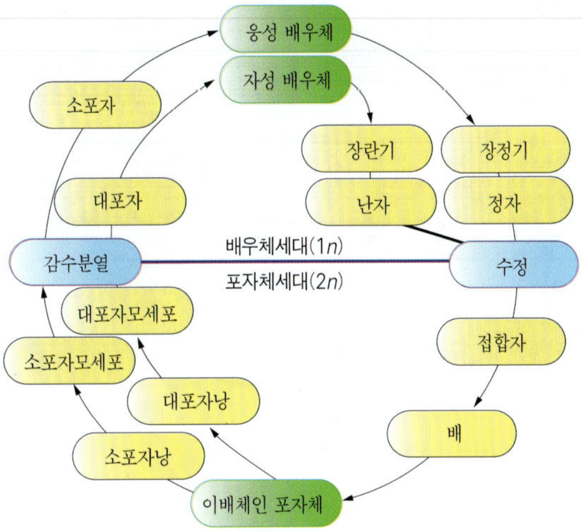

그림 25-16 이형포자식물의 일반적인 생활사
이 식물들은 2가지 유형의 포자, 즉 대포자와 소포자를 만든다.

은 포자낭 안에서 이루어지기 때문에, 웅성 및 자성 배우체는 진정한 독립체가 아니다.

(3) 속새문(Division Sphenophyta)

속새류(horsetails)는 대부분이 화석종으로서 멸종되고 현존하는 것은 25종 정도이며, 데본기에 출현하여 다양한 종으로 발전하여 석탄기에는 육상에서 우점되었던 식물이다. 그 당시의 속새류가 현재까지 방대한 석탄 퇴적물로 남아 있어 최근까지 인류가 중요하게 사용하고 있다.

속새류는 대개 습지나 늪지에 살며 줄기는 속이 비고 실리카가 충만하여 껄끄러운 느낌을 준다. 진정한 뿌리, 줄기 및 잎으로 구성되고, 줄기에는 뚜렷한 **마디**(node)가 있으며, 각 마디에 비늘 같은 잎이 윤생하거나, 2차 분지된 작은 가지가 있다. 녹색의 줄기는 광합성작용을 하는 매우 중요한 기관이고 환상으로 관속이 배열된다. 이 식물들의 줄기는 무성한 말꼬리와 같은 외형을 나타내는 분지된 윤상체를 가지므로 horsetails라는 영어 이름이 붙게 되었다.

생식력이 있는 일부 생식경은 그 끝에 솔방울과 비슷한 **포자낭수**(strobilus)를 가지며 근경에서 먼저 나오고, 많은 윤생지가 달린 영양경은 나중에 나온다(그림 25-17).

포자낭수에 있는 포자낭에서 방출된 포자는, 발아하여 녹색의 배우체 식물로 발달되고 난자와 정자를 생산하는 장정기와 장란기를 갖는다. 생식세포의 수정으로 형성된 접합자는 포자체 식물로 발달되고, 포자체는 우선 배우체에 기생하다가, 빠른 기간에 줄기와 뿌리가 생겨나는데 생활사가 양치식물과 비슷하다.

(a) (b)

그림 25-17 쇠뜨기 (a) 생식경 (b) 영양경

(a) (b)

(c)

그림 25-18 대표적인 양치류
(a) 꿩고비로 갈색의 생식수(포자낭을 갖는다)와 녹색의 불염성 잎을 보여 주고 있다.
(b) 다시마 고사리삼의 일종인 *Platycerium bifurcatum*은 오스트레일리아의 우림지대가 원산지이며 널리 재배되고 있다. 야생에서 이 식물은 착생식물로 수간에 붙어서 자란다.
(c) 나무고사리류인 *Cyathea*로 열대우림지대가 원산지이다.

(4) 양치식물문(Division Pterophyta)

양치식물류는 관속식물의 가장 오래된 식물군으로 원시양치와 같은 화석식물은 3억 6천만 년 전인 데본기와 그 후인 석탄기에 살다가 멸종되었다. 양치식물 중 수서생활을 하는 것도 있으나 대부분은 육상생활을 한다. 분포는 열대에서 극지까지 다양하나 대부분의 종이 습한 열대우림지역에서 자라고, 온대지역에서는 일반적으로 습한 삼림지대나 하천의 제방 등에서 자란다(그림 25-18).

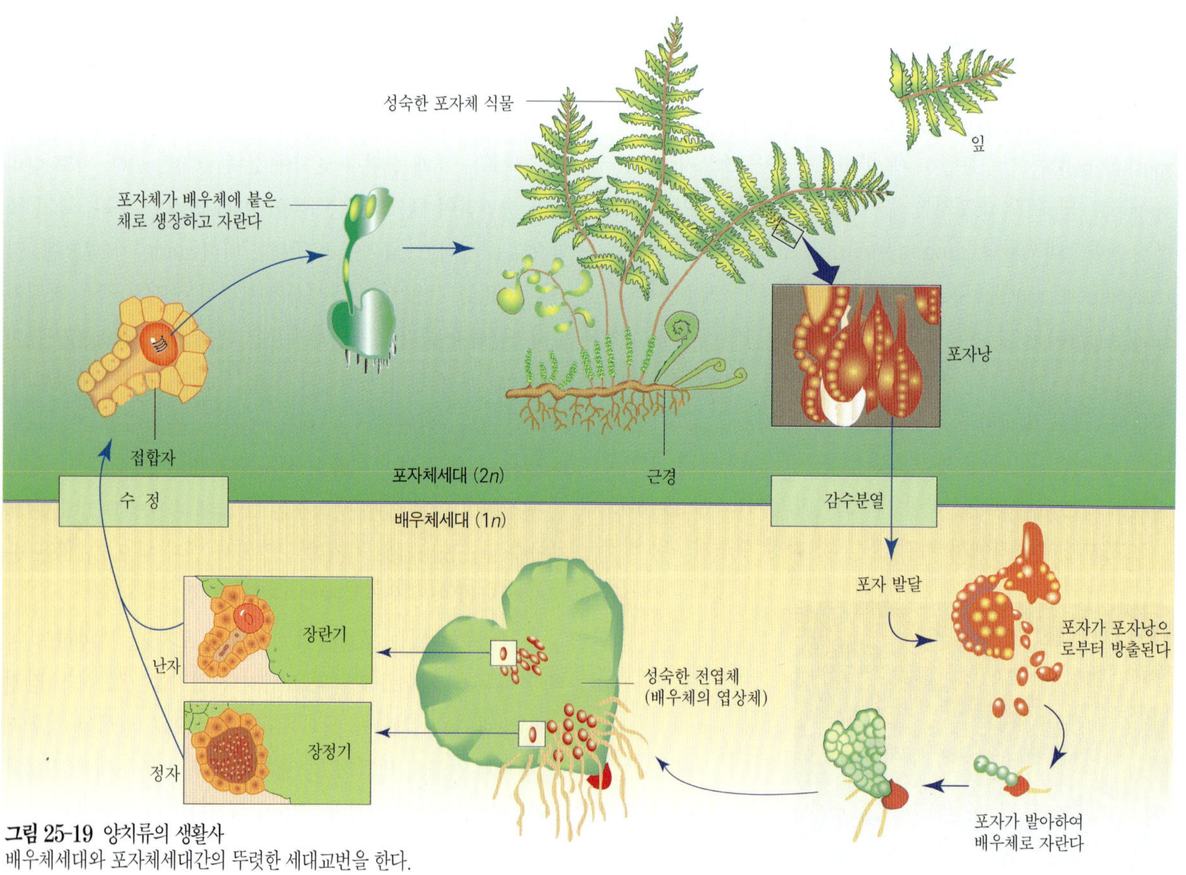

그림 25-19 양치류의 생활사
배우체세대와 포자체세대간의 뚜렷한 세대교번을 한다.

생활사는 세대교번이 뚜렷하게 일어나고(그림 25-19), 흔히 보는 양치류는 복상(배수체)인 포자체세대이다. 이 식물체는 수평의 **근경**(rhizome)으로 되었고, 뿌리와 잎 혹은 **엽상체**(frond)를 가지고 있다. 어린 잎은 땅에서 돋아날 때 매우 단단하게 말려서 나오는데, 이것이 자라면서 펴지고 잎을 이룬다. 잎은 종종 하나로 혼합되거나 깃 모양으로 갈라져 있어 아름다운 복엽을 이루고, 잎, 뿌리 및 근경은 관속조직을 가지고 있는 진정한 식물기관이다.

포자체 식물은 잎 이면에 **포자낭**(sporangium)이 발달되어 포자모세포가 형성되고, 포자낭은 대개 군집의 형태로 생기는데 이를 **낭퇴**(sorus ; 포자낭군)라 한다. 포자낭내의 포자모세포는 감수분열을 하여 단상의 포자를 만들고, 적당한 장소에 떨어져 발아, 성장하여 성숙한 배우체 식물로 되는 무성생식을 한다. **전엽체**(prothallus)라고 하는 배우체 식물은 작고 심장형이며 포자체 식물과 모양이 다르다(그림 25-20).

그림 25-20
양치류의 전엽체(배우체세대)
전엽체 세포는 엽록체를 함유하고 있으나 아래의 가근은 비광합성적이다. 장정기와 장란기는 아직 발달되지 않았다.

전엽체의 이면에는 생식기관인 장란기와 장정기가 있고 장란기에서는 하나의 난자를, 장정기에서는 웅성배우자인 많은 정자가 형성된다.

편모를 가진 정자는 물을 매개로 장란기에 이르면 경부 아래로 유영하여 난자와 수정한다. 수정된 복상의 접합자는 분열하여 다세포성 배로 되고 이는 성장하여 포자체 식물로 되는 유성생식을 한다. 어린 포자체의 배는 배우체에 붙어서 생장을 의존하지만, 배가 성장하여 포자체인 양치식물로 성숙됨에 따라 배우체인 전엽체는 시들어 죽게 된다. 양치식물의 생활사는 유성생식에 의한 근경, 뿌리, 잎을 가지는 복상의 포자체 식물과, 무성생식에 의한 단상의 전엽체인 배우체 식물간의 세대교번이 이루어지고 있다.

양치식물은 관속조직의 존재로 인하여 선태류보다 고등하지만 여전히 수정시에 물을 요구하는 원시적인 특성을 보인다. 더욱 고등한 육상식물에서는 포자체세대가 점차 우세해지고 수정시 물의 의존성이 적어진다. 그러나 양치식물보다 하등한 대부분의 조류에서는 더욱 우세한 배우체세대를 갖고, 수정시 물에서 유영할 수 있는 편모를 가진 배우자의 생성으로 대응하고 있다.

25.4 종자식물

지구상에 현존하는 종자식물은 나자식물과 피자식물로 가장 진화된 식물이며, 종자는 자성 배우체와 그와 관련된 조직으로부터 발달한다. 따라서 현대를 종자식물기(Age of seed plants)라고 보는 견해도 있다.

1개의 종자는 백만 개의 포자보다도 많은 식물체를 만들어내기 때문에, 종자는 포자에 비해 생식적으로 우세하다. 첫째, 식물의 포자는 단세포로 구성되어 있는 반면에 종자는 다세포성이고 유근, 배축, 자엽을 가진 잘 발달된 어린 식물을 포함한다. 둘째, 발아 후 종자내에 있는 식물의 배는 스스로 생장할 수 있을 때까지, 종자 안에 저장된 영양분을 공급받는다. 그러나 포자는 단세포이기 때문에 포자로부터 식물로 발달할 때 저장된 영양분이 거의 없다. 또한 종자는 저항성 종피에 의해 보호받으며, 나쁜 환경에서는 대사 속도가 감소되는 휴면기간을 지내다 조건이 양호하게 되었을 때 발아한다.

종자식물에서 **나자식물**(gymnosperm)이라는 단어는 그리스어에서 '나출된 종자'라는 의미를 지닌다. 이러한 식물들은 완전히 나출된 종자 또는 구과의 인편에 종자를 생산하는 소나무, 잣나무, 가문비나무, 전나무, 낙우송, 측백나무 등이다. **피자식물**(angiosperm)이라는 단어는 그리스어의 '관 또는 껍질 안에 둘러싸인 종자'라는 뜻이며, 1개의 과실 안에 종자들을 생산한다. 피자식물로는 벼, 옥수수, 백합, 참나무, 감나무, 장미, 민들레 등이 있다.

나자식물과 피자식물은 물과 용해된 무기염류를 운반하는 물관부와 영양분을 운반하는 체관부를 가진다. 양자 모두 세대교번을 하고 이배체(포자체)세대와 반수체(배우체)세대로 지내는데, 배우체세대는 매우 짧다. 이들 양자는 이형포자로서 2가지 유형의 포자, 즉 소포자(화분)와 대포자(배낭세포)를 형성한다.

25.4.1 나자식물문(Division Pinophyta, Gymnospermae)

나자식물 중에는 흥미로운 식물이 많이 포함되어 있는데 부피가 세계에서 가장 큰 식물체는 거대한 세쿼이아이고, 가장 키가 큰 나무는 약 110m에 이르는 미국삼나무이며, 가장 오랜 수명을 지닌 식물체는 미국 네바다주에 살아 있는 bristlecone 소나무로 나이테로 볼 때 4,900살이 된다.

나자식물문은 보통 4개의 아문(subdivision)으로 나뉘어 진다. 가장 큰 아문은 구과식물아문(Coniferophytina)으로 구과에 종자를 생산하는 목본식물이다. 은행나무아문(Ginkgophytina)과 소철아문(Cycadophytina)은 과거에 아주 번성했던 군이었으나 현재까지 잔존하고 있는 진화적 산물이다. 마황아문(Gnetophytina)은 다른 나자식물의 아문에서 발견되지 않는 물관과 물관부 섬유같은 발달된 형태를 가지는 아주 독특한 식물들이다.

화석기록으로는 종자식물이 몇 번의 독립적인 진화경로를 거쳐왔으며, 종자는 약 3억 6천만 년 전의 데본기에 나타났으나 나자식물 진화의 경로는 명확하지 않다. 모든 나자식물이 중간 공통조상으로부터 진화되었는지에 대하여는 의심스럽고, 화석상 최초의 구과류 출현은 약 3억 년 전의 상석탄기(Upper Carboniferous period)이다.

(1) 소철아문(Subdivision Cycadophytina)

소철류(cycads)는 선사시대 이전에는 아주 중요한 식물군이었다. 약 2억 4천 8백만 년 전의 삼첩기는 때때로 '소철의 시대'라고 언급되기도 한다. 현존하는 소철은 종려와 같은 모양을 한 열대성이다(그림 25-21).

소철의 생식기구는 **자웅이주**(dioecious)이므로 서로 다른 식물체 위에 암수의 생식구조를 가진다는 것을 제외하고는 소나무와 비슷하며, 배주와 종자의 구조는 가장 초기에 있어서 매우 유사하다. 소철류가 화분립 내부에 운동성 정자를 갖는 것은 가장 원시적인 모습을 보유한 것이다. 그러나 소철은 공기나 곤충에 의해서 운반되는 화분을 형성하기 때문에 이러한 편모성 정자는 흔적기관이다. 그들은 수정을 위하여 물을 필요로 하지 않는다.

(2) 은행나무아문(Subdivision Ginkgophytina)

현존하는 대표적인 식물은 은행나무(ginkgo 또는 maidenhair tree)이다(그림 25-22). 이것은 중국 원산이고 수세기 동안 재배되어 왔으며 야생인 것은 발견되지 않았다. 은행나무는 2억 년 전의 화석이 현재와 거의 동일한 모습으로 발견되므로 살아 있는 나무 중 가장 오래된 속을 대표한다.

그림 25-21 남아프리카에서 자라는 소철
야자수와 모습이 비슷한 열대성 나자식물이다. 이 식물 위에 커다란 3개의 구과가 맺혀 있다.

그림 25-22 은행나무
자성과 웅성이 분리되어 있는 자웅이주이고, 단지 자성만이 종자를 형성한다.

은행나무는 오늘날 중국, 한국, 일본, 미국 등지에서 관상용으로 재배되고 있고, 특히 도시 수종으로 적합한데 그것은 공해에 대한 저항성이 강하기 때문이다. 잎은 부채꼴이고 낙엽성이며, 암수의 구과가 각기 딴 포기에 생기는 자웅이주이다. 은행나무도 소철과 같이 공기에 의해 운반되는 화분을 생성한 이후부터, 편모가 있는 정자는 흔적기관으로 전락되었다. 종자는 나출되었고 종자의 외피는 육질로서 둥글고 황색으로 익으며, 중종피는 딱딱하고 다소 편평하다. 종자가 성숙되었을 때, 자성의 나무에서 불쾌하고 역겨운 냄새를 풍기기 때문에 꺼려하는 도시도 있다.

(3) 구과식물아문(Subdivision Coniferophytina)

구과류(conifers)는 소나무, 가문비나무, 솔송나무, 전나무 등이고 교목이거나 관목으로 초본성이 없으며 대부분이 상록성이다. 낙우송과 삼나무 같은 몇몇 소수의 구과류는 낙엽성이고 성장기가 끝날 무렵에 침엽이 떨어진다. 대부분의 구과류는 한 식물체에 암수의 생식기구가 분리되어 있는 **자웅동주**(monoecious)이고, 이러한 생식기구는 **구과**(cone)내에 있다.

구과류는 오늘날 지구상에서 널리 분포하고 극지에서부터 열대지역에까지 이르며, 캐나다, 북유럽, 시베리아의 방대한 수림지대인 타이가(taiga, 침엽수림지대)에서 우세한 식생을 이룬다. 또한 남반구에서, 특히 남아메리카, 호주, 말레이지아 등의 지역에서도 중요한 산림을 이룬다.

소나무는 전형적인 구과류의 생활사를 나타낸다(그림 25-23). 소나무는 포자체세대로서 포자를 생성하는데 각기 다른 구과, 즉 웅성 구과(staminate cone)에서 소포자, 자성 구과(ovulate cone)에서 대포자가 생성되는 이형포자이다.

웅성 구과는 자성 구과보다 작고, 봄에 아래쪽 가지 위에 만들어진다(그림 25-24). 각 구과는 많은 인편(scale)이 모여서 **포자엽**(sporophyll)으로 구성되었는데, 각 포자엽의 기저부위에 있는 소포자낭(화분낭)에 수많은 소포자모세포(화분모세포)가 있다. 소포자모세포는 감수분열을 하여 반수체인 소포자(화분)를 형성하고, 각 소포자는 배우체세대로 발달한다.

미숙된 웅성 배우체인 **화분립**(pollen grain)은 화분낭내에서 발육하여 몇 개의 원엽세포와 1개의 장정기세포로 되는데, 원엽세포는 퇴화하고 장정기세포만이 다시 분열하여 생

(a) (b)

그림 25-24 소나무의 웅성 구과와 자성 구과
(a) 소나무의 웅성 구과는 아주 많은 양의 화분을 생성한다.
(b) 성숙한 자성 구과는 열개되어서 종자를 방출한다.

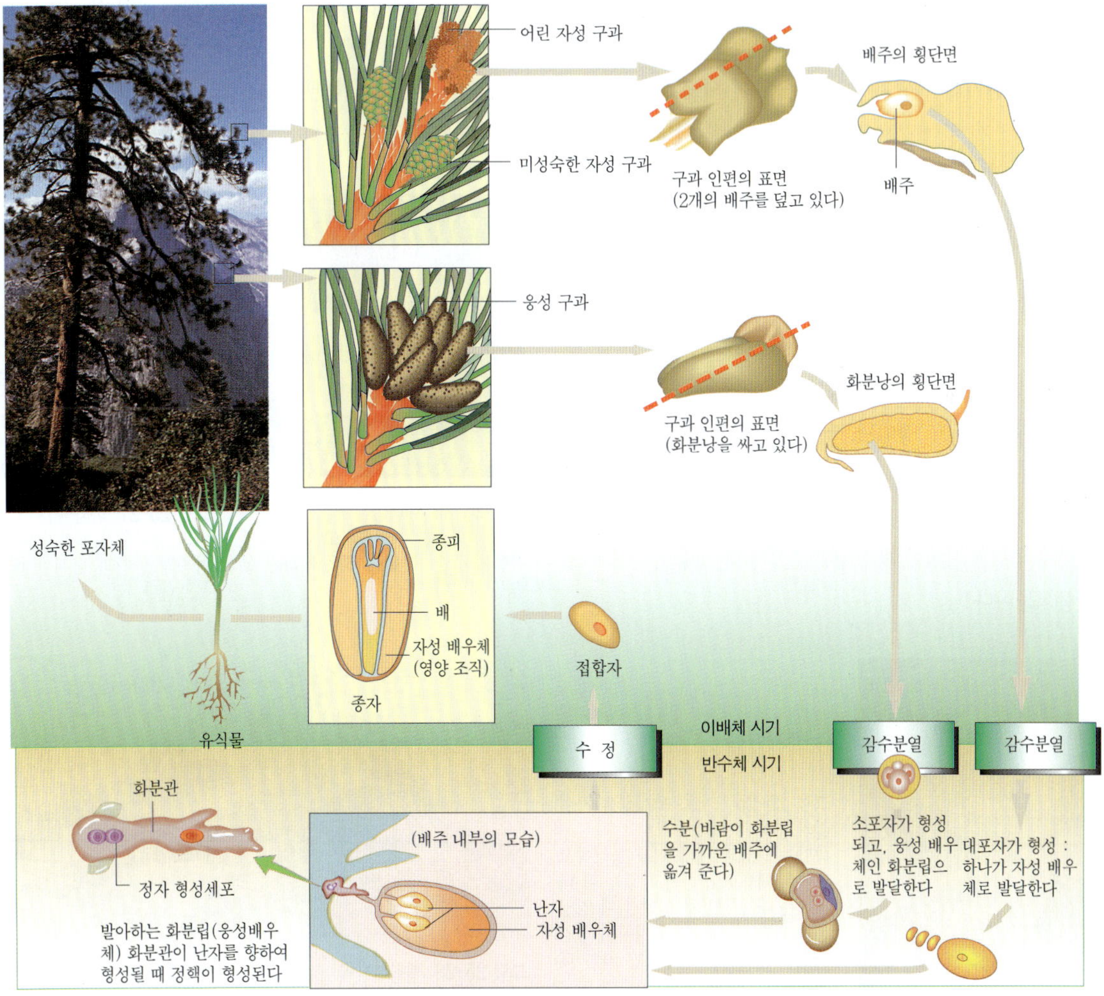

그림 25-23 소나무의 생활주기
하등 유관속식물보다 나자식물의 중요한 진화적 특징은 화분이 바람에 의해 옮겨지는 것과 정자가 수정시 물을 매개로 이용하지 않는다는 것이다.

식세포(generative cell)와 관세포(tube cell, 화분관세포)가 된다. 이 상태에서 화분은 날개 모양의 기낭(air sac)이 있어 바람에 날려 자성구과로 옮겨진다.

자성 구과는 보통 가지의 윗부분에 위치하고 목본성 인편으로 되었는데, 그 기저부에 있는 각 대포자낭에서 2*n*인 대포자모세포가 감수분열을 하여 반수체인 4개의 대포자(배낭세포)를 형성한다. 그 중 3개는 퇴화하고 1개의 배낭세포만이 발육하여 배낭(자성 배우체)으로 발달한다.

종자는 수정이 일어난 후에 생성되는데, 구과의 형성과 종자의 성숙 사이에는 상당한 시간적 간격이 있다. 웅성 구과의 화분이 자성 구과로 이동하는 **수분**(pollination)은 봄에 일어나는데, 이때 자성 구과는 미성숙 상태이다. 겨울을 지내고 다음해 봄이 되면 자성 구과의 조직은 성숙되어, 배낭세포는 핵분열을 하여 수정에 앞서 배유조직인 내배유(endosperm)가 되고, 또한 내배유 윗부분의 장란기에서는 난자가 형성된다.

한편 화분은 서서히 자라서 화분관세포는 자성 배우체조직을 통해 장란기내의 난자에 이르는 관이 되고, 생식세포는 분열하여 편모가 없는 2개의 정자가 되는데, 하나의 정자만이 난자와 **수정**(fertilization)을 하여 배(胚)로 된다. 형성된 어린배는 이미 발달된 내배유가 둘러싸고, 주피가 종피로 되어 종자가 되는 것이다(그림 25-25).

성숙된 종자에서 내배유는 영양조직이 되고, 종자는 자성 구과가 열개될 때 바람에 의해 산포된다.

소나무의 생활사에서 중요한 이점은 정자가 수정시 물을 매개로 하지 않는다는 것이다. 수분시 웅성 구과에서 자성 구과로의 화분의 이동은 공기(바람)에 의하며, 편모가 없는 정자는 화분관을 통해 난자로 이동 결합하여 수정을 한다. 그러므로 나자식물은 생식이 육상생활에 완전히 적응되어진 최초의 육상식물이다.

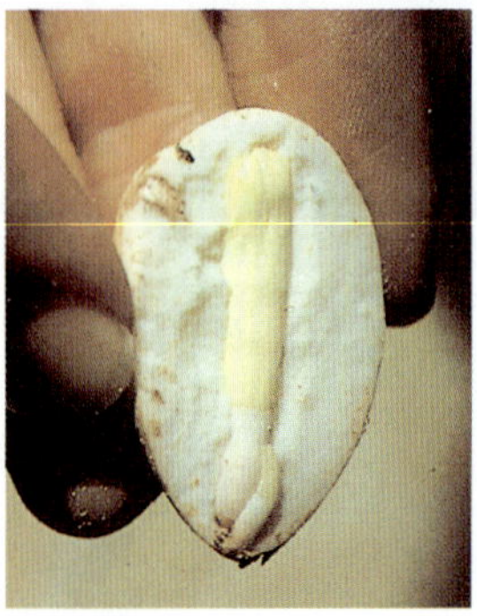

그림 25-25 2개로 쪼개진 나자식물의 종자
종자는 중앙의 배와 이를 둘러싸고 있는 내배유로 구성되고 있는 데 내배유는 배가 식물로 발달할 때 영양분이 된다. 나자식물 종자에서 영양조직인 내배유는 반수체인 자성 배우체의 조직이다.

(4) 마황아문(Subdivision Gnetophytina)

마황류(gnetophytes)는 다른 나자식물보다 뚜렷하게 진화된 모습을 보여주는 많은 요소를 공유하는 3개의 속으로 구성되어 있다. 마황류는 피자식물과 마찬가지로 물관부에서 물관을 갖고 효과적인 수분 통도를 하지만, 마황류를 제외한 다른 나자식물에서는 물관이 없고 헛물관만 있다. 또한 마황류의 구과송이는 꽃송이와 유사하여 나자식물과 피자식물을 연결하는 식물군이라고 보고 있다.

네타속(*Gnetum*)은 짧은 가지에 정상 잎이 대생하며, 열대성 덩굴식물이나 열대성 목본도 있다(그림 25-26). 마황속(*Ephedra*)의 종들은 사막이나 건조한 지대에서 발견되는 관목으로 모양이 속새속과 닮았고 가는 줄기에 달린 잎은 소형으로 인편상이다(그림 25-27). 아시아의 마황속은 항히스타민 에페드린의 원료이다. 웰위찌아속(*Welwitschia*)은 아프리카 사막에서 발견되는 1종뿐이다(그림 25-28). 식물체의 대부분은 지하에서 자라고 코르크로 뒤덮인 지상의 줄기는 지름 약 1m의 원반형 수관(crown)을 이루며, 두텁고 혁질인 리본 모양의 2개의 잎은 일생 동안 자라서 오래된 것은

그림 25-26 네타속
잎은 현화식물과 비슷하고 다른 나자식물에서 볼 수 없는 많은 진화된 모습을 지닌다.

그림 25-27 마황속
미국 남서부가 원산지인 이 종은 지중해 연안과 아시아 내륙부에 분포한다.

그림 25-28 웰위찌아속
세계에서 유일한 하나의 종으로 아프리카 사막이 원산지이며 가장 기괴한 나자식물이다. 잎은 2개이나 두텁고 혁질인 리본 모양인데, 바람에 의해 찢겨져 많은 것처럼 보인다.

1,000년 내외인 것도 있다. 웰위찌아속은 생식을 하면 원주형인 짧은 줄기의 가장자리에 구과를 형성한다.

25.4.2 피자식물문(Division Magnoliophyta, Angiospermae)

피자식물(angiosperms)은 꽃이 피기 때문에 진정한 **현화식물**(flowering plants)이며 오늘날 지구상에 현존하는 대부분의 식물을 차지하고 있는 우점식물이다. 남극지방을 제외한 거의 모든 생육지에 적응하고 있으며 약 250,000종 이상이 있다. 피자식물의 배주는 심피(carpel)에 싸여 있고, 꽃, 과실, 종자가 형성되는 유성생식을 한다. 대부분의 종에 있어서 물관부에 물관을 가지며 수정과정이 독특하다.

피자식물은 배의 구조, 꽃의 형태, 줄기와 잎의 해부학적 구조 등의 차이에 의해서 쌍자엽식물강과 단자엽식물강의 두 강으로 분류된다.

(1) 쌍자엽식물강(Class Dicotyledoneae)

배에 2장의 자엽이 있고 성숙한 종자에는 내배유가 보통 없다. 잎은 다양하지만 보통 넓고, 엽맥은 그물맥으로 되어 있다. 꽃의 기관은 주로 **5수성**(pentamerous) 또는 **4수성**(tetramerous)이고, 화분은 3개의 발아공을 가진 것이 많다. 줄기에는 개방유관속이 환상으로 배열하고, 형성층이 있어 비대생장을 한다. 초본성이거나 목본성식물로서 뿌리는 일반적으로 하나 또는 그 이상의 1차근(주근)과 2차근(측근)으로 되어 있다. 쌍자엽식물강은 꽃잎이 갈라진 **이판화아강**(Acrhichlamydeae)과 꽃잎이 붙어 있는 **합판화아강**(Metachlamydeae)으로 분류된다. 이판화아강에는 버드나무과, 참나무과, 뽕나무과, 겨우살이과, 선인장과, 목련과, 수련과, 미나리아재비과, 십자화과, 장미과, 콩과, 봉선화과, 제비꽃과, 박과 등이 있고, 합판화아강에는 감나무과, 진달래과, 메꽃과, 초롱꽃과, 국화과 등이 있는데 쌍자엽식물은 258과 9,500속 20만 종으로 구성된다.

(2) 단자엽식물강(Class Monocotyledoneae)

쌍자엽식물로부터 유래한 것으로 종자의 배에 1장의 **자엽**(cotyledon)이 있고, **내배유**(endosperm, 영양조직)는 보통 성숙한 종자에 존재한다. 잎은 대개 좁고 나란히맥이며 가장자리가 밋밋하고 잎자루는 엽초로 되어 있다. 꽃의 기관(꽃잎, 꽃받침, 수술 및 암술)은 기본적으로 **3수성**(trimerous)이나 그 배수로 된 것도 있다. 줄기에는 폐쇄유관속이 산재하고, 보통 형성층이 없어 2기생장은 전혀 없거나 거의 없다. 대나무와 야자수 같은 몇몇 과는 목본이나 대부분은 초본이다. 뿌리는 전형적인 수염뿌리이고, 화분에는 1개의 발아공을 가진 것이 많다. 나자스말과, 지채과, 가래과, 택사과, 백합과, 붓꽃과, 벼과, 부들과, 파초과, 난초과 등 45과 2,000속 5만 종이 있다.

쌍자엽식물과 단자엽식물의 주요 기관을 비교하면 그림 25-29와 같다.

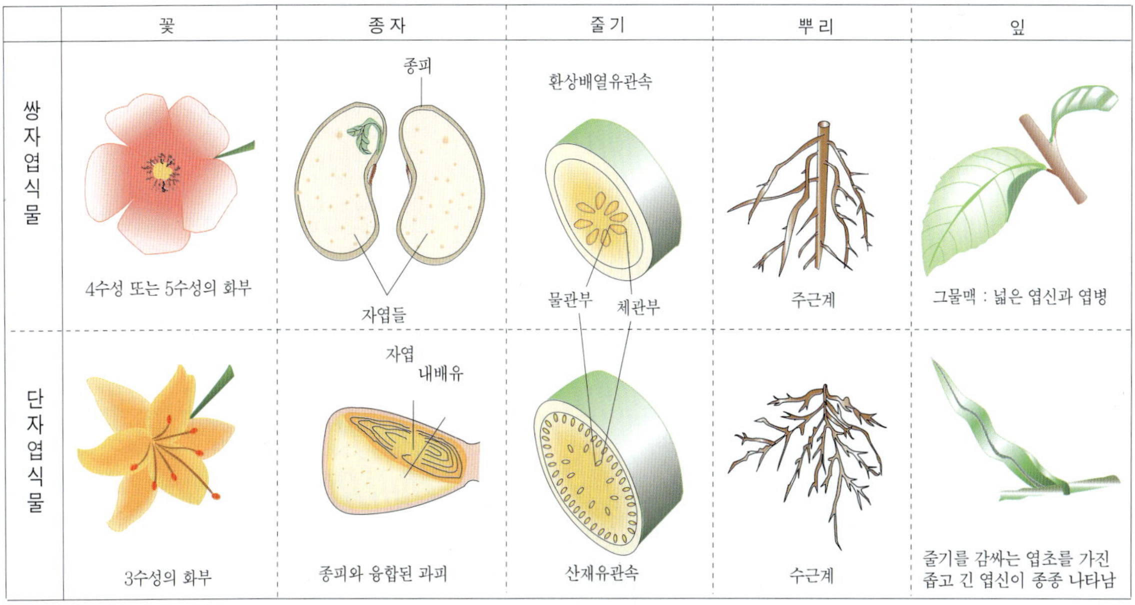

그림 25-29 쌍자엽식물과 단자엽식물의 주요 기관 비교

제26장

동물의 분류와 계통

지구상의 살고 있는 동물은 매우 다양하지만 모두 공동 조상으로부터 유래되었다. 동물이란 엽록체를 가지지 않고, 다른 생물을 섭식하여 영양을 섭취하며, 근수축에 의하여 몸의 일부를 움직이는 다세포 동물이다. 동물의 계통을 구분하는 기준인 공통된 특징에 대하여 설명하고, 그들 사이의 유연관계를 계통수로 나타내어 진화적인 변화를 이해하도록 한다. 동물계의 문의 구분은 학자에 따라 약간 달리 하고 있으나 주변에서 흔히 볼 수 있고 계통을 대표할 수 있는 문을 중심으로 각 문의 계통적 특징과 형태 및 주요 종에 대하여 그림과 함께 해설한다. 해면동물문으로부터 무체강, 위체강, 진정체강(열체강, 장체강)으로 구분하여 척색동물문까지 포함한다.

26.1 동물계

동물은 종속영양적이고, 대부분 이동할 수 있으며, 비록 식물처럼 고착생활을 할지라도 몸의 일부는 활발하게 움직이고 유생시기에는 운동성을 가지고 있어 자유운동을 하며, 세포벽을 가지지 않는다. 또, 동물들은 외부의 자극에 대하여 식물보다 더 빨리 여러 가지로 반응하며, 물질대사율이 더 높고 세포조직 및 기관은 더 분화되었다. 동물의 기본적인 생식형태는 유성생식이고, 각 개체가 하나의 수정된 알에서 다세포의 생물로 변하기 때문에 여러 발생단계를 거치게 된다. 동물계는 원생동물을 포함하여 33개의 **문**(phyla)으로 나눈다(표 26-1).

동물계는 크게 2개의 아계(subkingdom)로 나눈다. 즉 단세포로 되어 있는 **원생동물아계**(subkingdom Protozoa)와 다세포로 되어 있는 **후생동물아계**(subkingdom Metazoa)로 나눌 수 있다. 다시 후생동물은 조직의 분화가 거의 이루어지지 않아 아직 세포단계에 있는 **측생동물**(Parazoa)과 조직의 분화가 이루어져 체제가 조직적인 단계에 있는 **진정후생동물**(Eumetazoa)로 나뉜다. 측생동물은 **해면동물**(Porifera)문만 있다. 진정후생동물은 대칭의 상태에 따라 **방사대칭동물**(radiata)과 **좌우대칭동물**(bilateria)로 나뉜다.

방사대칭동물은 이배엽성인 반면에 좌우대칭동물은 3배엽성이다. 좌우대칭동물은 체강의 유무와 성질에 따라 **무체강동물**(acoelomata)과 **위체강동물**(pseudocoelomata), 그리

표 26-1 동물계의 문

문(Phyla)
1. Protozoa(원생동물)
2. Porifera(해면동물)
3. Cnidaria(자포동물)
4. Ctenophora(유즐동물)
5. Platyhelminthes(편형동물)
6. Mesozoa(중생동물)
7. Nemertina(유형동물)
8. Gnathostomulida(악구동물)
9. Rotifera(윤형동물)
10. Gastrotricha(복모동물)
11. Kinorhyncha(동문동물)
12. Nematoda(선형동물)
13. Nematomorpha(유선형동물)
14. Acanthocepha(구두동물)
15. Loricifera(피갑동물)
16. Endoprocta(내항동물)
17. Phoronida(추형동물)
18. Bryozoa(태형동물)
19. Brachiopoda(완족동물)
20. Sipunculida(성구동물)
21. Priapulida(새예동물)
22. Mollusca(연체동물)
23. Echiurida(의충동물)
24. Annelida(환형동물)
25. Pentastomida(오구동물)
26. Tardigrada(완보동물)
27. Onychophora(유조동물)
28. Arthropoda(절지동물)
29. Chaetognatha(모악동물)
30. Pogonophora(유수동물)
31. Hemichordata(반색동물)
32. Echinodermata(극피동물)
33. Chordata(척색동물)

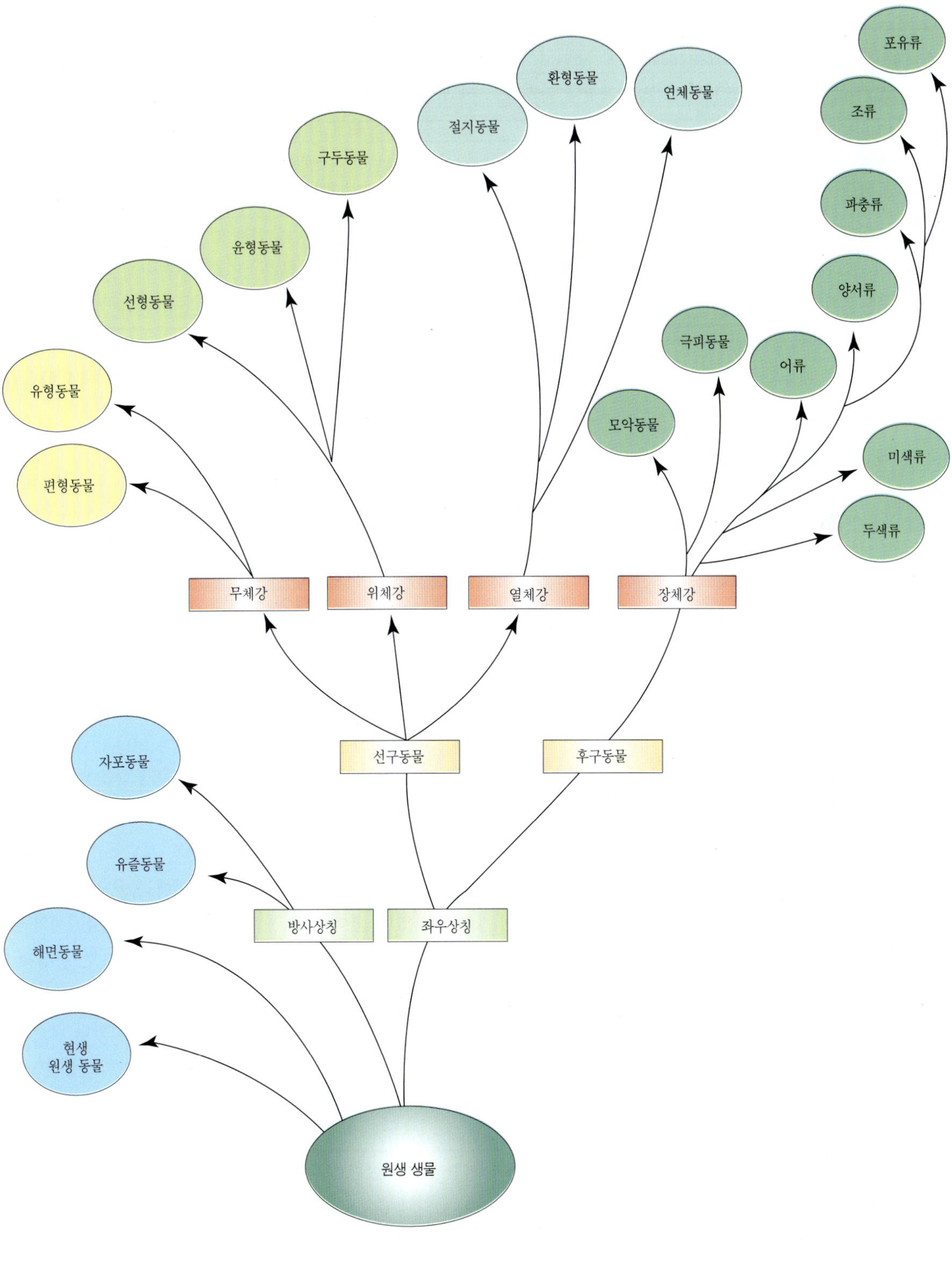

그림 26-1 동물 주요 문의 계통수

고 **진체강동물**(eucoelomata)로 구분할 수 있다. 다시 진체강동물은 **원구**(blastopore) 부근에서 유래하여 외배엽과 내배엽 사이에 있는 중배엽성의 띠 모양 구조가 쪼개져서 형성되는 체강을 가지는 **열체강동물**(schizocoela)과 내배엽성인 **원장**(archenteron)이 부풀어 주머니 모양의 체강을 가지는 **장체강동물**(entercoela)로 나뉜다.

좌우대칭동물은 발생하는 과정에서 입(mouth)이 분화되는 위치와 양식에 따라 **선구동물**(Protostomia)과 **후구동물**(Deuterostomia)로 나눌 수 있다. 선구동물은 **낭배**(gastrula)의 원구가 나중에 나누어져 입과 항문이 생기는 동물인 반면 후구동물은 원구가 항문의 형성에만 관여하고 입은 이차적으로 배쪽 체벽에 구멍이 생겨서 형성되는 동물을 말한다. 자세한 내용은 동물의 분류에서 설명하도록 한다.

26.2 동물분류의 기준

동물계의 문(門)의 수는 학자에 따라서 또는 나누는 기준에 따라 달라지기도 하지만 일반적으로 문을 나누는 데 이용되는 기준은 다음과 같다.

26.2.1 단세포 또는 다세포

동물이 단세포 또는 다세포로 구성되어 있는지에 따라 동물계에서는 단세포동물을 원생동물아계, 다세포동물을 후생동물아계로 구분하고 있다.

26.2.2 배(embryo)발생

발생단계에서 이배엽성 기원인지 아니면 삼배엽성 기원을 가지는가에 따라 분류하는데 **자포동물**(Cnidaria)과 **유즐동물**(Ctenophore)은 2배엽성이고 좌우대칭형에 속하는 모든 문은 3배엽성이다.

26.2.3 몸의 대칭성

동물의 몸 형태가 **체축**(body axis)을 중심으로 **비대칭성**(asymmetrical)인가 또는 방사대칭인가, 그렇지 않으면 좌우대칭인가의 형태로 분류한다. 예를 들면 비대칭성은 해면동물 그리고 방사대칭성은 자포동물에서 나타나며, 좌우대칭형은 편형동물 이상에서 볼 수 있다.

26.2.4 체강(coelom)의 유무와 성질

동물의 체벽과 **장**(gut) 사이에 액체가 차 있는 빈 곳이 체강이다. 동물계에서 무체강동물은 중배엽성의 조직이 소화관과 체벽 사이를 채우고 있어서 체강이 없으며, 비록 체강은 있으나 중배엽성의 조직으로 완전히 둘러싸여 있지 않는 동물을 위체강동물이라고 한다. 체벽과 장 사이의 빈 곳이 완전히 중배엽성의 조직으로 둘러싸인 진정한 체강을 가지는 동물은 진체강동물로 나눌 수 있다.

이밖에 완전한 **소화강**(digestive cavity)의 유무, **체절성**(metamerism)인가 또는 비체절성인가, **부속지**(appendage)의 유무 및 부속지가 있는 경우에는 **관절**(joint)의 유무 등이 분류의 기준이 된다. 또한 골격에서는 **외골격**(exoskeleton)인가, **내골격**(endoskeleton)인가 그리고 골격의 형태, **척색**(notochord)의 유무, **기관계**(organ system)의 구조, 그리고 **유생**(larva)의 모양과 구조 등이 중요한 분류의 기준이 된다.

26.3 무체강류

26.3.1 해면동물문(Porifera)

해면동물은 방사대칭으로 대부분이 바다에 서식하고 있으며 유생은 **유영생활**을 하고 있지만 성체는 **고착생활**을 한다. 그들의 크기는 매우 다양하여 수mm에서 2m에 이르는 것이 있다. 몸 표면에는 많은 **소공**(ostium)과 하나의 **대공**(osculum)이 있는데 **소공**으로 먹이가 물과 함께 들어가 체내에서 걸러지고 대공으로 배출된다(그림 26-2). 체벽은 바깥쪽의 세포층인 **피층**(dermal layer)과 안쪽 세포층인 **위층**(gastral layer)의 두 층이 있으며, 그 사이에는 **중교**(mesoglea)로 되어 있다. 몸속의 빈 곳이 **위강**(gastral cavity)이다. 위강의 안 벽이나 몸 벽의 빈 곳에는 편모를 가지는 **동정세포**(collar cell 또는 choanocyte)가 있어서 그것으로 먹이를 섭취하기도 하고, 대공방향으로 물이 흐르게도 한다.

체벽 속에는 석회질이나 규산질로 된 수많은 **골편**(spicule)이 있으며, 그들의 형태도 일축(moaxon)에서 **다축**(polyaxon)까지 다양하게 나타나고 있어 그들의 체형을 유지한다. 또 골편 이외에 단백질로 구성된 **해면질**(sponginess)의 섬유를 가지는 것들도 있다.

해면동물은 출아법으로 번식하지만 체벽에 난자와 정자를 형성하여 유성생식을 하기도 한다. 이러한 해면동물은 다른 동물로부터 독립적으로 진화해 왔기 때문에 **측생동물**(parazoa)이라고 한다. 화석은 해면동물이 지구상에 가장 먼저 나

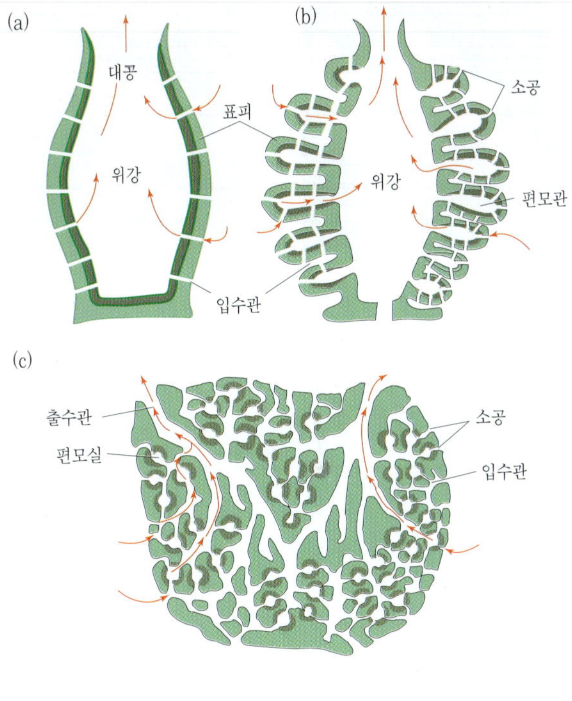

그림 26-2 해면류의 3가지 체형
(a) 아스콘형(asconoid)의 해면류는 표면부가 제한되어 있어 크게 성장할 수 없으며, 유속도 매우 느리다.
(b) 시콘형(syconoid)의 해면류에서는 체벽이 주름져 있으며, 손가락 모양의 돌기를 나타낸다. 이러한 주름은 표면적을 증대시키기 때문에 물을 순환시키기 위해서 보다 많은 동정세포(choanocyte)가 있다. 또한 해면의 체강 크기가 감소되기 때문에 대공(osculum)을 통해 나가는 물이 적다.
(c) 각종 복잡한 해면체강 단면인 류콘형(leuconid)으로 물을 순환하는데 가장 효율적이며, 대부분의 해면류는 이처럼 매우 복잡한 주름구조를 하고 있다. 수많은 통로는 하나의 커다란 해면류 체강이 변형된 것이다.

타난 동물이라는 것을 보여 주지만 해면동물에서 다른 동물이 진화하였다는 증거는 찾아볼 수 없다. 전세계에 현재 약 10,000종이 알려져 있다.

(1) 석회해면강(Calcarea)

석회해면강은 탄산칼슘 성분의 석회성 골편을 가지고 얕은 바다에 살며, 골편은 **주대골편**(主大骨片)과 **미소골편**(微小骨片)으로 분화되지 않는다. 주로 류콘해면류(*Leucosolenia*), 오목해면류(*Vosmaeropsis*), 흰나팔해면류(*Leucandra*) 등이 있다.

(2) 육방해면강(Hexactinellida)

모두 바다에 살며, 대형종은 깊은 바다에서도 생활한다. 골편은 규질이며 그 형태는 **삼축**(triaxon)이 기본형이지만 그 밖의 다른 형태도 가지고 있다. 유리해면류(*Hyalonema*)와 해로동굴해면류(*Euplectella*)가 있다.

(3) 보통해면강(Demospongiae)

바다와 담수에 살며, 가장 많은 종을 포함하고 있다. 규산질의 골편을 가지고 있으며, 골편은 석회해면과는 다르게 주대골편과 미소골편이 분화되어 있다. 주대골편은 일축, 삼축, 사축이 있으며 미소골편은 여러 가지 모양이 있다. 풀해면류(*Oscarella*), 자루별해면류(*Asteropus*) 등이 있다.

26.3.2 자포동물문(Cnidaria)

자포동물은 몸 속에 하나의 **강장**(coelenteron)이 있으며 표피에 **자포**(nematocyst)가 있어 가끔 이것을 내쏘아 먹이를 죽이거나 적을 방어하는 데 이용하여 자포동물이라고 한다. 자포동물은 원통 모양으로 고착하는 **폴립형**(polyp)과 우산 모양으로 자유롭게 떠다니는 **해파리형**(medusa)이 있다. 몸 벽은 **표피**(epidermis)와 **위피**(gastrodermis), 그리고 이 두 층 사이에 중교가 있다. 입 주변에서는 **촉수**(tentacle)가 나 있어 방사대칭을 이룬다(그림 26-3).

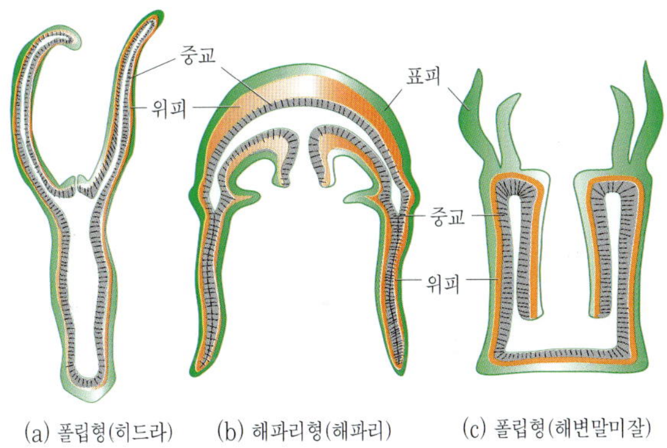

그림 26-3 강장동물의 폴립형과 해파리형
(a) 히드라에서 볼 수 있는 폴립형
(b) 해파리형은 기본적으로 해파리를 뒤집어 놓은 것과 같은 폴립의 위가 아래로 향한다.
(c) 산호충강 폴립에서 위수강은 특징적으로 수직으로 구획된 방으로 갈라져 있다.

신경은 신경세포가 그물 모양으로 연결되어 있고, 보통 암수딴몸으로 유성생식을 하며, 출아법 또는 이분법의 무성생식으로 증식하는 경우도 있다. 자포동물의 대부분은 바다에서 서식하고 있지만 히드라(Hydra)처럼 담수에서 서식하는 종류도 있다. 세계적으로는 약 9,000종이 알려져 있다(그림 26-4).

(1) 히드라강(Hydrozoa)

방사상의 폴립형과 해파리형이 있으며, 폴립형은 주로

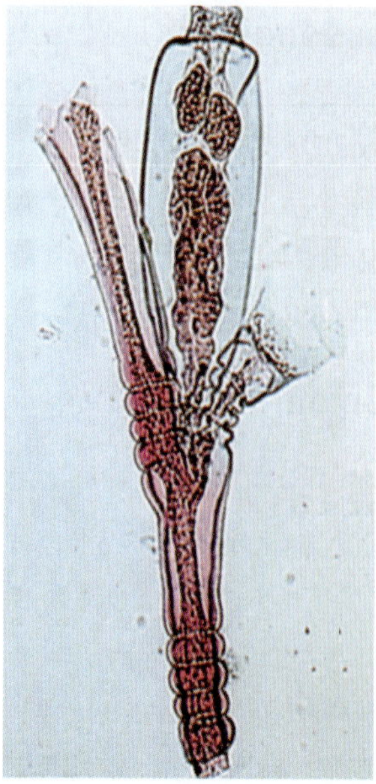

(a)

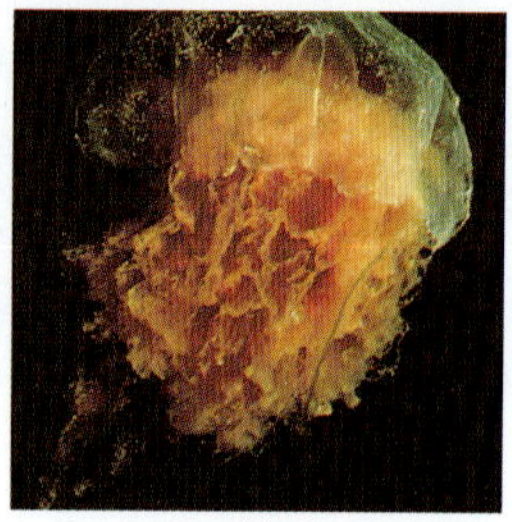

(b)

(c)

(d)

(e)

그림 26-4 대표적인 자포동물
(a) 히드라충강 중에서 혹히드라류(*Obelia*)는 폴립형 군체를 형성한다.
(b) 해파리강 중 해파리의 일종인 *Cyanea capillata*. 해파리의 강은 약 2/3m이지만, 촉수 꼬리의 길이는 10m 이상이다.
(c) 남태평양에서 찍은 나무 모양의 산호인 *Dendronephthya*는 산호충강의 일종이다.
(d) 폴립형 산호인 *Montasstrea cavernosa*는 섭식하기 위해 신장되어 있다.
(e) 남태평양에 서식하는 오팔버블산호(Opal bubble coral)인 *Plerogyra sinuosa*

이동, 먹이 섭취 그리고 생식에 관여하고 해파리형은 **유영** 또는 **부유**(floating) 그리고 생식기관의 기능을 한다. 위강에는 격벽이 없다. 출아 또는 주근(stolon)을 내어 무성생식을 하거나 난자와 정자의 수정에 의한 유성생식을 한다(그림 26-5). 혹히드라류(*Obelia*) 같은 해양성은 식물처럼 무성생식과 유성생식의 세대교번을 하기도 한다. 군체를 만드는 경우도 있으며, 강한 재생력이 있다. 약 3,000종이 알려져 있으며, 곤봉히드라(*Coryne pusilla*), 히드라산호류(*Millepora*), 가지해파리(*Rathkea octopunctata*) 등이 있다.

(2) 해파리강(Scyphozoa)

모두 바다에 살고, 소형의 폴립형과 대형의 해파리가 있다. 세대교번을 한다. 무성세대의 폴립은 위강에 4개의 격벽이 있으며, 구반의 간축(間軸)에 수직으로 4개의 **누두관**(infundibula)이 있으며, 유성세대의 해파리는 내배엽성의 생식소를 가지고 있다. 두꺼운 점액성 중교를 가지고 있으며 길다란 촉수가 있다. 세계적으로 230여 종이 알려져 있으며, 물해파리(*Aurelia aurita*), 십자해파리류(*Lucernaria*), 문어다리해파리류(*Mastigias*) 등이 있다.

(3) 산호충강(Anthozoa)

모두 바다에 살며 폴립형뿐이고 해파리형은 없다. 외형은 방사대칭이지만 내부는 좌우대칭 또는 2축 방사대칭을 이룬다. 생식소는 내배엽성이며, 유성생식은 플라눌라(planula)

(a)

(b)

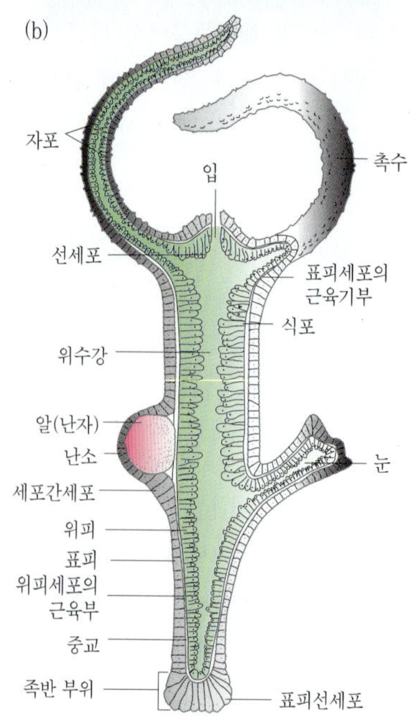

그림 26-5 히드라의 구조
(a) 작은 연체동물을 집어삼키는 갈색 히드라인 *Hydra oligactis*. 히드라의 체부에 있는 돌출부가 특징적이며, 하나의 눈이 떨어져 나와 독립적인 개체가 된다.
(b)히드라를 종단으로 자른 내부구조. 출아법에 의한 무성생식은 이 개체의 오른쪽에 있는 눈에 의하며, 유성생식은 왼쪽에 있는 난소에 의한다. 웅성 히드라는 정자를 만드는 정소가 발달한다.

유생이 고착하여 폴립이 되고, 폴립이 무성생식으로 분열 또는 출아를 반복하여 대형의 군체를 만든다. 특히 산호류의 골격은 내배엽성의 내골격으로서 각질로 구성되어 있다. 세계적으로 약 6,000여 종이 알려져 있으며 가장 대표적인 종류는 말미잘류와 산호가 있다.

26.3.3 유즐동물문(Ctenophora)

몸은 2축 방사대칭이고 그들의 형태는 감투 모양, 풍선 모양, 띠 모양 등이 있으며, 8줄의 긴 **즐판대**(comb row)가 있고 2개의 촉수가 있다. 이러한 촉수에는 **교포**(colloblast)라는 점착성 세포가 있으며 자포는 없다. 근육은 발달하지만 골격은 없으며, 생식선은 내배엽성으로 암수한몸을 만든다. 외배엽과 내배엽 사이에 중교가 있다. 바다에 살면서 거의 대부분 부유생활을 하지만 강장동물과 극피동물에 외부 기생하는 것도 있다.

(1) 유촉수강(Tentaculata)

2개의 촉수와 **구엽**(oral lobe)이 있으며 촉수는 가끔 유생단계에만 있고 성체에는 구부가 있다. 풍선빗해파리류(*Hormiphora*), 감투빗해파리류(*Bolinopsis*), 띠빗해파리류(*Cestum*) 등이 있다.

(2) 무촉수강(Atentaculata)

촉수가 없으며, 체형은 종 모양 또는 원뿔 모양이다. 넓은 입과 넓은 인두를 가지며, **위수관강**(gastrovascular canals)은 여러 갈래로 분지되었다. 오이빗해파리류(*Beroe*)가 있다.

26.3.4 편형동물문(Platyhelminthes)

편형동물은 등과 배쪽이 편평하거나 가늘고 긴 좌우대칭이다. 3배엽을 가지고 있으나 체강이 없어 몸 속의 대부분은 **간충조직**(mesenchyme)으로 채워져 있다. 소화계는 입과 창자는 있으나 항문이 없으며, 배설계는 몸 안에 갈라져서 퍼져 있는 **원신관**(protonephridium)이 있는데 가지의 끝에는 많은 **불꽃세포**(flame cell)가 있다. 생식계는 아주 복잡하며, 대부분이 암수한몸이다. 신경계는 사다리 모양의 중추신경계를 가지며, 신경계와 관련하여 표피 밑에는 중배엽성 근육이 발달되어 있다. 이들은 바다, 민물, 육상에서 자유생활을 하지만 기생생활을 하는 종도 있다. 체표는 섬모로 덮혀 있거나 큐티클(cuticle)로 보호된다. 간단한 체제를 갖춘 이 편형동물로부터 많은 후생동물이 진화한 것으로 생각된다. 세계적으로 약 10,000~15,000종이 알려져 있다.

(1) 와충강(Turbellaria)

주로 자유생활을 하며, 몸은 유연하고 섬모로 덮여 있다. 대표종인 플라나리아(*Dugesia japonica*)는 빠르게 이동할 수 있으며, 물밑의 표면에 부착될 때에는 아래에 끈적끈적한 점액을 분비하고, 이때 복부 밑에 있는 섬모의 운동으로 점액 위를 지나게 된다(그림 26-6). 이들의 몸은 강한 **재생력**(regenetation)을 가지고 있으며 눈의 기능과 냄새를 맡는 **심방**(auricle)이 있다. 신경계는 등쪽, 옆쪽, 배쪽에 각 1쌍씩 존재한다. 난소는 1쌍, 정소는 1쌍 또는 그 이상이며 **난황선**(vitellarium)이 있다. 납작벌레류(*Planocera*), 산꼴플라나리아(*Phagocata vivida*) 등이 있다.

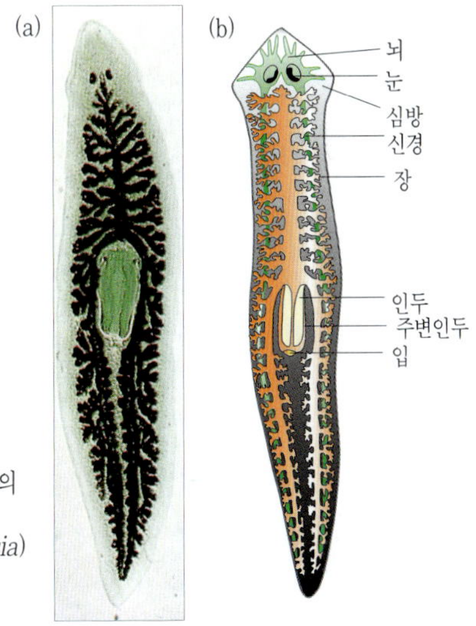

그림 26-6 와충류
(a) 염색된 플라나리아의 내장기관
(b) 플라나리아(*Dugesia*)의 내부구조

(2) 흡충강(Trematoda)

모두 기생생활만 한다. 체표는 큐티클로 덮여 있으며 유생 때에는 안점을 가지나 성체가 되면 퇴화한다(그림 26-7). 성체 시기에 복부에 있는 흡반에 의해 숙주의 외부 또는 내부에 붙는다. 내부 기생충은 발생중에 단위생식, 양성생식을 하고 숙주를 바꾸는 복잡한 생활을 하면서 사람에게 치명적인 상처를 주는 간디스토마(*Clonorchis sinensis*), 간흡충(*Fasciola hepatica*)이 있다(그림 26-8). 외부기생충은 흡반이 고리 모양이며 비교적 간단한 생활사를 가지며, 어류의 아가미와 피부 등에 기생하는 다구흡충(*Polystoma nearcticum*)이 있다.

(a) (b)

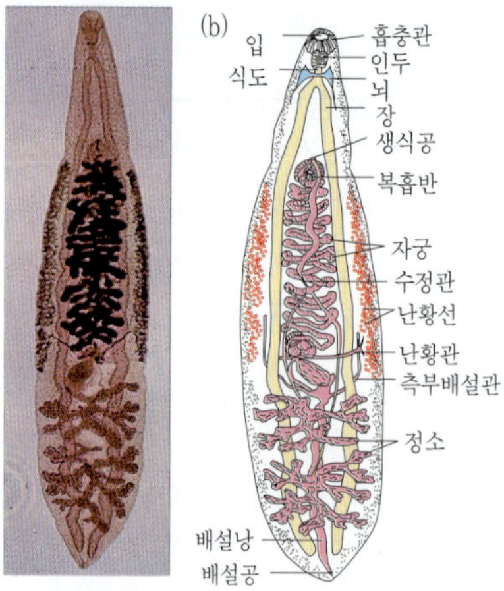

그림 26-7 디스토마
(a) 염색된 간디스토마 *Clonorchis sinensi*의 표본
(b) 디스토마의 내부구조

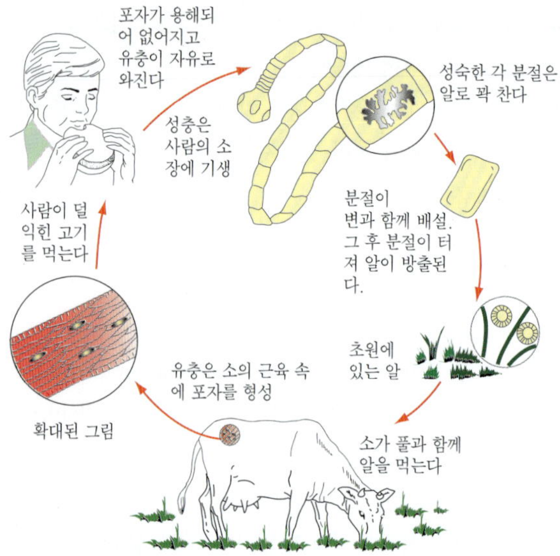

그림 26-9 기생성 촌충인 소 촌충의 생활환

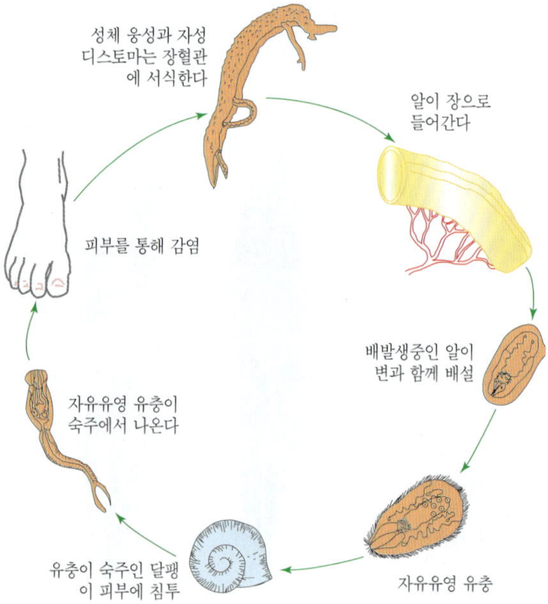

그림 26-8 흡혈성 디스토마의 생활사
성체 웅성은 긴 관을 가지고 있어서 수정을 하는 동안 자성을 움켜잡는다.

(3) 촌충강(Cestoda)

촌충강은 내부 기생성으로서, 체표는 큐티클로 덮여 있으며, 상피세포와 입, 소화관이 없다. 몸에는 많은 **편절**(proglottid)이 있어 배설계, 신경계, 암수한몸의 생식계가 있다. 두부(scolex)에는 신경환이 있고 외부에는 **흡구**(bothria), **흡엽**(bothridia), **흡반**(acetabula)이 있다. 대부분의 촌충은 복잡한 생활사를 거치는 동안 둘 이상의 다른 숙주를 필요로 한다. 사람이 익히지 않은 물고기, 쇠고기, 돼지고기 등을 먹을 경우 감염된다(그림 26-9). 돼지촌충류(*Taenia solium*), 민촌충류(*Taeniarhynchus*), 두흡반촌충(*Dibothriocephalus latus*) 등이 있다.

26.3.5 유형동물문(Nemertinea)

대부분이 바다에서 자유생활을 하면서 살고 있으며, 일부 종에서는 바다의 조개류에 공생하고 있다. 또한 일부 부유생활을 하는 심해산 종류도 있다. 몸은 좌우대칭이고 등쪽과 배쪽이 납작하고 길며 끈 모양으로 생겨서 끈벌레라고도 한다. 표피 안쪽에는 2~3층의 근육층이 있으며, 체강은 없고 근육층과 내장기관들 사이에는 유조직으로 차 있다. 소화기는 머리, 식도, 장, 맹낭, 항문이 있으며, 소화관의 등쪽에는 특수한 기관인 **문초**(proboscis sheath)가 있다(그림 26-10).

문초 속에는 유침(有針) 또는 무침(無針)의 구문(口吻)이

(a) (b)

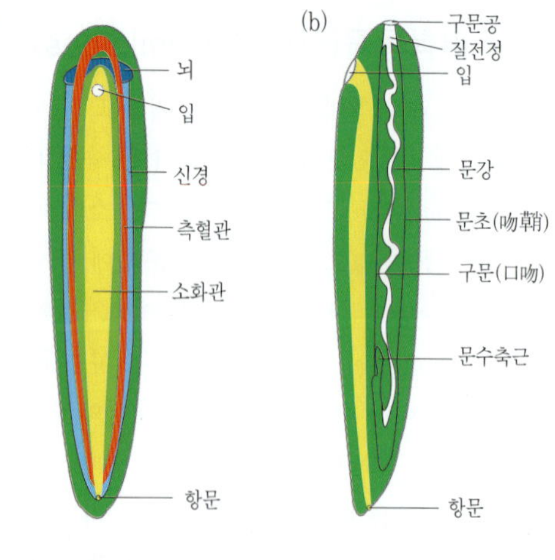

그림 26-10 유형동물의 구조
(a) 소화계, 순환계 및 신경계의 배면
(b) 소화관과 구문(口吻)의 측면, 둥근 몸을 가진 동물의 입에서 항문까지 연결되어 있는 관상의 완전한 소화관이 특징적이다.

먹이를 잡는 데 이용된다. 뇌와 측신경의 신경계와 배혈관(背血管)과 측혈관(側血管)의 혈관계가 있으며, 암수딴몸이다. 생식선은 장관(腸管)의 맹낭 사이에 있다.

(1) 무침강(Anopla)

입이 뇌보다 뒤쪽에 있고 구문에는 침이 없다. 체벽근이 2~3층이고, 혈관계는 측혈관으로만 되어 있다. 원두끈벌레류(*Procephalothrix*), 끈벌레(*Lineus alborostratus*) 등이 있다.

(2) 유침강(Enopla)

입은 뇌의 앞쪽에 있고 구문에는 1개 또는 그 이상의 많은 침이 있다. 신경계는 체벽 근육 속에 있으며 직접 발생한다. 지렁이끈벌레(*Prostoma rubrum*), 거머리끈벌레(*Malacobdella japonica*)가 있다.

26.4 위체강류

몸은 가늘고 긴 원통형으로 체표는 큐티클로 싸여 있으며, 소화관과 체벽 사이에 강(腔)은 있으나 중배엽성의 조직으로 완전히 둘러싸여 있지 않아 위체강동물에 속한다. **윤형동물**(Rotipera)과 합쳐서 **대형동물**(Aschelminthes)이라고 한다. 이 원형동물은 학자에 따라 선형동물문(線形動物門), 유선형동물문(類線形動物門), 구두동물문(鉤頭動物門)으로 나누기도 한다.

26.4.1 선형동물문(Nematoda)

선충강의 몸은 가느다란 원통 모양으로, 양끝이 뾰족하고 두꺼운 각피로 덮여 있으며 비체절성이다. 소화계는 발달되었고 **배설선세포**(excretory glandular cells 또는 renette cells)의 배설계세포도 있으나 순환계와 호흡계는 없다(그림 26-11). 보통 암컷이 수컷보다 크다. 일부 소수의 종을 제외하고는 대부분이 소형이며, 수중 토양 생물체에서 자유생활과 기생생활을 한다. 십이지장충(*Ancylostoma duodenale*), 회충(*Ascaris lumbricoides*), 요충(*Enterobius vermicularis*) 등 인체 기생충과 농작물에 피해를 주는 뿌리 **선충류**(*Heterodera*) 등이 있다. 세계적으로 약 10,000 종이 알려져 있으며 국내에서는 약 50여 종이 밝혀져 있다.

26.4.2 유선형동물문(Nematomorpha)

몸은 좌우대칭으로 성체는 가늘고 긴 철사 모양이다. 체표는 섬모나 큐티클로 덮여 있으며, 소화관은 반듯하지만 내부 기생성이기 때문에 그 일부는 퇴화하였다. 외부 형태는 선충류와 비슷하지만 내부구조는 매우 다르다. 유생시기에는 전체에 구문을 가지고, 그 기부에는 갈고리 모양의 돌기가 있어 갑각류에 기생하다가 성장 후에 수중으로 나와 교미하게 된다. 우리나라에서 발견된 연가시류(*Gordius*), 측영가시류(*Paragordius*) 등이 있다. 세계적으로 약 225종이 알려지고 있다.

26.4.3 구두동물문(Acanthocephala)

체표는 큐티클로 덮여 있고 몸은 대체로 넣을 수 있는 전체(前體)와 몸통으로 구분된다. 전체는 방사대칭이고 많은 갈고리가시가 있으며, 몸통은 외관상 체절체로 보인다. 완전한 내부 기생충으로서 소화관이 없으며, 암수딴몸이다. 세계적으로 약 500여 종이 알려져 있으며 돼지구두충(*Macra-*

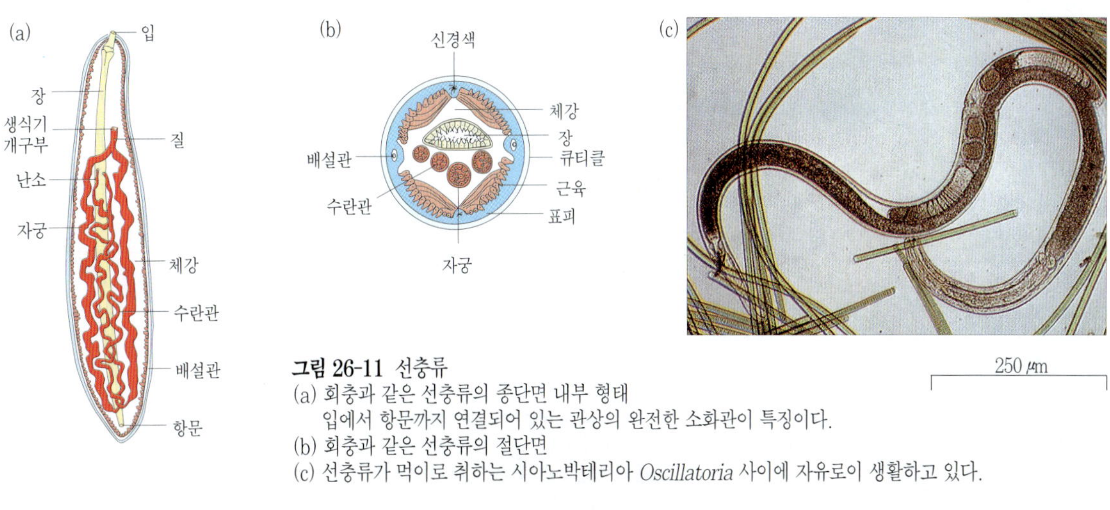

그림 26-11 선충류
(a) 회충과 같은 선충류의 종단면 내부 형태
입에서 항문까지 연결되어 있는 관상의 완전한 소화관이 특징이다.
(b) 회충과 같은 선충류의 절단면
(c) 선충류가 먹이로 취하는 시아노박테리아 *Oscillatoria* 사이에 자유로이 생활하고 있다.

canthorhynchus hirudinaceus*), 구두충류(*Acanthocephalus*)가 있다.

26.4.4 윤형동물문(Rotifera)

윤형동물은 몸길이가 40㎛~3mm 정도로 주로 민물에서 살지만 육상의 습한 곳이나 바다에도 살고 있다. 대부분 자유생활을 하지만 기생성, 부유성 등도 있다. 위체강을 가진 윤형동물은 몸의 위족에 **섬모관**(corona)을 가지며, 몸은 키틴질로 덮여 있고 인두 속에는 **저작기**(trophi)가 있다. 신경계는 신경총(神經叢)을 가지며, 배설기는 원신관을 갖는다(그림 26-12). 보통 암수딴몸이며, 어떤 종은 여름 동안에는 암컷이 낳은 알이 수정없이 발생하는 단위생식을 되풀이하다가, 가을이 되면 크거나 작은 2가지 알을 낳아 큰 알은 암컷으로, 작은 알은 수컷으로 발생한다. 생식선에는 난황선이 붙어 있다. 윤형동물은 민물 생태계 먹이연쇄에 중요한 구성원으로 현재 1,500여 종이 알려져 있다.

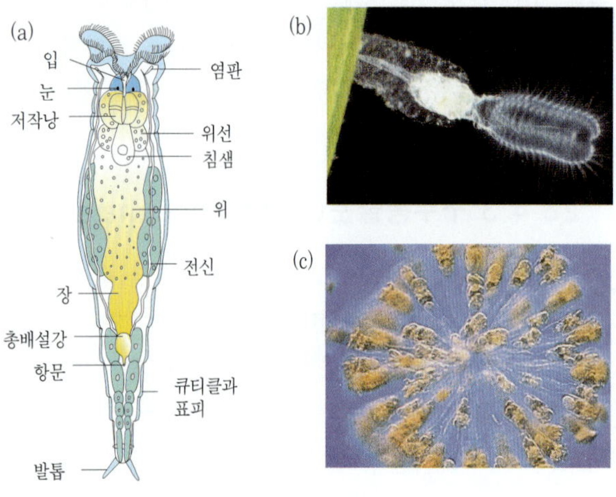

그림 26-12 윤충류
(a) 윤충류의 구조
(b) 먹이를 먹기 위해 길게 뻗은 섬모를 갖고 있는 독립성 윤충류인 *Stephanboceros*
(c) 내부 골격이 실리카로 되어 있는 군체성 윤충류

(1) 세이손강(Seisonidea)

몸은 길고 턱은 집게(forcep) 모양이며, 섬모관은 퇴화했다. 주로 갑각류의 아가미에 기생하며 세손이류(Seison)가 있다. 암수는 크기, 모양이 비슷하며 암컷은 1쌍의 난소를 가지며 단위생식은 하지 않고 양성생식을 한다.

(2) 질형강(Bdelloidea)

유영형 또는 포복형으로 15~18개의 큐티클로 연결되어 있다. 섬모관은 1~2개의 윤반(dorsal discs)을 가지며 저작기가 있다. 수컷은 불명확하고 단위생식을 하는 것으로 알려져 있다. 발에는 2개 이상의 발톱이 있으며 **며느리발톱**(spurs)도 있다. 바퀴류(*Rotaria*)가 여기에 속한다.

(3) 단성강(Monogononta)

유영형 또는 고착형이며 수컷은 매우 짧고 정소와 암컷의 **배난황선**(germmovitellarium)은 하나로 되어 있고, 암수딴몸으로 양성생식을 한다. 여러 가지 형태의 저작기가 있다. 물수레벌레(*Hydatina senta*)가 있다.

26.5 유체강류/열체강

26.5.1 연체동물문(Mollusca)

연체동물의 몸은 단판류(單板類)를 제외하고 연한 살로 되어 있고 체절이 없으며, 머리, 발, **내장낭**(visceral mass) 및 **외투막**(mantle)으로 구성되어 있다(그림 26-13). 외투막이라고 불리는 체벽의 특수한 주름에서 분비되는 **패각**(shell)을 대부분 갖는다. 몸은 원래 좌우대칭이지만 비대칭인 종도 드물지 않다. 체강은 진정체강으로 **생식강**(reproductive cavity), **위심강**(pericardial cavity), **신강**(renal cavity)이 축소되어 남아 있으며 항문은 **외투강**(mantle cavity)으로 열려 있다. 호흡기로는 대부분이 아가미를 가지나 육상에서 생활하는 종은 외투막에 혈관이 분포되어 허파처럼 공기 호흡을 하는 종도 있다. 배설기는 1~2개의 신관

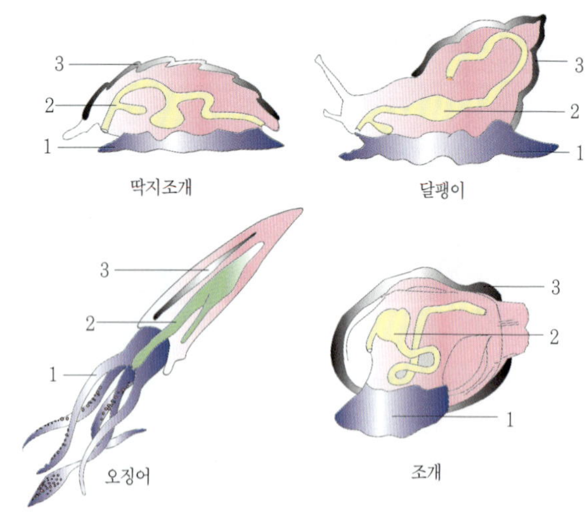

그림 26-13 딱지조개, 달팽이, 조개와 오징어 등 연체동물의 체형 변이
1 : 발, 2 : 소화관, 3 : 껍질 이러한 여러 강의 진화에 따라 이들의 위치가 변하는 것이 특징이다.

이 위심강에 개구하고 있다. 혈관계는 심장, 동맥과 정맥, 혈동으로 구성된 개방혈관계이며, 신경계는 쌍을 이룬 뇌신경절, 흉신경절, 족신경절, 내장신경절과 신경색, 그리고 피하신경총으로 구성되어 있다. 평형, 후각, 미각, 촉각의 감각기관이 발달해 있으며 특히 두족류(頭足類)에서는 시각기관이 잘 발달되어 있다. 무척추동물 중 절지동물 다음으로 가장 많은 종을 가지는 분류군으로 약 10만 종의 현생종과 45,000여 종의 화석종이 있다.

(1) 단판강(Monoplacophora)

몸은 좌우대칭이며 단 1개의 넓적한 방패 모양의 껍데기를 갖는다. 단판강은 다른 연체동물과 다르게 3~8개의 체절을 가지고 있어서 환형동물과 밀접한 관계가 있다고 생각되는 원시형 연체동물이다. 외투강에는 5~6쌍의 아가미를 가지며, 2개의 생식소를 가지는 암수딴몸이다. 심해에서 채집된 *Neopilina*속의 10여 종이 알려져 있다.

(2) 다판강(Polyplacophora)

다판강은 **쌍신경강**(Amphineura)이라고도 부른다. 체형은 등과 배쪽으로 납작한 알 모양이고, 좌우대칭이며, 촉수와 눈이 없다. 바다에서 사는 지렁이와 비슷한 복구류와 다판강의 가장 큰 특징인 8개의 **각판**(shell plate)을 가지는 딱지조개류(*Chitons*)가 있으며, 발이 크고 넓으며, 치설과 부치설(subradula)을 갖는다. 군부(*Liolophura japonica*), 줄군부(*Lepidozona coreanica*)가 있다.

(3) 무판강(Aplacophora)

두부가 거의 발달하지 않았으며, 연체동물의 전형적인 특징인 패각, 외투막, 발이 없다. 표피에 **골편**(spicule)이 있으며, 후방의 외투강에는 아가미가 있거나 없다. 심해의 바닥 속에 파묻혀 있거나 산호충 위를 기어다닌다. 소화관은 곧고 구강 속에 **치설**(radula)이 있다. 암수딴몸이거나 암수한몸이며, 종류에는 *Paramenia*, *Neomenia* 등이 있다.

(4) 굴족강(Scaphopoda)

거의 모래 속에 파묻혀 사는 종류로서 패각은 뿔이나 상아모양을 하고 있으며, 몸은 앞뒤로 크게 늘어나서 두부와 발은 패각의 앞쪽 구멍으로 돌출하며, 굴착성이다. 머리와 감각기관은 퇴화되어 있으며, 성체 때에는 패각과 외투막이 유합하여 같은 모양을 된다. 암수딴몸이며, 뿔조개(*Antalis weinkouffi*), 여덟모뿔조개(*Dentalium octagulatum*) 등이 있다.

(5) 복족강(Gastropoda)

연체동물 중 가장 큰 강으로서 약 75,000여 종이 알려져 있다(그림 26-14). 그들의 서식처는 대부분 해산이지만 담수나 육지에도 살고 있다. 잘 발달된 두부와 넓고 편평한 포복형의 발을 가지고 있으며, 몸의 구조에 있어서 발과 머리는 좌우대칭을 하고 있으나 몸 전체가 180° 뒤틀려 있다. 하나의 패각을 갖기 때문에 **일매패**(univalve)라고도 한다. 물달팽이(*Radix auricularia*), 달팽이(*Acusta despecta sibol-diana*), 비단고둥(*Calliostoma quaestia*), 쇠우렁(*Para-fossarulus manchouricus*), 뿔소라류(*Chiocoreus*) 등이 있다.

(a)

(b)

그림 26-14
대표적인 복족강
(a) 유리고동류의 일종인 *Fasciolaria tulipa*
(b) 발, 입, 눈이 있는 소라류

(6) 부족강(Pelecypoda)

굴이나 대합같이 2장의 패각을 가지고 있어 **이매패**(bivalvia)라고도 한다. 등쪽에 탄력성 있는 인대(ligament)와 **폐각근**(adductor muscle)이 발달되어 패각을 개폐할 수 있다. 외투막 뒤쪽의 **출수관**(exhalant siphon)과 아래쪽의 **입수관**(inhalant siphon)을 통해 물을 외투강 속으로 출입시키면서 호흡과 먹이 획득에 관여한다. 또한 입 주위에는 **순판**(labial palp)이 있어 먹이를 모으는 역할을 한다(그림 26-15). 몸의 앞끝은 퇴화하거나 머리가 없지만 발은 옆으로 납작한 도끼 모양을 하고 있다. 굴(*Crassostrea gigas*), 꼬막(*Tegillarca granosa*), 홍합(*Mytilus corucus*), 말조개(*Unio douglasiae*) 등이 있다.

(7) 두족강(Cephalopoda)

연체동물 중 체제가 가장 잘 발달된 분류군이다. 모두 크고 잘 발달된 뚜렷한 눈이 있는 두부를 갖고 있으며, 둥글게

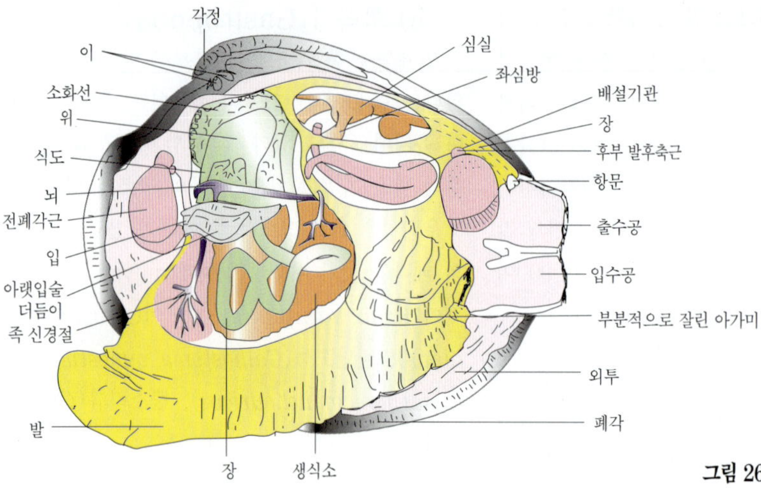

그림 26-15 조개의 내부 형태

배열되어 있는 발(문어는 8개, 오징어는 10개)과 **누두**(infundibulum)를 가지고 있어 이동과 먹이 습득에 이용된다. 특히 가장 긴 발 2개는 생식지(生殖肢)로 되어 있다. 패각은 오징어처럼 외투에 묻혀 있는 얇은 판으로 축소되어 있는 반면에 문어는 전혀 갖고 있지 않다. 그러나 암모나이트나 앵무조개는 완전한 패각을 가지고 있다. 앵무조개는 2쌍의 아가미를 가지고 있지만 다른 두족류는 모두 1쌍이다. 또한 두족류는 눈이 아주 잘 발달되어 있으며 신경계도 발달되어 있다. 외투강에 들어온 물을 누두를 통해 분사시켜 재빠르게 움직인다. 대부분 암수딴몸이며 생식소는 몸의 뒤쪽에 위치한다. 이들은 크게 아가미의 수와 발의 수로 분류될 수 있다. 약 650여 종의 현생종과 7,500종의 화석종이 알려져 있다. 앵무조개(*Nautilus pompilus*), 꼴뚜기(*Ligio beka*), 참오징어(*Sepia esculenta*), 문어(*Octopus dofleini*)가 있다.

26.5.2 환형동물문(Annelida)

환형동물의 몸은 좌우대칭으로 많은 **체절**(segment)로 구성되어 있으며, 진정체강을 가지고 있는 3배엽성 동물로서 배설계, 신경계, 순환계, 생식계 등이 모두 체절적이다. 부속지로서 **측지**(parapodium)를 가지는 것도 있으나 이 경우에는 관절이 없다. 소화관은 곧고 잘 발달되어 있으며 호흡은 피부 혹은 아가미로 한다. 배설기는 유생 때 원신관을 가지며 성장함에 따라 각 체절마다 1쌍의 **신관**(nephridium)을 갖는다. 순환계는 폐쇄순환계이며, 신경계는 사다리신경계이다(그림 26-16). 빈모류나 거머리류는 암수한몸 그리고 다모류는 암수딴몸이며, 유생이 있을 때에는 **담륜자**(trochophora) 유생이다. 감각기관은 다모류에서 특히 발달되어 있으나 빈모류

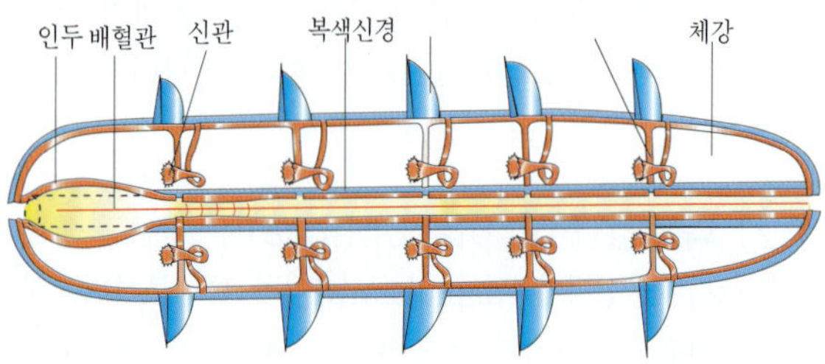

그림 26-16 환형동물의 체절
몸통은 분절화되어 몸통 부위가 일련의 반복된 구조를 하고 있다.

는 눈이 없고 표피에 광선을 느끼는 세포가 흩어져 있다. 체표는 특히 큐티클로 덮여 있고 선세포가 발달되어 있으나 원환충류와 원시빈모류에는 섬모가 있다. 세계적으로 약 8,900종이 알려져 있으며 국내에서도 약 190여 종이 밝혀져 있다.

(1) 다모강(Polychaeta)

주로 바다에 살면서 모래나 진흙 속에 굴을 파거나, 헤엄치거나, 부유하면서 살고 있다. **전구엽**(prostomium)에는 촉수(觸鬚), 촉엽(palp), 촉사(觸絲), 안점 등 감각기관이 발달해 있으며, 촉수는 종류에 따라 퇴화되거나 변형되어 있다. 몸통 체절 좌우에는 측각(parapodium)이 있으며 각 측각에는 강모의 다발이 있고, 촉사와 아가미 등을 가지고 있다. 보통 암수딴몸이며 세계적으로 5,300여 종이 알려져 있다. 참갯지렁이류(*Neanthes*), 꽃갯지렁이류(*Sabellastarte*) 등이 여기에 속한다.

(2) 빈모강(Oligochaeta)

다모강과 다르게 전구엽에는 촉수와 안점이 없고, 각 체절에 강모는 있으나 촉각과 부속지는 없다. 암수한몸이고 생식

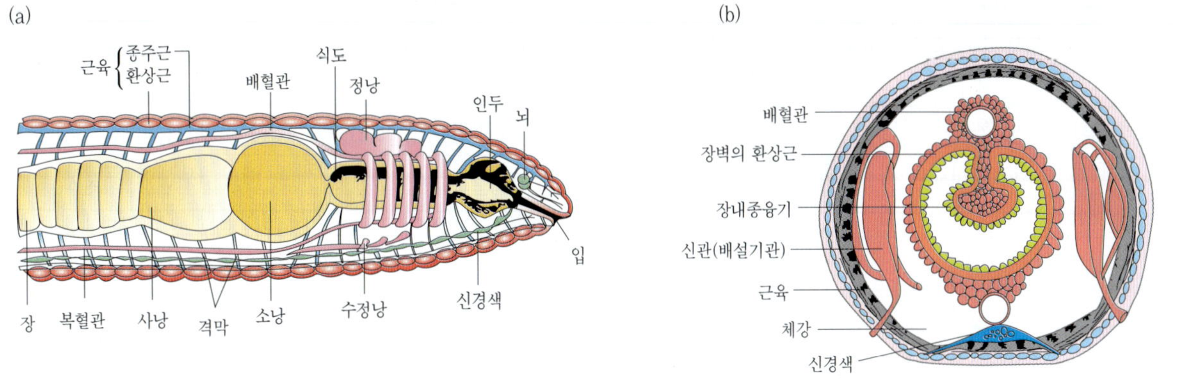

그림 26-17 지렁이의 내부구조
(a) 전단부의 모식적인 종단면 (b) 횡단면

선은 몸의 일부분에 있는 **환대**(clitellum) 부분에 있다(그림 26-17). 직접 발달하여 유생이 없다. 흙 속이나 민물에 살며, 외부 기생하는 것도 있으며 해변에 사는 것도 있다. 지렁이류는 100개 이상의 체절로 되어 있는데 입은 첫 체절, 항문은 맨 마지막 체절에 있다. 몸의 표피세포에서 분비되는 큐티클이 수분의 발산을 막아 주고 있으며, 분비된 점액은 몸 표면에 또 하나의 보호층을 이룬다. 실지렁이(*Limnodrilus gotoi*), 참지렁이(*Pheretima koreana*), 줄지렁이(*Eisenia foe-tida*)가 있다.

(3) 거머리강(Hirudinea)

주로 체벽근의 신축과 몸의 앞끝과 뒤끝의 배쪽에 있는 흡반으로 운동을 하며, 체표에는 털이 없다. 뒤쪽의 흡반 위에는 항문이 있으며 각 체절의 배쪽에 배설공이 열려 있다. 거머리류는 간충조직이 발달하여 체강은 아주 좁아서 겨우 생식선 주위에 혈관을 둘러싼 강이 있는 정도이다. 암수한몸이며, 동물 등에 기생하는 것도 있으나 기생하여 흡혈하는 것이 많다. 약 400여 종이 세계적으로 알려져 있다. 침거머리류(*Acan-thobdella*), 깃거머리류(*Ozobranchus*), 거머리(*Hirudo nipponica*) 등이 있다.

26.5.3 절지동물문(Arthropoda)

절지동물은 동물계 전체의 3/4을 차지하는 가장 큰 분류군이다. 원칙적으로 체절마다 관절이 있는 부속지를 가지는데 종에 따라 부속지의 수적인 감소나 특수한 분화가 일어난다. 몸은 체절성이며, 좌우대칭이고, 몸 표면은 키틴질로 덮여 있고, 때로는 석회 성분이 침적하여 견고한 외골격을 형성하기도 한다. 이들은 크게 **두부**(head), **흉부**(thorax), **복부**(abdomen)로 나누거나 두흉부(cephalothorax)와 복부로 나눌 수 있다. 시각기로서는 여러 개의 **홑눈**(ocellus)과 1쌍의 **겹눈**(compound eye)을 가진다. 신경계는 사다리 모양을 이루고, 순환계는 개방혈관계로서 모세혈관은 없고, 호흡기는 수생종일 경우 아가미이고, 육상종일 경우에는 **기관**(tra-chea)이며, 배설기는 신관의 변형으로 곤충류의 **말피기관**(malpighian tube), 갑각류의 **녹선**(green gland)과 **소악선**(maxillary gland), 그리고 거미류의 **각기선**(coxal gland) 등이 있다. 체강은 퇴화하고 혈액으로만 충만된 **혈강**(hae-mocoel)을 갖는다. 많은 종류가 교미할 때 변형된 부속지를 사용한다. 암수딴몸이며 쌍을 이루는 생식기관을 갖는다. 보통 체내수정을 통하여 난생 또는 난태생을 하며, 단위생식을 하는 경우도 있다. 직접 발생 또는 변태를 한다. 절지동물은 현재 765,000종 이상 알려져 있으며, 다음과 같이 삼엽충아문, 협각동물아문, 대악아문의 3아문으로 분류된다.

(1) 삼엽충아문(Trilobita)

모두 캄브리아기와 오르도비스기에 번성했다가 고생대 말기에 나타났다가 모두 절멸된 화석동물로서 대부분 해저에 서식하였으며 유영형도 나타났다. 이들은 **두부**(cephalon) 흉부, 즉 **체간**(trunk)과 **미부**(pygidium)로 나뉜다. 이들 초기 절지동물들은 오늘날의 절지동물처럼 체절이 있고, 부속지와 외골격을 가지고 있다. *Triarthrus eatoni*와 강원도 삼척군에서 발견된 화석종인 *Dasilicus yokusensis*가 있다.

(2) 협각아문(Chelicerata)

몸은 두흉부와 복부로 구성되며 촉각은 없으며, 구기 앞의 제1부속지가 **협각**(chelicera)으로 변형되어 있다. 보각은 대부분 4쌍을 갖는다.

1) 퇴구강(Merostomata)

퇴구강은 모두 수서생활을 하며, 과거에 번성했으나 현재는 거의 절멸된 동물군이다. 5~6쌍의 복부 부속지가 아가미로 변형되었으며, 몸 뒤쪽에는 뾰족한 미부돌기를 가진다. 2억 3천 년 전 삼첩기시대의 절지동물인 투구게(*Tachypleus tridentatus*)가 여기에 속한다.

2) 거미강(Arachnida)

현재 40,000여 종이 살고 있는 큰 분류군으로서 주로 전갈류, 거미류, 진드기류 등이 있다. 체절적 구분이 없는 두흉부와 체절적 구분이 되는 복부로 구분된다. 두흉부에는 1쌍의 협각, 1쌍의 **각수**(pedipalp), 4쌍의 보각 등의 부속지가 있다. 전갈류를 제외하고 대부분의 종류에는 복부에 부속지가 없고, 복부의 체절은 소실되거나 유합된다. 극동전갈(*Buthus martensii*), 꽃접시거미(*Floronia bucculenta*), 옴진드기(*Sarcoptes scabiei*) 등이 있다(그림 26-18).

그림 26-18 거미줄에 잡힌 잠자리를 둘러싸는 거미

3) 바다거미강(Pycnogonida)

바다거미류는 비교적 소형동물로서, 몸은 체절적 구조를 가지며 머리의 앞끝에는 대롱 모양의 구문이 있다. 부속지로서는 1쌍의 보각, 1쌍의 수염(palp), 1쌍의 **난각**(ovigerous leg)과 4~6쌍의 보각이 있다. 협각은 1~3쌍의 체절로 이루어지며 끝마디는 집게를 만든다. 난각은 바다거미류의 독특한 기관으로서 몸을 닦거나 수컷에서 알을 운반하는 데 이용된다. 민수염바다거미류(*Pycnogonum*), 간병바다거미류(*Ascorhynchus*)가 있다.

(3) 대악아문(Mandibulata)

대악아문은 두부의 부속지로서 촉각, 대악과 소악을 가진다. 수서생활을 하는 갑각류와 육상생활을 하는 곤충류와 다지류(배각류, 순각류, 결합류, 소각류를 포함) 등이 있다.

1) 갑각강(Crustacea)

게, 새우, 대하, 가재 등의 수서생활을 하고 있는 절지동물로서, 외골격은 키틴질로 되어 있는데 얇고 거의 막상(膜狀)이며 투명한 경우도 있고, 두껍고 탄산칼슘이 침적되어 있는 경우도 있다. 몸은 머리, 가슴, 배의 3부분이 뚜렷하나 머리와 가슴이 유합하여 두흉부를 형성한다(그림 26-19). 두흉부는 대부분 **갑각**(carapace)으로 덮여 있다. 두부는 5쌍의 부속지, 즉 앞에서부터 **제1촉각**(antenule), **제2촉각**(antenna), **대악**(mandible), **제1소악**(first maxilla), **제2소악**(second maxilla) 등이 있다. 2쌍의 촉각은 갑각류의 특징이다. 가슴과 배의 부속지는 이분지형(biramous)이다. 다리의 기부에는 **기절**(coxopodite)과 **저절**(basopodite)의 2마디로 된 **외지**(exopodite)가 붙어 있는데 각각 1개 또는 여러 개의 마디로 되어 있다. 새각류(Branchipode)인 물벼룩(*Daphnia pulex*), 패충류(貝蟲類), 요각류(橈脚類) 그리고 만각류(蔓脚類)인 거북손(*Pollicipes mitella*)과 따개비류, 연갑류(軟甲類) 등이 있다.

2) 배각강(Diplopoda)

노래기류로서 가장 큰 특징은 2개의 체절이 유합하여 이루어진 체절을 가지며, 각 체절은 2쌍의 다리, 2쌍의 **기문**(spiracle), 2쌍의 **심문**(ostia), 2쌍의 신경절을 갖는다. 두부는 8개의 마디로 된 1쌍의 촉각이 있으며, 구기(口器)는 1쌍의 소악과 대악으로 형성된 **악순**(gnathochilarium)으로 된다. 비교적 느린 속도로 이동하며, 각 체절의 측면에 불쾌한 냄새를 내는 **방어샘**(repugnatorial gland)을 가지며, **왁스상표피**(wax epicuticle)가 없어 건조한 조건에 약하다. 털노래기(*Synthlopodeuma gracilipes*), 삼당노래기(*Skleroprotopus hakui*) 등이 있다.

3) 순각강(Chilopoda)

대표적인 종류는 지네와 그리마로서 몸은 두부와 수많은 체절로 이루어지는데, 두부에는 1쌍의 긴 촉각과 1쌍의 대악, 2쌍의 소악과 1쌍의 **독조**(poison claw)로 된 **구기**(mouth part)를 갖는다(그림 26-20). 특히 독조는 제1체절의 부속지가 변형된 것으로서 기부에 **독선**(poison gland)을 갖는다. 소화관은 곧은 대롱꼴이며, 입 속에 2쌍의 침샘이 있다. 대부분 돌밑이나 나무밑 등 습기찬 곳에 살기 때문에 눈이 거의 없다. 돌지네류나 그리마류에서는 촉각의 기부에 1쌍의 Tomosvary기관이 있어 진동을 감지하는 것 같다. 왕지네(*Scolopendra subepinipes*), 장수지네(*Otostigmus*

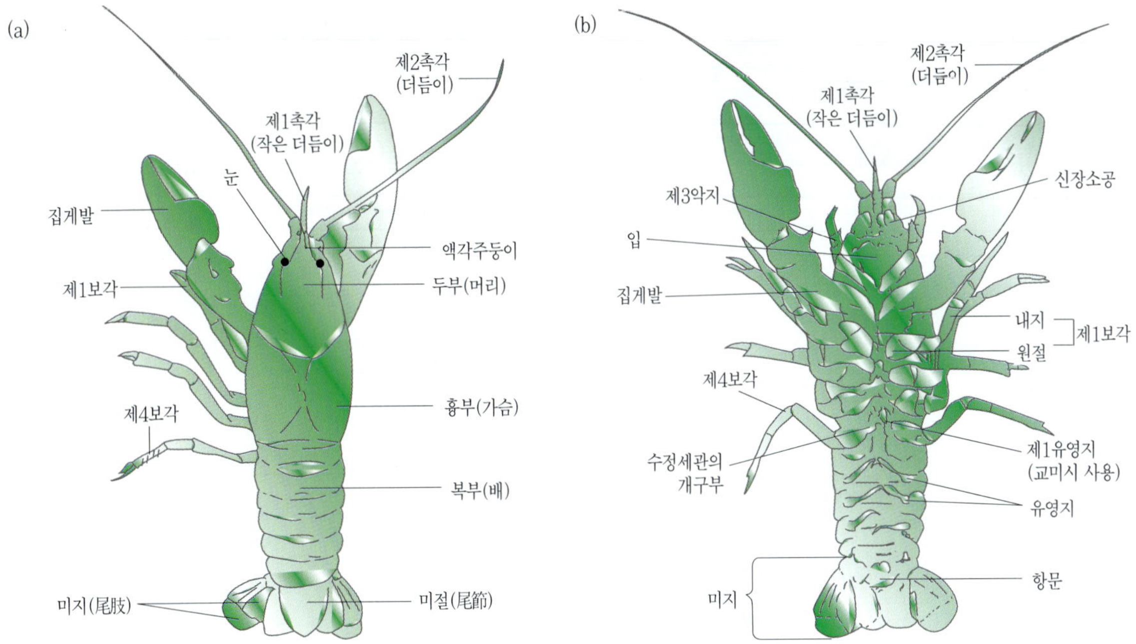

그림 26-19 가재의 형태적 모식도 (a) 배면 (b) 복면

그림 26-20 순각강의 대표적 종인 지네

polytus), 집그리마(*Thereuronema hilgendorfi hilgendorfi*) 등이 있다.

4) 결합강(Symphyla)

크기가 2~10mm 정도의 소형 동물로서 몸은 두부와 수많은 몸통 체절로 구분되며, 두부에는 1쌍의 촉각, 1쌍의 대악, 1쌍의 소악, 1개의 하순으로 된 구기를 가진다. 특히 하순은 2소악이 유합된 것으로 곤충의 구기와 비슷하다. 상당히 빠르게 움직이며 등쪽에 **배판**(tergal plates)이 잘 발달되어 있으며, 12쌍의 보각을 갖는다. 제3~12쌍의 보각 기절 밑에는 습기를 조절하는 1개의 **기절낭**(coxal sac)이 있다. 눈은 없으며 Tomosvary기관이 촉각 밑에 있다. *Scutigerella immaculata*가 있다.

5) 소각강(Pauropoda)

몸의 길이가 약 0.5~2mm 정도의 작은 동물로서 배각류와 비슷하다. 대부분 흙 속이나 낙엽 속에 서식하며 두부에는 1쌍의 촉각이 있는데 2개로 분지되어 있다. 구기는 1쌍의 대악과 제1소악이 유합된 하순으로 된다. 심장이나 기관계는 없고, 제3체절에 생식공이 개구한다. *Neopauropus*, *Pauropus silvaticus* 등이 있다.

6) 곤충강(insecta)

전체 동물계 중 가장 많은 종 수를 가지고 있으며 최초로 비상(飛翔)을 시작한 동물이다. 몸은 두부, 흉부, 복부의 3부분으로 구성되며, 두부에는 1쌍의 복안과 3개의 단안, 3쌍의 부속지로 된 구기가 있다. 흉부에는 3쌍의 체절과 3쌍의 다리와 2쌍의 날개를 가진다. 복부는 원래 11체절로 되며, 보통 복부에는 다리를 가지지 않고 제8~10절에 생식지를 가진다(그림 26-21). 간단한 관상의 소화기와 개방혈관계의 순환계를 가지며, 몸의 등쪽에 관상형 심장이 위치한다. 호흡기는 기관으로 하며 **기문**(spiracle)으로 열린다. 배설계는 말피기관이며, 신경계는 **신경절**(ganglion)과 이것을 둘러싸는 **신경색**(nerve cord)으로 된다. 대부분 변태(metamorphosis)를 한다.

구기는 3쌍의 부속지가 변형된 것으로 1개의 **상순**(labrum)과 **하순**(labium), 1쌍의 대악과 소악, 그리고 **하인두**

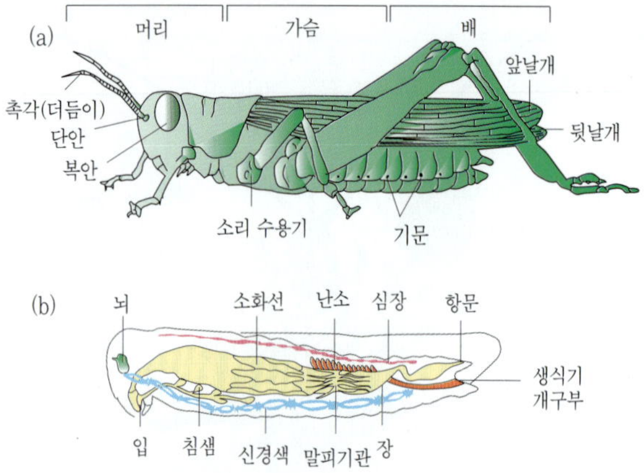

그림 26-21 곤충의 몸의 구조
(a) 메뚜기의 외부 형태 : 3쌍의 다리가 특징적이다.
(b) 메뚜기의 내부 형태

(hypopharynx)로 된다. 그리고 종류에 따라 저작형(chewing types), **자흡형**(piercing sucking), **지식형**(lapping type)이 기본형이다. 다리는 기부에서부터 **기절**(coxa), **전절**(trochanter), **퇴절**(femur), **경절**(tibia), **부절**(tarsus)로 구성된다. 날개는 체벽이 늘어난 것으로 곤충의 가장 특징적인 구조로서 2겹의 큐티클로 되어 있다. 곤충강은 날개의 유무에 따라 크게 **무시류**(無翅類)와 **유시류**(有翅類)로 나눌 수 있다. 좀(*Lepisma saccharina*), 톡토기(*Bourletiella pruinosa*), 무늬하루살이(*Ephemera strigata*), 고추잠자리(*Crocothemis servilia*), 벼메뚜기(*Oxya velox*), 귀뚜라미(*Scapsipedus aspersus*), 흰개미(*Leucotermes speratus*), 소금쟁이(*Gerris paludum insularis*), 무당벌레(*Coccinella axyridis*), 배추흰나비(*Pieris rapae*), 파리(*Musca domestica*), 재래꿀벌(*Apis cerana*), 벼룩(*Pulex irritans*) 등 전세계적으로 750,000여 종이 알려져 있다(그림 26-22).

26.6 유체강류/장체강

26.6.1 극피동물문(Echinodermata)

전세계적으로 약 6,000종이 서식하고 있으며 모두 바다에 살고 있다. 대부분 바위나 모래 속에서 이동하면서 살고 있지만 바다나리류는 **자루**(stalk)를 가지고 고착생활하는 것도 있다. 원래는 좌우대칭이지만 변태과정을 겪으면서 방사대칭이며, **장체강**(entercoel) 동물이다(그림 26-23). 피하(皮下)에는 석회성의 내골격이 있으며, 골판 위에는 여러 가지 모양의 가시(spine)가 있다. 극피동물의 뚜렷한 특징인 **관족**(tube feet 또는 podium)이 나오는 소공이 있다. **보대**(ambulacral zone)와 **간보대**(interambulacral zone)는 구별된다. 머리와 뇌가 없으며 혈관계는 퇴화해 있다. 또한 다른 동물에서 볼 수 없는 **수관계**(water vascular system)

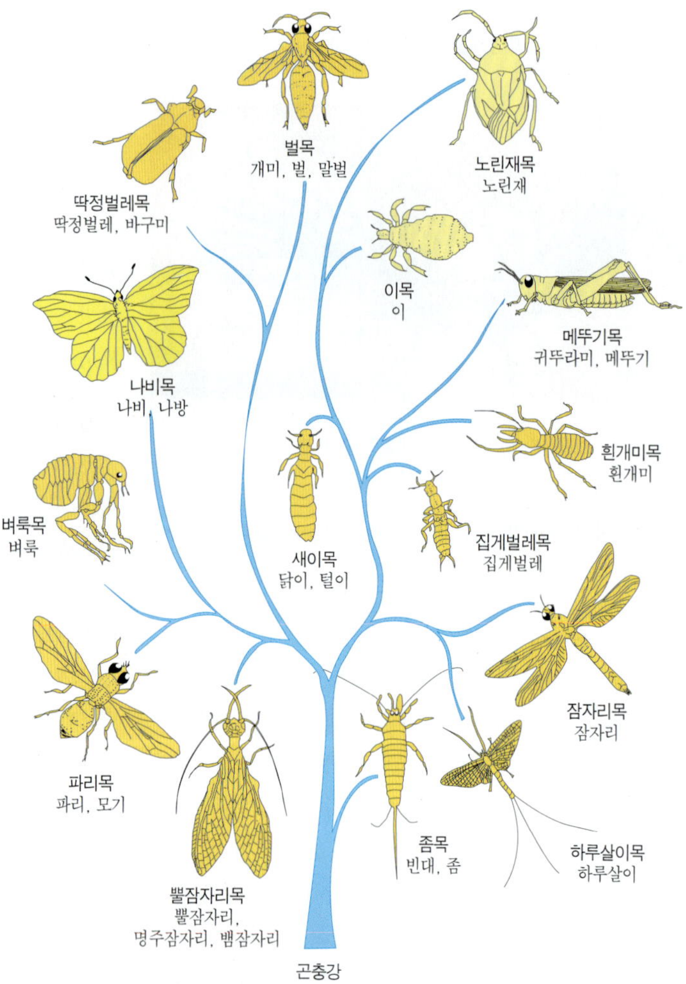

그림 26-22 곤충강의 여러 가지 대표적인 목

그림 26-23 극피동물문 5강의 몇 가지 대표적인 동물

를 가지며, 감각기로서는 안점과 **차극**(pedicellariae)이 있다. 호흡은 **피새**(dermal branchiae 또는 papullae), 호흡수 그리고 **낭**(bursa)에 의해서 한다.

(1) 바다나리강(Crinoidea)

바다나리류는 극피동물 중 가장 원시적인 것이다. 일생 동안 **자루**(stalk)를 가지는 **유병류**(有柄類)와 자루가 없는 **무병류**(無柄類)가 있다. 몸의 상부에는 10개 이상의 깃 모양의 팔(arm)을 가지고 있으며, 입, 항문과 보대구가 위쪽에 열려 있다. 생식공과 석관은 1개 이상이며, 나중에 자루가 없어지는 종류의 고착시대를 pentacrinoid stage라고 한다. 바다솔류(*Metacrinus*), 바다나리류(*Comanthus*)가 있다.

(2) 불가사리강(Stelleroidea)

몸의 형태는 별 모양이고, **중심반**(central disc)으로부터 방사상으로 배열하는 팔을 가지며 자유유영을 한다. 팔은 보통 5개이나 삼천발이류(*Gorgonodephalus*)는 수천 개의 팔을 가진다. 팔의 길이는 대부분 반(盤)의 1~3배 정도이지만 거미불가사리는 수십 배가 되는 것이 있다. 이들 불가사리의 호흡은 피새에 의하지만 거미불가사리는 bursa로 한다. 불가사리는 관족의 도움으로 움직일 수 있으나 매우 느리다. 반(盤)과 팔에는 가시가 발달해 있고 차극(pedicellaria)을 가지고 있다(그림 26-24). 검은띠불가사리(*Luidia quinaria*), 빗살판불가사리(*Ctenodiscus crispatus*), 가시거미불가사리(*Ophiothrix koreana*) 등이 있다.

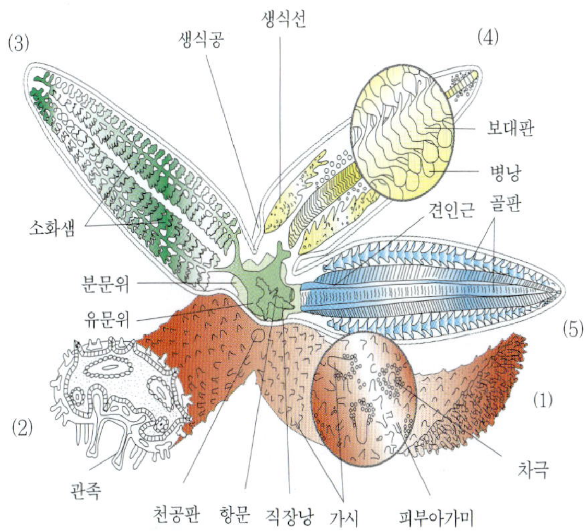

그림 26-24 불가사리의 내부구조
(1) 확대된 상 표면의 모식도 (2) 팔의 횡단면 (3) 팔의 상체벽이 제거된 그림 (4) 상체벽과 소화선이 제거된 모습과 병낭(ampulla) 및 보대판의 확대된 그림 (5) 견인근을 제외한 모근 내부기관이 제거되어 하체벽의 내표면이 관찰된다.

(3) 성게강(Echinozoa)

몸은 방사대칭이고 반상(盤狀) 또는 **구상**(globular)이며, 불가사리와 같은 팔은 없다. 석회질의 골판에는 가시가 있어서 가시와 관족으로 이동한다. 항문 주위에는 5개의 생식판 위에 생식공이 열려 있으며, 그 부근에 천공판이 있다. 입은 항문의 반대쪽 **위구부**(peristome) 속에 있으며, 내부에 저작기가 있다. 또 **차극**(叉棘)과 **구극**(spheridia)이 있어 감각 기능을 한다. 세계적으로 약 860여 종이 알려져 있다. 말똥성게(*Hemicentrotus pulcherrimus*), 보라성게(*Anthocidaris crassispina*), 방패연잎성게(*Clypeaster japonicus*) 등이 있다.

(4) 해삼강(Holothuroidea)

몸은 이축 방사대칭이고 오이 모양으로 팔과 가시 그리고 골격도 없다. 이들은 횡으로 다니기 때문에 입과 항문은 서로 반대쪽에 있다. 두꺼운 체벽 속에 작은 골편들이 흩어져 있어 자극을 받게 되면 체벽이 열려 많은 양의 끈끈한 접착성 물질과 함께 그들의 내부기관은 밖으로 분출된다. 관족의 발달은 나쁘지만 흡반이 있다. 차극이 없으며, 호흡은 **호흡수**(respiratory tree)로 이루어진다. 세계적으로 1,100여 종이 알려져 있으며, 해삼류(*Stichopus*)와 광삼류(*Cucumaria*) 등이 있다.

26.6.2 척색동물문(Chordata)

척색동물은 일생 또는 발생 초기에 몸을 지지하는 내배엽으로부터 분화된 **척색**(notochord)이 있으며, 평생 척색을 가지는 것도 있고, 척색이 나중에 퇴화하거나 완전히 소멸되는 것도 있다. 관상의 **중추신경**(central nerve)이 소화관의 등쪽에 위치하고, 소화관의 앞부분인 인두부의 **아가미구멍**(gill slit)이 뚫려 있다. 몸은 좌우대칭이고, 체강이 잘 발달되어 있다(그림 26-25). 바다, 민물, 육상에서 살며, 현재 약 44,000종이 알려져 있으며 다음과 같이 3아문으로 분류된다.

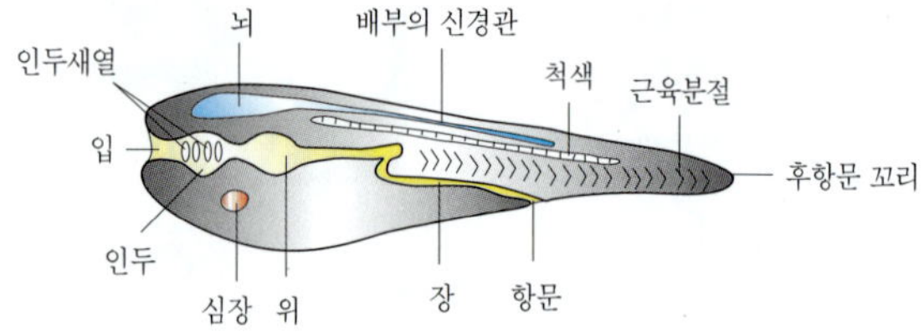

그림 26-25 일반적인 척색동물의 주요 특징을 나타낸 그림

(1) 미색동물아문(Urochordata)

미색동물은 **피낭**(tunica)으로 둘러싸여 있어 피낭동물(tunicata)이라고도 한다. 바다에서만 살고 있으며 해초류(Asciudacea)는 고착성, 탈리아류(Thaliacea)는 유영성이며, 유생은 올챙이와 비슷한 모양으로 꼬리에만 척색이 있으나 성체가 되면 척색이 소실된다. 미색동물의 대부분은 표피에서 분비된 피낭의 피막이 셀룰로오스이고 2개의 개구부, 즉 물과 노폐물을 배출하는 출수공(atrial siphon)이 있다

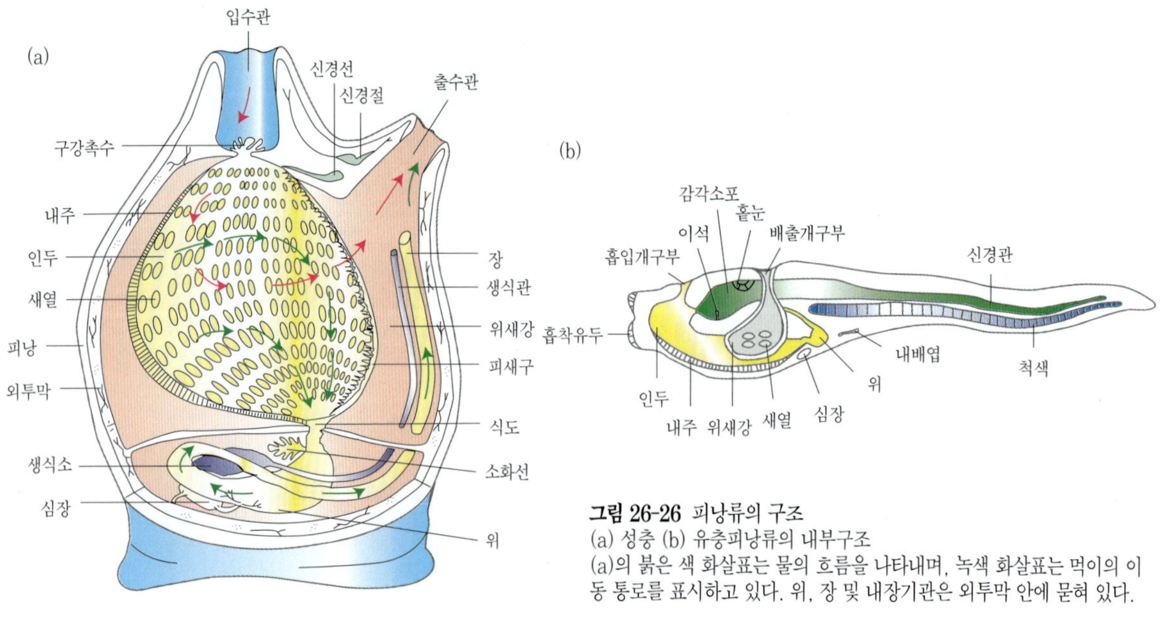

그림 26-26 피낭류의 구조
(a) 성충 (b) 유충피낭류의 내부구조
(a)의 붉은 색 화살표는 물의 흐름을 나타내며, 녹색 화살표는 먹이의 이동 통로를 표시하고 있다. 위, 장 및 내장기관은 외투막 안에 묻혀 있다.

(그림 26-26). 암수한몸이고, 심장은 특이하여 스스로 움직이는 힘이 없어서 위심강(圍心腔) 벽의 신축에 의해서 수동적으로 작용하는데, 혈류의 방향은 일정하지 않다. 생식은 보통 유성생식 이외에 출아 또는 분체(分體)에 의한 무성생식이 왕성하게 일어나고, 특히 탈리아강은 세대교번이 이루어지고 있다. 그리고 척색의 등쪽에 신경관이 있는데, 이것도 성체가 되면 퇴화되어 신경절만 남지만 인두부의 아가미구멍은 성체에서도 현저하다. 1,600여 종이 알려져 있고, 곤봉멍게(*Clavelina fasciculata*), 보라판멍게(*Botrylloides violaceus*), 미더덕(*Styela clava*)과 우렁쉥이(*Halocynthia roretzi*) 등이 있다.

(2) 두색동물아문(Cephalochordata)

몸은 투명하며, 물고기 모양으로 측편이고, 몸의 양끝이 뾰쪽하다. 머리가 뚜렷하지 않고, 척색은 머리 앞 끝에서부터 온 몸에 걸쳐 있고, 신경관은 척색의 등쪽에 있다. 또한 전단이 다소 팽대되어 있고 인두부에는 그 벽에 약 200개의 아가미구멍이 뚫려 있어서 이 곳에서 호흡한다. 근육은 체절로 분절되고, 혈관은 폐쇄형이며, 심장은 없다(그림 26-27). 암수딴몸이고, 유성생식을 하며 무성생식은 하지 않는다. 창고기(*Branchiostoma belcherii*)가 여기에 속한다. 이러한 점과 발생 상태로 보아 이 동물이 척추동물의 조상형임에는 이론(異論)이 없지만 뇌의 발달은 없다.

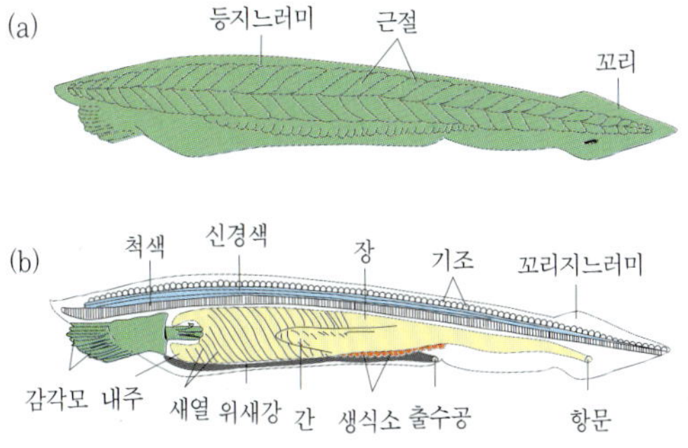

그림 26-27 두색강에 속하는 창고기
(a) 외부 형태 (b) 종단면

(3) 척추동물아문(Vertebrata)

모든 동물 중에서 체제가 가장 복잡하고 기능도 분화되어 있어 다양한 생활양식을 갖는다. 척추동물은 신경관의 앞 끝은 커져서 뇌로 되고 나머지는 **척수**(spinal cord)로 된다. 나중에 그 주변에 **척추골**(vertebra)이 생기고, 그 척추골이 서로 붙어 **척주**(vertebral column)를 이룬다. **내부골격**(endoskeleton)은 뚜렷하며, 척주, **두개**(cranium), **내장골**(visceral skeleton), **지대**(limb girdle), 2쌍의 관절이 있는 **부속지**(appendage)의 뼈로 구성되어 있다. 골격은 연골, 경골 또는 이 2가지로 되어 있으며, 체강은 잘 발달되어 여러 가지 내장기관들이 들어 있다. 순환계는 폐쇄혈관계로 심장이 원심강 안에 있고, 소화관의 배쪽에 위치한다. 생식은 거의 대부분 1쌍의 생식소를 가지고 유성생식을 하지만 일부 종에서는 단위생식을 하는 경우도 있다. 그러나 무성생식은 없다. 척추동물아문은 다음과 같이 7개의 강으로 분류된다.

1) 원구강(Cyclostomata)

입은 원형이고 턱이 없다. 가슴지느러미와 배지느러미가 없으며 또한 몸에 비늘도 없다. 연골성의 내골격으로 단단하면서도 탄력성이 있다. 원형인 빨판 모양의 입과 각질로 된 작은 이빨이 있으며, **콧구멍**(nasal pit)은 하나이다. 특히 먹장어는 입 주위에 환상의 흡반(sucking disk)을 가지고 먹이 습득을 위해 어류에 부착하는 기생성이다. 먹장어(*Eptatretus burgeri*)와 칠성장어(*Entosphenus japonicus*)가 있다(그림 26-28).

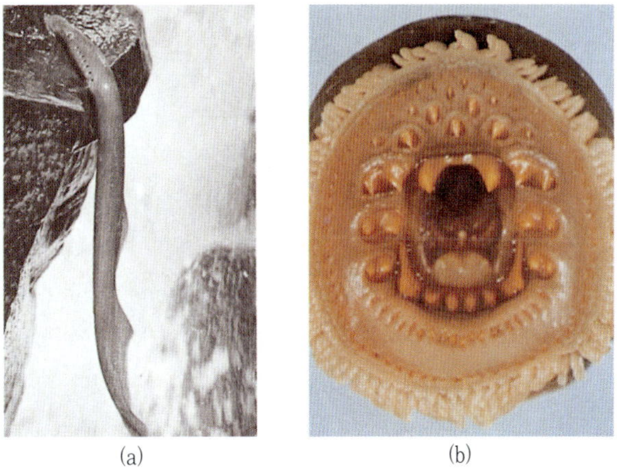

그림 26-28 칠성장어
(a) 칠성장어가 입으로 바위에 메달려 있다.
(b) 성숙된 칠성장어(*Estosphenus japonicus*)의 흡입컵 같은 입

2) 연골어류강(Chondrichthyes)

턱이 있으며, 가슴지느러미와 배지느러미도 있고, 골격은 **연골**(cartilage)로 구성되어 있다. 아가미뚜껑은 없고, 비늘은 **방패비늘**(placoid scale)로 덮여 있다(그림 26-29).

부레가 없으며 창자 내부는 **나선판**(spiral valve)이 발달되어 있다. 수컷은 배지느러미의 일부가 변형되어 교미기라고 하는 지느러미발(clasper)을 가진다. 별상어(*Mustelus*

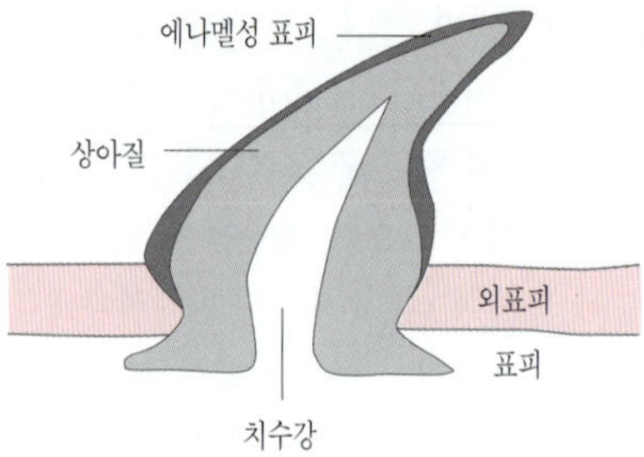

그림 26-29 방패형 비늘의 구조

manazo), 홍어(*Raja kenojei*), 전기가오리(*Narke japonica*) 등이 여기에 속한다.

3) 경골어류강(Osteichthyes)

경골(bone)이 발달하여 골격을 이루고, 아가미는 아가미뚜껑으로 덮여 있다. 연골어류와 다르게 창자 내부에는 대부분 나선판이 없으며, 또한 배지느러미에 지느러미발이 없다(그림 26-30).

원린(cycloid scale)과 빗비늘(ctenoid scale)의 비늘을 가지며, 내배엽성의 부레를 갖는다. 경골어강은 크게 **총기류**(Crossopterygii), 폐어류(Dipnoi), 조기류(Actinopterygii)의 3아강으로 나뉜다. 총기류는 지느러미의 기부에 육질의 엽상구조를 가지며 보통 2개의 등지느러미와 3갈래로 된 원정형의 꼬리(protocercal tail)를 갖는다. 이빨은 에나멜질의 주름을 가지며 **호흡공**(spiracle)이 있다. 이것은 어류와 육상 척추동물을 연결하는 중요한 분류군이며, 거의 대부분 화석종으로서 현생종은 *Latimeria chalumnae* 1종뿐이다. 폐어류는 육질의 지느러미와 원정형 꼬리를 가지며, 이빨은 2개의 큰 판 모양이다. 내비공은 있으나 호흡공은 없다. 데본기에서부터 현세에 이르며, 3속만 현존하고 있다. 조기류는 가슴지느러미와 배지느러미는 다육질의 기부를 가지지 않으며, 내비공이 없다. 대부분의 어류가 이 아강에 속한다. 전어(*Konosirus punctatus*), 피라미(*Zacco platypus*), 미꾸리(*Misgurnus anguillicaudatus*), 뱀장어(*Anguilla japonica*), 농어(*Lateolabrax japonius*), 쥐치(*Stephanolepis cirhiffer*) 등 대부분의 어류가 포함된다.

4) 양서강(Amphibia)

사지동물(四肢動物)로서 쌍을 이루는 앞, 뒷다리로 이동운동을 한다. 몸 표면은 매끈하고 많은 점액선을 가지고 있어서 축축하고 보통 비늘이나 털이 없다. 알은 물 속에서 발생하며, 어릴 때에는 아가미로 호흡하지만 성체가 되면 피부와 허파로 호흡한다. 심장은 2심방 1심실이다. 발생중에 변태하는 종이 많고, 피부에는 점액을 분비하는 점액선이 발달되어 있다. 미치류(Labyrinthodontia)는 가장 원시적인 양서류로서 모두 화석종이다(그림 26-31).

그림 26-31 원시 양서류
(a) 고생대 원시 양서류(labyrinthodont)인 *Diplovertebron*
(b) 이첩기 초기의 원시 파충류(cotylolsaur)인 *Ophiacodon*. 이것은 포유류로 진화하는 첫단계를 나타내는 특징을 갖고 있다.

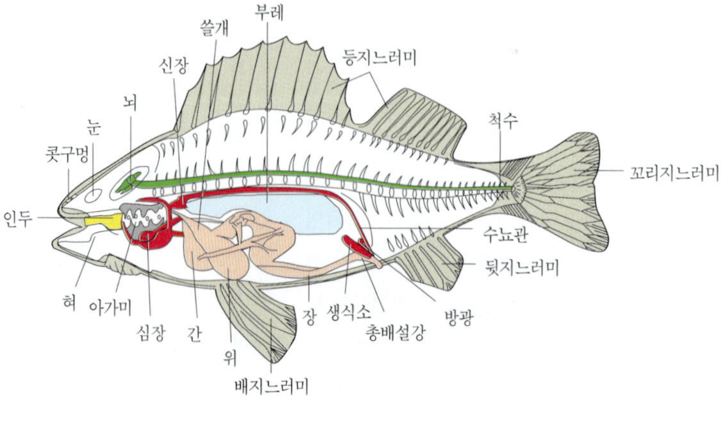

그림 26-30
경골어류인 농어의 내부 형태

미치류는 도롱뇽과 비슷하면서 어류의 총기류와도 비슷한 구조를 보이는 화석종인 *Ichthyostega*가 있다. 양서류 중에서 가장 육상성인 무미류(Anura)는 성체 시기에 꼬리가 없어지고 뒷다리는 뛰는 데 알맞게 변형되었으며, 두꺼비류(*Bufo*), 청개구리류(*Hyla*), 개구리류(*Rana*), 맹꽁이류(*Kaloula borealis*) 등이 있다(그림 26-32).

도롱뇽(*Hynobius leechii*)과 같이 꼬리를 가지는 유미류(Urodela)는 도롱뇽목(Caudata)이라고도 하는데 몸은 길고 다리는 뛰는 데 특수화되지 않았다. 또한 다리를 가지지 않는 무지류(Apoda)는 눈이 작거나 흔적적이며 오늘날에는 1과인 Caeciliidae만이 알려져 있다.

그림 26-32 현생 양서류 두꺼비류(*Scaphinopus holbrooki*)

5) 파충강(Reptilia)

파충류는 육상생활에 잘 적응한 최초의 동물로서, 몸은 비늘 또는 각질판으로 덮여 있어서 건조한 환경에 잘 견딜 수가 있다. 또한 몸의 아랫부분에 보통 2쌍의 다리를 가지고 있어 걸어다니거나 달릴 수가 있다. 이들의 호흡은 모두 허파로 이루어지며 특히 팽창력이 있는 **흉곽**(rib cage)의 발달로 양서류보다 더 많은 공기를 흡입할 수 있다. 또한 심장은 대부분 2심방 불완전한 2심실로 이루져 있으며, 암수딴몸으로서 체내수정을 하며, 알은 석회질의 껍질로 둘러싸여 있다. 이들은 발생중에 **양막**(amnion), **장막**(chorion), **난황낭**(yolk sac), **요막**(allantois) 등의 **배막**(embryonic membrane)이 생겨서 영양분 공급과 호흡, 배설을 하게 된다. 대뇌반구는 팽대되어 있으며, 뇌신경은 12쌍이다. 가장 오래된 원시파충류는 양서류의 미치류에서 유래되었다고 생각되는 고두류(Cotylosauria)이다. 파충류는 중생대에 매우 번성하여 파충류시대를 이루다가 백악기 말에 급격히 감소하였다. 현재에는 두꺼운 방어용 껍데기를 가지는 거북류, 밀림과 암석의 서식처에서 사는 뱀과 도마뱀류, 몸이 크고 공격적인 악어류 등을 포함하여 6,000여 종이 알려져 있다(그림 26-33).

그림 26-33 현생 파충류
(a) 도마뱀의 일종인 *Crotaphytus collaris*
(b) 뱀의 일종인 *Heterodon platyrhinos*가 부화하고 있다.

바다거북(*Chelonia mydas japonica*), 자라(*Amyda sinwnaia*), 도마뱀(*Leiolopisma laterale*), 살모사(*Agkistrodon halys*), 인도악어류(*Gavialis*) 등이 있다.

6) 조강(Aves)

피부는 파충류의 비늘의 기원을 가지는 깃털로 덮여 있으며 온혈성이다. 앞다리는 날기에 적당하도록 날개로 변형되었으며, 뒷다리는 걷거나 유영하기에 알맞도록 되어 있다. 발은 보통 4개의 발가락을 갖는다. 골격은 완전히 골화되어 있고, 뼈는 속이 비어 있어서 가벼우며, 허파에는 여러 쌍의 **기낭**(air sac)이 달려 있다. 턱에는 이가 없고 위는 **전위**(proventriculus)와 **사낭**(gizzard)으로 구성되어 있다. 대뇌와 소뇌가 발달되어 있으며, 심장은 2심방 2심실로 되어 있다. 성은 분리되어 있고, 체내수정을 하며 발생중에 배막을 가진다. 거의 대부분 공중을 날지만 펭귄처럼 날지 못하고 물에서 유영하기에 적당한 조그만한 지느러미 같은 발을 갖는 경우도 있으며, 타조처럼 다리가 발달하여 달리는 데 적응된 종류도 있다. 약 1억 5천만 년 전인 쥬라기시대의 화석에서 발견된 시조새(*Archaeopteryx*)는 파충류의 특징을 많이 가지고 있지만 깃털을 가지고 있어서 현생 조류의 조상형으로 알려지고 있다(그림 26-34).

현재 세계적으로 8,600여 종이 알려져 있다. 조류는 크게 용골돌기(keel)가 없으며, 2차적으로 날 수 있는 능력을 잃고 앞다리 및 이와 연관된 가슴근육이 퇴화된 평흉류(Ratitae)와 날개가 발달하여 흉골이 잘 발달하여 용골돌기가 생기고, 체중을 가볍게 하기 위해 기낭이 발달된 심흉류(Carinatae)로 나뉜다. 비상(飛上) 능력이 없는 현존하는 평흉류에는 펭귄목의 왕펭귄새(*Aptenodytes patagonica*), 타조목의 타조(*Struthio camelus*), 키위새목의 키위새

그림 26-34 시조새로 알려진 *Archaeopteryx*
이 그림은 *Archaeopteryx*가 활공하기 위하여 날개와 깃털을 사용할 수 있으며 나무에 오를 수도 있다는 가설을 나타낸 것이다. 또다른 가설에서는 이것이 초기에는 육상동물이었으며, 날개는 작은 곤충을 잡는 데 사용하였고 깃털은 보온에 필요했을 것이라고 한다.

(*Apteryx oweni*) 등이 있다. 비상 능력이 있는 심흉류는 현존하는 거의 대부분의 조류가 여기에 속하며, 바다제비(*Oceanodroma monorhis*), 황새(*Ciconia ciconia boyciana*), 원앙(*Aix gelericulata*), 독수리(*Aegypius monachus*), 꿩(*Phasianus colchicus karpowi*), 갈매기(*Larus canus kamtschatschensis*), 참새(*Passer montanus dybowskii*), 오색딱따구리(*Dendrocopos major hondoensis*) 등이 있다.

7) 포유강(Mammalia)

대부분이 육상에서 살며, 이차적으로 물 속에서 살게 된 것도 있다. 몸은 머리, 목, 몸통, 꼬리의 4부분으로 구분되며, 몸 표면에는 털이 있고 일부는 감소되었다. 피부에는 **땀샘**(sweat gland)과 **지방샘**(sebaceous gland)이 있으며 특히 **젖샘**(mammary gland)이 발달하여 새끼를 젖으로 키운다. 체강은 홈과 주름이 발달되어 있고, 이가 발달하여 **앞니**(incisor), **송곳니**(canine), **어금니**(molar) 등으로 분화되었다. 뇌가 고도로 발달하고 12쌍의 뇌신경을 갖는다. 심장은 2심방 2심실, 그리고 폐순환과 체순환을 한다. 성은 분리되어 체내수정을 하고, 알은 발생중에 배막으로 둘러싸인다. 단공류(Monotremata)를 제외하고는 모두 태생이며, 또한 유대류(Marsupialia)를 제외하고는 모두 태반(placenta)을 가진다. 가슴과 배 사이에 횡격막(diaphragm)이 있다. 포유류의 기원은 중생대 초기에 번성했던 파충류인 수형류(Therapsida)가 진화해서 포유류로 된 것이라고 생각된다(그림 26-35).

그림 26-35 포유류성 파충류
삼첩기에 남아프리카에 서식하던 *Lycaenops*

현재 세계적으로 4,000종 이상이 알려져 있으며, 원시포유류(Prototheria), 화석종으로서 현생포유류와 유연관계가 없는 이형포유류(Allotheria), 그리고 진정포유류(theria)의 3아강(subclass)로 나뉜다.

원시포유류 중에는 단공목(Monotremata)이 유일하게 현존하고 있다. 단공목은 난생으로 아직 파충류의 특징이 남아 있는 원시적인 포유류로서, 털과 젖꼭지가 없는 젖샘을 가지며, 성체에는 이빨이 없다. 가시두더지(*Tachyglossus aculeata*), 오리너구리(*Ornithorhynchus anatinus*) 등이 있다.

진정포유류는 크게 태반이 없어 육아주머니가 발달하는 유대류(Marsupialia)와 태반을 가지고 있는 유태반류(Placentalia)로 나눌 수 있는데, 유대류는 이자궁류

(a)

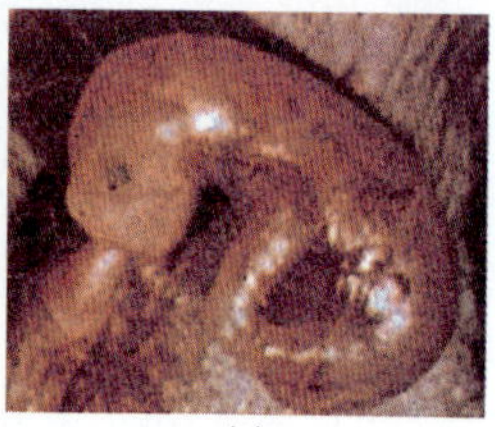

(b)

(c)

그림 26-36 캥거루
(a) 성체
(b) 매우 미숙한 상태로 태어난 캥거루
(c) 어린 개체는 어미의 주머니 안에서 계속 발육한다.

(Didelphia)라고도 하는 원시적인 형태의 포유류이다. 배의 발생과정에서 태반이 형성되지 않아 태아는 어미의 복부에 있는 **육아주머니**(marsupium)에서 젖을 먹고 자라게 된다(그림 26-36).

북아메리카주머니쥐(*Didelphis marsupialis virginiana*), 주머니두더지(*Notoryctes typhlops*), 캥거루류(*Macropus*) 등이 있다. 유태반류는 일자궁류(Monodelphia)라고도 하는데, 위에서 말한 일부를 제외하고는 거의 모든 포유류가 여기에 속한다. 태생을 하며, 태아는 **요막성태반**(allantoic placenta)을 가지고 있어서 배 발생이 완전히 끝날 때까지 태반에서 자란다. 또한 유대류처럼 육아주머니와 **상치골**(epipubic bone)이 없으며, 하나의 질(膣)을 갖는다.

식충목(Insectivora)의 두더지(*Talpa micrura coreana*), 피익목(Dermoptera)의 필리핀날원숭이(*Cynocephalus volans*), 박쥐목(Chiroptera)의 붉은박쥐(*Myotis formosus tsuensis*)가 있다. 그리고 영장목(Primates)의 사람(*Homo sapiens*)과 원숭이류, 빈치목(Edentata)의 나무늘보류(*Bradypus*), 유린목(Pholidota)의 인도천산갑(*Manis brachyura*), 토끼목(Lagomorpha)의 집토끼(*Oryctolagus cuniculus domesticus*), 쥐목(Rodentia)의 다람쥐(*Tamias sibiricus asiaticus*)와 생쥐(*Mus molossinus*)가 있다. 이 밖에 고래목(Cetacea)의 긴수염고래(*Balaenoptera physalus*), 식육목(Carnivora)의 사자(*Panthera leo*), 관치목(Tubulidentata)의 땅돼지(*Orycteropus afer*), 장비목(Proboscidia)의 인도코끼리(*Elephas maximus*), 바위너구리목(Hyracoidea)의 바위너구리(*Procavia capensis*) 등이 있다. 또한 바다소목(Sirenia)의 바다소(*Trichechus mamatus*), 말목(Perissodactyla)의 말(*Equus caballus*), 소목(Artiodactyla)의 소(*Bos taurus*), 단봉낙타(*Camelus dromedarius*), 기린(*Giraffe camelopardalis*) 등이 있다.

식물의 구조 · 생장과 분화 VI

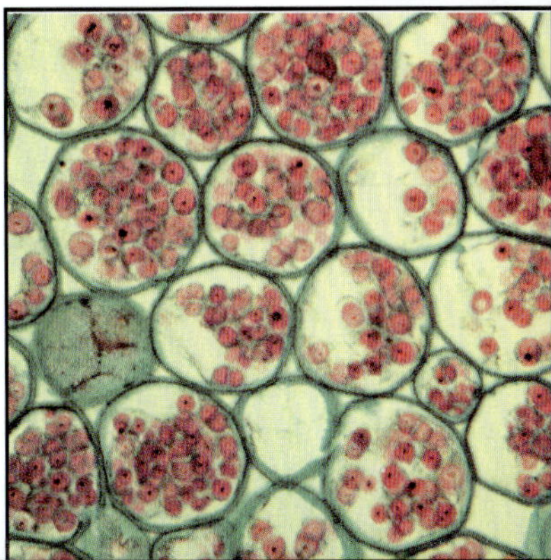

제27장

식물의 구조와 생장

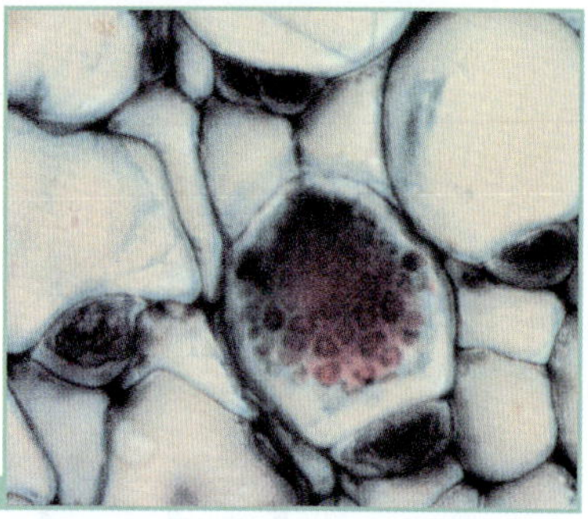

식물체는 외부 구조적으로 뿌리 · 줄기 · 잎의 영양기관과 꽃인 생식기관으로 분화되어 있고, 내부 구조적으로는 여러 가지 세포, 조직 및 조직계로 발달하여 있으며, 이는 형태나 기능면에 따라 현저한 차이가 있다.

이러한 식물체의 종자는 발아하여 어린 싹의 근단분열조직에서는 뿌리가 발달하고, 정단분열조직으로부터는 절, 절간 및 잎이 점차적으로 발달하여 생장하게 된다. 그리고 정단 및 측생분열조직의 활동으로 줄기에 가지가 생겨 식물의 체제가 형성된다.

27.1 식물의 조직

식물체는 형태적 기초단위가 되는 많은 세포(cell)로 구성되어 있다.

각 세포는 세포벽으로 싸여 있으며 세포들은 세포간물질(intercellular substance)에 의하여 서로 결합되어 있다.

식물이 생장함에 따라, 세포들은 식물체를 이루는 **조직**(tissue)으로 발달하는 특수화가 일어난다. 조직은 구조와 기능적 단위를 이루는 세포들의 집단이다. 고등식물에서는 조직들로 이루어진 조직계(tissue system)를 갖는데, 식물체를 보호하는 **표피조직계**(dermal tissue system), 물질의 수송에 관여하는 **유관속조직계**(vascular tissue system) 및 식물체구성과 지지를 하는 **기본조직계**(ground tissue system)로 나누어진다.

27.2 기본조직계

식물체에서 기본조직계는 특수한 기능을 수행하기 위해 심하게 변형되는 경우도 있다. 기본조직계를 구성하는 주요한 조직으로 잎의 엽육과 줄기, 뿌리의 피층(cortex) 및 수(pith) 등 식물체의 상당 부분을 구성하고 영양물질의 생산과 저장을 담당하는 **유조직**(parenchyma)이 있다. 그리고 유조직이 변화하였거나 그와 관계되는 조직으로 **세포벽**(cell wall)이 비후해서 형성된 지지조직으로서 세포벽의 일부가 비후된 **후각조직**(collenchyma)과 세포벽이 두껍게 비후되어 단단하게 목화(木化)된 **후벽조직**(sclerenchyma)이 있다.

27.2.1 유조직

유조직(parenchyma)은 대개 원형질이 풍부한 **유세포**(parenchyma cell)로 이루어졌으며, 기본적인 생리작용을 영위하는 조직이다(그림 27-1, 27-2). 줄기와 뿌리의 피층과 수, 잎의 엽육조직(mesophyll tissue), 유관속조직내의 유조직 또는 저장조직(storage tissue) 등에 분포되어 있고, 각 세포의 내용물이 다르다. 엽육조직이나 줄기의 피층에는 엽록체가 있어 광합성을 하는 동화조직(assimilation tissue), 감자가 녹말을 저장하는 저장조직, 선인장 줄기에 있는 저수조직(water tissue), 수생식물의 줄기에서 엉성한 세

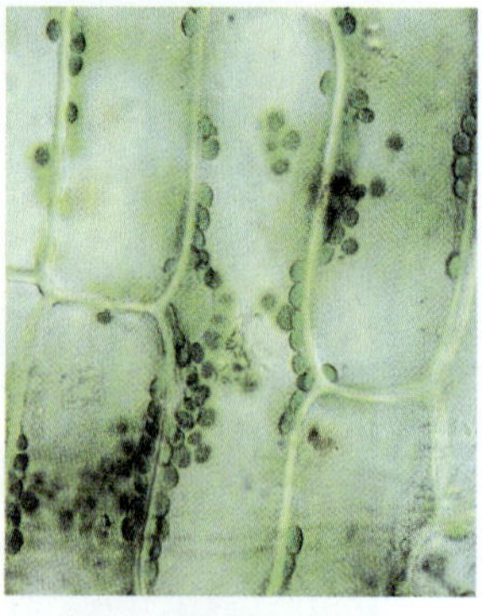

그림 27-1 동화유조직
유세포들은 엽록체를 함유한다. 이들 세포의 1차 기능은 광합성이다.

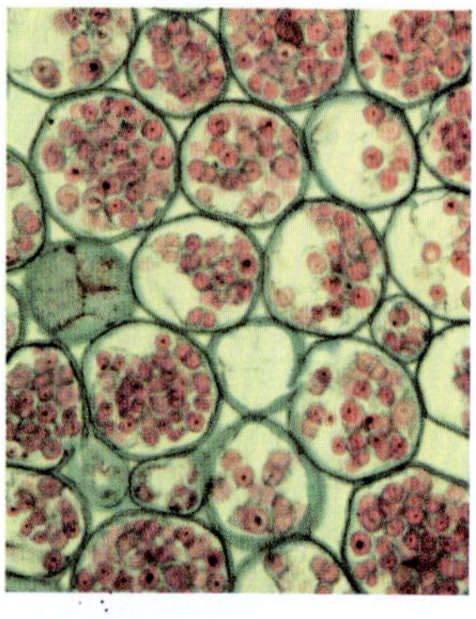

그림 27-2 저장유조직
유세포들은 종종 저장기능을 한다. 이 유세포들은 미나리아재비속(*Ranunculus*) 식물 뿌리의 피층세포로 세포 안에 전분립이 있다.

포간극에 의하여 통기(aeration)가 되는 통기조직(aerenchyma), 분비물을 분비하는 분비조직(secratory tissue) 등은 모두 유조직이 변형된 것이다.

유조직의 공통점은 세포벽이 보통 **1차세포벽**(primary cell wall)만으로 되어 있고 두께가 얇다. 성숙된 식물에서 유조직 이외의 다른 조직세포에서는 1차세포벽 안쪽인 원형질막과의 사이에 세포벽물질이 침적되어 **2차세포벽**(secondary cell wall)을 이루어 1차세포벽을 보강하고 있다.

27.2.2 후각조직

후각조직(collenchyma)은 식물체 지지를 위해 분화된 단일 식물조직의 하나로, 두꺼운 1차세포벽을 가진 **후각세포**(collenchyma cell)로 이루어졌다(그림 27-3).

원래 유세포가 후각조직으로 변한 것이며, 세포벽이 고르지 않게 비후되어 있고, 특히 모서리가 비후되어 있다. 비후는 세포의 성장과정에서 형성되는 물질이 퇴적된 것이다.

후각조직은 줄기의 피층 표면부 주변이나 엽병 및 잎의 주변부라든가 유관속을 둘러싼 부분에 분포한다. 후각세포는 성숙한 후에도 원형질체를 함유하고 있어 생장과 분열 능력을 갖고 있다. 후각조직과 유조직은 살아 있는 조직으로, 서로 밀접하게 관련되어 있고, 유조직에 비하여 후각조직은 세포벽이 더 두껍고 길이가 길다는 것이 차이점이다.

27.2.3 후벽조직

후벽조직(sclerenchyma)은 식물체를 지지하는 단일조직으로 1차와 2차세포벽을 갖는데, 특히 2차세포벽이 고르게 비후되고 목화되었으며, 성숙해짐에 따라 원형질을 상실한 **후벽세포**(sclerenchyma cell)로 된다(그림 27-4).

후벽세포는 일반적으로 **후벽이형세포**(sclereid)와 **섬유**(fiber)의 2종류로 구별된다.

후벽이형세포는 보통 길이가 짧고 그 형상은 다양하며, 유조직내에 집단으로 발생하거나 층을 이루기도 한다. 분포는 잎과 엽병, 줄기의 체관부와 피층 및 수피, 종자의 종피, 과실의 과육과 과피 등이다.

섬유는 길고 방추형 세포들로 되었는데, 여러 개가 모여 다발이나 덩어리 형태로 식물체의 여러 부분에 존재한다. 물관부에 있는 물관부섬유(xylem fiber)와 체관부에 있는 체관부섬유(phloem fiber)가 있다.

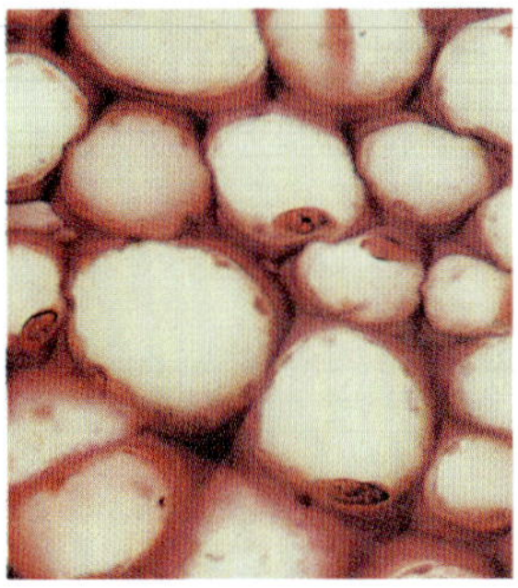

그림 27-3 후각조직
지지 역할을 하며 세포 모서리는 특이하게 비후된 1차세포벽이 있다. 세포 안의 핵이 뚜렷하여 성숙시에 살아 있음을 나타내 준다.

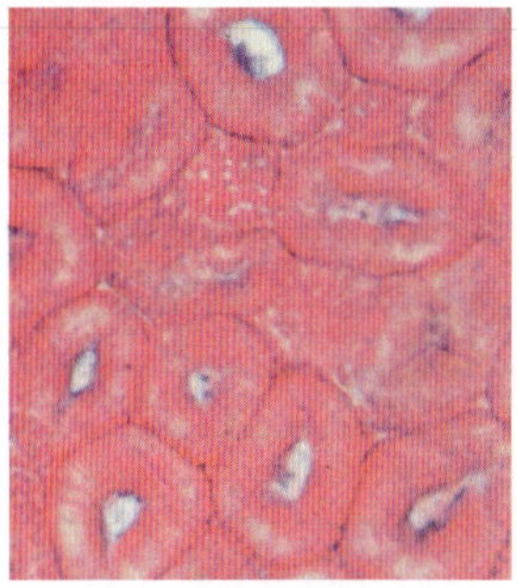

그림 27-4 후벽조직
1차와 2차세포벽으로 구성되며 세포벽이 매우 두껍고 단단하여, 지지기능을 한다. 이 사진은 벚나무 버찌(cherry pit)에 있는 후벽세포들이다.

27.3 유관속조직계

유관속(vascular bundle)은 식물체에 필요한 수분과 물에 용해되어 있는 무기염류 및 각종 유기물질을 운반하기 위해 발달된 관상(管狀)의 조직으로서, 뿌리에서부터 잎에 이르기까지, 또한 생장부와 저장기관의 모든 부분에 연결되어 있다. 유관속조직계는 수분 통도를 하는 **물관부**(xylem)와 영양물질의 통도를 하는 **체관부**(phloem)가 있고, 기본조직에 둘러싸여 있다.

27.3.1 물관부

현화식물에서 물관부는 통도 요소인 **물관요소**(vessel element)와 **헛물관**(tracheid) 이외에도 유조직, 섬유세포와 같은 4개의 서로 다른 세포 유형으로 구성되는 복합조직이다. 헛물관과 물관요소는 뿌리에서 줄기와 잎으로 물과 무기염류를 수송한다(그림 27-5, 27-6).

물관부 섬유세포는 지지기능을 갖지만 유조직은 저장물질을 저장한다. 물관부는 식물 전체에 분포하는데, 뿌리의 물관부는 줄기의 물관부와 연결되고, 줄기의 물관부는 잎의 물관부와 연결되어 있다.

헛물관과 물관요소는 수송을 위해 상당히 분화되었는데, 이들 세포는 2차벽이 발달되었고 세포 내용물을 상실하여 세포벽만 남은 상태에서 통도기능을 수행한다. 양치식물이나 나자식물에서 많이 볼 수 있는 헛물관은 길고 끝이 뾰족한 방추형의 세포이며, 다발이나 덩어리 형태를 하고 있고, 그 세포벽에는 구멍처럼 보이는 **벽공**(pit)이 있다. 수분 통도는 위쪽으로뿐만 아니라 벽공을 통해서 옆으로도 하기 때문에 물

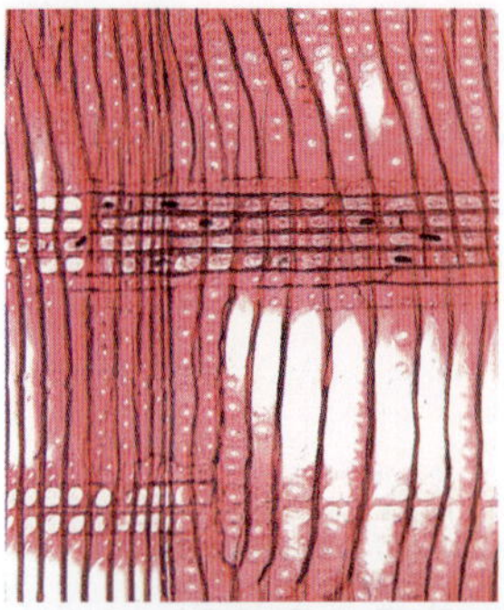

그림 27-5 헛물관의 종단면
덩어리 형태를 이루는 이들 세포는 물과 용해된 무기염류를 이동시킨다. 물은 세포벽의 얇은 벽공을 통해 헛물관에서 헛물관으로 쉽게 이동된다.

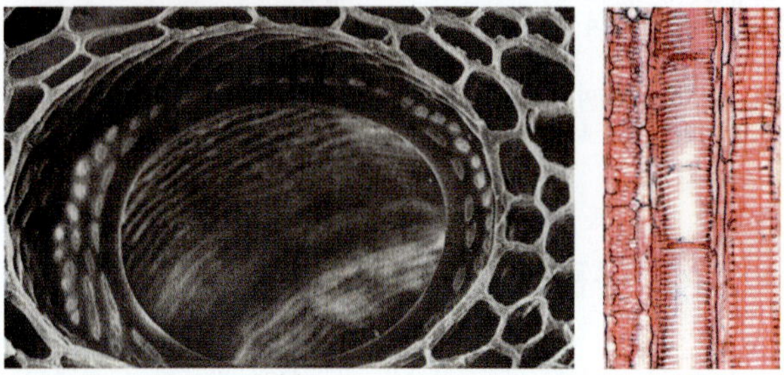

(a) (b)

그림 27-6 물관요소 (a) 횡단면 (b) 종단면

관보다는 비능률적이다.

물관요소는 헛물관보다 더 진화된 것으로 피자식물에서 볼 수 있으며, 물관요소의 지름은 헛물관보다 더 넓어서 수분 수송에 더욱 효율적이다. 그 상하 세포벽에는 구멍인 천공(perforation)이 있다. 이러한 물관요소는 상하로 길게 여러 개가 연결되어 관상인 **물관**(vessel)을 형성한다. 물은 천공 부분을 통해 위쪽으로 통과시키는데, 한 물관요소에서 다음 물관요소로 쉽게 수송되고, 헛물관처럼 물관요소에도 벽공이 있다.

27.3.2 체관부

체관부(phloem)는 물관부와 같이 서로 다른 구조와 기능을 가진 세포로 이루어진 복합조직이며, 주로 양분을 운반한다. 현화식물에서 체관부는 **체관요소**(sieve tube element 또는 **체관세포**(sieve cell), **반세포**(companion cell), 섬유, 유조직의 4가지 세포 유형으로 구성된다(그림 27-7).

피자식물의 체관요소와 나자식물의 체관세포는 물에 녹은 당과 같은 양분의 수송통로이고, 섬유는 지지의 기능을 가지며, 유조직은 저장물질을 저장하고 있다. 피자식물의 경우 체관의 측면에 반세포가 있는데, 이는 일종의 유조직으로 세포에 원형질이 풍부하고 핵을 가진 살아 있는 세포이다. 체관에 접착되어 있는 것이 특징이고 측막부의 벽공을 통해서 반세포와 체관 사이에는 많은 원형질연락이 되고 있다. 양분을 직접 수송하는 기능을 갖지 않지만 체관의 양분 이동을 돕고 있다.

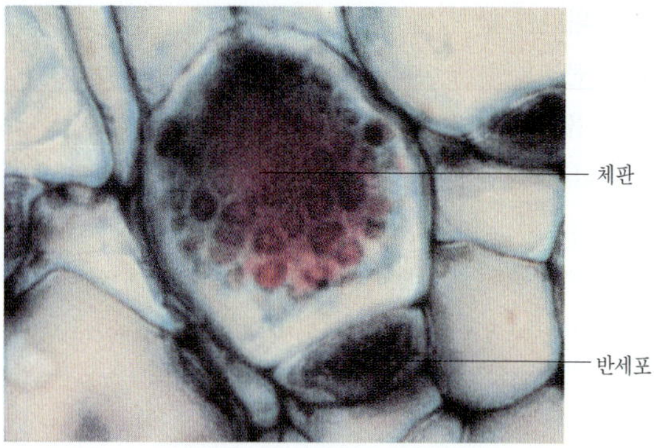

그림 27-7 체관부조직의 횡단면
체관요소의 벽 끝에 체판이 있고, 주변의 작은 세포들은 반세포이다.

체관요소는 고도로 분화되어 있고, 상하 양단의 격막부에 체공(sieve pore)이 군집된 **체판**(sieve plate)이 있어, 원형질연락은 한 체판에서 다른 체판으로 이어진다. 체관요소는 격막부인 체판에서 원주형의 세포가 수직으로 연결된 가늘고 긴 조직으로 구성되었는데, 이를 **체관**(sieve tube)이라 한다. 체세포는 방추형의 세포이며 체공이 있는 체역(sieve area)에 의해서 연락된다. 이 세포들은 성숙시 살아 있으나, 성숙할 동안 핵, 액포, 리보솜 같은 많은 세포소기관들이 없어진다.

체관요소는 특이한 예를 제외하면 보통 활동기간이 1년 이내이다. 야자수 중에는 약 100년 이상 기능을 수행하는 체관요소를 갖는 것도 있다.

27.4 표피조직계

표피조직계는 식물 전체를 싸서 내부조직을 보호하는 역할을 하는데, 기본조직의 주변에 있다. 1기생장을 하는 식물체의 외면은 **표피**(epidermis)로 보호되어 있으나 2기생장으로 크기가 비대해지면 표피는 **주피**(periderm)로 대치된다.

27.4.1 표피

1기생장식물은 원형질이 풍부한 표피세포(epidermal cell)로 된 **표피**(epidermis)가 싸고 있으며 단세포층이다(그림 27-8). 이 표피는 여러 형태의 세포로 구성된 복합조직으로 대부분이 유조직이다. 표피세포의 세포벽은 바깥쪽이 더 두껍고, 일반적으로 엽록체가 없다.

식물의 줄기와 잎같은 지상부에 있는 표피세포는, 그 외부벽에 **큐티클**(cuticle)이나 **납질층**(waxy layer)을 형성하여 건조로부터의 보호나 수분의 손실을 막는다. 뿌리의 표피는 큐티클을 생성하지 않는데, 이는 뿌리가 토양으로부터 수분을 흡수하기 위하여 물을 통과시켜야 하기 때문이다.

큐티클은 표피세포를 통한 과잉 증산으로부터 수분 손실을 막는 데 매우 효과적이며, 또한 기체에 대한 보호벽이 되기도 한다. 한편, **기공**(stomata)은 2개의 **공변세포**(guard cell)에 의해 형성되고, 광합성을 위한 기체교환, 호흡, 증산을 원활하게 해준다(그림 27-8). CO_2, O_2, H_2O를 포함한 기체는 확산에 의해 기공을 통과하며, 일반적으로 광합성작용이 일어나는 낮 동안은 기공이 열려 있다가 밤에는 수분을 저장하기 위해 닫힌다.

모상체(trichomes)는 표피의 특이한 돌기물로 여러 가지 다른 기능을 수행한다. 염분이 있는 환경에 견딜 수 있는 식물들은 염분 제거를 위한 특수화된 모상체를 갖으며, 사막식물의 모상체는 식물 내부조직의 온도 상승을 막고 수분손실을 감소시킨다. 뿌리털은 효과적인 수분 흡수를 위해 토양에 닿는 뿌리의 표면적을 넓혀주는 표피세포의 신장이다.

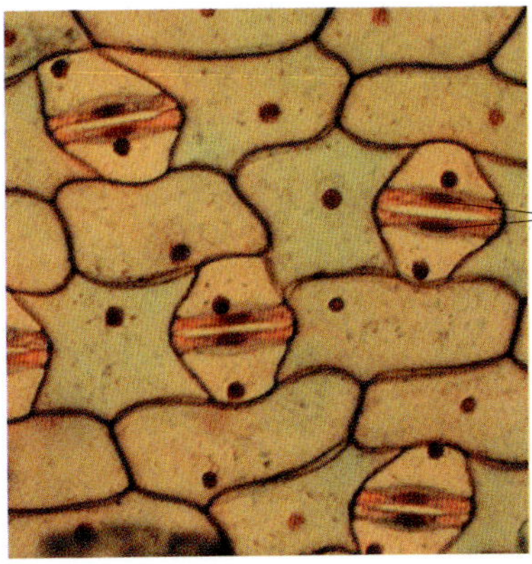

그림 27-8
자주달개비의 잎 표피 (×350)
공변세포가 기체교환을 위해 열려 있는 모습이다.

27.4.2 주피

주피(periderm)는 2기생장에 의해 부피가 증가하는 줄기나 뿌리에서 표피와 대치되는 보호 조직이다. 주피는 **코르크형성층**(phellogen), **코르크조직**(phellem), **코르크피층**(phelloderm)으로 구성되고 두껍다(그림 27-9).

코르크조직은 죽은 코르크세포로 구성되어 대사기능이 없고, 방수물질인 코르크질(suberin)과 납질(wax)을 함유하여 수분의 증산을 방지하는 보호 역할을 한다. 코르크형성층은 방사방향으로 분열하여 바깥쪽으로 코르크세포, 안쪽으로 코르크피층인 코르크유조직이 증가된다. 코르크피층의 세포는 피층유세포와 비슷한 코르크유세포로 되고 주로 저장기능을 수행한다.

일반적으로 **수피**(bark)는 유관속형성층의 외측에 있는 모든 조직을 총칭하는 것으로, 그 모양은 여러 가지인데 식물에 따라 특징이 있고 주피와는 구별된다.

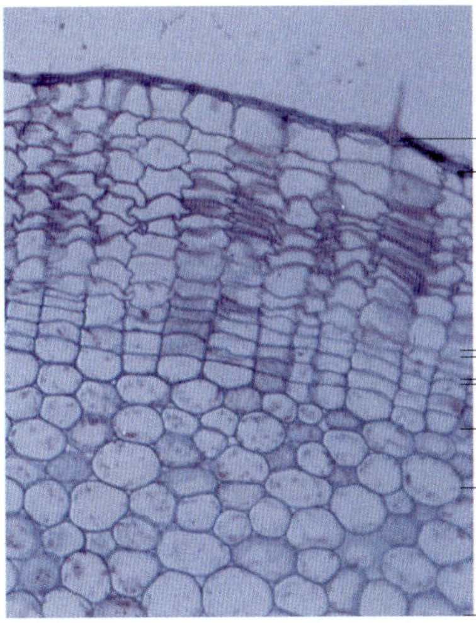

그림 27-9 주피
표피와 대치된 2기조직인데, 코르크형성층으로부터 생성되며, 목본식물의 줄기와 뿌리의 외수피를 형성한다. 주피의 세포들은 언제나 수직으로 되어 있다.

27.5 식물체

여러 가지 세포와 조직들은 식물체의 체제를 이루고, 식물은 지하부인 **근계**(root system)와 지상부인 **지상계**(shoot system)를 갖는다(그림 27-10).

지상계는 잎, 꽃, 열매 등을 포함한 줄기로 구성된다. 뿌리와 줄기 및 잎은 영양에 관계되므로 **영양기관**(vegetative organ)이라 하고, 꽃과 과실 및 종자는 생식과 번식에 관여하는 기관이므로 **생식기관**(reproductive system)이라고 한다.

근계에는 몇 가지 유형이 있다. **주근계**(tap root system)로 된 식물은 1차근(주근)과 그로부터 분지하는 2차근(측근)이 있는데, 민들레 뿌리가 좋은 예이다. 수염뿌리(fibrous root)는 단자엽식물에서 주근의 발달이 정지하고 크기와 모양이 같은 많은 뿌리가 형성되는 것으로, 이러한 근계를 **수근계**(fibrous root system)라 한다. 당근, 고구마, 마 등과 같이 양분을 저장하는 **저장근**(storage root)

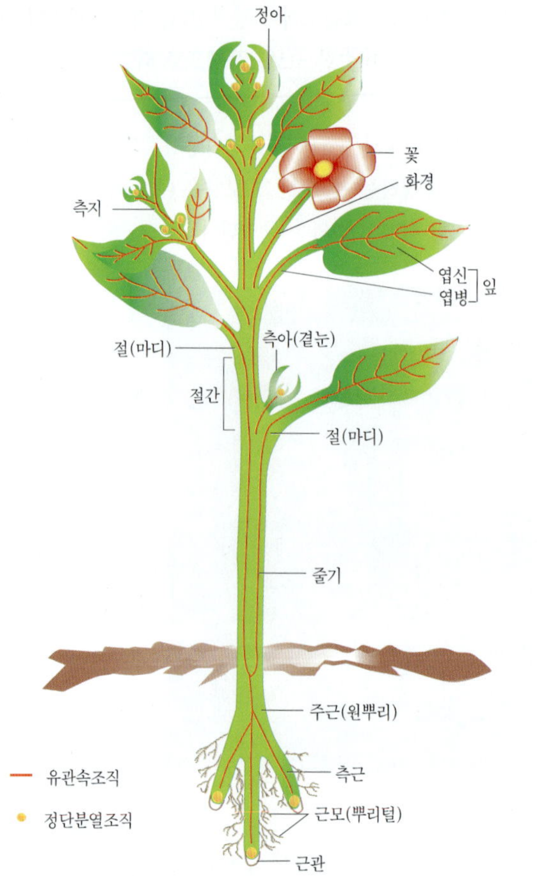

그림 27-10 초본성 쌍자엽식물의 1기식물체
유관속은 뿌리, 줄기, 잎의 기관에 연결되어 있다. 1기생장은 식물체의 말단에 있는 분열조직에서 일어나고, 아원기에는 분열조직이 존재한다. 눈이 가지로 자라게 될 때, 정단분열조직이 어린 싹으로 발달하게 된다.

도 있는데, 이는 주근이나 수염뿌리가 변형된 것이다.

줄기에 잎이 붙는 곳이 **마디**(node)이고, 마디와 마디 사이의 줄기는 **절간**(internode)이다. 줄기는 **눈**(bud)을 가지고 있고, **정아**(terminal bud)는 줄기 끝의 어린 싹이 되는 것이며, 잎이 변형된 **아린**(bud scale)에 의해 눈은 보호되고 덮여진다. 엽액(leaf axil)에 눈이 달린 것을 **측아**(lateral bud)라 하고, 엽액은 줄기에 잎이 붙는 바로 윗부분이다. 눈은 자라서 잎과 꽃이 나올 줄기를 만든다.

잎이 떨어진 소지(twig)는 줄기 구조를 설명하는 데 좋은 재료이다(그림 27-11).

아린에 싸여진 정아가 겨울에 휴면하는 것은 어린 싹을 보호하기 위해서이다. 식물이 다시 생장할 때, 아린은 떨어지고, **아린흔**(bud scale scar)을 남긴다. 식물들은 1년에 1번씩 성장기 뒤에 정아를 형성하기 때문에, 아린흔의 수를 세면 가지의 성장 나이를 알 수 있다. **엽흔**(leaf scar)은 잎을 달

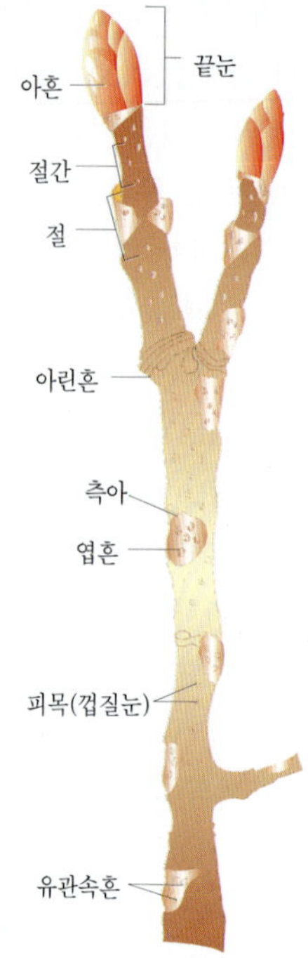

그림 27-11 소지의 외부 형태
정아와 측아, 아린흔과 엽흔, 마디와 절간이 보이고 엽흔에는 유관속흔이 나타난다.

고 있는 엽병이 줄기에서 떨어진 흔적인데, 그 곳에는 줄기에서 잎으로 이어진 유관속조직의 흔적인 **유관속흔**(bundle scar)이 형성되어 있다. 엽흔 위는 측아가 발생하고, 소지의 수피에는 작은 돌기물인 **피목**(lenticel)이 있어 기체 교환을 한다.

대부분의 잎은 넓은 **엽신**(leaf blade)과 엽신을 줄기에 연결시키는 자루인 **엽병**(petiole)의 2가지 부분으로 구성된다(그림 27-12).

그림 27-12 단엽
대부분의 잎들은 넓고 신장된 엽신과 엽병을 지닌다.

1장의 엽신으로 된 **단엽**(simple leaf)과 2장 이상의 엽신으로 된 복엽(compound leaf)이 있다(그림 27-13). **복엽** 중의 한 잎을 **소엽**(leaflet)이라 하고, 소엽의 엽병을 **소엽병**(petiolule), 전 소엽을 지탱하는 것을 **총엽병**(rachis)이라 한다.

잎들은 몇 가지 방식으로 줄기에 배열되어 있다. 각 마디에 1장의 잎이 달리는 것을 **호생**(alternate), 2장의 잎이 달리는 것은 **대생**(opposite), 3개 또는 그 이상의 잎이 달리는 것을 **윤생**(whorled)이라 한다. 잎의 엽신에 있는 맥의 유형은 다양하다. 단자엽식물은 **나란히맥**(parallel venation)이지만, 쌍자엽식물은 **그물맥**(netted venation)을 가진다. 그물맥은 몇 개의 주요한 맥이 한 점으로부터 분지되는 **장상맥**(palmated venation) 또는 주요한 맥이 주맥의 모든 부분에서 분지하는 **우상맥**(pinnated venation)이 있다.

27.6 식물의 생장

종자로부터 발아되어 나온 어린 식물은 성숙한 식물로 성장한다. 줄기와 뿌리는 생존기간 내내 자라는 무한생장의 특징이 있고, 잎과 꽃들은 유한생장을 하며, 일정한 '크기'에 도달한 후에 성장을 멈춘다. 각 부분의 크기는 식물의 유전자와 식물생장에 영향을 미치는 환경 요인에 따라 종간에 다양하다.

생장(growth)은 3가지 서로 다른 과정이 관여된 복잡한 현상이다. 첫째는 세포수의 증가인 세포분열이 생장의 본질이다. 둘째는, 세포 크기의 증가로서 세포의 신장과정이다. 셋째로, 식물은 복잡한 다세포 유기체로서 다양한 기능을 수행하기 위해 **분화**(differentiation) 또는 특수화되어야만 한다. 분화과정에서, 유전적으로는 동일한 것이지만 각 세포는 구조와 생리적으로 서로 다르게 발달하며, 서로 다른 기능을 수행하게 된다.

식물과 동물 간의 차이점 중 1가지는 생장 위치이다. 어린 동물은 자랄 때 똑같은 생장률을 나타내지는 않지만, 몸의 모든 부위가 자란다. 그러나 식물의 생장은 **분열조직**(meristem)이 있는 곳으로 한정되어 있으며, 이들은 특수화되지 않고 남아서, 세포분열 능력을 계속 유지하는 것이다.

27.6.1 1기생장

식물에는 2종류의 생장이 있다. 한 가지는 **1기생장**(primary growth)으로 신장생장이 되고, 다른 하나는 **2기생장**(secondary growth)으로 비대생장이 된다. 모든 식물이 1기생장을 하지만, 단지 목본식물만 2기생장을 한다. 1기생장

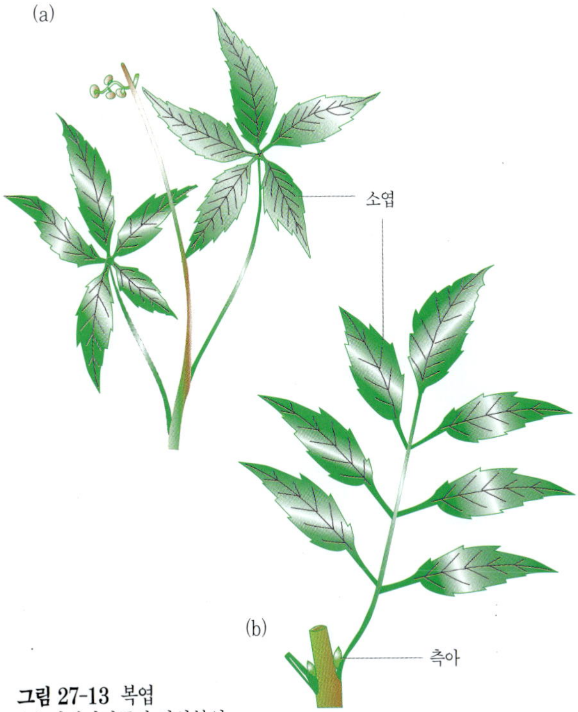

그림 27-13 복엽
(a) 담쟁이덩굴의 장상복엽
(b) 물푸레나무의 우상복엽

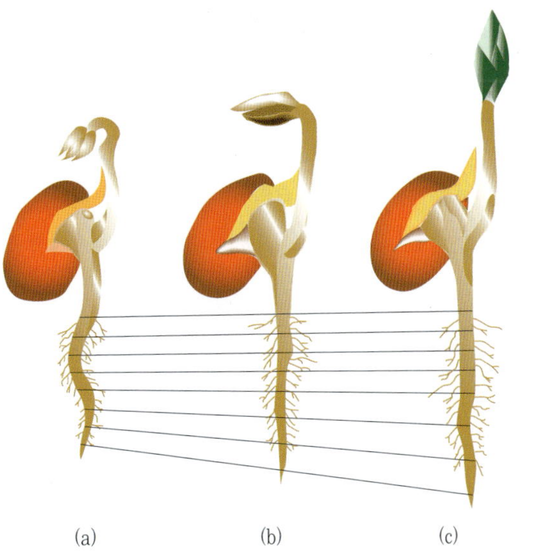

그림 27-14 식물 정단 부위의 신장
(a) 발아 직후의 콩(*Pisum sativum*) 뿌리를 1mm 간격으로 표시하였다. (b)~(c) 몇 시간 후, 근단분열조직이 있는 뿌리 끝부분은 생장이 많이 되었지만, 생장점에서 떨어진 부위인 종자에 가까운 곳의 표식들은 약 1mm 간격을 유지하며, 신장이 거의 일어나지 않았음을 보여 준다.

만을 하는 식물은 1년생 **초본**(herbaceous)이고 줄기와 뿌리의 끝에 있는 **정단분열조직**(apical meristem)의 분열에 의한다(그림 27-14).

뿌리의 끝에는 분열조직을 보호하는 **근관**(root cap)이 있다. 근관의 바로 윗부분은 길이가 1mm 가량 되는 **생장점**(growing point, 근단분열조직)이 있는 **분열대**(region of cell division)이다. 이들 세포는 매우 작고 연속적으로 분열하기 때문에 계속 작은 모양으로 남아 있다.

분열대의 바로 윗부분은 **신장대**(region of cell elongation)로 길이가 2~5mm 가량이고, 이 곳의 세포는 더 이상 분열하지 않고 신장한다. 여기서 약간의 분화가 일어나며, 미성숙한 조직이 뚜렷이 관찰된다. 미성숙한 조직은 성숙한 조직으로 발달과 분화를 지속한다.

신장대 바로 위쪽 1~6cm 정도의 부분을 **분화대**(region of cell differentiation) 또는 **성숙대**(region of cell maturation)라 한다. 여기에서는 신장이 정지되고 근모(root hair)가 발생하며 물관 또는 헛물관, 체관 및 그 밖의 조직분화가 이루어진다(그림 27-15).

줄기의 정단분열조직은 본래 뿌리의 정단분열조직과 같으나, 그 외형은 상당히 다르다(그림 27-16, 27-17).

줄기의 정단분열조직은 **엽원기**(leaf primordia 또는

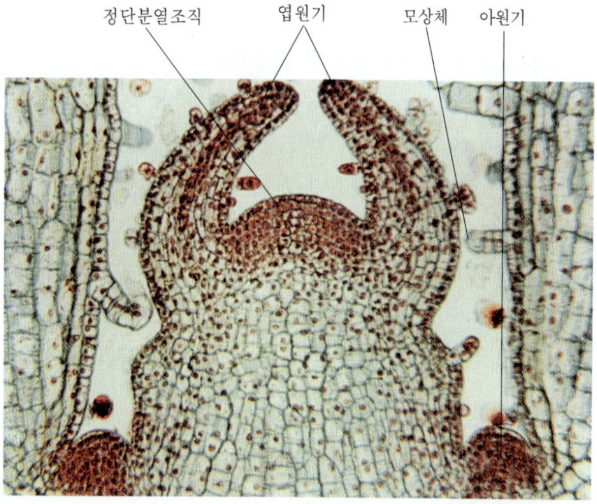

그림 27-16 쌍자엽식물 줄기의 정단분열조직
엽원기와 아원기를 보여 주고 있다.

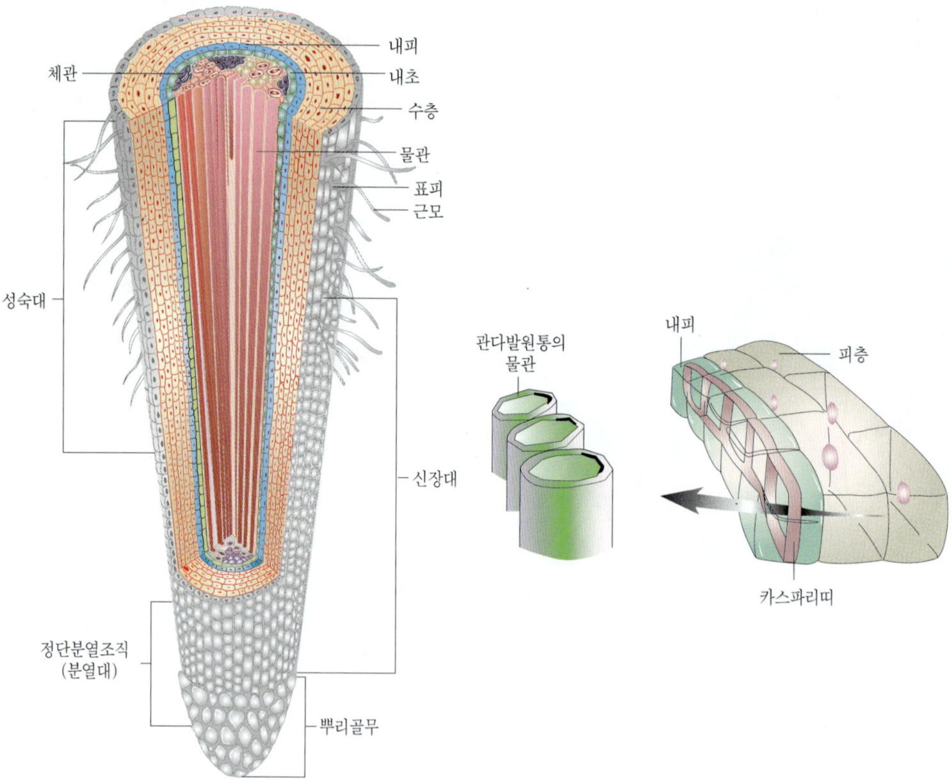

그림 27-15 뿌리의 정단분열조직
근관 바로 안쪽이 분열대이며, 세포분열이 왕성하게 일어난다. 그 바로 위쪽은 신장대인데, 세포들이 커지고 분화되기 시작한다. 가장 위쪽은 성숙대로 신장이 정지되고, 분화된 세포들로 이루어지며, 근모가 분포한다.

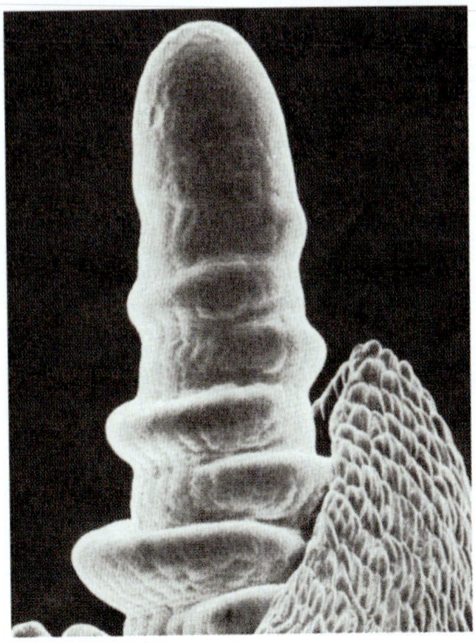

그림 27-17
줄기 정단분열조직의 주사전자현미경사진 (×200)
정단은 어린 싹을 형성하기 위해 분열세포로 구성되고, 잎은 정단 바로 아래에서 생성된다. 잎들은 초기에는 융기되어 보이나, 거듭되는 세포분열과 신장으로 인해 융기 부위가 커져서 잎의 형태를 갖춘다.

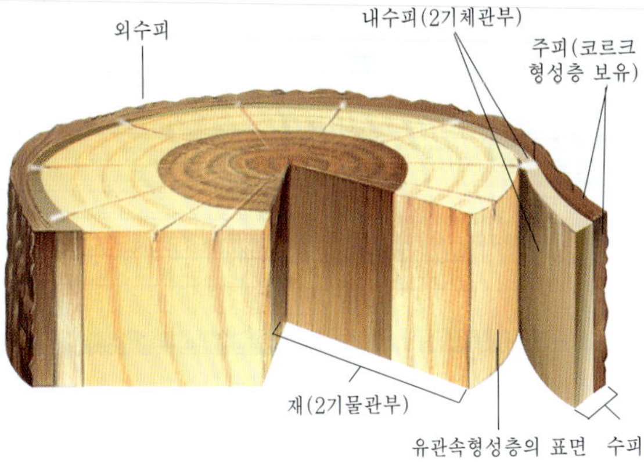

그림 27-18 2기 생장한 줄기
목본식물은 두 측생분열조직의 분열 결과로 2기생장인 비대생장을 한다. 유관속형성층은 2기유관속조직인 재(2기물관부)와 내수피(2기체관부)를 생성한다. 코르크형성층은 외수피(주피)조직을 형성하여 2기식물체의 표피에 대치한다.

embryonic leaf)와 **아원기**(bud primordia 또는 embryonic bud)를 가지고 있고 줄기 정단부의 중심에 위치한다. 줄기 끝으로부터 조금 떨어진 곳에서는 미성숙한 세포들이 분화를 시작하고, 멀리 떨어진 곳에서는 미성숙조직이 성숙한 조직으로 분화된다. 세포분열, 신장, 분화의 세 부위는 줄기 끝에 있으나, 뿌리에서처럼 뚜렷하지는 않다.

27.6.2 2기생장

2기생장을 하는 식물들은 줄기나 뿌리의 부피가 증가하는 **비대생장**(growth in thickness)을 한다. 이 비대생장은 **측생분열조직**(lateral meristem)의 분열에 의하고, 이는 줄기와 뿌리의 유관속에 위치한 **유관속형성층**(vascular cambium) 및 **코르크형성층**(cork cambium, phellogen)의 분열에 의한 2기생장이다(그림 27-18).

유관속형성층은 분열하여 새로운 물관부와 체관부를 형성하여 줄기와 뿌리가 비대해지고, 표피밑의 피층세포는 코르크형성층을 형성하며 이는 분열하여 외수피조직인 **주피**(periderm)가 표피 대신에 형성된다.

2기생장을 하는 식물은 **다년생**(perennial)이고, 1기생장만 하는 옥수수와 벼 같은 대부분의 **일년생**(annual) 초본식물들은 한 계절에 자라고 생식한 후 죽는다. 당근과 무 같은 **이년생**(biennial) 초본식물은 완전히 생장하고 생식하는 데 2년이 걸린다.

식물에서 2기생장은 긴 생존기간을 갖지만 개개의 세포는 영원히 살 수는 없다. 개체간에 차이는 있지만, 전형적인 식물세포는 거의 3년 동안 활동한다. 1기생장만 하는 식물들은 줄기와 뿌리의 오래된 조직을 대치할 수가 없다. 정단의 생장점에서 계속 새로운 세포들을 형성하지만, 오래된 부분은 결국 죽고 만다. 2기생장을 하는 식물들은 정단 부분만이 아니라, 식물체 전체에 걸쳐서 오래된 부분을 대치하기 위한 새로운 줄기와 뿌리조직을 생성한다. 그러므로 2기생장식물들은 생존기간이 길며, 때때로 수천 년을 사는 식물도 있다.

제28장

잎의 구조와 기능

잎은 줄기의 생장점에 있는 분열조직에서 기원되고, 여기서 나오는 엽원기로부터 발달한 것이다. 잎은 광합성과 호흡 및 증산작용이 활발하게 일어나는 기관으로, 1차적인 기능은 잎의 동화조직에서 빛에너지를 이용한 광합성작용이다. 식물은 광합성을 통해서 비교적 간단한 분자인 이산화탄소와 물을 당으로 바꾸고, 산소가 부산물로 생성된다. 이 과정에서 빛에너지는 화학에너지로 전환되어 저장된다. 당은 호흡에 의해 분해되고, 생성시에 저장된 화학에너지는 다른 세포 기능을 위해 이용된다. 또한 당분자는 세포 구성의 기본적인 물질일 뿐만 아니라, 세포는 당분자를 변형시켜 다른 중요한 합성물로 바꾸기도 한다.

28.1 잎의 구조

잎의 기본적인 형태에 대해서는 앞에서 다루었다. 대부분의 잎은 효율적으로 빛에너지를 받기 위해 넓고 편평한 엽신을 갖고 있으며, 광합성을 하기에 적합한 구조로 되어 있다(그림 28-1).

표피는 유세포로 구성되었고 **상표피**(upper epidermis)와 **하표피**(lower epidermis)로 되었는데, 엽록체가 없어서 비교적 투명하다. 표피세포는 바깥쪽 세포벽이 안쪽보다 두터운데, 이는 상해나 수분 손실로부터 보호하기 위한 것이다.

잎은 태양광선을 많이 받기 위해 넓은 면적을 공기중에 노출시키고 있기 때문에 증발에 의한 물의 손실을 피할 수 없다. 그러나 표피세포는 납질층과 **큐티클**(cuticle)에 의해서 물의 손실을 줄이고 있다. 큐티클은 일반적으로 하표피에서보다 상표피에서 더 두껍다.

대부분의 잎 표피에는 다양한 **모상체**(trichomes)로 덮여 있어 수분의 손실과 잎 표면에서의 증발을 줄인다(그림 28-2).

잎의 표피에는 표피세포가 특수하게 변해서 된 **공변세포**(guard cell)로 구성된 **기공**(stomata)이 있다(그림 28-3). 공변세포는 표피세포 중 유일하게 엽록체가 있고, 기공과 2

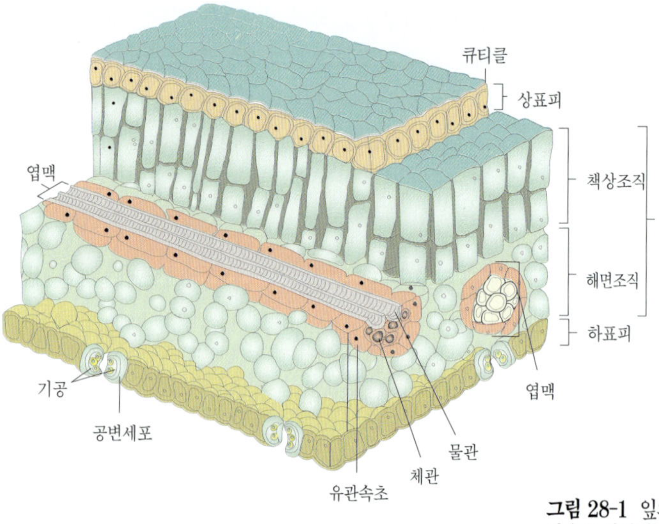

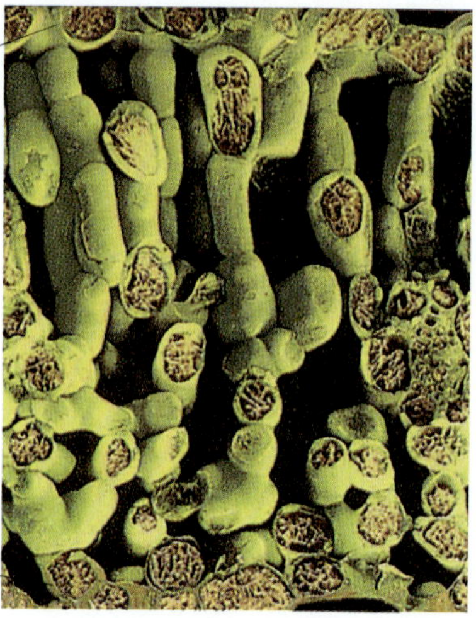

그림 28-1 잎의 조직 모식도
엽육은 광합성조직인 책상조직과 해면조직으로 구성되어 있고, 조직 속을 엽맥이 통과한다. 엽신은 상하 표피세포에 둘러싸여 있다.

개의 공변세포는 **기공장치**(stomatal apparatus)를 형성한다. 기공은 특히 하표피에 많이 분포하는데 이는 직사광선을 피하여 수분의 손실을 줄이기 위해서이다.

잎의 광합성조직인 **엽육**(mesophyll)은 상하 표피 사이에 있으며 엽록체를 가진 유세포들로 구성되어 있다. 대부분 상표피쪽에 세포가 촘촘히 배열된 **책상유조직층**(palisade parenchyma layer)과 하표피쪽의 느슨하고 불규칙하게 배열된 **해면유조직층**(spongy parenchyma layer)을 형성하고 있다.

엽맥은 엽육에 고루 분포되어 있고 각 맥은 2가지 형태의 유관속조직(vascular tissue) 즉, 물관부는 상표피쪽인 엽맥의 윗부분에 위치하고, 체관부는 하표피쪽인 엽맥 아랫부분에 위치한다(그림 28-4).

엽맥의 유관속은 세포가 한 층 또는 여러 층으로 된 **유관속초**(bundle sheath)가 싸고 있다. 유관속초는 유조직이나 후각조직 또는 후벽조직으로 구성된다. 이는 때때로 상하 표피까지 확장되어 잎에서 지지기능을 담당한다.

쌍자엽류(dicots)의 잎은 대부분 넓고 편평하며 하나의 엽병을 갖고 엽맥은 **그물맥계**(netted venation)이다. 그러나 단자엽류(monocots)의 잎은 보통 좁고 길며 벼, 보리와 같이 잎의 기부와 탁엽이 융합하여 줄기 주위를 감싸고 있는 엽초(leaf sheath)가 있고 **나란히맥계**(parallel venation)이다.

쌍자엽식물과 단자엽식물의 잎 내부 형태도 역시 다르다. 쌍자엽식물의 엽육은 뚜렷이 구별되는 책상조직과 해면조직을 가지나, 대부분의 단자엽식물은 책상조직과 해면조직이 구별되지 않는다. 또한 쌍자엽식물은 그물맥이어서 횡단면은 커다란 중앙맥과 측맥이 있고, 단자엽식물은 나란히맥이므로 횡단면의 큰 중앙맥을 제외하면 다른 엽맥들은 모두 균일한 크기를 가진다(그림 28-4).

어떤 단자엽식물의 상표피에는 크고 얇은 세포벽을 가진 **거대세포**(bulliform cell)가 중앙맥의 한쪽 면에 위치한다(그림 28-5).

이 세포들은 가물 때에 잎이 안으로 접히는 것과 관련이 있는데, 물이 많으면 거대세포가 팽창하여 잎은 펴지고, 거대세포가 물을 잃으면 잎은 안으로 접히고 증산작용은 줄어든다.

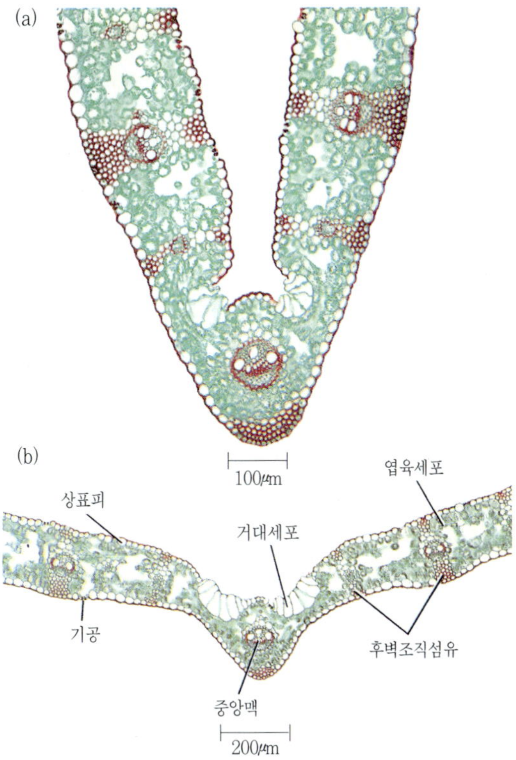

그림 28-5 일년생 초본인 새포아풀의 잎
(a) 상표피에 위치한 거대세포가 부분적으로 수축하면 잎은 접힌다.
(b) 거대세포가 팽창되면 잎은 펴진다.

그림 28-2 쐐기풀잎의 주사전자현미경사진
잎 표면은 수분 증발을 제한하고, 초식동물의 접근을 방지하는 뾰족한 모상체로 덮여 있다.

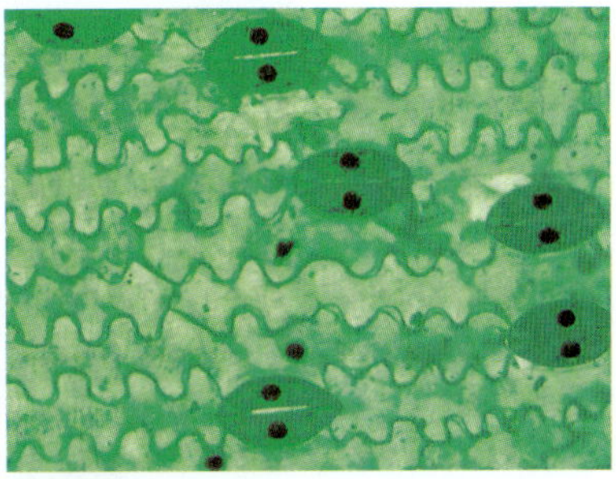

그림 28-3 나리 잎의 표피
표피세포의 각 기공은 2개의 공변세포로 되어 있다.

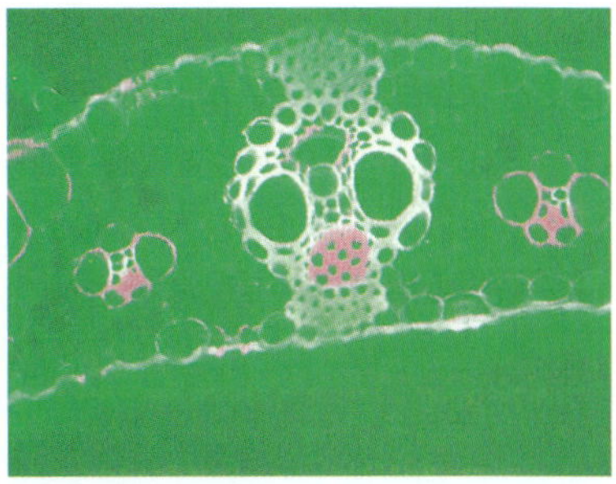

그림 28-4 체관부가 붉은색으로 염색된 옥수수 잎의 횡단면(×60)
옥수수는 단자엽식물로 엽맥이 일정한 간격으로 분포되어 있는 나란히맥을 갖는다. 중앙맥을 제외한 엽맥들은 거의 비슷한 크기이다

단자엽식물과 쌍자엽식물의 공변세포도 차이점이 있다. 쌍자엽식물은 소시지 모양의 공변세포를 가지며 주위는 **부세포**(subsidiary cell)라고 하는 특별한 표피세포와 결합되어 있다. 그러나 단자엽식물(화본과)은 아령 모양의 공변세포를 가지고 부세포는 두 공변세포와 나란히 배열하고 있다.

28.2 잎의 기능

투명한 잎에서는 광합성을 하는 엽육까지 빛이 도달할 수 있다. 이산화탄소는 대기로부터 기공을 통해 잎의 내부로 확산되고, 수분은 토양에서 흡수되어 물관부를 통해 이동된다. 해면조직의 세포간극내에 있는 이산화탄소와 수분은 엽록체로 빨리 확산이 되고, 광합성 결과로 생성된 산소는 엽육세포에서 확산되어 기공을 통해 대기로 방출된다. 이산화탄소와 산소는 흡수되거나 배출되기 전에 세포 표면의 수막(water film)에 녹아 있다.

수분은 물관부를 통해 엽육에 공급되고, 광합성에 의해 만들어진 당은 체관부를 통해 식물체의 각 부분으로 이동된다.

C_4식물에는 각 엽맥 둘레에 엽육세포와 유관속초의 세포가 배열되어 있다. 엽육세포에는 C_4대사에 관여하는 효소가 있고 유관속초에는 C_3에 관여하는 효소가 있다.

28.2.1 증산작용

식물체내에서 물이 수증기의 형태로 소실되는 현상을 **증산작용**(transpiration)이라고 한다. 식물체에 흡수된 수분의 1~2%는 광합성이나 대사작용에 이용되고 나머지 98~99%는 잎과 줄기에서 증산된다. 대부분의 물은 기공을 통한 **기공증산**(stomatal transpiration)에 의해 소실되고, 1~3%는 표피의 큐티클층을 통하여 일어나는 **표피증산**(epidermal transpiration) 또는 **큐티클증산**(cuticular transpiration)에 의해 소실된다. 이러한 증산은 물과 무기양분의 흡수 능력을 돕는다. 잎에서 증산하면 잎세포의 세포액 삼투압이 높아져서 흡수력이 증가하여 물관과 헛물관의 물을 빨아올리기 때문에, 토양에서의 물과 무기양분의 흡수력이 높아진다.

식물은 증산으로 체내의 온도를 조절하는데, 물이 기체인 수증기로 될 때에 많은 양의 열을 흡수하므로 물분자가 증발될 때 열도 함께 소실된다. 이 **냉각효과**(cooling effect)는 직사광선으로 인한 열의 해와 호흡에 의하여 생기는 체내의 열을 제거하여 주기 때문에, 더운 여름날 잎의 내부 온도는 주위의 온도보다 낮다.

증산속도(transpiration rate)는 환경 요인에 많은 영향을 받는다. 어두운 곳보다는 광선 하에서 증산이 촉진되는데, 이는 빛을 받게 되면 잎의 온도도 상승되지만 기공도 열려서 해면조직의 세포간극과 기공 안쪽의 기실(air space)에 수증기로 포화된 수분이 외부로 증발되기 때문이다. 또 낮은 온도보다는 높은 온도 하에서 증산이 촉진되어 20℃보다는 30℃에서 3배나 빨라진다. 그리고 바람은 증산해 나온 수증기가 엽면 주위에 형성한 습기층을 제거시키고, 잎 표면에 건조한 공기를 대치시켜 증산을 촉진시킨다. 그러나 높은 상대습도는 대기에 수증기가 이미 포화되어 있으므로 증산을 억제한다.

더운 여름날 식물은 증산이 흡수보다 많아지면 수분 부족으로 잎이 시들게 된다. 증산이 되지 않는 밤 사이에 수분을 흡수하여 일시적으로 시들었던 것을 극복하고 원상태로 회복이 되지만, 오랜 가뭄으로 계속 시들 때는 즉시 수분을 공급해 주지 않으면 죽게 된다.

28.2.2 일액현상

식물체내에 물이 너무 많을 때에는 잎의 가장자리에 있는 **수공**(water pore)을 통하여 수분을 액체 상태로 배출하기도 한다(그림 28-6). 이러한 과정을 **일액현상**(guttation)이라 하고, 증산작용이 활발하지 않고 수분이 많을 때는 가끔 밤에도 일어난다. 왜냐하면 수공의 공변세포는 기공과는 달리 능동적으로 개폐하지 못하고, 항상 열려 있는 상태에서 삼투압에 의해 뿌리로부터 물이 계속 흡수되기 때문이다. 이른 아침

그림 28-6 잎의 일액현상
잎가장자리의 수공을 통해 물방울이 맺혀 있다.

많은 식물에서 과포화의 물이 수공으로 밀려나온 일액현상의 물방울을 보고, 사람들은 때때로 이슬 방울로 착각한다.

28.2.3 기공의 개폐

기공은 소시지형인 2개의 **공변세포**(guard cell)로 이루어져 있으며, 안쪽의 세포벽이 바깥쪽에 비해 두껍기 때문에 물을 흡수하면 열리고 물이 빠지면 닫히게 된다. 기공의 개폐는 그 밖의 빛(청색광에 의해 열림), 온도(25℃ 이상이 되면 닫힘), CO_2 농도(저분압에서는 열리고 고분압에서는 닫힘) 및 아브시스산(abscisic acid ; 투여하면 닫힘) 등의 영향을 받는다. 공변세포에서 광합성 산물인 녹말(starch)이 당으로 전환되면 그 삼투압이 높아지고 이어서 물이 흡수되면 기공이 열린다고 생각되어 왔다. 그러나 공변세포를 자세히 관찰해 본 결과 기공이 열려 있을 때는 K^+ 농도가 높았고, 닫혀 있을 때는 K^+ 농도가 낮았다. 따라서 K^+의 출입이 공변세포의 삼투압을 변화시켜 이로 인해 기공이 개폐하게 된다는 것을 알 수 있다(그림 28-7).

28.3 잎의 탈리

넓은 잎을 가진 대부분의 나무들은 겨울의 낮은 기온에서 살아남기 위해서는 잎을 떨어뜨려야 한다. 이는 겨울 동안 수분의 흡수가 억제되기 때문에 수분의 부족현상을 막기 위함이다. 그리하여 다년생 수목의 잎은 대부분 가을에 영양부족이나 환경 조건의 악화로 노화(aging)가 시작되면, 옥신(auxin)의 생성이 감소되어 엽병의 기부에 **탈리대**(abscission zone)가 형성되고 잎이 떨어지게 되는데, 이것을 **탈리**(abscission)라 한다. 가을이 되면 식물은 잎에 있는 많은 양의 필수무기물을 재흡수한다. 질소, 인, 칼륨도 잎에서 물관부조직으로 이동되고, 잎 안의 당도 증가하며, 엽록소가 분해되면서 카로틴(carotene)과 크산토필(xanthophyll)이 뚜렷해진다. 이 색소들은 항상 잎에 존재하고 있었지만 엽록소에 가려져 있었던 것이다. 또한 용해성 색소들이 액포에서 합성되기도 한다. 이러한 색소들의 다양한 조화가 온대지역의 가을 단풍에서 보는 화려한 색깔들을 만들어낸다.

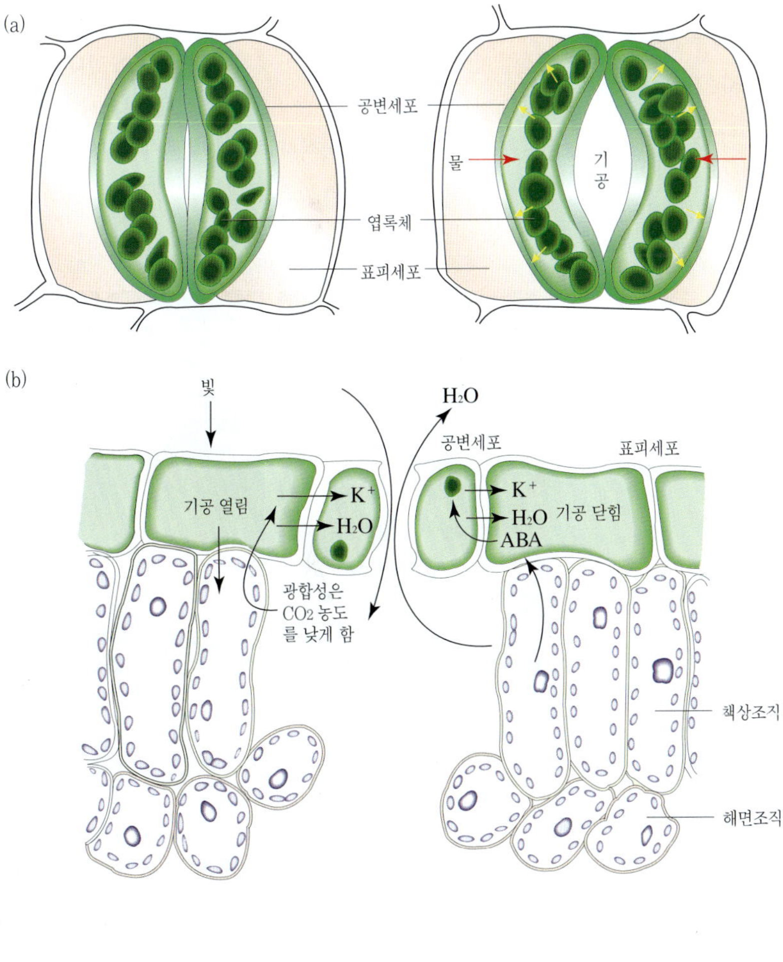

그림 28-7 기공의 개폐
(a) 기공의 구조
(b) 개폐기작

그림 28-8 단풍나무잎 엽병의 탈리대
엽병 기저부위에는 잎이 줄기로부터 떨어질 탈리대가 형성된다. 보호역할을 하는 아린에 둘러싸인 측아(곁눈)가 엽병 위쪽에 있다.

탈리대는 줄기로부터 분리되는 엽병의 기부 부분으로, 주위의 조직들과 구조적으로 다르다(그림 28-8). 내부 형태학적으로는 얇은 1차벽의 세포들로 구성되어 있고 약간의 섬유도 있다. 이 탈리대의 줄기쪽은 코르크세포(cork cell)로 된 방어층이 발달하며, 이러한 유세포들은 **코르크질**(suberin)이라는 밀랍재를 가지고 있어서 물을 통과시키지 않고 벽에 스며들게 한다. 가을이 되면 효소가 탈리대에서 세포벽의 중엽(middle lamella)을 분해하기 때문에, 잎은 몇 개의 물관부 세포를 제외하고는 줄기와 단절된다. 이런 상태에서 갑자기 바람이 불면 잎은 떨어지지만 보호층(protective layer)은 남아서 그 부분을 봉하고 잎의 흔적을 남긴다.

28.4 잎의 변태

잎의 주요 기능은 광합성이지만, 어떤 식물들에 있어서는 광합성 이외의 다른 기능을 수행할 수 있도록 다양하게 변태되어 있다.

선인장의 잎은 방어의 목적으로 딱딱하고 뾰족한 **가시**(spine)로 특수하게 변태된 것이다(선인장에서는 잎보다 줄기가 광합성의 주된 기관이다). 잎이 가시로 변태될 때 간혹 줄기가 **경침**(thorn)으로 변태되기도 하는데 이것은 가시와 같은 기능을 한다. 많은 덩굴식물들은 잎이 변태된 **덩굴손**(tendril)으로, 다른 구조물을 감아서 의지하는 데 이용한다.

휴면중인 목본식물의 겨울눈은 보호 역할을 하는 **아린**(bud scale, 눈비늘)으로 덮여 있다. 아린은 잎이 변태된 것으로 어린 싹의 정단분열조직을 상처나 건조로부터 보호하는 역할을 한다.

잎은 수분이나 양분의 저장을 위해 변태되는데, 양파와 튤립은 지하에 **인경**(bulb, 비늘줄기)을 형성하고, 사막식물들은 수분의 저장을 위해 두껍고 즙이 많은 잎들을 가진다.

변태된 잎 가운데 가장 특이한 예는 식충식물의 **벌레잡이 잎**(insect catching leaf)이다. 이 식물은 동물성 먹이, 흔히 곤충을 잡도록 변태되어 있다. 대부분의 식충식물들은 필수적인 무기물이 부족한 척박한 토양에서 자라고 있기 때문에, 곤충과 작은 동물들을 잡아 소화시켜 양분을 섭취한다. 몇몇 식충식물들은 수동적인 포충기를 지니고 있다. 주머니 모양의 잎에 빗물을 모아 저장하고, 냄새나 밀선에 의해 곤충을 유혹하여 포충기 안으로 떨어지게 하는 것도 있다(그림 28-9). 잎의 포충기 주위에는 안으로 오무리는 빳빳한 털이 있어 곤충들이 밖으로 기어나가지 못하게 방해하고 있다. 곤충이 포충기에 갇히면 식물이 분비한 효소들에 의해서 소화되고 흡수된다. 열대지방에 서식하는 식충식물의 포충기는 1리터 이상의 수분을 함유할 수 있을 정도로 크다.

(a) (b)

그림 28-9 식충식물
(a) 먹이를 빠뜨릴 물을 모으기 위해 주머니 모양으로 잎이 변태되어 있다.
(b) 횡단면을 보면 포충된 곤충의 몸체가 보인다.

파리지옥은 능동적 포충장치를 지닌 식충식물의 한 예이다(그림 28-10). 잎은 작은 덫처럼 생겼고, 잎의 주위에는 작은 털이 나 있다. 만약 곤충이 내려 앉거나 주위에 나 있는 털을 살짝 건드리면 덫은 아주 빠른 속도로 닫혀 버린다. 곤충이 죽어서 소화된 뒤에 덫은 다시 열려 소화되지 않은 찌꺼기를 방출한다.

특이한 환경에서 사는 식물들은 그 환경에 특별히 적응하게 된다. 작은 열대성 **착생식물**(epiphyte)인 「주머니잎식물(flower pot plant)」은 교목층에 높이 붙어 있으나 기생성은 아니며, 잎이 특수하게 변태되어 항아리 모양을 이룬다(그림 28-11). 위에서 잎으로 떨어져 들어오는 빗물과 무기물들을 주머니 속에 모이게 하고, 뿌리가 항아리 형태의 잎 속으로 들어가 지상보다 높은 곳에서 수분과 용해된 무기물을 흡수하게 한다.

(a) (b)

그림 28-10 파리지옥
변태된 잎은 먹이인 곤충이 닿으면 덫처럼 생긴 포충기가 닫힌다. 파리지옥은 남부 캐롤라이나지역의 습지에서 발견된다.

(a) (b)

그림 28-11 주머니잎식물
(a) 잎들이 빗물을 모으도록 변태되어 있다.
(b) 주머니 모양의 잎을 절단하면 모은 빗물을 이용하려는 특수한 뿌리가 보인다.

제29장

줄기의 구조와 기능

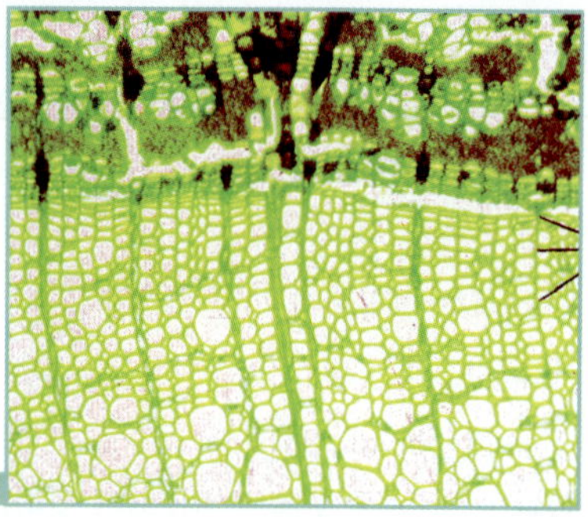

줄기는 뿌리보다 구조가 더욱 복잡하다. 뿌리와는 달리 줄기는 절(node)과 절간(internode)으로 구분되며, 절에는 잎이 있다. 절간이 생장함에 따라 구조상의 차이가 생기는데, 초본식물에서는 절간의 신장을 볼 수 없다. 그리고 지상경, 지하경, 포복경, 등반경, 직립경 등과 같이 생장시의 다양한 습성과 생육지에 따라서도 구조상의 차이가 있다.

줄기에서는 뿌리에서 흡수한 물과 무기염류 및 잎에서 형성된 동화양분을 통도기관을 통하여 식물체의 각 기관으로 수송하기도 한다.

29.1 줄기의 구조

종자식물의 줄기는 구조와 발달 유형에 따라 구분되는데, 일부 초본성 쌍자엽식물과 대부분의 단자엽식물은 1기생장 줄기 구조이고, 나자식물과 목본 쌍자엽식물에서는 유관속조직이 2기생장을 하여 비대해지고 주피가 형성되는 특징이 있어 서로 다르게 구분된다. 그러나 초본경과 목본경 사이에는 명확한 한계가 없으며 또한, 초본성 쌍자엽식물의 많은 종류와 특수한 몇 종의 단자엽식물도 2기생장을 하는 것이 있다.

일반적으로 구조상의 특징에 의해서 구분하기는 하나 각 형에는 여러 가지 변태된 특수한 구조들도 있으며, 목본식물은 초본식물에 비해서 원시적인 것으로 생각되고 있다.

29.1.1 1기생장 줄기의 구조

이미 언급한 바와 같이 식물은 2가지 다른 유형의 생장을 한다. 1기생장(primary growth)은 식물의 신장생장으로 식물의 줄기와 뿌리 끝에 있는 정단분열조직에서 일어난다. 2기생장(secondary growth)은 식물의 비대생장으로 식물의 측면에 위치한 측생분열조직의 분열에 의해서 일어난다. 1기생장은 모든 식물에서 일어나지만 2기생장은 다년생식물에서만 일어난다.

1기생장만을 하는 식물 줄기는 초본성이며, 모든 기본적인 조직을 갖추지만 조직의 배열은 매우 다양하다. 1기생장을 하는 줄기의 구조는 쌍자엽식물과 단자엽식물의 2가지로 구분할 수 있다.

(1) 쌍자엽식물의 줄기

1기생장을 하는 줄기의 외측은 표피(epidermis)이고, 표피 안쪽의 여러 세포층이 **피층**(cortex)인데, 이는 유조직, 후각조직 및 후벽조직으로 구성된 복합조직이다.

쌍자엽식물에서 유관속은 환상으로 분포하며 각 유관속은 **물관부**(xylem)와 **체관부**(phloem)로 구성된다. 일반적으로 물관부는 유관속의 내측에, 체관부는 외측에 위치한다. 물관부와 체관부 사이의 세포층을 **유관속형성층**(vascular cambium)이라 하고, 체관부의 바깥쪽에 있는 섬유다발을 **체관부섬유**(phloem fiber)라 한다(그림 29-1).

줄기의 유관속이 횡단면에서는 환상으로 분포하지만, 뿌리와 잎의 유관속조직과 연결된 매우 긴 조직이다.

쌍자엽식물 줄기의 가장 안쪽을 **수**(髓, pith)라 하는데, 크고 얇은 세포벽을 갖는 유세포로 구성되어 있다. 유관속과 유관속 사이의 부분에는 피층과 수의 명확한 한계가 없는데, 이 부위를 **사출수**(medullary ray ; pith ray)라고 한다.

(2) 단자엽식물의 줄기

단자엽식물의 줄기는 항상 1층의 표피로 싸여 있다. 쌍자엽식물에서와 같이 유관속조직은 줄기의 길이 방향으로 길게 배열하지만, 횡단해 보면 환상으로 분포하지 않고 산재한다(그림 29-2).

더욱이 단자엽식물의 줄기는 피층과 수의 경계가 명확하지 않지만, 유관속조직이 **기본조직**(ground tissue) 또는 **기본유조직**(ground parenchyma)인 유조직내에 묻혀 있다.

단자엽식물 줄기에서 각 유관속은 내측의 물관부와 외측의 체관부로 구성되지만 유관속형성층은 없다. 단자엽식물은

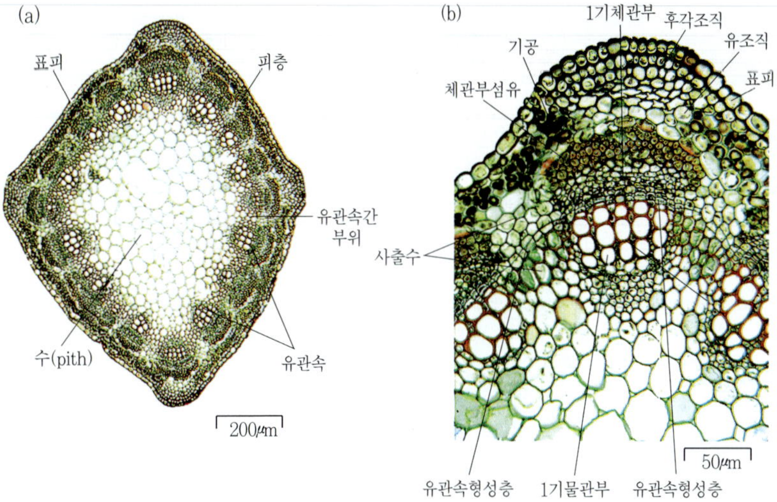

그림 29-1 쌍자엽식물 줄기의 1기생장
(a) 자주개자리 줄기의 횡단면으로 본 조직배열로서 유관속이 환상으로 배열되어 있다.
(b) 유관속 부분을 확대한 것으로 물관부는 내측, 체관부는 외측에 분포하며, 각 유관속은 섬유다발로 둘러싸여 있다.

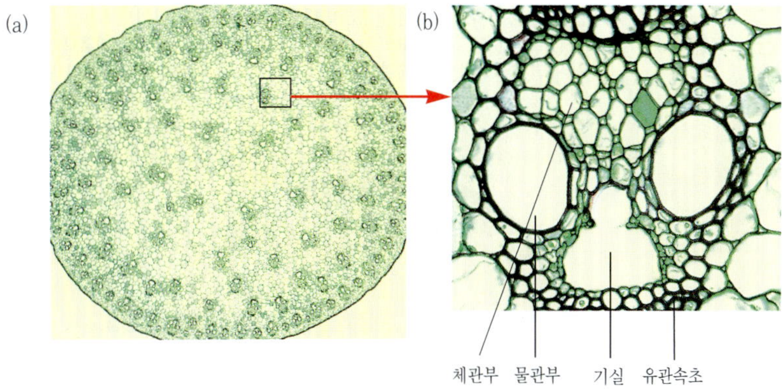

그림 29-2 단자엽식물인 옥수수줄기의 조직
(a) 줄기의 횡단면으로, 유관속은 산재한다.
(b) 유관속 하나를 확대한 것으로, 1기물관부가 형성된 곳에 기실이 있다. 유관속에는 후벽조직으로 된 유관속초가 싸고 있다.

1기조직만을 가지며 재(wood)와 수피(樹皮, bark)를 형성하지 않는데, 야자수와 같은 일부 대형 단자엽식물도 대부분은 2기조직을 형성하지 않는다.

(3) 1기생장 줄기의 구조적 기능

1기생장을 하는 줄기의 표피는 보호기능을 갖는다. 잎의 표피와 마찬가지로 줄기의 표피는 큐티클과 납질층으로 덮여 있는데, 큐티클은 물의 손실을 억제한다.

쌍자엽식물 줄기의 피층은 다양한 세포의 유형과 같이 여러 가지 기능을 갖는다. 녹색 줄기의 피층세포에서는 광합성이 일어나고, 유조직은 저장의 기능을 갖는다. 피층유조직에서 관찰되는 전분립(starch grain)과 전분 결정체(starch crystal)가 그 좋은 예이다. 피층내의 후각조직과 후벽조직은 줄기의 지지작용을 한다.

유관속조직은 통도 및 지지기능을 한다. 물관부는 물과 용해된 무기물을 이동시키고, 체관부는 양분을 이동시킨다. 섬유는 물관부와 체관부에서 모두 관찰되는데, 일반적으로 체관부쪽에 더 발달되었고 식물체를 튼튼하게 해준다. 유관속형성층은 2기생장을 할 때만 분열한다.

쌍자엽식물은 줄기의 중심부에 유세포가 수를 형성하여 저장 기능을 하지만, 단자엽식물은 피층과 수의 구별이 모호하고 기본조직이 저장 기능을 담당한다.

29.1.2 2기생장 줄기의 구조

식물의 2기생장은 두 측생분열조직의 분열 결과로 이루어진다. **유관속형성층**(vascular cambium)은 분열하여 2기물관부와 2기체관부를 형성하는데, 이들은 1기물관부와 1기체관부의 기능을 대신한다. **코르크형성층**(cork cambium)은 분열하여 코르크세포로 된 코르크조직과 코르크유조직(cork parenchyma)으로 된 코르크피층을 생성한다. 코르크형성층과 이로부터 생성된 조직들을 통틀어 **주피**(periderm)라고 하며 이는 표피의 기능을 대신한다.

(1) 2기생장의 발달

피자식물 중 쌍자엽식물에서만 2기생장을 한다. 표 29-1은 쌍자엽식물 줄기에서 다양한 조직의 해부학적 관계를 요

표 29-1 쌍자엽식물 줄기의 해부학적 관계

정단분열조직	배의 조직	1기조직	층생분열조직	2기조직
분열 조직 세포	전형성층	1기물관부, 1기체관부	유관속형성층	2기물관부, 2기체관부
	기본분열조직	피층, 수	코르크형성층	코르크유조직, 코르크세포
	원표피	표피		

약한 것이다.

사과나무, 참나무, 단풍나무 등과 같은 목본식물은 2기생장을 하는 쌍자엽식물의 대표적인 예이다. 나자식물도 2기생장을 하며 그 예로 소나무, 측백나무, 가문비나무 등이 있다.

2기생장을 하는 식물들은 1기생장과 2기생장이 함께 일어난다. 즉, 목본식물의 뿌리와 줄기 끝의 정단분열조직으로부터 1기생장인 신장생장이 계속되면서도, 각 생장점에서 떨어진 오래된 부위인 유관속형성층과 코르크형성층 같은 측생분열조직으로부터는 2기조직을 형성하여 2기생장이 되고 있다.

1) 유관속형성층

쌍자엽식물의 1기생장 줄기에서 **유관속형성층**(vascular cambium)은 유관속내의 물관부와 체관부 사이에 얇은 세포층으로 관찰된다.

이때 유관속이 사출수에 의해 분리되어 있기 때문에 완전히 연결된 환상은 아니지만, 2기조직이 1기생장 줄기에서 발달할 때 유관속형성층은 끊어지지 않은 환상의 유관속형성층 세포를 이루게 된다. 이것은 사출수내의 세포들이 퇴화하여 다시 분열조직화하기 때문이다. 이들 세포들은 각 유관속에서 유관속형성층을 서로 연결시켜 유관속형성층환을 형성하게 된다.

유관속형성층에서 각 세포가 분열할 때 1개의 낭세포만이 유관속형성층으로 남아 있어 분열기능을 유지하고, 그외의 세포는 수회 분열하여 성숙한 2기조직으로 발달한다. 유관속형성층으로부터 절선면으로 분열하여 형성된 세포들은 두 방향으로 조직을 이루는데, 유관속형성층환의 안쪽에 위치하기도 하고 바깥쪽에 위치하기도 한다(그림 29-3).

유관속형성층의 안쪽에 형성된 조직을 **2기물관부**(secondary xylem) 또는 **재**(材,wood)라고도 한다(그림 29-4). 유관속형성층의 바깥쪽에 형성된 조직은 **2기체관부**(secondary phloem)이며 목본식물의 **내수피**(inner bark)를 형성한다. 유관속형성층은 절선면으로 분열하여 2기물관부와 2기체관부를 생성하는 것 이외에도, 방사면으로 분열하여 더 많은 유관속형성층을 형성하여 식물의 둘레를 증가시킨다.

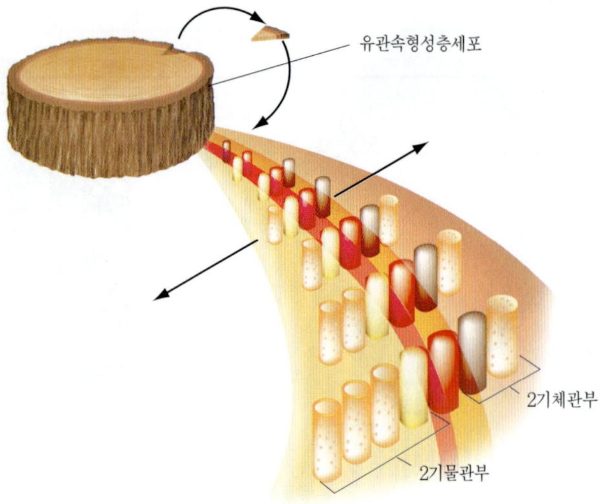

그림 29-3 분열하고 있는 유관속형성층 세포의 방사단면도
유관속형성층은 분열하여 두 방향으로 조직을 형성하는데, 내측에는 2기물관부, 외측에는 2기체관부를 형성한다. 이들 세포들은 분화되어 물관부와 체관부 등의 성숙한 세포 유형을 형성한다. 2기물관부가 축적됨에 따라 유관속형성층은 외측으로 밀려나며, 목본 줄기는 굵어진다.

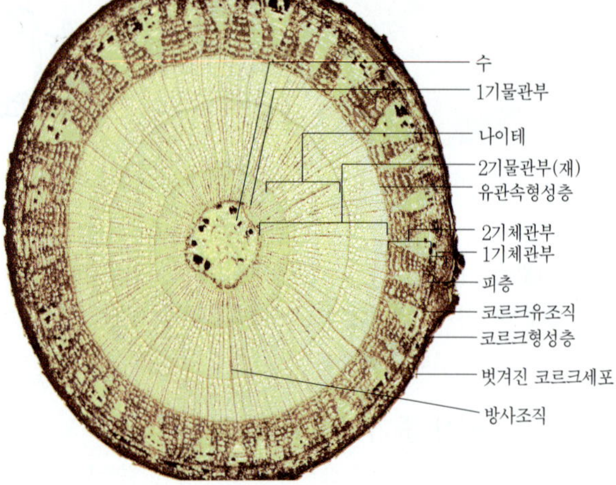

그림 29-4 3년생 피나무 줄기의 횡단면
2기 생장한 것으로 2기물관부, 2기체관부, 주피, 방사조직, 나이테 등이 뚜렷이 식별된다.

2기생장을 하는 식물은 매우 커다란 둘레를 갖는다. 2기물관부와 2기체관부가 수직방향으로 물질이동을 수행하는 동안 수평방향의 물질이동도 일어나는데, 수평방향인 횡적 이동은 일련의 유세포로 이루어진 **방사조직**(ray)의 벽공을 통해 일어나고 이는 물관요소와 연결된다. 방사조직은 물관부에서 체관부까지 연속되어 있으며, 물, 무기물, 양분 등을 이

동시킨다.

줄기의 2기생장이 시작되면, 유관속형성층의 분열에 따라 원래의 1기조직은 위치가 변화된다. 2기물관부는 1기물관부의 바깥쪽에, 2기체관부는 1기체관부의 안쪽에 위치하기 때문에 계속적인 2기생장이 되면 1기물관부와 1기체관부는 상당히 떨어져 있게 된다(그림 29-5).

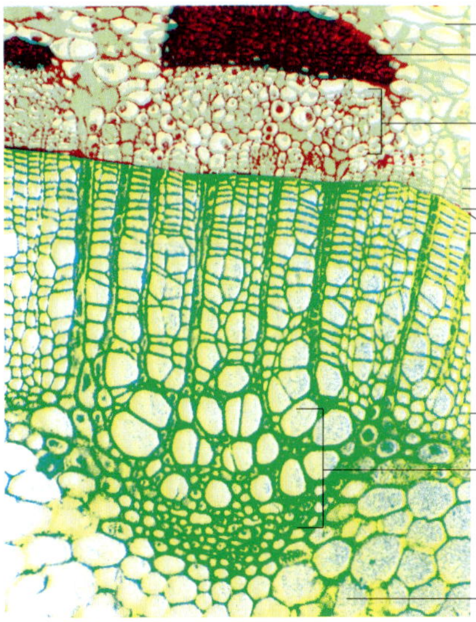

그림 29-5 목련 줄기의 횡단면
2기생장에 의해 1기물관부와 1기체관부가 서로 떨어져 있는 유관속을 볼 수 있다.

수 및 1기물관부와 같은 1기조직은 2기조직의 안쪽에 남아 있는데, 2기생장의 변화에 따라 곧 알아볼 수 없을 만큼 파괴된다. 1기체관부, 피층 및 표피 등도 2기생장의 영향을 받아 주피로 발달하고 바깥쪽으로 계속 밀려나서 탈락이 된다.

2기조직은 기능적으로 1기조직을 대신한다. 2기물관부는 물과 용해된 무기물을 이동시키며, 1기물관부와 같은 유형의 세포들로 구성된다. 2기체관부는 양분을 이동시키며, 1기체관부와 같은 유형의 세포로 관찰되지만, 보다 많은 섬유를 갖는다. 비대생장의 결과 만들어진 2기체관부를 특히 **인피**(bast), 2기물관부를 **재**(材, wood)라고 한다.

2) 코르크형성층

코르크형성층(cork cambium)은 피층, 표피 또는 체관부 내의 분열기능을 갖는 유세포로부터 형성되며, 유관속형성층과는 달리 연속적인 환을 이루지 않고, 조직의 깊은 층에 연속적으로 끼워져 있는 분열조직의 세포들이다.

또한 코르크형성층은 유관속형성층과 같이 양쪽의 방향으로 교호분열(alternate division)을 하여 새로운 조직을 형성한다(그림 27-9 참고). 외측으로 분열하여 코르크세포로 된 코르크조직(phellem)을 형성하는데, 이들 세포들은 성숙하면 죽게 되고, 코르크화된 두꺼운 세포벽을 갖는다. 내측으로 분열하여 코르크유세포로 된 **코르크피층**(phelloderm)을 형성하는데, 1 내지 수층의 세포로 되어 있다.

주피와 그 외측의 일부 조직은 **수피**(樹皮, bark)를 형성한다(그림 27-9, 27-18 참고). 수피의 두께, 무늬 및 결의 형태는 종에 따라 다양하게 나타난다. 이러한 다양성은 유전적 조절에 따른 코르크형성층의 활동에 기인한다. 코르크형성층에 의해 생성된 코르크세포는 기계적인 손상, 화재, 온도 변화 및 수분 손실로부터 식물을 보호한다.

(2) 재의 구조

재(材, wood)는 식물학적으로는 **연재**(softwood)와 **경재**(hardwood)로 크게 나뉜다. 연재란 나자식물의 재를 말하고 피자식물의 재를 경재라 한다. 연재와 경재의 기본구조상의 차이는 현저하나 재의 밀도나 강도로서는 구분되지 않는다. 나자식물의 재는 주로 구조가 헛물관으로 이루어진 상동형의 긴 직선형의 세포로 형성되어, 다른 재와의 식별이 용이하고 제지용으로 적합하다.

피자식물의 재는 물관, 헛물관, 물관부섬유, 섬유헛물관 및 여러 형태의 방사조직으로 형성되어, 재의 구조가 복잡하고 매우 강하며 밀도가 높아서 경제적 가치가 있다.

일부 목본식물은 2가지 다른 색의 재를 갖고 있다. 나무의 중심부에 있는 오래된 재를 **심재**(heartwood)라고 하고 이는 홍갈색을 띠는 반면, 수피쪽의 새로운 재는 **변재**(sapwood)라고 한다. 심재의 물관과 헛물관은 다양한 색소, 타닌, 고무 및 수지 등에 의해 막혀 있어 통도 기능을 할 수 없으며, 변재가 물관부의 통도 기능을 수행한다. 심재는 변재보다 치밀하여 기계적 지지작용을 하고, 부패 속도도 느리다.

온대지방에서 자라는 다년생 목본식물의 비대생장은, 구성세포가 계절에 따라서 그 크기와 모양이 다르다. 봄에 형성된 물관부는 수분이 풍부하여 세포벽이 얇고 물관과 헛물관의 크기가 커지는데 이를 **춘재**(springwood)라 하고, 여름에서 가을에 형성되는 물관부는 수분이 적어짐에 따라 세포벽이 두꺼워지고 물관과 헛물관의 크기도 작아지는데 이를 **추재**(late summerwood)라고 한다. 이와 같이, 전년도의 추재와 그 다음해의 춘재 사이에는 생장층의 경계가 뚜렷한 환으로 나타나는데 이것을 **나이테**(annual ring)라 부른다(그림 29-6, 29-7).

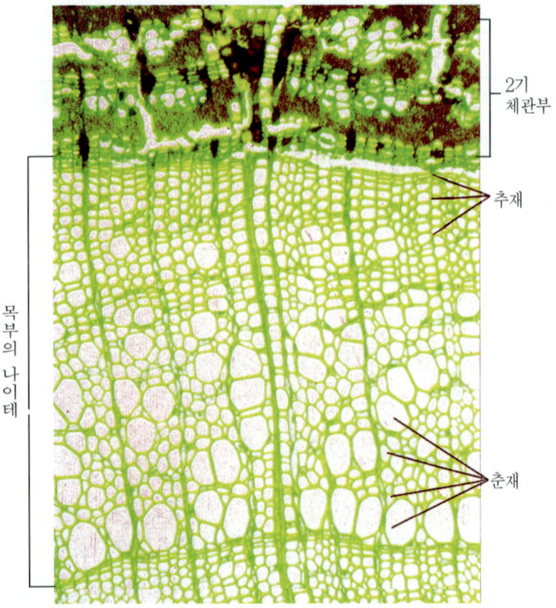

그림 29-6 피나무 줄기의 횡단면 조직
피나무 줄기의 횡단면으로 완전한 하나의 나이테를 볼 수 있고, 춘재와 추재 간에 조직의 차이가 있다.

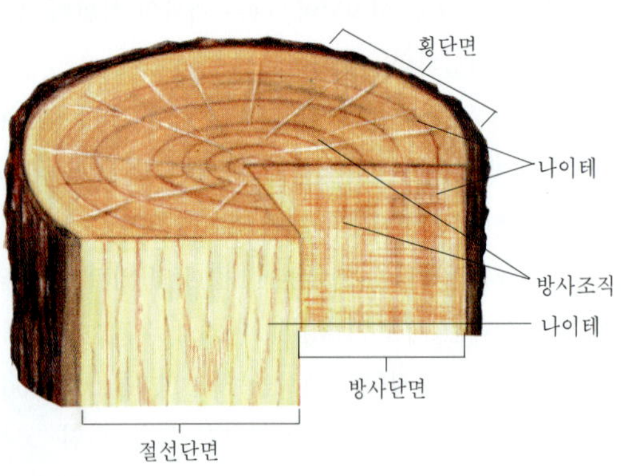

그림 29-7 횡단면과 절선단면 및 방사단면으로 본 재
나이테와 방사조직의 출현이 각 단면에서 뚜렷하다.

생장기와 휴면기가 존재하는 온대지역에서는 나이테가 있어 나이를 확인할 수 있다. 그러나 열대지방에서는 환경 조건이 나이테의 유무를 결정하지만, 수령과 일치하지는 않는다.

나무의 재는 절단하는 방향에 따라 매우 다르게 나타난다(그림 29-7). 횡단면에서는 나이테가 동심원으로 나타나며, 방사조직은 재의 중앙에서부터 방사상인 일직선으로 나타난다. 절선단면에서는 나이테가 V자형과 함께 수직선으로 나타나며, 방사조직은 작은 얼룩 또는 짧은 선으로 나타난다. 방사단면에서는 나이테가 재의 길이방향으로 길게 나타나고, 방사조직은 수평선으로 관찰된다.

29.2 줄기의 기능

식물체는 기본적으로 뿌리, 줄기, 잎의 3부분으로 구성되어 있다. 뿌리는 식물을 땅에 고착시키고 물질의 흡수를 도우며, 잎은 광합성을 통하여 빛에너지를 화학에너지로 전환시켜 당으로 저장한다. 줄기는 일반적으로 뿌리로부터 잎까지 연결시키는 지상부를 통칭한다.

잎과 생식기관을 지지하고 있는 줄기에는 3가지의 주요 기능이 있다. 첫째는, 잎이 광합성에 필요한 햇빛을 고르게 받을 수 있도록 줄기에 최대 면적으로 배열하며 위를 향하여 자란다. 둘째는, 통도 기능으로 뿌리에서 흡수한 물과 무기염류를 물관부를 통해 잎과 다른 기관으로 이동시킨다. 또한 잎에서 광합성으로 형성된 양분을 체관부를 통해 뿌리와 기타 다른 부위로 이동시킨다. 유관속계는 식물의 모든 기관에 연속되어 있고, 물질의 통도는 뿌리, 줄기, 잎 및 생식기관에서 이루어진다. 셋째로, 많은 줄기에서 새로운 조직을 형성한다. 줄기는 식물이 살아 있는 동안 1기 및 2기생장을 통하여 계속 자란다. 줄기는 이상과 같이 지지, 통도 및 새로운 줄기조직의 형성 등의 주요 기능 이외에도 무성생식과 광합성 및 저장기능을 하기 위하여 여러 형태로 변태된 것이 있다.

29.2.1 물과 이온의 이동

수염뿌리를 둘로 나누어 그 한쪽에서부터 방사성 인산(^{32}P)을 흡수시키면 우선 방사능은 식물체 상부인 꽃에서 검출되고, 이어서 방사능을 받아들이지 않은 다른쪽 뿌리로부터 식물체 밖으로 방출된다. 이와 같이 뿌리에서 흡수된 물질은 식물체내를 상승할 뿐만 아니라 하강하면서 식물 전체로 이동한다.

납종이로 버드나무 줄기의 체관부(phloem)와 물관부(xylem)의 일부를 분리하여 방사성인 ^{42}K를 뿌리에서부터 흡수시킨 후, 줄기에서 그 분포를 살펴보기로 한다. 물관부와 체관부를 분리하면 ^{42}K는 주로 물관부의 물관에만 분포하므로(S2~S5), 용질의 상승은 물관에서 일어난다는 것을 알 수 있다(그림 29-8). 그러나 물관부와 체관부가 접하고 있는 경우(SA, SB 및 처리하지 않은 줄기)는 ^{42}K가 체관부쪽에도 분포되어 있으므로 물관의 용질은 체관부쪽, 즉 가로로 이동하고 있음도 알 수 있다. 따라서 뿌리로부터 흡수된 용질은 물관을 통해 상승하여 잎으로 도달하는 한편, 가로로 이동하여 체관으로 들어가 하강하여 다시 뿌리에 이르게 된다.

뿌리에서부터 NO_3^-을 흡수시킨 다음 물관내의 물을 분석

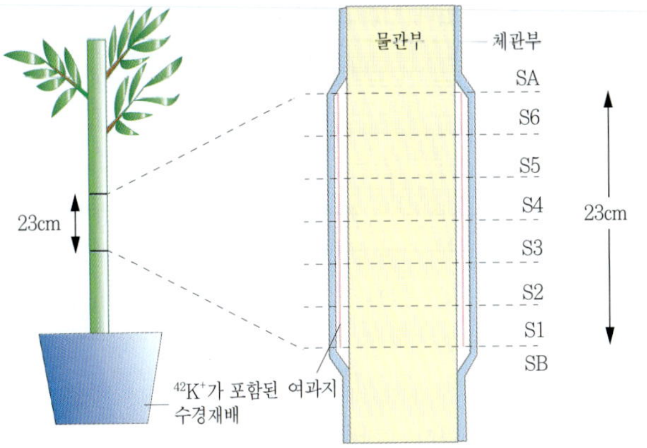

체관부와 물관부의 분리			무 처 리	
	체관부의 $^{42}K^+$	물관부의 $^{42}K^+$	체관부의 $^{42}K^+$	물관부의 $^{42}K^+$
분리층 SA	53	47	64	56
S6	11.6	119		
S5	0.9	122		
S4	0.7	112	87	69
S3	0.3	98		
S2	0.3	108		
S1	20	113		
SB	84	58	74	67

그림 29-8 흡수된 $^{42}K^+$의 줄기내 이동(버드나무 뿌리)

해 보면 아미노산(amino acid) 또는 아미드(amide ; 글루타민 등)가 검출된다. 즉, 뿌리에서 흡수된 무기이온의 일부는 유기물로 바뀌어 물관을 상승하는 것이다. 마찬가지로 SO_4^{2-}은 황 함유 아미노산으로, HPO_4^{2-}($H_2PO_4^-$)는 포스포릴콜린(phosphoryl choline ; $PO_3^{2-}-CH_2CH_2N^+(CH_3)_3$)으로 바뀌어 물관을 상승할 때도 있다.

물관내의 물(또는 물에 포함된 용질)의 상승기작에 관해서는 현재 다음과 같이 생각되고 있다. 잎의 유세포에서 증산이 일어나면 흡수력이 증가되는데, 흡수력은 세포를 통과하여 물관에까지 이르러 물관내의 물을 빨아들인다. 이 사이에 물의 이동은 뿌리털에서부터 물관에 이르는 경우와 같은 기작으로써 이루어지지만, 아포플라스트에 의한 이동쪽이 심플라스트에 의한 이동보다 원활하다. 물관에는 세포질(cytoplasm)이 없으며, 잎에서 뿌리까지 이어지는 관으로 되어 있고, 그 안에는 하나로 이어지는 수주(물기둥)가 있다. 물분자와 물분자 사이의 **응집력**(cohesion)은 대단히 크며, 도중에서 끊어지는 일이 없다. 또한 물관벽과 물분자와의 **흡착력**(adsorption)도 크며, 물기둥이 미끄러져 내려가는 일도 없다. 따라서 물이 잎 세포에 의해 빨려져 올라가면 물관 안에서 물기둥 상태로 끌려 올라가게 된다. 이것을 **응집력설**(cohesion theory)이라 하는데, 물관에서 물이 상승하는 것은 증산류에 의해 일어난다는 학설이다.

응집력설은 실험적인 근거를 통해 지지를 많이 받고 있다. 또 줄기는 밤과 같이 증산이 낮을 때는 부풀어 있고, 증산이 왕성한 낮에는 오목해지므로, 물관으로부터 물이 빨려 올라가고 있음도 확인되었다. 물관류는 작은 가지에서 급속하게 상승한 뒤 큰 줄기에 이르면 느리게 상승한다. 물관류가 하강할 때도 작은 가지에서는 빠르고 큰 줄기에서는 느린데, 이것은 물관류의 원동력이 줄기 끝에 있음을 시사해 주는 것이다(그림 29-9).

응집력설의 약점은 물관내의 물기둥에 기포가 생길 경우 흡수력이 상실된다는 점이다. 물관이 동결되거나 바람에 의해 나뭇가지가 휘면 기포가 물관 안에 생기는 일이 자주 일어난다. 소나무 줄기의 물관부 몇 군데에 톱으로 깊은 자국을

그림 29-9 응집력설에 대한 모식도

내어 기포가 물관에 쉽게 생길 수 있는 상태로 만든 다음, ^{32}P를 빨아들이게 하여 물관류를 조사해 보면, 물관류가 톱자국이 있는 장소를 우회하여 상승을 계속한다는 것을 알 수 있다. 즉, ^{32}P는 톱에 잘린 자국이 있는 바로 앞에서 수평으로 이동하고 다른 물관을 통해 상승한다.

수세미의 줄기를 자르면 물관수가 넘쳐 나온다. 이른 봄날, 아직 잎이 생기지 않은 어린나무 줄기에 구멍을 뚫으면 물관수가 넘쳐 나온다. 이러한 압력을 **근압**(root pressure)이라 한다(3~5기압). 근압은 호흡(respiration)의 저해제에 의해서 저하되므로, 일종의 능동수송(active transport)이라 할 수 있다. 100m나 되는 나무의 물관류를 근압만으로 충당할 수는 없지만, 증산을 하지 않는 밤이라든가 비가 오는 날에는 근압이 물관류에 공헌하게 된다.

물관류가 물관으로부터 수평방향으로 급속하게 이동한다는 것은 앞에서 설명했다. 일부에서는 물관에 접하는 형성층이라든가 물관부유세포가 물관류를 조정하고 있는 것이라는 주장도 있다. 염류의 전송량이 조직의 종류에 따라 다른 것은 물관류에 조절기구가 있다는 것을 시사해 준다. 물관부유세포의 한 종류로서 물관과 접하고 있는 전이세포는 세포벽 내부가 주름진 상태로 되어 있고, 이에 따라 세포막의 표면적은 크며, 세포질에는 ATP를 만들어내는 미토콘드리아가 많다. 이러한 전이세포가 물관류를 능동적으로 조절하는 부위로서 작용하고 있다.

29.2.2 물질의 수송과 저장

체관부와 물관부를 납종이로 분리하여 잎 표면에서부터 방사성 인산(^{32}P)을 받아들이게 하면, 인산은 주로 체관부를 통해 이동한다. 또한 체관부와 물관부가 접해 있으면 체관부로부터 물관부방향으로 수평이동을 한다는 것이 발견되었으며, 동화산물(同化產物)의 이동 통로가 체관부의 **체관**(sieve tube)이라는 것이 진딧물을 이용한 실험에서 확인되었다. 진딧물은 그 주둥이를 하나의 체관에 끼워 넣은 다음 수액을 빨아 먹는다. 진딧물의 주둥이를 체관에 끼워 넣게 한 다음, 주둥이를 절단하고 잎에 방사성인 $^{14}CO_2$를 투여하면, 방사성이 들어 있는 동화산물이 주둥이의 절단된 구멍으로부터 넘쳐 나온다. 버드나무 줄기에서 서로 떨어진 두 부위에 각각 진딧물의 주둥이를 여러 개 삽입하게 하고, 잎에 $^{14}CO_2$를 투여하여 2그룹의 방사능 검출량을 시간적으로 조사했다. 그 결과, 체관에서의 전이속도는 시간당 30cm 가량으로 나타났다.

물질이 체관을 흐르는 기작에 대해서는 **압류설**(pressure flow theory)이 있다(MÜNCH, 1930). A구와 B구의 경계면이 **반투과성막**(semipermeable membrane)이며, 용질의 농도가 A에서 높고 B에서 낮으면, 삼투압에 의해 외부로부터 A쪽으로 물이 들어가고, 용액은 C를 통해 B쪽으로 이동하여 B로부터 배출된다. A를 동화조직(assimilation tissue), B를 눈 또는 저장조직(storage tissue)으로 보면, C에서 용액의 이동은 체관류에 해당된다. 끊임없이 A에서 동화산물이 생산되고 B에서 소비되면 A와 B의 농도 차이가 유지되며, 체관류의 흐름은 계속된다. A와 B의 외액을 연결하는 D를 물관류라고 생각하면 된다. 실제로 체관부에서 생겨난 일액(넘쳐 흐르는 용액)의 설탕 농도를 측정하면, 수목의 높은 곳으로부터 낮은 곳으로 향하는 기울기를 알 수 있다. 또한 햇빛을 받는 잎을 그늘지게 만들면 물질이 이동하지

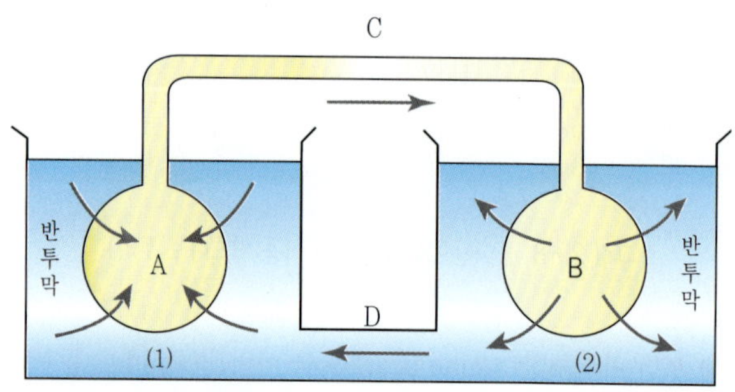

그림 29-10 압류설 설명을 위한 모델 실험(A : 진한 용액 B : 묽은 용액) (1) 공급원 삼투계 (2) 수용부 삼투계

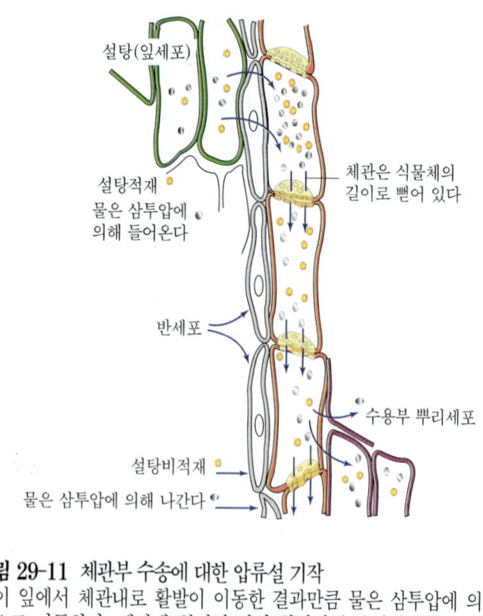

그림 29-11 체관부 수송에 대한 압류설 기작
당이 잎에서 체관내로 활발이 이동한 결과만큼 물은 삼투압에 의해 체관 속으로 이동한다. 체관에 침전된 당이 활발하게 운반되면 물은 삼투압현상에 의해 체관을 벗어나게 된다. 이에 따른 당의 농도 구배는 체관부를 통해 압류를 야기시킨다.

않게 되는데, 여기에 설탕을 공급하면 이동이 재개된다. 이러한 결과는 압류설을 지지해 주고 있다(그림 29-10).

체관부에서 수송을 야기시키는 것이 바로 두 기관간의 당 농도의 차이, 즉 당 농도 구배에 의한다(그림 29-11). 체관부에서의 당 농도의 실제적 흐름은 에너지를 필요로 하지 않는다. 그러나 두 기관간에 당을 옮기는 데는 ATP로부터 유래되는 에너지를 필요로 한다.

최근 식물체내에서 체관 수송에 대한 보다 정확한 정보는 잎에 방사성인 $^{14}CO_2$를 투여하여 방사성이 들어 있는 동화산물을 수송기관으로부터 추적하여 알 수 있다(그림 29-12). 압류설 기작은 체관 수송에 대한 가정을 충분하게 설명해 주고 있으나 복잡한 과정에 관해서는 계속 연구되어야 할 것이다.

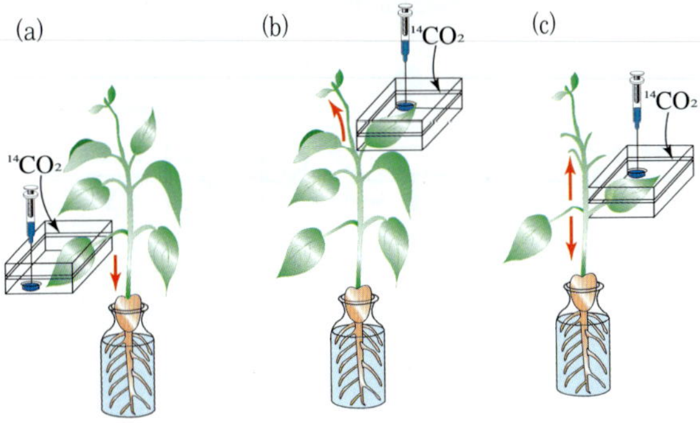

그림 29-12 체관부내에서 방사선동위원소로 표지된 당의 이동
잎에 방사선동위원소인 $^{14}CO_2$를 주입하면 이것은 광합성에 의해 당에 고정된다. 당의 이동은 자동방사선사진 기술을 이용하여 추적할 수 있다.
(a) 아래쪽 잎에 $^{14}CO_2$를 제공하면 아래로 이동된다.
(b) 위쪽 잎에 $^{14}CO_2$를 제공하면 위로 이동된다
(c) 위쪽 잎을 제거하고 아래쪽 잎에 $^{14}CO_2$를 제공하면 상하 양쪽으로 이동된다.

제30장

뿌리의 구조와 기능

뿌리는 식물체를 지탱하고 물과 무기염류를 흡수 및 저장하는 기관으로 줄기와 직접 연결되어 있다. 뿌리에는 엽상기관과 절, 절간(internode)이 형성되지 않은 단순한 주축구조로서 생장점이 근관(root cap)에 싸여 있고 측근이 내생적이라는 점은 줄기와 구별된다. 그러나 뿌리가 줄기 부분과 연결되는 주축상에는 절과 절간의 분화가 생기며 잎도 형성된다.

식물의 생육에는 여러 가지 필수 원소를 필요로 하고 있다. 이러한 무기영양인 필수 원소들은 이온의 형태로 식물에 흡수되는데, 부족시에는 정상적인 영양생장과 생식생장이 이루어지지 않으며, 물질대사에도 영향을 미치게 된다.

30.1 뿌리의 구조

뿌리의 내부 체제는 변화가 많으나 줄기에 비하면 비교적 단순하여 계통적으로는 줄기보다 원시적인 구조를 하고 있다. 뿌리의 조직배열은 생장단계에 따라 약간씩 차이가 있고, 1기생장단계의 횡단면에서는 조직계가 명확히 구분이 되며 유관속조직이 원주상이지만 수(pith)가 존재할 경우에는 관상이다. 뿌리의 각 조직계는 뿌리에서만 볼 수 있는 몇 가지 구조상의 특징을 갖는다.

30.1.1 1기생장 뿌리

쌍자엽식물의 1년생 초본과 단자엽식물의 뿌리에서는 1기생장만을 한다. 뿌리는 배의 근단원시분열조직으로부터 발달하여 1차근(주근)과 수염뿌리(단자엽류) 등이 형성되고, 이들 뿌리 끝에 있는 근단분열조직의 분열에 의하여 신장생장만을 한다.

모든 1차근은 줄기와 같이 표피, 피층, 물관부, 체관부뿐만 아니라 줄기에는 없는 근관과 근모 등의 구조를 갖는다. 근관은 연약한 근단분열조직을 많은 세포로 두껍게 싸고 있어 보호층의 기능을 한다. 근모는 뿌리의 신장대 위쪽과 성숙대(분화대)에 있는 표피세포의 확장에 의해 형성되며, 줄기와 잎에 있는 모상체와는 구조와 기능면에서 뚜렷이 구분된다.

단자엽식물과 쌍자엽식물의 뿌리는 조직의 내부 배열에서 큰 차이를 보이므로 이들의 대표적 형태를 살펴보기로 한다.

(1) 쌍자엽식물의 뿌리

쌍자엽류의 뿌리는 보호 기능을 하는 한층의 표피(epidermis)에 의해 둘러싸여 있다(그림 30-1).

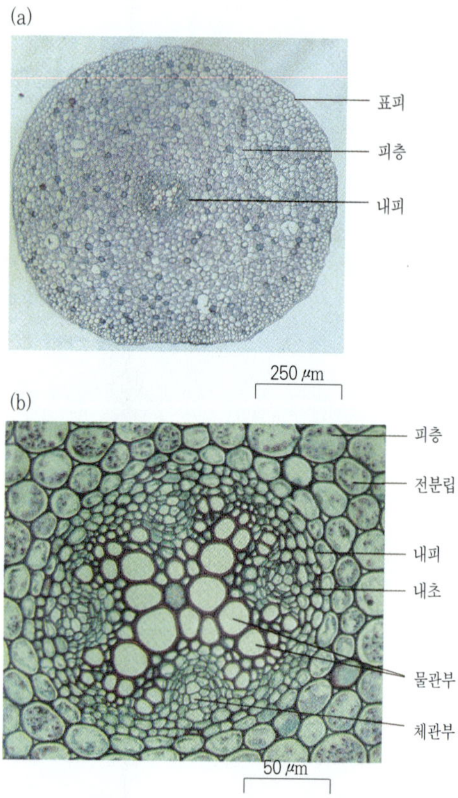

그림 30-1 1기생장을 하는 쌍자엽식물(미나리아재비) 뿌리의 횡단면
(a) 전체적인 형태로 대부분이 피층으로 되어 있다.
(b) 중앙부를 확대한 것으로 중심부가 유관속조직으로 되어 있다.

그러나 뿌리의 표피는 지상부의 표피와는 달리 토양으로부터 수분 흡수를 방해하는 납질, 큐티클을 분비하지 않는다. **근모**(root hair)는 토양과 접하는 뿌리의 표면적을 증가시켜 많은 수분을 흡수할 수 있도록 변태되어 있으나 수명이 짧고, 다세포성의 근지(root branch)로는 발달하지 않는다(그림 30-2, 30-3).

그림 30-2 무 묘(苗)의 근모
연약한 각 근모는 표피세포가 확장되어 형성되었고, 이 근모는 토양과 접하는 뿌리의 표면적을 증가시킨다.

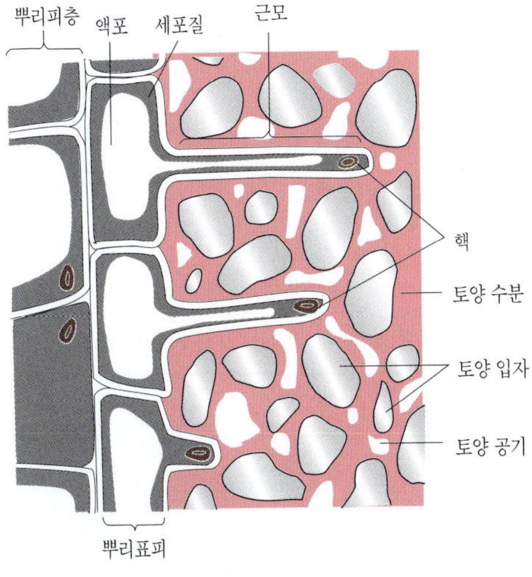

그림 30-3 근모의 발달단계
표피세포의 핵은 근모로 이동된다.

뿌리의 **피층**(cortex)은 세포간극이 넓은 유조직으로 이루어져 있으며, 이 유조직이 오래되면 후벽조직으로 발달하기도 하나 후각조직으로 되지는 않는다. 피층의 가장 외측 세포층을 **외피**(exodermis), 내측의 세포층을 **내피**(endodermis)라 한다. 외피는 표피 바로 아래층에 형성되며, 일반적으로 비후한 섬유소 벽으로 이루어진 것이 특징이다. 내피는 한 층의 세포층으로 되고 세포 간격이 없이 조밀하게 배열되어 있는데, 이들 세포들의 방사면과 횡단면의 벽 중앙부에 **카스파리대**(Casparian strip)라는 띠가 존재한다(그림 30-4).

이 띠는 지방성 물질로 방수성인 코르크질을 포함하고 있고, 바깥쪽 피층과 안쪽 내초와의 사이에서 물이나 기타 물질이 이동할 때 선택력을 갖는 기능을 가진다.

내초(pericycle)는 내피의 안쪽에 있고 분열 능력을 가진 유세포가 1층으로 배열된 것이다. 뿌리의 중앙에 유관속이 있는데, **물관부**(xylem)는 2, 3, 4개 또는 그 이상이 방사상으로 배열되어 있고, **체관부**(phloem)는 물관부의 확장부 사이에 위치하는 **방사유관속**(radial vascular bundle)으로 되어 있다. 뿌리의 체관부와 물관부의 세포들은 줄기와 같은 형태이나, 뿌리는 토양이 지지하여 주기 때문에 일반적으로 섬유가 존재하지 않으며, **유관속형성층**(vascular cambium)은 체관부와 물관부 사이에 존재한다. 이와 같이 쌍자엽식물의 뿌리는 중앙에 유관속조직이 존재하므로 수(pith)가 없다. 쌍자엽류의 뿌리와 줄기의 차이점은 뿌리에는 절과 절간, 잎과 눈, 수, 각피 등이 없고 광합성을 할 수 없으며 근관, 근모, 내피, 내초가 있으며 분지기원이 내생적이다. 그러나 줄기는 절과 절간, 잎과 눈, 광합성기관, 수, 각피 등이 있고 근관, 근모, 내초 등이 없으며, 내피는 드물게 있고 분지기원이 외생적이다.

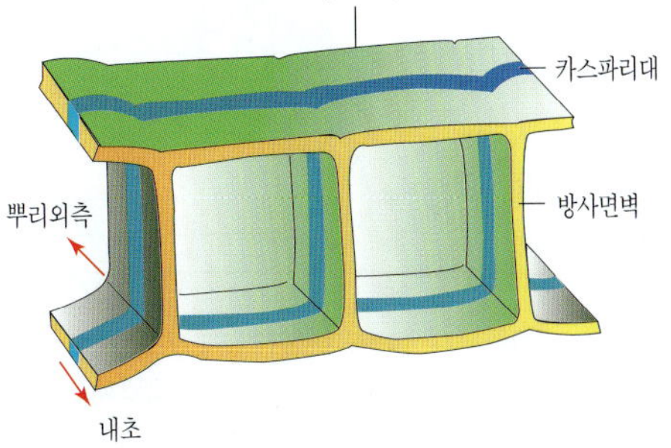

그림 30-4 내피세포벽
횡단면과 방사면 벽 둘레에 카스파리대가 있다. 이것은 뿌리의 수분 흡수를 조절한다.

(2) 단자엽식물의 뿌리

단자엽류의 뿌리 조직은 쌍자엽에서와 같이 외측으로부터 표피, 피층, 내피, 내초로 되어 있으나, 내초의 안쪽에 있는 유관속은 중앙에서 물관부와 체관부가 교체적으로 배열하지 않고 물관부와 체관부가 **수**(pith) 주변에 환상으로 교체 배열되는 차이점이 있다(그림 30-5).

또한 단자엽에서는 2기생장을 하지 않기 때문에 유관속형성층이 존재하지 않는다.

(3) 1차근의 구조와 기능

표피, 피층, 내피의 형태와 근모의 존재 및 각피층의 결여 등은 토양으로부터 수분 및 용해된 무기물을 흡수하는 데 도움을 준다. 근모에서 흡수된 수분이 피층을 통과할 때는 세포의 원형질막을 통과하지 않고 섬유소로 된 세포벽 및 세포간극을 따라 이동하여 내피에 도달한다(그림 30-6).

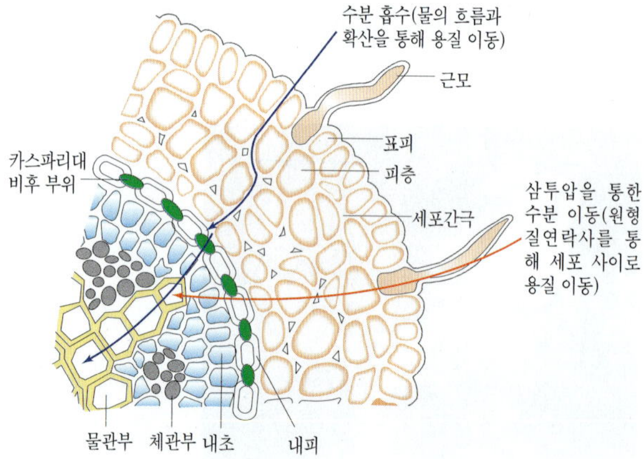

그림 30-6 뿌리에서 물이 흡수되는 모식도
뿌리에서 흡수된 대부분의 수분은 세포벽과 세포간극을 따라 이동하게 된다. 그러나 내피에 도달하면 카스파리대가 세포벽을 따라 이동하는 것을 막기 때문에 원형질막을 통과하여 세포내로 들어간다.

(a)

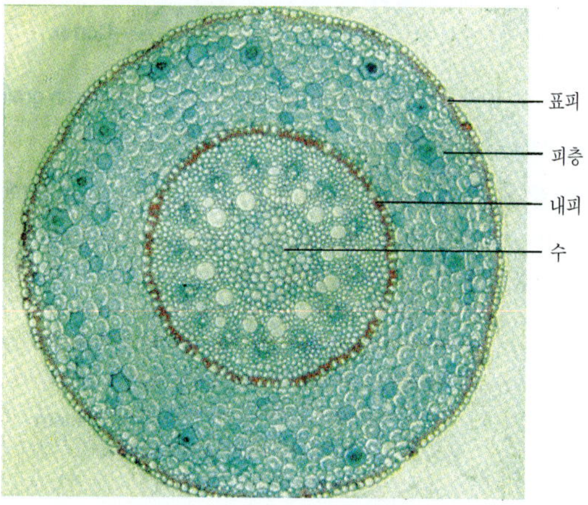

(b)

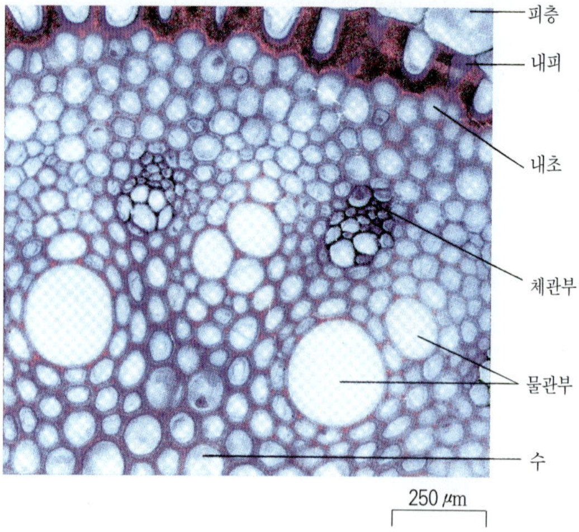

그림 30-5 단자엽식물(청미래덩굴)의 뿌리 횡단면
(a) 전체적인 형태
(b) 중앙부를 확대한 것으로 유관속조직과 수를 볼 수 있다.

내피에는 세포벽 4면에 뻗어 있는 방수성인 카스파리대가 있으며, 이는 수분이 내피세포로 들어가는 것을 방해하여 뿌리에서 수분의 이동을 조절한다. 그리하여 피층에서 내피에 도달한 수분은 카스파리대를 통과하지 못하고 얇은 세포벽으로 남아 있는 내피세포인 **통과세포**(passage cell)를 통해서 내초와 물관부로 이동한다.

뿌리에서 피층의 1차 기능은 동화 녹말의 저장이다. 피층을 형성하는 저장유조직에서는 포도당으로 구성된 불용성 탄수화물인 전분과립이 현미경으로 관찰된다. 또한 피층의 다른 특징은 뿌리의 산소 호흡을 위하여 커다란 세포간극이 존재한다는 것이다.

주근(tap root)의 내초에서 다세포성 **측근**(lateral root)이 발생된다. 측근의 발생은 물관부의 반대쪽 내초 부분이 분열을 시작하여 측근이 형성되고, 이는 뿌리의 모든 구조적 · 해부학적 특성을 갖는다. 발생된 측근은 주근의 내피, 피층, 표피 등의 몇 층의 조직을 뚫고 자라나와 토양과 접하게 된다(그림 30-7).

또한 내초는 목본성 뿌리를 갖는 식물체에서 2기생장을 하기도 한다.

뿌리의 물관부와 체관부는 줄기에서와 마찬가지로 물관부는 수분의 통도기관이며 체관부는 포도당 같은 양분의 통도기관이다. 수분은 뿌리의 물관부를 통해 이동하여 줄기 및 다

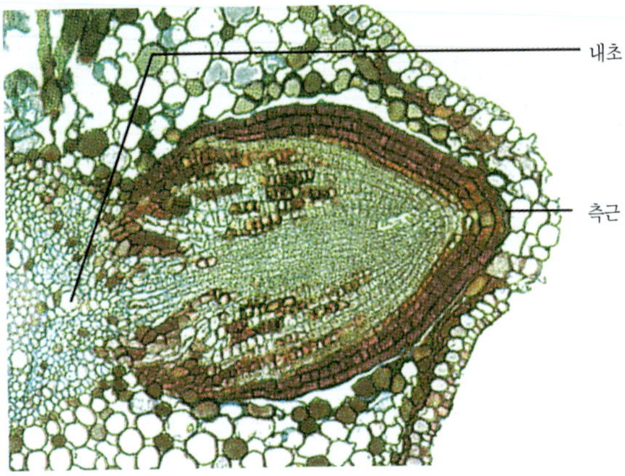

그림 30-7 측근의 발생
다세포성의 측근은 뿌리의 내초에서 기원한다.

른 부위로 전달되고, 양분은 물관부를 통하여 뿌리에 저장되었다가 필요시 다른 부위로 이동된다.

토양에서 다양한 무기염류의 흡수는 토양수보다 근모세포의 삼투압이 높을 때 흡수된다. 즉, 근모세포의 확산압 차가 커야만 흡수되는데, 무기염류는 물에 용해된 이온의 상태로 능동수송에 의해 흡수되고, 식물이 필요로 하는 원소는 무기물의 형태로 흡수된다. 뿌리의 표피세포를 통해서 들어온 무기물은 세포간의 원형질연락사를 통해서 내부의 조직으로 이동된다. 이때 세포의 원형질막의 통과는 능동적이거나 수동적으로 일어나며, 능동적일 경우 흡수세포의 원형질막에서 ATP 형태의 에너지를 소비하면서 활발히 이동된다.

30.1.2 2기생장 뿌리

목본성 줄기를 형성하는 식물체는 뿌리에서도 1기 및 2기 생장을 하여, 목본성 뿌리를 형성한다. 뿌리의 2기조직은 줄기에서와 같이 1기생장의 기원인 정단분열조직으로부터 좀 떨어진 곳에서 유관속형성층과 코르크형성층인 두 측생분열조직의 분열 결과로 생성된다. 목본성 뿌리는 층 또는 나이테를 이루는 재와 수피를 갖는다.

유관속형성층은 초기에 1기물관부와 1기체관부 사이의 분리된 곳에 위치하며, 이로부터 형성된 새로운 조직은 외측으로 이동하여 내초에 이르면 내초의 일부가 이와 결합하여 유관속형성층의 환을 이루어 줄기에서와 같은 모양이 된다. 마침내 줄기와 뿌리의 형성층 모양이 연속된 환상이 되어 줄기와 뿌리의 경계가 불명확해진다. 유관속형성층은 분열을 하여 내측에 2기물관부, 외측에 2기체관부를 형성하며, 계속된 분열로 뿌리는 점점 굵어지고 형성층은 계속 외측으로 밀려난다(그림 30-8).

1기조직은 점차 파괴되고, 표피는 2기측생분열조직(코르크형성층)에 의해 생성된 코르크세포와 코르크유조직으로 구성된 주피로 대치된다. 뿌리의 코르크형성층은 내초에서 기원된다.

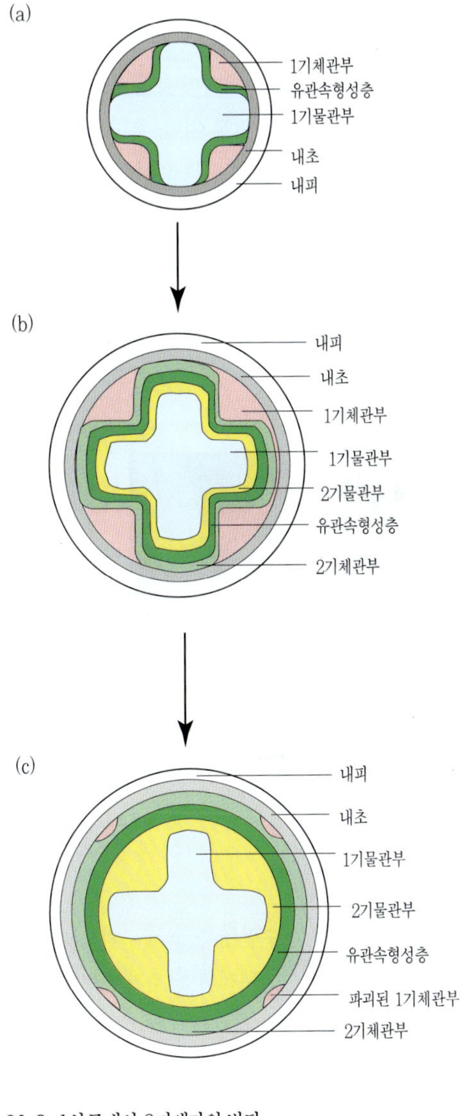

그림 30-8 1차근에서 2기생장의 발달
(a) 표피와 피층을 제외한 1차근조직, 유관속형성층은 내초쪽으로 확장되어 환을 형성한다.
(b) 유관속형성층의 분열로 내측에 2기물관부 외측에 2기체관부를 형성하고, 1기체관부는 외측으로 밀려간다.
(c) 유관속형성층의 환이 원형으로 된 후에도 계속 분열한다. 1기체관부는 알아볼 수 없을 정도로 파괴된다. 그러는 동안에 그림에는 나타나지 않았지만 코르크형성층이 외수피(주피)를 형성한다.

30.2 뿌리의 기능

뿌리는 식물체를 고착시키고, 토양으로부터 물과 용해된 무기물의 흡수 및 잎의 광합성으로 형성된 당류를 저장하는 영양기관으로서 줄기와 직접 연결되어 있다. 뿌리에서 흡수된 물과 무기물은 물관부를 통해 식물체의 각 부분으로 운반되고, 저장된 대부분의 당류는 체관부를 통해 이를 필요로 하는 부위로 이동되지만 일부는 뿌리의 호흡에 이용된다.

뿌리는 고착, 흡수, 통도, 저장 외에 호흡, 지지 등의 부수적인 기능을 수행하는 **부정근**(adventitious root), **지주근**(prop root) 등으로 변태되어 있다. 부정근은 삽목 및 잎이나 지하경에서 생긴 뿌리로 유근 이외의 부위에서 형성되며, 지주근은 주로 줄기의 마디에서 형성되고 쌍자엽류보다 옥수수와 같은 단자엽류에서 볼 수 있고, 식물체의 지지기능을 한다(그림 30-9).

그림 30-9 지주근
옥수수는 줄기의 아래쪽 마디에서 발달한 지주근을 갖는다.

기근(aerial root)은 홍수림(mangrove)와 삼나무류와 같이 산소가 결핍된 늪지에서 뿌리의 일부가 공기중에 노출되어 호흡을 할 수 있게 한다.

착생식물은 다른 식물에 붙어 자라는 식물로, 착생성 난초류에는 광합성을 하는 뿌리와 습기를 흡수하는 뿌리로 변태된 것이 있다. 양파와 같이 인경을 갖는 식물들은 **수축근**(contractile root)을 갖고, 인경을 당겨 땅 속 깊은 곳에 고착시키는 등 다양한 기능을 갖는 뿌리로 변태된다.

30.3 토양의 구성과 식물의 무기영양

토양은 암석의 풍화작용에 의하여 형성되고 토양 입자의 크기에 따라 구성 토양이 달라진다. 이러한 토양은 식물의 생육 장소가 된다. 토양이 함유한 유기영양과 무기영양은 식물 생장에 있어 커다란 영향을 미치고 있다. 따라서 식물이 생장하기 위해서는 어떤 원소를 필요로 하며 또, 그 원소의 생리적 기능은 무엇인가에 관한 여러 문제들은 중요한 과제가 되고 있다.

30.3.1 토양의 구성

토양은 식물체가 고착되고, 수분과 필수 무기원소를 흡수하는 곳으로 무기물, 유기물, 토양 생물, 토양의 기체 구성, 토양 수분의 5가지로 구성된 복합물질로 되어 있다. 토양은 화학적 · 물리적 풍화과정에 의하여 암석이 점차 작은 입자로 쪼개져서 형성된다. 식물체가 토양으로부터 흡수하는 질소를 제외한 무기질은 풍화된 모암으로부터 얻는다. 구성이 다른 다양한 암석으로부터 형성된 토양은 무기요소의 양이 다양하다.

암석의 풍화에 작용하는 중요한 2가지 요소는 기후와 생물체이며, 이 2가지 요소는 때때로 함께 작용한다. 암석 표면에 자라는 지의류가 산(酸)을 분비하여 암석 표면을 침식시키면 틈이 생기고, 이 틈으로 침투된 물이 겨울 동안에 얼고 녹는 과정을 되풀이하면서 틈은 점점 커지고 결국 암석은 보다 작은 조각으로 깨지게 된다. 또한 토양의 형성은 지세 및 지역의 표면 특성에 의해 영향을 받는다.

토양의 질은 크기가 다른 무기 토양 입자에 의해 결정된다. 큰 입자는 **모래**(sand ; 지름 0.02~2mm), 중간 입자는 **가는 모래**(silt ; 지름 0.002~0.02mm), 작은 입자를 **점토**(clay ; 지름 0.002mm 이하)라 하며, 점토는 표면이 음전하를 띠고 있어 양이온의 무기질과 결합하여 토양의 특성을 결정하는 데 매우 중요한 역할을 한다(그림 30-10).

특성이 다른 토양은 입자 크기의 배합을 달리하고 있다. 농사에 유용한 **양토**(loamy soil)는 40%의 모래와 40%의

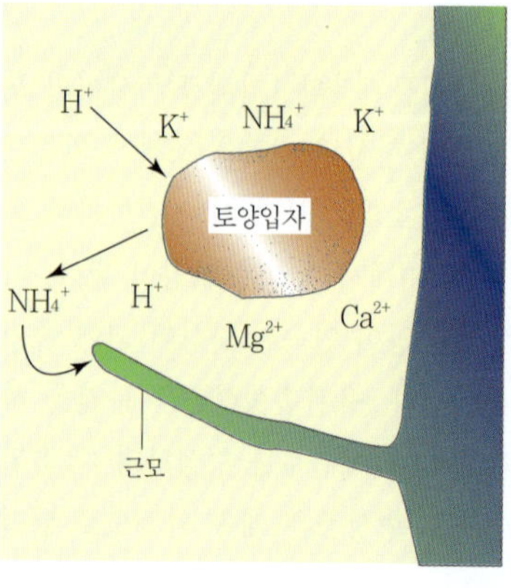

그림 30-10
토양 속에서의 양이온 교환
음전하를 띠는 토양 입자는 양전하를 띠는 양이온과 결합한다. 이는 수소이온을 양이온과 대치 또는 교환할 수 있게 하여 뿌리에 의해 흡수된다. 교환되는 수소이온은 토양과 뿌리로부터 제공된다.

가는 모래 및 약 20%의 점토로 구성되어 있다. 모래가 많은 토양은 수분과 무기질을 잘 지닐 수 없기 때문에 식물생장에 적합하지 않고, 점토가 많은 토양은 보수력은 있으나 통기가 잘 되지 않는다.

토양의 유기물은 죽은 식물, 동물, 미생물의 잔존물로서, 토양 미생물에 의해 분해되고, 필수 무기원소는 식물체에 의해 재흡수된다(그림 30-11).

또한 유기물은 토양의 수분 수용량을 증가시키고 토양의 특성을 변화시키기 때문에, 특히 모래 토양에서 중요한 역할을 한다. 토양에서 부패된 유기물이 있는 부분을 **부식토**(humus)라고 한다.

토양에 살고 있는 생물체는 세균, 균류, 조류, 원생동물류, 지렁이류, 곤충류 및 식물과 동물 등이다. 세균과 균류는 죽은 유기물의 분해에 있어 필수적이고, 양분 순환에 있어서도 매우 중요한 것으로 질소 순환의 대부분의 단계는 미생물이 관여한다. 또 식물과 공생관계에 있는 균류는 균근으로 식물 뿌리에서 무기이온 흡수를 도우며, 균사는 토양에서 무기물을 흡수하여 식물로 전달하고, 식물의 광합성으로 생성된 양분은 균류로 전달된다(그림 30-12).

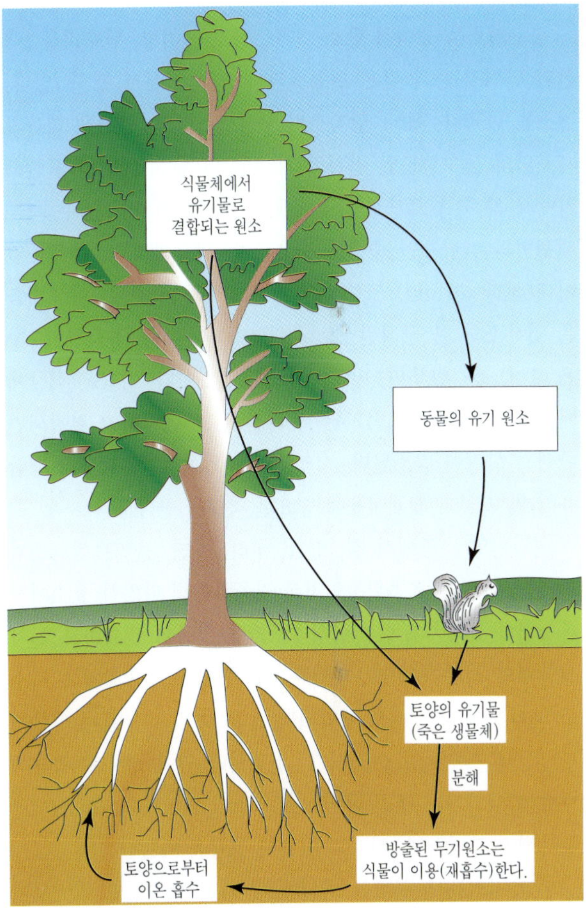

그림 30-11 물질의 순환
질소, 칼륨, 칼슘과 같은 필수원소들은 토양으로부터 생물체로 들어온 후, 생물체로부터는 토양으로 다시 되돌아가는 순환을 한다.

토양은 전체 부피의 약 30~60%가 토양 입자 사이의 공간으로 되어 공기와 수분이 다양한 비율로 채워져 있다. 토양의 공기는 산소가 적고 이산화탄소가 많은데, 뿌리의 호흡 및 식물생장을 위하여 필요하다. 늪과 습지에서 자라는 식물들은 무기성 토양에서 살아 남기 위하여 조직에 큰 기실(氣室) 및 호흡근으로 변태된 적응을 한다.

지표에서 토양의 소실 및 침식을 촉진시키는 2가지 환경 요인은 물과 바람이다. 강우는 토양 입자를 흩뜨리고, 흐르는 물은 흩뜨려진 입자를 휩쓸고 가며, 바람은 특히 나지 또는 건지에서 토양의 이동에 매우 효과적으로 작용한다. 비록 침식이 자연적인 과정이지만, 식물이 충분히 지표를 덮고 있을 때 뿌리는 그 자리의 토양을 효과적으로 보존하기 때문에 침식효과는 감소된다.

토양의 비옥함에 영향을 주는 다른 하나의 환경 요인은 화재이다. 화재는 지피식물을 제거함으로써 침식이 쉽게 일어나게 되고, 토양으로부터 산소와 질소를 제거하여 토양의 비옥도를 감소시킨다. 그러나 화재는 덤불, 초원 및 침엽수림의 몇몇 유형에서는 생태계의 필수적인 요소이다.

그림 30-12 식물과 균근의 공생관계
재배된 귤속 식물들은 생장을 위해 균근과의 공생에 많이 의존하고 있다. 왼쪽은 균근을 제공한 6개월 후의 어린 식물이며, 오른쪽은 균근을 제공하지 않은 식물이다. 질산칼슘과 질산암모늄을 처리하였을 때, 균근이 존재할 경우에만 질산염을 효과적으로 흡수하여 식물 양분에 도움을 주어, 생장반응에 현저한 차이를 보이고 있다.

30.3.2 식물의 무기영양

원소의 90% 이상이 지구상에서 자연적으로 생겨난 것인데, 탄소 및 드물게는 금을 포함한 60% 이상을 식물조직에서 볼 수 있으나, 이 모든 원소들이 식물생장에 필수적이라고는 보지 않는다.

생물학적으로 필수원소를 결정하는 유용한 방법의 하나는 용해된 무기염류와 산소가 함유된 물에서 식물을 키우는 **수경재배**(hydroponics)이다. SACHS(1860)와 KNOP(1865)은 수경법을 이용해서 정상적으로 식물을 생육시키려면 배양액에 N, P, K, Ca, Mg, S 외에 미량의 Fe를 함유하고 있는 무기염류가 필요하다는 것을 밝혔다. 그 후 HOAGLAND 등에 의해 엄밀한 수경실험이 시도되었다.

토양에서 무기양분실험은 토양 자체가 많은 원소를 포함하고 있기 때문에 매우 복잡하고 불가능하지만, 물과 무기염류의 용액 하에서는 가능하다. 만일 하나의 특정원소가 식물생장에 필수적인가를 알기 위해서는 모든 필수원소 중 그 원소만을 제외한 용액에서 키워 보면 된다. 이와 같은 조건 하에서 자란 식물이 정상적인 영양생장(vegetative growth)과 생식생장(reproductive growth)을 하지 못한다면 이 원소는 필수적이다. 부수적인 기준은 그 원소가 물질대사에 직접적인 영향을 끼쳐야 하며, 다양한 종들에서도 필수적이어야 한다. 수경재배에 의해 필수적인 원소로 밝혀지면(그림 30-13), 방사성 동위원소를 이용하여 식물조직내에서 그 원소의 위치를 추적할 수 있다.

그림 30-13 특별한 원소들의 결핍 효과를 나타내는 담배
중앙의 식물(Ck.)에는 모든 필수원소가 제공된 것이며, 나머지에는 표시된 원소를 제공하지 않았다. 식물체들은 동일 변종으로 같은 생육기간을 가진 것들이다. 어떤 식물체에서는 엽록소가 파괴되거나 조직이 죽는 현상이 나타난다.

16가지의 원소가 식물생장에 필수적인 것으로 알려져 있고 이들은 이온 상태로 식물에 흡수된다. 이 중 탄소(C), 수소(H), 산소(O), 질소(N), 인(P), 칼륨(K), 황(S), 칼슘(Ca), 마그네슘(Mg)의 9가지는 상당히 많은 양(건중량으로 0.05% 이상)이 요구되는 **대량영양소**(macronutrient)이고, 나머지 철(Fe), 붕소(B), 망간(Mn), 구리(Cu), 몰리브덴(Mo), 염소(Cl), 아연(Zn)의 7가지는 정상적인 식물생장과 발달에 미소한 양이 요구되는 **미량영양소**(micronutrient)이다.

16가지의 원소 중 4가지는 물과 대기중의 가스로부터 얻어진다. 탄소는 광합성에 의한 이산화탄소로부터, 산소는 산소가스와 물로부터, 수소는 물로부터, 질소는 토양내의 다양한 미생물에 의해 질소가스로부터 고정되는 질산염, 아질산, 암모니아의 이온 형태로 얻는다. 나머지 12가지의 원소들은 토양을 형성하는 모암에서 기원한 용해된 무기이온으로부터 얻어진다.

필수원소들 중에서 탄소, 수소, 산소는 지방, 탄수화물, 핵산과 단백질 등과 같은 원형질의 중요 성분에서 볼 수 있다. 질소는 단백질, 핵산, 엽록소의 구성원소이고, 인산은 핵산과 세포막의 필수성분인 인지질 및 ATP와 같은 에너지 전달분자에서 볼 수 있으므로 식물체에 매우 중요하다. 칼슘은 식물 세포벽의 결합층인 중엽에 함유되며, 막투과성 및 세포분열이 왕성한 눈(bud) 또는 뿌리의 성장에 작용한다. 마그네슘은 엽록소의 한 구성원소로 ATP가 대사될 때 필요하고, 황은 아미노산, 알부민, 비타민의 구성원소이다. 칼륨은 식물체에서 많은 양이 필요하지만, 유리된 K^+로 존재하고 결핍되면 단백질 함량이 감소된다. 그리고 삼투압에 의한 세포의 팽압 유지 및 기공의 개폐작용에 중요한 역할을 한다.

미량영양소 중에서 철, 망간, 구리, 아연, 몰리브덴의 5가지 원소는 종종 효소활성인자로 작용하는데 다양한 효소에서 관찰된다. 철은 엽록소 합성효소의 활성화에 필요하고 전자전달계의 성분이 된다. 염소는 Cl^- 형태로 식물체내에 미소한 양이 존재하며 세포 팽압의 균형 유지 및 삼투압과 더불어 광합성에 필수적인 원소이다. 결핍되면 잎이 시들고 청동색으로 퇴색되거나 뿌리 끝의 비대현상이 일어난다. 붕소는 막투과성에 관여하며, 칼슘의 이용에 영향을 미친다.

16가지의 필수원소들 이외에 몇 가지 부수적인 원소들이 특정 식물에서는 필수적인 것으로 나타났다. 니켈은 콩과에서 효소반응에 관여하며, 나트륨은 염성식물, 사탕무, 새포아풀류에서 필수적이며, 실리콘은 벼과식물의 생장을 증가시킨다.

평형이 유지되고 있는 생태계에서, 식물이 토양으로부터 흡수한 무기물들은 식물이나 동물이 죽거나 분해되어 토양으로 되돌아가는 순환이 일어난다. 그러나 인간의 농업활동은 이러한 순환을 방해하며, 농작물의 수거로 인하여 토양에서 점차 중요 원소가 결핍되게 된다. 식물생장은 물, 광선, 약간의 필수원소들의 공급 부족으로 제한받기 때문에 이를 때로는 **제한요인**(limiting factor)이라고 한다. 농토의 생산력을 유지하고 제한요인인 무기질을 보충하기 위하여 비료를 주기적으로 공급한다.

비료는 유기질과 무기질의 2가지 종류가 있다. 유기질비료는 소 분뇨와 두엄 같은 자연자원으로부터 얻게 되는데, 무기비료보다 몇 가지 이점이 있다. 토양에 유기물의 양과 보수능력을 증가시키고, 유기비료내에 있는 무기물이 분해자에 의해 분해되어 방출된다.

무기비료는 인공적으로 제조되므로 화학 구성을 정확히 할 수 있다. 대부분의 무기질 비료는 식물생장에서 항상 제한효소로 작용하는 질소(N), 인(P), 칼륨(K)의 3가지 원소를 포함한다. 비료 포대에 표시된 숫자(10, 20, 30)는 N, P, K의 3가지 원소의 상대적 농도를 나타낸다. 무기비료의 이점은 토양에 공급될 원소를 정확하게 알 수 있다는 것이다. N, P, K의 상대적 농도의 다양성에 의해 식물체들에게 서로 다른 생장반응을 유도할 수도 있다. 예컨대, 상치를 재배할 때는 생식보다는 왕성한 영양생장을 촉진하는 높은 질소 농도의 비료를 사용하는 것이 좋다. 그러나 토마토를 재배할 때 이와 같은 비료를 사용한다면 식물체는 왕성하게 자라지만 거의 꽃을 형성하지 않으므로, 결국 열매가 형성되지 않아 생산량이 매우 낮게 된다

제31장

식물의 생식과 발생 및 분화

식물은 종족 유지로서 개체 번식을 하기 위해 현화식물은 꽃의 씨방(ovary)에서 반수체 배우자인 난(egg)과, 정핵(sperm nucleus)이 수정된 **접합자**(zygote)로부터 새로운 개체가 발생되는 **유성생식**(sexual reproduction)과 영양체의 일부로부터 새로운 개체를 형성하는 **무성생식**(asexual reproduction)을 한다.

유성생식은 두 양친의 유전자가 새로운 조합을 통해 생육 환경에 더욱 적합한 식물체의 형성으로 생육 영역을 넓혀가고 있다. 무성생식은 유전적 특성들이 그대로 보존된 상태로서 많은 개체로 증식시키는 데 이용되고 있다.

식물의 수정(fertilization)이 씨방의 배주(ovule)에서 일어난 후 배주는 **종자**(seed)로 발달하고, 씨방은 종자를 둘러싸서 **과실**(fruit)로 발달한다. 이러한 과실과 종자는 그들 식물의 생육지 확장을 위해 여러 가지 기작에 의해 분산시키고 있다.

종자식물은 종자내에 영양물질을 갖춘 어린식물인 **배**(embryo)를 형성하고, 배는 발생하여 장차 성숙한 식물체로 **생장**(growth)되며, 조직과 기관이 **분화**(differentiation)된 체제 형성이 된다.

31.1 식물의 생식

식물의 생식에는 무성생식(asexual reproduction)과 유성생식(sexual reproduction)이 있고, 그 외에 **영양생식**(vegetative reproduction)이라고 부르는 특수한 개체의 증식법이 있다. 무성생식은 1개의 생식세포(무성생식세포)가 모체에서 떨어져서 새로운 개체로 발육하는 생식법으로서 **분열**(fission), **출아**(budding), 포자 형성(spore formation)의 3가지로 구분된다. 단세포체가 거의 같은 크기로 분열하여 각각의 것이 성장해서 새 개체로 되는 경우를 **이분법**(binary fission)이라 부르며, 일반적으로 조류(藻類)나 균류(菌類)에서 일어나는 분열법이다. 이것이 대소로 분열하여 그 작은 쪽이 큰 쪽에 부착한 채 새로운 개체로 성장하는 경우를 출아(出芽)라고 하며, 균류의 효모류에서 볼 수 있다.

포자 형성은 가장 일반적으로 볼 수 있는 무성생식법이다. 포자는 휴면한 단세포의 무성생식세포이며, 종에 따라 형태적 또는 기능적인 분화를 볼 수 있다. 대부분은 미세해서 날아 흩어지기 쉽고 두꺼운 막이 덮여 부적당한 환경에도 견딜 수 있도록 적응되어 있으며, 그 중에는 양분을 저장하고 있는 경우도 있다. 일반적으로 부동성의 것이지만 편모로서 물속을 운동하는 것은 **유주자**(zoospore)라고 하며, 조류, 난균(卵菌) 등에서 볼 수 있다. 조류에서는 운동을 하지 않는 포자를 특히 **부동포자**(immobile spore)라 한다. 포자는 일반적으로 포자낭(sporangium) 속에서 만들어지지만 때로는 포자낭 밖에서 만들어지는 경우가 있는데, 이들을 각각 내생포자와 외생포자라고 한다.

자낭균은 포자낭 안에서 8개의 **자낭포자**(ascospore)를 만들고, 담자균(擔子菌)은 담자병(擔子柄)의 끝에 **담자포자**(basidiospore)를 4개 외생시킨다. 감수분열의 결과로 생긴 포자(眞正胞子라 함)는 단상(haploidy)이며, 영양체에서 분생한 포자(榮養胞子라 한다 ; 균류의 厚膜胞子, 分生子 등)의 핵상은 영양체의 핵상과 같다.

양치식물은 대부분 동형포자를 만들지만 일부의 종(물부추, 생이가래 등)에서는 이형포자를 만들고, 대포자에서 조란기(造卵器)만을 달고 있는 **자성전엽체**(雌性前葉體, female prothallium), 소포자에서 조정기만을 달고 있는 **웅성전엽체**(雄性前葉體, male prothallium)를 발생시킨다.

유성생식은 2개의 **생식세포**(gamete ; 배우자, 유성생식세포)가 결합하여 1개의 접합자를 만드는 생식법으로 접합자에서 새 개체가 발육한다. 2개의 배우자 사이에 크기와 형태상으로 차이가 없으면 **동형배우자**(isogamete 또는 homogamete), 차이가 있으면 **이형배우자**(anisogamete 또는 heterogamete)라고 하며, 큰 쪽을 **대배우자**(macrogamete), **자성배우자**(fe-male gamete) 또는 **난자**(ovum)라고 하고, 작은 쪽을 **소배우자**(microgamete), **웅성배우자**(male gamete) 또는 **정자**(sperm)라고 한다.

배우자는 모체 또는 모체의 일부 세포가 분열하여 직접 만들어지는 경우와, 모체에 배우자낭이 분화하여 그 속에서 이형배우자가 만들어지는 경우가 있다. 배우자낭에도 대배우자를 만드는 대배우자낭, 생란기(生卵器) 또는 조란기와 소배우자를 만드는 소배우자낭 또는 조정기의 구별이 있다. 배우자낭이나 배우자의 형태, 생식의 양식 등은 분류군(taxon)의 특징이 되는 경우가 많다.

영양생식은 생식기관이 발달한 고등식물에서 볼 수 있는 것으로 생식기관에 의하지 않는 개체 증식이다. 덩이줄기(예 : 감자), 비늘줄기(예 : 참나리), 무성아(無性芽, 예 : 참마) 등은 영양생식에 의해서 새 개체를 만드는 기관이며, 또한 줄기, 가지, 뿌리의 일부, 때로는 잎에서 꺾꽂이 등에 의해 새 개체가 재생한다(예 : 이끼, 종자식물).

31.1.1 식물의 성

자웅의 이형배우자가 한 개체에 존재하면 그 식물은 **자웅동주**(monoecism)이고, 각각 다른 개체에서 형성되면 **자웅이주**(dioecism)라고 하며 암수의 성(性)이 구별된다. 식물에서는 자웅동주의 종류가 자웅이주의 종류와 더불어 많이 존재하며, 성에 의한 차이는 동물만큼 뚜렷하지 않다. 동형배우자를 형성하는 종류에서 성의 구별은 볼 수 없지만, 다른 개체에서 생긴 배우자 사이에서만 접합하는 종류가 있다(예 : 녹조류, 석순과의 해조). 해캄에서는 일반적으로 2개의 실 모양으로 된 개체 사이에 접합관(接合管)이 생김으로써 한쪽 개체의 모든 세포 내용물이 다른쪽으로 이동하여 **접합**(conjugation)하는 것으로 알려져 성적인 분화를 인정할 수 있다(그림 31-1).

균류에서는 성의 분화가 균사(菌絲)내에서 일어난다. 같은 포자에서 발아한 균사가 서로 접합하거나, 같은 포자의 균사 위에 생긴 암수의 생식기관 사이에서 유성생식이 일어나는 것을 **자웅동체**(homothallism)라 한다. 한편, 다른 포자에서 발아한 일정의 균사간에 접합이 일어나거나, 다른 포자에서 생긴 균사에 자웅생식기관이 만들어지는 경우를 **자웅이체**(heterothallism)라 한다. 전자는 식물의 자웅동주에, 후자는 자웅이주에 해당된다.

균류에서 성은 동식물처럼 2개로만 구분되어 있지 않으므로, 자웅이체에서 성이 2개인 경우를 2극성, 4개인 경우를 4극성, 더욱 분화한 경우를 다극성이라고 한다.

그림 31-1 해캄의 접합 과정
(a) 접합관의 형성 (b) 접합관이 서로 연결
(c) 웅성배우자가 이동 (d) 접합자 형성

종자식물(spermatophyta)에서는 암술(pistil), 수술(stamen)의 존재로 암수를 구별하고 있으나, 암술과 수술은 이형포자인 배낭세포와 꽃가루를 만드는 기관이며 유성생식기관은 아니다. 그러나 배낭 속에서는 난자(卵子)가, 화분관 속에서는 정핵(精核)이 분화하므로 간접적으로 암수를 판단할 수 있다.

31.1.2 식물의 수정

유성생식이 동형배우자에 의해서 행해지는 경우를 **접합**(conjugation)이라고 하며, 이형배우자에 의한 경우를 **수정**(fertilization)이라 한다. 수정의 경우, 일반적으로 대배우자의 행동은 수동적이지만, 소배우자에는 운동성이 있어 대배우자에게 적극적으로 접근한다. 난자와 정자는 이형배우자로서 형태와 성의 분화가 뚜렷한 것이다. 일반적으로 난자는 대형의 세포로서 양분을 축적하고 있으며 운동성이 없는 반면, 정자는 소형이며 편모로서 자유롭게 운동할 수 있다. 양 배우자에 의한 수정을 특히 난수정(卵受精)이라고 하는데, 보통은 난자가 생란기(生卵器) 속에 있고 그 곳에 정자가 헤엄쳐 가서 모체내에서 수정이 일어나지만, 난자와 정자가 동시에 체외에 방출되어 수정되는 경우도 있다(예 : 모자반류). 홍조식물에서 웅성배우자는 부동정자라고 하며 운동성이 없기 때문에 물 속에서 운반되어 난세포가 들어 있는 조과기(造果器)의 수정모(受精毛)에 부착하고 정핵은 조과기 속을 통해서 기부의 난핵과 수정한다.

선태식물과 양치식물의 생란기를 조란기라고 하며, 여기서 분화한 보호구조를 볼 수 있다. 조란기와 조정기는 양치식물의 전엽체에서 만들어진다. 조란기는 플라스크 모양으로 1개의 난자를 갖고 있으며, 조정기는 일반적으로 간단한 구조로서 여러 개의 세포로 둘러싸여 그 속에서 정자를 만든다. 조정기가 물에 닿으면 주위의 세포가 터지고 정자가 헤엄치기 시작하여 난자와 결합하게 된다.

정자는 조란기의 복구세포(腹溝細胞)와 경구세포(頸溝細胞)가 녹은 점액질의 물질에 **양주화성**(positive chemotaxis)을 나타낸다. 양치류나 속새류의 정자는 말산(malic acid), 생이가래의 정자는 말산과 말레산(maleic acid), 물부추의 정자는 말산과 푸마르산(fumaric acid), 석송의 정자는 구연산(citric acid)에 양주화성을 나타낸다.

종자식물에서는 화분립이 웅성배우체이다. 수술(소포자엽)의 꽃밥(소포자낭) 속에 화분모세포(소포자모세포)가 생기고 감수분열을 하여 반수체인 4개의 화분(소포자)을 만든다. 화분은 표면에 막이 발달하여 화분관이 자라날 **발아공**(發芽孔)이 생긴다. 나자식물(소철류, 은행류, 구과류 및 마황류)의 소포자는 먼저 영양세포와 조정기세포로 분열한다. 영양세포는 양치식물의 웅성전엽체와 상동(相同)이다. 피자식물에서 화분(소포자)의 핵은 화분관핵과 정핵으로 분열하고 소포자는 화분립으로 성숙되어 웅성배우체가 된다. 자성배우체의 형성은 심피(대포자엽) 위에 붙어 있는 배주(대포자낭) 속에서 일어난다. 배주의 발생과 더불어 그 속에 배낭모세포(대포자모세포)가 만들어지고, 그것이 감수분열하여 반수체인 4개의 배낭세포(대포자)가 된다. 이 중에서 3개는 퇴화되고 1개의 배낭세포만이 3회 거듭 핵분열하여 8개의 핵으로 되어 결국 3개의 반족세포(antipodal cell), 2개의 조세포(synergid), 2개의 극핵(polar nuclei), 1개의 난세포(egg cell)로 분화된 배낭(embryo sac)이 되고 이것은 자성배우체이다. 양치식물은 자성전엽체와 상동한 자성배우체가 되며, 나자식물에서는 각 배주(ovule) 속에 $2n$인 배낭모세포(대포자모세포)가 생겨 이것이 감수분열을 하여 n인 4개의 배낭세포(대포자)를 만든다. 그 중 3개는 퇴화되고 1개의 배낭세포만이 발육하여 수정에 앞서 내배유(endosperm)를 가지는 배낭인 자성배우체가 된다. 이와 같이 나자식물은 내배유(endosperm) 자체가 자성배우체로 되고 수정에 앞서 형성된다는 사실이 피자식물과는 다르다.

화분립은 바람, 곤충, 새 등에 의해서 나자식물(gymnosperm)은 배주에, 피자식물(angiosperm)은 암술에 운반된다. 화분립은 나자식물의 경우 화분실에서 얼마간의 시간이 지난 후에 발아하며(은행나무는 4월경에 수분하고 9월경에 수정하며, 소나무는 5월경에 수분하고 다음해 6월경에 수정한다. 삼나무는 수분 후 약 15주간), 피자식물은 암술머리 위에서 즉시 발아한다. 나자식물에서 영양세포는 화분관(pollen tube, 웅성전엽체)으로 되며, 그 속에서 조정기세포는 웅원세포(雄原細胞)와 화분관핵으로 분열하고 웅원세포는 다시 병세포(柄細胞)와 중앙세포로 된다. 병세포는 후에 퇴화하고 중앙세포는 정핵 또는 정자(소철류와 은행나무)가 된다. 화분관이 주심의 조란기로 뻗어내린 후 수정이 이루어진다. 피자식물은 정핵이 화분립내에서 2개로 분열하거나 화분관이 자라면 그 속에서 2개로 분열한다(전자를 3핵성화분, 후자를 2핵성화분이라 함). 이와 같이 생성된 2개의 정핵은 배낭 속으로 들어가 하나의 정핵은 난자와 융합한 접합자가 되어 $2n$인 배(embryo)로 되고, 다른 하나의 정핵은 극핵과 융합하여 $3n$인 내배유로 된다. 이처럼 2개의 정핵이 동시에 수정하므로 **중복수정**(double fertilization)이라 하며(그림 31-2), 이것은 피자식물의 특징이다. 그리고 주심과 주피는 종피(seed coat)로 발달하여 배와 배유를 감싸는 **종자**(seed)를 형성하는데, 이는 발아하고 자라서 식물체가 된다.

양치식물과 종자식물의 일부에서는 수정에 의하지 않고 난자가 새 개체로 발생해 가는 현상이 있는데, 이를 **단위생식**(parthenogenesis)이라고 한다. 삼백초에서는 정상의 배낭이 도중에서 퇴화하고 감수분열을 하지 않았던 배낭만으로 배를 만드는데, 이는 민들레속, 개망초, 오리나무 등에서도 행해진다. 이것과 비슷하게 난자 이외의 세포에서 세포 자체가 발생하는 현상을 **무배생식**(apogamy)이라 한다. 개고사리, 다발고사리 등에서는 새 개체가 발생하고 산조팝나무에서는 배유세포에서 발생한다.

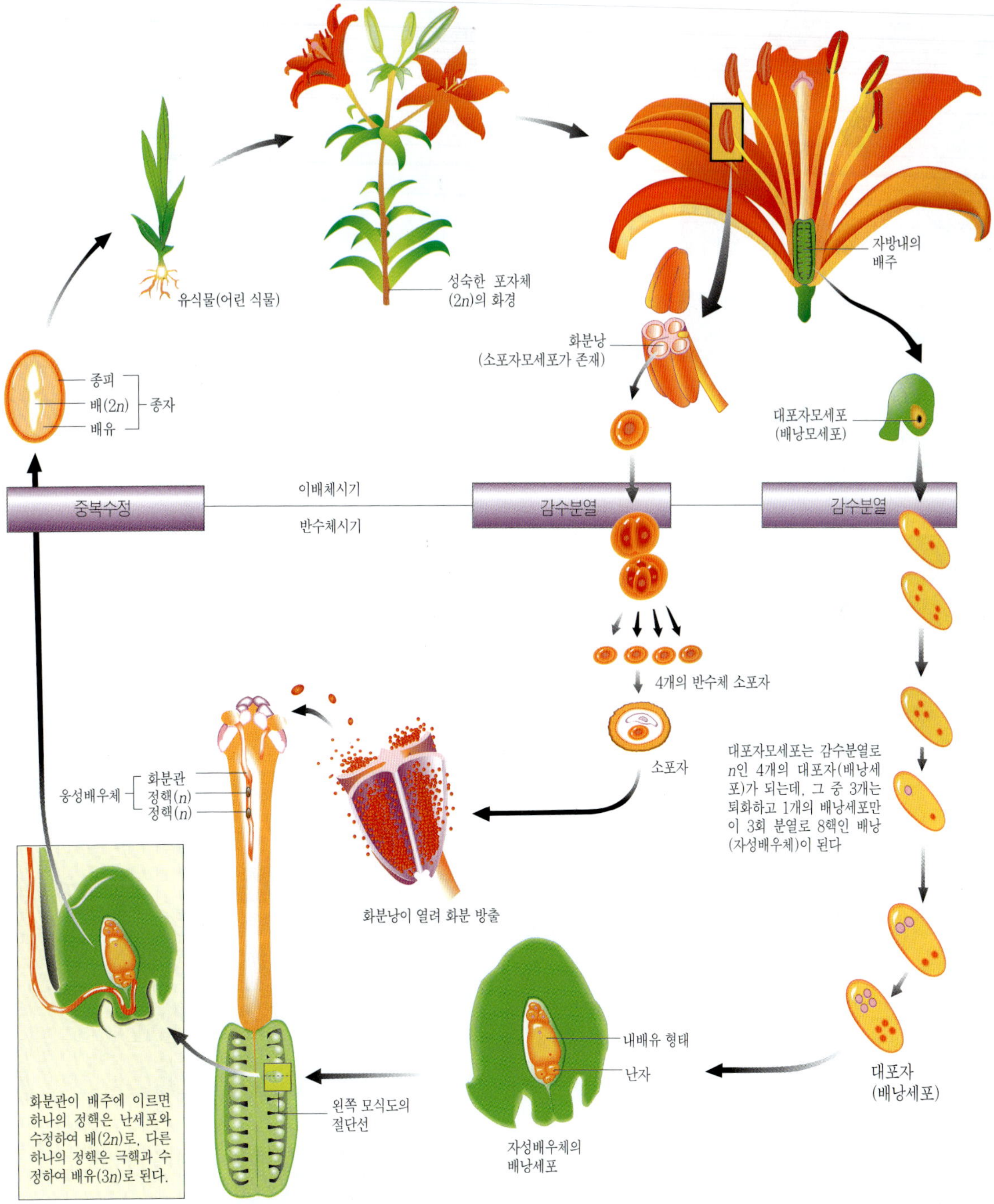

그림 31-2 식물의 수분과 수정 피자식물의 생활환에서 가장 중요한 것은 중복수정이다.

31.1.3 수분기구

수분의 양식은 여러 방향으로 진화하였는데 곤충, 새, 박쥐 등과 같은 동물에 의해 수분되는 꽃은 화려한 꽃잎, 수분자 유인에 사용하는 꿀샘(nectar gland), 먹이로서 단백질이 풍부한 화분, 냄새 등의 방법으로 동물을 유인한다.

곤충에 의해 수분되는 것은 종종 푸른색이나 노란색의 꽃잎을 가진다(그림 31-3). 곤충의 눈이 가시광선의 푸른색과 노란색 영역은 잘 볼 수 있으나 붉은색은 잘 보지 못하기 때문이다.

곤충은 또한 사람 눈에는 보이지 않는 전자기 스펙트럼의

그림 31-3 충매화
벌이나 다른 곤충은 현화식물에서의 수분자(pollinator)이다.

그림 31-5
벌새에 의한 수분
진홍색 주둥이인 벌새가 붉은색 꽃의 일종을 수분시키고 있다.

그림 31-4
곤충의 자외선 감지
곤충은 많은 충매화에서 사람에게는 보이지 않는 자외선을 감지하는 능력이 있다.
(a) 사람 눈에 의해 보이는 꽃
(b) 곤충의 눈이 어떻게 감지하는가를 알아보기 위해 자외선을 투과시키는 필터를 이용하여 본 꽃. 자외선의 표식은 화분과 꿀샘이 위치한 꽃의 중앙부에 집중되어 있다.

그림 31-6
박쥐에 의한 수분
아주 짧은 코를 가진 과일박쥐가 관상화관의 꽃을 수분시키고 있다. 박쥐의 털에 묻은 화분들은 타가수분에 의하여 다른 식물에 옮겨지게 된다.

자외선 영역을 잘 볼 수 있다(그림 31-4). 우리에게는 보이지 않지만 곤충은 눈부신 자외선에 이끌려 나타내는 꽃으로 날아든다. 파리에 의해 수분되는 식물들은 꽃잎이 적갈색이고 고기 썩은 냄새를 풍긴다. 냄새에 의해 파리는 산란하기 위해 이 꽃 저 꽃으로 이동하면서 수분시킨다.

벌새와 같은 조류에 의해 수분되는 꽃은 보통 붉은색에서 노란색까지이다(그림 31-5). 새는 가시광선의 이 영역을 잘 볼 수 있고, 후각은 잘 발달되어 있지 않아 새에 의하여 수분되는 꽃은 보통 냄새가 거의 없다.

밤에만 활동하는 박쥐는 열대지방에서 종종 수분자가 된다(그림 31-6). 꽃잎은 어두운 색깔을 띠고 강한 냄새를 내는 발효성 과실을 갖는다. 냄새에 유인된 박쥐가 꽃을 옮겨가면서 이동할 때 화분이 옮겨진다.

바람에 의해 수분되는 식물은 화본과나 단풍나무과 등 많은 식물에서 볼 수 있는데, 간혹 눈에 잘 띄지 않는 작은 꽃이지만 아주 많은 화분을 갖는다(그림 31-7).

동물 수분자와 수분되는 식물 사이에 필수적 관계가 있는 예는 아주 많다. 그 한 예로 실육카는 오로지 한 종류의 나방

그림 31-7 풍매화
바람은 현화식물의 수분 매개체이다.
(a) 옥수수의 수꽃은 줄기의 정단에 달리고 원추형의 화서를 이루며, 수술의 화분은 바람에 의해 운반된다.
(b) 옥수수의 암꽃은 줄기의 엽액에 달리고 암술머리는 길게 내밀어져 있다(옥수수 수염).
(c) 개밀 속으로 매달린 꽃밥의 화분이 바람에 쉽게 운반되고, 화분을 능률적으로 받을 수 있게 깃털 주두가 커져 있는 것은 벼과식물이 갖는 특징이다.

에 의해서만 수분된다. 나방의 암컷은 실육카의 자방에 산란하므로, 이들 둘 중 어느 하나만 없어도 생식은 이루어질 수가 없다.

31.1.4 생활환

종(種)은 그 특유의 생활사를 갖는다. 종을 구성하는 개체는 수정란에서부터 성체로까지 성장하고 생식을 이룬 후 죽는다. 생식에 의해서 새로운 개체를 낳음으로써 우수한 개체가 연속적으로 존재하게 된다. 식물과 균류는 종에 따라 생활환(生活環) 속에서 유성생식과 무성생식이 나타나는 방식이 다르거나, 감수분열이 일어나는 시기가 달라서, 동물의 생활환보다도 복잡한 생활환을 갖는다. 한 개체의 생활환 속에서 유성생식을 하는 세대와 무성생식을 하는 세대가 번갈아 나타나는 현상을 **세대교번**(alternation of generation)이라 하고, 전자는 유성세대, 후자는 무성세대에 속한다.

한편, 유성생식을 하는 종의 생활환 중에서는 세대교번의 유무와 무관하게 염색체수의 변화가 일어난다. 무성세대의 염색체수는 일반적으로 **복상**(diplophase)인 2배성($2n$)이지만 유성세대는 **단상**(haplophase)인 1배성($1n$)이 된다. 그러나 이것은 유성생식에 의해 복상으로 되며, 또 다시 감수분열에 의해 단상으로 되풀이된다. 이들의 핵상은 생활환내에서 번갈아 나타나는데, 이것을 **핵상교번**(alternation of nuclear phases)이라고 한다.

생활환 속에서 눈에 띄게 존재하는 식물체, 즉 생활환의 대부분을 차지하는 식물체가 **배우체**(단상 ; gametophyte)인가, 또는 **포자체**(복상 ; sporophyte)인가에 따라서 식물은 다음과 같은 5형의 생활환으로 구별할 수 있다(그림 31-8).

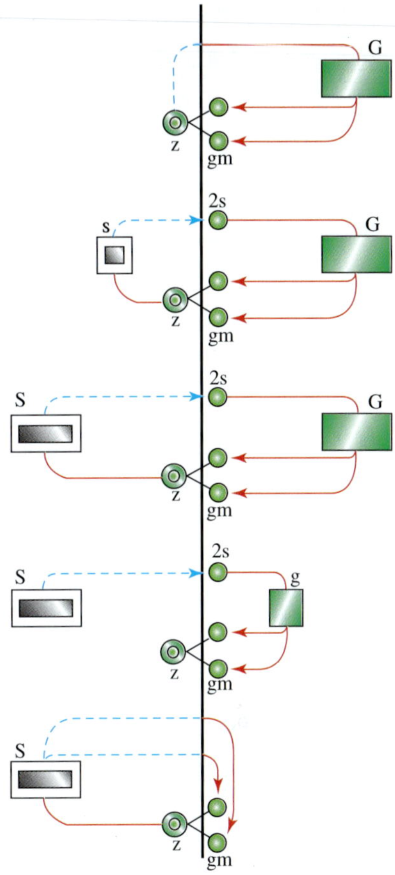

그림31-8 식물의 생활환(모식도)
위로부터 G형, Gs형, GS형, gS형, S형. 오른쪽은 유성세대(n), 왼쪽은 무성세대($2n$). 실선은 동일 개체의 유지, 점선은 감수분열이 일어나는 시기. 화살표는 유주자 또는 배우자의 방출을 나타냄.
S : 포자체($2n$), G : 배우체(n), 2s : 유주자, gm : 배우자, z : 접합자

G형(단상환) : G형 식물체는 배우체로, 유성생식만을 하며 단상식물이라고 한다. 접합자만이 복상(複相)이고 감수분열 후에 발아한다. 녹조식물 중에 해캄 등의 접합조류나 볼복스속, 차축조식물 등의 생활환에서 볼 수 있는 형이다.

S형(복상환) : S형 식물체는 포자체이고 배우자만이 단상이므로 복상식물이라 한다. 녹조식물의 수송속, 아세타불라리아속, 갈조식물의 모자반속 등에서 볼 수 있다.

다음의 3가지는 단복상환이며 단복상식물이라고도 한다.

GS형 : 형이 동일하고 크기가 같은 배우체와 포자체가 번갈아 나타나 포자 형성(spore formation)시기에 감수분열(meiosis)이 일어난다. 포자(spore ; n)가 발아하여 배우체(gametophyte ; n)가 되고, 거기서 배우자(gamete ; n)가 만들어진다. 배우자가 합체하여 접합자(zygote ; $2n$)가 되면 그것이 성장하여 포자체(sporophyte ; $2n$)를 만든다. 녹조식물의 파래, 석순, 글라도포라, 갈조식물의 딕티오타 등에서 볼 수 있다.

Gs형 : GS형의 변형으로 대형의 배우체와 소형의 포자체가 번갈아 나타난다. 갈조식물의 편조속, 녹조식물의 홑파래, 선태식물 등에서 볼 수 있다.

gS형 : 소형의 배우체와 대형의 포자체가 번갈아 나타나며 감수분열은 포자 형성시에 일어난다. 갈조식물의 다시마속, 녹조식물의 엘로베시아, 양치식물, 종자식물 등에서 볼 수 있다.

홍조류의 생활환에서는 특수한 3세대교번의 형이 있다. 홍조식물 가운데 원시적인 핏턱말 등에서는 유성생식이 알려져 있지 않고 식물체는 단상이다. 보라털, 김 등은 단상의 배우체와 복상의 포자체만을 갖는다. 그리고 우뭇가사리, 바다

아스파라거스, 폴리시토니아 등 진정홍조류의 대부분은 다시 접합자가 배우체(n)에 기생한 채 발달하여 후에 **과포자**(果胞子)를 만드는 과포자체($2n$)가 구별된다. 이 생활환은 유성세대, 무성세대 외에 복상의 과포자세대가 있어 3세대를 인정할 수 있게 된다. 2세대를 갖는 덴디아(보라털) 등에서는 배우체가 대형이고 포자체는 현미경적인 **사상체**(絲狀體)이다. 그리고 과포자($2n$)에서 포자체($2n$)가 만들어지며, 그 포자체는 감수분열에 의해 **4분포자**(n)를 만들기 때문에 과포자체와 구별하여 4분포자체라 한다. 3세대를 갖는 바다아스파라거스나 국수나물 등에서는 대형의 배우체, 웅성배우체에 기생하는 미소한 과포자체, 소형의 4분포자체가 번갈아 출현한다. 폴리시포니아, 우뭇가사리, 꼬시래기, 비단풀 외에서는 배우체와 과포자체가 바다아스파라거스 등과 크기가 비슷하지만, 4분포자체는 배우체와 동형이고 크기가 같아 외견상으로는 구별할 수 없기 때문에 얼핏 보아서는 2세대의 교번처럼 보인다.

31.2 식물의 발생

식물은 복잡한 다세포 유기체로서 유성적으로 생식할 때에는 수정란 또는 접합자를 형성하는데, 이 수정란은 반수체인 암수 생식세포의 결합에 의한 것이며, 이러한 단세포 접합자가 다세포의 배(embryo)로 성장한다. 배발생에 의하여 발달한 식물체는 조직과 기관으로 분화된 성숙한 식물체로 되며 수백만 개의 세포로 구성되어 있다.

31.2.1 배발생

수정란은 난세포에 정자 또는 정핵이 융합함으로써 형성된다. **유관속식물**(Tracheophyta)에서는 이 수정란을 식물체의 출발점으로 보아도 좋다. **종자식물**(Spermatophyta)에서는 종자가 완성되려면 수정란으로부터 **배**(胚, embryo)와 **배병**(胚柄, suspensor)이 만들어져야 한다.

수정란에는 이미 극성이 있어 한쪽의 극쪽에서는 배가 만들어지고 다른 극쪽에서는 배병이 분화한다. 수정란은 먼저 극축에 직각인 면에서 2세포로 분열한다. 그리고 배병이 분화하는 쪽의 세포는 다시 가로로 분열하지만, 배가 분화하는 쪽의 세포는 세로로 분열하는 경우(냉이)와 가로로 분열하는 경우(담배)가 있다. 이 단계에서 4세포로 되지만, 이후부터 배 및 배병의 발달과정은 여러 가지이며, 그 발달 방식은 식물의 종이나 그룹에 따라 일정하므로 계통분류학적으로도 주목되고 있다.

쌍자엽식물(dicotyledon)의 경우, 배는 2장의 자엽을 만드는 일과 관련하여 심장형의 형상을 거치지만(그림 31-9), **단자엽식물**(monocotyledon)에서 자엽은 1장이다. 그러나 자엽이 분화할 때까지의 과정에 대해서는 두 식물군의 차이가 그다지 두드러지지 않는다. **나자식물**(gymnosperm)에서는 소수의 예외를 제외하고 **배발생**(embryogenesis)의 초기에는 세포벽을 만들지 않고 자유핵분열을 하는 시기가 있다. **양치식물**(Pteridophyta)에서는 전엽체의 조란기내에 수정란이 생겨 배발생을 시작한다.

피자식물(angiosperm)에서는 배발생이 진행되는 한편, **중복수정**(double fertilization)에 의해서 만들어진 $3n$의 핵이 핵분열을 반복하여 그 결과로 배를 둘러싸는 $3n$의 세포로 된 배유를 만들고 종자를 완성한다. 나자식물의 배는 조란기에 발생을 시작하지만, n의 핵을 가진 세포로 된 **배우체**(gametophyte) 그 자체가 배유가 되고 종자가 완성된다. 이와 같이 종자식물의 배는 배발생의 시기에 모체에서 주어지는 양분을 흡수해서 성장하며, 종자가 발아하고서도 잠시 동안 모체에서 주어진 배유를 양분으로 삼아 성장하는 것이 보통

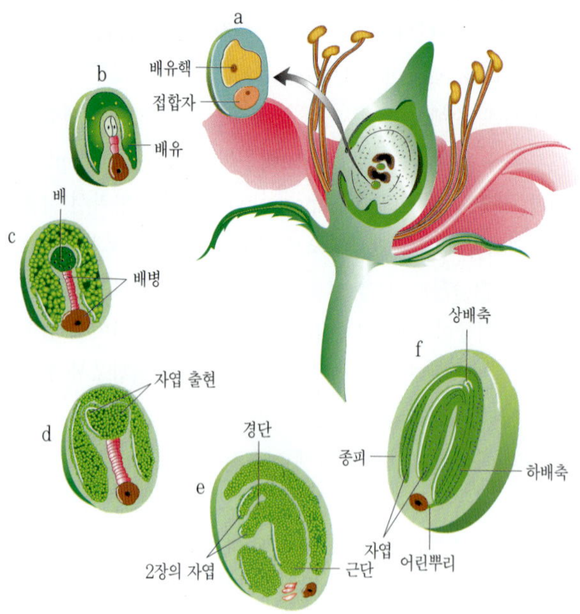

그림 31-9 쌍자엽식물의 배발생과정
접합자의 제1분열로 극성이 나타난다. 하부의 세포는 배병으로 발달하고 상부의 세포는 배로 발달한다. 마지막 그림의 배는 아직 미성숙한 배이다. 대부분 쌍자엽식물의 배유는 성숙한 종자 속에서 형성되며, 배유는 장차 배가 성장하고 발달하는 데 영양분으로 사용된다.

이다. 또한, 종자는 환경 조건이 좋지 않은 동안에는 휴면할 수 있는 성질을 가지고 있다. 이와 같이 종자식물에는 발생 초기의 약한 식물체를 교묘하게 보호하는 기구가 갖추어져 있으므로, 이것이 지상에서 종자식물이 우위를 유지하는 데 도움이 되고 있는 것이다.

한편, 양치식물의 배는 직접적으로는 조란기에서, 간접적으로는 전엽체로부터 초기의 발생에 필요한 양분의 보급을 받고 있는 것으로 생각되지만, 전엽체 그 자체가 건조나 저온 등의 혹독한 환경에는 비교적 약하고, 따라서 종자식물보다 배의 보호가 충분하지 않다. 이러한 문제는 양치식물이 진화 과정에서 번창할 수 있는 자리를 종자식물에게 빼앗긴 하나의 원인이기도 하다.

종자식물의 배는 **자엽**(cotyledon), **배축**(hypocotyl), **유근**(radicle, 어린뿌리)을 갖는다. 이 3부분은 하나로 연결되어 있고 그 속에서 전형성층이 이미 분화하고 있다. 유근에는 근관(根冠 ; 뿌리골무)이 있으며, 콩과식물 등의 종자에서는 배유를 대신하여 자엽이 양분을 저장하고 있다. 쌍자엽식물에서는 2장의 자엽 사이에 어린눈이 있고 종자가 발아하면 어린눈이 자라기 시작한다. 어린눈은 식물체 최초의 지상부이며 그 선단에는 끝눈이 있다. 어린눈을 구성하는 부분 가운데 줄기 부분을 **상배축**(epicotyl)이라 부르며, 때로는 상배축과 어린눈은 동의어로 사용된다. 벼과식물의 배는 복잡한 구조를 하고 있으며, 흡반(吸盤)과 자엽초(子葉鞘)의 사이를 중배축(中胚軸)이라 한다.

31.2.2 종자발아

휴면에서 풀려난 종자는 알맞은 물, 산소, 온도가 주어지면 발아한다. 발아시의 흡수를 조사해 보면(그림 31-10), 최초에는 물리적 흡수기(1단계)가 있고, 거기에 이어지는 지체기(2단계)를 거쳐, 발아의 형태 변화가 일어나는 활발한 흡수기(3단계)로 진행된다. 산소의 흡수도 거의가 위의 흡수와 같은 경로를 밟는다. 1단계에서는 탈수 상태에 있던 종자세포가 물을 흡수하면, 건조한 종자내에 발아의 시동을 위해 준비되어 있던 물질이 우선 대사된다. 불완전한 미토콘드리아가 크리스테(cristae)를 완성하고 효율이 높은 호흡을 하게 된다. 종자가 충분히 물을 흡수하면 산소 흡수가 없는 2단계의 혐기대사기로 접어든다. 이 시기는 3단계로 들어가기 위한 준비기간이다. 발아 능력이 없어진 종자나 휴면종자는 1단계에서부터 2단계로 진행되지만 3단계로 들어서는 일은 없다.

종자의 발아는 배의 어린뿌리나 배축(胚軸)의 신장으로 그 특징을 대변할 수 있다(그림 31-11).

이 변화는 처음 물이 흡수됨으로써 수반되는 세포의 신장 및 증대 때문에 생기며, 그 후 뿌리나 발아된 어린 식물의 끝에서 일어나는 세포분열에 의해 진행된다(3단계). 이 시기가 되면 세포물질의 합성 및 대사가 활발해진다. 발아시의 에너지원은 처음(1, 2단계)의 배에 들어 있는 설탕 등이 이용되지만, 이어서(3단계) 배유 또는 자엽에 축적되어 있는 녹말 또는 지방을 이용하게 된다. 이들은 이동 상태에서 설탕

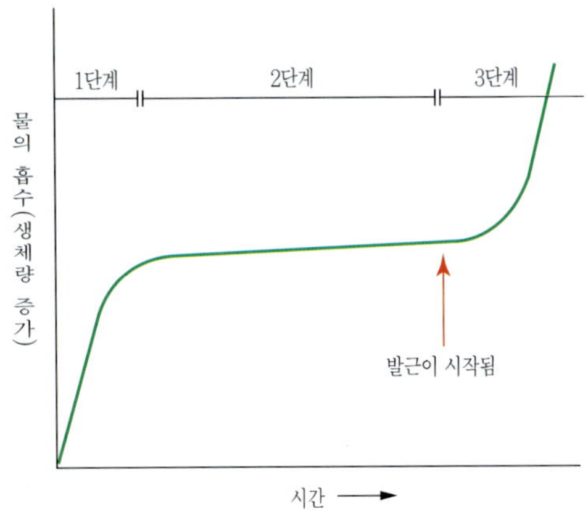

그림 31-10 발아 종자의 수분 흡수

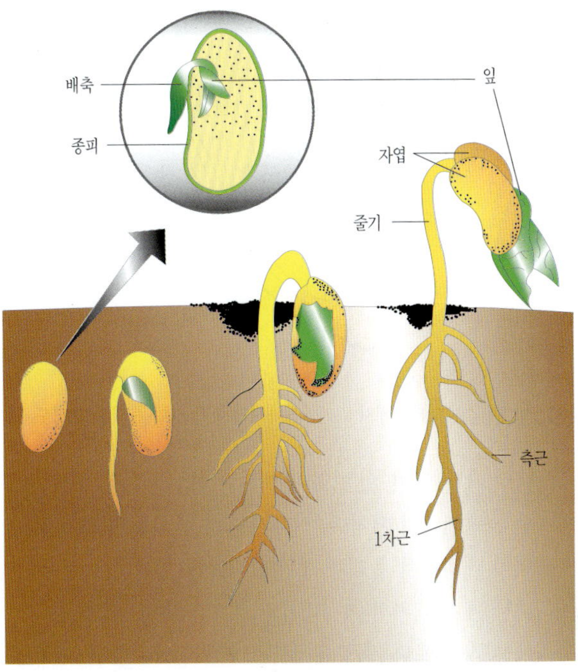

그림 31-11 종자(쌍자엽식물)의 발아와 어린 식물로의 발달

등으로 변형하여 발아된 어린 식물에 보내진다. 그리고 지방의 당화는 글리옥시솜(glyoxysome)에서 이루어진다.

마른 종자에는 mRNA(마른 종자에서 축적되어 있었으므로 long lived mRNA라고도 함), 리보솜(ribosome), 단백질합성 효소계 등이 들어 있어, 저장물질의 분해 등에 필요한 효소는 흡수 후 빠른 시간내에 합성된다. 그 후 바로 발아가 일어나며, 종자세포에서는 DNA로부터 전사, 번역이 시작되고, 효소합성은 이 계에서 이루어지게 된다. 곡류가 발아할 때 배를 제거하면 배유(endosperm)에서 녹말을 분해할 수 없게 되지만, 여기에 지베렐린을 처리하면 분해할 수 있게 된다. 이것이 계기가 되어 배가 지베렐린을 생성함으로써 지베렐린이 배반(胚盤) 또는 호분층(胡粉層)에 작용하여 α-아밀라아제(α-amylase)의 합성을 유도한다는 것을 알 수 있다(그림 31-12).

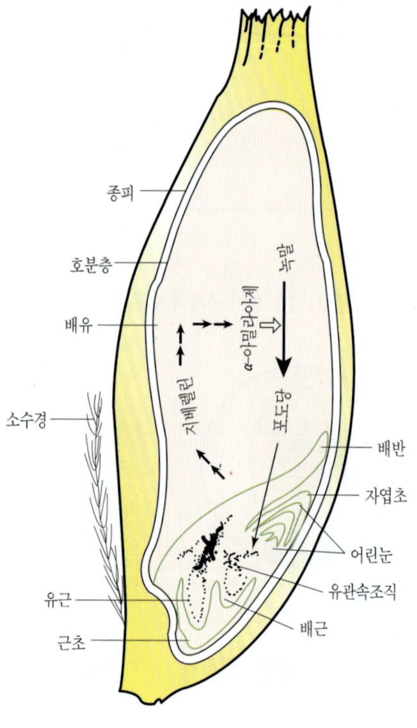

그림 31-12 보리씨에서 α-아밀라아제의 합성 설명을 위한 모식도

저장기관에 들어 있는 단백질은 아미노산으로 분해되어 일부는 호흡기질이 되지만, 나머지는 다시 이동 형태가 되어 녹말이나 지방에서 유래한 설탕과 더불어 발아된 어린 식물이나 뿌리에 보내져서 합성대사의 소재가 된다. 이동 형태는 종자에 따라 다르다. 옥수수에서는 오로지 글루타민, 완두콩에서는 호모세린(homoserine)으로 변하고, 피마자에서는 설탕으로까지 변화되어 옮겨진다.

발아가 진행되어 배유의 저장물질이 완전히 소모되면, 광합성을 할 수 있는 어린잎이 발달하여 종속영양에서 독립영양으로 전환된다. 자엽의 경우는 자엽 자신이 녹화되어 광합성을 하면서 어린잎이 발달될 때까지 영양을 공급해 준다.

31.3 식물의 분화

성장은 같은 세포의 증식현상인데, 그것만으로는 식물체가 완성되지 못한다. 식물체의 완성을 위해서는 조직이나 기관의 **분화**(differentiation), **형태 형성**(morphogenesis)이 필요하다. 수정란은 모든 형태 형성을 할 수 있는 능력을 갖고 있으며 이를 **분화 전능**(totipotency)이라 한다. 발생이 진행되면 점차 전형 성능은 없어지고 분화된 조직이나 기관은 세포분열을 하지 않게 된다. 분화 전능을 가진 세포는 줄기끝과 뿌리끝의 분열세포에 한정된다. 그러나 식물체에 상처를 입히면 주변의 세포는 분열능을 되찾는다. 또한 분열하지 않는 식물조직의 일부를 잘라내어 옥신을 함유한 영양배지에서 생육시키면 세포분열을 하게 된다. 그러나 원래와 같은 조직의 세포구성으로 되지는 않고 무질서한 세포덩어리를 만드는데, 이를 **캘러스**(callus)라 한다. 이 현상은 분화된 조직이 또다시 미분화된 상태로 되돌아간 것으로 간주되어 **탈분화**(dedifferentiation)라 한다. 탈분화된 캘러스는 그대로 배양을 계속하더라도 분화하지 않는다.

당근 뿌리에서 형성층이 들어 있지 않은 작은 조각을 코코넛밀크가 함유된 배양액(옥신, 시토키닌, 당, 무기염)에 넣고 천천히 회전시키면서 배양하면, 흩어졌던 세포가 분열하여 세포덩어리(캘러스)를 만들고, 옥신과 시토키닌의 농도비를 적절하게 유지시킨 배양액을 공급하면 캘러스세포가 정상적인 식물체로 분화될 수 있다는 사실이 밝혀졌다(STWARD, 1958 ; 그림 31-13a).

담배 줄기의 수(pith)로부터 유도한 캘러스에서는 옥신과 시토키닌의 농도비가 높으면 뿌리가 발생하고, 낮으면 눈이 자라난다(그림 31-13b). 효소를 처리하여 세포벽을 제거한 세포(프로토플라스트, protoplast)로부터도 정상적인 식물체가 분화한다. 또한 화분과 같은 반수체세포로부터도 완전한 반수체식물이 분화한다. 이들의 결과로 볼 때 식물의 세포는 모두가 분화 전능을 갖고 있으며, 환경 상태에 따라 분화 전능이 억제된다고 생각된다. 따라서 식물은 발생과 동시에 분화 전능을 상실하는 것이 아니라 억제되고 있는 것이다.

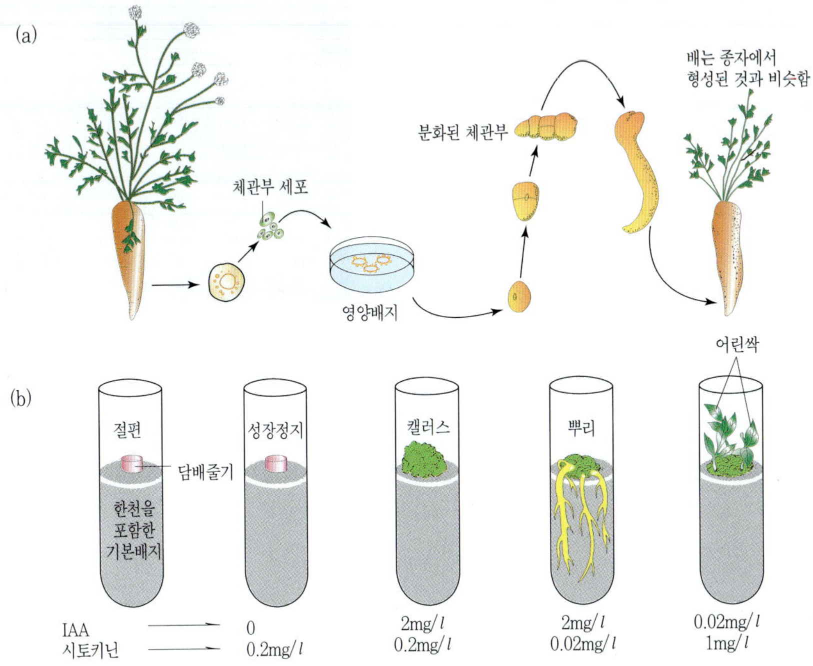

그림 31-13 조직배양과 분화
(a) 당근 뿌리 절편의 세포배양
(b) 담배 줄기 속의 조직배양
IAA : 인돌아세트산(indole acetic acid)

제32장

식물의 반응과 조절

대부분의 식물은 고정된 위치에서 생활하므로 빛, 온도 및 중력 등 여러 가지 환경 변화에 따라 반응과 조절이 일어나는데, 이러한 환경 변화에 대한 식물의 반응은 주로 생장으로 나타난다. 이 장에서는 식물체가 환경 요인에 대하여 어떠한 조절기작에 의해 적응해 가며 살아가고 있는가에 대해 알아보기로 한다.

32.1 식물호르몬과 생리활성물질

호르몬이라는 용어는 '촉진한다'는 그리스어에서 유래한다. 원래가 포유류의 생리학에서 쓰였던 것이 시초인데 체내의 어느 특정한 장소(선)에서 합성하여 직접, 체액(혈액 등)에 분비하여 표적조직 또는 세포에까지 수송되어, 그 곳에서 극히 낮은 농도에서 농도 변화에 따라 생리반응을 조절시키는 물질을 말한다.

식물호르몬(plant hormone 또는 phytohormone)은 동물호르몬에 대응하는 용어인데, 동물호르몬과 비교하면 몇 가지 점에서 차이가 난다.

식물호르몬은 첫째, 같은 호르몬이라도 식물의 종류에 관계없이 식물계에 널리 분포하고 있다. 둘째, 식물호르몬의 합성 장소는 뿌리, 어린잎, 경정부, 미숙종자의 배유 등처럼 구별해서 지적하고 있다고는 할 수 없지만, 동물의 선처럼 호르몬을 합성하고 분비하는 특정한 기관 또는 조직이 없다. 더구나 같은 호르몬이 다른 장소에서 합성되기도 한다. 셋째, 작용을 받는 표적조직이 합성 장소와 같은 경우도 있다. 그리고 이동과 수송은 물관, 체관 등의 통도조직에서 일어나는 경우와 세포에서 세포로의 펌프 수송에 따라 일어나는 경우도 있다. 넷째, 동물호르몬의 작용은 특이성이 많지만 식물호르몬은 오히려 다양성이 있어서 다면적인 효과를 나타낸다(표 32-1). 또 어떤 1가지 과정에 있어서는 단순히 1가지 호르몬만이 작용하는 것이 아니고, 복수의 호르몬이 상승적으로 혹은 길항적으로 작용하는 경우가 많다. 다섯째, 식물호르몬의 내생(식물 자체가 생산하는) 수준은 빛, 온도, 수분 등의 환경 요인에 따라 큰 영향을 받는다. 즉, 이들의 물리적 자극은 식물호르몬을 통하여 식물체에 작용한다. 이러한 관점에서 보면 식물호르몬이라는 용어는 적당치 않다고 주장하는 경우도 있지만, 식물호르몬의 개념은 동물호르몬의 경우처럼 되어야만 한다는 특별한 이유도 없다. 즉, 식물호르몬은 식물체내에서 합성되는 유기화합물이며, 극히 낮은 농도 수준(일반적으로 0.01～1μM)에서 종류에 관계없이 공통적으로 성장, 분화 및 그 밖의 생리작용을 조절하는 물질이라고 정의하는 것이 바람직하다.

한편, 식물생리학분야에서는 **식물성장물질**(plant growth substance), **식물성장조절물질**(plant growth regula-

표 32-1 식물호르몬의 다양한 생리작용

호르몬명	생 리 작 용
옥 신	경 · 유엽초(절편) 신장 촉진, 뿌리의 성장 저해(촉진), 측아 성장 저해, 부정근 형성 유도, 캘러스 형성 유도, 자화유도(雌化誘導), 단위결실의 유도, 기관 탈리 억제, 노화 억제
지베렐린	휴면 종자 · 눈발아 촉진(芽發芽促進), 지상부 성장 촉진, 잎 확대 성장 촉진, 뿌리 성장 저해, 부정근 형성 저해, 부정아 유도, 노화 억제, 증산 촉진
시토키닌	휴면 종자 · 눈발아 촉진, 경절편 신장 저해(촉진), 측아 성장 촉진, 잎 확대 성장 촉진, 뿌리 성장 저해, 부정근 형성 저해, 부정아 유도, 노화 억제, 증산 촉진
에 틸 렌	휴면 종자 · 눈발아 촉진, 지상부 성장 저해(촉진), 측아 성장 저해, 부정근 형성 촉진, 꽃눈 형성 촉진(저해), 자화유도, 기관탈리 촉진, 노화 촉진, 과실 성숙 촉진
아브시스산	종자, 눈발아 억제, 지상부 성장 저해(촉진), 뿌리 성장 저해, 부정근 형성 촉진, 기관 탈리 촉진, 노화 촉진, 기공 폐쇄 촉진
브라시노스테로이드	지상부 성장 촉진, 엽신 굴곡 촉진, 부정근 형성 저해, 과실 성장 촉진, 노화 촉진, 각종 장애에 대한 내성 효과

tor)이라는 용어를 사용하는 경우가 많지만, 이것은 개략적으로 보면 식물호르몬과 같은 뜻을 갖는다. 그러나 여기서는 현재까지 인정하고 있지 않은 식물호르몬 이외의 같은 작용을 하는 천연 혹은 합성물질도 포함시키고 있다. 또 특별히 농업에서 실용적인 목적으로 개발한 식물의 성장과 발생을 조절하는 물질을 「**식물화학조절제**(plant chemical regulator)」라고 부르고 있다. 그리고 식물에 대해 어떤 조절 효과를 나타내는 천연 혹은 합성물질을 통틀어 「**식물생리활성물질**(plant physiological activator)」이라고 부르기도 한다.

현재 식물호르몬으로서는 **옥신**(auxin), **지베렐린**(gibberellin), **시토키닌**(cytokinin), **에틸렌**(ethylene) 그리고 **아브시스산**(abscisic acid)의 5종류의 화합물 또는 그 그룹이 알려져 있다(그림 32-1). 이밖에 최근에 활발히 연구가 진행되고 있는 **브라시노스테로이드**(brassinosteroid)와 계속 연구중인 환상의 호르몬이라고 하는 **화성유도호르몬**(**플로리겐**, florigen)도 식물호르몬으로 호칭하려는 경향이 있다. 또한 **폴리아민**(polyamine), 즉 **스페르민**(spermine), **스페르미딘**(spermidine), **푸트레신**(putrescine), **카다베린**(cadaverine)도 식물의 생리과정에 있어서는 여러 가지 조절 효과를 갖고 있는 것으로 알려져 있다. 그러나 폴리아민은 동물이나 박테리아에서도 널리 존재하고, 생리작용도 대부분은 공통적이므로 식물호르몬이라기보다는 생물에 공통적인 생리활성물질로 취급하는 것이 좋을 것이다.

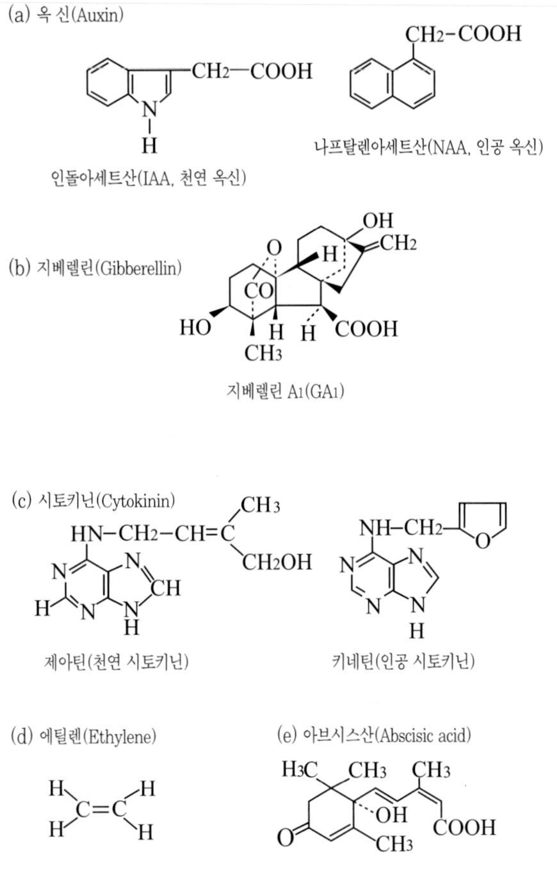

그림 32-1 호르몬의 화학구조

32.1.1 옥신

(1) 옥신의 발견

진화설을 주장한 것으로 유명한 C. DARWIN은 1888년에 *Phalaris canariensis*의 어린 식물이 옆에서 빛을 쬐면 쬐는 방향으로 싹이 신장한다는 것에 대한 실험을 하였다. 그래서 빛을 감지하는 부분은 유엽초의 선단이고 굴곡하는 곳은 그 곳에서 약간 떨어진 부분이라는 것을 밝혀냈다.

20세기에 들어와서 BOYSEN-JENSEN은 암소에서 발아시킨 귀리의 유엽초의 선단을 절단, 분리하여 젤라틴을 사이에 끼워 놓더라도 유엽초는 빛의 방향으로 굽는다는 점에서 선단에서 형성되는 어떤 정보가 젤라틴을 통하여 확산한다는 점을 나타냈다. 그 후에, 유엽초의 선단 부분에서 생장 촉진 물질이 생산되는 것을 확인하여 이것을 옥신이라고 명명하였다. 유엽초의 굴곡도는 옥신의 양에 비례한다는 점에서 굴곡도를 측정함으로써 옥신의 정량을 하게 되어 이 방법을 **아베나굴곡시험법**(Avena-test)이라고 하였다.

(2) 옥신 활성을 가진 물질(옥신의 종류)

대표적인 천연의 옥신은 **인돌아세트산**(Indole acetic acid ; IAA)이며, 이밖에 **2,4-디클로로페녹시아세트산**(2,4-D), **나프탈렌-1-아세트산**(NAA) 등이 있는데, 모두가 IAA의 유연 화합물이다. 즉, 이들은 IAA와 기본 골격구조는 다르나 옥신으로서의 활성은 매우 높은 것으로 되어 있다.

IAA는 또한 식물조직내에서는 여러 가지 형태의 복합체로서 존재하고 있는데, 이들 복합체는 가수분해에 의해 유리 IAA를 공급하기도 한다(예 : 인돌 3-아세틸-L-아스파라긴산).

인돌아세트산(indole acetic acid)과는 기본 골격구조는 다르지만 옥신의 활성을 갖고 있는 합성화합물이 많이 알려져 있어 이것을 합성옥신이라고 부른다(그림 32-2).

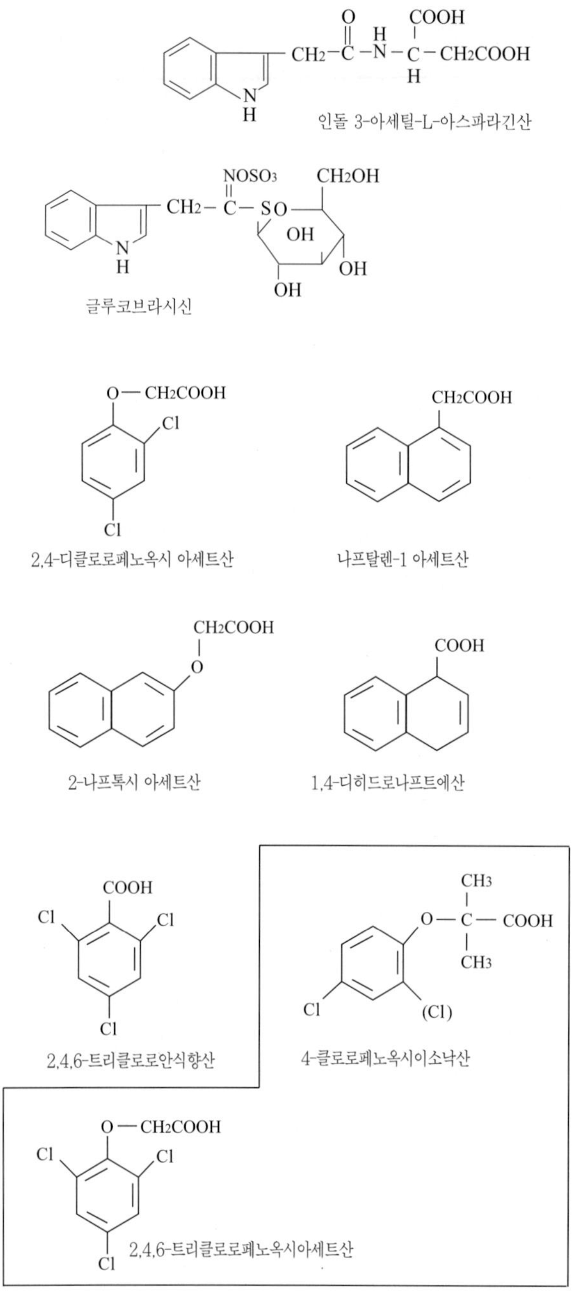

그림 32-2 높은 활성을 가진 합성옥신과 항옥신

합성옥신(synthetic auxin)은 아베나굴곡시험에서는 활성을 나타내지는 않으나 유엽초나 완두 등의 절편을 사용하는 신장 실험에서는 IAA와 같은 활성이 있다.

(3) 옥신의 생합성

옥신의 생합성은 분열조직, 경정, 어린눈, 미숙종자 등의 어린 유조직에서 일어난다. 옥신은 트립토판(tryptophan)을 전구체로서 합성된다. 트립토판에서 IAA으로의 전환에는 2가지 경로가 있다(그림 32-3). 둘다 트립토판의 곁사슬의 탈아미노, 탈탄산과 산화반응이 관여한다. 고등식물에서의 IAA 생합성의 정확한 경로에 있어 상세한 것은 아직 밝혀져 있지 않으나 인돌피루브산(indole pyruvic acid) 경로를 주경로로 추정하고 있다.

그림 32-3에서 나타낸 2가지 경로 외에 십자화과식물에서는 트립토판에서 인돌-3-아세트알드크심을 거쳐 인돌-3-아세트니트릴이 되고 최후에 IAA에 전환하는 경로가 있는 것으로 추정하고 있지만 상세한 것은 밝혀져 있지 않다. 인돌아세트니트릴 자체는 아베나 유엽초 절편이나 그 밖의 식물에서는 옥신 활성을 나타내지만 완두, 토마토 등에서는 활성은 나타내지 않는다. 이것은 활성이 있는 IAA로 전환시키는 효소계를 갖고 있기 때문이다. IAA 복합체의 하나인 글루코브라신은 십자화과나 물푸레과, 풍접초과 등의 한정된 식물에만 존재한다. 이것은 인돌-3-알드크심에서 합성된다. 가수분해해서 유리 IAA가 될 때에는 인돌아세트니트릴을 경유한다.

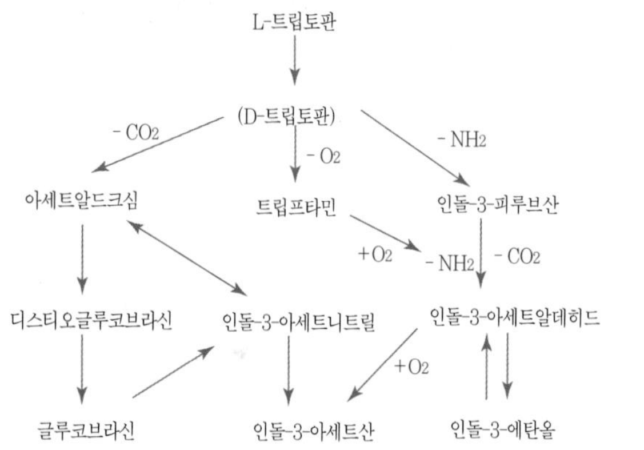

그림 32-3 인돌아세트산의 생합성경로

(4) 옥신 대사

인돌아세트산은 식물조직에서는 IAA **산화효소**(IAA oxidase)에 의해 산화적으로 대사한다. IAA 산화효소는 단일효소가 아니고 **과산화효소**(peroxidase)를 포함하고 있는 것으로 알려져 있지만 그 실체에 대해서는 뚜렷하지 않다. IAA는 식물체에서는 그림 32-4에서 나타낸 바와 같이 인돌레닌 · 히드로퍼옥시드를 거쳐 3-메틸옥시인돌로 산화되는 것으로 알려져 있다. 도중에 인돌레닌 · 에폭시드에서 인돌-3-알데히드가 되고 산화된 후 인돌-3-카르본산, 또는 환원된 후 인돌-3-메탄올로 되는 경로도 알려져 있다. 옥수수에서는

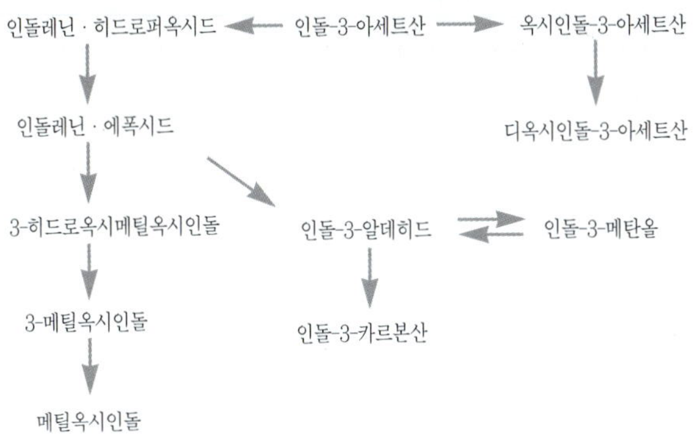

그림 32-4 인돌아세트산의 대사경로

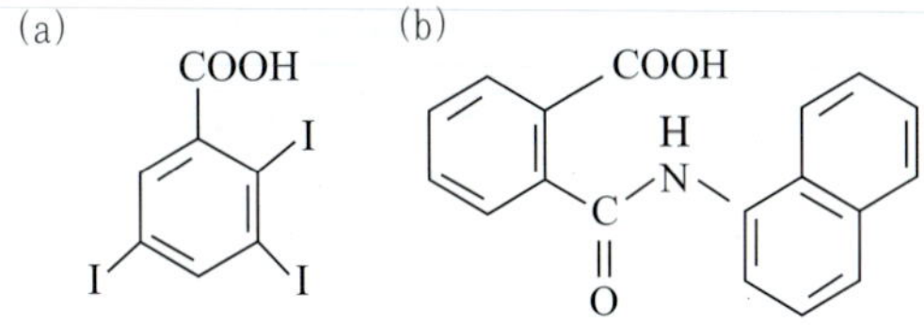

그림 32-5 대표적인 옥신 수송 저해제
(a) 2,3,5-트리요오드안식향산 (b) N-1-나프틸프사라민산

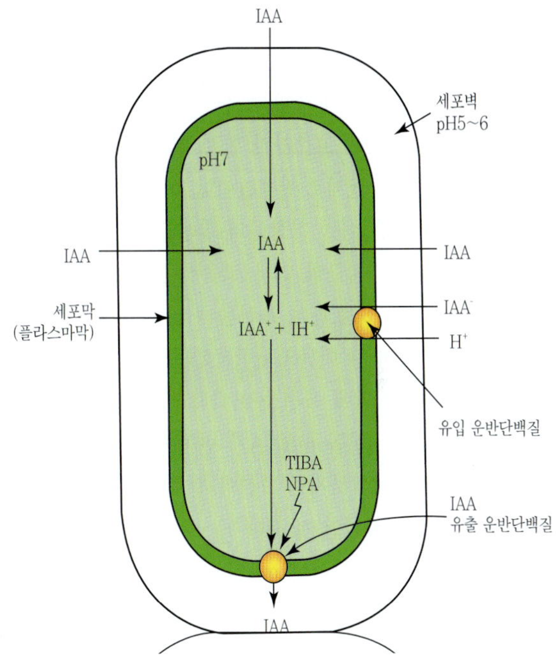

그림 32-6 옥신의 극성수송기구

IAA가 옥시인돌-3-아세트산과 디옥시인돌-3-아세트산으로 산화되는 반응도 있다.

IAA 산화효소에 의한 IAA 대사는 내생 옥신 수준을 조절함으로써 생장, 발생, 분화 조절에 관여하는 것으로 생각되지만 뚜렷한 근거는 현재 규명 중에 있다.

(5) 옥신의 극성 수송

일반적으로 옥신은 줄기의 선단부에서 기부를 향하여 수송되는데(**향기부성 수송** : basipetal transport) 그 반대(향정단성 수송, acropetal transport)는 되지 않는다. 이러한 방향성에 있는 수송을 **극성수송**(polartransport)이라 한다. 뿌리에서는 줄기를 통해서 내려온 옥신이 기부에서 근단을 향하여 수송됨으로써 향기부성 수송을 한다. 이 경우는 통도조직을 통과하는 것으로 생각할 수 있다. 뿌리의 어린 조직 부분에서는 줄기에서처럼 향정단성 수송을 하는데, 이때는 피층을 통과하기 때문이라 한다. 일반적으로 조직이 **노화**(aging)되면 이 수송에 관한 극성은 낮아진다. 옥신의 근거리 수송은 통도조직을 통하지 않고 유조직, 특히 통도조직에 밀착한 유조직에서 세포로부터 세포로의 확산 수송이다. 극성수송은 에너지 요구과정이기 때문에 무기 조건이나 호흡 저해제의 존재, 저온하 등에서는 저해된다.

옥신 수송을 저해하는 합성물질이 알려져 수송에 관한 실험에 이용하고 있다. 이 저해제는 옥신 수송에 관여하는 수송 단백질과 결합해서 그 작용을 저해한다. 대표적인 저해제로서는 2,3,5-**트리요오드안식향산**(triiodobezonic acid, TIBA)과 N-1-**나프틸프사라민산**(N-1-naphthylphthalamic acid, NPA)이다(그림 32-5).

옥신의 수송 극성 기구는 M. GOLDSMITH가 제창한 **화학삼투극성확산가설**(chemiosmotic polar diffusion hypothesis)로 설명하고 있다(그림 32-6).

(6) 옥신의 작용기구

1) 옥신 수용체

옥신 수용체는 세포막, 소포체막, 액포막 등의 막계에 속하는 것과 가용성으로 세포질에 존재하는 것이 있다. 막계에 존재하는 수용체 중 깊이 연구된 것 중의 하나는 옥신 수송에 관계하는 것인데 이것은 세포막에 존재하고 있다. 옥신에 의한 H^+ 분비에 관여하는 H^+-ATPase는 막결합이기 때문에 세포막 수용체와 H^+-ATPase와의 관계를 예상할 수 있는 일이다. 한편 옥신 유도의 세포 신장에 관계하는 수용체에 대해서는 그 존재 장소나 기능 등이 뚜렷하게 밝혀져 있지 않다.

가용성의 수용체에 대해서도 비교적 상세한 해석이 있다.

황하녹두의 배축에서 2개의 옥신 결합단백질을 분리해서 연구한 결과, 여기에서 어떤 형태로 mRNA의 합성을 촉진하여 옥신과 결합함으로써 질적으로 다른 mRNA 합성을 일으키고 있는 것으로 생각하고 있다. 2개 중 1개의 수용체는 RNA **중합효소Ⅱ**(mRNA **합성효소**)와 특이적으로 결합하고 있는 것으로 되어 있다. 그리고 옥신을 첨가하면 대단히 빠른 속도로 유전자 발현에 변화가 나타나므로 상술한 발견과의 연결에 대해서는 앞으로의 연구 과제가 될 수 있다.

2) 유전자 발현의 조절

옥신이 작용을 나타내기 위해서는 단백질이나 핵산의 합성이 필요한데 이것은 고분자의 합성 저해제를 사용한 실험에서도 알 수 있다. 실제로 단백질이나 핵산의 전구물질의 편입 실험에서 옥신은 이들 화합물의 합성을 촉진하고 있는 것으로 알려져 왔다. 최근의 연구로 옥신은 특정한 mRNA의 합성을 유도하고 그 효과는 옥신을 처리하여 5분 이후에는 시간이 경과함에 따라 이들의 mRNA의 양이 증가한다는 것이 밝혀져 있다. 이밖에 옥신을 처리하면 특이적으로 감소하는 mRNA도 있다. 이들 mRNA가 변동할 때 옥신의 역할에 대해서는 아직 불명확하지만 옥신이 전사의 수준에서 조절을 하고 있는 것만은 사실인 것 같다.

옥신의 영향을 받는 이들 mRNA의 cRNA는 클로닝되고 몇 개의 클론의 유전자를 분리해 **염기배열 결정**(sequencing)을 한다. 더구나 이들 mRNA의 번역산물(단백질)이 어떤 기능을 갖고 있으며 또 이것이 옥신의 생리 발현과는 어떻게 연결되어 있는가에 대해서는 시급히 검토해야 할 과제이다. 옥신에 의한 유전자 발현의 조절이 5분이라는 빠른 시간 내에 진행된다는 점에서 이 반응은 옥신의 초발반응(수용체와의 결합)에서 시작하는 연쇄변환반응의 대단히 빠른 단계라고 추정하고 있다.

32.1.2 지베렐린

지베렐린(GA)은 벼의 묘가 도장하고 겨의 수량이 감소하는 등의 키다리병(바보묘병)의 병원균인 곰팡이의 일종 *Gibberella fujikuroi*가 분비하는 물질이다. 지베렐린의 분리결정화에 성공한 것은 일본의 S. YABUTA와 Y. SUMITA이다. 이들은 지베렐린이 식물의 뿌리, 눈, 미숙한 종자 등에서도 생산하는 **디테르펜**(diterpene)의 일종이라는 것을 밝혀냈다. 현재 밝혀진 지베렐린이 종자식물에서 동정된 것은 15과 이상의 식물에서 150종이 되어 모든 종자식물에서 존재하는 것으로 추정되고 있다. 양치식물과 선태식물에도 존재하고 있으며, 이끼에는 조정기의 유도물질로서 GA_{19} 메틸에스텔 외에 GA와 구조가 유사한 **안세리디오겐**(antheridiogen)(그림 32-7)이 존재한다. 곰팡이에서는 *Gibberella fujikuroi*를 제외하면 카사바의 병원균인 *Sphaceloma manihoticola*의 배양액에서 GA_4가 동정되었고 붉은빵곰팡이도 GA_3를 생산하고 있다. 그러나 조류에서는 생물 검정에 의해 GA같은 물질이 존재한다는 보고는 있었지만 확인된 것은 아직 없다. 지베렐린은 식물체내의 모든 기관 또는 조직에 분포하고 있다. 그런데 이 GA는 반드시 그 부분에서 합성된 것만이 아니고 옥신처럼 어린 잎이나 미숙한 종자에서 합성하여 체관을 통해서 전류된 것이 많다.

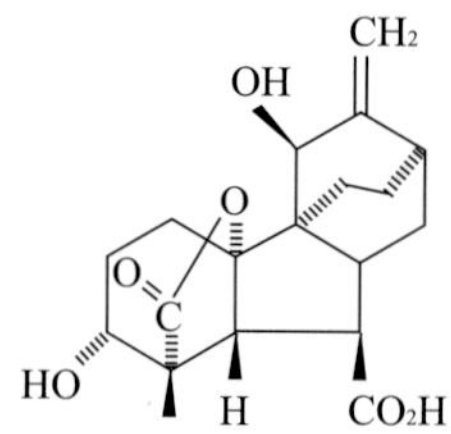

그림 32-7 안세리딘산의 구조

(1) 고등식물에서의 지베렐린의 생합성

GA 생합성 경로는 *Gibberella fujikuroi*의 몇 가지 돌연변이체를 사용한 계와 식물의 미숙종자 배유의 계 및 어린잎의 계를 사용하여 연구해 왔다. 곰팡이의 생합성 경로와 식물의 생합성 경로는 주 경로가 다르며 고등식물에서도 종에 따라 달라진다. 이것은 최종적으로 생성되는 활성 GA의 종류가 다르기 때문이다. 이 경로의 차이는 ent-**지베렐란**(ent-gibberellane) 골격으로의 수산기 도입 시기와 위치에 따라 결정된다. GA 합성경로의 해명은 방사선 동위원소를 포함한

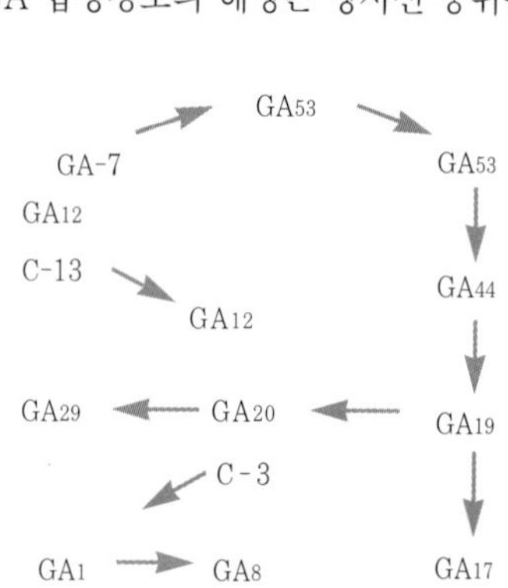

그림 32-8 고등식물 잎에서 GA_1의 합성경로

GA를 사용한 표지실험에 의한 GA 전환계의 존재 증명과 더불이 식물체에서의 합성(대사) 중간체의 존재를 실제적으로 분리해서 증명해야 한다.

고등식물의 잎에서 성장과 관계하는 GA_1의 합성경로는 대부분의 경우 주 경로이다. 이 단계에서는 처음에 C-13에서 수산화가 일어나고 GA_{33} 알데히드가 생기고 최종단계에서는 C-3 수산화가 일어나서 GA_1이 된다(그림 32-8).

(2) 분자 수준에서의 지베렐린 작용

지베렐린 수용체 또는 결합단백질에 관한 연구는 현재 활발히 진행중이지만 그 본체나 성질은 옥신의 경우처럼 뚜렷하지 못한 실정이다. 그러나 수용체로서는 역시 막결합 내지는 단백질이 존재하는 것으로 추정하고 있다.

GA 작용이 전사 수준에서의 조절이라는 것을 시사하는 보고는, 특히 보리와 귀리의 호분층에서 **α-아밀라아제**(α-amylase)의 유도에 관해 상세한 연구 결과가 있다.

GA에 의한 α-아밀라아제의 유도가 mRNA와 관계가 있는 것은 콜루다이세핀, 액티노마이신 D 등 전사 수준에서의 저해제를 사용한 실험에서 추정하고 있다. 호분층 세포에서는 지베렐린에 감수성이 있는 원형질체를 작성할 수 있다. 최근에는 원형질에서 분리한 핵을 이용해서 GA에 의한 유전자 조절의 보다 직접적인 해석을 할 수 있게 되었다.

보리의 호분층 세포에서는 지베렐린 처리 후 약 3시간 후부터 α-아밀라아제의 mRNA가 증가하고 10시간 사이에 α-아밀라아제로 번역된다(그림 32-9). 이것은 GA에 의한 α-아밀라아제의 *de nove* 합성 유도가 α-아밀라아제 유전자의 전사 수준에서 일어나고 있는 것을 뜻한다.

호분층에서 GA처리에 의해 영향을 받는 mRNA는 α-아밀라아제뿐만이 아니다. 어떤 경우에는 감소하는 mRNA도 있다. 또 α-아밀라아제의 mRNA를 포함하여 특정한 몇 가지 mRNA의 합성이 GA와 ABA에 의해 상호간에 역의 조절을 받기도 한다.

GA가 어떻게 α-아밀라아제의 유전자의 전사를 선택적으로 조절하고 있는가에 대해서도 뚜렷하지 않다. 그러나 GA는 빠른 시기에 어떤 종류의 단백질 인자의 유전자를 발현시켜서 그 인자가 생산되고 이것이 α-아밀라아제 유전자의 발현을 조절하는 가능성도 시사하고 있다.

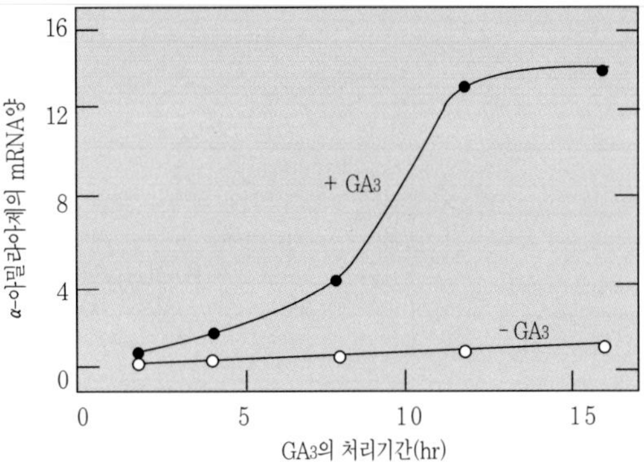

그림 32-9 보리 호분층에서의 GA_3(1μm)에 의한 α-아밀라아제 mRNA의 합성유도
mRNA 양은 추출한 mRNA에 의한 *in vitro*에서 합성단백질에 포함된 α-아밀라아제의 비율로 나타냈다.

32.1.3 시토키닌

식물의 조직 배양에 관한 연구를 한 미국 위스콘신대학의 F. SKOOG 등은 옥신 존재 하에서 담배 줄기 절편의 유관속 조직을 제거한 수조직만을 배양하면 세포는 확대하지만 세포분열은 일어나지 않는다는 것을 발견했다. 한편 유관속조직이 있는 상태에서 배양하면 세포분열은 일어나지만 분열은 바로 멈추어 버린다. 여기서 세포분열은 옥신 외에 유관속에서 유래하는 어떤 인자를 필요로 하는데, 계속 배양하면 이 인자는 소모되는 것으로 추정하여 이 인자의 정체를 규명하는 연구를 진행하여, 야자의 밀크(배유액)나 효모 추출액에는 옥신과 더불어 세포분열을 촉진하는 인자가 있을 것으로 판단하여 그 활성 인자의 추출에 전념하였다.

SKOOG 등은 청어의 정자에서 추출한 DNA의 오래된 시료에는 옥신과 협력해서 세포분열을 촉진시키는 물질이 존재한다는 것을 담배나 수세포의 캘러스에서 발견하였다. 더구나 이 물질은 새로운 DNA 시료에서도 가압 · 고온 처리하면 포함하게 된다는 것을 규명하여, 유기화학자 C.O. MILLER의 협력으로 이 물질을 분리하는 데 성공하였다. 이 물질을 **키네틴**(kinetin)이라고 명명하였고(1955년) **6-아미노푸르푸릴퓨린**(6-aminofurfurylpurine)인 것으로 확인하였다(1956).

키네틴 자체는 천연의 식물호르몬은 아니지만 키네틴과 같은 작용을 하는 물질이 식물조직에 널리 분포하고 있고, 1963년 뉴질랜드의 D.S. LETHAM은 옥수수의 미숙종자에서 활성물질을 분리하여 **제아틴**(zeatin)이라고 명명하였고, 이 물질은 6-(4-히드록시-3-메틸-trans-2-프테닐아미노퓨린)(trans)Z(그림 32-10)으로 확인되었다.

그 후 여러 식물의 조직에서 제아틴과 그 유사 화합물을 분리하였고, 리보오스와의 결합형도 많이 존재하고 있음을

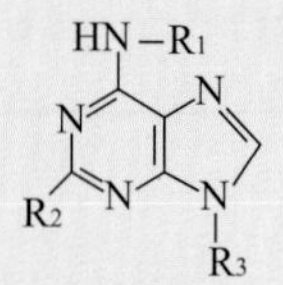

	R_1	R_2	R_3
6-(4-히드록시-3-메틸-trans-2-프테닐아미노퓨린)(trans)Z	$-CH_2-CH=C(CH_2OH)(CH_3)$	H	H

그림 32-10 대표적인 천연 시토키닌의 구조(제아틴)

확인하였다. 그리고 SKOOG 등의 제안으로 키네틴과 같은 생리활성을 하는 일군의 화합물 중 6위의 아미노기가 치환되는 퓨린 유도체를 **시토키닌**(cytokinin)이라고 총칭하였다.

(1) 시토키닌의 종류

분리 · 동정된 천연 시토키닌의 종류는 27개이며 모두가 N^6 치환의 아데닌환을 갖고 있다. N^6 치환기는 0-히드록시벤딜 아데닌을 제외하면 전부가 S_5의 이소펜테닐 골격으로 되어 있다. 따라서 가장 간단한 시토키닌은 N^6−(Δ−이소펜테닐)아데닌이며, 그 외는 그 유도체이다. 복합형 시토키닌으로는 리보시드 또는 리보티드 외에 글루코시드가 있고 알라닌과의 복합형도 있다.

또한 퓨린환의 6아미노기 치환체인 많은 키네틴 유연화합물이 합성되어 이들의 생리활성이 규명되고 있는데 이들을 합성 시토키네틴이라 한다. 비교적 많이 알려져 있는 것으로는 6−벤질아미노퓨린, 6−(2−나프틸)아미노퓨린 3−피리딜페닐요소 등이 있다(그림 32-11).

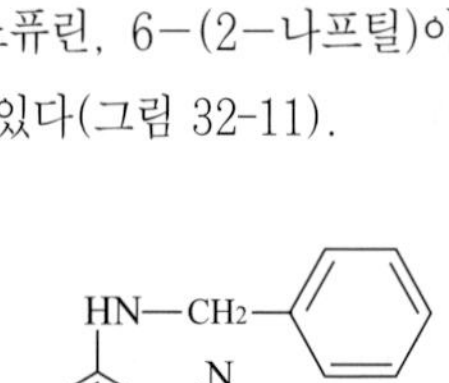

벤질아미노퓨린

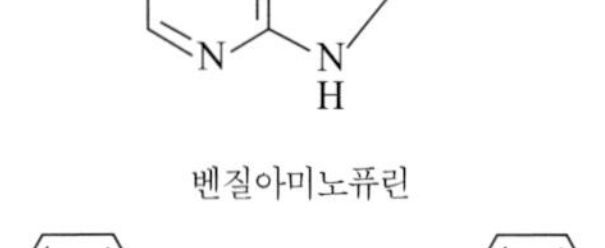

3-피리딜페닐요소

그림 32-11 높은 생리활성이 있는 시토키닌 및 디페닐요소 유도체

(2) 시토키닌의 분포

시토키닌은 많은 조류를 포함한 식물에서 분리되었으며 거의 모든 기관에 존재하고 있다. 또한 배양세포의 캘러스나 뿌리혹병(크라운걸), 근립에도 존재한다. 시토키닌은 물관과 체관을 통하여 쉽게 이동할 수 있음으로 식물체의 모든 부분에 분포할 수 있다.

고등식물에서 시토키닌의 주요한 것은 제아틴과 결사슬이 같은 그 유도체와 리보실제아틴이다. 이소펜테닐아미노퓨린(ip)과 그의 리보시드도 식물체에 존재하지만 그보다는 박테리아, 점균, 이끼류의 성장에 필요한 시토키닌으로 되고 있다.

32.1.4 아브시스산

아브시스산이 발견될 때까지는 주로 3가지 범주의 연구가 주류를 이루었다. 첫째는 눈의 휴면과의 관계인데 눈의 성장을 억제하는 물질(휴면물질)의 추구이고, 둘째는 식물조직에서 옥신의 추출분획(산성에텔 분획)내에 들어 있는 아베나 유엽초 또는 완두 줄기 절편의 옥신 생물검정법으로 저해작용을 나타내어 옥신과는 상반작용을 갖는 물질에 관한 것이고(생장저해물질, β−저해물 : inhibitor β), 셋째는 잎, 줄기, 열매의 기관 탈리를 일으키는 물질의 탐색이었다(기관탈리물질). 이들 연구는 모두가 ABA라는 공통물질로서의 작용이 주가 되었다.

휴면물질로서는 스웨덴의 헨비러가 감자 덩이줄기의 휴면눈에 관한 연구와 *Fraxinus excelsior* L.의 휴면눈에 관한 연구에서 저해물질 β(inhibitor β)를 제안하였다. 그 후 영국의 웨아린 등은 *Acer pseudoplatanus*와 *Betula rubescence*의 끝눈과 잎에서 저해물질을 추출 분리하여 이 휴면유도물질을 dormin이라고 명명했다(1964).

성장 저해물질(저해물질 β)은 1940년대 후반부터 발달한 페이퍼크로마토그래피의 연구로 식물조직에서는 옥신 외에 식물 성장물질과 저해물질이 있다는 것을 확인하게 되었다. 즉, 귀리의 유엽초 절편에서는 신장에 촉진적인 2분획과 저해적인 1분획의 존재를 찾아냈다. 촉진분획 중 하나는 IAA에 상당하는 것이고 또 하나는 IAA보다는 낮은 Rf치에 있는 물질(촉진물질 α, accelerator α)이었고, IAA보다 높은 Rf치(0.5∼0.7 부근)의 저해분획을 저해물질 β(inhibitor β)라고 명명했다. 저해물질 β는 그 후 ABA를 포함한 몇 종류의 복합분획인데 이 복합분획의 조성은 식물재료에 따라 일정하지 않다.

기관 탈리물질은 캘리포니아대학(데이비스분교)의 원어(1953)가 목화의 열매에서 IAA 작용저해물질의 존재를 확인하여 목화의 어린 열매의 탈리가 시작할 때에는 이 물질의 양이 최대가 된다는 것을 규명하였고, 그 후 류와 칸스는 성숙한 열매에서 성장저해물질을 분리하여 아브시스산(abscisin)이라고 명명하였다(1961).

(1) 아브시스산의 분포

ABA는 널리 식물계에 분포하고 있지만 태류, 조류, 박테리아에서는 분리되고 있지 않다. 그러나 균류에서는 *Cercospora rosicola, C. cruenta* 및 *Botrytis cinerea*의 배양액에서 분리되고 있는데 이 곰팡이에서는 ABA를 다량으로 생산하고 있다.

고등식물에서 ABA는 대부분의 기관과 조직에 분포하고 있는데 이것은 ABA가 물관, 체관을 통하여 전류하고 있기 때문이다. ABA는 잎, 뿌리, 미숙 종자에서 합성된다. 잎에서는 엽육세포의 엽록체에 다량 축적하고, 수분 스트레스가 잎에 나타나면 이 양은 더욱 증가하며 세포질에서는 10배 이상으로 증가한다는 연구 결과가 있다(표 32-2).

표 32-2 수분 스트레스에 의한 ABA함량의 증가

식물명	기관명	ABA(gm/kg F.W)	
		정상	시들음
아보가도	뿌리	27	85
제비콩	잎	19	335
(왜 성)	끝눈	78	827
	줄기	23	288
	뿌리	3	160
	미숙 꼬투리	74	609
	미숙 종자	7	331
밀	황화엽	28	294
	녹색잎	44	257
아주까리	잎	31	410
해바라기	곁뿌리	13	19

(2) 아브시스산의 화학적 구조와 작용성

ABA는 곁사슬이나 고리에서 많은 유도체가 합성되고 그 구조와 활성과의 상관관계에 대한 연구를 진행하고 있다(그림 32-12).

이것을 요약하면 다음과 같다. 합성된 ABA는 (±)라세미체이지만 (—)-ABA(2)는 (+)-ABA(1)과 생리활성은 변화하지 않는다. 다만 기공의 개폐에 대해서는 전혀 작용하지 않는다. 곁사슬은 2-*cis*-4-*trans*-3 메틸-2,4-펜다데이에논산의 구조가 필수적이다. 2-*cis*-4-*trans*-3형(3)은 대부분이 활성을 상실하고 3−메틸을 제외하면 (4)와 같다. 3−메틸을 메틸기에 넣어서 교환하거나 그 (2) 위에 옮기더라도 활성은 상실된다. 또 곁사슬의 연장도 활성 저하를 일으킨다. 짧게하는 경우 효과는 일정하지 않다. 1의 카르복실기를 알데히드나 알코올로 환원하는 것은 ABA와 거의 같은 위치의 활성을 갖는다. 다만 이들 화합물은 식물체내에서 카르복실기로 산화되어 활성을 나타내는 것으로 보고 있다.

시클로헥센환에 대해서는 1′수산기와 4′케톤기를 제외하더라도(5) 활성 발현을 위해서는 아무런 영향이 없다. 그러나 2′, 3′의 이중결합은 그 위치에 있어야 한다. 1′, 2′에폭시체(6)도 강한 활성을 나타낸다. 메틸기 2′을 제외한 것(7)은 불활성이 되지만 6, 6′메틸을 제외한 것(8, 9)은 활성을 나타낸다.

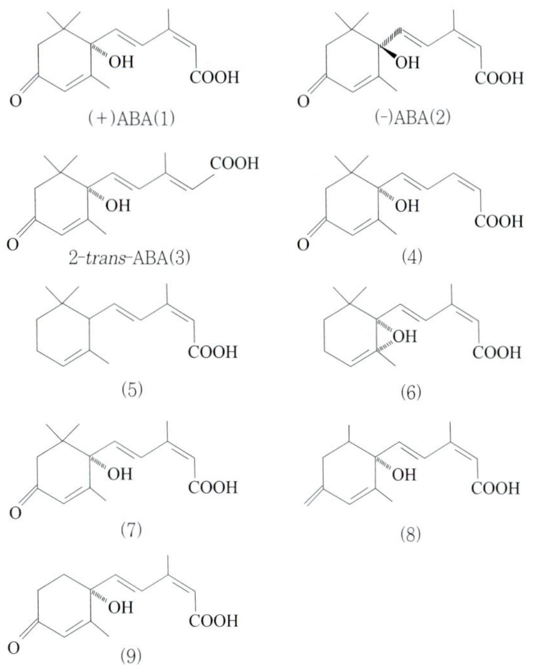

그림 32-12 ABA 유연합성물질

32.1.5 에틸렌

가스등의 조명용 가스 또는 난방용 가스 이용이 식물의 생육에 미치는 영향에 대해서는 일찍부터 규명되어 왔다. 실험실 또는 온실내에서 완두의 유식물이 수평방향으로 신장하는 것이라든지 온실내에서 카네이션의 꽃이 잠자면(닫히면) 재차 피지 않는 것 등인데 이들은 조명등의 가스에 들어 있는 에틸렌의 영향 때문이라는 것을 확인하였다. 또한 에틸렌은 **상편생장**(epinasty), **기관탈리**(abscission), 성장 저해, 줄기의 팽윤 등도 일으키는 것으로 알려져 있다.

에틸렌의 연구, 특히 에틸렌의 생성 연구가 비약적으로 발달한 것은 버그와 스톨뤼크에 의한 에틸렌의 정량적 연구에 가스크로마토그래피를 이용한 것이 그 동기가 되었다(1959). 에틸렌은 과일의 성숙을 촉진하는 호르몬으로서만

이 아니고 식물의 생장, 분화과정을 조절하는 호르몬이라는 인식은 일찍이 옥신이 에틸렌 생성을 촉진한다는 진마만 등의 발견(1935) 때문이라 할 수 있다. 그들은 옥신으로 유도된 에틸렌은 발아 촉진, 성장 저해, 줄기의 팽윤, 상편생장 등에서의 옥신 작용과 밀접한 관계가 있다는 것을 시사했다.

에틸렌이 식물의 생장과 분화에 중요한 역할을 한다는 연구는 1960년 이후에 와서야 활발하게 진행되었다. 에틸렌은 단순한 구조의 기체이지만 유사한 물질은 대단히 활성이 낮으며 프로필렌에서도 1/200 가량의 활성만 나타낸다(표 32-3).

표 32-3 에틸렌 및 유사물질의 활성 비교

화 합 물	최대 효과의 1/2을 나타내는 데 필요한 농도(ppm)
에틸렌	0.1
프로필렌	10
염화비닐	140
일산화탄소	270
아세틸렌	280
메틸아세틸렌	800
아렌	2,900
1-브텐	27,000

(1) 에틸렌의 합성

에틸렌 합성 경로의 해명에는 오랜 역사가 있다. 처음에는 M. LIEBERMAN과 L.W. MAPSON(1964)이 확립한 $Cu^{2+}-H_2O_2$ 아스코르빈산의 반응계를 사용한 모델 시험계에서 연구를 진행하여 메티오닌 · 리놀렌산이 에틸렌의 전구물질이 되는 것을 확인하였다. 그 후 S.F. YANG(1979)이 메티오닌이 전구물질이고, 여기서 **1-아미노시클로프로판-1-카르복실산**(1-aminocyclopropane-1-carboxylic acid, ACC)이 생기며, 이것이 에틸렌의 직접적인 전구물질이라는 것을 밝혀냈다. 그림 32-13에 나타낸 반응계에 의해 에틸렌이 합성된다.

(2) 에틸렌의 주요 생리작용

1) 과실의 추숙(追熟)

에틸렌은 과실의 추숙작용에 매우 중요한 작용을 한다. 과실의 추숙과정에 있어 호흡은 2가지 형태를 나타낸다. 하나는 추숙과정이 일어나기 직전에 급격한 호흡의 상승이 나타나는데(그림 32-14), 이것을 **클리마테릭**(climateric)**호흡**이라 한다. 한편 추숙기간 중 호흡 변화는 적고 낮게 유지되는

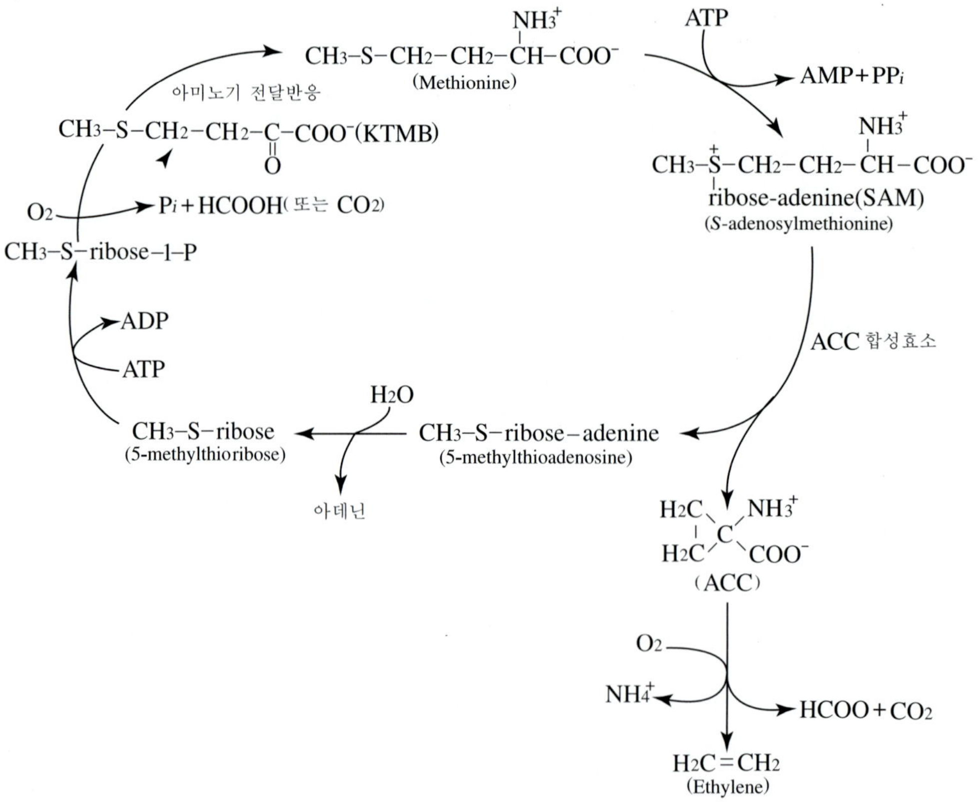

그림 32-13 에틸렌 합성경로

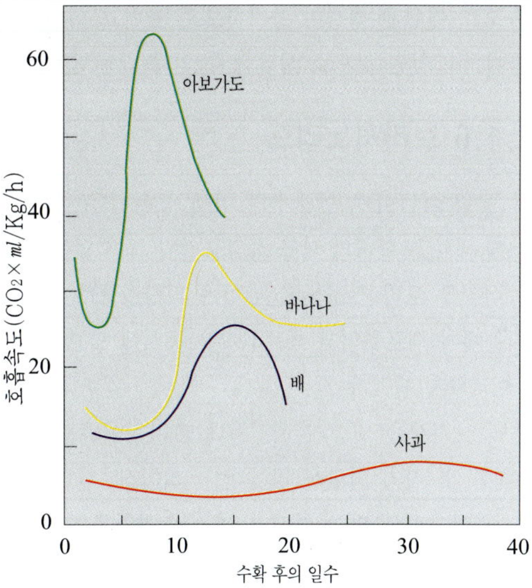

그림 32-14 각종 과실의 클리마테릭 호흡

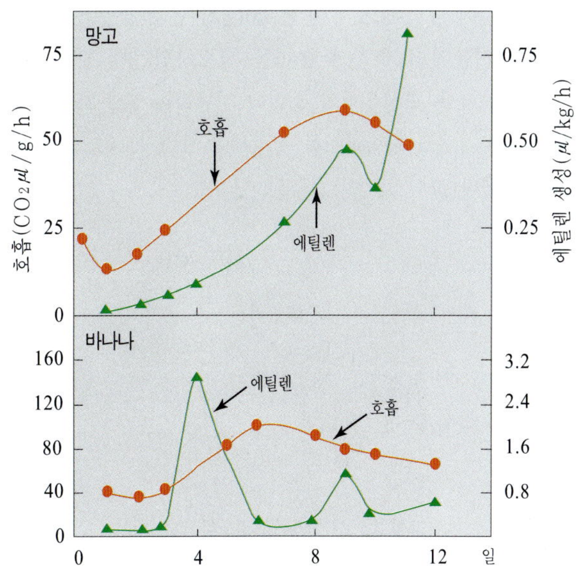

그림 32-15 망고와 바나나의 추숙성에 따른 호흡의 상승과 에틸렌의 생성

것을 비클리마테릭호흡이라 한다. 앞의 형의 과실에서도 호흡이 상승함에 따라 혹은 그 직전에 에틸렌의 급격한 작용이 나타난다(그림 32-15).

과실의 추숙과정은 호흡 상승, 막투과성 변화, 엽록소의 분해와 다른 색소의 합성, 유기산, 당 등의 생성, 조직(과육) 연화, 방향화 등이 관계하지만 에틸렌이 이러한 과정에 어떻게 관여하고 있는가에 대해서는 밝혀져 있지 않다. 그러나 클리마테릭형 과실에서는 에틸렌이 생성될 수 없는 조건 하에 둔다거나 생성되는 에틸렌을 제거하거나 하면 추숙과정을 지연시킬 수 있다. 이러한 점에서 클리마테릭형 과실에서는 에틸렌이 적어도 추숙을 개시시키는 호르몬이라고 할 수 있다.

2) 기관 탈리

잎, 과실, 꽃, 눈 등의 기관이 줄기에서 탈리하는 것은 모두가 이들 각 기관의 줄기에 붙은 뿌리에서 형성되는 **탈리층**(abscission layer) 때문이다. 이 층에서는 세포벽이 분해되어 세포 사이가 분리되는데 에틸렌은 이러한 탈리를 촉진한다.

에틸렌을 투여하면 탈리를 형성하는 조직의 세포는 확대하고 동시에 셀룰라아제나 포리가락투로나아제의 활성이 높아지면 세포벽이 분해하기 시작한다. 그 결과 이 조직은 기계적으로 연약해지면서 탈리하기 시작한다. 에틸렌에 대해 옥신은 탈리층 형성을 억제하는 작용을 한다. 옥신은 엽신에서 형성됨으로 엽신이 노화하지 않는 한 옥신의 수송이 계속됨으로 탈리층 형성은 억제된다. 목화의 유식물을 사용한 실험에서는 엽병과 엽신을 동시에 에틸렌 처리를 하지 않으면 잎의 탈리는 일어나지 않는다(그림 32-16). 에틸렌은 아마도 먼저 엽신에서 옥신의 공급을 중지시키는 작용을 하는 것으로 추정된다.

내생 호르몬이 탈리층 형성의 조절에 관여하고 있는 것은 에틸렌 작용의 저해제인 CO_2와 Ag^+ 또는 에틸렌 합성 저해제인 ATG(aminoethoxyrinylglycine)을 투여하거나 생성된 에틸렌을 탈기 · 제거하면 기관 탈리가 억제되는 점으로도 추정할 수 있다. 실험적으로는 탈리층 형성과정에서 발생하는 셀룰라아제의 생산과 세포 확대에 앞서 에틸렌과 ACC가 증가하는 것을 관찰할 수 있다.

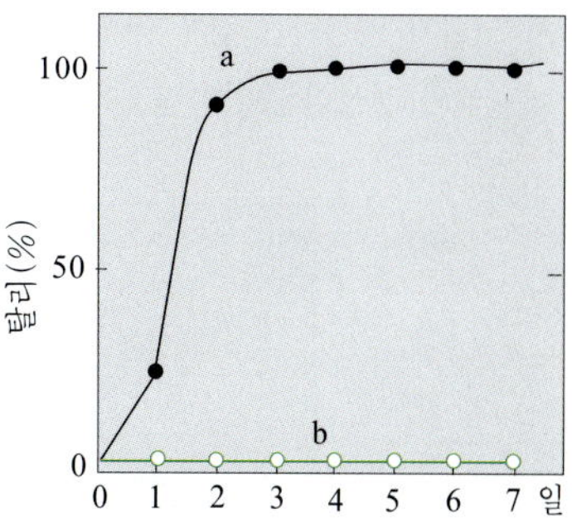

그림 32-16 목화 잎의 탈리에 대한 에틸렌의 영향 제3엽을 용기에서 밀폐하여 에틸렌(14$\mu l/l$)으로 봉입한 것(a)과 공기를 봉입한 것(b)의 양쪽에 대해 엽병에도 외부에서 에틸렌을 투입했다.

3) 노화

잎 노화의 특징은 엽록소가 분해하기 때문에 생기는 잎의 황색화를 들 수 있다. 잎의 절편을 에틸렌 처리하면 엽록소의 분해, 단백질, 녹말 등의 고분자 화합물이 분해되기 시작한다. 그리하여 이들의 분해와 관련된 반응과정에 관계하는 각종 가수분해효소의 활성이 높아진다. 이것은 일반적으로 노화현상에서 볼 수 있는 변화이다. 노화가 진행할 때에는 반드시 세포의 막구조가 붕괴된다. 에틸렌 처리에 의한 엽록소 분해가 촉진될 때에도 엽록체가 붕괴한다. 에틸렌은 또한 노화 때 일어나는 세포막의 투과성의 증가도 현저하게 촉진시킨다(그림 32-17).

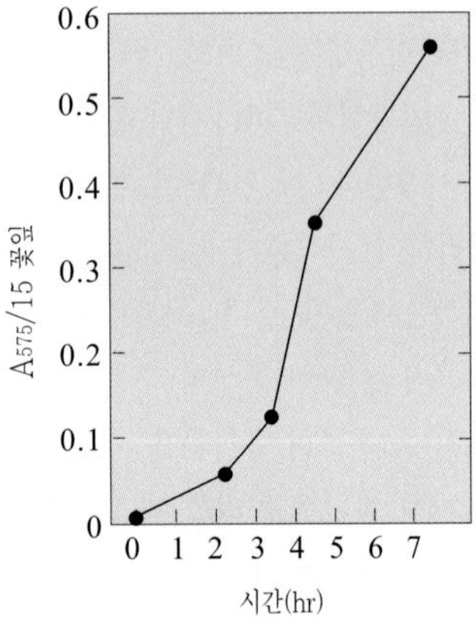

그림 32-17
*Tradescantia*의 꽃잎에 안토시안의 유출(막 투과성의 지표)에 대한 에틸렌의 영향
종축은 안토시안의 575nm 에서의 흡수치

내생 에틸렌과 노화의 진행에 있어서도 노화과정에 다른 호르몬과 요인이 관여하고 있는 데에 대해서는 아직까지 뚜렷한 실험결과는 없다. 특히 잎을 제거하는 경우는 제거하거나 상처를 입히는 것 자체가 에틸렌 생성을 유도할 수 있다는 점에 유의해야 한다. 에틸렌의 발생에 있어서 엽록소가 분해하기 전에 정점이 나타나는 경우와 분해 후에 나타나는 경우 등이 있다. 또 에틸렌 생성속도가 엽록소 분해의 속도와 일치하는 예도 있다. 무상처 식물에서도 자연 조건 하에서 노화가 일어나는 경우 역시 잎이 황색화가 진행함에 따라 에틸렌의 생성이 증가한다. 꽃은 수분하면 시든다. 수분하면

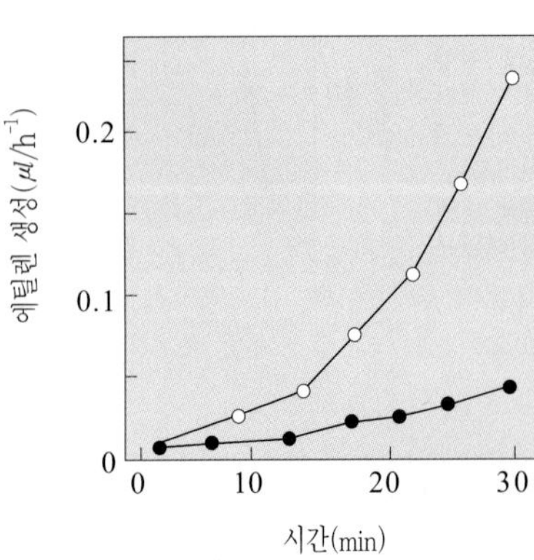

그림 32-18 꽃의 노화에 미치는 에틸렌의 영향

빠른 속도로 에틸렌 생성이 증가하므로 꽃의 노화에도 에틸렌이 관여하고 있는 것으로 생각할 수 있다(그림 32-18).

32.1.6 브라시노리드

미국 농림성(USDA)연구소의 미첼 등은 1970년에 유채의 화분에 새로운 형태의 식물 성장물질이 들어 있는 것을 찾아내어 이것을 브라신(brassins)이라고 명명했다. 브라신은 여러 식물에서 세포분열과 세포신장을 동시에 일으키는 것이 실험적으로 확인되었다.

그런데 브라신은 일종의 지질인데 브라신이라는 지성 조추출분획은 몇 가지 지방산(리놀렌산, 리놀산, 팔미틴산, 올레인산, 스테아린산)의 글루코실 에스텔 화합물의 혼합물에 불과하다는 것으로 확인되었는데(1978) 더구나 이들의 지방산 에스텔은 모두가 생리활성도 나타내지 않았다. 그런데 같은 연구소에서 브라신을 연구해 온 만다 등은 새 물질의 존재를 예상하여 꿀벌이 모아 놓은 40kg의 유채 화분을 재료로 하여 활성물질의 추출과 분리를 시도하였는데 1979년에 4mg의 새로운 활성물질의 분리에 성공하여 X선 해석 등의 데이터를 기초로 화학구조를 결정하여 브라시노리드(BR)라고 명명했다(그림 32-19).

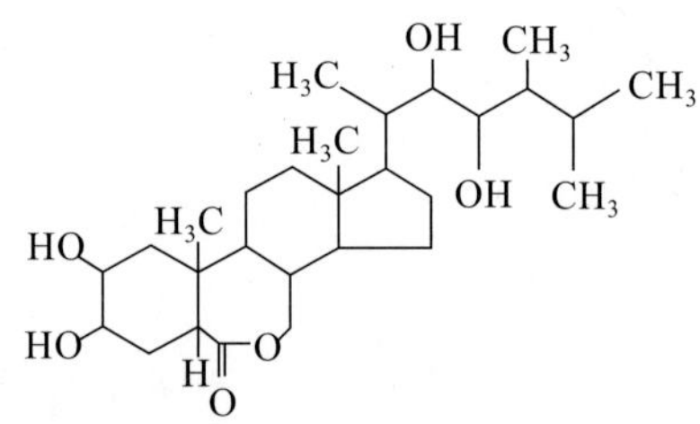

그림 32-19 브라시노리드의 구조

BR는 구조상 B환에 락톤 구조를 한 새로운 형태의 스테로이드화합물이다. 스테로이드물질에는 동물이나 곤충의 호르몬으로서 중요한 생리활성물질인 것이 많으나 식물에서는 불과 몇 종류의 스테로이드화합물의 존재만이 밝혀져 있다. 그러나 식물 자신이 생산하고 미량으로 더구나 대단히 높은 생리활성을 나타낸 것이 브라시노리드가 처음이다.

(1) 브라시노스테로이드의 생리작용

BR 관련 화학물이 많은 식물에 존재하고 있는 것을 확인한 이후 여러 종류를 분리하였다. 그런데 이들 물질은 BR과 비슷한 생리활성을 나타내는 스테로이드화합물이었다. 그래

서 이들 물질을 종합해서 **브라시노스테로이드**(brassinosteroid ; BS)라고 명명했다.

BS도 일반적으로 성장을 촉진한다. 줄기의 절편을 사용한 실험계에서는 옥신처럼 신장을 촉진하지만 옥신과 비교하면 1/100 가량 낮은 농도에서도 효과가 있었다. 오이 배축절편에서는 옥신은 1~10μM이, BR은 10~100μM이 최적 농도이다(그림 32-20). 그런데 BS와 옥신의 신장촉진작용은 다른 기구에 의거하는 것으로 생각할 수 있다. 즉, BR와 옥신의 경시적 신장 촉진효과를 보면 전자는 6시간의 유도기를 두고 작용이 나타난다. 또 BS의 작용은 옥신과는 상승적이며, 항옥신 등으로 옥신의 작용을 억제하면 BS의 작용은 현저하게 억제된다.

BS의 특징적인 작용의 하나는 벼의 **엽신굴곡**(lamina joint bending)이다. 벼의 유식물에 BS를 투여하면 엽신과 엽초의 접합부(lamina joint)에서 엽신이 굴곡한다. 지베렐린과 옥신도 같은 작용을 하지만 BS는 훨씬 낮은 농도에서 대단히 현저한 굴곡을 일으킨다. 이 작용은 BS의 생물검정에 널리 쓰여지고 있다.

BS는 그 밖에도 화분관의 신장 촉진, 종자의 발아 촉진, 부정근 형성 저해, 에틸렌 생성 촉진, H^+ 분비 촉진 등의 효과도 있다.

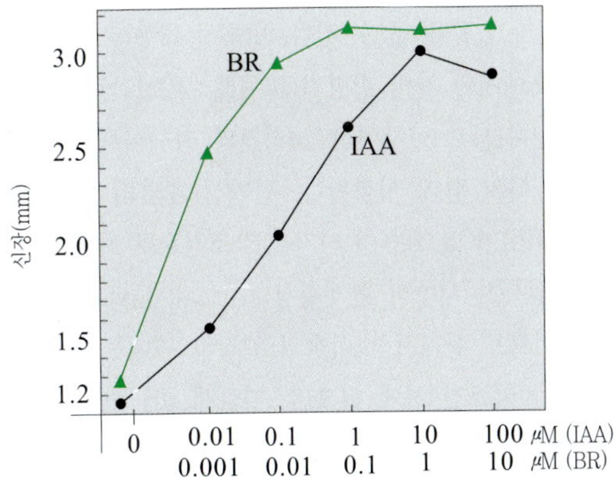

그림 32-20
오이 배축절편의 신장에 미치는 IAA와 브라시노리드(BR)의 영향
절편의 초기 길이는 5mm이고 24시간 후에 측정

32.1.7 폴리아민

폴리아민은 리신과 아르기닌을 포함하는 둘 또는 그 이상의 아미노기를 갖는 **다가 양이온**(polyvalent cation) 화합물이다(그림 8-2). 이 중 가장 널리 분포하고, 일반적이며, 생리적으로 활성을 띠는 것은 putrescine($NH_2(CH_2)_4NH_2$), cadaverine($NH_2(CH_2)_5NH_2$), spermidine($NH_2(CH_2)_3NH(CH_2)_4NH_2$), 그리고 spermine($NH_2(CH_2)_3NH(CH_2)_4NH(CH_2)_3NH_2$) 등이다. 이 화합물들은 몇몇 조직의 생장을 촉진시키고, 분리된 원형질체를 안정화시키고 여러 종류 세포의 수분 결핍을 최소화하고 또 떼어낸 잎의 노화를 지연시킨다. 이들의 중요한 작용메커니즘에 대해서 알려진 것이 거의 없으나, 양으로 하전된 아미노기는 핵이나 리보솜에 있는 DNA와 RNA의 음으로 하전된 인산기와 결합할 것으로 생각된다. 이 결합의 결과로서 식물과 동물세포에서 DNA 전사와 RNA의 번역이 종종 증가한다. 생체막 안정성에 대한 효과는 막의 단백질이나 인지질과의 직접적인 결합에 기인하는 것 같으나 아직 이것에 대해서 알려진 것이 없다.

32.2 광주기성

콩을 4월부터 8월에 걸쳐 10일 간격으로 심어 재배하면 모두 같은 시기에 꽃을 피운다. GARNER와 ALLARD(1920)는 생육시간이 꽃눈 형성에 관계없고 하루의 일조시간이 적어도 14시간(한계 일조시간) 이내이어야 한다는 사실을 알아냈다. 이러한 식물을 단일식물이라 한다. 한편 시금치는 일조시간이 한계(14시간) 이상이 되면 꽃눈이 나오므로 장일식물이라 한다(표 32-4).

표 32-4 단일식물, 장일식물 및 중성식물

	종 류	한계 일조시간(hr)
단일식물	도꼬마리	15 ~ 15.5
	대 두	14 ~ 16
	코스모스	12 ~ 13
	담배(메릴랜드맘모스 품종)	13 ~ 14
	국 화	14 ~ 14.5
	두드러기쑥	14 ~ 12.5
	홍 성 초	12 ~ 12.5
	이 외에 가을에 피는 다양한 1년생 식물	12 ~ 12.5
장일식물	무	10 ~ 11
	사 리 풀(1년생)	10 ~ 11
	시 금 치	13 ~ 14
	무 궁 화	12 ~ 13
	이 외에 여름에 피는 다양한 1년생, 2년생 식물	12 ~ 13
중성식물	토마토, 옥수수, 메밀, 금어초, 담배(대부분의 품종), 고추, 오이	

꽃눈 형성을 위한 일장조건은 1번 주는 것만으로 효과가 있는 것(단일식물인 나팔꽃, 도꼬마리)도 있지만 몇 차례(몇 일) 되풀이하여 처리하지 않으면 효과가 없는 것이 많다. 이것을 **광주기성**(photoperiodism)이라 한다.

장일조건 하의 도꼬마리의 잎을 덮고 1장의 잎에만 단일조건을 주더라도 꽃눈은 형성된다. 또한 단일처리에 의해 꽃눈을 형성한 도꼬마리에, 처리하지 않은 도꼬마리를 접목하면 후자는 꽃눈을 만든다. 도꼬마리의 경우에는 춘화 처리를 받지 않더라도 일장조건만으로 잎에서 플로리겐이 생성되고 그것이 줄기 끝으로 이동하여 꽃눈을 유도한다. 단일식물의 경우, 나팔꽃은 일장처리를 자엽에서 감응할 수 있지만 자엽을 14시간 암기(暗期, dark period) 처리한 다음 제거하면 꽃눈을 만들지 않는다. 그러나 18시간 암소(暗所)에 둔 후 제거하면 꽃눈을 형성한다. 이것은 자엽에서 생성된 플로리겐이 14시간 후에는 자엽에 머물고 있지만, 18시간 후가 되면 자엽으로부터 발아할 곳으로 이동하는 것이다.

꽃눈을 가진 장일성의 담배에 아직 일장처리를 하지 않은 단일성의 담배(메릴랜드맘모스 품종)를 접목하면 후자에 꽃눈이 형성된다. 꽃눈을 가진 단일식물과 일장처리를 하지 않은 장일식물을 접목한 경우에도 후자에는 꽃눈이 형성된다. 따라서 플로리겐은 장일식물과 단일식물에 공통된 호르몬이라고 생각된다. 로제트형으로부터 **추대**(bolting)를 뻗어 꽃눈을 형성하는 장일식물인 경우에는 장일처리 대신에 지베렐린을 처리하더라도 추대를 뻗어 꽃눈을 형성한다. 그러나 지베렐린은 단일식물이나 로제트형이 아닌 장일식물의 꽃눈 형성에는 효과가 없다. 따라서 지베렐린은 플로리겐과 같은 물질이 아니라는 것을 알 수 있다.

도꼬마리는 빛처리 8시간, 암처리 16시간의 단일조건에 두면 꽃눈이 형성된다. 암기 도중에 1~10lux의 빛을 수분간 쪼이면(광중단) 꽃눈이 형성되지 않는다. 반대로 장일식물인 사리풀을 위와 같은 단일조건에 두면 꽃눈이 만들어지지 않지만 광을 중단하면 꽃눈이 형성된다(그림 32-21). 따라서 광주기성에서 중요한 것은 명기의 길이가 아니라 암기의 길이임을 알 수 있다. 즉, 단일식물이 한계야장시간(critical light length) 이상의 암기에 놓이게 되든지, 장일식물이 한계야장시간 이하의 암기에 놓이게 되면 꽃눈이 형성된다. 광중단에 유효한 빛의 파장은 적색광(赤色光, 660nm)이며, 적색광을 조사한 후 원적색광(遠赤色光, 730nm)을 조사하면 광중단의 효과는 상실된다. 또한 적색광을 주면 다시금 광중단효과가 나타나는데, 이 현상은 적-원적색광효과이며, 광중단효과와 그 제거효과의 작용스펙트럼은 **피토크롬**(phytochrome)의 흡광스펙트럼과 거의 일치한다(그림 32-22).

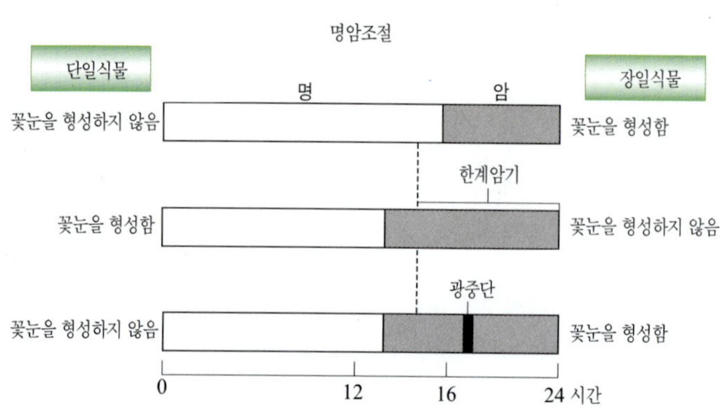

그림 32-21 단일 및 장일식물과 광주기 처리

피토크롬은 암조건 하에서는 P_R로, 적색광(명조건) 하에서는 P_{FR}이 된다. 따라서 단일식물인 경우에는 명조건 하에 생성된 P_{FR}에 의해 플로리겐의 생성이 억제되고 있지만 한계시간 이상의 암조건을 받게 되면 P_{FR}이 P_R로 바뀌며, 억제가 풀려 플로리겐이 생성되기에 이른다는 가정이 성립된다. 그러나 장일식물인 경우와 공통 기작에 의한 설명은 곤란하다.

대두(*Biloxi* 품종)에 대해 그림 32-23과 같이 단일식물에 8시간의 명기와 여러 가지 길이의 암기를 주었을 경우, 명기와 암기를 합쳐서 24시간, 48시간, 72시간일 때는 꽃눈 형성이 촉진되지만, 그 중간인 12시간, 36시간, 60시간일 때는 꽃눈 형성이 억제된다. 따라서 빌록시 대두에는 약 24시간을 주기로 하는 리듬이 있으며, 꽃눈 형성은 단순한 한계야장 이상의 암기에 의해 결정되는 것이 아니라, 식물의 내성 리듬과 밀접한 관계가 있음을 알 수 있다. 빌록시 대두를 예로 들면 그림 32-24a에서와 같이 친명기(親明期 ; 12시간)와 친암기(親暗期 ; 12시간)로 이루어진 24시간의 리듬이 있으며, 이 리듬은 해돋이와 함께 시작된다. 친암상(親暗相)의 전반에 유도상(誘導相)이 있으며 이 시기를 암조건으로 하면 꽃눈이 유도된다. 빌록시 대두의 한계일장(critical day length)은 약 10시간이므로 한계시간 이하의 일장일 때에는 유도상은 암조건 하에 있으며, 따라서 꽃눈이 유도된다고 해석할 수 있다(그림 32-24a). 장일식물인 경우에는 일장이 한계일장시간 이상이면 유도상이 명조건에 놓이게 되고 꽃눈이 유도된다. 내성리듬은 온도의 영향을 받지 않으며 해돋이(光照射)와 함께 시작되지만, 그림 32-23의 실험에서도 알 수 있듯이 암시간이 길어지면 내성리듬의 감쇠를 찾아볼 수 있다. 식물에 빛을 주면 내성리듬은 다시 회복되지만, 빛을 주는 시기의 변화에 따라 내성리듬의 주기나 위상(位相)은 혼란에 빠지게 된다.

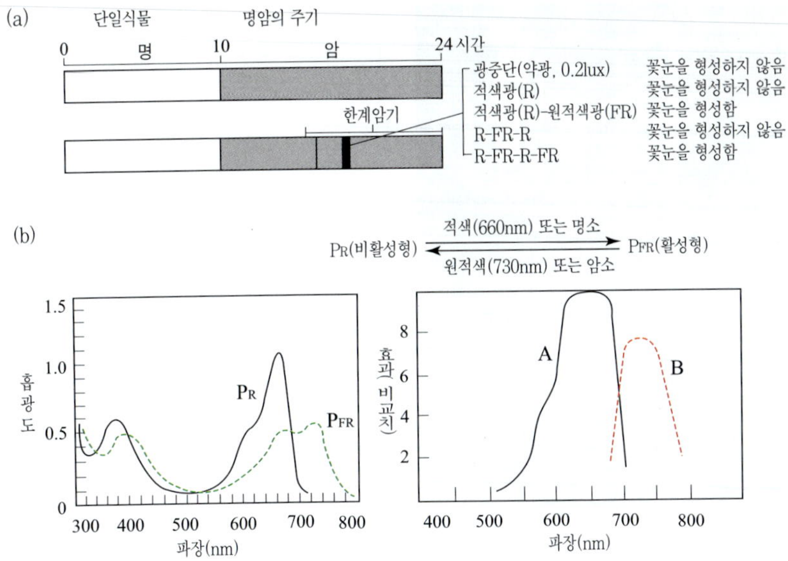

그림 32-22 빛과 꽃눈 형성의 관계
(a) 단일식물의 꽃눈 형성에 대한 암기광 중단 효과
(b) 피토크롬의 흡광스펙트럼
(c) 단일식물의 암기 광중단에 의한 꽃눈 형성 저지 효과(A)와 그 제거 효과(B)의 작용 스펙트럼

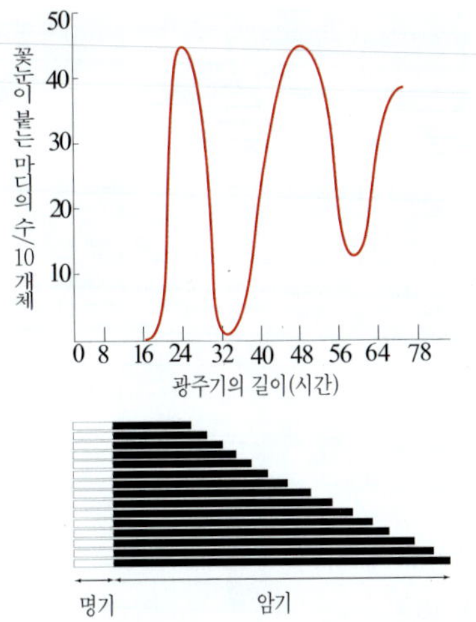

그림 32-23 대두의 단일처리에서 암기의 길이와 꽃눈 형성능
7회 반복 처리에 대한 개화반응. 8시간 빛처리 후 서로 다른 시간으로 암처리를 하였다. 이러한 처리 주기가 24일째 개화는 최대로 되었으며 34일째는 개화되지 않았다.

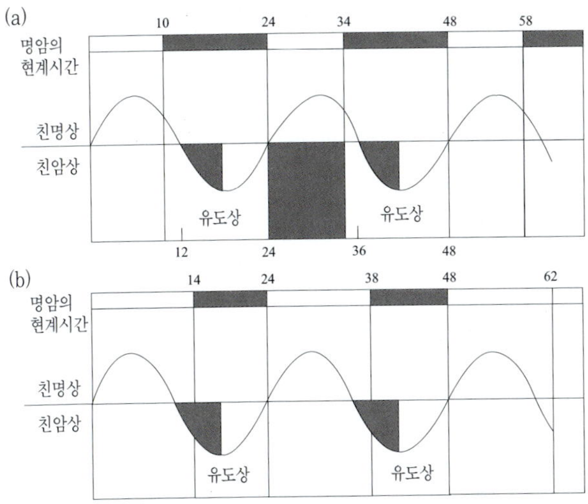

그림 32-24 내성리듬과 꽃눈 형성 유도의 관계
(a) 단일식물 (b) 장일식물

32.3 개일리듬-생물시계

생물체에는 약 24시간을 주기로 **내부시계**(internal timer) 또는 **생물시계**(biological clock)가 있어서, 생명체의 하루 일과를 결정지워 주는 것으로 보이며, 이와 같은 내부주기를 **활동일주기**(circadian rhythm)라고 한다.

개일리듬은 외부로부터의 특정 신호가 없는 조건 하에서 대개 매일 20~30시간 주기로 반복한다. 생물시계는 진핵 생물들의 일반적인 특징이며, 개일리듬에 관한 최초의 증거는 식물을 연구함으로써 얻어지게 되었다.

콩과식물이나 기타 식물에서 관찰할 수 있는 **수면운동**(sleep movement)은 이와 같은 개일리듬의 중요한 예가 될 수 있다(그림 32-25). 즉, 낮시간 동안 콩과식물의 잎은 빛을 잘 흡수할 수 있도록 수평으로 펼쳐져 있지만, 밤시간 동안은 낮시간과 반대로 수직방향으로 오므라져 있다. 그러나 이 수면운동은 지구 자전과 같은 환경주기(24시간)와는 관계없이 독립적으로 일어난다. 즉, 콩과식물은 지속적으로 암상태(暗狀態) 또는 광상태(光狀態)를 유지해 주어도 개일리듬은 약 24시간 주기로 일어난다.

따라서 이러한 리듬현상은 시간을 정확히 지키는 내부 진동자로서 생물시계가 존재하여 조절하는 것으로 인정되지만, 계가 생물체내 어디에 있으며 어떻게 작용하는지 내부 진동자의 본체가 무엇인가에 대한 것은 밝혀지지 않고 있다.

그러면 식물과 그 밖의 생물들이 왜 개일리듬을 가져야 하는가? 이 문제에 대해 명확한 해석을 내리기는 아직 어렵다. 그러나 일출, 일몰과 같이 24시간 주기로 일어나는 환경 요인의 변화가 생명체 개체의 생명활동이나 행동 변화 및 생리활동에 매우 중요하므로, 개일리듬은 생물체로 하여금 매일 반복되는 생활을 **동일화**(synchronize)함으로써 규칙적인 일상 생활을 유지할 수 있도록 하기 위함이라고 생각된다.

(a)

(b)

그림 32-25 콩과식물의 수면운동
(a) 정오 때 잎의 위치와 모양
(b) 자정 때 잎의 위치와 모양

32.4 팽압운동

미모사 잎에 접촉 등의 자극을 주면 잎들이 순간적으로 오므라들며 쳐진다(그림 32-26). 몇 초 이내에 일어나는 이와 같은 반응은 자극에 의한 전기적 흥분 충격이 잎의 연결부에 팽대된 부분인 엽침(pulvini)의 세포에서 팽압이 급속히 감소되기 때문에 일어난다. 즉, 전기적 흥분충격이 엽침세포에 도달하면 이 자극에 의해 세포내 K^+이 방출하게 되고 이에 따르는 삼투현상에 의해 물이 빠져나감으로써 세포내의 팽압이 급속히 떨어져 일어나는 것이다. 이와 같은 **팽압운동**(turgor movement)은 일시적이며 가역적이어서 K^+과 물이 엽침세포로 되돌아가면 미모사 잎들은 원래의 모양으로 되돌아간다. 다만 세포가 팽압을 회복하여 잎이 원 상태로 되돌아가는 시간은 초기 운동에 비해 서서히 일어난다.

끈끈이주걱이 곤충을 잡을 때 잎이 접혀지는 반응도 위와 같은 원리로 일어나는데, 미모사의 운동보다 더 빠른 속도로 일어난다(제1장 참조).

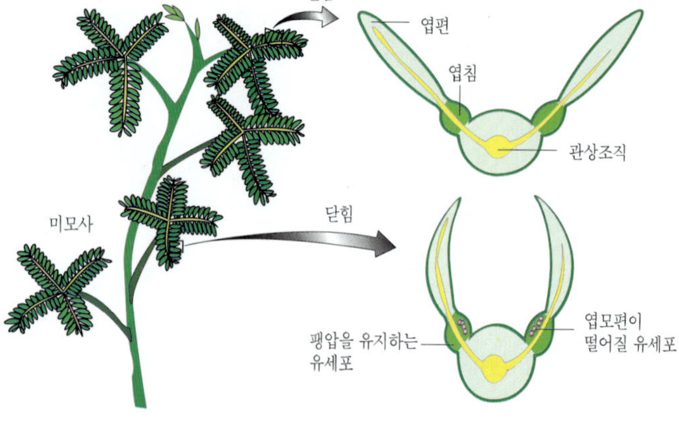

그림 32-26 미모사(*Mimosa pudica*)의 팽압운동

동물의 구조와 기능 VII

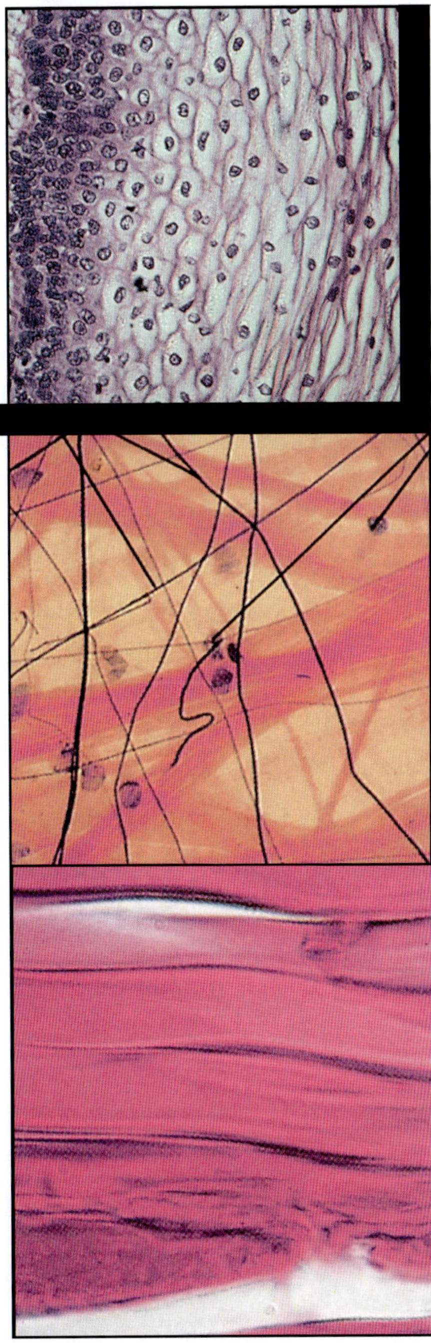

제33장

동물체의 구조 : 조직, 기관 및 기관계

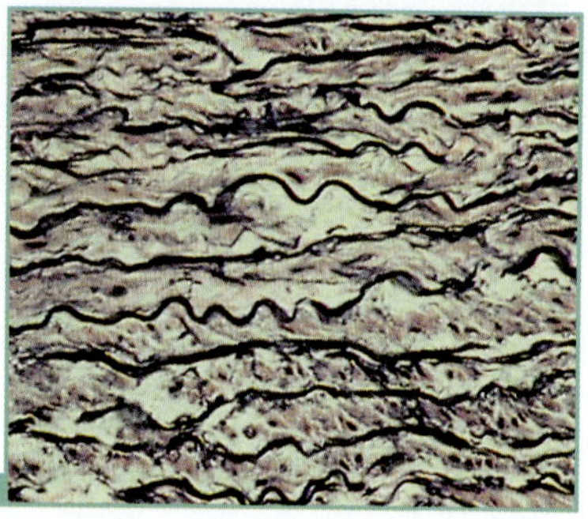

아메바나 짚신벌레와 같은 단세포 동물들은 1개의 세포로 개체를 이루지만, 후생동물들은 다세포 동물로서 구조적으로나 기능적으로 유사한 세포들이 모여 **조직**(tissue)을 이루고, 조직들이 모여 **기관**(organ)을 형성하며, 더 나아가 **기관계**(organ system)로 분화하여 개체를 만든다. 그러므로 세포의 기능면에서 단세포 동물은 하나의 세포가 생명현상에 필요한 모든 활동을 수행하지만, 다세포 동물의 경우에는 기원과 구조가 같은 수많은 세포가 모여 조직이라는 구조를 형성하여 각각의 독특한 생리작용을 나타낸다고 볼 수 있겠다.

이 장에서는 주로 동물조직의 구조와 특성에 대하여 살펴보고, 기관(기관계)의 구조와 기능에 대한 것은 34~40장에서 다루기로 한다.

33.1 동물의 조직

동물의 조직에는 **상피조직**(epithelial tissue), **결합조직**(connective tissue), **근육조직**(muscular tissue), **신경조직**(nervous tissue) 등 4가지 기본형이 있으며, 각각의 조직은 크기, 모양 및 배열이 특정한 세포들로 구성되어 있다. 이러한 조직들 중 어떤 조직은 물질을 운반하도록 특수화되어 있는 반면, 다른 조직은 개체가 운동할 수 있도록 수축을 하고, 또 어떤 조직은 대사과정을 조절하도록 호르몬을 분비하는 등 각각의 생리작용도 다르다.

33.1.1 상피조직

상피조직은 세포가 규칙적으로 조밀한 배열을 이루어 몸의 표면을 덮는 피부나 체강을 덮는 세포층을 형성하며, 몸의 보호, 흡수, 분비, 감각 등의 다양한 기능을 갖도록 분화된 것도 있다.

일반적으로 상피조직층의 한쪽 표면은 장의 체강이나 피부의 바깥쪽이 되므로 형태가 비교적 유연하며, 다른쪽 표면은 가는 섬유나 다당류로 구성된 세포성 기저막에 붙어 있다.

상피조직은 그 조직을 이루는 모양에 따라 **편평상피**(squamous epithelium), 입방상피(cuboidal epithelium), **원주상피**(columnar epithelium) 등의 3가지로 구분되거나, 구성 세포층에 따라 **단층상피**(simple epithelium)와 **다층상피**(stratified epithelium) 그리고 실제로는 단층이나 핵의 높이가 달라서 중층으로 보이는 **위중층상피**(pseudo-stratified epithelium)로 구별된다(그림 33-1).

기능면으로 볼 때 분비기능을 가진 **선상피**(glandular epithelium)와 상피조직의 표면 및 결합조직의 아래층을 구성하는 **상피막**(epithelial membrane)이 있다.

선상피는 땀, 젖, 점액, 침, 호르몬 또는 효소 등의 생성물을 만들어 분비하도록 특수화된 것으로 1개 이상의 상피세포로 구성된다(그림 33-2). 체강과 몸의 통로를 덮는 상피조직에는 점액을 분비하여 상피 표면을 습하게 유지하고 보호하며, 물질 운반을 용이하게 하는 특수한 세포인 배상세포(goblet cell)가 있는데 이것은 **단세포선**(unicellular gland)이다. **다세포선**(multicellular gland)에는 점액, 땀 등의 생성물을 관을 통해 체표나 체강으로 분비하는 **외분비선**(exocrine gland)과 호르몬 등의 생성물을 인접해 있는 모세혈관 등의 조직액으로 분비하는 **내분비선**(endocrine gland)이 있다.

상피막은 **점막**(mucous membrane)과 **장막**(serous membrane)으로 되어 있다. 점막은 소화관이나 호흡기와 같이 몸의 외부로 열려 있는 체강을 둘러싸며, 장막은 얇은 소수성 결합조직 위에 있는 단순편평상피로 구성되며, 늑막강, 심낭, 복강 등의 체강을 둘러싸서 그 내부로 생성물을 분비한다.

이외에도 상피세포 중 표면에 섬모나 편모를 갖는 것을 각각 **섬모상피**(ciliated epithelium)와 **편모상피**(flagellar

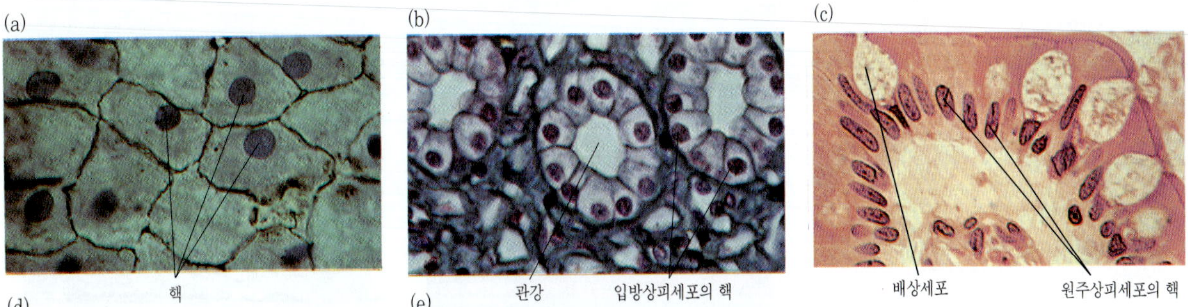

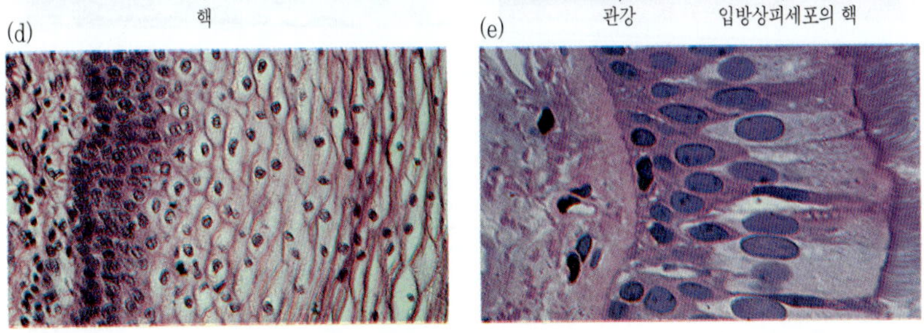

그림 33-1 여러 가지 상피조직
(a) 단순 편평상피(혈관이나 폐포의 내벽 등)
(b) 단순 입방상피(분비 조직, 신세뇨관의 내벽 등)
(c) 단순 원주상피(소화관의 내벽 등)
(d) 중층 편평상피(피부, 질의 상피 등)
(e) 위중층상피(호흡기의 상피 등)

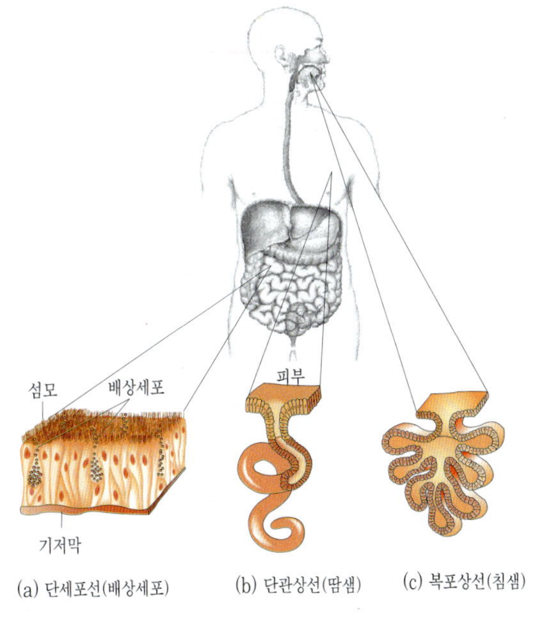

그림 33-2 선상피의 종류
(b)(c)는 다세포선

epithelium)라고 한다.

발생학적으로 상피세포는 주로 외배엽(ectoderm) 및 내배엽(endoderm)에서 유래하지만, 혈관 내벽을 덮고 있는 상피는 중배엽에서 유래하므로 **내피**(endothelium)라고 한다.

33.1.2 결합조직

결합조직은 몸 안의 각종 세포와 조직 및 기관을 서로 연결하고, 지지하는 역할을 하며, 비교적 세포의 수가 적고, 주로 다당류가 주성분인 기질과 그 사이에 산재된 섬유로 구성된 세포간질(intercellular substance)로 이루어진다. 연골과 뼈는 척추동물의 몸을 지지하고 심장과 폐 등의 기관을 보호하는 결합조직이며, 물질을 운반하는 혈액과 지방을 저장하는 지방조직도 결합조직이다. 결합조직은 구성세포의 모양과 분비하는 세포간질인 콜라겐섬유(collagenous fiber), 탄력성섬유(elastic fiber), 망상섬유(reticular fiber), 다당류(polysaccharide) 그리고 단백질 복합체 등의 종류에 따라 몇 가지 종류로 나누기도 한다(그림 33-3).

(1) 소성 결합조직(loose connective tissue)

결합조직 중에서 가장 많이 분포되어 있으며, 조직이나 기관 사이를 연결하고, 액체와 염기의 저장고로 작용하기도 한다. **소성 결합조직**에는 성글고 불규칙하게 배열된 섬유와 그 속에 미분화 간충직세포, 섬유아세포, 형질세포, 비만세포, 지방세포, 색소세포, 색소포 및 혈구 성분 등 각종 세포 성분이 분산되어 있다. 특히, 지방조직과 함께 근육에 피부를 붙게 하는 피하층을 형성한다. 또한 반액체성 기질 사이에 모든 방향으로 배열되는 섬유로 구성되어 조직이나 기관이 움직일 때 유연성을 제공한다.

(2) 조밀 결합조직(dense connective tissue)

콜라겐(collagen)이 주성분이며 매우 단단하다. 불규칙 조밀 결합조직의 경우, 콜라겐 다발이 모든 방향으로 배열되며, 주로 피부의 가장 아래층인 진피(dermis)에서 볼 수 있다. 규칙적인 조밀 결합조직은 힘줄(tendon), 인대(ligament)에서 볼 수 있듯 콜라겐 다발이 일정한 방향으로 배열하여 조직의 압박에 대한 저항을 갖게 해준다.

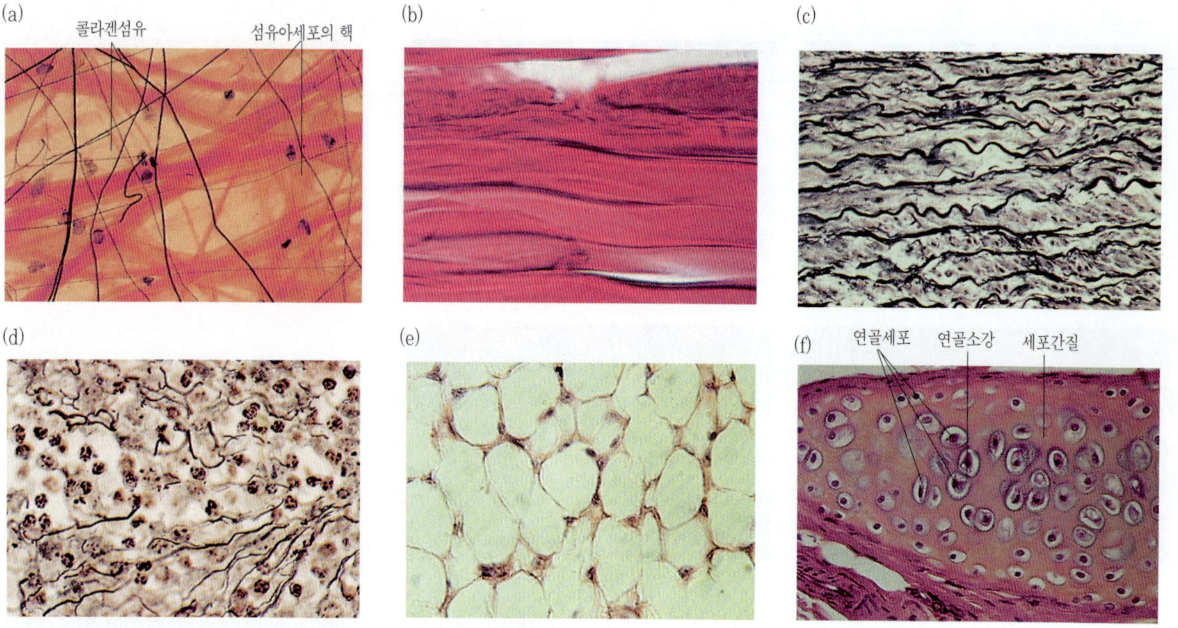

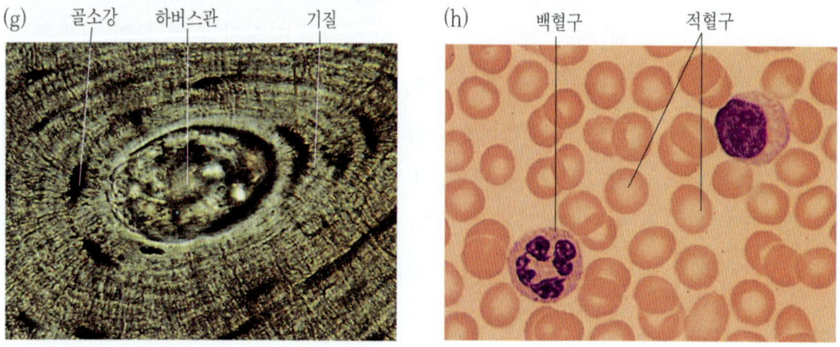

그림 33-3 결합조직
(a) 소성 결합조직
(b) 조밀 결합조직
(c) 탄력성 결합조직
(d) 망상 결합조직
(e) 지방조직
(f) 연골조직
(g) 골조직
(h) 혈액

(3) 탄력성 결합조직 (elastic connective tissue)

일라스틴(elastin)이라는 단백질로 구성된 탄력섬유 다발이 주성분으로 척추나 폐조직의 굵은 동맥 벽 등에서 볼 수 있다. 탄력섬유는 망상(網狀)이거나 막상(膜狀)으로 배열되며 그 사이에 콜라겐섬유와 섬유아세포(fibroblast)가 들어 있다. 탄력섬유는 고무줄처럼 힘을 가하면 신장(伸張)되었다가 힘을 제거하면 원래의 크기와 모양으로 되돌아갈 수 있는 성질을 갖고 있다.

(4) 망상 결합조직 (reticular connective tissue)

세포에서 별 모양의 많은 돌기가 나와 이들이 서로 엉켜 그물 모양을 이루며, 림프선, 흉선, 지라, 골수 등을 지지하는 골격을 형성한다. 세망세포(reticulocyte)는 세망섬유와 콜라겐섬유의 생성능이 있고, 그 일부는 체내에 침입한 이물질에 대해 식세포작용을 하는 **세망내피계**(reticuloendothelial system)를 이룬다.

(5) 지방조직(adipose tissue)

지방을 저장해 두었다가 세포 호흡에서 에너지원이 필요할 때 방출하는 **지방세포**가 주성분으로, 피하층과 내부기관을 보호하는 조직에서 볼 수 있다. 미성숙 지방세포는 별 모양을 닮았고, 세포질내에 지방립(fat globule)이 축적됨에 따라 점차 둥근 모양으로 변해간다(그림 33-4).

지방립은 서로 합쳐져 성숙한 지방 저장세포의 부피 대부분을 차지하는 하나의 커다란 방울을 형성하며, 세포질과 그 소기관들은 세포의 주변으로 밀려나고, 핵 부위는 팽창된다.

(6) 연골조직(cartilage tissue)

척추동물에서 배(embryo) 시기의 골격을 형성하는 조직으로, 상어나 가오리 등의 연골 어류를 제외한 척추동물은 성체가 되면 대부분 뼈로 대치된다. 연골소강(cartilage lacunae) 속에 **연골세포**(chondrocyte)가 위치하고 그 주변에는

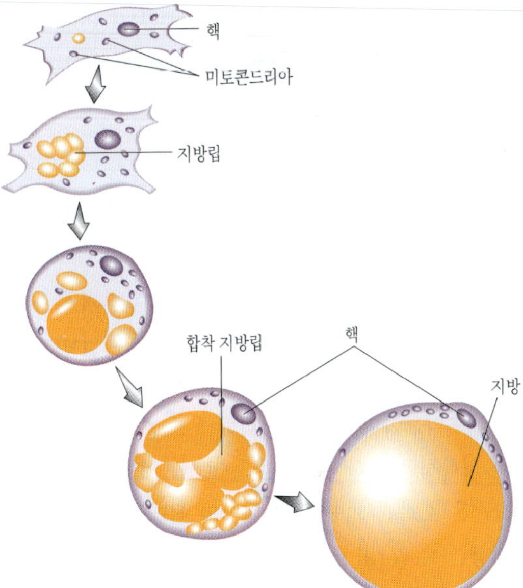

그림 33-4 지방세포의 형성과정

연골아세포(chondroblast)에서 분비된 단단하고 탄력성 있는 연골기질로 채워지며 그 주위는 얇은 섬유성 연골막으로 싸여 있다. 연골에는 혈관이 없으므로 기질로부터 양분과 산소를 공급받는다.

연골은 기질(세포간질)과 그 속에 들어 있는 섬유의 성질에 따라 3가지로 구별되는데 **유리질 연골**(hyaline cartilage)은 연골 어류의 뼈와 포유류의 관절, 기관, 늑골, 비골 등의 끝 부분에서 볼 수 있다. **탄력성 연골**(elastic cartilage)은 외이도, 귓바퀴, 후두개에서 볼 수 있고, **섬유성 연골**(fibrous cartilage)은 추간원반(intervertebral disc)이나 치골(pubis) 결합부에 존재한다.

(7) 골조직(bony 또는 skeletal tissue)

뼈의 표면은 얇은 섬유성 골막으로 덮여 있으며, 골조직은 골막 속에 있는 **조골세포**(osteoblast)에 의해 만들어진다. 조골세포는 다수의 가는 원형질 돌기로 연결되어 그 주위로 기질을 분비하면서 **골세포**(osteocyte)로 변하고, 골세포는 골소강(bone lacunae) 안에 들어 있게 된다. 골은 연골과는 달리 혈액 공급이 되는 혈관이 있는 조직이며, 골세포는 세포가 길게 신장한 작은 통로를 통해 모세혈관과 연락을 한다. 뼈의 기질은 콜라겐, 점막성 다당류, 인산칼슘이 침착된 수산화인회석 등으로 구성되어 있다. 뼈의 모양과 구조는 성장과 물리적 스트레스 등에 의해 점차 변화하는데 칼슘염은 뼈의 기질을 매우 단단하게 하는 반면, 콜라겐은 뼈의 부스러짐을 방지해 준다. 대부분의 뼈 중앙의 **골수강**(marrow cavity) 안에는 스폰지 모양의 조직인 골수가 있으며, 그 중 **황색골수**(yellow marrow)는 주로 지방으로 구성되어 있고, **적색골수**(red marrow)는 혈구세포를 생성하는 결합조직으로 되어 있다.

골조직의 생성과 파괴가 반복되면서 많은 동심원의 **층상구조**(lamella structure)가 형성되며, 이 층판과 골세포를 둘러싸는 중앙의 혈관으로 구성되는 단위를 골단위(osteon)라 한다. 중심 미세소관인 **하버스관**(Harversian canal)은 모세혈관과 신경의 통로를 제공한다(그림 33-5).

골조직에는 커다란 다핵세포인 **파골세포**(osteoclast)가 있어 골조직의 분해와 흡수에 관여한다.

(8) 혈액(blood)

혈액과 림프도 결합조직에 속하며, 체내 각 조직이나 기관과의 물질 운반이나 반응을 중개하는 순환조직이다. **혈액**은 세포 성분(45%)인 적혈구, 백혈구, 혈소판(그림 33-6)과 세포간질인 혈장(55%)으로 구성된다. 혈액과 림프에 대해서는 제36장에서 상세히 설명되므로 여기서는 간단히 살펴보기로 한다.

적혈구(red blood cell, erythrocyte)는 원형 또는 타원형의 형태로 되어 있으며 세포 속은 대부분 혈색소인 헤모글로빈(hemoglobin ; Hb)으로 채워져 있는데 이것은 적혈구

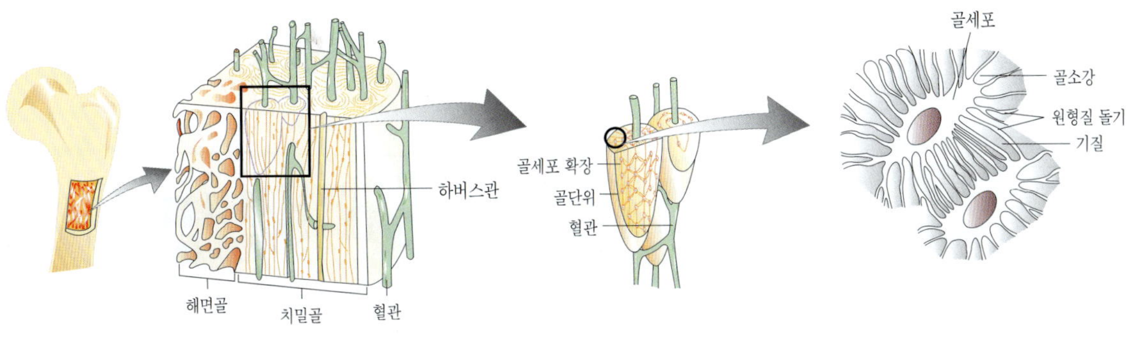

그림 33-5 뼈의 미세구조

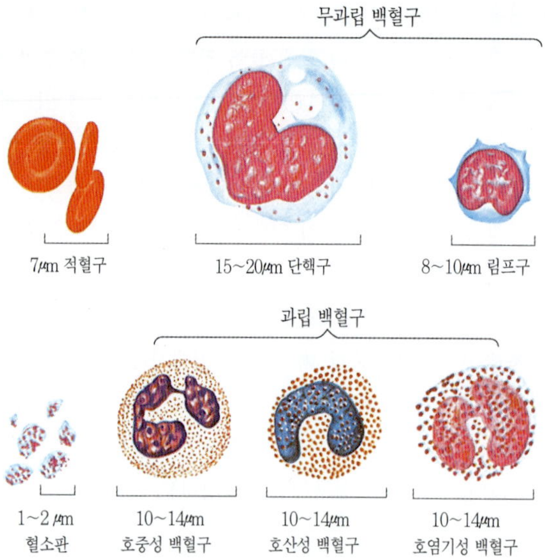

그림 33-6 혈구의 종류

중량의 약 10% 정도이며 산소를 운반하는 주체이다. 사람의 적혈구는 무핵세포이며 1㎕의 혈액 속에 450~500만 개가 들어 있다. **백혈구**(white blood cell, leucocyte)는 아메바성 운동을 하는 세포로 일정한 형태를 갖지 않을 뿐만 아니라 크기도 동일하지 않으나 일반적으로 적혈구보다는 크다. 백혈구는 적혈구보다 수가 적어 1㎕ 속에 6,000~8,000개 정도 들어 있다. 백혈구는 세포질 속에 과립을 가지는 것도 있고 핵의 모양이 특징적인 것들이 있어 이것에 따라 몇 가지 종류로 나뉜다. 림프구와 단핵구는 세포질에 과립이 없는 **무과립성 백혈구**이지만 **과립성 백혈구**는 과립의 종류에 따라 호산성 백혈구(eosinophil), 호염기성 백혈구(basophil) 및 호중성 백혈구(neutrophil)로 나누는데 그 중에서 호중성 백혈구는 식균작용을 한다. **혈소판**(blood platelet)은 원형, 타원형, 막대형 등 여러 가지 형태로 나타나는 소체들이며 사람에서는 25만 개/㎕ 정도 들어 있고, 혈액 응고에 관여한다.

33.1.3 근육조직

동물의 운동은 긴 실린더 모양 혹은 방추사 모양의 근육세포의 수축에 의해 이루어진다. 생물체의 운동은 신속하게 일어나는 것도 있으나 완만한 운동으로서 장시간 지속적으로 일어나는 것도 있는데 이것은 구성된 근육조직에 따라 다르다. 각각의 **근세포**는 **근섬유**(muscle fiber)라고도 하며, 얇고 긴 평형의 수축성 섬유인 **근원섬유**(myofibril)와 **근형질**(sarcoplasm)로 구성된다. 미오신과 액틴단백질은 근원섬유의 주성분으로서 근세포의 수축에 중요한 역할을 한다.

척추동물의 근육조직에는 횡문근(striated muscle), 심근(cardiac muscle), 평활근(smooth muscle) 등 3가지 유형이 있다(그림 33-7).

(1) 평활근(smooth muscle)

평활근은 방추형의 근섬유로 이루어지며 단핵세포이다. 근섬유는 같은 방향으로 평행하게 놓여 있으며 세포 사이에는 탄력성 섬유와 모세혈관이 있고 소성 결합조직에 의해 서로 결합되어 있다. 이 결합조직 속에는 미오글리아(myoglia)라고 하는 지지세포도 있다. 평활근은 자율신경의 지배를 받으므로 불수의근이며 횡문근에 비해 운동성은 완만하나 피로에 대한 저항성은 강하다.

평활근은 소화관과 혈관 및 내장의 여러 기관에 분포되어 있어 **내장근**(visceral muscle)이라고도 한다.

(2) 횡문근(striated muscle)

횡문근은 근섬유와 약간의 결합조직으로 구성되는데 척추동물의 골격근을 이루고 있다. 근섬유는 다핵세포로 되어 있고 내부에는 근원섬유가 섬유의 장축을 따라 밀집되어 들어 있어 핵은 주변부로 밀려나와 있다. 현미경으로 근원섬유를 관찰해 보면 일정한 간격으로 명대(明帶)와 암대(暗帶)가 모든 근원섬유에서 가지런히 정열되어 가로로 무늬가 나타나 보인다. 이 무늬를 자세히 관찰하면 명대(I대 ; I band)의 중앙에 얇고 어두운 Z선(Z line)이 있다. 두 Z선 사이의 분절을 근절(sarcomere)이라 하며 그 길이는 약 2㎛이다. 암대(A대 ; A band)의 중앙부는 약간 밝게 보이는데 이 곳을 H대(Hensen's zone)라고 한다. A대와 I대는 모두 근필라

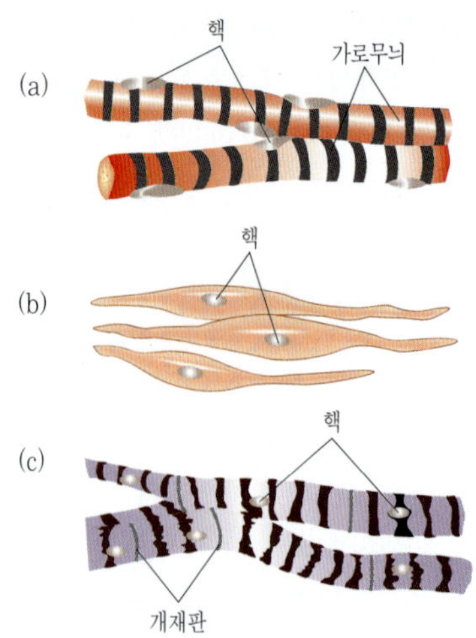

그림 33-7 근육조직
(a) 골격근 섬유 (b) 평활근 섬유 (c) 심근 섬유

멘트(myofilament)로 되어 있는데 A대는 미오신 단백질이 주성분이고 I 대는 액틴 단백질로 되며 A대보다 길이가 짧다 (제39장 참조).

횡문근섬유에는 중추신경계가 연결되어 있어 의지대로 움직일 수 없다. 척추동물의 횡문근에는 백색근(white muscle)과 **적색근**(red muscle)의 2종류가 있는데 **백색근**은 운동성이 빠르게 나타나지만 쉽게 피로하게 되며, 적색근은 운동성이 완만하고 지속성이 있으므로 피로현상이 늦게 나타난다. 따라서 팔과 다리 등의 운동이 심한 골격근은 백색근으로 이루어져 있으며, 몸을 지탱하는 근육과 같은 적색근들은 세포질 속에 산소저장의 역할을 하는 미오글로빈(myoglobin)을 많이 가져 붉게 보이며 미토콘드리아도 많다.

(3) 심근(cardiac muscle)

심근은 심장의 주요 조직으로, 횡문을 가지는 심근섬유와 결합조직으로 구성된다. 심근섬유는 끝과 끝이 서로 연결되어 있으며, 서로 분지하고, 인접한 것과 문합하여 전체적으로 망상구조를 갖는다. 횡문근에서와 같은 Z선이 있는 부위에는 약 50㎛의 간격으로 **개재판**(intercalated disk)이 있으며, 핵은 개재판과 개재판 사이의 세포 중앙에 분포한다.

심근은 형태적으로 횡문근과 같은 구조이나 기능면에서는 평활근과 유사하다.

33.1.4 신경조직

신경조직은 생물체의 내부와 외부에서 일어나는 자극을 수용하여 척수와 뇌로 전달하거나 반대로 척수와 뇌의 정보를 근육과 선세포 등으로 전달함으로써 체내의 항상성을 유지할 수 있게 하는 조직으로서, **신경세포**(neuron)와 **신경교세포**(neuroglial cell)로 구성된다(그림 33-8).

신경세포는 전기화학적 신경자극을 전달하는 특수 세포로서 길고 짧은 2종류의 신경돌기를 가지고 있다. 신경 흥분을 체내의 필요한 곳에 전달하기 위하여 2개의 신경세포는 연접하여 축색과 수상돌기의 끝이 좁은 간극을 통해 연결되는 특이한 구조를 이루는데 이 부위를 **시냅스**(synapse)라 한다.

세포체(cell body)는 핵과 원형질을 가지며 다른 조직세포에서는 볼 수 없는 닛슬소체(Nissl bodies), 신경필라멘트(neurofilament), 신경세관(neurotuble) 등이 있다.

신경돌기에는 **수상돌기**(dendrite)와 **축색돌기**(axon)가 있는데 전자는 돌기의 길이가 짧고 그 수가 많으며 나뭇가지 형태를 이루는데 흥분의 이동방향은 세포체쪽이다. 후자는 1개의 긴 돌기로 뻗어 있으며 척추동물에서는 축색돌기의 둘레를 슈반세포(Schwann's cell)가 감싸고 있어 이것을 슈반초(Schwann's sheath) 또는 **신경초**(neurilemma)라 한다. 이러한 슈반세포는 인지질이 풍부한 **수초**(myelin sheath)를 분비하여 축색돌기를 감싼다.

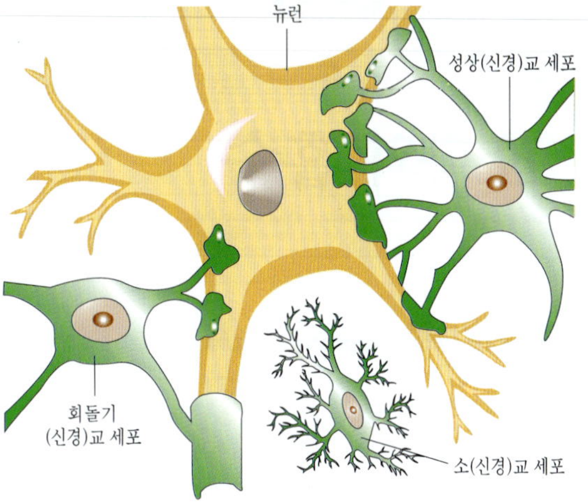

그림 33-8 신경세포와 여러 종류의 신경교 세포

신경교세포는 세포로부터 뻗어나온 가늘고 긴 돌기들이 세포와 더불어 망상을 이루어 신경세포를 지지하고 영양을 공급한다.

33.2 동물의 기관과 기관계

개체가 생명현상을 영위하기 위하여 기능을 수행하는 기본 단위로서 **기관**(organ)은 대부분의 동물에서 1가지 종류의 조직으로 이루어져 있으나, 일부 기관은 구성조직 이외에 지지와 보호, 혈액 공급 및 신경 충격의 전달 등을 필요로 하는 기관도 있다.

예를 들면 심장은 주로 심근조직으로 이루어져 있지만 그 둘레는 내피조직으로 싸여져 있으며, 평활근과 결합조직으로 이루어진 혈관이 분포되어 있고, 신경조직에 의한 조절을 받고 있다.

이와 같이 여러 조직과 기관들이 상호 협동 작용에 의해 통일된 기능계를 구성하는데 이를 **기관계**라고 하며, 크게 소화계, 호흡계, 순환계, 배설계, 생식계, 신경계 등이 있다. 이들 기관계들로 이루어진 동물체는 아주 정교한 조절기구에 의해 내부 환경을 적절히 유지하면서 항상성(homeostasis)을 유지하는데, 그 상세한 조절기구에 대한 것은 각 기관의 구조와 기능에서 다루기로 한다.

제34장

소화와 흡수

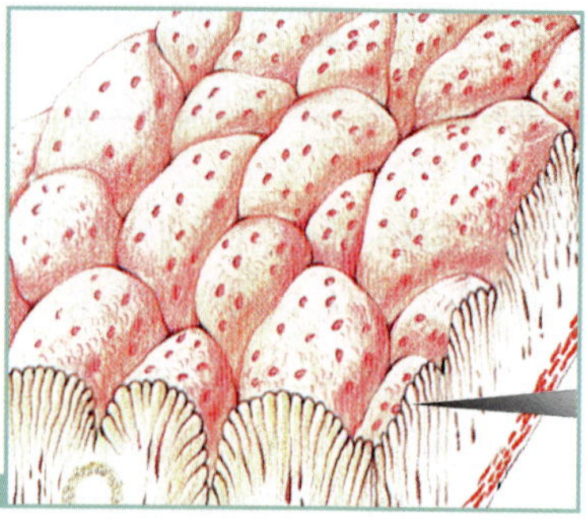

종속영양생물(heterotroph)인 동물은 생명 활동에 필요한 물질과 에너지를 영양소에서 얻어야 한다. 동물은 스스로 탄수화물, 지질, 단백질 및 비타민 등의 영양소를 합성할 수 없으므로, **독립영양생물**(autotroph)인 녹색식물이나 다른 생물로부터 직접 또는 간접적으로 얻어야 한다. 동물이 필요로 하는 영양물질은 대개 고분자의 유기물로 이루어져 있으므로 세포막을 통하여 흡수되지 못한다. 따라서 이러한 고분자 유기물을 섭취하는 동물은 이 물질들을 잘게 부수며, 여러 가지 효소의 작용에 의하여 저분자의 단량체(單量體)인 단당류, 지방산, 아미노산 등으로 가수분해하는데, 이 과정을 **소화**(digestion)라고 한다.

소화기관의 형태와 소화방식은 동물의 진화 정도와 그 동물의 생활 환경, 식성 등에 따라 다르다. 아메바와 같은 하등 단세포 동물은 특별히 분화된 소화기관을 갖지 않으며, 먹이를 세포내의 식포(food vacuole) 속에서 소화시키는 **세포내 소화**(intracellular digestion)를 한다. 고등동물은 소화에 필요한 기관이 분화되어 소화기관계를 형성하며 소화 효소를 세포 밖인 소화관에 분비하여 영양소를 가수분해시키는 **세포외 소화**(extracellular digestion)를 한다.

이 장에서는 주로 사람의 소화작용에 대해 알아보기로 한다. 편의상 사람의 소화기관은 입(mouth), 인두(pharynx), 식도(esophagus), 위(stomach), 소장(small intestine)과 부속 소화관 및 대장(large intestine) 등으로 나눈다(그림 34-1).

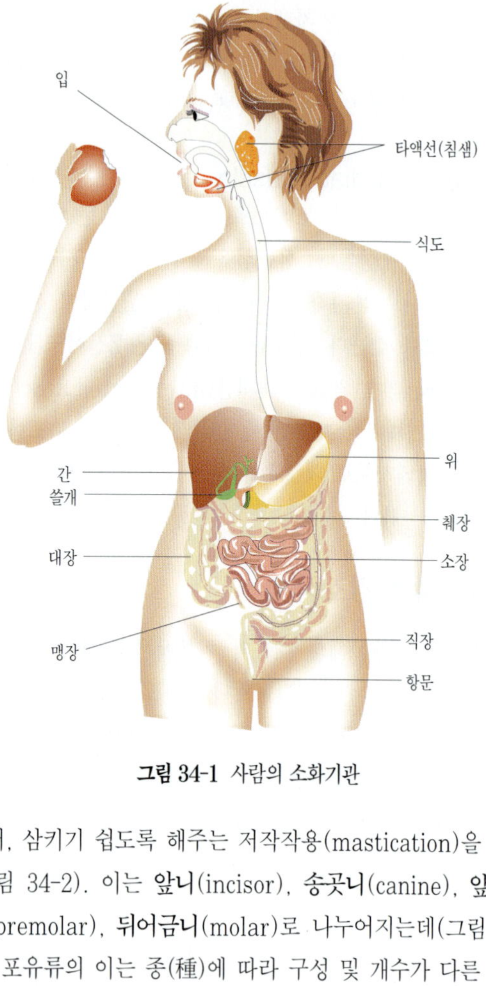

그림 34-1 사람의 소화기관

34.1 소화기관의 구조와 기능

34.1.1 입

소화는 입에서부터 시작되는데, **혀**(tongue, 그림 34-2)와 **이**(teeth)는 입 안에 들어온 음식물을 잘 섞으면서 잘게 부수어, 삼키기 쉽도록 해주는 저작작용(mastication)을 한다(그림 34-2). 이는 **앞니**(incisor), **송곳니**(canine), **앞어금니**(premolar), **뒤어금니**(molar)로 나누어지는데(그림 34-3), 포유류의 이는 종(種)에 따라 구성 및 개수가 다른 특징을 지니고 있어 일정한 **치식**(dental formula)으로 표시한다. 그러므로 이는 동물을 분류하는 데 중요한 표징이 되기도 한다. 즉, 사람의 치식은

$$\frac{2.1.2.3.}{2.1.2.3.}, \text{ 개는 } \frac{3.1.4.2.}{3.1.4.3.}, \text{ 토끼는 } \frac{2.0.3.3.}{1.0.2.3.},$$

$$\text{고양이는 } \frac{3.1.2.1.}{3.1.3.1.}, \text{ 소는 } \frac{0.0.3.3.}{3.1.3.3.} \text{ 등으로}$$

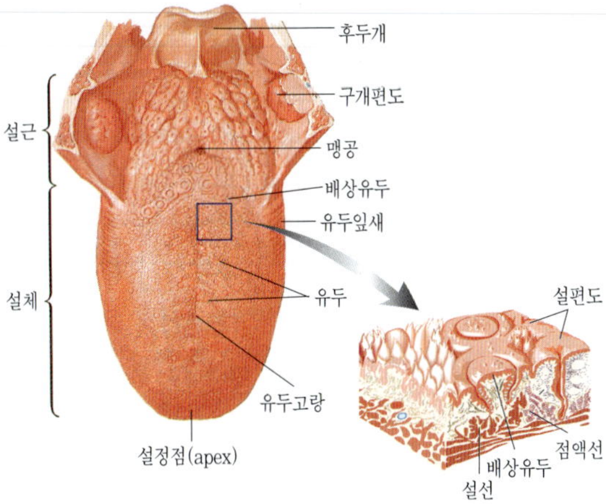

그림 34-2 혀의 구조

나타낸다. 사람의 경우 이의 구조는 그림 34-3과 같다.

한편, 분쇄되는 음식물은 3쌍의 **침샘**(salivary gland)인 **귀밑샘**(parotid gland)과 **턱밑샘**(submandibular gland) 및 **혀밑샘**(sublingual gland)에서 분비되는 타액(침, saliva)과 섞인다(그림 34-1). **타액**은 pH 6.4~6.8의 약산성(弱酸性)으로 대부분이 물이고, 약간의 염류와 점액성 당단백질인 뮤신(mucin) 및 타액 아밀라아제(salivary amylase)라는 소화 효소로 구성되며, 성인의 경우 하루에 약 1,200~1,500ml가 분비된다. 아밀라아제는 전분을 가수분해하여 이당류인 맥아당으로 분해시키는 효소이지만, 음식물이 입 안에 머무르는 시간이 짧기 때문에 소화현상은 거의 일어나지 않는다. 그러므로 타액의 작용은 주로 분쇄된 음식물을 적시어 삼키기 쉽게 해주는 윤활제 역할을 한다. 입에서 넘어가는 음식물은 **인두**(pharynx)를 지나 **식도**(esophagus)의 **연동운동**(peristalsis)에 의해 **위**(stomach)로 이동된다. 음식물을 삼킬 때는 음식물이 콧속으로 들어가지 못하도록 **연구개**(soft palate)가 올라가 막아 주고, 기관으로 들어가지 못하도록 하기 위해서 **후두개**(epiglottis)가 기관 입구를 덮어 주며, 입으로 역류하지 못하도록 혀의 기부와 근육벽이 후두의 입구를 막는 불수의 운동이 일어난다(그림 34-4).

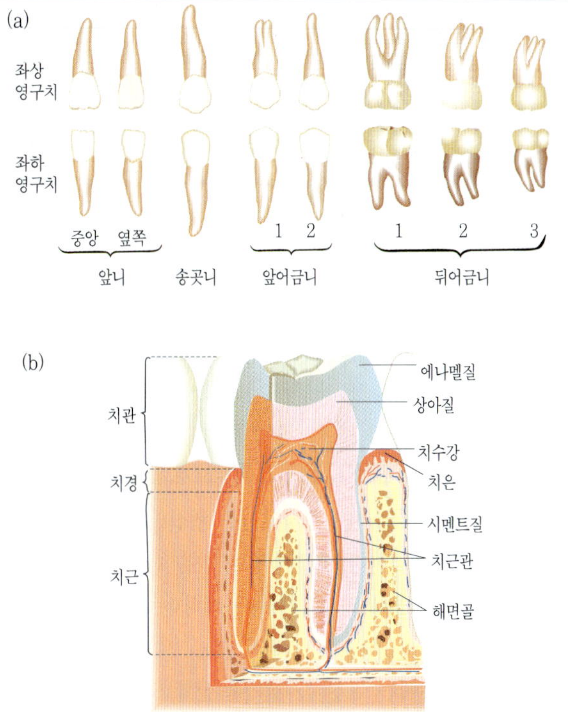

그림 34-3 사람 이의 종류(a)와 구조(b)

동물에 따라서는 식도 부위에 특수 소화기관(예 : 조류의 소낭, 개구리의 전위 등)이 있어 먹이를 저장하거나 일시적인 소화작용이 일어나기도 하지만, 대부분의 고등 포유동물의 본격적인 소화는 위에서 시작된다.

34.1.2 위

위(stomach)는 복강 뒤쪽에 위치하며, 평활근섬유로 된 두꺼운 근육층으로 이루어져 있다. 위벽은 다량의 점액을 분비하는 단층원주상피인 점막으로 되어 있으며, 이 점막에는

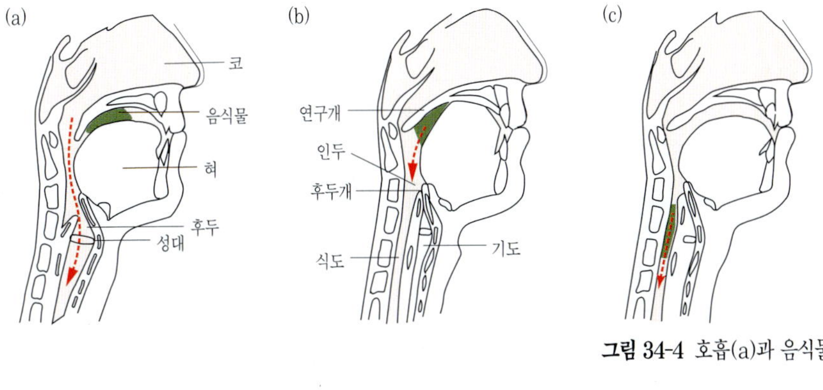

그림 34-4 호흡(a)과 음식물을 삼킬 때(b)와 (c)의 혀와 후두개의 위치

수많은 **위선**(gastric gland)이 분포하고 있다. 위선은 **주세포**(chief cell)와 **부세포**(parietal cell)들로 이루어져 있다(그림 34-5). 음식물이 위에 들어오면 위의 근육운동에 의해 위선에서 분비되는 위액과 혼합되어 강력한 소화작용이 일어난다. 즉, 음식물이 위벽에 닿으면 신경과 **가스트린**(gastrin)이라는 호르몬의 작용으로 위점막에서 **위액**(gastric juice)이 분비되는데, 위액은 주로 점액, 펩시노겐(pepsinogen), 염산, 리파아제(lipase) 등의 혼합물로 된 담황색의 액체로 성인은 하루에 약 2.5*l*가 분비된다. 이 위액은 0.2~0.5%의 염산을 함유하므로 강한 산성을 나타내며, 순수 위액의 pH는 1~2이다.

염산은 부세포에서 분비되며 주세포에서 분비되는 불활성형의 **전효소**(zymogen)인 펩시노겐을 **펩신**(pepsin)으로 활성화시키는 작용을 한다. 활성형인 펩신은 단백질의 펩티드(peptide)결합을 부분적으로 가수분해하여 다양한 길이의 폴리펩티드(polypeptide)로 분해시킨다.

한편, 점액 속에는 뮤신 등 겔(gel)상의 당단백질들이 들어 있어 위의 내벽을 덮게 하여 염산에 의한 위 내벽의 손상이나 펩신에 의한 위 내벽 단백질 자체가 소화되는 것을 막아주는 보호 기능을 가진다. 그러나 이러한 보호 기능이 제대로 발휘되지 않을 때 위 내벽 점막의 일부가 손상되는데 이를 **위궤양**(gastric ulcer)이라고 한다(그림 34-6).

렌닌(rennin)은 유아 시기의 소화에서 특히 중요한 효소로서 액체 성분인 우유가 위에서 빨리 통과하지 못하도록 한다. 즉, 우유의 단백질 성분인 **카세인**(casein)을 반고체인 파라카세인으로 바꾸어 펩신에 의해 소화되도록 한다. 그러나 렌닌은 성인이 되면 거의 없어지는 것으로 알려져 있다. 리파아제는 지방 분해효소이지만 위에서는 지방의 소화가 거의 일어나지 않는다.

이렇게 하여 위에서 소화된 음식물은 반유동성인 **유미즙**(chyme)이 되어 위의 운동으로 **유문부**(pyloric region)를 지나 십이지장(duodenum)으로 옮겨지는데, 그 사이에는 **유문괄약근**(pyloric sphincter)이 있으며, 이것의 여닫이는 **유문반사**(pyloric reflex)에 의해 조절된다.

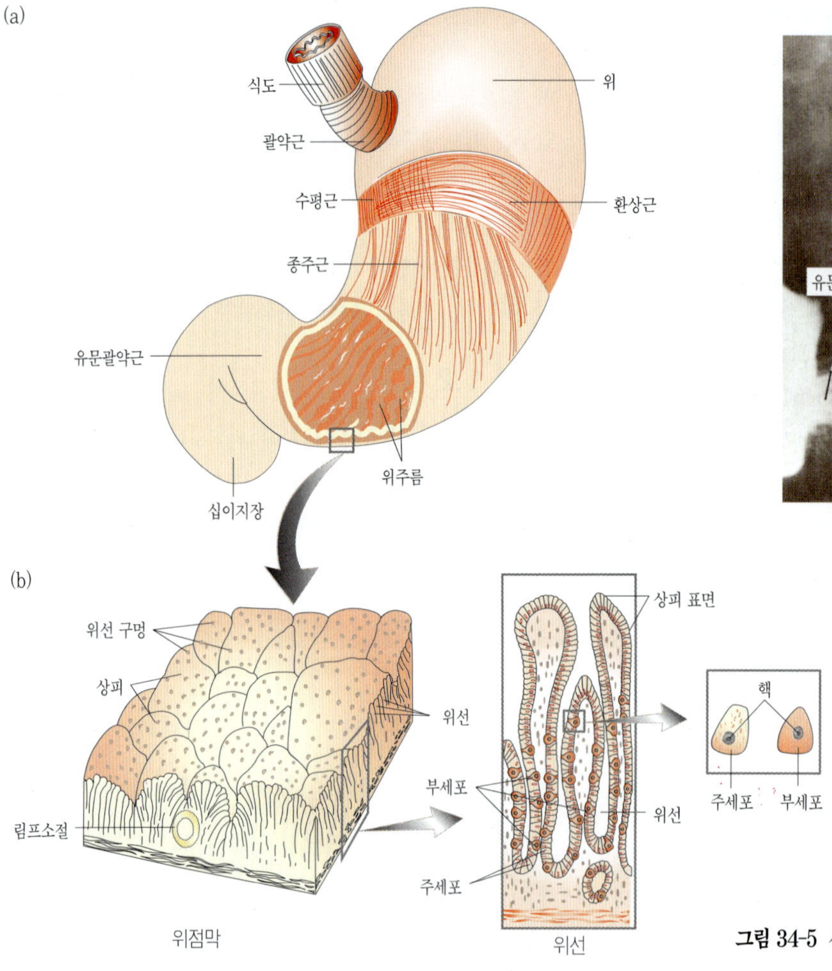

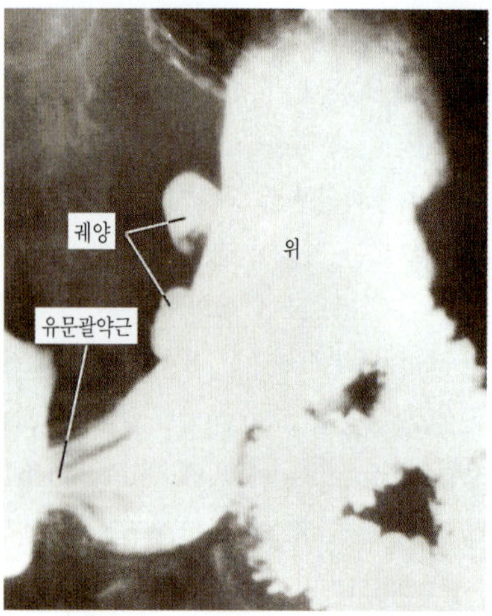

그림 34-6 위궤양의 X선 사진

그림 34-5 사람의 위(a)와 위점막과 위선의 구조(b)

34.1.3 소장

소장(small intestine)은 길이가 약 2.8m의 가늘고 긴 소화관으로, 앞에서부터 약 20cm를 **십이지장**(duodenum), 그 다음 약 1m의 부분을 **공장**(jejunum), 나머지 부분을 **회장**(ileum)이라고 한다. 거의 모든 소화관이 그렇듯이 소장도 3층의 조직으로 이루어져 있다(그림 34-7). 첫째, 혈관이 분포되어 있는 내면의 **점막층**(mucosal layer)과 소성 결합조직내에 풍부한 혈액과 림프관 및 점막하신경총(Meissner's plexus)을 갖는 **점막하층**(submucosal layer), 둘째, 안쪽은 환상근섬유(circular muscle fiber)로, 바깥쪽은 종주근섬유(longitudinal muscle fiber)로 이루어진 중층의 **근육층**(muscle layer), 셋째, 제일 바깥쪽의 **장막층**(serosal layer)으로 구성되어 있다. 소장의 안벽은 무수히 많은 **융모**(villi)로 주름이 잡혀 있어서 소화 산물과의 표면적을 넓게 해주며, 융모를 이루는 표피세포의 표면은 수천 개의 미세한 원주형 돌기의 구조물인 **미세융모**(microvilli)로 되어 있다. 전자현미경으로 미세융모를 관찰하면 표피층을 덮고 있는 쇄자연(刷子緣, brush border)을 볼 수 있고, 융모 속에는 **모세혈관**과 **유미관**(lacteal)이 있어 소화물질을 흡수하도록 되어 있다(그림 34-7). 또한 이들의 굴곡운동은 소장 내용물의 혼합과 소화 산물의 이동을 돕는다. 소장에서의 소화작용은 융모 사이의 **장선**(intestinal gland)에서 분비되는 **장액**(intestinal juice) 및 췌장에서 십이지장으로 분비되는 췌장액내에 들어 있는 여러 종류의 소화 효소들에 의하여 이루어지는데, 대부분의 소화작용은 십이지장에서 이루어진다(표 34-1).

34.1.4 췌장과 간장

췌장(pancreas)은 위와 십이지장 사이에 있으며, 여러 가지 소화효소가 포함된 알칼리성의 췌장액을 십이지장으로 분비하는데, 이는 십이지장벽에서 나오는 **세크레틴**(secretin)이라는 호르몬에 의해 촉진된다(그림 34-8). 췌장액에는 중탄산나트륨($NaHCO_3$)이 많이 함유되어 있어 위에서 보내진 산성의 유미즙을 중화시킬 수 있고, 그럼으로써 췌장액과 장액에 포함된 pH 7~8인 여러 소화효소의 작용을 가능하게 해준다(표 34-1). 이러한 소화효소들 중 단백질 가수분해효소는 불활성 전구체(precursor)로 분비된다.

$$\text{트립시노겐} \xrightarrow{\text{엔테로키나아제}} \text{트립신}$$

$$\text{키모트립시노겐} \xrightarrow{\text{트립신}} \text{키모트립신}$$

$$\text{카르복시펩티다아제 전구체} \xrightarrow{\text{트립신}} \text{카르복시펩티다아제}$$

즉, 트립시노겐은 장점막에서 분비된 **엔테로키나아제**(enterokinase)의 작용에 의해 펩티드의 일부가 떨어져 나감으로써 활성형인 **트립신**(trypsin)으로 되며, 이어 트립신이 다

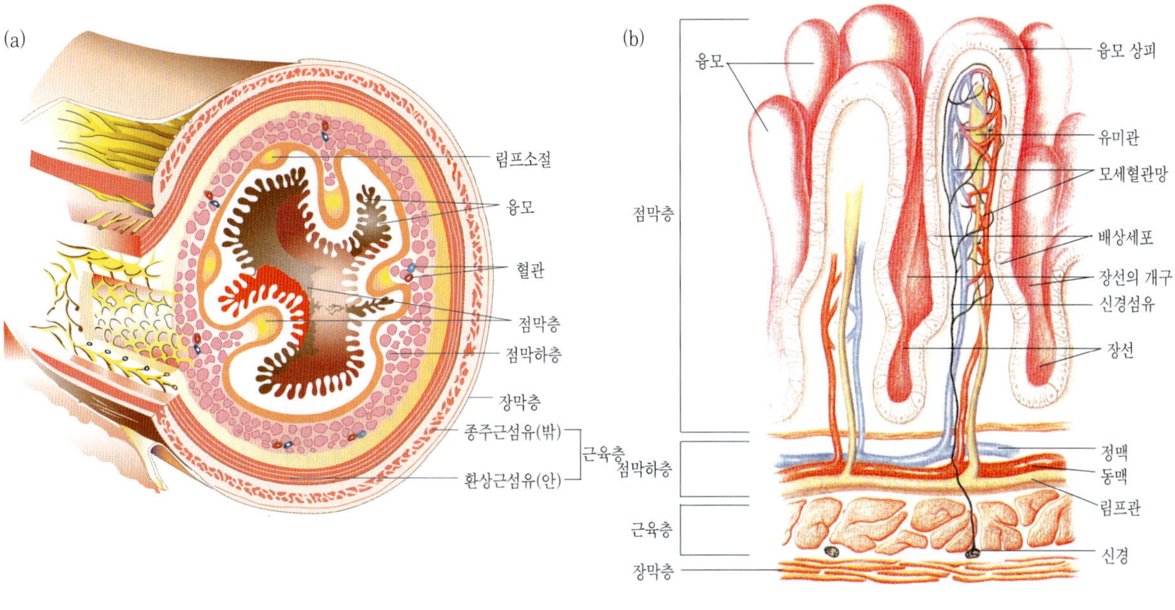

그림 34-7 소장의 융모의 구조
(a) 소장의 단면도 (b) 소장 융모의 모식도

표 34-1 주요 소화효소

효 소	분비선	최적 pH	기 질	분해 산물
아밀라아제	타액선	6.6~6.8	전 분 글리코겐	말토오스 과당류
펩신	위 선	1.0~2.0	단백질	폴리펩티드
렌닌(또는 chymosin)	위 선	4.0	카제인	응고된 카제인
트립신	췌 장	7.0~8.0	폴리펩티드	펩티드
키모트립신	췌 장	7.0~8.0	폴리펩티드	펩티드
아밀라아제	췌 장	7.1	전분 글리코겐	포도당 말토오스
리파아제	췌 장	7.0~8.0	지방	지방산 글리세롤
RNase DNase	췌 장	7.0~8.0	핵산 RNA DNA	뉴클레오티드
카르복시펩티다아제	췌 장	7.0~8.0	펩티드	아미노산
아미노펩티다아제	장 선	7.5~8.5	펩티드	아미노산
디펩티다아제	장 선	7.5~8.5	디펩티드	아미노산
엔테로키나아제	장 선	7.5~8.5	트립시노겐	트립신
말타아제	장 선	7.5~8.5	말토오스	포도당
슈크라아제	장 선	7.5~8.5	슈크로오스	포도당, 과당
락타아제	장 선	7.5~8.5	락토오스	포도당, 유당

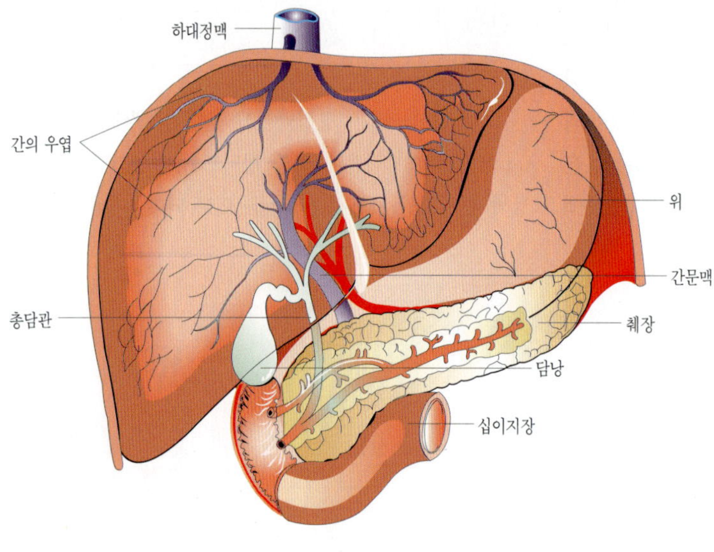

그림 34-8 십이지장 주위의 구성

른 단백질 가수분해효소의 전구물질을 활성화시킨다. 이와 같이 췌장내에서는 불활성형인 전구체가 합성 및 저장되므로 췌장조직 단백질이 가수분해되는 일은 없다. 또한 췌장 자체에서도 **트립신 억제제**(trypsin inhibitor)인 단백질을 합성하여 트립신에 의한 췌장조직의 손상을 방지하기도 한다. 췌장은 이들 소화효소 외에 인슐린(insulin)과 글루카곤(glucagon)이라는 호르몬을 혈액 속으로 분비하여 혈당을 일정하게 유지시켜 주는 작용을 하는데, 이에 대해서는 내분비계에서 설명하기로 한다.

간(liver)은 담즙(bile)을 만들어 일단 담낭(gall bladder)에 저장하는데 담낭의 담즙 방출 역시 십이지장 벽에서 나오는 호르몬인 **콜레시스토키닌**(cholecystokinin ; CCK)에 의해 일어난다. **담즙**은 알칼리성의 황금색 액체로서 대부분이 물이며, 담즙산염(bile salts), 담즙색소(bile pigment), 콜레스테롤(cholesterol), 무기염류, 레시틴(lecithin ; 인지질의 일종) 등을 함유한다. 담즙산염이 소화에 관여하는데, 이는 소화효소가 아니고 지방질을 **유화**(emulsification)시켜 리파아제에 의한 지방의 분해 및 흡수를 도우며, 장에서 지용성 비타민의 흡수를 원활히 해주는 작용을 한다.

한편, 간은 소화에 관계되는 일 외에도, 장에서 흡수된 여러 가지 영양소의 전환, 저장 및 공급, 요소 합성(尿素合成), 해독 작용, 혈류 조절, 혈액 응고 인자인 프로트롬빈의 합성, 체온 조절 등 여러 기능을 수행하는 등 체내 물질 대사의 중추 역할을 담당하고 있다.

34.1.5 대장

대장(large intestine)은 소장에 이어 **항문**(anus)까지 이르는 비교적 굵은 관으로 이루어져 있으며, **맹장**(caecum), **결장**(colon) 및 **직장**(rectum)으로 나누어진다. 대장의 전체 길이는 비록 1.3m 정도 밖에 안되지만 그 지름이 소장에 비해 크기 때문에 대장이라는 이름이 붙여진 것이다. 대부분의 소화와 그 산물의 흡수는 소장에서 이루어지므로, 대장은 주로 소장을 통과한 내용물로부터 주로 수분을 흡수하는 작용을 하며, 탈수된 찌꺼기는 **대변**(feces)이 되어 직장의 강한 연동운동에 의해 배변(defecation)이 된다. 또 대장에 기생하는 세균들에 의해 합성되는 몇 가지 비타민(비타민 K, B_1, B_{12} 등)과 아미노산을 흡수하는 작용도 한다.

우리가 불안과 초조감을 느낄 때나 대장 내벽 점막층이 손상을 입었을 때에는 유미즙이 대장을 빠르게 지나가게 되어 수분 흡수가 충분히 일어나지 못하며, 그 결과로 변을 자주 보게 되고 수분이 많이 함유된 변을 보게 되는 이른바 **설사**(diarrhea) 증상을 보인다. 유아의 경우 설사가 심하면 체내 수분과 무기염류의 손실이 많아지는 탈수증상이 일어나 치명적이 될 수도 있으므로 특히 조심하여야 한다. 반대로 섬유질이 적게 들어 있는 음식을 섭취할 경우에는 유미즙이 대장을 지나는 속도가 지연되어 수분 흡수가 과다해지므로, 단단하고 건조해진 변을 보게 되는 이른바 **변비**(constipation) 증상을 나타낸다.

최근 우리나라도 음식문화가 서양화되면서 섬유질이 적은 육식을 많이 취하게 되어 유미즙이 결장이나 직장의 점막을 통과하는 시간이 길어지며, 이에 따라 음식물에 첨가된 방부제와 같은 암유발원(carcinogen)과의 접촉 시간도 길어지므로 **직장암**이나 **결장암**의 발생률이 증가되는 추세에 있다. 이와 같은 질병의 예방과 건강을 위해서도 우리는 지나친 육식 섭취를 자제하고 채식과 함께 조화된 식생활을 영위하여야 하겠다.

34.2 양분의 흡수

소화의 결과로 생긴 산물인 아미노산, 지방산, 글리세롤(glycerol) 및 포도당과 그 외의 각종 단당류 및 뉴클레오티드(nucleotide) 등은 모두 소장의 융모돌기에서 흡수된다. 즉, 단당류와 아미노산, 글리세롤 및 일부 지방산(탄소수 10 이하)과 핵산의 분해산물은 융모의 모세혈관으로 흡수되어 혈액을 따라 **간문맥**(hepatic portal vein)을 거쳐 간으로 운반된 후 심장을 통해 각 조직세포로 공급된다. 그러나 지질의 소화산물은 이와는 다른 과정과 경로로 흡수된다(그림 34-9). 즉, 소화산물인 지방산이나 모노아실글리세롤 등은 담즙산염과 반응하여 **미셀**(micelle)을 형성함으로써 미세융모의 쇄자연(brush border)으로의 접근이 촉진되며 지방산이나 모노글리세리드(monoglyceride)는 융모막을 통과하여 상피세포로 이동된다. 이들 분자들은 상피세포에서 소포체에 존재하는 합성효소에 의해 지방으로 재합성되고, 흡수된 콜레스테롤(cholesterol)이나 인지질 등과 합쳐져 구형의 지질입자로 응집되며, 그 위에 엷은 단백질 피막이 쌓이는데, 그것을 **카일로미크론**(chylomicron)이라 한다. 카일로미크론은 상피세포에서 유미관(lacteal)으로 이동되고, 림프관(lymph duct)을 따라 흉관(thoracic duct)을 거쳐 결국은 혈액으로 운반된다. 흡수되는 지방의 약 90%가 이와 같은 경로를 통해 혈액으로 흡수된다. 지방이 많이 들어 있는 음식을 섭취한 후에는 혈액내에 카일로미크론이 많이 존재하게 되므로, 몇 시간 동안은 혈장의 색깔이 혼탁한 우유빛이 된다. 융모막을 통해 소화산물이 흡수될 때 일부는 촉진 확산에, 일부는 능동수송(active transport)에 의한다. 특히 포도당과 단당류 및 아미노산의 흡수는 능동수송에 의하는데, Na^+이 존재할 때 운반이 활성화된다고 알려져 있다(그림 5-3 참조).

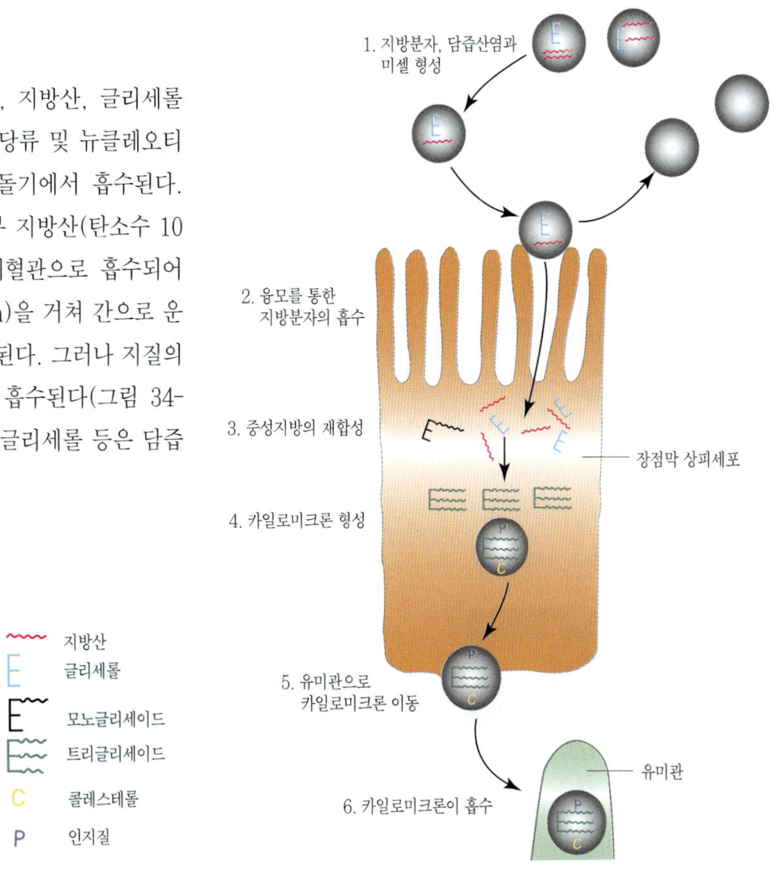

그림 34-9 지방의 흡수 경로

제35장

호흡

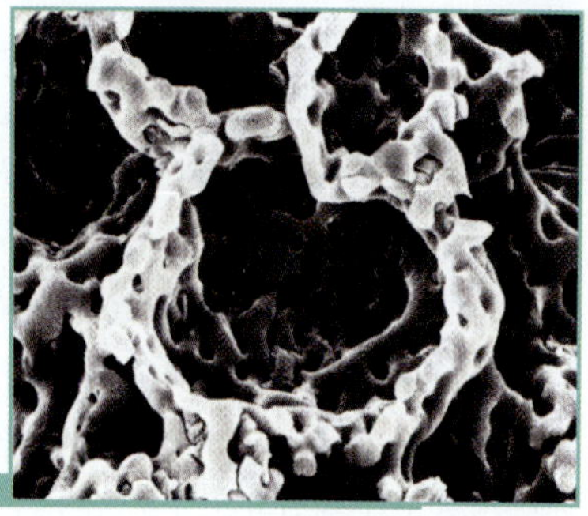

동물은 소화와 흡수로 얻은 영양물질을 순환에 의하여 각 조직세포로 공급하고, 이 물질들을 산화시킴으로써 생명활동에 필요한 에너지를 얻고 있다.

산화과정에서는 산소가 전자와 수소의 궁극적인 수용체가 되므로, 산소가 존재하지 않으면 동물은 에너지를 얻을 수 없게 된다. 동물은 체내에 산소를 저장하는 능력이 없기 때문에 외부 환경으로부터 끊임없이 산소를 공급받아야 하며, 산화의 결과로 생성된 이산화탄소(CO_2)는 또한 체내에 다량 축적될 수 없으므로 곧 외부로 방출시켜야만 한다.

이와 같이 동물은 항상 외부로부터 산소를 얻고, 체내에서 생성된 이산화탄소를 외부로 배출하는 가스 교환을 하고 있는데, 이 과정을 **호흡**(respiration)이라 한다.

호흡은 그 과정에 따라 **외호흡**(external respiration)과 **내호흡**(internal respiration)으로 구별하는데, 내호흡에 관해서는 앞에서 다루었으므로 이 장에서는 외호흡에 대한 것만을 알아보기로 한다.

35.1 호흡기관

체제가 극히 간단한 하등동물에서는 특수하게 분화된 호흡기관(respiratory organ)이 없으며, 몸을 구성하는 세포들이 직접 외부 환경에 노출되어 있으므로 단순한 기체의 확산에 의해 호흡을 한다. 그러나 동물의 체제가 복잡해짐에 따라 몸의 각 부분으로 기체를 도입하는 호흡기관이 발달하게 된다(그림 35-1).

35.1.1 피부

편형동물, 환형동물 등 하등 무척추동물은 특수한 호흡기관을 갖고 있지는 않지만, 체표를 통해 직접 외계와 가스 교환을 하는데, 이러한 동물의 몸 표면에는 항상 점액이 분비되어 있어서 산소가 직접 이 용액에 용해되어 표피세포 속으로 확산되어 들어간다. 이를 **피부호흡**(cutaneous respiration)이라 한다(그림 35-1a).

그림 35-1 여러 가지 동물의 호흡기관
(a) 플라나리아(피부) (b) 메뚜기(기관) (c) 대합(아가미) (d) 붕어(아가미) (e) 개구리(폐) (f) 비둘기(폐)

35.1.2 기관

곤충들은 주로 **기관**(trachea)으로 호흡을 하는데, 가슴과 배의 각 체절마다 1쌍의 **기문**(spiracle)이 열려 있고 이것과 연결된 기관과 **기낭**(air sac)이 몸 속으로 많은 가지를 내며 뻗어 있다(그림 35-1b). 기문의 입구에는 많은 강모(bristle)가 나 있어 내부로 들어가는 공기를 여과시키며, 기관의 벽은 키틴질(chitin)로 되어 있고 기관의 끝에는 체액이 채워져 있어서 여기에 산소나 이산화탄소가 녹으면 확산에 의해 가스 교환이 일어난다. 한편, 가스의 출입은 몸의 굴곡운동이나 기문의 개폐에 의하여 이루어진다.

35.1.3 아가미

물 속에서 생활하는 어류, 갑각류 및 대부분의 연체동물들은 **아가미**(gill)로 호흡한다. 아가미는 여러 겹의 얇은 막이 심한 굴곡을 이루어 물과의 접촉 면적을 넓혀 주며, 이 막에는 많은 모세혈관이 분포하고 있어서 물이 아가미를 통과하는 동안 확산에 의하여 가스 교환이 일어난다(그림 35-1c, d). 대합조개의 경우, 아가미를 덮고 있는 섬모가 율동적으로 운동을 하여 입수관(incurrent siphon)으로 물이 들어오고 출수관(excurrent siphon)을 통해 물을 내보낸다(그림 35-1c).

35.1.4 폐

어류를 제외한 대부분의 척추동물들이 가지는 호흡기관은 **폐**(lung)로서, 발생학적으로는 소화관의 앞부분에서 유래된 내배엽성 기관이며, 동물의 진화 정도에 따라 그 구조에 많은 차이가 있다.

양서류인 개구리의 폐는 2개의 얇은 막으로 된 주머니 모양의 간단한 구조를 가지며, 성문(glottis)을 통해 구강에 연결되어 있다(그림 35-1e). 폐의 내면에는 주름이 잡혀 있어 공기와의 접촉 면적을 크게 하며, 혈관이 많이 분포되어 가스 교환이 이루어진다. 폐에 공기를 채울 때는 2단계를 거치는데, 우선 외비공(nostril)을 통해 구강에 공기를 채운 후 내비공(choana)을 닫은 다음 성문을 통해 폐로 보낸다. 대부분의 양서류에서는 체표(skin)를 통해서도 가스 교환을 하고 있는데, 이는 피부가 젖어 있는 상태에서만 이루어진다.

파충류의 폐는 양서류에 비해 비교적 넓은 표면적을 가지므로 공기와의 접촉 면적이 크며, 늑골(rib)의 운동으로 기체의 출입을 촉진시켜 가스 교환이 효과적으로 이루어진다.

조류의 폐는 파충류와 유사하지만 날개의 운동과 기낭이 있어서 더욱 효과적인 가스 교환을 할 수 있다. 조류는 항온동물이므로 외부 환경의 온도 변화에 관계없이 체온(보통 40℃)이 항상 일정하다. 이 체온은 주로 근육운동에 의해 생긴 열로 유지된다. 한편, 근육운동은 세포호흡으로 생성된 에너지에 의해 이루어지므로 많은 산소가 필요하다. 조류의 폐는 이와 같이 많은 산소 수요를 충족시키기 위하여 폐에 여러 쌍의 기낭이 있다(그림 35-1f). **기낭**(air sac)은 풍선 모양의 주머니로서 그 속에 공기를 채워 호흡시 폐에 신선한 공기를 공급해 주며, 또 새가 날 때 부력을 일으키는 역할도 한다.

사람을 비롯한 포유류의 호흡기관은 후두(larynx)에 연결된 **기관**(trachea)의 아래쪽 끝이 좌우로 나누어져 **기관지**(bronchus)를 이루고, 폐 속에서 **기관세지**(bronchiolus)로 나누어져 수많은 **폐포**(alveoli)에 연결된다(그림 35-2). 성인의 폐에는 약 3억 개의 폐포가 있는데, 각 폐포는 많은 주름이 접혀진 상피세포들로서 폐의 내부 면적을 넓혀 공기와의 접촉을 크게 하며, 그 둘레를 모세혈관이 치밀하게 둘러싸서 가스 교환이 효과적으로 이루어지고 있다. 그림에서 보듯이 **횡격막**(diaphragm)은 사람의 체강(body cavity)을 **복강**(腹腔)과 **흉강**(胸腔)으로 나누는데, 폐의 표면과 흉벽의 내면은 **흉막**(pleura)이라는 얇은 섬유성 막으로 싸여 있고, 그 사이에 **흉막액**(pleural fluid)이 들어 있어 폐의 팽창과 수축에 따르는 두 흉막 사이의 마찰을 줄여 주는 윤활제 역할을 한다.

35.2 호흡운동과 조절

호흡기관의 호흡운동은 동물의 종류에 따라 제각기 그 양상(樣相)이 다르다. 고등동물의 경우, 호흡은 공기를 폐 속으로 빨아들이는 **흡식**(inspiration)과 폐 속의 공기를 외부로 배출하는 **호식**(expiration)의 2가지 운동으로 이루어진다. 사람의 폐에서는 기체의 출입이 **늑골**과 **횡격막**의 운동에 의해 이루어지는데, 늑골은 그 안팎에 붙은 **내-외늑간근**(internal-external intercostal muscle)에 의해 조절된다(그림 35-3).

흡식을 할 때는 외늑간근이 수축하여 늑골을 위로 치켜올리고, 횡격막이 수축하여 아래로 내려오면 흉강의 부피가 커지고 흉강 내압이 낮아지므로 공기는 외부로부터 폐 속으로 들어오며, 이어 **호식**을 할 때는 외늑간근과 횡격막이 이완되

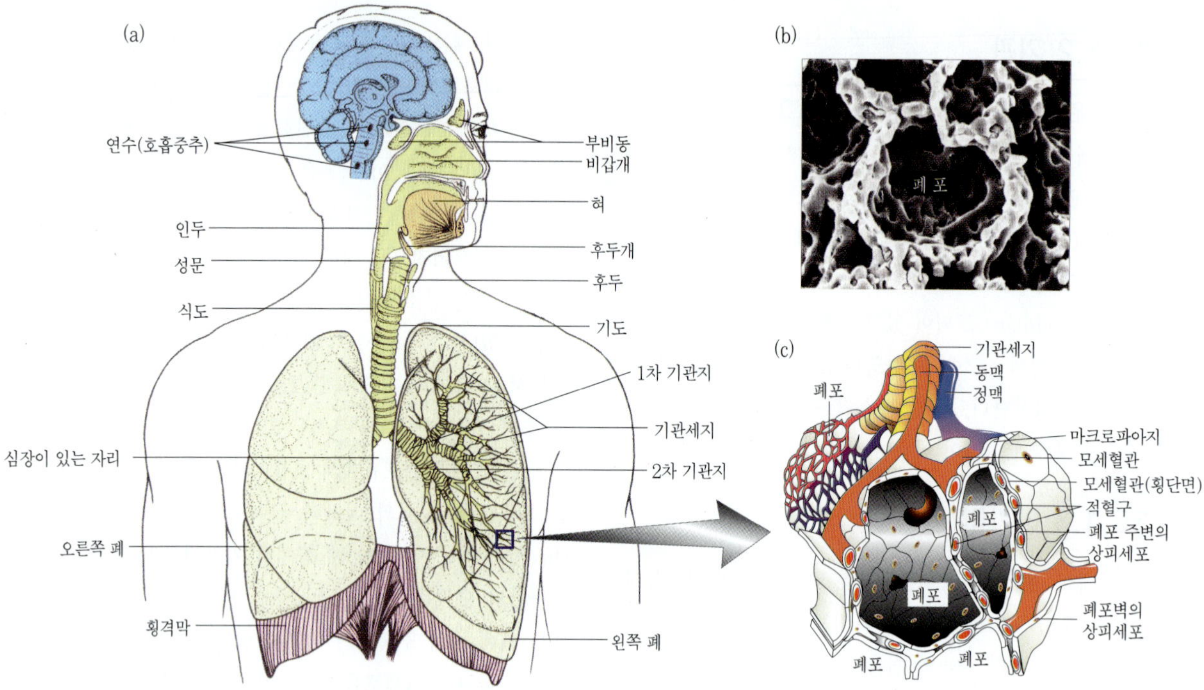

그림 35-2 사람의 호흡 구조(a), 폐포의 주사전자현미경사진(b) 및 폐포의 모식도(c)

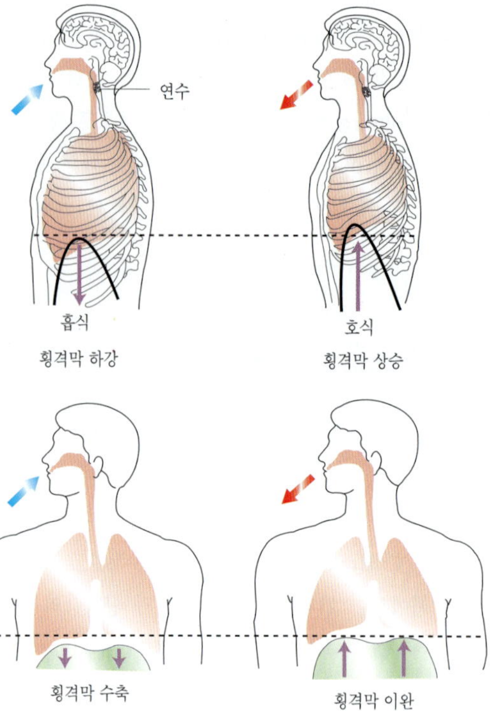

그림 35-3 사람의 호흡운동

면서 폐를 압축하여 공기는 밖으로 밀려 나가게 된다. 흡기와 호기의 조성과 용적비는 표 35-1과 같다.

정상 호흡을 할 경우, 사람은 1분간 15~18회의 호흡운동을 하게 되며, 1회의 호흡운동에 의해 출입하는 공기의 양을 **호흡용량**(tidal volume)이라 하는데 약 500ml이다. 휴식상태에 있는 사람의 1회 호흡량은 500ml이지만 폐가 최대로 흡식할 경우에는 상당량의 공기를 채울 수 있다. 이와 같이 심호흡운동에 의한 폐의 총용량을 **폐활량**(vital capacity)이라 하며, 성인 남자의 경우는 약 4,000ml에 달한다. 이 경우 최대호식 후에도 폐에는 약 1,200ml 정도의 공기가 남아 있는데, 이를 **잔기용량**(residual volume)이라 한다.

표 35-1 흡기와 호기의 조성

조 성	흡 기(%)	호 기(%)
질소(비활성 기체 포함)	79	79
산 소	20.9	14.0
이 산 화 탄 소	0.04	5.60

동물은 활동 상태에 따라 호흡속도(조직세포의 산소 소비량)가 변한다. 심한 운동을 하면 조직세포의 산소 소비량은 평상시의 20~25배로 증가되므로, 호흡운동을 빨리 또는 깊이하여 필요한 산소를 공급하게 된다. 이와 같은 호흡운동 속도의 증가 요인을 산소의 결핍으로 생각하기 쉬우나, 실험 결과에 의하면 산소의 결핍은 호흡운동 속도조절에는 거의 관계가 없음을 알 수 있다. 즉, 보통 공기 대신 100% 산소만으로 호흡할 경우 호흡횟수나 깊이에 거의 변화가 없는 반면,

92%의 산소와 8%의 이산화탄소로 된 혼합기체를 호흡했을 때는 호흡횟수가 급격히 증가하고 깊이도 커진다.

이 혼합기체 중 산소의 양은 보통 공기내의 산소량(약 20%)보다 많으므로 산소 결핍에 의한 변화는 아니다. 그러므로 호흡운동의 조절 요인은 이산화탄소의 농도임을 알 수 있다(그림 35-4).

호흡운동은 뇌의 **연수**(medulla oblongata)에 있는 호흡중추에 의하여 반사적으로 조절되는데, 여기에 이산화탄소 농도변화에 민감하게 반응하는 세포들이 있어서 혈액 속에 녹아 있는 이산화탄소의 양이 증가하면 호흡중추의 흥분이 커지며, 따라서 호흡운동의 횟수와 깊이가 증가한다.

이와같이 호흡운동은 자율적으로 일어나지만, 횡격막과 늑골의 근육이 대뇌의 의식중추와 연결된 신경의 지배를 받고 있으므로 의식적으로도 호흡은 조절될 수 있다.ㄴㅌ

(a)

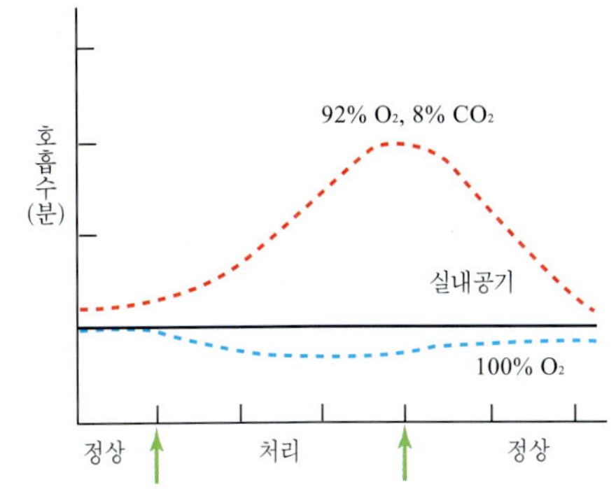

(b)

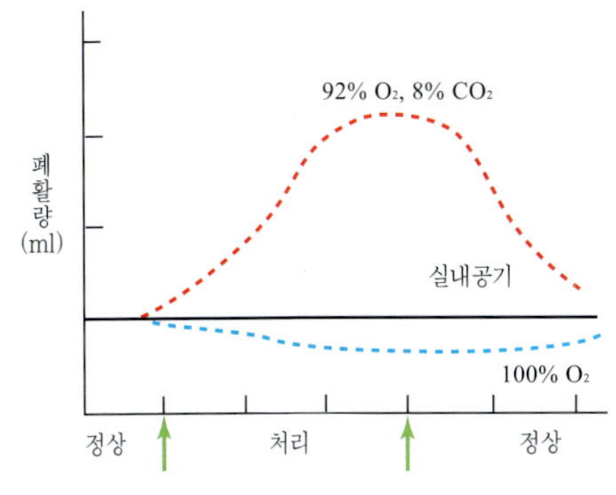

그림 35-4 공기의 조성에 따른 호흡횟수(a)와 폐활량의 변화(b)

35.3 가스 교환

혈액과 폐포 사이의 가스 교환은 전적으로 두 기체의 분압(partial pressure)의 차이에 따른 확산에 의한다. 폐포내 산소의 분압은 약 100mmHg이며, 폐포 모세혈관내의 산소의 분압은 훨씬 낮아서 40mmHg에 지나지 않는다. 따라서 폐포내의 산소는 혈액 속으로 확산한 결과, 혈액이 폐로부터 나와 조직으로 갈 때 산소의 분압은 폐포의 그것과 같은 100mmHg까지 올라가게 된다.

이와 마찬가지로 폐포에 들어오는 혈액내 이산화탄소의 분압은 50mmHg 정도의 압력을 가지며 폐포내 이산화탄소의 분압은 40mmHg 정도이므로, 이산화탄소는 혈액에서 폐포로 확산되는 것이다(표 35-2).

혈액이 폐를 통과하는 속도가 상당히 빠름에도 불구하고 짧은 시간내에 가스 교환이 충분히 일어나는 이유는, 폐포 주위에 모세혈관이 빽빽한 망상구조를 이루는 극히 얇은 막으로 되어 있기 때문이다.

표 35-2 외호흡의 각 경로에 O_2와 CO_2의 분압

	O_2(mmHg)	CO_2(mmHg)
들이마신 공기	158	0.3
폐포내의 공기	100	40
정맥혈	40	46
동맥혈	100	40
조직세포	1~40	52
내쉬는 공기	116	27

35.4 기체운반

35.4.1 산소의 운반

포유동물의 경우, 산소를 운반하는 주체는 적혈구의 **헤모글로빈**(hemoglobin ; Hb)으로서(그림 36-14 참조), 산소와 쉽게 결합되거나 해리될 수 있는데, 이 가역반응은 주로 주위에 있는 산소의 분압 차이에 의해 결정되며, 1개의 헴분자에 산소 1분자가 결합되므로 Hb 1분자는 4분자의 산소와 결합할 수 있다.

$$\underset{\text{헤모글로빈 (암적색)}}{Hb + 4O_2} \underset{\text{낮은 } O_2\text{, 높은 } CO_2\text{ 산성, 고온(조직)}}{\overset{\text{높은 } O_2\text{, 낮은 } CO_2\text{ 중성, 저온(폐)}}{\rightleftharpoons}} \underset{\text{산화 헤모글로빈 (밝은 적색)}}{Hb(O_2)_4}$$

100ml의 동맥혈은 약 20ml의 산소를 운반하는데, 이 중 약 3ml(약 1.5%)는 혈장에 용해된 상태로, 나머지는 Hb에 의해 운반된다. Hb과 산소의 결합량이 산소 분압에 따라 변하는 관계를 그린 곡선을 **산소-헤모글로빈 해리곡선**(oxygen-hemoglobin dissociation curve)이라 한다(그림 35-5). 이 곡선은 S자 모양을 하는데, 폐포의 산소 분압인 100mmHg에서는 대부분의 Hb(약 95%)이 산소와 결합하며, 이것이 조직세포의 산소 분압인 40mmHg 이하에서는 HbO_2의 포화도가 급격히 감소하여 다량의 산소가 빠른 속도로 방출되는 것을 볼 수 있다.

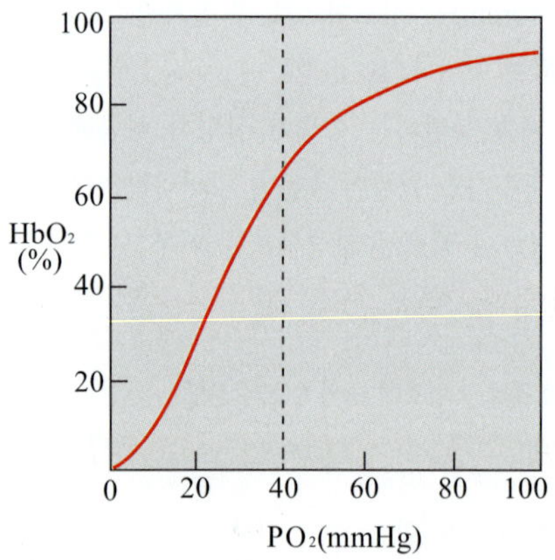

그림 35-5 산소-헤모글로빈 해리곡선

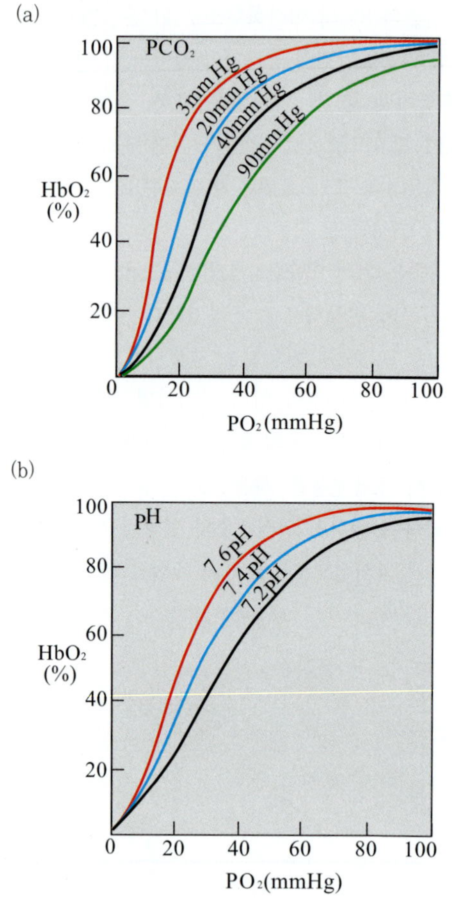

그림 35-6 Hb의 산소결합에 미치는 CO_2(a) 및 pH의 영향(b)

Hb과 산소의 결합은 이산화탄소의 농도에 의해 영향을 많이 받는데, 혈액내 이산화탄소 농도가 높아지면 H^+ 농도가 증가하고 따라서 pH가 낮아지기 때문에 HbO_2은 쉽게 해리된다. 이렇게 해서 이산화탄소 농도가 높은 조직세포에서는 HbO_2가 쉽게 해리되어 다량의 산소가 공급되고, 반대로 이산화탄소 농도가 낮은 폐포에서는 더 많은 산소가 쉽게 Hb과 결합된다. 온도의 증가도 역시 Hb의 산소 결합능을 저하시킨다(그림 35-6). 따라서 근육운동이 많은 부분의 국부적 온도 증가(또한 이산화탄소 증가)가 이 조직으로의 산소 공급을 더 크게 해 주는 것이다.

Hb은 또한 일산화탄소(CO)와의 친화력이 산소보다 약 230배나 크며, 일단 결합하면 잘 해리되지 않는다. 따라서 공기중에 일산화탄소가 산소의 1/200,000만 있어도 혈액내 Hb의 1/2은 산소를 운반하지 못하기 때문에 조직세포는 산소 부족 상태에 빠진다. 이와 같이 Hb과 산소의 결합은 산소 분압뿐만 아니라, 이산화탄소의 분압, pH, 온도, 일산화탄소 등에 의해 영향을 받으며, 그 외에 무기염류의 존재, 적혈구 및 해당작용의 부산물로 생성될 수 있는 2,3-이인산글리세르산(2,3-diphosphoglycerate ; DPG) 등에 의해서도 영향을 받는다.

35.4.2 이산화탄소의 운반

이산화탄소는 대부분 HCO_3^-의 형태로 운반된다. 즉, 조직에서 생성되는 이산화탄소가 혈액으로 들어오면 일부(약 7%)만이 혈장에 용해된 상태로 운반되고, 나머지는 적혈구내로 확산되어 들어와 이 중 일부(약 20%)는 Hb과 결합되며, 대부분 적혈구내에 존재하는 **탄산탈수소효소**(carbonic anhydrase)라는 효소의 작용으로 빠르게 적혈구내 물분자와 결합하여 쉽게 H_2CO_3로 되고 이는 역시 해리하여 H^+과 HCO_3^-로 된다.

$$CO_2 + H_2O \underset{}{\overset{\text{탄산탈수소효소}}{\rightleftharpoons}} H_2CO_3 \rightleftharpoons H^+ + HCO_3^-$$

이렇게 형성된 HCO_3^-은 대부분이 혈장 속으로 확산되어 나가는 한편, H^+은 적혈구 내의 Hb과 결합하여 완충작용에 의한 pH의 변동을 막는다. 적혈구에서 HCO_3^-가 혈장으로 확산되어 나갈 때 －하전의 평형을 위해 혈장으로부터 Cl^-이 대신 확산되어 들어온다(그림 35-7).

이와 같이 이산화탄소는 대부분이 HCO_3^- 형태(약 70%)로, 그리고 일부가 $HbCO_2$ 형태로 폐까지 운반되어 위와 같은 반응의 역반응으로 방출되는 것이다.

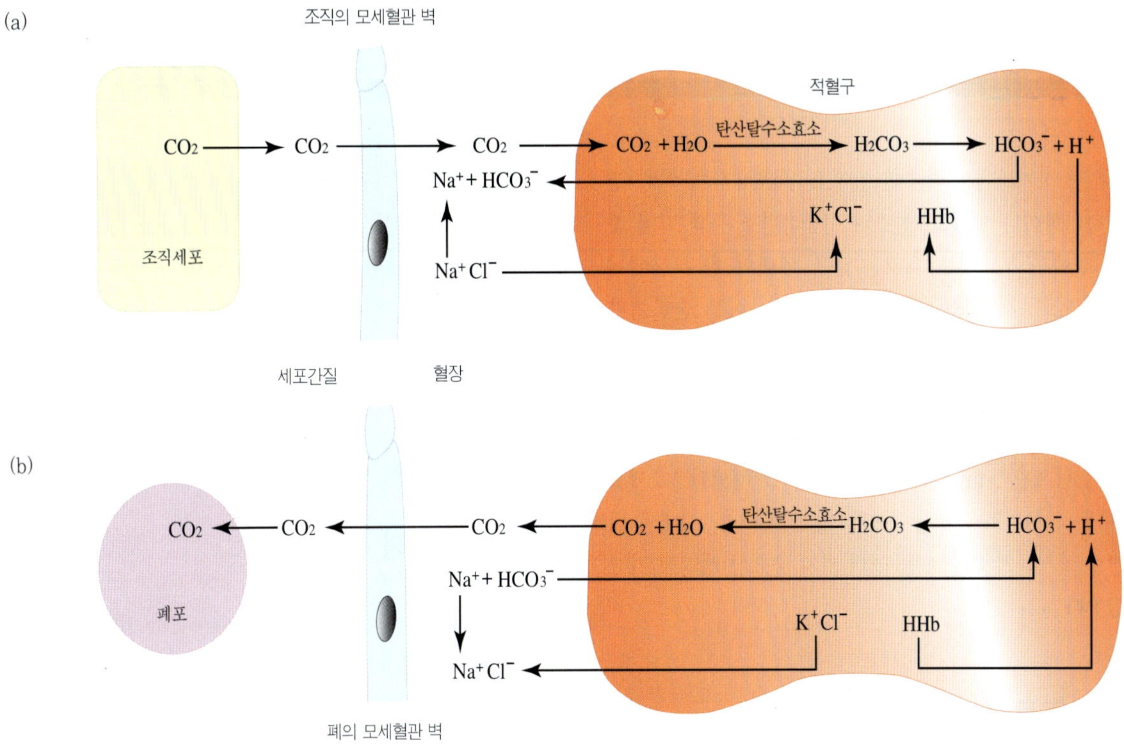

그림 35-7 이산화탄소(CO_2)의 운반 경로
(a) 조직세포와 조직의 모세혈관 사이의 이산화탄소 이동
(b) 폐의 모세혈관과 폐포 사이의 이산화탄소의 이동

제36장

물질 운반

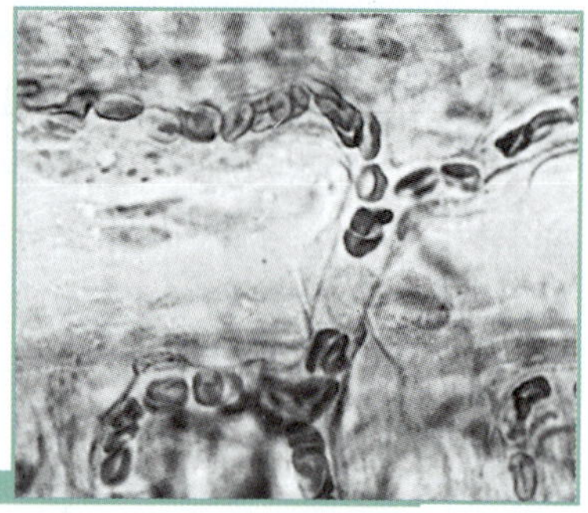

동물은 소화기관에서 흡수된 영양소, 세포대사에 의해 생성된 대사산물이나 노폐물, 산소나 이산화탄소 등의 기체 및 내분비기관에서 분비되는 호르몬 등을 체내의 한 부분에서 다른 부분으로 수송하는 기관을 가지는데, 이를 **순환기관**(circulatory organ)이라 한다. 동물체내에서 이 순환을 담당하는 것은 체액의 약 10%를 차지하는 혈액 및 림프와 그 속에 들어 있는 세포들이며, 이들의 순환통로는 혈관(blood vessel)과 림프관(lymph vessel)이다. 이들 체액과 그 세포들은 체내 각 부위로 물질을 운반할 뿐만 아니라, 체내의 내적 환경을 일정하게 해주는 등 여러 가지 중요한 생리적 기능을 담당한다.

36.1 동물의 순환계

단세포동물이나 하등 무척추동물(해면동물, 자포동물, 유즐동물 및 선형동물)에는 세포가 직접 외부 환경과 접하고 있으므로 물질 운반을 위해 특별히 분화된 순환기관이 없으며, 체제가 복잡한 고등 다세포동물에는 물질을 효과적으로 운반할 수 있도록 분화된 순환기관이 있다.

고등동물의 순환기관은 절지동물이나 연체동물에서 볼 수 있는 것과 같이 혈관의 끝이 조직간극(intercellular space) 또는 체강(body cavity) 속에 열려 있어 혈액이 이 속으로 스며든 후, 다시 혈관으로 모이는 **개방순환계**(open circulatory system)와 환형동물이나 척추동물의 경우처럼 혈액이 일정한 관 속만을 흐르는 **폐쇄순환계**(closed circulatory system)로 나뉜다(그림 36-1).

36.2 심장과 혈관

사람을 비롯하여 포유동물은 폐쇄순환을 하는데, **심장**(heart)과 **혈관**(blood vessel) 등에 의해 이루어진다.

사람의 심장은 좌 · 우 · 상 · 하로 나누어진 4개의 방으로 이루어져 있다. 좌우측의 위와 아래쪽에 각각 **심방**(atrium)과 **심실**(ventricle)로 나누어져, 좌심방, 좌심실, 우심방, 우심실이 있다. 우심방과 우심실 사이에는 **삼첨판**(tricuspid valve), 좌심방과 좌심실 사이에는 **이첨판**(bicuspid valve)이라는 판막이 있고, 좌우 심실에서 대동맥과 폐동맥으로 나가는 각각의 입구에는 **반월판**(semilunar valve)이 있어서,

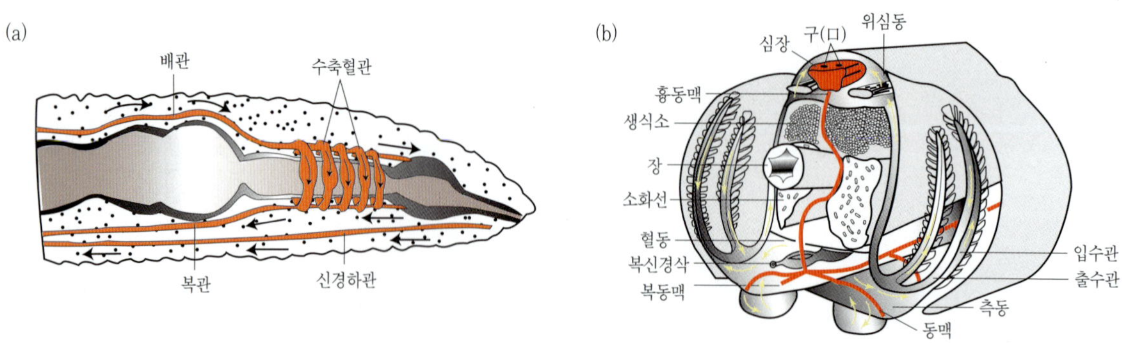

그림 36-1 동물의 순환계
(a) 폐쇄순환계(지렁이) (b) 개방순환계(대합)

혈액의 역류현상을 막아 준다(그림 36-2a).

심장에서 조직까지의 굵은 혈관을 **동맥**(artery)이라 하고, 조직세포 사이에 분포된 가는 혈관을 **모세혈관**(capillary)이라 하며, 모세혈관이 모여 심장으로 되돌아오는 혈관을 **정맥**(vein)이라 한다(그림 36-3).

우심실에 들어온 혈액을 폐로 보내는 혈관을 **폐동맥**(pulmonary artery)이라 하며, 반대로 폐에서 좌심방으로 보내는 혈관을 **폐정맥**(pulmonary vein)이라 한다. 또한, 심장을 순환하는 동맥을 **관상동맥**(coronary artery)이라고 한다(그림 36-2b).

이러한 혈관들은 혈액이 흐르는 통로가 될 뿐만 아니라 혈류(血流)의 속도, 혈액의 분배 등을 조절한다. 동맥은 탄력성이 강한 근육성 막을 가지고 있어 높은 혈압에도 견딜 수 있

(a)

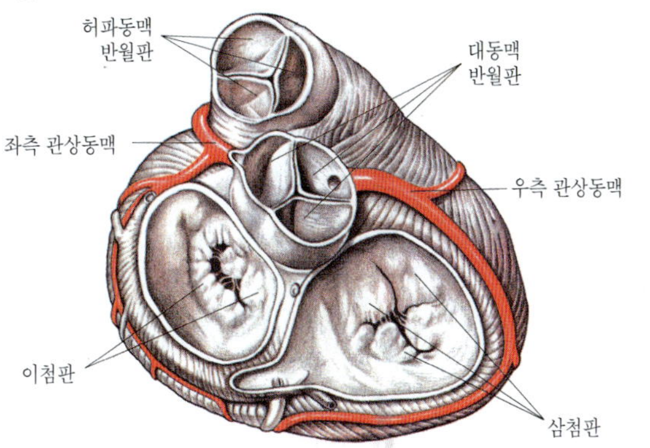

(b)

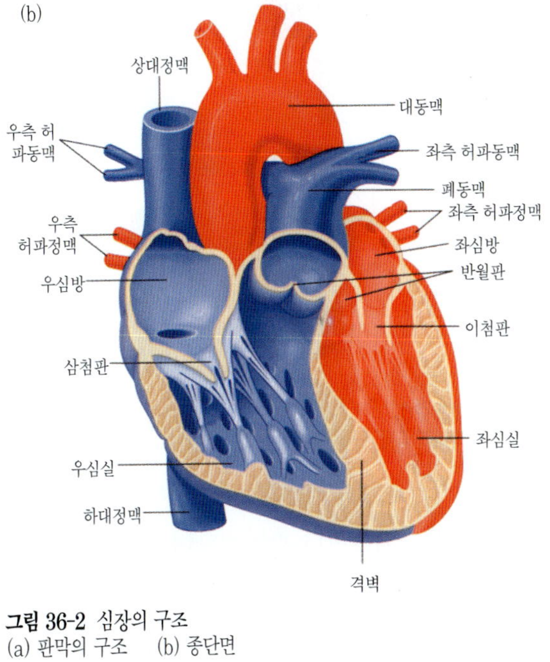

그림 36-2 심장의 구조
(a) 판막의 구조 (b) 종단면

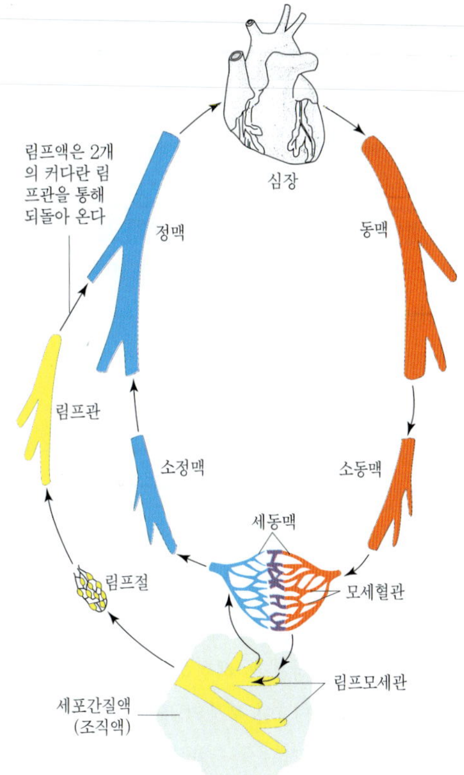

그림 36-3 혈관의 종류

(a)

(b)

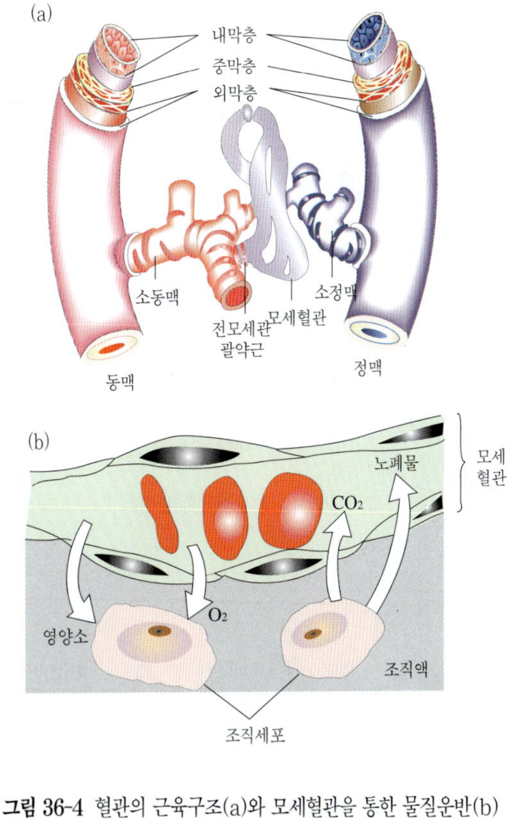

그림 36-4 혈관의 근육구조(a)와 모세혈관을 통한 물질운반(b)

으며, 정맥은 동맥에 비해 얇고 탄력성도 낮으나 군데군데 판막(valve)이 있어 혈액의 역류(逆流)를 막는다(그림 36-4a). 모세혈관은 한 층의 상피세포들로 이루어진 가늘고 얇은 혈관으로(지름 7.5㎛), 체내 곳곳에 분포되어 있으며 상피세포들 사이에 얇은 구멍들이 열려 있어서 조직세포와 물질교환을 한다(그림 36-4b). 한편 정맥의 혈압은 매우 낮으므로, 정맥 주위 근육의 수축력에 의해 정맥혈이 심장으로 돌아올 수 있다.

36.3 심장의 박동과 조절

심장의 박동(搏動)은 자율적이어서 심장을 체외로 적출(摘出)하여도 적당한 조치를 하면 계속 박동한다. 이와 같은 박동의 자동성은 심장의 수축이 중추신경의 지배를 받지 않고도 수축하는 능력이 있기 때문이다. 심장의 **박동원**(pace maker)은 우심방의 상부에 해당하는 **동방결절**(sinoatrial(SA) node)에 있으며, 이 부분의 조직은 신경조직과 근육조직의 공통적 성질을 가진 특수한 조직(Purkinje fiber)으로 이루어져서 심장의 모든 부분에 주기적으로 단속전류(斷續電流) 자극을 보내어 박동을 일으킨다. 이 박동원전류(pacemaker potential)는 좌우심방으로 가서 심방을 수축시키며, 이어 우심방과 우심실 사이 **방실결절**(atrioventricular(AV) node)을 거쳐 **방실섬유속**(atrioventricular bundle, His bundle)에 전달되어 심실벽을 수축시킨다(그림 36-5).

보통 심장의 전기적 활동을 증폭(增幅)하여 기록한 그림을 **심전도**(electrocardiogram ; ECG)라 하는데, 이 분석법은 심장의 상태 측정이나 손상 범위의 진단에 이용되고 있다(그림 36-6). 심장은 매분 약 72회 박동하므로 1회 박동할 때 걸리는 시간은 0.8초이며, 이를 **심장주기**(cardiac cycle)라 한다. 심장주기는 크게 수축기(systole)와 확장기(diastole)로 나누며, 이 과정을 보면 그림 36-7과 같다. 심장 근처에 청진기를 대보면 심장이 뛰는 소리를 들을 수 있는데, 이를 **심음**(heart sound)이라 한다. 심음은 심장의 1주기 동안에 2종류의 소리가 들리는데, 1가지는 긴 소리이면서 저음

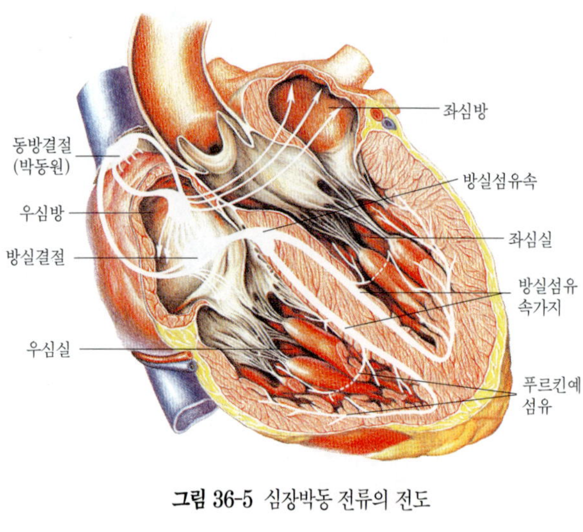

그림 36-5 심장박동 전류의 전도

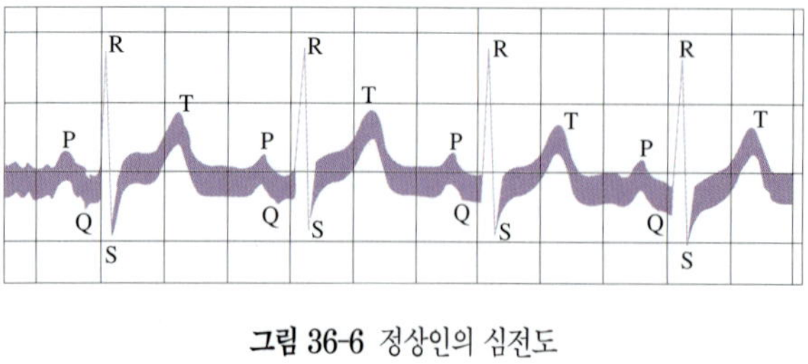

그림 36-6 정상인의 심전도

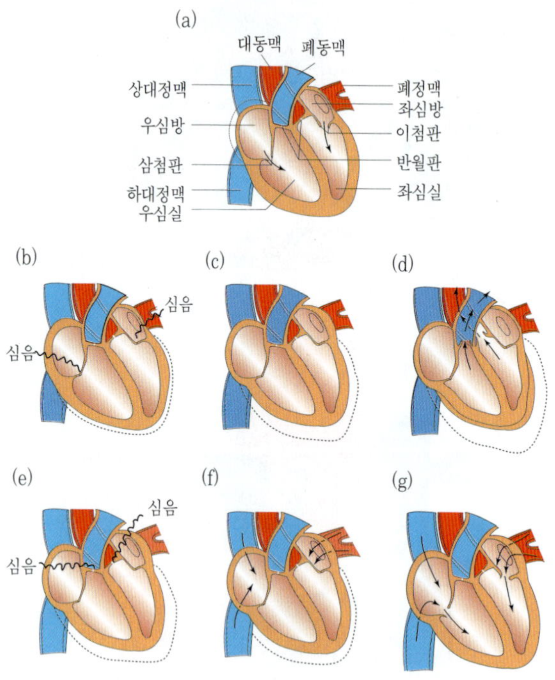

그림 36-7 심장주기
(a) 심방 수축기 : 심방 수축에 의해 심방의 혈액이 삼첨판(이첨판)을 밀고 심실로 이동
(b) 심실 수축의 개시 : 심실 수축이 시작되면서 삼천판과 이첨판이 닫힘, 이때 제1심음(판막이 닫히면서)
(c) 압력 상승기 (d) 반월판이 열리면서 대동맥과 폐동맥으로 혈액 이동
(e) 심실 확장 개시기 : 이때 제2심음(반월판이 닫히면서)
(f) 압력 하강기 : 혈액이 심방으로 돌아옴
(g) 심실의 압력 저하로 판막(삼천판, 이첨판)이 열리고, 혈액은 심실로 이동

이고, 다른 것은 짧은 소리로 앞의 소리보다 고음이며, 전자를 제1심음(first heart sound)이라 하고, 후자를 제2심음(second heart sound)이라 한다. 제1심음은 주로 판막이 닫히는 것에 의해 일어나며 심실 수축의 시작을 의미하고, 제2심음은 심실확장기 초기에 들린다. 심음은 판막의 운동과 깊은 연관성이 있으므로, 이 소리들은 심장판막에 일어나는 병을 진단하는 데 도움을 준다.

심장은 자동성을 가지고 독립적으로 박동하고 있는데, 심장이 1회 박동할 때 심실이 1번 수축하여 내보내는 혈액량을 **박동량**(stroke volume)이라 하며, 안정시 성인의 경우 약 70ml이다. 1분간의 심장박동수인 **박동률**(heart rate)은 72회/분이므로, 1분 동안 심장이 동맥내로 밀어내는 혈액량은 박동량×박동수(70ml×72 = 5,040ml/분)로 계산할 수 있고, 이를 **심장박출량**(cardiac output)이라 한다. 박동량은 「생리적 한계내에서 정맥을 통해 심장으로 들어오는 혈액량이 클수록 커진다」는 F. STARLING의 심장의 법칙에 의한다. 즉, 많은 양의 혈액이 심장을 채우면 심근섬유가 최대로 신장되고 그 결과 심장이 크게 수축됨으로써 다량의 혈액이 동맥으로 방출된다. 따라서 박동량의 증가는 심장박출량을 높여 준다(그림 36-8).

심장 박동은 중추신경계(central nervous system)에 의해서도 지배를 받는다. 박동의 조절중추는 **연수**(medulla oblongata)에 있는데, 혈관벽과 심장에 분포되어 있는 압력수용기가 혈압을 감지하여 연수로 전달되면 여기서는 **교감신경**(sympathetic nerve)과 **부교감신경**(parasympathetic nerve)의 2가지를 통해 명령이 전달된다. 교감신경은 박동률을 증가시키고, 부교감신경은 박동률을 낮추는 작용을 한다. 이 두 신경은 대뇌의 의식중추로부터 지배를 받지 않으므로 의식적으로 심장박동률을 조절하지는 못하지만, 사람이 공포를 느낄 때나 격렬한 운동을 할 때 일어나는 정신적 흥분은 교감신경을 자극하여 박동율을 증가시킨다. 또한 심한 운동을 할 때는 혈액내의 CO_2 농도나 H^+ 농도가 증가하고 체온이 올라가서 심장 박동을 빠르게 해 준다.

심장의 박동으로 대동맥에 밀려 나온 혈액은 혈관에 압력을 주게 되는데, 이를 **혈압**(blood pressure)이라 하며, 혈압은 대동맥에서 가장 높고 심장에서 멀어짐에 따라 낮아지며, 모세혈관과 정맥에서는 거의 없는 상태가 된다(그림 36-9). 혈압은 심장 박동에 의한 것이므로 심실이 수축할 때 가장 높고 이완할 때 가장 낮은데, 전자를 **수축기혈압**(systolic pressure), 후자를 **확장기혈압**(diastolic pressure)이라 한다. 정상인의 혈압은 약 120/80mmHg이다.

일반적으로 확장기혈압이 지속적으로 95mmHg 이상 될 경우 고혈압(hypertension)이라고 하는데, 고혈압 환자는 높은 혈압 때문에 고통을 받게 된다. 이 경우 소동맥이나 가는 동맥 혈관의 저항이 커지게 되며 이에 대응하여 심장운동이 과도하게 일어나게 됨으로써 좌심실이 확장되는 등 심장 기능이 저하되게 된다. 아직 고혈압의 원인은 밝혀지지 않았으나, 유전적 요인을 갖거나 비만증, 음식을 짜게 먹는 습관이 있는 사람에게서 발병률이 높은 것으로 보고되고 있다.

혈액이 흐르는 속도는 동맥에서 가장 빠르고, 다음이 정맥이며, 모세혈관에서 가장 늦다. 이는 혈압과 각 혈관 총단면적의 차이에서 오는 현상이다(그림 36-9). 신경 또한 동맥혈

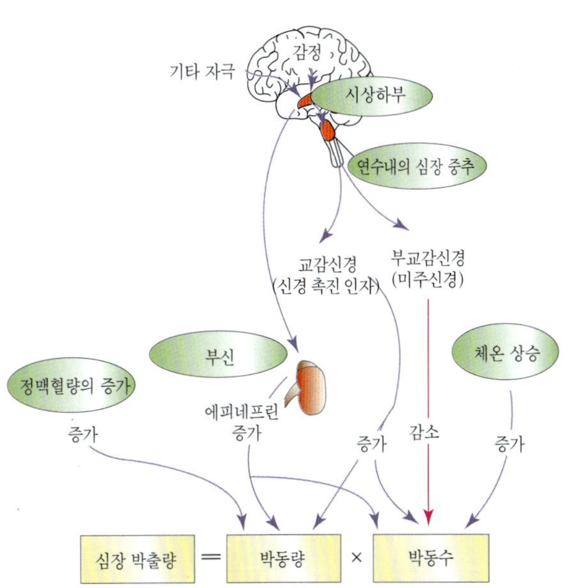

그림 36-8 심장박출량에 영향을 미치는 요인

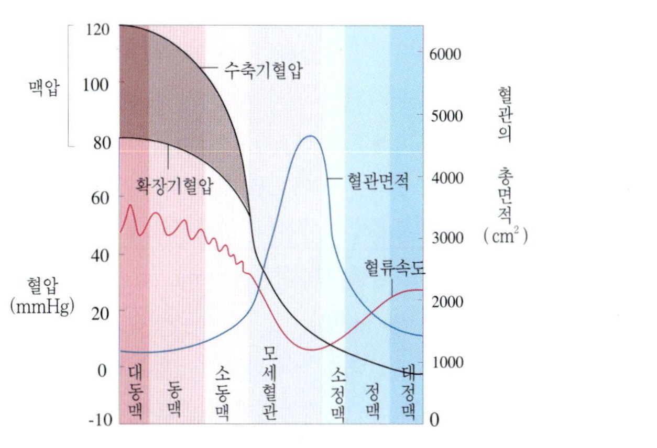

그림 36-9 혈관 부위에 따른 혈압과 혈류

류에 영향을 주는데, 신경자극에 의한 동맥근육의 수축이 혈관의 내경(內徑)을 줄이므로 혈압은 높아지고 혈류량은 감소한다. 혈관이 확장하는 경우에는 반대효과를 나타낸다.

36.4 순환경로와 순환의 말초조절

전신을 돌고온 혈액은 **상대정맥**(superior vena cava)을 통하여 우심방으로 들어온다. 심방이 수축하면 우심방과 우심실 사이에 있는 **삼첨판**(tricuspid valve)이 열려 혈액이 우심실로 내려간다. 이어 심실이 수축하면 삼첨판은 닫히고, 혈액은 폐로 가는 두 갈래의 혈관인 **폐동맥**(pulmonary artery)으로 밀려 나간다. 우심실과 폐동맥 사이에는 **반월판**(semilunar valve)이 있어서 심실이 수축하면 열리고, 이완하면 닫힌다. 좌우 양쪽 폐에 각각 도달한 혈액은 폐에서 모세혈관으로 갈라져 CO_2와 O_2의 교환이 이루어진다. 이 가스 교환의 결과로 이산화탄소를 내보내고 산소를 공급받은 혈액은 **폐정맥**(pulmonary vein)을 거쳐 좌심방에 들어온다. 심장과 폐 사이의 혈액순환을 **폐순환**(pulmonary circulation)이라 한다.

좌심방에 들어온 혈액은 심방의 수축에 의하여 **이첨판**(bicuspid valve)을 거쳐 좌심실로 들어가고, 이어 심실의 수축에 의하여 좌심실의 반월판을 거쳐 **대동맥**(aorta)으로 밀려 나간다. 대동맥은 반월판 바로 위에서 2개의 가지를 내는데, 이 2개의 가지는 심장을 순환하는 **관상동맥**(coronary artery)이 되어 심장근육에 혈액을 공급한다. 이 관상동맥은 심장의 표면으로 노출되어 소동맥으로 갈라지고, 소동맥은 심장의 각 부분에 산재하는 모세혈관에 혈액을 공급한다. 이렇게 하여 심장근육의 계속적 박동을 위한 산소를 지속적으로 공급하는 것이다. 대동맥은 여러 갈래로 나누어지면서 몸의 각 부분에 분포된다. 몸의 모든 조직세포에 산소를 공급하고 이산화탄소를 받아들인 혈액은 정맥으로 모인 다음, 상대정맥을 거쳐서 우심방에 도달한다. 좌심실에서 우심방에 이르는 혈액순환을 **체순환**(systemic circulation)이라 한다(그림 36-10).

모든 혈액은 상대정맥을 통해 바로 우심방으로 들어가나, 소화기관을 거친 정맥혈만은 반드시 일단 간(liver)을 거친 뒤에 **하대정맥**(inferior vena cava)을 통해 심장으로 들어간다. 이것은 소화기관에서 흡수된 물질들을 간에 운반하여 간에서 흡수, 전환, 제독(除毒) 등의 과정을 거친 뒤, 체순환계에 투입하기 위한 것이다. 소화기관에서 간에 이르는 이 혈관계를 **간문맥**(hepatic portal vein)이라 한다.

모세혈관 벽에는 근육이 없기 때문에 직접 조절할 수는 없지만 모세혈관 조직의 작용은 정밀한 조절 하에 있다. 즉, 소동맥과 소정맥 사이를 잇는 혈관을 **주관**(throughfare vessel)이라 하는데, 이것으로부터 모세혈관이 파생된다(그림 36-11). 또한 주관으로부터 모세혈관이 분지되는 곳에 **전모세관괄약근**(precapillary spincter)이라 불리는 근육의 고리가 있어서, 이 근육이 이완되면 혈액이 모세혈관으로 들어가게 되고, 수축되면 모세혈관으로 통과하는 혈류는 차단된다. 일반적으로 체내에 산재해 있는 소동맥을 협착(constriction) 또는 확장(dilatation)시키는 자극이 전모세관괄약근의 협착 및 확장을 역시 유발시킨다. 한편 조직

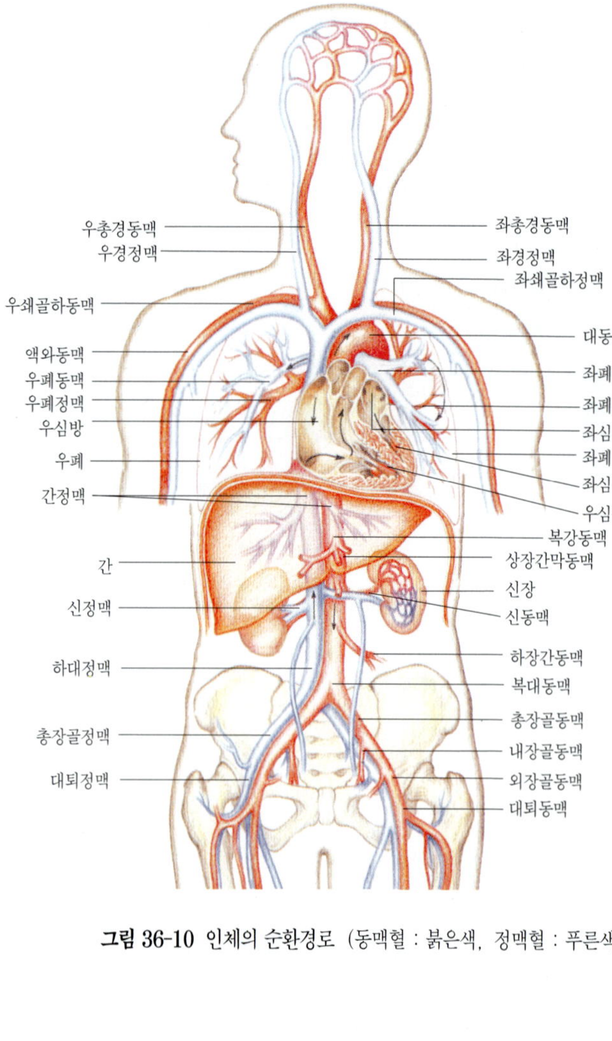

그림 36-10 인체의 순환경로 (동맥혈 : 붉은색, 정맥혈 : 푸른색)

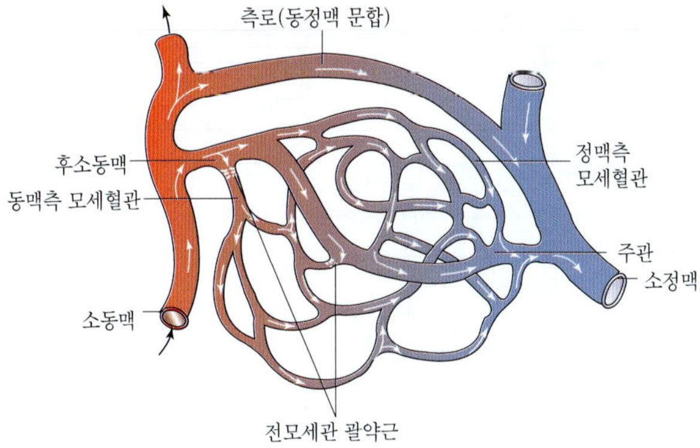

그림 36-11 모세혈관의 구조

공간 속에 있는 세포들이 대사를 왕성하게 할 때는 전모세관 괄약근을 이완시키는 물질을 분비하여, 모세혈관을 통한 혈류량을 증가시킴으로써, 대사에 필요한 산소의 원활한 공급과 대사 노폐물의 제거를 원활하게 이룰 수 있다.

36.5 혈액의 구성과 기능

36.5.1 혈액의 구성

혈액은 세포 성분인 **혈구**(blood cell)와 세포간 물질인 **혈장**(plasma)으로 이루어져 있다(그림 36-12). 사람의 혈액은 그 무게가 체중의 약 8%를 차지하며 물보다 점성이 크고(5~6배), pH는 약 7.4이다. 혈액을 뽑아서 시험관에 넣어 방치해 두면 잠시 후 혈액 응고가 일어나 상층에 맑은 용액이 스며 나오는데, 이를 **혈청**(serum)이라 한다. 밑에 응고된 혈병(blood clot)은 혈장내의 피브리노겐(fibrinogen)이 트롬빈(thrombin)이라는 효소의 작용을 받아 변화한 피브린(fibrin)이 혈구들을 감아 응고한 물질이다(「혈액의 응고」 참조).

(1) 혈구

세포 성분인 혈구는 혈액의 약 45%를 차지하며, 조류에는 **적혈구**(erythrocyte 또는 red blood cell ; RBC)와 **백혈구**(leucocyte 또는 white blood cell ; WBC) 및 **혈소판**(thrombocyte 또는 blood platelet) 등이 있다. 이 중 적혈구가 가장 많은데 정상 성인의 경우 혈액 1㎕내에 여자는 약 450만 개, 남자는 조금 많아 약 500만 개를 가진다. 포유류를 제외한 모든 척추동물의 적혈구는 유핵세포(有核細胞)이다. 사람의 적혈구는 지름 7.5㎛, 두께 약 2㎛ 되는 원반 모양의 세포로, 이러한 독특한 구조가 세포와 혈장 사이의 가스 교환을 더 용이하게 해 준다(그림 36-13).

성인의 경우 적혈구는 **적골수**(red bone marrow) 특히 늑골(rib), 흉골(sternum), 추골(vertebra)에서 생성되며, 생성 초기에는 핵이 뚜렷하지만 성숙됨에 따라 핵이 없어지

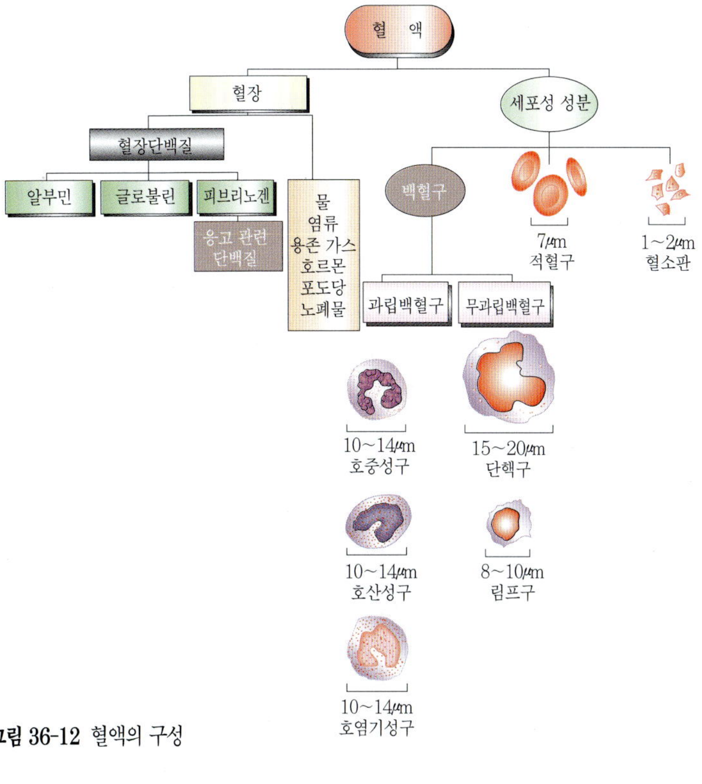

그림 36-12 혈액의 구성

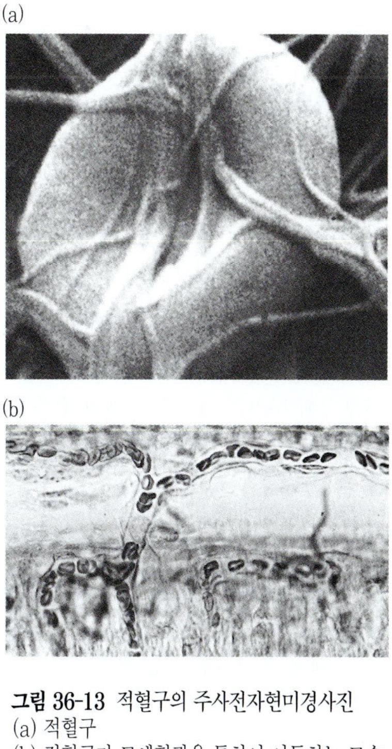

그림 36-13 적혈구의 주사전자현미경사진
(a) 적혈구
(b) 적혈구가 모세혈관을 통하여 이동하는 모습

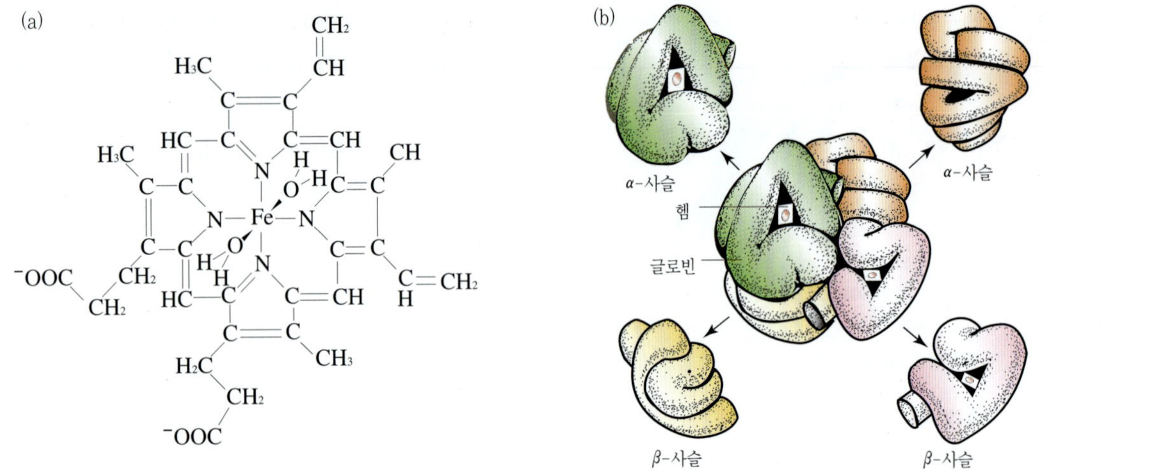

그림 36-14 헴의 구조(a)와 헤모글로빈의 구성(b)

고 혈색소인 **헤모글로빈**(hemoglobin ; Hb)이 축적되어 혈관내로 들어간다. Hb분자는 중앙에 Fe원자가 결합된 포르피린(porphyrin) 고리화합물인 **헴**(heme)분자 4개가 글로빈 단백질 4개와 결합된 단백질이다(그림 36-14). 1개의 적혈구는 약 2억 8천만 개의 Hb분자를 함유하는데, Hb분자는 철을 함유하는 붉은색의 헴을 가지고 있어서 적혈구가 붉게 보이며, 따라서 혈액 전체도 붉은색을 나타낸다. 사람의 적혈구는 수명이 120일 정도인데 이 시기가 지나면 간이나 지라(spleen)에서 파괴되며(매초 240만 분자 정도), 골수에서는 새로운 적혈구를 생성하여 이를 보충한다.

백혈구는 성인의 경우 혈액 1㎕당 6,000~8,000개인데, 어린이는 성인의 약 2배를 가지며 아메바운동을 하기 때문에 그 모양과 크기가 일정하지 않고, 일반적으로 적혈구보다는 큰 세포(지름 8~15㎛)로 Hb를 갖지 않아 무색이며 유핵세포이다. 혈액내에서는 모양, 크기, 과립 상태, 핵의 모양과 수 등에 따라 5가지 형이 있는데, 이들을 **과립백혈구**와 **무과립백혈구**로 나눈다. 과립백혈구들은 적골수에서 생성되는데, 세포질에 뚜렷한 과립을 가지며 **호중성구**(neutrophil), **호염기성구**(basophil) 및 **호산성구**(eosinophil)의 3종류가 있다.

무과립백혈구는 세포질에 과립이 없고, 핵물질을 많이 함유하며, **림프구**(lymphocyte)와 **단핵구**(monocyte)가 이에 속한다. 혈액내 백혈구는 호중성구(65~70%)와 림프구(약 25%)가 대부분을 차지하며, 적혈구와는 달리 백혈구는 모세혈관 벽을 벗어나와 조직세포 속을 드나들면서 외부에서 감염되어 들어온 세균이나 해로운 이물질을 섭식(ingestion)하는 **식균작용**(phagocytosis)을 하는데, 특히 호중성구와 단핵구가 이에 관여한다. 침투된 세균에 대항하여 식균작용을 한 결과, 많은 백혈구는 세균의 독소에 의해 죽게 된다. 때로는 감염된 조직세포에 파괴된 모세혈관에서 들어온 적혈구가 죽은 백혈구와 같이 섞여 축적되면 고름(pus)이 된다. 림프구는 대개 림프절(lymph node)에서 생산되며 식균작용은 하지는 않으나, 항체생성에 관여하여 역시 병원체에 대항한다. 단핵구는 지름 20㎛ 정도 되는 가장 큰 백혈구로 골수에서 생성되는데, 혈액내에서 24시간 정도 지나면 순환계를 떠나 조직으로 가서 더 큰 세포로 분화되어 **대식세포**(macrophage)가 된다. 대식세포는 빠른 속도로 박테리아, 죽은 세포 및 조직 파편 등을 포식하는 작용을 한다.

호산성구와 호염기성구의 수는 매우 적으며, 이들은 알레르기반응(allergic reaction)에 관여하는 것으로 알려져 있으나 그 외의 정확한 생리기능에 대해서는 아직 잘 알려져 있지 않다. 원인은 모르지만 골수에서 과다 생산되어 혈액내의 백혈구 수가 급증(1㎕당 100만 개 이상)하는 경우가 있는데, 이런 질환을 **백혈병**(leukemia)이라 한다. 백혈병은 일종의 혈액암(血液癌)으로 여러 가지 해로운 증상(빈혈, 순환장애 등)이 나타나며, 아직은 치료가 불가능하여 사망하게 된다.

혈소판은 지름 1~2㎛ 정도 되는 원형의 작은 무핵세포로서, 성인은 1㎕당 약 30만 개를 갖고 있으며 수명은 약 10일이다. 이것은 골수내에 있는 **거핵세포**(megakaryocyte)의 세포체가 절단되어 생긴다. 혈소판은 혈액 응고에 관여하고 있는데 이에 대해서는 뒤에 설명하기로 한다.

(2) 혈장

세포간 물질인 **혈장**(plasma)은 혈액의 약 55%를 차지하며 담황색의 맑은 액체로서 그 화학조성은 표 36-1과 같다.

혈장단백질(plasma protein)은 혈청 알부민(serum albumin ; 4.2%), 혈청 글로불린(serum globulin ; 2.6%), 피브리노겐(fibrinogen ; 0.3%) 및 그 밖의 단백질들로 구성되며, 이 중 알부민과 피브리노겐은 간에서 생성된다. 글로불린은 여러 종류의 단백질 혼합물로서 그 중 하나가 순환항체인 γ−글로불린(γ-globulin)이며, 피브리노겐은 혈액 응고의 필수 성분이다. 혈장단백질을 분리, 검사하는 방법 중의 하나가 **전기영동법**(electrophoresis)이다. 이 방법은 구성단백질들이 그 **등전점**(isoelectric point)의 차이에 따라 일정 pH의 완충용액(대개 알칼리성)에서 음(−)으로 하전(荷電)되며, 각 단백질 종에 따라 하전량의 정도가 다르게 나타나는 성질을 이용한 것으로, 혈청 시료를 일정 pH용액 하에서 지지물질(여지 또는 겔) 위에 올리고, 일정 크기의 직류전류가 음에서 양으로 일정 시간 흐르도록 하여 영동시킨다. 이어서 단백질, 특히 염색약으로 염색을 하면, 이동 속도에 따라(즉, 하전량의 크기에 따라) 분리된 밴드(band)를 볼 수 있다(그림 36-15). 이 밴드들 중 가장 뚜렷하고 양극(+)에 가장 가까이 이동하는 것이 혈청 알부민이고, 이어 이동 속도에 따라 α−글로불린, β−글로불린 및 γ−글로불린이 나타난다.

표 36-1 혈장의 구성

성 분	구성비(%)
물	~90
혈장단백질(혈청 알부민, 혈청글로불린, 피브리노겐 등	7~8
무기이온(Ca^{2+}, Na^+, Mg^{2+}, K^+, Cl^-, HCO_3^- 등)	~0.9
기타 물질(영양소, 노폐물, 호르몬 등)	~0.2

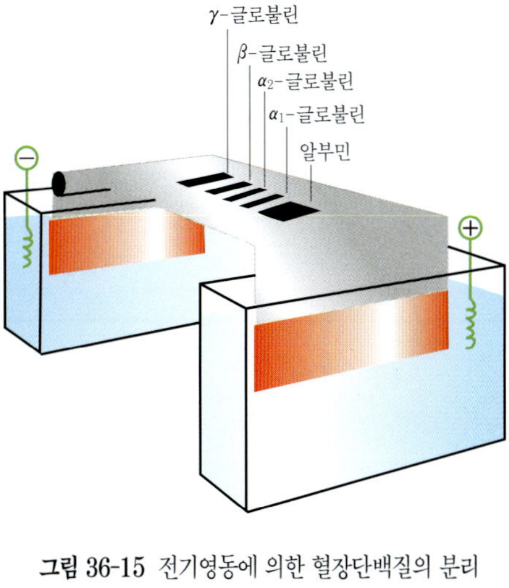

그림 36-15 전기영동에 의한 혈장단백질의 분리

혈장내의 무기이온 중 Cl^-, Na^+, Ca^{2+}이 가장 많고, 그 외에 K^+, Mg^{2+}과 기타 미량의 여러 이온들이 존재하는데, 대부분이 염의 형태로 존재하며, 포유류 혈장내의 총 무기염류의 농도는 0.9%로서 이온의 평형관계가 세포활동에 큰 영향을 준다. 혈장내 유기물질로서는 호르몬, 효소, 혈액 응고 인자, 요산, 크레아틴(creatine) 등이 있어 각각 특수한 기능을 담당한다. 또 영양물질인 아미노산, 지방산, 지질, 단백질, 탄수화물 등이 있는데, 혈장내 탄수화물은 주로 포도당으로서 혈액내 100mg/100ml의 일정 농도를 유지한다.

36.5.2 혈액의 기능

혈액의 중요한 기능은 체내 조직세포 안팎으로의 **물질운반**(transport), 체내 조직세포 기능의 **조절작용**(regulation) 및 **보호작용**(protection)으로 나눌 수 있다.

혈장의 조성에서 보듯 그 대부분을 차지하는 물은 혈액을 따라 운반되는 모든 물질의 효과적인 매체가 된다. 따라서 소화관으로부터 흡수된 영양소, 각 조직세포의 대사로 생성된 대사산물, 노폐물 및 각 내분비기관에서 분비되는 호르몬 등이 혈장에 용해되어 체내 각 부분으로 운반되는 것이다. 그러나 기체 운반인 경우에는 혈장과 적혈구가 관계한다.

혈장단백질 중 특히 혈청 알부민은 혈액내의 삼투압(osmotic pressure)을 유지하여 모세혈관과 조직 사이의 수분의 출입을 조절해 준다. 혈액은 또한 순환에 의해 대사율(metabolic rate)의 차이, 환경에 노출되는 정도의 차이에 의한 온도 변화를 막아 체온을 일정하게 조절해 주는 작용을 한다. 혈액은 세포내의 산−염기 평형 조절에 의한 pH를 일정하게 유지해 주는 작용도 한다.

혈액은 외부로부터 들어오는 각종 병원체로부터 몸을 보호하는 작용을 하고 있는데, **항체**(antibody)가 이 일을 담당한다. 항체는 혈청단백질인 γ−글로불린으로서 각종 세균 또는 그들이 생성하는 독성물질 및 그 밖의 고분자의 이물질(단백질, 다당류, 핵산 등)이 체내로 들어왔을 때 면역계 세포에 의해 형성되어 순환하고 있는 것이다. 체내에 들어온 이런 이물질을 **항원**(antigen)이라 하며, **항체**는 항원에 대해 강한 특이성(specificity)을 가진다. 이와 같이 특이한 항원−항체반응을 통해 체내에 들어온 여러 가지 이물질들을 제거하는 현상을 **면역**(immune)이라 한다(제42장 참조).

36.5.3 혈액의 응고

혈관이 파손되면 곧 **혈액 응고**(blood coagulation)현상이 일어나 계속적인 출혈을 막는다. 파손된 혈관으로부터 혈액이 흘러나오면, 손상된 혈관 부위에 부착된 혈소판과 혈관 주위의 조직세포들에서 용출된 응고 관련 인자들과 혈액내에 존재하는 여러 응고 인자(clotting factor ; 일종의 혈청단백질임)들에 의해 활성화되어 **트롬보플라스틴**(thromboplastin)을 형성한다. 트롬보플라스틴은 Ca^{2+} 존재 하에 또 다른 혈액 응고 인자들과 협동작용으로 **프로트롬빈**(prothrombin)을 **트롬빈**(thrombin)으로 전환시키며, 트롬빈은 일종의 효소로서 혈장단백질인 **피브리노겐**(fibrinogen)을 불용성 단백질인 **피브린**(fibrin)으로 전환시킨다. 이 피브린에 혈구들이 엉켜서 혈액은 응고되며 **혈병**(blood clot)이 생긴다(그림 36-16, 36-17).

응고에 관여하는 물질(혈소판, 혈장내 응고 인자, 프로트롬빈 등) 중 어느 하나라도 결핍되면 응고가 잘 일어나지 않아, 작은 상처에 의해서도 내외적으로 심한 출혈을 하게 된다. 혈액 응고과정에서 트롬보플라스틴 작용에 Ca^{2+}이 필요하므로, Ca^{2+}과 결합하여 불용성물질이 되는 수산염(oxalate)이나 구연산염(citrate)을 가해 주면 응고가 일어나지 않는데, 이런 물질을 **항응고제**(anticoagulant)라 하며, 간에서 합성되는 **헤파린**(heparin)도 강력한 항응고제이다.

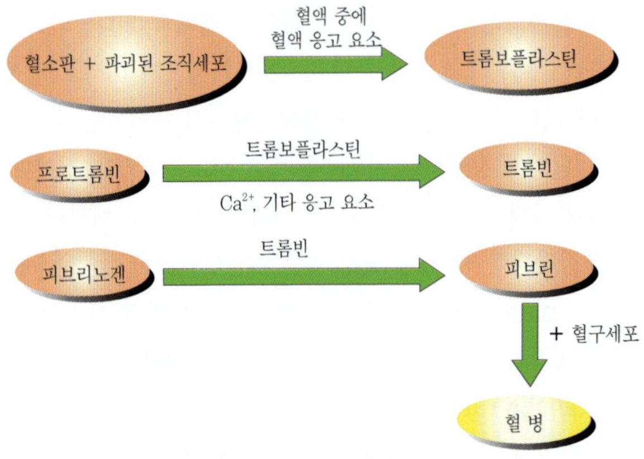

그림 36-16 혈액의 응고기작

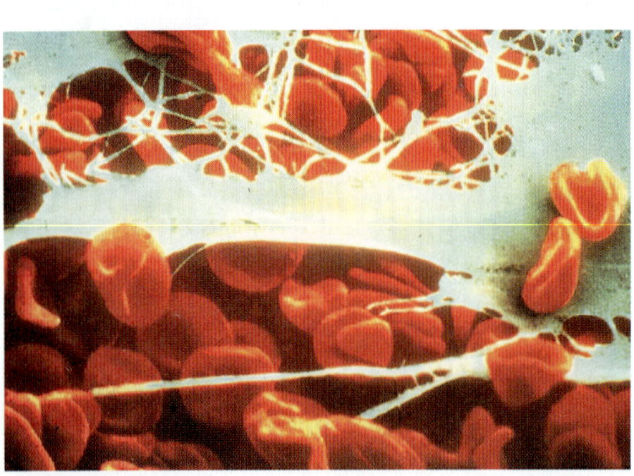

그림 36-17
적혈구들이 피브린에 엉키어 혈병을 이룬 모습을 찍은 주사전자현미경사진

36.6 림프계

혈장의 1/3~2/3는 모세혈관을 통해 조직세포로 들어오는데, 이들의 대부분은 모세혈관 끝의 소정맥(venule)을 통해 되돌아가지만 일부는 남아서 조직세포 사이를 채우고 있다. 이것을 **림프**(lymph)라 한다. 모세혈관을 통해 여과되어 나온 혈장단백질은 확산에 의해 모세혈관으로 되돌아간다. 즉, 조직세포 사이를 채우고 남는 림프는 몸의 각 부분에 퍼져 있는 **림프모세관**(lymph capillary)을 통해 **림프관**에 흡수된다. 림프모세관은 그 끝이 맹관(盲管)이며, 그 막은 투과성이 매우 커서 림프내의 단백질이나 기타 큰 분자들도 통과시킨다(그림 36-18). 림프관에는 군데군데 판막이 있어, 림프는 한 방향으로만 흐르며 근육운동에 의한 압력을 받아 신체의 중심부 쪽으로 이동하는데 그 속도는 매우 느리다. 이들 림프관은 여러 개가 모여 점점 굵은 관이 되고 좌우 두 줄기의 굵은 **흉관**으로 모인 후, 좌우 각각의 **쇄골하정맥**(subclavicular vein)을 통해 혈관과 합쳐져 심장으로 들어간다(그림 36-18). 림프관의 곳곳에는 **림프절**(lymph node)이 있으며, 이곳에서도 역시 림프구(lymphocyte)가 생성되어 쇄골하정맥을 통해 혈액에 합쳐진다. 이와 같이 림프계는 조직액내로 나온 혈장단백질을 회수하여 조직압이 올라가는 것을 막는 작용과, 소화관으로부터의 지질분자의 흡수 및 면역기작에 의해 세균들에 대항하는 생체방어기능을 한다(제42장 참조).

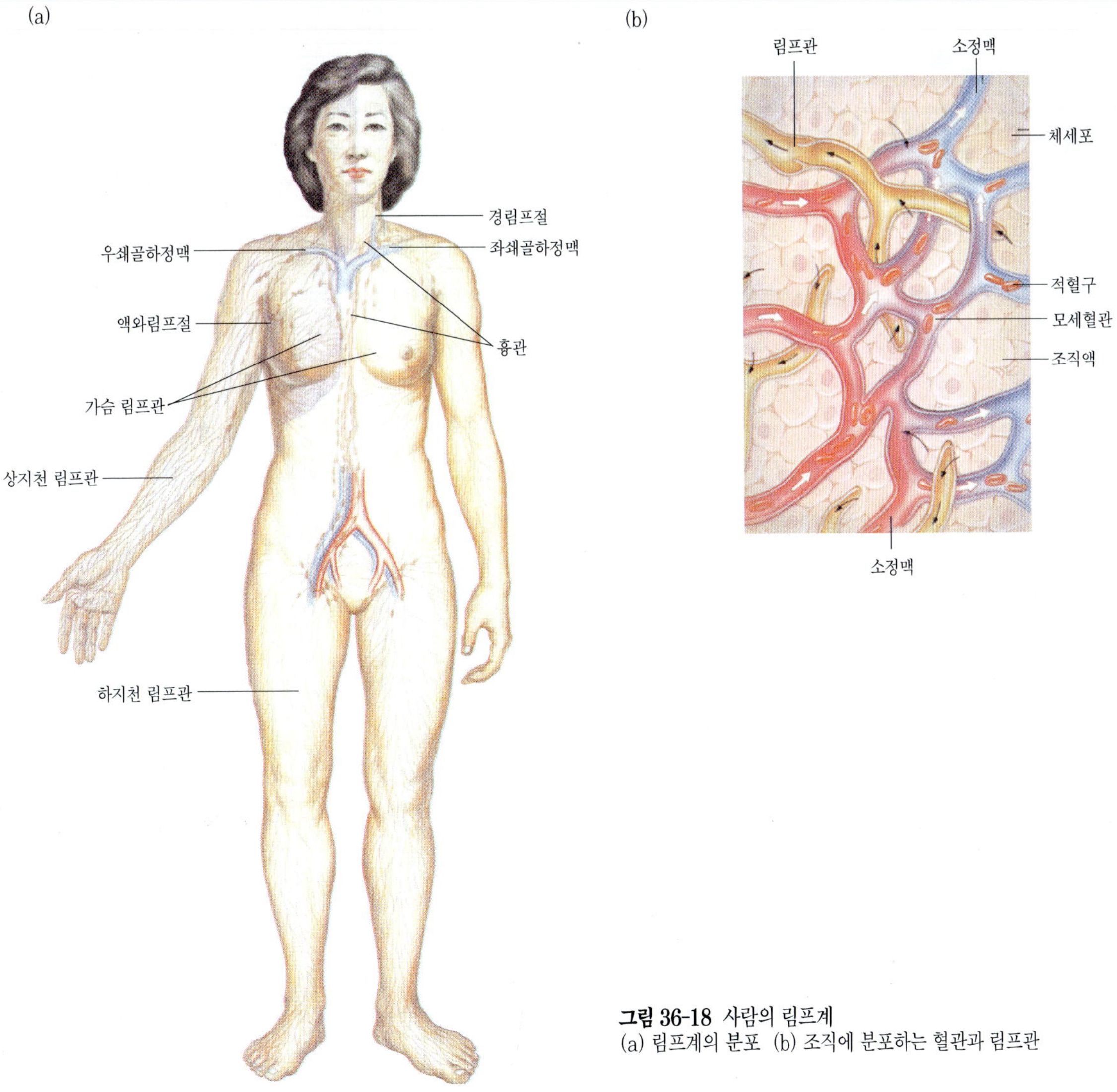

그림 36-18 사람의 림프계
(a) 림프계의 분포 (b) 조직에 분포하는 혈관과 림프관

제37장

삼투조절과 배설

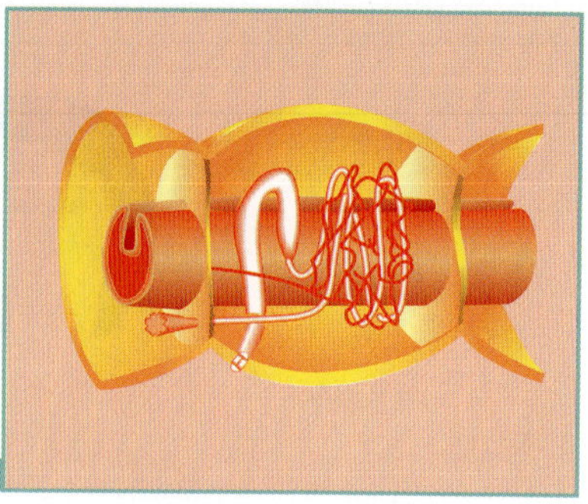

동물은 체내의 수분 함량과 각종 이온의 농도 및 분포를 일정하게 해주는 **삼투조절**(osmoregulation) 기능에 의해 **항상성**(homeostasis)을 유지한다. 따라서 각 동물체는 섭식으로 체내로 들어오는 각종 물질과, 물질대사로 생기는 이산화탄소, 물, 암모니아 등의 대사산물이 체내에서 요구하는 양을 초과하면 노폐물로서 체외로 방출하는 **배설**(excretion)작용을 하는데, 이를 담당하는 것이 배설계이다. 이산화탄소는 아가미나 폐 등의 외호흡기관에 의해 배출되므로, 배설기관은 주로 물과 질소 노폐물의 배설을 담당한다(그림 37-1).

37.1 질소 노폐물

아미노산의 분해에 의해 생긴 질소 배설물인 암모니아(NH_3)는 심한 독성을 나타내므로, 동물은 이를 곧 체외로 배출하거나, 독성이 아주 적은 물질로 전환시켜 저장한 후 배출시킨다. 대부분의 무척추동물과 척추동물 중 일부 어류는 **암모니아** 상태로 배출하며, 곤충류, 파충류의 일부와 조류는 암모니아를 **요산**(uric acid)으로, 포유류와 양서류 그리고 파충류의 일부에서는 **요소**(urea)의 형태로 바꾸어 배설한다(그림 37-2).

사람의 질소 배설물도 주로 요소의 형태인데 이는 각 조직세포의 탈아미노과정에서 생긴 암모니아가 간에 운반된 후 간에 있는 여러 효소 작용에 의해 이산화탄소와 몇 가지 아미노산이 관여하여 만들어지며, 이 과정을 **요소회로**(urea cycle)라 한다(그림 37-3).

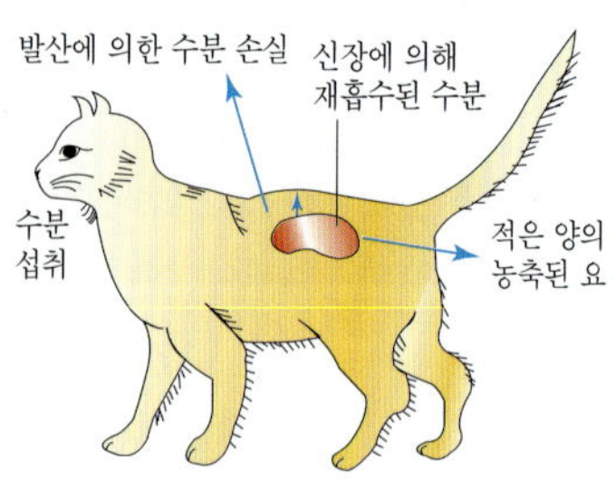

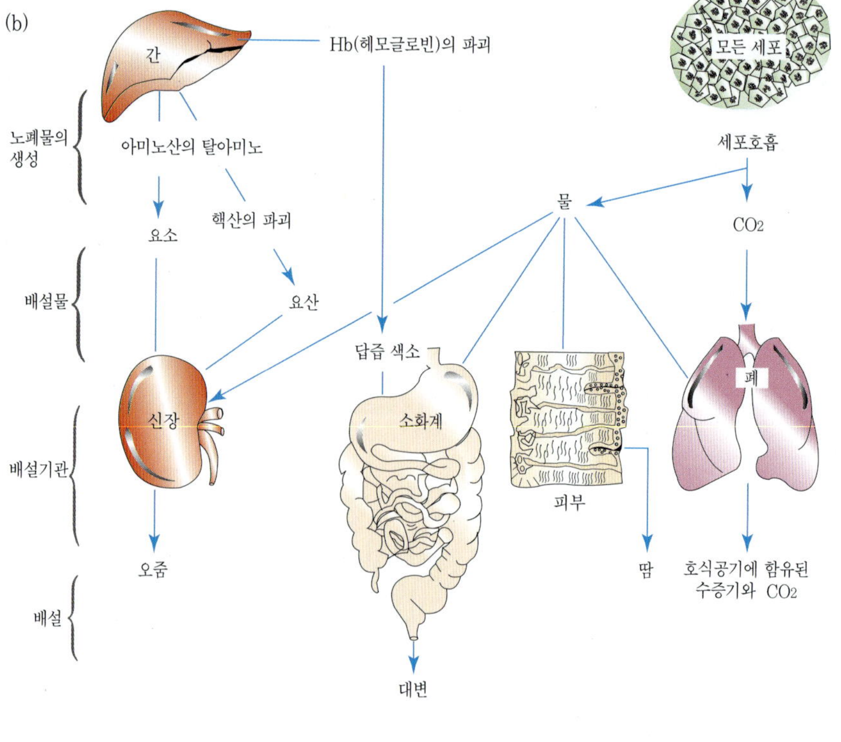

그림 37-1 포유동물의 배설과 수분 조절
(a) 육상 포유동물에서 신장은 재흡수에 의해 수분 손실을 방지한다.
(b) 사람과 다른 포유동물에서 대사산물의 배설과정

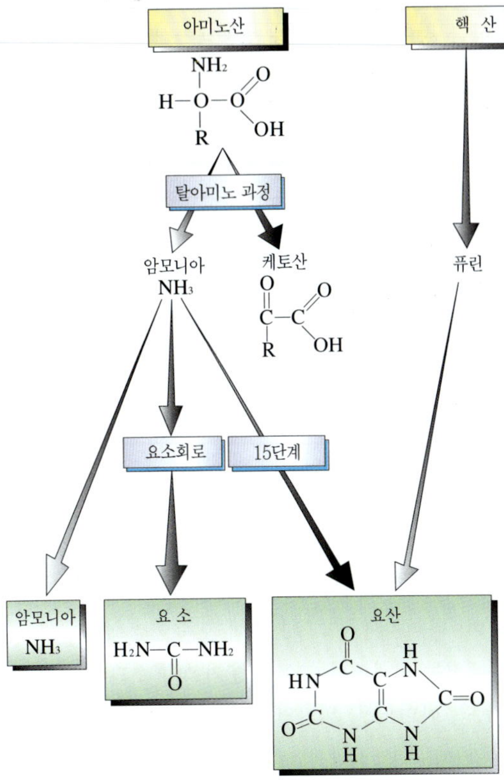

그림 37-2 동물의 질소 노폐물

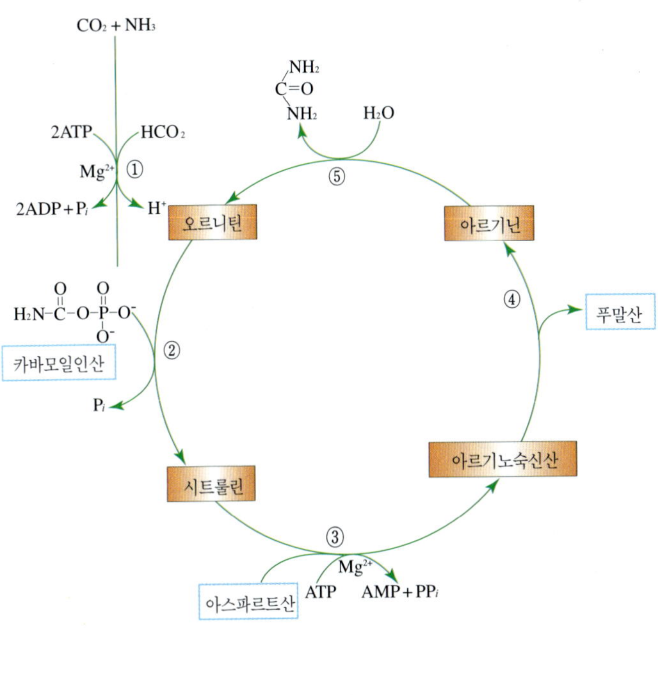

그림 37-3 요소회로

37.2 배설기관

아메바나 짚신벌레와 같은 원생동물은 **수축포**(contractile vacuole)가 배설을 담당하며, 편형동물, 유형동물 및 윤형동물 등의 배설기관은 **원신관**(protonephridium)이다. 원신관은 몸을 따라 좌우 1쌍의 가느다란 관을 형성하고, 그 말단에 있는 **화염세포**(flame cell)의 섬모운동에 의해 노폐물을 배설한다(그림 37-4a).

지렁이와 같은 환형동물은 몸의 앞쪽 1~3째 마디와 마지막 마디를 제외한 각 마디에 좌우 1쌍으로 된 **신관**(nephridium)이 있으며, 몸 속의 섬모를 가진 깔때기 모양의 신구(nephrostome)를 통해 노폐물을 모아서 신관을 따라 배설공(排泄孔)으로 배설한다(그림 37-4b). 곤충이나 거미 등의 절지동물은 장에 부착되어 있는 **말피기관**(Malphigian tubule)에서 걸러진 배설물질을 소화관을 통해 대변과 같이 배출한다(그림 37-4c).

대부분 척추동물의 주 배설기관은 **신장**(kidney)으로서 동물의 진화 정도에 따라 그 구조도 다양할 뿐 아니라 배설물질에도 차이가 있다. 다른 동물에 비해 포유동물의 배설기관이 비교적 잘 밝혀져 있으므로, 사람의 신장을 예로 들어 그 구조와 기능에 대해 알아보기로 한다.

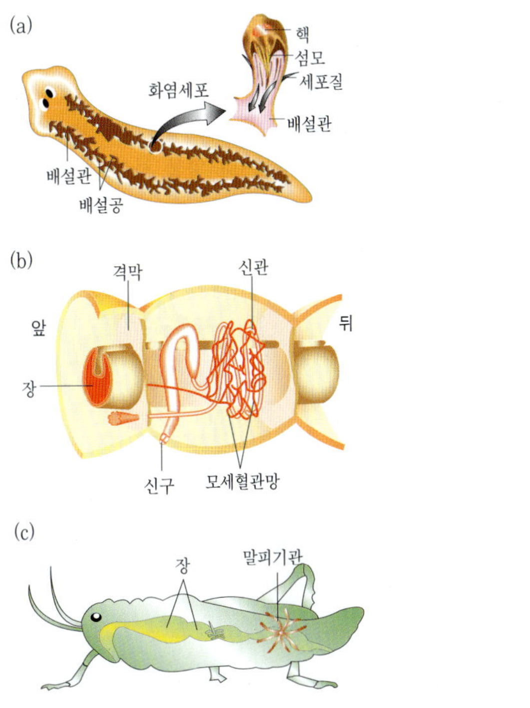

그림 37-4 동물의 배설기관
(a) 플라나리아(원신관) (b) 지렁이(신관) (c) 메뚜기(말피기관)

37.3 신장의 구조와 기능

37.3.1 신장의 구조

사람의 신장(kidney, 콩팥)은 좌우 1쌍이 있으며, 주먹만 한 크기로 후복막과 배근육 사이에 위치한다. 신장은 총무게가 체중의 0.5%밖에 안되지만 다량의 혈액(심장 박출량의 20~25%)이 통과하는데, 이는 좌우 신동맥을 통해 들어오며, 좌우 신정맥을 따라 나간다.

신장의 단면을 보면 외층인 피질과 내부인 수질의 2부분으로 나눌 수 있으며, 수질 속의 빈 공간을 신우(腎盂)라 한다(그림 37-5). 각 신장의 피질과 수질은 약 100만 개씩의 **네프론**(nephron)으로 구성되어 있는데, 이것이 신장의 구조적, 기능적인 단위로서 오줌을 생성한다. 네프론은 크게 **사구체**(glomerulus)와 **세뇨관**(renal tubule)의 2부분으로 나누어진다. 사구체는 모세혈관이 얽혀서 둥근 모양을 하며, 이것은 두 층의 **보우만주머니**(Bowman's capsule)로 싸여 있다. 세뇨관은 보우만주머니 근방에 모여 있는 **근위세뇨관**과, 여기에 연결되어 수질까지 내려왔다가 다시 보우만 주머니의 부분까지 올라가는 머리핀 모양의 **헨레고리**(loop of Henle) 및 이에 연속된 **원위세뇨관**의 3부분으로 이루어져 있다.

37.3.2 신장의 기능

신장의 기능은 혈액을 **여과**(filtration)한 후, 여과액으로부터 체내에 유용한 물질을 **재흡수**(reabsorption)하는 과정 및 과량의 무기이온이나 약물 등이 혈액에서 세뇨관으로 **분비**(secretion)시키는 과정을 통해 **오줌**(뇨; urine)을 생성하는 것이다. 즉, 수입 소동맥을 통해 사구체로 들어온 혈액은 이에 미치는 높은 혈압에 의해 물, 무기염류, 아미노산, 포도당, 요소 등 작은 분자들이 여과되어 보우만주머니로 들어가며, 여과된 혈액은 수출 소동맥으로 나간다. 한편, 보우만주머니에 모인 신여과액(腎濾過液)은 먼저 근위세뇨관으로 들어가서 긴 고리 모양의 헨레고리를 지나 원위세뇨관으로 오는 도중에, 이들을 둘러싼 모세혈관과의 사이에서 재흡수가 일어나 아미노산, 포도당 등 유용한 물질이 선택적으로 혈액 속으로 흡수된다.

세뇨관에서의 재흡수는 주로 ATP 에너지 소비에 의한 능동수송(active transport)에 의하며, 일부는 삼투현상(osmosis)에 의한 수동적인 물질 이동에 의해 일어나는데, 여기에서 막대한 양의 재흡수가 일어난다(그림 37-6). 사람의 경우, 사구체에서 여과된 180 *l* 의 여과액 중 약 99%가 재흡수되며, 나머지 1.5 *l* 정도만이 오줌으로 배설된다. 근위세뇨관에서는 여과액의 65% 정도가 재흡수되며, 그 내용물은 포도당, 아미노산, 비타민 및 각종 이온들이다. 그리고 이것들은 헨레고리, 원위세뇨관을 지나면서 재흡수가 계속되며, 혈액내의 농도에 따라 흡수되는 양도 달라진다(그림 37-6).

그러나 요소는 대부분이 흡수되지 않는데, 이는 아마도 운반체(carrier molecule)가 없기 때문인 것으로 생각된다. 한편, K^+, H^+, NH_4^+ 등의 이온들과 약(藥)물질 등이 세뇨관으로 분비되어 혈액에서 제거되는데, 이는 주로 원위세뇨관 부위에서 일어난다. 특히, H^+의 분비는 혈액의 pH 조

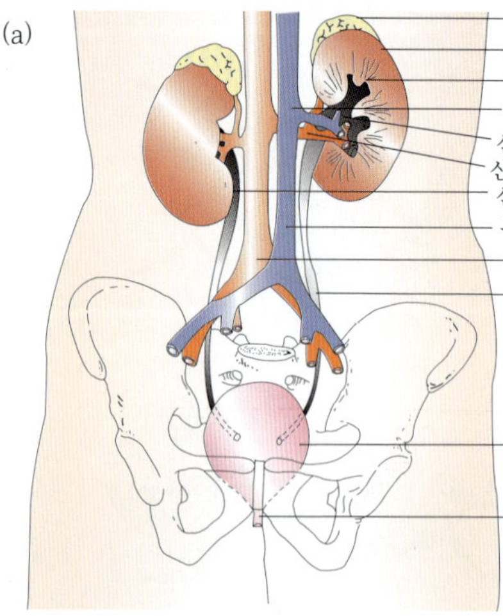

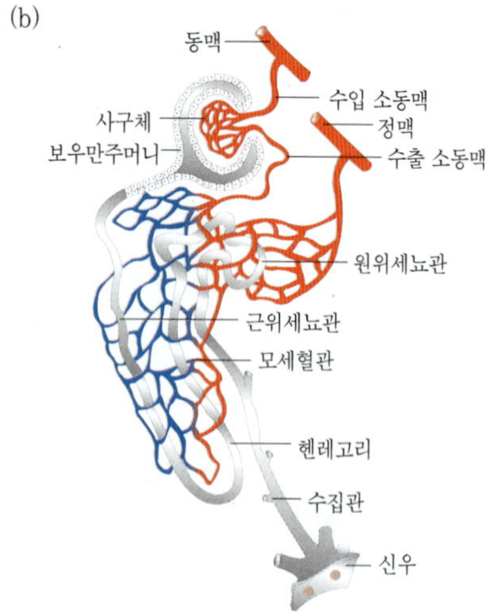

그림 37-5 신장의 구조
(a) 신장의 해부구조 (b) 네프론의 구조

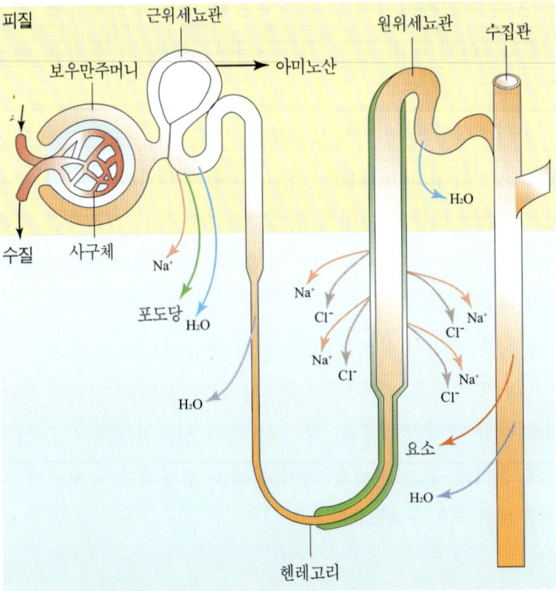

그림 37-6 신세뇨관에서의 재흡수와 요의 형성과정

절에 중요한 역할을 한다. 이와 같이 세뇨관에서 재흡수되고 남는 것이 **집합관**(collecting duct)에 연결되어 신우에 모이게 되며, 신우에 모인 오줌은 **수뇨관**(ureter)을 따라 **방광**(urinary bladder)으로 내려간다. 일정량의 오줌이 방광에 모이면 수의적(隨意的) 및 불수의적인 신경작용에 의해 방광근과 요도괄약근(urethral sphincter)이 수축하여 **요도**(urethra)를 통해 체외로 배출되는 것이다(그림 37-5).

37.3.3 신장 기능의 조절

수분은 80~85%가 근위세뇨관에서 재흡수되며, 필요에 따라 원위세뇨관과 수집관에서 다시 재흡수가 일어난다. 이와 같이, 원위세뇨관과 수집관에서 일어나는 수분의 선택적인 재흡수는 뇌하수체(pituitary) 후엽호르몬의 하나인 **항이뇨호르몬**(antidiuretic hormone ; ADH)에 의해 조절된다(그림 37-7). 즉, 혈액내 수분 함량이 떨어지면 이것이 뇌하수체를 자극하여 ADH가 분비되고, 원위세뇨관과 집합관의 세포로 하여금 수분 재흡수를 촉진시켜 오줌의 양이 줄어들게 하는 것이며, 만약 혈액에 수분 함량이 많으면 ADH 분비는 저하되므로 혈액내 수분 함량을 일정하게 조절해 주는 것이다. 만약 ADH 분비가 안되는 경우 수분 재흡수가 일어나지 못해, 매일 20*l* 이상의 많은 배뇨량을 갖게 되는 **요붕증**(diabetes insipidus)에 걸리게 된다.

세뇨관에서의 Na^+의 재흡수는 부신피질(副腎皮質) 호르몬인 **알도스테론**(aldosterone)에 의해 촉진되는데, 알도스테론은 원위세뇨관과 수집관에서 Na^+ 재흡수를 촉진시킨다. 알도스테론의 분비는 혈압이 저하될 때 그 분비가 촉진된다(그림 37-8).

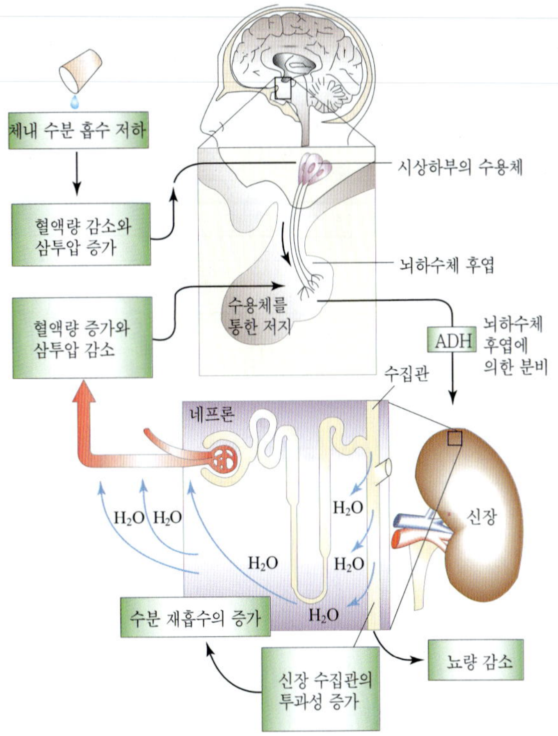

그림 37-7 항이뇨 호르몬(ADH)에 의한 신장 기능의 조절

포유류의 신장은 혈압의 감시자 역할을 하는데, 만약 혈압이 낮아지면 사구체 옆의 특수한 세포집단인 **방사구체기관**(juxtaglumeruler apparatus ; JGA)에서 일종의 펩티드분해효소인 **레닌**(renin)을 분비함으로써 이와 같은 기능을 수행한다. 즉, 레닌의 기질은 간에서 합성되어 혈액으로 방출되는 안지오텐시노겐(angiotensinogen)으로서, 레닌의 작용으로 펩티드결합이 절단되어 10개의 아미노산으로 된 펩티드를 **안지오텐신 Ⅰ**(angiotensin Ⅰ)이라 하는데, 이것은 생리적 활성이 약하다. 그러나 안지오텐신 Ⅰ은 혈장내 일종의 펩티다아제인 전환효소(converting enzyme)에 의해 2개의 아미노산이 더 떨어져나가 **안지오텐신 Ⅱ**(angiotensin Ⅱ)가 된다. 안지오텐신 Ⅱ는 수입소동맥 벽의 근육을 수축시켜 사구체 모세혈관 다발로의 혈류량을 감소시킨다. 이렇게 하여 혈관은 혈액량의 균형을 되찾고 정상 혈압을 유지한다. 또한 안지오텐신 Ⅱ는 부신(adrenal gland)에 작용하여 알도스테론 호르몬의 분비를 촉진하며, 알도스테

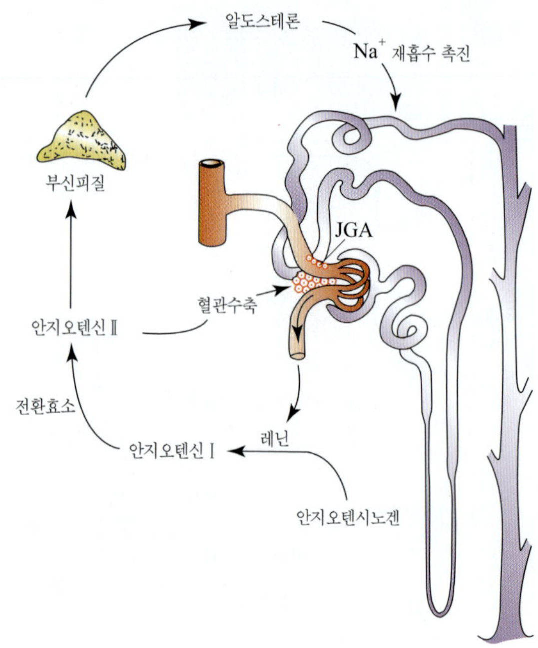

그림 37-8 신장에서의 혈압 조절과 Na^+ 재흡수

론은 직접 신세뇨관에 작용하여 Na^+ 이온의 재흡수를 촉진시킨다. 이에 따라 물도 재흡수되어 혈액량과 혈압을 정상으로 유지하게 한다.

한편, 심장의 심방벽으로부터 방출되는 다른 호르몬인 ANP(atrial natriuretic peptide)는 부신피질에 직접 작용하여 알도스테론의 분비를 억제함으로써 Na^+ 재흡수를 저해한다. ANP는 레닌의 분비도 억제하여 혈액량과 혈압을 낮추는 작용을 한다.

신장은 앞에서 살펴본 바와 같이 물질대사에 의해 생긴 노폐물의 배설작용 외에도 혈액내의 이물질(異物質)이나 혈장내에 다량 축적된 성분의 제거 등 혈액 성분과 혈액량을 일정하게 유지해 주는 작용을 하여 신체의 항상성을 유지시켜 주는 중요한 역할을 한다.

제38장

신경계의 구조와 기능

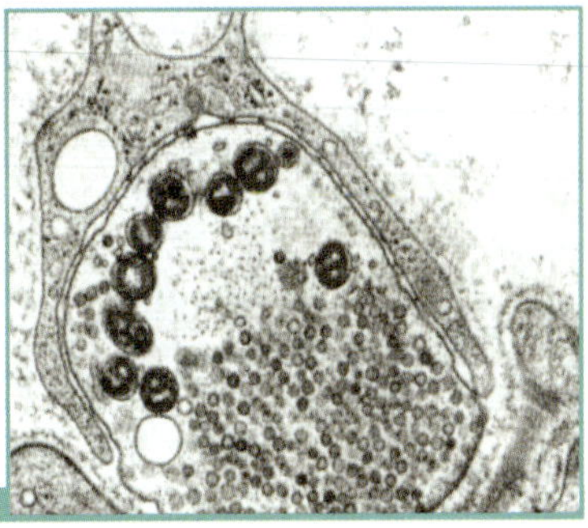

생물의 외부 환경은 매우 다양하며, 또 끊임없이 변하고 있다. 동물체는 이 환경 요인인 **자극**(stimulus)을 신속히 감수하고, 그에 대해 적절한 반응을 나타내는 **통합기능**(integration)을 가짐으로써 환경으로부터 오는 스트레스를 해소하며 생명을 유지하고 있다. 동물체는 이와 같이 자극에 대해 반응하는 **자극감수성**(irritability)을 가지고 있으며, 진화의 정도에 따라 특정한 자극에 대해서만 수용하고 흥분할 수 있도록 분화된 부위가 있는데 이를 **자극수용기**(stimulus receptor)라 하고, 수용기에 부속장치를 포함한 것을 **감각기관**(sense organ)이라 한다. 자극수용기의 흥분이 구심성 신경을 통해 중추부에 전달되면 감각을 느끼고, 원심성 신경을 통해 그에 대한 적절한 반응을 취함으로써 동물체 전체로서 조화된 행동을 통합, 조절해 주는 기관을 **신경계**(nervous system)라 한다(그림 38-1).

38.1 신경세포

몸의 한 곳에서 다른 곳으로 흥분을 전도해 주는 신경계의 구조적, 기능적 단위를 **뉴런**(neuron)이라 하는데, 이는 핵과 세포질로 이루어진 세포 본체(cell body)와 그것으로부터 뻗어나온 많은 섬유(fiber) 또는 돌기(process)들로 이루어져 있다(그림 38-2). 세포 본체와 섬유는 뉴런에 따라 구조와 크기가 다양하지만, 일반적으로 본체에는 핵과 세포기관들이 함유되어 있으며, 조면소포체(rough endoplasmic reticulum)와 리보솜이 많이 존재한다. 그러므로 염색하면 진하게 나타나는 **니슬소체**(Nissl bodies)가 함유되어 있으며 단백질합성 기능을 가진다. 또한 세포질에는 다량의 미세소관(microtubule)과 미세섬유(microfiber)가 있어서 뉴런의 형태 유지 및 물질 이동기능을 갖고 있으며, 세포질 일부가 돌출하여 신경섬유를 형성하고 있다. 이들 섬유 중 짧고 수가 많은 섬유를 **수상돌기**(dendrite)라 하고, 긴 섬유를 **축색돌기**(axon)라 한다. 축색돌기는 보통 하나가 달려 있으며, 그 끝은 가늘고 수많은 가지로 나뉘어진 **축색말단**(axon terminal)을 이루어 이웃 신경세포의 본체 또는 수상돌기 가까이에 분포되어 있다. 대부분 중추신경계 세포의 축색돌기의 표면은 지방이 주성분인 **미엘린**(myelin)이라는 물질로 된 여러 겹의 막으로 싸여 있는데, 이를 **수초**(myelin sheath)

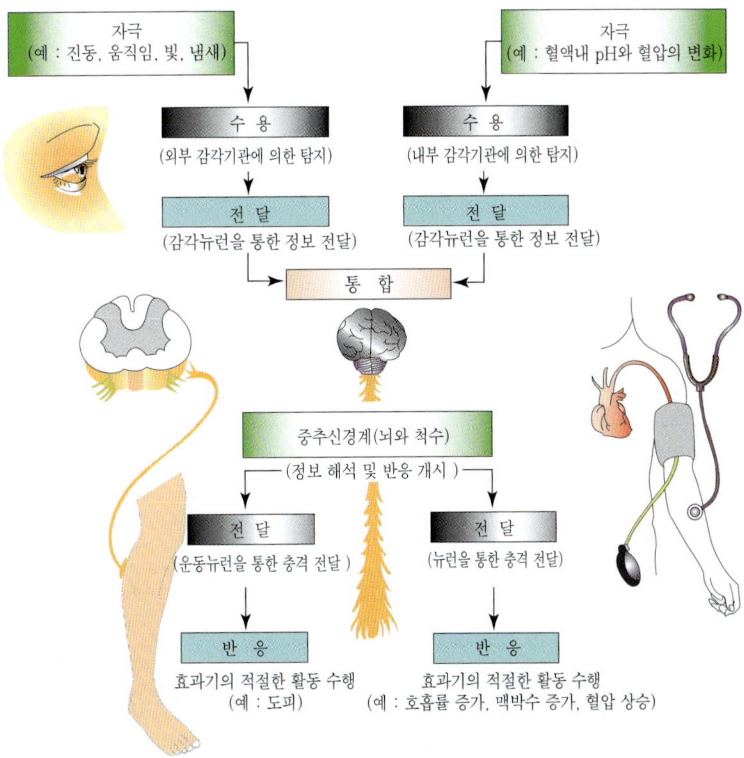

그림 38-1 신경계를 통한 자극의 반응과 경로

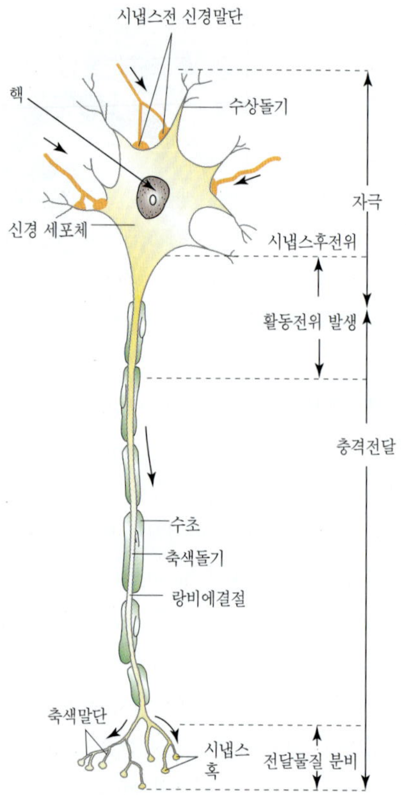

그림 38-2 운동뉴런의 구조

라 하며, 이 막의 바깥을 다시 투명하고 얇은 막인 **신경초**(neurilemma)가 둘러싸고 있다. 수초의 곳곳에는 **랑비에결절**(node of Ranvier)이라는 고리 모양의 홈이 오목하게 패어져 있어 축색돌기가 노출된 부분이 보인다. 수초는 신경돌기를 보호하며, 흥분 전도에 있어서 일종의 절연체로 작용하여 흥분전도 속도를 크게 해주는 작용을 하고 있다. 수초는 돌기 주변에 있는 **슈반세포**(Schwann's cell)의 세포막이 확장되어 이루어진 것이며(그림 38-3), 이것의 유무에 따라 신경세포를 **유수신경세포**(myelinated nerve cell)와 **무수신경세포**(nonmyelinated nerve cell)로 나눈다. 축색돌기는 수많은 결체조직으로 싸여 있는데, 중추신경계에서 결합조직과 같은 구실을 하는 것을 신경교(neuroganglia)라 한다.

뉴런은 기능에 따라 여러 자극수용기로부터 중추계로 흥분을 전달하는 **구심성 뉴런**(afferent neuron)인 **감각뉴런**(sensory neuron), 중추의 흥분을 근육이나 내분비기관과 같은 반응기관으로 전달하는 **원심성 뉴런**(efferent neuron)인 **운동뉴런**(motor neuron) 그리고 주로 척수(spinal cord)와 뇌에 있는 것으로서 감각뉴런과 운동뉴런 사이의 흥분을 중계하는 **연합뉴런**(association neuron)으로 나눈다.

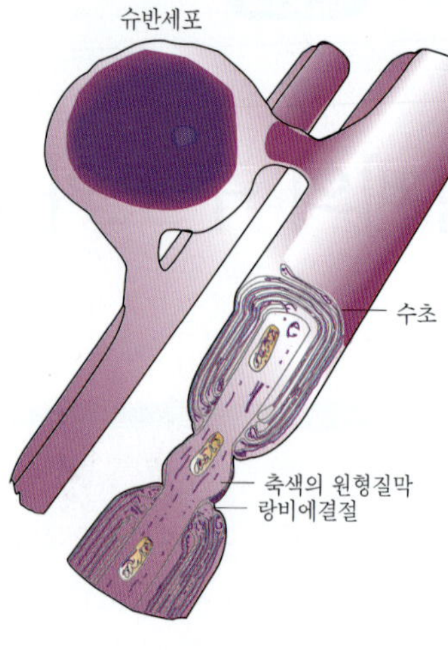

그림 38-3 수초의 형성

38.2 신경의 흥분과 전도

감각기관과 중추부, 중추부와 운동기관 사이의 흥분전달은 신경섬유를 거쳐 이루어지는데, 이러한 신경의 흥분전도는 주로 전기화학적 현상에 의한다.

예리한 미세전극(microelectrode)과 신경세포에서 일어나는 전기적 현상을 증폭하여 기록하는 민감한 기록장치 **음극선 오실로스코프**(cathod ray oscilloscope ; CRO)를 이용하여 측정한 바에 의하면(그림 38-4a), 휴지 상태일 때 신경섬유의 내부는 세포외액(extracellular fluid)에 대해 전기적으로 음(−)으로 하전되어 있으며, 세포막을 경계로 한 전위차는 약 70mV 정도인데, 이를 **휴지막전위**(resting membrane potential)라 한다. 이와 같이 신경섬유의 막이 전기적으로 **분극**(polarization)되어 있는 것은 막 내외의 이온 농도 차이에 기인한다. 즉, 막 내부에는 외부보다 약간 많은 음이온이 존재하며, 외부에는 내부보다 양이온이 좀더 많이 존재하는데, 이와 같이 막 내외에 이온의 분포차가 생기는 원인은 막에 존재하는 이온-특이 채널들을 통한 이온들의 선택적 투과성(selective permeability), ATP 에너지 소모에 의한 능동수송 등으로 이루어진다(그림 38-5). 실제로 막 내부에서는 K^+과 유기 음이온의 농도가 높고 Na^+ 이온의 농도가 낮으며, 반대로 막 외부에는 Na^+과 Cl^-의 농도가 높다(그림 38-6). 결과적으로 휴지막 전위는 세포막이 K^+에 대해 상대적으로 높은 투과성을 나타냄으로써 발생하며, 그 값은 네른스트 식(Nernst equation)에 의해 계산되는 **평형전위**(eguilibrium potential ; E_K)와 대략 일치한다(즉, 20℃에

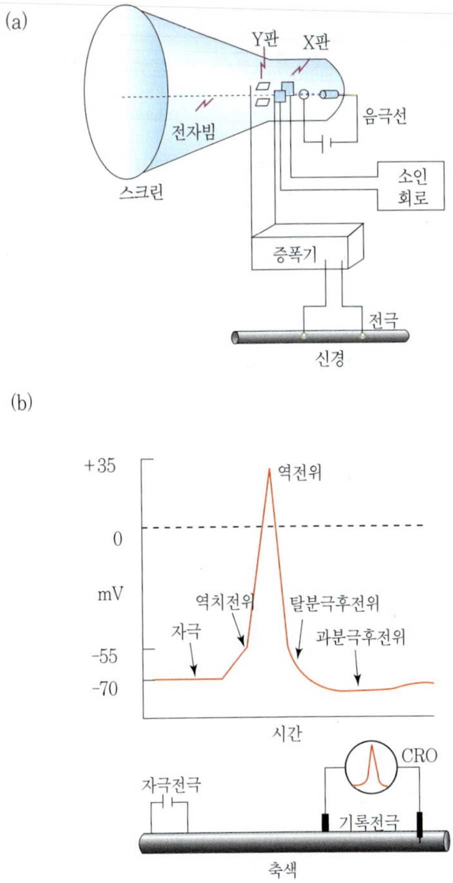

그림 38-4 음극선 오실로스코프의 구성(a)과 활동전위 곡선(b)

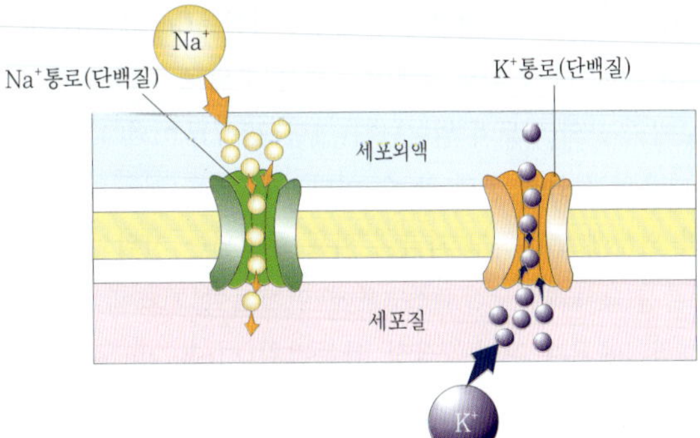

그림 38-5 이온-특이통로의 단백질

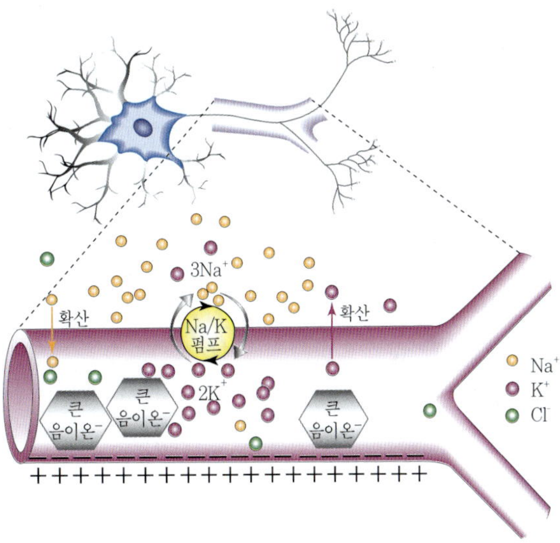

그림 38-6 휴지상태 때 뉴런의 축색은 주위 간질액에 비하여 음전하를 띰

서 $E_K = 58\log[K^+]_0/[K^+]_i$ (mV)로서 $[K^+]_i$, $[K^+]_0$는 각각 K^+의 세포 내외의 농도임).

신경세포를 오실로스코프에 연결하여 자극을 주고 막전위의 변화를 살펴보면, 자극에 의해 막전위가 감소되는 **탈분극**(depolarization)을 일으킨다. 이때 자극의 크기가 작을 경우는 앞의 과정이 소멸되어 버리고, 막전위는 원래의 (−)70mV로 회복되는데, 이런 자극을 역하자극(subthreshold)이라 한다. 그러나 자극이 약간 커서 15mV 정도까지 탈분극시켜 막전위가 (−)55mV 정도까지 이르면 이를 **역치자극**(threshold)이라 한다. 그리고 급격한 탈분극을 일으켜 막전위가 0전위를 넘어 순간적으로 (+)35mV 정도의 정점에 이르는 **역전위**(overshoot)현상을 보이면, 즉시 본래의 휴지막전위 상태로 되돌아가는 **재분극**(repolarization)이 일어난다. 이와 같이 신경세포에서 일어나는 일련의 흥분성 전위 변화를 **활동전위**(action potential)라 한다(그림 38-4b). 활동전위의 발생은 자극에 의해 Na^+에 대한 막의 투과성이 커져 Na^+이 막 내부로 들어와 탈분극을 유발하게 되고, 역치자극에 도달하면 Na^+에 대한 막의 투과성이 갑자기 증대되어 다량의 Na^+이 들어와 급격한 탈분극을 유발시키는 것이다. 이어서 세포막을 통한 Na^+의 투과성은 감소되며, 이와 병행하여 K^+투과성이 서서히 커져서 K^+의 유출이 일어나므로 막전위가 휴지전위 상태로 재분극하게 되는 것이다. 이와 같이 신경의 흥분은 자극으로 인한 Na^+ 이온의 갑작스런 유입에 의해 탈분극 상태가 되는 전기화학적 현상이다. 앞에서 자극에 의해 유입된 Na^+은 위의 기작과는 별도로 신경세포막의 물질이동기작인 능동수송에 의해 막 밖으로 유출되고, 동시에 K^+은 유입되어 막 내외의 이온 분포는 원래의 상태로 된다.

신경 충격의 크기란 뉴런의 성질에 의존하는데, 신경세포는 자극의 크기가 역치 이상이면 그 크기에 상관없이 똑같이 탈분극을 일으켜 흥분하므로, 이를 **실무율**(all-or-none law)이라 한다. 신경섬유의 첫번째 자극 후 1/1,000초내에 두번째 자극을 주면 두번째 자극에 대해서는 신경 충격이 일어나지 않는데, 이 시기를 **불응기**(refractory period)라 한다.

한편, 자극 부위의 탈분극은 **국부원형전류**(local circuit current flow)의 흐름에 의해 인접하는 부위로 차례로 전파됨으로써 흥분의 **전도**가 일어난다(그림 38-7). 이와 같은 사실은 다음의 실험을 통해 알 수 있다. 즉, 기록 전극을 모두 세포막 외부에 연결하고 자극에 의해 생성되는 전위의 변동을 음극선(陰極線) 오실로스코프에 연결하여 기록해 본 결과, 그림 38-8과 같이 **2상성 활동전위**(biphasic action potential) 곡선으로 나타났다. 이는 흥분 부위의 탈분극전위(−)가 이웃 비흥분 부위로 이동됨을 보여 주는 실험 증거라 하겠다. 이 원형전류는 흥분 부위의 양쪽 방향으로 흐르나, 세포체 방향으로 흐르는 전류는 소멸되고 신경말단 부위로만 흥분이 전도된다.

유수신경의 수초는 지방질로 되어 있기 때문에 전기 저항이 대단히 크므로, 탈분극의 이동은 랑비에 결절에서만 일어난다. 따라서 신경흥분은 한 결절에서 다음 결절로 빠른 속도로 전달되며, 이를 **도약전도**(saltatory conduction)라고 한다(그림 38-9).

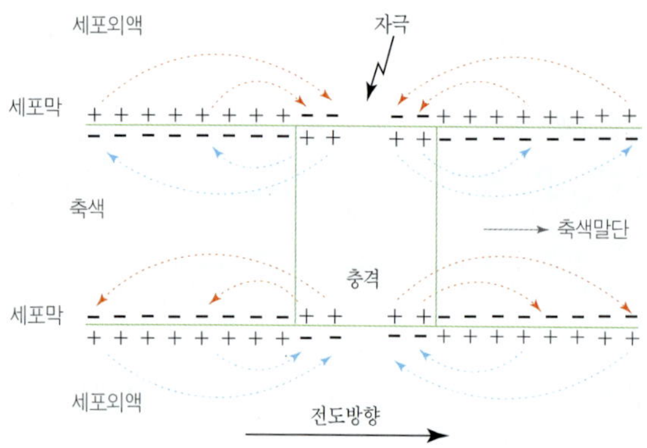

그림 38-7 국부원형전류의 흐름에 의한 신경 충격의 전도

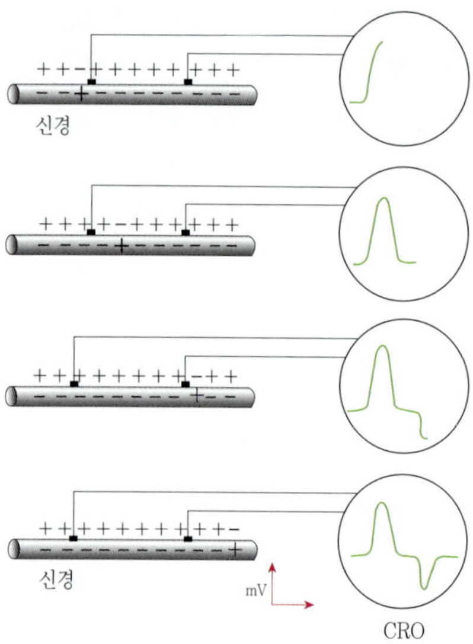

그림 38-8 2상성 활동전위

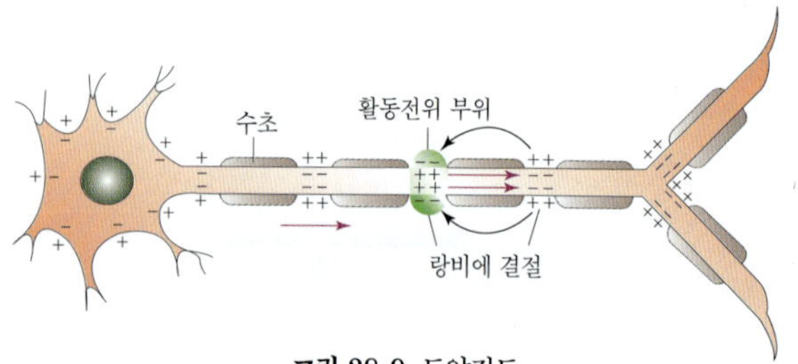

그림 38-9 도약전도

38.3 시냅스 전달

한 뉴런의 축색돌기 말단(axon terminal)과 다른 한 뉴런의 수상돌기가 만나는 부위를 **시냅스**(synapse)라 하는데, 앞의 뉴런을 시냅스전신경섬유(presynaptic nerve fiber)라 하고, 후자를 시냅스후신경섬유(postsynaptic nerve fiber)라 한다. 이 둘 사이에 구조적인 연결은 없으며, **시냅스틈**(synaptic cleft)이라는 약 20nm 정도의 체액으로 충만된 간격이 있다. 축색돌기 말단에는 약간 팽창된 **시냅스혹**(synaptic knob)이라는 미세한 주머니 모양의 구조물이 있고, 그 속에는 많은 **시냅스소포**(synaptic vesicle)가 있으며, 각 소포 속에는 **화학전달물질**(chemical transmitter)이 들어 있다(그림 38-10). 이 화학전달물질의 대표적인 것이 **아세틸콜린**(acetylcholine ; ACh)이나, 중추신경계의 시냅스에는 ACh 외에 글리신, 글루탐산, γ-아미노부틸산(γ-aminobutyric acid ; GABA) 등의 아미노산 분자나 아미노산 유도체(노르에피네프린, 세로토닌, 도파민) 등이 있다.

축색돌기의 흥분이 시냅스혹에 도달하면 Ca^{2+} 이온이 세포내로 유입되고, 이의 작용으로 시냅스소포가 막 가까이로 이동되어 외세포작용(exocytosis)에 의해 ACh이 분비되어 시냅스틈으로 방출된다. 이 물질이 확산에 의해 시냅스후뉴런(postsynaptic neuron)의 세포 본체 또는 수상돌기의 수용체와 결합하면 앞의 신경흥분기작에서와 같이 시냅스후신경섬유의 막은 Na^{+}에 대한 투과성을 증가시켜 막 내외의 전위차를 감소시킴으로써 활동전위를 생성시킨다. 이와 같은 변화를 **흥분성 시냅스후전위**(excitatory postsynaptic potential ; EPSP)라고 한다(그림 38-11). 한편, 어떤 시냅

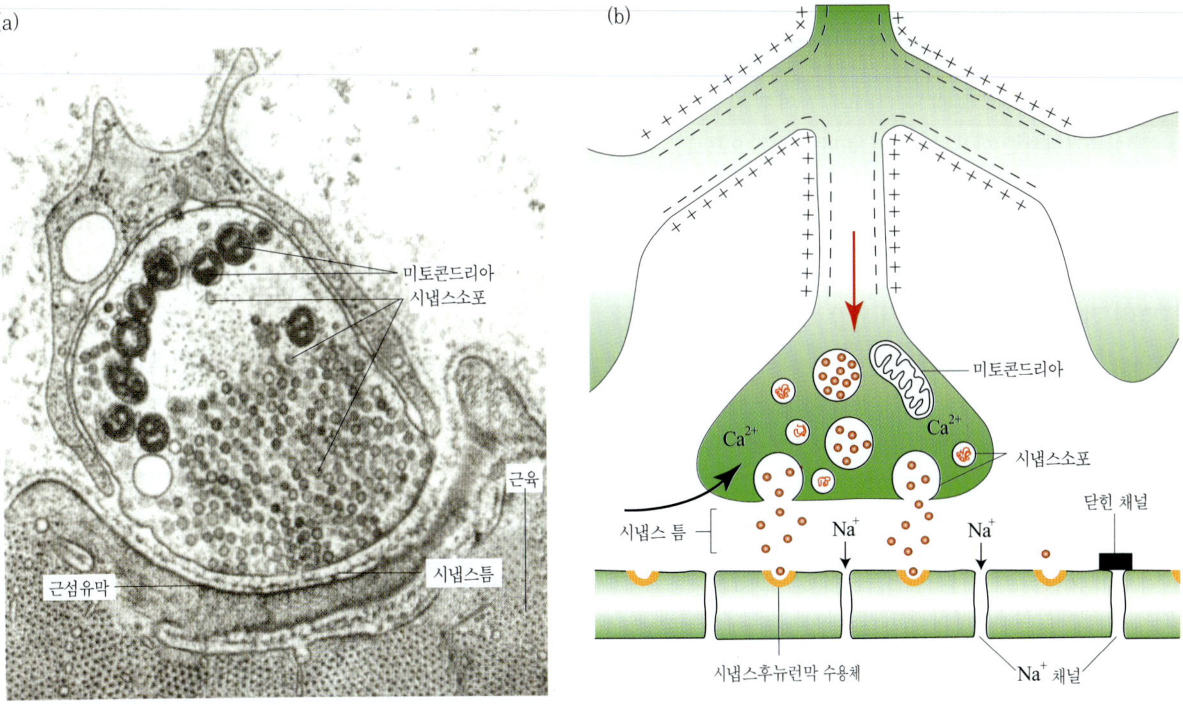

그림 38-10 시냅스혹의 전자현미경 사진(a)과 시냅스전도의 모식도(b)
(a) 신경-근접합부의 시냅스 부위 촬영 사진
(b) 자극에 의해 시냅스소포에서 방출된 전달분자는 시냅스후 세포막의 수용체와 결합되어 Na^{+} 유입을 촉진한다.

스에서는 신경말단에 온 충격이 탈분극을 억제하는 경우가 있는데, 이 경우는 신경말단의 시냅스혹에서 억제성 화학전달물질(GABA로 추정됨)이 방출된다. 그 결과 시냅스후신경섬유막의 K^{+} 유출이 증가되어 세포내는 외부보다 음하전(陰荷電)되는 과분극(hyperpolarization) 상태가 되는데, 이를 **억제성 시냅스후전위**(inhibitory postsynaptic potential ; IPSP)라 하며 (−)80mV까지 내려간다. 따라서 과분극된 뉴런은 높은 역치를 갖게 되므로 쉽게 자극되지 않는다.

하나의 연합뉴런이나 운동뉴런은 그 수상돌기와 세포체에 수많은 시냅스혹이 연결되어 있는데, 이들 중 어떤 것은 흥분성 전달물질을 분비하지만, 겨우 0.5mV의 EPSP를 일으키기 때문에 오직 1개의 흥분성 시냅스만으로 시냅스후뉴런의 활동전위를 일으키기에는 적은 값이다. 그러나 다수의 흥분성 시냅스가 동시에 활동하게 되면 이들 각각에서 형성되는 EPSP는 합쳐져서 시냅스후뉴런의 역치에 도달하기도 하고(공간적 가중, spatial summation), 몇 개의 흥분성 시냅스가 단속적으로 반복하여 흥분하게 되면 EPSP는 합쳐져서(시간적 가중, temporal summation) 역치에 도달하게 된다(그림 38-11). 억제성 시냅스도 똑같은 방법으로 작용하게 되는데, 이들 중 많은 것들이 신속하게 반복적으로 자극을 받

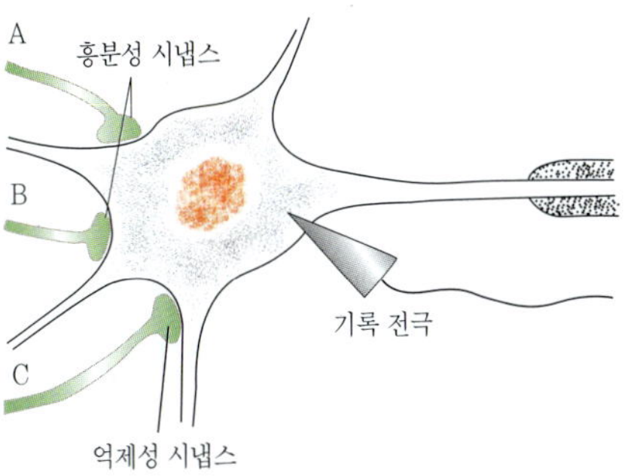

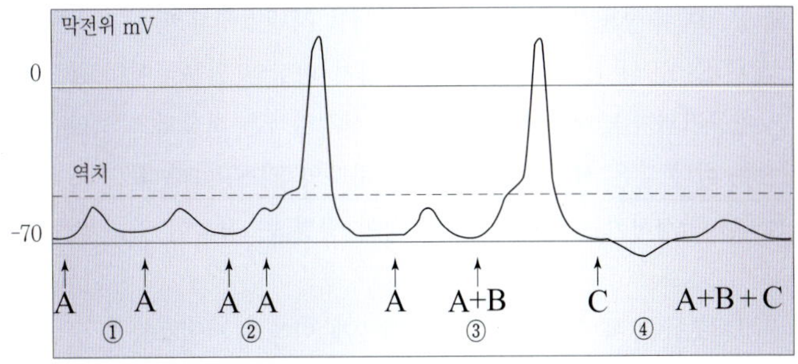

그림 38-11 뉴런의 발생에 대한 흥분성 시냅스후전위(EPSP)와 억제성 시냅스후전위(IPSP)의 효과
① 단일 흥분성시냅스 자극(역하자극) ② EPSP의 시간적 가중 ③ EPSP의 공간적 가중 ④ EPSP와 IPSP 가중의 결과

게 되면 IPSP는 합쳐져서 억제작용을 하게 된다. 따라서 시냅스후뉴런이 흥분되느냐 억제되느냐 하는 것은 시냅스 표면에서 일어나는 IPSP와 EPSP 사이의 차이로 결정된다.

수상돌기에서는 아세틸콜린이 분비되지 않으므로, 흥분은 항상 한 뉴런의 축색돌기에서 다른 뉴런으로만 전도된다. 시냅스에서의 흥분전달은 아세틸콜린의 확산에 의한 것인데, 이 확산 속도는 탈분극의 이동 속도보다 아주 느리기 때문에 흥분의 전도 속도는 시냅스에서 가장 지연된다(시냅스 지연, synaptic delay). 시냅스의 특징 중 또 1가지가 있는데 시냅스 주변에는 시냅스로부터 나온 아세틸콜린을 분해하는 효소인 **아세틸콜린에스테라아제**(acetylcholinesterase)가 많이 존재하므로, 여기서 확산되어 나온 아세틸콜린은 아세트산과 콜린으로 분해된다. 따라서 뉴런이 하나의 자극에 의해 연속적으로 탈분극을 되풀이하는 일은 없다. 연속적인 자극이 주어질 경우에는 시냅스혹에 축적되어 있던 아세틸콜린의 양이 급격히 줄어들게 되고, 결국 흥분은 시냅스를 건너지 못하여 신경이 피로해지며 마비가 올 수 있다. 이와 같이 시냅스는 축색돌기에 비해 불안정하다.

자극이 멈추면 축색돌기의 끝에서는 **콜린아세틸라아제**(cholineacetylase)라는 효소로 ATP 에너지를 이용하여 아세틸콜린을 합성, 시냅스소포에 저장하여 다음 자극에 대비하게 되는 것이다.

시냅스 중 일부에는 시냅스전뉴런의 말단과 시냅스후뉴런의 막이 거의 연접되어 있는 형태가 있는데, 이 경우에는 시냅스전뉴런의 탈분극 전류가 직접 시냅스후뉴런으로 이동되며, 이를 **전기적 시냅스**(electric synapse)라 한다.

38.4 신경의 통합과 신경회로

각 신경세포들은 수백 개의 다른 신경세포와 시냅스를 이루고 있으며 수상돌기와 세포체에서는 이들 시냅스에서 형성된 많은 EPSP와 IPSP가 통합되어, 역치 이상의 탈분극이 되면 활동전위가 발생되고 그 이하이면 신경자극은 전달되지 않는다. 이와 같은 신경세포의 배열은 하나의 EPSP마다 활동전위를 발생시키는 경우보다 융통성이 훨씬 큰 장점이 있다.

신경세포들은 특이한 회로를 이루어 2개 이상의 시냅스전신경섬유가 하나의 시냅스후신경섬유를 통제한다. 예를 들어 척수의 운동신경에는 척수로 들어오는 감각신경, 척수의 다른 부위에서 시작되는 신경 및 뇌로부터 오는 신경들이 **수렴**(convergence)되고 이들의 정보들이 운동신경에서 통합되어 활동전위의 발생 여부가 결정된다. 반대로 하나의 시냅스전신경섬유가 많은 시냅스후신경섬유를 자극하는 경우가 있는데 이를 **발산**(divergence)이라 한다(그림 38-12). 신경계는 발산을 통해 하나의 자극을 여러 관련 부위로 보내고, 수렴을 통해 자극을 통합하는 것이다. 한편, 신경회로 중 신경세포가 자신 또는 연합뉴런과 회전식 시냅스를 이루는 **반향회로**(reverberating circuit)를 이루는 경우가 있는데(그림 38-13), 이때 하나의 뉴런이 여러 번 흥분 충격을 일으킬 수 있다.

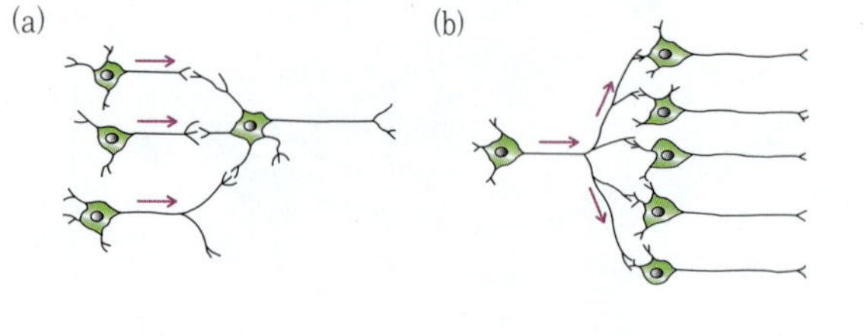

그림 38-12 신경회로의 종류 (a) 수렴 (b) 발산

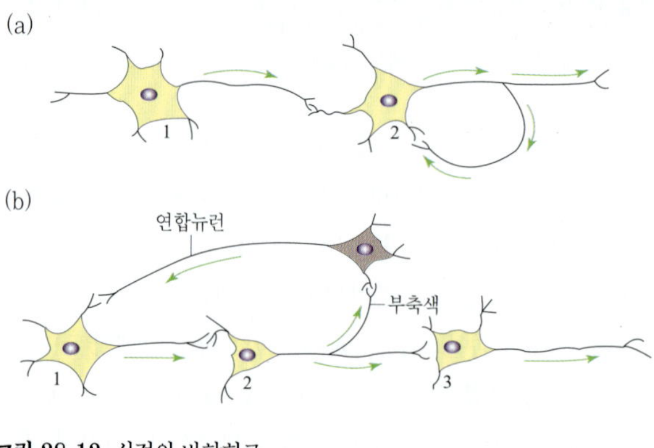

그림 38-13 신경의 반향회로
(a) 단일반향회로 (b) 연합뉴런과 연계된 반향회로

38.5 신경계

강장동물은 신경세포가 체내에 산재하며, 신경섬유가 그물 모양으로 서로 연결되어 있는 **산만신경계**(diffused nervous system)를 가진다. 편형동물 이상은 신경세포가 한 곳에 모여 신경절을 형성하고, 여기에서 신경섬유들이 나와 몸의 각 부분으로 분포되어 있는 **집중신경계**(concentrated nervous system)를 이루고 있다(그림 38-14).

척추동물도 집중신경계를 가지고 있는데, 신경세포가 특정 부위에 집중되어 있는 **중추신경계**(central nervous system ; CNS)와, 몸의 각 부분에 분포되어 있는 신경섬유 및

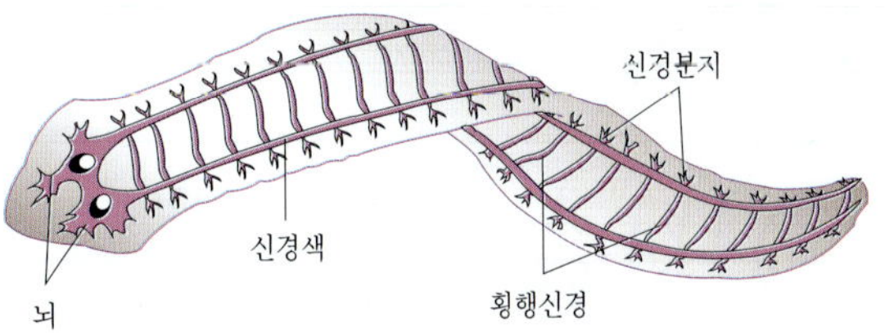

그림 38-14 플라나리아의 집중신경계

약간의 신경세포들로 구성된 **말초신경계**(peripheral nervous system ; PNS)로 이루어져 있다.

38.5.1 중추신경계

동물의 중추신경계는 **뇌**(brain)와 **척수**(spinal cord)로 이루어져 있다. 이 조직들은 뼈와 3겹의 **뇌척수막**(meninges)인 경(수)막(dura mater), 지주막(arachnoid) 및 안쪽의 얇은 **유막**(pia mater)으로 덮여 있으며, 지주막과 연막 사이인 지주막하강(subarachnoid cavity)에는 **뇌척수액**(cerebrospinal fluid)이 차 있어 외부의 충격을 완충시켜 준다. 뇌 속에는 뇌척수액으로 차 있는 **뇌실**(ventricle)이 4개 있으며, 이들 중 2개에는 모세혈관망이 있어 혈액과 뇌척수액 사이에 물질 교환이 끊임없이 일어나고 있다. 그리고 뇌실 속에는 섬모상피가 덮여 있어서 뇌척수액의 순환을 돕는다.

(1) 뇌

척추동물의 뇌는 발생 초기에 앞뒤로 나란히 3개의 팽출부가 생기는데, 이를 **1차뇌포**(primary brain vesicle)라고 하며, 전뇌(prosencephalon), **중뇌**(mesencephalon), 능뇌(rhombencephalon)로 구별된다(그림 38-15a). 발생의 진행으로 1차뇌포에는 다른 수축(髓軸)이 생겨 5부분으로 나누어진 2차뇌포(secondary brain vesicle)를 형성한다(그림 38-15b). 전뇌는 전방으로 팽출되어 종뇌(telencephalon)가 되며, 그 외측벽이 확대되어 좌우의 대뇌반구(cerebral hemisphere)를 형성한다. 이 전뇌의 후반부는 **간뇌**(diencephalon)가 된다. 중뇌는 분할되지 않고 남으며 현저한 변화가 없다. 능뇌는 전후 2부분으로 나누어져서 성체의 **소뇌**(cerebellum)와 교(pons)가 되는 후뇌(metencephalon)와, **연수**(medulla oblongata)가 되는 수뇌(myelencephalon)를 형성한다.

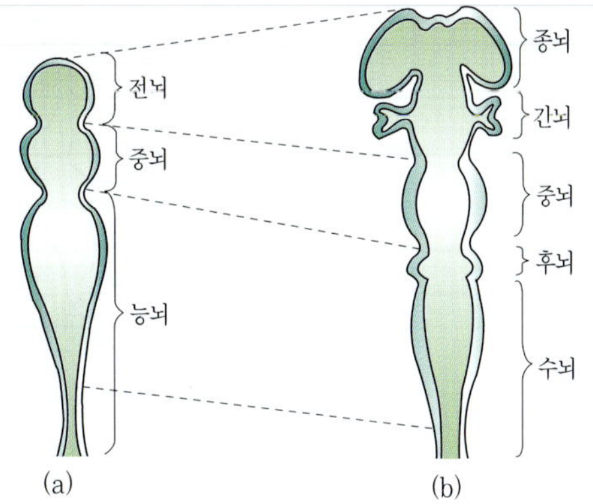

그림 38-15 척추동물의 뇌 발생
(a) 발생 초기의 뇌(1차뇌포) (b) 분화된 후의 뇌(2차뇌포)

발생이 완료된 척추동물들의 뇌를 비교해 보면 거의 유사한 구성하고 있음을 알 수 있다(그림 38-16).

사람의 뇌도 대뇌, 간뇌, 중뇌, 소뇌 및 연수로 구분된다(그림 38-17).

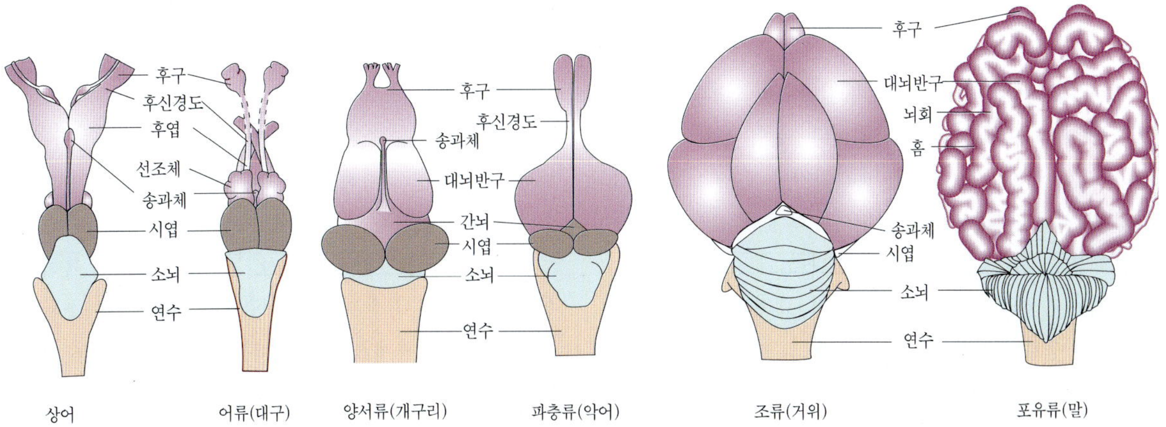

그림 38-16 척추동물 6강의 뇌 비교

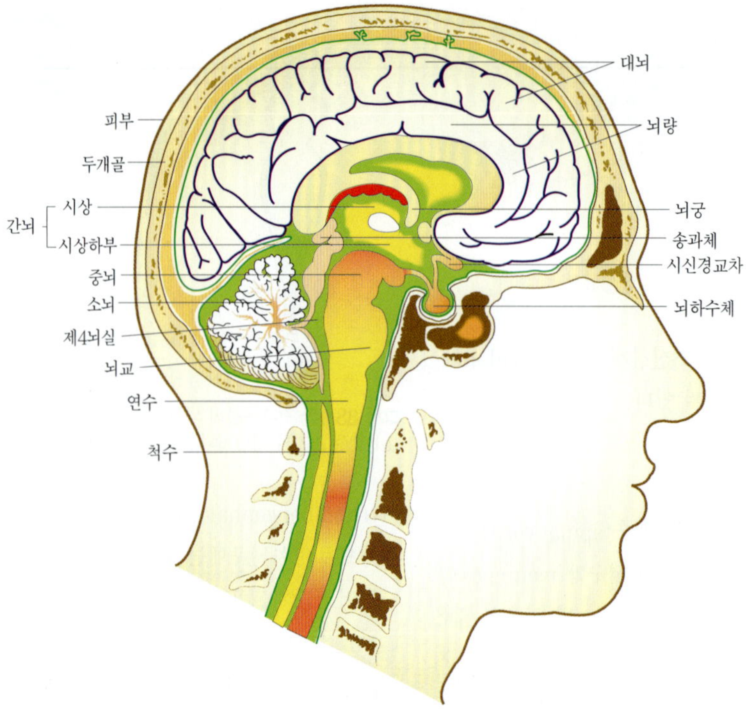

그림 38-17 사람의 뇌

대뇌(cerebrum)는 가장 고위 중추로서 뇌의 대부분을 차지하며, 종주구(longitudinal groove)에 의해 좌우 두 **반구**(hemisphere)로 나누어져 있고, 척수신경 행로의 교차 때문에 뇌의 좌반구는 몸의 우측을, 우반구는 좌측을 지배하게 된다.

사람의 대뇌는 표층부가 **대뇌피질**(cerebral cortex)로서 회백질로 이루어져 뇌의 대부분을 둘러싸고 있고, 안쪽이 백질로서 피질의 세포들과 연결된 신경섬유가 연결되어 있다. 다른 포유류와 마찬가지로 사람의 대뇌피질은 기능적으로 3부위로 나눈다. 즉, 말초신경을 통해 들어오는 감각 정보를 받아들이는 **감각령**(sensory area), 의식, 운동을 조종하는 **운동령**(motor area) 그리고 사고, 학습, 언어, 기억, 판단 및 정서 등을 담당하며 운동령과 감각령을 연합하는 기능을 갖는 **연합령**(association area)이다. 실험 동물의 일정 피질 부위를 외과적으로 제거, 파괴하거나 또는 노출된 뇌의 일정 부위를 자극하였을 때 나타나는 반응을 관찰하면, 대뇌피질의 기능적 위치를 알아낼 수 있다(그림 38-18).

간뇌는 중뇌와 대뇌 사이에 있으며, 대뇌피질로 가는 감각신경들의 통로인 **시상**(thalamus)과 그 아래에 연결된 위장기능(胃腸機能), 체온, 혈관운동, 체내 수분 함량, 수면, 정서 반응 등의 조절 중추인 **시상하부**(hypothalamus)로 이루어져 있다. 시상하부의 아래 끝에는 뇌하수체(hypophysis)가 달려 있다. **중뇌**는 소뇌의 앞쪽에 위치하며, 소뇌와 마찬가지로 몸의 평형을 조절하는 데 관여하는 것으로 알려져 있다. **소뇌**는 대뇌의 뒤쪽 아래에 위치하며, 역시 좌우 2개의 반구로 나뉜다. 소뇌는 몸의 평형 및 운동의 중추로서 특히 운동성이 큰 동물에서 잘 발달되어 있으며, 이와 같은 소뇌의 기능은 의식과는 관계없이 일어난다. **연수**는 뇌와 척수의 경계 부분으로 뇌와 척수 사이의 신경흥분을 전달하는 역할 외에 호흡, 혈관운동, 심장박동, 소화액 분비 등의 반사운동에 관여하는 많은 중추들을 가지고 있다.

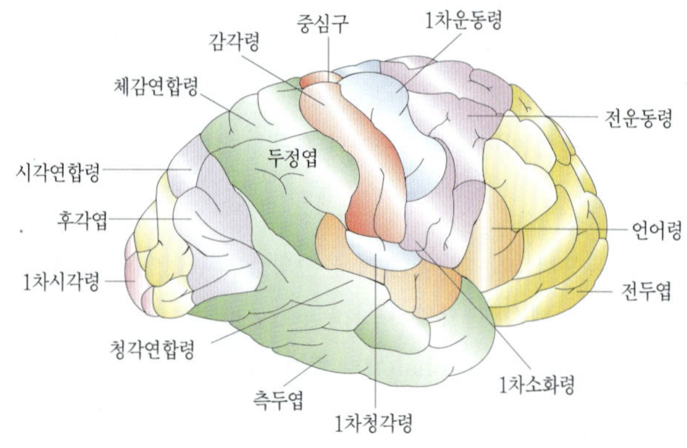

그림 38-18 대뇌피질의 기능별 부위

(2) 척수

척수는 **척추**(vertebrae) 속에 위치하며, 내부가 신경세포체와 무수신경축색 및 신경교세포(glial cell)들과 혈관들로 이루어진 H자 모양의 **회백질**(gray matter)로 되어 있고, 외부는 신경섬유 다발이 상하 좌우로 달리고 있는 부분으로서 **백질**(white matter)로 되어 있다. 척수는 뇌와 말초신경(peripheral nerve) 사이의 신경흥분의 전달을 하는 한편, 각종 **반사**(reflex)의 중추 역할을 맡는다. 예를 들면, 뜨거운 난로에 손이 닿았을 때 무의식중에 순간적으로 팔이 구부러져 손을 떼게 되는데 이것은 반사활동으로, 환경 변화에 대해 신속한 활동을 전개함으로써 신체를 보호하는 것이다. 반사는 자극에 의하여 일어난 감각기관의 흥분이 구심신경을 따라 척수에 들어오면, 대뇌를 거치지 않고 척수내의 시냅스나 연합뉴런을 거쳐 직접 원심신경을 통해 운동기관에 전달되는 것을 말하는데, 그 경로를 **반사궁**(reflex arc)이라 한다(그림 38-19). 이상은 척수를 반사중추로 하는 반사활동을 설명한 것인데, 뇌에 반사중추가 있는 활동도 많다. 동물은 나면서부터 선천적 또는 본능적으로 가지는 반사가 있는데, 이를 무조건반사(unconditioned reflex)라 하며, 후천적 경험에 의해 얻어지는 반사를 조건반사(conditioned reflex)라 한다. 조건반사의 경우 대뇌가 개입되는데, 예를 들면 개에게 먹이를 줄 때, 일정한 소리를 들려주면서 먹이 주는 일을 되풀이 하면 나중에는 소리만 들어도 침을 흘리게 된다. 이는 대뇌가 인식한 청각과 침을 분비하는 무조건반사가 결부되어 이루어지는 현상이다.

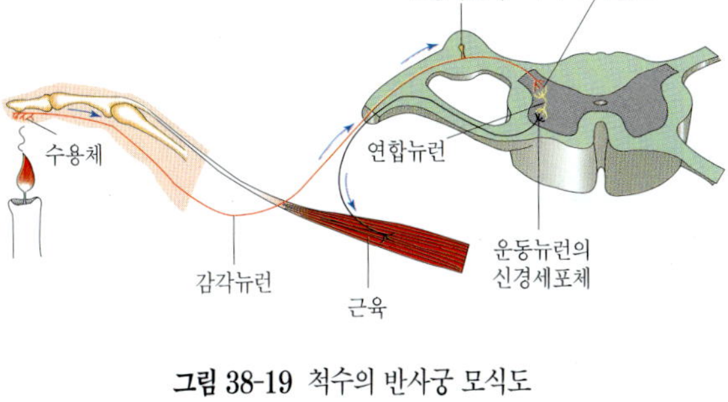

그림 38-19 척수의 반사궁 모식도

38.5.2 말초신경계

말초신경계는 중추신경계로부터 몸의 각 부분에 분포되어 있는 감각신경과 운동신경들을 말하며, 그 기능에 따라 **체성신경계**(somatic nervous system)와 **자율신경계**(autonomic nervous system)로 나눈다.

(1) 체성신경계

체성신경계 중 **뇌신경**은 12쌍이 있으며, 뇌의 각 부분에서 감각기관, 근육 및 내장기관에 분포된다(그림 38-20). 파충류, 조류 및 포유류도 사람과 같은 12쌍의 뇌신경을 가지며, 어류와 양서류는 처음부터 10번째 쌍까지만 갖는다. 이들 중 일부 뇌신경(Ⅰ, Ⅱ, Ⅷ)들은 감각신경, 일부(Ⅲ, Ⅳ, Ⅵ, Ⅺ, Ⅻ)는 운동신경이고, 그 외는 2가지를 모두 갖는 혼합신경이다. 뇌신경의 명칭과 그 작용은 표 38-1에 표시하였다.

표 38-1 포유류의 뇌신경

번호	명 칭	기 능
Ⅰ	후 신 경(嗅神經, Olfactory n.)	후각
Ⅱ	시 신 경(視神經, Optic n.)	시각
Ⅲ	동안신경(動眼神經, Oculomotor n.)	안구운동, 동공 수축(부교감신경)
Ⅳ	활차신경(滑車神經, Trochlear n.)	안구운동
Ⅴ	삼차신경(三叉神經, Trigeminal n.)	얼굴, 눈, 이, 잇몸 및 혀의 감각, 하악근의 운동
Ⅵ	외선신경(外旋神經, Abducens n.)	안구운동
Ⅶ	안면신경(顔面神經, Facial n.)	미각의 일부, 얼굴, 머리, 외이, 목의 운동, 타액선의 분비(부교감신경)
Ⅷ	청 신 경(聽神經, Auditory n.)	청각, 평형 감각
Ⅸ	설인신경(舌咽神經, Glossopharyngeal n.)	미각의 일부, 구개(口蓋), 편도선, 인두의 촉각, 온도 감각, 타액선의 분비(부교감신경)
Ⅹ	미주신경(迷走神經, Vagus n.)	인두근의 운동, 심장활동 억제, 소화기관의 운동과 분비 조절
Ⅺ	부신경(副神經, Accessory n.)	목 및 후두근의 운동
ⅩⅡ	설하신경(舌下神經, Hypoglossal n.)	혀의 운동

사람의 **척수신경**은 좌우 31쌍이 있으며, 이들은 모두 혼합신경이다. 각 척수신경은 척수와 연결된 굵은 섬유다발로 이루어져 있다. 등쪽에서 나온 좌우 1쌍을 **배근**(dorsal root)이라 하며, 이는 말초기관에서 중추로 들어오는 감각신경을 수용하고, 배쪽에서 나온 1쌍을 **복근**(ventral root)이라 하는데, 이는 중추에서 운동기관으로 가는 운동신경을 수용한다(그림 38-21). 감각신경과 운동신경은 척수의 회백질 속에서 여러 개의 연합뉴런에 의해 서로 연락되고 있으며, 감각신경의 세포들은 배근의 중간쯤에서 신경절(ganglion)을 형성하고 있다. 감각신경과 운동신경은 척수 밖에서 한 다발로 합쳐졌다가 다시 갈라져서 각 말초기관에 도달한다.

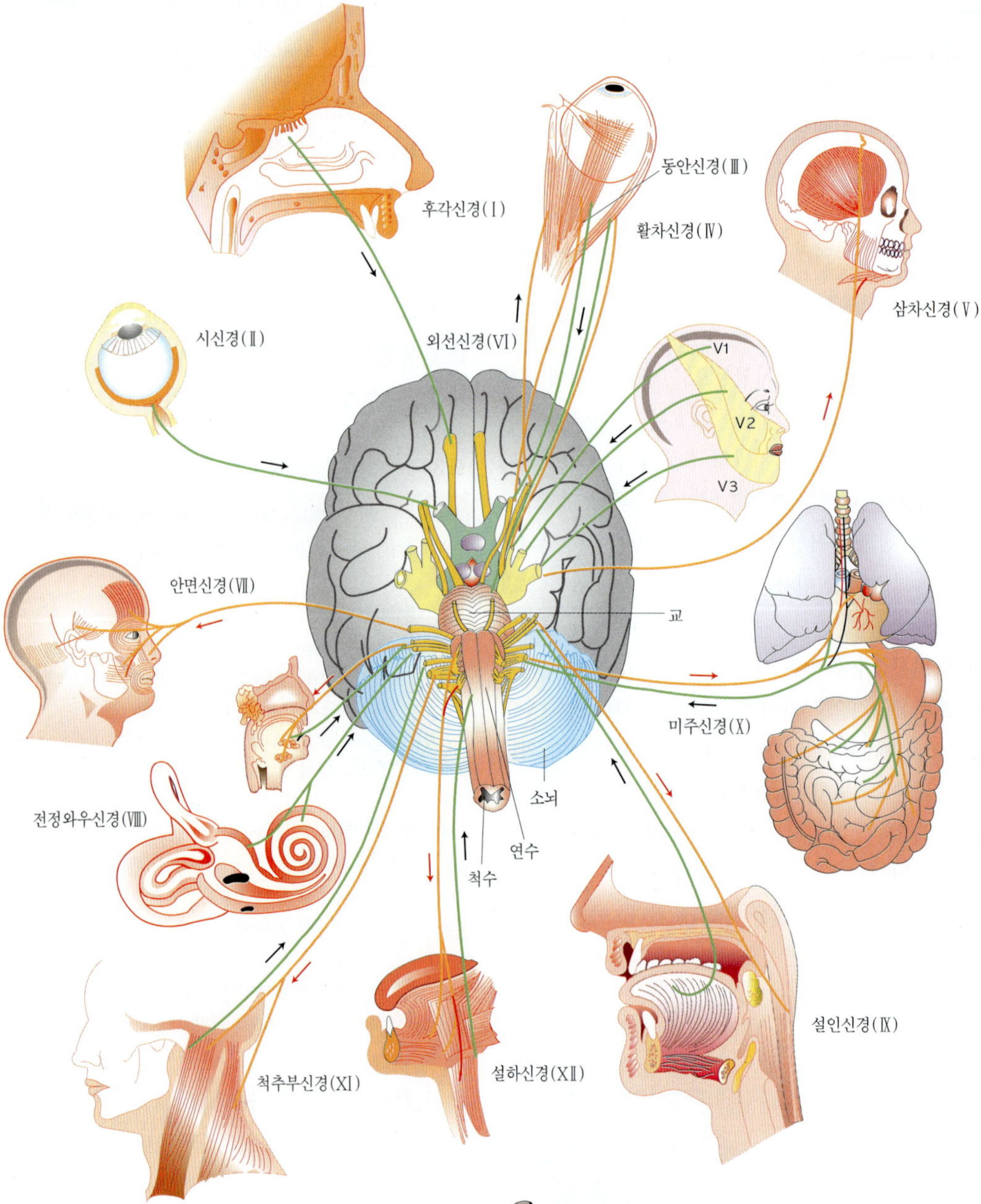

그림 38-20 뇌신경의 말초 분포 부위
(녹색선 : 감각신경섬유, 주황색선 : 운동신경섬유)

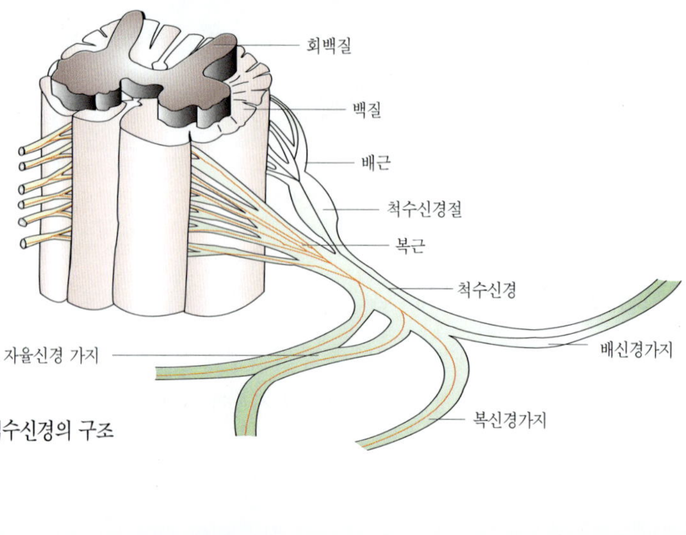

그림 38-21 척수신경의 구조

(2) 자율신경계

자율신경계는 주로 평활근의 운동과 분비선의 활동을 지배하여, 생체 내부의 환경을 일정하게 유지시켜 주는 기능을 한다. 자율신경계는 **교감신경계**(sympathetic nervous system)와 **부교감신경계**(parasympathetic nervous system)로 구성되며, 많은 기관이 두 신경의 지배를 받는데, 대부분은 서로 길항적으로 작용한다. 자율신경은 반드시 중추신경 밖에서 뉴런을 1번 교체한 후에 말초에 이르며, 교체하기 전 중추 부분의 신경섬유를 **절전섬유**(preganglionic nerve fiber)라 하고, 교체한 후 말초 부분의 신경섬유를 **절후섬유**(postganglionic nerve fiber)라 하며, 교체 부위, 즉 절후섬유의 세포체가 모인 곳을 **신경절**(ganglia)이라 한다.

자율신경이 흥분하면 그들의 절전섬유 말단에서 아세틸콜린이 분비되며, 이 아세틸콜린이 신경절에서 시냅스를 통해 절후신경을 흥분시키면, 내장기관에 분포하고 있는 절후섬유의 말단에서는 교감신경의 경우에는 **노르에피네프린**(norepinephrine)이, 부교감신경의 경우에는 **아세틸콜린**이 분비된다. 일반적으로 교감신경의 신경절은 중추 가까이에 있으므로 하나의 절전섬유가 다수의 절후신경을 지배하며, 또한 노르에피네프린의 작용으로 교감신경의 지배력은 광범위하고 지속적이다. 반면, 부교감신경은 신경절이 내장에 극히 가까운 부분에 있기 때문에 절전섬유는 극히 소수의 절후섬유를 지배하고, 또한 아세틸콜린의 분해가 빠르므로 그 작용이 국부적이고 지속 시간이 짧다(그림 38-22). 자율신경계는 대뇌의 직접적인 지배를 받지 않고 독자적으로 작용하는 신경이라 하여 그 명칭이 붙었지만, 실제로 이들 신경의 작용은 시상하부와 기타 중추신경의 지배를 받고 있으며, 따라서 어느 정도로는 의식적인 조절이 가능하다.

38.6 감각기관

동물은 원생동물과 같은 단세포동물일지라도 특별한 자극

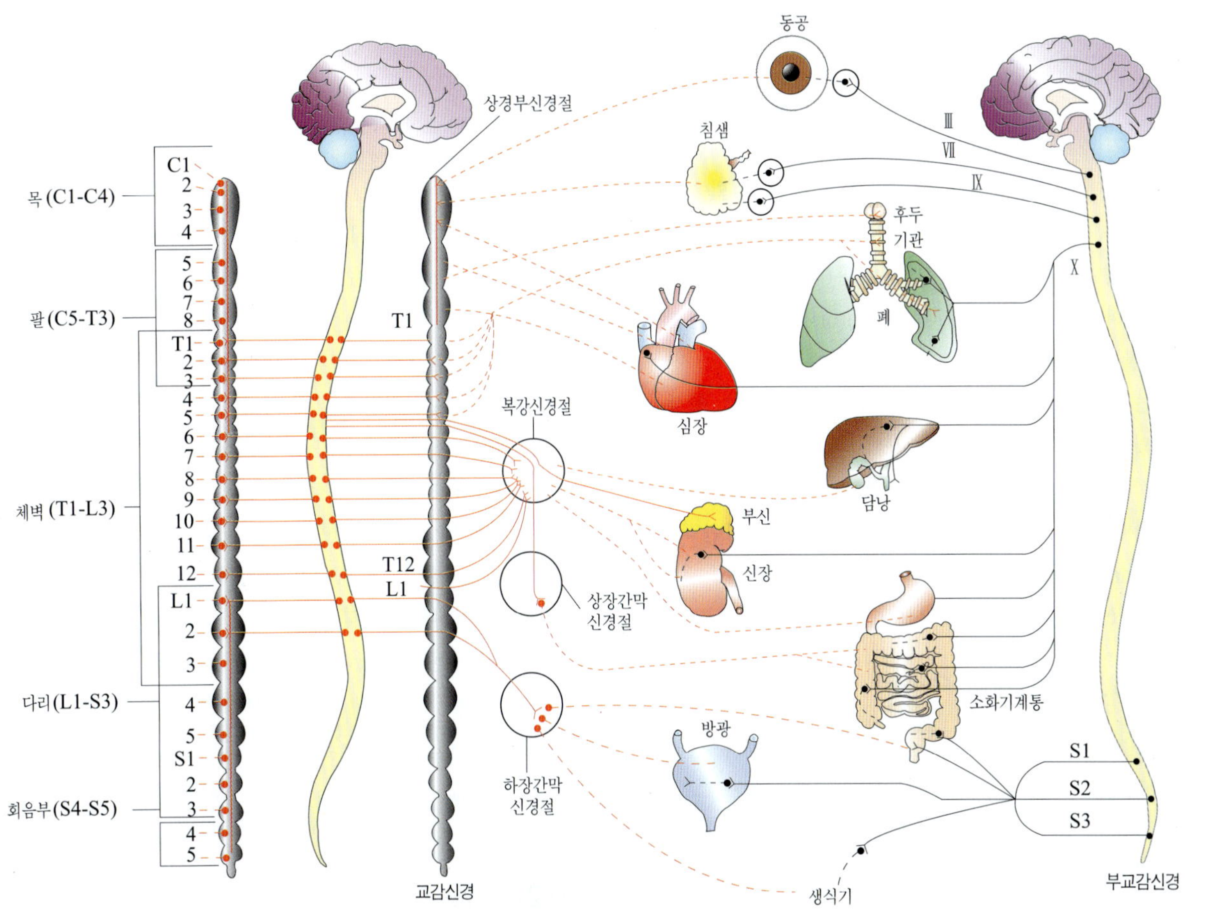

그림 38-22 자율신경계

을 수용하도록 분화된 수용 부위를 가지고 있으며, 고등동물은 환경 변화에 따른 각종 자극을 감지하여 흥분할 수 있는 분화된 수용기세포들(receptor cells)을 갖고 있는데, 이들 수용기세포와 그 부속세포들(accessory cells)을 포함하여 **자극수용기**(stimulus receptor) 또는 **감각기관**(sense organ)이라 한다.

자극의 종류에는 빛, 열, 전기, 기계적 충격, 화학물질 등 여러가지가 있으며, 이 중 어떤 감각세포를 흥분시킬 수 있는 특정 자극을 그 감각세포의 **적합자극**(adequate stimulus)이라 한다. 예를 들면 눈의 **적합자극**은 400~700nm의 전자파이며, 귀에 대한 것은 $2\sim6\times10^4$Hz의 음파이다. 이러한 적합자극이라 하더라도 감각을 일으키는 데는 일정한 크기 이상의 자극이 필요한데, 감각할 수 있는 최소 자극의 강도를 **역치**(threshold)라 한다. 감각기관이 적합자극을 감지할 수 있는 것은 수용기세포와 그 부속세포의 특이한 구조 때문이며, 각 감각기관은 특정 적합자극에 대해서 민감하지만, 자극의 세기가 충분히 클 때는 다른 종류의 자극에 대해서도 반응을 나타낸다(예를 들면 눈에 강한 압력이 가해졌을 때 빛을 느끼는 경우). 또한 각 감각 종류의 차이는 자극에 따른 에너지 형태가 다르기 때문이 아니고, 수용기로부터 중추에 이르는 신경 경로에 따라 중추에 생기는 감각이 달라지는 것이다. 예를 들면 시신경에 전기자극을 주더라도 눈에 빛을 비출 때와 같은 감각이 생긴다.

각 수용기세포는 자극에너지를 흡수하여 이를 전기에너지로 전환함으로써 **수용기전위**(receptor potential)를 만들며, 이 활동전위가 중추로 전달되어 자극이 감지된다. 자극수용기는 자극의 종류에 따라 촉각, 압각, 온각, 냉각, 통각, 청각 등의 **기계적 수용기**(mechanical receptor)와, 시각과 같이 가시광선에 대해 반응하는 **광수용기**(photoreceptor) 그리고 미각이나 후각과 같이 화학적 자극에 대해 민감한 **화학수용기**(chemoreceptor)로 나눈다. 이 항에서는 이들 감각기관의 구조와 기능에 대해 알아본다.

38.6.1 기계적 수용기

기계적 수용기에는 접촉, 압력, 중력, 신장력, 운동 또는 온도 등 역학적 변형이나 진동을 수용하는 것으로 촉각, 압각, 통각, 청각, 평형감각 등에 관계하는 많은 수용기가 포함된다.

(1) 피부 수용기

고등동물의 피부각은 서로 다른 감각세포에서 일어나는데, 이들은 형태적으로 유사한 유리신경종말(free nerve ending)이나 이에 특수한 보조적 구조물을 가지고 있다. 즉, 압각수용기인 파치니소체(Pacinian corpuscle), 냉온각수용기인 크라우제소체(organ of Krause)가 있으며, 촉각수용기인 마이스너소체(Meissner's corpuscle), 메르켈소체(Merkel's disc) 및 루피니소체(organ of Ruffini) 등이다(그림 38-23).

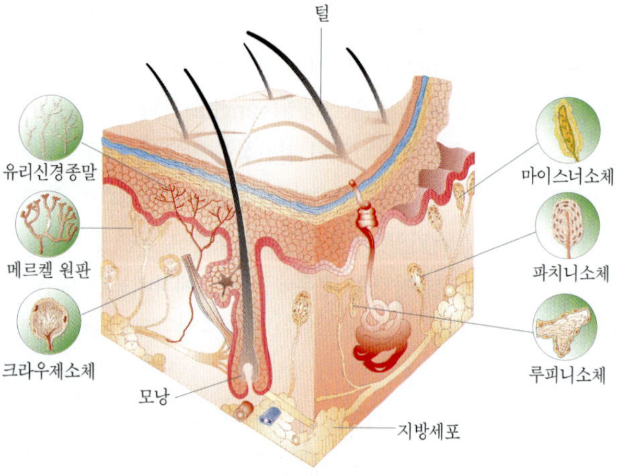

그림 38-23 사람의 피부에 있는 수용기

촉각(touch)의 감각세포들은 피부 가까이에 분포하고, 특히 모낭(hair follicle) 주위에 많이 분포하고 있어서 물체가 털에만 닿아도 예민하게 촉각을 일으키는데, 이것은 모낭의 움직임이 이 감각세포에 자극되기 때문이다. **압각**(pressure)은 촉각보다 강한 기계적 압박에 의해 피부 속 깊숙한 곳에 있는 파치니소체에 자극되어 감각이 일어난다. **통각**(pain)은 특별히 분화된 감각세포가 없으며 감각신경의 끝이 바로 자극을 받아 감각하는데, 다른 피부각수용기에 비해 그 수가 많으며, 뇌를 제외한 모든 조직에 분포되어 있다. **온각**(warm)을 감지하는 온각수용기는 루피니소체가, 냉각을 감지하는 냉각수용기는 크라우제소체가 담당하는 것으로 알려져 있지만, 유리신경말단을 가진 신경섬유도 온도 감수성이 있다고 생각되고 있다. 이들 감각세포가 실제로 냉온을 느끼는 것은 아니고 온도의 변화를 느끼는 것이어서, 온도가 오르면 온각으로, 온도가 내리면 냉각으로 감각되는 것이다.

(2) 고유수용기

척추동물은 골격근이나 관절의 운동으로 장력이 변화되는

것을 감지, 반응하는 **고유수용기**(proprioceptor)를 갖고 있다. 고유수용기에는 근운동을 감지하는 **근방추**(muscle spindle), 근육과 뼈 사이에 있는 힘줄〔건(腱 ; tendon)〕의 장력을 수용하는 **골지건기관**(Golgi tendon organ), 인대(ligament)의 운동을 감지하는 **관절수용기**(joint receptor)의 3가지가 있는데, 이들은 모두 신장수용기(stretch receptor)이다.

근방추는 **추내근섬유**(intrafusal fiber)라는 특수한 근섬유의 다발이 결합조직에 싸여 일반 근섬유와 병렬로 위치하며, 추내근섬유 중앙부에는 횡문이 없고, 여기에 신경말단이 분포한다. 따라서 근방추가 늘어나면 이 감각신경말단이 탈분극하고, 신장(伸長)의 정도에 따라 구심성 흥분이 발생한다. 근방추에는 동시에 반응하는 2종류의 감각신경말단이 있는데, 하나는 주로 신장 속도에 관한 정보를, 다른 하나는 길이에 관한 정보를 중추로 전달하는 작용을 한다. 이들 고유수용기로부터의 정보는 자세와 운동을 제어할 수 있는 본질적인 역할을 담당한다(그림 38-24).

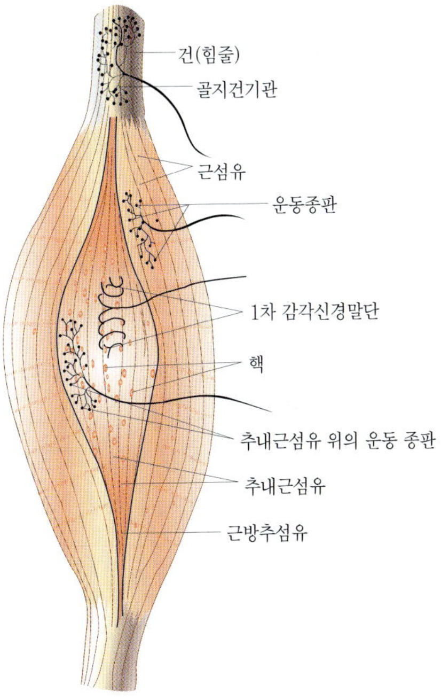

그림 38-24 근방추와 골지건기관

(3) 청각과 평형감각

척추동물의 경우, 소리를 감각하는 것은 **청각기관**(auditory organ)인 귀이다. 귀는 외이(outer ear), 중이(middle ear), 내이(inner ear)로 나누며, 청각은 내이의 **와우각**(cochlea)에 있는 **코르티 기관**(organ of Corti)에서만 감각되며, 내이 중 **통낭**(utricle), **소낭**(saccule) 및 **반고리관**(semicircular canal)은 **평형감각**(static sense)을 담당한다(그림 38-25a, b).

공기를 매체로 하여 오는 음파는 먼저 외이에 집중되어 외이도(outer auditory canal)를 거쳐, 중이에서 **고막**(tympanic membrane)을 진동시킨다. 고막에는 **추골**(malleus), **침골**(incus), **등골**(stapes)의 3가지 **이소골**(ossicle)이 차례로 연결되어 있는데, 이들 **이소골**의 모양과 연결 방식은 고막의 진동을 효과적으로 증폭시킨다. 한편, 중이의 **유스타키오관**(Eustachian tube)은 비인두(nasopharynx)와 연결되어 외기(外氣)와 통하게 되어 있어서 고막 내외 공기의 압력을 일정하게 유지시켜 준다. 이소골에 의하여 증폭된 진동은 등골에서 와우각의 **난원창**(oval window)에 연결되어 내이에 이른다. 소리의 감각은 내이 중 와우각에서 이루어지는데 와우각은 뼈 속에 뚫린 관상 구조물로서 그 속에 림프가 충만되어 있으며, 와우각 속은 **기저막**(basilar membrane)과 **전정막**(vestibular membrane)에 의해 **전정계**(vestibular system), **와우각관**(cochlear canal) 및 **고실계**(scala tympani)의 3부분으로 나누어진다(그림 38-25c). 또한 전정계와 고실계 속에는 뇌척수액과 같은 성질의 외림프(perilymph)가 차 있고 와우각의 한쪽 끝에서 서로 통하고 있으며, 와우관 속에는 내림프(endolymph)가 가득 차 있다. 기저막에는 청각을 감지하는 **유모세포**(hair cell), 즉 **청세포**(auditory cell)가 자리잡고 있으며, 청세포 표면에는 많은 섬모가 내림프에 닿는 쪽에 나 있어서, 난원창의 진동으로 림프가 움직이면 이 액체의 압력은 **정원창**(round window)으로 진동해 나간다. 림프의 진동이 청세포의 섬모를 흔들리게 하고 이 섬모의 움직임이 청세포의 흥분을 일으키며, 흥분은 청신경에 의해 대뇌피질의 청각령에 전달되어 소리의 감각을 일으킨다. 청세포와 그를 둘러싼 지지세포들을 합쳐서 코르티 기관이라 한다(그림 38-25d).

사람의 귀는 대단히 정확하지만 파괴되기 쉬운 감각수용체이다. 젊었을 때는 16에서 20,000Hz의 빈도(frequency)와 넓은 범위의 강도(intensity)까지를 수 있으나, 나이가 들수록 이런 능력은 차차 감소된다. 박쥐의 청각 능력은 대단하여 150,000Hz의 높은 빈도까지 들을 수 있다고 한다. 이러한 초음파는 거의 직선으로 나가는 빈도인데 박쥐가 아주 어두운 곳을 날 때 물체를 인식할 수 있을 뿐만 아니라, 곤충이 날아가더라도 이런 초음파의 메아리를 이용하여 진로를 판단

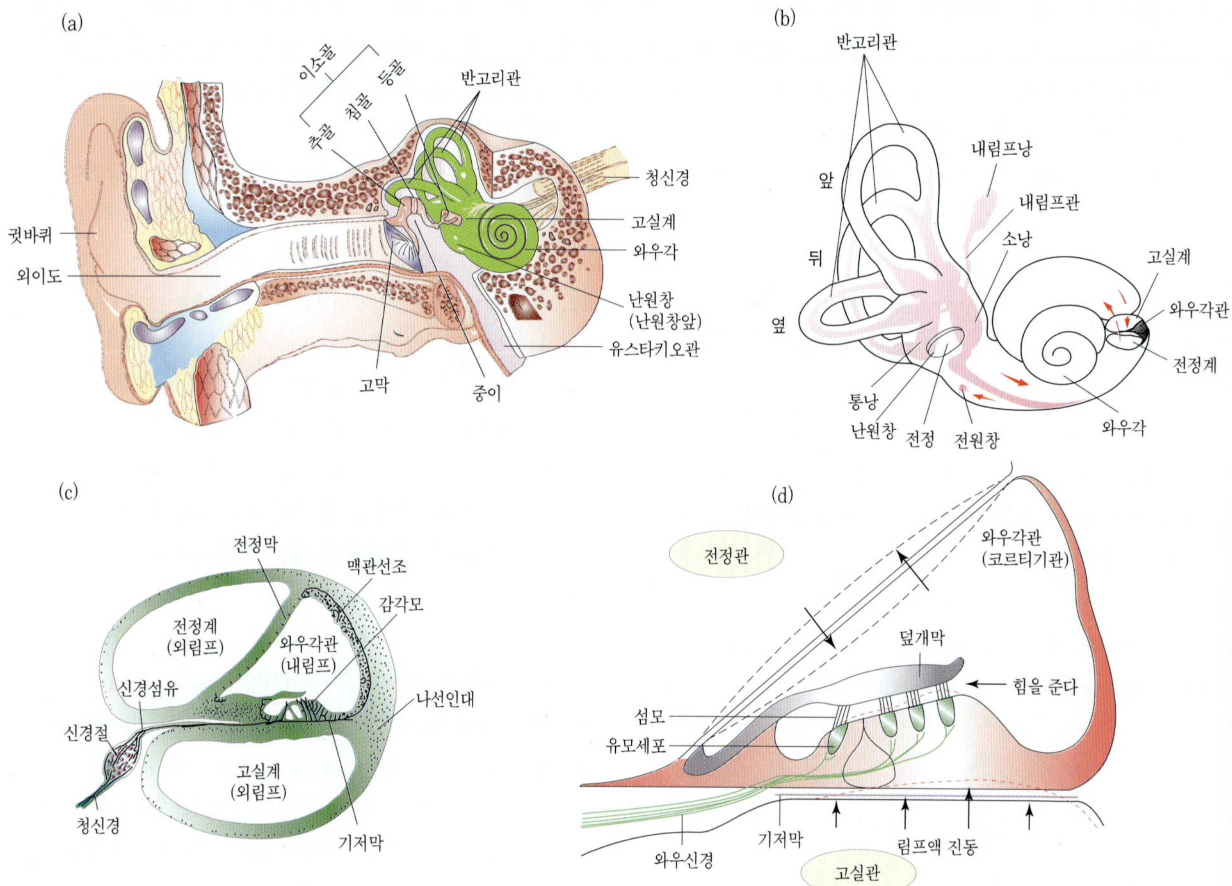

그림 38-25 사람의 귀의 구조
(a) 귀의 단면도 (b) 내이(와우각과 삼반규관) (c) 와우각의 단면도 (d) 코르티기관

한 후 다가가 포식해 버린다.

평형감각은 중력에 대한 몸의 위치와 운동을 느끼는 감각으로, 사람은 내이에 있는 통낭, 소낭 및 삼반규관에 의해 감각된다. 이 중 통낭과 소낭은 주머니 모양으로 되어 몸의 위치를 감각하는 기관으로, 이 속에 림프가 채워져 있고 섬모를 가진 감각모세포(hair cell)들이 있으며, 이 섬모 위에는 탄산칼슘($CaCO_3$)과 단백질로 된 많은 **이석**(otolith)이 깔려 있어서, 몸이 움직이면 이석이 따라 움직여 섬모를 자극하게 된다(그림 38-26). 이 자극에 의한 감각세포의 흥분이 신경을 통해 중추에 도달되어 몸의 위치감각을 일으킨다.

반고리관은 몸의 회전을 감각하며 3개의 반달 모양의 고리관이 서로 직각을 이루고, 속에는 역시 내림프와 긴 섬모를 가진 유모세포가 들어 있다. 머리를 회전하면 반고리관도 회전하므로 그 속의 림프의 움직임에 따라 유모세포도 움직여서 감각세포를 자극하게 된다(그림 38-27).

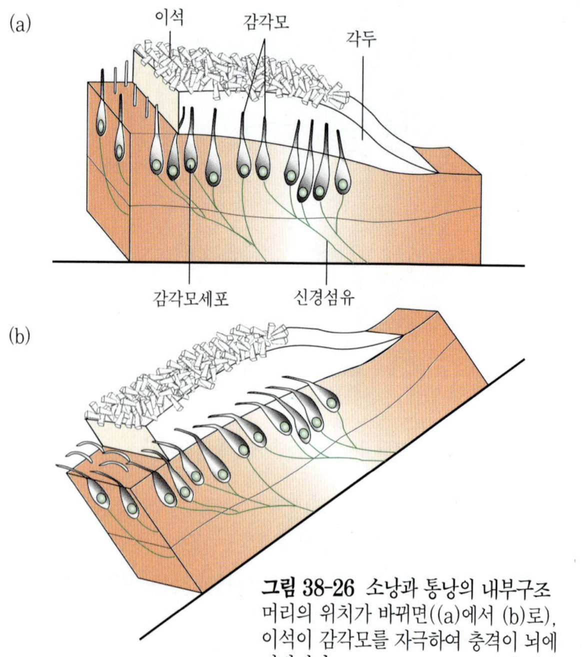

그림 38-26 소낭과 통낭의 내부구조
머리의 위치가 바뀌면((a)에서 (b)로), 이석이 감각모를 자극하여 충격이 뇌에 전달된다.

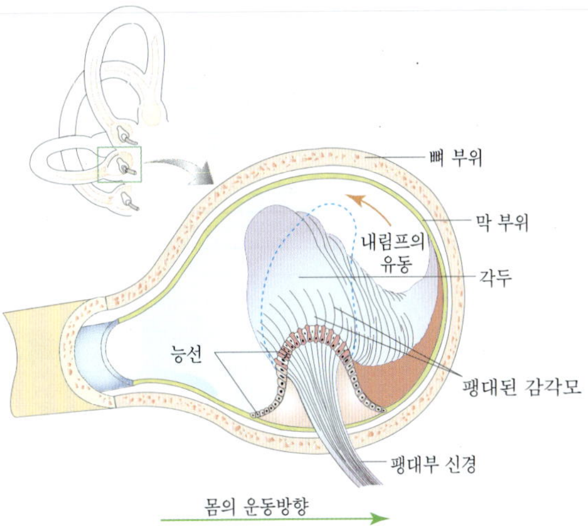

그림 38-27 회전에 의한 반고리관 내림프의 이동 모양

38.6.2 화학수용기

동물의 섭식이나 생식기능 등은 화학적 요인에 의해 조절되거나 영향을 받는다. 따라서 동물은 각종 화학적 자극을 감지하는 화학수용기를 가지며, 그 중 고도로 분화되고 민감한 화학수용기가 포유류의 미각 및 후각의 수용기이다.

(1) 미각

물질의 맛을 느끼는 감각이 **미각**(taste sense)인데, 척추동물의 미각수용기는 혀에 있는 미각세포로서 이들 몇 개가 모여 **미뢰**(taste bud)를 형성한다(그림 38-28).

미각세포가 물질과 접하는 면에는 미세융모(microvilli)를 가지며, 그 표면이 점액으로 적셔져 있어 화학물질이나 이온 등이 거기에 녹아 미세융모에 작용하여 미세포를 자극하는 것이다. 사람의 미각에는 단맛, 신맛, 짠맛, 쓴맛을 감지하는 미뢰가 혀의 여러 곳에 분포되어 있으며, 이들의 조합에 의해 여러 가지 맛을 느끼게 된다.

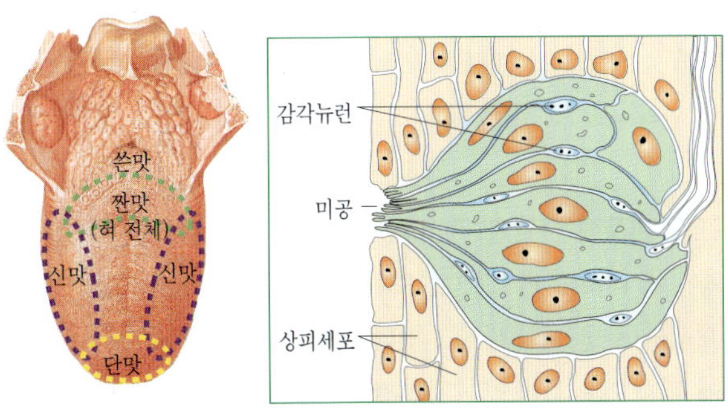

그림 38-28 미각 영역과 미뢰의 구조

(2) 후각

물질의 냄새는 비강(鼻腔) 윗부분의 점막에 있는 **후각상피**(olfactory epithelium)를 이루는 섬모세포에 의해 감지된다. 후각상피는 주위 세포들로부터 분비된 점액으로 덮여 있으며, 여기에 기체 상태의 물질이 용해되면 후각세포를 자극하여 냄새를 느끼게 된다(그림 38-29).

사람의 후각은 다른 포유동물에 비하면 둔한 편이지만, 그 역치는 매우 낮아서, 미각에 비해 상당히 예민하나 피로하기 쉬운 특징을 가지고 있다.

38.6.3 온도 수용기

일반적으로 동물의 체표는 온도 자극에 대해 수용 능력을 가지는 것으로 생각되나, 정확한 온도수용기작에 대해서는 거의 밝혀져 있지 않다.

앞에서 설명한 대로, 포유류의 경우는 피부나 혀에 분포된 유리신경종말이나 특이 온도수용기가 온도의 변화를 감지한다. 또한 시상하부에서는 체내외 온도수용기로부터 오는 정보를 통합, 조정하여 체온 조절 기능을 담당하는 것으로 알려져 있다. 한편 일부 뱀 종류(pit vipers와 boas)는 **안면공 기관**(pit organ)이라는 일종의 온도수용기를 가지고 있는데, 이것은 눈 아래에 있는 조그만 구멍으로서 그 바닥 부분에 주머니 모양으로 부푼 신경말단이 분포한다(그림 38-30). 이 안면공 기관은 먹이의 위치를 알아내는 기능을 한다. 예를 들어 들쥐와 같이 주위 온도보다 10℃ 정도 체온이 높은 먹이는 40cm 정도 떨어져서도 그것을 감지할 수 있다고 한다.

38.6.4 광수용기

빛은 여러 가지 다른 파장을 갖는 복사에너지로서, 10m 이상의 파장을 갖는 라디오파로부터 10^{-12}m의 파장을 갖는 감마선에 이르는 복사선의 스펙트럼을 나타낸다(그림 38-31). 이 중에 동물이 시각으로 감지할 수 있는 것은 400~700nm의 가시광선과, 이보다 파장이 조금 큰 적외선과 파장이 짧은 자외선의 일부뿐이다. 동물의 광수용기는 원생동물에서 척추동물에 이르기까지 다양한 구조를 가지며, 명암(明暗)만을 느낄 수 있는 것에서부터 빛의 방향, 색상 및 물체의 상까지 식별하는 것 등 진화단계에 따라 여러 정도의 분화를 볼 수 있다. 물체의 상을 식별하는 능력을 가진 눈으로는 절족동물이나 곤충류의 복안(複眼)과 연체동물인 두족류 및 척추동물의 카메라눈이 있다.

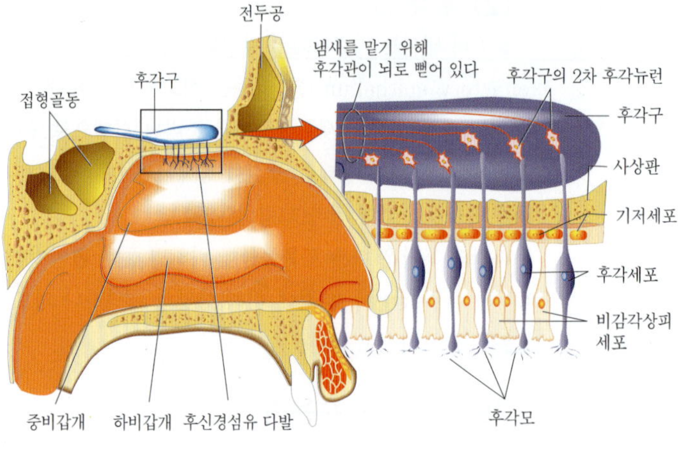

그림 38-29 후각상피의 구조와 위치

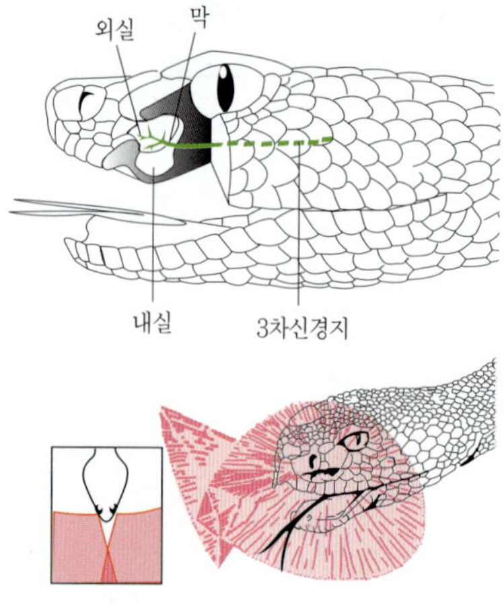

그림 38-30 방울뱀의 안면공 구조

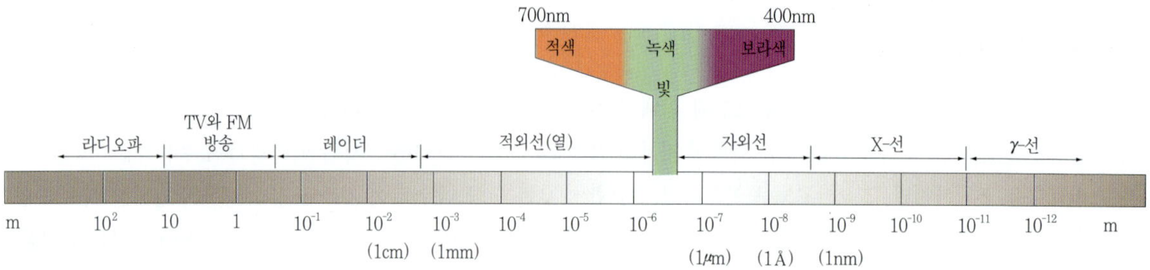

그림 38-31 전자파 복사선의 스펙트럼

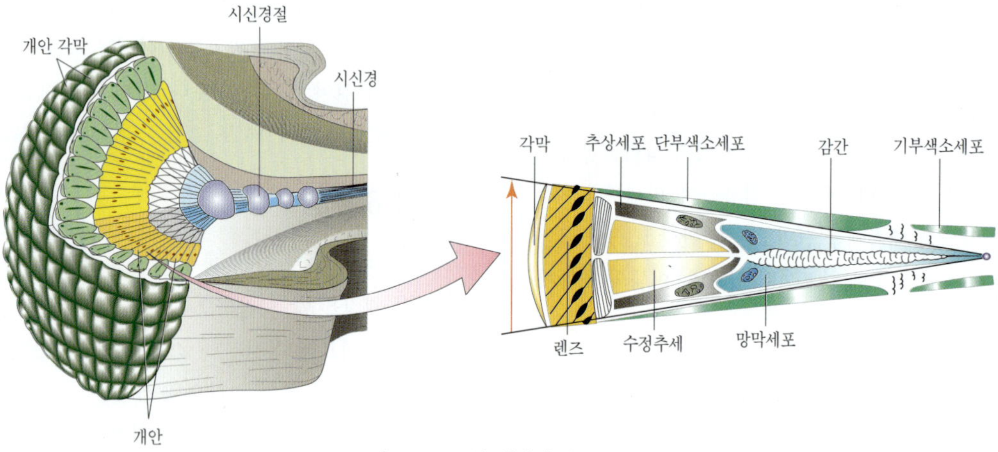

그림 38-32 곤충 복안의 구조

(1) 복안

절지동물의 눈은 그 구조나 기능에 있어서 연체동물이나 척추동물의 눈과는 차이가 있다. **복안**(compound eye)은 수많은 **개안**(ommatidium)으로 구성되어 있다(그림 38-32).

각 개안은 렌즈와 투명한 **수정추체**(crystal cone) 및 광각세포(光覺細胞)인 **시세포**(visual cell)로 되어 있으며, 시세포의 내부에는 **감간**(rhabdome)이라고 하는 부분이 있어서 광선에 대하여 반응한다. 또한 **색소세포**(pigment cell)가 시세포의 주변을 둘러싸고 있다. 광선 중 시세포의 장축(長軸)에 평행으로 들어오는 광선만 시세포를 자극하며, 나머지 광선은 색소세포에 흡수되어 버린다. 따라서 각 개안은 공간의 어느 한 점만을 향하고 있고, 이 점으로 충분한 강도의 광선이 들어올 때만 이를 감각한다. 그러나, 개안이 많이 모여서 복안을 구성하고 있으므로 복안은 그 시계(視界)가 상당히 넓다. 즉, 각 개안은 물체의 한 점만을 감각하지만 복안은 이 점들이 무수하게 많이 연결되어 하나의 상을 보게 된다. 그러므로 벌이나 잠자리의 눈처럼 개안의 수가 많은 복안일수록 뚜렷하고 섬세한 상을 볼 수 있으며, 메뚜기처럼 개안의 수가 적은 복안은 흐린 상을 보게 된다.

복안의 특징은 물체의 움직임을 잘 감지할 수 있다는 점이다. 물체가 움직임에 따라 개안들의 반응 또한 다음 개안으로 차례로 이동하게 되므로, 절지동물들은 정지하고 있는 물체보다는 움직이는 물체를 더 용이하게 식별한다.

(2) 사람의 눈

사람의 눈은 제일 바깥층이 **공막**(sclerotic coat 또는 sclera)으로 되어 있으며, 이 막의 앞면에 투명한 **각막**(cornea)이 있다. 공막의 바로 안쪽은 **맥락막**(choroid coat)이라는 부분이며, 여기에는 모세혈관이 풍부하게 분포되어 있다. 맥락막의 안쪽에는 색소층이 있어서 암실의 암막과 같은 역할을 하며, 그 내부에 **망막**(retina)이 있다. 각막과 공막의 경계 부분에서 안쪽으로 돌출한 막이 **홍채**(iris)이고, 그 중앙에 **동공**(pupil)이 있으며, 홍채에 달린 근섬유에 의하여 동공의 크기가 조절된다. 홍채와 맥락막의 경계 부분에는 **모양체**(ciliary body)가 있고, 홍채 바로 뒤에는 **수정체**(lens)가 있다. 수정체는 **현수섬유**(suspensory fiber)에 의하여 모양체에 매달려 있다. 수정체와 각막 사이는 **수양액**(aqueous humour)으로 채워져 있으며, 수정체 뒷부분의 안구(眼球)는 **초자양액**(vitreous humor)으로 충만되어 있다. 안구 후면의 내벽을 덮고 있는 망막에는 시세포들이 자리 잡고 있다(그림 38-33).

시세포에는 밝은 빛에 예민하고 색각(色覺)에 관여하는 **추상세포**(cone cell)와, 약한 빛에 예민하며 명암과 형태만을 느끼는 **간상세포**(rod cell)의 2종류가 있다. 추상세포는 주로 망막의 중심 부위에 밀집해 있고, 간상세포는 중심 부분에서 벗어난 부위에 산재해 있다(그림 38-34). 이 시세포들은 변형된 뉴런으로서, 이 곳에서 발생한 충격은 연합뉴런을 지나 시신경(optic nerve)에 이른 후 대뇌에 전달된다. 간상세포 속에는 감광작용에 관여하는 **로돕신**(rhodopsin) 또는 **시홍**(visual purple)이란 물질이 들어 있는데, 이 물질은 **옵신**(opsin)이라는 단백질과 비타민 A의 산화물인 **시스형 레티날**(11-*cis*-retinal)이 결합하여 된 분홍색 물질이다. 간상세포가 빛을 받으면 루미로돕신(lumirhodopsin)과 메타로돕신(metarhodopsin) 등의 중간물질을 거쳐 트랜스형 레티날(*trans*-retinal)과 **옵신**으로 분해되는데, 그 과정 중에 자극이 전달된다. 트랜스형 레티날은 효소작용에 의해 다시 **시스형 레티날**(*cis*-retinal)로 산화되며, 이것이 옵신과 결합하

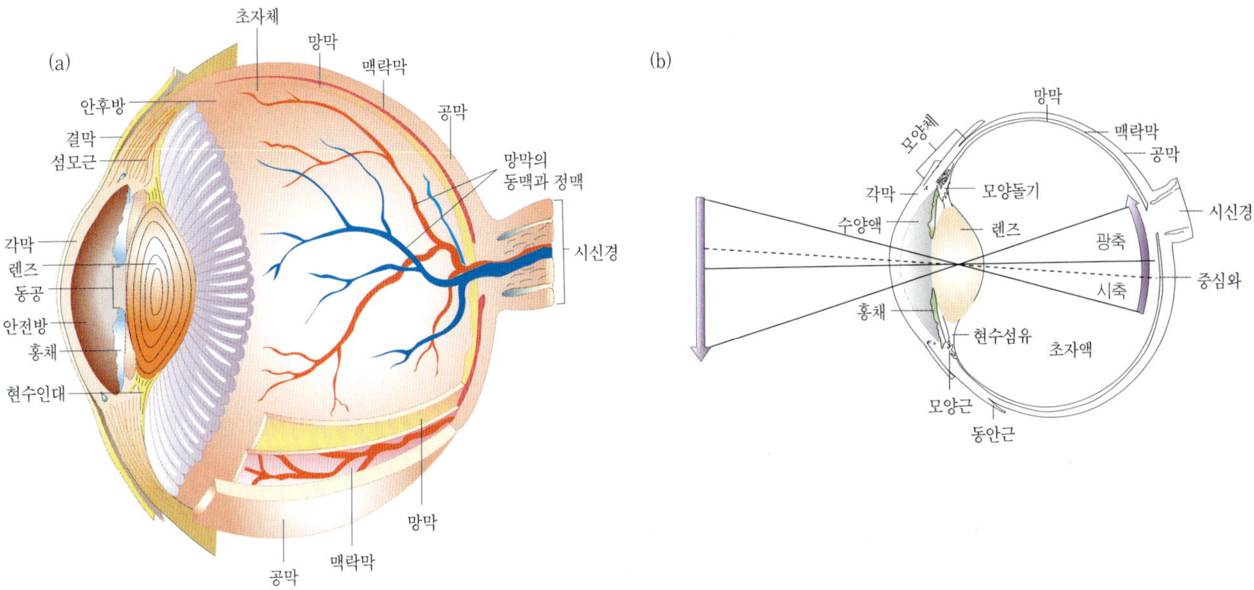

그림 38-33 사람 눈의 구조(a)와 상의 형성(b)

여 로돕신으로 재생된다(그림 38-35). 비타민 A는 감광물질인 로돕신의 합성에 쓰이므로 이 비타민이 결핍되면 **야맹증**(night blindness)이 일어난다.

추상세포에 대해서는 간상세포만큼 잘 밝혀져 있지 않으나, 사람의 추상세포에는 청색, 적색, 녹색의 빛을 잘 흡수하는 3종류의 색소세포가 있는데, 이들 색소는 세포물질 중 하나로서 앞의 로돕신의 옵신과 다른 형태의 단백질과 레티날로 구성된 요돕신(iodopsin)이 알려져 있다. 색각은 위의 삼원색 중 어느 하나, 또는 이들의 조합에 의해 색을 식별하는 것으로 생각된다.

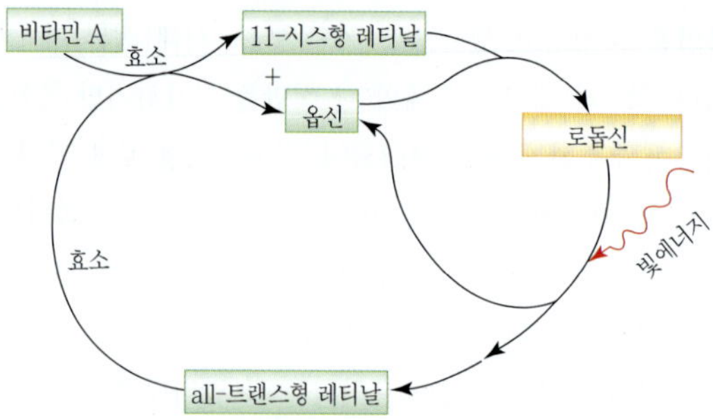

그림 38-35 간상세포에서의 광화학반응(로돕신 회로)

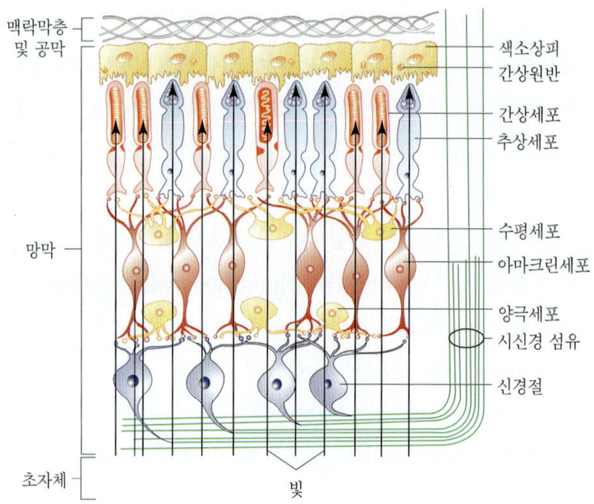

그림 38-34 망막에서의 신경성 연결

제39장

동물의 지지와 운동

지구는 크고 지리적 환경이 매우 다르며, 시간과 계절에 따라서도 변한다. 어떤 지역은 생명체가 살기에 부적합하고, 또 살기 좋던 지역도 갑자기 열악한 환경으로 변할 수 있다. 그러므로 살아 남으려면 이곳 저곳으로 움직일 수 있는 능력이 필요하다. 철새가 매년 겨울철에 생활하는 장소와 생식을 하는 장소 사이를 이주하는 거리는 지구 전체를 1바퀴 도는 거리에 해당되며, 하등한 군부류(chiton)도 파도에 씻기는 암석 위를 천천히 기어다니며 진흙투성이의 음식물을 긁어모은다. 이러한 움직임은 생존을 위한 적응과 진화의 결과이다.

지구의 중력은 우리 몸을 잡아당겨 납작하게 만들려고 하기 때문에 우리는 수축할 수 있는 근육과 몸을 지탱해 주는 골격으로 중력에 대항한다. 자연선택을 통해서 동물은 몸을 지지하고 운동할 수 있게 해주는 흥미로운 계(system)를 이루었다. 이 장에서는 지지와 운동계에 대해 알아보고자 한다.

39.1 동물의 지지계

고등동물은 그 형태를 유지하고 이동하기 위해서 **피부계**(integumentary system), **근육계**(muscular system), **골격계**(skeletal system)를 이루고 있다.

피부는 체표를 둘러싸서 보호하고, 골격구조는 몸의 형태를 유지하며, 근육은 골격구조를 움직이는 일을 맡고 있다. 이들은 한데 어울려 생명현상을 영위하는 데 필요한 1가지 역할을 담당하는 하나의 기관계로서의 작용을 한다.

39.1.1 피부계

체표를 둘러싼 피부는 외부 병균의 침입에 대하여 생체에서 제1차로 방어하는 기관이고, 동물의 형태를 유지하고, 내부기관의 기계적 상해나 극단적 변화를 막아 주고, 수분의 증발을 막고, 태양계의 유독성 햇빛과 우주선을 막아 주며 체온을 유지한다. 또한 비타민 D의 합성장소일 뿐 아니라 남성호르몬(예 ; dihydrotestosterone)의 합성장소이다. 아울러 감각신경의 수용체가 존재하여 외부 자극을 수용한다. 그리고 피부는 땀 등을 통해 신장의 배설기능을 돕는다. 피부에서 생긴 구조물로는 가죽, 깃털, 머리카락, 손톱, 발톱, 비늘, 부리, 뿔 등 다양한 형태를 지닌다.

사람의 피부는 **외피**(epidermis)와 **진피**(dermis)로 구성된다(그림 39-1).

외피는 다중층 상피조직으로 가장 바깥쪽은 죽은 세포로

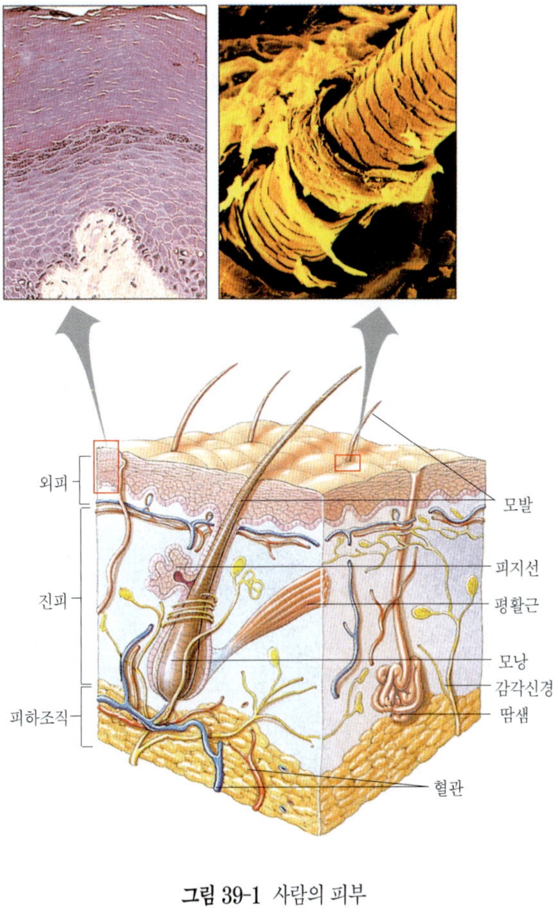

그림 39-1 사람의 피부

구성되어 있다. 그리고 불수용성 단백질인 케라틴(keratin)이 침착되어 있다. 그러므로 수분을 유지할 수 있으며, 상처나 화상 등 손상을 입으면 재빠른 세포분열로 재생 보충된다. 외피의 깊은 층에는 멜라닌(melanin), 즉 검은 진갈색 색소를 만드는 멜라닌세포(melanocyte)가 있다. 피부의 색은 멜라닌, 헤모글로빈, 카로틴(carotene)색소들에 의해 결정된다. 진피는 대개 **조밀결합조직**(dense connective tissue)으로 구성되어 있다. 진피에는 0.5~200만 개의 땀샘(sweat gland), **피지선**(oil gland), 약 100만 개의 **모낭**(hair follicle)이 있다. 또한 콜라겐과 탄력성 섬유를 가지고 있다. 피부는 자외선의 외부 차단막으로 작용한다. 오랫동안 과도한 일광욕을 하면 자외선에 의해 멜라닌의 합성이 증가하여 검게 되고, 탄력성 섬유가 뭉치며, 면역능의 저하를 일으킨다. 또한 피부는 따갑고 쓰라림을 느끼게 되며 병균 감염이 쉬워진다.

39.1.2 골격계

골격이 없는 동물들의 몸을 지지하는 수단은 **유체골격**(hydrostatic skeleton)인데, 이것은 연한 몸으로 된 많은 동물들이 액체로 채워진 공간에서 생기는 압력으로 몸의 형태를 유지하며 운동하는 것을 말한다(그림 39-2). 액체로 채워진 의체강이 있는데 이것을 둘러싸고 있는 체벽은 **근섬유**(muscle fiber)와 질기고 신축성이 있는 각피(cuticle)에 의해 싸여 있다. 형체는 의체강 속의 액체에 대하여 각피가 만들어내는 압력에 의해 유지되며, 유체골격은 의체강을 교차하고 있는 콜라겐섬유 그물망에 의해 더욱 강화된다. 대합조개류는 외골격을 따로 갖기 때문에 이러한 유체원리는 이동운동에만 사용한다. 지렁이는 액체로 채워진 체강과 근육질의 체벽을 갖고 있는 훨씬 복잡한 유체골격을 갖는다.

골격은 **외골격**(exoskeleton)**과 내골격**(endoskeleton)으로 구분되며, 외골격은 발생배의 외배엽에서 유래되며, 곤충류, 갑각류, 거미류 등은 딱딱하고 관절이 있는 외골격을 가진다. 외골격은 근육에 대한 지지 기반, 동물의 보호라는 2가지 기능 이외에 수분의 손실을 줄이는 역할을 하며, 외골격의 주요 구성 성분은 키틴이다. 절지동물의 외골격은 본질적으로 속이 비어 있으며, 얇은 벽으로 되어 있는 일종의 관이다. 작은 동물일 때는 대단히 강하면서도 가볍다.

내골격은 몸 내부에 있으며 중배엽에 의해서 만들어진다. 불가사리와 같이 피부에 가시가 있는(spiny-skinned) 극피동물은 척추동물과 마찬가지로 내골격을 갖는다. 뼈는 가볍고 단단한 구조로서 연골어류를 제외한 모든 척추동물은 뼈를 가지고 있다. 턱이 없는 어류와 상어, 가오리류의 골격은 **연골**(cartilage)로 되어 있다. 척추동물의 발생배에서는 연골이 뼈의 전구물질이며 성숙한 척추동물에서는 귀, 코, 관절 등 소수의 장소에만 남아 있다. **경골골격**(bony skeleton)은 몸을 지탱해 주고, 내부기관의 근육의 부착점, 보호작용 외에, 적혈구의 생성, 칼슘을 저장하는 창고 역할을 한다.

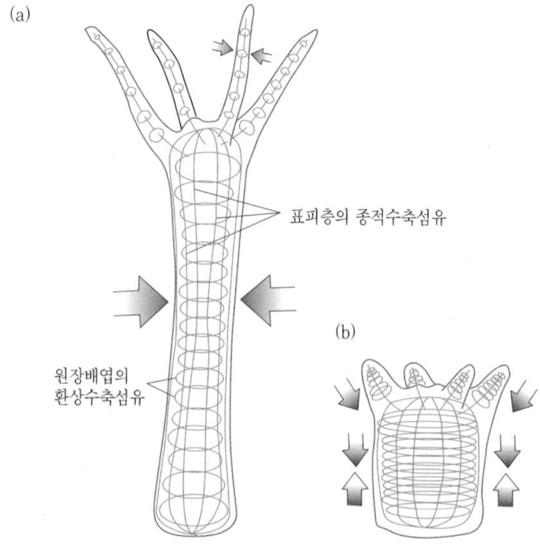

그림 39-2 히드라의 유체골격운동
(a) 몸의 축을 따라 배열되어 있는 환상 섬유의 수축 운동
(b) 종적 수축 섬유의 운동에 의한 몸의 축소

(1) 뼈의 구조

전형적으로 팔다리를 이루는 긴 뼈는 **골막**(periosteum)이라는 결합조직의 얇은 막으로 둘러싸여 있고, 해면골(spongy bone)과 치밀골(compact bone)로 되어 있다. 해면골은 구멍이 많이 나 있으며, 딱딱한 뼈가 거미줄 같이 얽혀 있고 그 사이의 공간은 부드러운 조직으로 채워져 있다. 특히 늑골(rib), 흉골(sternum), 척추, 골반골의 해면골 등에는 적혈구 세포의 생산 장소인 적색골수(red marrow)가 들어 있다. 치밀골은 긴 뼈의 원통형 부분을 구성하며 두껍고 조밀하다. 그 안의 황색골수(yellow marrow)는 지방질로 되어 있다. 어린 척추동물의 적색골수는 성체가 되면서 황색골수에 의해 대체된다. 치밀골은 수많은 경골세포를 포함하고, 대부분은 콜라겐 기질 안에 들어 있는 딱딱한 인산칼슘으로 되어 있다. 또 심한 혈액 손실시 적혈구를 만든다. 치밀골은 하버스계(Haversian system) 또는 골단위(osteon)라 불리는 구조가 반복된다.

(2) 척추동물 골격의 체제

척추동물의 골격을 **중축골격**(axial skeleton)과 **부속지골격**(appendicular skeleton)으로 나눈다. 중축골격에는 **두개**(cranium), **척주**(vertebral column), **늑골**(rib cage)과 **흉골**(sternum)이 포함되며, 부속지(사지)골격은 팔다리(보통 둘 또는 몇 개의 쌍), 2개의 지대(girdle)인 **요대**(pelvic girdle)와 **견대**(pectoral girdle)를 포함한다(그림 39-3).

여러 뼈들은 **관절**(joint)에서 만나 보통 약간만 움직일 수 있다. 관절의 표면은 부드러운 연골로 얇게 덮여 있다. 뼈들은 **인대**(ligament)라 불리는 콜라겐 섬유에 의해 서로 연결되어 있고, 때로 인대가 관절낭을 형성하는 곳에서는 관절낭의 내부가 활막(synovial membrane)으로 덮여 활막관절(synovial joint)을 형성한다(그림 39-4).

활막강(synovial cavity) 안에는 활액(synovial fluid)이 있어 관절을 계속 윤활시키는데, 마찰을 적게 하여 관절을 보호하며 움직임을 부드럽게 한다. 움직일 수 있는 관절은 형태와 움직임의 정도에 따라 활주관절(gliding joint), 활차관절(pivotal joint), 구와관절(ball-and-socket joint), 경첩관절(hinge joint) 등으로 구분한다. 관절은 나이가 들면서 연골이 벗겨져 손상되어 **골관절염**(osteoarthritis)이 생기거나, 연골이 퇴행성 변화를 일으키면 **류마티스성 관절염**(rheumatoid arthritis)이 생겨난다.

또한 노인의 경우에는 척수, 좌골 등의 골조직이 파괴되어 **골다공증**(osteoporosis)이 생겨 등이 굽게 된다(그림 39-5). 이 결과로 늑골강이 좁아지고 내장 기능에 이상이 생긴다. 또한 뼈의 칼슘 손실, 성호르몬 결핍, 단백질의 과잉 섭취, 운동량의 감소 등으로 인해 **골아세포**(osteoblast)의 기능이 떨어져 골다공증이 유발된다.

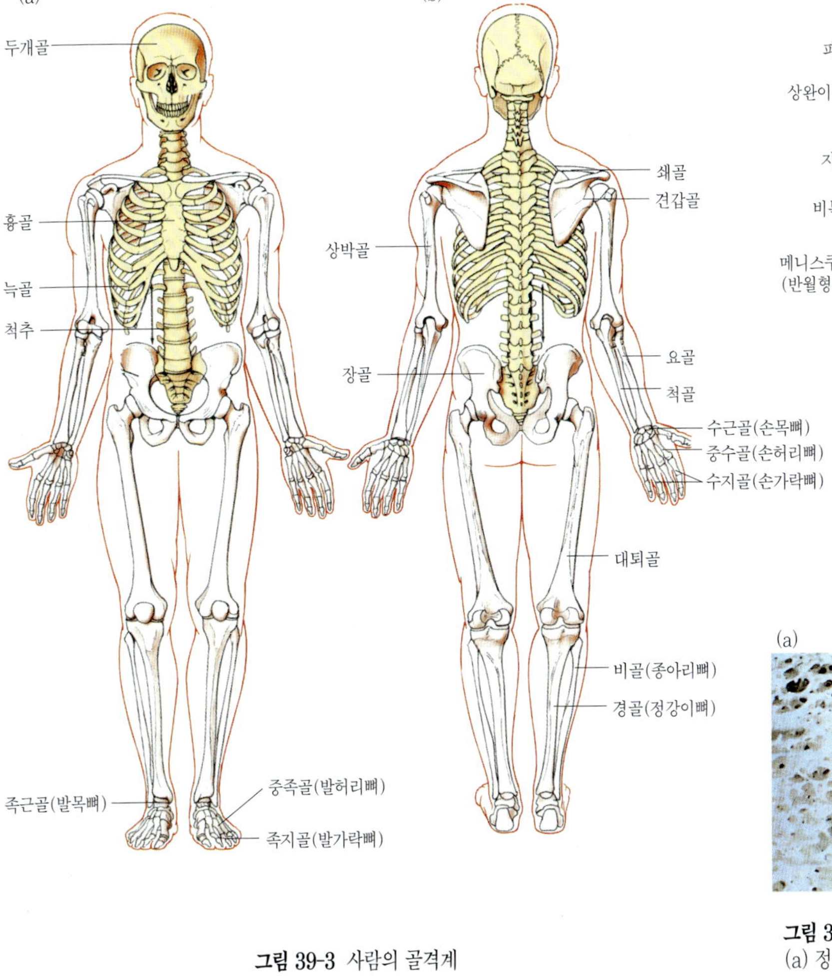

그림 39-3 사람의 골격계

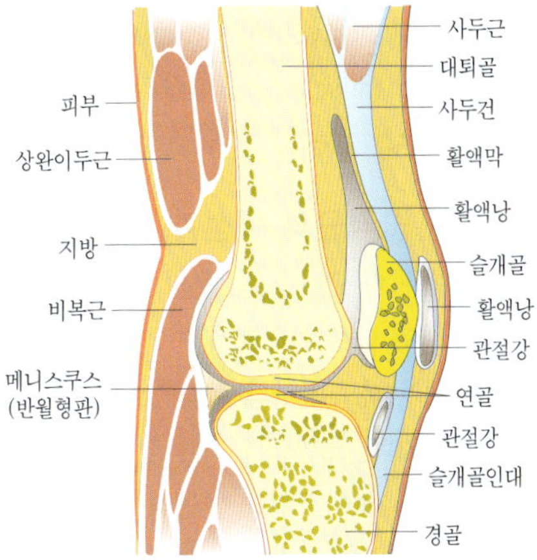

그림 39-4 관절의 형태

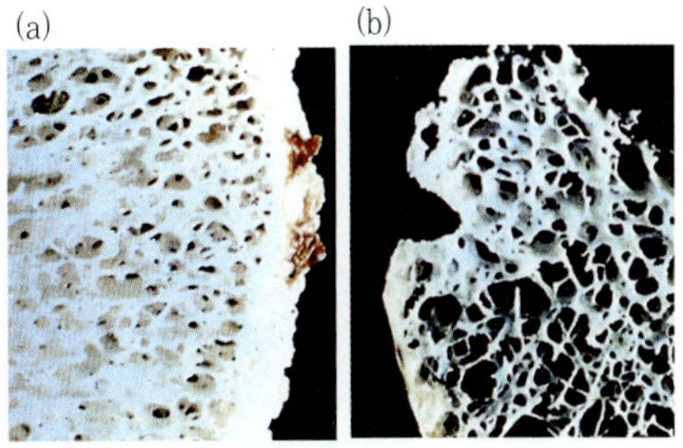

그림 39-5 골다공증
(a) 정상 뼈 (b) 골다공증의 뼈

39.1.3 근육과 효과기

모든 생물은 자극에 대하여 반응을 나타내는데, 이 반응을 수행하는 기관을 효과기(effector)라 하며, 2가지 중요한 효과기는 내외 분비선(endo-exocrine gland)과 운동기관이다. 생물은 이와 같이 자극에 대해 적절히 대처함으로써 그 생명을 보존한다. 식물도 동물처럼 자극에 대한 반응으로 활발하게 운동하지는 못하지만, 역시 자극에 대한 반응을 나타내고 있다.

(1) 근육의 종류

척추동물의 근육(muscle)은 골격에 붙어 운동을 하는 **골격근**(skeletal muscle), 모든 내장 기능에 관여하는 **내장근**(visceral muscle) 그리고 심장을 이루고 있는 **심근**(cardiac muscle)의 3종류로 나뉜다(제33장 동물체의 구조 참조). 또한 근육을 현미경으로 보았을 때의 형태와 운동의 요인에 따라 구별하면, 내장근은 평활근(smooth muscle)이면서 불수의근(involuntary muscle)이고, 골격근은 횡문근(striated muscle)이면서 수의근(voluntary muscle)이다. 한편 심근은 가로무늬를 하고 있지만, 불수의근에 속한다.

(2) 골격근의 구성과 작용

사람을 비롯한 척추동물의 경우, 일반적으로 골격근의 양 끝은 서로 다른 골격에 붙어 있어서, 근육이 수축함에 따라 양쪽 뼈가 서로 잡아당겨지게 된다. 일부 근육은 뼈에서 피부로 이어지며, 또 안면근육과 같이 피부의 한 곳에서 다른 곳으로 이어지는 경우도 있는데, 대부분의 근육은 **힘줄**(tendon)에 의하여 골격에 부착된다. 근육이 수축할 때 몸의 중심쪽에 고정되어 있는 끝을 기점(origin), 반대쪽 끝 부분을 착점(insertion)이라 하고, 근육의 가운데 비대해진 부분을 근복(muscle belly)이라 한다. 예를 들면, 상완삼두근(triceps muscle)과 상완이두근(biceps muscle)의 기점은 각각 **상완골**(humerus)과 **견갑골**(scapula)에 있으며, 착점은 **척골**(ulna)과 **요골**(radius)이다. 일반적으로 근육은 각각 수축하지 않고, 몇 개가 함께 수축한다. 근육은 잡아당기는 힘은 있으나 밀어내는 작용을 할 수 없기 때문에 길항적인 쌍(antagonistic pairs)으로 배열되어, 한쪽 근육이 한 방향으로 뼈를 잡아당기면 다른쪽 근육은 그 반대로 펴는 작용을 한다. 예를 들어 팔꿈치를 구부렸다가 펼 때, 상완이두근은 팔을 구부리는 **굴근**(flexor)으로서, 상완삼두근은 팔을 펴는 **신근**(extensor)으로 작용하는 것이다(그림 39-6).

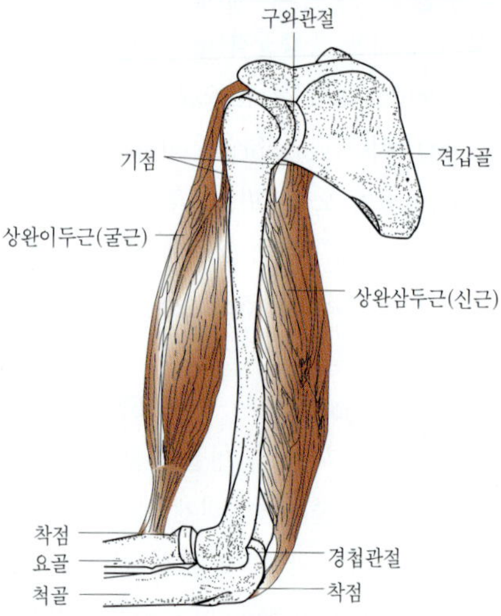

그림 39-6 팔의 근육과 골격

이와 같은 굴근－신근의 예는 손목, 발목, 무릎 및 그 외의 관절에서 볼 수 있다. 그 밖의 길항적 관계를 갖는 근육쌍으로는, 몸을 중심축으로 향하게 하는 **내전근**(adductor)과 그 반대의 **외전근**(abductor), 몸의 일부를 들어올리거나 낮추는 **거근**(levator)과 **억제근**(depressor), 몸의 일부를 아래나 뒤로 회전시키는 **회내근**(pronator)과 그 반대의 **회외근**(supinator) 및 근육으로 둘러싸인 구멍의 크기를 늘리거나 줄이는 **확장근**(dilator)과 **괄약근**(sphincter) 등이 있다. 생체에는 위에서 설명한 길항적 쌍에 의한 근육운동 외에, 여러 근육 등이 관여하여 이루어지는 복잡한 형태의 근육운동이 있다. 사람에게는 약 600개의 주요 골격근이 존재한다(그림 39-7).

39.2 골격근의 수축기작

39.2.1 골격근의 미세구조

골격근은 무수히 많은 근세포로 이루어져 있으며, 이 세포들은 지름이 5~100㎛ 정도의 미세한 섬유들이므로 이를 근섬유(muscle fiber)라 한다. 이 근섬유들은 결합조직에 의해 서로 연접되어 다발을 이루고 있으며, 각 다발은 근섬유초(sarcolemma)라는 막으로 싸여 있다. 여기에 혈관들이 분포되며 운동신경축색의 말단이 연결되는데, 이 부위를 운동종판(motor end plate)이라 한다. 근섬유를 확대시켜 보면

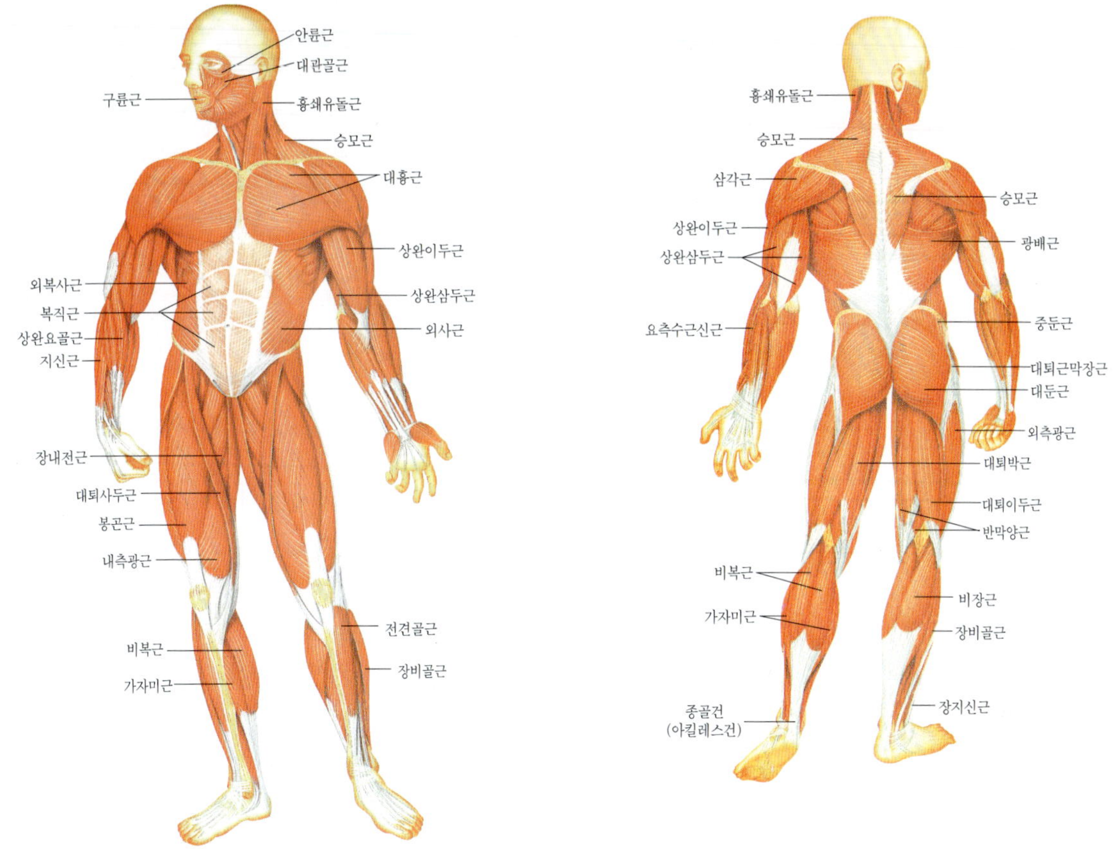

그림 39-7 사람의 근육계
외부근을 중심으로 근육의 여러 형태와 배열을 나타낸 것이다.

근원섬유(myofibril)라고 하는 극히 가느다란 단백질성 섬유들이 서로 평행으로 질서 정연하게 배열되어 있으며, 이를 전자현미경으로 보면 지름이 약 15nm 정도 되는 굵은 필라멘트(thick filament)와 지름이 약 5nm인 가는 필라멘트(thin filament)로 구성되어 있다(그림 39-8a). 이러한 필라멘트들은 근원섬유 전 길이에 걸쳐 있는 것이 아니고 구조적인 단위로 반복되어 있는데, 이를 **근절**(sarcomere)이라 하며, 근절간의 경계를 Z선이라 한다.

광학현미경으로 골격근을 관찰할 때 보이는 횡문은 굵은 필라멘트와 가는 필라멘트가 서로 일부분씩 겹쳐지면서 교대로 배열되어 나타나는 것이다. 굵은 필라멘트는 미오신(myosin)이라는 단백질로 되어 있으며, 전자현미경사진에 의하면 미오신에 연결교(cross bridge)라는 돌출물이 굵은 필라멘트 주위에 120° 간격으로 3쌍씩 배열되어 있음을 볼 수 있다. 이 가교는 ATPase 활성을 가지며, 근수축이 일어날 때 가는 필라멘트의 주성분인 액틴(actin)을 끌어당기는 역할을 한다. 가는 필라멘트는 3종류의 단백질로 이루어져 있는데, 이 중에 액틴은 구형(球形)의 단위분자인 G－액틴으로 이루어져 있는 사슬형의 F－액틴 두가닥이 마치 진주목걸이를 반으로 감아서 된 모양을 나타낸다. 이 2가닥의 F－액틴 사이의 홈(groove)에 또다시 2가닥의 폴리펩티드인 트로포미오신(tropomyosin)이 자리하며, 트로포미오신에 일정한 주기로 트로포닌(troponin ; Tp)이라는 제3의 단백질이 연결되어 있다(그림 39-8b).

트로포닌은 TpC, TpT, TpI의 3가지 단위단백질 분자로 이루어져 있다. 최근의 연구에 의해서, 근섬유초에 T소관(transverse tubule ; T tubule)이라는 구멍이 많이 있는 것이 관찰되었다. 이것은 내부를 관통하여 근원섬유를 그물처럼 얽고 있는 망상체 구조물인 **근소포체**(sarcoplasmic reticulum)와 연결되어 있음을 알게 되었다. T소관은 근육으로 온 신경 충격을 일시에 근소포체로 전달해 주는 역할을 하며, 근소포체는 이 자극을 받아 자신이 **근종낭**(cistern)에 축적하고 있던 Ca^{2+}을 일시에 근원섬유 사이로 방출시켜 주는 기능을 한다.

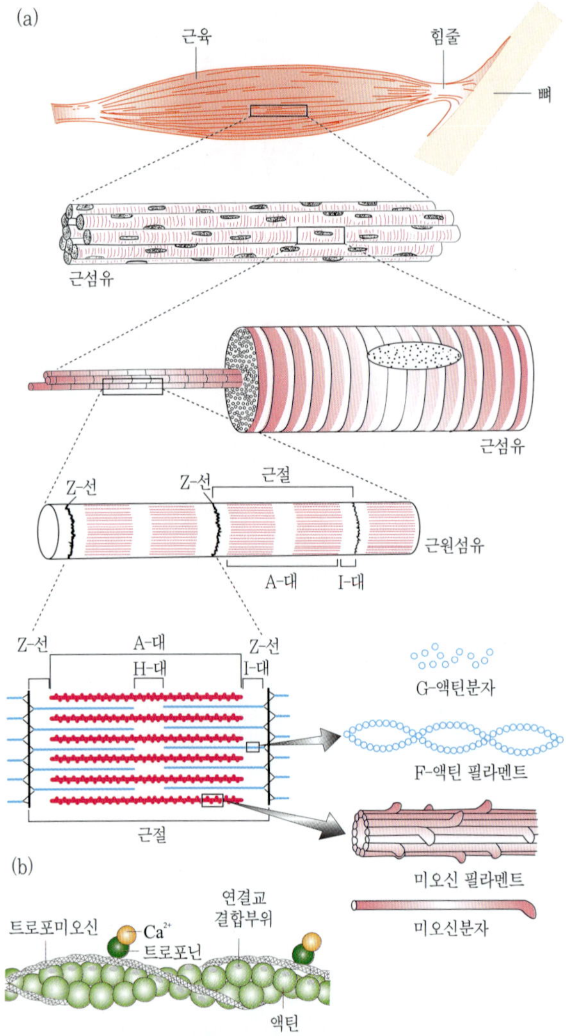

그림 39-8 골격근의 구성(a)와 가는 필라멘트의 구성(b)

39.2.2 근육의 수축기작

근육의 수축은 2가지 단계로 나누어 생각할 수 있는데, 하나는 운동신경의 자극이 근육의 구성 요소인 근섬유까지 전달되는 전기화학적 현상과, 또 하나는 이 자극에 의해 근섬유들이 수축하는 기계적 현상으로 설명할 수 있다.

전자의 경우, 운동신경의 말단과 근섬유막의 연결 부위를 신경–근 접합부(neuromuscular junction)라 하는데(그림 39-9), 신경의 말단과 접촉하는 근막은 약간 함몰되어 두꺼워져 있으며 이를 종판(end plate)이라 한다. 신경말단과 종판은 매우 근접해 있으나, 연결되어 있지 않고 간극(cleft)을 가지고 있어 시냅스와 유사한 구조를 하며, 자극전달과정도 시냅스전달과 같은 방법에 의한다.

후자의 경우, 간섭현미경을 이용한 연구 결과에서 근이 수

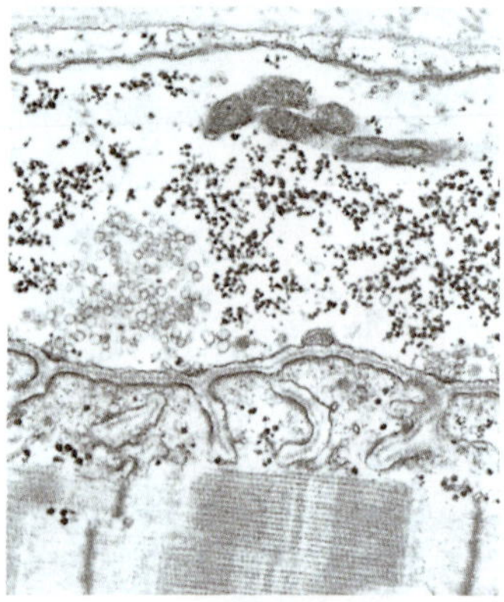

그림 39-9 신경 - 근 접합부의 전자현미경사진

축했을 때, A대의 길이에는 변화가 없고 I대가 짧아지며, Z선과 Z선 사이의 간격도 좁아지고 H대가 없어진다는 것을 알았다. 이것과 그 밖의 여러 물리화학적 연구 결과에 의하여, 수축시에는 액틴 필라멘트가 미오신 필라멘트 사이로 미끄러져 들어가서 근절이 짧아지고, 이완시에는 액틴이 다시 미끄러져 나와 원위치로 되돌아간다는 이른바, 활주설(sliding filament theory)에 의한다는 것이 1954년 H.E. HUXLEY와 A.F. HUXLEY에 의해 보고되었다. 그 후 이를 뒷받침하는 많은 연구 결과에 의해 근수축의 분자적 기작이 밝혀지고 있는데, 이를 요약하면 표 39-1과 같다(그림 39-10, 39-11).

평활근과 심근의 수축기작도 골격근의 활주설과 유사할 것

표 39-1 근육의 수축 - 이완 기작

명　　칭
〈수축과정〉
1. 운동신경의 흥분
2. 신경말단에서 근 종판으로 아세틸콜린 방출
3. 근종판의 아세틸콜린 수용체에 아세틸콜린 결합
4. 종판 세포막의 Na^+ 유입 촉진
5. 종판전위 형성
6. 근섬유막의 활동전위 형성
7. T소관을 통해 근소포체로 탈분극 전달
8. 근소포체의 종낭에서 Ca^{2+} 방출, 필라멘트 사이로 확산
9. Ca^{2+}이 TpC에 결합, 분자구조의 변화(액틴의 미오신 결합 부위가 노출)
10. 미오신 가교의 운동에 의해 액틴을 미오신이 끌어당김
〈이완과정〉
1. Ca^{2+}이 능동수송에 의해 근소포체로 이동
2. Tp로부터 Ca^{2+} 제거
3. 액틴과 미오신의 결합 차단
4. 원래의 위치로 되돌아감

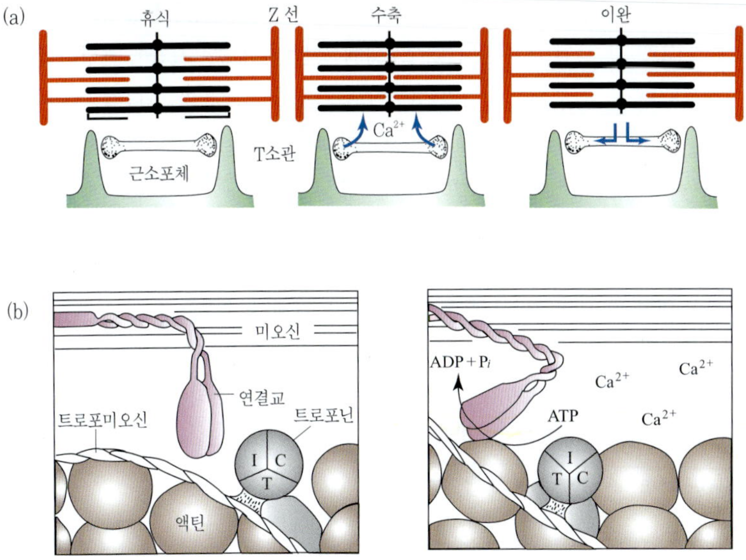

그림 39-10 근수축의 모식도(a)와 가교의 결합(b)

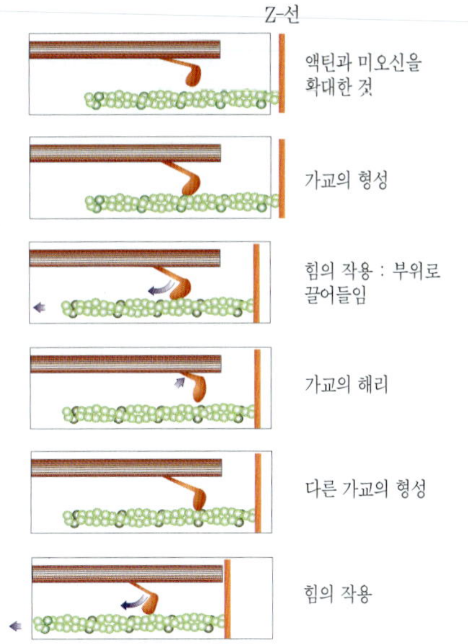

그림 39-11 근육 수축의 활주성(근절의 수축 모식도)

으로 생각되고 있으나, 그 상세한 기작에 대해서는 아직 확실히 밝혀지지 않고 있다.

39.2.3 근육수축의 화학

수축 전후에 있어서 근육내 물질의 증감 상태를 관찰한 실험 결과에 의하면, 계속적인 수축에 따라 감소되는 것은 글리코겐이고, 축적되는 것은 젖산이다. 그런데 다른 조직의 활동과 같이 근수축에서도 산소가 소비되지만, 산소가 전혀 없는 상태일 때에도 근육은 잠시 동안 수축할 수 있음을 알 수 있다. 그러나 무산소 상태에서 근육의 수축은 오래 지속되지 못하고 곧 피로하게 되며, 산소의 존재 하에서 수축할 때보다 훨씬 많은 젖산을 축적하게 된다. 이것으로 보아 근수축에 소요되는 에너지는 무기호흡인 해당과정(glycolysis)에서 생성되는 ATP에서 공급되는 것이 분명하며 피로한 근육에 산소를 충분히 공급하면 축적되었던 젖산이 없어지고 글리코겐의 함량이 늘어나는데, 이것은 산소의 존재 하에서 젖산이 글리코겐으로 재합성되기 때문이다. 측정 결과에 의하면 젖산의 1/5 가량은 산소 존재 하에 크렙스회로에서 완전 산화되며, 나머지 4/5의 젖산은 글리코겐으로 전환된다는 것으로 알려져 있다. 그러나 각종 대사저해제(metabolic inhibitor)를 써서 해당과정에서의 ATP 생성을 완전히 억제해도 근육은 잠시 동안 수축을 하는데, 이 경우에는 젖산이 축적되지 않으므로 해당과정 이외의 또다른 반응계가 있어서 수축에너지를 공급하고 있다는 증거가 될 수 있다(그림 39-12).

이 반응계에서 밝혀진 것이 크레아틴인산(creatine phosphate)-크레아틴반응계로서, 크레아틴인산이 크레아틴으로 전환되면서 고에너지 인산결합이 ADP로 넘어가면, 이를 ATP로 전환시키고, 이 ATP가 근수축에 쓰여진다. 근육이 이완하고 있을 동안에는 세포호흡에 의하여 축적된 ATP가 그 인산기를 크레아틴으로 넘겨 주어 크레아틴인산과 ADP로 된다. 따라서 근수축이 일어나 ATP가 급격히 소모되어도 크레아틴인산이 이와 같이 ATP를 즉각 보충해 주므로, 해당과정이 억제되더라도 근수축은 잠시 동안 일어날 수 있다.

위에서 본 바와 같이 근수축에는 해당과정, 크렙스회로, 크레아틴인산-크레아틴반응계 등에서 생기는 ATP가 사용되지만, 대개 골격근의 운동은 급격하게 일어나므로 산소의 충분한 공급이 미처 따르지 못하는 경우가 많은데, 이때는 해당과정과 크레아틴인산-크레아틴반응계로부터의 ATP가 주로 쓰이고, 근육이 휴식하는 동안에 크렙스회로에 의하여

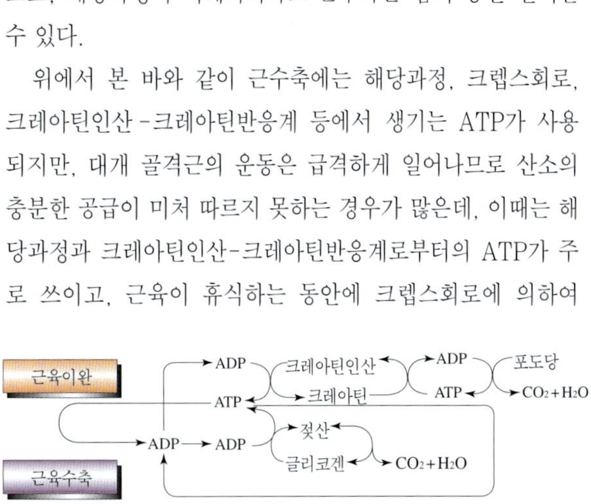

그림 39-12 근수축에 사용되는 에너지의 공급

ATP가 다시 재생된다.

근수축에 쓰이는 ATP의 공급경로는 그림 39-12과 같다. 산소가 부족한 상태에서의 근수축은 해당과정의 결과로 많은 양의 젖산이 생기게 되는데, 이 젖산은 근육세포내에서 일부 해리되어 원형질의 pH를 낮춘다. 이로 인한 H^+ 농도가 감소하게 되어 근육은 다시 수축 능력을 갖게 된다.

무척추동물의 경우에는 척추동물의 크레아틴인산 대신에 아르기닌인산(arginine phosphate)이 같은 역할을 하고 있다.

39.2.4 근육의 생리

근육의 수축을 관찰하는 데는 키모그래프(kymography) 장치를 이용한다. 개구리의 뒷다리 **비장근**(gastrocnemius muscle)과 이를 지배하는 **좌골신경**(sciatic nerve)을 함께 떼어낸 신경－근 표본(nerve-muscle preparation)을 그림 39-13과 같이 키모그래프에 연결하고 전기자극을 주면, 근육이 수축하는 모습을 그래프로 그릴 수 있다.

단일 활동전위(자극)에 대해 1번의 수축곡선에 이은 이완곡선을 그리는데 이를 **연축**(twitch)이라 하며, 이는 다음과 같이 3시기로 나눌 수 있다. 즉, 전기자극을 준 순간부터 약 1~2m/sec 동안은 근육이 아직 수축을 시작하지 않는데, 이를 **잠복기**(latent period)라고 한다. 이 시기는 자극된 신경에서 흥분이 일어나고 이것이 신경-근 접합부를 통해 전도되어 다시 근육의 세포막에 흥분이 전도된 시간에 해당한다. 이것은 전기적인 현상이고 기계적인 변동이 아니기 때문에 연축곡선에는 나타나지 않는다. 그리고 다음 시기를 **수축기**(contraction period)라고 하는데, 이 시기는 수축을 시작하여 곡선이 최고치에 달할 때까지를 말하며, 그 시간은 약 5~10m/sec 동안이다. 이 시간 동안 근육에서는 화학반응이 진행되어 화학적 에너지가 기계적 수축으로 전환된다. 다음에는 곡선이 하강하여 다시 원래 위치로 돌아가는데, 이 시기를 **이완기**(relaxation period)라고 한다. 앞의 수축기가 능동적인 데 비해서, 이완기는 피동적으로 근육이 다시 늘어나는 시기이다. 수축기와 이완기를 합친 기간, 즉, 연축기간은 근육의 종류에 따라 크게 다른데, 다리 근육에서는 50~100m/sec이다. 1개의 근섬유에서 연축의 크기는 자극의 종류나 강도에 관계없이 언제나 일정하다. 즉, 수축할 때는 언제나 최고의 크기로 수축하고, 자극이 **역치**(threshold)보다 낮을 때는 전연 수축하지 않는 **실무율**(all-or-none law)에 따른다.

적당한 시간 간격(1초에 5~30회)으로 되풀이해서 골격근에 자극을 가하면, 연축이 합쳐져서 더욱 큰 힘과 지속적인 수축을 일으킬 수 있다. 이것을 강축(tetanus)이라고 하는

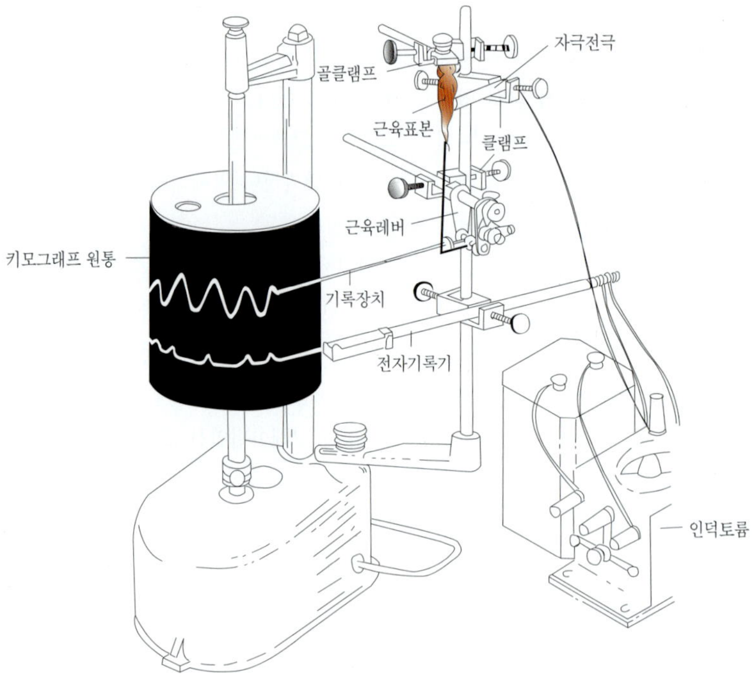

그림 39-13 키모그래프 장치

데, 이것은 처음 자극에 의해서 연축이 생기기 시작하여 그 수축이 가중되는 결과이다. 연축이 불완전하게 융합한 것을 불완전 강축(incomplete tetanus), 완전히 융합하여 수축곡선이 평탄한 것을 완전 강축(complete tetanus)이라 한다 (그림 39-14).

연축은 앞에서 말한 바와 같이 매우 짧은 기간 동안의 수축이므로, 우리 몸에서 실제로 일어나는 일은 없고, 모든 운동은 거의 강축에 의해서 일어난다. 근육의 길이가 변하지 않고 장력(tension)만을 나타내는 수축을 등장성 수축(isometric contraction)이라 하며, 근육이 일정한 힘을 가지고 길이를 변화시키는 수축을 등력성 수축(isotonic contraction)이라고 한다.

팔, 다리를 움직이거나 물건을 들어올릴 때 일어나는 것이 등력성 수축이고, 똑바로 선 자세로 있을 때는 몸의 여러 관절을 고정시켜 움직이지 못하도록 힘을 작용시키고 있으므로 등장성 수축을 한다. 정상적인 근육은 항상 약한 수축을 계속하고 있다. 이것은 약한 자극이 운동신경으로부터 계속 근육에 도달하고 있어서, 근육에 있는 여러 운동 단위의 일부분이 서로 번갈아 가면서 강축을 하고 있기 때문인데, 이것을 근육의 긴장(tonus)이라고 한다.

우리는 손을 힘없이 내리고 있어도 손가락이 약간 구부러진 상태로 있고, 또 손을 흔들어도 손가락이 흔들거리지 않음을 볼 수 있는데, 이것은 근육의 긴장 때문이다. 근육의 긴장에는 극히 적은 양의 에너지가 쓰이므로, 이로 인해 피로가 생기지는 않는다. 다만 깊은 잠에 빠졌을 때는 전신이 근육에서 긴장이 거의 없어진다.

중추신경계나 운동신경이 손상되어 흥분의 전달이 차단될 때 골격근은 수의적으로 수축을 일으킬 수 없게 되는데, 이것을 **마비**(paralysis)라고 한다. 마비된 근육은 시간이 경과함에 따라 점점 부피가 줄어드는데, 이를 위축(atrophy)이라 한다. 근육의 위축은 반드시 마비에서만 일어나는 것이 아니고, 관절 등이 장기간 고정되어서 근육이 수축하지 못할 때도 일어나는데, 이때는 특히 불사용위축(disuse atrophy)이라고 한다. 이와 반대로 근육이 과도하게 운동을 했을 때는 근육의 부피가 커지고 수축력도 강대해지는데, 이를 과비대(hypertrophy)라고 한다.

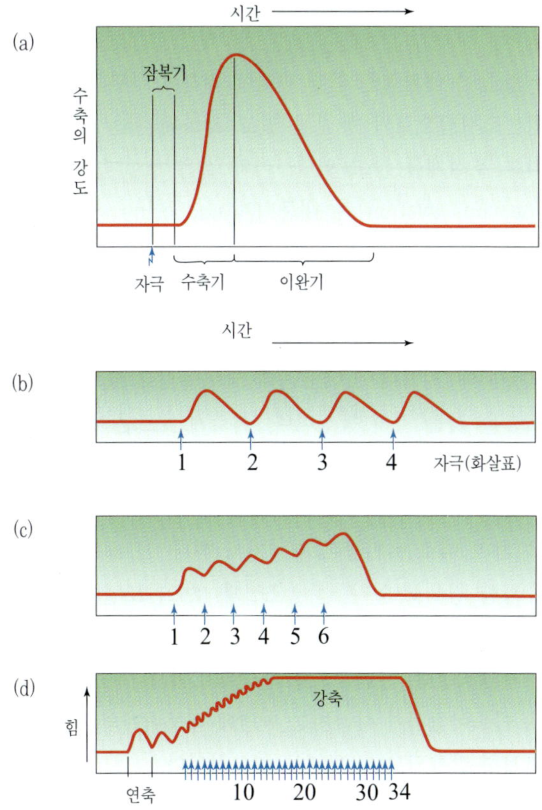

그림 39-14 근육의 연축곡선과 강축곡선
(a) 연축 (b) 초당 2회 연축
(c) 초당 6회 연축(불완전 강축) (d) 초당 20회 연축시(완전 강축)

제40장

내분비기관의 구조와 기능

동물은 내외적인 환경 변화에 대하여 기관의 기능을 통합, 조절함으로써 통일성 있고 조화된 활동을 가능하게 하는 조절계를 갖고 있다. 이와 같은 조절기능은 **신경계**(nervous system)와 **내분비계**(endocrine system)에서 담당한다.

내분비계의 작용은, **내분비선**(endocrine gland)에서 합성되어 혈액으로 분비되는 화학물질인 호르몬(hormone)에 의하여 일어나는데 극미량으로 효과적인 조절기능을 갖는 것이 특성이며, 이렇게 호르몬의 영향을 받는 기관을 **표적기관**(target organ)이라 한다.

신경과 호르몬은 서로 밀접한 관계를 가지고 조절작용을 하며 때로는 기능이 겹치기도 한다. 또 화학적 성질이 유사한 경우도 있다. 신경조절과 호르몬조절의 일차적인 차이점은 작용하는 시간이다.

신경작용은 일반적으로 순간적이어서 아주 짧은 시간에 이루어졌다가 사라지는 반면에 내분비계의 화학작용은 서서히 진행되고 그 효과도 지속적이다.

또 신경전달자의 작용은 **시냅스 간격**(synaptic cleft)에 제한된 반면, 내분비 호르몬은 주로 혈액이나 체액에 분비되어 멀리 있는 다른 세포에 전달되는 화학적 전달물질에 의해 정보가 전달되고 생체 기능이 조절된다.

내분비(endocrine)라는 말은 **외분비**(exocrine)와 상대되는 개념으로, 외분비가 도관을 통해서 분비물을 체표면이나 장관, 폐 등 외계와 연속하고 있는 공간에 배출하는 것에 비해서, 내분비는 분비물을 직접 세포외액으로 분비함으로써 분비물이 모세혈관으로 들어가는 형태이다.

세포외액으로 분비된 물질 가운데에 혈관내로 들어가지 않고 이웃하고 있는 세포에 직접 작용하는 경우를 **인접분비**(paracrine)라고 한다. 또 **프로스타글란딘**(prostaglandins ; PGs)과 같이 분비한 물질이 세포 자체에 작용하는 것도 있는데 이것을 **자가분비**(autocrine)라 한다.

이들은 내분비물질과 구별되지만 작용과정이 호르몬과 유사하거나 호르몬의 작용을 증폭 또는 억제하기도 하므로 광의의 내분비에 포함시킨다(그림 40-1).

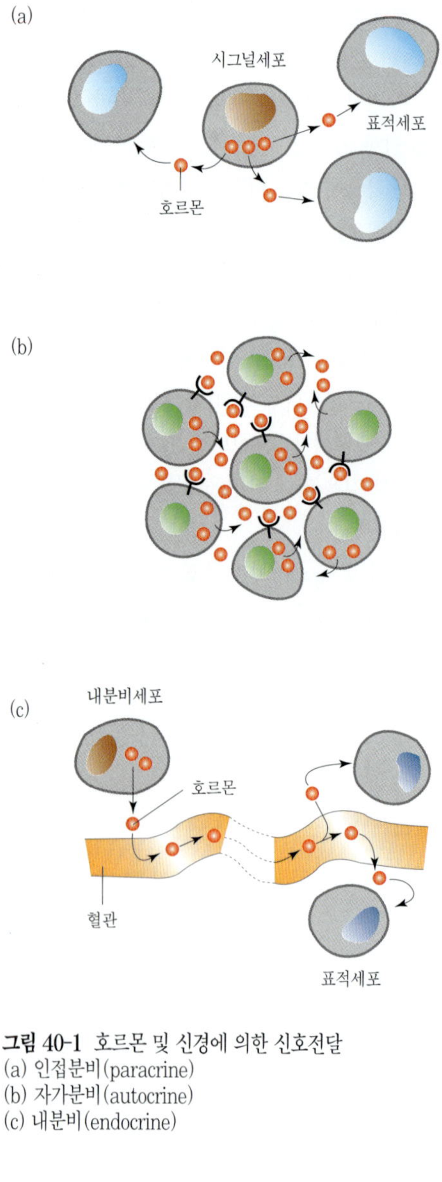

그림 40-1 호르몬 및 신경에 의한 신호전달
(a) 인접분비(paracrine)
(b) 자가분비(autocrine)
(c) 내분비(endocrine)

40.1 호르몬의 종류와 조절

40.1.1 호르몬의 종류

일반적으로 호르몬의 특성은 5가지로 요약된다. 첫째, 내분비세포에서 만들어져 혈액 속으로 분비되고, 둘째, 혈액에 의해 표적세포까지 운반되며, 셋째, 표적세포의 특이한 수용체(specific receptor)와 반응하여 그 작용을 나타낸다. 넷째, 대부분 효소를 활성화시켜 작용효과를 나타내며, 다섯째, 1종류 또는 여러 종류의 표적세포에 여러 종류의 효과를 나타낸다.

호르몬은 화학구조상 **아민류**(amines), **프로스타글란딘류**(prostaglandins), **스테로이드류**(steroids), **폴리펩티드류**(polypeptides)의 4가지로 분류할 수 있다(그림 40-2).

척추동물의 부신수질에서 분비되는 **에피네프린**(epinephrine)과 **노르에피네프린**(norepinephrine)이 아민류 호르몬에 속하며, 이들은 아미노산인 **티로신**(tyrosine)으로부터 합성되는 유도체이다(그림 40-2a). 불포화지방산의 유도체는 **프로스타글란딘**(prostaglandin ; PG)으로 PGE, PGF 등이 있으며, 그 생리기능에 대해서는 현재 다양한 연구가 이루어지고 있다(그림 40-2c).

척추동물의 부신피질 호르몬이나 정소 및 난소에서 합성 분비되는 **성호르몬**(sex hormone)은 스테로이드 호르몬에 속하며, 이들은 모두 콜레스테롤(cholesterol)로부터 합성되는 호르몬들이다(그림 40-2d). 폴리펩티드(단백질) 호르몬에는 9개의 아미노산으로 이루어진 옥시토신이나 항이뇨 호르몬 같은 짧은 폴리펩티드 호르몬이 있는 반면에(그림 40-2b), 인슐린, 글루카곤, 부신피질 자극 호르몬, 성장 호르몬, 부갑상선 호르몬 등은 30~40개의 아미노산으로 된 긴 폴리펩티드 호르몬이 있다.

이 중 인슐린은 2개의 폴리펩티드, 즉 21개의 아미노산으로 이루어진 A-사슬과 30개의 아미노산으로 된 B-사슬로 구성되어 있는 단백질 호르몬(분자량 5,700Da)이다. 이 호르몬의 1차 구조는 1953년 영국의 F. SANGER 등에 의해 밝혀졌으며, 단백질의 1차구조를 최초로 밝힌 예이기도 하다. 그 후 인슐린은 원래 84개의 아미노산으로 이루어진 단일 펩티드로 합성되었다는 것이 알려졌고(이를 proinsulin이라 함), 이 펩티드 중 33개의 아미노산으로 된 펩티드(이를 연결펩티드라 함)가 효소에 의해 잘려져서 2개의 펩티드로 존재하게 된다는 사실이 밝혀지게 되었다(그림 40-3).

한편, 호르몬을 그 기능에 따라 운동효과 호르몬, 대사효과 호르몬, 발생효과 호르몬 및 행동효과 호르몬 등의 4가지로 분류하기도 한다.

최근에는 호르몬의 특성을 가진 물질이 계속 발견되고 있어서 새로운 구분이 요구되고 있는 실정이며, 조직이나 기관 사이 및 세포 사이에 신호를 전달하는 물질이란 의미에서 **화학적 전달자**(chemical messenger)란 말로 호르몬을 대신하기도 한다.

40.1.2 호르몬 분비의 조절

내분비선들은 생체가 필요로 하는 분량의 호르몬보다 더 많은 분량의 호르몬을 분비할 능력을 갖추고 있지만, 실제로 분비하는 분량은 생체의 요구에 맞추어 조절되고 있다. 이와 같이 호르몬 분비가 합당한 수준으로 조절되고 있는 것은 분비선들이 늘 체내 정보를 받고 있기 때문이다. 분비선은 혈중에 관련 호르몬 농도가 높으면 분비는 제한되고, 호르몬 농도나 결과 산물의 농도가 낮으면 호르몬 분비는 촉진되어 호르몬의 작용에 과부족이 없도록 조절된다. 이와 같은 조절기작을 **음성피드백기작**(negative feedback mechanism)이라고 한다. 대부분의 호르몬 분비는 음성피드백기작에 의해서 조절되고 있지만 일부 호르몬은 **양성피드백기작**(positive feedback mechanism)에 의해서도 분비가 조절되는 경우가 있다.

40.2 호르몬의 작용기작

혈액 내에는 여러 종류의 호르몬이 존재하는데, 이들이 어떻게 표적기관 세포에만 선택적으로 작용하여 그 생리적 기능을 발휘하는가에 관한 견해는 2가지가 있다. 첫째, 핵에 작용하는 유전자 조절양식으로, 호르몬이 세포막과 핵막을 투과하여 핵에 결합함으로써, 특정 유전자의 활성화에 의한 단백질이나 효소의 합성을 유도한다는 생각이다. 이 경우 호르몬은 세포질내의 특이수용체(intracellular receptor)와 결합한 복합체의 형태로 핵에 이동된다(그림 40-4). 이와 같은 작용은 서서히 일어나는 반면에 지속기간이 좀더 긴 것이 특징이다. 스테로이드 호르몬(steroid hormone)과 갑상선 호르몬(thyroid hormone) 등 비교적 분자의 크기가 작고 지질 2중층막을 통과할 수 있는 호르몬들이다. 둘째, 분자가 크거나 세포막을 투과

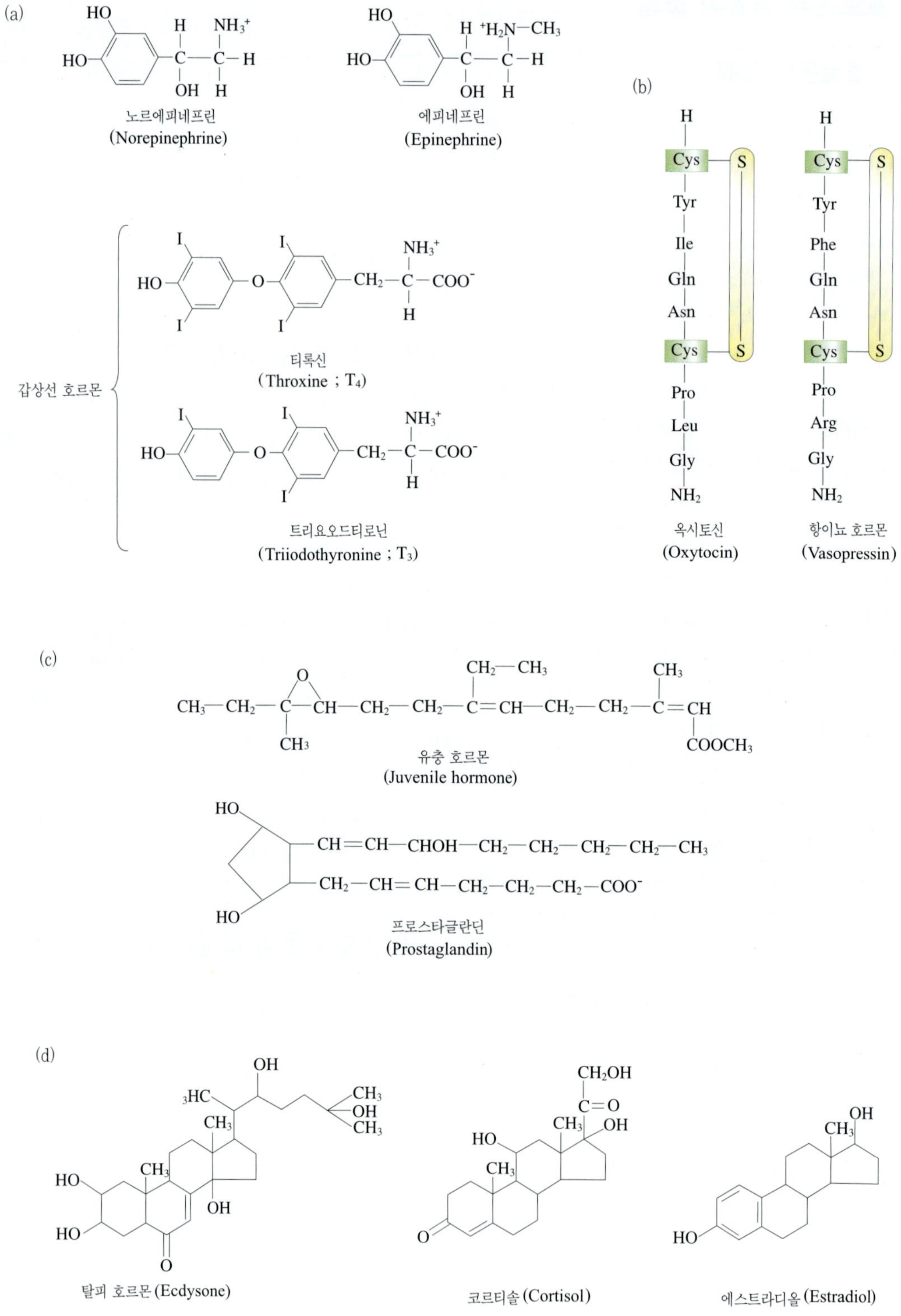

그림 40-2 호르몬의 종류
(a) 아민 호르몬 (b) 펩티드 호르몬 (c) 불포화지방산의 유도체 (d) 스테로이드 호르몬

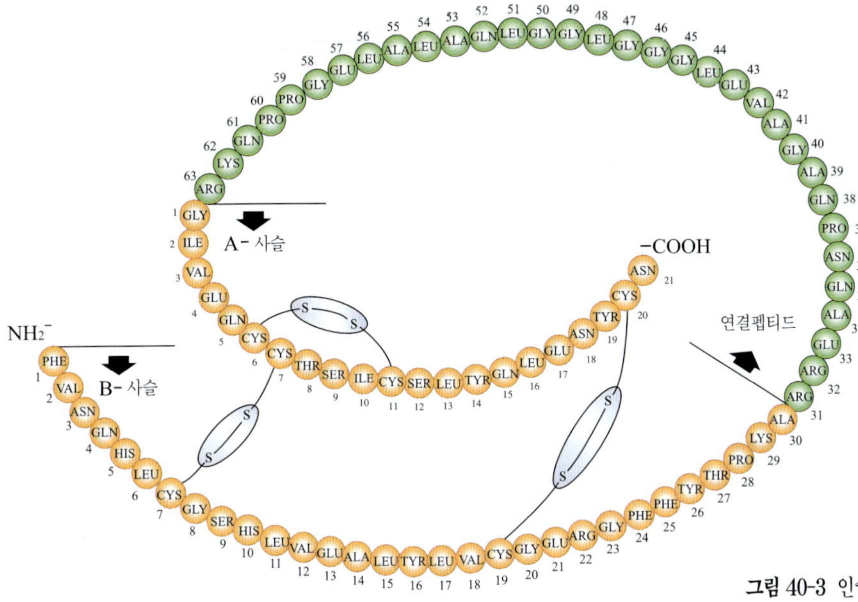

그림 40-3 인슐린 전구체(proinsulin)의 분자구조

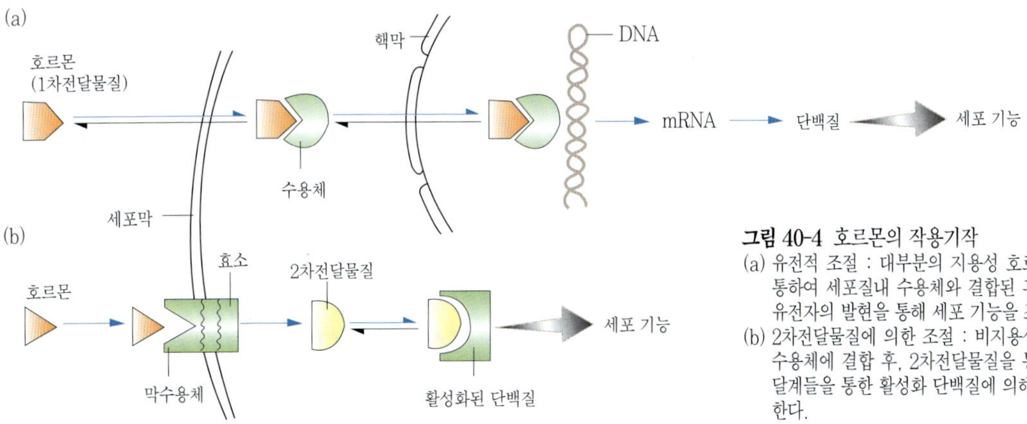

그림 40-4 호르몬의 작용기작
(a) 유전적 조절 : 대부분의 지용성 호르몬은 세포막을 관통하여 세포질내 수용체와 결합된 후 활성화되어 특정 유전자의 발현을 통해 세포 기능을 조절한다.
(b) 2차전달물질에 의한 조절 : 비지용성 호르몬은 세포막 수용체에 결합 후, 2차전달물질을 통한 세포내 신호전달계들을 통한 활성화 단백질에 의해 세포 기능을 조절한다.

하지 못하는 호르몬들로서, 단백질 호르몬이나 부신수질 호르몬이 이에 해당되며, 이들 호르몬은 세포막에 있는 특이수용체(cell surface receptor)와 복합체를 형성하여 세포막의 특이효소(예 : adenylate cyclase)를 활성화시킨다. 이어서 활성화된 효소의 작용으로 제2차전달물질(예 : cyclic AMP ; cAMP)이 합성되고(그림 40-4), 이 **2차전달물질**(second messenger)의 농도 수준에 의해 여러 가지 세포 기능을 조절하게 되는 것이다(그림 40-5). 이러한 2차전달물질에는 cAMP 외에 cGMP, Ca^{2+}, 이노시톨-3-인산(inositol-1,4,5-triphosphate ; IP_3)과 디아실글리세롤(diacylglycerol ; DAG) 등이 있다.

다음에 대표적으로 cAMP를 통한 호르몬의 작용기구에 대하여 좀더 상세히 알아보기로 한다.

대부분의 단백질 호르몬들은 표적세포의 cAMP계를 활성화하여 작용한다. 호르몬이 표적세포에 도달하면 일차로 세포막에 있는 수용체(receptor protein)와 결합하여 **호르몬-수용체 결합물**(hormone-receptor complex)을 형성한다. 그리고 형성된 결합체는 세포막 내측에 있는 뉴클레오티드 조절단백질(nucleotide regulatory protein ; G)을 활성화시킨다. G 단백질의 활성화에는 GTP가 필요하고 GTP가 GDP로 전환되면서 아데닐산 고리화효소(adenylate cyclase ; AC)를 활성화시키며, AC는 세포내 ATP로부터 cAMP를 생성한다(그림 40-6).

이어서 cAMP는 **단백질키나아제**(protein kinase)라고 하지만, 그 이상의 효소단백질을 활성화시키며, 이 효소가 세포내 존재하는 특정 단백질의 **인산화반응**(phosphorylation)을 시켜 활성화시킴으로써 이들이 대사기능이나 그 밖의 세포기능을 촉진시키는 것이다(그림 40-6).

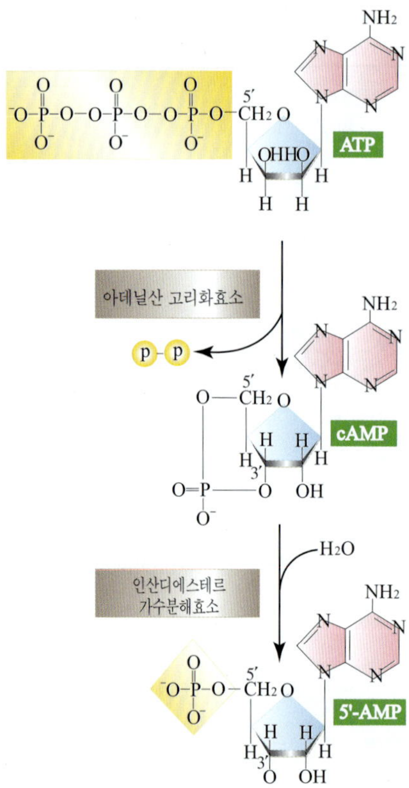

그림 40-5 cAMP의 합성과 분해

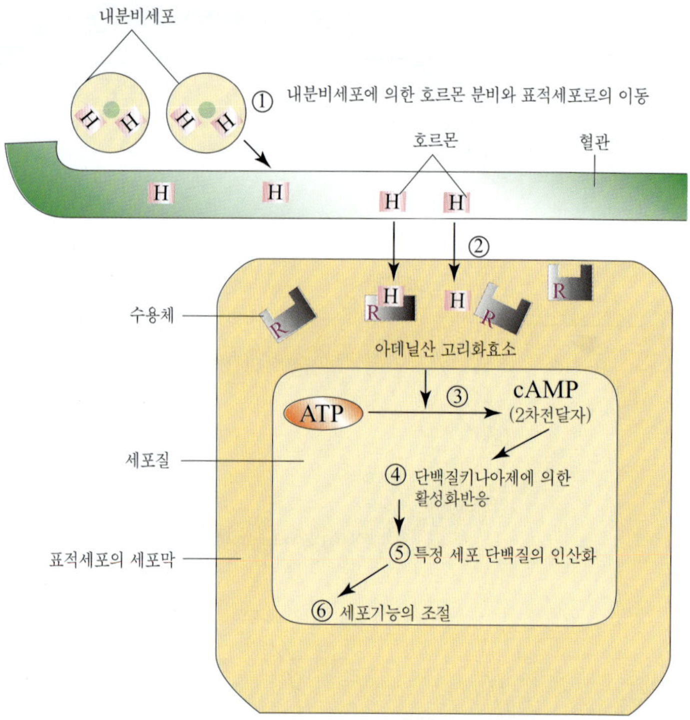

그림 40-6 2차전달자에 의한 호르몬의 작용기구(① → ⑥)

cAMP의 증가는 순간적으로 일어나며 생성된 cAMP는 작용 후 즉시 인산디에스테르 가수분해효소(phosphodiesterase ; PDE)에 의해서 불활성화되어 AMP로 바뀐다.

40.3 무척추동물의 호르몬

무척추동물의 화학적 전달자는 신경분비물이고 이것은 특수화된 선세포에서가 아니라 뉴런에서 분비된다. 그러므로 신경-내분비계가 동시에 하나의 기능을 가진 경우가 많다. 근래에 **절지동물**(Arthropods)과 곤충의 화학적 전달자에 관해 많은 연구가 이루어지고 있다.

40.3.1 절지동물의 호르몬

절지동물에서 호르몬은 생장, 생식, 색소 형성, 삼투조절, 그리고 물질대사에 관여한다. 특히 학자들은 호르몬의 작용이 **변태**(metamorphosis) 혹은 **탈피**(molting, ecdysis)와 관련이 있음을 밝혀냈다(그림 40-7).

갑각류의 탈피는 칼슘과 유기물질을 체내에 흡착시켜 형성된 단단한 외골격을 얇고 약하게 만드는 단계에서부터 시작된다. 동시에 표피세포가 급격히 분열, 성장하면서 부드럽고 새로운 큐티클(cuticle)이 형성된다. 그러면 오래된 외골격이 분쇄되면서 탈피가 시작된다. 전형적으로 동물의 몸은 아치형이 되면서 탈피가 진행되는데, 마침내는 껍질만 남게 된다. 탈피 후 새로이 형성된 유연한 표피를 밖으로 내밀면서 수분을 흡수한다. 마지막으로 태닝(tanning) 과정이 시작된다. 새로운 외골격이 형태를 갖추어 감에 따라 표피가 두껍고 견고해지면서 칼슘염이 첨가된다.

바닷가재(lobster)의 탈피는 **탈피억제호르몬**(molting inhibiting hormone ; MIH)과 **탈피호르몬**(molting hormone ; MH)의 상호작용의 영향을 받는다. MIH는 안병(eye stalk)의 X-기관(X-organ)에서 생성되는 신경분비물이며, **시누스샘**(sinus gland) 근처에서 분비하여 저장된다. MH는 머리에 위치한 Y-기관(Y-organ)에서 분비된다. Y-기관은 신경 구조가 실제적인 내분비선이다(그림 40-7).

(a)

(b)

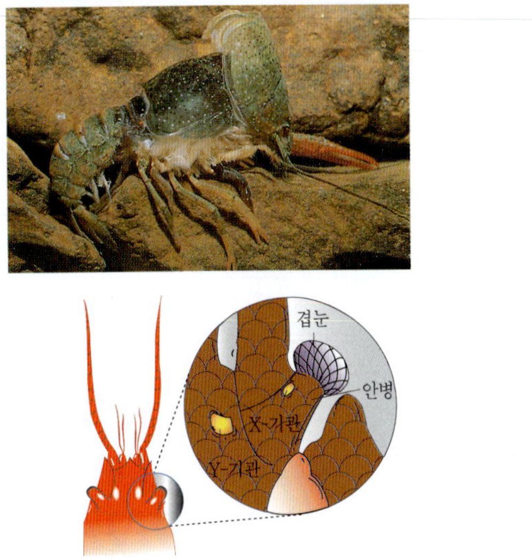

그림 40-7 가재의 탈피
(a) 절지동물의 내분비기관
(b) Y기관에서 탈피호르몬(MH)이, X기관에서 탈피억제호르몬 (MIH)이 분비됨

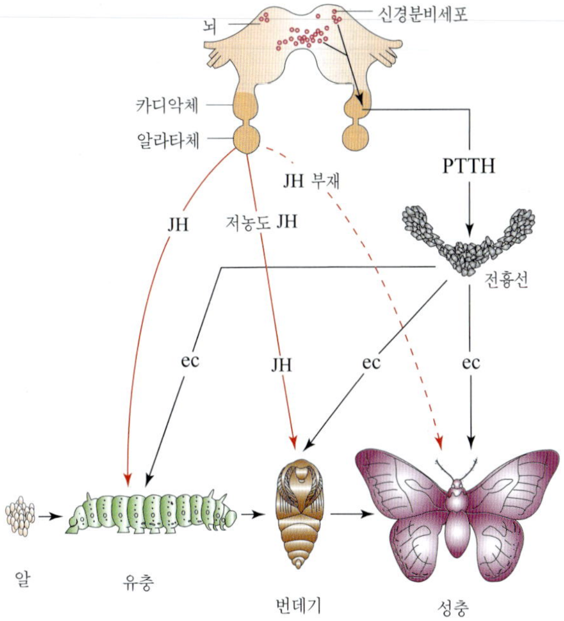

그림 40-8 호르몬 작용에 의한 누에나방의 성장과 변태과정
PTTH : 전흉선자극 호르몬 JH : 유충 호르몬 ec : 엑디손(탈피호르몬)

40.3.2 곤충 호르몬

곤충의 발생은 **완전변태**(complete metamorphosis)로서 발생 예정에 따라 알, **애벌레**(larva), **번데기**(pupa) 그리고 **성체**(adult)의 순서로 진행된다. 곤충의 변태(metamorphosis)에 호르몬이 관여한다는 것은 비교적 잘 알려져 있다. 즉, 곤충의 탈피와 **용화**(pupation)를 자극하는 호르몬은 **전흉선**(prothoracic gland)에서 분비되는 스테로이드성 호르몬인 **엑디손**(ecdysone)인데, 이는 뇌에서 분비된 전흉선자극 호르몬(prothoracicotropic hormone ; PTTH)의 작용에 의해 분비된다. 이 호르몬은 애벌레의 성장과정의 탈피를 진행시킬 뿐 아니라, 유충에서 번데기로의 탈피를 진행시킨다. 한편, 뇌에 위치한 1쌍의 분비선인 **알라타체**(corpora allata)는 용화를 억제하여 유충 상태로 있게 해주는 작용을 하는 유충 호르몬(juvenile hormone ; JH)을 분비한다. 따라서, 이 호르몬으로 인하여 유충 상태에서 엑디손에 의한 탈피를 일으키고(4~5유충령까지), JH의 농도가 저하되면서 엑디손에 의해 애벌레에서 번데기로 발생되며, 성체로의 변태를 촉진하게 된다(그림 40-8).

온화한 지방에서 사는 대부분의 곤충들은 일조시간이 짧은 가을에 번데기로 되어, 겨울 동안에는 변화없이 휴면 상태로 남게 되는데, 이 기간에는 PTTH나 엑디손이 형성되지 않는다. 봄이 되면 다시 PTTH와 엑디손이 생성되어 변태가 이루어지며, 이어서 성체로 태어나게 된다.

40.4 척추동물의 호르몬

호르몬은 성장, 대사조절, 각 세포로의 영양소 분배, 생식 및 조직액과 혈액의 체액 평형 유지 등 다양한 생리 기능을 조절한다. 현재까지 내분비기관이 알려진 동물은 척추동물과 일부의 환형, 연체 및 절지동물인데, 주로 사람을 중심으로 척추동물의 내분비계에 대해 살펴보기로 한다(그림 40-9).

40.4.1 뇌하수체와 시상하부

뇌하수체(pituitary gland 또는 hypophysis)는 뇌의 아래쪽에 붙어 있는 새끼손가락 끝만큼 작은 조직으로, 그 형태와 기능에 따라 **전엽**(anterior lobe), **중엽**(intermediate lobe), **후엽**(posterior lobe)으로 나누어진다(그림 40-10). 사람의 경우, 중엽은 어릴 때만 보이고 성인이 되면 흔적만 남는다. 한편, 뇌하수체 후엽은 진정한 의미의 내분비선이 아니고, 시상하부의 신경세포에서 생산된 호르몬이 신경축색을 따라 이곳에 오면 저장해 두었다가, 신경흥분이 전달되면 호르몬을 혈액내로 방출한다. 따라서 뇌하수체 후엽을 **신경하수체**(neurohypophysis), 전엽을 **선하수체**(adenohypopohysis)라고도 부른다(그림 40-10).

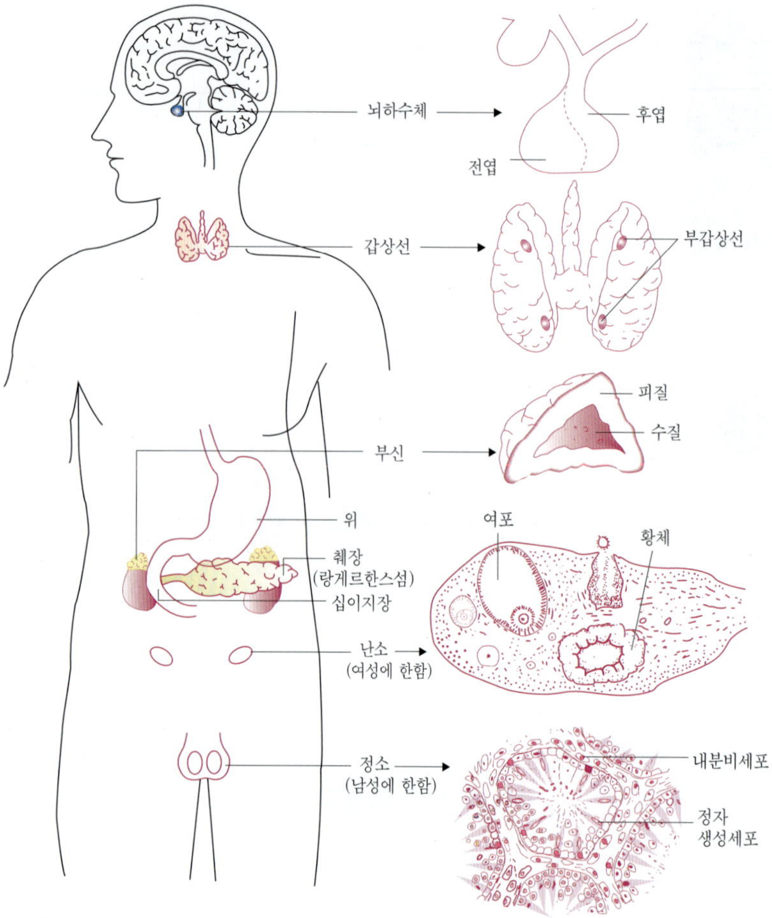

그림 40-9 사람의 내분비기관

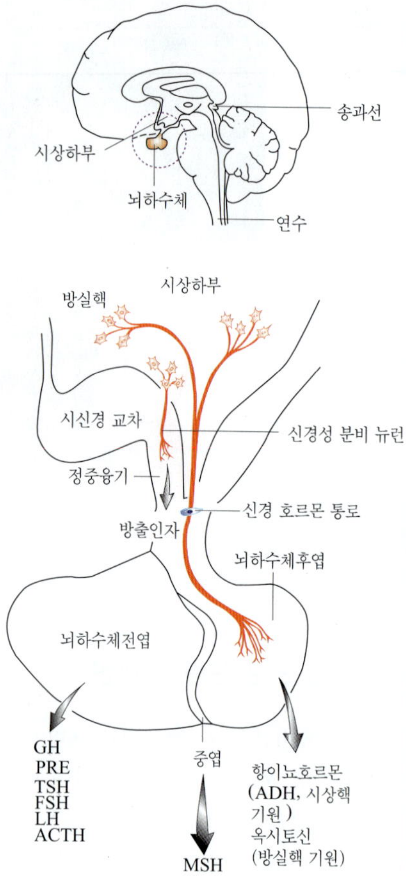

그림 40-10 뇌하수체의 구성과 기능

(1) 뇌하수체후엽 호르몬

후엽에서는 2가지 호르몬이 분비되는데 모두 9개의 아미노산으로 이루어진 펩티드 호르몬으로서(그림 40-2b), **옥시토신**(oxytocin)과 항이뇨 호르몬(antidiuretic hormone, ADH)이다. 옥시토신은 평활근, 특히 여성의 자궁 평활근을 수축시켜 출산을 돕는다. 또한 유선벽의 **근상피세포**(myoepithelial cell)에 작용, 젖의 배출을 촉진시킨다. 유두를 빨면 여기서 구심흥분이 시작되어 시상하부를 자극하고 옥시토신이 혈관내로 분비되면, 이것이 혈액을 따라 유선을 자극하여 젖의 분비가 촉진된다(그림 40-11).

항이뇨 호르몬(antidiuretic hormone ; ADH)은 신세뇨관에서 수분이 재흡수되는 것을 촉진하여 체내 수분 함량을 조절하는데, 이 호르몬의 분비가 부족하면 신장에서 다량의 수분이 손실되어 **요붕증**(diabetes insipidus)을 일

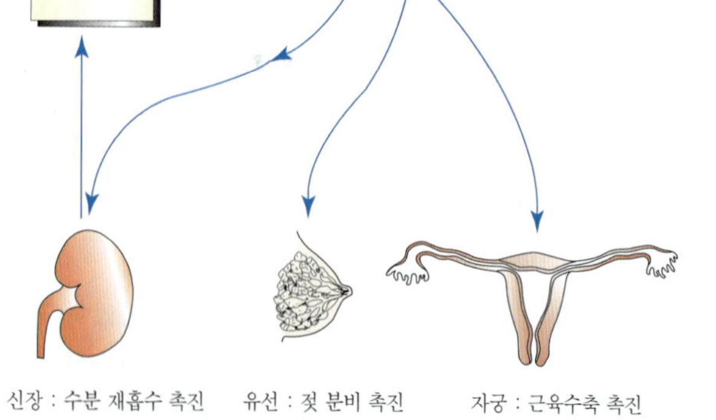

그림 40-11 뇌하수체후엽 호르몬의 작용

으키게 된다. 한편, 이 호르몬이 다량으로 투여될 때는 동맥혈관을 수축시켜 혈압을 상승시키므로, **바소프레신**(vasopressin)이라는 명칭이 붙었으나, 평상시에는 체내에서 다량 분비되는 일이 거의 없다.

(2) 뇌하수체전엽 호르몬

전엽에서 분비되는 6가지 호르몬은 다른 내분비선의 기능을 조절하는 중추적 역할을 맡고 있는 단백질 호르몬이다. 이들 전엽 호르몬은 **시상하부**(hypothalamus)에서 분비하는 조절인자(조절 호르몬)에 의해 촉진 또는 억제되며, 이 조절인자는 현재 8가지가 알려져 있다.

1) 성장 호르몬(growth hormone ; GH)

191개 아미노산으로 된 단백질 호르몬(분자량 22,000)으로, 명칭에서 알 수 있듯이 골격과 몸 전체의 성장을 촉진한다. 특히, 유년기와 청년기 때에 분비가 활발하다. 이 호르몬은 성장세포에 직접 작용하기보다는 70개의 아미노산으로 이루어진 소마토메딘(somatomedin) 또는 **인슐린 유사 성장인자 I**(insulin like growth factor I)이라는 폴리펩티드를 합성, 분비하도록 작용하여 단백질합성을 증가시킴으로써 근육, 연골, 골 그리고 결합조직 등의 생장을 촉진시킨다. 유년기에 성장 호르몬의 분비 감소는 **소인증**(dwarfism)을 일으키며, 분비 과다는 **거인증**(giantism)을 일으킨다. 여성의 경우에는 분만 후에 모유 생산을 자극시키는 작용도 한다.

2) 갑상선자극 호르몬 (thyroid stimulating hormone ; TSH)

분자량이 약 30,000인 당단백질 호르몬으로서 92 아미노산의 α단위와 112 아미노산의 β단위로 이루어져 있다. 갑상선에 작용하여 티록신 분비를 촉진시키며, 티록신의 분비가 많아지면 음성피드백 작용(negative feedback action)으로 혈액을 따라 전엽에 작용하여 TSH 분비를 억제한다(그림 40-12). 갑상선의 작용에서 알 수 있듯이, TSH의 과다 분비도 **갑상선종**(goiter)을 일으킬 수 있다.

3) 부신피질 호르몬 (adrenocorticotrophic hormone ; ACTH)

39개의 아미노산으로 된 폴리펩티드로서, N-말단의 24개의 아미노산만으로도 그 기능을 발휘하며, 이 펩티드 부위는 동물종 간의 ACTH에서 동일하나, C-말단 16개의 아미노산은 서로 다름이 밝혀졌다. ACTH는 부신피질을 자극하여 주로 글루코르티코이드의 생성 분비를 촉진한다.

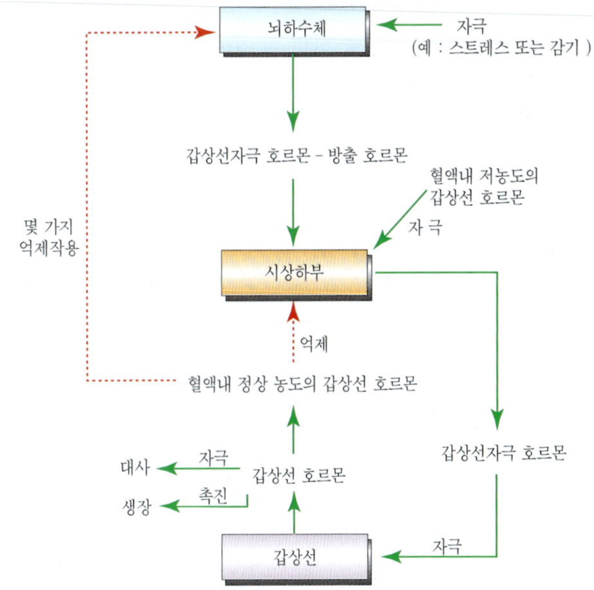

그림 40-12 갑상선 호르몬 분비는 피드백기작에 의하여 조절된다

4) 난포자극 호르몬 (follicle stimulating hormone ; FSH)

여성의 경우에는 난소내 난포의 발달을 촉진시키며, **황체 호르몬**(LH)과 함께 작용하여 난포로부터 에스트로겐의 분비와 **난자**(ovum)의 성숙을 촉진시킨다. 남성의 경우에는 **세정관**(seminiferous tubule)의 발달과 정자(sperm) 생성을 촉진시킨다.

5) 황체형성 호르몬(luteinizing hormone ; LH)

여성의 난소에서 성숙한 난자가 난포를 뚫고 난포에 남은 세포들은 **황체**(corpus luteum)를 형성하는데, 이 변화를 촉진하는 것이 LH이다. 남성의 경우에는 이 호르몬이 안드로겐의 분비를 촉진한다.

6) 유선자극 호르몬(prolactin ; PRL)

프로락틴도 198개의 아미노산으로 된 단백질 호르몬(분자량 약 23,000)으로, 유선(mammary gland) 발육과 젖단백질(milk protein)합성을 촉진시킨다.

7) 색소세포 자극호르몬 (melanocyte stimulating hormone ; MSH)

ACTH와 유사한 아미노산 배열 순서의 구조를 갖는 작은 펩티드 호르몬으로서, 멜라닌(melanin)이라는 색소를 가지고 있는 **색소세포**(melanocyte)를 자극한다. 이 색소세포는 피부에 사마귀, 주근깨를 만들고 피부색을 검게 하는 작용을 한다. 사람의 경우, 평소에는 MSH가 크게 작용하지 않지만 임신을 하면 그 분비가 증가하여 피부가 검게 되고 기미가 많이 생기게 된다. 사람 이외의 대부분 척추동물은 이 호르몬이 중엽에서 생성, 분비되어 체색 변화에 관여한다.

(3) 시상하부 호르몬

최근에 뇌하수체전엽 호르몬의 분비는 시상하부(hypothalamus)에서 방출, 촉진(releasing hormone ; RH) 또는 억제성(inhibiting hormone ; IH) **신경분비 호르몬**(neurosecretory hormone)에 의해 조절되고 있음이 밝혀지고 있다. 이들도 일종의 매우 작은 폴리펩티드 분자로서, 시상하부의 신경분비세포에서 합성되어 모세혈관으로 분비되면 뇌하수체전엽과 시상하부에 걸쳐 있는 **문맥계**(portal vessel system)를 거쳐 전엽으로 이동되어 그 작용을 나타낸다(그림 40-13). 현재까지 알려진 시상하부 호르몬에는 **성장호르몬-방출촉진 호르몬**(GH-releasing hormone ; GHRH), **성장 호르몬-방출억제 호르몬**(GH-release-inhibiting hormone ; GHRIH), **TSH 방출촉진 호르몬**(thyrotropin-releasing hormone ; TRH), **생식소자극 호르몬 방출촉진 호르몬**(gonadotropin-releasing hormone ; GnRH), **부신 호르몬-방출 호르몬**(corticotropin-releasing hormore ; CRH), **유선자극호르몬-방출억제 호르몬**(prolactin releasing inhibiting hormone ; PIH), **유선자극 호르몬 방출촉진 호르몬**(prolactin releasing hormone ; PRH), **MSH 방출억제 호르**

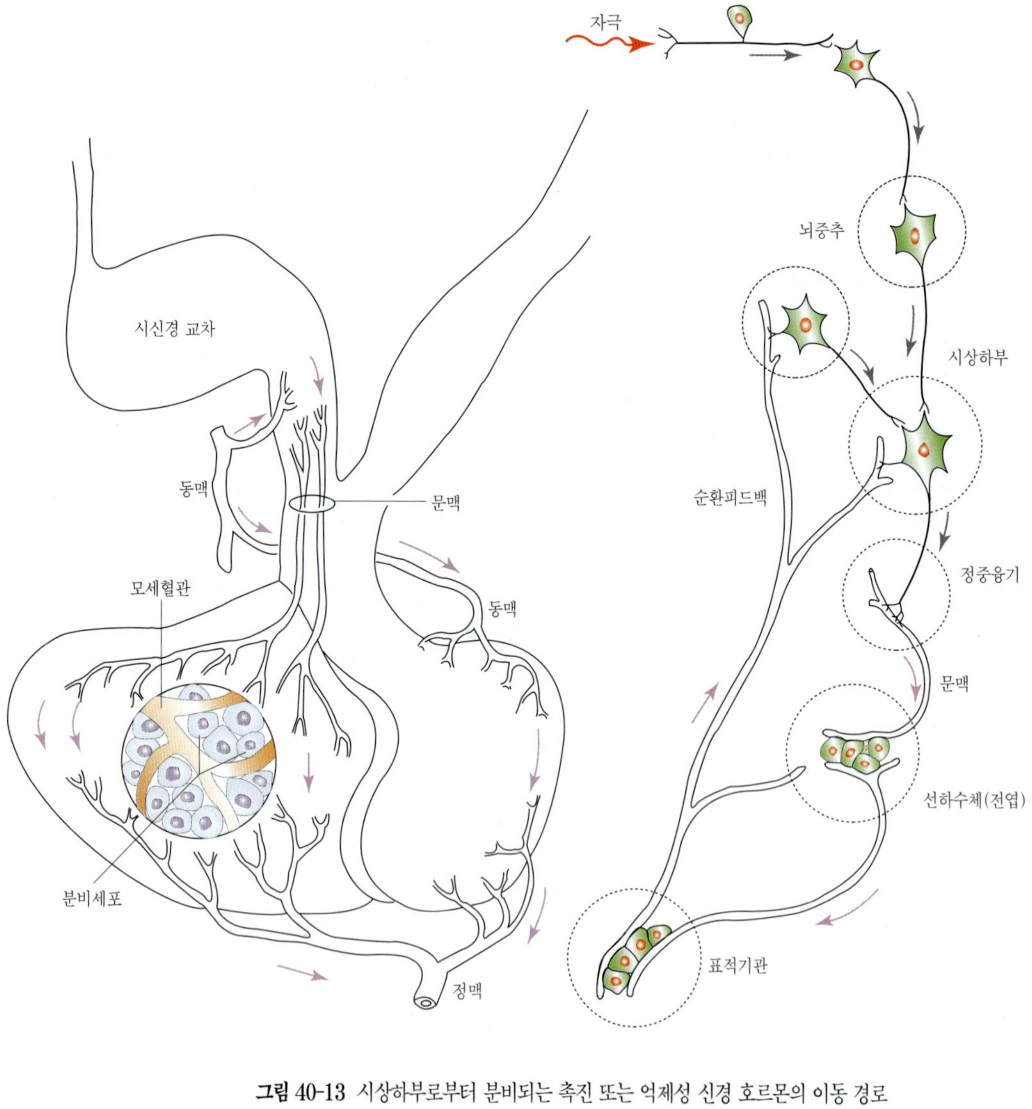

그림 40-13 시상하부로부터 분비되는 촉진 또는 억제성 신경 호르몬의 이동 경로

몬(MSH release inhibiting hormone ; MIH) 등 8종류가 있다.

40.4.2 갑상선과 부갑상선

갑상선(thyroid gland)은 목의 **후두**(larynx) 아래에 있는 2개의 잎 모양으로 된 작은 조직인데, 내부는 갑상선 호르몬의 생성과 저장을 담당하는 수많은 분비성 세포로 되어 있다. 이 세포들이 혈액으로부터 흡수한 요오드를, 자신들이 합성한 티로글로불린(thyroglobulin)이란 당단백질에 결합된 티록신분자에 결합시켜 갑상선 호르몬을 합성, 저장한다. 이에는 **트리요오드티로닌**(triiodothyronine ; T_3)과 **티록신**(thyroxine ; T_4)이 있으나, 생리적으로 중요하며 가장 많이 합성되는 것이 티록신이다.

한편, 혈액으로 방출된 티록신은 TBG(thyroxine binding globulin), TBPA(thyroxine binding prealbumin) 같은 특정의 혈장단백질에 결합되어 표적기관으로 운반된다. 갑상선 호르몬은 모든 조직세포의 기초대사율을 촉진하는 기능을 가진다. 실험동물에 티록신을 주사하면 산소 소비량이 많아지고, 따라서 체내의 열 발생을 가져오며 단백질합성을 촉진시켜 생장을 왕성하게 해주는 작용을 한다. 한편, 양서류의 경우에는 변태(metamorphosis)를 촉진시키는 작용을 하기도 한다.

갑상선의 비대 등에 의하여 과다 분비되면 **갑상선기능항진증**(hyperthyroidism)으로 체온이 올라가며, 글리코겐 분해에 의한 **과혈당증**(hyperglycemia)이 되고, 체중이 감소되며, 심하면 안구 돌출, 갑상선종, 맥박수 증가 등의 증상이 따르는 바세도우씨병(Basedow's disease ; 미국에서는 Graves's disease라고 한다)에 걸리게 된다. 반대로 분비 저하일 때에는 **갑상선기능저하증**(hypothyroidism)으로, 어린이와 청소년의 경우에는 대사율 저하, 정신적 · 신체적 · 성적 발육 부진 등의 증상을 보이는 **크레틴병**(Cretinism)에 걸리며, 성인은 **점액수종**(myxedema)에 걸려 대사율 저하, 체중 감소 및 피부가 거칠어지는 증상이 나타난다. 한편, 요오드가 결핍된 음식물을 먹고 사는 지방의 사람들은 갑상선이 부어서 단순갑상선종(simple goiter)에 걸리게 되는데, 이는 일종의 풍토병으로 요오드가 함유된 음식물을 섭취하면 쉽게 치유될 수 있다.

갑상선의 기능은 뇌하수체전엽 호르몬인 TSH(thyroid stimulating hormone)에 의해 음성 피드백기작에 의해 조절된다. 즉, 뇌하수체에서 분비되는 TSH가 갑상선에 작용하여 T_3와 T_4 등 갑상선 호르몬의 합성 및 분비를 증진시켜 혈액내 갑상선 호르몬이 정상 수준에 도달하면 TSH의 방출은 억제된다. 또한 TSH의 방출은 시상하부에서 방출되는 TRH-방출 호르몬(TSH-releasing hormone)에 의하여 조절되는데, 혈액내 갑상선 호르몬의 농도가 커지면 TRH가 시상하부와 뇌하수체전엽에 음성 피드백으로 작용하여 TSH의 분비가 억제되는 것이다(그림 40-12).

부갑상선(parathyroid gland)은 갑상선의 등쪽에 붙은 2쌍의 작은 내분비선으로(그림 40-14), 파라티로이드 호르몬(parathyroid hormone ; PTH)이 분비되는데, 이 호르몬은 83개의 아미노산으로 구성된 단백질 호르몬(분자량 8,500)이다. PTH는 첫째, 골격으로부터 Ca^{2+}의 방출을 증진시키고, 둘째, 장에서 Ca^{2+}의 흡수를 촉진시키며, 셋째, 신세뇨관에서 Ca^{2+}의 재흡수를 촉진시킨다. 이와 같은 작용의 결과 혈액내 Ca^{2+}의 농도가 증가된다. 또한 이 호르몬은 신세뇨관에서의 PO_4^{3-}의 재흡수를 억제함으로써 뼈(대부분의 성분이 $Ca_3(PO_4)_2$이다)에서의 Ca^{2+} 방출로 인한 PO_4^{3-}의 과도한 축적을 막는다(그림 40-14).

PTH의 분비는 혈액내 Ca^{2+}의 양에 의해 조절되고 있다. 즉, Ca^{2+}의 양이 많으면 분비가 억제되고, 감소하면 촉진된다. 또한 혈액내 Ca^{2+}의 농도가 커질 경우 PTH의

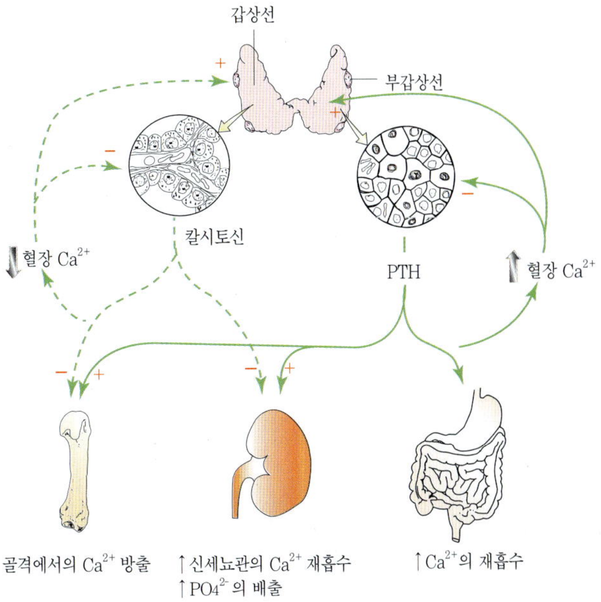

그림 40-14 부갑상선 호르몬(PTH)의 작용과 조절

분비가 억제될 뿐 아니라, 갑상선에서 **칼시토닌**(Calcitonin)이라는 호르몬이 분비됨으로써 신속하게 혈액내 Ca^{2+}의 농도를 낮추어 Ca^{2+}의 일정 농도를 유지시킨다.

PTH의 과량 분비(hyperparathyroidism)는 뼈를 약화시켜 골절(fracture)을 일으키기 쉽고, 또한 혈액내 과량의 Ca^{2+} 중의 일부가 신장을 통해 오줌으로 빠져 나갈 때 신장에 PO_4^{3-}이 침착되어 신석(kidney stone)을 형성해 요도를 막아 위험하게 되는 수도 있다. PTH가 결핍될 경우(hypoparathyroidism) 신경과 근육의 과민성을 나타내는 **근강축증**(tetany)을 초래하게 되는데, 이때는 음식물에 Ca^{2+}을 첨가하거나 PTH의 작용과 유사한 기능을 나타내는 비타민 D를 섭취함으로써 치유될 수 있다.

40.4.3 췌장

대부분 척추동물의 **췌장**(이자, pancreas)에는 작은 세포의 집합체들이 흩어져 있는데, 이를 **랑게르한스섬**(Langerhan's island)이라 한다. 랑게르한스섬은 2가지 세포, 즉 α-세포(α-cell)와 β-세포(β-cell)로 구분되는데, α-세포에서는 **글루카곤**(glucagon), β-세포에서는 **인슐린**(insulin)이라는 호르몬을 분비한다(그림 40-15).

인슐린은 51개의 아미노산으로 구성된 2개의 폴리펩티드로 이루어진 단백질(분자량 5,700) 호르몬이다(그림 40-3). 이 호르몬은 대부분의 세포(특히 간, 근육과 지방세포)에 작용하여, 포도당이 혈액으로부터 세포내로 이동하는 것을 촉진시킨다. 그리고 글리코겐이나 지방으로 전환시켜 혈당이 일정한 농도(사람의 경우 약 100mg/100ml 혈액)를 유지하도록 조절하는 작용을 한다. 또한 인슐린은 단백질 합성도 촉진시킨다.

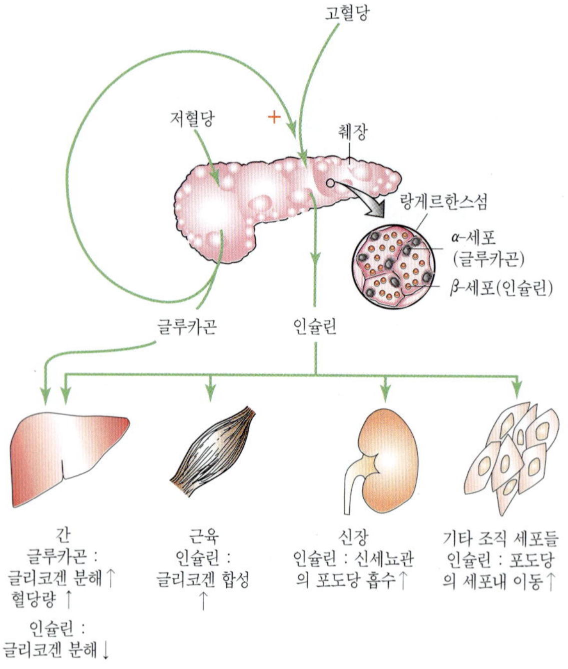

그림 40-15 췌장 호르몬의 작용과 조절

췌장에서 인슐린의 합성이나 분비가 저하 상태일 경우 **당뇨병**(diabetes mellitus)이 되는데, 이 병에 걸리면 과량의 혈당을 글리코겐이나 지방으로 전환시키지 못하며, 그 반대작용에 의해 혈당량은 더욱 많아져 **과혈당증**(hyperglycemia)이 되고, 신세뇨관에서는 여과되어 나오는 포도당을 전부 재흡수하지 못해 오줌으로 배출하여 당뇨(glycosuria)가 된다. 한편, 이 경우 각 세포들이 포도당을 이용할 수 없으므로 지방을 세포호흡 재료로 이용하게 되는데, 지방산의 분해가 너무 과도하게 일어나며, 이를 완전히 산화시키지 못하므로 케톤체(아세톤, 아세토아세트산 등)합성이 일어난다. 그 결과 케톤체가 과량으로 혈액에 쌓이게 되어 혈액의 pH가 떨어지는 **케토산증**(ketoacidosis)을 유발하게 된다. 또한, 사구체 여과액내에 있는 과량의 당과 케톤체에 의해 삼투압이 높아지므로, 세뇨관에서의 수분 재흡수가 방해되어 수분이 많이 배설되는 탈수증상을 동반한다. 따라서 인슐린을 투여하여 치료를 해야 하며, 그렇지 않을 경우 계속적인 당의 손실과 체액의 pH 저하의 혼수(coma) 상태가 되며, 심하면 죽게 된다. 종래는 돼지의 인슐린을 정제하여 치료제로 이용해 왔으며, 최근에는 유전자 조작에 의한 유전공학적 방법에 의해 생산하고 있다.

글루카곤도 29개의 아미노산으로 된 단백질(분자량 3,500) 호르몬이며, 간에서 글리코겐의 분해를 촉진시켜 혈당량을 높이는 작용을 한다. 이와 같이 췌장에서 분비되는 인슐린과 글루카곤은 서로 길항작용을 하여 혈당량의 **항상성**(homeostasis)을 유지해 준다. 글루카곤과 같이 인슐린에 길항작용을 하는 호르몬에서는 GH, ACTH, TSH 등의 뇌하수체전엽 호르몬과 코르티코스테로이드(corticosteroid)와 에피네프린 같은 부신 호르몬이 있다.

40.4.4 부신

부신(adrenal gland)은 신장 위에 있는 2개의 작은 조직으로 구조나 기능상 판이한 2부분으로 나뉘어져 있다. 그 외부를 **피질**(cortex), 내부를 **수질**(medulla)이라 한다.

부신수질은 그 기원이 신경조직과 유사하며 분비하는 물질도 같으므로 신경조직의 일부로 보고 있다. 부신수질 호르몬에서 중요한 것은 에피네프린(epinephrine)으로서, 그 기능은 간이나 근육에서 글리코겐 분해에 의한 혈당량 증가, 지방조직에서의 지방분해 촉진, 산소 소모량 증가 등 체내 물질대사를 촉진해 주는 작용과 심장박동(심근수축) 촉진에 의한 혈압 상승, 내장 평활근의 수축작용 등이다. 또 하나의 호르몬은 노르에피네프린(norepinephrine)인데, 이것도 에피네프린과 그 기능이 유사하며, 혈압 상승은 주로 동맥혈관 수축작용에 의해 일어난다. 이 호르몬은 오한, 쇼크, 피로 등 갑작스러운 주위 환경 변화에 의해 생명이 위급한 상태에 처했을 때 강력하게 작용하므로 응급 호르몬(emergency hormone)이라 하기도 한다(그림 40-16).

위의 두 호르몬이 유사한 기능을 하는 경우도 있으나, 표적기관 세포막의 수용체에 따라 그 작용이 다르게 나타난다. 즉, 각 조직세포의 아드레날린성 수용체(adrenergic receptor)에는 α-수용체와 β-수용체가 있으며, 전자에 호르몬이 결합하면 cAMP의 양을 낮추며, 후자의 경우에는 cAMP의 합성량을 증가시켜 준다. 에피네프린은 주로 β-수용체에, 노르에피네프린은 α-수용체에 결합한다.

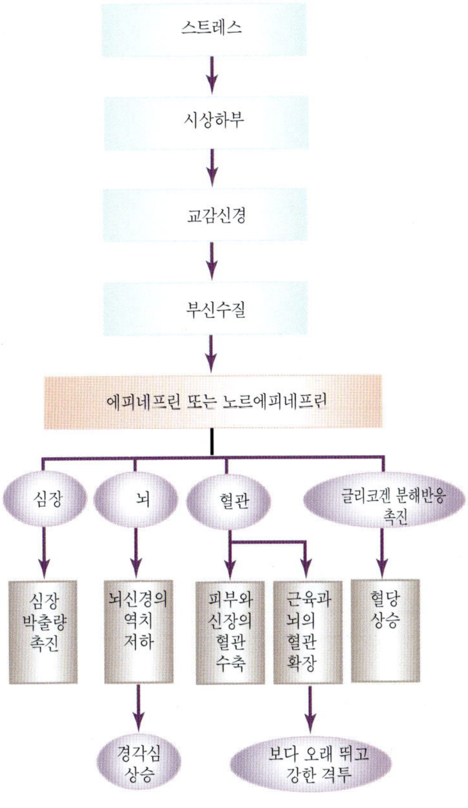

그림 40-16 스트레스를 받았을 경우 부신수질의 역할

부신피질에서는 서로 구조가 비슷한 많은 종류의 스테로이드(steroids) 계통의 호르몬이 분비된다. 기능상으로 크게 봐서 탄수화물 대사에 관여하는 글루코코티코이드 호르몬(glucocorticoid hormone), 무기염 대사에 관여하는 미네랄로코티코이드 호르몬(mineralocorticoid hormone)으로 나눈다(그림 40-17).

(1) 글루코코티코이드

글루코코티코이드(glucocorticoid)의 대표적인 것은 코티손(cortisone)과 코티솔(cortisol)인데, 이들은 혈액 내 CBG(corticosteroid binding globulin)에 결합되어 운반되며, 표적세포에서 지질과 단백질을 탄수화물로 전

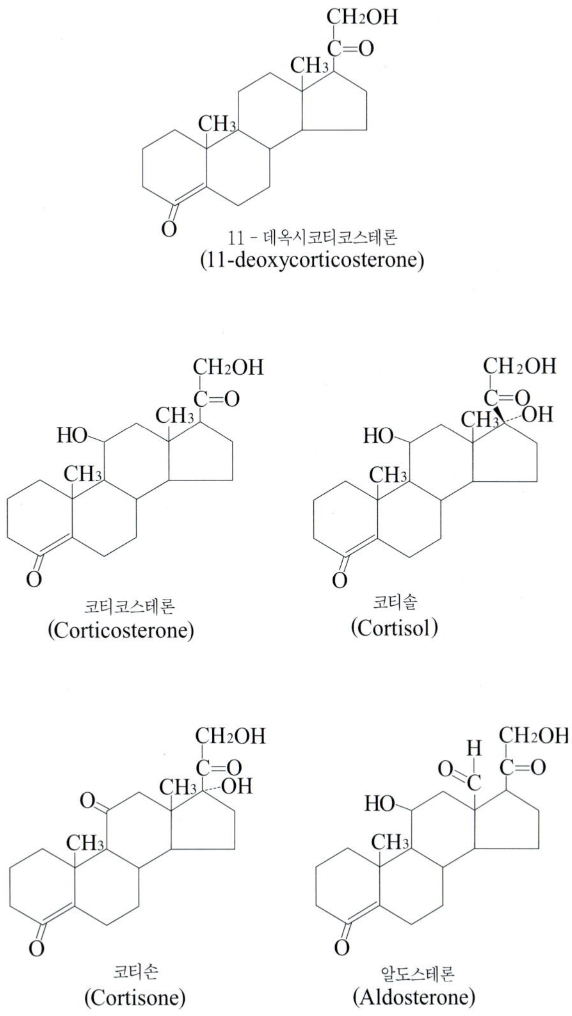

그림 40-17 부신 호르몬의 화학구조

환시킨다. 또한 탄수화물의 분해에 의해 혈당을 높이는 등, 주로 탄수화물대사에 관여하는데, 이와는 별도로 세균 감염에 의한 염증(inflammation)을 억제하는 항염작용(antiinflammatory action)을 갖는다. 이 호르몬의 분비는 뇌하수체전엽 호르몬인 ACTH에 의하여 촉진되며, 혈액내 글루코코티코이드가 많아지면 혈액을 따라 뇌하수체와 부신피질에 작용하여, ACTH와 글루코코티코이드의 분비를 억제시키는 피드백기구(feedback mechanism)에 의하여 조절된다.

(2) 미네랄로코르티코이드

미네랄로코티코이드(mineralocorticoid)의 대표적인 것은 **알도스테론**(aldosterone)이다. 이것은 신세뇨관에서 Na^+ 재흡수와 K^+의 배출을 촉진하여 체액내의 Na^+과 K^+의 평형을 유지하고, 조직내의 수분 함량을 조절해 주는 작용을 한다. 따라서 부신을 제거할 경우, 생명 유지에 더 중요한 것은 알도스테론이다. 미네랄로코티코이드는 혈액내 Na^+ 농도의 저하, K^+ 농도의 증가 및 혈액량의 감소가 오면 분비가 촉진되는데, 그것은 주로 혈액내 **안지오텐신 Ⅱ**(angiotensin Ⅱ)라는 물질에 의하며(제37장 참조), ACTH에 의해 조절된다.

40.4.5 생식소

생식소(gonad)는 생식세포를 생성하는 외에 성호르몬을 분비하는데, 이들도 콜레스테롤로부터 합성되는 스테로이드 호르몬으로서 **안드로겐**(androgen), **에스트로겐**(estrogen) 및 **프로게스테론**(progesterone) 등이 있다(그림 40-18).

안드로겐과 에스트로겐은 성장과 발육 및 분화를 촉진하며, 성장과 성행위 및 생식주기 등에 중요한 역할을 한다. 남성 호르몬 중 대표적인 것이 **테스토스테론**(testosterone)으로서, 성기능 및 제2차 성징 발현에 관여한다(그림 40-18).

에스트로겐은 성숙한 **난소**(ovary)의 **난포**(follicle)에서 분비되는 호르몬으로서, 여성의 제2차 성징을 발현시키고, 지방 축적을 촉진한다. 프로제스테론은 배란 후 **황체**(corpus luteum)에서 분비되며, 배란을 억제하여 임신을 지속시키며, 유선(mammary gland)의 발육을 촉진한다. 이들 호르몬의 분비는 뇌하수체전엽 호르몬인 FSH와 LH에 의해 조절된다(제 44장 참조).

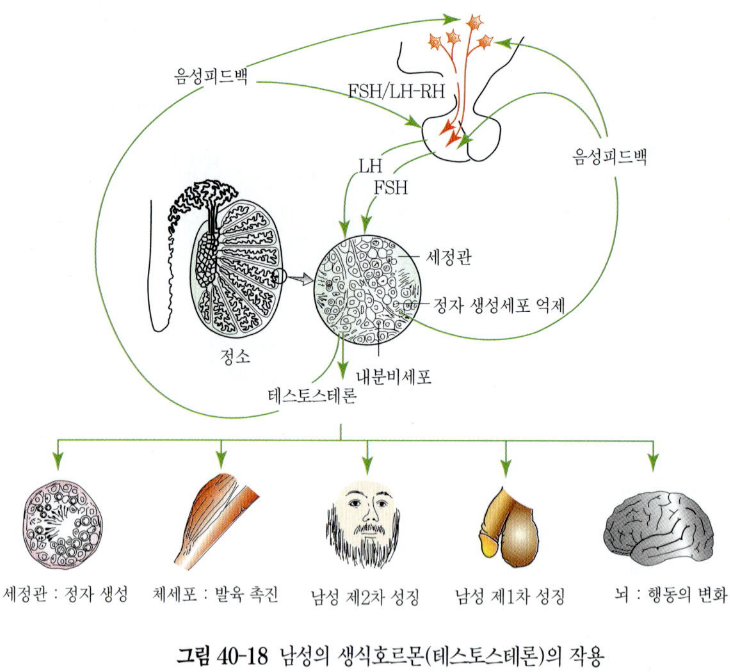

그림 40-18 남성의 생식호르몬(테스토스테론)의 작용

제41장

동물의 생식과 발생 및 분화

동물들은 발생단계에서 매우 서로 다른 과정을 보이는 것 같으나 대개 배우자 형성과정, 수정, 난할, 낭배 형성, 기관 형성, 조직 분화, 성장 및 성숙, 생식과정, 노화, 사망이라는 과정을 거친다. 한편 생식을 통하여 다음 세대를 이어가게하는 공통적인 순환과정을 계속하며, 이러한 전과정이 발생학의 대상이 된다.

예를 들어, 봄의 연못에서 수컷 개구리는 암개구리에게 매혹적으로 들리게 울어댄다. 그리고 호르몬에 의해 배란이 되도록 성숙한 암개구리를 유혹하여 등에 올라탄다. 숫개구리는 앞다리로 암컷의 몸을 조여 신경 내분비기관을 자극함으로써 배란을 시키고, 배란된 난자 위에 정자를 뿌려 수정시킨다. 수정된 난자는 물에 부유하며 수시간내에 2세포기, 4세포기, 8세포기로 분열하며 난할과정을 거쳐 20시간내에 상실배(morula), 포배(blastula), 낭배(gastrula)로 발생된다. 낭배 형성과정을 거친 후 세포의 이동과 상호 작용, 즉 함입과정과 세포층 운동을 통해 배엽을 형성하여, 내배엽, 중배엽, 외배엽을 가진 3배엽체가 되고, 각 배엽은 다시 신경관 형성과정 등 기관 형성(organogenesis)을 해간다. 이 과정 중 각 세포들은 신호전달체계를 이용하여 세포가 분열하고, 상호 작용을 하며 이동하고 조직과 기관을 형성시킨다. 즉, 유전적으로 특수화해 가는 결정(determination)을 통해 분화한다. 수정 후 1주일내에 올챙이가 되어 이동성을 가진다. 수개월내 올챙이는 변태과정(metamorphosis)을 거쳐 개구리로 성장해 간다. 성장과정을 거친 개구리가 환경에 적응하여 성적으로 성숙된 성체가 되면 다시 생식과정을 되풀이한다. 그리고 노화(aging)에 의해 죽어간다. 이러한 과정이 수백만 년 동안 적응이 되고 이어져 온 종족의 보존을 위한 생식과 발생과정이다.

이러한 발생과정을 기술하는 기재적 발생학(Descriptive Embryology)이 19세기까지 발달되었다. 그리고 이러한 발생과 분화가 일어나는 기작, 유전적 변화가 생기고 특수화해 가는 수임현상(commitment)의 원인 등을 밝히는 기작의 연구는 1980년대에 분자생물학, 생리학, 생화학, 내분비학적 연구방법 등을 통하여 급속도로 발전하여 발생생물학이라는 종합과학으로 발전하였다. 또한 1980년대의 생식과정에 대한 내분비학적, 분자생물학적 연구와 체외 발생을 조작하는 발생학적 연구기법의 발전은 생식생물학(Reproductive Biology)이라는 분야를 탄생시켰다.

이러한 발전은 죽은 공룡의 DNA를 재활성시켜 다시 공룡을 탄생시켜서「쥬라기 공원(Jurassic Park)」을 만든다든가, 사람의 아이를 클로닝하여 만들어내는 새로운 세계나, 외계생물이 기생하여 죽은 한 여인의 피에서 새 생명체를 클로닝하고 외계 생명체까지 재생산하는「에일리언」같은 상상을 그려내게 하였다. 실제로 발생생물학 및 생식생물학의 발전은 피임방법을 개발하여 인구의 수를 조절하게 하였고, 또 정자, 난자, 초기배아를 저온에 장기 보관하게 하였다. 아울러 생식세포의 성을 선별하는 기술이 개발되고 있고, 체외 수정 및 수정란의 배양과 초기배아의 이식으로 1978년 L.J. Brown양이 탄생하여 불임부부의 임신과 출산이 가능해졌다. 이러한 기술은 동물에 응용되어 경제적 우수동물, 특수한 유전자를 가진 형질전환 동물을 생산함으로써 특정 유용 유전자 산물을 다량 생산할 가능성을 제시하였다. 아울러 유전적 결함을 가진 사람과 동물의 수정란에 결여유전자를 주입하여 유전적 치료(gene therapy)를 가능하게 하고, 사람의 심장 또는 간조직을 생산할 수 있는 동물을 개발하여 사람이 이용하려 하고 있다. 실질적으로 초기배아에서 몇 개의 세포를 떼어내어 유전적 질병검사(Preimplantation genetic diagnosis)를 실시하고 있다. 현재는 발생과 생식에 관한 연구가 발생공학(Developmental Biotechnology)으로 발전하는 시기라 할 수 있다.

이 장에서는 성과 생식, 배우자 형성과정, 사람의 생식과 발생(생식기관의 구조, 배란과 생식주기의 조절, 수정과 발생, 임신과 조절), 그리고 동물의 발생과정을 중심으로 발생 기작(mechanism)에 대해 살펴보기로 한다.

41.1 성과 생식

생식세포가 감수분열을 할 때 유전자가 무작위적으로 조합되어 각기 다른 유전자형을 가진 다양한 자식들이 태어나고, 새로운 상황에 부딪쳤을 때 적어도 그들 중의 일부는 생존하여 유전자를 계속 다음 세대로 전달시킬 수 있을 것이다. 변이를 증진시키고 변이에 대해 자연선택, 즉 적자 생존과정을 통하여 성은 진화해 왔다. 모든 생물은 일정한 수명이 있으나, 각 개체는 생식에 의하여 제각기 그 종(species)을 보존하며 연속성을 유지한다.

동물들은 배우자를 만나 생식하고 종족을 보존하는 수많은 방법들을 발달시켰다. 생물의 생식은 암수 배우자(gamete)의 융합에 의하여 새로운 개체가 생기는 **유성생식**(sexual reproduction)과, 배우자와 관계없이 새 개체가 생산되는 **무성생식**(asexual reproduction)의 2종류로 나눌 수 있다.

41.1.1 무성생식과 유성생식

원시적인 원생동물에서는 생식을 위한 성이 구별되어 있지 않다. 세균이나 아메바, 짚신벌레, 트리파노소마 등의 원생동물은 유전물질을 복제한 후 유사분열을 통해 단일세포가 2개의 세포로 동등하게 나누어지는 **이분법**(binary fission)으로 생식한다(그림 41-1). 이분법은 짚신벌레처럼 횡으로 이분하는 **횡분열**(transverse division)과 트리파노소마처럼 종으로 이분하는 **종분열**(longitudinal division) 등이 있다.

해면, 히드라, 와충류 등 보다 복잡한 동물은 **출아**(budding)로 생식하는데 일부 체세포들이 새로운 또 하나의 몸을 만들어내며 보통 어버이 몸체로부터 가지를 쳐나가는 방식으로 이루어진다(그림 41-2). 또, 편형동물이나 군서충류에서는 몸이 둘 또는 그 이상으로 쪼개지는 **분절증식**(fragmentation)을 통해 쪼개진 세포들이 각기 새로운 개체로 재생하는 경우도 있다. 또한 불가사리는 각 부분의 **재생**(regeneration)을 통해 생식할 수 있다.

진딧물, 벌, 말벌, 개미, 풍뎅이 등과 같은 곤충에서는 미수정란으로부터 배가 발달하는 **단위생식**(parthenogenesis)을 통해 무성적으로 생식한다(그림 41-3).

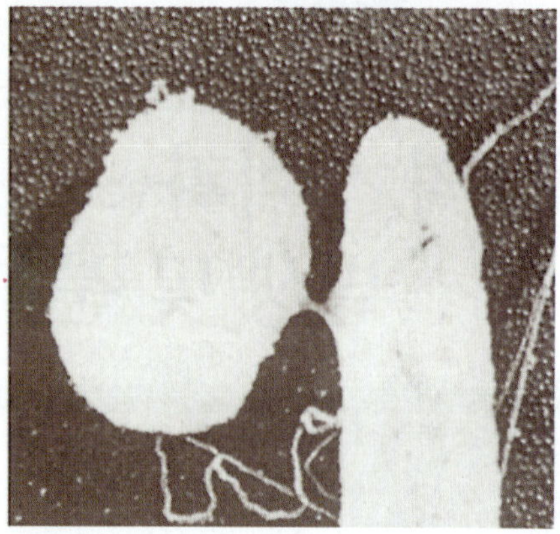

그림 41-1 대장균의 무성생식(이분법)
대장균은 항상 2분체 분열에 의해 무성생식을 한다. 박테리아의 유전물질은 세포막으로부터 나온 돌기에 의해 다른 개체로 이동한다.

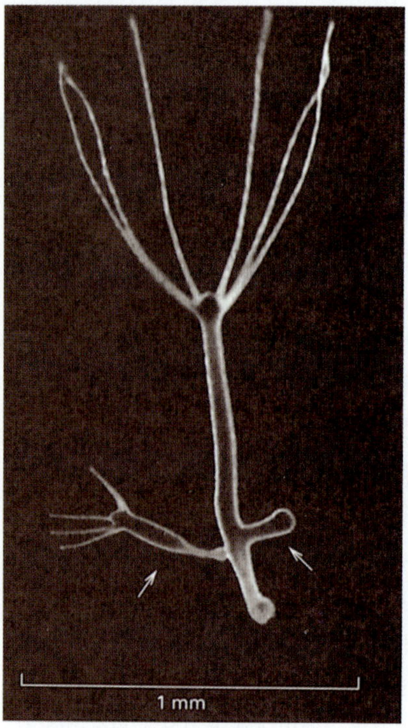

그림 41-2 히드라의 출아(화살표 : 출아가 진행되는 부위)

민물에 사는 갑각류인 물벼룩류(*Daphnia*)에서는 유성생식과 단위생식을 교대로 하는데, 단위생식은 집단이 작고 성장 조건이 적절하여 살아가기가 쉬울 때 이루어진다. 이 시기에는 물벼룩류의 알이 수정없이 발생을 시작하는데 암컷만이 성장된다. 그러나 집단이 증가하고 먹이가 감소하고 물의 온도가 떨어지는 등 어려운 시기가 되면 단위생식을 통해 수컷

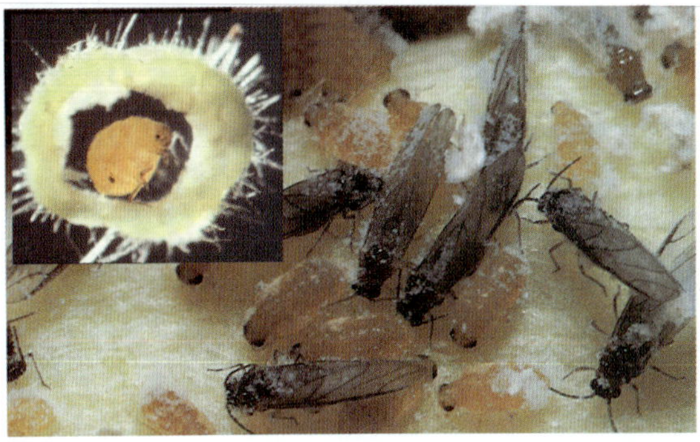

그림 41-3 진딧물의 단위생식
진딧물의 새끼는 어미와 닮아 투명한 색이고 날개가 없으나, 제2세대는 몸체가 검고 날개가 생긴다.

이 만들어지고 다시 전형적인 유성생식이 시작된다. 단위생식의 기본적 기작들은 아직 밝혀지지 않고 있으며, 단위생식에 있어서 성의 선택에 관한 기작은 한층 더 불확실한 상태이다.

무성생식에서 유성생식으로 진화되었을 것이라는 가설은 거의 확실하다. 그 예로 단세포 해조류인 클라미도모나스(*Clamydomonas*)는 2가지 생식방법을 가지고 있다(그림 41-4).

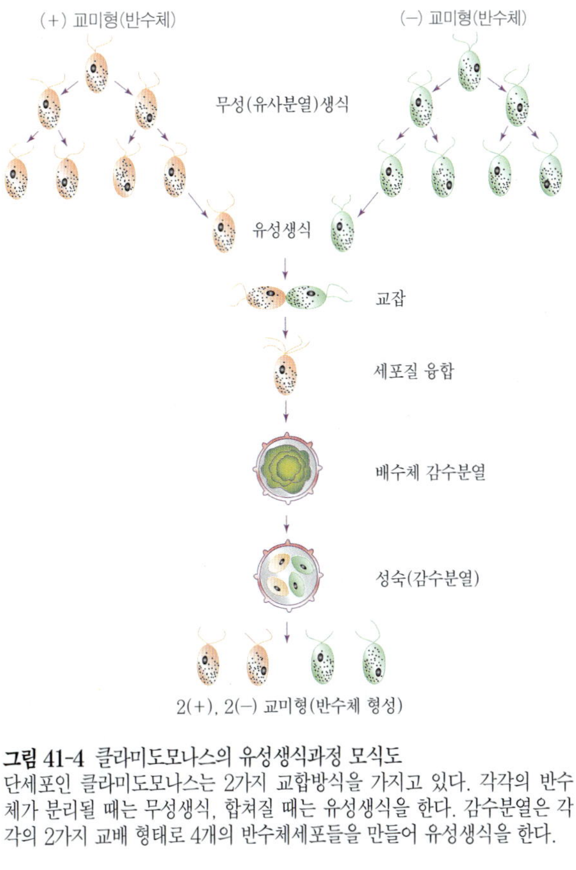

그림 41-4 클라미도모나스의 유성생식과정 모식도
단세포인 클라미도모나스는 2가지 교합방식을 가지고 있다. 각각의 반수체가 분리될 때는 무성생식, 합쳐질 때는 유성생식을 한다. 감수분열은 각각의 2가지 교배 형태로 4개의 반수체세포들을 만들어 유성생식을 한다.

유성생식은 암수의 성이 뚜렷이 분화되어 있는 개체에서 주로 볼 수 있다. 이 생식방법에서는 암컷에서 생긴 배우자(난자)와 수컷에서 생긴 배우자(정자)가 수정해서 **접합자**(zygote)를 이룬 후, 발생과 성장을 거쳐 새 개체가 된다. 이와 같은 생식방법을 **양성생식**(bisexual reproduction)이라고 한다. 사실상 거의 모든 동물들은 유성생식을 하며, 난자와 정자를 효율적으로 수정시키고, 발생하고 있는 배아를 보호하는 방법을 발전시켜 왔다. 그러나 성이 진화하는 데에는 막대한 희생도 뒤따른다. 즉, 2가지 성은 각기 특수한 생식기관을 발달시켜야 하며, 암수 개체가 동시에 성적 성숙이 이루어져야 하며, 성행위를 위한 행동이 발달되어야 한다. 또한 암수가 모두 생존 경쟁을 거쳐야 하고 차세대를 위한 유전자 변이를 감당해야 한다. 또 수정방법에서도 어떤 동물들은 **체외수정**(external fertilization)을 위해 배우자를 방출하기도 하고, 또다른 동물들은 **체내수정**(internal fertilization)을 하기 위한 기관들을 발달시켜 왔다. 그러나 달팽이처럼 수컷과 암컷 양쪽 성을 모두 가지고 있는 **자웅동체**(hermaphrodite)가 있는가 하면(그림 41-5) 말, 개, 사람과 같이 각 개체가 1종류의 성만을 가지는 **자웅이체**(dioecious)가 있다. 자웅이체의 동물은 모두 수많은 변이를 가지는 유성생식을 하므로 자웅동체에 비해 진화적으로 보다 진보되었다고 생각된다.

그림 41-5
자웅동체성 달팽이의 교미
자웅동체이나 음경을 통해 2개체가 정자를 교환한다.

41.1.2 배우자 형성

생식세포는 유생기의 생식소(gonad)에 있는 **원시생식세포**(primordial germ cell)로부터 분열 증식하고 사춘기부터 뇌하수체전엽 호르몬에 의하여 성장기 및 성숙 분열과정을 거쳐 완성된다.

(1) 정자생성과정

정자 생성과정은 정자 형성과 정자 완성과정을 거쳐 완료된다. **정자 형성**(spermatogenesis)은 정소(testis)에서 일어난다. 척추동물과 곤충의 정소는 많은 **세정관**(seminiferous tubule)으로 구성되어 있으며, 여기에서 정자(sperm)가 형성된다. 그리고 성숙한 정자는 **정관**(vas deferens)을 통하여 외부로 배출된다. 정자 형성은 연속적으로 일어나기 때문에, 여러 형성단계를 세정관내에서 관찰할 수 있다.

원시생식세포에서 유래되는 **정원세포**(spermatogonia)는 세정관내에서 체세포 유사분열에 의해 수를 늘린 후, 성장하여 제1정모세포(primary spermatocyte)가 된다. 제1감수분열로 제1정모세포는 **제2정모세포**(secondary spermatocyte)가 되는데, 이때 대부분의 동물에서는 염색체수가 반감되는데 이를 정자 형성과정이라 한다. 제2정모세포는 제2감수분열로 **정세포**(spermatid)가 된다. 감수분열의 결과로 생긴 정세포가 정자 완성과정을 통해 곧 현저하게 변형되어 정자가 되는데, 이 과정을 정자 생성과정이라고 한다(그림 41-6).

정자 형성은 세정관에서 주기적으로 일어난다. 세정관의 횡단면을 보면 흰쥐 같은 경우 14종, 소는 12종의 상이한 생식세포가 보인다. 이 세정관의 일정 부위에서 일정한 발달단계에 있는 세포군이 한 번 사라졌다가 다시 나타나는 현상이 정해진 시간 간격을 두고 주기적으로 일어나는데 이를 **세정관 상피주기**(cycle of the seminiferous epithelium)라 한다. 하나의 주기가 완성되는 데 소요되는 시간은 소에서는 13~5일, 사람에서는 74일이 걸린다.

정세포는 **정자 완성**(spermiogenesis)이라는 과정을 통하여 **핵염색질**(nuclear chromatin)의 농축, 정자의 추진기에 해당하는 미부의 형성 및 **첨모**(acrosomal cap)의 발달 등을 통해 정자가 된다(그림 41-7).

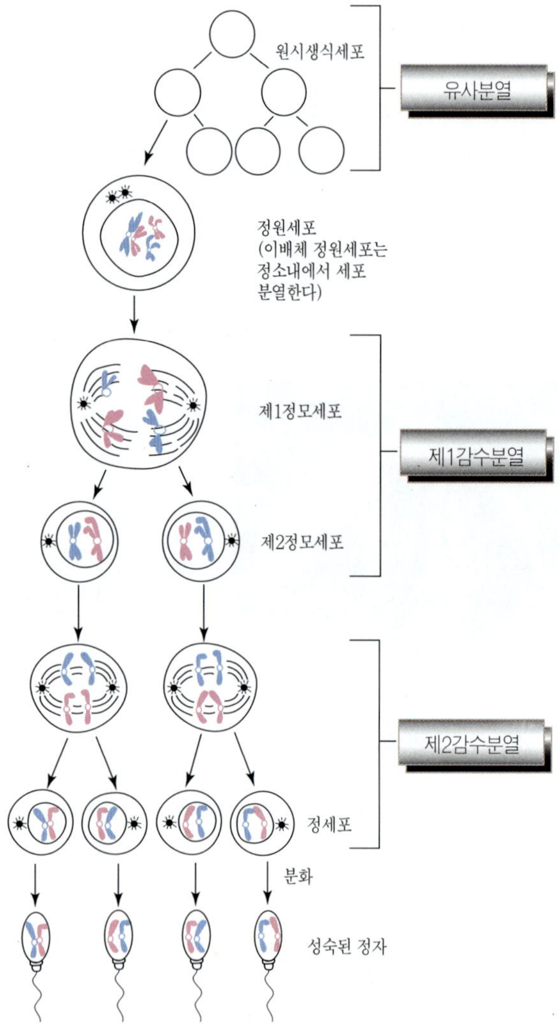

그림 41-6 정자 생성과정
정자 형성과정의 핵상 변화와 정자 완성과정

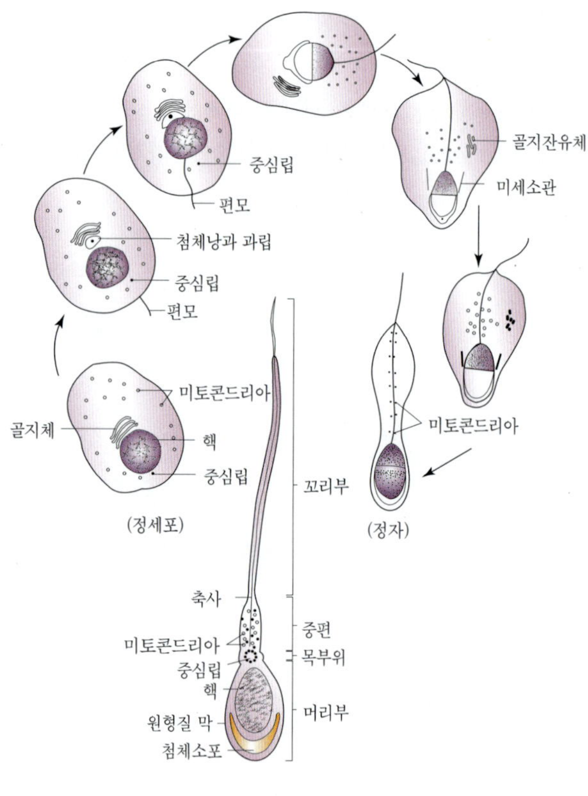

그림 41-7 정자 완성과정의 모델

(2) 난자 생성과정(Oogenesis)

원시생식세포는 **난소**(ovary)내에서 분화되어 **난원세포**(oogonia)가 된다. 난원세포는 유사분열에 의하여 일정한 수까지 증식한다. 난원세포의 증식과 그 정지시기는 동물의 종류에 따라 다르다. 포유류와 조류에서는 난원세포의 증식이 초기 태아시기 후반이나 부화기에 끝이 나고, 그 이후에는 일어나지 않는다. 양서류와 대부분의 어류에서는 성적으로 성숙한 후에도 난원세포의 증식이 계속 일어난다.

포유류에서는 이미 개체들의 출생시나 생후 얼마 후에 난원세포의 감수분열이 시작된다. 감수분열을 시작한 난원세포는 제1감수분열의 전기에서 일단 진행을 정지하고 성장을 시작한다. 성장기에 접어든 이 난원세포를 **난모세포**(oocyte)라고 한다. 이 기간 중에 세포질에는 난황이 축적되고 핵의 용적이 증대된다.

난모세포는 **난포세포**(follicle cell)로 둘러싸인다. 포유류의 경우 난포세포는 난소의 **생식상피**(germinal epithelium)에서 유래되며, 최초의 난모세포는 단층의 난포세포로 둘러싸인다. 이를 **원시난포**(primary follicle)라고 한다. 후에 난포의 세포수가 증가되면 세포는 여러 층으로 배열되고, 난자의 성숙과 함께 난포세포 사이에 간극이 생겨 **난포액**(liquor folliculi)으로 충만되며, **난포강**(antrum)은 계속 커져서 **성숙난포**(Graafian follicle)가 된다. 난포강의 주위를 둘러싸고 있는 난포세포가 중층의 **과립층**(stratum granulosum)을 이루었을 때, 난포세포의 주위에는 **투명대**(zona pellucida) 또는 **난막**(oolemma)이 형성된다. 원시난포가 성숙난포로 발달하는 말기에 **제1난모세포**(primary oocyte)는 제1감수분열을 끝낸다(그림 41-8).

그 결과 제1난모세포는 1개의 큰 **제2난모세포**(secondary oocyte)와 1개의 작은 **제1극체**(first polar body)를 형성하며, 염색체수는 반으로 줄어든다. 제1감수분열이 완성되면 제2난모세포의 핵은 분열간기에 들기 전에 제2감수분열을 시작한다. 제2난모세포의 방추사가 나타나고 **염색체**(chromosome)가 그 적도면에 모이게 되었을 때, 난포가 파열되어 난포액은 방사관으로 둘러싸인 난모세포와 함께 방출된다. 난모세포의 제2감수분열은 정자가 주입하였을 때 완성되는데, 정자에 의한 수정으로 제2난모세포는 **제2극체**(secondary polar body)를 방출하고 **성숙란**(ovum)이 된다. 곧이어 제1극체도 분열되어 2개의 극체가 된다(그림 41-8).

반수체 핵을 가지고 있는 난자(egg)는 내용물, 체제, 크기에 있어서 매우 다양하다(그림 41-9). 주로 난황의 분포에 따라 **등황란**(homolecithal egg), **단황란**(telolecithal egg), **중황란**(centrolecithal egg), 그리고 **무황란**(alecithal egg)으로 구분한다. 예를 들어, 인간의 난자는 약 100㎛ 정도의 크기이지만, 타조의 알은 매우 크다. 그러한 크기의 차이는 주로 난황의 양의 차이에 기인하는데, 난황이 다양한 종류의

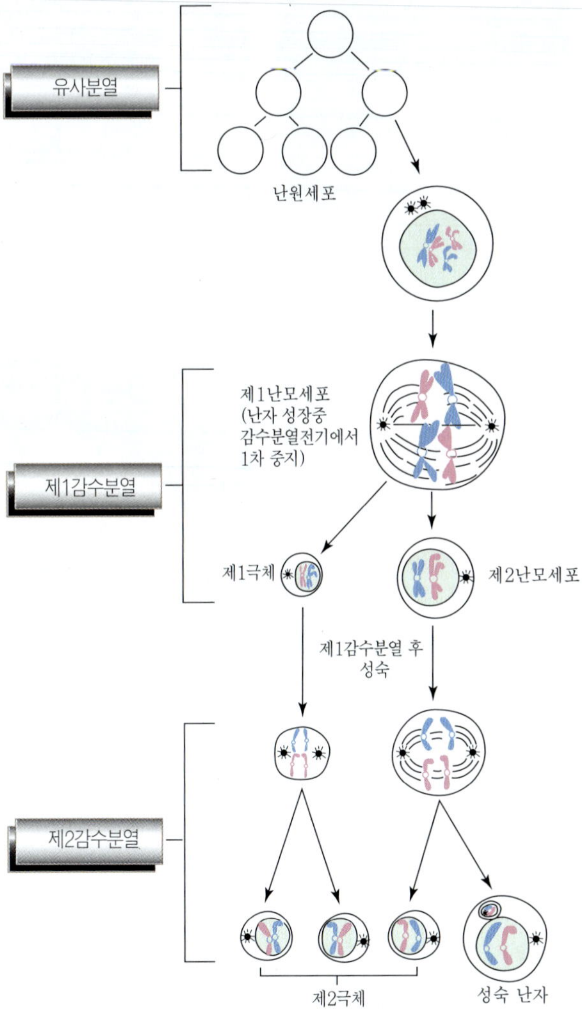

그림 41-8 난자의 생성과정

조류나 파충류의 알에서는 세포질 부위가 난황 위에 있는 단황난(telolecithal egg)이다.

난세포는 일반적인 세포기관들을 가지고 있으나 거의 모든 경우에서 동물의 알은 극성(polarity)을 보인다. 이것은 세포질 구성물이 균등히 분포되어 있는 것이 아니라 구배(gradient)가 있기 때문이다. 대부분의 난세포에서 대사기구(미토콘드리아, 골지체, 소포체 등)는 대사적으로 활발한 **동물극반구**(animal hemisphere)에 들어 있고, 양분은 **식물극반구**(vegetal hemisphere)에 저장되어 있다.

곤충의 알은 고도로 체제화되어 있어 성체의 앞쪽, 뒤쪽, 등쪽, 배쪽 부위가 실제적으로 알 속에 이미 존재해 있다. 난세포들이 지닌 난황 양은 발생의 양식에 영향을 준다. 조류와 파충류의 알에는 많은 양의 난황 저장물이 있어 체외에서 발

그림 41-9
여러 가지 동물의 알
(a) 배추흰나비
(b) 포유동물
(c) 극피동물
(d) 조류
(e) 무당벌레
(f) 개구리

생이 가능하게 되나, 포유류의 경우 수정 후 며칠 후부터 배가 태반을 통해 모체로부터 도움을 받기 때문에 미약한 난황으로도 발생이 충분하다.

난자의 표면은 특수화된 구조를 가지며 수많은 막들이 난세포의 표면을 덮고 있다. 곤충, 연체동물, 양서류, 새들에서는 **원형질막**(plasma membrane) 바로 바깥에 **난황막**(vitelline membrane)이 형성되고, 곤충은 난황막 바깥에 다시 질기고 두꺼운 **장막**(chorion)을 만든다. 포유류는 난 주변을 둘러싸는 **투명대**(zona pellucida ; 투명한 부위)를 형성하고, 배란시에는 **방사관**(corona radiata)이라 불리는 난포세포들에 의해 둘러싸인다(그림 41-10).

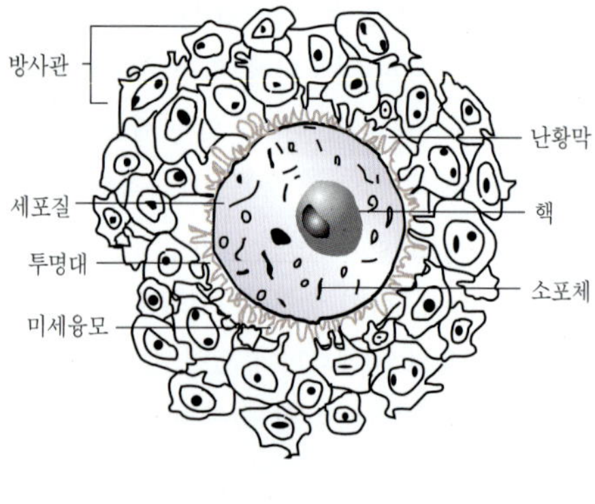

그림 41-10 사람 난자의 구조

41.1.3 동물의 수정

알은 일정한 성숙단계에 이르게 되면 난세포(卵細胞)가 난소로부터 배출되는데, 척추동물의 경우 배란된 알(卵)은 일단 체강중에 나왔다가 수란관(輸卵管)을 거쳐 체외로 방출된다. 무척추동물에서는 난소로 나온 알이 일단 체강중으로 나오는 것(예 : 환형동물의 다모류)과, 난소에 직접 이어 수란관으로 들어가는 것(예 : 곤충) 등 여러 가지 경우가 있다. 이때 난자가 난소를 이탈하는 현상을 **배란**(ovulation)이라 하고 체외로 방출되는 현상을 **산란**(oviposition)이라고 한다.

대부분의 동물은 생식기(生殖期)가 정해져 있는데 그 특정한 시기에만 배란을 하게 된다. 배란은 빛이나 온도와 같은 외부 환경 요인과 호르몬과 같은 체내의 요인이 서로 작용하여 조절된다. 조류는 봄에 배란하는데, 빛이 시각(視覺)을 통하여 뇌하수체를 자극하면 뇌하수체에서는 **생식자극 호르몬**(gonadotrophic hormone)을 분비하여 배란을 일으키게 한다. 배란이 일어나는 시기는 동물의 종류에 따라 다르다. 양서류(Amphibia)에서는 배란이 제1감수분열 중기에 일어나며, 극피동물(Echinodermata)인 성게에서는 감수분열이 완료된 뒤에 일어난다.

수정(fertilization)은 정핵과 난핵의 결합으로 이루어진다. 보통 고등생물은 자웅의 생식세포를 형성할 때, 그 개체가 필요로 하는 유전물질을 1/2로 반감시켰다가 수정을 통하여 완전하게 보완한다. 이때 수정은 다양한 자웅의 생식세포들 사이에서 무작위적으로 일어나 유전적으로 무한한 다양성이 생겨난다. 그러므로 고등생물의 생식방법은 가장 진화된 방법이라고 생각할 수 있다. 그 결과 생물집단은 가능한 한 다양한 유전자를 지닌 개체들로 안정되고 환경에 잘 적응하여 종(種)을 유지한다.

수정의 첫단계는 정자와 난자의 만남이다. 해산동물(海産動物)의 수컷에서 방출된 정자는 주로 편모운동으로 배란된 난자에 접근한다. 이 정자의 운동은 임의적이며 난자에게 접근하는 것도 우연이다. 자연계에서 정자와 난자가 만나는 기회가 비교적 쉬운 것은 막대한 수의 정자가 사출되고 난자는 비교적 큰 표적이기 때문이다. 그러나 강장동물처럼 동물의 종류에 따라서 정자가 화학물질에 의하여(**화학주성**, chemotaxis) 유도되는 경우도 있다. 극피동물인 성게의 경우, 정자가 난자에 접근하면 난자의 젤리층의 성분인 당단백질과 해수 중의 Ca^{2+}이 협동작용을 하여 정자의 첨체부에 **첨체반응**(acrosomal reaction)이라는 변화를 일으킨다(그림 41-11). 그리고 곧 정자와 난자 사이에 세포막의 융합이 일어나 정자는 난자내로 진입한다. 정자가 난자에 부착, 융합하는 것이 도화선이 되어 난자의 Ca^{2+} 농도가 증가하여 표층부에 있는 **표층립**(cortical granule)이 붕괴하기 시작하며, 정자의 진입부를 중심으로 하여 난자의 표면에 전달되어 간다. 표층립이 붕괴할 때, 그 막은 난자의 세포막과 융합함으로써 그 내용물을 세포막과 난막 사이에 방출한다. 이러한 표층의 **과립반응**(cortical reaction)을 계기로 난막은 세포막으로부터 유리되어 **수정막**(fertilization membrane)이 된다. 방출된 표층립의 성분 중 일부는 형성된 수정막을 경화시키는 작용을 한다. 표층립에 의한 수정막 형성은 경골어류, 양서류, 포유류에서도 볼 수 있으나, 유미(有尾) 양서류와 곤충 등에서는 표층립을 갖지 않으며 수정막 형성도 볼 수 없다.

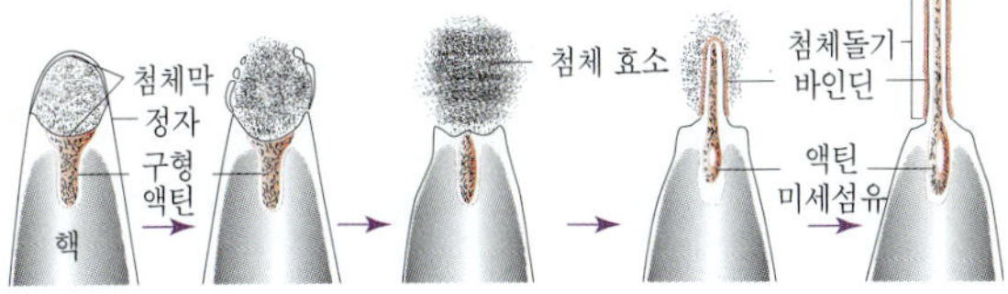

그림 41-11 성게 정자의 첨체반응
첨체막과 정자 세포막이 융합하고 첨체 내용물을 방출하여 구형의 액틴이 섬유화하여 신장하며 바인딘(bindin)이 생긴다.

정자진입의 기작은 화학적이다. 정자는 **난막용해물질**(sperm lysin)을 생산한다. 극피동물의 젤리층은 정자의 호흡과정에서 방출되는 CO_2에 의해 바닷물이 산성화되는 결과로 용해될 수 있다. 포유류에서는 투명대(난막) 둘레가 단층의 방사관으로 둘러싸여 있어, 정자가 난자에 진입하려면 이 층을 통과해야 한다. 포유류의 정자는 여러 효소, 즉 **히알우로니다아제**(hyaluronidase)와 **단백질가수분해효소**(acrosomal protease)를 생산하여, 난포세포와 결합하고 있는 점액다당류인 **히알우론산**(hyaluronic acid)을 분해하고, 정자의 접촉점에서 난막을 용해시켜 난 안으로 진입하게 된다.

성게의 경우, 난자에 진입한 정자핵은 첨체를 앞으로 하고 있으나, 곧 180° 정도 회전하여 난자의 중심부로 이동한다. 이 핵은 팽윤되기 시작하여 **웅성전핵**(male pronucleus)이 된다. 감수분열을 완료한 성숙란의 핵을 **자성전핵**(female pronucleus)이라고 한다. 중심립에서 방추사가 만들어져 암수 전핵이 융합하면 단핵의 **분할핵**(segmentation nucleus)이 형성된다. 이렇게 해서 $2n$의 염색체를 갖게 되고, 초기 발생을 향해 최초의 난할이 시작된다.

체외수정을 하는 알의 수정가능기간은 매우 짧다. 배란된 알은 생식수관내에 수일간 머물고 있다가 특정 시기에 산란이 되나, 생존 능력(viability)은 수시간에 불과하다. 체내수정을 하는 동물의 경우, 난소에서 생식관에 방출된 알은 비교적 짧은 기간 동안 수정이 가능하다. 사람의 경우에는 난자의 생존 능력이 2~3일간이며, 정자를 받아들일 수 있는 **수정능**(fertility)은 1~2일을 넘지 않는다.

수정 후 수정란에서는 대사의 활성화가 일어난다. 메다카 물고기나 성게 알의 경우 수정 후 곧 난내의 유리(游離) Ca^{2+}의 농도가 증가함과 동시에 Ca^{2+}의 흐름이 일어난다. 산(acid)이 난 밖으로 방출되어 난내의 pH가 상승하고 특이한 대사과정들이 활성화된다. 수정 후에 급속히 일어나는 변화는 대사의 변화와 DNA합성의 시작이다. 이는 암수의 양 전핵(前核)에 있어서 수정 후 2, 3분 안에 시작되며, 또 단백질 합성도 증가된다. 미수정란에서는 mRNA나 리보솜이 불활성화 상태에 있으나 수정됨으로써 활성화함에 따라 단백질 합성이 증가한다. 또한 난자내 이온의 변화를 일으키는 작용기작도 최근에 연구되고 있다.

수정에는 일반적으로 **종특이성**(species specificity)이 나타나며, 동종간에는 거의 100% 수정이 일어날 수 있지만 다른 종의 생물간에서는 일어나기 어렵다. 이 수정에 있어서 종특이성의 인식기구는 생물계에 지나치게 많은 잡종이 만들어지지 않고, 제각기 종의 유지가 이루어지는 장치이다.

41.2 발생과 발생의 기구

1828년 K.E. VON BAER은 서로 다른 종의 동물이라도 발생초기에는 매우 비슷한 모양을 가진다는 「VON BAER의 법칙」(그림 41-12). 또 HAEKEL(1866)은 '개체발생은 계통발생을 반복한다'는 반복설을 제창하였다.

발생(development)이란 1개의 수정란 세포가 분열을 시작하여 다세포가 되고, 세포 사이에 **분화**(differentiation)가 일어나 성체에 이르는 과정을 말한다. 즉, 발생이란 생명의 최소 단위인 세포가 융합하여, 고차원의 생명의 단위인 개체를 이루는 과정이다.

대부분의 동물은 발생단계에서 매우 서로 비슷하여 **수정**(fertilization) → **난할**(cleavage) → **포배형성**(blastulation) → **낭배형성**(gastrulation) → **기관형성**(organogenesis) → **성장 및 조직 분화**(growth and tissue differentiation)라는 공통적인 과정을 거친다. 특히 낭배형성과정을 통하여 2배엽 또는 3배엽(three germ layers), 즉 **내배엽**(endoderm), **중배엽**(mesoderm), **외배엽**(ectoderm)을 형성한다. 이 각각의 배엽들은 특수한 기관으로 형성되어 간다.

41.2.1 난할과 포배형성

수정이 이루어지면 수정란이 되고, 곧 이어서 일련의 세포분열이 일어나 여러 조직과 기관의 원기(原基)를 형성하게 되는데, 이 발생의 초기에 일어나는 수정란의 분열을 **난할**(cleavage)이라고 한다. 발생 초기의 세포분열은 일반 세포분열과는 달리 성장기를 수반하지 않는 것이 특징이다. 즉, 유사분열에 의해 다세포체가 된다. 성장은 일어나지 않고 계속 분열하여 할구의 크기만 작아지며, 포배강을 형성하는 것 외에 형태가 변하지 않는다. 아울러 배아의 질적 변화는 없고 핵과 세포질의 비가 점점 작아진다. 난할의 결과로 생긴 낭세포를 **할구**(blastomere)라고 하며, 할구의 크기에 차이가 있을 때 큰 것을 **대할구**(macromere), 작은 것을 **소할구**(micromere)라고 한다. 난할의 반복으로 세포수는 배수로 늘어나 곧 **상실배**(morula)를 형성한다. 이 시기가 지나게 되면 할구는 점차 단층으로 배열하고, **할강**(blastocoel)이 생겨 **포배**(blastula)가 된다.

난할의 형식은 난황의 양과 분포에 따라 영향을 받는다. 창고기와 포유류 등의 **등황란**(isolecithal egg)에서는

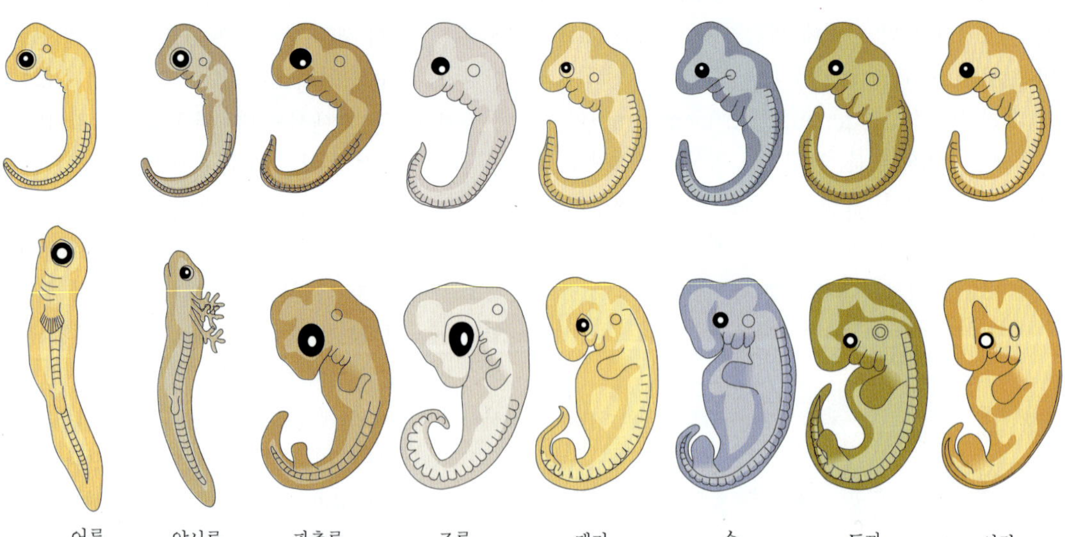

그림 41-12 VON BAER의 법칙
그림에서 보듯이 척추동물의 초기배아는 종에 관계없이 모두 매우 비슷하여 구별이 어렵다.

동물반구와 식물반구의 할구 크기가 거의 같은 **전등할**(total equal cleavagc)을 한다. 양서류와 경인어류(硬鱗魚類) 등의 **중도단황란**(moderate telolecithal egg)에서는 **전할**(total cleavage)을 하는데, 난황의 양이 많이 분포된 식물반구쪽의 할구가 동물반구쪽의 것보다 훨씬 큰 **전부등할**(total unequal cleavage)을 한다. 경골어류, 파충류, 조류 등의 **고도단황란**(highly telolecithal egg)과 절지동물 등의 **중황란**(centrolecithal egg)에서는 **부분할**(partial cleavage)을 하며, 전자에서는 동물극에 국한된 세포질에서만 난할이 일어나 원반상을 이루므로 **반할**(discoidal cleavage)이라 하고, 후자에서는 중심부에 난황이 차 있고 세포 주변에서만 난할이 일어나므로 **표할**(superficial cleavage)이라고 한다. 난할은 모든 동물에서 비슷하게 일어나지만 구체적인 난할의 과정은 주로 난할의 양과 진화의 역사에 따라 다르게 진행된다.

이제부터 창고기와 조류의 난할과정을 상세히 알아보기로 한다.

(1) 창고기의 난할

창고기(*Amphioxus*)의 알은 제1극체가 방출된 후에 방란, 수정이 되면 제2극체가 나온다. 극체는 반드시 동물극으로부터 방출되므로 극성의 표적이 된다. 수정 후 1시간 전후에 제1난할이 일어나는데, 이 분할면은 동물극과 식물극을 지나는 면에서 일어나 **경할**(meridional cleavage)을 한다. 다시 45분 정도가 지나면 제2난할(경할)이 일어나는데, 제1난할면에 직각의 종단면에서 교차된다. 약 30분 후에 제1, 제2난할면과 교차되는 수평면에서 제3난할이 일어나는데 **위할**(latitudinal cleavage)이라고 한다. 그 위치는 전도면의 약간 위쪽이므로 8세포기의 창고기의 경우, 동물극측에 4개의 소할구를, 식물극측에 4개의 대할구를 형성하게 된다. 계속되는 난할은 처음에 경할, 그 다음에 위할이 일어나서 각각 16, 32세포배를 형성한다. 이 시기의 배아를 상실배라고 한다. 이어서 세포의 재배열이 일어나고, 내부에 할강이 생긴다. 다음에 계속되는 난할은 약 15분 간격으로 일어나는데, 분열은 다소 불규칙하며 세포의 크기는 점차 작아지고 중앙에 있는 할강은 확대된다. 수정 후 약 4시간이 되면 128 또는 256세포기가 되고 전형적인 포배를 형성한다(그림 41-13).

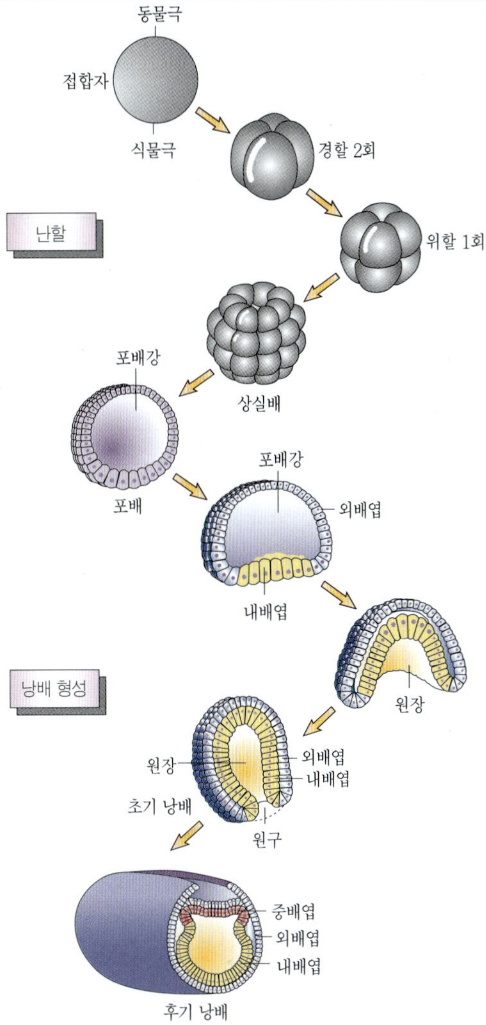

그림 41-13 창고기의 배발생
등황난으로 전할을 하며 포배는 함입(invagination)에 의해 낭배가 된다.

(2) 조류의 반할

조류의 알세포는 고도의 단황란으로 주로 난황으로 구성되며 난황의 정점에 **배반**(blastodisc)이라고 하는 부분이 있다(그림 14-14). 이 배반부는 난핵과 세포질을 함유하고 있어서 이 부분에서 난할이 일어나고, 난황은 배발생을 위하여 영양을 마련한다. 난자는 배란 후 난관에 들어오면 곧 수정되고 난할을 시작하며, 난관을 통과하는 중에 낭배형성과정을 거치게 된다.

난할은 그 최초기부터 매우 불규칙하며, 수정 후 약 3~5시간에 제1난할이 경할로 일어난다. 제2난할은 약 20분 후 제1난할면과 직교해서 일어나며, 제3난할은 제2난할이 이루어지고 약 1시간 후에 일어나는데, 대부분의 경우 제1난할에 대해 직각방향으로 일어나므로, 그 결과로 생긴 8할구는 2줄로 배열된다. 제4난할은 다시 약 45분 경과 후에 일어나며, 16세포기가 된 배반의 중앙에는 다른 세포로부터 독립된 중심세포(central cells)가 출현하는 일이 있는데, 중심세포를 둘러싸고 있는 주위의 세포를 주연세포(marginal cells)라고 한다. 제4난할기 이후의 난할은 점차 불규칙하게 경과하나, 중심세포의 증가와 함께 주연세포는 점차 주변으로 밀려나며 중심세포의 아랫면에 포배강이 생긴다. 할구 수의 증가에 의하여 세포화된 배반을 **배반엽**(blastoderm)이라고 한다. 배아는 배반엽의 중앙에 있는 투명한 **명역**(area pellucida)과, 주연부의 난황에 접해 있는 어둡고 불투명한 **암역**(area opaca)으로 구별한다. 장래의 배아는 명역에서 발생하며, 암역은 배외조직이 된다(그림 41-14).

41.2.2 낭배형성

배발생에 있어서 포배로부터 **낭배**(gastrula)가 생기는 것을 **낭배형성**(gastrulation)이라고 한다. 이것은 이제까지 단순한 단일층으로 되어 있던 배가 여러 층의 구조를 만들기 시작하는 변화, 즉 배엽조직의 체제화라고 말할 수 있다. 낭배는 강장동물 이상의 모든 후생동물(Metazoa)의 발생 초기에 나타나는 형식이다.

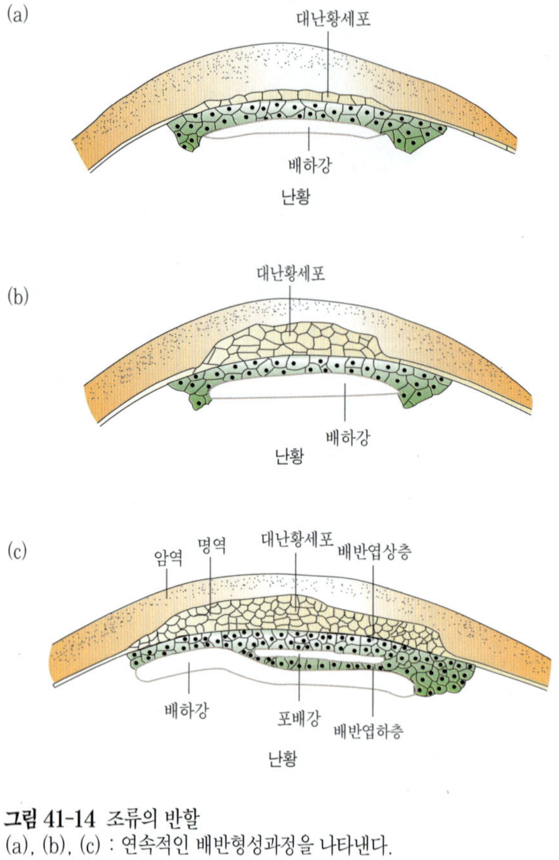

그림 41-14 조류의 반할
(a), (b), (c) : 연속적인 배반형성과정을 나타낸다.

세포층의 분리는 단순한 다중층화(多重層化)가 아니고, 세포의 성질, 기능, 운명을 달리하는 세포집단의 분리로서 그것이 곧 배엽의 형성이다. 낭배기가 끝날 때까지 외배엽, 내배엽, 중배엽의 3배엽이 나누어진다(그림 41-13 참조).

2배엽으로 되는 강장동물을 제외한 모든 다세포동물에서는 3배엽이 생성되므로, 계통적으로 보아 배엽의 기원은 오래 전인 것으로 생각된다. 중배엽이 나타나는 과정은 동물에 따라 달라, 크게 2가지로 나누어진다. 1가지는 편형동물, 환형동물, 연체동물 등에서 볼 수 있는 과정으로, 원중배엽세포(原中胚葉細胞) 또는 말단세포(teloblast)라고 하는 특수한 세포가 난할강에 들어가 이것이 중배엽세포를 만든다. 다른 1가지는 극피동물, 원색동물, 척추동물 등에서 볼 수 있는 것으로, 난할강에 중내배엽이 분리되지 않은 채 함몰되어 이것에서 중배엽이 분리된다. 이와 같은 중배엽 형성의 차이로 동물계를 계통적으로 둘로 나누어 생각할 수 있다. 배에 여러 겹의 층구조를 이루는 것과 관련해서 낭배에서는 **함입**(invagination), **피포**(epiboly), 그리고 **회절**(involution) 또는 **분층**(delamination) 등과 같은 세포군과 층으로서의 운동이 처음으로 보이게 된다. 이를 **형태형성운동**(morphogenesis)이라고 한다. 낭배형성은 형태형성운동이 시작되는 시기라고 할 수 있다. 그 결과로서 배에서는 지금까지 서로 멀리 떨어져 있던 세포군끼리 새로이 접촉하기 시작하고, 그들 사이에 **유도**(induction)와 같은 세포 사이에서의 상호 작용이 가능해지기 때문에 세포군에는 새로운 성질이 나타나게 된다.

다음에 창고기와 개구리 및 조류의 낭배형성에 대해 알아보기로 한다.

(1) 창고기의 낭배형성

창고기(*Amphioxus*)를 척추동물 발생의 원형(原型)으로 보며 식물극측에 있는 세포가 할강으로 함입함으로써 배는 이중의 층을 갖게 된다(그림 41-13 참조). 그 결과 할강이 점차 좁혀져서 이중의 층으로 둘러싸인 새로운 강소가 생긴다. 이 중심강을 **원장**(archenteron), 그 개구부를 **원구**(blastopore)라고 한다. 원구가 있는 부분이 성체의 미부에 해당되고, 반대측이 두부가 된다. 이중의 세포층 중, 외층을 **외배엽**(ectoderm), 내층을 **내중배엽**(mesentoderm)이라고 한다. 후자는 뒤에 **중배엽**(mesoderm)과 **내배엽**(endoderm)으로 나누어진다. 이 시기의 배를 **낭배**(gastrula)라고 하며, 그 발생과정이 **낭배형성**(gastrulation)이다(그림 41-13 참조).

(2) 개구리의 낭배형성

W. Vogt은 국소생체염색법에 의하여 도롱뇽 포배의 **배표예정도**(surface fate map)를 작성하였다. 이때 포배의 어떤 부위의 세포가, 낭배형성 중에 무엇을 형성하는지 예정되어 있다. 포배 말기에 적도의 약간 하부에 색소립이 많은 궁상(弓狀)의 홈이 나타나는데, 이 곳이 원구이다. 원구가 나타나는 장소는 수정란에서 **회색신월환**(gray crescent)이 분포하는 장소와 일치한다. 만일 수정란에서 회색신월환 부분의 세포질을 제거하고 발생을 유도하면 함입은 일어나지 않는다. 또 다른 난에서 얻은 신월환세포질을 수정란에 심어 주면 원구가 2개 생기고 2곳에서 함입이 시작되어 결국 이중배가 형성된다. 낭배형성시 체표세포들은 함입 **피포**(epiboly)를 통해 원구에 모여들고 이들이 회절하여 원구에서 함입이 시작되는데 이 홈의 상연을 **원구배순**(dorsal blastoporal lip)이라고 하며, 그 하연을 **원구복순**(ventral blastoporal lip), 양쪽에 있는 부분을 **원구측연**(lateral blastoporal lip)이라고 한다. 원구순(原口脣)으로 둘러싸인 내부를 **난황마개**(yolk plug)라고 하는데, 이 부분은 발생의 진행과 함께 원구순이 하행함으로써 점차 내부로 함입되어 밖에서는 볼 수 없게 된다(그림 41-15). 양서류의 난에서는 난황이 식물극측에 존재하므로 원장이 형성되는 과정은 원구부분이 함입할 뿐 아니라, 원구배순이 활발하게 분열하여 식물반구 쪽으로 뻗어 배 표면을 점차 덮게 된다.

(3) 닭의 낭배형성

파충류 및 조류는 양서류보다도 더욱 난황이 많기 때문에 난할은 동물극쪽에서만 일어난다. 먼저 한 겹의 세포층이 생기고 그 아래에서 극히 좁은 할상을 갖는 포배가 되지만, 조류에서 배엽의 분리는 세포의 유주, 이동에 의하여 이루어진다. 할구수의 증가에 의해 세포화된 배반을 **배반엽**(blastoderm)라고 한다.

배아는 배반엽의 중심에 있는 투명한 명역과, 주연의 난황립을 많이 포함한 불투명한 암역으로 구별된다. 처음에는 단층 세포배였던 배반엽이 낭배형성과정에서 두 겹의 세포층을 가진 배아로 형성되며, 이때 배반엽을 이루고 있는 세포 중 비교적 큰 세포가 표층에서 분리되어 내층으로 이동한다. 이와 같이 하여 내배엽은 표층에서 유래되고 표층은 예정외배엽과 중배엽을 형성한다. 이와 같이 한 세포층에서 다른 세포층이 형성, 분리되는 과정을 엽열법(葉裂法) 또는 분층법(分層法)이라고 하며, 표층을 **배반엽상층**(epiblast), 내층을 **배반엽하층**(hypoblast)이

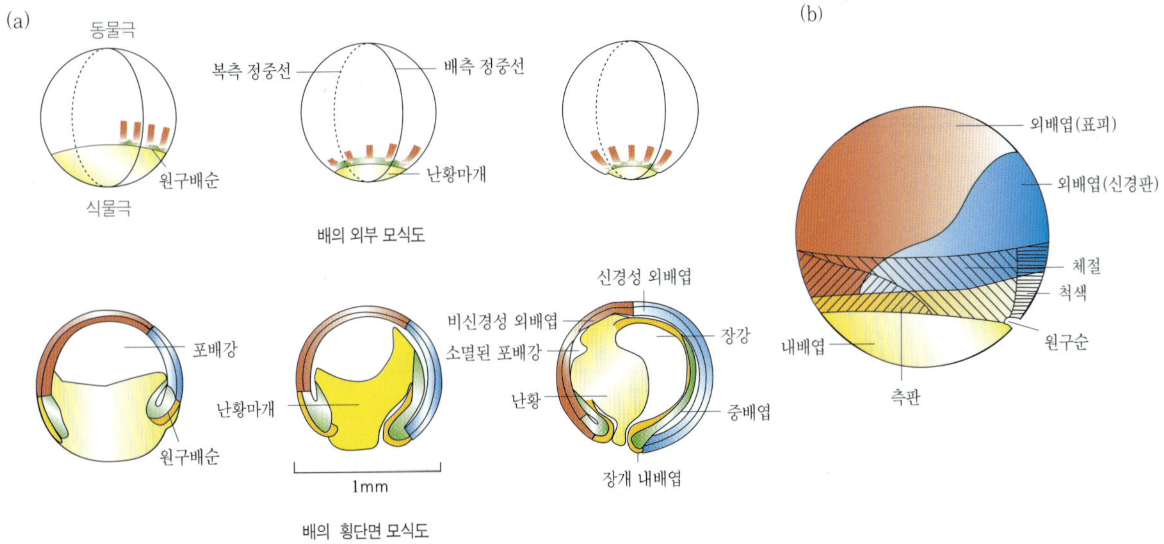

그림 41-15 개구리의 낭배형성 (a) 낭배형성과정 (b) 배의 발생 예정도

라고 한다. 이 시기에 산란이 일어나며, 일반적으로 산란 시의 계배(鷄胚)는 낭배기에 있게 된다(그림 41-16).

부란(孵卵)이 시작되면 배반엽은 난황 위에서 신속히 자라나며, 산란 후 계배에서 최초로 관찰되는 구조는 **원조**(primitive streak)인데, 이것은 명역의 중앙으로부터 선상(線狀)의 비후(肥厚)로 나타난다. 이는 배반엽의 세포가 이 곳을 향하여 이동하는 것에 의해 생긴 주름으로 반할을 하는 배에 있어서는 최초의 조형운동(morphogenesis)의 결과이며, 전할을 하는 난에서 볼 수 있는 원구에 해당된다. 원조가 발달하면 중앙부에 홈이 보이게 되며 이 홈을 **원구**(primitive groove), 그 양측의 융기를 **원습**(primitive fold)이라고 한다(그림 41-16a).

원조의 전단은 부풀어서 **원결절**(primitive node) 또는 **헨센결절**(Hensen's node)을 이루며, 그 중앙에는 오목한 **원와**(primitive pit)가 있다. 원결절의 더욱 전방에는 불투명하게 보이는 줄이 나타나는데, 이것을 **두돌기**(head process)라고 하며 장차 척색으로 발달한다.

41.2.3 신경배 형성과 중배엽 분화

(1) 신경관 형성

척추동물에서는 낭배형성에 이어서 다음 3가지 현상이 동시에 진행된다. 첫째로, 배반의 전반부에 두돌기의 유도작용이 일어나서 그 표면을 덮고 있는 외배엽이 비후하여 **신경판**(neural plate)이 형성된다. 신경판에는 곧 정중선에 종주하는 홈이 생겨 **신경구**(neural groove)를 이루며, 이 구의 양측연(兩側緣)은 융기되어 **신경습**(neural fold)을 이루고, 점차 좌우의 신경습은 서로 근접하여 정중면에서 유합하여 **신경관**(neural tube)을 형성한다(그림 41-17).

신경습의 유합은 경부에서 시작되어 전후방으로 진행하므로 신경관의 양단은 한동안 열려 있게 된다. 이 개구를 각각 **전신경공**(cephalic neuropore), **후신경공**(caudal neuropore)이라고 하며, 사람의 경우 태생 제3주에 양 공이 폐쇄되어 신경관은 완전히 폐쇄강이 된다. 둘째로, 배측의 중배엽에서 척색이 분리된다. 이것은 두미축(頭尾軸)을 지지하는 구조이지만, 창고기에서는 평생 중축지지

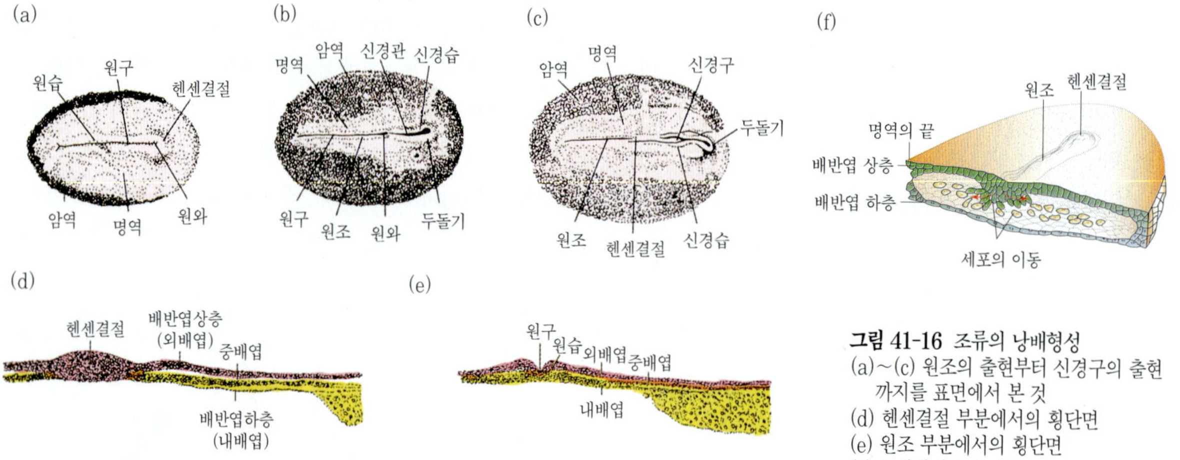

그림 41-16 조류의 낭배형성
(a)~(c) 원조의 출현부터 신경구의 출현까지를 표면에서 본 것
(d) 헨센결절 부분에서의 횡단면
(e) 원조 부분에서의 횡단면
(f) 중배엽세포의 이동

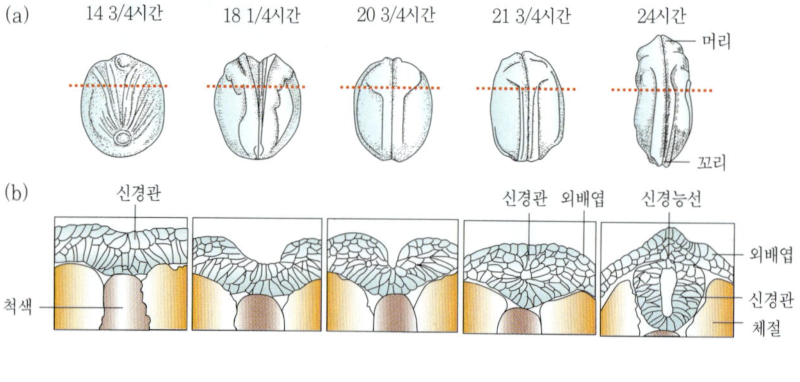

그림 41-17 개구리의 신경관 형성과정
(a) : 외부 형태
(b) : 횡단면

기관으로 남고, 원구류에서는 이것이 결합조직의 피막으로 덮이며, 포유류에서는 척추(vertebra)로 바뀌어 추간 연골 중에 흔적으로 남아 **수핵**(pulpy nucleus)을 이룬다. 셋째로, 체측 상반부의 중배엽에서는 두미축을 따라 **체절**(somite)의 구조가 나타나 척색을 중앙으로 해서 좌우대칭으로 늘어선다. 이와 같이 두미축이 명확해지고 또 그 축을 따라 분절구조가 생기며, 좌우의 대칭성도 확립됨으로써 배아의 체제는 그 기초를 굳히게 된다. 또한 배엽의 분리도 완료되므로 배발생은 기관원기(器官原基)의 형성단계로 나아가게 된다(그림 41-18).

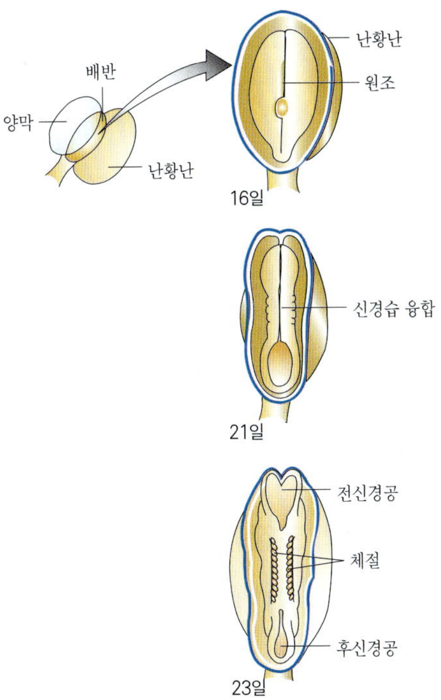

그림 41-18 사람의 배반과 신경배 형성

(2) 중배엽의 분화

중배엽은 정중선의 각측에서 배반의 전방과 외측방으로 자라나 세포판을 형성하는데, 각 세포판은 척색과 신경구에 접해 있는 부분이 가장 두껍고 주변부는 얇다. 그 후 중배엽의 주변부에는 열극(裂隙)이 생기고 이들이 서로 유합(癒合)하여 **배아내체강**(intraembryonic coelom)을 형성한다. 배아내체강이 형성되고 확대될 무렵, 정중선에 가까운 중배엽을 종주하는 수축(髓軸)이 나타나 각 중배엽판은 (a) 정중선의 양측에 있는 **방축중배엽**(paraxial mesoderm), (b) 수축하여 종구가 생긴 얇은 부분의 **중간중배엽**(intermediate mesoderm), (c) 수축한 외측에서 배외중배엽에 연결되는 **측중배엽**(lateral mesoderm)의 3부분으로 구분된다(그림 41-19).

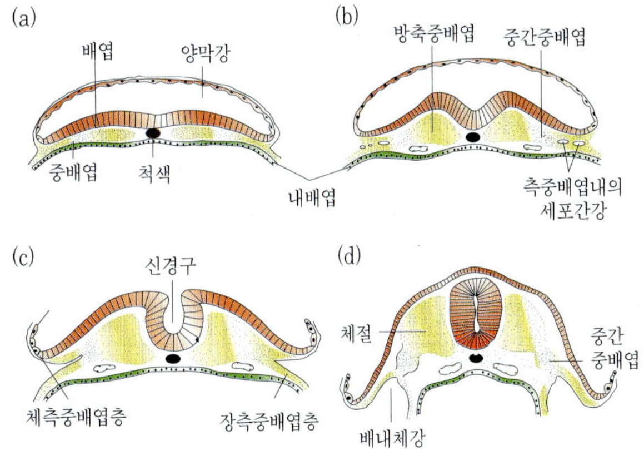

그림 41-19 사람의 중배엽 분화를 나타내는 횡단 모식도
(a) 17일배 (b) 19일배 (c) 20일배 (d) 21일배

각 방축중배엽의 전단부는 분절되지 않으나, 나머지 부분에서 횡구가 생겨 분절로 나누어진다. 이 분절을 **체절**(somite)이라고 한다. 최초의 체절은 척색단의 바로 뒷부분에 형성되며, 이 곳에서 새 체절이 전후방으로 출현한다. 체절의 제1횡구는 추뇌부에 있으며, 두부에는 3~4쌍의 체절이 형성된다. 사람의 경우 체절 형성은 태생 제3주 말에 시작하여 태생 1개월 말까지 약 40쌍의 체절이 형성된다. 체절의 내측벽을 **추절**(sclerotome)이라고 하며, 장차 척추(vertebra)를 형성한다. 체절의 나머지 배외측부를 **피부근절**(dermomyotome)이라고 하여 이 부분의 내측에 있는 세포는 **근원세포**(myoblast)로 분화되는 **근절**(myo-tome)을 이루며, 근절의 각 외측부의 세포는 간충직상으로 분화되어 외배엽 하에 퍼져 진피와 피하조직을 형성하게 되므로, 이 부분을 **피절**(dermatome)이라고 한다. 중간중배엽은 일시적으로 방축중배엽과 측중배엽을 연결하나, 체절과는 전혀 다른 방법으로 분화한다. 경부와 상흉부에서는 분절적으로 배열된 세포군을 형성하므로 이를 **신절**(nephrotome)이라고 하며, 이것에서 **전신**(pronephros)과 **중신**(mesonephros)의 일부가 발생한다. 중간중배엽의 후반부에서는 분절하지 않는 **조신삭**(nephrogenic cord)을 이루어 이 곳에서 중신의 나머지와 **후신**(metanephros)을 형성한다. 측중배엽에는 많은 세포간극이 생기고 이들이 유합하여 체강을 형성한다. 체

강의 형성으로 측중배엽은 2층으로 나누어지며, 그 중 한 층은 양막을 덮고 있는 **배외중배엽**(extraembryonic mesoderm)과 연결하여 **체측중배엽**(somatic mesoderm)을 이루고, 다른 한 층은 난황낭의 외벽과 연속하여 **장측중배엽**(splanchnic mesoderm)을 형성한다. 체측중배엽은 외배엽과 유합하여 **체벽엽**(somatopleure)을 이루며, 장측중배엽은 내배엽과 합쳐져서 **내장엽**(splanchnopleure)을 형성한다(그림 41-19).

41.2.4 동물의 배아막 형성

발생과정 중 배 자체의 발생과 배를 유지하고 보호하는데 도움을 주는 여러 지지구조들이 생겨난다. 수정된 파충류와 조류의 알들은 본질적으로 껍질, 난황, 알부민, 배의 4부분으로 구성되어 있다. 보호용 껍질 그 자체는 부드러운 껍질(파충류)이거나 딱딱한 석회성 물질(조류)로 구성되며, 구멍이 있어 가스가 쉽게 확산되어 들어오고 나간다. 난황은 배가 필요로 하는 양분의 대부분을 공급하며, 흰자질은 물, 저장 단백질, 항박테리아 요소 등을 포함하고 있다. 배 자체 또한 난황주머니, 장막, 요막, 양막 등 4개의 지지용 배외막을 만들어낸다(그림 41-20).

조류와 파충류의 **난황주머니**(yolk sac)는 첫번째로 발달하는 배외막으로 내배엽의 산물이며, 원시장이 연결된 것이다. 난황주머니는 혈관계로 뒤덮이게 되고, 혈액이 난황의 표면 위로 순환함에 따라 혈액으로 흡수된 음식물이 배로 전달된다. **양막**(amnion)과 **장막**(chorion)은 동시에 발달하며, 각기 신경관 형성 직후에 배 위에서 자라난다. 양막은 액체로 채워진 보호용 주머니를 형성하는데, 충격 흡수체로 작용하며 윤활성을 유지시켜 줌으로써 자라나는 부분들이 서로 융합되지 않게 한다. 장막은 알의 내용물을 둘러싸며 계속 자라서 껍질 바로 밑에서 연속적인 막을 형성하며, 후에 요막과 합쳐져서 **장뇨막**(chorioallantois)을 형성한다. **요막**(allantois)은 본질적으로 내배엽 기원인데, 특이하게 생긴 작은 주머니로 시작하지만 점차 완전한 막으로 자라나 장막과 융합이 된다. 융합된 장뇨막을 통과하는 혈관망은 껍질 밖의 공기와 가스를 교환하며, 요막에 의해 형성된 강은 질소노폐물을 담는 그릇 역할을 한다.

파충류와 조류로 진화하면서 배는 특정한 용기 안에 안정하게 싸이게 되는데, 이 용기는 조상이 지녔던 수중 환경을 그대로 유지하고 있다. 그러나 음식과 물의 공급, 지

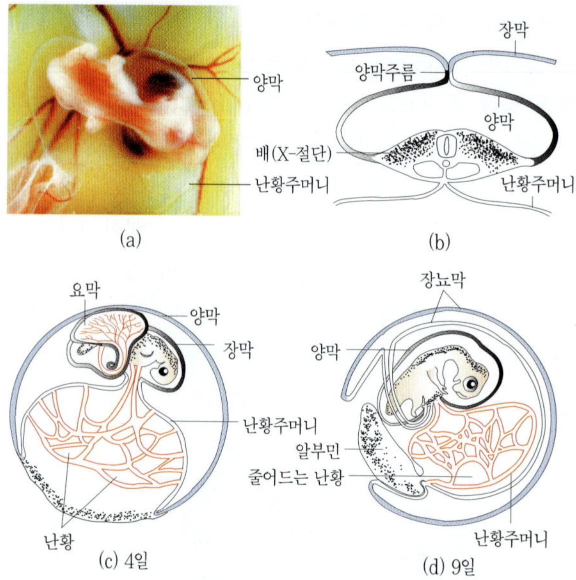

그림 41-20 조류의 배외막 형성과정
(a) 5일된 닭의 배에서 양막과 난황주머니
(b) 신경관 형성에 뒤이어 양막과 장막을 형성
(c) 난황주머니 혈관이 분포
(d) 발생이 계속됨에 따라 난황은 감소하고 요막이 장막의 형성 경로를 따라 자라 융합하여 장뇨막을 이룬다.

지용 배외막들을 가진 이러한 독립된 알은 육상에서의 생존을 위한 여러 방법 중에 하나였을 뿐이며, 포유류는 또 다른 종류의 시스템으로 진화해 나갔다.

41.2.5 발생의 조절기구

고등 동식물의 여러 기관을 관찰해 보면 세포의 구성이 매우 다르게 되어 있는 것을 볼 수 있다. 세포의 모양과 크기, 핵과 세포질의 배율이 다르고, 또한 세포 내용물과 세포기관의 특징, 그들의 행태와 염색 정도도 다르게 나타난다. 그러나 서로 다른 종류의 생물일지라도 같은 조직의 세포 구성은 매우 비슷하다. 서로 다른 종에서도 같은 형태와 기능을 하는 세포는 유사성을 가지나, 같은 종이라 해도 서로 다른 조직은 조직 특이성과 세포 표면의 특이성을 가진다. 하나의 수정란에서 발생이 진행됨에 따라 세포분열이 거듭되면서 여러 세포들간에 형태 및 기능이 특수하게 달라지는 세포분화(cell differentiation)가 일어나 각 조직과 기관을 형성하고 하나의 개체를 이룬다. 배발생의 과정에서 세포가 할 수 있는 모든 일에는 우선 세포가 갖고 있는 유전 정보가 있어야 하며, 둘째로 그 정보가 발현될 수 있어야 한다.

따라서 세포의 분화를 생각하는 입장은 핵과 세포질의

어느 쪽에 중점을 두느냐에 따라 그 중요성이 둘로 나누어질 수 있다. 첫째는 난할 또는 그것에 연속되는 세포분열을 통해서 유전자 기능의 양적 또는 질적인 변화가 일어나고, 그 결과 동일한 난세포에서 유래되었으면서도 유전자 활성이 전혀 다른 세포가 이루어지는 것이라고 생각할 수 있다. 두번째는 핵이 배발생을 통해서 동일한 유전자 구성을 하고 있음에도 불구하고, 세포질 환경이 다르므로 유전자 발현이 다른 세포군으로 변하여 분화가 유도될 수 있다는 생각이다. 이와 같이 분화의 유도가 나타나기까지는 복잡한 형질 발현 관계의 조절을 받게 된다.

이제부터 발생과 분화의 조절기작에 대하여 알아보자.

(1) 수정란의 극성

세포분열시에 핵의 성분, 특히 유전자가 균등하게 분배될 경우에 한하여 생각해 보면, 장래에 배가 다양성을 갖게 되는 근원은 난자 세포질의 불균등한 분포에 의한다고 생각할 수밖에 없다. 분열한 핵은 각각 다른 난자 세포질 속에 있게 되어 다른 환경을 갖게 된다. 난세포에 있어서 이와 같은 세포질의 불균등현상을 난의 극성(polarity) 또는 기울기(gradient)라고 한다.

이와 같이 난자는 고도로 극성화되어 있어서 세포질 요소들은 경사를 이루고 있고 그 경사는 미래에 일어날 발생의 방향을 결정하는 근원이 된다고 할 수 있겠다.

양서류의 미수정란에서는 검은 색소과립이 동물반구에 분포되어 있는데, 수정이 되면 정자가 침입한 반대쪽의 색소 중 어떤 것이 동물반구 세포쪽으로 깊숙히 들어가서 보다 밝은 색깔을 띤 초생달 모양의 지역, 즉 **회색신월환**(gray crescent)이 형성된다. 첫번째 난할은 동물과 식물반구를 가로질러 일어나므로 회색신월환을 반으로 가른다. 회색신월환은 낭배형성 시기에 원구를 형성함으로써 장래의 등쪽 부위를 결정하는 역할을 한다(그림 41-21).

이와 같은 현상은 핵의 공급 시기의 차이 또는 받아들여진 핵물질의 양적 차이보다는 두 할구의 세포질 조성의 차이, 즉 물질의 불균등 분포가 배 발생에 더욱 중요함을 말해 주고 있다.

(2) 수정란의 전능성

성게의 알이 분열하고 있을 때 그 2세포기, 4세포기 등에서 할구를 분리하여 발생시켜 보면, 그들은 형체는 작지만 각각 완전한 체제를 가진 유생이 된다. 또 H. SPEMANN은 도롱뇽의 수정란을 난할 전에 중앙에서 묶어 두고 한 쪽에 핵이 들어가 있게 하는 실험을 했는데, 핵을 가진 부분은 정상적으로 난할을 하였으나, 핵이 없는 부분에서는 분열이 일어나지 않았다(그림 41-22).

16세포기 또는 32세포기까지 발생이 진행되었을 때, 난할핵에 묶여 있는 끈을 느슨하게 해서 핵이 없는 부분으로 밀어 넣은 후 다시 꼭 묶어 각각을 발생시키면 약간 발생이 지연되는 현상을 제외하고는 양쪽 모두 완전한 체제를 갖춘 유생이 발생하였다. 이 실험은 할구를 분리하여도 핵내에 불가역적인 변화는 일어나지 않았음을 보여준 예이다. 즉, 배발생 동안에 진행되는 발생 프로그램은 동물의 게놈에서 기원하는 것이므로 수정란은 발생 프로그램 전

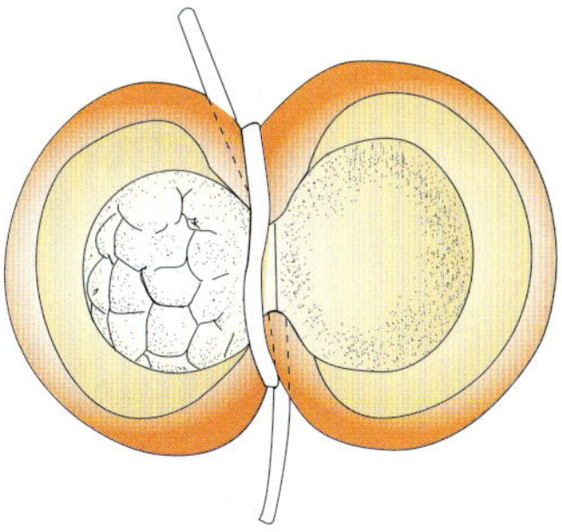

그림 41-22 도롱뇽 수정란에 대한 스페만의 실험

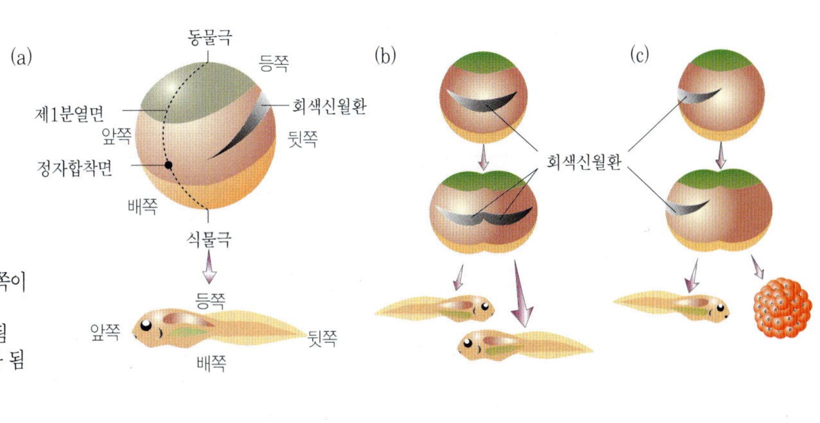

그림 41-21 회색신월환의 중요성
(a) 회색신월환의 위치로 인해 좌우 및 등배쪽이 결정됨
(b) 회색신월환을 2등분하면 2개의 개체가 됨
(c) 회색신월환이 있는 쪽 배아만 정상배아가 됨

체를 수행하는 데 필요한 유전적 물질을 모두 지니고 있다는 뜻이다. 따라서 우리는 수정란을 **전능성**(totipotent)이 있다고 한다. 그러나 발생이 계속됨에 따라 세포들은 점차 특정한 운명을 갖게 되고 특수화된 세포로 되어간다. 이 과정에서 각 세포가 필요로 하는 유전자만 남을 때까지 일부 유전자는 불활성화되고 일부 유전자는 활성화되는 작업이 계속된다. R.W. BRIGGS와 T.J. KING은 세포의 핵을 제거하고 거기에 여러 다른 발생단계에 있는 세포에서 얻은 핵을 이식하였다(그림 41-23).

처음에 표범개구리(*Rana pipiens*)의 난세포(oocyte)를 유리침으로 찔러 미수정란의 난할을 유도하면 어떤 경우에는 반수체 개체를 만들어내기도 한다. 그러나 배의 막을 뚫어 염색체를 제거하고 무핵란을 얻은 다음, 매우 섬세한 유리 피펫을 사용해 다른 개구리의 포배세포로부터 핵을 꺼내 무핵란에 이식하면 대부분의 난이 정상적인 개구리로 발달한다(그림 41-23).

즉, 포배세포의 핵도 여전히 전능성을 가지고 있음을 나타낸 결과이다. 그보다 발생이 진행된 세포로부터 꺼낸 핵들은 보다 약한 잠재력을 보였는데, 생식세포로부터 온 핵은 40%의 난세포에서 정상적인 발생을 유도하였다. 이러한 실험의 결론은, 세포들은 시간이 지남에 따라 점점 더 분화되어 가는 경향이 있다는 것이고, 또 어떤 종류의 세포는 다른 세포보다 먼저 전능성을 잃는다는 것이다.

(3) 결정에 대한 조직 상호작용

1) 예정배역도

외배엽, 내배엽, 중배엽에서 장차 어떤 기관이 형성될 것인가 하는 것은 이미 발생단계에서 정해져 있다. 이와

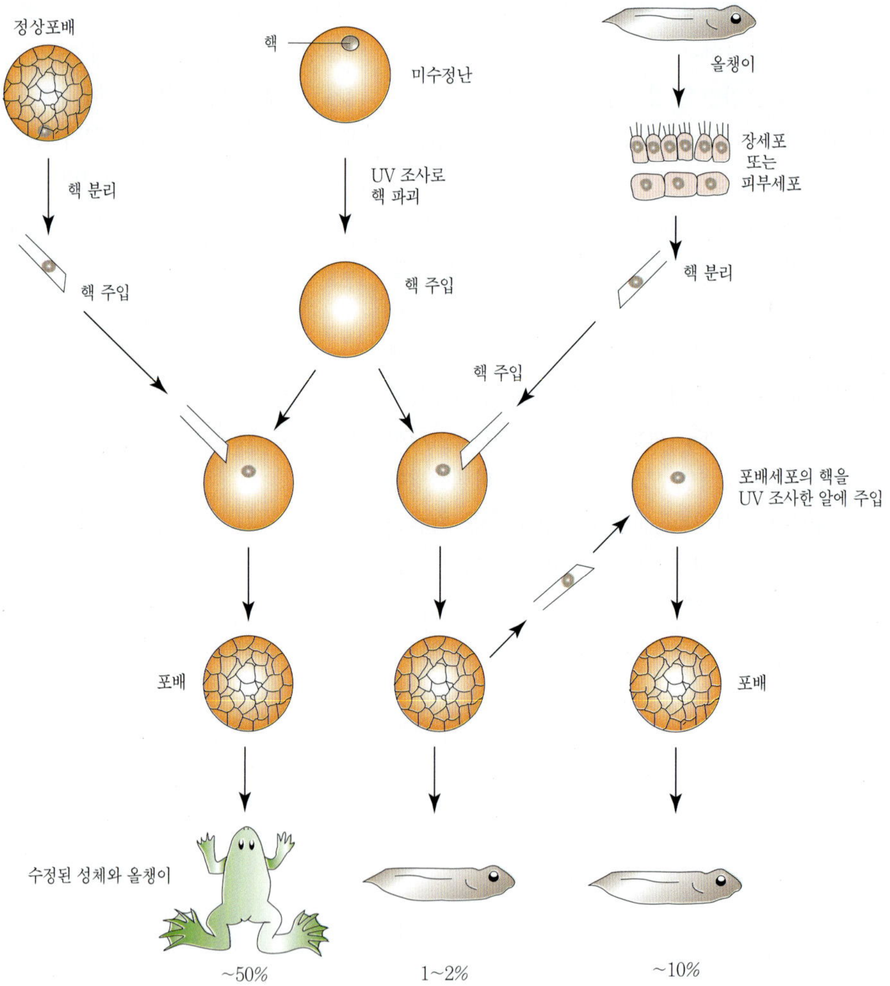

그림 41-23 핵이식 실험

같이 각 배엽이 처음부터 정해진 대로 개개의 독자적인 운명에 따라 발생하는 것을, **예정운명**(prospective fate)을 갖는다고 한다. 배엽이 가지고 있는 예정운명은 형성되는 여러 기관과 그것이 자리잡게 되는 한정된 공간적 위치에 따라 변하며, 어떤 형성을 촉구하는 **유도**(induction)를 받아서 일정한 기관으로 분화하게 된다. 발생의 초기에 각 배엽은 특수한 **발생능**(development potency)을 가지고 있어서, 각 배엽의 공간적 위치와 형성체의 작용에 의하여 특정한 기관으로 발생하게 되는데, 이와 같은 발생능을 **잠재능**(latent potency)이라고 한다. 배엽발생의 초기에는 잠재능이 강하지만 발생이 진행되면서 점차 약해진다. 그러므로 그 부위의 세포는 형태 분화에 앞서서 일어나는 화학 분화에 의해 유도를 받게 되면 잠재능이 소실된다. 예정운명을 조사하는 데는 W. VOGT가 개발한 **국소생체염색법**(localized vital staining)이 이용된다(그림 41-24).

발생능을 조사하려면, 배의 부분에서 잠재적 가능성을 유도해내기 위하여 배의 일부를 분리해내어, 나머지 부분에서 보상이 일어나는가를 보거나, 분리해낸 부분을 어떤 영향권 외에 두고 그 운명을 관찰한다.

각 배엽의 분화는 결국 배엽을 구성하고 있는 세포 표면의 성질에 의한 것이라고 생각되고 있으며, 세포 표면의 성질을 규정하는 물질의 연구가 앞으로의 과제이다.

2) 형성체와 유도

신경배(neurula)가 형성될 때 신경관은 척색중배엽의 상면에서 형성되는데, 척색중배엽은 외배엽에 작용하여 신경관을 발생시킨다. 만약 이 척색중배엽이 없으면 외배엽은 표피가 되었을 것이다. 포배기까지 거슬러 올라가면 척색중배엽의 부분은 원구배순부에 해당된다.

1921년에 H. SPEMANN과 H. MANGOLD는 개구리 포배를 선택하여 미래에 중배엽이 될 작은 부분인 원구배순부를 떼어내 비슷한 시기의 다른 배의 배쪽 피부를 형성하는 외배엽 밑에 이식하였는데, 이식받은 배는 모두 그 장소에 새로운 척색, 신경관, 체절 등을 발달시켰다(그림 41-25). 어떤 경우에는 두번째 뇌와 척수를 형성했고, 어떤 경우에는 완전한 제2의 배가 출현하였다. 그러므로 이식된 물질 중 어떤 것이 이식받은 배에서 새로운 조직을 형성한다는, 즉 다른 발생경로를 따라 배가 발생하도록 유도한다는 결론을 내렸다.

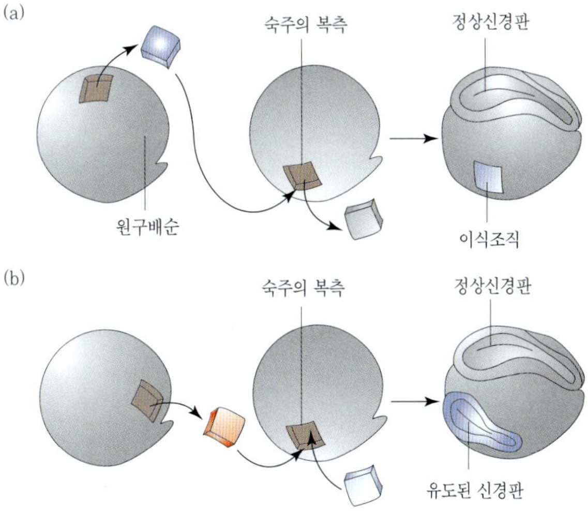

그림 41-25 한스 스페만의 실험
(a) 신경형성부의 이식 : 외배엽성 신경형성부를 숙주의 복측 부위에 이식하면 신경계로 유도 안 됨
(b) 원구배순 척색 예정부의 이식 : 척색 예정부인 원구배순을 숙주의 복측 부위에 이식해도 신경판이 유도됨
이 실험 결과는 척색 중배엽이 외배엽에 작용하여 신경관을 형성하도록 유도됨을 보여 준다.

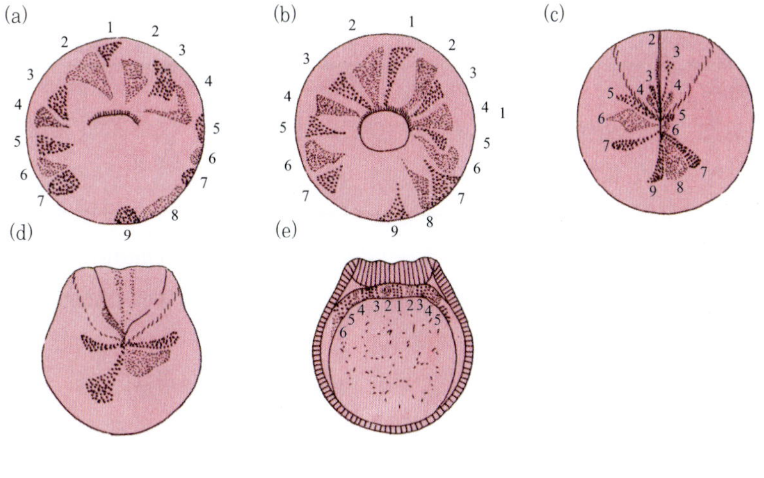

그림 41-24 국소생체염색실험의 예
낭배기에 있는 도롱뇽의 원구 주위를 (a)와 같이 염색해 두었더니 색소가 (b)~(d) 단계를 거쳐 (e)와 같이 원장의 상벽으로 이행하였다.

원구배순부의 경우와 같이 다른 부위에 이식되어도 독자적으로 분화하는 것을 **자율분화**(self differentiation)라고 하며, 이 경우 외배엽이 신경관으로 되는 것과 같이 어떤 기관의 분화가 다른 영향을 받아 이루어지는 것을 **의존분화**(dependent differentiation)라고 한다. 의존분화의 경우에 분화를 일으키게 하는 외부로부터의 작용을 **유도**(induction)라 하고, 유도의 원인이 되는 것을 **유도원**(inductor)이라 한다.

척색중배엽이 신경관을 유도한 것은 배에서 최초의 유도이며, 이것에 이어 유도된 조직이 다시 다음의 조직을 유도한다. 이렇게 유도의 연쇄반응이 시작되어 배의 다양한 기관, 조직이 형성되어간다. 배의 모든 기관은 유도의 끈으로 연결되어 있고, 그 정점에 척색중배엽이 위치하고 있는 것이다. 원구배순부와 같이 그것이 접하고 있는 다른 부분에 작용하여 발생에 유도적인 영향을 주는 성분을 **형성체**(organizer)라고 하는데, 형성체와 그 영향을 받는 조직 사이의 상호관계를 **배의 유도**(embryonic induction)라 한다. 현재는 유도작용을 조직 상호 작용(tissue interaction)이라 하는데, 이는 한 조직이 다른 조직의 발생적 운명을 재지시하는 능력을 말한다.

1950년대와 1960년대에 걸쳐 외배엽에 대한 중배엽의 영향은 더 자세히 연구되었다. 척추동물에서 털, 비늘, 깃털, 이빨, 지아(肢芽 : limb bud) 등의 형성에는 표피가 관여하는데, 닭의 배(embryo)를 사용한 실험을 통해 비늘과 깃털의 형성이 그 밑에 위치하는 간충직(이동한 중배엽)의 영향 아래 있음을 밝혀냈다. 닭의 배에서 비늘과 깃털은 표피가 두꺼워진 **표피판**(epidermal placoid)으로 시작된다. 이것은 밑에 있는 간충직이 **진피유두**(dermal papilla)를 형성하여 표피판을 뚫고 밀어냄으로써 피부로부터 떨어져 위로 올려진다. 진피유두의 영향 아래 표피판은 **날개싹**(feather bud) 또는 비늘싹(scale bud)을 형성하고, 이것은 다시 깃털이나 비늘로 분화한다. 이때 밑에 있는 간충직이 위에 있는 표피의 운명을 지시한다는 것이 이 이식실험을 통해 밝혀졌다.

현재에도 유도에 관한 통일된 견해는 아직 없다고 할 수 있으나, 어떤 물질이 유도원의 조직으로부터 유도를 받는 조직으로 이행하는 것에 의해서 유도가 성립된다고 하는 생각이 지배적이다. 세포분화의 유도는 배아에서 근본적으로 중요한 열쇠가 되는 문제일 뿐만 아니라, 성체에 있어서 조직간의 평형 상태를 유지하는 데도 같은 기작이 존재하는 것으로 보인다. 즉, 개체라고 하는 유기체가 유지되기 위해서는 세포 사이에서 항상 서로가 어떤 종류의 정보를 교환하고 있어야 하며, 만약 여기에서 벗어나는 세포가 생길 경우는 암과 같은 상태가 된다고 할 수 있다.

분화되어가는 세포들 사이에는 형태적으로 뿐만 아니라 물질조성이나 기능면에서도 여러 가지 차이가 있다. 따라서 이와 같은 조직 상호 작용 즉, 유도에는 궁극적으로 유전자가 관계되어 있을 것이며, 유전자와 발생의 관계는 초파리의 성충판 세포들의 돌연변이 연구를 통해 조금씩 알려지고 있다.

(3) 재생

생물은 그 몸의 일부를 잃게 되면 손상된 조직을 다시 만들 수 있는 능력이 있다. 이것을 **재생**(regeneration)이라고 한다. 일반적으로 하등동물일수록 그 능력이 강하며, 사람의 경우에는 표피가 점차 벗겨져 나가거나 소화관의 점막이 벗겨져 나가는 것은 재생되지만, 손가락은 하나를 잃어버리면 재생되지 않는다. 거미나 게는 떨어져 나간 다리를 재생시키며, 도마뱀의 꼬리가 재생된다는 것은 잘 알려져 있다. 더욱이 이들은 방어의 한 수단으로 자신의 다리를 떨어져 나가도록 하는데, 이것을 **자절**(autotomy)이라 한다.

플라나리아는 전체의 1/100을 절단하여도 전체가 재생된다고 하며(그림 41-26), 히드라는 1/2,000을 절단하여도 재생할 수 있다. 지렁이와 불가사리의 재생력도 매우 강해서 몸의 일부에서 다시 한 개체를 만들 수 있다. 이것을 **재편재생**(reconstructive regeneration)이라고 한다. 동종의 동물 사이에서 비교하면 젊은 개체쪽이 재생 능력이 강하다. 예를 들면 개구리의 경우, 올챙이 때에는 다리가 떨어져 나가도 재생시킬 수 있지만 성체에서는 불가능하다. 정상적인 생리적 과정으로서 재생하는 경우를 **생리적 재생**(physiological regeneration)이라고 하고, 상처 등에 의한 손상으로 잃은 부분이 재생되는 경우를 **외상적 재생**(traumatic regeneration)이라고 한다. 또 잃은 부분과 동일한 구조로 재생되는 것을 **동형재생**(homomorphic regeneration), 다른 구조로 재생되는 것을 **이형재생**(heteromorphic regeneration)이라고 한다. 새우의 **안병**(optic stalk)을 기부에서 자르면 촉각기가 재생된다(그림 41-27).

플라나리아 등도 몇 개로 절단하면 절편 본래의 머리쪽

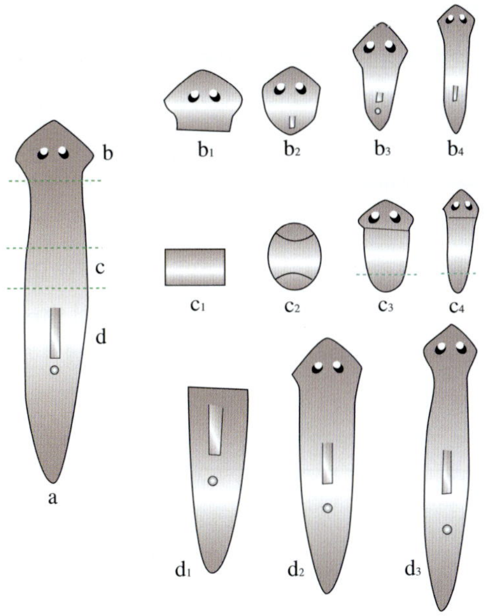

그림 41-26 플라나리아의 재생
a : 정상 개체 b_1~b_4 : 두부로부터의 재생
c_1~c_4 : 중부 단편으로부터의 재생 d_1~d_3 : 반쪽으로부터의 재생

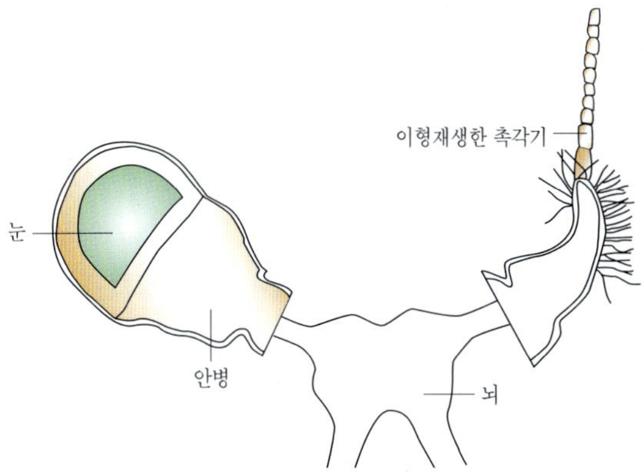

그림 41-27 새우의 안병을 자른 곳에 형성된 촉각기

에는 머리를, 꼬리쪽에는 꼬리를 재생하는 것이 일반적이지만, 어떤 경우에는 양쪽에 머리가 재생되는 경우도 있다. 그러나 일반적으로 생물은 축, 특히 장축을 이루고 있어서 극성(polarity)이 보인다. 예를 들면, 플라나리아나 실지렁이를 두미축을 따라 잘라 몇 개의 조각으로 만들면, 각 조각의 앞쪽 단면에서는 머리가, 후방의 단면에서는 꼬리가 재생된다. 이와 같이 절편의 재생에서 극성을 볼 수 있다. 이것은 아마도 생물은 체축을 따라 그 생리적 기능에 기울기가 있기 때문에 일어난다고 생각된다. 이 기울기를 **축성 기울기**(axial gradient) 또는 **생리적 기울기**(physiological gradient)라고 하며, 그 기울기가 높아지는 방향에 머리, 낮아지는 방향에 꼬리가 재생된다고 설명하고 있다. 기울기의 본질에 관해서는 그 생리적 뒷바침으로서 물질대사의 기울기, 동물의 감수성에 대한 기울기 등이 연구되고 있다. 이러한 재생은 발생의 기작을 연구하는 주요 수단이 된다.

41.3 사람의 생식과 발생

41.3.1 사람의 생식

사람의 생식기관은 남성과 여성 모두 1쌍씩의 **생식소**(gonad), **부속선**(accessory glands)들과 외부 생식기로 구성된다. 여성은 **난자**(ovum)를 생산하는 **난소**(ovary)를 가지고, 남성은 정자를 생산하는 **정소**(testis)를 가지며, 이들은 생식과 **제2차성징**(secondary sexual traits)을 조절하는 **성 호르몬**(sex hormone)을 분비한다. 생식소는 발생 초기 임신 7주의 **배아**(embryo)에서 나타난다. 이후 성염색체의 유전자와 호르몬 분비로 생식소의 분화가 이루어진다. 출생 후 생식소와 부속기관들이 성장하여 15~16세 이후에 기능적으로 성숙되어진다.

최근에는 사람의 생식에 관한 형태적 · 생리적 · 생화학적 · 분자생물학적 지식이 눈부시게 발전하여 이를 이용한 생식 및 불임의 임상적 조절이 가능하게 되었다. 또 인위적으로 **시험관 아이**(test-tube baby)를 출산시켰고 유전적으로 결함이 있는 부부의 자손에게 **유전적 치료**(genetic therapy)의 길을 터 놓았다. 또한 특수한 유전자를 가진 동물(transgenic animal)의 생산을 가능하게 하여 유전자의 발현 조절의 연구 및 특수 유전자물질의 다량 생산의 길도 열게 하였고, 학문적으로는 생식생물학(reproductive biology)의 발달을 촉진하였다. 이제부터 사람의 생식기관의 구조와 그 기능에 대해 살펴보기로 한다.

(1) 남성의 생식기관

남자의 생식기관은 정자와 성 호르몬을 생성하는 정소(testis), 정소에서 체외로 정자를 수송하는 통로인 **정관**(vas deferens), 정액을 생산하는 **생식부속선**(accessory gland) 및 교미기관인 **음경**(penis)으로 구성된다(그림 41-28). 정소는 복강에서 발생하여 출산 직전에 치골을 넘어 **음낭**(scrotum)으로 내려온다. 이를 정소 하강이라 한다. 만일 정소가 내려오지 못하면 **잠복고환**(cryptorchid)이 된다. 이런 경우 성인이 되면 정소는 정자를 생산하지 못하고 불임이 되는데, 이는 음낭이 체온의 상태에서는 정자를 생산할 수 없기 때문이다. 정소는 1쌍이며, 많은 **세정관**(seminiferous tubule)으로 이루어져 있고 내부에 **생식상피**(germinal epithelium)를 가지고 있고, 여기서 감수분열을 거쳐 정자가 된다(그림 41-29). 세정관의 바깥에는 **간질세포**(interstitial cell)가 결합조직으로 된 기질 속에 들어 있는데, 이 **라이디히세포**(Leydig cell)들은 남성 호르몬인 테스토스테론을 분비하는 내분비조직이다. 세정관에서 발달한 미성숙한 정자는 **고환망**(rete testis)이라 알려진 관으로 내려와 정소 위쪽의 **부정소**(epididymis)로 들어가며 여기서 정자는 성숙과정을 거친다.

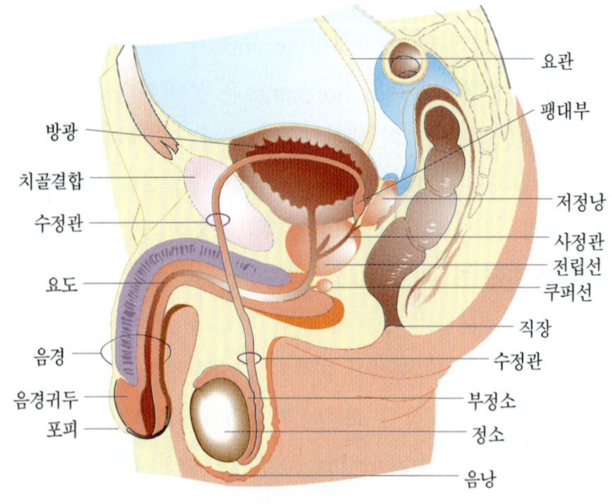

그림 41-28 남성의 생식기관

사정시까지 정자는 정관(vas deferens)으로 들어가며, 3가지 부위로부터 분비물을 받는다. 즉, 쌍으로 된 **정낭**(seminal vesicles)의 관과 연결되는데, 정자를 담고 있는 **정액**(semen)의 대부분은 정낭이 만들어낸다. 이 액체에는 **과당**(fructose) 등 영양물질과 완충물질이 들어 있다. **정낭**이라는 이름은 그 기능을 알지 못했던 시기에 잘못 붙여진 것이다. 정낭으로부터 정액이 첨가된 후 **요도**(urethra)로 들어간다. 이를 둘러싸고 있는 **전립선**(prostate gland)은 정액의 pH를 높이고, 정액의 특징적인 점성, 색, 냄새 등을 만들어 주는 알칼리성 분비물을 첨가한다. 그러므로 사정 후 비운동성의 정자를 활성화시키고, 질의 산성 환경을 중화시켜 정자를 보호한다. 정액은 다시 **쿠퍼선**(Cowper's glands)으로부터 분비물을 받는다. 그들의 기능은 분명하지 않지만, 정액에 미끈미끈한 점액성의 분비물을 첨가하고 요도에 남아 있는 오줌을 씻어낸다. 그리고 사정 직전에 분비되는 것으로 보아 사정시 어떤 윤활 역할을 한다고 생각된다.

포유류의 음경은 혈액을 가득히 채울 수 있는 특수화된 조직으로 되어 있어 **발기조직**(erectile tissue)이라 한다. 음경이 질 속으로 들어가려면 발기가 되어 단단해져야만 한다. 인간의 음경의 끝은 **귀두**(glans)로 발기성 구조를 가진다(그림 41-30). 음경은 3개의 해면조직 즉, 2개는 쌍으로 된 **음경해면체**(corpora cavernosa)와 **요도해면체**(corpus spongiosum)로 구성된다. 성적으로 흥분된 동

(a)

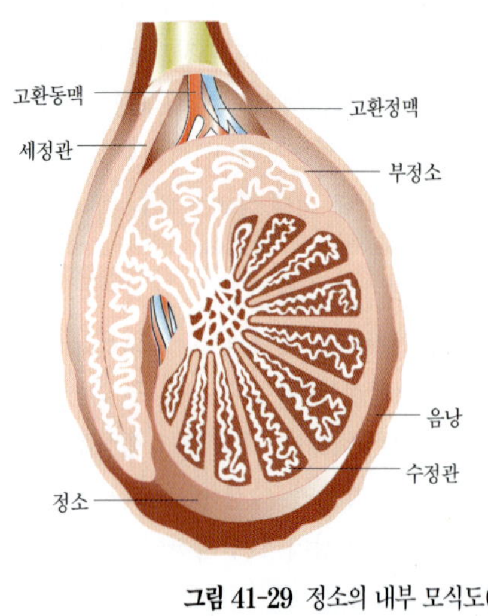

(b)

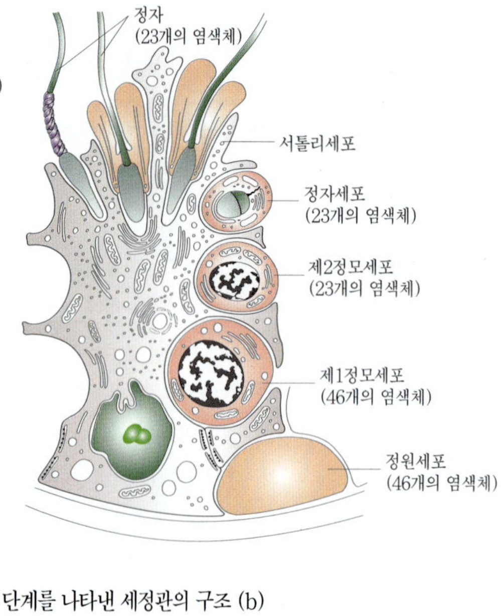

그림 41-29 정소의 내부 모식도(a)와 정자 형성의 단계를 나타낸 세정관의 구조 (b)

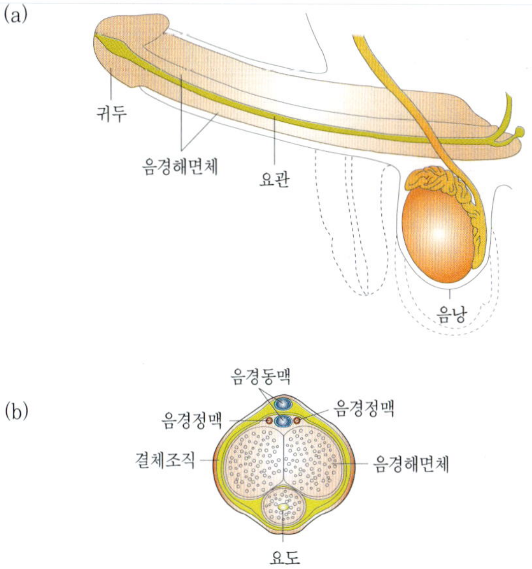

그림 41-30 음경의 내부 구조(a)와 횡단면의 구조(b)

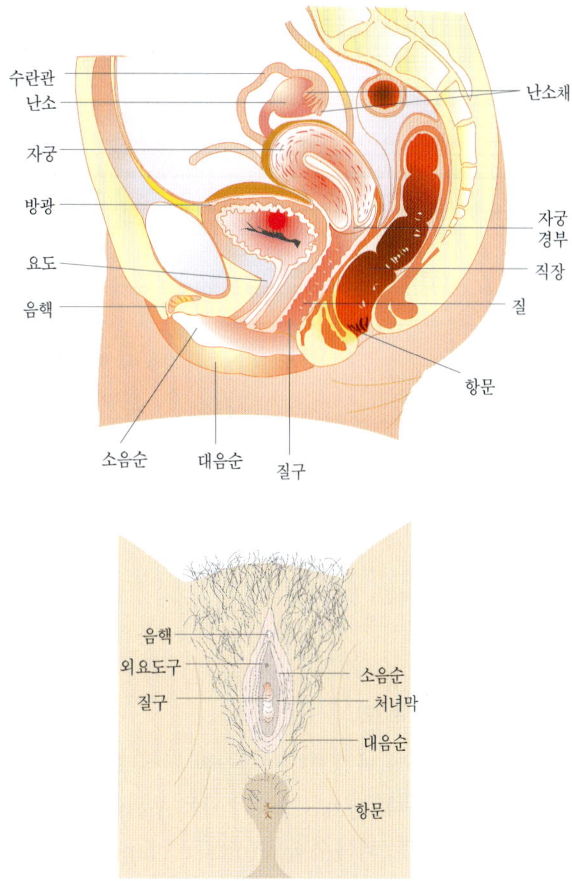

그림 41-31 여성의 생식기관

안에는 해면조직으로 가는 혈액량이 증가하고 몸으로 가는 정맥은 그 흐름이 저해된다. 음경이 혈액으로 채워짐에 따라 음경은 딱딱하게 발기된다. 사정이 끝나면 완전히 혹은 부분적으로 발기가 사라지는데, 이때는 동맥의 흐름이 제한되고, 조직에서 혈액이 빠져 나감으로써 생긴다.

(2) 여성의 생식기관

여성의 생식기관은 난자 형성과 수송 이외에 태아를 키워야 되는 임무를 갖기 때문에 남성의 것보다 훨씬 복잡하다(그림 41-31). 여성의 생식기관은 난자와 성호르몬을 생성하는 난소(ovary), 난자의 운반 경로이며 수정이 일어나는 장소이기도 한 **수란관**(oviduct), 태아가 자라는 장소인 **자궁**(uterus), 음경을 받아들이며 출생시 태아의 이동통로이기도 한 **질**(vagina), 외부생식기인 **외음문**(vulva)으로 구성된다.

난소는 좌우 1쌍이 있는데, 약 5cm 정도의 타원형 모양을 하며 자궁의 옆에 위치한다. 앞의 난자의 형성과정에서 설명한 대로 난모세포를 둘러싼 난포세포가 성숙하여 그라프난포로 되면서(그림 41-32), 난포세포에서는 난포 호르몬인 **에스트로겐**(estrogen)을 분비한다. 이 난포 호르몬은 다른 난모세포의 성숙을 억제하여 단 1개의 난모세포만을 성숙하게 하며, 자궁점막을 증식시킨다. 배란시 난모세포는 수란관에 연결되는데, 수란관의 끝은 난소에 매우 근접하여 있고 수란관 표면에는 섬모들이 있어서 항상 자궁쪽으로 액체를 이동시키는 운동을 하고 있다. 양쪽 수란관이 만나는 곳에 자궁이 있는데 자궁은 질의 위쪽 끝 **경부**(cervix)에서 시작되며, 경부의 **자궁경관**(cervical canal)은 조밀한 조직에 의해 고리처럼 둘러싸인 관이다. 자궁은 넓은 쪽 끝이 약간 주름잡힌 상태로 앞쪽으로 기울어져 있다.

자궁의 벽은 3개의 층으로 분화되어 있다. 안쪽 층은 **점막층**(mucosa)으로서 접합자를 착상시키고 지지하는 부드럽고 고도로 혈관화되어 있는 **내막**(endometrium)을 만든다. 점막층 밑에 **근육층**(myometrium)은 평활근 부위로서 확장할 수 있어 태아를 수용한다. 가장 바깥쪽 층은 결합조직이다.

수란관(oviduct)은 자궁의 위쪽 끝 양쪽으로 뻗은 다음 **난소채**(fimbriae)로 알려진 돌기를 가진다. 수란관과 난소 사이에는 직접적인 연결이 없고, 난자는 난소에서 방출된 후 난소채에 있는 섬모에 의해 수란관으로 빨려들어 간다(그림 41-32).

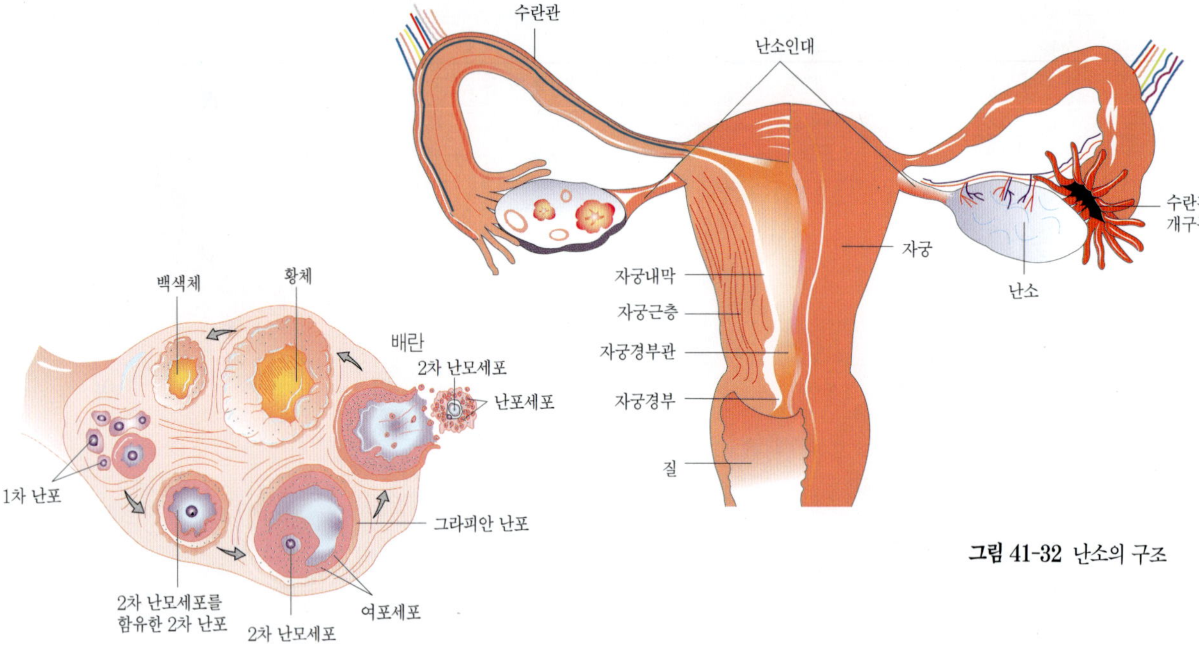

그림 41-32 난소의 구조

(3) 생식 호르몬

모든 고등동물과 마찬가지로 인간의 생식 활동은 호르몬의 지배를 받는다. 생식 호르몬의 활동 부위는 **시상하부**(hypothalamus), **뇌하수체**(pituitary gland), **생식소**(gonad), **태반**(placenta)의 축으로 이루어진다. 시상하부로부터 오는 **생식소자극 호르몬 방출 호르몬**(gonadotropinreleasing hormone ; GnRH)에 의해 뇌하수체전엽은 **생식소자극 호르몬**(gonadotropin ; GTH)을 분비한다. GTH는 생식소의 성장과 활동을 자극하며 사춘기 동안에 일어나는 급속한 성장과 2차성징의 발달에 간접적으로 관여한다. 뇌하수체에서 분비되는 2가지 GTH는 **난포자극 호르몬**(follicle-stimulating hormone ; FSH)과 **황체형성 호르몬**(luteinizing hormone ; LH)으로 모두 폴리펩티드이다.

남성은 일생 동안 FSH가 계속 분비된다. FSH은 정소의 세정관의 정자 형성을 자극한다. 또한 LH는 FSH와 같이 가장 중요한 남성 호르몬인 **테스토스테론**(testosterone)의 생성을 자극한다. 남성과 여성 모두에서 FSH의 분비는 **인히빈**(inhibin)이라는 호르몬에 의해 억제되는데, 여성은 인히빈이 난포의 과립 세포층에서 분비되나, 남성은 세정관에서 생산된다. 인히빈은 뇌하수체전엽으로 가는 섬세한 음성피드백 고리를 통해 테스토스테론을 일정하게 유지시키는 것으로 알려졌다(그림 41-33).

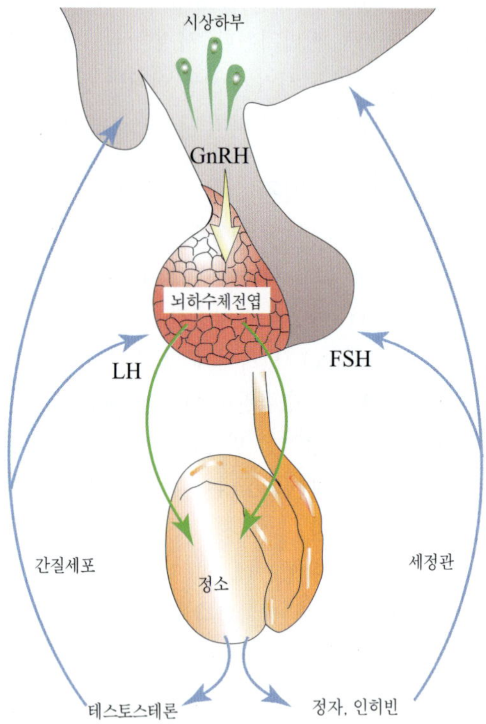

그림 41-33
남성 정자 생산을 조절하는 시상하부 - 뇌하수체 - 정소의 호르몬 조절

테스토스테론은 세정관 바깥에 있는 라이디히세포내에서 생산되는데, 성활동의 증가나 감소 또는 이성과의 사

회적 상호 작용에 의해 증가되거나 감소된다. 테스토스테론은 정소의 분화에도 영향을 주어 만일 발생중 8~9개월쯤에 테스토스테론이 나타나지 않는다면, 정소가 음낭으로 내려오지 못한다. 또 변성, 체모의 발달, 근육의 발달, 정소와 음경의 확장과 같은 사춘기 동안 일어나는 남성화 과정에 필수적이다. 그리고 성적 욕구와 행위 자체도 테스토스테론의 영향을 크게 받는 것으로 알려지고 있다. 테스토스테론의 수준이 높아지면 LH의 방출은 억제된다. 테스토스테론의 수준이 높아지면 시상하부는 뇌하수체에 대한 자극을 낮추고, 뇌하수체는 LH의 방출을 낮춤으로써 결국 라이디히세포의 테스토스테론의 생성을 낮추게 되는 피드백 기작이 이루어져 있다.

월경주기를 조절하는 시상하부–뇌하수체–난소의 피드백 조절에서 시상하부의 GnRH가 뇌하수체전엽의 FSH 분비를 촉진하고, FSH은 난포를 성장시킨다. 난포는 에스트로겐을 분비하여 FSH 분비를 억제(음성피드백 과정)하고, LH분비를 촉진(양성피드백 과정)하여 LH가 난소내 난포의 배란을 촉진시킨다. 난포는 배란 후 황체가 되어 프로게스테론을 분비하고 음성피드백 작용으로 월경주기를 조절한다(그림 41-34).

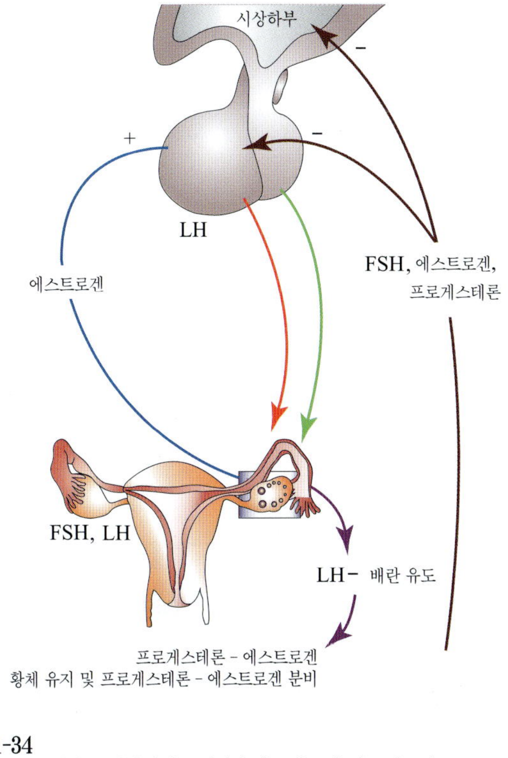

그림 41-34
월경주기를 조절하는 시상하부 - 뇌하수체 - 난소의 피드백조절

여성은 보통 9~12세 정도에 사춘기가 시작되며, 그 후 2~3년 뒤에는 생식 능력을 갖추게 된다. 이는 뇌하수체의 FSH 증가에 의하여 시작되는데, FSH은 난소에 작용하고 난소는 에스트로겐(estrogen)을 생성함으로써 FSH의 분비를 조절하는 음성피드백 고리를 만든다(그림 41-34).

에스트로겐은 가슴과 젖꼭지, 엉덩이의 성장 등 제2차 성징이 발달하는 데 영향을 준다. 또 자궁, 질 내막, 대음순과 소음순, 음핵의 발달에도 영향을 준다. 사춘기의 음모와 겨드랑이털의 출현은 부신에 대한 에스트로겐과 ACTH(adrenocorticotropic hormone)의 복합된 영향에 의해 시작된다. 이러한 호르몬에 반응하여 부신은 **남성 호르몬**(androgen)을 만들어내어 생식소와 겨드랑이에 털이 자라도록 자극한다.

41.3.2 배란과 생식주기

사람의 **월경주기**(menstrual cycle)는 대개 28일을 주기로 반복되며 사춘기에 **초경**(menarche)을 시작하여 **폐경기**(menopause)까지 계속된다.

배란(ovulation)은 보통 28일 주기로 규칙적으로 일어나는 월경주기의 중간에 해당하는 14일째 일어나는데 월경주기의 앞쪽 절반 1~14일은 **증식기**(proliferative phase) 또는 **배란전기**(preovulatory phase) 후반 14일은 분비기(secretory phase) 또는 황체기(luteal phase)로 나누어진다. 사람은 난소, 자궁, 자궁경부, 질이 28일을 주기로 변화한다(그림 41-35). 월경주기는 대개 난소주기와 자궁주기를 동시에 말한다.

사춘기 이후 뇌하수체 생식소자극 호르몬의 영향으로 주기적으로 난소내의 난포가 성장하여 배란이 되며 배란 후에는 황체가 형성된다. 이를 **난소 주기**(ovarian cycle)라 한다(그림 41-35).

매 월경주기마다 5~12개의 원시난포가 FSH의 영향으로 성장하기 시작한다. 이때 FSH은 **과립세포**(granulosa cell)를 증식시키며 이 세포에서는 **점액다당류**(mucopolysaccharide)를 분비하여 난모세포를 둘러싸고 있는 **투명대**(zona pellucida)를 형성한다. 과립세포가 증식되면서 **기저막**(basement membrane) 밖에 있는 **간질세포**(stroma cell)는 분화하여 **난포막세포**(theca cell)가 되고, 후에 **내난포막**(theca interna)세포와 **외난포막**(theca externa)세포로 더 분화된다. 내난포막세포에는 혈관이

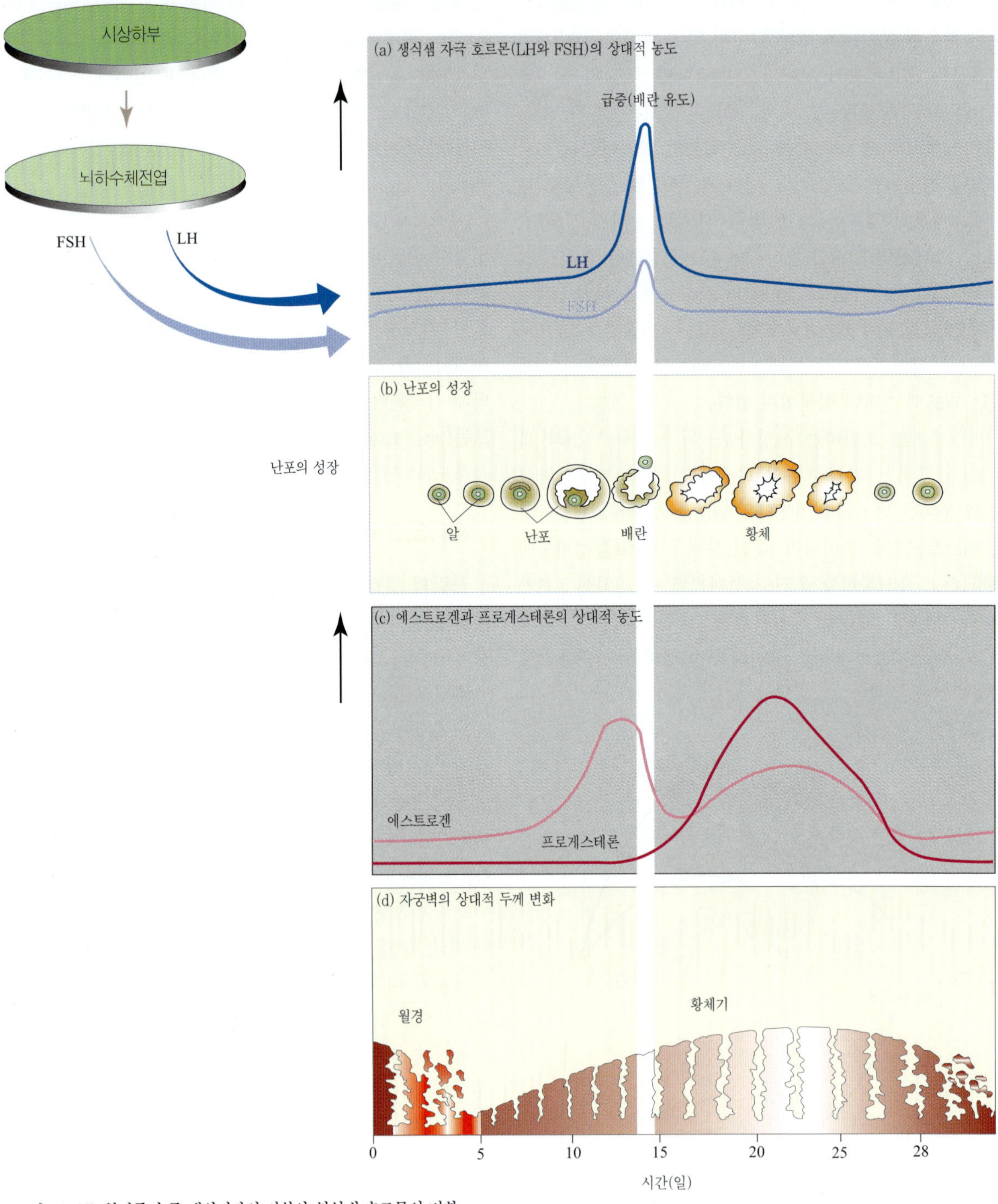

그림 41-35 월경주기 중 생식기관의 변화와 혈청내 호르몬의 변화

많이 분포되어 있고 LH 수용체가 있으며 스테로이드 호르몬을 합성한다.

월경주기 동안 **자궁내막**(uterine endometrium)은 주기적으로 변화되는데 이를 **자궁주기**(uterine cycle)라고 한다. 자궁주기는 조직학적으로 **월경기**(menstrual phase), **증식기**(proliferative phase), **분비기**(secretory phase)로 나눈다.

월경(menstruation)이란 배란된 난자와 수정되지 않았을 때 착상을 준비하던 자궁내막의 기능층이 떨어짐으로써 일어나는 현상이다. 따라서 월경이 시작되면 새로운 주기가 시작되는 것이고 새로운 난포들이 성장을 시작한다.

수정이 되지 않으면 황체가 퇴화하기 시작하여 **괴사**(necrosis)된다. 이 괴사조직은 나선동맥이 다시 확장됨과 동시에 파열되면서 월경이 일어난다. 그리고 월경 후에는 새로운 주기가 시작되는데 이때 에스트로겐은 분비가 촉진되어 자궁내막의 증식이 다시 유도된다.

매년 수많은 여성들이 **자궁내막증식증**(endometriosis)에 걸린다. 이는 자궁내막이 자궁 밖으로 증식되는 것으로 에스트로겐의 영향 때문이다. 또한 **월경불순**(dismenorrhea)은 월경혈이 수란관을 통해 **골반강**(pelvic cavity)으로 침입될 때 생긴다.

41.3.3 수정

수정(fertilization)이란 정자와 난자가 융합하여 **접합자**(zygote) 또는 수정란을 만드는 것을 말하는데, 이 과정은 완전한 생명체가 태어나는 첫번째 단계라는 점에서 중요한 의미를 갖는다. 정상적인 성관계시 정자는 그 자신의 편모운동과 자궁 및 수란관의 수축운동에 의해 사정 후 5분 이내에 수정이 일어나는 장소인 수란관 상단부에 도달한다. 이렇게 하여 난자 표면에 접근한 정자는 그 머리 부위의 첨체에서 첨사가 형성되고 가수분해효소를 분비하여 접촉 부위의 난자 표면의 투명대를 둘러싸고 있는 한천층인 **방사관**(corona radiata)을 녹인 다음, 난황 주위 간극을 지나 난막에 접근한다. 이어서 난막이 얇아지면서 수정돌기가 생겨 정자를 끌어들임으로써 일단 하나의 정자가 수정돌기를 통해 난자내로 들어가는데, 이때 정자의 꼬리는 끊긴다(그림 41-36).

난자가 정자를 받아들인 다음, 난자막에는 신속한 전기적 변화에 있는 화학적 변화가 일어나 수정막이 형성되어 다른 정자의 침입을 막는다. 이후 웅성전핵과 자성전핵이 융합되어 하나의 핵이 되는데 그 기작은 약간의 차이는 있지만 포유류의 그것과 거의 같은 것으로 생각되고 있다(41.1.3 참조).

이 **수정란**(fertilized egg)은 세포분열, 즉 난할을 계속하면서 수란관을 따라 내려가 자궁내막에 **착상**(implantation)하여 성장과 분화가 이루어지는데 이에 대한 것은 다음 항목에서 다루기로 한다(41.3.4 참조).

난자는 배란 후 생존할 수 있는 기간이 약 24시간이며, 사정된 정자가 생존할 수 있는 기간은 약 48시간 정도이다.

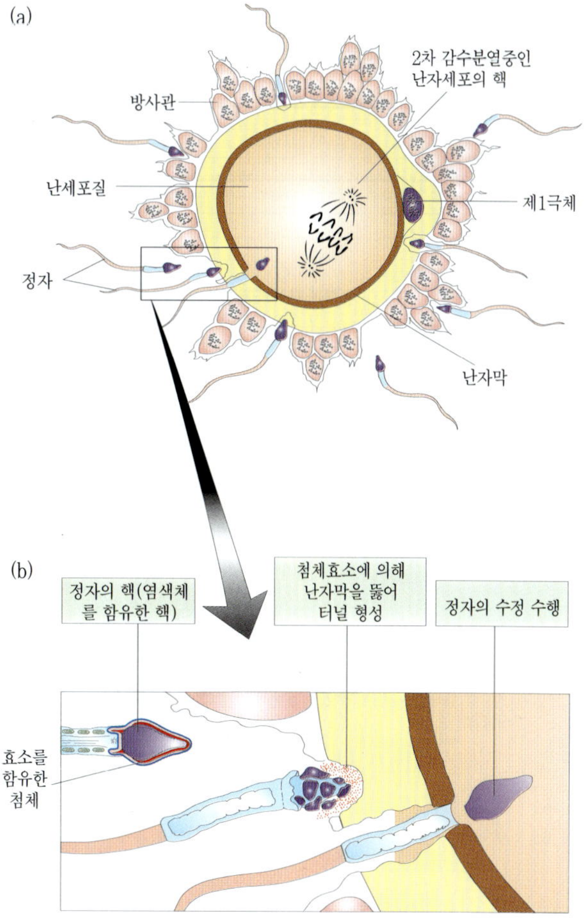

그림 41-36 수정과정
(a) 수정되는 순간 정자의 맨 앞에 있는 첨체가 파괴되면서 방출하는 용해효소는 난자 외막의 단백질을 가수분해하여 정자의 침입을 돕는다
(b) 정자 진입의 확대 모식도

41.3.4 사람의 발생과 분화

난자와 정자는 수정이 된 후 발생이 진행되면서 수란관의 섬모운동과 근육운동에 의해 자궁까지 이동되는데, 수정란이 자궁에 도달할 때(수정 후 5일 이내)쯤 되면 **상실배**(morula) 시기에 와 있다. 이어서 수정란이 자궁에 들어갈 때는 난을 둘러싸고 있던 투명대는 용해되고 수정란은 **자궁선**(uterine gland)에서 분비되는 영양액으로 둘러싸여 자궁강에 떠 있는 상태로 2~3일간 발육된다. 이 기간 동안 수정란은 난할을 계속하여 빈 공 모양의 **포배**(blastocyst)가 된다(그림 41-37).

포배의 외층은 단일 세포층으로서 이를 **영양막**(trophoblast)층이라고 하는데 장차 융모막과 양막으로 발생될 부분이며, 내부의 세포덩어리는 **내세포괴**(inner cell

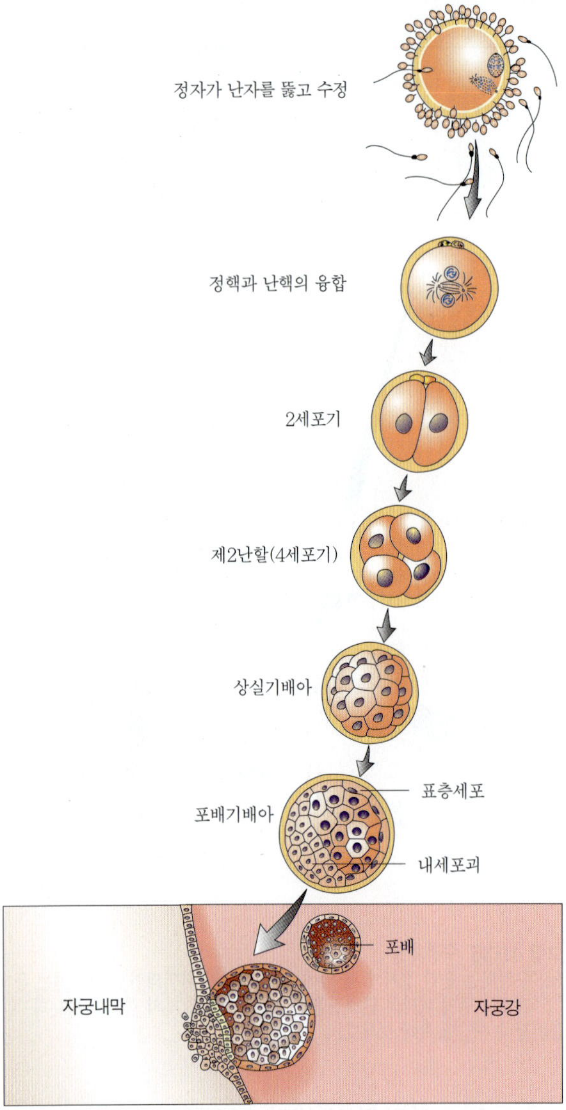

그림 41-37 수정과 착상 전 배아의 발달 과정
수정 후 난할과정과 착상할 때 배아의 변화

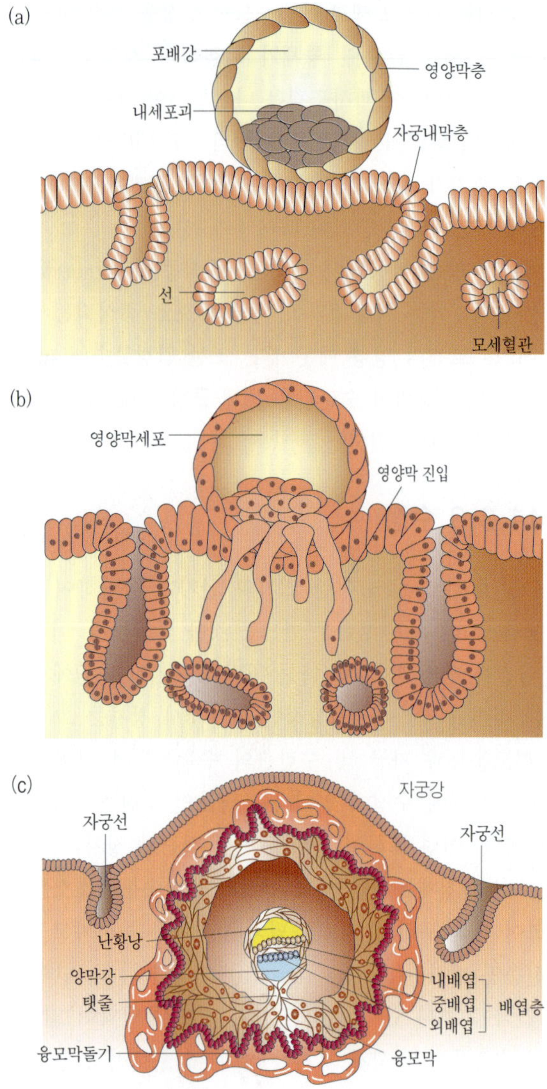

그림 41-38 착상 및 배아의 분화
(a) 착상 : 수정 후 약 7일 이내에 포배가 자궁내막에 착상
(b) 자궁내막의 진입 : 배아의 영양배아세포가 진입하고 융모막으로 발달
(c) 2주 시기의 제1차 배아층의 발달

mass)로서 장차 **배**(embryo)로 발생된다. 이 포배가 자궁내막과 접촉되는 부위의 영양세포층에서는 효소를 분비하여 자궁점막을 분해하면서 자궁내막층의 결합조직과 관상조직을 침식해 들어감으로써 착상이 이루어지는 것이다(수정 후 7일경). 이어서 포배가 뚫고 들어간 자궁내막의 외피층은 자궁 상피세포들이 재생되어 닫히는데, 이때부터 발생은 자궁내막층 안쪽에서 진행된다(그림 41-38).

즉, 영양세포층이 급성장을 계속하여 자궁내막층에 돌기를 갖는 **융모막**(chorion)을 형성하고 그 연접 부위에 혈관이 발달하여 **태반**(placenta)이 형성된다.

(1) 사람의 배아와 태아 발생

1) 태반의 형성

태반은 융모막(chorion)에서 발생한 태아부와 자궁내막에서 발생한 모체부로 이루어지며 그 사이에 융모간극이 있다. 따라서 태아와 모체의 혈류는 섞이거나 접촉이 되지 않는다. 태반은 태아막과 함께 태아로의 물질 운반, 호흡, 대사물 제거, 호르몬 생산, 면역학적 기능 및 보호 기능을 동시에 수행할 수 있는 특유의 구조를 가지고 있다(그림 41-39).

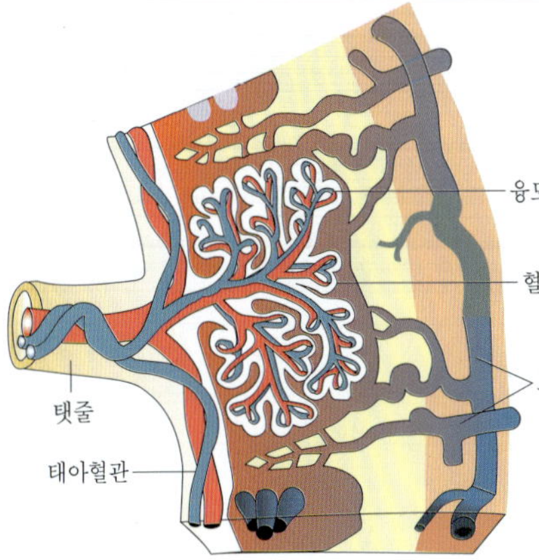

그림 41-39 태반의 형성 : 태아와 모체조직의 상호 접합
엄마와 아이의 혈액순환은 융모막융모(chorionic villi) 자리에서 접촉된다. 태아의 모세관들은 탯줄에 의해 둘러싸여진 태정맥에 이르러 신선한 피가 태아의 몸 전체를 순환한다. 태아에서 영양소와 산소를 다 써버린 피는 태동맥에서 태반으로 되돌아온다.

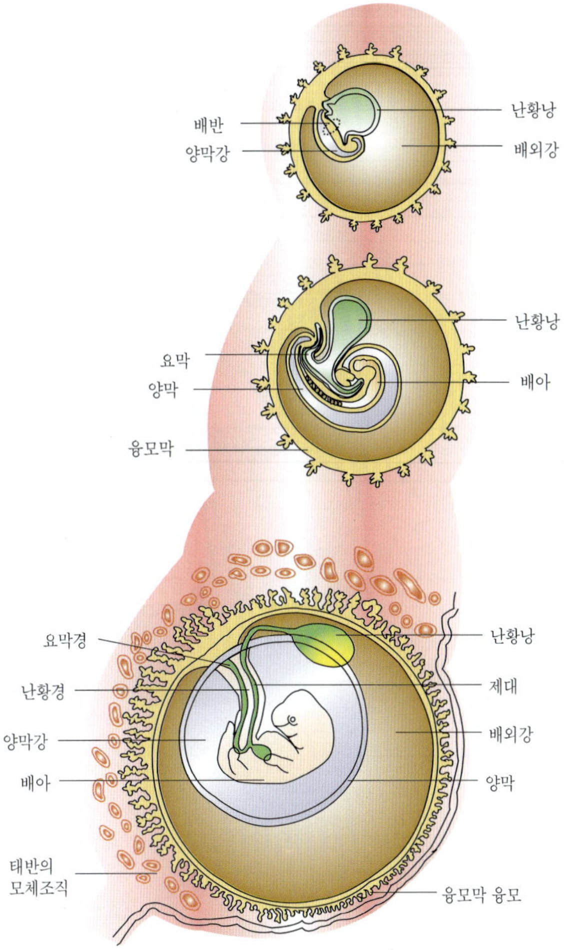

그림 41-40 사람 배아의 지지층 발달
(a) 영양세포층이 자궁내막을 뚫고 들어가면 양막강이 생긴다.
(b) 양막과 난황이 나타내고 배반이 분화한다.
(c) 5~6주에 사람의 형태가 생기고 탯줄이 생긴다.

태반은 몇 가지 특징을 가지고 있다. 첫째 태아와 모체 조직으로 이루어지며, 둘째 분만과 더불어 떨어져 나오므로 수명이 제한된 기관이며, 셋째 태반에는 독특한 태반 순환계가 있어서 태아와 모체 사이에 물질 교환이 일어난다. 넷째 태아와 태반 사이에는 제대(탯줄)가 있다.

태반의 **태아부**(fetal part)는 **세포영양각**(cytotrophoblastic shell)에 의해 태반의 모체부에 고정이 되는데 이를 **태아모체연결부**(fetomaternal junction)라고 한다.

태반막(placental membrane)은 모체와 태아혈액 사이에 위치함으로써 모체와 태아의 혈액이 섞이지 않게 하며 모체와 태아 사이의 물질 교환이 일어나는 곳이다. 태반막은 태반이 완성된 경우 태아에서 유래된 조직으로만 구성된다. 발생 20주까지는 태반막은 함포영양막, 세포영양막, 융모의 결합조직 및 태아 모세관 내피 등으로 구성된다(그림 41-40).

융모막성 생식소자극 호르몬(hCG)은 태반의 함포영양막에서 생성되는 분자량이 36,000 정도인 **당단백질**(glycoprotein) 호르몬으로 뇌하수체전엽에서 분비하는 LH과 유사한 호르몬이다. hCG은 이미 수정란 착상전 포배(blastocyst) 시기에 영양막세포에서 생성되므로 사람에서는 수정 후 8일경이면 요나 혈액에서 hCG이 측정되어 임신의 단서가 된다. hCG의 농도는 임신 60~90일경 최고치에 도달하며 그 후 감소하여 임신 말까지 유지된다. hCG은 임신 초기에는 황체를 자극하는 역할을 하여 황체의 퇴화를 막아 임신황체로 변화시킨다.

2) 사람의 배아 및 태아의 기관형성

사람의 임신은 약 9개월간 지속되는데 이제부터 몸의 각 배엽으로부터 기관이 형성되고(그림 41-41) 출산에 이르기까지의 과정을 알아보자.

사람의 배아 및 태아 발생은 보통 trimester라 하는 3개월 단위의 사건으로 나눠어 다루어진다. 각 3개월간의 과정에서 배아의 여러 시스템을 차례차례 순서대로 다루고 있으나 실제로는 많은 사건이 동시에 일어난다.

(2) 임신전기

착상 후 첫주는 배반이 형성되고 3배엽이 생기는 시기

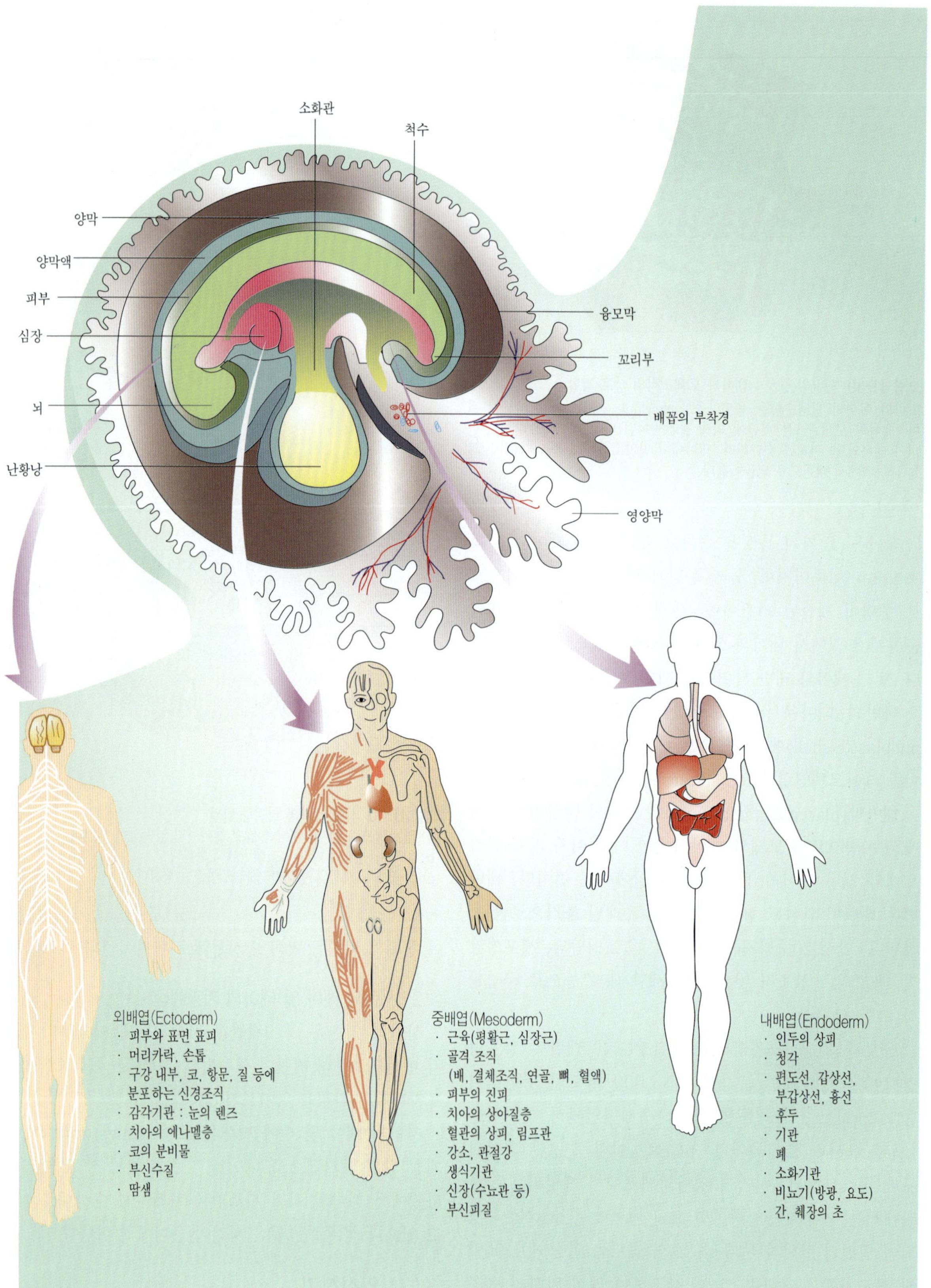

그림 41-41 사람의 3배엽 배아에서 유래된 분화물

이다(그림 41-38 참조). 첫번째 3개월간은 주요한 기관 발생이 대부분 이루어진다. 신경관 형성이 완성됨에 따라 기관 형성이 시작되고 신체의 각 기관에서 특징적인 구조들이 그 모양을 갖추게 되며, 배아가 태아(25mm, 8주)로 변하는 시기이다.

1) 신경계

척추동물의 전형적인 발생 양식처럼 **신경계**(nervous system)가 일찍이 발달한다. 낭배형성 직후 18, 19일쯤에 신경관 형성이 시작되는데, 사람의 신경습도 **배아반**(embryonic disk) 위에서 생겨나 위쪽으로 자란 후 양쪽이 서로 합쳐져서 배측신경색을 형성하며, 그 앞쪽 끝은 확장되어 **뇌포**(brain vesicle)를 형성한다. 이때 배아는 500배 이상 커져 있다. 신경계는 임신 전기 동안 계속해서 급속히 발달한다. 4주가 되면 뇌와 척수의 주된 부위들에 대한 식별이 가능해지고 첫번째 3개월이 끝날 때쯤이면 대뇌도 상당히 넓게 확장되고 소뇌와 연수도 뚜렷해진다. 신경계는 출생 후까지도 완성되지 않는다.

2) 순환계

신경이 배의 윤곽을 바꾸기 시작하면서 심장과 **순환계**(circulatory system)도 그 모습을 드러내며, 22일이 되면 심장의 첫번째 박동이 시작된다. 이 기관은 형성된 지 4, 5일만 지나면 완전한 기능을 갖춘 기관으로 발달하여 혈액을 이동시킬 수 있게 혈관을 만든다(수정 후 약 40일째). 관 모양의 심장은 거의 완성된 단계에 이른다. 심방들 사이의 구멍은 출산 후 약간의 시간이 경과할 때까지 그대로 남아 있다.

3) 호흡계와 소화계

호흡계(respiratory system)와 **소화계**(digestive system)도 상당히 급속하게 발달하여 5, 6주까지는 기본적인 양식이 확립된다. 기본이 되는 관이 형성되면 끝이 막힌 몇 개의 오목한 주머니가 만들어지고, 계속해서 새로운 맹낭들이 만들어지다가 다소 불분명하기는 하지만 장, 간, 이자들의 형태가 나타난다. 기관, 기관지, 폐들은 인두에서 만들어진 맹낭부터 시작하는데, 다시 2개의 **폐아**(lung bud)를 형성하며, 각기 첫번째 **폐엽**(lung lobe)이 된다.

4) 사지

인간의 **사지**(limb)는 넷째주 동안 둥근 배아로서 처음 나타난다. 6주가 되면 팔과 다리의 구별이 가능해지고 7주에는 손가락과 발가락을 식별할 수 있다. 손과 발은 물갈퀴가 달린 단순한 노와 같은 형태로 시작하여, 손가락과 발가락 사이사이의 조직이 **자연세포사**(programmed cell death 또는 apoptosis)과정을 거쳐 흡수되고 완전한 손과 발의 형태로 완성된다.

5) 생식계

생식계(reproductive system)는 처음 몇 주 동안에 발달하기 시작하지만 8주 이전에는 염색체 검사 없이는 배아의 성을 확인할 수가 없다. 두 성의 생식기가 거의 같은 방법으로 발생을 시작하지만, 성분화를 조절하는 요인들은 대단히 복잡하다. 한 개체의 유전적인 성은 정자에 의해 수정시에 결정된다. 즉, X염색체를 지니는 정자는 여성을 만들고, Y염색체를 지니는 정자는 남성을 만든다. 그러나 성 발달에는 수많은 유전자들이 관련되어 있고, 유전적, 호르몬적, 환경적 조절에 따라 이루어진다. 예를 들어, 포유류의 Y염색체는 정소의 발달을 시작하고, 정소는 남성의 일차 성징을 결정하는 **정소결정인자**(testis determining factor) 등의 호르몬을 만들어낸다.

남성인 배아의 **부정소**(epididymis)와 **정관**(vas deferens)은 **볼프관**(Wolffian duct)이라는 1쌍의 구조로부터 형성되나 모든 배아에서 볼프관을 따라 또다른 1쌍의 구조인 **뮐러관**(Müllerian duct) 또한 발달한다. 발생이 진행됨에 따라 남성에서는 뮐러관이 퇴화하고 볼프관은 부정소와 정관을 형성하며, 여성에서는 볼프관이 퇴화하고 뮐러관은 수란관이 된다. 이때 결정적인 요인은 남성 호르몬인 테스토스테론과 MIS(Müllerian inhibiting substance) 등으로 생각되는데 그것이 없는 경우에는 여성의 구조가 발달한다.

(3) 임신중기

두번째 3개월(4~6개월) : 첫번째 3개월은 활발한 기관 형성이 일어나는 시기이며, 끝 무렵쯤이면 대부분의 주된 기관계들은 완전한 형태에 근접하게 된다. 이때에는 태아(fetus)라고 한다. 두번째 3개월간은 성장과 분화를 특징으로 한다. 몸체의 길이는 급속히 증가하여 커다란 머리를 따라 잡게 되고, 각 계는 기능을 갖추기 시작한다. 태아도 '숨을 쉰다' 고 할 수 있으나 실제로는 **양수**(amniotic fluid)가 위로 들어가고 나오는 것이다. 소화계의 벽은 효소 분비세포들을 갖추고, 간에서는 담즙 분비도 가능해진다. 태아는 액체와 어두운 색의 젤리 같은 세포성 찌꺼기인 **태변**(meconium)을 삼켜 장에 축적한다. 16주가 되면 피부의 **진피**(dermis)와 **표피**(epidermis)도 분화하여 땀샘, 기름샘, 모낭, 감각뉴런들이 분포한다. 12주 된 태아는 자극에 대해 처음에는 미약하고 공조되지 못한 움직임으로 반응하지만 곧 보다 정확하고 힘도 세지며, 16주부터는 어머니가 발로 차는 것 같은 태아의 움직임을 느끼게 된다. 20주가 되면 심장의 박동소리가 청진기로 들리고 전신은 **솜털**(lanugo)로 덮인다. 피부는 붉고 주름진 형태이고 눈은 6개월에 안점이 생기고 7개월에 눈을 뜬다.

(4) 임신후기

세번째 3개월(7개월~출산) : 세번째 3개월이 시작함에 따라 기관계는 완전한 기능을 보이기 시작하며, 이 시기에 태어난 태아는 생존할 수도 있으나 그 확률은 매우 낮다. 이 시기의 태아는 약 35cm에 1,000g 정도이며, 매우 야윈 상태이지만 모양은 다 자란 태아와 유사하다. 태아는 점차적으로 양막주머니와 자궁강을 꽉 채우게 되어 자유롭게 떠다닐 수가 없게 된다. 성장과 분화는 계속되지만 그 속도는 매우 느리다. 뇌와 척수는 계속해서 급속히 자라며, 대뇌피질이 분화하여 많은 **열구**(fissures)들과 주름을 형성하기 시작한다. 피부 밑에는 지방층이 축적되며 골격의 경우에는 첫번째 3개월부터 시작되었던 **골화**(ossification)현상이 급속히 증가한다. 이 때문에 단백질과 칼슘에 대한 요구가 증가한다. 출산 전 마지막 1달 동안에는 항체가 태반을 통과하여 신생아에게 1달 내지 2달 동안 바이러스와 박테리아의 감염에 대한 면역성을 제공하게 된다. 임신 후기가 끝날 때 쯤이면 태아는 거의 50cm에 약 3kg 정도가 되어 모체의 배가 비좁게 된다.

(5) 출산

출산의 단계는 3단계로 나누고 있다(그림 41-42).

첫번째는 **경부**(cervix)의 **확장**(dilation)으로서, 확장으로서 확장의 지속시간은 2~16시간 정도로 다양하고 진통이라 불리는 주기적 수축을 동반한다. 진통의 수축은 단계가 진행될수록 계속 빈도가 증가하며 매 3, 4분마다 수축이 일어나기 시작하면 태아의 **머리출현**(crowning)이 시작된다. 머리가 경부를 통과하기 시작하여 눈에 보이게 되는 것이 두번째 단계의 시작이다. **만출**(expulsion)은 수분이 걸리거나 수시간을 요할 수도 있다. 모체의 준비 상태, 육체적 조건, 고통의 역치, 정서 상태 등에 따라 고통이 따르는 정도가 다르다.

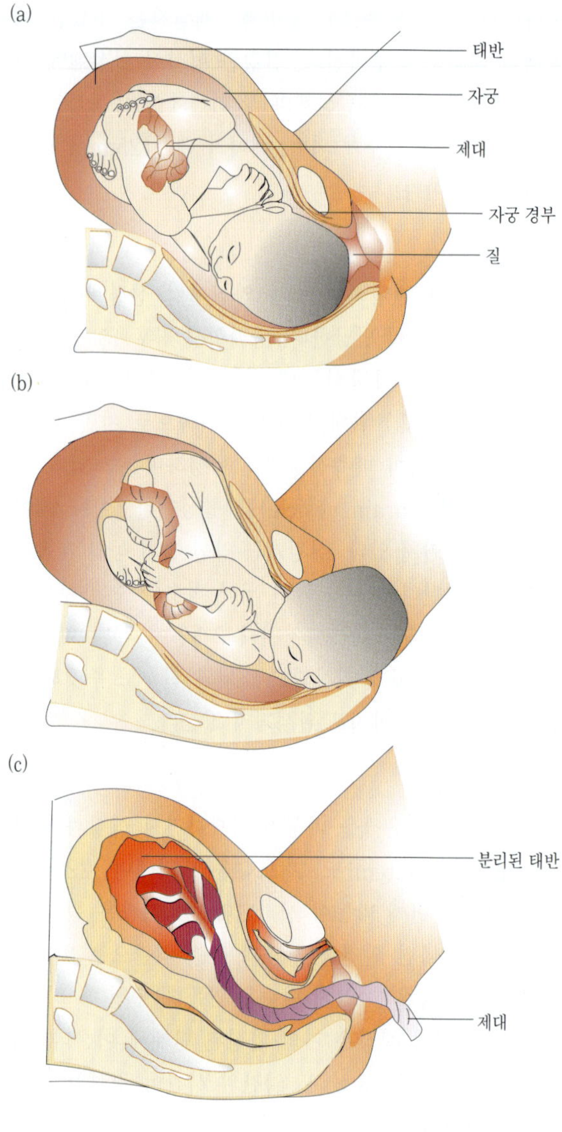

그림 41-42 출산과정
출산 전 약 2주간 아기는 자궁벽에 압력을 가하고 자궁경부가 팽배한다.
(a) 출산 개시일에 양막이 파열되고 (b) 태아가 밀려나온다.
(c) 태반 및 배 외막이 산모 밖으로 나온다.

출산의 마지막 단계는 태반의 분리와 출산 후 자궁으로부터의 태반 만출이다. 이 과정이 끝나면 자궁은 급속히 수축하여 원래 상태로 돌아가는데, 이것은 태반 부착점에서의 출혈 조절에 도움을 준다.

(6) 젖의 분비

인간의 모체도 에스트로겐, 프로게스테론의 영향으로

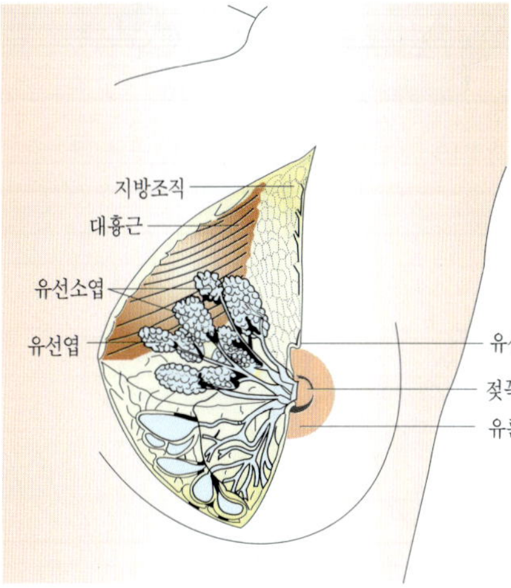

그림 41-43 수유 여성의 유방
유선과 수유관을 자세히 나타낸 그림

임신 동안에 가슴이 부풀고 출산과 함께 **초유**(colostrum)의 분비가 시작된다(그림 41-43).

투명한 황색의 액체인 초유는 우유에 비해 단백질, 비타민, 미네랄이 많고 당과 지방은 적으며 처음 며칠 동안 신생아에 대단히 중요한 항체를 포함하고 있다.

며칠내에 초유는 희고, 진한 모유로 대체된다. 모유는 비타민 D를 제외한 모든 필수 비타민들이 충분하며, 리터당 약 700cal의 양분을 포함하고 있다. 모유로 아기를 키우는 것은 여러 장점을 가지고 있는데, 모유로 키운 아기가 각종 질병, 빈혈, 비타민 결핍증 등에 더 강하다는 연구 결과가 많다.

41.3.5 모체와 태아의 건강

여성은 임신하게 되면 신체의 대부분 기능이 태아의 발생에 이용된다. 태아는 수정에서 출산까지의 특정 시기에 각 기관이 발달되며 발생과정이 모체의 영양, 건강, 생활 습성에 따라 지배된다.

임신한 모체가 어떻게 영양분을 공급하는가는 배아와 태아의 발생에 매우 중요하다. 특히 출산에 가까워 올수록 모체의 영양은 더욱 태아에 중요하다. 이는 이때 태아 두뇌가 크게 성장하므로 영양 결핍은 태아의 두뇌 크기 발달에 지대한 영향을 준다. 따라서 산모에게는 균형잡힌 영양 섭취가 필수적이다.

모체가 지닌 항체는 지속적으로 태반을 통하여 태아에 공급된다. 이로서 태아가 박테리아 등 감염에 대해 저항하게 된다. 그러나 여러 가지 바이러스 감염은 태아의 기관이 형성되는 수정 후 6주간까지 매우 치명적이다. 따라서 모체는 이 시기에 바이러스에 감염되지 않도록 조심해야 한다.

태아는 **임신전기**(first trimester)에는 특히 약품에 민감하게 반응한다. 신경안정제인 **탈리도마이드**(thalidomide)의 경우 임신 전기에 투여하면 팔과 다리가 기형인 아이가 태어난다(그림 41-44).

그 밖에 스테로이드제제나 항생제 등도 태아에 큰 장애를 일으킬 수 있다. 그러므로 임신한 여인은 필수 불가결한 처방 이외에는 어떤 약품도 먹어서는 안된다는 점을 주지해야 한다.

알코올은 아무런 장애없이 태반을 거쳐 태아에 영향을 미친다. **태아알코올증후군**(fetal alcohol syndrome ; FAS)은 임신했을 때 다량의 음주섭취 때문에 태아가 여러 기형을 나타내는 것을 말한다. 음주벽을 가진 임산부에서 60~70%의 신생아가 FAS에 걸리므로 임신부는 절대적인 금주가 필요하다. 또 **코카인**(cocaine)이나 **헤로인**(heroin) 등의 마약이나 LSD(lysergic acid diethy-

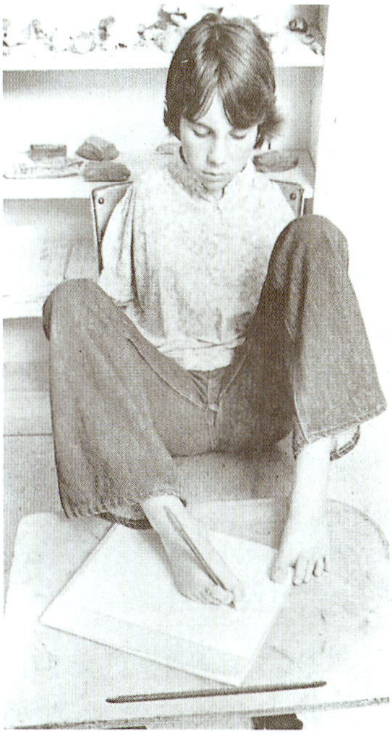

그림 41-44 Thalidomide 사용에 따른 기형아
임신 초기에 신경안정제와 수면제인 탈리도마이드를 복용한 산모에게서 태어난 약 10,000명의 어린이 중 1명이며, 팔과 다리가 기형이다.

lamide), **마리화나**(marijuana) 등과 같은 환각제 등을 사용하는 임신부는 자신뿐 아니라 태아의 신경계의 발생에 큰 장애가 온다. 따라서 임산부는 절대로 복용해서는 안 된다.

41.3.6 피임과 성병

사람이 성생활을 영위하며 임신은 원치 않거나 성행위를 통한 질병의 예방을 위해 피임방법이 필요하다.

표 41-1에 피임방법과 장치의 장단점을 요약하고 임신과 피임의 성공률을 요약하였다.

최근 RU−486이 임신을 억제하는 물질로 개발되어 임상적으로 사용되고 있는데 배란과 착상 사이의 호르몬 분비를 억제하는 기능을 이용한 것이다(그림 41−45). RU−486은 성교 후 72시간내에 복용하면 수정을 억제하고, 포배가 자궁내막에 착상하는 것을 방지하므로「아침 피임약(morning-after pill)」또는「꿈의 피임약」이라고도 불린다. 최근에는 이와 같이 성교 후에 먹는 피임약(postcoitus pill)의 개발이 급속도로 발전하고 있다. 그러나 RU−486 역시 부작용을 나타내는데, 멀미, 구토, 유방 긴장 등이 일부 나타난다. 그리고 호르몬의 균형을 파괴시키는 방법이므로 의사의 처방에 따라서 사용해야 한다. 또 혈압을 높이고 혈액 응고, 유방암 등의 빈도가 증가할 수 있으므로 남용해서는 안 된다.

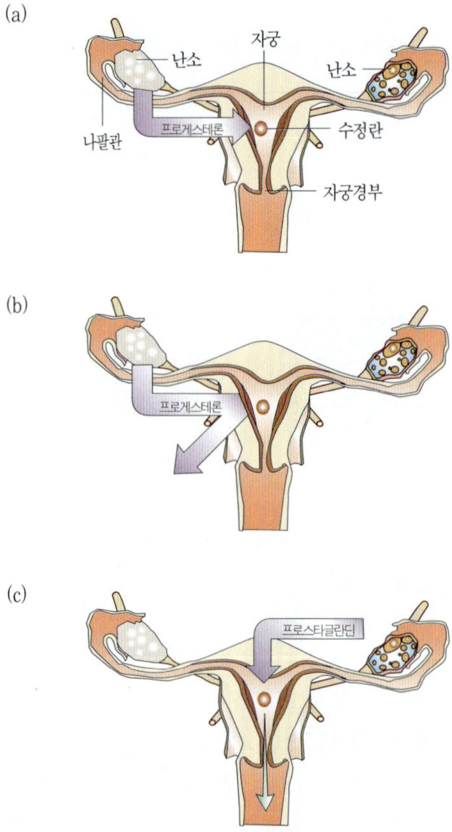

그림 41-45 RU-486의 작용기구
(a) RU-486 이용 전 프로게스테론으로 월경 억제, 임신 상태 유지
(b) 임신 초기 RU-486 복용시 프로게스테론 작용을 억제
(c) RU-486으로 인한 난소내 프로스타글란딘 합성으로 배아의 발생 억제

한편, 착상이 생긴 후에 임신을 외과적인 수술로 끝내는 방법으로, 원하지 않는 출산을 막기 위한 방법을 **낙태**(abortion)라고 한다. 착상 후 4주내에는 아직 배아가 자궁내막에 존재하므로 진공 흡입이나 후크 등으로 쉽게 제거할 수 있으며, 1개월 이상 3개월 이내의 임신 초기에는 **경관확장자궁소파술**(dilation and curettage ; D&C)로 태아를 외과적으로 제거한다.

진공 흡입 등의 방법은 임신 초기에는 비교적 쉽고 고통이 없으며 합병증은 없으나, 태아가 3개월 이상이 되면 모체의 생명이 위태롭지 않는 한 수술해서는 안 된다.

41.3.7 반성 전염 질병

성행위를 통해 전염되는 질병을 **반성 전염 질병**(sexually transmitted diseases ; STD)이라고 하는데, 매춘행위, 성 행위용 제제(sex-for-drug) 사용 등이 이 전염병을 증가시키고 있다. 불행하게도 항생제에 죽지 않는 박테리아가 창궐하고 몇 가지 바이러스성 질병은 치료도 불가능해지고 있다. 미국의 경우 감염 환자의 2/3는 25세 이하이고, 1/4은 10대이다. 특히 여성과 아이들이 가장 심하게 감염되고 있다는 사실은 매우 걱정스러운 일이다. STD에는 **후천성면역결핍증**(acquired immune deficiency syndrome ; AIDS), **임질**(gonorrhea), **매독**(syphilis), **골반염**(pelvic inflammatory disease), **성기포진**(genital herpes), **클라미디어 감염**(chlamydial infection), **성기사마귀**(genital warts) 등이 그 예이다(표 41-2). 다행이 동양, 특히 한국의 경우는 반성 전염 질병의 위험률이 서양에 비해 매우 적다고 보고되고 있으나 이들의 음성적인 전파가 늘어간다고 생각되고 있다.

41.3.8 불임과 생식공학

불임증(sterility)이란 피임을 하지 않고 정상적인 부부생활을 1~2년간 해도 임신이 되지 않는 경우를 말한다. 즉, 생식기능의 부조화로 배란이 잘 안되는 경우, 비정상

표 41-1 피임방법

	방 법	장 치	이 점	단 점	임신율(%)
	정상임신				80
정자를 죽이거나 차단	콘돔	음경에 씌우고 정자를 질에 노출되지 않게 한다.	성병으로부터 보호	자연스런 행동을 방해하고, 남성의 흥분을 감소시킴	2~12
	콘돔과 살정제	음경에 씌우거나 질 안으로 투입한다. 정자를 질 밖에서 차단하고 도망가는 정자를 죽인다.	성병으로부터 보호	자연스런 행동을 방해하고, 남성의 흥분을 감소시킴	2~5
	페서리와 살정제	정자를 죽이고 자궁 진입을 차단	값이 싸다	자연스런 행동을 방해하고 의사가 장착해야 함	3~17
	자궁경부용 고무제와 살정제	정자를 죽이고 자궁 진입을 차단	값이 싸고 24시간 지속 가능	고정되어 있지 않을 수 있고 감염이 쉽고 의사가 장착해야 함	5~20
	살정용 거품이나 젤리	정자를 죽이고 자궁 진입을 차단	이용하고 제거하기 쉬움	이용자의 25%가 염증을 일으킴	3~15
	피임용 스폰지	질에서 정자를 죽이고, 자궁 진입 차단	24시간 지속 가능	비싸다	6~28
호르몬제제	피임약	배란과 착상을 방해하고 자궁경부의 점액을 두껍게 한다.	자연스런 행동 가능	여성에게 심장혈 관계 질병이 일어나고 가슴의 촉각이 예민해짐	0~10
	알이 작은 먹는 피임약(Minipill)	착상 방해, 정자의 활동력을 잃게 함, 자궁경부 점액을 두껍게 함	부작용 없음	체중 증가	0~10
	Depoprovera	배란 방해, 자궁 내부 모양 바꿈	이용 쉽고, 3개월간 지속	월경 기간 변화, 체중 증가, 의사 투입	1
	Norplant	배란 억제, 자궁경부 점액을 두껍게 함	이용 쉽고, 5년 지속	월경 기간 변화, 의사 주입	0.2
행동	리듬	배란기간 동안 성교 금함	비용이 들지 않음	실행하기 어렵고, 시간 예상이 곤란	12~21
	철회	사정 전에 질로부터 음경 제거	비용이 들지 않음	실행하기 어렵고, 시간 예상이 곤란	9~25
수술	정관 절제 수술	정자 세포가 음경에서 사출 금지	지속적, 자연스런 행동 가능	2번의 수술 요구, 전염병의 위험	0~15
	수란관 결찰	수정란이 자궁으로 이동 불능	지속적, 자연스런 행동 가능	2번의 수술 요구, 전염병의 위험	0.4
기타	자궁내 피임기구	착상 방해	자연스런 행동 가능	심한 생리통과 전염병의 위험 증가	1~5

내지 부실한 정자로 인해 수정이 되지 못하는 경우, 자궁의 기형이나 자궁내막증 등으로 자궁의 기능이 부실한 경우 그리고 수란관 염증, 자궁경관 부실 및 수란관 결찰 수술 등에 의한 수란관 제거 등으로 인하여 아기를 갖지 못하는 경우에 해당한다. 불임검사는 복강경 검사, 수란관 조영촬영, 자궁내막 검사, 초음파 촬영, 자궁경관 점액 검사, 혈중 호르몬 검사, 정액 검사 등의 진단방법을 이용한다.

생식생리학의 급진적인 발전으로 최근에는 여러 가지 생식과정을 인위적으로 조작할 수 있게 되었다. 그 하나는 사람의 정액을 냉동처리해서 저장하여 두었다가 필요에 따라 이를 해동(解凍)시켜 체내 또는 체외에서 인공수정이 가능하게 되었다. 미국, 영국에는 이미 몇 개의 정자은행(sperm bank)이 있다. 한편, 1978년 영국의 생물학자인 EDWARDS와 산부인과 의사인 STEPTO에 의해 세계 최초의 시험관 아기인 브라운(LOUISE JOY BROWN) 양이 태어났다(그림 41-46).

이 시험관 아기는 자연적으로 여성에게 배란되는 난자를 추출하여 배양액에 옮기고, 그 남편에게서 정자를 얻어 체외(시험관내)에서 수정을 시켜 포배까지 발생을 시킨 다음, 이를 어머니의 자궁에 옮겨 정상적인 태반을 형성하게 해서 태어나게 된 것이다. 뒤이어 1980년에는 호주의 LOPATA 등과 1982년 미국의 JOHNS 등이 약품을 이용한 유도배란에 의해 난자를 얻은 후 각각 시험관 아기의

표 41-2 반성 전염 질병(STD)

병 명	원 인	증 상	신고된 사람 수	태아에 끼치는 영향	치 료	합병증
AIDS	인간 면역 결핍 바이러스 (HIV)	발열, 허약, 간염, 발암	1억 5천만 명	AIDS 바이러스에 노출되어 다른 질병 유발	치료하거나 증상을 지연시키기 위한 약물 투입	치매와 죽음
클라미디아	클라미디아균,	배뇨와 성교시 통증, 점액이 질과 음경으로 배출, 음부 종기, 발열	3천만 명 ~1억만 명	조산, 맹아, 폐렴	항생제 투입	골반 염증, 불임, 관절염, 자궁외 임신
음부 헤르페스	단순허피스균	음부 종기, 발열	2억만 명	뇌파리, 사산	항바이러스 제제물질 투입	자궁암 발생 위험 증가
생식기의 종기	유두종 바이러스	생식기에 혹 생김	백만 명	알려지지 않음	화학요법, 수술로 제거	자궁암 발생 위험 증가
임질	임질 바이러스	여성에게 없음 남성의 경우 배뇨시 통증 초기하감 : 생식기와 입에 통증, 6개월 후 발진 심장, 간, 신경, 뇌에 타격	2백만 명	맹아, 사산	항생제 투입	관절염, 발진, 불임, 골반 염증
매독	매독균류		9만 명	유산, 조산, 사산, 선천적 기형	항생제 투입	죽음
B형 간염 (Hepatitis B)	B형 간염 바이러스	피로, 지속적인 저열, 황달, 발진, 복부 통증	1년에 30만 명		휴식, 알파인터페론	간경변, 간암

탄생을 이루게 되었다.

그리고 국내에서도 1985년 서울대학병원에서 이 방법에 의해 쌍둥이가 출산되어 우리나라도 아시아에서 네번째 시험관 아기 출산국이 되었다. 이와 같은 난자의 체외 수정 및 배아의 자궁내 이식에 의한 시험관 아기의 탄생은 불임의 혁신적인 치료법이 될 것이며, 이 방법을 더욱 개선하기 위해 많은 연구가 이루어지고 있다. 그러나 실제로 아기를 탄생시키기까지에는 많은 어려운 과정들을 거쳐야 한다. 예를 들면 먼저 의학적인 측면에서 환자의 배란 유도과정을 매일 초음파 검사 및 혈중 호르몬 검사로 확인받아야 한다든가, 난자와 정자 및 수정란의 배양 조건, 수정란의 자궁내 이식 등의 까다로운 진행과정이 있다.

그리고 생명체를 체외에서 탄생시킨다는 것에 대한 종교적인 문제와, 자궁이 손상되어 없는 경우에는 제2의 여성의 자궁에 배를 이식, 출산시키는 대리모 임신 및 수정란의 냉동문제와 생명 조작의 위험성, 즉 기형아 출산에 수반되는 윤리적인 문제까지도 대두될 수 있다.

현재 일본과 영국에서는 이러한 문제를 해결하기 위한 방법으로 시험관 아기 프로그램에 대한 윤리강령이 발표된 바 있다. 국내에서도 이러한 문제들이 우선적으로 해결되고 불임증 환자들이 시험관 아기에 대한 정확한 정보를 가지고 절대적인 부부의 합의하에 결정한 후에 시도되어야 진정한 의미의 성공된 시험관 아기가 탄생될 수 있을 것이다.

그림 41-46 시험관 아이 LOUISE
LOUISE JOY BROWN은 실험실에서 아버지의 정자세포와 어머니의 난자세포를 결합시켜 태어났다.
시험관 아기 중 가장 나이가 많은 LOUISE가 시험관 아기 ANDREW MACHAT를 안고 있다. 그들이 태어난 London 근교의 Clinic에서 10살 생일 파티에 참석하는 600명의 시험관 아기들이 모였다.

제42장

면역계

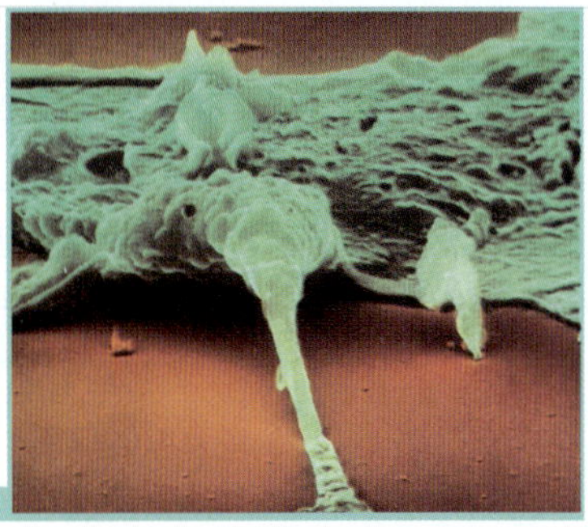

1796년 EDWARD JENNER는 우두에 감염된 소젖을 짜는 사람의 경우 천연두에 걸리지 않는다는 사실을 확인하고 아기의 팔에 우두 접종을 실시함으로써 천연두를 막을 수 있다는 것을 증명하였다(그림 42-1a). 그는 우두균을 접종하면 면역(immunity)이 생길 것이라 가정하였는데 프랑스인들은 이것을 조롱하기 위하여 소만들기(encowment), 즉 **백신**(vaccination)이라 명칭을 붙였다. 후에 L. PASTEUR가 위와 같은 과정을 다른 병을 가지고 실험하여 성공함으로써 이 용어는 존경을 포함한 말이 되어 버렸다. 80~100년 후 1870년대에 독일의 R. KOCH는 탄저열(anthrax)이 미생물에 의해 생긴다고 밝혔고, 감염된 동물의 혈액을 감염되지 않은 개체에 접종함으로써 병의 발생을 억제한다는 것을 증명하였다. 20세기에는 병원균과 이에 대한 면역체계에 대한 연구가 급속도의 발전을 하였고, 질병에 대한 원인과 방어기구에 대한 연구로 **면역학**(Immunology)이 급속도의 성장을 하였다.

이러한 분야의 연구는 후천성면역결핍증(AIDS) 바이러스 퇴치연구 등을 가능하게 하고 있다.

고등동물은 이물질(foreign particle)의 침입을 받았을 때, 이들 비자기(non-self)물질을 자기(self)의 성분과 식별하여 대항함으로써 자신의 몸을 보호하는 방어기작(defence mechanism)을 갖고 있다. 이들에는 세균(bacteria), 바이러스(virus), 균류(fungus), 기생충(parasite), 다당류 및 단백질 등 외부로부터 체내로 들어오는 외래성(外來性)인 것과, 자신의 노화세포군(老化細胞群)이나 변이세포(예 : 암세포) 등 내인성(內因性)인 것이 있다. 방어기작은 비특이적 것과 특이적인 것으로 나눌 수 있다. 비특이적 방어란 동물체로 병원체(pathogen)가 침입하려 할 때, 피부(skin)를 통과할 수 없도록 기계적으로 저지하거나, 외부 환경과 접하고 있는 각종 표피세포에서 분비되는 효소인 **리소자임**(lysozyme)이나 다른 체액 인자들에 의한 분해 및 **식세포**(phagocyte)들의 식균작용(phagocytosis)에 의해 이들을 파괴함으로써 체내로의 침투를 막는 1차적 방어를 말한다.

병원체(또는 항원, 이물질) 등이 제1방어선에서 차단되지 못하면, 동물체는 이에 대항하는 특이 **항체**(antibody)분자나 특이 세포를 형성하여 이들 항원을 제거함으로써 자신을 보호하게 되는데, 이것이 특이적 방어이며, **면역반응**(im-

(a)

(b)

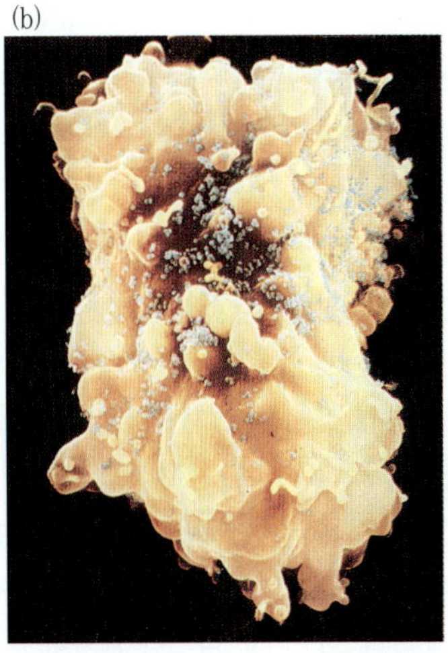

그림 42-1 JENNER의 면역주사
(a) 인류 역사에 가장 무서운 질병의 하나인 천연두에 대한 면역접종법을 개발한 E. JENNER의 동상
(b) 후천성면역결핍증(AIDS)을 유발하는 바이러스(청색소립자)에 감염된 백혈구세포. 면역학자들은 현대의 천벌이라는 AIDS에 대한 방어기구를 개발중에 있다.

mune response)이라 한다.

비특이적 방어는 모든 다세포동물에 갖추어져 있는 기구로서, 이를 **선천성 면역**(innate immunity)이라 한다. 특이적 방어는 척추동물 이상에서 발달된 것으로 **후천성 면역**(acquired immunity)이라 하여 구별한다(그림 42-2).

일반적으로 면역이라는 것은 후자를 일컫는다. 그러나 고등 척추동물에서는 위의 2가지 기작이 모두 존재하며 양자가 서로 협조적 관계에 있으면서 일련의 면역반응을 나타낸다. 여기서는 고등동물에서의 1차적 방어기구를 간단히 살펴본 후, 특이적 방어인 면역계(immune system)에 대해 알아보기로 한다.

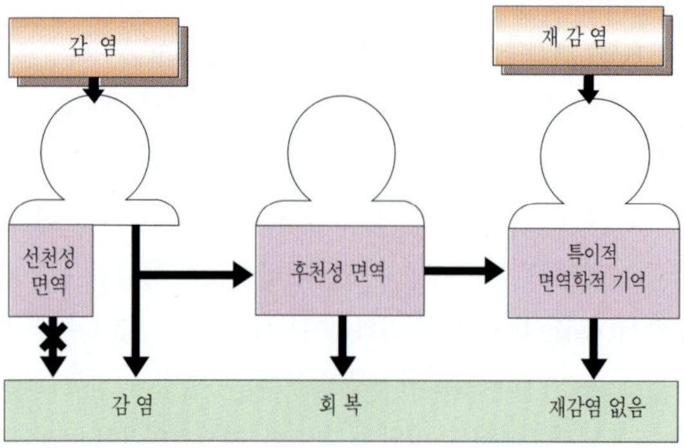

그림 42-2 선천성 면역과 후천성 면역
감염성 미생물이 생체내에 침입하면, 먼저 선천성 면역계의 장벽이 활성화된다. 이것만으로 충분히 대처할 수 없을 때는 감염이 일어나며, 후천성 면역계가 활성화된다. 후천성 면역에 의해서 감염이 치유되면 특이적인 면역학적 기억이 성립하여 동일한 병원체에 의한 재감염이 있어도 감염증은 일어나지 않는다.

42.1 비특이적 면역

동물의 비특이적 방어에는 물리적 방어 및 생화학적 방어 등이 있다.

병원균이 조직세포내로 침투되었을 때에는 또다른 비특이적 방어기구가 작용한다. 예를 들면 어떤 종류의 세포는 바이러스의 침입을 받았을 때 **인터페론**(interferon)이라는 단백질을 합성, 분비하며, 분비된 인터페론은 비특이적 림프구의 하나인 자연살해 세포(natural killer cell ; NK세포)를 활성화시켜 바이러스에 감염된 세포를 죽임으로 바이러스를 제거한다. 피부로 배설되는 땀(sweat)이나 피지(sebum)에 섞여 나오는 화학물질은 세균을 죽이기도 하며 음식물에 섞여 들어오는 미생물들은 위에서 분비되는 산이나 효소에 의해 파괴되기도 한다. 흡입공기와 같이 들어오는 병원체도 코나 호흡기 점막에서 분비되는 점액에 걸리면 코나 가래 등에 의해 외부로 배출되며, 설사 역시 해로운 감염원을 씻어버리는 역할을 한다(그림 42-3).

눈물이나 그 밖의 여러 조직의 표피에서 분비되는 체액에는 항박테리아효소인 리소자임이 있어 일부 박테리아를 분해하며, 장이나 여성의 질내에 들어 있는 세균들도 침입자를 죽이는 역할을 한다(그림 42-3).

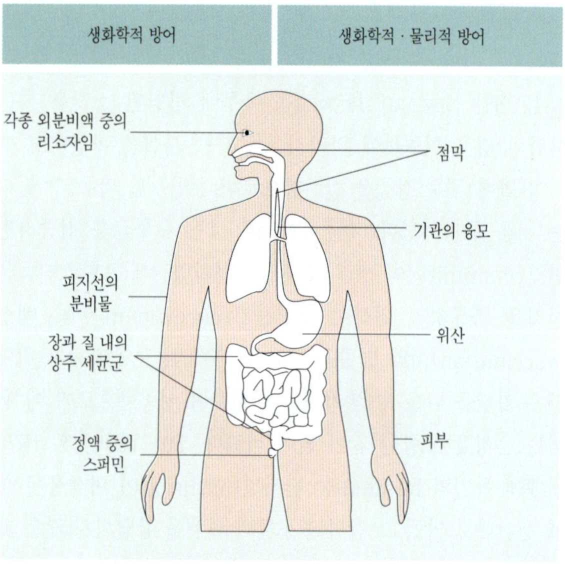

그림 42-3 생체의 비특이적 반응
대부분의 감염미생물은 생체의 표층을 뚫고 침입하지는 못한다. 여러 가지 생화학적이고 물리적인 장벽에 의해 생체내 침입이 방해되고 있다. 또한 각종 공생하는 미생물이 다른 병원미생물에 효과적으로 대항한다.

42.1.1 염증

병원체가 조직에 감염되었을 때 감염조직 부위에서는 급성 염증을 일으킨다(그림 42-4, 42-5). 즉, 손상받은 세포는 히스타민(histamine)이나 키닌(kinin) 등의 화학물질을 만들게 되며, 이들의 작용으로 손상받은 부위의 모세혈관들이 확장된다. 그러므로 감염 부위로 혈류량이 증가되어, 감염 부위의 피부가 붉게 보이고(충혈) 열이 나게 된다(발열). 또한 모세혈관의 투과성이 커짐으로써 혈장 성분이 감염조직 부위로 많이 이동하여 **세포간질액**(interstitial fluid)의 용적이 늘어나는 부종(edema)이 되고, 부종과 손상 세포에서 방출되는 화학물질에 의해 염증시 통증(pain)을 느끼게 되는 것이다. 또한 염증시 혈류량의 증가는 많은 수의 식세포(호중성 백혈구와 단핵구 등)들이 감염균을 탐식하면 **리소좀**(lysosome)내의 각종 가수분해 효소로 이들을 분해하여 제거한다. 염증의 특징인 농(pus)은 식세포들과 죽은 세균이 모여

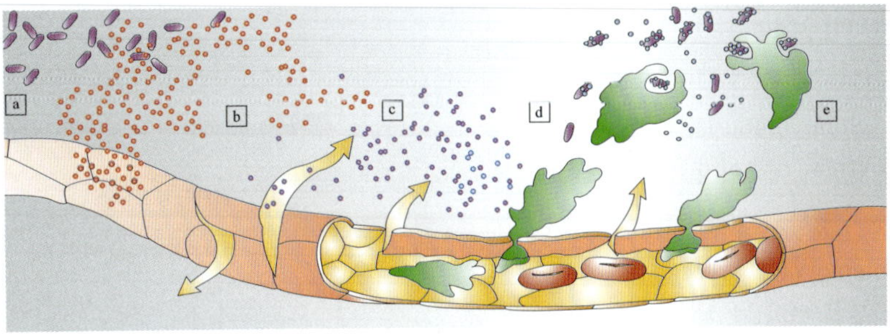

그림 42-4 급성 염증의 진행과정
(a) 세균 침입
(b) 세균이 방출한 물질과 손상 또는 죽은 세포가 소식내에 축적
(c) 혈관 확장, 투과성 증가
(d) 식균세포를 집결하는 물질 분비
(e) 세균의 탐식

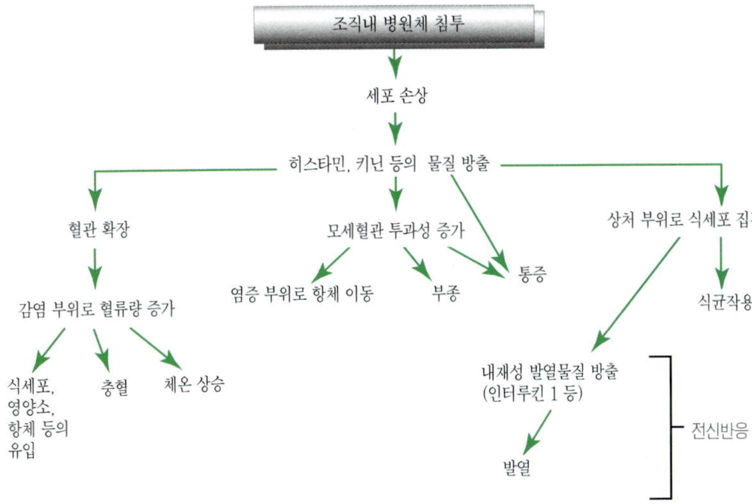

그림 42-5 염증의 진행과정과 전신반응

서 이루어진 것이다.

이상은 국소적으로 일어나는 염증이고, 때로는 전신성인 염증도 있으며, 또 염증이 경과하는 지속시간에 따라서 급성(acute) 및 만성(chronic)인 경우도 있다.

42.1.2 식균작용

염증은 식세포작용을 촉진시키는데, 식세포는 침투한 세균(이물질)을 인식하고 접근하여 세포막의 함입(invagination)으로 세균을 둘러싸서 세포질내로 끌어들여 **파고솜**(phagosome)을 형성한다. 이어서 식세포의 리소좀이 파고솜에 접근하여 융합된 **파고리소좀**(phagolysosome)이 되면 식세포는 과산화수소(H_2O_2)나 O_2^- 등을 내어 세균을 파괴시키며, 또한 식세포내의 리소좀에서 방출되는 여러 가지 가수분해효소들이 세균물질을 분해하여 그 분해산물을 세포 밖으로 방출시킨다(그림 42-6).

호중성 백혈구(neutrophil)는 20여 개 정도의 세균을 식작용한 다음에 죽으며, 대식세포는 그 수명이 지속되는 동안 100여 개의 세균을 식작용할 수 있다. 특히 대식세포는 여러 부위의 조직에 분포하여 있으면서 침입해 들어오는 세균을 식작용으로 파괴시킨다.

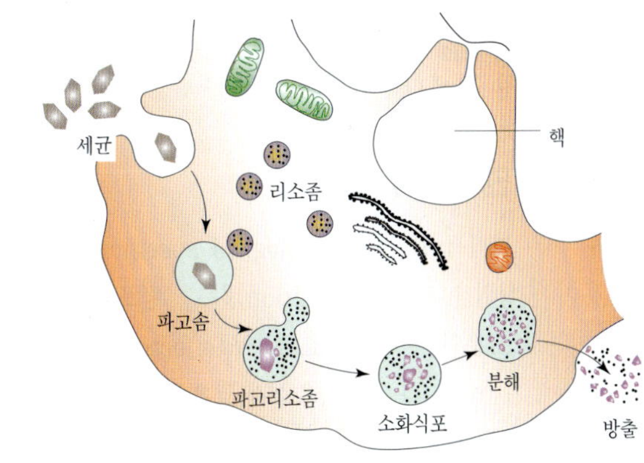

그림 42-6 식세포작용의 과정

42.2 특이적 면역

특이적 면역계는 척추동물이 가지는 특이한 방어기구로서 2가지 반응계로 나뉜다. 첫째, 이물질에 대항하는 **순환항체**(circulating antibody)를 생산하여 면역기능을 나타내는 체액성 **면역계**(humoral immune system)와 둘째로 바이

러스의 파괴, 피부 염증과 같은 지연성 **과민반응**(delayed hypersensitivity) 또는 암세포나 이식조직(移植組織)에 대한 거부반응 등에 관여하는 **세포성 면역계**(cellular immune system)이다. 이 2가지 면역계는 완전히 독립되어 이루어지는 것이 아니고, 상호 협력하여 방어기능을 수행하고 있다. 또한 면역계는 **면역기억**(immunological memory)을 나타내는 특징을 가지고 있다. 그러므로 어떤 이물질(항원)과 처음 만나 1차반응(primary response)을 한 뒤에 다시 동일한 이물질을 만나는 경우, 1차반응에 비해 신속하고 강력한 2차반응(secondary response)을 나타낸다(그림 42-7).

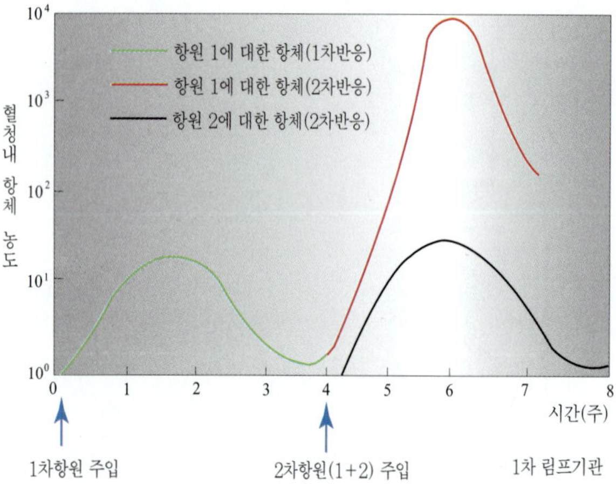

그림 42-7 면역계의 1차반응과 2차반응에 대한 항체생성곡선
연속적인 항원 주입에 따른 항체생성곡선의 1차반응과 2차반응

42.2.1 면역계의 세포

이와 같은 면역특이성(immunological specificity)과 기억은 특이한 항원을 인지(recognition)하고, 림프구를 다량 증식시키는 세포분열과 특이한 효과세포(effector)와 기억세포로 분화해 가는 과정의 3가지 요소가 필요하다. 한편, 면역계 세포들이 만들어지는 림프기관은 제1차 림프기관과 제2차 림프기관으로 분류한다(그림 42-8).

제1차 림프기관은 림프구를 생산하는 골수(bone marrow)와 흉선(thymus)이고, 제2차 림프기관은 림프구가 항원과 반응하여 면역반응이 일어나는 기관으로 면역응답을 일으키는 역할을 한다.

면역계에 관여하는 세포는 **림프구**(lymphocyte)와 **대식세포**(macrophage)로서, 특히 림프구가 모든 면역반응의 특이성을 결정해 주는 세포이다. 림프구는 동물체내에서 조직세포 사이를 왕래하며 혈액과 림프를 따라 순환하고, 또 림프기관인 **지라**(spleen)나 **림프절**(lymph node)에 축적되어 있기

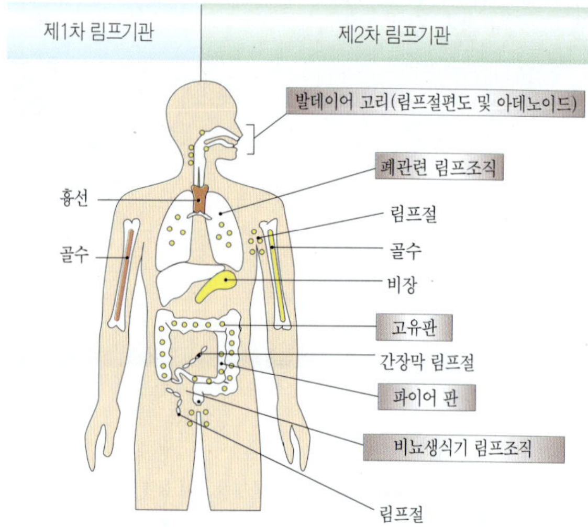

그림 42-8 사람의 림프기관
흉선은 T-세포를 생산하고 골수는 B-세포를 생산한다. 제2차 림프기관에는 성숙한 T-세포와 B-세포 및 부속 세포가 자리잡고 있다.

도 한다. 양서류 이상의 척추동물에서 림프구는 T-세포(T-림프구)계와 B-세포(B-림프구)계로 분류된다. T-세포는 배(embryo)의 **난황낭**(yolk sac)이나 간(liver)에, 태아 후기부터는 골수에 정착된 **간세포**(stem cell)의 일부가 흉선으로 이주하여 성숙한 세포이다(그림 42-9).

B-세포도 기원은 T-세포와 같으나, 조류(Aves)의 경우에는 **파브리시우스낭**(bursa of Fabricius)을, 포유동물에서는 이에 대응하는 기관을 중심으로 분화, 성숙한다. B-세포는 항원에 의해 분화하여 항체를 합성하는데, 이 항체는 항원 특이결합부위가 있으며, 동시에 항원을 인식하는 능력이 있다. 합성된 항체는 혈액 속으로 분비되어 체액성 면역을 담당한다. T-세포는 인식분자를 분비하는 것이 아니고, 여러 가지 기능을 갖는 세포군으로 분화되면, 이들 각 세포군은 침입항원(또는 세포)에 대해 **세포독작용**(cytotoxic effect)을 나타내거나, 항원에 의해 자극을 받는 B-세포 및 T-세포의 성숙과 분화를 돕거나 억제하는 기능을 나타내는 세포성 면역을 담당한다(그림 42-9).

이들 두 세포계는 서로 다른 기능을 나타내지만, 그 모양은 거의 유사하여 형태적으로 구별하기 어렵다. 그러나 이들 세포는 각기 그 고유의 **세포막 표지인자**(surface marker)들을 가지고 있으므로, 그 표지인자를 분석함으로써 구분이 가능하다. 또한 주사전자현미경(scanning electron microscope)으로 관찰하면, 일반적으로 B-세포의 막 표면에 미세돌기가 많이 나타난다.

자연살해세포(natural killer cell ; NK 세포)는 림프구군에서 유래된 세포로서 림프구가 특이적 방어를 할 수 있는 기능을 갖고 있는 데 반해 이것은 단지 비특이적 방어만 수행할 수 있다. 이들은 몸 내부를 돌아다니다가 암세포나 바이러스에 감염된 세포들을 만나면 즉시 공격하여 죽인다.

대식세포(macrophage)는 그 기원이나 기능에 대해 아직 논란이 많으나, 혈액내의 **단핵구**(monocyte)가 체내 여러 조직 부위로 이동하여 분화된 것으로 생각되고 있으며, 부정형 형태의 위족을 내어 빨리 운동하는 성질을 갖는다. 대식세포는 세망조직내에 들어 있으므로 **세망내피계**(reticuloendothelial system ; RES)라고도 한다. 대식세포는 이물질(異物質)을 포식(捕食)하여 가수분해시키는 식세포작용을 하므로(그림 42-10), 비특이적 면역작용에 관여할 뿐 아니라, 다른 식세포와는 달리 죽은 세포(죽은 적혈구나 과립백혈구)도 포식, 소화하여 처리하는 청소부(scavenger)역할을 한다. 또한 항원을 인식, 결합하여 림프구(T-세포와 B-세포)에 전달하여 줌으로써 이들 세포들에 의한 면역의 개시 및 조절작용을 갖는 특이적 면역반응의 중개자 역할을 하는 것으로 알려져 있다(이런 경우 antigen presenting cell ; APC 또는 A-세포라고 한다).

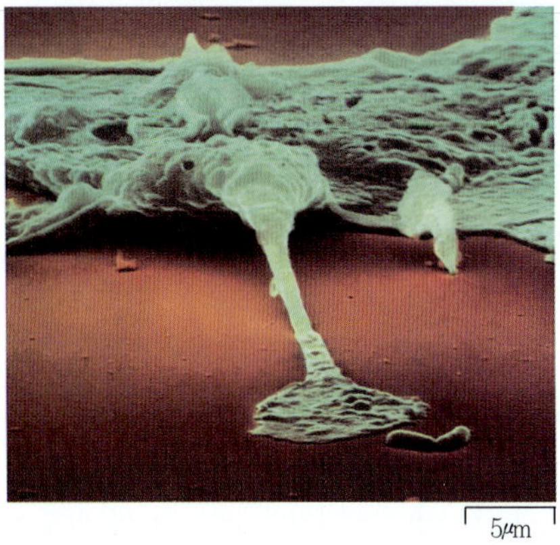

그림 42-10
침투한 대장균(*E.coli*)을 향해 위족을 뻗치고 있는 대식세포의 전자현미경 사진

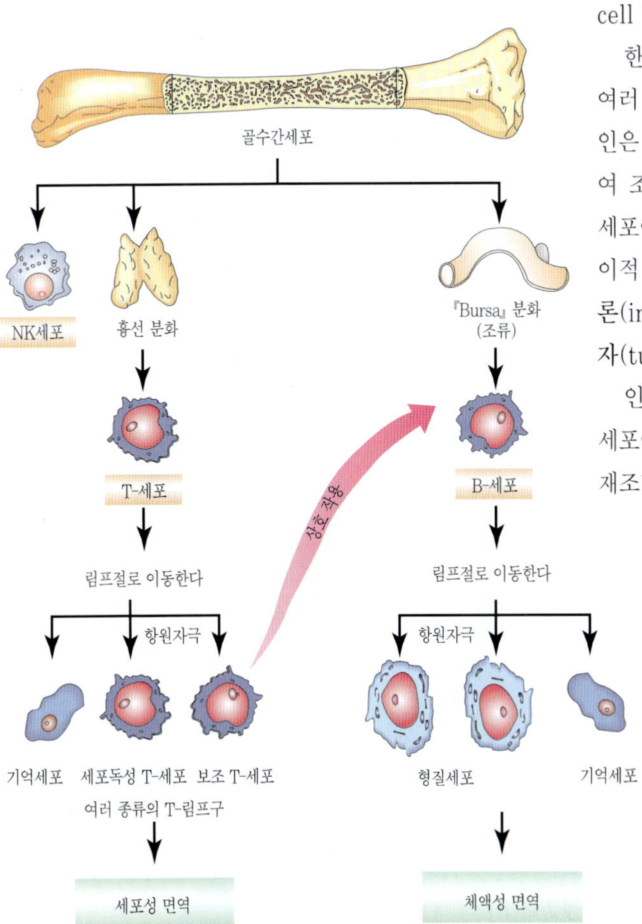

그림 42-9 T-세포와 B-세포의 기원과 기능

한편, 면역계 세포들은 **사이토카인**(cytokine)이라고 하는 여러 종류의 조절단백질들을 합성 분비한다. 이들 사이토카인은 그 물질을 생산하는 세포 자신이나 이웃 세포에 작용하여 조절능을 발휘할 뿐만 아니라, 일부는 멀리 떨어져 있는 세포에도 작용한다. 또한 이들은 비특이적 면역뿐 아니라 특이적 면역계에서도 조절능을 가진다. 사이토카인에는 **인터페론**(interferon), **인터루킨**(interleukin ; IL) 및 **종양괴사인자**(tumor necrosis factor ; TNF) 등이 있다.

인터페론은 앞에서 설명한 대로 바이러스의 침입을 받은 세포에서 분비되는 것으로 항-바이러스 능을 가지며, 현재는 재조합 DNA 기술을 이용하여 대량으로 생산하고 있다. 인터루킨은 주로 대식세포와 림프구가 분비하는 사이토카인으로 발견 순서에 따라 IL-1, IL-2, IL-3 등과 같이 번호를 붙여 나가고 있다. 이들 중 일부는 림프구와 다른 세포들 간의 상호작용을 조절하는 역할을 하며 일부는 여러 가지 효과 기능을 나타낸다.

종양괴사인자는 대식세포가 분비하는 TNF-α와 림프구가 분비하는 TNF-β가 있는데, 이 사이토카인은 이름이 뜻하는 바와 같이 암세포를 죽이는 역할을 할 뿐만 아니라 염증 유발시 면역계 세포를 자극하는 기능을 나타낸다.

42.2.2 주조직적합성 복합체

사람을 비롯한 척추동물의 면역계에서 자기와 비자기 세포를 인식 판별하는 능력은 **주조직적합성 복합체**(major histocompatibility complex ; MHC)로 불리는 일련의 막 표식 단백질에 의하여 이루어진다. 사람의 경우 HLA－항원계(human leucocyte antigen)로 불리는데, HLA는 사람의 6번 염색체상에 밀집해 있는 유전자군에 의해 지배되며, 각 유전자는 여러 종류의 **대립유전자**(allele)를 갖는 **유전적 다형성**(genetic polymorphism)을 가진다. 따라서 이 막표식 인자(또는 막항원)들은 동종세포간에도 개체마다 차이가 있는 것이며, 유전적 유연관계가 가까울수록 유사한 막항원을 갖는다.

MHC는 3군으로 나뉘는데, 제1군(MHC class Ⅰ)은 대부분의 유핵세포막에 존재하며, 이것이 자기와 비자기 세포를 판별하는 작용을 하여, 만약 자기의 세포에 세균이 침투되면 이들 세균항원과 MHC Ⅰ이 복합체를 형성하여 세포막에 제시되어, 세포독성 T－세포(T_C-세포)가 인식하여 파괴시키는 것이다. 제2군(MHC Class Ⅱ)은 B－세포, 대식세포 및 일부 T－세포 등의 면역계 세포막에만 존재하며, 이들 면역계 세포간의 상호 작용을 조절한다. 예를 들어, 세균의 침투를 받으면 대식세포가 이 세균항원을 탐식 변형시켜 만들어낸 폴리펩티드를 MHCⅡ와 복합체를 형성하여 세포 표면에 제시하면(antigen presenting), T_H－세포가 이를 인지하고 자극을 받게 된다(그림 42-11). 제3군(MHC class Ⅲ)은 보체계를 포함한다.

42.2.3 체액성 면역

체액성 면역을 담당하는 B－림프구 막 표면에 항원을 인식하는 분자인 막결합－면역글로불린(membrane bound immunoglobulin)이 항원에 대한 수용체(receptor)로 작용한다. 이 수용체에 항원이 결합되어 B－세포가 활성화되는 것인데, 그 활성화과정은 앞에서 설명한 대로 대식세포와 T_H－세포가 관여하는 복잡한 과정에 의한다(그림 42-12).

즉, 변형된 항원과 MHCⅡ의 복합체가 대식세포 막 표면에 제시되면 이것을 T_H－세포가 인지 결합하여 일련의 과정을 일으켜 대식세포가 IL－1을 분비하여 T_H 세포를 활성화시키는 것이다. 이어서 수용체에 항원이 결합된 B－세포에 활성화된 T_H－세포가 결합되면 그것이 자극이 되어 곧 유사분열을 반복하여 그 항원에 대한 항체만을 생산하는 단일 클론(clone)세포를 만들어내고, 각 클론에서 서로 다른 **단일클론항체**(monoclonal antibody)가 합성된다는 것이다. 이와 같이 수많은 림프구 중에서 어느 특정 세포들만이 항원에 의해 선택적으로 자극을 받아 클론을 형성하면서 항체를 만든다는 것이 **클론선택설**(clonal selection theory)이다(그림 42-13).

또 림프구의 클론 형성에 의해 만들어져 특정 항체를 계속 생산해내는 세포를 **형질세포**(plasma cell)라 한다. 그러나 림프구의 분열에서 생성된 일부 세포는 형질세포로 되지 않고, 그 항원에 대해 특이하게 반응하는 림프구로 남아서 오랫동안 존재하는데, 이를 **기억세포**(memory cell)라 하며, 이것은 같은 항원이 재차 침입할 때 곧 분열을 개시하여 형질세포로 전환된 후 항체를 생산하게 된다(그림 42-9 참조).

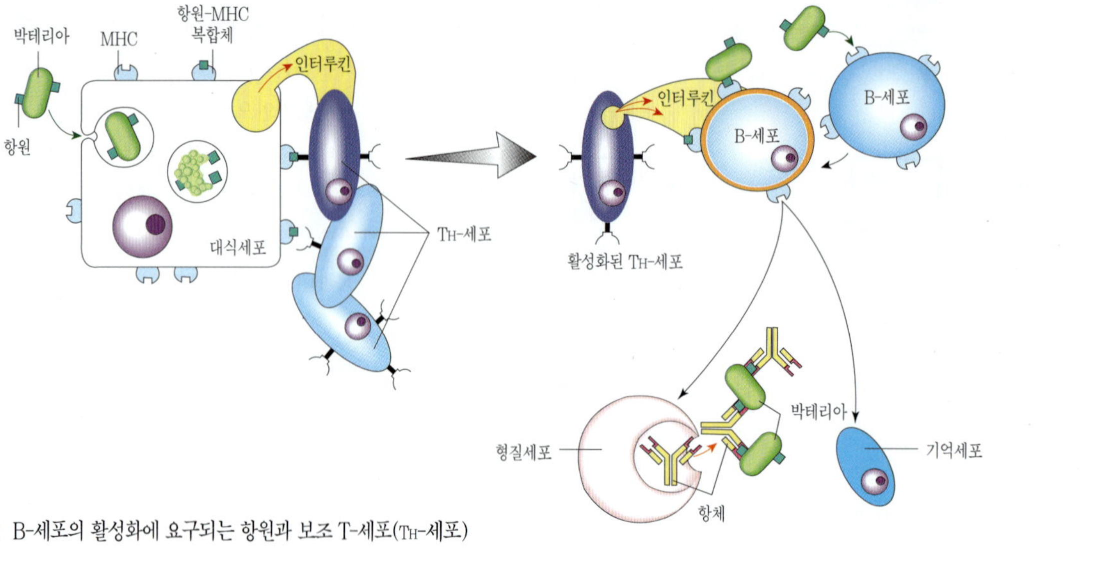

그림 42-11 B-세포의 활성화에 요구되는 항원과 보조 T-세포(T_H-세포)

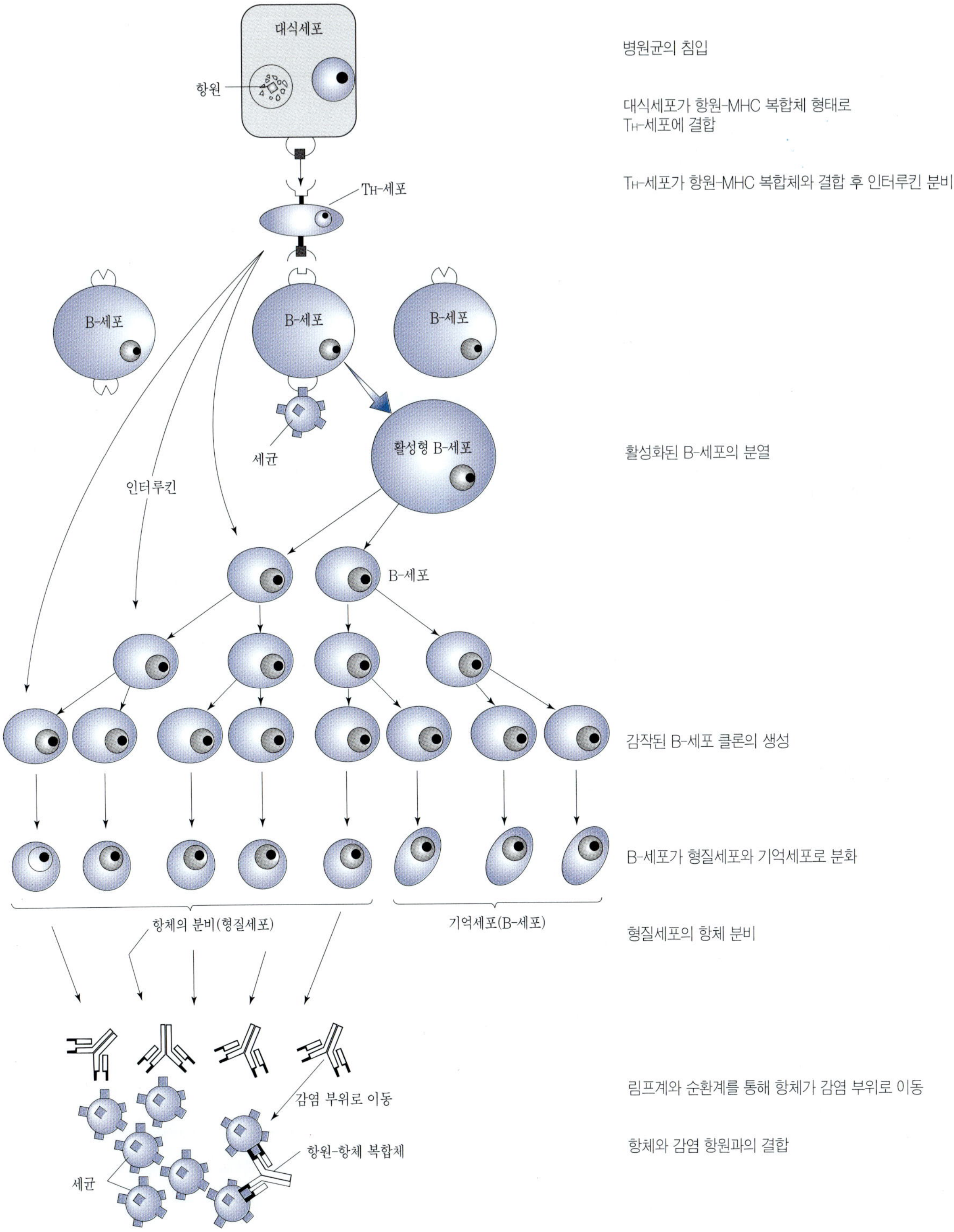

그림 42-12 체액성 면역과 그 작용기구

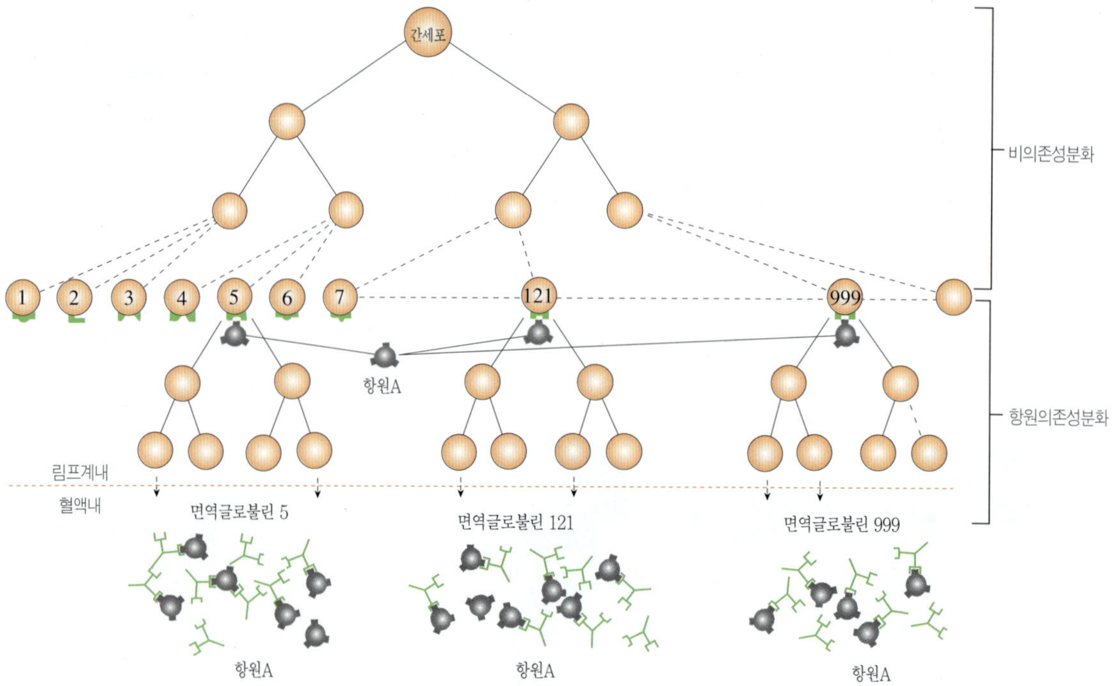

그림 42-13 클론선택설의 모식도

(1) 항체의 구조와 성질

체액성 면역을 나타내는 항체는 혈청을 전기영동하면 그 분획이 가장 느린 속도로 이동하여 양(+)극쪽의 γ-이동 속도 부위에 걸쳐 길게 나타난다(β-이동 속도를 갖는 것도 있음). 이 분획에 속하는 물질이 γ-글로불린인데, 화학적으로 분석해 보면 매우 이질적(異質的)인 당단백질(glycoprotein)의 집단으로 이루어져 있고, **면역글로불린**(immunoglobulin ; Ig)이라고도 한다. 항체가 이와 같은 이질성을 보이는 것은 각종 항원결정기의 특이한 단백질의 구조 때문이다. 따라서 항체의 구조를 결정하기가 어려웠으나 다행히 암의 일종인 **다발성골수종**(multiple myeloma) 환자에게서는 1가지 종류의 항체분자만이 생성된다는 사실이 밝혀졌다. 이 면역글로불린을 사용한 G.M. EDELMAN과 R. PORTER (1972년 노벨 생리의학상 수상) 등의 연구 결과로 항체분자의 구조가 밝혀졌다.

항체분자는 비교적 분자량이 작은 L-사슬(light polypeptide chain ; 분자량 약 23,000, L-chain)과 이보다 분자량이 큰 H-사슬(heavy polypeptide chain ; 분자량 53,000~75,000, H-chain)이 각각 2개씩 모여, 각 사슬간에 **디설피드결합**(S-S 결합)이나 **비공유결합**(noncovalent interaction)으로 이루어져 있다. 항체의 기본구조는 H_2L_2로 구성되며, H-사슬에는 약간의 탄수화물이 결합되어 있다(그림 42-14).

혈청에 존재하는 면역글로불린 중에는 이들 기본구조가 2~5개까지 결합되어 **중합체**(polymer)를 이루고 있는 종류도 있다.

한편, 면역글로불린 구조의 특성을 알아보기 위해 항체에 단백질분해효소의 하나인 **파파인**(papain)을 처리한 결과, 항체는 2부분으로 분리되었다. 하나는 항원과 결합하는 성질을 가진 N-말단 부위의 **항원결합조각**(fragment antigen binding ; Fab)이고, 다른 하나는 항원과는 결합하지 않으나 쉽게 결정(結晶)으로 될 수 있는 C-말단 부위인 **결정체조각**(fragment crystaline ; Fc)이었다(그림 42-14). 이와 같은 연구 결과로, 항체에서 항원과 결합하는 부위, 즉 항체의 특이성에 관여하는 곳은 H-사슬과 L-사슬의 N-말단 부위임을 알게 되었다. 항원과 항체가 만날 때 이 두 물질 사이에는 열쇠와 자물쇠(lock and key)가 들어맞는 것과 유사한 상보적 구조를 이루며, **항원-항체복합체**(antigen-antibody complex)를 형성하는데, 그 친화도나 결합력은 항체에 따라 모두 차이가 있다(그림 42-15).

다발성골수종 환자의 혈청에서 여러 종류의 단일항체분자를 분리하여 그것들의 1차구조를 비교해 본 결과, H-사슬

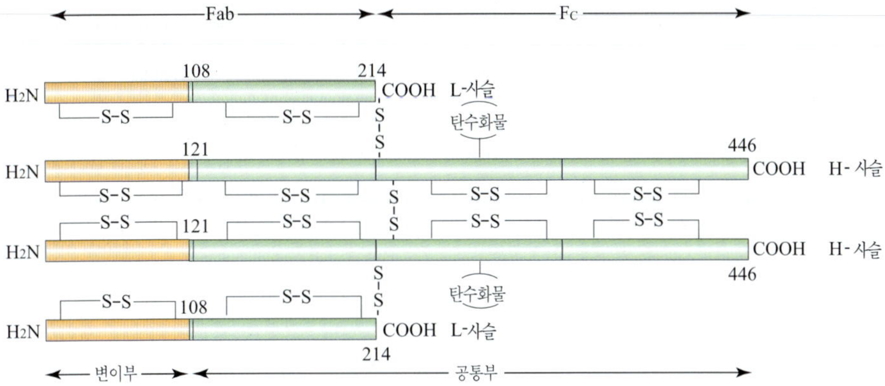

그림 42-14 항체분자(IgG)의 구조

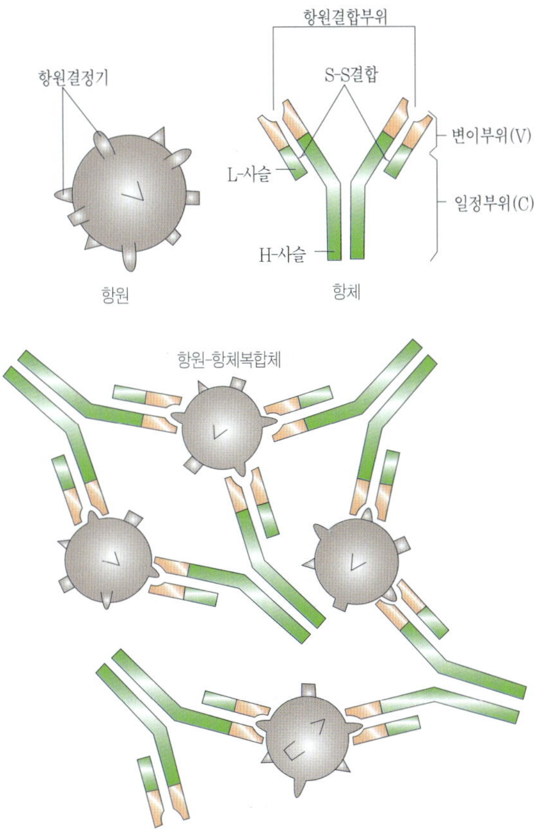

그림 42-15 항원과 항체 및 항원- 항체복합체의 모식도

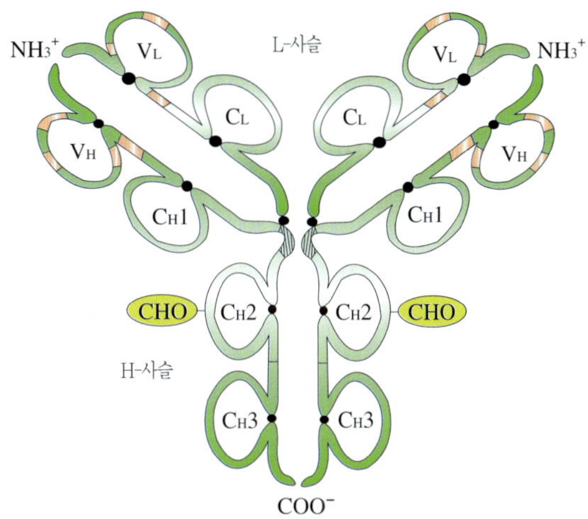

그림 42-16 항체분자의 도메인 구조

의 C−말단쪽으로 약 3/4 부위와 L−사슬의 C−말단쪽 부위는 사람마다 다르다는 것을 알 수 있었다. 이 동일한 부분을 **일정부위**(constant region ; C)라 하며, 나머지 부분을 **변이부위**(variable region ; V)라 한다. 이들 각 부위의 H−사슬과 L−사슬은 약 110개의 아미노산을 단위로 1차구조가 거의 유사한 폴리펩티드를 이루므로, 이들을 각각 **도메인**(domain)이라 한다. 그리고 각 도메인은 디설피드결합에 의해 루프(loop) 모양을 이룬다(그림 42-16).

1가지 항원에 의해 생성된 항체는 항원의 극히 작은 일부 특정 부위와 결합하는데, 이와 같은 항원내의 특정 결합 부위를 **항원결정기**(antigenic determinant 또는 epitope)라 한다(그림 42-15).

항원으로 작용하는 것은 단백질, 다당류, 당단백질, 핵단백질, 지질단백질 등 모두 거대분자이므로, 1종류의 단백질 항원일지라도 몇 부위의 서로 다른 항원결정기(5~10부위)를 가진다. 따라서 순수 분리한 단일 단백질을 항원으로 면역시켰을 경우에도 항원분자내의 여러 항원결정기에 대응하는 다양한 항체들이 생성된다. 그러므로 하나의 항원에도 몇 개의 항체분자가 결합할 수 있게 된다. DNP(dinitrophenol)와 같은 간단한 화합물은 그 자체가 면역원의 성질을 갖지 못하나, 항원결정기의 역할을 할 수 있으므로, 이것을 단백질에 결합시킬 경우(소의 혈청알부민과 결합시켜 DNP-BSA로

만듦) 면역원으로 작용한다. 그러므로 DNP-BSA를 토끼에 주사하여 면역시키면 이 항원분자내의 여러 항원결정기에 대응하는 각종 항체분자들이 생기며, 그들 중 하나가 DNP에 특이한 항체분자이다. 이와 같이 그 분자 자신은 면역원성을 갖지 못하나, 거기에 어떤 단백질이 결합하면 항원으로 작용하며, 그 대응 항체와 반응할 수 있는 물질분자를 **합텐**(hapten)이라 한다. 따라서 항원(엄밀히 말하면 항원결정기)은 그 숫자에 있어서 무한대에 달한다고 볼 수 있으며, 생성될 수 있는 항체는 10^6~10^7가지로 추정되고 있다.

(2) 항체의 종류

면역글로불린(immunoglobulin ; Ig)은 구조의 차이에 의해 IgG, IgA, IgM, IgD, IgE의 5종류로 나누어지는데, 하등 척추동물에는 IgM만이 존재하며, 양서류에는 IgM과 IgG, 포유류에는 IgM, IgG 및 IgA가 존재하며, 사람의 경우에는 다섯 종류가 모두 발견된다. 이들 항체의 H-사슬을 이루는 폴리펩티드 사슬은 각각 종류가 다르고, L-사슬은 공통된 폴리펩티드 사슬로 이루어져 있다. 그러나 한 종류의 Ig일지라도 H-사슬의 구조에 약간씩 차이가 나는 경우가 있어서, 이를 **아군**(subgroup)으로 나누어 구별한다(표 42-1).

표 42-1 사람의 5가지 면역글로불린의 종류와 소단위 구조

종 류	H-사슬	아 군	L-사슬	분 자 식
IgG	γ	$\gamma_1, \gamma_2, \gamma_3, \gamma_4$	κ 또는 λ	$\gamma_2\kappa_2$ 또는 $\gamma_2\lambda_2$
IgA	α	α_1, α_2	κ 또는 λ	$(\alpha_2\kappa_2)n^a$ 또는 $(\alpha_2\lambda_2)n^a$
IgM	μ	-	κ 또는 λ	$(\mu_2\kappa_2)_5 \cdot J$ 또는 $(\mu_2\lambda_2)_5 \cdot J$
IgD	δ	-	κ 또는 λ	$(\delta_2\kappa_2)$ 또는 $(\delta_2\lambda_2)$
IgE	ε	-	κ 또는 λ	$(\varepsilon_2\kappa_2)$ 또는 $(\varepsilon_2\lambda_2)$

* a=1, 2 또는 3 J : J-사슬

반면에, 모든 면역글로불린에 공통적인 L-사슬은 **κ형**(kappa type)과 **λ형**(lambda type)의 2가지 형태만을 가지는데 정상인의 면역글로불린 중 2/3가 κ형의 L-사슬을 갖고, 나머지 1/3이 λ형의 L-사슬로 이루어져 있다. 1가지 면역글로불린은 반드시 1종류의 L-사슬로 구성되어 있다. 현재 각종 면역글로불린의 H-와 L-사슬의 1차구조가 밝혀져 있다. 사람의 혈액내에 있는 항체는 약 75%가 IgG이며, 체액성 면역을 담당하는 주체로서 보체결합능과 Fc수용체결합능을 갖는다. 사람의 경우 IgG는 구조적 차이에 의해 IgG1, IgG2, IgG3 및 IgG4 등 4가지 아군으로 구분된다(그림 42-17).

IgM은 단위분자 5개로 이루어진 **5량체**(pentamer)로서, J-사슬(J-chain)이라는 폴리펩티드가 단위분자의 연결에 관여하는 것으로 알려져 있으며, 보체결합능을 가진다. IgA는 혈청에도 존재하지만, 주로 타액, 눈물, 장액(腸液) 등 거의 모든 외분비액(external secretion)에 포함되어, 외부로부터 공기나 음식과 함께 점막을 통해 들어오는 병원체에 대한 감염을 방어하고 있다. 또 **초유**(colostrum)에도 다량이 들어 있어, 신생아가 장관(腸管)으로부터 감염되는 것을 막아주고 있다. 그런데 외분비액에 존재하는 IgA는 단위분자 2개가 역시 J-사슬에 의해 연결된 **2량체**(dimer)이며, 이 분자에는 **분비분자**(secretory component ; SC)라는 제4의 펩티드도 함유되어 있음이 알려져 있다. IgE는 **즉시형 과민증**(immediate hypersensitivity)의 하나인 **알레르기**(allergy)를 일으키는 항체로서 **레아진**(reagin)이라 불리기도 하는데, 이에 대해서는 뒤에 설명하기로 한다. IgD 항체는 체액중에 극히 미량이 존재하며, 이것의 기능에 대해서는 잘 알려져 있지 않지만, B-세포막 표면에서 IgM과 함께 발견되어 항원 수용체로서의 중요성이 인정되고 있다.

(3) 항체의 작용과 보체

앞에서 살펴본 바와 같이, 항체는 그 대응 항원(병원체)을 인식, 결합하여 항원-항체복합체를 형성함으로써 생물학적 방어기능을 갖도록 활성화된다. 항원-항체복합체는 병원체나, 병원체가 분비하는 **독소**(toxin)를 불활성화시킨다(그림 42-12 참조). 또한, 병원체 막항원에 항체가 결합됨으로써 식세포(대식세포와 호중성 백혈구)에 의한 식균작용을 촉진시키기도 하며, IgM과 IgG항체들은 **보체계**(complement system)에 의한 생물학적 기능의 발현, 즉 항원-항체복합체에 활성화된 보체가 결합되어 병원체를 파괴시키거나 식세포작용이 촉진되도록 유도하기도 한다.

식세포(단핵구, 대식세포, 호중성구)들이 이물질(異物質)을 인식하여 결합하고 포식(ingest)할 때, 이물질이 IgM이나 IgG항체와 결합되어 있으면, 식세포와 이물질과의 결합능이나 식세포작용이 촉진된다. 이와 같이 이물질에 항체(또는 보체나 다른 특이 단백질)가 결합됨으로써 식세포들의 작용을 촉진시켜 주는 것을 **옵소닌작용**(opsonization)이라고 하며, 이때 결합된 분자들을 **옵소닌**(opsonin)이라 한다.

혈청글로불린의 약 10%를 차지하는 **보체**(complement ; C)는 항체가 결합하고 있는 세균(항원)의 용균에 필요한 혈청단백질들로 이루어져 있다. **보체성분**(complement components)은 제1 성분, 제2 성분……, 제9 성분으로 알려져

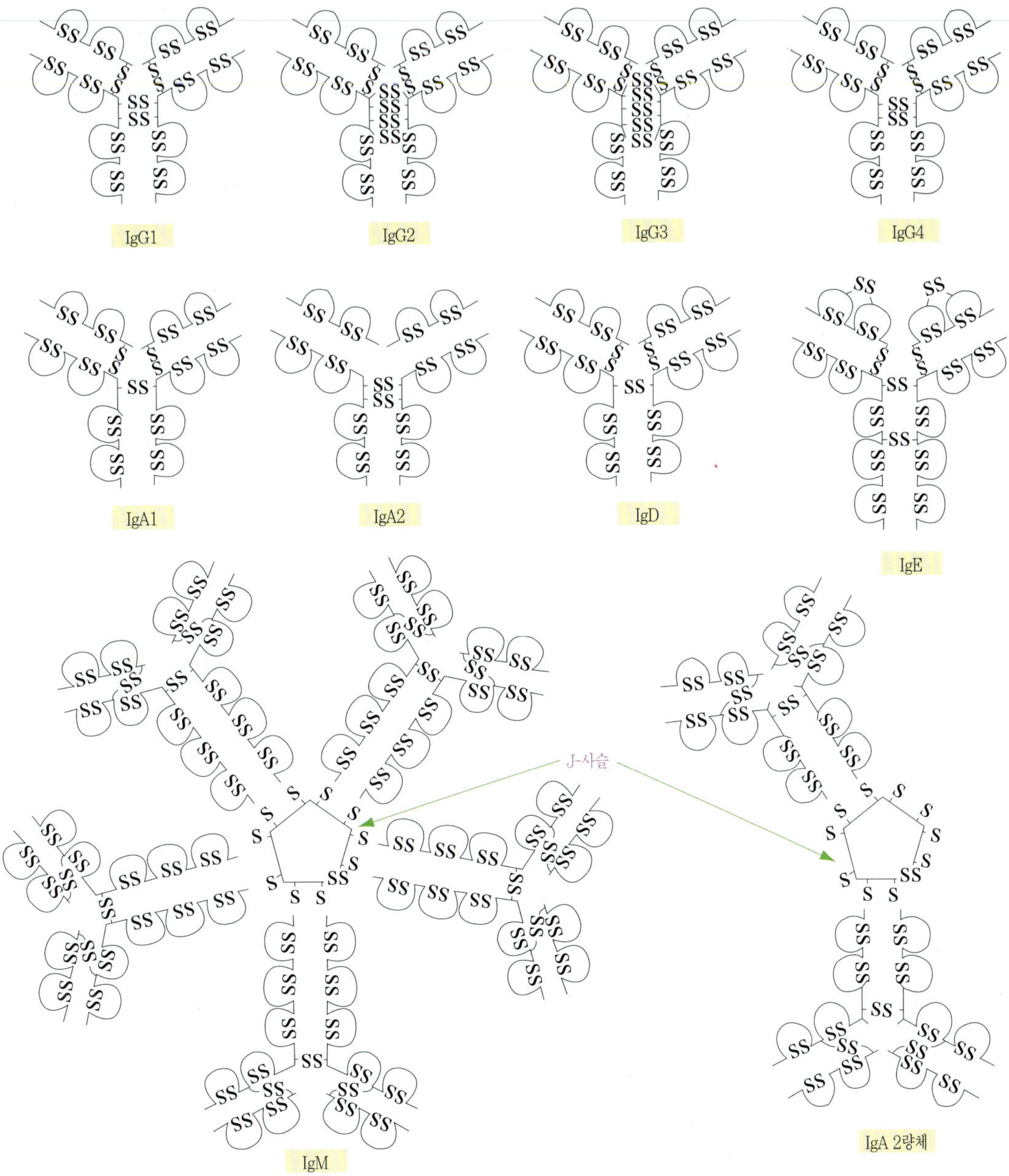

그림 42-17 사람의 면역글로불린의 종류와 구조

있어서 그들의 각각을 C_1, C_2, C_3, ……, C_9이라고 한다. 면역복합체는 C(1 → 2 → 3 → 4 → 5 → 6 → 7 → 8 → 9)의 순으로 연속적인 활성화반응의 단계를 거치면서 면역반응에 관여한다. 보체의 기능은 크게 3가지로 나눌 수 있는데, 첫째, 대식세포에 작용하여 감염부위의 급성 염증을 촉진시키는 면역계의 활성화작용이고, 둘째, 침입한 이종세포(異種細胞)인 항원과 항체(IgG 및 IgM)가 결합하면, 활성화된 보체가 Ig에 결합되어(**보체고정**, complement fixation) 이종세포막의 분해를 야기시키는 **세포분해작용**(cytolysis)이며, 셋째, 보체 중의 하나인 C_3가 이물질에 결합됨으로써 식세포에 의한 식균작용을 촉진시키는 옵소닌작용이다(그림 42-18).

(4) 항체분자의 다양성

앞에서 살펴본 바와 같이, 항원에 대항하여 생산되는 항체분자는 수없이 많은 다양성(diversity)을 갖는다. 이 다양성이 발생되는 기작에 대해서는 다음과 같은 2가지 학설이 제시되고 있다. 그 중의 하나는 생식세포유전자설(germline gene theory)로서, 생명체는 태어날 때부터 각종 항체를 만들어낼 수 있는 능력을 가진 유전자를 갖는다는 생각이다. 특히 항체분자의 다양성은 V－부위(V-region)의 구조에 의하

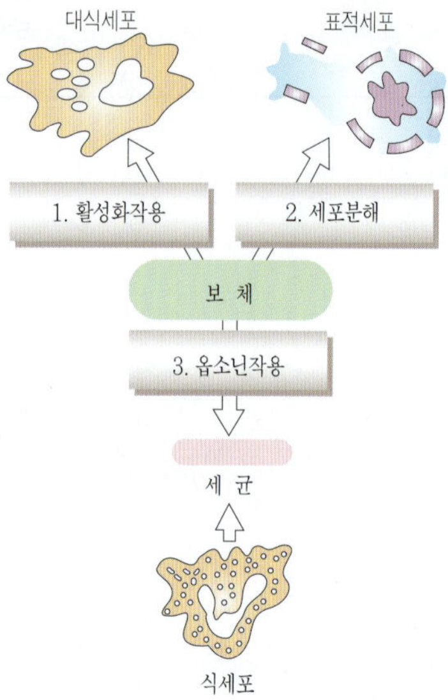

그림 42-18 보체계의 생물학적 기능

여 결정되므로, V-부위를 지배하는 유전자의 수가 많아야 하는데, 항원(항원결정기)의 수는 무한대이고, 포유류가 갖는 유전자의 수는 약 100만 개 정도 밖에 안되므로, 태어날 때부터 충분한 유전자를 갖는다는 것은 무리가 있다. 이러한 문제점을 보완한 또 하나의 학설이 체세포 돌연변이설(somatic mutation theory)로서, 동물체는 항원에 특이한 항체를 생산할 수 있는 소수의 가변부 유전자(V-gene)를 가지고 태어나, 림프구의 DNA의 변이에 의해 각각 다른 V-유전자를 갖는 림프구를 생성할 수 있다는 것이다. 이러한 변이는 흉선이나 파브리시우스소낭(또는 이의 대응기관)에서 일어나며, 이렇게 됨으로써 V-유전자와 C-유전자(C-gene)가 작용하여 다양한 분자를 합성해 낼 수 있다는 것이다. 최근의 연구 보고들에 의하면 위의 두 학설을 복합시킨 이론으로 항체의 다양성 발현을 설명할 수 있다는 것이 지배적인 견해이다.

42.2.4 세포성 면역

T-세포도 앞의 체액성 면역계의 경우와 같이 대식세포와 T_H-세포의 도움을 받아 항원에 특이적으로 응답하여 증식, 분화한다. 그럼으로써 여러 가지 기능세포가 되고 이들이 각종 인자를 생산, 분비하여 면역기능을 갖게 되는데, 이를 **세포성 면역**(cellular immunity)이라 한다.

대부분의 세포성 T-림프구는 그 크기가 작고 비활성 상태인 **소림프구**(small lymphocyte)로 골수에서 만들어져 흉선으로 이동하고 여기서 MHC와 항원특이수용체를 얻는다. 흉선을 떠나 혈액내를 돌 때 **처녀 T-세포**(virgin T cell)라 한다. 대식세포가 운반해 오는 항원에 의해 소림프구가 감작(sensitize)된다. 감작된 림프구는 일정한 크기로 커지고, 유사분열을 반복하여 증식됨으로써 많은 수의 **클론**(clone)세포가 되는 것이다(그림 42-19).

이어서, 이 세포들은 **세포독성 T-세포**(cytotoxic T-cell ; T_C), **보조 T-세포**(helper T-cell ; T_H), **억제성 T-세포**(suppressor T-cell ; T_S) 및 **기억세포**(memory cell) 등의 T-세포아군으로 분화되고, 이 세포들은 림프절을 떠나 감염

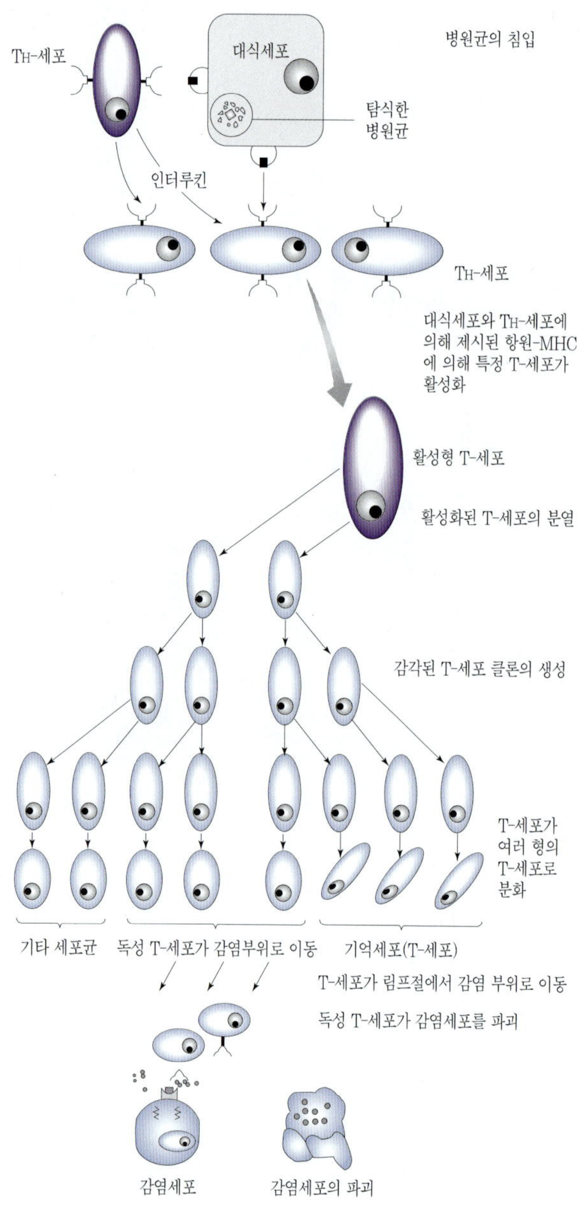

그림 42-19 세포성 면역과 그 작용기구(T-세포)

부위로 이동된다.

세포독성 T－세포는 침입세포의 **막표면 항원**(surface antigen)과 결합하여 퍼포린(perforins) 등 **림포카인**(lymphokine ; LK)이라는 여러 가지 당단백질 인자들을 방출하여 감염된 세포를 세포 독작용에 의해 파괴시킨다.

또 다른 림포카인은 많은 수의 대식세포를 감염 부위로 유인하여 염증을 촉진시키며, 강력한 식세포작용을 갖도록 한다. T_C－세포는 특히, 바이러스, 진균류(fungus) 또는 숙주세포내에서 살 수 있는 세균들에 대해 강력히 작용한다. 즉, 이들 병원체가 생체세포에 침입하면 생체세포는 변형되며, T_C－세포는 이 변형된 세포를 이물질로 인식하여 파괴시킨다. T_C－세포는 암세포와 이식조직의 세포도 역시 파괴시킨다.

보조 T－세포(T_H)는 B－세포가 항원에 반응하여 항체생산 세포인 형질세포로 성숙 및 분화되는 것을 도와 주는 작용을 하며, T－세포 자신의 세포성 면역계의 발현을 도와 주는 작용을 한다. 억제성 T－세포(T_S)는 세포성 면역이나 체액성 면역반응을 억제하는 기능을 갖는다고 알려져 있으나 그 상세한 내용에 대해서는 아직도 논란이 많다. 한편, 앞의 분화된 T－세포 중 일부 세포는 기억세포로서 림프조직에 남아 있게 되는데, 이 세포들은 여러 해 동안 살아 있으므로 체액성 면역에서와 마찬가지로, 같은 병원체가 재차 침입할 때 즉각적인 면역반응의 발현에 관여하는 것이다.

최근에 문제시되는 AIDS(**후천성 면역결핍증후군**, acquired immune deficiency syndrome) 환자는 T－세포의 수가 정상인에 비해 매우 감소되어 있으며, 특히, AIDS 바이러스가 T_H－세포를 공격하여 면역계에 심한 손상을 주어 감염에 대한 저항력이 매우 저하되는 것으로 보고되고 있다(42.3.2 참조).

다음에는 세포성 면역계가 주로 관여하는 이식면역과 종양면역에 대해서 살펴보기로 한다.

(1) 이식면역

사람의 경우 자기 자신의 조직을 자기 몸의 다른 부분에 이식할 때(autograft)는 거부반응이 없으나, 다른 사람의 조직을 이식할 때(allograft)는 거부현상이 일어난다. 동종이식조직에서조차 거부반응이 나타나는 것은 앞에서 설명한 바와 같이 동종 세포간에도 각 세포들이 갖는 MHC 분자에 차이가 있기 때문이다(42.2.2 참조).

그러므로 숙주면역계는 이식된 조직을 비자기로 인식하여 T－세포계가 이식조직을 공격하여 파괴시키는 거부반응(graft rejection)을 보이게 되는 것이다. 따라서 조직이식 전에는 반드시 공여자와 수여자 조직간의 조직접합시험(tissue matching)을 실시해 보아야 하며, 이식 후에도 이식 거부 방지를 위한 면역억제 조치를 하여야 한다.

(2) 종양면역

동물체는 세포집단에 변이세포가 출현할 경우 이것을 식별하여 배제하는 면역학적 감시(immunosurveillance)기능을 가지는데, T－세포계가 이를 담당한다.

일부 정상 세포는 바이러스, 호르몬, 방사선 또는 환경으로부터 오는 **암유발원**(carcinogen) 등에 의해 끊임없이 암세포(cancer cell)로 전환되고 있으며, 암세포는 정상 세포와는 다른 암 특이표면 항원(tumor specific surface antigen)을 가진다고 알려져 있다. 그러나 전환되는 비정상 세포가 면역학적 감시기구에 의해 파괴됨으로써 생명체는 항상성을 유지하며, 면역학적 기구가 실패할 경우 비정상세포는 빠른 속도로 증식하여 암(cancer)이 되는 것이다. 즉, 암세포를 공격, 제거하는 기능을 담당하는 것은 독성 T－세포, 대식세포 및 NK－세포 등이다(그림 42-20).

그런데 이와 같은 면역계세포들이 암세포를 인식하지 못

(a) (b) (c)

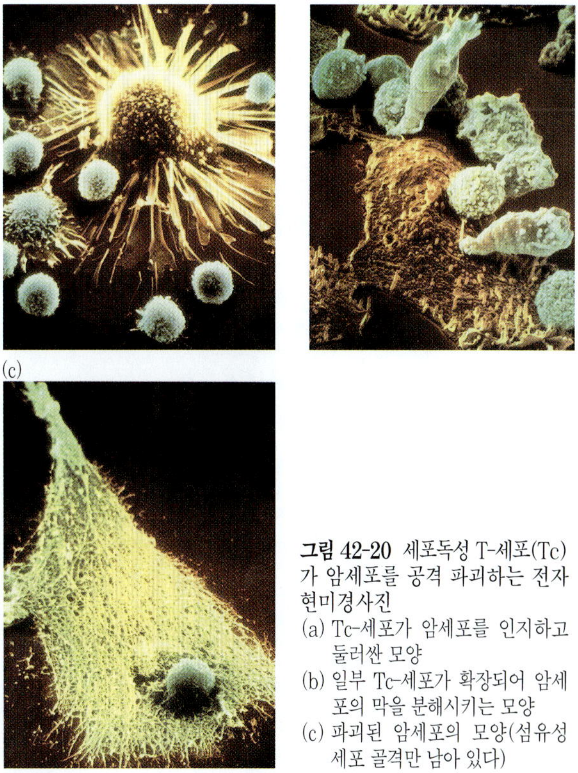

그림 42-20 세포독성 T-세포(Tc)가 암세포를 공격 파괴하는 전자현미경사진
(a) Tc-세포가 암세포를 인지하고 둘러싼 모양
(b) 일부 Tc-세포가 확장되어 암세포의 막을 분해시키는 모양
(c) 파괴된 암세포의 모양(섬유성 세포 골격만 남아 있다)

하거나 인식하더라도 암세포를 공격하지 못하기 때문에 암이 발생하는 것으로 생각하고 있으나, 아직도 그 원인에 대해서는 상세히 밝히지 못하고 있는 실정이다. 최근에는 발암에 대한 면역학적 감시기구설도 부정하는 연구 보고들이 나오고 있어서, 아직까지 발암기작에 대해서는 더 밝혀야 할 숙제로 남아 있다. 그래서 발암의 원인을 규명하기 위한 연구와 더불어, 암의 조기 발견과 효과적인 암치료법 개발에 대한 연구에 박차를 가하고 있다.

암치료를 위한 새로운 방법의 하나가 **하이브리도마**(hybridoma) 기술에 의한 **단일클론항체**(monoclonal antibody)의 생산이다(그림 42-21).

그 과정을 간단히 살펴보면, 사람의 암(세포)특이항원을 생쥐에 면역시킨 후, 생쥐가 암항원에 대한 항체를 생성하기 시작했을 때, 생쥐의 비장을 절취한다. 절취한 비장에서 항체합성분비세포인 B-림프구를 분리해 낸 다음, 다른 생쥐의 **골수종세포**(myeloma cell)와 섞어서 **세포융합**(cell fusion)을 촉진시키는 폴리에틸렌 글리콜(polyethylene glycol ; PEG)로 처치하여 융합시킨다. 이어서 융합된 세포만이 자랄

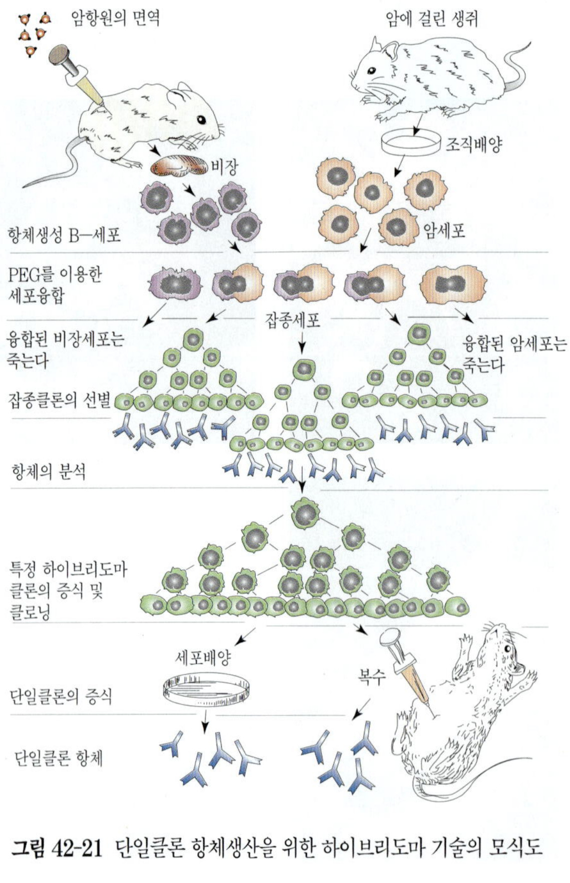

그림 42-21 단일클론 항체생산을 위한 하이브리도마 기술의 모식도

수 있는 HAT(hypoxanthine-aminopterin-thymidine)배양액으로 이들 세포를 배양하면서 잡종세포(hybrid cell)를 선별한다. 골수종세포는 일종의 암세포이므로 잡종세포는 끊임없이 분열 증식하여 많은 세포를 만들며, 비장세포가 갖는 특정항체 생산 능력(면역시킨 특정항원에 대한)에 의해 항체를 생산하여 세포 밖으로 분비한다.

따라서 면역학적 분석방법에 의해 출발 면역항원인 암항원에만 반응하는 양성클론을 선정한 다음, 이들을 한 배양조에 하나의 양성 클론세포가 분배되어 자라게 하는 제한희석법(serial dilution)으로 클로닝(cloning)함으로써, 단일클론을 만든다. 이 단일클론들이 만드는 항체 중에서 어느 것이 암항원의 단일특정 항원결정기와만 반응하는 단일클론항체(monoclonal antibody)인가를 확인한다. 그런 다음, 그 항체를 만드는 단일클론세포를 같은 계통의 생쥐에 면역시키고, 채취한 복수(ascitic fluid)로부터 단일클론항체를 분리해 낼 수 있다. 이렇게 하여 만든 특정 암특이 항원에 대한 단일클론항체를 동일 암환자에 주사하면 암세포와만 선택적으로 결합되며, 또한 이들 단일클론항체에 항암약제를 결합시켜 주사하면 암세포에선만 항암약제가 작용할 수 있다는 원리로서, 현재 학계에서는 이러한 치료제 개발 연구에 몰두하고 있다. 뿐만 아니라 이 단일클론항체 생산법은 거의 모든 생체활성물질, 즉 호르몬, 성장 촉진 인자, 합텐 등에 대한 특이 항체를 다량 생산하는 기술로서 발전하여 연구용 및 의료용 제제의 개발 등 산업화에 이용되고 있다.

(3) 면역학적 관용

앞에서 살펴본 바와 같이, 동물체는 자기와 비자기를 식별하는 능력을 갖고 있는데, 비자기에 대해서는 면역반응을 하지만 자기에 대해서는 면역반응을 보이지 않는다는 개념을 **면역학적 관용**(immunological tolerance)이라 한다. 그러나 1945년 이란성(dizygotic) 쌍둥이 소 사이의 실험에서 상대 조직항원에 대해 면역 거부를 일으키지 않는 관용을 보인다는 연구 결과가 보고됨으로써, 동물체는 비자기 항원에 대해서도 면역학적 관용이 있음을 알게 되었다. 즉, 이란성 쌍둥이들은 조혈기관처럼 유전적으로 서로 다른 조직형을 가짐에도 불구하고, 상호간의 조직 거부없이 태생 기간 동안 태반을 통해 서로 혈액을 교환하는 안정된 **키메라**(chimera)로 존재하였던 것이다. 이들은 출생한 후에도 쌍둥이간에는 서로 상대방 조직에 대한 이식 거부를 갖지 않는 관용을 보였다(그림 42-22).

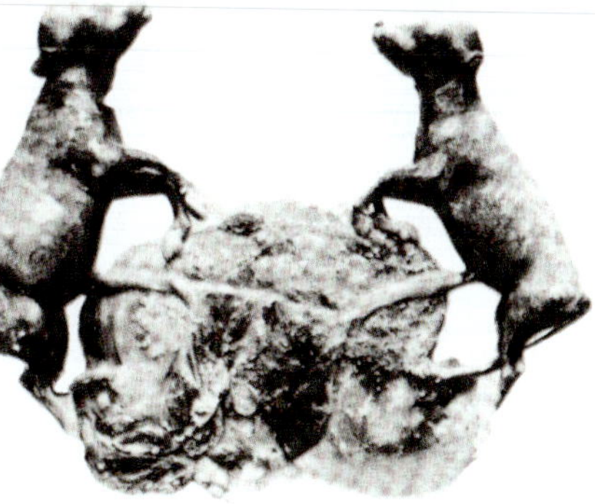

그림 42-22 태반에 결합된 이란성 쌍둥이 소

이러한 현상은 P. MEDAWAR 등에 의해 실험적으로 증명되었다. 이들은 순계(純系)의 신생(newborn) 생쥐(A계)에 다른 계통(B계) 생쥐의 성체로부터 분리한 비장세포를 주입하고, 6주 후에 B계와 또다른 계통(C계)의 생쥐로부터 조직을 이식해 본 결과, B계 조직에 대해서는 거부반응을 보이지 않고, C계 조직에 대해서만 거부반응이 일어났다(그림 42-23).

이 실험 결과는 A계의 생쥐가 성숙해 가면서 B계 항원에 대하여 면역학적으로 관용을 갖게 됨을 말해 준다. 이와 같은 면역학적 관용의 유도는 태생기 또는 신생기 동물의 경우에서만 가능한 현상이다.

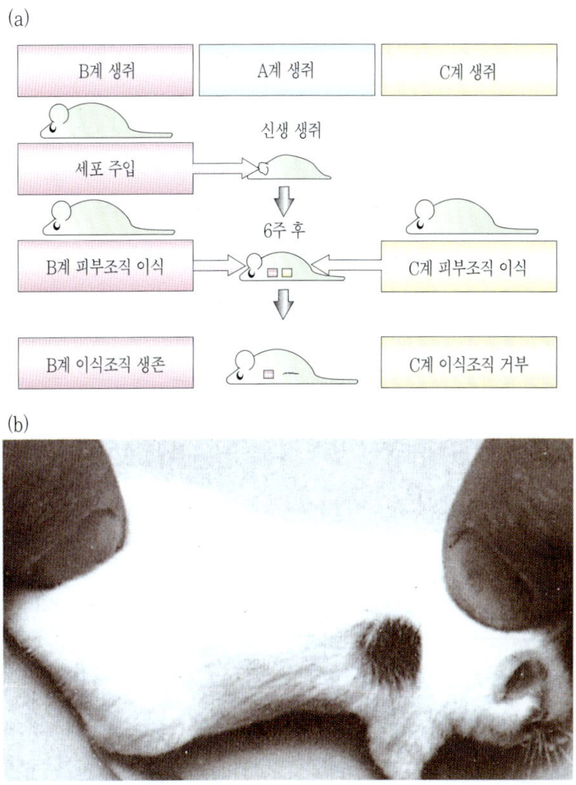

그림 42-23 면역학적 관용
(a) MEDAWAR 등에 의한 이식실험 모식도
(b) 관용에 의한 이식된 조직(갈색털)

이렇게 볼 때, 면역반응이란 어떤 항원(자기와 비자기)에 대한 관용을 갖지 않아서 나타나는 현상이라고 역설적으로 말할 수도 있다. 그러나 어떤 기작에 의하여 관용을 갖게 되는지는 아직도 설명할 수 없으므로 앞으로 이 부분에 대해서 많은 연구가 요구된다. 현재로서는 TH-세포 기능의 결여에 의한 관용과, Ts-세포 기능의 활성화에 따른 면역반응의 억제 등으로 인한 관용으로 추정하고 있다.

42.3 면역과 질병

42.3.1 과민성반응

일반적으로 면역계는 병원체에 대항하여 생물체를 보호함으로써 항상성을 유지시켜 주는 작용을 한다. 그러나 때때로 면역계가 생체에 불리하게 작용하는 경우도 있는데, **과민성반응**(hypersensitivity)은 이와 같이 생체에 대해 해로운 쪽으로 나타나는 면역반응의 형태이다. 여기에는 여러 가지가 있지만 알레르기(allergy)와 **자가면역병**(autoimmuno disease)이 그 대표적인 예로서, 이에 대해 간단히 살펴보기로 한다.

(1) 알레르기 반응

알레르기 증상이 있는 사람은 알레르기 항원(allergen)이라 부르는 먼지, 꽃가루, 동물의 털, 약물 및 일부 음식물 등의 아주 약한 항원에 대해서도 특이항체를 생산하는데, 이것은 레아진(reagin)이라 불리는 IgE로서, 이 항체에 의해 알레르기 반응이 일어난다(그림 42-24).

알레르기 항원에도 여러 종류가 있지만, 개쑥갓 꽃가루(ragweed pollen)가 알레르기 항원으로 작용하는 고초열(枯草熱)을 예로 살펴본다. 알레르기 증상이 있는 사람이 꽃가루 알레르기 항원에 접하면, 기도(trachea)나 **비점막**(nasal mucosa)의 B-세포가 자극을 받아 IgE 항체를 합성, 방출하게 되며, 방출된 레아진은 **비만세포**(mast cell)의 IgE 수용체에 결합된다. Fc부분을 통해 비만세포와 결합한 IgE 항체에 알레르기 항원이 결합되면, 비만세포는 세포 내부의 과립 속에 들어 있는 **히스타민**(histamine), **세로토닌**(serotonin) 등의 화학물질을 방출시킨다. 이 화학물질이 주변 세포에 작용하여 혈관 확장, 모세혈관 투과성의 증가로

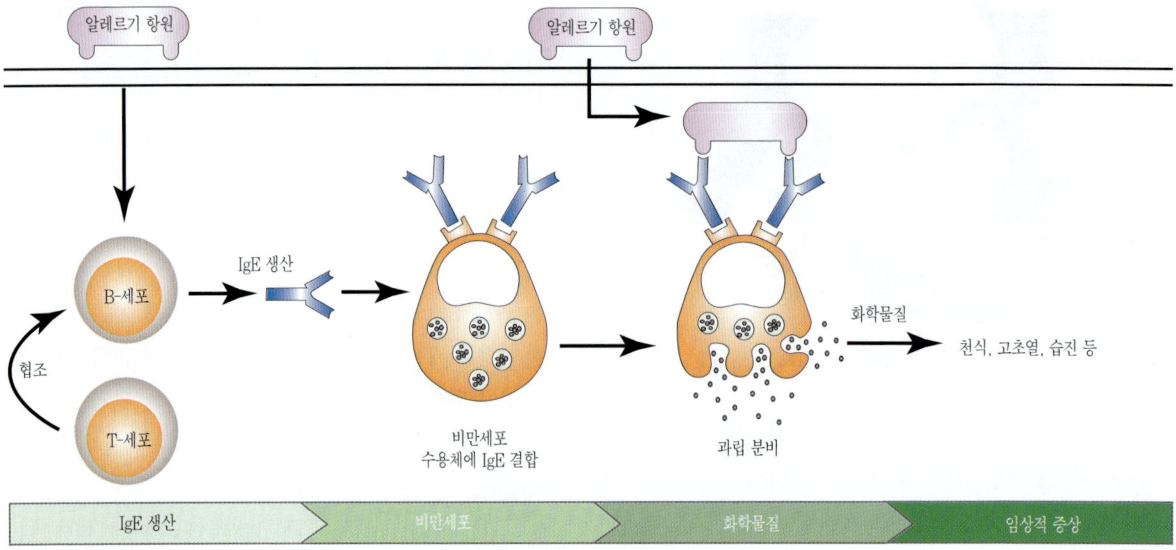

그림 42-24 알레르기 반응의 진행과정 모식도

인해 부종과 충혈을 가져오는 염증을 일으킨다. 그러므로, 이런 사람은 콧속이 불편함을 느끼며, 콧물이 많이 나고 코가 막히며, 연속적으로 재채기를 하는 등의 증상이 나타난다. 이런 경우 화학물질의 방출 정도는 사람에 따라서 조금씩 다른데, 심한 사람의 경우에는 기관이 붓는 등 고초열 증세를 나타낸다.

알레르기 중에는 페니실린 주사나 곤충의 독 등에 의해 온몸에 알레르기 반응이 유발되는 매우 위험한 경우가 있는데, 이를 **전신과민증**(systemic anaphylaxis)이라 한다. 이때는 다량의 히스타민이 순환계로 방출되어 혈관 확장과 혈관막 투과성이 증가되어, 쇼크(shock) 약제를 투여함으로써 그 증세를 경감시킬 수 있다.

(2) 자가면역병

때때로 면역조절기구에 이상이 생겨 동물체에서 자신의 조직항원에 대한 **자가항체**(autoantibody)나 T－세포군을 생성하는 면역반응을 일으킨다. 즉, 자기 자신을 이물질이라고 인식하여 공격함으로써 **자기면역**(autoimmunity)을 만든다. 이러한 면역계 장애에 의한 질환을 자가면역병(autoimmune disease)이라 한다. 이러한 질환 중에는 **하시모토 갑상선염**(Hashimoto's thyroiditis), **아디손씨병**(Addison's disease), **류마티스성 관절염**(rheumatid arthritis), **신장염**(nephritis), **중증근무력증**(myasthenia gravis) 및 **전신홍반성낭창**(systemic lupus erythematosus ; SLE) 또한 **당뇨병**의 일부 형태, 내분비성 이상, 정신분열증 등 생체기관에 특이적인 것과 비특이적인 것 등 상당히 많은 종류가 발견되어 있다.

하시모토 갑상선종은 일찍이 보고된 바 있는 자가면역병의 하나로서, 주로 중년 여성에게 많이 생기며, **갑상선종**(goiter)을 형성하고 때로는 갑상선 기능 저하 증상을 보인다. 이런 환자의 혈액에서는 갑상선 호르몬 합성에 관여하는 **타이로글로불린**(thyroglobulin)에 대한 항체가 많이 발견되므로, 이 항체가 타이로글로불린과 결합되어 손상을 주거나 파괴시켜 호르몬 합성 장애를 일으키는 것으로 생각되고 있다.

이와 같은 자가면역의 발현에 대해서도 몇 가지 가설이 제시되고 있지만, 아직도 그 발현기작에 대해서는 명확히 설명되지 못하고 있는 실정이다.

42.3.2 후천성면역결핍증(AIDS)

1980년대 초 많은 젊은이들이 혈관이 약화되고 피부에 자주색 반점이 나타나는 희귀한 암인 카포시육종(Kaposi's sarcoma)이나, 뉴모시스틱 폐렴(pneumocystic pneumonia) 또는 입에 특이한 균류 감염이 생겨 혀에 긁어낼 수 없는 흐릿한 막이 생기는 현상 등으로 인해 죽어갔다. 미국의 질병조절센터(Disease Control Center)는 이와 같은 질병의 갑작스런 증가가 면역계의 억제작용 때문이라고 결론짓고, 1982년 후천성면역결핍증(acquired immune deficiency syndrome ; AIDS)이라고 명명했다. 거의 대부분이 동성연애를 하는 젊은 청년이라고 밝혀졌으나, 곧이어 정상적인 성생활을 하는 사람들뿐만 아니라, 정맥주사를 맞는 약물중독자들, 수혈을 받은 사람들과 그들의 성교 상대, 감염된 부모에게서 태어난 어린이들에게서도 발견되었다. 1984년 프랑스와 미국의 학자들에 의해 각기 AIDS의 원인인 레트로바이러스(retrovirus)가 발견되었고, 이것을 **사람면역결핍바이러스**(human immunodeficiency virus ; HIV)라 명명했다.

HIV는 대식세포, 항체생성세포 등 여러 종류의 세포에 침입할 수 있지만 특히 **보조 T-세포**를 공격한다. 따라서 감염이 진행됨에 따라 림프구의 숫자가 감소하고 B-세포의 활동이 저하되어 다른 모든 감염에 대해 무력하게 된다. 심한 AIDS 상태에 있는 사람은 대개 3년내에 죽는다. 바이러스가 어떻게 보조 T-세포에 영향을 끼치게 되는지는 아직 아무도 모르지만 수용체 부위가 작용을 할 수 없게 되기 때문이라 생각하고 있으며, 또다른 사람들은 HIV가 림프구로 하여금 서로를 공격하게 함으로써 자가면역반응을 가져오게 만든다고 믿고 있다.

AIDS 바이러스는 표적세포에 붙어 원형질막을 뚫고 세포 안으로 들어간 후, 보호막을 벗고 한 가닥의 RNA를 2개 복사하여 역전사효소와 함께 방출한다. 이 효소는 RNA를 두 가닥으로 된 DNA로 전환시켜 숙주의 염색체 안으로 삽입한다. 이후 바이러스의 게놈은 숙주의 염색체와 함께 복제되면서 몇 년 동안이나 불활성 상태로 있을 수도 있고, 곧바로 활동적이 되어 새로운 바이러스 단백질을 전사하고 바이러스 유전자를 복제하며 새로운 많은 바이러스성 입자들을 조립할 수도 있다. 세포가 터지면서 감염성 요소는 또다른 세포를 감염시키고 때로는 새로운 숙주로 전해지기도 한다(그림 42-25).

AIDS 바이러스는 먼저 외막에 있는 당단백질을 보조 T-세포의 원형질막에 있는 CD4라는 세포 표면 단백질에 결합하여, T_H-세포를 파괴시킨다(그림 42-26).

(1) AIDS 치료

HIV는 T_H-세포의 CD4를 결합 부위로 사용하므로, CD4에 결합하는 단일클론항체를 환자에 주입하여 AIDS 바이러스가 체내 T_H-세포와 결합하지 못하도록 막는 것이 가장 효과적인 치료방법이라고 믿고 있다. 또 많은 양의 CD4를 만들어 바이러스의 당단백질에 결합시킴으로써 표적세포와 결합하지 못하도록 하기도 한다. 그러나 아직 성공을 거두지 못하고 있으며 HIV는 돌연변이를 자주 일으켜 의학적 연구에 많은 어려움을 주고 있다. 현재 AIDS 치료법은 항바이러스제인 AZT(azidothymidine)를 투여하는 것이다. AZT는 RNA를 DNA로 전환시키는 역전사효소의 작용을 방해하여 티민 뉴클레오티드 대신 AZT를 자라나는 DNA 사슬에 삽입하도록 한다. 그 결과 역전사는 정지되고 바이러스의 생활사는 중단이 된다. 그러나 AZT는 에이즈를 근본적으로 치료하는 것이 아니라 생명을 좀더 연장시켜 줄 뿐이다. 최근에 AID-백신 개발연구에서 희망적인 결과들이 보고되어 있다.

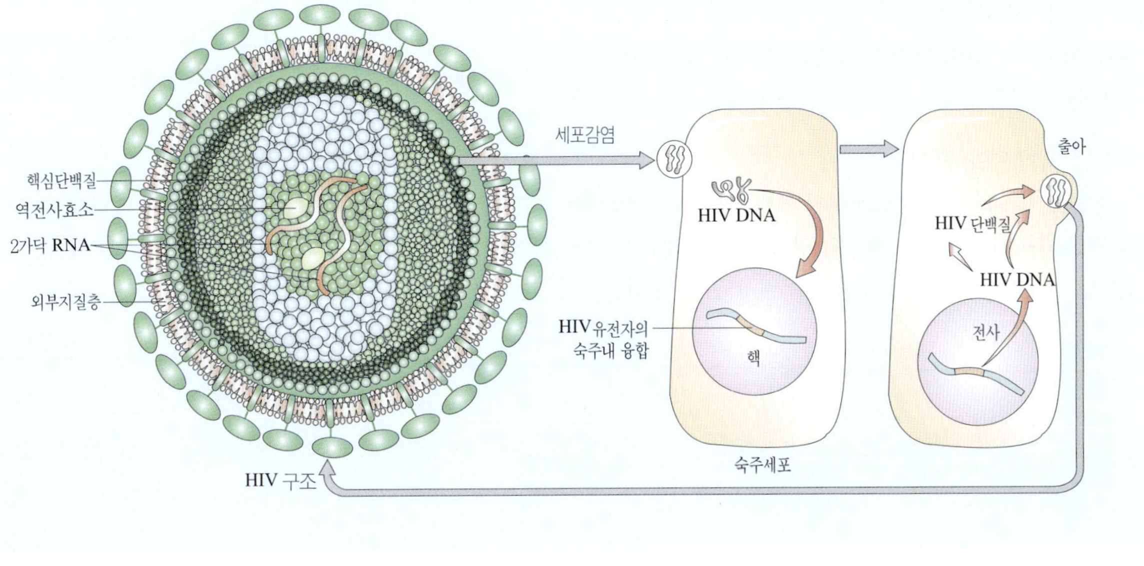

그림 42-25 AIDS의 원인균인 HIV의 구조와 감염과정

(2) AIDS 보균자

1981년부터 1988년 중반까지 미국내에서만 150만의 HIV 감염자가 보고되었고, 그 중 6만 6464명이 심각하게 병이 진행된 상태의 AIDS 환자이며 이미 3만 7535명이 사망했다. 세계보건기구(WHO)는 전세계적으로 약 800~1000만 명이 AIDS 바이러스에 감염되어 있다고 추정하고 있다. 그 중 25만 명이 심각한 에이즈 환자이고, 그 중 18만 명은 이미 사망했으며, 앞으로 5년간 수백만 명의 새로운 환자가 발생될 것으로 예상하고 있다. 미국 공중위생총국(Public Health Service)에서는 20세에서 50세까지 남자의 경우 30명 중의 1명이 바이러스 보균자라고 추정하고 있다. 1988년에 가장 위험도가 높았던 그룹은 남자 동성연애자들과 양성연애자들이었고(63%), 정맥주사를 맞는 약물중독자들(19%), 동성 또는 양성애자인 동시에 정맥주사를 맞는 약물중독자들(7%), 이성의 성상대를 통해서 감염된 사람들(4%), 수혈자들(3%), 혈우병 환자들(1%), 원인이 불확실한 경우(3%) 순이었다.

(3) AIDS의 진행

HIV 보균자 중 AIDS균이 활동을 시작한 경우는 100명당 1명 정도이다. 이러한 환자들은 대개 카포시육종, 뉴모시스틱 폐렴이나 희귀한 질병들로 인해 입원하게 된다. 병원을 찾는 환자 중 10% 정도는 체중 감소, 림프절이 부푸는 현상, 만성적인 감기나 다른 바이러스 감염들, 피로, 잘 때 땀에 흠뻑 젖는 현상, 설사 또는 팔과 다리에 타박상 같은 흉터가 나타나는 등의 초기 증상을 보인다. 그러나 나머지 사람들은 바이러스를 지니고는 있지만 증상이 밖으로 나타나지 않는 경우이다. AIDS는 10년 또는 그 이상의 잠복기를 거쳐 발병하는 경우가 많다.

(4) AIDS의 전파

HIV는 약 90% 이상이 보균자의 체액, 정액과 혈액을 통해 전달된다. HIV는 눈물, 땀, 침 같은 다른 체액에서도 발견되었으며 양수, 뇌척수액, 오줌, 모유에서도 발견된다.

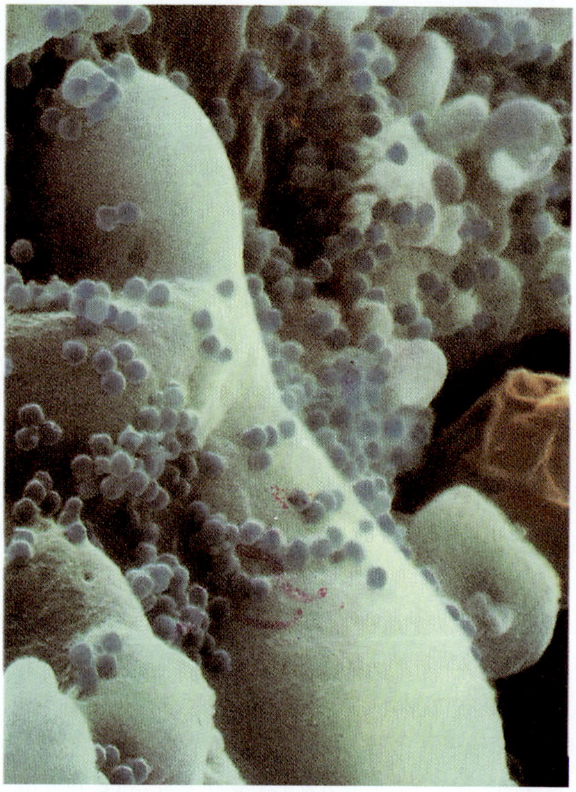

그림 42-26 보조 T-세포를 공격하는 HIV(청색)
HIV는 T_H-세포를 파괴하여 면역계의 심각한 손상을 입힌다.

성교를 통한 전파는 감염된 정액에서 나온 바이러스가 혈액으로 들어가는 과정을 거친다. 동성연애를 하는 남성들이 대다수가 항문 성교를 하며, 이때 약한 직장이 성교에 의해 쉽게 상처를 입고 상처를 통해 바이러스가 혈류로 들어가기 때문이다. 질을 통한 정상적인 성교는 덜 위험하다. 질은 성교 동안 거의 상처를 입지 않기 때문이다. 정맥주사를 맞는 약물중독자들의 경우에는 보통 오염된 주사바늘을 통해 전파된다. 채혈시 HIV의 감염 여부를 조사하기는 하지만 그것이 완벽하지 않기 때문에 수혈도 감염의 원인이 된다. 신생아의 경우는 어떻게 감염되었는지 정확하게는 모르지만 HIV가 태반을 통과했거나 모유로부터 전염된 경우가 있다.

제43장

동물의 행동

행동은 생물이 활동하는 방식을 말하는데, 더 광범위하게 말하면 행동은 한 생물체의 모든 활동의 총합이라고 할 수 있다. 종이 같은 생물, 먹이가 되는 생물 또 그 생물을 먹고자 하는 생물들이 서로 행동에 영향을 미친다. 또한 행동은 그 생물체가 빛, 온도, 일주기, 계절 등 생태계의 변화에 대해 반응하는 것이라고 할 수 있다.

동물의 감각기관은 환경으로부터 자극을 받아들여 중추 신경계로 그 신호를 보낸다. 중추신경계는 호르몬이 혈관으로 방출되도록 하고 근육으로 운동의 신호를 보낸다. 근육과 그 외의 기관들은 이 신호를 신경과 호르몬을 통해 혼합된 방식으로 반응한다. 이와 같이 행동은 환경의 변화에 대한 반응이다.

행동은 진화의 한 양상으로도 볼 수 있다. 행동은 개체의 생존에 영향을 미칠 뿐 아니라 그 종의 보존에 한 몫을 담당한다. 만일 개체의 행동이 성공적이면 오래 살아 남아 많은 자손을 퍼뜨릴 것이다. 현재 존재하는 종들은 그들이 살고 있는 조건에 적응된 것이다. 즉, 행동은 그 종의 진화와 밀접한 연관이 있다. 행동은 적응의 한 측면이다. 적응은 그 생물이 생존, 번식하는 기회를 증진시켜온 유전적 성질들의 조합이다.

100여 년 전 유럽산 찌르레기(starling)는 북아메리카에 이주하고, 번식하여 본토종인 새들의 둥지를 빼앗았다. 이 종은 야생당근을 뽑아내 잔가지 둥지를 만들었다. 왜 이러한 행동을 하는가? 하는 연구 결과로부터 진드기와 병균이 침입하는 것을 막기 위해 야생당근 가지로 둥우리를 짓는다는 것을 알게 되었다(그림 43-1). 즉, 야생당근은 방향족 스테로이드 성분을 가지고 있으며, L. Clark과 R. Mason에 의해 신선한 야생당근의 잔뿌리는 진드기의 성적 성숙을 억제한다는 것이 밝혀졌다.

야생당근으로 둥지를 지었을 때는 둥지당 약 8,000마리의 진드기가 존재하나, 당근 가지가 없는 둥지에서는 75만 마리가 기생하는 것을 발견하였다. 즉, 이들 행동은 그 종족을 보존하는 수단이며 또한 적응의 결과라는 것을 알 수 있다.

(a)
(b)
(c)

그림 43-1
유럽산 찌르레기 (*Sturnus vulgaris*)의 집찾기 행동
(a) 진드기의 침입을 막으려고 야생당근의 잔가지로 둥지를 만든다
(b) 진드기
(c) 야생당근

43.1 행동의 형태와 발달

생물학에서 동물들이 왜 그러한 행동을 하며, 그런 행동은 어떻게 발달되는가? 예를 들어 새끼 청색가다랑이잡이새 (blue-footed-booby)는 둥지를 벗어나 날기도 전에 근처에 있는 작은 나뭇가지를 집어 던졌다가 잡는 행동을 반복하는

데, 이러한 행동은 후에 물고기를 잡는 데 사용된다. 행동은 유전적 요인에 근거한다는 견해와 거의 모든 행동이 경험에 의해 습득된다고 믿는 견해로 양분되었다. 그러나 최근에 많은 학자들은 어떻게 행동이 발달되었는가?를 주로 연구하면서 행동 발달에는 유전적 요소와 학습 요소 모두가 포함된다고 인식하고 있다.

43.1.1 행동의 유전학적 영향

S. Arnold는 누런 줄무늬 뱀이 바나나괄태충을 먹이로 삼는 과정을 연구하였다. 캘리포니아 연안의 뱀은 바나나괄태충을 포식하는 반면, 내륙종은 올챙이나 작은 물고기를 즐겨 먹는다. 캘리포니아 연안의 뱀새끼에게 첫번째로 바나나괄태충을 먹이고 나면, 후에도 계속 그 먹이를 선호한다. 그리고 괄태충의 체액이 묻은 면봉을 가져다 대면 혀를 내미는 반면, 타지역 종은 전혀 반응하지 않는다(그림 43-2). 이 현상에서 새끼 뱀이 태어나기 전부터 괄태충을 선호하는지 또는 학습에 의한 것인지를 분별하기 위해 연안종과 내륙종을 교잡시키는 실험을 실시한 결과, 연안종은 괄태충을 선호한다는 것을 밝혀냈다. 즉, 이 뱀 종류는 신경계의 발생과정 중 괄태충의 냄새를 맡는 기구가 발달되었다고 제안하였고, 이는 유전적 영향을 받아 행동의 양식이 달라진 결과라고 설명하였다.

그림 43-2 누런 줄무늬 뱀의 먹이 반응
(a) 바나나괄태충(뱀의 먹이) (b) 성장한 캘리포니아 연안산 뱀
(c) 갓 태어난 뱀이 바나나괄태충의 체액을 묻힌 면봉에 혀를 내밀고 있다.

동물의 모든 행동은 그 개체가 갖고 있는 유전자에 의해 어떤 영향을 받고 있다. 동물의 계통간에서 행동의 차이를 조사하기 위하여 수많은 연구를 하여 왔다. 예를 들면, 생쥐 중에서는 침착하고 온순한 것이 있는가 하면 침착하지 못하고 신경질적인 것도 있다는 것을 알게 되었다. 모두 다 생쥐이지만 양자의 유일한 차이는 각기 갖고 있는 유전자의 조성뿐이다. 각 계통은 각각 제법 다른 유전자의 조성을 갖고 있는 것이다.

가장 미묘한 수준에서는 동물의 개체간 차이가 단 하나의 유전자에 의한 것도 있다. 즉, 막대한 수의 유전자 중 단지 1단위가 틀릴 뿐이고 이 1가지를 제외하면 두 동물군은 완전히 똑같다는 것이다. 그러나 그 하나의 유전자가 행동의 많은 측면에 영향을 미치고 있을 가능성은 있다. 생쥐의 털색에 영향을 미치는 유전자의 대부분은 어떤 형태로든 생쥐의 행동에 영향을 미친다. 실제로, 생쥐가 갖고 있는 유전자의 반수 가까이는 생쥐의 행동에 영향을 미치고 있는 것 같이 생각된다. 그러면 이러한 일은 놀라운 것일까? 생쥐의 행동은 다리의 길이, 근육질의 상태, 체중, 시력이나 청력, 음식물 섭취의 정도 등 많은 요인의 영향을 확실히 받는다. 따라서 그러한 요인에 영향을 미치는 유전자는 생쥐의 행동에 무엇인가 영향력을 갖게 된다.

유전이 행동에 영향을 주는가 어떤가를 조사하는 또 하나의 방법은 선택육종이다. 모든 동물집단은 행동과 그 이외의 모든 면에서 여러 가지 차이가 있다. 그래서 다리의 길이나 구애의 속도, 구멍을 빠져 나가기 좋아하는 경향 등과 같은 특정 형질을 골라 그것을 증폭시켜 번식시킬 수가 있다. 세대마다 특정 형질에 관해 최고의 개체끼리 교배시키고 그 새끼를 연구하여 1세대를 경과하는 동안 개량의 진행 유무를 조사하여 본다. 다리가 더 길어졌는가, 구애는 더욱 빨라졌는가, 구멍을 지나가기를 더 좋아하게 되었는가 하는 것을 조사한다. 형질이 유전적인 경우에만 개량되고 그렇지 않으면 선택은 무효이다. 그러나 행동에 관해서 말하면 답은 분명하다. 어떠한 행동의 특성을 선택의 대상으로 한 결과, 세대를 경과할수록 개량되었기 때문이다. 다시 말하면, 행동의 모든 측면은 학습이 대단히 뚜렷한 역할을 했다고 해도 개체가 갖고 있는 유전자 조성에 의존하고 있는 것이다.

그렇다면 분명히 가문과 환경 양쪽이 모든 행동에 결정적인 영향을 미치고 있는 것이 된다. 가령 학습이 특정 형태의 발달에 불가결한 것이라도 유전은 아마 동물의 학습 능력과 그 목적을 달성하기 위한 기량에 영향을 줄 것이다. 그러나 반대로 전혀 학습에 의하지 않고 발현하는 행동양식이 있을지도 모른다. 그러나 그것을 단순히 유전에 의한 것이라고 하는 것은 잘못이다. 동물의 영양 상태라든가, 포식자를 만났는가 하는 모든 종류의 요인이 그 행동 발현에 영향을 끼칠 수 있기 때문이다. 동물의 유전자가 그 동물이 특정한 방법으로 행동하도록 작용하고 있을 가능성은 있지만 그들의 유전자를 발달시키는 환경도 그 동물이 그러한 활동을 정말 나타내는지 아닌지를 결정하는 데 결정적인 역할을 할 가능성이 있다. 이러한 생각에서, 동물행동학자들은 행동은 유전하는가 학습되는가라는 문제 제기를 포기하고 말았다. 그 대신 동물의 유전자와 환경이 서로 상호 작용하여 행동을 발달시키는 방법의 연구에 착수하고 있다(그림 43-3).

그림 43-3 수컷끼리의 싸움
딸기독개구리(*Dendrobates pumilio*)의 수컷이 세력권을 갖기 위한 싸움에 사용하는 울음소리나 포접 등의 행동은 동종 대부분의 모든 개체에서 발달한다. 그렇지만 그러한 행동들이 '선천적'이라고는 할 수 없는데 그 이유는 어린 개체의 성장에 유전과 환경의 상호 작용이 결정적인 영향을 주기 때문이다.

43.1.2 호르몬의 영향

유전자의 산물인 호르몬은 행동양식을 지배한다. 흰목줄기참새(white-throated sparrow)의 수컷은 마치 "샘 피바디, 피바디, 피바디"라고 말하는 것처럼 운다. 이 종은 수천 번 계속해서 울어대는데 이런 행동은 **송과체**(pineal body)에 의해 분비되는 **멜라토닌**(melatonin) 호르몬에 의해 조절된다. 이 멜라토닌은 생식소의 기능과 성장을 억제하는데, 봄에 낮의 길이가 늘어나면 멜라토닌의 분비가 감소하게 됨으로써 생식소가 성장하여 에스트로겐과 테스토스테론 분비가 촉진되고 이 두 호르몬은 직접적으로 우는 행동을 조절한다. 수컷은 부화하기 전 에스트로겐이 높아져 뇌를 수컷화시키고, 번식기가 되면 정소를 성장시켜 테스토스테론을 분비한다.

소리내는 기관(vocal organ)을 지배하는 뇌의 **명계**(sound system)의 크기는 암수가 서로 다르다. 테스토스테론(testosterone)은 이 명계에 작용하여 소리를 내게 하는 것으로 알려져 있으므로, 호르몬이 행동을 지배한다는 것을 알 수 있다.

고양이는 개를 보면 틀림없이 도망가는데 어미 고양이는 새끼에게 개는 물론 어떤 동물이든지 다가오면 공격을 한다. 이와 같은 행동은 모성애와 관련된 특정한 호르몬 때문인 것으로 밝혀졌다. J. WINGFIELD는 호르몬 양의 변화에 따른 행동의 변화를 관찰하기 위해 번식기에 있는 들참새(*Melospiza melodia*) 수컷의 혈액을 뽑아 분석한 결과 테스토스테론의 최대 수준과 수컷의 텃세 행동이 동시에 일어난다는 것을 밝혀냈다.

호르몬은 인지, 중추신경계, 반응기에 영향을 줌으로써 행동을 조절한다. 인지에 관여하는 호르몬은 자극에 대한 서식처 선호에 영향을 준다. 예를 들면 큰가시고기(*Gasterosteus aculeatus*)는 보통 가을과 겨울을 바다에서 지내고 봄철에 산란을 위해 강으로 이동한다. 이러한 이동은 이 물고기가 해수보다 담수를 더 선호하는 데서 기인하며 이 행동은 티록신 호르몬의 증가에 의해 좌우된다.

호르몬은 중추신경계의 형태, 생리적 활성도, 그리고 신경전달물질의 역할 등을 변화시킴으로써 행동에 영향을 미친다. 형태적 변화의 예로는, 뇌의 크기, 뇌세포의 수 그리고 특정 호르몬에 민감한 세포의 양적 변화 등을 들 수 있다. 예를 들면, F. NOTTEBOHM은 남성 호르몬이 노래하는 행동을 조절하는 뇌의 일부분에 영향을 미치고, 이러한 뇌중추는 호르몬의 양에 따라 크기가 변한다는 사실을 발견하였다. 또, 얼룩피리새(zebra finch)의 경우 뇌의 울음소리 조절기관의 성적 차이는 부화하는 시기에 이미 결정된다. 이 시기에 울음소리 조절기관은 특정 호르몬에 특별히 민감하다. 하지만 암컷의 경우 수컷이 호르몬에 의해 울음소리를 내기 시작할 때에도 적절한 감각중추가 거의 발달되어 있지 않기 때문에 어떠한 반응도 일어나지 않는다.

호르몬은 근육 등의 반응기를 변화시켜서 행동에 영향을 줄 수 있다. 발톱개구리(*Xenopus laevis*)의 수컷은 금속성의 떨리는 소리를 1번은 빠르게 다음 번은 느리게 교대로 반복함으로써 암컷을 유혹한다. 암컷은 수컷을 거절하거나 알 낳는 일을 끝낼 때 느리고 단조로운 '찰칵' 소리를 내며, 받아들일 준비가 되어 있는 암컷은 아무 소리도 내지 않는다. 이렇게 울음소리가 다른 이유는 성숙한 수컷은 후두의 근육과 신경근 접합부에 암컷의 8배 정도 되는 많은 근육을 가지고 있기 때문이다. 이와 같은 근육 발달의 차이는 개구리가 올챙이단계를 끝내고 변태될 때, **안드로겐**(androgen) 호르몬의 조절에 의하여 일어난다.

43.1.3 본능과 학습

동물은 어떻게 해서 자기가 해야 할 특정 행동을 취하게 되는 것일까? 이 의문은 보통 본능인가 학습인가라는 표현으로 제기되어 왔다. 그러나 동물행동학자(ethologist)들의 상세한 연구 결과에 의하여 행동을 그렇게 단순하게 이분할 수 없다는, 즉 행동의 발달에 미묘한 문제가 관련되어 있다는 것이 밝혀지게 되었다. 유전적 요인은 동물의 학습 능력에 영향을 미치게 하여 어떤 개체가 다른 개체보다도 특정한 일들을 훨씬 빠르게 학습할 수도 있다. 또한 학습하지 않아도 발달하는 행동이 다수 존재하지만 그렇다고 해서 그 행동은 교정할 수 없는 것이라든가, 유전자에 새겨져 있다는 것을 의미하지는 않는다. 극히 고정된 행동마저도 환경의 변화로 인해 변경될 수 있기 때문이다. 동물의 행동은 그 동물의 일생 중 각 단계에 적응할 수 있는 행동으로 진화하여 온 것이다. 그 목적을 달성하기 위한 동물의 모든 행동은 유전적 요인과 환경과의 미묘한 상호 작용을 통해서 발달한다. 이제부터 이러한 요인간의 상호 관계가 얼마나 미묘한가에 대해 알아보자.

(1) 본능

본능(instinct)에 대한 기본적인 개념은 K. LORENZ와 N. TINBERGEN에 의해 정립되었다. 이들 동물행동학자들은 **원인**(causation), **발달**(development), 진화(evolution), **기능**(function) 등 4개 분야의 **동물행동학**(ethology)에 관한 연구를 하였다.

본능은 신호자극, 선천적 방출메커니즘, 고정행동양식 등 3가지를 중심으로 설명된다.

1) 신호자극

본능적인 행동은 환경에서 오는 특정한 신호에 의해 유발되는데 이를 **신호자극**(sign stimuli)이라 한다. 예를 들면, 유럽산 텃새인 울새(robin) 수컷은 다른 수컷을 보았을 때나 영토 내의 어떤 높이에 붉은 깃털만 보여도 싸우려 하는데 이러한 반응은 적응 행동이다. 즉, 본능적인 행동이란 특정한 환경 요인에 의해서만 유발될 수 있다.

2) 선천적 방출메커니즘

선천적 행위를 지배하는 신경중추가 신호자극에 의해 자극됐을 때 신경과 근육을 통해 연쇄적인 반응, 즉 본능적인 행동이 일어난다. 이와 같은 **선천적 방출기작**(innate releasing mechanism)의 본질은 유전적으로 이미 결정되어 있고, 신호자극에 의해 야기되며, 그 결과 고정행동양식으로 나타난다.

3) 고정행동양식

새들은 머리를 이용하는 독특한 행동으로 잔가지를 쑤셔 넣어 둥지를 짓는다. 그리고 개들은 모두 같은 방법으로 뒷다리를 앞다리 밖으로 내밀어 움직이며 귀를 긁는다. 이와 같이 환경과 상관없이 정확하고 동일한 행동양식을 **고정행동양식**(fixed action pattern)이라 한다. 3개의 가시를 지닌 큰가시고기(stickleback)의 수컷은 서식처에 세력권을 설정하고 다른 수컷이 들어오면 맹렬히 공격하는데 이 **공격적인 행동**(aggressive behavior)도 고정행동양식이다.

또 뻐꾸기 어미는 다른 새의 둥지에 알을 낳는데 이것이 일찍 부화하면 다른 새의 알들을 밖으로 내버리는 행동을 한다(그림 43-4). 이때 뻐꾸기 새끼는 눈이 보이지 않으나 다른 알들이 몸에 닿으면 등으로 밀어올려 밖으로 밀어내는 행동을 하는데 이것도 고정행동양식이다. 이와 같이 환경의 신호자극이 신경계의 선천적 방출메커니즘을 활성화시키면

(a) (b)

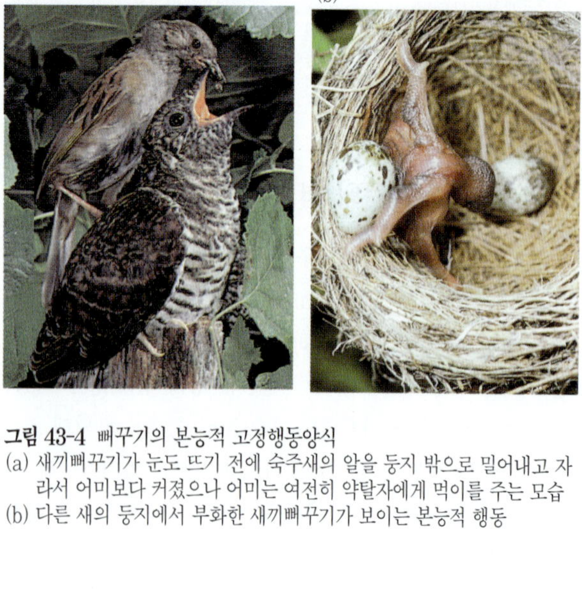

그림 43-4 뻐꾸기의 본능적 고정행동양식
(a) 새끼뻐꾸기가 눈도 뜨기 전에 숙주새의 알을 둥지 밖으로 밀어내고 자라서 어미보다 커졌으나 어미는 여전히 약탈자에게 먹이를 주는 모습
(b) 다른 새의 둥지에서 부화한 새끼뻐꾸기가 보이는 본능적 행동

그것은 다시 일정한 행동을 일으키는 근육에 신호를 보냄으로써 고성된 행동을 유발하게 되는 것이 본능이다.

(2) 학습

학습(learning)은 경험을 바탕으로 하여 행동이 변화, 습득, 발달하는 과정으로서 다양한 형태를 취하고 종에 따라 그 중요성도 다르지만, 모든 동물은 어느 정도의 학습 능력은 갖추고 있는 것으로 생각된다. 모든 동물은 자신의 생존과 생식을 위해 중요한 것들을 배워 간다. 각 동물 종들은 각기 다른 방법으로 학습해 나가지만, 많은 종들에서 어떤 특정 학습은 공통적이며, 이에는 6가지 학습의 종류인 **길들이기**(habituation), **파블로프형 조건지우기**(classical conditioning), **동작 조건지우기**(operant conditioning), **잠재적 학습**(latent learning), **통찰력**(insight), **각인**(imprinting)으로 나눌 수 있다.

1) 길들이기

자극에 반응하지 않게 되는 학습을 말한다. 처음에 자극이 주어지면 즉각적으로 반응이 일어나지만, 반복해서 주어지면 반응은 점점 약해져서 아주 사라지게 된다. 길들이기의 예는, 도시에 사는 새들은 사람이 접근해도 도망치지 않는다는 것이다. 길들이기는 종종 학습에서 제외되지만 자연에서 볼 수 있는 아주 중요한 학습현상 중의 하나이다.

2) 파블로프형 조건지우기

러시아의 생물학자 I. PAVLOV가 최초로 설명한 것으로서, 행동이 조건 자극에 의해서 유도될 수 있음을 시사한다. 예를 들면, 개가 음식을 보았을 때 일반적으로 침을 흘리는데, 음식을 넣어 줄 때마다 종을 울리면 나중에는 개가 종소기만 듣고도 침을 분비한다. 또 실험적으로 음식을 접시에 갖다 놓기 전에 5초동안 빛을 비추는 일을 몇 번 시도한 후, 나중에는 음식없이 빛만 비추어도 음식을 조건 자극에 대하여서도 관련이 없는 침분비의 반응의 학습행동을 나타냈다. 이것을 조건반사(conditioned response)라고 한다. 이것은 뇌의 청신경 혹은 시신경역에 일어나는 신경자극이 침샘을 조절하는 운동뉴런으로 전환하는 학습형태이다.

3) 동작 조건지우기

동작 조건지우기(operant conditioning)는 보상을 받기 위해 행동을 수행하는 학습이다. 즉, 그림 43-5에서 볼 수 있듯이 파블로프형 조건지우기에서는 음식을 주는 보상이 자극과 함께 주어지는 데 반해, 동작 조건지우기에서는 보상이 행동의 뒤에 주어지므로, 동작 조건지우기에서는 보상이 나타나든지 아니든지 간에 동물이 자신의 행동을 결정한다. 이 스키너 상자 안에서, 동물은 자동분배기에서 나오는 작은 음식 덩어리를 받기 위해 조그마한 빗장을 누른다. 여러 번 반복할 경우 먹이를 찾는 무작위적 행위의 빈도가 줄고 곧장 빗장을 누르게 된다. 이러한 학습의 종류는 만약 행동이 보상을 받으면, 같은 행동이 나타나는 빈도가 증가된다는 원리에 근거를 두고 있다.

4) 잠재적 학습

야생으로 서식하는 동물들은 사는 지역의 지도를 머리에 새겨두고, 학습을 통해 특수한 지형지물의 위치를 알아낸다. 이런 것들은 그 지역에서 살면서 학습에 의해 얻어진 것이라 생각된다. 이와 같이 즉각적인 보상이 없는 상태에서 일어나

(a)

(b)

(c)

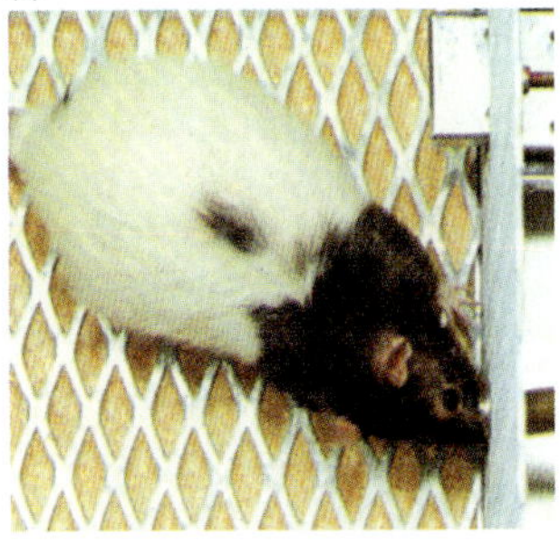

그림 43-5 동작 조건지우기
스키너 상자에 있는 쥐는 상자의 구석 구석을 탐색하기 시작한다(a). 쥐가 레버를 누르면, 작은 먹이가 자동적으로 컵 속에서 나온다(b). 그러면 쥐는 그것을 먹는다(c). 쥐는 레버를 계속 눌러 연속하여 먹이가 나오는 것을 학습하여 그 반응은 점차 자동적이고 신속해진다.

는 학습을 **잠재적 학습**(latent learning)이라 한다.

5) 통찰학습

이것은 시행착오와 유사한 과정을 통해, 경험없이 문제를 해결하는 것이다. **통찰학습**(insight learning)은 정신적으로 일어나므로, 이러한 능력은 단지 영장류에서만 가능하며 고차원적 정신작용으로 믿어진다.

통찰에 관한 가장 유명한 실험 몇 가지는 20세기 초 W. KOEHLER에 의해 이루어졌다. 그는 사육한 침팬지를 사용하여 몸이 닿지 않은 곳에 놓여진 바나나를 따는 방법을 생각해 내게 했다. 이 문제의 해결법은 긴 막대를 만들기 위해 여러 개의 막대를 연결한다든가, 빈상자를 쌓아올려 바나나가 닿는 곳까지 올라가는 일이었다. 야생의 침팬지도 먹이를 입수하기 위하여 도구를 사용한다. 개미굴에 가느다란 막대를 집어 넣어 흰개미를 낚는 일이다. 침해를 받은 흰개미는 막대에 달라붙기 때문에 흰개미를 먹을 수 있는 것이다(그림 43-6). 이것은 통찰 같지만 실제로 모방과 시행착오를 짜맞추어서 그 기술을 학습하는 것으로 생각된다.

그러나 통찰의 결과로 일어나는 반응은 지금까지 보았던 행동양상과는 매우 다르다. 그것은 전에 배웠던 것들에 의존하지만 개체마다 전혀 새로운 반응인 것이다. 통찰은 비슷한 사항들을 새로운 방법으로 정리하는 것으로 일종의 창조적 행동이다. 그리고 통찰은 개념이나 원리의 발전과 의존되어 있다.

6) 각인

각인현상은 K. LORENZ가 거위의 실험을 통해 거위새끼들이 부화할 때 처음으로 본 물체를 따라다니며, 평생 동안 그 물체를 알아낸다는 사실에서 발견하였다. 자연 상태에서 처음 보는 물체는 대체로 어미이며, 그들은 이 학습을 통해서 자신의 종을 구별하는 것을 배운다. 배양기에서 부화된 거위집단에게 개를 처음 보게 하면 자라면서 이 거위들은 농장 근처를 걷는 개의 뒤를 일렬로 서서 따라다닌다(그림 45-7).

그림 43-6 도구를 사용하는 침팬지
침팬지(*Pan troglodytes*)의 새끼가 막대를 사용하여 개미굴에서 흰개미를 끌어내고 있다.

이와같은 여러가지 요인들이 동물들의 적응된 행동 양식을 형성한다. 많은 경우에 있어 본능(유전적)과 학습(경험) 모두가 연관되어 있다. 행동의 본능적인 부분과 학습 부분의 상대적인 중요성의 정도는 매우 다양하다.

43.1.4 기억

기억은 학습과 같은 것은 아니지만 학습의 불가결한 부분을 차지하고 있다. 학습이란 동물이 그것으로 인해 환경에서 정보를 얻는 과정을 가리킨다. 한편 기억은 보통 장래의 사용에 대비하여 정보가 그것으로 인해 뇌에 저장되는 과정을 의미하고 있다. 기억이 없으면 학습의 과정은 성립되지 않을 것이다. 왜냐하면 학습한 정보를 곧 잊어버리기 때문이다.

큰부리박새나 유럽어치 등의 조류, 붉은다람쥐나 회색다람쥐 등의 포유류는 식량이 풍부할 때에 종자나 나무열매를 숨겨두고 식량이 부족해지면 저장장소를 찾는다. 단적으로 말해서 이것은 동물들이 식량의 저장장소를 기억하고 있음이 틀림없다는 것을 의미하며 경우에 따라서는 100개 이상의 숨

그림 43-7 각인현상
거위새끼들은 마치 개가 자기 어미인양 그 뒤를 따라가고 있다. 이들은 진짜 어미는 한 번도 본 적이 없고 개만이 각인되어 있기 때문에 개를 진짜 어미처럼 생각하고 있다.

겨둔 장소를 기억하는 일도 있다.

D. OLTON은 특별히 고안한 8개의 샛길이 있는 방사상 미로를 사용하여 쥐의 공간 배치에 대한 기억력을 측정하려고 했다(그림 43-8). 아래 사진처럼 먹이는 미로의 각 샛길의 말단에 놓여지고 쥐는 가장 효과적인 방법으로 모든 먹이를 모으는 방법을 학습하지 않으면 안된다. 분명히, 쥐에게 가장 효율적인 전략은 8개의 샛길에 1번씩 들어가는 일이다. 그리고 쥐는 이 전략의 학습에 지극히 숙달되어 있는 것을 증명한다. 결국 쥐는 미로를 따라가면서 1번 들어간 샛길은 기억하여 2번 들어가는 것을 피하는 것 같다.

모든 샛길이 비슷한 경우에 쥐는 샛길을 어떻게 구별하는 것일까? 하나의 가능성은 쥐는 순번으로 샛길로 진입하는지도 모른다는 것이다. 가령 시계방향으로 차례차례 진입하는 것이다. 그러나 쥐의 진입행동을 관찰한 결과 순번에 따라 샛길로 진입하는 것이 아님을 알 수 있다. 또 하나의 가능성은 쥐는 샛길에서 샛길로 옮겨갈 때 냄새를 묻혀 놓아 이미 들어간 적이 있는 샛길임을 식별한다는 것이다. 그러나 세밀한 실험에 의해 이 가능성도 부정되었다.

쥐는 각각의 샛길을 주위 환경의 표시와 관련시켜서 식별한다는 것이 정답이라 생각된다. 예를 들면, 어떤 하나의 샛길은 창 가까이에 있고, 다른 샛길은 등의 갓 밑에 있었다는 것을 학습하는 것이다. 만약 기억하고 있는 단서를 이동시켜 버리면 쥐는 혼란을 일으켜 이미 들어간 적이 있는 샛길이 어느 것인지 생각해 내지 못하게 된다.

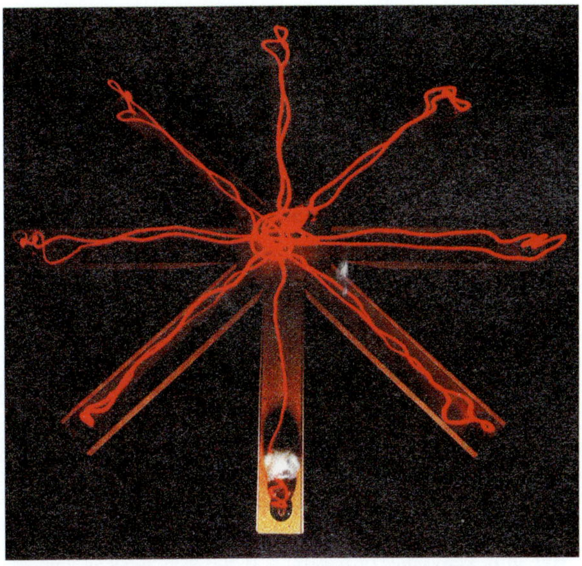

그림 43-8 방사상 미로를 이용한 쥐의 기억력 측정

43.2 행동생태학

행동생태학(behavioral ecology)이란 환경이 어떻게 행동에 영향을 미치는가를 연구하는 학문이다. 앞서 환경이 행동을 일으키는 궁극적 원인이 되고, 짧게 보면 근접 원인이 되는 것을 배웠다. 행동생태학은 결국 행동에 영향을 줄 수 있는 물리적 서식지, 타생물과의 관계, 기후, 산소, 습기 등의 여러 가지 환경 요인들을 행동과 함께 결부시켜 이해하려는 학문이다.

43.2.1 행동의 리듬

모든 동물이 서식하고 있는 환경에도 일정의 리듬을 갖고 변화하는 요인이 있고 그것이 동물의 생활에 영향을 미치고 있다. 가령, 동물들은 새벽이나 만조, 만월이 되기 전 혹은 봄의 따뜻한 기후가 시작될 때에 그들의 행동을 먼저 바꾸지 않으면 안된다. 행동의 리듬은 환경의 리듬에 반응한 결과이거나 체내의 리듬 때문에 일어나기도 한다.

여기에서 리듬이라는 말은 거의 규칙적으로 되풀이 되는 일련의 사건에 대해서 사용한다. 이에 대해서 같은 간격으로 일어나는 정말로 규칙적인 리듬에는 주기성이라는 용어를 사용한다. 이와 같은 행동의 리듬에 대한 근본 기작을 아직은 설명하지 못하고 있다.

동물의 주기성 행동은 지구의 주기적인 변화같은 현상에 대하여 자기 자신을 적응하기 위한 것이다. 지구의 1년 주기, 즉 계절적 현상은 가장 길고 뚜렷한 주기현상의 하나이다. 동물은 닥쳐올 혹독한 겨울에 대비하여 먹이가 많고 낮의 길이가 길 때 몸에 지방을 축적한다. 이러한 행위가 이루어지는 이유는 계절이란 주기성 환경 속을 살며 여러 세대를 거쳐 진화해 오는 동안, 자연선택에 의해 겨울이 다가오고 있으며 따라서 물질을 저장해 두어야 한다는 생리적 예견 능력을 가진 자손을 생산해 냈기 때문이다.

지구상에서 일어나는 또 하나의 주기성은 달 때문에 유발된다. 조간대에 살고 있는 게들은 햇빛의 변화에 따라 보호색이 바뀌며 하루 2번씩 아주 활발하게 활동을 하는데 이 기간이 조수, 즉 밀물과 썰물 때와 밀접한 관계가 있다. 지구 자전으로 인한 일변화 때문에 발생하는 **일주기성**(circadian) 활동은 매우 많다. 인간의 일주기현상 중 점심 후에 약간씩 졸린 것은 점심 식사 때문이 아니고, 아직도 그 원인이 잘 알려지지 않은 일주기현상의 하나이다. 밤이 되면 우리의 활동은 저조해지고 시력도 떨어진다. 이 현상을 '생물시계의 변동'이라고 하며 이에 의하여 일주기로 정해진 시간의 전 또는 후로 조금씩 조절될 수 있다. 생물시계의 변동은 보통 하루 중 어떤 시간과 일치하는 환경 변화의 시작 시간을 변화시킴으로써 이루어진다.

모든 **생물리듬**(biological rhythm)현상이 일주기에서와 같이 명백한 것은 아니다. 그러나 시간을 측정하는 더욱 정교한 생물시계들도 있다.

무리를 짓는 새나 물고기는 같은 종류의 운동리듬과 정확하게 동조하거나 리듬을 갖추고 있는 편이 유리하다. 또한 주된 포식자가 그 시간마다 습격해 오면 그것에 따라 대책을 강구하는 것이 유리하다. 말파리나 모기는 새벽이나 일몰 무렵이 가장 효과적으로 흡혈할 수 있는 시간대이다.

환경조건을 일정하게 하여 실험을 한 결과 대부분의 주기성은 체내에 구비된 기구만으로 제어할 수 있다는 것이 명백해지고 있다. 최근의 연구에 의해 생물시계의 주기는 동물을 차게 하거나 중수(수소 대신에 중수소와 산소가 화합한 물)를 주면 늦어지는 것을 알아냈다. 멧새류의 뇌로부터 송과체(pineal gland)를 제거하거나 쥐의 시교차상핵을 절제하는 실험을 하면 일정한 조건 하에서 리듬을 잃어 버리는 것으로 보아 생물시계의 주도자는 뇌에 있다는 것도 증명되고 있다.

43.2.2 동물의 정위와 항로결정

다양하며 변화 무쌍한 지구 환경에서 일정한 위치를 선정하고 또 그 위치를 유지한다는 것은 생물에게 매우 중요한 일이다. 지구상에서 서식하고 있는 동물들은 잘 적응하고 있어서 한 곳에서 다른 적절한 곳으로 자리를 이동할 수 있는 능력을 갖고 있다. 현재까지 철새들의 이동에는 대개 2가지 메커니즘이 있다고 알려지고 있다. 하나는 **컴파스감각**(compass sense)으로서 자력을 감지하여 방향을 알거나, 몸 내부에 있는 시계와 결부시켜 **시간-방향 메커니즘**(time-direction mechanism)을 형성, 정확하게 정해진 시간에 정해진 방향으로 날 수 있다. 두번째는 지역 위치에 대한 감각으로서 많은 동물들은 마치 지도를 갖고 있듯이 정확한 위도와 경도를 알고 있다.

공간적 구조의 2가지 양상, 즉 **정위**(orientation)와 **항로결정**(navigation)은 모두 동물 이동에 중요한 것들이다. 정위는 옳은 방향으로 향하는 능력이며, 항로결정은 A점에서 시작해 B점에 이르는 과정을 말한다.

(1) 동물의 정위

동물이 환경 공간 속에서 체위(體位)를 특정방향으로 유지하는 행동을 정위라고 하며, 동물에 따라 각기 다른 감각기관이 관계한다. 정위는 환경의 자극에 의한 운동이나, 체축(體軸) 등에 영향을 줄 때 이것들을 일정하게 유지하려는 일련의 운동반응으로 일어난다.

1) 주성과 교정반응

생물은 특정 자극에 대하여 운동반응을 보이는 주성(taxis)이 있다. 바퀴나 플라나리아의 경우는 광자극에 대하여 이를 피하는 **음성 광주성**(negative phototaxis)을 보이는데, 이들은 광자극을 받을 때 두 눈에 비친 광량이 같아질 때까지 광원으로부터 멀리 피한다(그림 43-9). 반대로 생물이 광원으로 가까이 이동하는 운동반응을 **양성 광주성**(positive phototaxis)이라 한다.

동물의 주성에 대하여 Loeb(1918)은 동물의 몸에 자극이 고르게 가해지지 않고 비대칭적으로 가해짐으로써 운동신경도 비대칭적으로 활성화되기 때문일 것이라고 하였다(그림 43-10). 즉, 음성 광주성은 두 눈 가운데 한쪽 눈에 입사되는 광량이 좀더 많아서 그 눈이 있는 쪽의 운동신경이 좀더 높은 빈도로 충격을 발사하고, 운동함으로써 광원으로부터 멀어지게 되는 것이고, 양성 광주성에서는 다량의 빛을 받은 눈의 반대편 운동신경이 좀 더 활성화되기 때문에 동물이 광원쪽으로 이동하게 되는 것이다. 이러한 교정반응을 **이동운동 정위**(locomotor orientation)라고 한다.

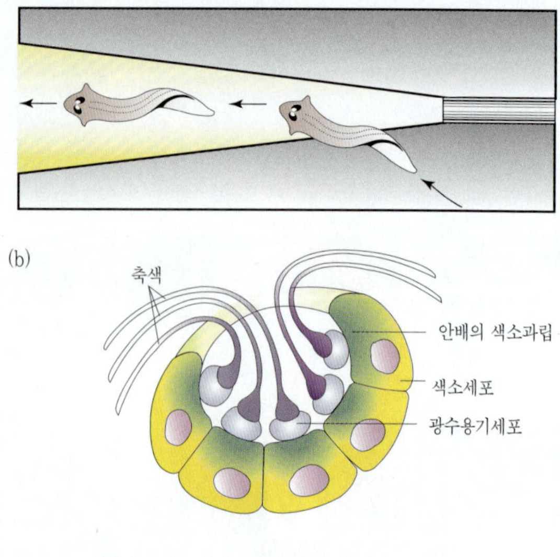

그림 43-9 플라나리아(*Dugesia*)의 음성 광주성 및 광수용기 구조
(a) 빛 속에 들어가면 광원으로부터 멀리 피한다. (b) 눈의 구조

2) 진동 정위

많은 동물은 먹이가 발생하는 **진동**(vibration)을 감지하여 찾아내는 **진동 정위**(vibrational orientation) 능력이 있다. 예를 들어, 거미는 거미줄에 걸린 먹이의 요동으로 거미줄이 진동하면 다리에 있는 기계 수용기로 감지한다. 또 사막에서 야간에 활동하는 전갈은 0.5m 이내에 있는 먹이의 운동으로 발생하는 모래의 진동을 감지하여 정위 반응을 일으키며, 먹이가 되는 동물이 15cm 이내에 있으면 그 방향과 거리를 정확히 알아낸다. 전갈에는 특별히 진동에 민감한 감각모인, 즉 **기저부절 감각모**(basitarsal compound slit sensillum ; BCSS)가 8개의 다리에 있다. 이 BCSS 수용기의 감수성은 다리의 부절(tarsus)이 1Å 정도만 움직여도 충격을 발사한다. 이와 같은 예민성 때문에 BCSS 수용기는 모래에 발생하는 진동파의 방향을 감지할 수 있는 감지기의 역할을 하는 것이다.

3) 반향 정위

고도로 발달된 청각기관을 가지고 있는 포유류와 조류는 **청각 정위**(auditory orientation)의 능력을 소유하고 있다. 박쥐나 돌고래는 고주파의 **펄스음**(pulsed sound)을 발사하고 이것이 물체에 부딪쳐 되돌아오는 **반향음**(echo)을 분석하여 물체의 방향, 물체까지의 거리, 물체의 크기, 그리고 물체의 윤곽을 파악하여 정위하는데, 이러한 정위를 **반향 정위**(echolocation)라 한다(그림 43-11). 반향 정위를 하는 박쥐의 여러 기관과 신경계는 그 기능에 알맞도록 어느 정도 변형되어 있다.

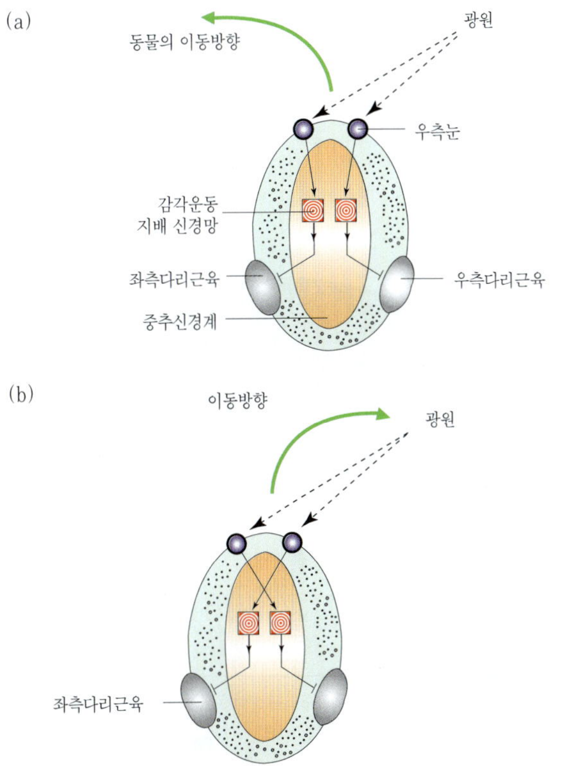

그림 43-10 LOEB의 주성 원리
한쪽 눈에 많이 입사된 빛에 대하여 음성 광주성은 같은쪽 다리가 흥분하여 이동하고, 양성 광주성은 반대쪽 다리가 흥분하여 광원쪽으로 이동한다. (a) 음성 광주성 (b) 양성 광주성

(2) 동물의 항로결정

일부 동물은 낯설은 지역이나 바다를 건너 먼거리를 이동한다. 이들이 어떤 방법으로 방향을 탐지하여 항로를 결정하는 것은 몇몇 감각계가 관계하고 있는 복잡한 행동이라는 사실이 밝혀지고 있다.

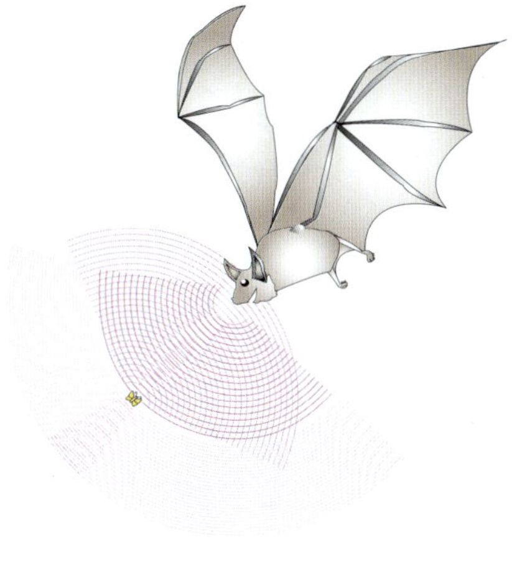

그림 43-11 작은 갈색박쥐(*Myotis lucifugus*)의 반향 전위
곤충의 존재를 박쥐가 보내는 펄스음과 반향음으로 확인한다.

1) 시계-컴퍼스

꿀벌은 태양의 위치와 하늘의 편광패턴을 이용해서 벌통으로부터 꿀이 있는 장소까지의 비행로를 결정하고, 벌통으로 돌아와서는 지그재그춤으로 동료들에게 꿀이 있는 방향을 알린다(그림 43-12). 일부 조류(Aves)는 원거리를 비행하여 목적지를 찾아갈 때 지형적 특성을 이용하는 것으로 알려져 있다. 그러나 지형적 특성이 없는 광대한 바다 위를 비행하는 일부 철새는 태양의 위치로 정위한다. 또한 밤에 이주하는 일부 철새는 별자리를 비행 방향의 지표로 삼는다. 이러한 행동은 본능적이다. 별자리의 방위를 인위적으로 변경할 수 있는 **플라네타륨**(planetarium)에서 유럽산 휘파람새는 특정 인공 별자리를 지표로 하여 정위하는 것을 볼 수 있다.

(a)

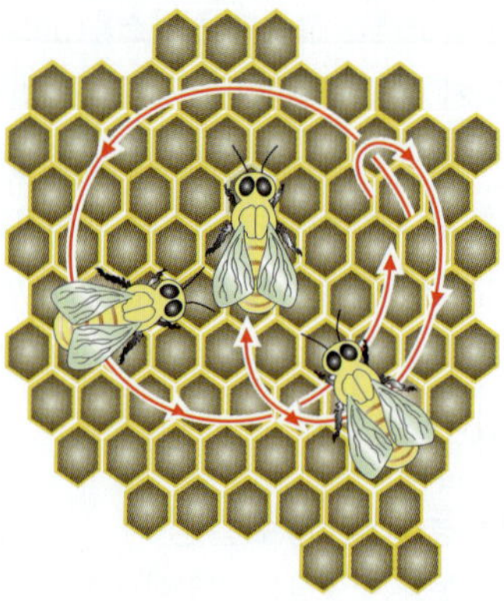

(b)

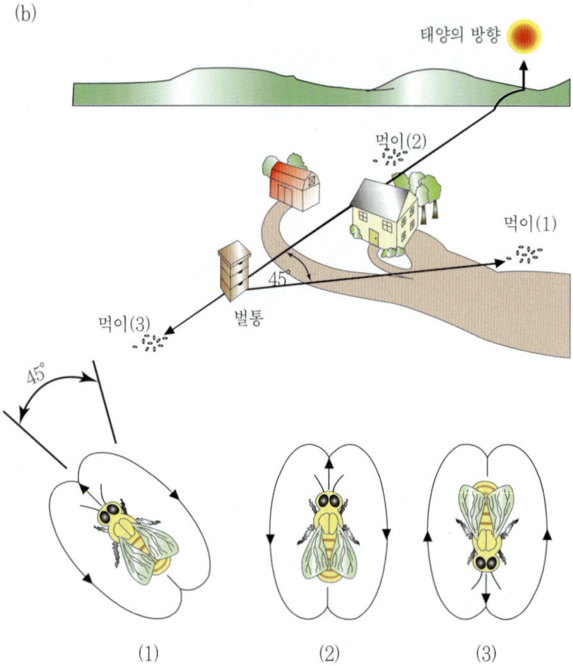

그림 43-12 꿀벌의 춤과 시계정보
(a) 벌통 가까이 있는 먹이장소를 알려주는 벌들의 춤
(b) 꿀벌이 꼬리를 흔들면서 직진하는 방향은 먹이장소의 방향과 직접적인 관계가 있다.
(1) 먹이가 태양의 우측 45° 방향에 있을 때
(2) 먹이의 위치가 태양의 방향과 일치할 때
(3) 먹이의 위치가 태양의 방향과 반대일 때

그리고 지구의 자전 속도에 상응하는 만큼 별자리를 이동시키면 휘파람새는 계속해서 정확한 방향으로 정위한다. 그러나 인공 하늘을 지구의 자전 속도와는 무관하게 임의로 변화시키면 새의 정위에 오차가 생긴다. 이러한 사실은 새의 **천체 정위**(celestial orientation)에 시간이라는 요소가 관계하고 있음을 알 수 있다(그림 43-13).

많은 동물은 일정기간을 주기로 하여 특정 행동을 보이는데, 이것은 그 동물의 체내에 시간의 경과를 인식하는 **체내시계**(internal clock) 때문으로 생각되고 있다. 위의 실험에서 인공하늘의 회전속도를 지구의 자전속도와 다르게 변화시키더라도, 이 변화를 계속 유지시키면 새는 이 변화를 인식하고 체내시계를 변화시켜서 올바르게 정위하게 되는데, 이러한 작용기구를 **시계－컴퍼스**(clock-compass)라고 부른다. 현재 무척추동물의 체내시계는 신경절의 신경분비세포에 있으며, 포유류와 조류에서는 뇌의 송과체(pineal gland)에 있다는 여러 증거가 제시되고 있다.

2) 지자기 신호

일부 동물은 정위와 항로결정에 지구의 **자기장**(magnetic field)을 이용한다. 비둘기는 지상의 지형적 특징을 없애고 날씨가 흐려서 태양이 보이지 않아도 길을 잃지 않고 정확히 **귀소**(homing)한다. 그러나 머리에 소형 자석을 부착시켜서 자기장에 변화를 주면 비둘기는 올바로 정위하지 못하기 때문에 길을 잃고 귀소하지 못한다. 비둘기는 태양 컴파스, 지구자장 그리고 눈에 익은 지형 등을 통하여 항로를 결정하는 것으로 생각되고 있다.

동물은 **마그네타이트**(magnetite)라 부르고 있는 생물 기원의 자기물질(磁氣物質)이 비둘기의 뇌와 두개골 사이에 있는 소형 흑색 구조물에서 발견되었다. 이 마그네티트는 연체동물, 꿀벌 그리고 진흙 속에 사는 박테리아에서도 발견되었다.

미국산 뱀장어(*Anguilla rostrata*)인 수중생물도 측선에 고성능의 전기 수용기를 가지고 지자기장을 이용하여 항로결

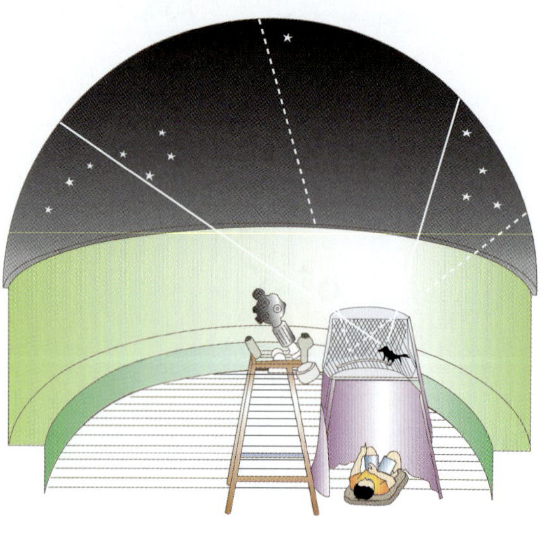

그림 43-13 조류의 천체 정위
야간 별자리에 대한 철새의 정위를 연구하는 데에는 플라네타륨(Planetarium)이 사용된다. 인공하늘이 회전하면 이에 따라 휘파람새는 특정 별자리를 지표로 하여 특정 방향으로 정위한다.

정을 할 수 있음을 보여주는 예이다. 이들은 해류에 의해 바다에 형성되는 **지전기장**(geoelectric field)을 이용하여 항로를 결정한다. 또한 바다의 염분도 변화를 감지하고 호르몬의 작용에 힘입어 항로를 결정한다고 보고되고 있다.

동물이 이동해 가는 곳은 현재 있는 곳보다 생활에 유리한 점이 있음이 분명하다. 가을철에 철새들이 남쪽으로 이동하는 것은 여름철을 지낸 이 곳이 겨울이 되면 기온이 내려가 추워지고, 먹이가 줄거나 없어져 먹이를 얻기 위한 경쟁이 심하기 때문이다. 이동성을 가진 새는 번식할 수 있는 기간이 길고 포식자에게 공격받는 기회가 훨씬 적어 생존율을 높일 수 있으며 번식기 동안 조류에 기생하던 동물이나 미생물을 제거시키는 기회도 된다. 그러므로 새들의 계절적 이주는 진화와 적응의 좋은 예라 할 수 있다.

그림 43-14 봉황참새의 구애행동
암컷에게 매력적으로 보이기 위해 검은 꼬리깃을 펴고 구애행동을 한다.

43.3 사회적 행동

43.3.1 생물간의 통신

생물간의 통신(communication)은 넓은 의미에서 한 동물이 다른 동물에게 영향을 미치는 모든 행동이라고 정의할 수 있다. 통신은 다른 동물에게 자기가 어떤 상태에 있는가를 알리는 하나의 방법이며, 생식을 가능하게 하는 방법으로 개체 보존과 생식 증가를 고무하는 행위이다. 또는 번식할 수 있는 동물을 보호하고 더 오래 살게 함으로써 다시 교미할 수 있는 기회를 증가시키는 것이다.

(1) 시각 통신(Visual communication)

시각을 통한 동물간의 통신은 물고기, 양서류, 조류, 곤충류, 일부 영장류에서 대단히 중요하다. 시각 메시지는 색채, 자세, 외형, 운동 등에 의해 이루어진다. 나비의 한 종류는 나는 방법에 의해 수컷의 관심을 끈다. 특수한 발광기관을 갖는 야행성의 갑충 그룹인 개똥벌레 수컷은 정해진 점멸 패턴으로 빛을 연속적으로 발광하면서 날아다닌다. 암컷은 지면에 가만히 있다가 자기와 동종의 수컷에 대해서는 빛을 발광함으로써 응답한다.

동아프리카 봉황참새(*Paradisaea rudolphi*)의 수컷은 암컷에게 잘 보이려고 대단히 긴 검은 꼬리깃을 펴서 구애행동을 하는데 1km 이상 떨어진 곳에서도 보인다(그림 43-14).

동물의 시각적인 표현은 매우 다양하고 많은 정보를 함유하고 있기 때문에 그 표현 기법이나 형태가 세분되어 있다. 장끼(수꿩)의 화려한 색깔, 만드릴 원숭이의 독특한 얼굴 무늬 같이 남성적 모습을 개체군내에 항상 과시하고 있다. 그러나 다른 경우, 즉 침팬지나 비비(baboon) 암컷의 발정기 때 나타나는 붉은 엉덩이 같은 것은 극히 일시적인 것이다. 날카로운 송곳니를 드러내는 비비의 행위도 위협을 주고자 하는 일시적인 표현의 좋은 예이다(그림 43-15).

짧은 기간 나타나는 시각 표현은 시작과 멈춤이 급속히 이루어질 수 있다는 장점이 있다. 또한 시각 메시지를 감지하는 동물은 이 시각 메시지를 보내는 동물의 존재 및 행동 상태뿐 아니라 정확한 위치나 장소를 알 수 있게 된다. 그러나 시각 메시지는 발광하는 생물은 제외하고 밤이라든지 어두운 곳, 안개, 숲, 산 등 장애물의 절대적인 영향을 받는다.

그림 43-15 숫컷 비비의 위협행동
송곳니를 드러내 적대감을 나타내서 위협하여 분쟁을 해결하려는 행동

(2) 소리 통신(Sound communication)

소리는 인간에게도 중요한 역할을 하고 있지만 사람의 소리 통신 능력은 다른 척추동물이나 절지동물에 비하면 매우

제한되어 있다. 귀뚜라미나 여치 같은 곤충 소리의 가장 중요한 점은 장단인데 반해, 새나 포유동물의 소리에서는 음율의 고저 내지 음색이 더 중요하다. 척추동물은 몇 가지 다른 형태의 소리 통신을 사용하는데, 물고기의 경우 머리 부위의 마찰음 발생기관을 사용하거나, 부레의 조작을 통하여 소리를 낸다. 한편, 육상생활을 하는 척추동물은 호흡기내의 진동막을 통해 공기를 불어 넣고 뺌으로써 소리를 낸다. 소리에 의해 의사 소통을 하는 데는 여러 가지 방법이 동원되는데, 토끼는 땅을 두드려 소리를 내고, 고릴라는 가슴을 쳐서, 딱따구리는 둥우리 속의 안전한 장소에서 울지만 그 둥우리는 소리가 크게 증폭되도록 특별한 모양을 하고 있다. 딱다구리는 수컷이나 암컷의 어느 한쪽이 때로는 대단히 먼 거리에 있는 짝짓기 상대를 끌어들이기 위해 신호를 내기도 한다. 많은 개구리나 곤충은 수컷이 몇 백m나 떨어진 곳에서도 들을 수 있는 음성을 낸다. 개구리가 자기의 존재를 알리는 울음소리는 성대에서 만들어져 입에 있는 부풀린 소리주머니에서 증폭된다(그림 43-16). 곤충은 흔히 자기의 딱딱한 바깥쪽 표면의 일부를 빠르게 비벼서 운다. 가령 메뚜기는 다리를, 귀뚜라미는 날개를 비벼서 운다. 또한 일부 조류의 지저귐도 암컷이 수컷의 거처를 찾아내기 위한 청각상의 단서로써 작용하고 있다.

그림 43-16 야간의 개구리 소리
이 개구리의 거대한 명낭은 공명기로서 작용하며, 이런 기관이 없는 개구리보다 10배나 멀리까지 소리를 전달할 수 있다.

소리는 크기나 음색 그리고 높고 낮음에 따라 매우 다양하다. 소리 신호는 매우 많은 정보를 함유할 수 있으며, 이는 소리의 빈도, 크기, 시간, 음색의 질 등의 변화를 통해 가능하다. 그들은 대단히 낮은 에너지의 소리도 매우 효율적으로 감지할 수 있으며, 높은 에너지의 소리는 먼거리까지 전달된다.

(3) 화학 통신(Chemical communication)

3가지 주된 감각 중 냄새는 의사 소통의 수단으로 그다지 좋은 방법은 아닌 것 같다. 이 방법으로는 단순한 의사 이외는 전할 수 없고 다른 냄새로 인하여 서로 다른 의사가 혼합되기 때문이다. 그러나 동물은 **페로몬**(pheromone)으로 알려진 특수한 화학물질을 사용하여 복잡한 의사를 냄새 속에 암호화할 수가 있다. 어떤 종에 속하는가를 나타낼 수 있을 뿐 아니라, 몽구스(사향고양이과의 동물)와 같이 어느 개체의 냄새인가, 또는 일부 물고기처럼 그 개체가 어느 정도 공격적인가 하는 것까지 나타낼 수 있다. 나방은 교미 상대에게 자기 선전을 위해 냄새를 사용한다. 즉, 암컷이 미량의 유인물질을 방출하고 그것이 바람을 타고 몇 km나 떨어진 수컷에게 전달된다. 냄새가 퍼지는 거리와 방향은 바람에 맡겨지는데, 조건만 좋다면 작은 동물이 발하는 어떤 소리나 시각적 신호보다 훨씬 멀리까지 전달할 수 있다. 수컷은 동종의 암컷이 내는 그 화학물질에 대단히 민감하여 즉시 암컷을 찾아가 구애행동을 한다(그림 43-17).

그림 43-17 페로몬 탐지장치
산누에나방과의 한 종인 *Coscincera hercules* 수컷의 촉각은 암컷이 교미 시기에 방출하는 극히 미량의 화학물질을 감지할 수 있다.

포유류의 경우 페로몬은 아주 복잡한 행동을 유발하는데 암컷은 수컷의 성적 반응을 유도하기 위해 페로몬을 생산한다. 수컷으로 하여금 다른 수컷에 대해 공격적이도록 유도하기도 한다.

화학신호는 매우 적은 양으로도 대단히 커다란 효과를 갖는다는 장점을 가지며, 또 환경에 꽤 오래 남아 있기 때문에 환경 장애물의 제한을 받지 않는다.

43.3.2 식별

동물 사이에서 이루어지는 통신은 서로의 존재를 인식한다는 것이다. 즉, 개체나 집단 간의 통신은 한 동물이 다른 동물을 식별하는 방법이 된다. 첫째, 동물은 다른 동물이 자기와 같은 종인가 아닌가를 식별하는 종식별 능력이 있다. 서로 유사한 종들이 한 곳에서 서식하고 있을 경우, 같은 종을 구별할 수 있는 정확한 방법이 존재하지 않는다면 번식하는데 많은 시행착오를 겪게 되며, 따라서 많은 시간과 에너지를 낭비하게 될 것이다. 둘째, 자기가 속해 있는 개체군 속에서 어떤 특정한 개체를 식별하는 개체식별 능력은 중요한 의미를 갖는다. 황제펭귄이나 갈매기의 집단 번식지에 가보면 똑같이 생긴 수천, 수만 마리의 동물이 있는데, 이들 모두 다 자기 짝이 있고 짝의 모습이나 울음소리를 이용해 자기의 짝을 구별해 내는 능력이 있다. 암수가 함께 새끼를 키우는 경우에는 자기 짝을 찾는 식별 능력이 대단히 중요하며, 그러한 식별 능력을 통해 새끼들을 같이 돌보고 이것이 결국 번식의 성공 기회를 증가시킬 수 있다(그림 43-18).

개체의 식별은 개체군에서의 **우점 순위**(dominance hierarchy)형성에서 생기는 갈등을 감소하는 데도 도움을 준다. 우점 순위가 형성되면 그에 따른 대우를 하는데, 먹이나 기타 공유물 소유에 대한 싸움이 적어진다. 우점 순위는 동물이 각 개체를 식별할 수 있을 때만 유지될 수 있다

그림 43-18 뉴질랜드와 남극 사이 Macquari 섬의 황제 펭귄무리

43.3.3 반발 행동

동물이 갈등을 느낄 때 이를 해결하는 데 도움이 되는 행동을 **반발 행동**(agonistic behavior)이라 한다. 이것은 보통 같은 종 구성원들내에서 자주 발생하는데 공격이나 위협, 또는 복종 행위 등 광범위한 행동 양상으로 나타난다. 그러나 포식의 경우는 이에 포함되지 않는다. 싸움은 가장 확실한 공격 형태이다. 싸움은 대개 같은 서식지에 살며, 먹이를 놓고 경쟁 상태에 있는 개체간에 발생하는 것이다. 또한 짝짓기에 대한 경쟁은 특히 같은 종내의 동성간에 일어난다.

동물들은 여러 가지 방법으로 싸우나 같은 종인 경우에는 보통 살상은 피한다. 이런 전형적인 행동은 선조로부터 진화해 온 결과임에 틀림없다. SMITH 교수는 동물의 싸움을 수리 모델과 컴퓨터 모형으로 분석하여 '진화적으로 안정된 전략'이 있다고 설명하였다. 이 이론에 의하면 다른 모든 행동 양상보다 우위에 있는 선천적 행동 양상은 새로운 행동 양상의 침입에 대하여 안정되게 진화해 나간다고 한다. 그러나 상황에 따라 사용되는, 개체군내에서 가장 안정된 2개의 행동 작전이 있다는 사실을 발견했다. 첫번째 작전은 **보복 전략**(retaliatory strategy)으로서 해를 입은 정도에 따라 보복하는 작전이다. 두번째 작전은 **부르조아(중산층) 전략**(bourgeois strategy)인데 이것은 싸우는 당사자 서로는 대면 후 즉각 후퇴함으로써 시간이나 에너지 낭비를 최소화한다는 것이다. 주로 영토권 주장에서 흔히 발견되는데, 한 영토에 침입자가 들어올 경우 영토권자는 곧 공격하며, 침입자는 이를 알고 즉시 물러서는 것이다. 의례적인 그리고 해를 주지 않는 싸움에서 사고로 해가 발생했을 경우 싸움은 복수전으로 확대된다. 사자의 수컷은 자기의 사냥 구역내에 들어온 다른 수사자를 싸워 죽이고, 하이에나의 무리는 다른 하이에나의 무리를 잡아 죽이며 침팬지 수컷들은 다른 무리에서 떨어져 홀로 있는 수컷을 유인하여 죽인다.

공격적인 행동은 주로 타고난 본능적인 행위라고 보고 있지만, 이 행동이 학습의 결과이며 공격에는 본능과 학습 2가지 요소가 복합적으로 들어 있다고 주장하기도 한다.

43.3.4 협동과 공생 및 이타주의

동물행동학자 GOODALL은 보호구역에서 침팬지 연구를 위해 우리 속에 가둬 놓고 행동을 관찰한다면, 결코 정상적인 행동을 관찰할 수 없다고 하였다. 그 이유는 침팬지가 상당히 복잡한 집단생활을 하는 사회적 동물이기 때문이라고 설명하고 있다. 이것은 인간을 비롯한 집단생활을 하는 다른 모든 동물에게 해당된다. 그리고 이들은 복잡하고 미묘한 방법으로 다른 개체들과 상호 교류를 하며 함께 생활할 수 있도록 적응되었다.

(1) 협동

협동(Cooperative behavior)은 종내 또는 종간 사이에서

모두 발생할 수 있다. 종간 협동의 예로는 코뿔소(rhinoceros)와 진드기잡이새(tickbird) 사이의 관계 등을 들 수 있다. 진드기잡이새는 먹이를 얻고, 코뿔소는 진드기를 제거할 수 있는데, 상호간의 이익이 존재하기 때문에 유지된다. 그러나 높은 수준의 협동은 역시 같은 종의 개체들 사이에 많이 존재한다. 사향소(musk oxen)는 어린 새끼가 위험에 노출되면 그 주위를 감싸면서 어깨와 어깨를 붙이고 뿔을 바깥쪽으로 내밀어 약탈자에 **협동적 방어행동**(cooperative predator avoidance)을 나타낸다(그림 43-19). 새, 늑대, 아프리카 들개, 재칼, 하이에나 같은 동물들은 사냥할 때 꼭 무리를 이루며 먹이를 잡을 때도 공동 협력을 한다. 사회 행동이나 협동은 일부 곤충에서도 발달되어 있다.

그림 43-19 사향소의 사회적 방어행동
협동하여 뿔을 밖으로 내밀어 원을 만들어서 포식자에게 대항한다.

이와 같은 사회 행동의 예는 꿀벌에서 잘 연구되어 있다(그림 43-20). 꿀벌에서 여왕벌은 알을 낳으며 일은 모두 일벌이 도맡아 하는데 모두 불임성 암컷들이다. 각 일벌들은 특정한 일을 하게 되어 있어 새로이 일벌이 된 벌은 알과 꿀을 받아들이는 방을 만드는 일을 하다가 점차 자라면서 유충을 먹여 기르는 일을 하게 된다. 또 방에 꽃가루를 쌓기 사작하고 왁스샘이 발달되어 이 왁스로 벌집통을 만든다. 이들 중 일부는 벌통 밖으로 나와 벌통의 주변을 돌면서 벌집을 보호한다. 후에 모두 바깥에 나가 꿀물, 꽃가루 등 벌집을 짓는데 필요한 것들을 날라온다. 이들 일벌의 날개가 쇠진하여 더 이상 날 수 없게 되면 죽는데, 이러한 협동은 계속 진행된다. 이들 꿀벌은 전체집단의 효율성을 위주로 협동한다.

(2) 공생

2개의 다른 종이 아주 긴밀한 관계를 맺고 사는 경우를 **공생**(symbiosis)이라 한다. 공생 관계는 한쪽 개체 또는 양쪽 개체 모두가 이득을 보는 결과를 갖는다. 기생 관계는 한쪽이 해를 보는 경우이다.

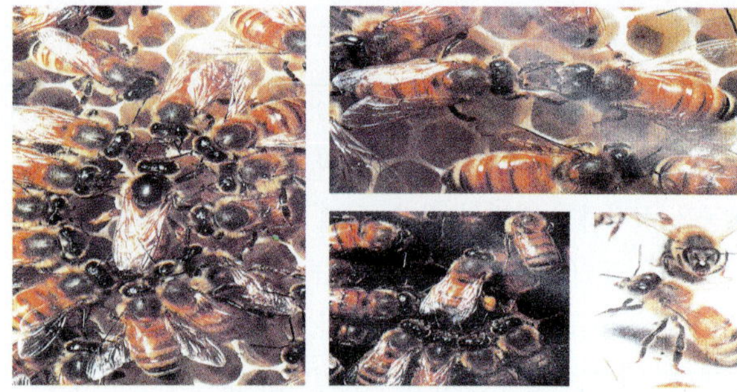

그림 43-20 꿀벌의 협동

상리공생(mutualism)은 공생 관계에 있는 종들이 모두 다 이로운 관계에 있는 것이다. 예를 들어 소는 소화기관내에 섬유를 분해하는 효소를 생산하는 박테리아를 갖고 있다. 소는 고에너지를 함유하는 섬유질을 분해해야 영양분을 얻을 수 있으며 비타민과 아미노산 역시 이들 박테리아에 의해 제공된다. 대신 박테리아는 안정된 먹이를 소에게 공급받는다.

편리공생(commensalism)은 한 종에게는 분명히 득이 되지만 다른 한 종에게는 득도 실도 없는 공생관계이다. 예를 들어 소와 황로의 관계를 들 수 있는데, 황로는 소가 움직일 때마다 움직이는 작은 벌레나 곤충류를 잡아 먹기 때문에 소와 가까이 있어야 더 많은 먹이를 구할 수 있다. 그러나 소는 황로에게 어떤 도움도 받지 못한다.

(3) 이타주의

동물의 집단생활에서 협동적인 활동을 많이 보게 되는데, 더러는 자신의 희생을 무릅쓰고 남의 생존이나 번식을 위해 위험과 마주 싸우는 경우도 보게 된다. 이와 같이 한 개체가 자신에게 해가 되는 것을 감수하고 다른 개체에게 이익이 되도록 행동하는 행위를 **이타주의**(altruism)라 한다.

대부분의 조류는, 번식기에 흔히 알이나 부화 직후의 새끼가 포식자로부터 습격당한다. 이 위험을 줄이기 위해 어미는 포식자의 주의를 딴 곳으로 돌리기 위한 행동을 한다. 예를 들면, 흰죽지꼬마물떼새(*Charadrius hiaticula*)의 어미는 날개가 부상당한 것처럼 보이게 한다. 이 새는 둥우리나 새끼로부터 적의 주의를 돌리기 위해 이러한 거짓수단을 사용하는 것이다. 이러한 행위는 새끼의 생존율을 높이기는 하지만, 어미는 어느 정도 위험에 처하게 된다(그림 43-21). 이 행동이 번식 성공도를 증대시킨다면, 즉 포식자의 주의를 다른 데로 돌리는 행동으로 그 목적을 달성한다면 거짓행동을 하는 경향을 강화하는 모든 유전자는 다음 세대로 전해질 것이다.

이러한 어미의 이타주의적 행동은 동물계 전반에서 널리

볼 수 있다(그것은 다음 세대에 대한 자신의 유전자의 공헌을 최대로 하는 어미를 자연도태가 어떻게 선택하는가를 잘 나타내고 있다). 그러나 모든 이타주의적 행동이 이처럼 직접적인 것이라고는 할 수 없다. 꿀벌의 일벌은 벌집 속에서 침입자를 만나면 그것을 찌르고 자기는 죽는다. 끝이 갈고랑이처럼 되어 있는 침은 일벌의 몸에서 빠져나오고 그 개체는 죽기 때문에 이것은 자살적 방위라 할 수 있다. 불임의 암컷이기 때문에 보호해야 할 새끼를 갖고 있지 않은데도 왜 일벌은 희생적 행위를 감히 하는 것일까? 1963년 영국의 행동 생태학자 D. HAMILTON에 의해 행동의 진화를 위한 유전학적 이론이 연구되었는데, 이것은 꿀벌이나 종이벌레 같은 계급사회를 가진 사회성 곤충의 극단적인 이타주의적 행동을 잘 설명해 주고 있다.

일반적으로 사람과 같은 포유류는 생식과정에서 수정란이 남녀에 관계없이 부친과 모친으로부터 각각 1쌍(n)의 염색체를 받아 각각 2쌍($2n$)의 염색체를 가지므로, 유전자 중 50%를 부모와 공유하며, 50%를 형제 자매와 공유하게 된다. 그러나 꿀벌과 같은 사회성 곤충은 염색체의 유전에 특이한 성 차이가 나타난다. 즉, 꿀벌에서 수컷은 미수정란에서 발생하므로 1쌍(n)의 염색체만 갖는 반면, 암컷인 여왕벌은 수정란에서 발생하여 완전한 2쌍($2n$)의 염색체를 갖는다. 따라서 꿀벌의 암컷은 자기 딸보다도 자매와 훨씬 많은 유전자를 공유하게 된다. 왜냐하면 자매끼리는 부친으로부터 받게 되는 유전자를 모두 공유하고(염색체를 1쌍밖에 갖고 있지 않기 때문에) 그 외 모친에게서 유래되는 유전자의 절반을 공유한다(염색체는 정상적으로 2쌍을 갖기 때문에). 따라서 꿀벌의 자매간에는 75%의 유전자가 공유되는데 비해서 딸과 어미 사이에서는 50%만 공유되고 있다.

그림 43-21 흰죽지꼬마물떼새의 이타주의
어미가 새끼로부터 적의 관심을 돌리기 위해 날개가 부상당한 것처럼 보이고 있다.

그래서 일벌은 자기의 새끼를 키우는 것보다 번식 능력이 있는 자매(미래의 여왕)를 키우는 것을 돕는 편이 자기의 유전자를 보다 많이 남길 수 있으므로 자신의 유전자형을 증식시키기 위해 여왕벌의 배란을 돕는 것이다.

이 외에도 많은 동물들, 특히 조류나 포유류의 사회구조가 혈연을 기반으로 이타주의적 행동을 하는 것으로 알려져 있다. 예를 들어, 플로리다 아메리카어치는 공동 번식하는 새이고, 먼저 태어난 새끼가 뒤에 태어난 새끼를 돌보며 어미를 돕는다. 보호를 하는 새는 보호받는 새의 형이나 누나이고, 그들은 새끼를 키우는 것을 도움으로써 자기의 복제된 유전자를 미래의 세대에 남기고 있는 것이다.

그러나 혈연 관계가 먼 사이에서도 이타행동을 하는 것을 볼 수 있다. 예를 들면 아누비스개코원숭이는 수컷이 발정기의 암컷을 호위하고 있는 다른 수컷의 주의를 다른 데로 돌리기 위해 무리 속에 있는 혈연이 아닌 수컷의 협조를 바라는 일이 있다. 도움을 원하는 수컷은 협력적인 그 수컷이 싸우고 있는 동안에 암컷을 차지할 수가 있다. 왜 수컷은 다른 수컷이 암컷을 획득하는 데 도움을 주는 것일까? R. TRIVERS는 이와 같은 이타주의적 행동을 **상호이타주의**(reciprocal altruism)라는 이론으로 설명하였다. 이것은 모든 이타주의적 행위는 결국 되돌아올 어떤 이익을 기대하면서 이루어진다는 것이다. 즉, '네가 내 등을 긁어 주면 다음에는 내가 네 등을 긁어 줄 것이다' 라는 의미이다.

이타적인 행위를 하는 쪽의 희생이나 위험 부담이 적을 때는 낯선 상대에게도 이러한 이타주의적 행위가 행해지는데, 이때에는 차후에 언젠가 도움이 되돌아올 것이라는 기대감 때문이다. 만약 기대되었던 도움이나 이익이 돌아오지 않을 때는 분노하게 되는데 이는 진화를 통해 생긴 감정이다. 도움을 보상하지 않는 개체는 질책받고 해당 집단으로부터 따돌림을 당하며 더 이상 아무런 도움도 받지 못한다. 그러므로 미래를 위해서는 모두가 다 법을 잘 지켜야 하며 그렇게 하고 있다.

환경과 생물

VIII

제 44 장

환경과 생물

환경(environment)이란 우리를 둘러싸고 있는 공기, 물, 토양 등을 말한다. 환경과 생물은 어머니와 태아와의 관계처럼 서로 밀접하다. 태아는 많은 물질을 모체로부터 공급받고 또 노폐물을 다시 모체로 배설한다. 그런데 어머니가 병들면 아이도 온전치 못하게 된다. 마찬가지로 환경이 병들면 생물들도 잘 살아갈 수 없게 된다. 이를 Gaia **가설**로 설명하기도 하는데 이 때 Gaia란 어머니지구(mother earth)라는 뜻이다.

생물들이 살고 있는 곳을 **생물권**(biosphere)이라고 하며 **대기권**(atmosphere), **수권**(hydrosphere) 그리고 **암석권**(lithosphere)으로 구분된다(그림 44-1).

환경과 생물의 관계를 밝히는 학문을 **생태학**(ecology)이라 하며, 이는 집(oikos)이라는 어원에 근거를 둔다. 그래서 생태학과 경제학(economies)은 같은 의미에서 연유된다. 생태학이 집, 즉 환경에서의 생물에 관한 연구라면 경제학은 집의 관리라 할 수 있다.

생물은 다양한 종류가 있으며, 각각의 기능과 특성도 다르다. 환경에도 여러 요인이 있으며 그 변화의 폭도 모두 다르다. 같은 **서식처**(habitat)의 생물이라도 환경조건에 대한 반응은 종별로 다르며 반응의 크기도 다르다. 그러면 지구상에서 생물이 서식하고 있는 곳, 즉 생물과 환경이 상호 작용하며 존재하는 생태계인 생물권에 관하여 살펴보자.

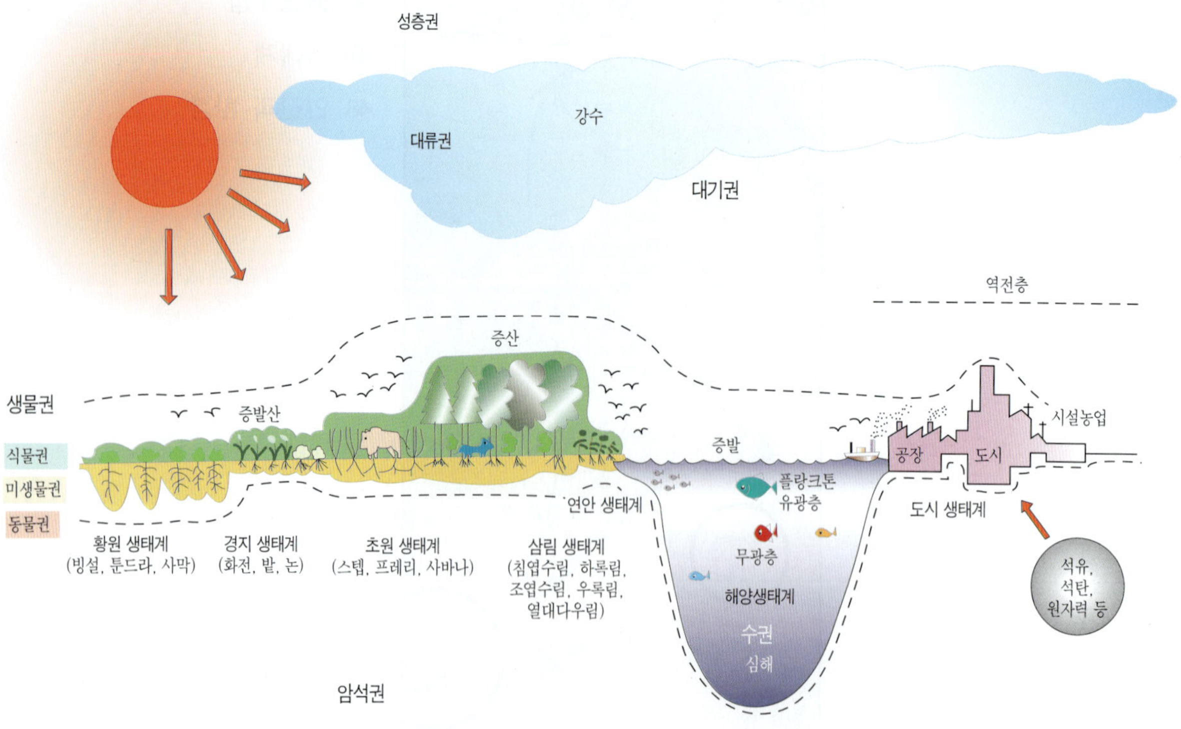

그림 44-1 생물권(동물권, 미생물권, 식물권)과 생태계, 수권, 암석권, 대기권의 모식도

44.1 생물권의 특성

생물권은 육지, 강과 바다, 그리고 대기를 가리킨다. 태양 에너지, 물, 이산화탄소 등의 거대한 순환계로 볼 수 있으며, 자급 자족적인 생물학적 계로서 항상상태를 유지하고 있다.

지구의 지름을 8층 건물(높이 약 30m)에 비유한다면 생물권은 그 건물의 꼭대기에 있는 약 4cm 정도의 판자 정도만 하다고 할 수 있다. 더구나 생물 생산이 활발히 이루어지는 곳은 0.3mm만한 종이 1장 두께에 해당된다. 다시 말하면 지상에서 생물의 서식처가 되는 부분이란 약 22km 쯤 되는 얇은 층에 불과하다.

생물권을 이루고 있는 조건, 즉 환경 요인도 다양하다. 예를 들면, 기후 요인, 토양 요인 그리고 생물 요인 등이 있고 이들은 1가지 요인이 단독으로 변화하기보다는 몇 가지 요인이 서로 복합적으로 변화하며, 생물에게 영향을 준다.

생물은 지구 표면에서 매우 높은 곳이나 아주 깊은 곳에는 살 수 없다. 왜냐하면 그 곳의 환경 요인이 생물에게 적당하지 못하기 때문이다.

44.1.1 대기

대기는 지구를 싸고 있는 기체층이다. 기체의 조성은 대체로 질소 78%, 산소 21%, 이산화탄소, 오존, 알곤 등 기타 기체 1%로 구성되어 있다. 대기권은 대류권(troposphere), 성층권(stratosphere), 중간권(mesosphere), 전리권(zone-sphere), 외기권(exosphere)으로 구분되며 해발고도에 따라 결정된다. 생물의 활동이 많이 이루어지는 대기권은 해발 약 10km에 해당되고, 대류권은 기류의 이동이 심하다. 대기는 생물의 호흡 등 유용한 기체의 공급과 자외선을 막아주는 중요한 공간이 되고 있다. 우리는 숨을 쉬지 않고 몇 분 도 견디기 힘들다. 일반적으로 대기 중에 있는 산소는 호흡에 충분한 양이 존재한다. 그러나 고도가 상승하면 산소는 희박해지고 따라서 호흡이 어려워진다. 사람의 폐포 안에 있는 공기 성분은 산소 15.5%, 질소 79%, 이산화탄소 5.5%이다. 공기 중에 산소가 16% 이하일 때는 생물이 이용할 수 없다. 이와 같이 겉으로 보기에는 환경 요인이 충분한 것 같아도 이용할 수 있는 한계치로 생각하면 의외로 악조건인 경우도 많다.

식물의 광합성에 필수적인 이산화탄소의 농도는 0.03%가 제한 요인으로 작용한다. 최근에는 인간의 활동으로 인해 대기 중의 이산화탄소 농도가 연간 1ppm 이상 증가되고 있으며, 일정 수준 이상에 이르면 이산화탄소가 지구 주위를 막처럼 둘러싸고 그 곳에 들어온 태양광선은 마치 유리온실같은 현상이 일어나서 지표면의 기온은 상승하게 된다. 이를 **온실효과**(green house effect)라 부르는데, 이 경우 극지방의 빙산이 녹고 비가 많이 와서 해수면이 높아지는 결과를 초래한다.

44.1.2 물

단식중인 사람도 물은 마셔야 산다. 물고기가 물 밖으로 나오면 죽고 만다. 그만큼 물은 생물체가 살아가는 데 필수적이라는 뜻이다. 또한 생물체내에는 약 60~95%의 물이 함유되어 있고 세포의 기본 구조는 물이 있어야 유지된다.

물은 97.3%가 바다에 있고, 2.7%는 대륙에 존재한다. 바다란 빙하와 극지방의 얼음까지 포함하고 대륙에 있는 물은 지하수, 담수, 대기 그리고 생물체내의 물을 포함한다.

물은 비슷한 크기의 다른 분자에 비하여 높은 융점과 비등점, 열용량 그리고 기화열을 갖는 특성이 있다. 높은 열용량은 체온의 급격한 변화를 막아 주고 기화열은 증산작용이 일어날 때 열의 발산으로 체온을 조절해 주며 또한 주요한 용매이기도 하다.

연간 총강수량이 250mm 이하인 곳에 **사막**이 생기고, 250~760mm인 지역에 **초원**이 발달되는 것으로 보아 수분은 식물 분포상 중요한 환경 요인이다. 760~1,000mm이면 **건조림**, 1,000mm 이상이면 **습윤림**이 발달된다. 수분은 증발하는데, 대기 중의 수증기 총량을 습도라고 한다. 보통 상대습도가 사용되며 상대습도는 습구온도와 건구온도계의 눈금의 차에 의하여 측정된다.

강수는 지표를 흘러가 버리는 유출수 외에, 땅 속으로 침투하여 마침내 지하수가 되는 **중력수**(gravitational water), 토양 입자 사이에 모세관적으로 유지되는 **모관수**(capillary water), 입자 표면에 흡착되는 **흡습수**로 구분한다. 식물이 흡수할 수 있는 유효한 물은 주로 모관수이다. 이는 강우 후 며칠이 지나 평형에 이른 토양 수분(야외 또는 포장용수량이라 함)과 식물이 흡수할 수 없는 토양 수분과의 차이로 나타낼 수 있다. 이들 토양 수분의 값은 토양 입자의 크기나 유기물의 함유량에 따라 크게 달라진다(그림 44-2). 물이 움직이는 속도는 생태학적으로 매우 중요하다.

식물체로부터의 수분 증발을 **증산**(transpiration)이라 한다. 식물의 기공을 통한 **기공증산**, 피목으로 수분이 증발되는 **피목증산**, 그리고 잎의 표피세포는 각피화가 되었으나 일부 표피세포를 통해서 이루어지는 **각피증산**으로 구분한다.

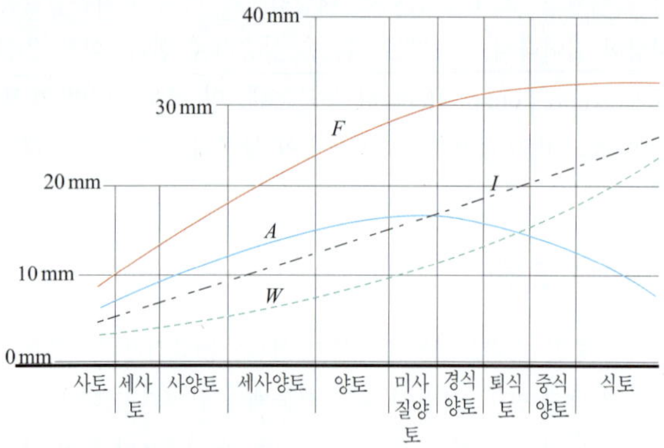

그림 44-2 근권의 토양 두께
10cm에 포함되어 있는 수분량(수층의 두께 mm로 표시)
F : 야외용수량 *W* : 조위계수에 있어서의 수분량
A : 유효수(=*F*-*W*) *I* : 최적관수량

육지에 사는 동물의 경우, 체표면으로부터의 증발량은 식물에 비해 훨씬 적지만 건생, 중생, 습생에 따라 크게 달라진다. 사막에 살며 건생인 도마뱀의 경우, 하루에 수분을 체중의 1%밖에 잃지 않지만, 땅에 구멍을 파고 사는 도마뱀의 경우는 훨씬 많은 양을 잃게 된다. 이와 같이 생물체의 수분수지 또는 수분 경제는 생물이 살아가는 데 매우 중요하다.

44.1.3 온도

생물은 영하 200℃부터 영상 100℃ 사이에서 살아갈 수 있다. 이것은 저온에서 포자나 휴면 상태로 잘 견디는 생물과 뜨거운 온천수에 사는 박테리아와 조류가 발견되는 것으로 증명된다.

식물의 분포와 온도의 관계는 밀접하다. 한대, 온대 그리고 열대지방에 사는 식물의 종류와 형태는 각기 독특하다. 생물에 영향을 주는 온도는 연평균 기온, 가장 추운 달의 평균기온 또는 적산 온도 등이 있다.

온도는 잎의 개엽, 꽃의 개화, 단풍 또는 철새의 도래 등 생물의 여러 가지 현상과 계절과의 관계를 연구하는 **생물계절학**과도 관계가 깊다. 가을이 되면 낙엽이 지고 겨울눈을 만들어 월동하고, 저온에 의한 화아 형성이 되는 **춘화현상**(vernalization)도 찾아볼 수 있다.

44.1.4 빛

태양빛이 지구로 들어오는 복사선의 30%는 반사되고, 20%는 흡수되며 약 50%가 지구 표면에 도달된다. 이러한 태양의 빛에너지는 광합성에 1% 가량 쓰이고 물의 증발, 물질의 온도를 높이는 일 등에 쓰인다. 그래서 물의 순환이 일어나고 지구의 기후를 조절하게 된다.

빛은 파장과 세기에 따라 여러 가지 생리, 생태작용과 관계한다. 광합성에 쓰이는 **가시광선**은 400~700nm의 파장을 가지며, 이들은 햇빛 전체 방사의 약 1/2을 차지한다. 적외선과 자외선은 눈으로 볼 수 없는데 적외선은 열선으로 작용하고, 적색광(600~650nm) 및 근적외광(700~800nm)은 **피토크롬**(phytochrome)에 의해 흡수되어 종자 발아 등에 작용한다. 자외선은 곤충으로 하여금 꽃이나 상호간 인식을 하는 데 관계하며 세균을 죽게 하는 작용이 있다.

빛은 물 속에서 파장에 따라 흡수되는 정도가 다르며 물의 깊이에 따라 파장의 분포가 변화하는 것도 생물의 분포에 영향을 준다.

빛의 일주기는 주행성과 야행성을 나타나게 하며, 일장은 계절을 알리는 신호가 되어 생물의 계절 활동, 예컨대 생식이나 이동 등을 좌우한다. 식물에 있어서는 광주기성으로서 꽃눈 형성과 개화가 일장에 따라 결정되며, 봄에 꽃 피는 **장일식물**(long day plant), 가을에 꽃 피는 **단일식물**(short day plant), 그리고 **중일식물**(day-neutral plant)로 구별된다. 이는 생물의 위도적 분포와 관계가 있다. 위도가 높은 지역에서는 여름철과 장일이 함께 얽혀져서 작용하므로 식물의 성장에도 효과적이다. 여름에는 일장이 길어서 장일식물은 쉽게 개화하고 또 개화기는 기온이 높은 시기이기 때문에 위도가 높은 지방이라도 저온에 의하여 생존이 제한되는 일이 적다. 따라서 장일식물은 위도가 높은 지방까지 분포할 수 있다.

44.1.5 토양

토양은 지구 표면을 덮고 있으며 식물을 기르고 동물이 사는 공간을 제공한다. 식물은 토양으로부터 영양분과 공기를 공급받고, 생활 결과 생긴 노폐물과 낙엽이나 낙지를 땅에 떨어뜨린다. 결국 죽은 식물체는 분해되어 토양 성분으로 되돌아가므로 토양을 비옥하게 한다.

토양의 보수력, 수분 공급의 속도, 모관수 상승의 높이, 공기의 양 등은 토양을 구성하는 입자 크기에 따라 결정되는 경우가 많다. 토양 입자들의 조성, 즉 기계적 조성을 **토성**(soil texture)이라고 한다. 토성에 따라 토양을 구분하는 한 예로서 국제토양학회에 따르면, 지름 2mm 이상을 **자갈**, 2.0~0.2mm를 **굵은 모래**, 0.2~0.02mm를 **가는 모래**, 0.02~0.002mm를 **미사**, 0.002mm 이하를 **점토**라고 한다.

토양 입자의 집합 상태에 따라 **단립구조**(單粒構造, singlegrain structure)와 **단립구조**(團粒構造, crumble structure)로 나누며(그림 44-3), 후자 쪽의 공극이 많아서 식물 생육에 적합하다.

토양의 성질을 조사하기 위해 토양 단면(soil profile)을 만든다. 토양 표면에는 낙엽, 낙지나 생물의 유체로 이루어지는 낙엽낙지(litter)가 퇴적되어 있다. 그 밑에 다소 분해된 부식질이 많은 A층(A horizon)이 있다. 부식질은 다시 토양동물이나 토양 미생물에 의해 분해되며, 침엽수와 활엽수, 토양의 건습에 따라 분해 정도가 달라진다. A층 아래에 그 토양의 특징을 나타내는 B층(B horizon)이 있으며, 그 아래에 아직 풍화가 충분히 진행되지 않아 암석이 많은 상태인 C층(C horizon)이 있다(그림 44-4). 이들 토양의 구조와 성질에 따라 토양 분류를 하게 되는데, 여기에는 기후, 식생, 모암의 성질 등이 크게 영향을 미친다.

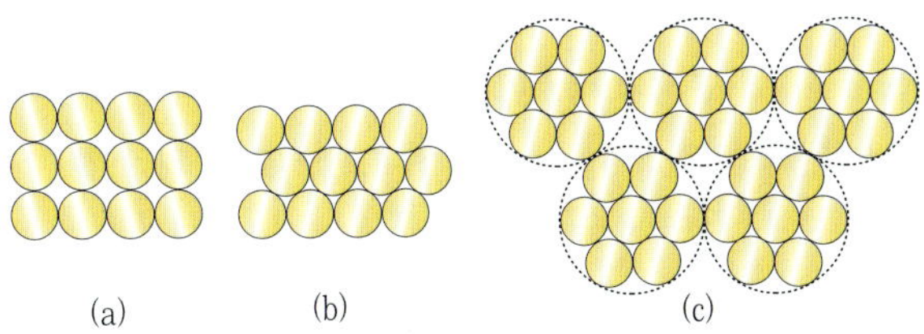

그림 44-3 단립구조(單立構造) (a), (b)와 단립구조(團粒構造) (c)의 모형

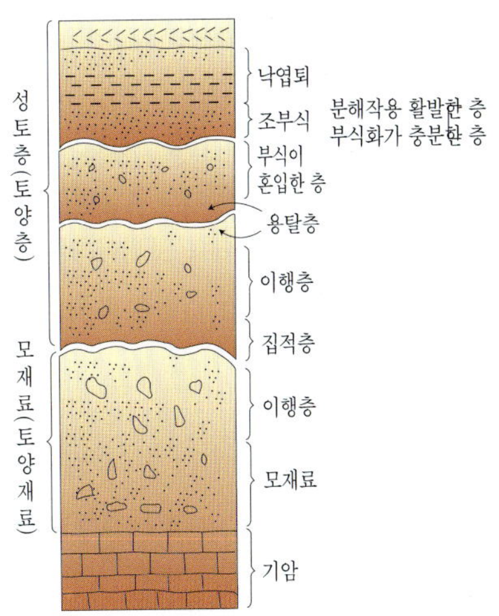

그림 44-4 토양의 단면도

토양의 중요한 역할은 무기영양분인 질소, 칼륨, 칼슘, 마그네슘, 황, 철과 미량원소인 동, 아연, 붕소, 몰리브덴, 망간 등을 식물에 공급하는 점이다. 이들은 부식으로 인한 분해, 토양 입자로부터의 침출에 의해 공급된다. 사람들은 경작지에서 이들의 양이 식물 생육에 불충분할 때는 비료를 공급하게 된다. 포유류는 그 밖에 나트륨, 염소, 요오드, 코발트 등을 필요로 하며, 대개는 식물이 흡수한 물질을 섭취함으로써 얻어진다. 한편, 염분이나 알칼리가 많은 염토와 알칼리토는 해안이나 건조지역에서 볼 수 있으며 여기에는 특수한 염생식물(halophyte), 예컨대, 퉁퉁마디, 해홍나물, 나문재 등이 생육하고 있다.

44.2 육상환경과 생물

44.2.1 지구표면의 환경구분

일반적으로 육지에서도 온도와 물은 지리학적으로 주요한 요인이 되고 있다. 온도에 따라 열대, 아열대, 난온대, 냉온대, 아한대, 한대, 극빙설대(polar ice and snow zone)가 적도로부터 양극지를 향해 구분된다.

물 요인으로는 대개 연간 강수량을 든다. 강수량의 경년변화가 크며, 특히 과우지역에서 현저하다. 산지나 고산에서는 강수(적설)가 많으며, 아래쪽 평야의 수원이 된다.

한편, 지표면으로부터의 증발은 습도와 더불어 온도에 크게 좌우되며, 고온지역에서는 삼림이 이루어지는 데 있어서 저온지역에 비해 다량의 비를 필요로 한다.

육지와 해양의 비(ratio)는 북반구의 경우에는 39 : 61, 남반구에서는 19 : 81이며, 남반구는 전반적으로 온도교차가 적은 해양적 기후가 된다. 대륙의 동쪽과 서쪽은 기후형이 다른데, 서쪽에서는 **동우형**이고 여름에 건조하다. 또한, 아열대지역에서는 계절풍이 비를 가져다 주며 건계(dry season)가 확실한 지역도 넓다.

우리나라는 북쪽으로 대륙에 접하고 남쪽으로는 대양에 면한 북반구의 중위도에 위치하고 있어, 강우전선이 7, 8월까지 북진하였다가 후퇴하는 관계로 한반도 전체가 **하우형**에 속하게 된다. 따라서 강우량은 기온이 오르고 내림에 영향을 받아 변화한다. 우리나라에 나타나는 국소적인 기후의 차이는 식생에도 반영되어, 이것에 적응된 생활형의 분화도 볼 수 있다.

44.2.2 생물군계

생물군계(biome)란 크고 비교적 뚜렷하게 구별되는 생태계이다. 즉, 비슷한 기후 조건에 의하여 이루어진 지역내에서 분포하는 동식물의 배열이다. 식물들이 모여 식물군락을 이루고 식물군락은 삼림, 초원, 황야(사막)로 대별되며, 또한 상록 · 낙엽 · 침엽 · 활엽, 식물의 높이, 밀생 · 소생 등에 의해서도 구별된다. 이러한 외관을 **상관**(physiognomy)이라 하며 이것과 열대, 온대, 고산 등의 환경을 조합시켜 구성종과 관계없이 식물군락을 구분할 수 있다. 이것이 **군계**라고 불리우는 군락 분류체계의 하나이다.

생물군계의 분포는 적도에서 북반구쪽으로 열대우림, 사막, 초원, 온대낙엽수림, 타이가(taiga, 침엽수림), 툰드라(tundra), 빙하의 순으로 분포되어 있다(그림 44-5, 44-6).

기후를 기준으로 나눈 생물군계는 다음과 같다.

Ⅰ. 수목군계(lignosa, woody vegetation)
- A . 활엽수림(broad-leaved forest)
  - a . 상록활엽수림(evergreen broad-leaved forest)
    1. 열대다우림(tropical rain forest)
    2. 아열대다우림(subtropical rain forest)
    3. 조엽수림 (laurel or lucidophyll forest) ; 난대상록활엽수림(warm-temperate broad-leaved forest)
    4. 경엽수림(broad sclerophyll forest) ; 지중해형 삼림(mediterranean forest)
  - b. 낙엽활엽수림(deciduous broad-leaved forest)
    5. 우록수림(rain-green forest) ; 계절풍림(monsoon forest)
    6. 하록림(summer-green forest) ; 온대낙엽활엽수림(temperate deciduous broad leaved forest)
- B. 침엽수림(coniferous forest, needle-leaved forest)
  7. 온대상록침엽수림(temperate evergreen coniferous forest)
  8. 북방상록침엽수림(boreal evergreen coniferous forest)
  9. 낙엽침엽수림(deciduous coniferous forest)

Ⅱ. 초원군계(herbosa, grass land)
  10. 사바나(savannah) ; 열대초원
  11. 스텝(steppe) ; 온대초원

Ⅲ. 황원군계(deserta, waste)
  12. 사막(dry desert) ; 건조황원
  13. 툰드라(tundra) ; 한지황원(cold desert)
  14. 빙설황원(ice desert)

Ⅳ. 수계군계(waters)
  15. 육수군계(inland waters)
  16. 해양군계(marine formation)

열대다우림은 모든 달의 평균 기온이 20℃를 넘으며, 연간 강우량이 1,500~2,000mm를 넘는 지역, 즉 동남아시아, 뉴기니아, 중서아프리카, 중앙아메리카, 아마존유역 등에서 볼 수 있다. 이 지역에는 매우 여러 종류가 있어 **착생식물**(epiphyte), **착엽식물**, **덩굴식물** 등이 풍부하다. 나무높이는 50m 이상에 이르지만 뿌리를 얕게 내리고 있어서 밑둥뿌리는 판상이며, 수직으로 내민 **판근**(buttress root)을 찾아볼 수 있고, 건과(dry fruit)도 많다. 또한 낙엽낙지(litter)의 분해가 빠르며, 흰개미류가 많아서 분해를 돕는다. 맹그로브(mangrove)는 열대, 아열대의 해안이나 하구에 발달된 특수한 수림으로 **기근**(aerial root)의 발달 및 **태생종자**(viviparity seed)가 그 특징이다(그림 44-7).

조엽수림은 우리나라 남해안의 따뜻한 도서지역에 남아 있는 군락이며, 그 분포는 히말라야 남서쪽 산기슭으로부터 중국 남부, 일본의 남부지역 등을 거쳐 이어지면서 열대다우림, 아열대다우림의 북쪽으로 온도의 저하와 함께 출현된다.

경엽수림에는 지중해지방의 나한송(*Podocarpus*), 캘리포니아의 차파렐(chaparral), 오스트레일리아 남서지역의 *Eucalyptus*와 아프리카 남단 등에 분포되어 있는 상록활엽수림이 있다. 이들 지중해형 수림은 동우형 기후로서 여름에 건조하기 때문에 잎이 딱딱하고 건생 형태로 되어 있으며, 나무의 높이는 낮고 다소 소생한다.

하록림은 상록활엽수림보다 저온(특히 겨울철)인 지역에 발달되고, 우리나라는 남부 해안 도서를 제외한 대부분의 지역이 이에 해당되며, 일본은 동북지방에서부터 북해도, 중국의 동북부, 미국의 동북부, 중부 유럽 등에 널리 분포하며, 너도밤나무속(*Fagus*), 참나무속(*Quercus*) 등이 그 주된 수종이다. 그 북방에는 광대한 침엽수림이 북극권을 돌며 발달되어 있다. 상록의 가문비나무(*Picea*), 솔송나무(*Tsuga*), 전나무(*Abies*) 같은 속(genus)의 침엽수가 우점하고 있는 지역은 많지만, 시베리아 동부의 우량이 적고 겨울 추위가 심한 곳에서는 낙엽송속(*Larix*)이 주류를 이루는 **낙엽침엽수림**을 볼 수 있다.

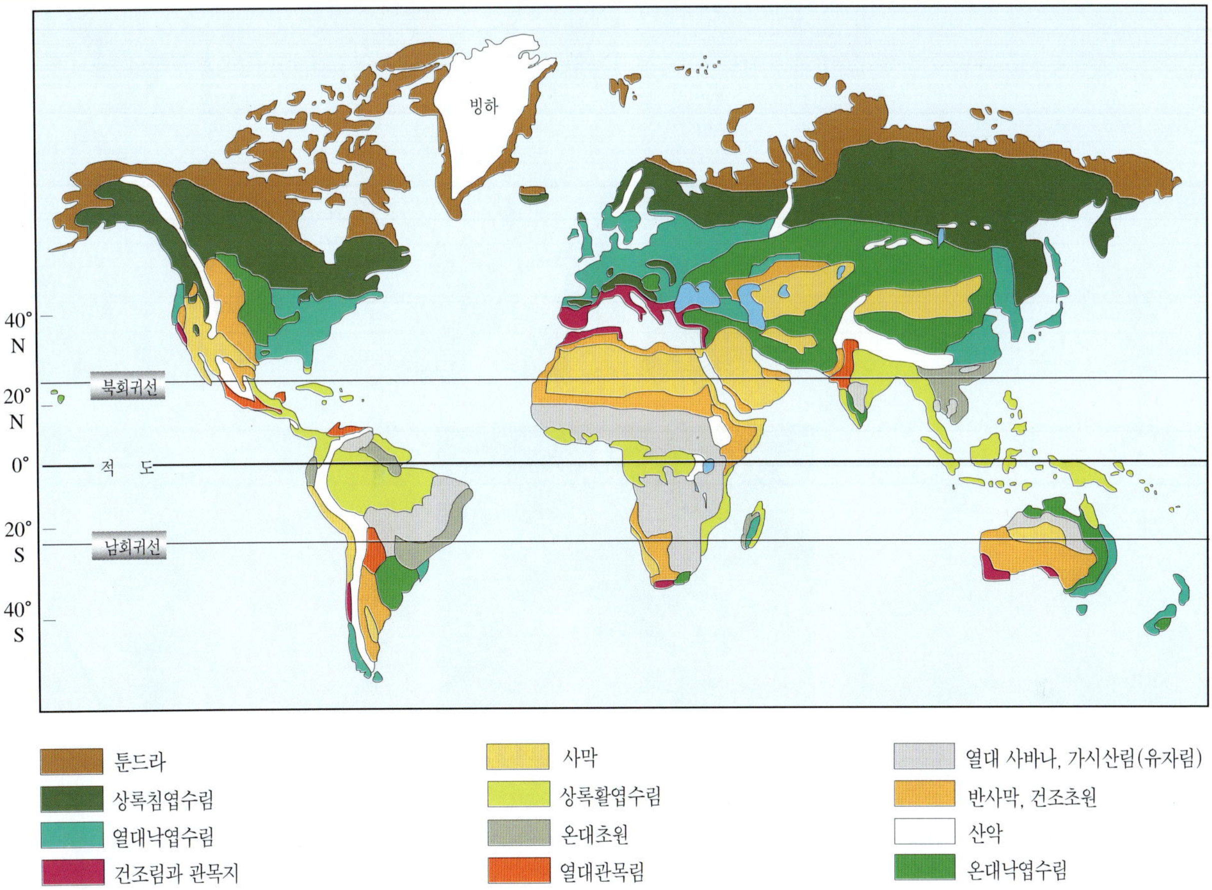

그림 44-5 세계 주요 생물군계의 분포

북방침엽수림의 더욱 북쪽에는 **툰드라지대**가 펼쳐진다. 여기에는 지의류(lichens), 선류(mosses)가 많으며 교목의 생육은 어렵다. 고산에서 볼 수 있는 것과 마찬가지로 삼림 군계와의 사이에 **삼림한계**나 **교목한계**(tree line)가 있다. 또한, 극에 가까운 남극대륙이나 그린란드의 **빙설황원**이 있다. **히스**(heath)는 침엽수림대의 해안 사지 등에 발달된 토양적 군락이다.

열대다우림으로부터 건조지를 향해 우계와 건계가 분명한 **계절풍림**이 있으며, 건계에서는 낙엽이 진다. 우량이 더욱 많아지면 가시가 많은 콩과식물 등의 **유자림**이 나타난다. 임상식물로서의 벼과식물이 우세해지면 공원경관을 지닌 초원상으로 보이며 사바나가 된다. **사바나**는 사막의 바깥 가장자리를 이루며, 아프리카, 남아메리카 등 열대디우림과 시막 사이에 펼쳐져 있다.

온대의 사막 바깥 가장자리에는 벼과식물이 우점하는 **초원**이 발달되어 있다. 중앙아시아의 흑토지대(black soil)에 널리 펼쳐지는 **스텝**, 미국 중부의 **프레리** 등이 그것이다. 일본, 유럽 등의 초원은 삼림기후의 영향 하에서 인위적인 것이 첨가되어 유지되고 있는 경우가 많다. 이들 지대는 농경지로서 이용되지만, 그것이 사막화를 추진하는 원인이 되기도 한다. 또한, 건조지역에서는 오랜 세월 동안 관개(irrigation)로 인하여 토양 표층에 염류가 축적되고, 따라서 농작물 수확량의 저하를 초래하는 것이 문제시되고 있기도 하다.

사막은 연 강수량 250mm 이하인 지역에서 볼 수 있다. 중앙부에는 암석이 노출된 나지나, 전혀 식물이 없는 사구지 등이 있으며, 바람에 의한 모래의 이동도 현저하다(그림 44-8). 그러나 많은 사막지대에는 소생의 초본이나 저목이 있어, 비가 오게 되면 발아 · 성장 · 개화 · 결실하는 **단명식물**(short-lived plant)을 볼 수 있다. 또한, 지하수가 깊은 곳으로 흐르고 있어 뿌리가 깊게 뻗어 있는 저목이 소생하는 경우도 있다. 낮 동안의 온도가 매우 높아지는 점도 악조건으로 작용한다. 오아시스에서는 식료로서 대추야자나무 등

그림 44-6 생물군계의 식물
(a) 고산툰드라 (b) 북방 상록침엽수림 (c) 경엽수림 (d) 아열대다우림 (e) 구름국화 (f)(g) 고산식물 (d) 온대낙엽수림

그림 44-7 열대다우림
(a) 나무고사리
(b) 판근
(c) *Ficus* 1그루에서 내려뻗은 뿌리
(d) 울폐림
(e) 홍수림의 태생
(f) 홍수림(mangrove)

(a)

(b)

(c)

(d)

(e)

(f)

그림 44-8 뉴질랜드의 사구식생

이 재배되고 있다. 각 식물군계에는 각각 다른 특유의 동물이 생육하여 생물군계를 형성하고 있으며, 열대다우림, 온대낙엽수림, 사바나에서는 대량의 동물군이 유지되고 있다. 또한, 사막에는 캥거루쥐와 같이 체내의 산화수를 이용하는 특수한 수분 생리를 가진 동물도 있다.

44.2.3 한국의 식물군계

한반도에 있어서 삼림식생의 분포와 기후조건과의 관계를 밝히기 위해서 **온량지수**(warmth index ; WI)와 **한랭지수**(cold index ; CI)에 의한 온도대(thermal zone)를 나타내 보면 그림 44-9와 같다.

조엽수림대는 남부 해안지대에서, 냉온대의 낙엽활엽수림대는 한반도의 동북부 산지에서 볼 수 있다. 우리나라는 온량지수가 85 이상이고, 한랭지수가 (−)10 이하의 소위 **난온대낙엽활엽수림**의 분포역이 광대한 면적을 유지하고 있다(그림 44-10, 44-11).

그러나 이러한 난온대낙엽활엽수림이나 조엽수림이 인간의 간섭, 즉 벌목, 개간 등으로 많은 교란을 받아 **대상식생**이 발달하였고, 현재는 삼림 보호 육성의 적극화로 식생의 재생 과정을 볼 수 있게 되었다.

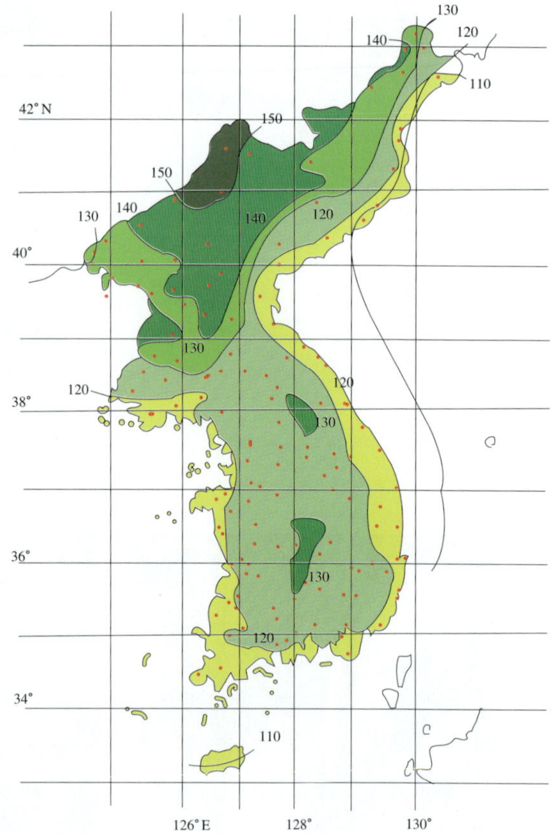

그림 44-9 한국의 온도대
지수의 분포를 WI(온량지수)와 CI(한랭지수)의 합으로 나타낸 것

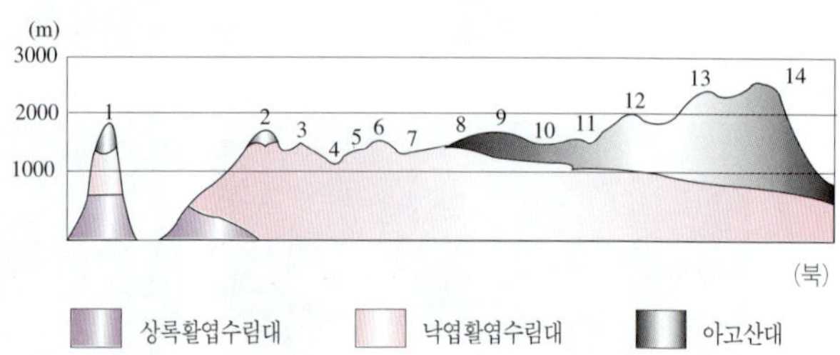

그림 44-10 한국의 수직선 삼림대
1. 한라산 2. 지리산 3. 덕유산 4. 계룡산 5. 속리산 6. 태백산 7. 용문산 8. 오대산 9. 설악산 10. 금강산 11. 묘향산 12. 비로봉 13. 두운봉 14. 관모봉

44.3 수계환경과 생물

지구 표면 $510 \times 10^6 km^2$의 70.8%는 해양이 차지하며, 그 평균 심도는 4,117m에 이른다(육지 평균 고도 875m). 생물의 분포에는 해류가 큰 영향을 미치고 있다. 일반적으로 한류해역쪽이 난류해역보다도 플랑크톤의 양이 많으며, 그것을 먹이로 하는 생물(물고기, 바다짐승, 바다새 등)의 양도 많다. 또한 **용승류해역**에는 영양염류가 많으며, 생물량도 많아 좋은 어장이 많다. 연안해역, 대륙붕, 심해 등에서는 각각 생물의 종류와 생활 양식이 다르다. 연안해역 또는 내해는 외양보다도 부영양적이며, 조류(algae)의 생육이 있고, 열대에는 산호초의 발달도 있어 어류의 산란, 저생동물, 치어 등의 해양생물 생육의 중심지가 된다.

수생생물이 서식하는 수계환경은 육상과 달라서 빛이나

(a)

(b)

(c)

그림 44-11 소나무 군락(a)　수목한계선(b)　소백산의 이차림(c)

온도보다 염분 농도가 더 중요한 환경 요인이 된다. 그래서 수생생태학은 육수와 해수로 나뉘어지고 용해염류는 수생생물에게 큰 영향을 미친다. 또 햇빛이 수중에 침투하기가 공기중에서 보다는 어려워서 많은 식물은 수면 위나 수면 가까이 떠올라서 광합성을 하는 편이 효율적이기 때문에 그렇게 적응되었고 영양염류도 수계환경에서는 생물 분포의 제한 요인이 된다.

수생생물은 **부유생물**(plankton), **유영생물**(nekton), 그리고 **저서생물**(benthos) 등이 있다. 부유생물에는 조류 등의 생산자인 식물성 플랑크톤(phytoplankton)과 이들을 먹고 사는 주로 동물의 유생들인 동물성 플랑크톤(zooplankton)이 있고, 유영생물에는 몸이 더 크고 헤엄을 잘 치는 어류, 물개, 고래 등이 속한다.

저서생물은 굴과 따개비처럼 바위에 부착생활을 하는 동물, 모래밭에 구멍을 뚫고 사는 개불, 불가사리, 그리고 바다가재, 해삼과 같이 천천히 운동하는 것들이다.

44.3.1 호소생태계

호(lake)란 내륙의 오목하게 파인 곳에 물이 고인 **정수괴**로서 대형의 수생식물은 호의 연안에 한정되어 있다.

소(pond)는 호보다 낮으며 **침수식물**(submerged plant)이 소의 중심부까지 생육한다.

소택(swamp, 늪)은 소보다 더 얕고 **추수식물**(emerged plant)이 일면에 자란다. 소택으로 번역되는 marsh는 물의 깊이가 1m 이하이며, 부들 등 추수식물이 뻘흙 속에 근경을 뻗고 자란다. 해안지역에는 **염성소택**(salt marsh)이 있어서 특유의 염성식물군락이 발달한다.

저위니탄습원(fen)은 물이 고여 있는 움푹 들어간 곳 또는 습윤하고 한랭한 지방에서 혐기성 조건과 저온으로 인하여 식물이 니탄으로 퇴적되는 경우, 수중에 칼슘(Ca) 함량이 풍부한 호수나 지하수에 생긴다. 그런데 영양염류량이 적은 물은 빈영양적인 **물이끼니탄습원**(bog)이 된다. Bog가 있는 지역은 식충식물이 분포하고 메탄가스가 지표 바로 밑에 묻혀 있다(그림 44-12).

호소는 물이 느리게 흐르거나 거의 정체되어 있고 물의 깊이가 각기 다르지만 햇빛이 바닥까지 들어가므로 많은 수생식물이 산다. 여러 가지 조류와 미생물들의 생장이 활발하다.

동물성 플랑크톤을 먹는 크고 작은 물고기와 수생곤충 등이 복잡한 먹이그물을 이루고 호소의 기슭에는 개구리, 도마뱀, 거미, 새 그리고 잠자리 등이 먹이를 찾아 돌아다닌다.

44.3.2 강과 하천

담수생태계에 사는 생물들은 물의 깊이와 물의 흐름에 의

(a)

(b)

그림 44-12 습원(a)과 식충식물(b)

하여 종류가 달라진다. 강, 하천, 계류 등 흐르는 물은 한 방향으로 이동한다. 상류는 바닥이 V자형이고 유속은 빠르며 침식작용과 운반작용이 크며(그림 44-13), 온도가 낮고 영양분이 빈약한 상태이며 물은 맑다. 그러나 하류는 상류와 반대로 바닥은 U자형이고 물은 느리게 흐르며, 침식작용과 운반작용이 약하므로 침식물이 퇴적하게 되어 하구에는 삼각주가 형성된다.

강과 하천의 주요 기능은 **자정작용**(self-purification)이다. 자정작용이란 물 속에 사는 미생물에 의하여 유기물이 분해되어 깨끗하게 되는 것을 말하는데 예컨대, 죽은 개구리가 여러 종류의 미생물들에 의하여 차례로 분해되어 버리는 것을 들 수 있다. 자정작용에 관여하는 생물에는 세균, 균, 원생생물, 조류그리고 저서생물이 있다.

44.3.3 해양환경

해양은 생태학적인 면에서 흥미로운 특징을 지니고 있다. 즉, 지구 표면의 3/4을 차지하며, 수량이 많고 수심이 깊으며 사는 생물의 종류가 다양하다. 모든 바다는 서로 연속되어 있고 바닷물은 항상 순환한다. 밀물, 썰물은 주기성이 있어서 생물의 행동에 큰 영향을 준다. 바닷물은 염분 농도가 35%이고 담수는 0.5%이다.

해양의 가장자리는 **조간대**(intertidal zone)를 이룬다. 조간대에는 모래밭, 바위 그리고 열대, 아열대 지방에서는 홍수림의 늪과 산호초 등이 있다. 홍수림은 탄닌산을 방출하여 바닷물을 붉게 물들이고 군락을 형성하고 있으며, 그 밑에는 다른 식물이 자라기 어렵다.

산호초는 해수 온도가 약 20℃ 이상 되는 곳에 발달하며 탄산칼슘으로 된 단단한 껍질로서, 배가 부딪치면 파손될 정도여서 해도에 표시되어 있다. 산호초는 환초, 보초, 거초로 구분된다.

그림 44-13 계류와 계곡식생

조간대에는 생산자나 소비자의 개체군의 수가 많고 종류도 다양하다. 이들의 대부분은 강한 파도와 공기중에 노출되어도 살아갈 수 있는 적응력을 가진다.

조간대에서 바다 안쪽으로 향하면서 수심이 얕은 곳을 **근해대**(neritic zone) 또는 **연해구**(neritic province)라고 한다. 이 곳은 대륙붕 지역으로 근해대는 지형의 경사가 가파른 사면이 되면 끝나고 여기부터는 **원양대**(oceanic zone) 또는 **대양구**(oceanic province)가 된다. 조간대는 수심이 깊지 않아서 태양광선이 땅바닥까지 비춰지고 따라서 많은 해조류가 분포한다. 또 플랑크톤이 풍부하여 어류의 먹이가 되고 있다. 규조 등 식물성 플랑크톤과 동물의 유생이 대부분인 동물성 플랑크톤이 많고, 지구 광합성량의 약 90%가 해양식물에 의하여 이루어지고 있다. 생산력이 가장 큰 곳은 하구와 암초이다.

원양대는 먼 대양을 말하며 **원양생물**(pelagic living things)이 산다. 대형동물인 고래로부터 수많은 미소 동식물까지 다양하다. 지구 운동과 바다 환경의 특성으로 밀도류, 보류, 용승류 등의 해류가 형성되고, 이에 따라 생물의 분포와 생육에 큰 영향을 준다. 빛이 약 1,000m까지 침투하나 이것은 너무 희미해서 생물이 살아가는 데는 도움을 주지 못한다. **심해동물**은 빛을 감지하는 수단으로 발광기관을 갖고 있거나 발광박테리아의 도움으로 빛을 내고 이러한 빛으로 먹이를 잡거나 다른 동물과의 신호전달에 사용한다.

제45장

개체군

개체군(population)이란 어느 지역 또는 일정 면적안에서 생활하고 있는 동일종의 개체들의 모임을 가리킨다. 인구나 집단이라고 번역하기도 한다. 개체군의 수는 여러 가지 환경 요인, 예컨대 기후, 온도, 먹이, 햇빛 등에 따라 증감된다. 그러나 이것은 진화적, 생리적 효과를 반영하고 있기 때문에 그 원인을 찾기는 쉽지 않다.

45.1 개체군의 특성과 생장

개체군은 개체와는 달리 여러 가지 집단 특성이 있다. 예컨대, 개체군의 크기, 즉 밀도(density)는 기본적인 특징이다. 밀도에 영향을 미치는 개체군의 매개변수는 출생률(natality), 사망률(mortality), 이입(immigration), 그리고 이출(emigration)이다. 아울러 연령 분포, 유전적 조성, 분포 유형 등도 개체군의 속성이다.

45.1.1 개체군의 특성

생물은 종(species)의 일원인 개체로서 생활하고 있다. 역사적인 하나의 통합체로서의 종은 자연계에서는 구체적으로 종개체군으로서 존재한다. 또한, 종은 밀집되어 있어서 분명히 개체군으로 인정할 수 있는 것으로부터 다른 생물군 사이에 산재하여 있는 것에 이르기까지 다양하다. 집합 · 분산의 방법은 종이나 성숙단계, 환경 등에 따라서 달라진다.

종(species)은 유사한 형태와 생활 양식을 가지며, 생식에 의해 같은 종의 자손을 이어갈 가능성을 가진 계통적인 근연 의 개체군이다. 하나의 종내에서도 각 개체는 각각 다른 면을 지니고 있으며, 종에는 지역적, 생태적으로 다른 모양에 의해 구별되는 개체군인 **생태형**(ecotype) 혹은 **유전자형**(genotype)이 있다. 한편, 같은 종에 속하는 개체는 상호 생식이 가능하다는 점에서 상호 치환할 수 있으므로 동일시되는 면도 있다. 이와 같이 종에는 변이성과 항상성의 양면이 있다.

어느 지역에 자연 그대로 생육하고 있는 식물의 집단을 **식물군락**(plant community) 또는 식물사회라 한다. 이는 대개의 경우, 여러 종의 식물로 구성되어 있다. 동물의 경우에는 한 지역 안에 여러 종의 개체군이 생활하고 있어 동물 군집을 형성하고 있다. 그러나 동물끼리보다는 식물과 관계를 맺고 있는 경우가 많고, 식물 군락 안에 여러 종의 동물 개체군을 포함시키고 있는 경우, 이를 **생물군집**(biotic community)이라 한다.

개체군의 특성을 요약하면 개체군은 일정한 구조와 구성을 가지고 시간에 따라 변화한다. 개체군은 태어나고 생장, 분화하며 노쇠하고 그리고 죽는다. 개체군은 유전적, 생태적 요인이 각기 독립작용하여 통합된 것이다. 개체군은 환경의 영향을 받고 환경을 변화시킨다.

45.1.2 개체군의 생장

동일 종에 속하는 개체 사이에는 세력 범위, 순위제(peak order), 생식 등 공통적인 종의 특성을 나타내는 관계가 많으며, 개체군으로서는 개체밀도와 관련되는 것이 두드러진다. 이른바, 밀도효과현상은 경쟁 또는 협동으로 나타난다. 개체밀도가 너무 낮으면 증가율이 낮고, 지나치게 높으면 과밀스트레스 등 여러 가지 원인으로 다음 대의 개체수가 감소될 때가 많으나, 대이동이 이루어지는 경우도 있다.

생물의 집단은 시간의 경과에 따라 개체수를 증가시킬 수 있는 가능성을 지닌다. 어느 순간의 개체수 증가(dN)는 어떤 제한이 없을 경우, 당시 개체수 N과 증가율 r(출생률, b－사망률, d)의 곱에 비례한다.

$$\frac{dN}{dt} = rN = (b-d)N$$

이 식은 개체수의 지수적 증가를 나타낸다. N_0를 최초의 개체수라 하면, 시간 t에서의 개체수 Nt는 다음과 같다.

$$Nt = N_0e^{rt}$$

이는 생물의 밀도가 낮은 초기 상태 또는 분포역이 자유롭게 확산될 수 있는 상태에서 성립된다. 그러나 실제로는 개체수가 무한히 지수적으로 증가할 수는 없으며, 환경조건에 따라 일정한 한계가 있게 된다. 이 한계에 이르렀을 때의 개체수를 K라 하고, 개체수의 증가 속도가 이 한계치와 함께 개체수와의 차이에도 비례한다고 하면,

$$\frac{dN}{dt} = rN\left(\frac{K-N}{K}\right)$$

이 되며, S자형의 로지스틱곡선에 의해 개체수의 증가를 나타내게 된다(그림 45-1).

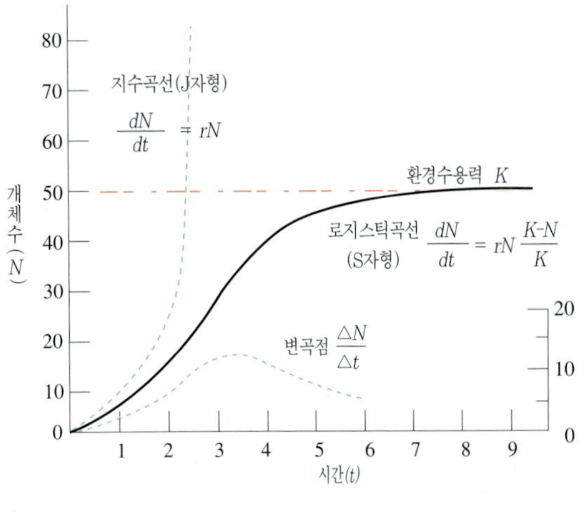

그림 45-1 개체수의 증가곡선
제한이 없으면 지수곡선적으로 증가하지만, 환경수용력 K가 일정하면 K와 N의 차의 비유에 대응하여 개체수가 증가하고, S자형 곡선을 나타낸다. 증가율은 변곡점인 곳에서 최대가 된다.

즉, 개체수의 증가는 처음에는 주로 r에 의해 결정되지만, 개체수가 증가하고 밀도가 높아지면 생물과 환경과의 관계, 즉 **환경수용력**(environmental carrying capacity)을 나타내는 K의 값에 의해 결정된다. 이는 이미 개체수가 그 환경수용력의 포화에 이른 상태이며, 개체수와 환경이 일단 평형상태에 있음을 나타낸다. 실제로는 많은 경우, 내외 원인에 의해 개체수의 변동이 일어난다.

S자형 생장곡선은 개체군이 서서히 성장하다가 갑자기 빠르게 증가한 후 환경 저항이 커짐에 따라 서서히 감속하여 거의 평형에 이르는 것이고, **J자형 생장곡선**은 지수함수적이어서 어느 순간에 복리로 빠르게 증가하다가 환경 저항의 영향을 받으면 생장이 급격히 정지하는 형이다.

이러한 생물 개체수의 문제, 즉 개체군의 동태를 다루는 학문을 **개체군생태학**(population ecology)이라 하며, 생태학의 큰 분야로서 옛부터 인구와 관련하여 **인구학**(demography)이라 불러왔다. 개체가 분명하고, 비교적 균일성이 강하다고 생각되는 곤충이나 동물에 대해서 개체군생태학이 발달되었는데, 최근에는 식물에 대한 연구도 볼 수 있으며, 식물개체수학의 연구가 많이 이루어지고 있다.

식물의 개체군에 있어서는 밀도에 따라 각 개체의 성장에 있어서 그 양상이 달라진다. 밀도가 낮은 개체군에서 출발했거나, 밀도가 높은 개체군에서 출발했더라도 성장이 진척되면 밀폐된 군락이 이루어진다. 이 경우, 동일종 안에서는 유사한 광합성계의 수직분포를 나타내고, 군락 전체의 광합성량도 대개 일정하게 되며, 군락 전체의 현존량 또는 생물량도 거의 일정해진다(그림 45-2). 바꾸어 말하면, 군락을 구성하고 있는 각 개체가 그 점유 면적에 따른 크기를 가진다는 것이다. 다만, 농림업에서는 재배밀도에 따라 품질 수량이 달라서 큰 문제가 된다. 즉, 몇 퍼센트의 증량이라도 경제적으로 큰 문제가 되는 것은, 각 개체의 크기에 따라 가격이 달라지기도 하기 때문이다.

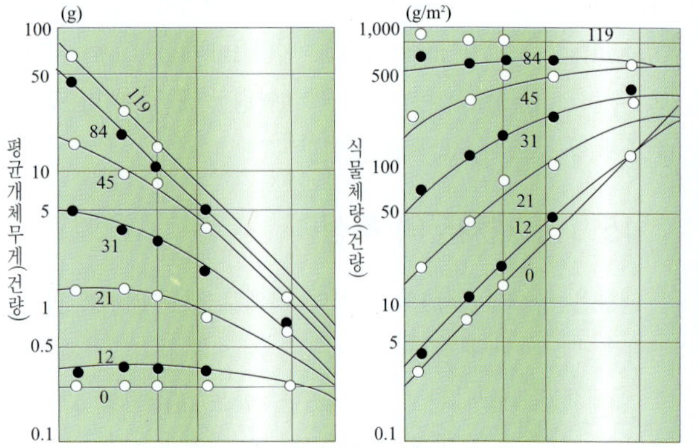

그림 45-2 식물(콩)의 재식밀도(ρ)와 평균 개체무게(w) 및 군락식물체중(수량, y)과의 관계
그림 가운데 숫자는 파종한 후의 일수를 나타내고, 그림 가운데의 곡선은

역수식
$$\frac{1}{W} = A\rho + B$$
$$\frac{1}{y} = \frac{B}{\rho} + A$$

을 나타내는 밀도 효과를 보여 주고 있다.

고밀도 식물개체군이라도 품질 선택이 이루어진 작물에서처럼 개체의 차이가 적을 경우에는 각 개체가 가늘고 길게 신장되어, 성장에 수반되는 개체군의 현저한 감소는 볼 수 없으

나, 때로는 군락 전체가 함께 쓰러져 버리는 경우도 있다. 이에 대해 이미 오래 전에 B. JENSEN(1932)이 논술했듯이, 자연의 식물종에서는 개체에 따른 차이가 있는데, 성장이 뒤떨어진 식물은, 성장이 빠르고 큰 개체의 그늘 때문에 광합성량이 상대적으로 적어지며, 호흡에 의한 소비량과의 차이가 적어져 성장이 더욱 늦어진다. 같은 종류, 같은 연령의 식물이라도 우세한 것과 열세한 것은 크기가 완전히 달라지며, 후자는 얼마 후 고사한다. 개체의 수는 시간과 더불어 감소되고, 종류와 환경과의 관계에서 일정한 개체밀도를 가진 밀폐군락이 된다. 이와 같은 현상을 **종내경쟁**(intraspecific competition)이라 한다.

개체군은 발육단계나 연령을 달리하는 개체들로 구성되어 있는 경우도 많다(그림 45-3). 각각의 개체수명은 개체군과 환경과의 관계에 의해 결정되므로, 연령 구성의 양상도 환경의 상태에 따라 달라진다. 이 관계는 사회 · 경제적인 여러 정책의 기초가 되기도 하므로, 사람의 경우가 가장 잘 연구되어 있다(그림 45-4).

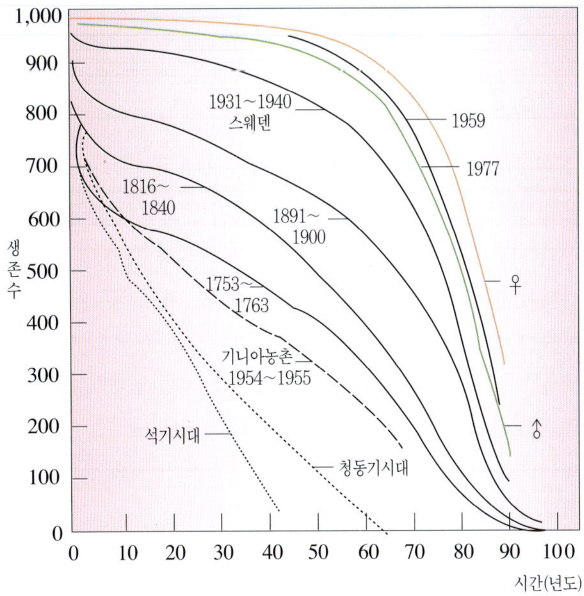

그림 45-3 생존 곡선(출생자 1,000명당의 생존자수)

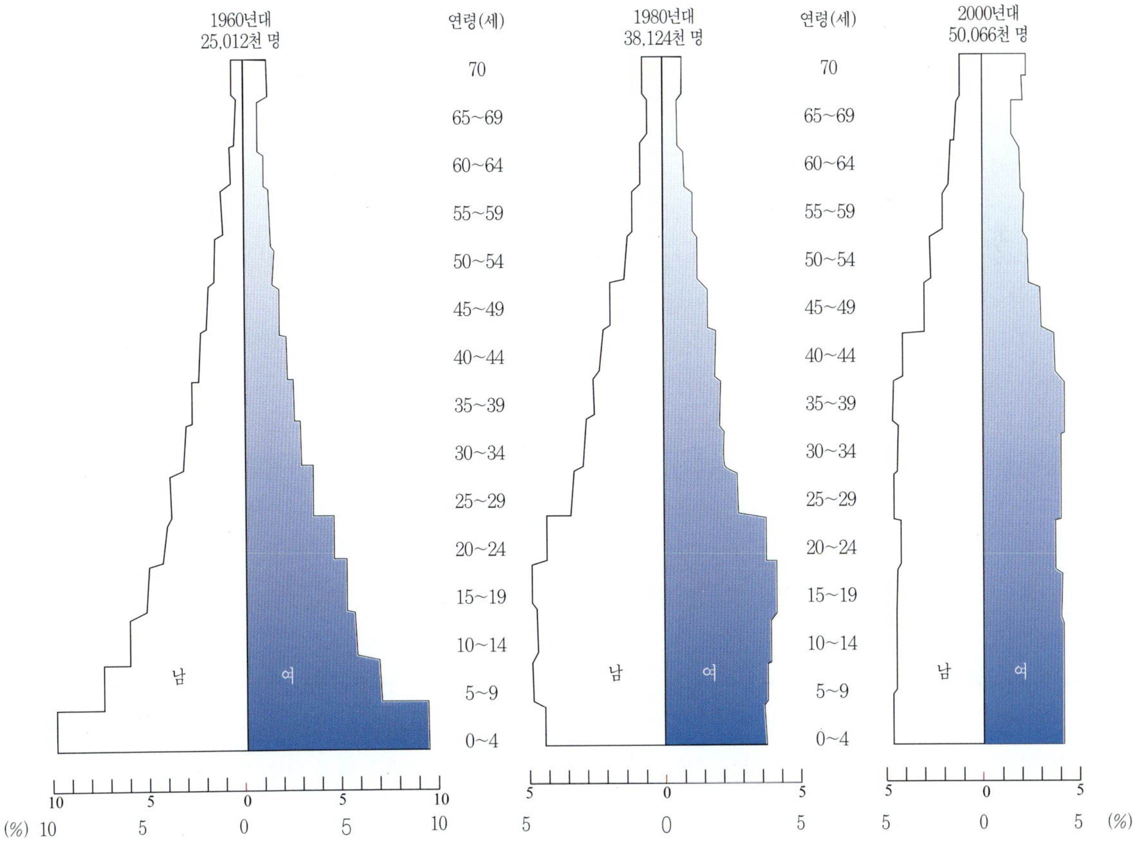

그림 45-4 우리나라의 성별 및 연령별 인구피라미드

45.2 생식전략

45.2.1 종간관계

일반적으로 몇 종의 생물이 동일한 생육지에 있을 때, 생물증식의 여지가 있는 초기의 환경에서는 로그형 곡선이 다산을 나타내며, r이 큰 종류가 생존에 유리하고, 선택은 r에 관해서 이루어진다(r−선택). 이에 비해, 이미 생물에 의해 채워져 있는 생육지에서는 그 생육지 조건을 가장 잘 이용할 수 있는, 즉 K가 큰 생물이 유리해지며, 그런 방향에서 선택이 이루어진다(K−선택). 실제의 생육지에는 다양한 미세환경(microenvironment)이 있으며, 거기에 따라 또한 다양한 생활 양식을 가진 많은 종이 공존하게 된다.

예컨대, 상수리나무−졸참나무 숲의 초본층에서는 개맥문동과 같은 음생식물(shade plant)을 볼 수 있는데, 이는 교목층인 졸참나무의 영향을 받음과 동시에 구실잣밤나무의 발아와 경쟁관계에 있다. 즉, 군락을 구성하는 식물의 종 사이에서 종내경쟁과 마찬가지로 빛에 대한 경쟁을 하게 되는 것이다. 그러나 종내경쟁에서 살아 남는 식물 개체는 같은 종이며, 종이라는 입장에서 본다면 어느 개체가 살아남든 마찬가지이다. **종간경쟁**(interspecific competition)에서 살아 남는 개체에 따라 군락 그 자체도 변화한다.

동물의 종간관계로서 가장 현저한 것은 먹이와 포식자(predator)의 관계일 것이다. 이 포식관계는 종에 따라 정해져 있는 것처럼 보여지기도 하지만, 대형 육식동물이라도 유생(larva)은 소형육식동물의 성체(adult)에 포식되는 경우가 많다. 또한, 같은 종 안에서 서로 잡아먹고, 먹힘도 생물사회의 유지라는 측면에서 고려되어야 한다. 식물과의 관계에서는 **초식동물**(herbivore)의 식성이 중요한 때가 많다. 방목지에서는 고사리나 산철쭉 등이 먹히지 않고 남아 초원 안에서 우점하게 된다. **과방목**을 하게 되면 억새가 사라지고 잔디초원이 성립되며, 더욱 방목을 하게 되면 나지가 된다.

생물 상호간에는 더욱 여러 가지 흥미있는 현상을 찾아볼 수 있다. 일반적으로 볼 때, 이종(異種) 사이에서도 오랜 시간이 걸려 상호 진화가 진행된다. 그 좋은 예로서 꽃과 곤충의 관계를 들 수 있는데, 일반적으로 생태계 또는 생물의 세계는 상호 진화의 결과로써 유지되어 왔다고 할 수 있다.

더욱 밀접한 관계로는 **상리공생**(mutualism)이 있다. 식물의 경우, 콩과식물과 뿌리혹박테리아, 오리나무와 방선균류(Actinomycetes), 균근과 지의류 등의 많은 예가 있다. 이러한 상리공생은 한쪽이 다른쪽에 완전히 의존하게 되므로 절대적인 관계가 된다. 그래서 **의무적 공생**(obligate symbiosis)이라고도 한다. 동물의 경우는 바다에서 흔히 볼 수 있는 예로, 집게는 말미잘이나 그 밖의 강장동물을 등에 붙이고 있는 경우가 있다. 이 경우에 강장동물은 집게를 위장시키고, 자세포(cnidoblast)로 집게의 해적동물을 방어함으로써 집게에게 이익을 준다. 그 대신 강장동물은 집게에 의해서 먹이가 풍부한 곳으로 옮겨지고, 집게가 먹고 남은 찌꺼기를 얻을 수 있으므로 이익을 얻는다. 그러나 이 경우는 두 동물이 떨어져서도 살 수 있으므로 그 관계는 상부상조의 경우와 같이 긴밀하지는 않다. 이런 상호관계를 **원시협동**(protocooperation)이라 한다. 공생(symbiosis)이라고 말하는 상호관계의 대부분은 이에 속한다.

하나의 개체군은 이익을 받지만 다른 개체군은 이해관계가 없는 단순한 상호관계를 **편리공생**(commensalism)이라 하는데, 실제로 여러 동물이 파놓은 굴, 버려진 조개껍데기, 해면 등은 다른 생물들의 은닉처가 되고, 숙주가 이용하지 않는 먹이를 구하는 것, 해삼과 숨이고기, 상어와 빨판상어, 조개와 숨이게, 해로동혈과 해로새우 등의 예를 들 수 있다. 이 밖에도 두 개체군 사이에 아무 이해관계가 성립되지 않는 **중립공생**(neutralism)도 있다.

45.2.2 먹이사슬

ELTON(1927)은 어느 기간 동안에 한 생육지에서 생물(동물) 상호관계 가운데 가장 중요한 것으로 먹이관계를 들었으며, 먹이와 포식자 상호의 종간관계를 계열적으로 늘어 놓음으로써 **먹이사슬**(food chain)을 명백히 했다(그림 45-5).

일반적으로 먹이가 되는 동물은 포식자에 비해 소형이며 개체수가 많다. 살아 있는 녹색식물로부터 시작하여 초식동물 그리고 육식동물로 이어지는 먹이사슬을 **섭식연쇄**(grazing food chain)라 하며, 이에 비해 낙엽이라든가 생물의 유체 등에서 시작되는 **부식연쇄**(detritus food chain)도 있다. 이 경우 미생물이나 소형의 토양동물은 유기물을 분해하여 녹색식물이 이용할 수 있는 무기영양염류로 바꾸어 준다. 소나무잎(60mm×1mm×0.5mm) 1개가 응애 종류에 의하여 3,000만 개의 입방체로 되고 이를 선충류가 0.0001mm^3 크기의 30억 입방체로 분해한다. 다시 세균과 곰팡이가 공격하여 더 작은 크기로 쪼갠다. 그래서 부식연쇄는 잔재물 먹이연쇄라고도 한다.

그림 45-5 삼림생태계의 먹이사슬과 먹이망
화살표는 에너지의 흐름을 표시하기도 한다.

사실 자연생태계의 대부분은 이 부식연쇄를 통하여 물질이 분해되고 순환된다. 한편, 기생생물에 의한 **기생연쇄**도 있다. 이 경우에 기생생물은 일반적으로 숙주보다 작다.

먹이사슬은 모식적으로는 분명하지만, 실제로는 동물의 대개가 잡식성이고 먹이의 존재량에 따라 식성이 변화되며, 포식자가 나이먹음(aging)에 따라 식성이 달라지는 등 단순한 계열의 먹이사슬은 거의 존재하지 않는다. 즉, **먹이망**(food web)이 성립된다.

45.3 개체군의 조절기구

개체군은 한없이 수가 증가하지 않는다. 환경 조건이 좋은 곳에서는 생물의 수가 늘어나지만 반대로 좋지 못한 서식처에서는 크게 증가하지 못하는 것이 보통이다. 그리고 개체군의 성장은 환경의 **포용능력**(carrying capacity)과 밀접한 관계가 있다(그림 45-1 참조). 즉, 개체군의 성장은 여러 요인들에 의하여 조절된다. 이는 밀도-의존적 조절과 밀도-비의존적 조절로 크게 구분할 수 있다.

45.3.1 밀도-의존적 조절

개체군의 밀도는 생물의 출생률과 사망률과의 관계에 따라 좌우된다. 출생률이 높고 사망률이 낮으면 개체군의 성장은 증가하고 출생률이 낮고 사망률이 높으면 감소하게 된다. 개체의 밀도가 높아지면 생물체 자체에 받는 압력이 커져서 결국 개체군 밀도는 낮아지게 된다. 밀도가 높아지면 개체간의 경쟁이 커지고 이러한 경우는 자원에 대한 **쟁탈경쟁**(scramble competition)과 **경기경쟁**(contest competition)도 일어나게 된다. 쟁탈경쟁이란 **자원경쟁**(resource competition)이라고 하며 부족한 자원을 서로 차지하려고 같은 종 또는 서로 다른 종끼리 다투는 것이고, 경기경쟁이란 **간섭경쟁**(interference competition)이라고도 하며 부족한 자원이 아니더라도 자원을 찾는 과정에서 서로 방해가 될 때 일어난다. 결과적으로 자원과 서식처의 부족은 밀도를 낮출 수밖에 없는 것이다.

밀도-의존적인 경우는 경쟁, 기생, 질병 등 생물적 요인에 의하여 개체군이 조절되며 일반적으로 밀도의 상한선에 접근할수록 커지고 결국 개체군의 밀도를 낮추는 결과를 가져온다. 이로 인하여 개체군은 항상성이 유지되는 것이다.

45.3.2 밀도-비의존적 조절

밀도가 증가해도 출생률과 사망률은 변치 않는 경우가 있다. 예측할 수 없을 만큼 불규칙한 외부 요인에 좌우되는 생태계의 개체군은 기후, 수류, 화학적 제한 요인, 오염 등 물리화학적 요인에 따라서 조절된다. 예를 들면, 혹심한 가뭄이나 태풍이 불고 물난리가 나면 많은 생물은 피해를 입고 죽는다. 이른 봄에 나온 새싹이 추위에 얼어 죽게 되면 개체군의 수는 조절된다. 이러한 물리화학적 특성을 가진 조절을 비생물적 개체군 조절이라고도 한다.

제46장

생물군집

생물군집(biotic community)이란 특정지역 또는 특정한 물리적 서식지에서 살고 있는 개체군의 집합체이다. 군집은 여러 종류의 생물들이 서로 연합하여 상호 작용하면서 살아가는 것이다. 그러므로 소나무 숲은 하나의 군집이다. 거기에는 진달래, 솔이끼, 그늘사초, 싸리 등이 어울러져 층을 이루고 살며 이들은 군집의 구성원이 된다(그림 46-1).

군집을 다루는 **군생태학**(synecology)의 주요 과제는 생물의 무리를 하나의 집합체로서 연구하는 것이다. 군집에는 생활형, 종다양성, 영양물질순환, 군집생체량 및 생산성 등의 속성이 있어서 다른 것과 구별된다.

46.1 군집의 구성과 동태

46.1.1 생물군집의 개념

생물군집은 생태계의 생물 부분이며 산에 있는 썩은 나무토막에 붙은 미생물상으로부터 넓은 바다에 사는 어류집단에 이르기까지 그 규모가 다양하다. 규모가 크고 잘 짜여져 있어서 다른 군집의 도움없이 오직 햇빛만 받으면 독립적으로 살아갈 수 있는 **대군집**(major community)과 이에 반해서 이웃하는 다른 군집의 도움을 받으면서 유지해 나가는 **소군집**(minor community)이 있다.

한편, 생물군집이 다른 군집과 서로 연결성이 유지되어 혼합되는 경우를 **개방군집**이라 한다. 예를 들면, 산에 있는 나무 숲은 여러 가지 식생 상태가 뒤섞여 있다. 이와는 대조적으로 다른 군집과 경계가 확실한 것을 **폐쇄군집**이라 하는데, 동굴생물군집이나 염분 농도로 인하여 경계가 이루어진 바닷가 숲이 그것이다.

개방군집내에서는 단위별로 서로 상이한 그룹이 함께 존재하면서 물질 생산, 저장, 에너지 유동이 긴밀하게 이루어진다. 그러나 폐쇄군집은 일단 외부와는 경계를 만들어 에너지 유동에 한정적이다. 그럼에도 불구하고 실제로는 이웃하고 있는 군집과 약간의 상호 작용은 이루어지고 있으므로 그런 측면에서 보면 완전한 폐쇄군집은 없다. 왜냐하면 물질의 농

(a)

(b)

그림 46-1 울산 목도의 상록수군집(a)과 호주의 식물군집(b)

도 등 물리화학적 요인에 따라 구배가 이루어지고 있어서 생물의 분포가 다양하게 이루어지기 때문이다.

46.1.2 생태적 우점도

군집내에 존재하는 생물의 종류는 다양하다. 이들을 구분하는 것은 생물분류학적 방법과는 크게 다르다. 군집내에서는 생산량이 많고 소비량이 많은 종류와 그렇지 못한 경우가 있다. 적어도 대군집에서는 비교적 소수의 종들이 그 서식처 내에서 군집을 생태적으로 지배하고 있는 경우가 있다. 이와 같이 생활 환경을 크게 변화시킬 만큼 에너지 흐름을 주도하는 종 또는 종의 집단을 **생태적 우점종**(ecological dominants)이라 한다. 그리고 우점의 정도는 **우점도 지수**(index of dominance)에 의하여 계산할 수 있다.

육상군집에서는 종자식물이 우점종이어서 영양분의 순환이나 에너지 흐름을 주도할 뿐만 아니라 많은 생물의 서식처가 되고 있다. 우리나라 야산에서는 흔히 소나무가 우점종이다.

46.1.3 생육형과 생활형

식물의 생활 양식을 유형으로 나타낸 것을 **생활형**(life form)이라 하며, 식물 군락의 내부형태에는 생활형(휴면형, dormancy form), 생육형(growth form) 그리고 번식형(migrule form) 등이 있다.

생활형은 식물이 기후에 의존한다는 내용을 바탕으로 한 구조적 특성인데, 예를 들면 Raunkiaer의 생활형이 있다. 이는 겨울눈의 위치를 기준으로 정한 것으로 **지상식물**(phanerophytes), **지표식물**(chamaephytes), **반지중식물**(hemicryptophytes), **지중식물**(geophytes) 그리고 **일년생식물**(therophytes)로 구분된다.

생육형은 잎의 모양, 줄기의 형태와 뿌리의 구조 등으로 분류하는데 Whittaker(1975)에 의하면 육상의 주요 식물 생육형은 수목, 열대성 덩굴식물, 관목, 착생식물, 초본, 엽상식물로 구분된다.

번식형은 미세한 환경조건의 반영을 살펴보기 위하여 종자, 과실의 산포, 지하부의 모양을 중심으로 구분한 것으로 바람이나 물에 의한 산포, 동물이나 인간에 의한 산포, 기계적 탄력에 의한 산포, 중력에 의한 산포, 영양 번식으로 인한 성장 산포를 들 수 있다.

46.1.4 군집과 경쟁

식탁에서 음식을 먹으려 하는데 파리 몇 마리가 날아온다. 사람은 손으로 파리를 쫓지만 도망간 파리는 다시 달려든다. 사람과 파리는 맞서 다투는 꼴로 이때는 경쟁자가 된다.

같은 종이나 다른 종끼리 한정된 자원을 놓고 같이 이용할 때 또는 부족한 자원은 아니지만 자원을 찾는 과정에서 서로 방해가 될 때 **경쟁**(competition)이 일어난다. 즉, 경쟁은 주로 먹이, 사는 장소, 햇빛, 물, 배우자 등을 서로 차지하려 할 때 발생된다. 종내경쟁은 먹이나 배우자 선택 또는 둥지 때문에 일어나는 경우가 많고 자기조절적인 경향이 있는 개체군들과 세력권 확보를 위해서 중요한 요소가 된다. 종간경쟁은 비슷한 생활 양식과 자원 요구를 가지는 서로 다른 종들 사이에서 잘 나타난다. 군집의 구성에는 종간경쟁이 더 직접적인 영향으로 작용한다.

G.F. Gause(1934)는 2종류의 짚신벌레로 다음과 같은 실험을 했다. 즉, *Paramecium caudatum*과 *P. aurelia*를 각기 다른 배양기에서 기르면 양쪽 다 S자형 곡선을 그리면서 잘 산다. 그러나 이 2종류를 같은 배양기내에서 혼합하여 배양하면 *P. aurelia*는 잘 자라지만 *P. caudatum*은 점점 수가 줄고 결국 배제당하고 말았다(그림 46-2).

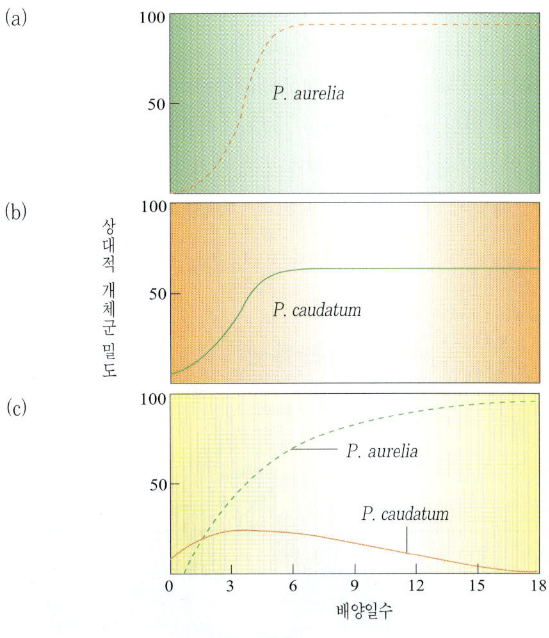

그림 46-2 짚신벌레 2종간의 경쟁
(a)(b) 단독 배양시, 짚신벌레 2종은 각기 S자형으로 생장한다.
(c) 혼합 배양시 짚신벌레 2종이 상호간의 경쟁에서 *P. aurelia*는 잘 생장하지만, *P. caudatum*은 배제당한다.

이와 같이 두 개체군 사이에 생태적 지위가 겹쳐서는 공존할 수 없다는 것을 **경쟁적 배제의 원리**(principle of competitive exclusion) 또는 Gause의 **원리**라고 한다. 그러나 생태적 지위를 달리하면 공존이 가능하다. 즉, **서식지 분리**에 의하여 살아가는 예도 있다. 부리의 길이가 서로 다르고 먹이 크기를 달리하여 함께 살아가는 새를 예로 들 수 있다. **생태적 지위**(ecological niche)란 자연 환경에서 생물이 차지하는 물리적 공간 또는 온도, 습도, pH, 토양 등 여러 가지 환경 구배에 있어서 그 생물의 위치, 다시 말하면 군집내에서의 생물체의 기능적, 영양단계적 위치를 의미한다. 예컨대, 풀, 곤충, 새의 먹이사슬에서 곤충의 생태적 지위는 1차소비자이다. 생태적 지위는 **기본지위**, 즉 어떤 종이 다른 종과의 경쟁에 의한 제약이 없을 때와 **실현지위**, 즉 생물적 제약에 의하여 점유되는 경우가 있다.

46.1.5 세력권과 군집

거북이나 새의 개체, 암수 1쌍 또는 가족 집단이 활동하는 범위를 **행동권**(home range)이라 하고 이와 같이 일정한 구역에 한정적으로 적극 방위되는 경우를 **세력권**(territory)이라 한다. 세력권은 일반적으로 자원, 둥지 등을 다른 개체 또는 개체군으로부터 방어하며 보호한다. 이를 위해서 종종 동물은 울음소리를 통한 과시, 오줌 또는 몸을 나무에 부벼서 냄새로 경계를 표시한다(그림 46-3).

수컷은 다른 외부 수컷의 끊임없는 도전의 위험을 느끼므로 항상 멋진 모습을 하거나 좋은 세력권을 가져야 한다. 세력권의 크기는 먹이와 관계가 있으며 방어에는 에너지가 따르기 때문에 그 유지가 중요하다. 너무 크면 지키기 어렵고 너무 작으면 자원이 부족하여 결국 불리해진다. 경쟁자의 계속되는 침입에 대비해야 하므로 개체는 우수한 형질이 이어져야 한다. 개체군의 개체끼리는 경쟁을 통하여 우위와 열위가 결정되고 대개는 우위를 차지한 개체가 유리한 조건의 소유자가 된다. 그러나 열위의 개체는 강자와의 싸움을 회피하여 생존의 기회를 높인다.

그림 46-3 동물의 사회적 행동
사회적 동물들은 사회적 우위에 연관된 메시지를 전달하기 위해 많은 신호들을 사용한다. 비비가 명백한 공격 표시로서 이빨을 드러내어 소리를 지르고 있다.

46.1.6 기생과 포식

강원도 일대에는 소나무가 솔잎혹파리의 **기생**으로 큰 패해를 입어서 많이 죽었다. 수간주사(樹幹注射)를 놓아 솔잎혹파리의 방제를 위해 노력했고 죽은 피해목은 벌채해 버렸다. 그런데 수십 년 전에도 전라도 지역에 똑같은 솔잎혹파리의 소나무 공격이 있었으나 오늘날 그 소나무는 잘 살고 있다. 1904년 유럽에서 미국으로 도입되었던 곰팡이가 밤나무를 멸절시켜 버렸던 예와는 대조적이다.

기생충은 숙주를 공격하여 영양분 또는 피를 빨아먹고 살아가므로 피해가 크다. 그런데 숙주를 죽게 하면 자신도 살아갈 수 없다. 기생자는 숙주보다 몸이 작다. 기생기간이 짧은 경우는 독성이 강한 물질을 숙주에게 남길 수 있다.

포식은 하나가 다른쪽을 먹이로 취하는 것으로서, 상대방의 생명을 빼앗는 점이 기생과는 다르다. 동물이 풀을 먹을 때 초식자라 한다. 포식은 자연계에서 대단히 중요한 경제적 이득을 가져온다. 예컨대, 해충을 먹어서 농작물이나 가축의 피해를 줄이고 질병도 예방한다. 그보다는 군집의 입장에서 보면 포식은 과다한 개체수를 감소시켜서 삶의 질을 향상시킨다는 점에서 의미가 크다. LOTKA, VOLTERRA(1925)에 의하면 조건이 좋은 환경에서는 먹이가 되는 생물 수가 증가하고 그에 따라 포식자의 수도 늘어난다. 그런데 피식당한 수는 포식자가 생식에 필요한, 즉 자손이 새로 태어나서 크는 데 필요한 시간 지연 동안에 다시 복구되고 그러면 포식자는 다시 수가 늘어난다. 따라서 피식자는 급격히 감소하고 포식자는 먹이 부족과 질병 등으로 개체군이 줄게 된다. 그래서 피식자의 개체수 증가로 다시 이어진다.

기생과 포식은 여러 개체에게 피해를 주고 죽게 하여 개체군의 생장률을 억제하므로 결국 전 개체군의 크기를 감소시킨다. 자연은 기생자가 효율적으로 영양분을 얻을 수 있고 숙주가 기생자에 대하여 효율적으로 저항할 수 있도록 진화해 왔으며, 포식과 기생은 피식자나 숙주를 완전 멸절시키지 않고 자기의 필요에 따라 먹이를 얻지만, 양쪽 모두 공존하면서 평형을 유지하는 **항상성**(homeostasis)이 작용하고 있다.

46.2 군집의 천이

46.2.1 군집의 천이

산골의 폐교된 조그만 초등학교 운동장에 5m×5m 크기의 **방형구**(quadrat)를 설치해 놓고 8월 1일 정오에 사진을 찍었다고 하자. 아마 키 작은 초본이 드물게 나 있을 것이다. 그 후 매년 같은 날 같은 시각에 사진을 찍는다. 100년간 되풀이하고, 그 사진들을 나열해 놓고 비교해 본다면 방형구내의 식물 **종조성**(floristic composition)은 세월이 흐름에 따라 변한 사실을 알게 된다.

어떤 원인으로 만들어진 나지에 식물이 이입되고 정착하면서 개체수를 증가시켰고, 다른 종의 식물이 침입하여 종수를 늘리면서 초원, 관목군락이 이루어졌다. 여기에 교목종자의 침입이 있어 삼림이 이루어지게 된다.

한편, 호수나 소택지에서는 호수 밑바닥이나 그 기슭에 있는 식물의 유체 등에 의해 육지화되고, 최종적으로는 삼림이 되었다. 이와 같이 어느 생육지에서 식물 종류의 시간적인 기울기에 의한 군락의 변천을 **천이**(succession)라 한다. F.E. CLEMENTS는 전자를 **건성천이계열**, 후자를 **습성천이계열**이라 하였다. 또한, 화산 주변 등 완전히 식물종이 결여된 상태로부터의 천이를 **1차 천이**라 하고, 산불이 난 곳이라든가 경작하다가 오랫동안 버려둔 밭이나 논 등과 같이 이미 존재하는 지하부 또는 매토종자로부터 출발되는 천이를 **2차 천이**라 하여 구별한다. 일반적으로 천이의 진행에 따라 식물체는 크고 수명이 긴 종류로 바뀌며, 또한 소생의 군락이 밀생의 군락으로 되어 간다. 이를 **진행적 천이**라 하며(그림 46-4), 이에 비해 방목지에서 볼 수 있듯이 키가 큰 억새군락에서 키가 작은 잔디군락 또는 과방목으로 나지화되어 가는 것을 **퇴행적 천이**라 한다.

같은 기후조건과 표고에서도 다양한 식물군락이 이루어진다. 즉, 기후가 같아도 습지, 사지 등의 토양조건이나 산지의 경사에 따라서 다르다.

식물군락은 직접, 간접으로 인간의 간섭을 받고 있다. 간섭을 전혀 받지 않은 식생을 **원식생**(original vegetation)이라 하는데, 실제로 원식생은 존재하기 어렵다. 왜냐하면 원식생은 인위적인 영향이 미치기 직전에 존재한 식생이기 때문에, 지금은 이러한 것들을 볼 수 없다. 현재 직접 볼 수 있고 조사의 대상이 되는 식생을 **현존식생**(actual vegetation)이라고 한다. 그 가운데에는 원식생의 종류, 조성, 형태, 구조를 잘 남긴 것도 있고, 그렇지 않은 것도 있다. 이러한 정도에 따라서, 현존식생을 크게 **자연식생**(natural vegetation)과 **대상식생**(substitute vegetation)으로 나눈다. 자연식생이라 함은 현재의 자연조건〔기후적, 지형적, 토양적, 생물적(사람은 제외) 조건〕 하에서 성립이 허용되는 식생으로 인위적으로 그 기본적인 조성, 구조, 형태가 변화되지 않은 것이

그림 46-4 천이계열

다. 대상식생은 인위적 작용에 의해 자연군락에서 바뀌어진, 즉 인위에 의해서 성립되고 유리되는 식생인 식재림이다.

군락의 지상부에서 매년 또는 몇 년에 1번씩 떡갈나무를 벌채하면, 이 인위로 인해 떡갈나무 숲은 성립되지 못하고 억새군락 같은 것으로 변한다. 즉, 정규적인 벌채나 산불 등은 자연식생을 바꾸어 놓아 억새군락의 성립과 유지를 가능케 한다. 이러한 인위 하에서 떡갈나무 숲은 억새군락으로 유도되고, 그 인위가 계속되는 한 억새군락은 유지된다. 이 경우 억새군락을 성립, 유지시키는 인위(매년 1회 지상부 제거)는 떡갈나무 숲의 그것(수십 년에 1회 제거)보다 강하여, 억새군락은 떡갈나무 숲보다 **대상도**가 저위인 군락이라고 볼 수 있다.

다시 군락의 지상부가 1년에 몇 회 또는 연속적으로 제거되는 경우(채초 또는 가축의 방목 등)보다 저위인 대상도의 군락, 즉, 잔디군락이 생기게 된다. 잔디의 생장점은 생육기간을 통하여 거의 지표 가까이에 있어, 풀베기나 가축에 의해서 뜯어 먹히더라도, 생장점의 손상이 적다. 이 점이 억새와 크게 다른점이다. 따라서 연속적으로 지상부를 제거해도 곧 잎을 재생할 수 있기 때문에, 억새군락보다도 대상도가 저위인 군락이 우점할 수가 있다(그림 46-5). 질경이군락, 경지잡초군락, 논잡초군락은 **대상군락**(substitutional community)으로서, 각각 연속적인 밟기, 경작, 관수, 제초, 시비라는 인위 하에서만 성립되고 유지된다. 하원의 갈대군락, 달뿌리풀군락, 염성습지의 갯질경군락, 사구토양의 좀보리사초군락, 순비기나무군락은 자연군락의 예이고, 논뚝이나 농로의 잡초군락, 잣나무식림지의 군락은 대상군락의 예이다.

천이에 따라 토양은 발달한다. 즉, 식물(및 동물)에 의한 낙엽낙지(litter)가 점차 지표에 증가, 퇴적되고, 그것이 분해되어 만들어진 부식, 그리고 부식의 분해에 의해 유리되는 암모니아염이라든가, 인산염 등의 영양염류가 토양 표층에 증가하게 되는 것이다. 토양의 발달은 식물군락이 안정되는 것보다도 더욱 긴 세월이 걸린다. 이 점에 있어서 2차 천이는 이미 만들어진 토양으로 출발하기 때문에 진행이 빠르다. 이에 비해 삼림의 벌채라든지, 개발 또는 삼림 안에 도로를 만드는 경우 등은 토양의 표층을 파괴하기 때문에 1차 천이를 거치게 되므로 생태계의 회복은 긴 세월이 필요한 경우가 많다. 토양동물도 토양의 발달에 따라 천이가 이루어진다.

2차 천이에서는 흙에 묻혀 있는 종자의 발아가 중요하며, 매토종자는 면적 $1m^2$, 깊이 1cm인 흙에서 4만에 가까운 수를 찾아볼 수 있다. 이들 종자는 발아조건으로 빛을 필요로 하는 명아주(명아주과식물) 등의 **광발아종자**가 있고, 위쪽의 식생이 벌채되거나 낙엽낙지가 제거되어 발아하는 것도 있다. 또한, 겨울철의 저온에 의해 춘화되는 종자도 있다. 천이의 요인에는 어린 나무의 성장 속도, 종자 크기, 내음성 등이 있다.

수계의 천이는 육상식물의 천이와 다른점이 많다. 우선 개방된 수면에는 식물성 플랑크톤이 있고, 그것을 먹이로 하는 동물성 플랑크톤, 동물성 플랑크톤을 포식하는 어류 등의 먹이사슬이 있게 된다. 호안에서는 **침수식물**, **부수식물**, **부엽식물**, **추수식물** 등의 **수생식물**이나 **습생식물**이 밀생한다. 이들 식물의 고사로 인한 유기물의 증가에 따라 저서동물이 많아진다. 수생동물이나 저서동물에는 육생동물의 유충도 많으

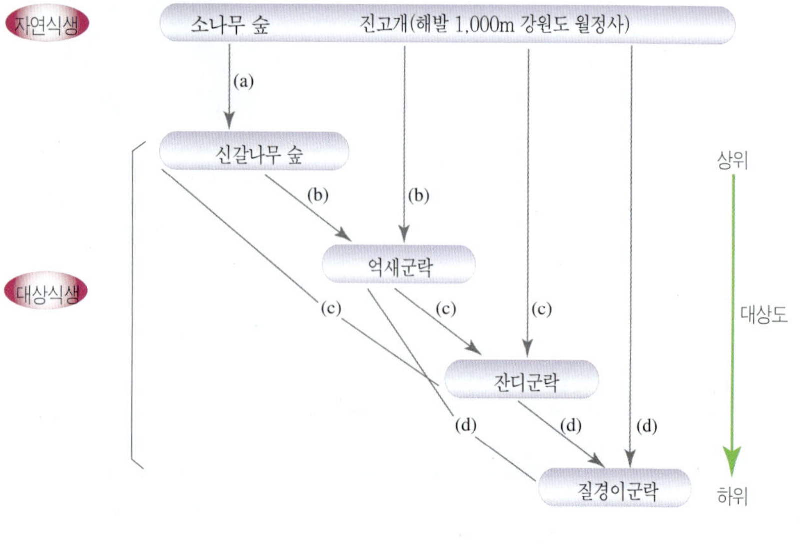

그림 46-5 강원도 진고개(해발 1,000m) 소나무 숲 지역에 있어 자연식생과 대상식생의 관계를 나타낸 모식도
(a) 수십 년에 1회의 벌채
(b) 1년~수 년에 1회의 채초 또는 불놓기
(c) 1년에 몇 회 채초 또는 연속적인 가축 방목
(d) 연속적으로 강한 밟기

며, 물새의 역할과 함께 상당한 유기물이 물에서 육지로 운반되는 셈이 된다. 논은 인위적인 **수계생태계**이며, 경작을 하지 않는 논에는 2차 천이로 갈대의 침입을 찾아볼 수 있다.

호수는 전반적으로, 생성된 초기에는 **빈영양**이지만 오랜 기간이 경과하는 동안 영양염류가 축적되어 **중영양**, **부영양**으로 바뀐다. 부영양화에 수반되어 플랑크톤의 양이 증가되면 물의 투명도(지름 25cm의 흰색 투명도판을 물에 넣어, 그것이 보이지 않게 될 때까지의 물의 깊이)가 낮아진다. 투명도의 2배 깊이에서는 수면에서 밝기의 1%로 되고, 이 깊이까지가 식물 생산이 이루어지는 **유광층**이다. 봄과 가을은 물의 위아래층이 뒤섞이는 순환기이며, 여름에는 성층기로 고온인 표수층, 저온인 심수층, 그 사이에 수온이 급격하게 변하는 **수온약층**(thermocline) 등을 찾아볼 수 있다. 오랜 기간 동안 주위의 삼림, 농지, 도시, 공장 등으로부터 질소, 인 또는 유기물이 유입되면 부영양화가 진척된다. 일단 하수처리를 해도 이들 염류는 대개가 남게 된다. 토사의 유입 또는 생물 유체의 침적 때문에 호수가 얕아진다. 부영양화로 인해 어류의 생산도 종류의 변화는 있지만 생물량으로서는 증가된다. 부영양화가 극단적으로 진척되면 미세조류가 대량으로 발생하여 **적조현상**(red tide)을 보이는 수가 많다. 이 경우에는 투명도가 극단적으로 낮아지고 아래쪽의 플랑크톤 등이 사멸하는 등 생태계 전체가 종속영양적으로 되며, 수중의 산소량이 저하된다.

호소는 주변으로 가면서 점차 얕아져 습원이 된다. 여기에 버드나무류나 오리나무류가 침입함으로써 **소택림**으로부터 양수인 삼림으로 바뀌며, 앞에서 설명한 건성계열과 유사한 과정을 거쳐 그 토지에 안정된 삼림이 조성된다.

천이의 양상을 관찰하기 위해 동일 장소에 일정한 면적을 구분하고, 식물 변천을 계속해서 살펴보는 경우, 즉 **영구방형구**(永久方形區)를 설정하는 수가 있다. 그러나 대부분의 1차 천이는 1,000년 이상이 걸리므로 직접 관찰할 수 없다. 군락도 평행적으로 관찰하고 그것을 계열적으로 종합하여 천이를 추측하는 방법이 있다. 또한 꽃가루 분석에 의해 이탄이나 습원, 호저 등 성층 중에서 발견되는 꽃가루 등 식물 유체의 종류를 조사하여, 당시 그 주변의 식생을 파악할 수 있다. 천이의 연대 결정에는 방사성탄소(^{14}C)법이 이용된다.

46.2.2 극상

건성천이든 습성천이든, 천이가 진행됨에 따라 식물군락은 그 토지와 기후에 적합한 군락으로 변해 간다.

우리나라의 경우 남쪽에서부터 북쪽으로 위도가 높아짐에 따라 **난대상록활엽수림**(조엽수림, 구실잣밤나무 숲, 후박나무 숲), **온대낙엽활엽수림**(서어나무 숲, 졸참나무 숲, 떡갈나무 숲), **아한대침엽수림**(가문비나무 숲, 분비나무 숲) 등으로 구분된다. 이들 삼림의 주요 구성종은 어리고 **내음성**이 강한 음수이며, 장기간에 걸쳐 삼림의 수종에 변화가 없다. 즉, 군락 전체는 안정되어 환경과 동적 평형을 유지하며, 다소 폐쇄계적인 성질을 나타낸다. 이러한 군락의 안정상태를 **극상**(climax)이라 한다.

음수인 가문비나무나 분비나무의 극상림은 영속적인 것으로 생각되지만, 북방 한랭지역에서는 이들 침엽수의 낙엽은 분해가 늦고 부식질이 퇴적되어 산성이 된다. 여기에 물이끼(*Sphagnum*)가 침입하면, 점차 산성이 강해져 토양 습도가 높아지고 수목의 생육에 불리해지며, 삼림의 수목이 썩어 물이끼가 우점하는 **고층습원**(high-moor)이 된다. 습성천이계열에서도 습지에 물이끼가 침입하면, 중앙부가 높게 두드러진 빈영양적인 고층습원이 성립된다. 이들 습원은 건조하면 오리나무 등이 침입하여 삼림으로 천이하는 수가 있지만, 장기간 변화하지 않고 계속되므로 일종의 토양적 극상이라 볼 수 있을 것이다. 천이는 식물과 환경과의 상호 작용에 의해 진행되므로, 기후의 변화가 없더라도 식물에 의한 환경 변화에 의해 식물군락이 변화한다. 한라산 1,500m 고지의 구상나무 숲에는 대개 전형적인 **양수**인 자작나무가 혼생하고 있다. 부식의 성질로 미루어 삼림쪽이 영속적이다. 이러한 혼합림의 성립은 군락 안에서의 모자이크상 식물의 교대에 그 원인이 있다. 군락 안은 얼핏 보기에 한결같은 환경인 것 같지만 사실은 다양한 **미환경**이 복합되어 있으며, 국지적인 토양-식생계가 성립될 수 있다. 극상림 안의 넘어진 나무 위에서 다수의 실생(實生)을 찾아볼 수 있다. 또한 초지와 삼림이 모자이크상으로 되면, 동물의 종류가 많아지는 것으로 알려져 있다.

제주도의 초원(반자연초원)은 소련의 **스텝**(steppe)이나 북아메리카의 **프레리**(prairie) 등 과우지역에 나타나는 벼과식물의 초원과는 달리, 인위를 가하지 않고 그대로 장기간 방치하면 삼림으로 바뀐다. 이로 미루어 극상군락은 아니지만 실제로는 오랜 세월 계속되어 온 군락이다. 이것을 유지하는 데 필요한 조건으로서는 채초(採草), 산불놓기 또는 들불놓기가 있다. 이러한 극상에 도달하기 이전에 일단 오랜 기간 안정되어 있는 군락을 **아극상**(subclimax)이라 하며, 제주도 초원처럼 인위적인 경우에는 **방해극상**(disclimax)이라 한다

(그림 46-6).

이와 반대로 건조지역의 사막이나 물이 있는 곳에서 오아시스(oasis, 사막의 섬)로서 수림이 성립되는 때도 있다. 이는 **후극상**(postclimax)에 해당된다.

초원의 아극상은 초원내의 광조건과도 관계가 있다. 무성한 밀생의 갈대, 물억새, 억새 등의 초원은 삼림 이상으로 빛을 차단하는 수도 있는데, 이것은 수목의 발아에 대한 성장을 억제하고 삼림의 성립에 불리하게 작용하여 초원을 존속하게 한다. 한편, 초원의 군데군데에 소생인 밝은 부분이 있으면, 다수의 종자를 산포하는 소나무 또는 자작나무 등의 실생이 자랄 수 있다. 어느 정도 노령림이 되면 상층목의 성장은 멈추게 되고, 또한 도목도 많아져 다음 대의 수목은 광조건이 유리해지며, 성장이 왕성하게 되고 삼림의 유지 또는 천이가 이루어진다.

이상과 같이 중심에 식물군락이 있는 생태계의 발달은 독립영양적 천이이지만, 이에 비해 처리되지 않은 하수와 같이 유기오염이 심한 장소에는 종속영양적 천이가 있다. 이 경우에도 차츰 분해가 진행되고, 조류(algae)가 침입하여 독립영양적 유기물 생산이 이루어지면서 생태계의 호흡과 총생산의 비가 1에 가까워진다. 독립영양생태계도 유지하는 데 필요한 호흡량이 증가하여, 마찬가지로 그 비가 1에 가까워진다.

E.P. ODUM(1971)에 따르면, 극상에 가까운 성숙된 생태계와 젊고 발달중인 생태계를 다음과 같이 비교할 수 있다. **성숙생태계**에서는 총생산/군집호흡(P/R비)은 1에 가깝지만 발달단계인 것은 1보다 크거나(독립영양생태계) 작다(종속영양생태계). 총생산/현존생물체량(P/B비) 또는 순군집생산은 발달단계에서는 높고 성숙단계에서는 낮다. 먹이사슬은 발달단계에서는 직선적이며 주로 **식식연쇄**이지만, 성숙됨에 따라 망목상(그물눈 모양)이 되어 주로 **부식연쇄**가 된다. 생태계는 성숙단계에서는 전체 유기물량이 많으며, 영양염류가 생물체 안에 많이 축적되고 구성종도 다양하며, 군집구조가 조직된다. 즉, 다양성이 증가된다. 이는 각 구성종의 생활사와 생태적 지위의 다양성, 그리고 특수화를 초래한다. 또한, 생물체는 커지고 생존 사이클(cycle)이 길어지며 복잡해진다. 성숙단계는 다소나마 폐쇄적이 되고, 영양염류의 순환도 폐쇄적이며, 생물체와 환경과의 교환 속도가 느려진다.

그림 46-6 제주도 한라산의 반자연 초원

선택압(selection pressure)에 있어서는, 발달단계인 생태계에서는 급격한 군집 성장에 유리한 r－선택이며, 성숙생태계에서는 마이너스 피드백이 유효한 K－선택이 주가 된다. 또한, 성숙단계는 전반적으로 안정성이 높고 공생관계가 발달되어 있으며, 영양물의 보존, 외부에 대한 저항성이 크다. 또한 이 생태계에서는 정보량이 크고, 엔트로피(entropy)는 낮아지고 있다.

위에서 설명한 바와 같이 생태계는 성숙됨에 따라 생물량이 증대되고, 그 유지를 위해 필요한 호흡량이 커져 총생산 중 수확이 차지하는 양이 적어진다. 최대의 수확량을 목표로 하는 농림업에서는 인위적으로 생태계의 발달을 도중 상태에서 멈추게 하는 것이다.

46.3 군집의 다양성

생물군집들은 각기 다른 종수를 가진다. 그것은 서식지가 다르기 때문이다. 어떤 곳은 종수가 많고 개체수도 풍부하다. 예컨대, 열대지방은 온대나 한대지방보다 종의 다양성이 높다. 군집의 **종다양성**(species diversity)에 관계되는 중요한 4가지 원리가 있다.

첫째, 서식지가 복잡한 곳은 종의 수가 풍부하다. 즉, 풀밭보다 나무 숲의 **층상구조**가 발달되고 복잡하기 때문에 더 많은 생물이 산다.

둘째, 크기가 더 큰 서식지는 작은 곳보다 더 많은 종이 서식한다. 넓은 지역은 여러 가지 서로 다른 환경 요인이 혼합하여 존재하므로 작고 단순한 곳보다 종 다양성이 높다. 섬의 크기가 10배 더 크면 작은 섬보다 2배의 종류수가 분포한다고 한다.

셋째, 대륙에서 멀리 떨어진 섬은 가까운 곳보다 사는 종수가 적다. 또, 먼 곳일수록 절멸될 가망성도 높아진다.

넷째, 저위도지방은 고위도지방보다 더 많은 종이 산다.

적도 근방은 온도와 습도가 높고 겨울이 없기 때문이다. 개체수와 종수의 관계는 일반적으로 개체수가 극히 많은 우점종이 적고 개체수가 적은 희소종이 많은 모양으로 군집은 구성되어 있다(그림 46-7). 그러나 오염이 심하거나 환경이 열악해지면 위의 차이는 점점 적어지는 경향을 보인다

종 다양성은 2가지 개념으로 비교할 수 있다.

첫째는 **종의 풍부도**(species richness)라 하여 군집내 어떤 지역에서의 단순한 종의 개체수만을 의미한다. 이것은 종의 풍부도 지수 d로서 총종수 S와 총개체수(또는 중요도의 값) N의 단순한 비로 나타낼 수 있다.

즉, $d_1 = \dfrac{S_{-1}}{\log N}$, $d_2 = \dfrac{S}{N}$, $d_3 =$ 1,000개체당 S

둘째는 **균등도**(evenness)인데, 이는 우점종의 정도와 종의 상대적 수도(abundance)에 근거하며, 균등성지수로서

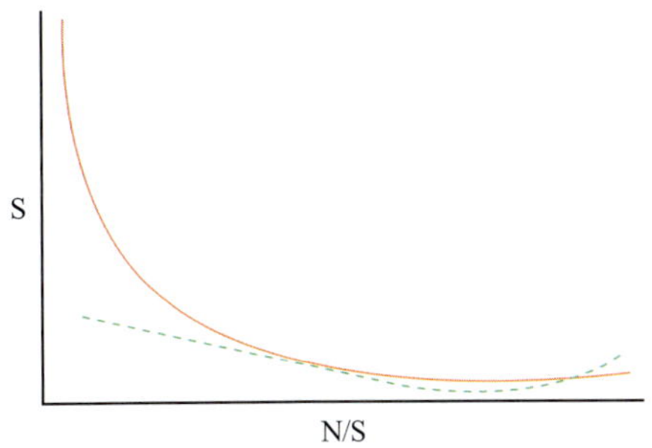

그림 46-7 종수(S)와 종당 개체수(N)와의 일반적 관계
개체수가 극히 다수인 우점종은 적고 개체수가 소수인 희소종이 많다. 오염 등 외부 압력이 가해지면 점선처럼 평탄화된다(E.P. ODUM, 1971).

계산한다.

예컨대, 100개체가 10개씩 존재할 때 10, 10, ……, 10으로 10번 배분되는 경우와 91, 1, 1, ……, 1로 나누어 있다면 전자는 완전균등이고 후자는 최소균등이다.

2종류의 다양도가 중요하다. 첫째는 **유형다양도**(pattern diversity)로서 **대상구조**(zonation), **층위형성**(stratification), **주기성**(periodicity), **집괴성**(patchiness), 먹이망 및 개체군과 미소서식장소의 기타 조합에 의해 나타난 결과이다. 둘째는 **유전적 다양도**(genetic diversity)로서 자연개체군의 적응에 필요한 유전적 **이형성**(heterozygosity), **다형질성**(polymorphism)과 유전적인 변이성을 나타낸다.

R.H. WHITTAKER(1960)는 하나의 서식처 또는 군집유형 내의 다양성은 (1) 서식처나 군집내에서 나타나는 **α 다양도** (2) 서식처 사이에서 나타나는 **β 다양도** (3) 넓은 지역, 생물군계(biome), 대륙 및 도서 등에서 나타나는 **γ 다양도**로 분류하였다.

한편, 2가지 이상의 이질적 군집인 삼림과 초원, 해양과 육상군집 사이에서 볼 수 있는 이행부를 추이대(ecotone)라고 한다. 추이대의 군집은 겹친 군집 각각에 서식하는 생물종이 모두 존재하며, 또 추이대에 특징적이거나 그 곳에서만 사는 고유종이 포함 분포한다. 때로는 종수나 일부 종의 개체군 밀도가 다 같이 인접한 군집보다 추이대에서 높은 경우가 있는데 이것을 주변효과(edge effect)라고 한다. 예컨대, 묵밭 군집과 그 곳에 연결되는 산의 식물군집 사이에 있는 추이대에서 볼 수 있다. 그래서 추이대에는 천적(天敵)도 비교적 많이 살고 있다.

제47장

생태계

동물이 식물에 의존하고 있는 것과 마찬가지로 식물은 그 환경과 깊은 관계를 가진다. 즉, 개념이 생물군집으로부터 **생태계**(ecosystem)로 확장되는 것이다. 이 용어는 1935년 영국의 A.G. TANSLEY에 의해 제창되었으며, 1942년 미국의 R.L. LINDEMAN이 작은 호수에서 영양단계를 연구한 것으로부터 널리 보급되었다.

생태계는 하나의 작업상 단위로 간주할 수 있으며, 여러 가지 크기가 있다. 그 단위는 어항에서부터 하나의 연못, 초원, 삼림, 집수역 등 다양하다. 이것들에 의해 **모델생태계, 호소생태계, 초원생태계, 삼림생태계, 유역생태계, 사막생태계, 해양생태계, 농지생태계, 도시생태계** 등을 이룬다. 각각의 생태계는 다소의 항상성과 폐쇄성을 지니고 있다. 그러나 자연생태계도 그 원동력은 태양광선에 의한 유기물 생산에 의존하고 있으므로 완전한 폐쇄계일 수는 없다. 생태계의 가장 광범위한 것으로서 **지구생태계**를 생각할 수 있다.

47.1 생태계의 구조

생태계는 자연군집인 생물과 그것들의 환경을 포함하는 기능적인 계(系)이다(R.H. WHITTAKER, 1975). 그렇지만 기능을 영위하기 위해서는 어느 일정한 구조가 필요하다. 구조와 기능은 생태계의 양면성이다. 생태계는 많은 종에 속하는 생물의 개체군으로 구성되어 있으므로, 생태계를 구성하는 생물종의 조성을 각각의 생물이 지닌 유전 정보의 복합체로 보아 고찰할 수도 있다. 또한, 그 구조는 시간적 및 공간적으로도 변화하고 있으므로, 시간이나 지리적인 위치도 하나의 구성 요소로 볼 수 있다.

다음은 종을 영양관계의 기초로 종합하여, 그에 대한 **생태계의 구조**를 열거한 것이다.

A. 생물 부분(biotic parts)
  1. **생산자**(producers)… 녹색식물, 화학합성 무기산화생물
    a) **생산계**(광합성계)… 잎, 식물성 플랑크톤(phytoplankton), 조류(algae)
    b) **소비계**(비광합성계)… 줄기, 뿌리, 꽃
  2. **소비자**(consumers)…동물, 기생식물
    a) 1차소비자…초식동물, 동물성 플랑크톤(zooplankton)
    b) 2차소비자…육식동물(소형)
    c) 3차소비자…육식동물(대형)
    d) 부식동물
  3. **분해 · 환원자** (decomposer-reducers)…부생생물(saprotrophic organisms)
    a) 토양동물(soil animals) 선충, 진드기류, 지렁이류, 곤충의 유생
    b) 저생생물(microbenthos) 하루살이류의 유충, 달팽이류
    c) 미생물(microbes 세균, 원생생물, 곰팡이), 호기성(aerobic) 또는 혐기성(anaerobic)

B. 유기물 부분(organic matter parts)
  a) 낙엽지(litter)…낙엽, 낙지, 도목, 동물사체, 배설물, 대변
  b) 부식, 용존유기물(수계)
  c) 생리활성물질(페로몬, 향기로운 물질, 에틸렌, 저해물질)

C. 무기물 부분(inorganic parts)
  a) 매질, 기질(토양)
  b) 빛(에너지), 물, 이산화탄소, 산소
  c) 영양염류(질소, 인 등), 미량원소
  d) 온도, 바람, 파도, 물의 흐름, 지형

생산자는 무기물 부분에, 소비자는 생산자 및 유기물 부분에, 그리고 분해, 환원자는 유기물 부분에 대해 각각 특별히 밀접한 관계를 갖는다. 또한, 육상생태계에서는 고목(삼림) 또는 초목(초원)의 현화식물인 생산자가 우세하지만, 초원에서는 대형의 포유류(소비자)가 무리지어 생식하고 있다. 이에 비해 지중에서는 무척추동물이나 미생물의 분해 · 환원자가 많다. 수계에서의 생산자는 조류(말류) · 식물성 플랑크톤이며, 이를 소비하는 동물성 플랑크톤과 어류, 수염고래, 또는 저서동물이 많고, 나아가서는 어류를 먹이로 하는 바닷새나 바다에 사는 짐승 예컨대, 고래가 있다. 수중에서 자유롭게 유영하는 생물을 **넥톤**(nekton 또는 necton, 유영생물)이라 총칭하며, 저서생물을 벤토스(benthos)라 한다.

생태계 안에서 영양단계가 높은 차원에 있는 생물은 그것의 먹이가 되는 낮은 차원의 것보다 일반적으로 수에 있어서나 생산량에 있어서 양적으로 적다. 기초 생산자인 식물로부터 1차 소비자, 2차 소비자로 거듭해 가면서 그 양적 형태는 피라미드형(생태적 피라미드)이 된다(그림 47-1).

어느 기간의 생물생산량을 조사해 보면, 분열이 왕성한 식물성 플랑크톤의 생산 속도가 동물성 플랑크톤의 경우보다 훨씬 빠르다. 그러나 현존량은 일종의 축적이라고 할 수 있으므로 식물성 플랑크톤, 동물성 플랑크톤, 소형 물고기 등의 경우에는 생물량에 있어서 거꾸로 되는 수도 있다.

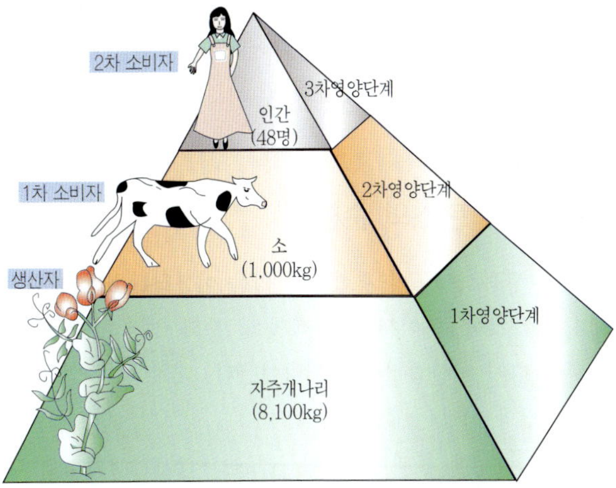

그림 47-1 생태계의 피라미드 구조

47.2 생태계의 에너지 흐름

기능은 일정한 구조에 의해 나타나며, 구조는 어느 기능의 결과로서 성립된다. 생물을 이해하기 위해서는 항상 그 양자 사이의 변증법적 관계를 주시해야 한다.

생태계의 주요 기능으로서는 생태계로 유입되는 태양에너지에서 출발하는 **에너지의 흐름**과 생물 원소의 순환, 즉 **물질 순환**을 들 수 있다. 이것들은 구체적으로는 생물의 유기물생산, 이동, 소비의 형태로서 나타난다. 녹색식물은 광합성에 의해 무기물질로부터 유기물을 합성하고, 이로써 다른 생물의 생존이 유지된다. 이 유기물질은 생물체의 구성물질로서 사용됨과 동시에 생물체의 성장, 유지에 필요한 에너지를 얻기 위한 호흡기질로서 이용된다. 이들 기능을 통해 생태계 구조의 발달과 동적 평형의 특징이 유지된다. 이들 물질을 운반하여 변환의 장이 되는 물의 수지도 생태계의 기능면에서는 중요하다.

식물이 화학에너지로 고정한 태양에너지는 생물간의 유기물 전달에 의해 각 영양단계의 생물에 이용되며, 최종적으로는 각각 생물의 생활을 위한 에너지로 사용된다. 그러나 마지막에는 열로 방출되어 재이용되지 못한다(그림 47-2). 일반적으로 영양단계가 1단계 올라가기 위해서는 섭식, 소화, 배출 등 생활의 유지에 사용되는 에너지량이 커지고, 섭취한 먹이의 양에 비해 만들어지고 유지되는 생물체량은 작아서, 1/10~1/5 정도이다. 3차 소비자인 육식동물이 그 생존을 유지하기 위해서는 10^3의 식물체량을 먹이로서 사용한다. 이로 인해 영양단계의 수는 일반적으로 3~5에 그친다. 또한, 대부분의 가축은 1차 소비자이며, 육류를 식료로 할 때에는 그것의 몇 배 많은 곡물을 소비하게 된다.

해양에서 저온인 연안대에는 대형의 다시마류(kelp) 등 갈조를 볼 수 있다. 이것은 대개 미세하고 증식이 빠른 식물성 플랑크톤에서 시작되는 영양단계로서, 동물성 플랑크톤을 통해 7단계 이상에 이를 수 있다. 그러나 그런 만큼 전체로서의 생태적 효율은 낮다(표 47-1). 이는 육상동물이라도 초식성 동물쪽이 육식성보다 훨씬 좁은 세력 범위 안에서 생활할 수 있다는 점으로 나타난다. 즉, 체중이 1kg되는 조류도 척추동물을 먹이로 하는 것의 세력 범위는 280ha에 이르지만, 식물을 먹이로 하는 것은 그것의 약 1/120 정도로도 무방하다. 또한 SCHMIDT-NIELSEN에 의하면, 체중 100g인 동물이 1km 움직이는 데 필요한 에너지는 유영할 때 약 70cal, 나는 경우는 170cal인 데 비해, 달리는 경우는 600cal를 필요로

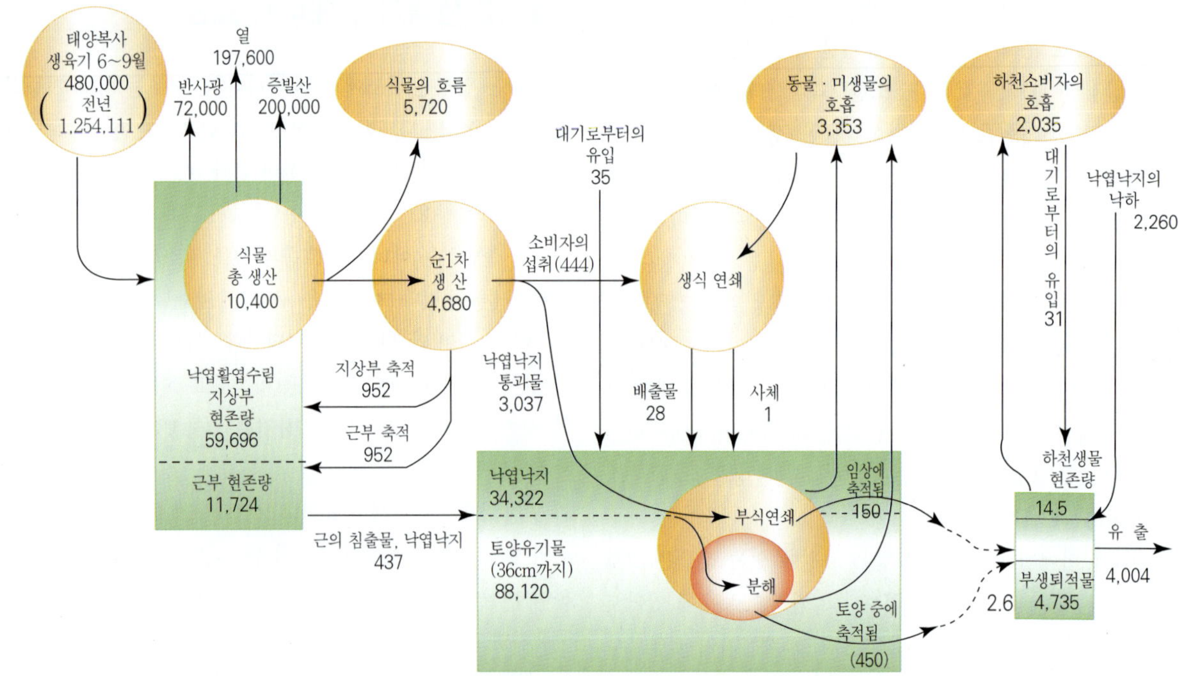

그림 47-2 낙엽활엽수림 생태계에 있어서 에너지의 흐름($kcal/m^2$ · 년)
미국 동북부 뉴햄프셔 화이트산 국유림. ( )안은 추정치, 고딕체의 수치는 축적에너지($kcal/m^2$ · 년)이다. 하천 면적은 전유역 면적의 1/570이기 때문에 m^2당의 값이 높아진다.

표 47-1 해양의 1차 생산 및 어류 생산

	면 적 (10^6km^2)		1차 생산		어류 생산		
			단위면적 평균(gC/m^2 ·)	전량 (10^9tC/년)	영양 단계	효율 (%)	총생산량(생량) (10^9t/년)
외 양	326	90%	50	16.3	5	10	1.6
근 해	36	9.9	100	3.6	3	15	120
용승류 해 역	0.36	0.1	300	0.1	1.5	20	120
전해양	362			20.0			241

한다고 한다. 체중이 커지면 하늘을 나는 능률이 떨어지는데, 공중을 나는 새의 경우 최대 체중은 18kg 정도이다.

47.3 생태계의 물질순환

생태계 안에서는 일정한 법칙 아래 여러 가지 생물원소가 각 영양단계를 통해 순환하고 있다. 앞에서 설명한 에너지의 흐름도 유기물질의 순환을 통한 탄소 순환의 일부로 파악할 수 있다. 탄소, 수소, 산소 이외에 생물원소로서 중요시되는 것은 단백질, 핵산, ATP 등을 구성하는 원소인 질소, 황, 인 등이 있다.

물질순환의 양상에는 자연(육상, 수상)생태계 및 인간생태계 이외에도 탄소동화를 일으키는 화학합성생물이 있으므로, 일반적으로 복잡하게 이루어지며 각 원소에 따라 각기 특성이 있다. 지구의 전체적인 순환에 대해서는 BOLIN이 제시한 **탄소순환**이나 DELWICHE이 제시한 **질소순환**의 유명한 모식도가 있으므로, 다음에는 그것들의 기초가 되는 내용에 대해 설명하기로 한다. 그러나 아직도 이들 수치는 불확실한 것이 많다.

47.3.1 탄소의 순환

탄소는 녹색식물의 광합성에 의한 이산화탄소의 동화를 시작으로 하여, 먹이사슬, 부식연쇄, 분해 · 환원을 통해 순환하여 다시 이산화탄소로 되돌아온다. 대기 중에 있는 이산화탄소의 전량(全量)은 2.33×10^{12}t 정도이지만, 농도는 0.03%(용량)에 불과하다. 이 농도는 식물의 광합성에 대한 제한 요인이 되며, 광합성에 의한 이산화탄소 농도의 일변화라든가 계절 변화도 찾아볼 수 있다. 그 밖에 화석연료의 대량 소비나 식물군락의 벌채와 소각에 의해서도 대기 중 이산화탄소의 농도는 증가된다(그림 47-3, 47-4).

47.3.2 질소의 순환

질소는 대기중에 N_2의 모양으로 많이 존재하지만, 질소고정생물 이외에서는 직접 이용되지 않는다. 고등식물은 주로 무기의 질산이온, 암모늄이온의 형태로 흡수하며, 광합성 산물과 함께 유기의 아미노산, 단백질, 핵산, ATP, 엽록소 등을 합성한다. 한편, 질산이온은 탈질소세균에 의해 분해된 아질산으로부터 일반식물에는 이용되지 않는 유리질소의 형으로 바뀌어 대기 속으로 되돌아간다(탈질소작용)(그림 47-5).

동물이 식물을 먹이로 하여 섭취한 질소분은 동물체를 구성하는 중요한 원소로서 체내에 남는다. 그 비율은 탄수화물이 체내에 남는 비율보다 훨씬 크다. 누에의 경우, 섭식한 뽕잎에 있는 양을 100으로 했을 때 번데기에 남는 유기물량은 8.6, 질소량은 19.3이었다. 즉, 에너지나 탄소의 흐름 이외에 질소의 흐름이 생태계 안에서 중요시된다. 특히, 새로운 생태계에서는 이용할 수 있는 질소화합물의 양이 적기 때문에 질소고정생물, 즉 콩과식물, 질소고정세균, 남조 등의 역할이 중요하며, 그것을 농업적으로 이용하는 것이 고려되고 있다. 대기의 질소를 고정하는 능력이 있는 미생물은 ① 자유생활세균(호기성인 *Azotobacter*와 혐기성인 *Clostridium*) ② 뿌리혹박테리아(*Rhizobium*) ③ 남조류(*Anabaena*, *Nostoc* 및 *Nostocales*) ④ 자홍세균(*Rhodospirillum*) ⑤ *Pseudomonas*성 토양세균 ⑥ 방선균의 일종(18과 5속 160

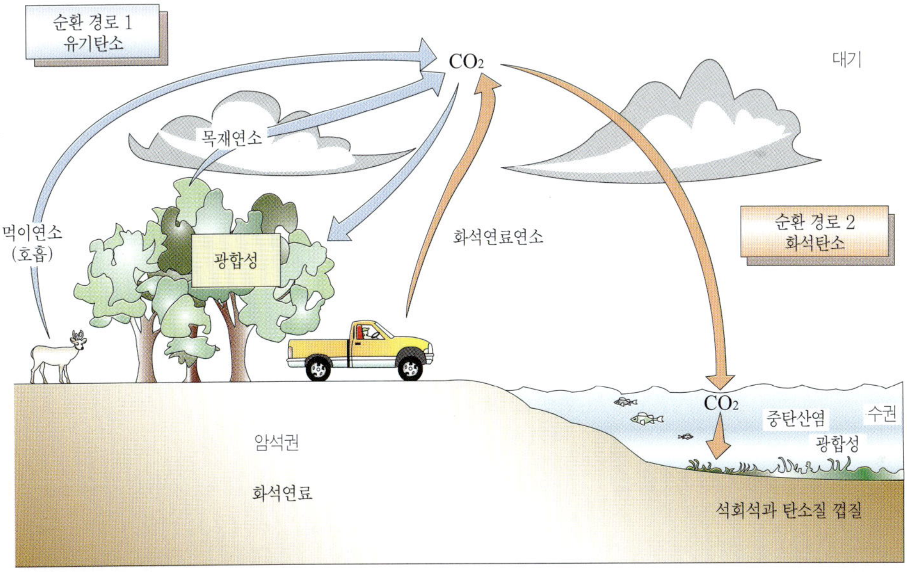

그림 47-3 탄소 순환경로

(a)

(b)

그림 47-4 신갈나무군락과 들메나무군락의 벌목
(a) (b) 대규모 벌목으로 이산화탄소의 농도 증가와 증산량의 감소 등을 초래한다.

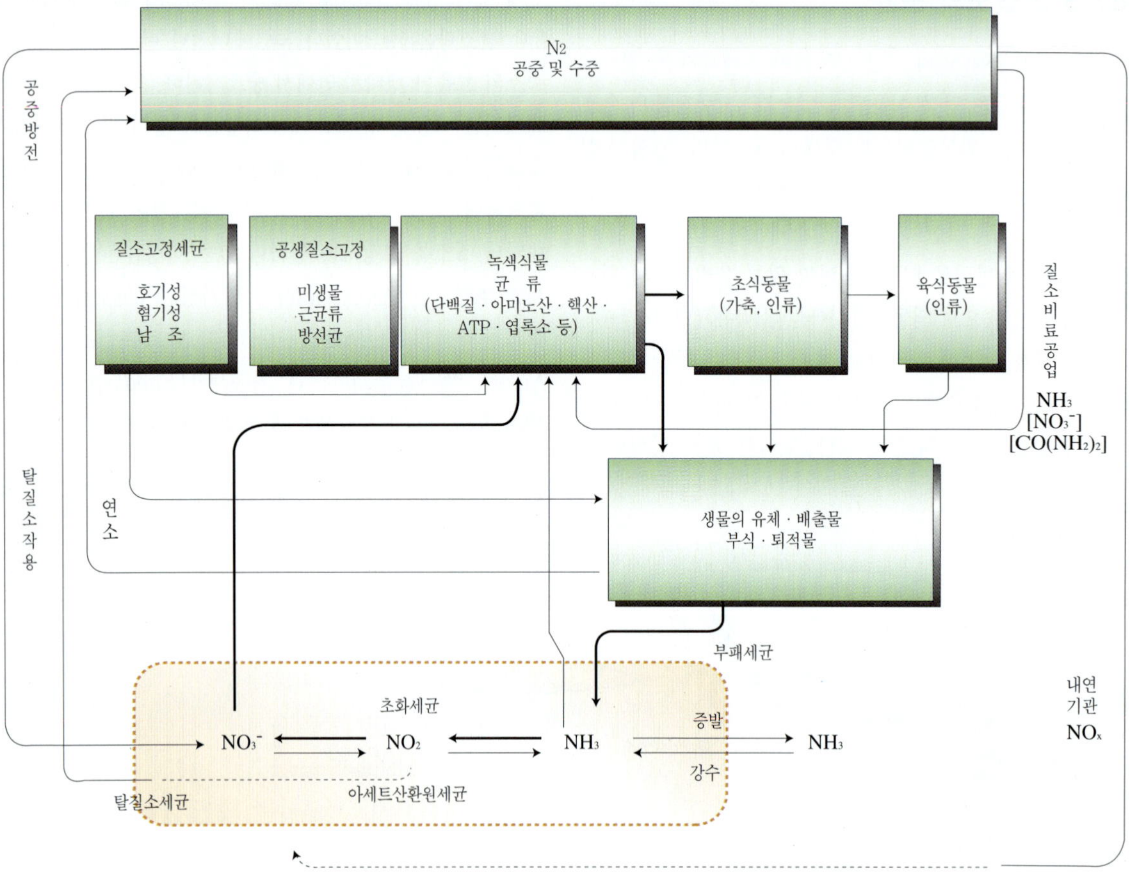

그림 47-5 질소순환의 모식도

종이 방선균에 의한 혹을 가지고 있다. 예 : 오리나무속, 보리수나무속, 소귀나무속, 은행나무속 등).

47.3.3 인의 순환

인은 생물에 있어서 매우 중요한 원소이다. 그 필요량은 질소에 비해 소량이지만, 인산은 토양 중에 고정되어 쉽게 용해되지 않고 식물에 흡수되기가 힘들기 때문에, 일반적으로 생태계 안에서는 부족되기 쉬우며 인이 결핍된 토지도 많다. 식물은 이에 대해 체내에서 질소와 마찬가지로 인을 이동시켜 새로운 기관의 형성, 성장에 이용하는 것을 볼 수 있다. 미역취(국화과식물)의 한 밀생군락($1m^2$)의 경우에는 그 성장을 위해 연간 필요한 3.67g의 인 가운데 토양으로부터 흡수되는 양은 61%, 체내에서 이용되는 양은 39%였다

토양 중의 인은 최종적으로는 수중으로 용해되며 수생생물에 의해 이용되지만, 대부분은 생물의 유체와 함께 해저로 침전된다. 이는 해양의 저류로 흘러 분해되었다가 상승류(upwelling)로서 해면으로 올라와 다시 식물성 플랑크톤에 흡수되고, 이것이 또한 동물성 플랑크톤의 먹이가 되어 많은 물고기를 키우게 된다. 이 물고기는 바닷새에게 포식되고 배설물로 배출된다. 이것이 **구아노**(guano)이며, 인광석의 하나로 이용된다. 한편, 인은 비료 이외에 세제 등에도 사용되며 호수나 연안의 부영양화의 요인으로서 중요시되고 있다.

생물원소인 황에 있어서도, 식물이 황산이온을 흡수하고, 혐기성 세균에 의해 황산이온이 유화수소로 환원되는 등 생물의 역할을 통한 순환이 있다. 현재 화석연료의 연소, 시비 등 인류에 의한 **황순환**의 영향이 크며, 이러한 양은 화산 활동에 의해 분출되는 유황량의 20배에 이른다고 한다.

생태계에서의 생물원소 순환에 있어서 주의해야 할 점은 식물의 종류나 삼림, 농경지 등에 따라 염류의 흡수 양상이 크게 다르다는 점이다(표 47-2).

표 47-2 농작물 및 삼림에 있어서 질소, 인, 칼슘, 칼륨의 흡수와 이동

		농작물 삼림 (농작물의 N흡수치를 100으로 한다)		소나무숲 (침엽수) (kg/ha · 년)	너도밤나무숲 (낙엽활엽수) (kg/ha · 년)	사작나무-버드나무숲(14년생) (kg/ha · 년)
N	흡수	100	40	45	50	131
	잔류	75	8	10	10	37
	회귀	25	32	35	40	94
P	흡수	25	10	5	13	16
	잔류	20	2	1	3	6
	회귀	5	8	4	10	10
Ca	흡수	40	60	29	96	125
	잔류	10	10	10	14	35
	회귀	30	50	19	82	90
K	흡수	70	15	7	15	102
	잔류	20	4	2	5	20
	회귀	50	11	5	10	82

흡수 : 식물체가 토양으로부터 흡수하는 양

잔류 : 식물체내에 잔류하는 양(성장량 또는 수확물로서 채취되는 경우도 있다)

회귀 : 낙엽, 낙지 등에 의해서 토양으로 되돌아가는 양

제48장

인간과 환경

인간환경선언(스톡홀롬 선언)으로 알려진 1972년 6월 5일부터 16일까지 UN인간환경회의에서 채택된 국제선언의 일부는 다음과 같다. 「인간은 환경의 창조물임과 동시에 환경의 형성자이다. 환경은 인간의 생존을 지탱하고 지적, 도덕적, 사회적, 정신적인 성장의 기회를 주고 있다. 지구상에서 인류의 고난에 찬 기나긴 진화의 과정에서 인간은 과학기술의 가속적인 진보에 의해 무수한 방법과 전례없는 규모로 스스로 환경을 변혁할 힘을 얻는 단계에 도달하였다. 자연 그대로의 환경과 인간에 의해 만들어진 환경은 모두 인간의 복지, 기본적인 인권, 나아가서는 생존권 그 자체의 향유를 위해 기본적으로 중요하다」.

그리고 1992년 6월 8일 리우데자네이로에서 채택된 **리우선언**의 원칙 1을 보면 「인간을 중심으로 **지속 가능한 개발**(sustainable development)이 논의되어야 한다. 인간은 자연과 조화를 이룬 건강하고 생산적인 삶을 향유하여야 한다」 라고 하였다. 이외에도 수많은 협약, 헌장, 의정서 등이 발표되었다. 이러한 사실은 환경 보존과 보호를 할 수밖에 없는 현실을 말해 주는 것으로 인간은 그 가해자인 동시에 피해자이기 때문이다.

48.1 생물종의 감소

세계자원연구소(1986)에 의하면 현재까지 동정된 생물은 관속식물 25만 종, 비관속식물 15만 종, 무척추동물 130만 종, 어류 21,000종, 양서류 3,125종, 파충류 5,115종, 조류 6,715종, 포유류 4,170종으로 합계 174만여 종에 달한다.

생물은 종류가 다양하며 인간은 식량, 의약품 기타 생활필수품을 이들 동식물과 미생물로부터 얻는다. 즉, 20,000 종류 이상의 식용 가능한 식물 중에서 약 3,000 종류가 식량자원으로 쓰이고, 또 개발도상국 국민의 80% 이상이 의약품을 동식물에서 얻고 있으며 미국에서는 3,000 종류 이상의 항생제를 미생물로부터 추출하고 있다. 그런데 경제개발 추세에 따라 세계 각국의 생태계는 파괴되고 동식물은 그들의 서식처를 잃고 있으며, 환경오염으로 인하여 그 수가 점점 감소되고 있다. 유엔환경 계획의 보고에 의하면 1992년 현재 지구상의 총 생물종은 약 3천만 종이며 매년 25,000~50,000종의 생물이 멸종되고 있다고 한다.

우리나라의 동식물은 약 26,215종이며 동물 17,626종, 식물은 8,589종으로 알려져 있다.

생물종의 멸종 원인으로는 자연적 멸종과 인위적 멸종을 들 수 있다. 인위적 멸종은 개발에 따른 서식처의 변화, 지나친 사냥이나 남획, 외래종의 이입, 해충과 포식자의 무분별한 박멸, 환경 오염 등에 의한다.

48.2 인구의 변천

48.2.1 인구

생물의 번영 정도는 그 개체수에 의해 표시될 때가 많다. 종개체군의 증대는 출생률과 사망률의 차이가 정(+)인 데 기인하지만, 생태계가 동적 평형 상태에 있다는 것은 장기적으로 볼 때 각 구성종의 개체수에 변화가 없는 셈이 된다. 어느 종이 급격하게 증감되면 생태계의 평형점이 움직이고, 다른 생물종의 개체수 증감이 일어난다. 오늘날의 생물권에서 사람은 폭발적으로 개체수가 증가되어 가고 있는 종개체군이다. 인구나 식량문제는 인류의 초기부터 있었으며, 산업혁명 후 영국의 인구 급증기를 맞아 MALTHUS가 『인구론』(1798)을 저술한 이래 자주 거론되어 왔다. 그러나 인류 전체적인 규모로서 문제가 대두된 것은 제2차 세계대전 이후이다. 그리고 인구문제에는 인구와 그 증가율, 연령 구성 및 식량 생산력, 자원, 지리적 분포에 있어서의 불평등성, 개인이 소비하는 자원의 차이, 노동력, 생산 양식, 생산물의 분배, 정치 형태 등 많은 사회 · 경제 · 정치적인 문제가 얽혀 있다. 1850년에 세계인구는 10억, 그 후 1930년에 20억, 1975년에 40억으로 증가했고 2017년경에는 80억 명이 될 것으로 추산된다.

인구란 항상 증가하는 것이라 생각하기 쉽지만, 1,400년대 유럽에서는 페스트의 유행으로 인구가 8,500만 명에서 6,000만 명으로 감소하였다. 중국에서도 긴 역사 가운데 작물의 이입으로 인한 식량의 증가와, 거기에 수반되는 인구 과잉과 격감의 반복을 찾아볼 수 있다. MALTHUS는 인구는 제한되지 않으면 등비급수적으로 증가하고, 생활자료는 등차급수적으로 증가되는 데 불과하다고 했지만, 장기적으로 보면 오늘날의 인구 증가와 식량 증산은 평행선을 보이고 있다. 그러나 분배의 문제이기는 하지만, 현재 세계에는 영양 부족 인구가 5~9억 명이 있다고 한다. 또한, 제2차 세계대전으로 인해 군인 1,300만 명, 민간인 1,800만 명 이상의 사망자를 내기도 하였다.

48.2.2 한국의 인구 증가 추이

우리나라의 인구 변천과정을 알아보기 위하여, 1925년 이후 인구 규모가 어떻게 증가되어 왔는가를 살펴보자. 1925년을 기점으로 잡은 것은, 그 이전에는 인구 통계자료가 미흡한 때문이기도 하지만, 본격적인 인구 변천과정은 그 이후에 진전된 것으로 볼 수 있기 때문이다.

표 48-1은 1925년 이후 우리나라(1944년 이전은 남북한, 44년 이후는 남한)의 인구 규모의 증가율이 어떻게 변하여 왔는가를 보여 주고 있다. 우선 사망률의 추이를 보면, 1930년대의 2.5%에서 최근에는 0.6% 수준에 이르고 있다. 이와 같이 사망률은 꾸준히 저하된 데 비하여, 출생률은 1960년까지 다소의 증감은 있으나 비교적 높은 수준에 머물러 있다. 단지, 1960년의 높은 출생률은 동란기 동안 지체되었던 결혼, 출산 등이 일시에 집중됨으로써 소위 「베이비 붐(baby boom)현상」이 일어난 것으로 풀이할 수 있다.

이와 같이 높은 상태에 머물러 있던 출생률은 1960년을 기점으로 하여 급격히 저하되었고, 최근에는 다소 정체된 상태에 있으나 1960년의 수준에서 거의 반감된 2.3%에 머물고 있다. 인구증가율 계산식은 다음과 같다 :

$$인구증가율(\%) = (출생률-사망률) \times 100$$

출생률이나 사망률은 인구 1,000명당 지수를 뜻한다. 그리고 1985년 우리나라의 인구는 40,806천 명(인구 증가율

표 48-1 우리나라 인구규모와 증가율 추이

연 도	센서스인구 (1,000명)	연간인구 (1,000명)	인구증가율 (%)	출생률 (%)	사망률 (%)	자연증가율(%) (출생률-사망률)
남북한						
1925	19,020	-	-	-	-	-
1930	20,438	-	1.44	4.54	2.79	1.75
1935	22,208	-	1.66	4.53	2.55	1.78
1940	23,547	-	1.17	4.35	2.02	2.33
1944	25,120	-	1.41	4.10	1.95	2.15
남한						
1944	15,925	-	-	-	-	-
1949	20,167	-	4.73	4.73	2.02	1.90
1955	21,502	-	1.01	1.01	3.30	0.70
1960	24,954	-	2.84	2.84	1.46	2.84
1966	29,160	29,436	2.55	2.55	0.86	2.33
1967	-	30,131	2.36	2.36	0.84	2.27
1968	-	30,838	2.35	2.35	0.80	2.31
1969	-	31,544	2.29	2.29	0.84	2.29
1970	31,435	32,241	2.21	2.21	0.98	1.97
1971	-	32,883	1.99	1.99	1.06	1.87
1972	-	33,505	1.89	1.89	1.05	1.77
1973	-	34,103	1.78	1.78	1.00	1.71
1974	-	34,692	1.73	1.73	0.85	1.68
1975	34,679	35,281	1.70	1.70	0.73	1.73
1976	-	35,849	1.61	1.61	0.70	1.70
1977	-	36,412	1.57	1.57	0.71	1.65
1978	-	36,969	1.53	1.53	0.71	1.63
1979	-	37,534	1.53	1.53	0.69	1.66
1980	37,406	38,124	1.57	1.57	0.67	1.67
1981	-	38,723	1.57	1.57	0.66	1.68
1982	-	39,331	1.57	1.57	0.65	1.68
1983	-	39,951	1.58	1.58	0.63	1.69
1984	-	40,578	1.57	1.57	0.62	1.68

1.4), 1990년 42,869천 명(1.0), 1995년 44,851천 명(0.9) 그리고 1996년에는 45,248천 명(0.9)으로 조사되었다. 또한 우리나라 6대 도시 인구가 전체 인구 중 차지하는 비율은 1960년 21.0% 5,230천 명에서 1980년 41.5%로 15,593천 명, 1990년 48.2%로 20,663천 명, 1995년에는 47.8%인 21,329천 명으로 점차 증가하는 추세를 보였다(통계청, 1996).

48.3 자연 파괴와 환경 오염

인구의 증가와 공업화 등 사회 여건의 변화에 따른 국토개발이 가속화되면서 우리나라의 자연 환경은 빠르게 바뀌어 가고 있다. 해안 공유수면이 대규모로 매립되고 세계에서 가장 긴 방조제가 만들어지고 있는 등 서해안 일대는 지도가 바뀌었다. 공단 부지의 확보와 산업 부대시설의 설치를 위한 건설 추진으로 불가피한 자연 파괴가 뒤따르게 마련이다(그림 48-1).

그러나 좁은 국토에 여러 형태의 인공시설이 증가하면서 환경 오염의 피해가 이미 중증 상태에 처해 있는 징조가 여기저기 나타나고 있다. 즉, 강물이 오염되면서 수돗물을 못 믿어서 약수터에 줄서서 차례를 기다리는 새로운 풍경이라든지, 서울의 대기 오염은 이미 심한 상태에 있다. 국립공원까지 대규모 시설로 인하여 울창한 숲이 사라지고, 그로 인해 증산작용이 격감하면서 그 곳의 강우나 강설량이 현저하게 줄었다고 한다.

자연의 가치란 눈앞의 경제성에만 있는 것이 아니고 아름다운 환경 그 자체가 큰 의미를 갖고 있다. 주말에 산골짜기나 바닷가를 찾는 일은 그것을 실증하는 1가지 예라 할 수 있다. 수려한 산을 파헤치고 나무를 베어서 다소 개발 이익이 있다 하더라도 한번 파괴되면 원상 회복은 불가능하다. 돌이킬 수 없는 상황에 처하게 되기 때문에 심각히 고려해야 하며 몇십 년 후에 찾아보려 해도 때는 이미 늦다. 그 이유는 원래의 자연환경을 새로 만드는 일은 불가능하기 때문이다.

일반적으로 **공해**라 함은 대기 오염, 수질 오염, 토양 오염, 소음, 진동, 지반 침하, 악취 등 환경질의 악화로 말미암마 누적적, 만성적으로 나타나는 피해를 총괄적으로 다루는 개

(a) (b) (c) (d)

그림 48-1 자연파괴와 개발
(a) 새만금 간척사업 (b) 석산 개발 (c) 아름다운 자연의 파괴 (d) 그 곳에 수목을 이식

념이다. 엄밀한 의미의 공해란 현재화된 피해 또는 공인된 피해를 뜻하는 것이므로, 넓은 의미로 보면 **환경 오염**이라고 하는 것이 보다 타당하다.

영국의 공중위생법(1936년)에서는 공해를 「**공적 생활방해**(public nuisance)」라는 용어로 사용하고 있다. 이 공적 생활방해라는 용어에 대해 동법(同法)에서는 '가해자가 피해자의 신체 또는 재산에 대해서 직접 물리적 충격을 주어 피해자의 권리 행사를 방해하고, 실제로 불편, 불쾌, 불이익을 주어서 손해를 가하는 행위로서, 특히 사회 일반에 대해서 위해를 끼칠 가능성이 있는 것이다'라고 설명하고 있다. 그리고 피해의 대상이 한정되는 경우는 '**사적 생활방해**(private nuisance)'라고 하여 구분하고 있다. 그 내용은 각국의 생활방해의 양태와 법제도의 차이에 따라 다르다. 『Webster』의 신대사전에서는 **오염**(pollution)이라는 단어의 뜻을 '더럽게 하는 것', '불결하게 하는 것', '남용하는 것', '신성을 모독하는 것' 등으로 풀이하고 있다. 또한 1965년 미국 대통령 과학담당 자문위원회 보고서에서는 '환경 오염이란, 인간 활동의 부산물로서 에너지 양상, 방사선 수준, 화학적 · 물리적 조성, 그리고 생물의 수도(數度) 등의 변화로 인한 직접 또는 간접적인 영향을 통하여 우리 환경의 전부 또는 일부가 바람직하지 않은 상태로 변화되는 것이다'라고 말하고 있다.

환경문제에 있어서 보다 중요한 것은 한번 파괴된 환경은 영원히 복구할 수 없는 경우가 많다는 것이다. 따라서, 환경 오염 또는 환경 파괴라는 입장에서 예방 대책 및 피해 구제를 종합적으로 검토해야 한다.

한편, 환경 오염의 문제는 자원 소비와 깊은 관련이 있다. 자원의 부적절한 사용과 낭비는 환경 오염을 심각하게 만들 뿐만 아니라, 인류의 장래를 어둡게 하는 역할도 한다. 따라서 환경오염문제는 항상 자원문제를 포함하여 파악해야 한다.

48.4 지구환경의 보존전략

48.4.1 인류의 생존을 위한 목표

인류는 생존을 위하여 첫째, 인구와 환경과의 평형을 가능한 한 조속히 조정함으로써 예견 가능한 장래에 생활의 질을 최적으로 하여야 하며, 둘째, 장래의 어느 시점에서도 인구−환경 시스템내에서 큰 진폭의 불안정성을 발생시킬 행동은 제도적으로 규제하여야 한다.

이러한 목표는 직접적이고 단순한 것 같지만 그 내포된 의미를 인식한다면, 이 목표를 달성하기 위해서는 모든 나라가 적극적으로 협력해야 할 것이다. 행동 계획은 다음과 같다 :

① 가족의 규모를 제한하기 위하여 정부의 강력하고 적극적인 지원이 필요하다. 세계 각국의 각 지역별 최적 인구의 규모를 결정하는 동시에 연령 분포와 지역 분포를 최적화한다. 이러한 인구 상태를 가능한 조속히 달성시킨다.

② 식량, 토지, 에너지, 목재, 토양, 광물, 공간 및 인간을 포함한 모든 자원을 효율적으로 이용하여야 한다.

③ 성장보다는 평형에 기초를 둔 경제이론을 개발하여 조속히 사회 운용에 그 이론을 적용시켜 환경 파괴를 막는다.

④ 지구의 물리적 · 화학적 상태를 항상 감시하여 인류의 환경을 악화시키는 모든 활동을 엄격하게 규제하여야 한다. 인간 활동이 생물권의 항상성을 큰 진폭으로 변동시키는 모든 행태를 엄중하고도 효과적으로 제한하여야 한다.

⑤ 모든 시민에게 기본적인 환경권을 인정하여야 한다.

환경과학의 명확한 한 분야로서의 생태학은 1900년부터 시작되었으며, 일반적인 어휘로서 이 용어가 사용된 것은 최근의 일이다. 현재 **환경과학**(environmental science)은 인류 문명의 창조와 그 유지를 위하여 불가결한 것이며, 모든 사람들이 이를 깨닫게 될 때 인류의 미래는 밝아질 것이다.

48.4.2 환경보전

사람이 생존하기 위해서는 일정한 환경 조건이 요구되며, 인류는 그것을 변화시켜 보다 안전하게 생존할 수 있도록 노력해 왔다. 그러나 직접적인 환경에만 주의를 기울이고, 기초가 되는 더욱 넓은 환경 조건에 대해 고려하지 못했던 때가 많았다. 인간의 경우에는 생리적인 조건뿐만 아니라 심리적, 사회적인 환경도 고려해야 한다. 이들 광범위한 환경 조건은 우리 자신 및 자손들의 생존에 적합하도록 보전되어야 한다. 특히, 지금까지 인간의 영향을 받지 않고 자연 그대로 남아 있는 생태계의 보호문제가 자연보호로서 크게 거론되고 있다. 자연보호의 1가지 목표는 그 지역 안에 생존하는 생물종의 보호, 즉 생물의 다양한 **유전자급원**(gene pool)의 보존이다. 이는 낱낱의 개체라든지 종을 대상으로 한 천연기념물보다도 더욱 광범위한 노력을 필요로 한다. 하나의 종을 보존하기 위해서는 생태계가 보전되어야 하는데, 보존된 유전자는

(a)

(d)

(b)

(c)

(e)

그림 48-2 우리나라의 자연경관
(a) 화성군 염습지 (b) 보길도의 표죽산 (c) 울릉도 촛대바위
(d) 설악산의 식생 (e) 내변산 국립공원

장래의 품종 개량에 이용될 수 있는 귀중한 것이기도 하다.

한편, 사람의 손이 닿지 않는 자연 환경도 많지만, 보다 더 직접적인 인위적 간섭이 가해진 환경도 많다. 제주도의 해안으로부터 해발 600~700m에 펼쳐져 있는 **반자연초지**(그림 46-6 참조)는 본래 울창한 숲으로 덮여 있었던 곳이 임진왜란을 전후해서 선박용 목재나 신탄용으로 벌채되어 현재와 같이 그 곳의 환경 조건에 적응된 초원이 발달된 것으로 믿어진다. 제주도의 반자연초지에는 억새를 우점종으로 하여 띠, 고사리 등으로 덮여 있으며, 방목지 또는 채초지로서 해마다 불을 놓아 유지해 온 것이다. 환경을 관리하는 방법을 모색하는 것이 앞으로의 큰 과제이다. 환경의 보전 · 관리에 있어서 항상 환경 변화가 잘 알려져 있어야 한다. 따라서, 그 환경이 어떻게 변화되어갈 것인가를 조사하는 환경 영향평가 및 예측이나 감시가 필요하다(그림 48-2).

48.4.3 자연보호의 이념과 내용

자연보호는 자연의 법칙성과 가치의 인식 및 인간 사회의 가치관 확립을 추구하는 데서 비롯되어야 한다. 이를 위해서는 ① 자연현상의 원리를 파악하여 자연에 관한 종합적 발전을 도모하고, ② 자연에 대한 인위적인 행방을 인식하며, ③ 인위적인 행방과 사회와의 관계를 밝히고, ④ 이것들을 바탕으로 자연 안에서의 인간사회가 취해야 할 방침을 세워서 실천하여야 한다.

자연은 인간의 생존을 위한 유일한 물리적 기반임은 두 말할 것도 없다. 자연보호는 개발에 의해서 잃어서는 안될 것을 보존하는 것이라든지, 또 인간에 의해 초래되는 자연 파괴를 막기 위한 행위 등을 들 수 있다.

세계 각국의 자연보호운동의 주된 내용은 다음과 같다 :

① 종교적 대상의 보존
② 자연보호
③ 동식물 애호
④ 학술적 자료의 보호
⑤ 경관(landscape) 보호
⑥ 국토 보존
⑦ 환경 생태계의 보호 등

부록

IX

용어해설

찾아보기

용어해설

A

abnormal hemoglobin 이상혈색소 : 혈색소(hemoglobin)의 구조상에 이상이 생겨 기능에 변화를 일으키는 혈색소의 총칭.
(예) 헤모글로빈 S, 헤모글로빈 C 등.

absolute specificity 절대특이성(絶對特異性) : 효소가 단 1가지 특정 기질에만 작용하여 촉매작용을 나타내는 성질.

absorption spectrum 흡수스펙트럼 : 연속된 파장의 빛이 물질층을 통과할 때 흡수되는 빛의 스펙트럼.

acetylcholine 아세틸콜린 : 콜린의 초산에스테르로 강한 염기성 물질이며 동물에서는 부교감신경과 운동신경 종말에서 자극에 의해 유리되어 시냅스나 운동종판에서 신경전달물질로 된다.

acetylcholinesterase 아세틸콜린에스테라아제 : 신경말단에서 분비된 화학전달분자인 아세틸콜린을 콜린과 아세트산으로 분해하는 효소.

acetyl-CoA 아세틸-CoA : 생체의 세포호흡(대사)경로의 공통된 중간대사물질로서, 단당류, 지방산 및 일부 아미노산이 산화분해될 때 생성된다.

acid 산(酸) : 용액 속에서 양성자(H^+)를 방출하는 물질(양성자 공여체). 또는 전자(e^-)를 받아들이는 물질(전자 수용체).

acquired immune deficiency syndrome(AIDS) 후천성면역결핍증후군(後天性免疫缺乏症候群) : 바이러스에 의한 것으로 추정되며, 주로 세포성 면역 기능의 장애로 각종 감염균에 대한 저항력이 저하됨으로써 여러 질병에 걸리는 증후군으로서 비정상적 성적접촉이나 수혈에 의해 전염되는 것으로 알려지고 있다.

acquired immunity 후천성면역(後天性免疫) : 동물체가 병원체(항원 또는 이물질)에 대항하여 특이항체 분자나 특이 세포를 형성하여 이들 항원을 제거하는 특이적 방어를 말하며, 획득면역이라고도 한다.

acrosomal reaction 첨체반응 : 정자가 난표면에 도달하게 되면 난 유래의 특정 물질의 작용으로 첨체는 급속히 변화하는 데 이 변화를 첨체반응이라고 한다. 무척추동물의 어떤 종은 첨체에서 난막용해물질이 용출되어 난황막에 소공을 뚫고 첨체막은 가늘고 길게 돌출하여 첨체돌기를 형성한다. 포유류에서는 첨체돌기는 형성되지 않고 첨체반응에 의하여 히알루로니다아제와 단백질분해효소가 방출된다.

ACTH(adrenocorticotrophic hormone) 부신피질자극호르몬 : 뇌하수체 전엽에서 분비되는 단일 폴리펩티드호르몬(9개 아미노산)으로서, 부신피질에 작용하여 부신피질호르몬의 합성과 분비를 촉진시킨다.

actin 액틴 : 근육의 주요 구조단백질의 하나로 구상의 단위체인 G-액틴은 중성염으로 중합되어 F-액틴이 되며 F-액틴은 이중나선구조를 갖는다.

action potential 활동전위(活動電位) : 자극에 의해 흥분성 세포(신경, 근육 등)에서 일어나는 일련의 전위 변화.

activation energy 활성화에너지 : 화학반응계에서 반응물질은 전이상태를 거쳐 생성물로 되는 데, 이 과정 중 전이상태 때의 에너지와 처음 반응물질이 갖는 에너지의 차를 말한다.

active transport 능동수송 : 세포막을 통하여 저농도의 물질이 고농도의 물질이 있는 곳으로 수송되는 현상. 이때 에너지가 요구된다.

adenosine triphosphate(ATP) 아데노신 삼인산 : 생체 세포의 생명활동에 필요한 에너지 공급원으로 작용하는 화학에너지 물질로서, 고에너지 인산결합을 가진다.

adenylate cyclase 아데닐산 사이클라아제 : 세포막에 존재하는 효소로서 ATP에 작용하여 고리모양 AMP(cAMP)로 전환시켜 주는 효소.

adequate stimulus 적합자극(適合刺戟) : 특정 감각세포를 흥분시킬 수 있는 특정 자극. 눈의 적합자극은 400~700nm의 전자파이며, 귀에 대한 것은 2~6×10^4Hz의 음파이다.

ADH(antidiuretic hormone) 항이뇨호르몬 : 뇌하수체후엽에서 분비되는 펩티드호르몬으로서, 신세뇨관에서의 수분 재흡수를 촉진시킴. 혈관 수축 기능도 가지므로 바소프레신이라고도 부른다.

adventitiaus root 막뿌리 : 식물의 줄기나 잎에서 생긴 뿌리.

aerenchyma 통기조직 : 세포간극이 잘 발달된 유조직이 서로 연락되어 망상을 이루고, 통기나 공기의 저장을 주로 하며 기공에 의하여 외계와 통하고 있다. 이생세포간극에서 유래된 것과 파생세포간극에 의한 것이 있는 데, 특히 수초에 발달한다.

agglutinin 응집소(凝集素) : 적혈구 막에 존재하는 항원을 응집원이라 하는 데 이에 대응하는 항체를 말하며, 혈장에 존재한다.

agglutinogen 응집원(凝集原) : 적혈구 막에 존재하는 항원을 일컬으며, 현재 약 30여 종이 알려져 있다.

aldosterone 알도스테론 : 부신피질에서 분비되는 스테로이드류 호르몬의 하나이며, 신세뇨관에서의 Na^+ 재흡수를 촉진시키는 작용을 한다.

algae 조류 : 물 속에서 생활하고 있는 엽록소를 가진 엽상식물을 총괄한 것으로, 반드시 물 속뿐만 아니라 공기 중이나 빙설상에도 생육하는 것이 있다.

alkaptonurea 알캅톤뇨증 : 페닐알라닌과 티로신의 중간대사물인 알캅톤(호모겐티신산)을 분해하는 효소가 결핍되어 생기는 유전병. 오줌에 섞여 나온 알캅톤은 공기나 알카리에 접촉되면 흑변하는 현상을 보고 쉽게 알 수 있다.

allantois 요막 : 척추동물 양막류배의 후복측이 내배엽의 팽출로 생긴 배막의 하나로 조류와 파충류에서는 장막과 양막사이의 배외체강 속으로 확장되어 요막낭을 형성하나 포유류에서는 짧은 요막관으로 끝나며 요막혈관은 융모막의 융모 속에 뻗어 태반형성에 관여한다.

allele 대립유전자 : 대립 형질에 대응하는 유전자이며 상동염색체의 상동한 유전자좌를 가진다.

allergic reaction 알레르기반응 : 알레르겐(항원)에 의해 생체에서 일어나는 과민성 면역반응으로 현재는 제 I 형 과민반응으로 간주한다.

allosteric activator 알로스테릭 활성분자 : 효소분자의 알로스테릭 부위에 결합함으로써 효소의 촉매능을 촉진시키는 물질분자.

allosteric site 알로스테릭 부위 : 효소(단백질)의 촉매부위 이외의 부위를 일컬으며, 이 부위에 물질분자가 결합함으로써 효소(단백질)의 구조와 기능에 변화를 준다.

amnion 양막 : 양막류의 배외막의 일종으로 그 강소를 양막강이라고 하며 배아를 양수로 둘러싸서 보호한다.

amniotic fluid 양수 : 척추동물의 양막류에 있어서 양막강을 채우고 있는 체액으로 양막상피의 대사수, 모체와 태아 양자의 혈관에서의 침출액이 혼합되어 있으나 임신후기에는 태아의 배출물과 표피의 박리세포, 피지선의 분비물 등도 이것에 추가된다.

anabolism 동화작용(同化作用) : 생물체에서 일어나는 대사작용의 하나로, 에너지를 이용하여 저분자물질에서 고분자 물질을 합성하는 생화학반응.

androgen 안드로겐 : 동물의 고환 간질세포에서 합성 분비되며 수컷의 제2차성징을 발현시키는 남성호르몬의 총칭. 안드로스테론과 테스토스테론 등이 안드로겐이다.

angiotensin 안지오텐신 : 안지오텐시노오겐이 레닌의 작용에 의해 전환된 혈청단백질의 일종. 처음에는 10개 아미노산으로 된 안지오텐신 I 으로 존재하지만, 혈액내 가수분해효소에 의해 8개의 아미노산으로 된 안지오텐신 II 가 되며, 이것이 혈관수축작용과 부신피질호르몬인 알도스테론의 분비를 촉진시킨다.

angiotensinogen 안지오텐시노겐 : 간에서 합성되어 혈액으로 방출되는 α_2-글로불린의 일종으로 400여 개의 아미노산으로 이루어진 단일펩티드분자. 신장의 JGA에서 방출되는 레닌이라는 가수분해효소의 작용으로 분해되어 10개의 아미노산으로 된 안지오텐신 I 이 된다.

antibody 항체 : 면역반응에 있어 항원의 자극에 의하여 생체 내에서 생성되어 항원과 특이한 결합을 하는 단백질의 총칭.

anticodon 안티코돈, 역암호문 : 전달 RNA(mRNA)분자의 코돈에 상보적으로 짝을 지어 결합하는 운반 RNA(tRNA) 3개의 염기.

antigen 항원 : 동물의 체내에 침입해서 항체를 만들도록 자극시키는 큰 분자의 단백질, 다당류, 또는 세균과 바이러스을 의미하며, 이들을 이물질(異物質)이라고도 한다.

antigenic determinant 항원결정기(抗原決定基) : 항체의 항원결합부위와 결합하는 항원의 특정 부위로서 epitope라고도 한다.

aplanospore 부동포자 : 편모나 그 외의 운동기관을 갖지 않기 때문에 운동성이 없는 포자인데, 아키네트(akinete)도 부동포자의 일종이다. 명료한 세포벽을 갖는다.

archegonium 조란기 : 자성생식기관의 일종으로 조란기식물 및 윤조류 등에서 볼 수 있고, 전자에서는 체내에 반은 매몰되어 있으나 후자에서는 모두 체외로 돌출해서 존재하는 데, 어느 것이나 속에 1개의 난세포를 갖게 된다.

archenteron 원장 : 내배엽으로 덮인 낭배의 중심강으로 소화기계의 원기를 이룬다.

Arthropoda 절지동물 : 후생동물의 한 문으로 몸은 좌우대칭을 이루며 뚜렷한 체절성을 보이며 각 체절에 관절이 있는 부속지를 갖는다.

Ascomycetes 자낭균류 : 자낭균류강의 균류로 자낭에서 자낭포자를 형성하며 효모, 푸른곰팡이, 맥각균 등이 있다.

ascus 자낭 : 자낭균류의 포자낭으로 관 모양이고 8개의 포자를 형성한다.

asexual reproduction 무성생식 : 배우자의 결합이 없는 생식으로 무사분열, 포자생식, 출아법 등이 있다.

aspartate transcarbamoylase(ATCase) 아스파르트산 트랜스카르바모일라아제 : 아스파르트산에 카르바모일기를 결합시켜 카르바모일 아스파르트산으로 만들어 주는 효소.

asymmetric carbon 부제탄소(不齊炭素) : 분자내에 어떤 탄소원소가 4개의 서로 다른 원자 또는 원자단과 결합하고 있는 경우의 탄소를 말한다.

atom 원자(原子) : 원소를 구성하는 기본단위 입자. 양성자와 중성자로 이루어진 원자핵과 그 주위를 돌고 있는 전자로 이루어진다.

atomic mass unit(amu) 원자질량단위 : 원자의 질량을 나타내는 단위로서, 탄소원자의 질량수를 12로 했을 때 그 1/12을 말한다 (1.660149×10^{-24}g).

atomic number 원자번호 : 원자의 종류를 결정하는 수치로서, 원자핵 내에 있는 양성자의 수나 전자의 수와 일치한다.

atomic weight 원자량 : 6번 탄소의 무게를 12로 정하고 이와의 상대치로 표시한 각 원자의 질량.

ATP : ADP와 밀접하게 관련된 아데노신의 뉴클레오시드삼인산. 에너지 전달반응에서 고에너지 중간물질로 물질대사에 있어서 화학에너지의 주공급원 물질이며 미토콘드리아에서 대부분 존재한다.

atrioventricular node 방실결절(房室結節) : 포유동물 심장의 우심방과 우심실 사이에 있으며, 특수 전도조직 섬유가 모인 것으로 심방에서 심실로의 전기적 충격을 전달해 준다.

autoimmune disease 자가면역병 : 동물체 자신의 조직성분에 대하여 면역반응을 일으켜 생기는 면역계 장애에 의한 질병.

autosome 상염색체 : 성염색체를 제외한 일반 염색체.

autospore 자생포자 : 내생포자의 일종으로 유주자와 같은 운동성을 갖지 않고 포막상인 것 즉, 영양체의 세포내용이 2개 내지 다수로 분열하여 어버이의 세포막 내에 새로운 막이 만들어져 곧 어버이의 세포질을 취하여 생긴다. 이것이 연쇄상으로 되면 내생군체가 된다. 남조류나 녹조류 등의 것에서 볼 수 있다.

autotroph 독립영양생물 : 무기물질을 재료로 하여 유기화합물을 합성하여 생명활동에 이용하는 생물, 녹색식물이나 광합성세균 등이 이에 속한다.

autotrophic 독립영양성 : 무기질로서 유기화합물을 합성하는 능력을 뜻한다.

auxin 옥신 : 식물생장호르몬으로 특히 길이 생장을 촉진시키며 IAA나 헤테로 옥신 등이 있다.

axon 축색, 축색돌기(軸索突起) : 신경의 수상돌기로부터 전달되어 온 신경충격(자극)을 전도하는 긴 섬유성 돌기.

axon terminal 축색말단 : 신경의 축색돌기의 끝부분으로 가늘고 수많은 가지모양의 섬유로서 이웃 신경세포의 본체 또는 수상돌기에 분포한다.

B

bacteriophages 박테리오파아지 : 용균소 생성작용으로 세균을 파괴시키는 비루스. 세균성 비루스.

balanced polymorphism 평형다형 : 유전적 다형의 일종으로 과도적이 아니고 집단에서 항구적으로 가지고 있는 다형.

Barr body 바르소체 : 2개 이상의 X-염색체를 갖는 경우, 휴지핵 상태에서 1개를 제외한 나머지 X-염색체가 불활성상태로 응축되어 나타나는 소체.

base 염기 : 핵산과 뉴클레오티드의 피리미딘핵 또는 퓨린핵을 가진 부분은 염기성이어서 염기라고 하며 퓨린염기와 피리미딘염기로 나눈다.

base 염기(基) : 용액 속에서 양성자(H^+)를 받아들이는 물질(양성자 수용체). 또는 전자(e^-)를 방출하는 물질(전자 공여체).

Basedow's disease 바세도우씨병 : 갑상선호르몬의 분비과다에 의해 생기는 질병으로 맥박이 빠르고, 갑상선이 부어오르며, 안구돌출의 증상을 보임. 미국에서는 그레이브씨병(Graves' disease)이라고 한다.

base sequence 염기배열 : DNA에 있어 4가지 종류의 염기(A, T, G, C)가 생물 종류에 따라 일정한 순서로 배열한 것.

basidium 담자기 : 담자균류의 특징인 곤봉모양의 포자형성구조.

bile salts 담즙산염 : 담즙의 한 성분으로 글리코콜산과 타우로콜산의 나트륨염 등이 주성분. 십이지장에 분비되어 지방질을 유화함으로서 리파아제에 의한 지방분해 및 흡수를 돕는 작용을 한다.

binominal nomenclature 이명법 : 1758년 린네가 세운 것으로 생물종의 학명을 라틴어로 2개의 단어 즉, 첫째는 속명, 다음에 종명을 사용하는 명명법.

biochemical genetics 생화학유전학 : 유전현상을 생화학적으로 해석하려는 유전학의 한 분야.

biochemical mutation 생화학돌연변이 : 생물에서의 대사이상에 해당하는 돌연변이의 총칭. (예) 영양요구성 돌연변이, 약물에 관한 저항성 돌연변이.

biochemical oxygen demand(BOD) 생화학적 산소요구량 : 수중에서 증식하는 호기성 미생물의 호흡에 의하여 소비되는 용존산소량. 수중의 유기물 오염도를 표시하는 중요한 척도. mg/l 또는 ppm으로 표시함. Biological Oxygen Demand(생물학적 산소요구량)라고도 한다.

biomass 생물량, 생체량 : 일정한 생물집단에서 임의의 공간에 존재하는 생물체의 양을 중량 또는 에너지의 양으로 표시한 것.

biome 생물군계 : 주로 기후조건에 의해서 구분되고, 유지되는 동식물의 군집. 즉 툰드라, 하록림, 열대다우림, 사바나 등으로 나누어진 범위에 존재하는 생물군집의 단위.

biosphere 생물권 : 지구상에서 생물이 살고 있는 장소. 지구 전체로 보면 수권 및 대기권도 이에 속한다.

biota 생물상 : 어떤 지역에 생식(生息)하는 모든 생물종, 식물상(flora)과 동물상(fauna)을 합한 것.

blastocoel 할강, 포배강 : 포배 내의 강소로 흔히 포배강액의 증가로 강은 확장된다.

blastocyst 배반포 : 포유류의 초기 발생단계에서 상실배를 끝낸 포배에 상당하는 배아를 유태반류에서는 배반포라고 한다.

blastodisc 배반 : 파충류, 조류 등의 단황난에 있어서 동물극부근의 난핵을 중심으로 한 원형질이 많고 난황이 적은 부분으로 난할에 의해 배반엽이 되고 배아형성에 관여한다.

bone lacuna 골소강 : 골세포를 수용하는 장소를 골소강이라고 하며 그 둘레에 콘드로이틴 황산을 주체로 하는 프로테오글리칸(단백질다당)과 다량의 인산칼슘, 인산마그네슘 등으로 된 골기질로 둘러싸인다.

bottleneck effect 병목효과 : 극히 작은 수의 개체로 이루어진 집단에서 일부 개체들이 특정한 유전자를 가졌을 경우 이들 사이에 교배가 이루어지는 결과로 집단이 커짐과 동시에 그 유전자의 빈도가 처음부터 많은 개체군으로 형성된 집단보다 높게 되는 효과.

Bryophyta 선태식물 : 뿔이끼류, 우산이끼류, 솔이끼류 등을 모두 포함하는 분류군. 배우체가 포자체보다 우세하여 포자체가 그 위에 기생하며 장정기, 장란기, 포자낭 등의 생식기관이 조류의 것보다 구조적으로 고등하다.

budding 출아 : 파생물이나 싹이 각각의 개체를 형성하는 것.

buffer action 완충작용 : 어떤 용액에 산 또는 염기를 가했을 때 그 용액의 급격한 pH의 변동을 억제해 주는 작용. 완충작용을 갖는 용액을 완충액이라 하며, 일반적으로 약산(또는 약염기)과 그의 염으로 이루어짐. 완충작용을 갖는 용액계를 완충계라고 한다.

bursa of Fabricius 파브리시우스낭 : 조류의 후장(後腸)과 총배설강 사이에 있는 상피성 림프기관으로 B-세포가 성숙하는 부위.

C

cambium 형성층 : 제2차 도관부와 사관부를 형성하는 많은 관속식물의 뿌리와 줄기의 목부, 사관부 사이에 있는 분열세포의 층.

cAMP(cyclic AMP) 고리모양 AMP : 아데닐산 시클라아제 효소에 의해 ATP로부터 만들어지는 고리형 뉴클레오티드로서, 여러 호르몬과 전달분자의 2차전달분자로 작용하는 중요한 세포기능 조절분자.

cancer 암(癌) : 세포성 악성 종양을 말하며, 치명적이다. 암세포는 양성 종양세포와 달리 침투성이 강하며, 다른 조직부위로의 이행성이 강함. 암은 크게 상피성 조직에서 유래하는 암종(癌腫, carcinoma)과 비상피성 조직에서 유래하는 육종(肉腫, sarcoma)으로 나뉜다.

capacitation 수정능획득 : 포유류의 정자는 사정된 후 난자에 진입하려면 일정 시간을 자궁과 난관내에 머물러야 하는 데 이와 같이 정자가 수정능력을 얻기 위해서는 어떤 종의 생리적 변화가 필요한 데 이 변화를 수정능획득이라고 한다.

carbohydrate 탄수화물 : 수소원자와 산소원자의 비율이 2 : 1로 된 수소, 산소 및 탄소로 이루어진 유기화합물.

cardiac muscle 심근 : 심장의 심근층을 이루는 근육으로 심장의 수축과 이완에 관여한다. 척추동물의 심근은 형태적으로 횡문근에 속하나 골격근과는 달리 핵은 세포중심에 위치하고 각세포는 분지하고 문합해서 다른 근세포와 망상으로 연락되어 있다. 그리고 일정 간격을 두고 Z선에 일치되는 곳에 섬유를 횡단하는 윤반(intercalated disk)을 갖는다.

carpogonium 조과기 : 홍조류의 자성 생식기관으로, 난세포와 수정모를 중요한 구성요소로 하고 있다.

carposporophyte 과포자체 : 홍조류에서 볼 수 있는 특수한 생활세대로, 조과기가 수정한 뒤 수정핵에서 유래한 세포가 신장하여 짧은 사상체의 모임이 되고, 그 전부 또는 선단세포가 과포자로 되어 모체로부터 분리된다. 이러한 사상부가 과포자체이다.

catabolism 이화작용(異化作用) : 생물체에서 일어나는 대사작용의 하나로, 고분자물질이 저분자물질로 분해되면서 에너지 방출을 수반하는 생화학반응.

catalysis 촉매작용 : 화학반응에 직접 관여하지 않고 화학반응의 속도만을 촉진시키는 작용.

cell cycle 세포주기 : DNA가 합성되어 배가 되어 나누어져 2개의 세포를 이루는 주기를 말하며 S기, G_2기, M기, G_1기 등의 4기로 구분된다.

cell mediated immunity 세포성 면역 : T-림프구가 항원에 특이적으로 응답하여 증식 분화됨으로써 여러 기능세포가 되고 이들이 각종 인자를 생산 분비하여 면역기능을 보이는 것. 암세포나 이식조직에 대한 거부반응 등에 관여하는 것이 세포성 면역이다.

cell membrane 세포막(細胞膜) : 세포를 둘러싸고 있는 구조적 및 기능적 경계막. 인지질과 단백질이 주요 구성성분이다.

centromere 동원체 : 염색체의 특정한 부위로 세포분열시 이 부위에서 동원체사가 방추체의 극을 향하여 발달하여 중기 때 적도면상에 배열하며 후기에 다른 부위의 염색체보다 먼저 앞서 극으로 이동한다.

Cephalopoda 두족류 : 연체동물문의 한 강으로 이들 중 최고의 체제를 가지고 있으며 문어, 오징어, 낙지 등이 이에 속한다.

chaparral 지중해성 관목 : 미국 남부 캘리포니아에서 발견된 관목수림 군집.

Charophyta 윤조식물문 : 담수에 생육하는 이 식물군은 분지하는 사상체도, 녹조식물과 동일한 색소조성 때문에 녹색을 띠로 셀룰로오스성 세포막엔 때로 탄산칼슘이 덮여서 돌풀이라고도 불린다. 사상체는 기다란 절간세포와 마디세포가 반복되는 구조인데 마디에서 윤생지를 낸다. 난자와 정자가 미생식세포성 싸개를 갖는 것이 일반 조류보다 고등하다.

chemical bond 화학결합 : 2 이상의 원자간의 상호 결합으로 공유결합, 이온결합, 배위결합, 수소결합 등이 있다.

chemical coupling hypothesis 화학공역설(化學共役設) : 미토콘드리아 내막에서 일어나는 산화적 인산화반응에서의 ATP 생성기작에 대한 한 학설로, 일종의 고에너지 중간체가 형성된 후 그 에너지에 의해 ATP가 합성된다는 가설.

chemical transmitter 화학전달물질 : 신경 축색돌기 말단의 시냅스혹내에 있는 시냅스소포에서 방출되는 자극전달물질. 아세틸콜린, 세로토닌, 노르에피네프린, γ-아미노부티르산, 아스파르트산 등이 있다.

chemoautotrophic 화학적 자급영양성, 화학독립영양성 : 일부 박테리아에서 어떤 무기물질을 산화시켜 획득한 에너지로 자신의 영양물질을 얻는 현상.

chemoreceptor 화학수용기(化學受容器) : 미각이나 후각과 같이 화학적 자극에 대해 민감하게 반응하는 자극수용기.

chemotroph 화학영양생물 : 동물과 같이 식물이나 다른 동물이 갖고 있는 고분자 유기화합물을 섭식하고 분해시켜 유리되는 에너지를 얻어 생명활동을 영위하는 생물(=종속영양생물).

chief cell 주세포(主細胞) : 위선(胃腺)을 이루는 점막상피세포의 하나로 펩시노겐을 분비한다.

chitin 키틴질 : N-아세틸글루코사민의 중합체인 다당류로서 곤충이나 갑각류 등 절지동물의 외골격이나 대부분 균류의 세포벽을 이루는 성분이다.

Chlamydomonas 클라미도모나스 : 단세포 녹조류의 일종. 두 개의 편모가 있고 군체를 형성하지 않으며, 단독생활을 한다.

Chlorphyceae 녹조강 : 녹조식물문의 한 강. 엽록소 a, b와 α, β, γ-카로틴 그리고 여러 가지 카로티노이드를 광합성색소로 갖고 있다.

chlorophyll 엽록소 : 광합성생물에서 엽록체의 틸라코이드속에 존재하는 동화색소(同化色素)의 한 종류.

chloroplast 엽록체 : 조류(algae)와 녹색식물에 존재하며 광합성을 하는 세포내 소기관.

chondroblast 연골아세포 : 연골모세포라고도 하며 간충직세포가 분화해서 연골모세포가 되며 이는 그 주위에 교원 또는 탄력섬유와 연골질을 형성하며 섬유와 기질의 양의 증가와 함께 연골 모세포는 연골세포로 분화된다.

chorion 융모막 : 장막이라고도 하며 양막류의 배아를 둘러싸고 있는 양막 외부를 싸는 배외막으로 진수류의 장요막 태반 중 장막 표면에 융모가 발생하므로 융모막이라고 한다. 영장류에서 융모막은 자궁내막의 기저탈락막(모성태반)에 접해서 태아성태반을 형성한다.

chromatid 염색분체 : 유사분열에서 전기의 초기부터 중기에 이르기까지 염색체가 장축으로 종렬하여 2개로 되어 있는 데 그 각각을 말한다.

chromatin 염색질 : 진핵세포의 핵 속에 존재하는 호염기성 색소에 잘 염색되는 물질로 DNA 염기성 핵 단백질 복합체를 주성분으로 하며 세포주기에 따라 그 모양이 변형된다.

chromonema 염색사 : 핵사라고도 하며 분열 중기의 염색체나 염색분체, 간기의 핵 속에서 광학현미경으로 식별이 가능한 가장 가느다란 사상구조.

chromosomal polymorphism 염색체다형 : 동일 개체군의 핵형 중에서 상동염색체가 2형 또는 그이상으로 다른 형태를 나타내는 현상. 종의 진화를 설명하는 데 중요한 뜻이 있다.

chromosome 염색체 : 동 · 식물세포의 유사분열이나 감수분열 때 염기성 색소에 진하게 염색되는 막대 모양의 구조물로 세포 속의 유전물질인 DNA가 함유되어 있다.

chyme 유미즙 : 위와 소장의 상단부에서 볼 수 있는 일부 소화된 음식물과 소화액의 혼합물.

chymotrypsin 키모트립신 : 췌장에서 분비되는 단백질가수분해효소의 하나. 폴리펩티드 중 방향족 아미노산(Tyr, Phe, Trp) 뒤의 펩티드 결합을 특이하게 잘라 준다.

cis · trans test 시스-트란스 검정, 상보성 검정 : 2가지 서로 독립적인 유전자 돌연변이가 한 유전자내의 같은 기능단위(cistron)에 생긴 것인지 아닌지를 검정하고, 그 기능단위가 한 유전자내에 자리잡고 있는 구역의 한계를 밝히기 위한 유전학적 검정법.

cistron 시스트론 : 유전자의 미세구조에서 기능적 최소단위. BENZER에 의해서 주장되었다.

cis type 시스형, 시스배열 : 하나 또는 두 유전자좌에 두 상이한 유전자가 동일 DNA 가닥에 나란히 배열된 형을 말한다.

cleavage 난할 : 분할이라고도 하며 발생초기에 수정난에서 일어나는 세포분열로 계속해서 신속히 일어나며 일반세포분열과는 달리 성장기를 수반하지 않는다.

climax 극상 : 식물군락이 주위의 환경과 서로 영향을 미쳐 나가면서 변천(천이)하여 가지만 그 최종 단계에서는 군락과 환경과의 사이에는 일종의 동적 평형이 성립되어 군락은 안정되어 구조나 조성이 변화를 하지 않게 된다. 이 상태를 극상이라 한다.

cline 형질경사 : 종에서 어떤 구조나 생리적인 기능 등이 일정한 범위 내에서 한쪽 방향으로 계속 변화되는 경향성.

cloaca 총배설강 : 배출강이라고도 하며 소화관의 종말부로 동시에 생식관과 수뇨관이 개구하는 강소이다. 양서류, 파충류, 조류에서는 소화관의 종말부와 비뇨생식관이 총배설강에 개구되나 단공류를 제외한 포유류에서는 소화관의 종말부는 항문으로 분리되고 비뇨생식관은 별도로 개구한다.

clonal selection theory 클론선택설 : 수많은 림프구 중에서 어느 특정 세포군만이 항원에 의해 선택적으로 자극을 받아 클론을 형성하면서 항체를 만든다는 학설. F.M. BURNET 등이 제창(1955).

clone 클론 : 동일한 유전적 조성을 갖는 세포군이나 유기체.

clotting factor 응고인자 : 혈액 응고에 관여하는 단백질 인자들로 혈장 내에서는 불활성형으로 존재하나 혈액이 상해로 인해 혈관을 벗어날 때 일련의 반응경로를 거쳐 활성화되면서 혈액응고를 일으킴. 비단백질 성분인 Ca^{2+} 등도 응고인자에 포함되며, 사람의 경우 현재 11가지가 관여함이 알려져 있다.

codominance 공우성 : 이형접합체에서 두 대립유전자가 각각 독립적으로 형질을 우성으로 발현하는 현상.

codon 코돈, 암호문 : 합성에 있어서 아미노산 서열을 규정하기 위하여 DNA나 mRNA분자에 들어 있는 개의 염기조(組).

Coelenterata 강장동물 :진정후생동물의 한 문으로 원장배가 그대로 성체가 된 형태이어서 몸의 외배엽과 내배엽만으로 된 이배엽성 동물이다. 히드라, 해파리, 말미잘, 산호 등이 있다.

coenocyte 다핵체 : 핵을 여러 개 지닌 세포로 정균류 및 다양한 곰팡이에서 볼 수 있다.

coenzyme 조효소(助酵素) : 효소가 기질에 작용하여 떨어져 나온 기능기 등을 일시 수용하거나 다른 물질에 전달해 줌으로써 효소의 기능을 도와주는 물질로, 이들은 대부분 비타민 B 복합체 성분을 분자내에 함유한다. 종류에는 NAD, FAD, coenzyme A 등이 있다.

collagenous fiber 교원섬유 : 결합조직의 세포간질 속에 있는 섬유로 이 조직의 고유세포에 의해서 세포외로 형성된다. 매우 강한 장력을 가지며 직경 20~100nm의 교원원섬유의 다발로 구성되어 있다. 이것에는 약 70nm의 간격으로 가로무늬가 보인다.

collenchyma 후각조직 : 기계조직의 일종으로 후각세포가 모여서 된 단순한 조직이다. 보통 초본성인 쌍자엽류의 표피 아래 또는 그 가까이 피층의 외부에 환상으로 배열하는 데, 능각부를 가진 것은 모서리에 있다. 줄기의 굴절 저항성을 강하게 하고 잎자루, 꽃가루, 식물에 따라서는 뿌리줄기에도 있다.

collenchyma cell 후각세포 : 세포가 서로 접하는 모서리가 특히 비후된 세포로, 대개는 줄기의 장축 방향으로 신장한다. 후벽부는 광선을 현저하게 굴절시키나 세포벽질은 셀룰로오스로 이루어졌으며, 세포간극은 없는 것이 많고, 후각조직을 형성한다.

colonial form 군체형 : 녹조식물 체제의 하나이다. 또한 세균류에서는 평판배지상에 여러 가지 형의 군체를 형성하는 데, 군체의 형태는 세균의 종류에 따라 다르기도 하지만 같은 균에서도 유전적인 변화나 배양 조건에 따라 변화한다.

commensal 공생체 : 두 종이 어울려 살면서 한 생물이 다른 생물에는 이익을 주지 않으면서 자신은 이익을 받는 공생상태.

commensalism 편리공생 : 두 종 사이에서 한 종이 다른 종에게 해를 주지 않으면서 이익을 보거나 이익을 주는 생활 관계.

community 군집, 군락 : 특정한 지역에서 동물, 식물 및 미생물이 모여 서로 상호작용을 하면서 서식하는 생물의 집단.

compensation point 보상점 : 광합성을 하는 동안 생산된 O_2의 양과 호흡에 소비되는 O_2의 양이 같을 때 빛의 강도.

competitive inhibition 경쟁적 저해 : 기질과 매우 유사한 구조를 갖는 물질이 효소에 대해 기질과 경쟁적으로 결합함으로써 효소반응을 억제시키는 가역적 저해.

complement 보체(補體) : 혈청에 존재하는 글로불린의 일종으로 9가지 성분으로 이루어져 있으며, 매크로파아지의 활성화, 항원-항체복합체의 분해작용 및 옵소닌작용 등의 기능을 가진다.

concentric bascular bundle 포위유관속 : 목부를 사부가 감싸거나 사부를 목부가 감싸는 것과 같은 포위형태의 유관속으로 단자엽류의 줄기와 양치식물의 줄기, 잎 등에 존재한다.

cone cell 추세포(錐細胞) : 밝은 빛에 예민하고 색각에 관여하는 원추 모양의 시각 수용기 세포이며, 망막의 중심부위에 밀집해 있다.

conidia 분생자 : (1) 담포자체의 분절에 의해 형성되는 무성적 포자. (2) 어떤 박테리아 끝에서 형성되는 특수 세포나 포자.

Coniferales 구과목 : 소나무강의 한 목으로 완전한 구과를 형성하는 침엽수류.

conjugation 접합 : (1) 두 개체가 일시적으로 결합하는 행동으로 핵물질을 서로 교환하며 조류, 곰팡이, 원생동물에서 볼 수 있다. (2) 어떤 조류의 동형배우자의 결합.

convergence 수렴(收斂) : (1) 다수의 뉴런에서 1개의 뉴런으로 시냅스결합이 되어 있는 것. (2) 유연관계가 먼 생물이 유사한 환경에서 살고 있기 때문에 표면상 유사한 형질로 진화하는 현상.

corpus luteum 황체 : 척추동물의 난소에서 배란 후 여포벽을 이루는 여포상피(과립막)세포와 이를 둘러싸고 있는 결합조직(내막)세포에 변화가 생겨 세포는 비대하고 지질과 카로티노이드계 색소(황색루테인)를 포함한 조직괴를 형성하는 데 이를 황체라고 한다.

cortex 피층 : (1) 줄기, 뿌리의 표피조직과 유관속 사이의 유조직. (2) 어떤 원생동물의 생물체의 바깥부분.

cortisol 코르티솔 : 부신피질에서 분비되는 스테로이드호르몬의 하나로 탄수화물대사를 조절하는 기능을 가진다.

Corti' s organ 코르티기관 : 청각을 감지하는 청세포와 그를 둘러싼 지지세포로 이루어진 와우각의 한 부위로 와우(각)관이라고도 부른다.

covalent bond 공유결합(共有結合) : 두 원자 사이에서 하나 또는 몇 개의 전자를 서로 공유함으로서 형성되는 화학결합.

C-plant C-식물 : 광합성의 한 형태로 CO_2고정의 첫 산물이 -포스포글리세르산으로 엽육세포에서 이루어진다.

C_4-plant C_4-식물 : 광합성의 한 형태로 CO_2고정의 첫 산물이 말산과 아스파르트산으로 유관속초세포와 엽육세포에서 이루어진다.

creatine phosphate 크레아틴인산 : 근육에 주로 많은 인산화된 질소화합물. ADP에 인산기를 주어 ATP로 전환시키는 고에너지 인산화합물의 일종.

crumb structure 단립(團粒)구조 : 토양입자가 분해과정의 유기물이나 균사, 지렁이 등 기타 토양 동물의 분괴(糞塊) 등의 모양으로 모여진 집합체로서 토양이 부드럽고 다공질(多孔質)인 구조.

Crustacea 갑각류 : 절지동물문 대악아문의 한 강으로 몸은 두 · 흉 · 복부로 나누어지고 전방 흉절의 몇 개는 두부와 유합해서 두흉부를 이룬다.

Cryptophyta 크리프토조 식물문 : 조류(algae) 분류군의 한 문. 황갈근식물문의 한 강으로 취급하기도 한다. 단세포, 깃꼴과 채찍꼴의 두 편모가 있다.

cuticula layer 큐티클층 : 표피세포의 외계에 면한 세포벽이 두렷하게 비후되어 있을 때 섬유소로 된 세포벽과 큐티클과의 사이에 섬유소와 큐틴으로 된 층을 갖는 데, 이부분을 큐티클층이라 한다.

cutin 큐틴 : 슈베린과 유사한 물질이며 표피세포 외막의 겉쪽은 거의 큐틴으로 되어 있고, 또한 내피에서는 코르크화와 큐틴화가 일어나 물, 공기, 가스 등의 세포막 통과를 방해한다.

Cyanobacteria 시아노박테리아, 남조류 : 엽록소 *a*를 가진 광합성세균으로 광합성 중에 산소를 생성시킴. 많은 종이 질소고정능을 가지기도 한다.

cytochrome 시토크롬 : 세포내 호흡효소로 동 · 식물조직에 널리 존재하며 철분을 함유하는 색소체를 형성.

cytokinesis 세포질분열 : 일반적으로 세포분열의 종기에 핵분열에 뒤이어 일어나는 세포질체의 분열을 뜻한다.

cytokinin 시토키닌 : 식물의 유사분열을 자극하는 아데닌을 함유한 화합물 그룹의 일종.

cytoplasm 세포질 : 세포에서 핵을 둘러싸는 원형질 부분으로 투명질, 세포막, 세포기관 등을 포함.

cytosine 시토신 : 2-옥시-4-아미노 피리미딘, C_4H_5NO. 핵산 구성 염기의 하나.

cytosol 기질 : 세포성분을 함유하고 있는 세포액상 부분.

D

dalton 달톤 : ^{12}C의 원자무게에 대한 1/12과 동등한 무게의 단위.

deamination 탈아미노반응 : 산화, 환원, 가수분해에 의해 아미노산으로부터 아미노기를 제거하는 것.

decarboxylation 탈탄산반응 : 아미노산에서 이산화탄소를 잃거나 떼어내는 것.

dedifferentiation 탈분화 : 세포분화의 환원으로 배의 형태가 일반화된 것.

dehydrogenase 탈수소효소(脫水素酵素) : 기질분자로부터 수소를 제거하는 효소. 수소 수용체인 조효소를 필요로 한다.

delamination 엽열법, 분층법 : 척추동물의 발생에 있어서 표면에 배층을 모체로 해서 내부로 새로운 세포층을 형성 분리하는 배엽의 형성방법을 말한다. 이 경우 표면의 세포층을 배반엽상층, 내부에 분리된 세포층을 배반엽하층이라고 한다.

deletion 결실 : 염색체의 일부가 탈락하여 소실된 현상. 따라서 그 부위에 자리잡고 있는 유전자는 그 개체에 없게 된다.

denaturation 변성(變性) : 단백질에 약한 물리적 또는 화학적 처리를 하였을 때 약한 화학결합이 끊어져 입체구조가 변형되는 것. 이때 그 단백질의 생물학적 활성은 상실된다.

dendrite 수상돌기 : 뉴런의 돌기 중 짧은 수지상의 돌기를 말하며 정상적인 신경충격(흥분)의 전도에서 수상돌기는 신경세포를 향해서 구심적으로 전도한다.

denitrification 탈질소작용 : 질소화합물에서 질소를 이탈시키거나 질산염을 단순화합물로 환원시켜 질소를 떼내는 과정.

depolarization 탈분극(脫分極) : 휴지기에 막 내외에 걸쳐 존재하는 전위차가 되는 현상.

developmental potency 발생능 : 어떤 발생단계에 있는 한 배역이 갖는 발생적 가능성을 말한다. P.A. WEISS는 발생능을 형성능과 분화능으로 구분하고 전자는 능동적으로 배역에 작용해서 편제된 발생 과정을 유도하는 능력으로 규정하고, 후자는 수동적으로 주어진 조건 하에서 그것에 대응하는 분화과정을 수행하는 능력을 뜻한다.

dialysis 투석(透析) : 용질분자들이 반투과성 막을 통과할 때 분자 종류에 따라 확산속도에 차이가 나는 것을 이용하여 이들을 분리하는 방법.

diastole 확장기 : 심장의 이완시기.

dicotyledon 쌍자엽류 : 쌍자엽군의 식물로 배에서 자엽이 두 잎 나오는 꽃식물로 잎은 그물맥 잎이고, 꽃은 4~5부분으로 구분되며 관다발은 원주상으로 형성층이 있으며 150,000종의 고등식물이 이에 속한다.

dictyosome 딕티오솜 : 생식세포나 많은 무척추동물의 세포질 내에는 망상구조가 아닌 소체(小體)가 산재하는 데 A.W. PERRONCITO(1910)는 이를 딕티오솜이라 하였다.

differentiation 분화 : 특수하지 않은 구조가 특수한 기능을 하기 위해 변형되거나 특수화되는 과정.

diffusion 확산(擴散) : 원자나 분자 또는 이온이 그들의 자유로운 운동에 의하여 고농도에서 저농도쪽으로 이동하는 현상.

digestion 소화(消化) : 동물이 섭취한 고분자의 음식물이 가수분해에 의하여 작은 분자로 분해되는 현상.

dihybrid 양성잡종 : 다른 두 유전자 좌위에서 이형 접합이 이루어진 잡종.

Dinophyceae 쌍편모조강 : 식물체는 단세포성 플랑크톤이며, 상각·하각 두 조각의 세포막은 thecal plate로 구성되어 있고, 몸의 측면에서 돌출한 두 편모 중 하나는 종렬하고, 다른 하나는 횡측으로 세포체를 둘러싸는 특징이 있다.

dioecious 자웅이주 : 동일종의 식물에 있어서 암꽃과 수꽃이 각각 다른 그루에 달리는 것.

disaccharide 이당류(二糖類) : 2분자의 단당류가 배당결합으로 결합된 것으로 맥아당, 유당, 설탕 등이 있다.

dissociation 해리(解離) : 분자가 그 구성 원자나 원자단 또는 이온으로 분리되는 현상.

dissociation rate 해리도(解離度) : 해리평형에서 해리된 분자수와 해리되지 않은 분자수와의 비값.

disulfide bond 디설피드결합(S-S결합) : S-함유 아미노산인 시스테인의 두 -SH간에 형성된 공유결합.

DNA 데옥시리보핵산 : 생물의 유전정보를 가지고 있으며, 염색체에서 발견되는 핵산, 유전물질.

DNA base sequence DNA 염기배열 : DNA 구조에서 4가지 종류의 염기가 생물 종류에 따라 일정한 순서로 배열된 것.

DNA ligase DNA 리가아제 : 2가닥 DNA의 한 가닥에 생긴 절단을 결합시키는 효소. DNA의 재조합, 방사선에 의한 상해로부터 DNA의 회복, DNA 합성 등에서 중요한 역할을 한다.

DNA recombination DNA 재조합 : 교차, 중복 등에 의하여 DNA의 내용이 새로이 조합되는 현상. 현재는 인위적으로 DNA를 절단하고 다른 DNA 부분과 결합하여 DNA 재조합을 이룰 수 있다.

domain 도메인 : 면역글로불린의 H-와 L-폴리펩티드사슬에서 약 110개의 아미노산을 단위로 하여 1차구조가 거의 유사한 폴리펩티드로 이루어진 것. 각 도메인은 디설피드 결합에 의해서 루우프 모양을 이룬다.

dorsal blastoporal lip 원구배순 : 배발생 초기에 포배기가 끝나고 낭배형성기에 들어서면서 원장형성의 진행에 따라 원구가 형성되는 데 원구를 둘러싸는 부분을 원구순이라고 하며 원구순은 배아의 배복축에 따라 배순, 복순, 측순 등으로 부른다. 원구배순은 특히 세포분열이 활발하게 일어나서 내부에서 원장으로 통한다.

double helix 이중나선 : DNA를 이루는 2가닥의 폴리뉴클레오티드가 나선형으로 감겨진 차원적 입체구조. 1953년 WATSON과 CRICK에 의해 밝혀졌다.

Down's syndrome 다운증후군 : 사람의 21번 염색체가 3개 있을 때 생기는 증후군. 이 증후군의 특징은 지능이 낮으며, 항상 입이 벌어져 있고, 혀를 약간 내민 상태를 나타낸다. 5세 이상의 산모가 출산할 경우에 발생 빈도가 높다.

Drosophila melanogaster 노랑초파리 : 초파리속의 일종으로 멘델의 유전을 보급시키고, 현대유전학을 발전시키는 데 공헌한 생물.

E

Echinodermata 극피동물 : 진체강동물의 한 문으로 성게, 불가사리, 해삼 등을 포함한다.

ecology 생태학 : 생물과 그들을 둘러싸고 있는 환경 사이의 관계를 연구하는 생물학의 한 분야.

ecosphere 생태권 : 지구상에서 무기물→생물→무기물이라는 기능적인 물질계가 인정되는 장소의 전체를 말한다.

ecosystem 생태계 : 생물 개체 간이나 생물과 환경 사이에 서로 상호작용을 유지하면서 생존하는 생물들의 집단.

ectoderm 외배엽 : 후생동물의 발생 중에 배아의 외표면을 이루는 배엽으로 낭배형성기에 배표면에 남아 배 내로 이동하는 내배엽과 중배엽으로부터 분리된다. 양막류에서는 예정 외배엽은 예정 중배엽과 함께 배반엽상층을 형성하며 그 후 원조를 통해 예정 중배엽이 함입하면 비로소 독립된 배엽으로서 배표를 덮는다.

ectotherm : 주위 환경에서 열을 흡수하여 체온을 유지하는 동물.

edema 부종(浮種) : 조직이나 기관의 세포간질액의 용적이 늘어나는 현상.

effector 효과기(效果器) : 신경자극이나, 호르몬작용에 의해 반응(근수축, 호르몬 분비)을 하는 조직이나 기관.

elastic cartilage 탄력연골 : 연골조직의 일종으로 기질 중에 탄력섬유를 다량 포함하고 있는 연골로 귀바퀴와 후두연골 등에서 그 예를 볼 수 있다.

elastin 엘라스틴 : 후생동물의 결체조직을 구성하는 기본적인 구조단백질. 신장성(伸張性)이 강하므로 굵은 혈관벽이나 폐포에 많이 존재한다.

electron 전자(電子) : 원자핵 주위에 있는 음전하(-)를 띤 입자.

electronegativity 전기음성도 : 전자(電子)에 대한 친화도.

electron shell 전자껍질(電子殼) : 원자핵 주위를 돌고 있는 전자들이 같은 에너지준위의 상태로 존재하는 것.

electron transport system 전자전달계 : 기실로부터의 전자가 단계적인 전달 경로를 거쳐 산소분자에 전달되는 반응계. 이에 관여하는 효소를 전자전달효소라 한다.

electrophoresis 전기영동법(電氣泳動法) : 일정조건(pH, 온도, 습도 등)에서 하전성이나 하전량의 정도가 다른 혼합물을 지지물질 위에 놓고, 정전압 직류전류를 일정 시간 흘려 그 구성 성분을 분리하는 방법.

element 원소(原素) : 단 한 종류의 원자로 이루어진 물질. 현재 100여 종의 원소가 존재한다.

embryo 배 : 접합자가 발생할 때 발생 초기에 있는 동식물의 형태

embryonic disc 배반 : 척추동물의 부분할을 하는 단황난(파충류, 조류)에 있어서 동물극 부근의 원형질이 많고 난황이 적은 부역으로 후에 난할해서 배반엽이 되고 배아 형성에 관여한다.

endocrine gland 내분비선(內分泌腺) : 순환계로 호르몬을 분비하는 조직이나 기관.

endocytosis 엔도사이토시스 : 원형질막의 유동작용에 의하여 외부로부터 물질을 세포속으로 들어오게 하는 현상의 총칭.

endoderm 내배엽 : 후생동물의 발생 중에 나타나는 배엽 중 가장 내측에 있는 배엽을 말하며 내배엽은 원장 형성에 의하여 외배엽에서 분리된다. 내배엽은 소화관의 주요 부 외에 간장, 췌장 등의 부속선, 인두의 파상체인 흉선, 갑상선과 호흡기 등을 형성한다.

endodermis 내피 : 중심주 또는 개개의 유관속 외면을 싸고있는 한 층의 유세포열로 세포벽은 엷고 섬유소로 되어 있으나 측막 및 상하막에 카스파리선을 갖는 것, 내면의 막이 매우 비후되어 목화되는 것, 세포벽은 특징이 없으나 세포내에 많은 녹말을 갖는 것 등이 있다.

endonuclease 엔도뉴클레아제 : 폴리뉴클레오티드사슬의 내부에서 3′, 5′- 포스포디에스테르결합을 절단하여 올리고리보뉴클레오티드를 생산하는 효소의 총칭. DNA와 RNA의 구별없이 사슬의 내부를 절단하는 것이 일반적이다.

endoplasmic reticulum 소포체 : 동식물세포의 세포질 속에 있는 세포내 막계(膜系)로서 이 막계의 구성요소는 단막(單膜)으로 둘러싸인 주머니 모양이나 여러 가지 종류가 있으며 세포내에서의 물질수송 기능을 하고 있다.

endosperm 배유 : 종자식물의 배주 또는 배낭 안에 형성된 영양조직으로 많은 식물의 종자 특히 곡물의 양분을 함유함. 두 개의 극핵과 하나의 정자세포 결합으로 된 배성.

endosymbiont 체내공생 : 공생하는 관계로 한 개체의 몸 안에 살고 있는 생물.

endotherm 내온동물: 자신의 대사작용을 통하여 체온을 유지하는 동물.

energy 에너지 : 일을 하는 데 요하는 능력(힘). 물질의 결합에 보존되어 있다.

enterokinase 엔테로키나아제 : 장점막에서 분비되는 단백질 분해효소로 트립시노오겐에 작용하여 펩티드 일부를 제거하여 활성형인 트립신으로 전환시켜 준다.

entropy 엔트로피 : 물체의 상대량의 하나.

enzyme 효소(酵素) : 생물체에서 합성되며, 생화학반응의 촉매로 작용하는 분자로 대부분이 구형 단백질이다.

eosinophil 호산성백혈구 : 세포질 속에 많이 포함되어 있는 과립의 색소에 대한 염색성으로 과립백혈구는 호중성, 호산성 및 호염기성백혈구로 나눌 수 있다. 호산성백혈구는 혈액 중 백혈구의 2~3%로 존재한다. 식작용은 비교적 약하며 기능면에서는 밝혀지지 않은 면이 많으나 알르레기반응에 관계하며 항원 · 항체 복합체를 식작용한다.

epididymis 부정소 : 부고환이라고도 하며 이는 정관의 시작부가 현저하게 굽어서 이루어진다. 그 말단부는 펴지면서 정관으로 이행되고 정소내의 정세관과는 정소수출관에 의해 연결된다.

epigenesis 후성설 : 전성설의 대립어로 생물의 발생에 있어서 단순한 상태에서 복잡한 상태로 발달하고 구조가 새로 생긴다고 하는 생각을 후성설이라고 한다.

epiphyte 착생식물 : 어떤 식물이 단지 지주나 위치를 위하여 다른 식물체 위에서 전적으로 자라는 식물을 말한다.

equilibrium density-gradient centrifugation 평형밀도경사원심분리법 : 밀도경사원심분리법의 일종. 저분자로 이루어진 매체의 밀도경사 및 용질의 같은 밀도지점에서의 분포가 시간과 더불어 변화하므로 평형상태에 도달할 때까지 원심분리하여 부유밀도에 의한 용질을 분리하는 방법.

equilibrium-potential 평형전위(平衡電位) : 농도의 차이를 갖는 막 내외의 이온이 전기화학적 평형을 이룰 때 막에 형성된 전위차.

erythroblastosis fetalis 태아적아세포증(胎兒赤芽細胞症) : Rh^+ 혈액형의 아버지와 Rh^- 혈액형의 어머니 사이에서 반복임신시 생긴 Rh^+ 혈액형 태아의 혈구가 태반을 통해 들어온 어머니의 항Rh 항체에 의해 파괴되어 태아가 유산 또는 사산되는 증상.

***Escherichia coli* 대장균** : 사람의 대장에 기생하는 균. 미생물 유전을 연구하는 데 중요한 재료로 쓰인다.

essential fatty acid 필수지방산 : 체내에서 합성하지 못하므로 반드시 음식물로 섭취해야 하는 지방산. 리놀레산과 리놀렌산 등은 포유동물의 필수지방산이다.

estrogen 에스트로겐 : 발정호르몬의 작용을 갖는 물질의 총칭이다. 에스트로겐은 난소에서 형성되는 여성호르몬으로 성장과 분화를 촉진하며 성행위 및 성주기 등에 중요한 역할을 한다.

etiolation 황화(현상) : 녹색 식물을 암소에서 발육시킬 때 나타나는 현상. 엽록소가 형성되지 않아서 카로티노이드의 황색이 나타날 경우. 황화현상이 나타나지 않을 때는 백화라고 한다.

Euglenophyta 유글레나식물문 : 녹색을 띠는 단세포성 편모조류. 엽록소 *a*와 *b* 및 β-카로틴과 기타 크산토필계 색소를 가지며 광합성의 결과로 파라밀룸 또는 기름을 생산한다.

eukaryote 진핵생물(眞核生物) : 세포가 막으로 둘러싸인 핵을 소유하고 있는 생물 또는 세포. 때로는 eucaryote로도 쓰여진다.

eukaryotic cell 진핵세포 : 분열하고 있지 않은 시기의 세포에서 핵이

핵막에 둘러싸인 세포로서 세균이나 염조식물 이외의 모든 동 · 식물 세포가 이에 속한다.

eutrophication 부영양화 : 천연수가 모아진 수역은 영양염류가 빈약하지만 암석풍화 · 바람의 운반 · 지표수의 유입 등으로 점차 집적(集積)되어 거기에 생육하는 생물체의 생산에 의하여 서서히 영양염류가 증대한다. 이것을 자연적 부영양화라 한다. 여기에 인간의 작용이 가해지면 급속히 진전하는 데 부영양화가 한도를 넘게 되면 오염과 부수화(腐水化)가 생겨난다.

excitatory postsynaptic potential(EPSP) 흥분성 시냅스후전위 : 흥분성 신경전달분자의 작용에 의해 시냅스후뉴런에 생기는 탈분극성(흥분성)의 막 전위.

excretion 배설(排泄) : 생물체에서 대사작용으로 생긴 노폐물을 체외로 내보내는 현상.

excretory system 배설계 : 물과 노폐물을 체외로 배출하는 기관계를 배설계 또는 배출계라고 한다. 원생동물의 수축포, 해면동물의 변형세포, 강장동물의 위수관계, 편형동물의 원신관, 환형동물 · 연체동물 · 절지동물 등의 신관, 척추동물의 신장 등이 있다.

exocytosis 엑소사이토시스 : 원형질막 운동에 의하여 세포 내의 물질을 세포 밖으로 방출 또는 분비하는 현상으로 물질로 둘러싸인 소포의 막이 원형질막과 융합하여 소포의 안쪽이 외부로 열려져 내용물이 방출된다.

exonuclease 엑소뉴클레아제 : DNA분해효소의 일종으로 3′→5′ 방향으로 1개의 뉴클레오티드만 절단시키는 효소.

extensor 신근(伸筋) : 몸이나 팔다리 등을 펴는 근육.

external glomerulus 외사구체 : 내사구체의 대립어로 사구체가 보우만낭으로 둘러싸이지 않고 체강 내로 돌출되어 있는 원시적인 사구체를 말한다.

F

facillated diffusion 촉진확산(促進擴散) : 농도경사에 의한 물질이동이 막의 운반단백질에 의해 촉진되는 것으로, 초기의 이동속도는 매우 빠르다가 이동시키려는 물질의 농도가 높으면 어느 최대 속도에서 포화되는 운동곡선을 그린다.

fauna 동물상 : 일정한 환경에 존재하는 동물상.

feedback inhibition 피드백 억제 : 대사경로의 최초의 반응을 촉매하는 효소의 활성이 그 경로의 최종산물에 의해 특이적으로 저해를 받는 현상으로 과잉의 산물이 축적될 때 그 물질의 합성을 정지함으로써 세포내에서의 농도를 생리적 조건에 적합한 수준으로 유지하게 하는 세포조절작용의 하나이다.

feedback regulation 피드백 조절 : 일련의 대사경로에 있어서 최종 대사산물이 최초의 효소기능을 조절(억제 또는 촉진)하는 작용. 억제하는 것을 음성 피드백(또는 피드백 억제)이라 하고, 촉진하는 것을 양성 피드백(또는 feedback activation)이라 한다.

female pronucleus 자성전핵 : 난세포핵은 감수분열을 끝내기 이전에는 매우 커서 난핵포라고 하지만 감수분열을 완료한 후에는 작아지는데 이로부터 웅성전핵과 합칠 때까지를 자성전핵이라고 한다.

fermentation 발효(發酵) : 산소가 없는 염기적 상태에서 생물이 유기화합물을 분해하는 현상.

fibrin 피브린 : 혈액응고과정시 트롬빈의 작용에 의해 피브리노오겐으로부터 형성되는 불용성 단백질. 피브린이 혈구세포들과 엉겨 혈병이 된다.

fibrinogen 피브리노오겐 : 혈액응고인자의 하나로 응고과정시 트롬빈의 작용으로 불용성 단백질인 피브린으로 된다.

fibroblast 섬유아세포 : 섬유성 결합조직의 주요 성분이 되는 세포로 편평하면서 방추형이며 때로는 불규칙한 돌기를 낸다.

flagellum 편모 : 일부 세균류, 원생동물 중에서 편모충류, 조류나 균류의 유주자 또는 배우자, 후생동물의 정자나 편모상피를 구성하는 세포에서 볼 수 있는 운동성의 세포소기관.

flora 식물상 : 일정한 환경에 생존하는 식물상.

follicle cell 여포세포 : 난모세포를 둘러싸는 세포로 포유류의 경우 여포세포는 난소의 생식상피에서 유래한다. 성숙여포에서는 여포세포를 과립막세포라고 하며 배란 후 황체형성에 관여한다.

follicle stimulating hormone(FSH) 여포자극호르몬 : 하수체 전엽의 호염기성 세포에서 분비되며 척추동물의 암컷에서 난소내 여포세포의 증식과 여포강의 형성을 촉진하나 여포의 완숙과 에스트로겐의 분비에는 FSH외에 황체형성호르몬(LH)이 필요하다.

food chain 먹이연쇄(사슬) : 생물은 군집 내에서 강자는 약자를 먹이로 취하고 그 약자는 보다 더 약한 개체를 먹이로 택하는 관계에 의해서 연결되어 있는 데, 그와 같은 먹이 연결 관계를 말한다.

fossil 화석 : 옛날 생존했던 생물의 모양이나 증거가 보존되어 있는 암석.

frameshift mutation 프레임쉬프트 돌연변이 : DNA의 1~3염기쌍이 결실되거나 중복이 일어나 상당한 길이의 유전암호가 달라져서 생기는 돌연변이를 말한다.

freeze etching 프리즈-에칭법 : 세포나 세포기관 등의 내외 표면의 3차원적 구조를 관찰하거나 막 속의 미세구조를 분석하는 방법으로 조직편을 동결시켜 진공상태에서 절편하고 절편면의 얼음을 승화시켜 이곳에 백금카본을 부착하여 전자현미경으로 관찰하는 방법.

fruit 과실 : 종자식물에서 수정의 결과, 자방 또는 자방군이 성숙비대하여 된 것으로 과피와 종자로 되어 있다.

FSH(follicle stimulating hormone) 여포자극호르몬 : 뇌하수체 전엽에서 분비되는 호르몬으로 여성에서는 난소내 여포의 발달을 촉진시키며, 남성에서는 세정관의 발달과 정자생성을 촉진시킨다.

fundamental system 기본조직계 : SACHS식 분류법(1875)의 대 조직계 중의 하나로, 식물체를 구성하는 전 조직에서 표피와 유관속을 제외한 나머지 조직으로 식물체의 대부분을 차지하며, 식물체의 부분에 따라 모양, 크기, 성질, 작용 등이 다른 여러 세포로 이루어졌다.

fungi 균류 : 광합성색소가 없고 기생 또는 부생하는 것으로 생식법이나 체제가 뚜렷하게 서로 다른 것이 있으며, 세균류, 변형균류, 진균류로 대별된다.

G

β-galactosidase β-갈락토시다아제 : 5탄당인 유당을 가수분해하는 효소의 일종.

gamete 생식세포, 배우자 : 성숙한 반수체 생식세포. 정자 또는 난자, 다른 세포와 접합하여 새로운 개체를 형성하는 세포.

gametophyte 배우체 : 배우자를 만드는 식물. 세대교번이 나타나는 식물에서 배우자를 생산하는 세대. 유성세대로 보통 반수체.

ganglion 신경절 : 신경계에 있어서 신경세포 및 신경섬유가 집합해서 결정상을 이루는 구조를 말한다. 척추동물에서는 중추신경 내부와 외부에 많은 신경절을 갖는다.

gastric juice 위액(胃液) : 위점막(상피세포)에서 분비되는 액체, 점액, 펩시노겐, 염산 등으로 구성된 담황색 액체.

gastrin 가스트린 : 위 상단부 내분비선 세포에서 분비되는 단백질 호르몬으로 위액의 분비와 위의 운동을 촉진시킨다.

Gastropoda 복족류 : 연체동물문의 한 강으로 전복, 소라, 달팽이 등이 이에 속한다. 몸의 복면은 넓고 근육이 발달되어 발이 되므로 복족류라고 한다.

gastrula 낭배 : 후생동물의 발생에서 포배에 계속되는 발생단계의 배아로 포배가 단층의 벽으로 되어 있는 데 대하여 낭배는 내외 두 층의 배엽으로 이루어진다.

gastrulation 낭배형성 : 발생초기배의 예정내배엽과 예정중배엽이 포배의 배표면에서 배 내로 이동하여 낭배를 형성하는 과정을 말한다.

gel 겔 : 원형질은 물을 분산매로 하는 다분산계로 조대분산계, 콜로이드계, 분자분산계의 계를 포함한다. 원형질기질은 점성, 점탄성, 탄성을 가지고 팽윤하기 쉬운 구조점성을 나타내는 데 반고형상태를 겔, 반유동상태를 졸이라고 하며 이들 사이에 가역적 변화를 보인다.

gene bank 유전자은행 : 염색체 DNA의 단편을 벡터에 결합시켜 수많은 재조합 DNA를 만들어 준 것.

gene combination 유전자조합 : 서로 다른 유전자형을 가진 암, 수 2개체가 생식세포를 형성할 때 2가지 이상의 유전자를 가진 배우자를 형성하므로 이들이 수정할 때 여러 가지 형태의 유전자형을 갖게 되는 현상.

gene locus 유전자좌 : 염색체 위에 일정한 유전자(또는 한 쪽의 대립유전자)가 위치하는 자리.

gene pool 유전자급원, 유전자 풀 : MENDEL 집단을 구성하고 있는 전체의 개체들이 가지는 전체 유전자.

gene theory 유전자설 : 멘델이 주장한 유전적 요소는 염색체상에 선상배열을 하고 있는 유전자라고 주장한 MORGAN의 학설.

genetic code 유전암호 : 유전자에 핵산염기의 배열순서로 기록된 유전정보. 유전정보의 발현은 이 유전암호의 지령에 따라서 각각의 유전자에 특이적인 단백질이 합성된다.

genetic code degenerancy 유전암호의 퇴보 : 유전암호는 염기로 이루어지는 데 이런 암호 중에는 문자 중 맨 끝자는 의미가 없는 경우가 있어서 그런 현상을 유전암호의 퇴보라하며, 그 결과 앞의 두 염기만 같으면 제자리의 암호는 달라도 동일한 암호역할을 한다.

genetic distance 유전적 거리 : 동일한 종류의 서로 다른 집단 사이 또는 서로 다른 종류 사이의 유전적 근연 관계를 수치로 표시한 것.

genetic drift 유전적 부동 : 생물집단에 있어서 유전자 빈도가 다른 집단과는 전혀 다를 때 그 이유를 설명하는 용어로, 1쌍 혹은 극히 적은 수의 개체가 상호 교배로 큰 집단을 형성하였을 경우를 말한다.

genetic load 유전하중 : 집단유전학의 용법으로 유전자형의 수준에서 작용하는 자연선택의 정도.

genetic marker 유전표지 : 유전분석에 이용되는 야생형과 구별되는 여러 가지 표현형.

genetic polymorphism 유전적 다형 : 동일한 생물집단에 포함된 정상인 개체들 사이에 불연속적인 유전적 변이가 존재하는 것.

genetic balance theory 유전자 평형설 : BRIDGES(1925)가 성결정에 관하여 주장한 학설인데, 초파리의 경우 X-염색체는 자성화, 상염색체는 웅성화에 관여하는 데 이 염색체의 양적 평형(성지수)에 따라 성결정이 이루어진다는 학설.

genome mutation 게놈돌연변이 : 기본염색체 셋트 수의 배 이상의 염색체 셋트 수를 갖는 경우에 일어나는 돌연변이 즉 n, 4n, 5n 등.

genus 속 : 하나 또는 그 이상의 아주 가까운 종을 포함하는 과의 개별단위로 속명은 반드시 대문자 이탤릭으로 쓴다.

geographical isolation 지리적 격리 : 동일한 종류의 생물집단이 어떤 원인에 의하여 서로 격리되어 2집단이 교배에 의한 유전자의 교류가 일어나지 못한 것.

germinal epithelium 생식상피 : 척추동물의 체강상피 중 생식선의 표면을 덮고 있는 부분을 말한다.

germ line theory 생식세포 유전자설 : 항체의 다양성 발생기작에 대해 제시된 학설의 하나로 생명체가 태어날 때부터 각종 항체를 만들어 낼 수 있는 능력을 가진 유전자를 갖는다는 가설.

germ-plasm 생식질 : 생물의 유전자 생식에 관여하는 생물체의 요소를 생식질이라고 한다. 이는 생식세포에 포함되어 있어 수정과 개체발생을 통해서 다음 세대로 전달된다.

gibberellin 지베렐린 : 곰팡이(*Gibberella fujikuroi*)에 의해 만들어진 성장촉진물질.

gill slit 새열 : 인두열이라고도 하며 척추동물의 발생초기에 인두가 좌우 양쪽으로 팽출되어 생낭 또는 인두낭이 되고 외배엽의 함입된 부분과 개통해서 새열이 된다. 어류의 성체에서는 이는 호흡기로 작용하나 양막류에서는 인두낭은 나타나지만 거의 개통되지 않고 가령 일시적으로 새열이 생겨도 곧 폐쇄된다.

glial cell neuroglia 신경교세포 : 신경조직의 뉴런들을 지지해 주는 비흥분성 세포.

globular protein 구형단백질(球型蛋白質) : 효소, 호르몬, 항체 등 기능단백질이 대부분 구형의 차원적 입체구조를 하므로 부르는 명칭.

γ-globulin γ-글로불린, 면역글로불린 : 고등동물에서 외부로부터 들어온 항원의 피해를 막아 자신을 안전하게 보호하기 위한 방어 수단으로 체내에서 합성되는 일종의 단백질 분자.

(예) IgA, IgG, IgM, IgD 및 IgE 등등.

glomerulus 사구체 : 신동맥의 종말부는 모세혈관 꾸러미를 이루며 외사구체와 내사구체의 구별이 있다. 내사구체는 사구체 주위에 신세관의 끝이 확장되어 형성된 보우만낭이 둘러싸서 신소체를 이룬다.

glucagon 글루카곤 : 척추동물의 췌장에 있는 랑게르한스섬의 α-세포에서 분비되는 호르몬으로 인슐린과는 반대로 혈당량을 증가시키는 작용이 있다.

glycolysis 해당작용 : 동물의 대사에서 탄수화물의 분해로 피루브산과 젖산으로 되는 과정.

glycoprotein 당단백질 : 폴리펩티드사슬의 특정 아미노산 잔기에 공유결합한 헤테로당 곁사슬을 갖는 단백질의 한 군을 당단백질이라고 한다. 세포내에서 생합성되는 과정에서 폴리펩티드사슬은 리보소옴에서 생합성되고 당사슬은 세포내막계(조면 또는 활면소포체, 골지체)에서 형성되어 세포 외로 배출된다.

glycosidic bond 배당결합(配糖結合) : 두 단당류에서 알데히드기(-CHO)와 알코올기(-OH) 사이에 물 한 분자가 빠지고 연결되는 결합. 화학적으로는 아세탈결합이라 부른다.

goblet cell 배상세포 : 점막의 상피 중에 섞여 있는 점액분비세포로 점액세포라고도 한다. 점액 또는 그 전단계물질을 세포내에서 저장된 상태에서 핵이 있는 기부는 가늘고 분비물의 저장부인 유리연에 가까운 부분은 확장되어 와인글라스와 같은 형태를 하므로 배상세포라고 한다.

goiter 갑상선종(甲狀腺腫) : 갑상선이 비정상적으로 커지는 것. 음식물에 요오드결핍시 오는 단순갑상선종과 갑상선기능항진에 의한 갑상선종이 있다.

Golgi tendon organ 골지 건기관 : 근육과 뼈 사이에 있는 건의 장력을 수용하는 고유 수용기의 하나(근육과 함께 배열되어 있고 건의 수동적 신장이나 근육의 등장성 수축에 의해 발생하는 기계적 비틀림 및 근육의 긴장에 민감하며 신장반응을 담당한다).

gonad 생식선 : 생식소라고도 하며 암컷의 난소와 수컷의 정소가 구별되고 생식세포의 형성 외에 성호르몬의 분비기관이기도 하다.

gonadotrophic hormone 생식선자극호르몬 : 생식선의 활동을 지배하는 호르몬의 총칭으로 척추동물에서는 뇌하수체에서 분비되는 여포자극호르몬과 황체형성호르몬, 포유류의 태반에서 분비되는 융모막성 생식선자극호르몬의 종이 있다.

grana 그라나 : 엽록체 속에 있는 구조물로 광학현미경하에서는 녹색의 알맹이로 보이지만 전자현미경하에서는 라멜라(lamella)란 막으로 된 편평한 틸라코이드(thylakoid)가 겹쳐져 있는 구조물.

gray matter 회백질 : 뇌와 척수에서 신경세포체가 모여서 회백질을 이룬다. 척수에서는 내부에 H자형의 회백질을 이루며 뇌에서는 표층에 회백질이 모여 피질을 이룬다.

guard cell 공변세포 : 식물표피의 기공 주위에 있는 엽록체를 가지는 두 개의 세포.

gymnosperm 나자식물 : 침엽수와 같이 배주가 심피에 싸이지 않은 관속식물.

H

habitat 서식처, 생활장소 : 생물이 정상적으로 생육되고 있는 지역의 타입.

habituation 순응, 습관성 : 생물이 어떤 상황에 유리하게 변화되어 가는 현상.

Haldane-Muller's principle 홀덴-뮬러의 원리 : 계속 일어나는 돌연변이에 의하여 유해유전자가 매 세대 생기기 때문에 집단의 평균적응치가 낮아지는 것을 말하며 이 유전자 하중은 거의 돌연변이율에만 의존하며 개개의 유전자의 유해정도에 의하지는 않는다는 것.

haploid 반수체 : 염색체의 2배체의 반. 종에 따른 특징적인 염색체 각 쌍의 하나.

hapten 합텐 : 그 분자 자신은 면역원성을 갖지 못하나, 거기에 단백질과 같은 고분자를 결합시키면 항체생산을 유발하며, 대응 항체와 반응할 수 있는 작은 분자.

Hardy-Weinberg's law 하아디-바인베르그의 법칙 : 영국의 수학자 HARDY와 독일의 의학자 WEINBERG에 의하여 1908년에 서로 독립적으로 발표된 집단유전학의 법칙으로 자유교배 집단에서 각종 유전자형의 상대빈도는 이에 관여하는 대립유전자의 빈도의 곱하기와 같다는 것.

heart sound 심음(心音) : 심장이 뛰는 소리. 심장의 1주기 동안 제1심음과 제2심음의 2종류의 소리가 들리는 데, 전자는 길고 저음으로 주로 판막이 닫히는 것에 의하며 심실수축의 시각을 의미하며, 후자는 짧고 고음으로 심실확장기 초기에 들린다.

heat capacity 열용량(熱容量) : 물체의 온도를 단위온도만큼 상승시키는 데 필요한 열량.

heat of evaporation 기화열(氣化熱) : 일정 온도에서 액체가 기체로 변하여 그 물질의 증가가 평행하게 유지될 수 있도록 하는 데 필요한 열량.

α-helix α-나선 : 폴리펩티드가 축을 기준으로 규칙적인 나선형으로 감긴 단백질의 2차구조. 나선의 1회전 높이에는 6분자의 아미노산이 들어 있으며 나선형의 입체구조를 유지하는 원동력은 펩티드결합의 카르보닐기(C=O)와 아미노기(-NH)간의 수없이 많은 수소결합에 의한다.

helper T-cell(T_H) 보조 T-세포 : T림프구의 한 종류로 독성 T세포(T_C)의 분화 성숙이나 항원자극에 의한 B세포의 항체생산을 도와 주는 작용을 하는 세포.

hemizygote 반접합체 : n개의 염색체수를 가진 개체.

hemoglobin 헤모글로빈, Hb : 척추동물의 적혈구 및 약간의 무척추동물의 혈액에 포함되어 있는 혈색소로 헴분자 4개가 글로빈단백질 4개와 결합된 4량체의 산소운반 단백질이다. 산소와 결합력이 강해서 공기 중의 산소분압하에서 쉽게 산소화되어 산화 헤모글로빈을 이루고 산소분압이 낮으면 쉽게 산소를 방출해서 환원형으로 되돌아가는 성질이 있어서 혈 중의 산소운반체로서 중요한 역할을 한다.

heparin 헤파린 : 간에서 합성되는 혈액 응고를 억제하는 작용을 갖는 일종의 다당류분자.

hepatic portal vein 간문맥 : 척추동물의 위, 장, 췌장, 비장, 장간막에서 오는 정맥은 간장 내에서 다시 모세혈관으로 나누어져 간문맥을 형성한다.

hermaphroditism 자웅동체 : 동일개체 중에 암수의 형질이 함께 발달하는 현상으로 동일개체에 양성의 생식기관을 갖는 경우와 양성 선을 갖는 경우가 있다.

hertz 헤르쯔 : 진동수, 주파수의 단위. 1초당 1회전의 단위.

heterogony 양성단위생식교번 : 이상생식이라고도 하며 양성생식과 단위생식이 교호로 세대교번하는 것을 말한다.

heteroploid 이수체 : 생물개체 또는 생물계통이 그 종류의 고유한 기본 염색체수(n)의 정배수보다 1개 또는 몇 개 많던가 적은 염색체수를 갖는 현상.

heterosis 잡종강세 : 혈연관계가 먼 개체 사이에서 생긴 잡종의 우세한 형질이 강하게 발현되는 현상. 육종에 이용된다.

heterospore 이형포자 : 동형포자에 대응하는 용어로 어떤 동일한 식물이 그 모양이나 성질에 차이가 있는 두 종의 포자를 만드는 경우를 말한다.

heterothallism 헤테로탈리즘, 이체성 : 곰팡이와 조류에 있어서 (1) 수컷과 암컷의 배우자가 같은 균사에서 생기지 않는 현상. (2) 형태적으로 비슷한 성적 계통이 있지만 접합은 두 개의 유전적으로 다른 성적 계통 사이에서만 일어난다.

heterotroph 종속영양생물 : 먹이자원을 다른 생물에 의존하는 생물. 모든 동물, 부생식물, 기생충 등.

heterotrophic 종속영양생물(의), 종속영양성 : 먹이를 위하여 주위 환경으로부터 유기화합물을 요구하는 것.

heterozygosity 이형접합도 : 염색체 또는 대립유전자가 이형접합으로 되어 있는 정도.

heterozygote 이형접합체(자) : 여러 종류의 대립유전자가 서로 다른 유전자로 구성된 개체.

HLA(human leucocyte antigen) 사람백혈구 항원: 사람에서 알려진 조직적합성 유전자 복합체. 6번 염색체상에 밀집해 있는 유전자군에 의해 지배되고 이들 조직적합성 유전자는 5종류의 연관된 유전자로 이루어져 있으며, 각 유전자는 여러 가지 대립 유전자를 갖는 유전적 다형을 가진다.

homeostasis 항상성 : 생물체의 내적 환경이 항상 일정한 상태로 유지되는 현상.

homogamete 동형배우자 : 유성생식에서 2개의 배우자 사이에 크기와 형태상으로 차이가 없는 것.

homologous chromosome 상동염색체 : 감수분열 시 서로 쌍을 이루는 염색체.

homology 상동 : 생물체의 부분 사이에 형태학적으로 등가치(等價値)의 관계에 있다는 뜻이 있으며 이외에도 게놈, 염색체, 생화학물질에도 적용된다.

homothallism 호모탈리즘 : 조류와 곰팡이에서처럼 자웅배우자가 같은 식물에서 생긴 상태.

hormone 호르몬 : 생물체의 내분비기관에서 미량이 합성 저장되며, 자극에 의해 혈액으로 방출되고 그 대응 표적기관으로 운반된 후 세포의 여러 생물학적 기능을 조절하는 단백질, 스테로이드 및 아민류 등의 화학물질.

human leucocyte antigen type 사람 백혈구 항원형 : 사람의 제6염색체상에 연속해 있는 HLA-A, B, C, D/DR유전자에 의해 지배되는 물질. 조직적 합성 항원형이라고도 한다.

humoral immune system 체액성 면역계(體液性 免疫系) : 이 물질에 대항하는 순환항체(면역글로불린)를 생산하여 면역기능을 담당하는 반응계.

humus 부식물 : 흙 속의 유기물질.

hybrid molecule 잡종분자 : 한 가닥의 DNA와 그와 상보적 염기배열을 하고 있는 RNA를 실험적으로 결합시켜 합성한 분자.

hybridoma 하이브리도마 : 일반적으로 림프구와 암세포 사이와 같이 유전정보가 서로 다른 두 종류의 세포를 융합하여 새로운 잡종세포군을 만들어 내는 실험 방법.

hydathode 배수조직 : 식물의 표피 곳곳에 있고 체내의 과잉된 수액을 배출하는 분비조직의 일종.

hydration 수화(水和) : 이온결합 화합물의 구성 이온을 물분자가 둘러싸서 갈라 놓는 것. 즉, 물과의 결합.

hydrogen bond 수소결합(水素結合) : 한 분자내 또는 분자간에서 전기음성도가 커서 미약한 음전하를 띠는 원자와 전기음성도가 작아 미약한 양전하를 띠는 수소원자간의 미약한 정전인력에 의한 약한 화학결합.

hydrolysis 가수분해 : 어떤 물질의 결합부위에 물분자가 들어감으로써 그 물질이 분해되는 현상. 세포의 소화는 이 현상에 의해서 이루어진다.

hydrophilic 친수성(親水性)의 : 물분자와 잘 결합하는 성질이 있는.

hydrophobic 소수성(疏水性)의 : 물분자와 잘 결합하지 않는 성질이 있는.

hyperglycemia 과혈당증(過血糖症) : 혈액내 포도당 함량이 정상보다 많아지는 증상.

hyperparathyroidism 부갑상선 기능항진증 : 부갑상선 호르몬의 과량 분비에 의해 일어나는 증상. 뼈를 약화시켜 골절을 일으키기 쉽고, 칼슘염이 신장에 침착되어 신석증을 유발시키기도 한다.

hyperpolarization 과분극(過分極) : 막 내 · 외를 경계로 형성된 전위차가 증가된 상태. 휴지상태 때보다 세포내에 음전하량이 증가된다.

hypersensitivity 과민성 반응 : 이물질에 대해 과민한 반응을 보임으로써 생기는 병리적인 상태로서 즉시형과 지연형 과민성 반응으로 나뉨. 알레르기와 자가면역병이 그 대표적인 예이다.

hyperthyrodism 갑상선 기능항진증 : 갑상선호르몬의 분비과다에 의해 일어나는 것으로 체온상승, 과혈당, 체중감소 등의 증상이 일어남. 심한 경우엔 안구돌출, 갑성선종 및 맥박수 증가 등의 증상이 따르는 그레이브스병이 된다.

hypha 균사 : 곰팡이 무리의 균사체에서 실같이 가는 사상체.

hypocotyl 하배축 : 식물의 배나 자엽이 달린 줄기(축).

hypophysis, pituitary gland 뇌하수체 : 뇌의 아래쪽에 위치한 내분

비선으로 그 형태와 기원에 따라 전엽(선하수체)과 후엽(신경하수체)으로 나누어진다.

hypothalamus 시상하부(視床下部) : 제 뇌실의 하단에 있는 부위로서 시상과 함께 간뇌를 이루며 시신경 교차, 유두체, 회백융기 및 누두 등으로 구성되며, 위장 기능, 체온, 혈관운반, 체내수분함량, 수면 정서반응 등의 조절 중추로서 뇌하수체전엽 호르몬 분비를 조절한다.

hypothyroidism 갑상선기능저하증 : 갑상선호르몬의 분비저하에 의해 일어나는 증상. 어린이 및 청소년기에는 대사율 저하, 정신적, 신체적, 성적 발육부진 등의 증상을 갖는 크레틴병이 되며, 성인의 경우 점액수종에 걸린다.

I

immediately hypersensitivity 즉시형 과민성 반응 : 과민성 반응 중에서 이물질에 반응하여 히스타민, 에오시노필 케모탁틱 factor 등의 화합물질의 다량 방출에 의해 생긴 항체성과민반응으로 혈관 수축과 혈관막 투과성 증가, 부종 및 평활근 수축 등을 야기함. 아나필락시스와 아토피가 이 반응에 포함되며 수혈에 의해 일어나기도 한다.

immune response 면역반응 : 항원에 노출되었을 때 동물체가 특별하게 대응하는 일련의 방어 반응을 보이는 것. 항체 생산, 세포성 면역 또는 면역학적 관용으로 나타나며, 이물질에 대한 적응, 특이성 및 기억을 갖는 특성이 있다.

immune system 면역계 : 병원성 미생물로부터 자신을 보호하기 위하여 감시기작을 담당하는 방어계. 면역계는 면역반응경로를 통해 외래성 침입균을 특이하게 인식하여 제거하는 특성이 있다.

immunity 면역(免疫) : 원래는 특정한 병원체 또는 독소에 대해서 생명체가 강한 저항성을 나타내는 상태. 그러나 일반적으로는 생체의 내부 환경이 외래성 또는 내인성인 이물질(異物質)에 의해 혼란이 생기는 것을 방지하여 항상 일정한 조건을 유지하려는 기능을 말한다.

immunogenetics 면역유전학 : 항원과 항체의 생성기작이나, 항원항체반응의 기작을 유전학의 입장에서 연구하는 학문분야.

immunoglobulin 면역글로불린 : 항체로 작용하는 단백질분자.

immunological tolerance 면역학적 관용 : 동물체가 비자기물질에 대해서는 면역반응을 하지만 자기 자신의 물질성분에 대해서는 면역반응을 보이지 않는다는 개념(면역학적 관용은 태아 또는 초기 신생체에서 항원과 접촉하였거나, 성인에서 어떤 항원을 과다 투여 또는 소량씩 반복 투여할 경우에도 일어날 수 있음).

immunosurveillance 면역학적 감시 : 동물체가 체세포성 변이에 의해 새로운 항원성을 갖는 자신의 변형세포들(암세포 등)을 인식하여 면역반응을 하도록 변화를 감시한다는 개념을 나타내는 용어.

inducable enzyme 유도 효소 : 어떤 유도물질이 존재할 때 합성되는 효소 단백질. 이 효소는 세포의 환경상태에 따라서 생산량이 크게 조절된다.

inducer 유도물질 : 조절유전자에 의해서 합성된 억제물질에 작용하여 억제물질의 기능을 불활성화시켜서 작동유전자로 하여금 구조유전자의 기능을 수행시키게 하는 물질을 말함. 락토오스오페론에서 락토오스는 유도물질이다.

induction 유도 : 형성체나 다른 조직 또는 화학물질의 영향으로 어떤 배역의 분화, 발생의 방향이 결정되는 현상을 말한다.

inductor 유도원 : 동물의 배발생에 있어서 억제된 유전자의 기능을 활성화시키고 일정한 반응계에 작용하여 유도를 일으키는 작용을 갖는 것을 말한다.

inflammation 염증(炎症) : 병원체가 감염되었을 때 감염조직 부위에서 일어나는 국소적인 반응. 감염부위로의 혈류량의 증가, 체온상승 및 부종이 오고, 통증을 느끼게 된다.

ingestion 섭식 : 음식물이나 물의 섭취.

inhibitory postsynaptic potential(IPSP) 억제성 시냅스후전위 : 억제성 신경전달분자의 작용에 의해 시냅스후뉴런에 생기는 과분극성의 막 전위.

initiation factor 개시인자 : 단백질 합성과정에 있어서 유전정보의 번역을 개시하는 데 필요한 인자 F_1, F_2 및 F인 종류의 단백질 인자가 알려져 있다. 기능은 mRNA상의 암호 해독 개시부위에 리보소옴 및 포르밀메티오닐 운반 RNA를 결합시켜 정확한 지점에서 번역을 개시시킨다.

initiator gene 개시유전자 : 이니시에이터라는 물질을 합성하는 유전자. 이 유전자에서 합성된 물질은 레플리케이터에 작용하여 염색체(또는 DNA) 복제를 일으킨다.

inorganic 무기(물)의 : 탄소를 포함하고 있지 않은 물질 및 탄산가스 등과 같은 간단한 탄소화합물을 뜻하는 용어.

insertion sequence 개재배열 : 주로 진핵생물의 DNA에 배열되어 있는 염기에서 실제로 mRNA의 유전정보로 작용하지 않는 일부분의 염기의 배열.

internal glomerulus 내사구체 : 외사구체에 대립된 말로, 사구체가 신소관의 말단이 확대해서 이루어진 보우만낭으로 둘러싸인 것을 내사구체라고 한다.

internal secretion 내분비 : 식물체의 내분비물인 유지, 결정체, 미로신 효소, 수지, 유액 등을 분비세포, 분비강, 유관 같은 내분비기관에서 분비 함유하는 것.

interstitial fluid 세포간질액(細胞間質液) : 조직이나 세포간격을 채우고 있는 세포외액. 림프관내의 림프액과 혈장은 제외된다.

intraspecific competition 종간경쟁 : 동일류의 개체 간에서 생활상 불리한 작용을 말한다.

invagination 함입 : 형태형성의 한 형식으로 상피적으로 배열된 세포층의 일부가 내측으로 향해 함몰하는 것을 말하며 동물의 초기발생에 있어서 원장형성의 가장 기본적인 형식이다.

ion 이온 : 전자를 얻거나 또는 잃어서 전하를 띤 원자나 원자단.

ionic bond 이온결합 : 반대전하를 띤 이온 사이에서의 정전인력에 의한 화학결합.

isoelectric point 등전점(等電點) : 수용액 중의 양성 전해질의 전하의 합이 0으로 되는 상태일 때, 그 용액의 pH.

isomer 이성체(異性體) : 분자식은 같으나 구조식이 서로 다른 분자를 서로 이성체라 한다.

isomerase 이성화효소(異性化酵素) : 이성화반응을 촉매하는 효소의 총칭.

isometric contraction 등장성 수축(等長性 收縮) : 근육의 길이는 변하지 않고 장력(張力)만을 나타내는 수축.

isotonic contraction 등력성 수축(等力性 收縮) : 근육이 일정한 힘을 가지고 길이를 변화시키는 수축.

isotope 동위원소 : 물질의 핵 속에 있는 중성자 수의 차이에 의해서 서로 무게를 달리하는 원자로 이루어진 원소.

isozyme 동위효소 : 효소로서의 기능은 같으나 화학적 구조가 다소 다른 효소의 총칭.

J

jejunum 공장 : 포유류에서는 소장의 십이지장의 후방 부분을 다시 전방 약 2/5의 공장과 그 후방의 회장으로 구별하나 양자 간에는 명료한 경계가 없다.

juvenile hormone(JH) 유충 호르몬 : 알라타체에서 분비되며 용화를 억제하여 유충상태로 있게 해주는 작용을 하는 곤충 호르몬.

K

kappa 카파 : 짚신벌레의 세포질에 들어 있는 작은 입자로서 DNA를 함유한 일종의 세포질 유전자.

karyoplasm 핵질 : 핵막 안에 들어 있는 원형질의 총칭이며 핵원형질이라고도 한다.

kinin 키닌 : 척추동물의 혈액에 존재하는 폴리펩티드로 강력한 혈관확장 기능을 가진다.

Kleinfelter's syndrome 클라인펠터증후군 : 남자의 성염색체 이상(XXY)으로 이 증후군의 특징은 남성의 생식기관 발달이 부진하며 경우에 따라서는 지능저하 현상도 나타난다.

Krebs cycle(TCA cycle) 시트르산 회로 : 1973년 영국의 H. KREBS에 의해 확인된 것으로, 아세틸-CoA가 옥살초산과 결합하면 시트르산이 생성되는 것으로 시작되며, 여러 단계의 반응을 거쳐 최종단계에서 옥살초산이 재생되어 다시 반응이 순환되는 이화경로.

L

lactose 락토오스, 유당 : 분해되면 포도당과 갈락토오스 1분자씩 되는 2탄당.

lampbrush chromosome 램프브러시 염색체 : 많은 종류의 척추동물과 무척추동물의 감수분열 전기 중 태사기에서 난모세포핵의 거대한 2가 염색체 및 초파리 종류의 정모세포 핵 안의 Y 염색체에서 수많은 루우프 모양의 돌기를 관찰할 수 있는 데 이를 램프브러시 염색체라 한다.

Langerhans' islands(islets) 랑게르한스섬 : 췌도라고도 하며 척추동물에 있어서 췌장 내에 산재하는 내분비선 조직으로 포유류에서는 α, β, γ라고 하는 종의 세포로 구성된다.

latent period 잠복기 : 자극을 주고 첫 반응이 생기는 사이의 시간.

leaf sheath 엽초 : 잎의 하단부가 엽신과 마디 사이에서 줄기를 둘러싸고 있는 부분으로 벼과, 미나리과 등의 잎에서 볼 수 있다.

leaf spine 엽침 : 잎 또는 그 일부분이 단단하고 뾰족한 가시와 같은 돌기로 변태된 것으로 선인장에서 볼 수 있다.

leucoplast 백색체 : 색소가 없는 색소체로 식물의 뿌리나 배(胚), 반입(斑入) 식물의 백색부처럼 보통의 광선 아래서도 녹화되지 않는 조직세포나 기생식물세포 등에 함유되어 있다.

leukemia 백혈병(白血病) : 혈액내에 백혈구 수가 급증(1μl당 100만개 이상)하는 특징을 가진 일종의 혈액암으로 빈혈, 순환장애 등의 증상이 온다.

LH(leuteinizing hormone) 황체 호르몬 : 뇌하수체전엽에서 분비되는 성선(性腺) 자극 호르몬으로 FSH와 함께 난소에 작용하여 배란 및 여성호르몬인 에스트로겐 분비를 촉진시킴. 또 배란 후 황체형성을 촉진하며 남성의 경우엔 남성호르몬의 분비를 촉진시킨다.

Lichens 지의류 : 바위, 나무와 같이 단단한 표면에서 조류(algae)와 공생하는 곰팡이로 구성된 두 식물의 연합체.

lignin 리그닌 : 무정형의 고분자 화합물로 셀룰로오스, 헤미셀룰로오스와 함께 세포벽에 침적되어 세포벽을 목화시키는 도관, 가도관, 섬유, 석세포, 이형세포, 수 등의 세포벽에 전면적 또는 국부적으로 있다.

limnology 육수학 : 호소학(湖沼學)이라고도 함. 호수나 소택(沼澤)을 연구하는 학문이기도 하지만 현재는 하천, 지하수, 온천 등 내륙수(內陸水)에 관한 육수를 연구하는 학문.

linkage 연관, 연관유전 : 많은 대립유전자들이 동일한 염색체 위에 자리잡고 있는 현상 또는 그런 유전자에 의해서 나타나는 유전.

lipase 리파아제 : 지방을 분해(소화)하는 효소.

liquor folliculi 여포액 : 난소의 여포강을 채우고 있는 액체로 발정호르몬의 함유농도가 높고 배란 때에 여포액은 난과 함께 난소 밖으로 유출된다.

lithosphere 지권 : 지각을 포함한 암석이나 견고한 물질.

litter 낙엽지 : 낙엽낙지(落葉落枝) 군락 내의 토양표면에 떨어지는 생물기원의 모든 고형물.

lock-and-key model : 효소와 기질이 자물쇠와 열쇠의 관계처럼 서로 상보적인 구조를 하고 있어서, 효소의 차원적 촉매 부위에 입체적으로 꼭 들어맞는 기질만이 효소-기질 복합체를 형성한다는 효소작용 모델의 하나이다.

luteinizing hormone 황체형성 호르몬 : LH로 약기하며 간질 세포자극 호르몬(ICSH)이라고도 한다. 하수체 전엽의 호염기정 세포에서 분비되어 성숙한 난소여포에 작용하여 배란을 일으키고 황체화시킨다. 수컷에서는 정소의 간질세포에 작용해서 남성 호르몬의 분비를 촉진한다.

lyase 리아제 : 가수분해반응에 의하지 않고 기능기를 제거하여 이중결합을 남기거나, 이중결합에 기능기를 결합시키는 반응을 촉매하는 효소군의 총칭.

lymph 림프(淋巴) : 림프계의 림프관 속에 존재하는 액체. 조직액이 림프모세관을 통해 림프관으로 흡수된 것으로 많은 림프구를 내포한다.

lymph node 림프절 : 림프관 곳곳에 산재해 있는 림프조직으로 림프구를 생산, 저장하며 면역기능을 담당하는 2차 면역 기관이다.

lymphocyte 림프구 : 림프액과 혈액 속에 있는 구형의 세포로 크기에 따라 대림프구, 중림프구, 소림프구로 구별하는 데 대림프구는 소림프구의 유약형이다. 조직 속에서는 부정형으로 핵을 앞세우고 완만한 운동을 한다. 림프구에서는 T세포와 B세포가 있으나 형태적으로는 구별이 안되며 일반적으로 T림프구는 수명이 길고 B림프구는 수명이 짧다.

lymphokine 림포카인 : 면역계 세포들간에 일종의 신호역학을 담당하는 항체가 아닌 분자들의 총칭으로 림프구가 생산 · 분비한다. (예) 인터루킨.

lysis 용균 : 용해소 또는 다른 용해제에 의한 세포질의 파괴 또는 분해.

lysogeny 용원성 : (1) 용해소(lysin)의 생성을 유도하는 현상. (2) 용해를 유발하는 현상.

lysozyme 리소자임 : 프로테오글리칸의 주성분인 N-아세틸뉴라민산의 화학결합(β-1,4)을 가수분해시키는 효소. 눈물, 콧물, 점액, 위액, 젖, 난백 등에 들어 있다.

M

macroevolution 대진화 : GOLDSCHMIDT(1940)가 제창한 용어로 새로운 종의 형성은 유전적 구성의 큰 변화에 의하여 이루어진다는 것.

macromolecule 거대분자(巨大分子) : 수천 또는 그 이상의 분자량을 가진 분자로 단백질, 핵산, 셀룰로오스 및 전분 등이 거대분자이다.

macronucleus 대핵 : 원생동물의 편모충류에서 볼 수 있는 핵으로 형태가 큰 핵. 기능은 일종의 영양핵으로서 그 핵에 포함된 염색체를 영양염색체라고 함. 소핵은 유전과 관계한다.

macrophage 대식세포 : 골수에서 생성된 단핵구가 순환계를 떠나 조직으로 가서 더 큰 세포로 분화된 식세포. 박테리아, 죽은 세포 및 조직 파편 등을 포식하는 작용을 하며 B세포 및 T세포와 상호 작용하여 항체 생성을 촉진시킨다.

major histocompatibility complex(MHC) 주 조직 적합성 유전자 복합체 : 모든 포유동물에 존재하는 특정 유전자 집단으로 이들의 정보에 의해 생성된 막항원에 의해 이식조직의 거부 및 림프구와 항원-결합세포 사이의 인식작용이 나타난다.

mass number 질량수 : 양성자와 중성자 질량수의 합.

mast cell 비만세포 : 강한 호염기성 과립을 갖는 조직세포로 헤파린, 히스타민, 세로토닌 등의 과립을 포함하고 있으며 세포붕괴로 과립이 방출되어 즉시형 과민반응을 일으킨다.

mastication 저작작용 : 이(齒, teeth)로 음식을 잘게 부수는 것.

matrix 기질 : 효소의 작용을 받아 화학반응을 일으키는 물질을 그 효소의 기질이라 한다.

maturation division 성숙분열 : 환원분열, 감수분열과 같은 뜻이나 특히 동물인 경우 생식세포 형성 때 일어나는 분열을 뜻한다.

mechanical receptor 기계적 수용기 : 접촉, 압력, 중력, 신장력, 운동 또는 온도 등 역학적 변형이나 진동을 수용하는 것으로 촉각, 압각, 온각, 냉각, 통각, 청각, 평형 감각 등에 관여하는 감각 수용기.

megakaryocyte 거핵세포(巨核細胞) : 골수내의 큰 핵을 갖는 세포로서 세포질로부터 성숙한 혈소판이 방출된다.

megasporangium 대포낭자 : 대포자를 만드는 낭상의 생식기관.

megaspore 대포자 : 포자에 대소 2형이 있을 때(이형포자) 대형의 포자를 말하고 대포낭자 속에 생긴다. 양치류에서는 발아해서 퇴화된 자성전엽체를 만들고 또한 피자식물 및 나자식물의 배낭세포는 양치류의 자성전엽체와 상동인 배낭을 만드는 것으로 대포자라 한다.

meiosis 감수분열 : 환원분열이라고도 하며 연속한 2회의 분열로서 염색체의 수는 반감됨.

melanin 멜라닌 : 색소포(melanocyte)에서 합성되는 색소. 흑인종은 이 색소의 합성량이 많은 사람이며 백인종은 대단히 적고 황인종은 중간상태이다. 멜라닌색소가 결핍된 사람을 백자(albinism)라고 한다.

melanocyte 멜라닌색소세포 : 갈색에서 흑색의 색소과립을 생성하는 표피세포로서, 안으로 이동되어 피부, 털, 깃, 부리 등의 암색화에 작용한다.

melanopore : 흑색소포라고도 하며 흑갈색의 색소과립을 포함한다. 멜라닌의 생성능은 없고 멜라닌색소세포(melanocyte)에 의하여 생성된 색소과립을 저장하여 체색의 암화에 관여한다.

membrane bound immunoglobulin 막결합-면역글로불린 : β-세포막에 존재하며 항원에 대한 수용체로 작용하는 면역글로불린.

membrane receptor 막수용체 : 세포 밖에서 오는 정보를 인식하여 세포내로 전달하는 작용을 갖는 생체막의 일정 부위.

Mendelian population 멘델집단 : 집단 유전학에서 기본적으로 취급하는 집단으로 유성생식을 통하여 이루어진 같은 종류의 개체들이 모인 집단.

meristem 분열조직 : 세포의 증식과 분화에 의해 그로부터 특정한 조직들이 생기게 되는 식물의 배조직.

mesenchyme 간충직 : 상피조직간의 중배엽에서 형성되는 성상 또는 불규칙한 돌기를 가진 유리세포의 집단으로 이에서 여러 형의 결합조직, 연골, 골조직 등이 분화된다.

mesoderm 중배엽 : 후생동물의 초기발생 중에 외배엽과 내배엽 사이에 나타나는 배엽을 말한다. 척추동물에서는 중배엽을 방축중배엽(체절), 중간중배엽, 측중배엽으로 구분하며 측중배엽 속에 내강이 생겨 체강을 형성한다.

mesonephric duct 중신관 : 볼프관(Wolffian duct)이라고도 하며 무양막류에서는 중신이 성체의 신장이 되고 중신관은 수뇨관이 되며 또 수컷에서는 중신관은 정소와도 연락되어 수정관도 겸한다. 양막류에서는 후신이 형성되면 중신은 퇴화되고 수컷에서 중신관은 정소와 연락되어 수정관이 된다.

mesonephric tubule 중신소관 : 중신은 전신의 후방에 발생하며 중신소관은 중신의 주체를 이룬다.

mesonephros 중신 : 척추동물에 있어서 전신에 이어서 나타나는 비뇨기로 무양막류에서는 이것이 성체의 신장으로서 기능하지만 양막류에서는 후신으로 대치된다.

mesophyll 엽육 : 동화조직의 일종이며 잎의 상, 하 표피 사이의 조직으로 주로 유세포로 되어 있으며 엽록체를 함유한다.

Mesozoa 중생동물문 : 원생동물과 후생동물의 중간형태의 동물을 포함하고 있는 문(門).

messenger RNA 전령 RNA : 유전 DNA의 염기서열 정보를 리보소옴까지 전달하는 기능을 갖는 RNA의 일종.

metabolism 물질대사(物質代謝), 대사 : 생물체 내에서 일어나는 유기화합물의 모든 화학반응과 이에 수반되는 에너지의 변환과정. 동화작용과 이화작용이 있다.

metacentric chromosome 중부형염색체 : 염색체의 중앙부위에 동원체가 위치한 염색체.

metamorphosis 변태(變態) : 유충에서 성체로의 형태 변화과정.

metanephros 후신 : 척추동물 양막류에 있어서 발생적으로 전신, 중신에 이어서 가장 후방의 중간중배엽에서 형성되는 신장으로 성체의 신장이다.

metarhodopsin 메타로돕신 : 시삭색소인 로돕신(시홍)이 빛을 흡수하여 형성되는 물질. 분해되면 옵신과 트랜스형 레티날로 된다.

metaxylem 후생목부 : 전형성층의 분열에 의해서 생긴 원생목부에 계속해서 발달된 목부로 원생목부에 비해서 대형의 세포로 되었고 도관은 계문, 공문, 망문이며 때로는 차비후라고 생각되는 나성문이 있다.

Metazoa 후생동물 : 원생동물을 제외한 다른 모든 동물의 총칭으로 다세포동물을 말한다.

Michaelis-Menten constant 미카엘리스-멘텐 상수 : 효소반응에서 최대속고의 1/2에 도달할 때의 기질의 농도(moles/liter).

microclimate 미기후 : 지표 부근의 기후를 말한다. 보통 지물(地物)·식생(植生)의 영향을 받는 일이 많고 또 인공적으로 변화시킬 수도 있다.

microenvironment 미환경 : 세포 수준에서 문제가 되는 미시적인 환경.

microevolution 소진화 : GOLDSCHMIDT(1940)가 처음 사용한 용어로 유전자 돌연변이의 누적에 의한 생물종 내에서의 분화.

micromanipulation 미세현미조작 : 현미경하에서 수술, 해부, 조작 등의 실험을 미세한 유리 바늘, 해부기, 피펫 등을 이용하여 조작하는 것.

microsporangium 소포자낭 : 대소 2종의 이형포자를 만드는 식물에서 볼 수 있는 생식기관으로 소포자를 내생하는 낭상의 것인 데, 부처손류나 수생양치류 등에는 그 예가 있다.

microtubule 미소관 : 둥근 모양인 단백질 튜불린(tubulin) 1개가 단위가 되어 원통모양으로 배열한 세포 소기관.

microvilli 미세융모(微細絨毛) : 융모를 이루는 표피세포 표면을 이루는 수천 개의 미세한 원추형 돌기의 구조물.

mineralocorticoid 미네랄로코르티코이드 : 부신피질에서 합성 분비되는 스테로이드 계통의 호르몬들로 신장의 신세뇨관에서의 Na^+나 Cl^- 등의 재흡수를 촉진하여 혈액내 전해질 평형을 유지하는 작용을 한다.

missense mutation 미센스돌연변이 : 염기의 치환에 의해 미센스암호를 만든 돌연변이. 단백질분자 중에 1개의 아미노산의 치환을 가진 유전자 돌연변이.

mitochondria 미토콘드리아 : 모든 진핵세포에 있는 세포내 소기관으로 세포호흡에서 주요한 기능을 갖는다. 전자현미경으로 관찰하면 2중막으로 되어 있고 내막은 여러 개의 구획을 이루고 있다.

mitosis 유사분열 : 진핵생물의 일반적인 세포분열방법으로 세포내 각각의 염색체는 종렬하여 각 낭핵에 나뉘어져 2개의 딸세포를 이루는 분열방법.

modulator modifier 조절인자 : (1) 효소의 알로스테릭 부위에 결합하여 효소의 촉매능을 촉진(또는 저하)시키는 물질. (2) 물리적 또는 화학적 신호를 조직에 주어 조직의 기능을 증가(또는 감소)시키는 인자.

Molluscs 연체동물 : 후생동물의 한 문으로 몸은 머리, 발, 내장낭 및 외투막의 4부분으로 구성되며 5강에 약 100,000여 종이 알려졌다.

monoclonal antibody 단일클론항체 : 단일클론의 항체생산세포가 생산하는 항체로서 1차구조가 균일하며 class, subclass, allotype 등도 균일하다.

monocotyledon 외떡잎식물 : 꽃잎이 다섯이 아닌 셋이나 여섯이고, 배에 떡잎이 하나, 잎은 평행맥이며 줄기는 산재유관속이다.

monocyte 단핵구 : 단핵백혈구라고도 하며 사람에서는 혈 중 백혈구의 약 4~8%를 이루며 림프구와 함께 무과립백혈구를 구성한다. 단핵구는 모세혈관벽을 뚫고 결합조직 속으로 나가 대식세포계의 식세포로 분화된다.

monoecious 자웅동주 : 암꽃과 수꽃이 한 그루에 달려 있는 것.

monoglyceride 모노글리세리드 : 글리세롤에 한 분자의 지방산만이 에스테르 결합으로 결합된 분자.

monosaccharide 단당류(單糖類) : 더 이상 가수분해되지 않는 가장 간단한 분자형태의 탄수화물. 무색의 결정으로 단맛을 가진 포도당, 과당, 리보오스 등이 있다.

Monotremate 단공류 : 산란을 하고 총배설강을 갖는 등 여러 면에서 파충류와 닮은 원시적인 포유류로 오리너구리, 가시두더지가 대표종이다.

morphogenesis 형태형성 : 한 생물체가 자기의 특징적인 크기, 형태, 구조를 갖도록 특이한 기관과 구조가 발생하는 것.

motorend plate 근종판(筋終板) : 근섬유 다발을 둘러싼 막인 근섬유초에 운동신경 축색의 말단이 분지된 부위.

mRNA 전령 RNA : 한 가닥으로 된 RNA로서, 전사(transcription)할 때 합성되며 단백질 합성 시 DNA에 포함된 유전정보를 리보소옴으로 전달해 주는 역할을 한다.

MSH(melanocyte stimulating hormone) **색소포 자극 호르몬** : 멜라닌 색소를 함유하는 색소세포를 자극하는 뇌하수체 호르몬으로 ACTH와 유사한 구조를 한 펩티드 호르몬. 사람의 경우 뇌하수체 전엽, 대부분의 척추동물은 중엽에서 생산 분비된다.

mucosa **점막(粘膜)** : 여러 겹의 막층 구조를 하는 생체기관이나 조직에서 체강을 향한 쪽(내면)이나 체외쪽에 있는 점액성 막.

mucous gland **점액선** : 점액을 분비하는 외분비선으로 고등동물에서는 구강, 비강, 기도, 식도, 위, 장, 배출기관 등에 다수 존재하여 점막의 형성에 관여한다.

mucus **점액** : 점액선에서 분비하는 점조한 액체의 총칭으로 상피표면을 습하게 하고 보호하는 구실을 갖는다. 점액을 구성하는 성분(mucin)은 생물에 따라 다양하지만, 당단백질, 당류, 무기염류 등이 주성분이다.

Mullerian duct **뮬러관** : 척추동물에 있어서 중신관에 평행해서 생긴 중배엽성 관으로 전신관의 일부에서 유래하는 경우와 체강벽에서 유래하는 경우가 있다. 수컷에서는 퇴화되나 암컷에서는 발달해서 자성 생식관(난관, 자궁, 질)이 된다.

multiple allele **복대립유전자** : 일정한 유전자좌에 있는 2이상의 대립유전자.

multiple gene **동의유전자** : 유전자 좌위가 서로 다른 2이상의 유전자가 동일 형질에 관여할 경우의 유전자들.

multiple myeloma **다발성 골수종(多發性骨髓腫)** : 형질세포유래의 림프종양의 일종. 이런 환자의 혈액에는 암화클론에 의해 합성 분비된 단일종의 면역글로불린만이 존재한다.

muscle spindle **근방추(筋紡錐)** : 척추동물에서 골격근이나 관절의 운동에 의한 장력의 변화를 감지하여 반응하는 고유수용기 중의 하나로 근운동에 의한 장력의 변화를 감지하는 신장수용기. 근섬유의 안쪽에 병렬로 위치하며 신경이 분포한다.

mutagen **돌연변이 유발원** : 자연돌연변이 빈도보다 높은 빈도의 돌연변이를 일으키게 하는 물리적 또는 화학적 작용요인.

mutation **돌연변이** : 일반적으로는 유전자의 변화를 뜻하나 넓은 뜻에서는 염색체 변화도 포함된다. 유전자인 경우는 DNA에서의 염기배열의 변화이고 염색체의 경우는 수 및 형태적 변화를 뜻한다.

mutualism **상리** : 다른 종인 두 생물이 서로 이익을 주며 밀접한 관계를 맺고 사는 공생의 한 형태.

mycelium **균사체** : 곰팡이의 영양체 혹은 엽상체를 구성하는 균사가 엉긴 덩어리.

Mycoplasma **흉막폐염균** : 흉막폐염균속에 속하는 세포막이 없는 박테리아로 자유생활을 하는 생물체 중 가장 적은 것이라고 알려졌으며 소의 늑막폐염 및 그와 연관된 병을 일으킨다.

mycorrhizae **균근** : 종자식물과 곰팡이의 공생관계로서 균사가 뿌리의 겉표면 위로 두껍게 망을 치는 외생적 균근과 균사가 뿌리로 침입하는 내생적 균근이 있다.

myelin sheath **수초(髓鞘)** : 척추동물 신경의 축색돌기를 견고히 둘러싸고 있는 여러 겹의 슈반세포막층으로 지방이 주성분이며, 수초를 갖는 신경세포를 유수신경세포라 한다.

myeloma cell **골수종 세포** : 다발성 골수종인 동물체의 종양성 형질세포.

myoblast **근원세포** : 근세포의 미분화상태의 것을 근원세포 또는 근모세포라고 한다. 골격근, 심근, 평활근에 있어서 근원세포의 단계에서는 거의 차이가 없으며 이들은 모두 미분화 간충직세포에서 분화된다.

myofibril **근원섬유** : 근섬유 내에 종주하는 지경 1㎛내외의 원통상 구조로 액틴 필라멘트와 미오신 필라멘트로 구성된다.

myoglobin **미오글로빈** : 헤모글로빈과 유사한 헴단백질로 근세포 내에 있으며 결정체로 분리된다. 생리적으로 미오글로빈은 헤모글로빈에 비해 산소에 대한 친화성이 크고 일산화탄소에 대한 친화성은 적다.

myosin **미오신** : 근육의 주요한 구조 단백질로 근원섬유의 전단백질의 60%를 이룬다. 단백질 분해효소 처리로 두부(H-메로미오신)와 미부(L-메로미오신)로 분할되며 근원섬유 내에서는 길이 1.5㎛, 폭 10 mm 정도의 미오신 필라멘드를 형성한다.

myosin filament **미오신 필라멘트** : 미오신은 근육의 주요한 구조단백질로 근원섬유의 전단백질의 60%를 이루며 미오신으로 구성된 미오신필라멘트는 길이 1.5㎛, 폭 10~15mm로 액틴필라멘트와 함께 근원섬유를 이룬다.

N

natural killer cell **NK세포** : 암세포 및 비루스(virus) 감염세포를 인식하여 죽이는 작용을 하는 백혈구의 일종으로 큰 과립을 세포질에 가진다(항체의 Fc에 대한 receptor를 가지며 순환항체와 결합함으로써 표적항원에 대한 특이성을 얻으나 항체 없이도 항원을 인식하여 죽일 수 있으며 T세포의 특성인 Lys-5, Thy-1 세포표면 항원을 가짐).

natural selection theory **자연선택설** : 자연도태설이라고도 하며 진화의 요인론으로서 DARWIN이 수립한 설인데 생물의 종은 자손을 많이 번식시키는 것을 원칙으로 하며 이 때문에 생기는 생존경쟁으로 환경에 보다 잘 적응한 변이를 가진 개체가 생존하여 자손을 남기게 되고 그 변이는 다음 자손에 또 전하여질 확률이 높기 때문에 그 종이 환경에 적응하는 방향으로 변화하게 되는 데 이러한 과정을 자연선택설이라 한다.

neck canal cell **경구세포** : 양치류 및 선태류의 조란기 구성에 관계하는 세포로, 조란기는 플라스크 모양을 나타내고, 위쪽 반의 가는 부분은 경세포로 벽부가 되어 있으나 그 중앙에는 한 줄로 경구세포가 있어 이는 후에 용해되어 정자의 통로가 된다.

nephridium **신관** : 환형동물을 위시한 진체강을 형성하는 무척추동물의 배출기관으로 체강에 개구되는 섬모를 가진 누두와 체외로 연결되는 신관으로 구성된다.

nephron **신단위** : 척추동물 신장의 해부적, 기능적 단위로 신소체와 세뇨관으로 구성되어 있다.

nephrostome **신구** : 무척추동물에 있어서의 신관과 척추동물에 있어서 전신의 체강으로의 개구부를 신구라고 하며 그 내벽에는 섬모가 나 있어서 체강액의 유동을 일으켜 그 배출을 돕는다.

nephrotome 신절 : 척추동물배의 중배엽중 비뇨생식기를 발생하는 중간중배엽의 전방부는 분절구조를 가지므로 신절이라고 하며 후방부는 분절구조가 없으며 조신조직이라고 한다. 신절에서는 전신 및 중신의 전방부가 발생한다.

Nernst equation 네른스트공식 : 막을 경계로 한 특정 이온의 삼투평형을 유지시키기 위해 막 내외에 걸리는 전위차를 계산하는 공식.

nerve impulse 신경충격 : 신경의 한 국부에 충분히 강한 자극을 가하면 그 부위에 활동전위가 발생하여 그 점에서 신경섬유상을 전달해 가는 데 이 활동전위를 신경충격이라고 한다.

net productivity 순생산성 : 어떤 수준에서 생물이 호흡에 이용한 에너지를 제외하고 유기물 속에 단위시간당 순수하게 에너지를 저축할 수 있는 능력.

neurohypophysis 신경하수체(神經下垂體) : 신경성 기원의 뇌하수체 후엽을 지칭하는 것으로 시상하부에 있는 신경의 축색이 후엽까지 걸쳐 연결되어 있다.

neuromuscular junction 신경근접합부 : 운동뉴런과 근섬유 사이의 연접 부위.

neuron 뉴런 : 신경계의 구조적 단위로 신경세포체와 그 돌기(수상돌기, 축색)로 되어 있다. 신경원 또는 신경세포라고도 한다.

neutral fat 중성지방 : 글리세롤의 개의 알코올성 수산기(-OH)와 분자 지방산의 카르복실기(-COOH) 사이에 에스테르 결합으로 형성된 분자. 트리아실글리세롤 또는 트리글리세리드라고도 부른다.

neutralization 중화 반응 : 산과 염기가 반응하여 염과 물이 생성되는 화학반응.

neutral mutation 중립적 돌연변이 : 자연선택에 불리하거나 유리하지도 않은 돌연변이로 분자수준의 진화에서 중요한 역할을 한다.

neutron 중성자(中性子) : 수소를 제외한 모든 원자의 핵 속에 존재하는 전기적으로 중성인 입자.

neutrophil 호중성백혈구 : 과립백혈구의 일종으로 혈중 백혈구의 60~70%를 차지하며 수명이 짧고 모세혈관벽을 나와 조직세포 속으로 드나들면서 세균이나 이물질을 탐식하는 식균작용을 한다.

niche 생태적 지위 : 특수한 종이 다른 종과의 관계에서 점령한 일정한 생활지역.

nitrogen fixation 질소고정 : 대기 중의 유리 질소가 질소고정 박테리아, 광합성 박테리아, 녹조류에 의해 암모니아, 질산염 같은 화합물로 변화되는 과정.

node 절 : 줄기에 있어 잎이 부착하는 부분으로 보통 여기서 가지와 뿌리가 난다.

node of Ranvier 랑비에 결절 : 유수신경섬유에서 축색을 덮고 있는 수초가 없이 축색이 노출된 부위.

noncompetitive inhibition 비경쟁적 저해 : 저해제가 효소의 알로스테릭 부위에 결합됨으로써 촉매부위의 변형에 의한 기질과의 효소반응을 억제하는 가역적 부위.

noncyclic photophosphorylation 비순환적 광인산화 반응 : 빛 에너지를 사용해서 ATP와 $NADPH_2$가 발생되는 광인산화 반응의 한 형태.

nondisjunction 비분리 : 환원분열 때 쌍을 이루고 있던 상동염색체기 분리하지 않고 어느 한편의 극으로 이동하는 현상.

nonsence mutation 넌센스돌연변이 : DNA 염기배열에서 염기의 치환이 생겨 넌센스 코돈이 되어버리면 단백질의 신장이 이루어지지 못하여 변이성 단백질을 합성하게 되는 데 이런 이유로 생긴 돌연변이를 말한다.

notochord 척색 : 척추동물에서 발생 중 또는 개체의 일정한 시기에 정중배측(正中背側)에 신경관이 생기는 데, 그 밑에 막대기 모양의 지지기관을 말한다.

nucleoside 뉴클레오시드 : 5탄당에 퓨린 또는 피리미딘염기가 결합된 분자.

nucleotide sequence 뉴클레오티드 서열 : 폴리뉴클레오티드를 구성하는 염기의 배열순서. 5탄당의 5′ 위에 붙은 염기를 기준으로 표시한다.

O

olfactory epithelium 후각상피(嗅覺上皮) : 비강 상부의 점막성 상피로 물질의 냄새를 감지하는 섬모세포를 가진다.

omasum 겹주름위 : 척추동물 우제류의 반추류가 갖는 위는 4개의 방으로 되어 있는 데 제위는 내면의 종주하는 주름을 가지고 있어서 겹주름위라고 한다. 제1, 2 위는 식도에서 유래하며 식도와 같이 중층편평상피로 덮여 있다. 제4위인 주름위는 단층원주상피로 덮인다.

one gene-one enzyme theory 1유전자-1효소설 : 한 유전자는 한 가지 효소의 기능을 지배(조절)한다는 BEADLE과 TATUM이 제창한 학설.

ontogeny 개체발생 : 수정된 알이 발생하여 개체를 이루는 것으로 계통발생과 더불어 HAECKEL(1866)이 제창한 용어이다.

oogamy 난생식 : 난접합이라고도 하는 데, 원생동물에서 이형 배우자의 극단적인 경우와 하등식물에서도 이에 해당하는 경우를 말한다. 그러나 여러 가지 동식물을 통해서 난자와 정자에 의한 수정과 같은 뜻으로 쓰이는 경우도 있다.

operator 작동유전자 : 구조유전자 옆에 있으면서 그 유전자의 기능을 작동시키는 유전자.

operon 오페론 : 대장균에서 작동유전자와 그 옆에 자리한 구조유전자군을 합하여 오페론이라 한다.

opsin 옵신 : 눈의 간세포에서 감광작용을 하는 시각색소인 로돕신(또는 시홍) 중의 단백질 부분.

opsonin 옵소닌 : 이물질(항원)에 결합됨으로써 식세포들에 의한 식세포작용을 촉진시키는 물질로 항체와 보체(Cb)가 옵소닌으로 작용한다.

organ 기관 : 생물개체의 특정 기능이 개체 내의 특정 부위에 국재해서 일어나고 그 부분이 형태적으로 독립성을 가질 때 그 부분을 기관이라고 한다. 각 기관은 일정도의 기능적 독립성을 갖는다.

prganism 생물 : 살아있는 생물(체).

osmoregulation 삼투조절(滲透調節) : 생물체가 내외적 환경변화에 대처하여 내적 삼투질농도를 유지하도록 조절하는 작용.

osmosis 삼투(滲透) : 반투과성 막을 통해서 용매(주로 물)가 확산되는 현상.

ossicle 이소골(耳小骨) : 고막의 진동을 증폭하여 내이로 전달하는 중이의 작은 뼈로 추골, 침골 및 등골의 가지로 구성된다.

otolith 이석(耳石) : 척추동물의 위치감각을 담당하는 내이(inner ear)의 소낭과 통낭의 감각모세포 위를 덮고 있는 탄산칼슘과 단백질로 된 구조물.

oval window 난원창(卵圓窓) : 중이(middle ear)의 이소골에서 증폭된 음파의 진동이 내이의 와우각으로 이동되는 부위.

ovulation 배란 : 동물에 있어서 일정한 성숙단계에 도달한 난세포가 난소에서 복강 내로 배출되는 것을 배란이라고 하며 척추동물에서 이는 곧 난관에 수용된다.

ovule 배주 : 꽃의 씨방 안에 있는 씨로 발달되는 타원체로 수정 전에는 주심, 배낭, 주피로 구성.

oxidation 산화 : 물질이 산소와 결합하는 현상 또는 전자나 수소가 제거되는 현상.

β-oxidation β-산화 : 지방산이 탄소가 2개씩 차례로 절단되는 산화반응 과정에 의해 모두 아세틸-CoA로 전환되는 지방산의 분해 경로.

oxidation-reduction potential 산화환원전위 : 어떤 물질의 전자에 대한 친화력을 수소와 비교하여 측정한 값(volt). 수소보다 강한 전기음성도를 나타내는 물질은 양성 산화환원전위를 가지며, 반대로 약한 전기음성도를 나타내는 물질은 음성 산화환원전위를 가진다.

oxidative decarboxylation 산화적 탈탄산화 : 산화(탈수소)가 일어나면서 동시에 탄산가스(CO_2)가 제거되는 화학반응.

oxidoreduction 산화환원반응 : 반응계의 한 원자에서 전자가 이탈하여 산화되면 그것을 다른 원자가 받아들여 환원되는 화학반응으로, 일반적으로 산화와 환원은 수반해서 일어난다.

oxytocin 옥시토신 : 뇌하수체후엽에서 분비되는 단백질호르몬으로 여성의 자궁평활근의 수축을 촉진하는 기능과 유선에 작용하여 젖의 분비를 촉진하는 기능을 가진다.

P

Pacinian corpuscle 파치니소체 : 고등동물의 피부, 근육, 장간막, 건 및 관절 등에 분포한 압력이나 진동을 감지하는 수용기.

palmellate form 팔멜라상군체형 : 녹조류의 *Chlamydomonas*에서 무성생식에 의해서 증식된 개체가 젤라틴화된 모세포의 막 내에 머물어 수천의 세포를 함유한 군체로 된 상태의 형.

pancreas 췌장 : 척추동물에 있어서 간장 다음 가는 대형의 소화관 부속선으로 소화액으로서의 췌액을 분비하는 외분비부와 혈당량의 조정에 관여하는 인슐린과 글루카곤을 분비하는 내분비부(랑게르한스섬)로 구별된다.

parasympathetic nerve 부교감신경 : 자율신경계에는 교감신경계와 부교감신경계의 두 계통이 있으며 부교감심경계는 교감신경과 같이 해부학적으로 독립된 계를 구성하고 있지는 않고 뇌척수신경에 섞여서 분포하나 불수의성이고 절전섬유와 절후섬유로 구성되어 있다는 것이 공통점이다. 부교감신경세포의 절전섬유세포체의 소재는 교감신경과는 역으로 중뇌, 연수, 척수의 3부분에 제한되어 있다.

parasympathetic nervous system 부교감신경계(副交感神經系) : 자율신경계의 두개천골(頭蓋薦骨)부위. 흥분시 부교감신경의 절후섬유 말단에서는 아세틸콜린이 분비된다.

parathyroid gland 부갑상선(副甲狀腺) : 갑상선의 등쪽에 붙은 2쌍의 작은 내분비선으로 파라티로이드호르몬(PTH)을 분비함. PTH는 혈액의 Ca^{2+} 함량을 높여 주는 기능을 한다.

parenchyma 유조직 : 식물에서 줄기의 속, 피질, 잎의 해면조직, 과일의 부드러운 부분에 있는 조직으로 세포들은 벽이 얇고 액포가 많으며 원형질을 일정치 않게 갖고 있다.

parthenogenesis 단위생식 : 수정없이 일어나는 난자의 발생으로 윤충이나 진딧물에서처럼 자연적으로 생기거나 기계적, 화학적 자극에 의해 인공적으로 유도되기도 한다.

partial pressure 분압(分壓) : 혼합기체를 구성하는 각 기체가 다른 기체성분을 밀어내고 그 자신만이 전체 부피를 차지하였다고 가정하였을 때 갖는 압력.

passive transport 수동수송 : 막 내외 간의 농도 경사에 의해 일어나는 물질운반기구로 단순확산과 촉진확산 등이 있다.

pathogen 병원체 : 병의 원인이 되는 생물체.

pedogenesis 유생생식 : 유생단계에서 성숙하여 생식을 행하는 현상을 유생생식이라고 한다.

pentose sugar 5탄당 : 탄소 5원자를 함유한 설탕. (예) 리불로오스

pepsinogen 펩시노겐 : 위에서 분비되는 단백질가수분해효소인 펩신의 불활성형 전효소(前酵素). 펩시노겐은 염산에 의해 활성형인 펩신으로 된다.

peptide 펩티드 : 아미노산이 펩티드결합으로 연결된 분자.

pericycle 내초 : 사부와 내피 사이에 있는 중심주 기본조직의 일부이며 종자식물의 경우 뿌리에서는 흔히 볼 수 있으나 줄기에는 드물다.

periderm 주피 : 2차성장하는 식물의 줄기나 뿌리의 표피 밑에 있는 코르크형성층에서부터 형성되는 조직의 총칭으로 표피 탈락 후의 보호조직이며, 코르크조직(phellem), 코르크형성층(phellogen) 및 코르크피층(phelloderm)으로 구성되어 있다.

phagocytosis 식세포작용, 식균작용 : 세포가 막 밖의 고체성분(세균이나 거대분자)을 함입하여 세포 속으로 이동시키는 현상.

phanerogamae 현화식물 : 꽃을 형성하는 식물을 총괄한 분류군으로 은화식물에 대한 대칭어이며, 나자식물과 피자식물의 총칭명이다.

phenotype 표현형 : 생물이 갖는 형태적, 생리적인 성질이지만 본래는 유전자형에 대한 용어로 일정 환경하에서는 유전자형에 의하여 형질이 결정됨을 뜻한다.

pheromone 페로몬 : 한 생물이 체외로 분비한 물질이 같은 종의 다른 개체에 영향을 주는 물질.

phloem parenchyma 사부유조직 : 사부내에 발달하는 유세포로서 2

차사부에서는 주측유세포를 말하며, 사관의 작용을 돕고 모든 유관속 식물에 존재한다.

phospholipid **인지질** : 하나 이상의 인산기를 가지는 지질.

photochemical reaction **광화학적 반응** : 화학적인 변화가 빛에 의해 일어나는 반응.

photoperiodism **광주기성** : (1) 동물에서는 이주, 생식주기, 모피나 깃털의 변화와 같은 계절적 및 주기적 현상. (2) 식물에서는 꽃과 과일의 성장과 발달, 잎이 지는 현상, 겨울 동면의 개시 등과 같이 빛의 강도나 낮의 길이 변화에 대한 생물체의 반응.

photophosphorylation **광인산화반응** : 광합성의 광반응에서 얻어진 에너지를 사용해서 인산화반응에 의해 ATP를 생산해 내는 과정.

photoreceptor **광수용기(光受容器)** : 가시광선을 감지하는 감각수용기(감각기관).

photorespiration **광호흡** : 많은 식물에서 광합성과 동시에 일어나는 현상으로 이탄당 화합물이 CO_2로 산화되는 것이다. 이 현상은 페록시소옴에서 일어나며 이로 인해 광합성의 효율이 감소.

photosystem **광계** : 광계에는 Ⅰ과 Ⅱ가 있는 데 각각은 광합성 단위로서 엽록소와 여러 색소를 포함하고 있으며 광반응의 중심지가 된다.

phototroph **광영양생물** : 생육을 위해서 광에너지를 이용하는 생물. 녹색식물, 광합성생물이 포함된다.

phycocyanin **피코시아닌** : 녹조류와 그 밖의 다른 조류에 있는 푸른색의 빛을 흡수하는 색소.

phycoerythrin **피코에리트린** : 홍조류와 그 밖의 다른 조류에 있는 빨간색의 빛을 흡수하는 색소.

phylogeny **계통발생** : HAECKEL(1866)이 제창한 용어로 생물의 발생 과정을 생물의 계통분류학과 연관시켜 설명한 것.

phylum **문** : 생물 분류군 계급의 하나로 계를 크게 구분하는 데 쓰인다. 동물에서는 배엽의 형성양식을 포함한 발생 및 체제의 모양으로, 식물에서는 핵의 유무, 엽록소의 유무, 체제의 양식 따위를 기준으로 구별한다.

physiology **생리학** : 생체 내에서 일어나는 기능을 연구하는 생물학의 한 분야.

phytochrome **피토크롬** : 광형태성, 광주기성, 종자발아, 열매성숙 등의 발생단계를 조절하는 식물체내의 단백질 청색소.

pinocytosis **음세포작용(飮細胞作用)** : 세포가 막 밖의 액체성분을 함입하여 세포 속으로 이동시키는 현상.

pistil **암술** : 암술기 혹은 암술기의 단위. 씨방, 암술대, 암술머리를 포함하는 꽃의 자성구조. 1개 내지 그 이상의 심피로 구성된 자성기관.

pith **수** : 대부분의 피자식물에서 줄기의 중앙부를 차지하는 부드럽고 스폰지 같은 유조직.

plankton **플랑크톤** : 부유생활을 하는 현미경적인 동식물.

plasma **혈장(血漿)** : 혈액에서 세포성 구조물을 제외한 용액.

plasma gene **플라스마 유전자, 세포질유전자** : 핵 외에 존재하는 DNA가 형질을 지배할 때, 그들 유전물질을 말함. (예) 카파.

plasma membrane **원형질막** : 원형질의 외부 표면을 직접 둘러싸고 있는 이중막구조로서 선택투과성, 피자극성, 생체전기 발생, 식작용, 능동수송, 면역특성의 발현 등 중요하며 복잡한 기능을 가진다.

plasmid **플라스미드** : 세대를 통해 세포 안에서 안정하게 자손에 유지, 전달될 뿐 아니라, 염색체와는 별개로 존재하며 자율적으로 증식되는 유전자의 총칭으로 주로 세균세포 안에 있는 것을 말한다.

plasmodium **변형체** : (1) 점균류의 영양체를 형성하는 다핵 원형질의 아메바성 덩어리. (2) 말라리아의 원인요소를 포함하는 변형체의 원생동물.

plastid **색소체** : 녹색식물의 세포 속에 들어 있는 엽록체와 그 둘레의 구조물에 대한 총칭으로 이중막에 싸여 있다.

Platyhelminthes **편형동물** : 선구동물의 한 문으로 와충류, 흡충류, 조충류의 강으로 구성된다. 몸은 좌우 대칭을 이루며, 배복으로 편형하고 전후의 구별이 뚜렷한 전후, 좌우, 배복의 주측이 확립된 최저단계의 동물이다.

β-pleated sheet **β-병풍구조** : 단백질의 2차구조의 한 형태로 폴리펩티드가 규칙적으로 꺾여서 마치 병풍을 반쯤 벌려 놓은 것 같은 모양을 한 것.

plumule **유아** : 종자식물의 배 정단에 있는 눈으로, 종자가 발아하면 생장되어 지상경이 된다.

polarity **극성** : 세포, 조직 또는 개체가 한 방향을 따라 각 부위의 상대적 위치로 인하여 또는 생리적 특성에 있어서 어떤 차이를 나타내는 현상을 극성이라고 한다.

polarization **분극(分極)** : 막 내외의 이온 농도차에 의해 막 내부에는 외부보다 많은 음이온이 존재하며 외부에는 내부보다 양이온이 좀더 많이 존재하는 상태.

polygene **폴리진** : 한 종류의 형질을 지배하는 데 관여하는 수많은 유전자. 이들 유전자 각각의 기능은 약하지만 그들의 상호작용에 의해 형질발현이 확실해진다.

polymer **중합체** : 기본 단위분자 n개가 결합된 화합물.

polyp **폴립** : 자포동물에는 기본형으로서 해파리형과 폴립형이 있으며 전자는 부유생활에, 후자는 고착생활에 적응한 구조를 갖는다. 다만 산호충류에는 폴립형만 있고 해파리형은 없다.

polypeptide(s) **폴리펩티드** : 아미노산이 펩티드결합에 의해 연결되어 단일사슬을 형성한 분자. 엄밀한 구분은 없지만 일반적으로 100개 미만의 아미노산일 때 폴리펩티드, 100개 이상일 때 단백질이라 한다.

polyploidy **배수성** : 생물이 셋트 이상의 염색체를 갖는 현상.

polysome **폴리소옴** : 폴리리소옴이라고도 함. mRNA에 의하여 리보소옴이 1열로 연속해 있는 구조인데 리보소옴의 수는 mRNA의 길이와 관계가 깊다.

population **개체군** : 어떤 지역에 사는 동종개체의 모든 것을 포함한 것.

postganglionic nerve fiber **절후신경섬유** : 자율신경은 반드시 중추신경 밖에서 뉴런을 한 번 교체한 후에 말초에 이르는 데, 교체한 후의 말초부분 뉴런의 섬유를 절후섬유라 하고, 교체하기 전의 중추부분의 뉴런의 섬유를 절전섬유(preganglionic nerve fiber)라 한다.

postsynaptic nerve fiber **시냅스후신경섬유** : 뉴런의 축색돌기 말단과 다른 한 뉴런의 수상돌기가 만나는 부위를 시냅스(synapse)라 하는 데 앞의 뉴런을 시냅스전신경 섬유(presynaptic nerve fiber)라 하고, 후자를 시냅스후신경섬유라 한다.

precursor 전구체(前驅體) : 어떤 물질을 형성하게 하는 그 이전의 물질. 트립신의 전구체는 트립시노오겐이다.

precursor activation 전구물질 활성화 : 대사과정에 있어서 첫번 효소에 대한 기질이 그 대사과정의 끝 효소를 활성화시키는 현상.

predation 포식 : 한 동물이 다른 동물을 먹이로 잡아먹는 것.

pressure flow theory 압류설 ; 1926년 독일의 MUNCH가 제창한 가설로 수동적인 사부운반의 기작에 대한 것으로 물은 삼투에 의해 첫번째 삼투계(농도가 짙음)로 이동함으로써 압력이 생성되어 이 압력이 첫번째 삼투계로부터 두번째 삼투계(농도가 묽음)로 전달되며 결국 물분자가 삼투현상에 의해 확산되어 나온다는 이론.

primary xylem 1차목부 : 유관속식물의 1차생장과 분화과정에서 전형성층에서 분화한 목부조직으로, 초기에 형성된 것을 원생목부(protoxylem), 후기에 형성된 것을 후생목부(metaxylem)라고 하며 주축계와 방사조직계로 분화하지 않는다.

Primates 영장류 : 동물분류학상 포유류강에 속하는 한 목(目)으로서 사람이 이에 속한다.

primordial germ cell 원시생식세포 : 시원생식세포라고도 하며 생식세포계열의 초기 단계의 세포로 척추동물의 배발생 초기에 배아의 미부 근처의 내배엽성 난황낭벽에 처음 출현하여 분화 중인 생식융기로 이동하여 이곳에서 증식해서 생식원세포(난원세포, 정원세포)가 된다.

producer 생산자 : 무기물로서 유기물질을 합성할 수 있는 생물.

proenzyme 전효소(前酵素) : 활성화되기 전의 불활성형인 효소 전구체로서 zymogen이라고도 한다.

progesterone 프로게스테론 : 난소 황체에서 분비되는 여성호르몬으로 배란을 억제하여 임신을 지속시키며 유선 발육을 촉진.

prokaryote 원핵생물(原核生物) : 핵막, 미토콘드리아, 색소체 등과 같은 세포내 소기관의 막이 없는 세포로 된 생물. 박테리아, 청록말 등이 속하며 때로는 procaryote라고도 쓴다.

prolactin 프로락틴 : 뇌하수체 전엽에서 분비되는 단백질 호르몬으로서 유선(mammary gland)의 발육과 젖 단백질(milk protein) 합성을 촉진시키는 작용을 한다.

proprioceptor 고유수용기(固有受容器) : 골격근이나 관절의 운동으로 장력이 변화되는 것을 감지, 반응하는 수용기로, 근방추, 골지 건기관 및 관절수용기 등 가지 장수용기가 있다.

prostaglandin(s) 프로스타글란딘 : 동물체 내에서 20개의 탄소를 갖는 불포화지방산인 아라키돈산으로부터 합성되는 유기물질로 각종 생리기능을 조절함. 현재 6가지 종류(A, B, C, D, E, F)가 알려져 있다.

prostste gland 전립선 : 포유류의 요도와 정관(사정관)의 합류부의 가까운 요도에 개구하는 웅성부속생식선의 일종으로 분비액은 유백색으로 정액의 액체성분의 일부를 이룬다.

protease 프로테아제 : 펩티드결합의 가수분해를 촉매시켜 주는 효소.

proteinase 프로티나아제(protease) : 단백질이나 폴리펩티드의 펩티드결합을 가수분해하는 효소.

prothallium 전엽체 : 양치식물의 배우체로, 보통 심장형을 한 녹색의 작은 막질의 엽상체이다. 이것은 조란기와 조정기를 만들고 종류에 따라서는 형태의 변화가 심하다.

prothoracic gland 전흉선 : 곤충류의 가슴부위에 있는 내분비선으로 PTTH의 자극에 의해 용화호르몬인 엑디손을 방출한다.

prothoracic tropic hormone(PTTH) 전흉선자극호르몬 : 곤충류의 뇌부위에 있는 내분비선에서 분비되는 호르몬으로 전흉선에 자극을 주어 용화·탈피호르몬인 엑디손 분비를 촉진시킨다.

proton 양자 : 원자핵에서 발견되는 양전하를 띤 입자. 수소이온(H^+)은 양성자이다.

protoplasm 원형질 : 세포의 살아 있는 부분을 구성하고 있는 물질로 생물의 생활기능의 기초가 된다. 원형질은 물을 분산매로 하는 다분산계로 조대분상계, 콜로이드계, 분자분산계의 계를 포함한다.

protoplast 원형질체 : 세포벽을 제거한 식물세포의 원형질체.

prototype 원형 : 가장 바탕이 되는 모형으로 이것의 변형으로 다른 여러 종류의 조직과 기관이 형성된다.

protoxylem 원생목부 : 전형성층의 분열에 의해서 생긴 목부로 발생초기단계의 목부이며 소형의 세포로 이루어진다. 도관은 가늘고 환문 및 나선문이다.

Protozoa 원생동물 : 후생동물에 대한 것으로 단세포동물의 총칭이다. 원생동물은 그 운동기관의 형태와 생식양식 등에 의해서 편모충류, 육질충류, 포자충류, 섬모충류의 4강으로 나누는 것이 일반적이다.

pseudocoel 위체강 : 선형동물, 윤형동물 등에 있는 장관 등의 내장과 체벽 사이의 넓은 공간. 진정한 체강과 유사하지만 그 발생기원이 다르다.

Pteridophyta 양치식물 : 양치류, 쇠뜨기류 그리고 석송류를 포함하는 관속식물의 한 분류.

PTH(parathyroid hormone) 부갑상선 호르몬 : 부갑상선에서 합성 분비되는 펩티드호르몬. 뼈로부터 Ca^{2+} 방출, 내장관으로부터의 Ca^{2+} 흡수촉진 및 신장에서의 Ca^{2+} 배설을 억제하여 혈청 Ca^{2+} 양을 높여주는 작용을 한다.

pupil 동공(瞳孔) : 카메라눈에서 홍채(iris)의 가운데에 열려 있는 빛이 투과하는 곳.

purine 퓨린 : 핵산성분 중에 질소를 함유한 두 개의 고리구조인 염기.

pyloric sphincter 유문괄약근(幽門括約筋) : 유문부와 십이지장 사이에 있고, 이 근육의 여닫는 작용으로 음식물이 옮겨진다.

pyridoxine 피리독신 : 수용성 비타민 B 복합체의 하나인 비타민 B_6. 단백질대사에 관여하는 효소의 조효소성분.

pyrimidine 피리미딘 : 핵산성분 중에 질소를 함유한 고리구조의 염기.

R

radicle 유근 : 종자식물의 뿌리부분.

receptor potential 수용기 전위 : 수용기 세포들이 자극에너지를 흡수하여, 전기에너지로 전환함으로써 만들어지는 활동전위.

reciprocal translocation 상호전좌 : 상동 또는 비상동염색체가 서로 일부분을 교환하는 전좌의 한 형식.

recon 레콘 : 유전자의 미세구조 중에서 재조합이 가능한 최소단위. BENZER가 주장.

redox potential 산화환원 전위 : 어떤 물질의 전자에 대한 친화력을 수소와 비교하여 측정한 값(volt). 수소보다 강한 전기음성도를 나타내는 물질은 양성 산화환원 전위를 가지며, 반대로 약한 전기음성도를 나타내는 물질은 음성 산화환원 전위를 가진다.

reduction 환원 : 환원된 물질에 의해 하나 또는 그 이상의 전자를 얻게 되는 화학반응으로 산소원자를 잃거나 수소원자를 얻는 반응.

refractory period 불응기(不應期) : 홍분선 세포에 첫번째 자극을 준 후 1/1,000초 내에 준 두번째 자극에 대해 신경충격이 일어나지 않는 짧은 시기.

regeneration 재생 : 개체의 일부분이 소실되었을 경우 그 부분을 보충하는 현상을 재생이라고 하며 이를 크게 생리적 재생과 병리적 재생으로 나누는 데 전자는 포유류 피부 표면의 탈락, 척추동물의 치아, 조류의 깃이 주기적으로 탈락되는 것을 보충하는 경우를 말하며 후자는 우발적 원인에 의해서 탈락, 손상을 받은 부분이 보수되는 경우를 말한다.

regulatory gene 조절유전자 : 한 오페론의 구조유전자의 정보발현을 조절하는 우성유전자. 이 유전자는 억제물질을 합성하여 작동유전자의 기능을 억제한다. 그 결과 구조유전자의 활동이 억제된다.

REM(roentgen equivalent man) 렘 : X-선 1 rad가 사람의 조직에 상해를 주는 정도와 동등하게 흡수된 방사선량.

renal artery 신동맥 : 신문을 통해 좌우의 신장에 들어간 신동맥은 분지되어 엽간동물, 궁상동맥, 소엽간동맥, 입사구소동맥, 출사구소동맥을 이루고 결국 모세혈관이 되어 세뇨관 주위를 둘러싸게 된다.

renal pelvis 신우 : 신장의 실질은 피질과 구별되는 데 수질 속의 빈 공간을 신우라고 하며 오줌은 세뇨관, 집합관을 거쳐 신우에 모여서 수뇨관으로 보내진다.

renal portal vein 신문맥 : 포유류를 제외한 척추동물에 있어서 미부에서 일어난 정맥이 신장 내에 들어와 모세혈관으로 나누어져 망상구조를 형성하는 데 이를 신문맥이라 한다.

renin 레닌 : 신장에서 분비되는 펩티드 분해효소의 일종.

replicator 레플리케이터 : JACOB과 BRENNER(1963)에 의해 제창된 DNA의 복제단위인 레플리콘상에 존재하는 부위. 복제개시 부위.

replicon theory 레플리콘설 : JACOB과 BRENNER(1963)가 제창한 학설로서 세균이나 비루스의 염색체 복제는 이니시에이터 유전자에서 합성된 물질이 레플리케이터라는 유전자에 작용하여 그 지점에서부터 연속적으로 복제를 진행한다는 학설이다.

repolarization 재분극(再分極) : 탈분극되었던 막전위가 본래의 휴지막 전위상태로 되돌아가는 현상.

repressor 억제물질 : 작동유전자에 결합하여 그 유전자 기능을 억압하는 단백질. 조절유전자에 의하여 합성되는 단백질.

reproductivity 생식력 : 일정한 기간에 사손의 개체를 생산할 수 있는 능력.

Reptilia 파충류 : 척추동물의 한 강으로 양막류에 속하며 석탄기 후기에 원시양서류인 미치류에서 진화되어 중생대에 적응 방산되어 크게 번영하였으나 중생대 말에 급격히 쇠퇴하여 현재 4목(거북목, 훼두목, 유인목, 악어목)이 생존하고 있다.

residual volume 잔기용량(殘氣溶量) : 최대흡식한 다음 최대호식 후에 허파에 남아 있는 공기의 용량으로 정상인에서는 약 1200ml이다.

resting membrane potential 휴지막 전위(休止膜電位) : 신경 섬유의 내부는 휴지 상태일 때는 막내와의 이온 농도차에 기인하여 세포외액에 대한 전지적으로 음(-)으로 하전되어 있는 데 이와 같이 세포막을 경계로한 전위차를 의미한다(-70~-100mV).

restriction enzyme 제한효소 : 균주 특이성이 있는 엔도뉴클레아제로 비루스나 또는 분리된 DNA가 세포에 침입하면 그것을 절단하여 제거시키는 세균의 자기 방어를 위해 작용하는 효소. 제한 효소는 Ⅰ 및 Ⅱ의 2그룹으로 분류된다.

reticuloendothelial system 세망내피계 : 약칭으로 RES라고 하며 세망세포가 망상구조를 이루고 활발한 식작용을 하는 조직을 총칭한다. 비장, 간장, 골수, 림프절, 흉선 등이 이에 속한다.

reticulum 벌집위 : 척추동물 우제목의 반추류가 갖는 반추위의 제2위로 벌집위 또는 망위라고 한다. 이는 식도의 말단부에서 유래하며 그 속은 많은 미생물이 공생하는 발효실로 작용한다.

retina 망막 : 눈의 가장 내부구조를 이루는 광감각상피로 단의 뉴런(신경절세포, 이극세포, 시세포)과 그 바깥 부분의 색소세포층으로 구성되어 있다. 망막 중 특히 민감한 곳을 황반이라고 하며 황반의 중심부는 때로 함입되어 있어서 중심와라고도 하며 이곳에 가장 명확한 상을 맺는다.

retrogressive succession 퇴행적 천이 : 진행적 천이의 반대 천이.

reverse mutation 역돌연변이 : 돌연변이 표현형을 다시 야생형 또는 야생형에 가까운 상태로 형질을 복귀시키는 돌연변이. 역돌연변이가 생기면 정돌연변이에 의해 잃었던가 억제되었던 유전자의 기능이 완전하거나 부분적으로 회복된다.

reverse transcriptase 리버스 트랜스크립타아제, 역전사효소 : RNA를 주형으로 하고 상보적으로 DNA 합성을 촉매하는 효소(RNA 의존 DNA 중합효소).

reversible inhibition 가역적 저해 : 재생이 가능한 저해작용 즉, 반응의 방향이 正과 負로 상호전환 가능한 형태의 전환현상임. 경쟁적 저해와 비경쟁적 저해의 2종류가 있다.

rheumatid arthritis 류마티스성 관절염 : 면역 조절기구에 이상이 생겨 자신의 조직 항원에 대한 자가 항체나 T세포군을 생성하는 면역반응을 일으켜 생기는 자가면역병 중의 하나.

Rh factor Rh 인자, Rh 항원 : 레자스 원숭이의 적혈구를 토끼에 주사했을 때 생기는 면역혈청을 얻어내어 이를 사람의 혈액과 섞었을 때 혈구를 응집하게 하는 응집원.

rhizoid 가근 : 관속식물의 뿌리와 비슷한데, 부착하여 흡수를 하는 복잡하게 분화되지 않은 털과 같은 구조.

rhizome 근경 : 지하경의 일종으로 땅 속에 옆으로 길게 뻗어 있고 뿌리와 같이 보이나, 지상경과 같은 모양으로 마디가 있으며 거기서 잎과 뿌리를 낸다. 잎의 변형된 인편을 갖거나, 내부구조가 줄기와 같은 점으로 뿌리와는 구별된다.

Rhodophyta 홍조식물 : 바다에 생육하는 붉은말. 엽록소 외에 홍조소 · 카로틴 등을 가지고 있어 홍색 또는 자색을 나타낸다. 김 · 풀가사리 · 우뭇가사리 등이 이에 속한다.

rhodopsin 로돕신 : 시홍이라고도 하며 척추동물 망막의 시세포, 간상체의 외절에 포함되어 있는 시물질로 11-*cis*-레티날을 발색단으로 하는 색소단백질이다. 로돕신의 광반응작용으로 발색단 11-*cis*-레티날이 trans로 이성화되고 옵신의 구조변화로 전 all-*trans*-레티날이 옵신에서 유리되어 퇴색된다. 각 중간체가 빛을 흡수하면 발색단의 all *trans*-레티날이 11-*cis*-레티날이 되어 로돕신으로 재생된다.

ribonucleic acid(RNA) 리보핵산 : 단백질 합성에 관여하며 세포질과 핵에서 발견되는 핵산의 일종(mRNA, tRNA 및 rRNA가 있음). 방향족염기(A, G, C, U)와 리보오스 및 인산으로 구성된다.

ribose 리보오스 : 핵산을 구성하는 당 성분으로 5탄당.

RNA polymerase RNA중합효소 : DNA나 RNA를 주형으로 하여 RNA를 상보적으로 합성하기 위하여 리보뉴클레오티드를 계속 결합시키는 효소.

root apex 뿌리끝 : 끝으로부터 4~6cm 정도 되는 뿌리의 선단부분으로 이 부분에서 생장, 수분과 양분의 흡수 및 제1차 조직의 발달이 이루어진다.

rosette type 로제트형 : 일부분의 원형의 방사상 배열을 갖는 수많은 구조에 대한 총칭.

Rotifera 윤충류 : 윤형동물문의 한 강으로 선구동물, 원체강류에 속하며 현미경적인 미소동물이다. 몸은 머리, 몸통, 꼬리의 부로 구별되고 두부에 섬모가 윤생 또는 열생하는 윤반이 있어서 이동, 포식용으로 쓰인다.

rough endoplasmic reticulum 조면소포체 : 소포체의 막표면에 리보오솜(ribosome)이 부착하여 있는 소포체.

S

saprophyte 부생식물 : 죽은 생물체의 유기물질을 세포외 소화를 통해 영양물질로 취하는 타양식물 또는 곰팡이.

sarcomere 근절 : 횡문근의 근원섬유에 반복되는 단위로 인접한 Z선 사이를 가르킨다. 척추동물에서 정지시의 근절은 약 2~3㎛가 되며 수축시에는 길이가 짧아진다.

sarcoplasm 근형질 : 근세포의 세포질을 근형질이라고 하며 그 속에 장축을 따라 많은 근원섬유가 뻗어있고 근육단백질의 반은 근형질 속에 존재하는 해당계 등의 효소와 미오글로빈 및 핵, 미토콘드리아, 소포체 등 세포기관의 단백질이며 나머지는 근원섬유의 구조단백질인 미오신과 액틴과 그 밖에 조절단백질로서 존재한다.

sarcoplasmic reticulum 근소포체 : 근섬유 내의 막구조로 척추동물의 골격근에서 근원섬유의 근절의 일정부역에서 T소관을 사이에 끼고 근소포체 편평포(cisternae)가 서로 접해서 3량체(triad)를 구성한다. T소관을 통해 온 흥분은 근소포체에 전해지면 편평포 속에 저장되어 있던 Ca^{2+} 이 근원섬유로 방출되어 수축을 일으킨다.

scavenger 부식동물, 청소곤충 : 생물의 노폐물이나 죽은 생물체를 먹이로 삼는 동물.

Schwann's cell 슈반세포 : 신경 축색돌기 주변에 있는 유핵세포로서, 이 세포막이 확장되어 여러 겹의 미엘린초(또는 수초)를 형성한다.

scientific name 학명 : 생물의 분류군이 결정되었을 때 그를 표현하기 위하여 붙여진 이름으로, 국제적인 명명규약에서 그 선택이나 형식을 규정하고 있다. 동식물의 명명규약이 따로 되어 있으나 기본적으로는 일치하고 있다. 분류군에 따라 형식이 다른 데 속 및 절 이하는 단명명법(單命明法), 종은 이명명법(二命明法), 아종은 삼명명법(三命明法), 종 내 또는 종 이하의 소분류군은 모두 종명의 다음에 첨가해서 적는 형식을 취하고 보통 라틴어 또는 그리스어로 구성되어 그 이외의 언어는 라틴어화해서 쓴다.

sclerenchyma 후벽조직 : 후벽세포로 구성된 조직으로 식물체 중 여러 부분에 분포한다.

sclerenchymatous idioblast 후벽이형세포 : 후벽세포의 하나로 모여서 뭉쳐 있기도 하고 층을 이루기도 하며, 이 밖에 줄기, 잎, 종자, 과실 등의 표피나 기본조직 및 유관속조직 등의 세포들 사이에 산재되어 식물체를 기계적으로 지지한다.

secondary community 2차군락 : 어떠한 인위적 교란에 의해서 생긴 군락.

secondary response 2차 면역응답 : 1차반응 후에 그와 동일한 항원이 재차 주입되면 잠복기가 짧아지고 항체생산이 커지며 생성기간도 길어지게 되는 면역응답. 2차반응은 항원에 대한 면역 기억을 반영하는 현상이다.

secondary structure 2차구조 : 폴리펩티드가 규칙적으로 감기거나 꺾여서 형성된 특이한 형태의 입체구조로서 수소결합과 소수력에 의해 구조가 유지됨. α-나선구조 및 β-병풍구조 등이 2차구조이다.

secondary xylem 2차목부 : 유관속식물의 2차생장 과정에서 유관속형성층에 의해 형성되는 목부조직을 말하며 주축계와 방사조직계로 분화한다. 나자식물 및 쌍자엽식물에 있어서 수목의 재는 대부분 이에 속한다.

seed 종자 : 배주가 수정후 발육하여 된 것으로 일정한 휴면기간을 가지며 번식의 역할을 갖는다. 내측에 배와 배유가 있고 외측은 종피로 쌓여 있다.

selection gene expression theory 선택적 유전자 발현설 : 세포가 갖는 많은 유전자 중 어떤 것이 선택되어 전사되고 유전형질을 발현하게 되므로서 세포의 분화가 일어나게 된다는 생각을 말한다. 이는 게놈의 모든 것이 발현되는 것이 아니고 그 중 특정한 유전자가 전사를 개시하게 되기 때문이고 선택적으로 유전자를 발현케하는 요인은 세포자체에 내재하는 요인과 세포의 외부에서 작용하는 요인 등을 생각할 수 있다.

selective pressure 선택압 : 개체군에 있어서 선택의 작용을 물리적 압력에 비유하여 그 강도를 나타내는 것.

semiconservative replication 반보존적 복제 : DNA가 복제하여 새로운 DNA를 합성할 때 새로 생긴 DNA에는 항상 母DNA의 반이 보존되면서 생기는 DNA 복제.

semination 정자진입 : 정자가 수정에 있어서 난 내로 들어가는 것을 말한다. 정자진입의 기작은 화학적이며 극피동물의 젤리층은 정자의 호흡과정에서 방출되는 CO_2에 의해 용해되고, 포유류의 정자는 히알루로니다아제와 단백질 분해효소를 생산하여 난막을 용해시켜 난 내로 진입한다.

seminiferous tubule 세정관 : 척추동물의 정소의 주요부를 이룬 소관으로 관벽저부에 정원세포가 위치하고 내강으로 향해서 정모세포, 정세포, 정자의 순으로 배열된다. 관벽에 접해서 서톨리세포가 있고 정원세포에서 정자에 이르는 전세포가 이 세포에 부착되어 있다.

sequence 서열, 배열 : 폴리펩티드 사슬을 이루는 아미노산이 배열된 순서. 또는 DNA의 염기배열 순서.

serum 혈청(血淸) : 혈액에서 응고된 혈병을 제거한 맑은 용액. 혈장에서 피브리노겐과 다른 혈액응고물질을 제거한 용액.

sex chromatin 성염색질 : 성염색체의 일부에서 이상응축현상이 생겨 세포분열 중간기에 농축된 상태로 나타나는 염색질 부분. BARR 소체라고도 함. 일반적으로 X-염색체가 불활성화하여서 BARR 소체가 되는데 2개 이상의 X-염색체에서는 1개만이 활성을 가지며 나머지는 모두 응축하여 Barr 소체가 된다.

sexual isolation 성적 격리 : 생식적 격리의 일종이며 서로 다른 생물집단 간의 암수 사이에 교배가 일어나지 못하는 것.

shot gun type cloning 쇼트건타입 클로닝 : 특정 DNA 단편을 벡타에 삽입하여 클론화하는 경우와 구별하여 염색체 DNA 전체에서 얻은 단편 전부를 벡타에 연결시켜 클론화하여 얻은 클론 중에서 목적으로 하는 단편을 가진 것을 찾아내는 방법.

sickle cell anemia 겸상적혈구빈혈증 : 헤모글로빈의 구성성분 중 β사슬에서 N말단으로부터 6번째 아미노산인 글루탐산(Glu)이 발린(Val)으로 치환되면 HbS가 되며 이런 헤모글로빈을 가진 사람이 나타내는 빈혈증.

sliding filament theory 활주설(滑走說) : 근육이 수축시에는 액틴필라멘트가 미오신필라멘트 사이로 미끄러져 드러가서 근절이 짧아지고, 이완시에는 액틴이 다시 미끄러져 나와 원위치로 돌아간다는 학설.

snow patch vegetation 설전식생 : 산정(山頂)이나 능선 가까운 곳에 눈이 쌓인 장소에 발달한 식생으로 소위 습성(濕性)의 꽃밭이 된다. 다년생초본과 키가 낮은 관목이 주가 된다.

solute 용질 : 녹아 있는 물질.

somatic cell hybrid 체세포 잡종 : 서로 다른 종 사이에서 얻은 세포를 융합하여 하나의 세포로 만든 잡종세포. 사람의 체세포와 생쥐의 체세포를 융합하여 잡종세포를 형성했다.

somatic mutation theory 체세포 돌연변이설 : 동물체는 항원에 특이한 항체를 생산할 수 있는 소수의 가변부 유전자를 가지고 태어나며 흉선이나 파브리시우스낭(또는 그 대응기관)에서 림프구의 DNA 변이에 의해서 각기 다른 가변 유전자를 갖는 림프구를 생성할 수 있다는 항체의 다양성에 대한 학설의 하나.

somatostatin 소마토스타틴 : 뇌하수체에서 성장 호르몬 분비를 억제하는 물질이며, 시상하부에서 추출 정제됨. 14개의 아미노산 잔기를 가지며 분자량이 약 1,640인 펩티드. 성장 호르몬 방출억제인자라고도 한다.

somite 체절 : 척추동물에서 신경관과 척색에 접해 있는 방축 중배엽은 전후 축을 따라 분절해서 체절을 형성한다. 사람에서는 44쌍이 형성되는 데 이들은 곧 경절, 근절, 피절로 구분되어 경절에서는 추골, 근절에서는 골격근, 피절에서는 진피가 형성된다.

speciation 종분화 : 종화(種化)라고도 하며 진화과정에서 새로운 종이 형성되는 현상으로 진화론의 중심적 개념.

species 종 : 생물분류의 기본단위가 되는 계급이다. 중요한 분류학적 형질에 따라 불연속인 변이로 다른 식물군과 뚜렷하게 구별되는 식물군을 말한다. 유전되는 뚜렷한 형태학적 특징과 특정한 분포지역을 가지며 일반적으로 세포유전학적, 생태학적, 생리학적으로도 타종과는 다르다. 종명은 이명법에 의하여 기재한다.

species specificity 종특이성 : 각각의 종이 특정한 작용인자에 대해 그 종에 특징적인 방응을 나타내는 것을 종특이성이라고 한다. 어떤 동물종의 장기는 다른 동물종의 장기에는 존재하지 않는 항원을 갖는데 이는 생물체를 구성하는 단백질에 종특이성이 있기 때문이다.

specific activity 비활성(比活性) : 일정한 실험조건(일정온도와 pH)하에서 단위시간 안에 mg 효소시료에 의해 변화된 기질의 μmole수로 정의되는 효소활성(촉매능) 표시법.

sphingolipid 스핑고지질 : 스핑고신의 질소원자에 지방산이 붙어서 형성된 지질분자의 총칭. 뇌세포와 신경세포의 막에 주로 존재한다. (예) 스핑고미엘린.

spindle 방추제 : 유사분열의 전기 마지막에 형성되어 종기에 해리되는 분열장치의 한 성분.

spiracle 기문(氣門) : (1) 곤충이나 기관호흡을 하는 무척추동물의 체표면에 열려 있는 구멍. (2) 물고기류에서 눈이 뒤쪽에 있는 인두로 통하는 작은 구멍. 본래는 악궁과 설궁 사이에 있는 제1새열의 흔적.

spleen 비장 : 면역기능을 담당하는 2차 림프기관의 하나.

spongy parenchyma 해면조직 : 엽육을 구성하는 동화조직으로 불규칙한 모양의 유세포로 이루어졌고 그 사이에 있는 세포 간격은 기공과 연락되어 있다.

sporangium 포자낭 : 진균의 특수 구조로 그 속에 포자가 생성된다.

spore 포자 : 균류나 식물이 무성생식의 방법으로 형성하는 생식세포.

sporophyll 포자엽 : 실엽이라고도 하며, 광의로는 포자를 가진 모든 잎을 말하고, 피자식물의 암술이나 수술도 이에 포함된다. 일반적으로는 협의로 쓰이고 있는 데 양치류의 포자를 붙이고 있는 잎을 말한다.

sporophyte 포자체 : 세대교번을 하는 식물에서 감수분열로 인해 반수정 포자를 형성하는 2배체 식물.

stele 중심주 : VAN TIEGHEM(1886)의 계통해부학적인 분류법에 의한 조직계(표피 · 피층 · 중심주)의 하나이다. 뿌리와 줄기에서는 내초에 의해서 피층의 가장 안쪽에 있는 내피와 접하고 그 안쪽에 유관속이 배열한다. 이 유관속의 구조 및 배열의 차이에 따라 원생중심주 · 관상중심주 · 망상중심주 · 다환중심주 · 진정중심주 · 퇴행중심주 · 다조중심주 · 부정중심주 · 방사중심주 등으로 분류한다.

steroid(s) 스테로이드 : 스테롤 담즙산, 여러 호르몬 등이 여기에 속하며 탄화수소 핵을 가진 복합지질.

stigma (1) 암술머리 : 피자식물의 암술 선단이 분화해서 생긴 기관. (2) 기문 : 곤충과 그 외의 기관호흡을 하는 무척추동물의 체표에 있어서의 호흡문을 말한다.

stimulus 자극(刺戟) : 생물체에서 반응을 일으킬 수 있는 환경요인.

stomata 기공 : 식물의 줄기나 잎의 가스가 통과하는 작은 개구.

striated muscle 횡문근 : 형태적으로 가로무늬를 보이는 근육골격근과 심근이 횡문을 보인다.

strobilus 포자수 : 속새와 석송에서 볼 수 있는 솔방울 같은 포자엽.

structural gene 구조유전자 : 유전정보가 mRNA에 전사되는 유전자(뉴클레오티드 배열).

style 암술대 : 암술의 암술머리와 자방 사이에 있는 원주상의 부분으로 식물의 종류에 따라 장단이나 모양에 차이가 있다.

suberin 슈베린 : 코르크(suber)를 어원으로 한 것으로 subericacid ($C_{17}H_{32}$(OH)-COOH), phellonic acid ($C_{21}H_{42}$(OH)-COOH) 등의 히드록시산의 중합물로 세포벽 중에 퇴적되어 코르크화를 일으킨다.

substitutional vegetation 대상식생 : 인간의 영향에 의해서 입지(立地) 본래의 자연식생이 여러 가지 인위식생으로 치환된 것.

substrate 기질 : (1) 효소에 의하여 활성을 갖는 물질. (2) 생물이 살고 있는 토양.

substrate specificity 기질 특이성(基質特異性) : 효소가 그 작용을 받는 특정 기질에 대해서만 촉매작용을 나타내는 성질.

succession 천이 : 한 지역의 자연 속에서 일어나는 식물집단의 점진적인 변화.

succulent stem 다육경 : 줄기가 매우 비대하고 보통 녹색이며 광합성 작용을 하는 줄기로 잎이 퇴화하여 인편상으로 된 것이 많다.

suppressor gene 억제유전자 : 어떤 우성 유전자의 발현을 특이적으로 억제하는 제2의 유전자. 초파리나 미생물에서 제1의 돌연변이에 의한 형질 발현을 억제하는 별개의 장소에서 생긴 제2의 돌연변이 유전자.

suppressor T-cell 억제성 T-세포 : 세포성 T-세포가 항원에 의해 감작되어 증식 분화된 T세포아군으로 항원에 대한 체액성 및 세포성 면역반응을 저해하며 여러 가지 자가면역과 면역학적 질병상태에 작용을 한다.

surface tension 표면장력 : 액체가 그 표면을 될 수 있는 한 작게 하는 데 필요한 액체분자 간의 인력의 총합.

symbiosis 공생 : 서로 다른 종류의 생물이 같이 생활하는 현상.

sympathetic nerve 교감신경 : 교감신경계를 구성하는 개개의 원심성 말초신경을 말한다. 사람에서는 제1흉수에서 제3~4요수까지의 척수 측각 중에 있는 교감신경세포에서 전근을 지나 나와 교감신경절을 거쳐서 두부, 흉부, 구간의 제기관과 사지, 피부의 혈관, 한선, 입모근 등에 분포한다.

synapse 시냅스 : 뉴런 상호간의 접합관계 또는 접합부위를 말한다. 이곳에서 축색 말단은 시냅스혹(synaptic knob)이 되어 다음 뉴런의 세포체에 접촉되는 데 양자는 막(시냅스전막, 시냅스후막)에 의해서 격리되고 이들 사이에는 구조적인 연결은 없으며 시냅스틈(약 20㎚)이라는 체액으로 차 있는 간격이 있다.

synaptic cleft 시냅스틈 : 시냅스전신경섬유와 시냅스후신경섬유 사이의 체액으로 충만된 20nm 정도의 간격.

synaptic delay 시냅스지연 : 시냅스에서의 흥분전달은 화학 전달분자의 확산에 의하므로 축색에서의 탈분극의 이동속도보다 느려 전도속도가 지연되는 현상.

systole 수축기(收縮期) : 심장이 수축하는 시기.

systolic pressure 수축기 혈압(收縮期血壓) : 심실이 수축할 때의 혈압으로, 가장 높은 압력을 가진다.

T

taiga 타이가 : 시베리아 지방에 발달하는 침엽수림.

taxon 분류군 : 계층적인 범위 내에서 어느 서열에 대한 분류단위.

taxonomy 분류학 : 생물분류체계의 확립을 목적으로 하는 생물학의 한 분과.

teloblast 말단세포 : 연체동물, 환형동물, 절지동물 유생의 몸통 또는 흉복부의 후단, 직장의 좌우에 1쌍 내지 여러 쌍 존재하는 대형의 세포로 그 분열에 의하여 외배엽세포를 형성하는 것을 외배엽말단세포(ectoteloblast), 중배엽을 증식하는 것을 중배엽말단세포 또는 원중배엽세포라고 한다.

template 주형 : 핵산이 합성될 때 염기의 상보성에 따라 형성되는 반응생성물이 일정한 염기배열에 의하여 만들어지는 데 이러한 원래의 염기배열을 정하는 데 필요한 핵산.

termination codon 종결코돈 : mRNA의 유전암호에 대응하는 tRNA가 없어서 이 유전암호가 존재하는 위치에서 단백질의 신장이 끝나게 되는 유전암호 즉, UAA, UAG 및 UGA를 말한다.

testosterone 테스토스테론 : 남성호르몬 중 대표적인 것이며 성기능 및 제1차성징 발현에 관여.

tetanus 강축(强縮) : 근육에 적당한 빈도로 반복자극을 주었을 때, 연축이 가중되어 강한 지속성 수축을 나타낸 상태. 완전강축과 불완전 강축이 있다.

tetrasporophyte 4분포자체 : 4분포자를 만드는 홍조류의 포자체를 4분포자체라 부르고, 과포자체와 대응되고 있다.

thalamus 시상(視床) : 간뇌 중간의 상당 부분을 차지하는 구조부위로서 제뇌실의 측벽 일부를 형성하며 시상하부와 시상상부로 나뉘어짐. 여러 뇌 신경핵과 수질판으로 구성되며 감각흥분을 소뇌와 대뇌피질로 전달하는 중심부위이다.

thallus 엽상체 : 경엽체와 대립된 말로 다세포체이나 경엽의 분화가 되어 있지 않은 체제이다. 조류, 균류, 선태식물에서 볼 수 있고, 내부구조는 간단하고 유관속의 분화가 되어있지 않다.

threshold 역치(値) : 감각반응을 일으키는 데 필요한 최소자극의 크기.

thrombin 트롬빈 : 혈액응고에 관계하는 프로테아제의 하나로 출혈시 혈액 중에 있는 프로트롬빈의 활성화에 의해 형성된다. 트롬빈은 피브리노겐분자의 N말단측의 α 및 β 사슬의 Arg-Gly 결합을 가수분해해서 피브린과 피브리노펩티드 A 및 B가 된다. 트롬빈은 Ca^{2+}의 공존하에서 제Ⅷ인자에도 작용해서 활성제Ⅷ인자가 되게 한다.

thrombocyte 혈소판 : 골수의 거대핵세포에서 유래하는 혈구의 일종으로 구형 또는 타원형의 직경 2~3㎛의 소체이다. 혈소판은 상해 혈관의 콜라겐(교원) 등에 허족을 내어 점착하고 조직과 혈소판 자체에서의 ADP에 의해 응집하며 또 생성된 트롬빈은 혈소판 점성 변화를 일으켜 혈소판 혈전을 형성한다. 이때 혈소판 내의 혈소판 과립에서 여러 가지 물질이 방출되는 데 특히 인지질인 혈소판 제인자는 내인성 혈액응고과정을 촉진시켜 지혈에 중요한 역할을 한다.

thromboplastin 트롬보플라스틴 : 혈액 내의 존재하는 여러 혈액응고인자들에 의해 활성화되는 물질로 Ca^{2+} 존재하에서 프로크롬빈을 트롬빈으로 활성화시키는 작용을 한다.

thylakoid 틸라코이드 : 광합성 라멜라의 하나하나로서 이것들이 가지런히 쌓여 그라나를 형성한다.

thylakoid lamella 틸라코이드라멜라 : 엽록체 내막계의 구조단위로 되어 있는 편평한 주머니 모양의 구조를 한 라멜라.

thymine 티민 : 5-메틸-우라실, $C_5H_6N_2O$. DNA 구성 염기의 하나.

thymine dimer 티민이량체 : DNA 사슬에서 티민(T)과 티민(T)이 나란히 배열되어 있을 때 이들이 결합하여 이루어지는 이량체. 주로 UV에 의해서 생긴다.

thyroid hormone 갑상선호르몬 : 갑상선에서 합성 분비되는 요오드함유-티로신 유도체 호르몬의 하나로, 세포의 기초대사율을 증가시킨다.

thyroid stimulating hormone 갑상선자극호르몬(TSH) : 갑상선에 작용하여 티록신의 분비를 촉진하는 뇌하수체 전엽호르몬.

tissue 조직 : 다세포생물에서는 그것을 구성하는 세포와 분화되고 기능이 전능화되어 어떤 기능과 구조를 갖춘 유기적 세포집단이 구성되는데 이와 같이 동일한 기능과 형태를 가진 세포집단을 조직이라고 한다. 동물의 조직은 상피조직, 결합조직, 근육조직, 신경조직으로 구별된다. 식물에서는 분열조직과 영구조직으로 대별한다.

tonus 긴장(緊張) : 근육의 약한 수축이 지속되고 있는 상태.

torr 톨 : 수은주 1㎛ 높이가 나타내는 압력과 동일한 압력 단위. mmHg 단위와 동일.

totipotency 전능성 : 한 세포가 하나의 완전히 분화된 생물체로 발생한다는 세포의 특성.

toxin 독소 : 한 개체의 대사산물(주로 단백질)이 다른 개체에 독성을 나타낼 때, 그 물질을 말한다.

toxoid 변성독소 : 독소에 항독소 같은 물질을 처리하여 독성을 약화시킨 변성 물질. 그러나 항체형성을 일으키는 능력은 남아 있다.

tracheid 가도관 : 관다발식물의 도관요소 중 하나로 뚜렷한 공간을 가진 신장된 죽은 세포로 그 목질화된 두꺼운 세포벽에는 구멍이 뚫어져 있어서 물의 유통과 지지역할을 한다.

tracheophta 관속식물 : 양치식물, 종자식물 같은 관다발식물이 포함된 관속식물문의 식물.

transcription 전사 : DNA 분자에서 데옥시리보뉴클레오티드의 배열에 따라 상보적으로 리보뉴클레오티드를 합성(전사)하는 것. DNA 염기서열에 알맞는 RNA를 합성하는 것.

transfer RNA 운반 RNA : 저분자 RNA로서 특정 아미노산과 결합하여 리보소옴에 전달해 주며 약 20종류가 있음.

transformation 형질전환 : 외부로부터 DNA가 세포 내에 들어가 그 세포의 인자형을 변화시켜 유전형질을 전환시키는 현상. 또한 정상세포를 암세포로 변화시키는 현상.

transition mutation 트랜지션 돌연변이, 염기전위 돌연변이 : DNA 사슬에서 생기는 염기쌍 치환 중에서 퓨린 염기(아데닌과 구아닌) 사이에서 치환이 생기거나 피리미딘 염기(시토신과 티민) 사이에서 치환이 생겨서 발생하는 돌연변이.

transition state 전이상태(轉移狀態) : 화학반응계에서 반응물질을 활성화시킬 수 있는 일정 에너지준위의 상태.

translation 번역 : mRNA의 분자 내에 들어 있는 유전정보에 따라서 폴리펩티드를 합성하는 현상.

translocation 전좌 : 염색체이상의 하나로 염색체의 일부가 같은 염색체의 다른 부분 또는 다른 염색체로 그의 자리를 바꾸는 현상.

transpiration 증산작용 : 생물의 표면에서 증기가 방출되는 현상.

transversion mutation 트랜스버션 돌연변이, 염기전환 돌연변이 : DNA 사슬에서 염기종류의 치환 즉, 퓨린(아데닌과 구아닌)과 피리미딘(시토신과 티민) 사이에서 염기배열이 전환됨으로써 생기는 돌연변이.

tricuspid valve 삼첨판 : 포유류의 심장에 있어서 우심방과 우심실 사이에 있는 판막을 말하며 심방이 수축하면 우심방과 우심실 사이에 있는 삼첨판이 열려 혈액은 우심실로 내려가고 이어 심실이 수축하면 삼첨판은 닫히고 혈액은 허파동맥으로 밀려나간다.

tRNA : 낮은 분자량을 가진 RNA로 70~80개의 뉴클레오티드를 포함하여 아미노산을 부착시켜 리보소옴으로 옮겨 폴리펩티드 사슬을 형성시킨다.

trochophore 담륜자 : 담륜자 유생이라고도 함. 환형동물 및 연체동물의 원장기(原腸期)에 계속하는 부유성의 유생형.

trophic level 영양단계 : 먹이사슬에서 1차소비자, 2차소비자와 같은 일정한 지위.

tropomyosin 트로포미오신 : 근육의 액틴 필라멘트(actinfilament)의 홈에 위치한 긴 단백질 분자로서 액틴 필라멘트와 미오신 가교의 상호작용을 차단함으로써 근육의 수축억제 기능을 수행한다.

troponin 트로포닌 : 트로포미오신(tropomyosin)에 일정한 주기로 연결되어 있는 구형의 칼슘-결합 단백질 복합체이며 TpC, TpT, TpI의 가지 단위단백질 분자로 이루어진다.

trypsin 트립신 : 췌장에서 십이지장으로 분비되는 트립시노겐에 엔테로키나아제가 작용하여 생성되는 단백질분해효소(단백질의 펩티드사슬 중 아르기닌, 리신과 같은 염기성 아미노산 잔기의 카르복실기 측의 펩티드결합을 가수분해 함).

T-tubule T소관 : 근섬유의 막에서 근원섬유를 둘러싸고 있는 근소포체에 이르는 가는 횡단소관을 횡소관(transverse tubule) 또는 T소관이라고 한다. 근섬유가 흥분하여 활동전위를 발생하면 T소관을 통해 근소포체에 이르러 Ca^{2+}을 방출케 한다.

tundra 툰드라 : 극지역에서 저온으로 침엽수도 자랄 수 없는 비교적 편평한 지역. 삼림한계선보다 북쪽(추운 데)에 발달하는 군계(群系).

Turner's syndrome 터너증후군 : 사람의 성염색체수의 이상. 여성의 X-염색체가 하나 적어서 45개의 염색체(45, XO)를 갖는 데 이 증후군의 특징은 키가 작고, 여성의 생식소 발달이 불완전하며 목부분의 피부가 주름져 있다.

turn over number 대사회전수 : 단위시간당 단일효소 분자(또는 단일 촉매부위)에 의해 생성물로 전환된 기질분자의 수로 정의되는 효소활성 표시법.

twitch 연축(攣縮) : 단일 활동전위(자극)에 의해 한 번의 수축에 이은 이완과정.

tympanic membrane 고막(鼓膜) : 외청도와 이소골 사이의 얇은 막. 음파에 의한 이막의 진동이 이소골에서 증폭되어 내이로 전달된다.

U

upwelling 상승류 : 하층의 수괴(水塊)가 표층에 상승하는 것을 말한다.

urethra 요도(尿道) : 방광에서 몸 밖으로 뇨를 이동시키는 통로.

uric acid 요산 : 파충류의 일부와 조류의 분뇨에서 발견되는 질소대사의 결정 노폐물로 물에 잘 녹지 않는다.

urinary bladder 방광(膀胱) : 골반강의 앞쪽에 위치하며 오줌을 모아 요도로 내보내는 막근육성 낭으로 된 비뇨기(방광내의 뇨량이 200~400ml가 되면 방광벽에 있는 신장수용기가 흥분하여 척수에 있는 배뇨중추에 흥분을 보내 배뇨반사를 일으킴으로써 요도괄약근과 방광근의 이완 및 수축에 의해 뇨가 배출됨).

urogenital system 비뇨생식계 : 비뇨기관과 생식기관은 서로 밀접한 관계를 가지므로 때로 2기관을 일괄해서 비뇨생식계라고 한다. 척추동물에서 두 기관은 발생적으로 중간중배엽에서 유래하며 비뇨기관으로서 중신관과 세뇨관의 일부는 수컷에서 정자를 수송하는 정소수출소관, 부정소, 정관 등으로 발달하고 중신에 접한 체강벽의 함입에서 형성된 뮬러관은 암컷에서 난관, 자궁 및 질의 일부를 이룬다.

V

vagina 질 : 포유류의 암컷에 있어서 난관의 일부는 자궁이 되고 그 말단부는 질이라고 한다. 질은 질전정에 개구하고 교미기관과 분만시의 산도를 겸한다.

valence electron 가전자(價電子) : 원자가 갖는 최외각 전자.

variable region 변이부위 : 항체의 구조에서 가벼운 사슬과 무거운 사슬의 일정한 부위는 항체의 종류에 따라서 그 1차적 구조가 각각 달라서 그 부위를 변이부위라고 말하며, 항체의 중요한 기능을 나타내는 부위이다.

vascular plants 유관속식물 : 식물계를 크게 나누었을 때 유관속을 가진 식물군을 총칭하여 부르는 것으로, 양치식물과 종자식물이 이에 속한다.

vascular system 유관속계 : SACHS의 분류법 즉, 형태학적 분류법에 의한 조직계의 하나로 목부와 사부로 구성된 조직계이며, 수분과 양분의 운반 통로이고 또한 식물체를 단단히 하는 조직도 겸하고 있다.

vas deferens 정관 : 정자를 정소에서 생식공까지 운반하는 관으로 척추동물의 수컷에서는 중신관이 정관이 된다. 다만 경골어류에서는 중신관은 뇨관이 되고 별도의 관이 정소간막 중에 생겨 정관이 된다.

vasopressin 바소프레신 : 신세뇨관에서 수분이 재흡수되는 것을 촉진하여 체내수분함량을 조절하는 항이뇨호르몬 ADH의 다른 명칭. 혈관수축기능도 가진다.

vector 매개체 : 기생충 등을 매개하는 동물. 유전자 재조합을 이룰 때 한 개체 내의 유전자를 다른 개체(또는 세포)로 옮겨 주는 물질 .

vernalization 춘화 : 씨뿌리기 직전에 저온(5℃)에 씨를 약간 싹트게 하여 개화를 빠르게 하는 촉화법.

villi 융모(絨毛) : 소장 상피에 나 있는 손가락 모양의 작은 돌출구조물로, 이는 소화산물과의 표면적을 넓게 해준다.

virion 비리온 : 비루스의 전염 입자로써 단백질 껍질로 싸여 있는 핵산핵으로 구성.

viroid 비로이드 : 전염병을 일으키는 것 중 지금까지 알려진 가장 작은 것으로 오직 핵산으로 구성되어 있다.

visual purple 시홍(視紅) : 눈의 망막세포 중 간세포 속에 있으며, 감광작용에 관여하는 물질인 로돕신을 지칭하는 말.

vital capacity 폐활량(肺活量) : 심호흡에 의해 공기를 흡식하거나 호식할 수 있는 폐의 최대 용량.

vitamin 비타민 : 동물체의 생명활동에 미량이지만 필수적인 유기물질이며 자신이 합성할 수 없으므로 영양소로 섭취해야 한다.

W

wilting coefficient 조위계수(凋萎係數) : 식물이 영구적으로 시들어서 말라 죽는 상태가 되었을 때의 토양수분량을 건토(乾土)당의 백분율로 나타낸 값.

Wolffian duct 볼프관 : 중신관을 말하며 중신에서의 배출관이다. 척추동물의 발생에 있어서 전신이 퇴화되고 중신이 형성되면 전신관이 그대로 중신관이 되는 것과 전신관이 둘로 종렬해서 내측의 것이 볼프관이 되고 외측의 것이 뮬러관이 되는 것이 있다. 양막류에서는 후신이 형성되고 중신은 퇴화되지만 수컷에서는 중신관(볼프관)은 정소와 연락되어 정관이 되고 암컷에서는 퇴화된다. 경골어류의 수컷에서는 볼프관은 뇨관으로 남고 정관은 따로 형성된다. 양서류의 수컷에서는 중신관이 중신과 정소 양쪽에 연락되어 정자와 오줌 둘 모두를 수송하는 뇨정관이 된다.

X

xeroderma pigmentosum **건피성색소증** : 자외선의 피사(被射)에 의하여 DNA 사슬에서 티민이량체(thymine dimer)가 생겨, 그로 인하여 피부에 반점, 염증, 피부 종양 등이 되는 병.

X-ray diffraction method **X-선 회절법**(X-ray crystallography) : 결정체 물질 분자에 X-선을 조사하여 산란된 X-선 양상을 분석하여 결정체의 구조를 알아내는 실험방법.

xylem **목부** : 물이나 물에 용해된 무기염류 등을 뿌리에서 위로 운반하는 식물의 유관속 조직, 목재를 이루며 식물을 지지하는 작용도 수행.

xylem parenchyma **목부유조직** : 목부의 다른요소와의 사이에 개재하고 있는 유세포군으로 세포질을 함유하는 단주상(短柱狀)의 세포로부터 되었고, 세포벽은 약간 비후된 것부터 균등 비후된 것까지 있으며 목화되어 있다. 이는 식물체의 보강, 영양저장의 기능을 갖는다.

Y

yeast **효모** : 탄수화물을 발효시켜 알코올과 탄산가스를 만들어 내는 단세포 균류.

Z

Z-line **Z-선** : Z반(Z disc), Z막(Z membrane)이라고도 하며 횡문근의 I대 중앙부에 보이는 막상구조를 말한다. Z선은 근원섬유를 가로로 횡단하고 한 Z선에서 인접한 Z선까지의 부분을 형태적 단위로 보고 근절(sarcomere)이라고 한다.

zone pellucida **투명대** : 표유류 난을 둘러싸고 있는 투명한 난막으로 그 외측은 여포세포에서 형성되는 방사관으로 둘러싸이나 수정 후 방사관은 분산되고 투명대가 난의 최외층이 된다.

zygote **접합자** : 두 배우자의 결합으로 이루어진 세포 또는 개체.

찾아보기 - 국문

ㄴ

ㅎ

찾아보기 - 영문

A

B

C

D

E

F

G

H

I

M

N

O

P

Q

R

S

U

V

W

X

Y

Z

저 자 (가나다순)

강신성 : (경북대학교 자연과학대학 부교수)
강영희 : (전 연세대학교 이과대학 교수)
길봉섭 : (원광대학교 자연과학대학 교수)
김영진 : (충남대학교 자연과학대학 교수)
김윤식 : (전 고려대학교 이과대학 교수)
김익수 : (전북대학교 자연과학대학 교수)
윤용달 : (한양대학교 자연과학대학 교수)
이정주 : (서울대학교 자연과학대학 교수)

생물과학 제3판

초 판 1쇄 발행 • 1987년 2월 10일
제2판 3쇄 발행 • 1994년 8월 20일
제3판 1쇄 발행 • 2000년 2월 10일
제3판 2쇄 발행 • 2006년 3월 10일

저 자 • 강신성, 강영희, 길봉섭, 김영진
김윤식, 김익수, 윤용달, 이정주
발행인 • 박 선 진
발행처 • 도서출판 월드사이언스
주 소 • 서울특별시 동작구 사당5동 240-15
등록일자 • 1987년 12월 14일
등록번호 • 3-136
TEL • (02) 581-5811~3
FAX • (02) 521-6418
E-mail • worldscience@hanmail.net
URL • http://www.worldscience.co.kr

정가 25,000원
ISBN 89-5881-055-6

이 도서의 국립중앙도서관 출판시도서목록(CIP)은 e-CIP홈페이지
(http://www.nl.go.kr/ecip)에서 이용하실 수 있습니다.
(CIP제어번호 : CIP2006000463)